SOLIDWORKS 2022
基礎範例應用

許中原　編著

範例圖檔、動態教學影片

全華圖書股份有限公司

序言

在接觸 SOLIDWORKS 之前，筆者已使用過一些 CAD/CAM 軟體，但在使用的過程中總覺得有些不便，像是安裝過程太複雜、繪製草圖繁瑣、建立模型之步驟過多等等，以致於少數軟體經過幾年之後已不見蹤跡。

自從開始使用 SOLIDWORKS 97 以來，筆者便因它友善的操作介面、容易學習、易於安裝而深入研究，並將之導入學校的 3D 課程教學中，在 2004 年更進一步的教導學生直接用 SOLIDWORKS 考電腦輔助機械製圖乙級，讓學生在練習中熟練 SOLIDWORKS 的使用技巧。

但是在使用了那麼久的 SOLIDWORKS 之後，雖然市面上已有相當多的手冊，總覺得大都像工具書，缺乏足夠的示範題與作業題，而不適合教學與學生自習使用的書籍。爲此，在全華圖書公司的支持下，決心寫出一本包含建模步驟的範例與精心尋找練習題的入門書，讓初學者在學習的過程中，不僅能學到技巧也能透過練習題活用工具。

本書從說明安裝與啓用，跳過一般書籍的繪製草圖章節，直接在建模過程中說明草圖的繪製技巧，並依使用的過程循序漸進的在各章節中導入新的功能、技巧與說明，讓初學者依序學習到新的功能與指令，而在每一章節的後面也都有提供相關功能的練習題，期能使初學者活用工具。

近年因 YouTube 影音網站的盛行，教學影片的推陳出新，筆者也針對全部章節之教學範例依課本說明一一錄製教學影片，作業題也大部份都有錄製影片並全部附於 QR Code 中，以供購買本書的讀者能按本書的進度加速學習 SOLIDWORKS。

對於想報考「電腦輔助立體製圖」丙級的讀者，筆者也錄製了所有零件建構與工程圖解答的影片教學步驟，部份附在 QR Code，其它則上載在 YouTube 網站上。

自 2008 版問世以來，頗得使用者愛好，深感責任之重。且在軟體不斷出新版下，深覺有必要再予以更新，爲此，再針對部份細節更新爲 2022 版，並在部份章節添加新內容。

最後感謝全華圖書公司編輯部的支援與業務的推廣，使本書能順利附梓，也讓購買本書的使用者在使用 SOLIDWORKS 的技巧上能更進一步的提昇，以因應自我技能提昇或工作職場上之所需。

許中原

編輯部序

「系統編輯」是我們的編輯方針，我們所提供給您的，絕不只是一本書，而是關於這門學問的所有知識，它們由淺入深，循序漸進。

本書以 SOLIDWORKS 2022 為主要操作介面編寫而成，強調由範例中學習指令操作，並在過程中說明各種指令，書中分為 SOLIDWORKS 簡介、草圖、基材伸長與除料、旋轉與複製、參考幾何、零件顯示與視角方位、模型組態、掃出與曲線、進階特徵、組合件、工程視圖與註記、鈑金、eDrawing 等 12 個章節，跳過一般書籍的繪製草圖章節，直接在建模過程中說明草圖繪製技巧，依使用過程循序漸進的導入新功能與技巧。

最後，在各方面有任何問題時，歡迎隨時連繫，我們將竭誠為您服務。

相關叢書介紹

書號：043580C0
書名：丙級電腦輔助立體製圖
SolidWorks 術科檢定解析
(含學科)
(附學科測驗卷、光碟)
編著：豆豆工作室
菊 8/632 頁/730 元

書號：06479
書名：高手系列－學 SOLIDWORKS
2020 翻轉 3D 列印
編著：詹世良、張桂瑛
16K/536 頁/700 元

書號：06026017
書名：SolidWorks 產品與模具設計
(第二版)(附範例光碟)
編著：陳添鎮、孫之遨、郭宏賓
16K/504 頁/560 元

書號：06452
書名：SOLIDWORKS 基礎&實務
編著：陳俊興
16K/552 頁/580 元

書號：06289007
書名：SolidWorks2015 3D
鈑金設計實例詳解
(附動畫光碟)
編著：鄭光臣、陳世龍、宋保玉
菊 8/584 頁/750 元

◎上列書價若有變動，請以
最新定價為準。

目錄

1 SOLIDWORKS 簡介

2 草圖、基材伸長與除料

3 旋轉與複製

4 參考幾何

5 零件顯示與視角方位

6 模型組態

7 掃出與曲線

8 進階特徵

9 組合件

10 工程視圖與註記

11 鈑金

12 eDrawing

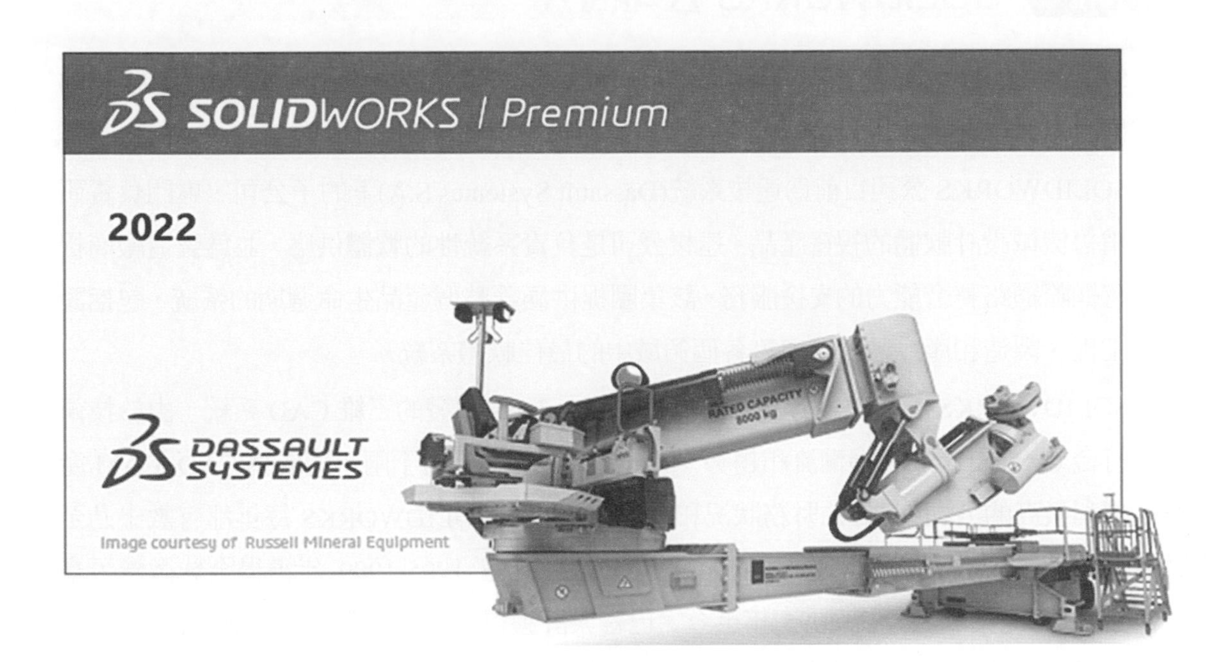

Chapter 1

SOLIDWORKS 簡介

1-1 SOLIDWORKS 公司簡介

SOLIDWORKS 公司成立於 1993 年，第一套 SOLIDWORKS 三維機械設計軟體於 1995 年推出至今，已在全球一百多個國家進行銷售與分銷該產品。

SOLIDWORKS 公司目前爲達梭系統(Dassault Systemes S.A)下的子公司，專門負責研發與銷售機械設計軟體的視窗產品。達梭公司是負責系統性的軟體供應，並爲製造廠商提供具有網際網路整合能力的支援服務。該集團提供涵蓋整個產品生命週期的系統，包括設計、工程、製造和產品數據管理等各個領域中的最佳軟體系統。

SOLIDWORKS 軟體是世界上第一個基於 Windows 開發的三維 CAD 系統，由於技術創新符合 CAD 技術的發展潮流和趨勢，SOLIDWORKS 公司于兩年間成爲 CAD/CAM 產業中獲利最高的公司。良好的財務狀況和用戶支援使得 SOLIDWORKS 每年都有數十乃至數百項的技術創新，公司也獲得了很多榮譽。該系統在 1995-1999 年獲得全球微機平臺 CAD 系統評比第一名；從 1995 年至今，已經累計獲得十七項國際大獎，其中僅從 1999 年起，美國權威的 CAD 專業雜誌 CADENCE 連續 4 年授予 SOLIDWORKS 最佳編輯獎。

由於使用了 Windows OLE 技術、直觀式設計技術、先進的 Parasolid 核心以及良好的與協力廠商軟體的集成技術，SOLIDWORKS 成爲全球裝機量最大、最好用的軟體。資料顯示，目前全球發放的 SOLIDWORKS 軟體使用許可約 158 萬，穩固且持續增長，涉及航空航太、機車、食品、機械、國防、交通、模具、電子通訊、醫療器械、娛樂工業、日用品/消費品、離散製造等分佈於全球 100 多個國家。而且每年有超過一百萬畢業生接受 SOLIDWORKS 培訓。

據世界上著名的人才網站檢索，與其他 3D CAD 系統相比，與 SOLIDWORKS 相關的招聘廣告比其他軟體的總和還要多，這比較客觀地說明了越來越多的工程師使用 SOLIDWORKS，越來越多的企業雇傭 SOLIDWORKS 人才。

1-2 SOLIDWORKS 軟體的特點

1. 它是第一個在 Windows 作業系統下開發的 CAD 軟體，採用 Windows 系列，與 Windows 系統全相容，是 Windows 的 OLE/2 產品。
2. 選單少，使用直觀、簡單，友好界面：下拉選單一般只有二層，(三層的不超過 5 個)；圖形選單設計簡單明快，非常圖象化，一看即知。系統的所有參數設定全部集中在一個選項(option)中，容易尋找和設定。動態引導具有智慧化，一般情況下無須用戶去修改。特徵樹獨具特色，實體及光源均可在特徵樹中找到，操作特徵非常方便。組合件結合的概念非常簡單且容易理解。實體的建模和組合件完全符合自然的三維世界。對實體的放大、縮小和旋轉等操作全部是透明命令，可以在任何命令過程中使用，實體的選取非常容易、方便。
3. 轉換界面豐富：SOLIDWORKS 支援的標準有：IGES、DXF、DWG、SAT(ACSI)、STEP、STL、ASC 或二進制的 VDAFS(VDA，汽車工業專用)、VRML、Parasolid 等，且與 CATIA®、Creo®Parametric、UG®、Inventor®等設有專用界面。
4. 獨特的組態功能：SOLIDWORKS 允許建立一個零件而有幾個不同的組態(Configuration)，這對於通用件或形狀相似零件的設計，可大大節省時間與空間。
5. 特徵管理員：FeatureManager(特徵管理員)是 SOLIDWORKS 的獨特技術，在不佔用繪圖區域空間的情況下，實現對零件的操縱、拖曳等操作。
6. 由上而下的組合件設計技術(top-to-down)：它可使設計者在設計零件、毛坯件時於零件間抓取設計關係，在組合件內設計新零件、編輯已有零件。
7. 曲面設計工具：用 SOLIDWORKS，設計者可以創造出非常複雜的曲面，如：由兩個或多個模具曲面混合成複雜的分模面。設計者亦可修剪曲面、延伸曲面、導圓角及縫織曲面。

1-3 第三方軟體－SOLIDWORKS 的黃金伙伴(Golden Partner)

以下從網站https://www.solidworks.com/engineering-software-partners-products列出數個黃金伙伴軟體：

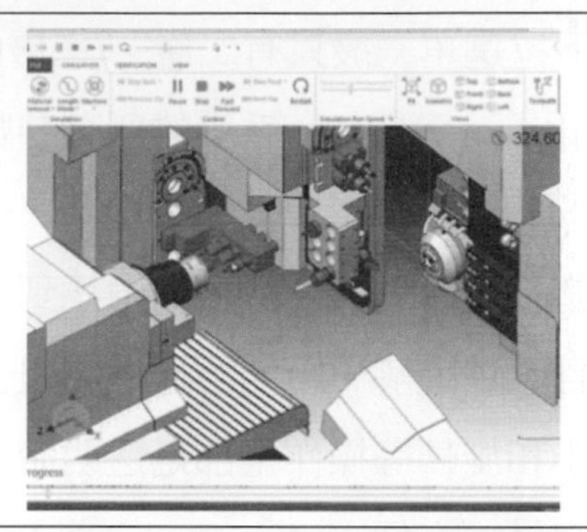	產品名稱：SolidCAM 分類：CAM
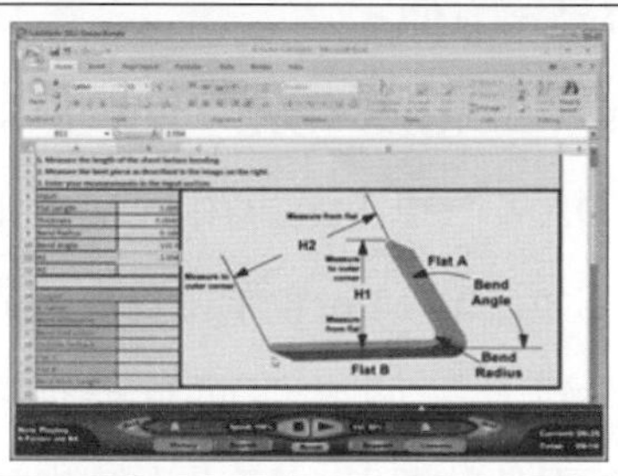	產品名稱：TEDCF Publishing 分類：Sheet Metal Design
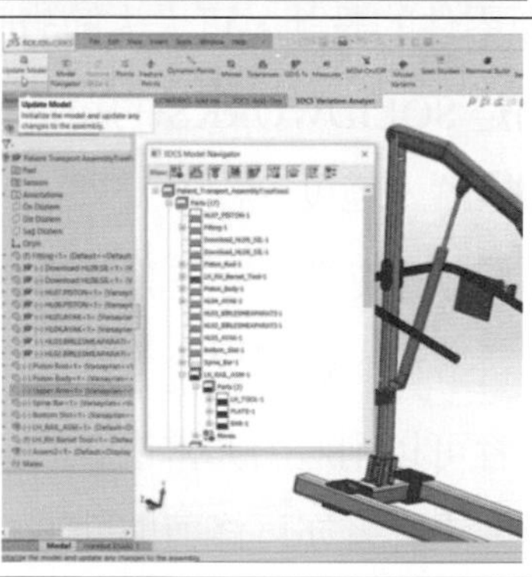	產品名稱：3DCS Variation Analyst 分類：Analysis
	產品名稱：keytech PLM/DMS 分類：Data Management

1-4 SOLIDWORKS Service Pack

之前版本	1. SOLIDWORKS 2019 SP5 是支援 SOLIDWORKS Explorer 當作獨立應用程式的最後一個版本。 2. SOLIDWORKS 2018 SP5 是支援 Windows® 8.1 64 位元作業系統的最後一個版本。 3. SOLIDWORKS 2018 SP5 是支援 Microsoft® Excel 2010 和 Word 2010 的最後一個版本。
SOLIDWORKS 2020	1. SOLIDWORKS 2020 SP5 是最後一個支援 Windows® 7 64 位元作業系統的版本。 2. SOLIDWORKS 2020 SP5 是支援 Microsoft® Excel 2013 和 Word 2013 的最後一個版本。 3. 從 SOLIDWORKS 2020 開始，DVD 僅會依要求提供。如需更多資訊，請聯絡您的經銷商。
SOLIDWORKS 2021	1. SOLIDWORKS 2021 是支援 SOLIDWORKS Simulation 產品中卸載的 Simulation 功能的最後一個版本。
SOLIDWORKS 2022	1. 自 SOLIDWORKS 2022 開始，已購買 SOLIDWORKS 產品永久使用許可的商用和教育用客戶必須每年重新啓用一次使用許可。使用許可永不過期，但需要定期重新啓用，無論客戶是否仍在訂閱中。限期使用許可和學生使用許可不受影響。重新啓用適用於 SOLIDWORKS 2022 獨立產品，但不適用於更早版本。 2. SOLIDWORKS 2022 登入已從 SOLIDWORKS ID 變更爲 3DEXPERIENCE ID。
未來版本	1. SOLIDWORKS 2023 SP5 是支援 Microsoft Excel 2016 和 Microsoft® Word 2016 的最後一個版本。 2. SOLIDWORKS 2023 SP5 是支援 Microsoft Excel 2019 和 Microsoft Word 2019 的最後一個版本。 3. SOLIDWORKS 2023 SP5 是支援 Windows® Server 2016的最後一個版本。 4. SOLIDWORKS 2024 產品無法安裝於 Windows® Server 2016。
Windows 10 字型遺失	1. 某些與先前 Windows 版本一同提供的字型在 Windows 10 會變成選用功能。升級至 Windows 10 時，可能不會在您的系統上安裝這些字型。如果您發現有 SOLIDWORKS 文件使用電腦上不再安裝的字型，請參閱 Microsoft 知識庫文章 3083806。

1-5 安裝 SOLIDWORKS 2022：

1. SOLIDWORKS 2022 已不再支援 Windows 7 版本。
2. 放置原版光碟片至光碟機中後，安裝程式自動執行，並出現下面第一個歡迎畫面，選擇**安裝在此電腦上**，按「下一步」。

3. 程式要求您輸入一組 24 碼的 SOLIDWORKS 序號(代理商提供)，輸入後，按「下一步」。

4. 安裝產品的選擇：在 SOLIDWORKS 套裝軟體中，有多種等級，產品上的序號即是您購買的等級，按「**馬上安裝**」。

5. 此時開始安裝所選的主程式、SOLIDWORKS MBD 等相關程式至硬碟中。

6. 完成安裝後，按「**完成**」。

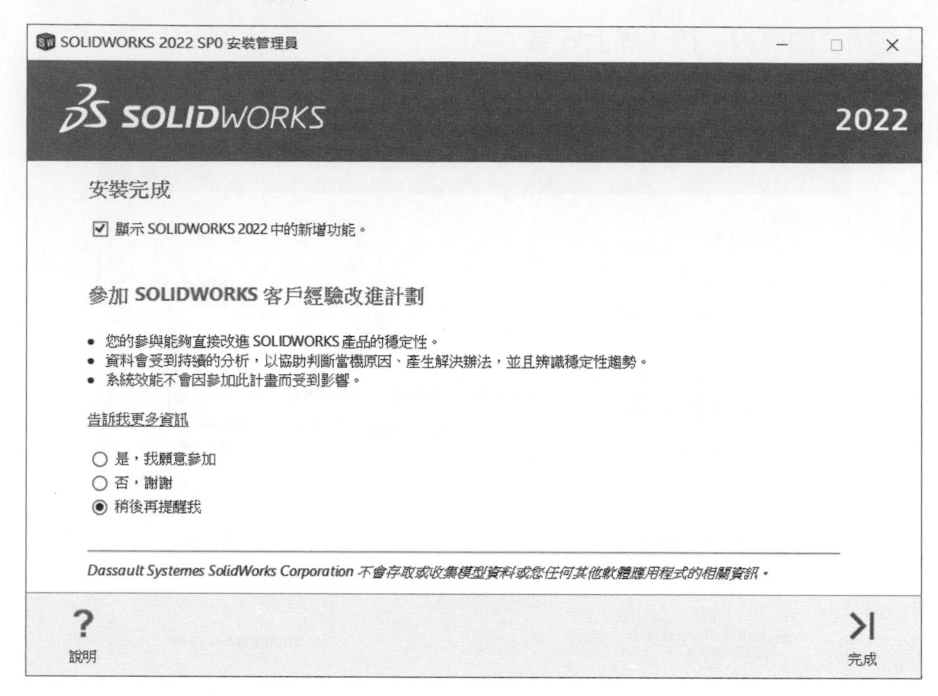

1-6 SOLIDWORKS 產品的啟用

第一次執行 SOLIDWORKS 時，系統會自動開啓 SOLIDWORKS 產品啓動視窗，您可以稍後再啓動，這樣可以有 30 天的試用期。

若要啓動 SOLIDWORKS，可以點選「**要現在啓動我的 SOLIDWORKS 產品**」後，按「**下一步**」，再依代理商提示的方式註冊。

1-6-1 停用使用許可

若您必須更換電腦設備或重新安裝電腦的作業系統時，以至於 SOLIDWORKS 也必須重新安裝，則必須先將目前電腦中的 SOLIDWORKS 使用許可歸還至原廠，等待新電腦安裝完成後，再重新啓動許可。

1-7 操作介面簡介

1-7-1 第一次使用

執行 SOLIDWORKS，按一下「SOLIDWORKS **使用許可協議書**」中的「**接受**」，SOLIDWORKS 顯示**歡迎使用**對話方塊，在首頁中內含新增、最近的文件、最近的資料夾與資源等。你也可以勾選「**不要在啓動時顯示**」。

按「**進階**」，在新 SOLIDWORKS 文件視窗中有**零件**、**組合件**和**工程圖**三種 SOLIDWORKS 提供的預設範本可供選擇，選擇「**零件**」，按「**確定**」。

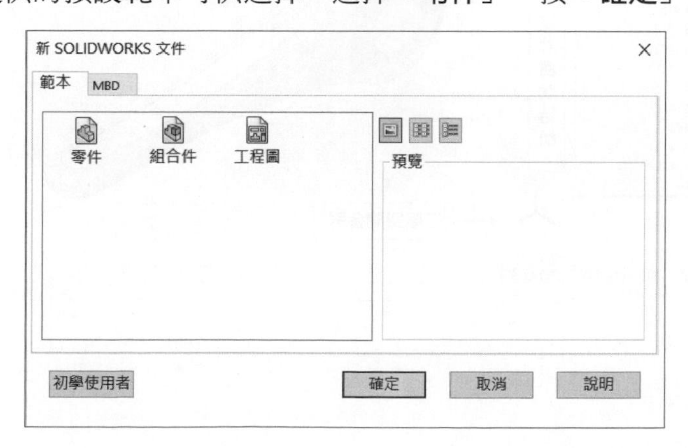

在**單位及尺寸標準**對話框中使用預設的 MMGS 單位及 ISO 尺寸標準。

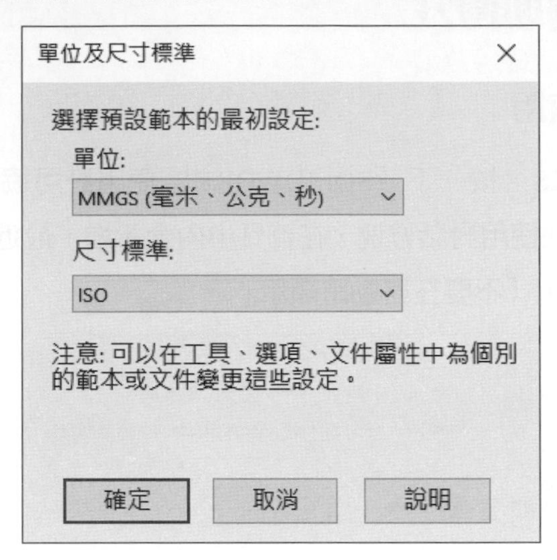

1-7-2 主畫面

主畫面內含如下圖所示的各項元素，並說明於後。

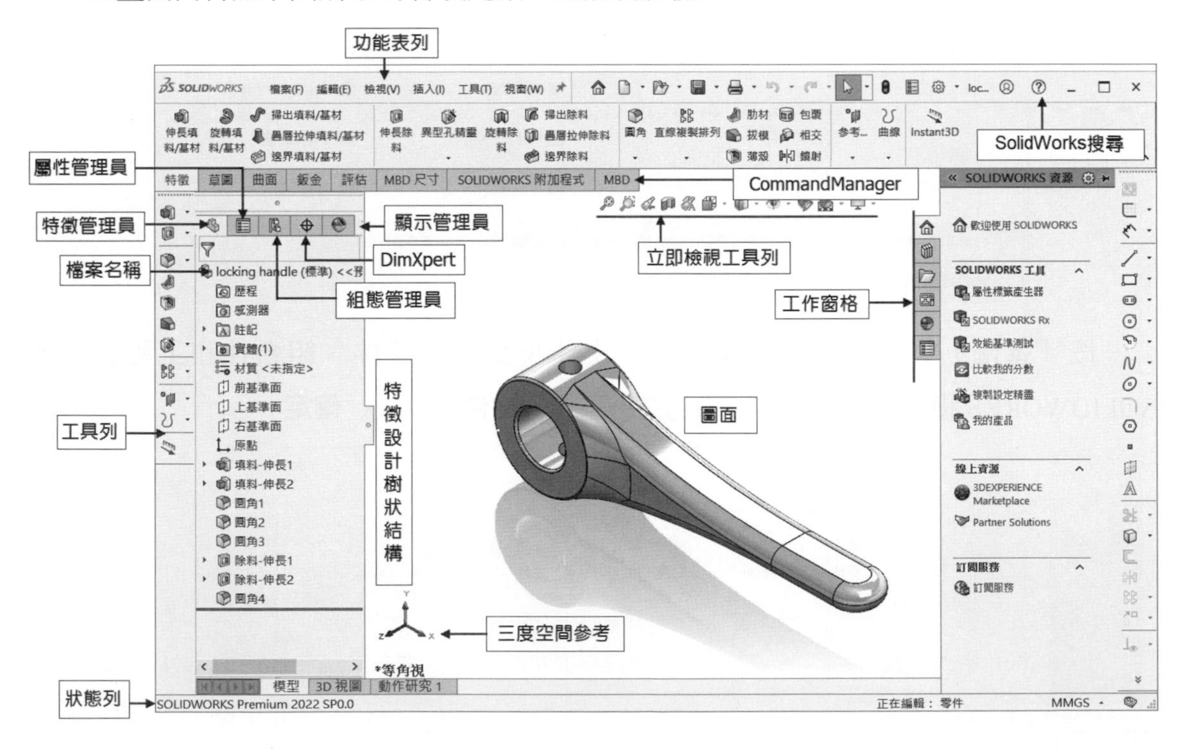

1-7-3 顯示與隱藏功能表

功能表中包含著 SOLIDWORKS 所有必須用到的指令，指令的顯現與否端視於目前工作的環境而定，像零件、組合件、工程圖都各有著不同的指令。點選圖中向右箭頭可存取功能表，大頭針用來固定住不再隱藏。

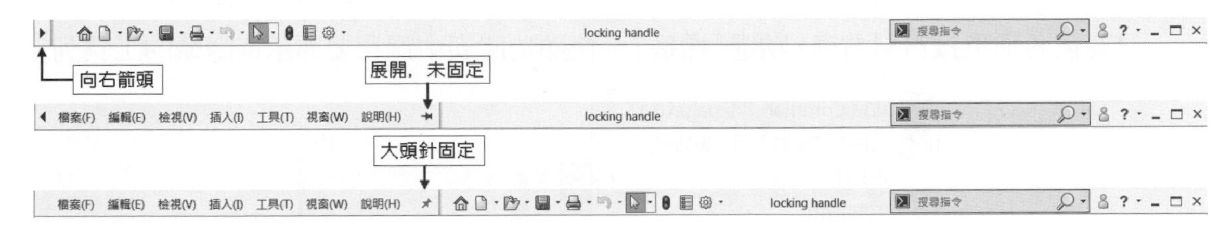

1-7-4 自訂功能表

功能表中有時只顯示常用的項目，按一下功能表的任一項目並在最下方點選「**自訂功能表**」，勾選或不勾選核取方塊以顯示或隱藏功能表項目，確定後，只要在功能表外按一下，或按 Enter 即可離開。

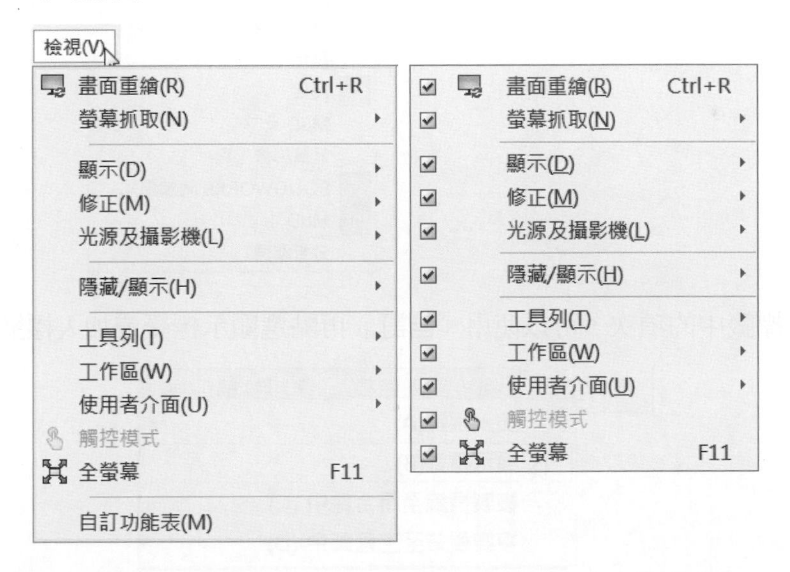

1-7-5 CommandManager

CommandManager 是一個會動態自動更新的文意感應工具列。根據預設，它會依據文件的類型顯示所需的工具列。當您按 CommandManager 下方的標籤時，它會顯示該名稱的工具列。例如，按**特徵**標籤，**特徵**標籤列會出現。您可以選擇使用有文字的大圖示按鈕或沒有文字的小圖示按鈕。

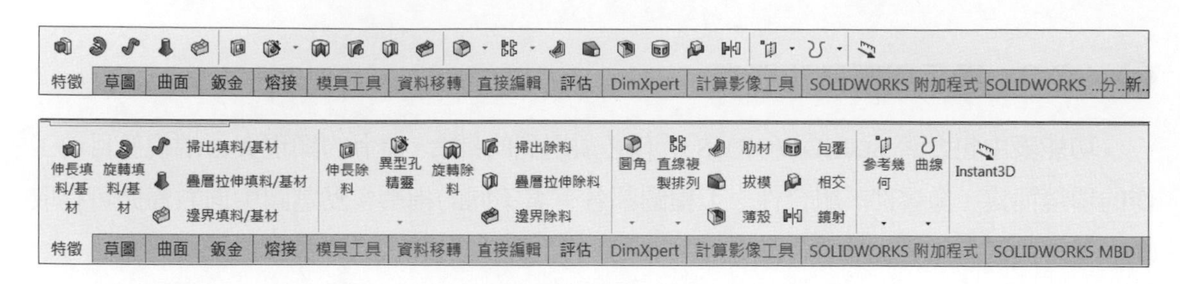

只要在名稱上按滑鼠右鍵，點選「**標籤**」至快顯功能表中選擇要顯示或隱藏的工具列。

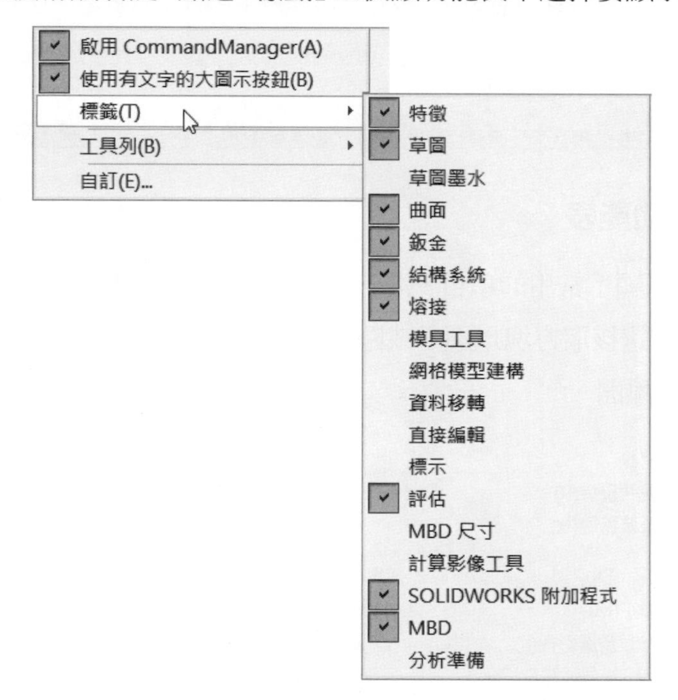

未出現在標籤中的項次，可以使用「**自訂**」再點選顯示標籤或加入標籤。

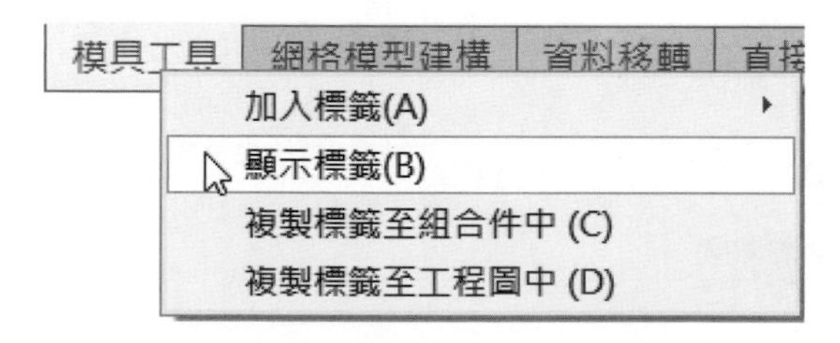

1-7-6 工具列

工具列可依使用者需求設定顯示或不顯示，您只要在任何的工具列上按滑鼠右鍵，點選「**工具列**」；或按「**檢視**」➡「**工具列**」，點選或取消點選來顯示或取消顯示工具列。

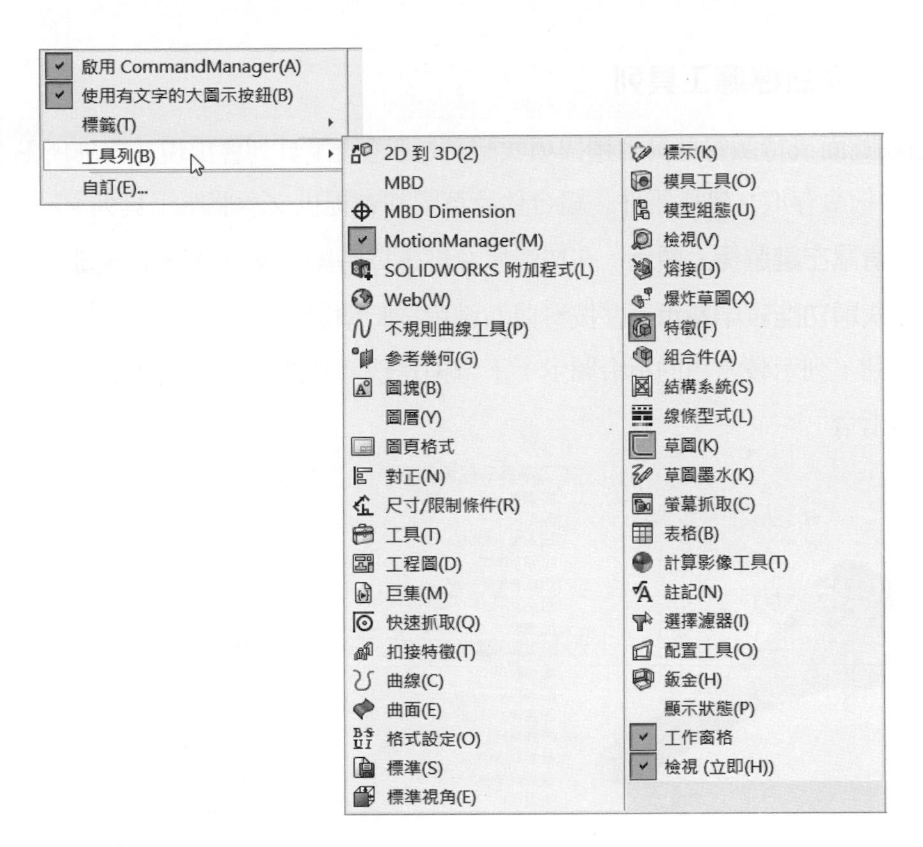

工具列中的圖示都是預設項目，您也可以自訂工具列，您只要在任何的工具列上按滑鼠右鍵，點選「**自訂**」；或按「**檢視**」➡「**工具列**」，點選「**自訂**」，從指令標籤中選擇要加入的項目拖曳至工具列中，游標下方出現＋號即可；移除時只要將不要的項目拖曳出工具列外，游標下方出現×號即可。

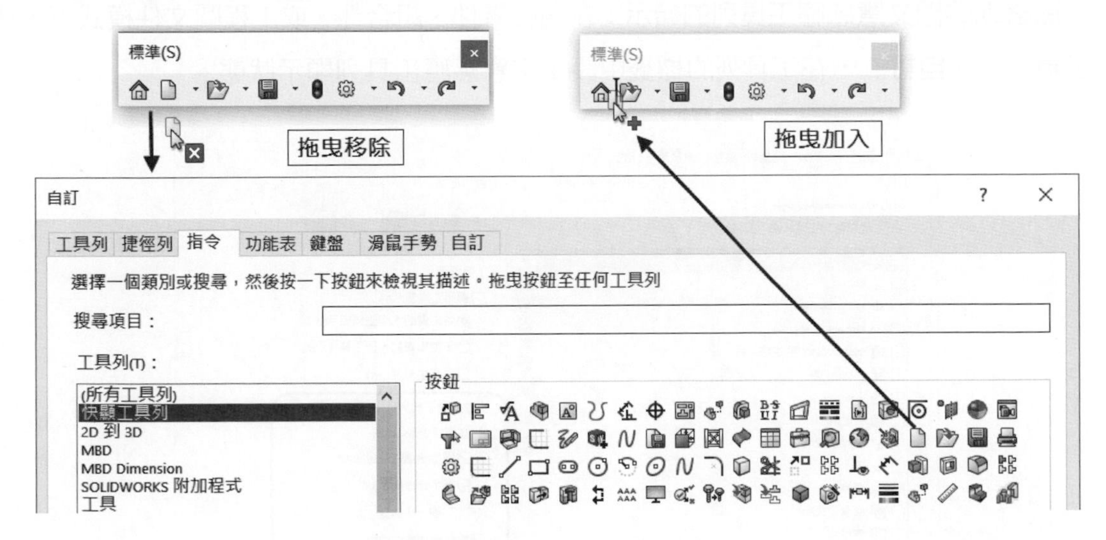

1-7-7 文意感應工具列

當您在圖面或特徵管理員中選擇項次時，文意感應工具列會出現並對您所點選的項次提供適合的指令存取。其中零件、組合件及草圖都會提供文意感應工具列。

- **按滑鼠左鍵選擇上顯示**：在按滑鼠左鍵選擇時顯示文意感應工具列。
- **在快顯功能表中顯示**：在按滑鼠右鍵選擇時顯示快顯功能表，上方是**文意感應工具列**，列示較常用的指令圖示，下方則是快顯功能表，內含選擇物件時其他可用的指令。

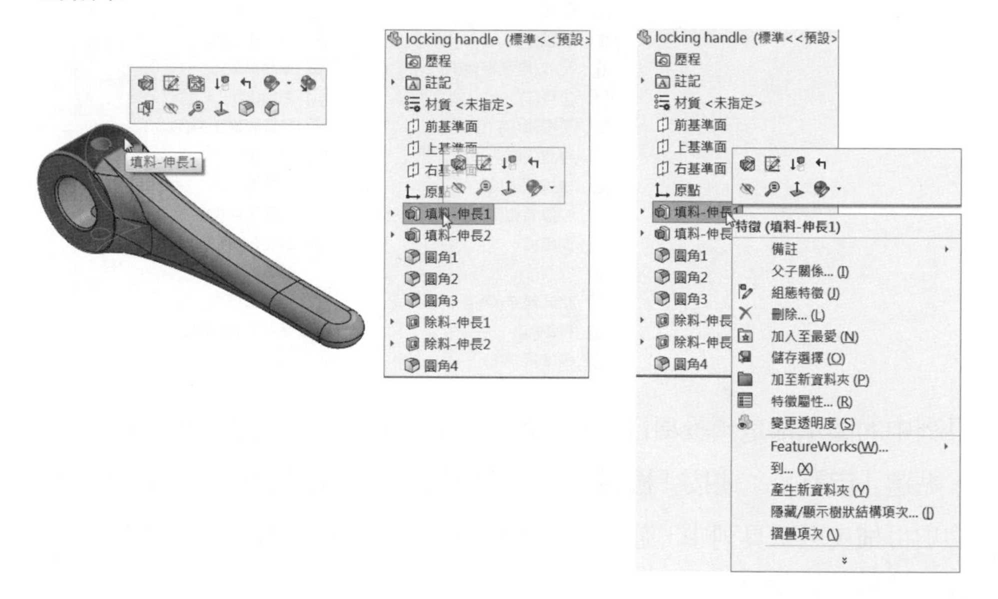

開啟或關閉文意感應工具列的顯示：在開啟零件、組合件、或工程圖文件模式下，按「**工具**」➡「**自訂**」，在工具列的標籤中設定文意感應工具列顯示狀態。

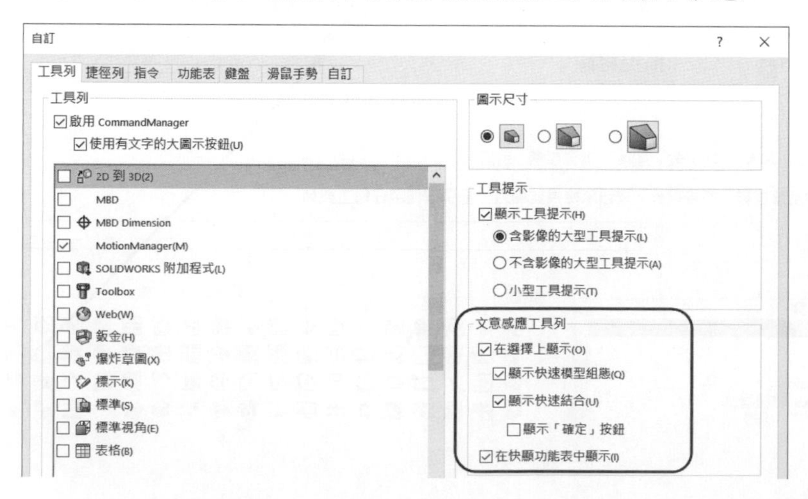

1-7-8 鍵盤快速鍵

鍵盤快速鍵是顯示在功能表右方的鍵盤組合，您也可以自訂。在「**工具**」→「**自訂**」對話框中的「**鍵盤**」標籤中訂定常用的作圖指令，如**直線 L**。設定快速鍵只要在快速鍵的欄位上輸入想要使用按鍵名稱即可。

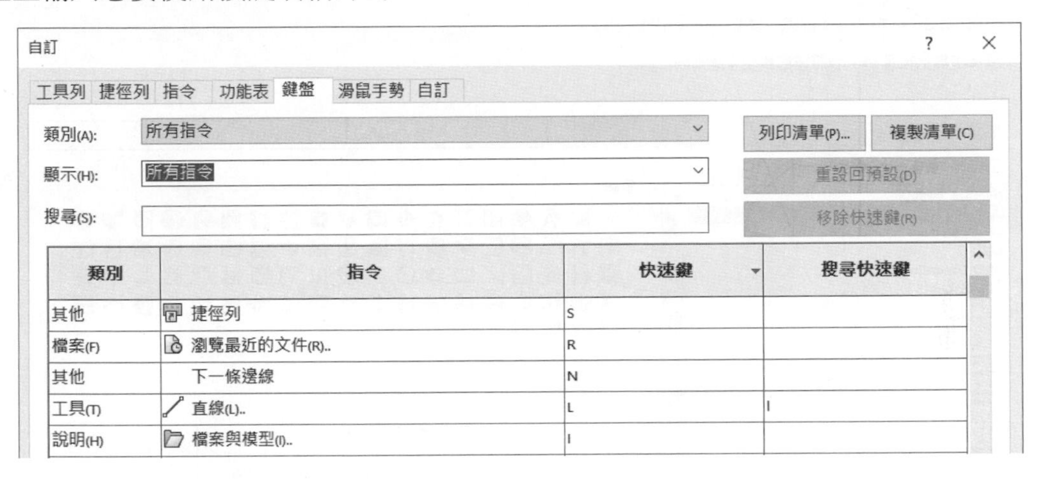

1-7-9 捷徑列

在系統預設狀態下，不管您在草圖、零件、組合件和工程圖中，只要隨時按下「S」鍵(大小寫皆可)，在游標處會自動出現適用於當時狀況的**捷徑列**指令列表。捷徑列內的指令就相當於一般工具列內的指令一樣，都可以自由取用。

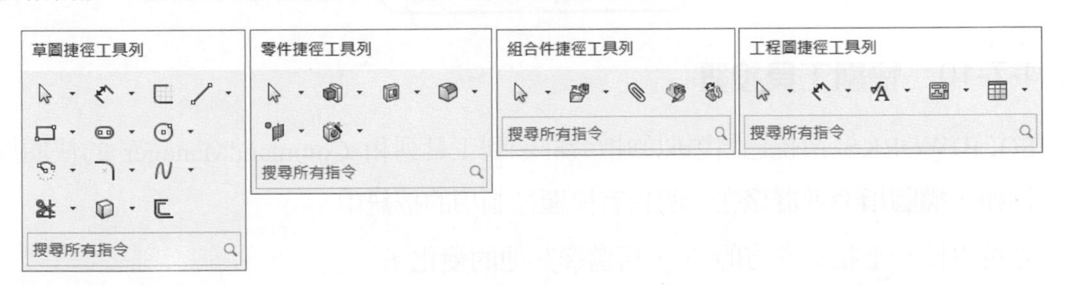

您可以在搜尋所有指令中輸入關鍵字，選擇工具，然後按一下**插入指令+**，將其新增至捷徑列。

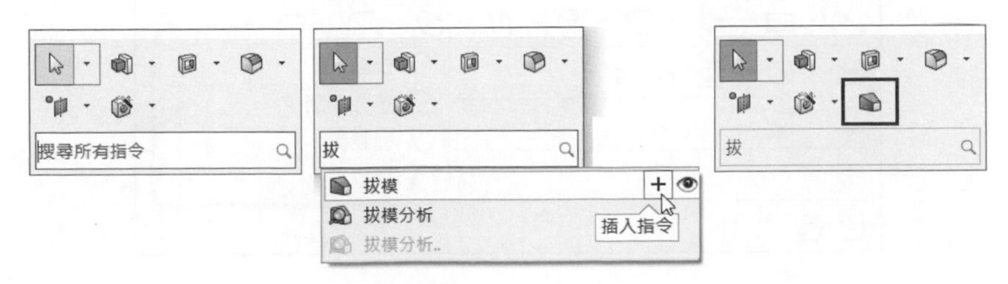

您也可以在「**工具**」➡「**自訂**」對話框中的「**捷徑列**」標籤中自訂捷徑列，讓您在草圖、零件、組合件和工程圖中建立您個人的“非關聯”指令。

自訂時，請選擇一個工具列，再將按鈕拖曳至捷徑工具列中。

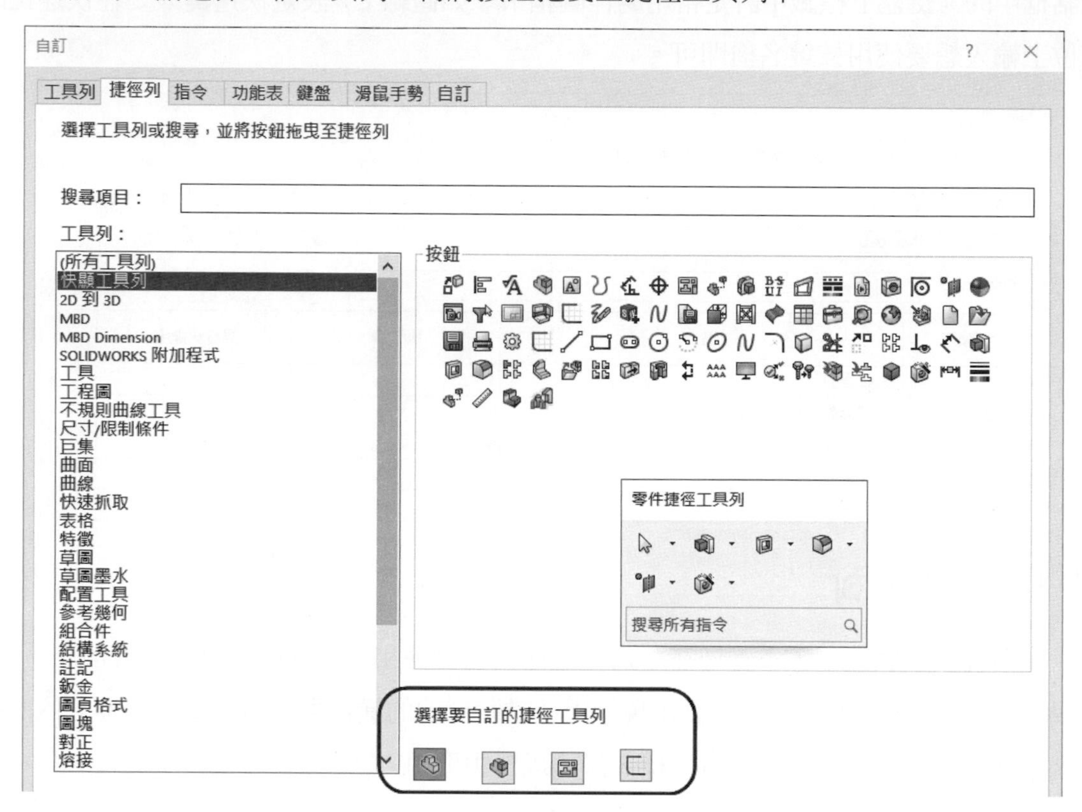

1-7-10 快顯工具按鈕

SOLIDWORKS 系統已將類似的指令群聚到工具列和 CommandManager 的快顯按鈕中。例如，**橢圓**指令就群聚在一個具有快顯控制項的按鈕中。

您可以按一下指令右方的 ▾，再選擇其他的變化。

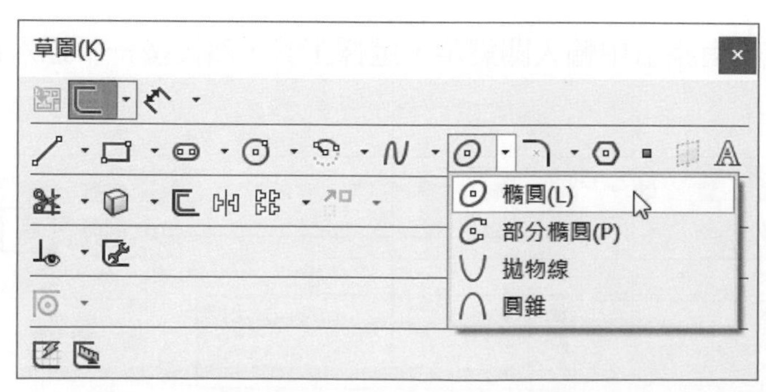

在「**工具**」➞「**自訂**」對話框中，相關的快顯工具按鈕皆在「**指令**」➞「**類別**」➞「**快顯工具列**」內。

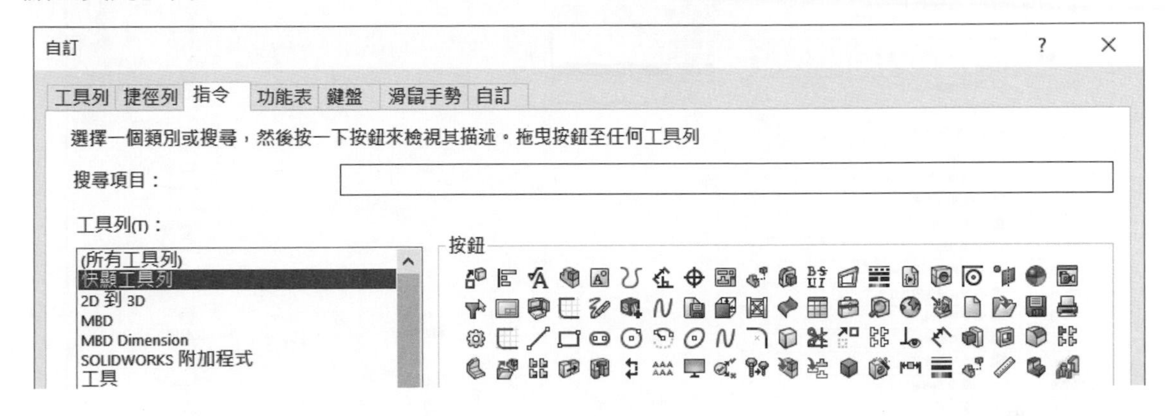

1-7-11 立即檢視工具列

這是系統在每個視埠中提供的一個透明工具列，預設爲視角所需的常用工具。部份圖示包含有下拉彈出式工具按鈕供選用。

同樣的，您可以選擇顯示或清除隱藏**檢視(立即)**工具列，或從「**工具**」➞「**自訂**」新增/移除部分工具圖示。

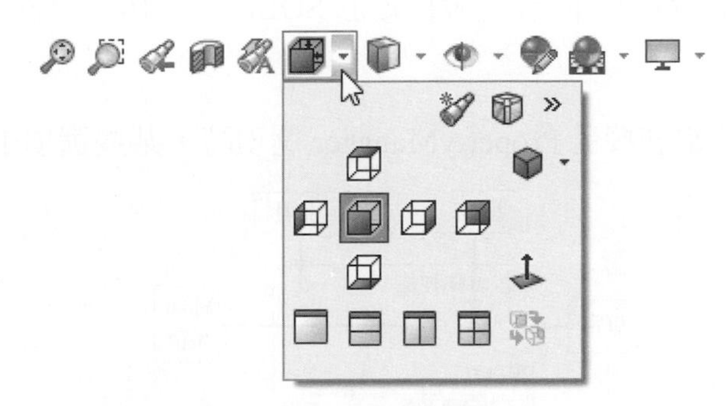

1-7-12 滑鼠右鍵手勢

您可以使用滑鼠手勢作爲快速執行指令或巨集的捷徑，類似於鍵盤快速鍵。

使用時，只要在圖面中按滑鼠右鍵上下左右滑動，即能使用滑鼠手勢，從工程圖、零件、組合件或草圖中叫出預先指定的工具或巨集。

自訂滑鼠手勢時，從**自訂**對話方塊的**滑鼠手勢**標籤中，啓用或停用滑鼠手勢，和檢視及自訂滑鼠手勢指定的選項。

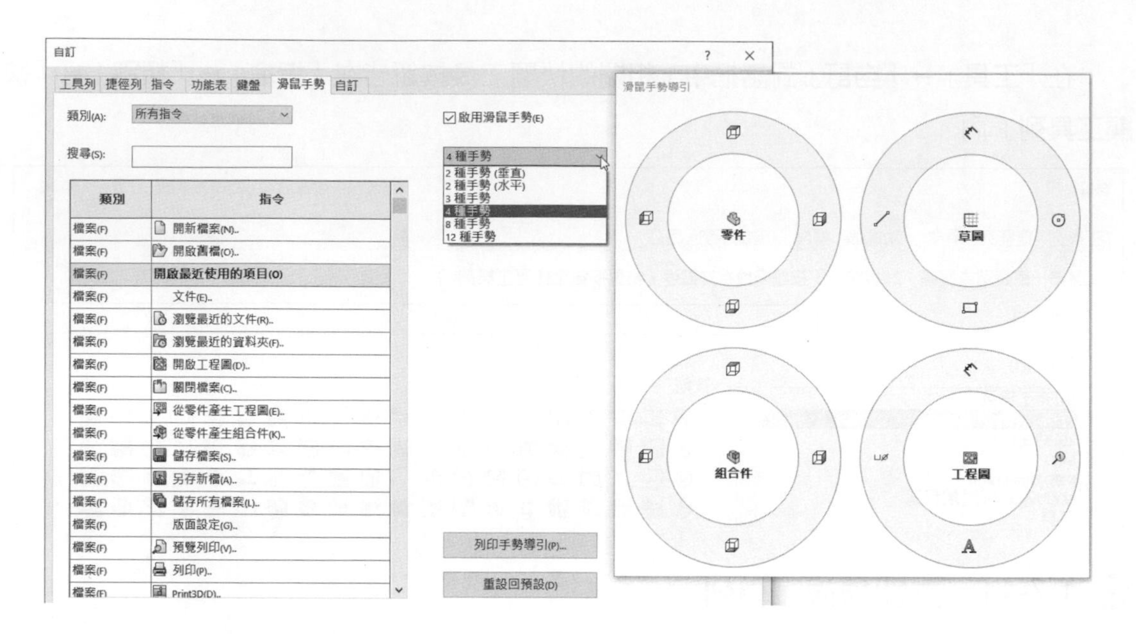

1-7-13 屬性管理員對話框

屬性管理員(PropertyManager)對話框會依您指定的特徵，或您所選的物件而顯現出不同的對話框，基本的按鈕如圖所示。

保持顯示 ：某些選項中的設定會持續於 SOLIDWORKS 的各工作階段和版本中，直到您變更為止。

在您按下**確定**後或當您接受 PropertyManager 選項時，某些選項中的設定仍會存續。

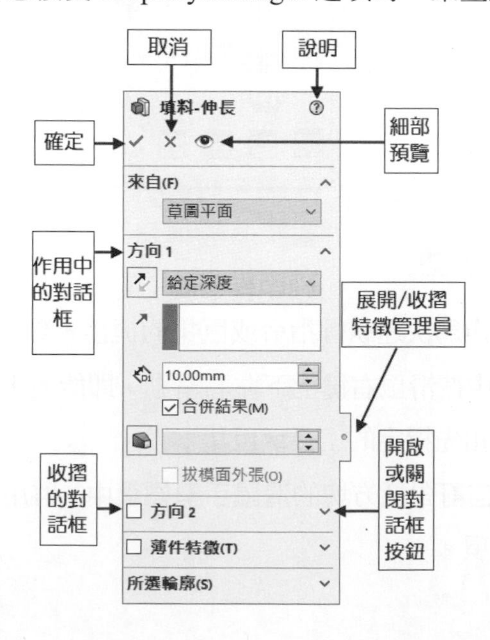

1-7-14 特徵樹與樹狀結構項次

特徵管理員設計樹是 SOLIDWORKS 的獨特功能，用以顯示零件或組合件的全部特徵，只要特徵被建立，特徵會自動地依建立時間順序被加到特徵樹下面，並且可以隨時存取編輯。

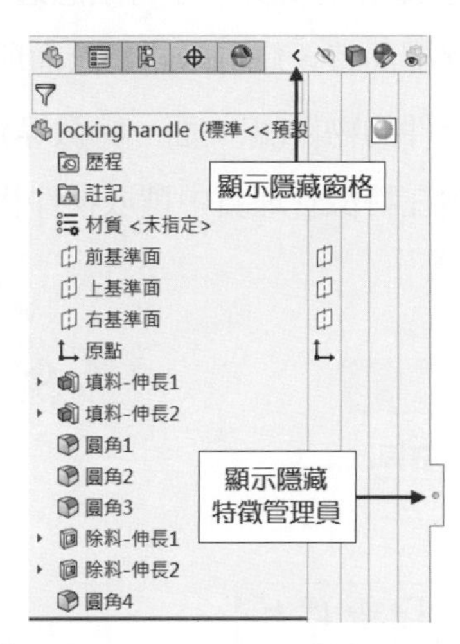

預設下，特徵管理員內只顯示註記、材質、預設基準面與原點，其他部分需按**「工具」→「選項」→「系統選項」→「特徵管理員」**，從**隱藏/顯示樹狀結構項次**中設定。

- **自動**：資料夾若是空白則不顯示。
- **隱藏**：永遠隱藏。
- **顯示**：永遠顯示。

1-7-15 階層連結

使用階層連結可顯示目前所選項次的關聯視圖，這些連結會顯示階層樹狀結構上下的相關元素，包括從所選圖元到最上層的組合件或零件。

階層連結可讓您在圖面中選擇特定項次，並可讓您透過項次的關聯顯示調整選取項次。例如，在組合件中，當您選擇面時，您可以看到該面所屬零組件的所有結合。

在繪圖區中選擇零件或組合件的物件(線、面、特徵等)，顯示的階層連結可讓您從選取圖元的整個階層架構，動作與在特徵管理員中選取物件相同。

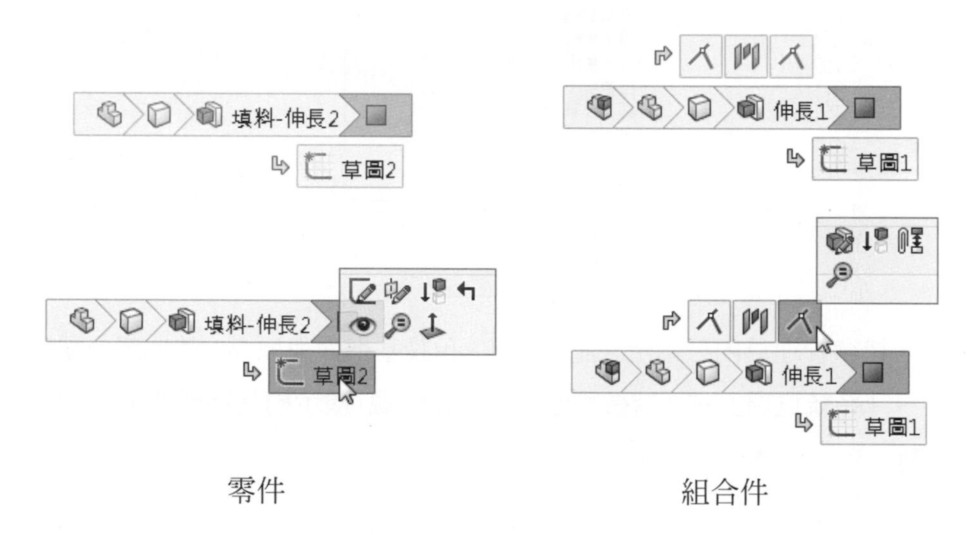

零件　　組合件

- **移除顯示階層連結**

  在圖面中的繪圖區域按一下，或按 Esc。

- **關閉階層連結顯示**

  按**工具 → 選項 → 系統選項 → 顯示**，清除**選取時顯示階層連結**。

1-7-16 動態參考視覺化

動態參考視覺化可讓您檢視在特徵管理員中的項目之間的父子關係，當您將游標停在特徵管理員中有參考的特徵上時，箭頭會從圓圈開始，以藍色箭頭代表父關係，紫色箭頭代表子關係。

如果特徵未展開而無法顯示參考時，箭頭會指向包含參考的特徵，而實際參考會出現在箭頭右側的文字方塊中。

動態參考視覺化預設爲停用，若要開啓動態參考視覺化，只要從特徵管理員設計樹中，在零件或組合件名稱上按一下滑鼠右鍵，再從文意感應工具列中選擇**動態參考視覺化(父項次)**圖示 或**動態參考視覺化(子項次)**圖示 。

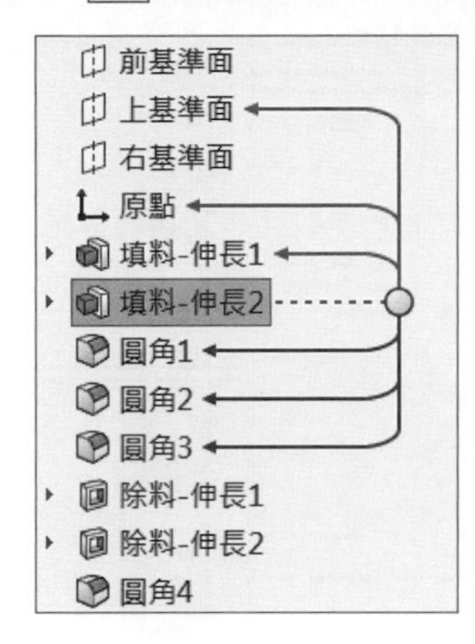

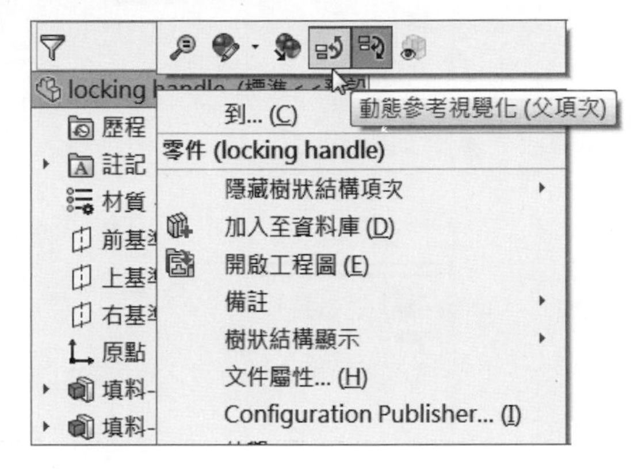

1-7-17 工作窗格

工作窗格可存取 SOLIDWORKS 資源、Design Library、拖曳至工程圖圖頁的**視圖調色盤**及其他實用的項次和資訊等，視窗位置預設在右邊，也可自由移動或用大頭針固定，按功能表中的**檢視 → 工作窗格**可顯示或隱藏。

工作窗格在開啓 SOLIDWORKS 軟體時會出現，其中包含下列標籤：

SOLIDWORKS 資源	開始上手、社群和線上資源以及每日小祕訣的指令群組。
Design Library	可重複使用的零件、組合件及其他元素，包括特徵庫。
檔案 Explorer	與 Windows 的檔案總管相同，加上最近使用的文件及在 SOLIDWORKS 中開啓。
視圖調色盤	拖曳至工程圖圖頁中的標準視圖、註記視角、剖面視圖、及平板型式(鈑金零件)的影像。
外觀、全景及移畫印花	外觀、全景、及移畫印花的資料庫。
自訂屬性	輸入在 SOLIDWORKS 檔案中的自訂屬性。

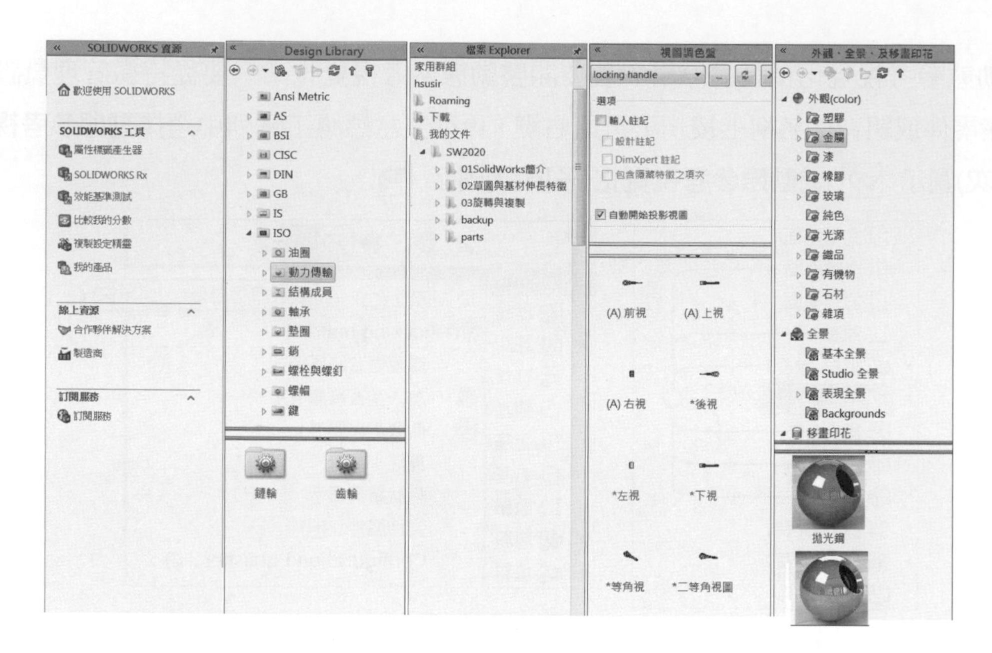

1-7-18 選項對話框

按「工具」➡「選項」；或按**選項**圖示 ⚙，選項對話框中含有**系統選項**與**文件屬性**兩個標籤：

- **系統選項**：系統選項儲存於登錄中，它不是文件的一部分。因此，任何更改會影響目前和將來的所有文件。

- **文件屬性**：文件屬性中的設定僅適用於目前的文件，文件屬性標籤只在文件開啓時才顯現。新文件從用於產生此文件的範本文件屬性中獲得其文件設定(例如單位、影像品質等)。當您設定文件範本時，可以使用文件屬性標籤。

1-8 儲存/還原設定

此複製設定精靈可讓您儲存、回復並傳遞系統的設定至使用者、電腦、或設定檔上，以方便您在同一部電腦中與其他人共用 SOLIDWORKS 時，可以儲存與回復自己習慣的環境設定。

(1) 按「**工具**」➡「**儲存/還原設定**」，系統顯示「**SOLIDWORKS 複製設定精靈**」對話框，點選**儲存設定**，按「**下一步**」。

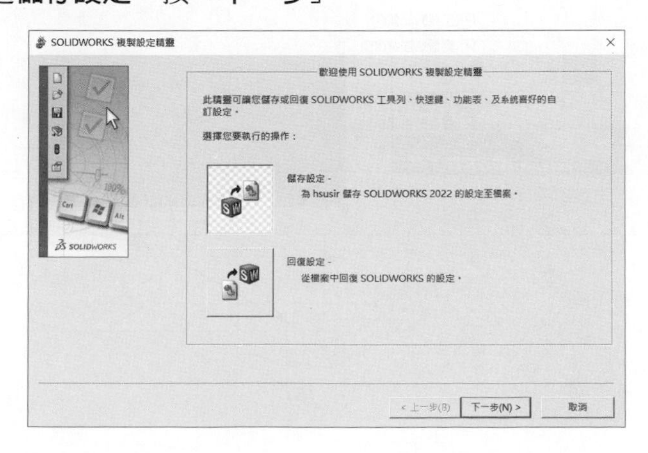

(2) 勾選儲存設定的項目，輸入設定檔案的位置及名稱，按**完成**，再按**確定**。

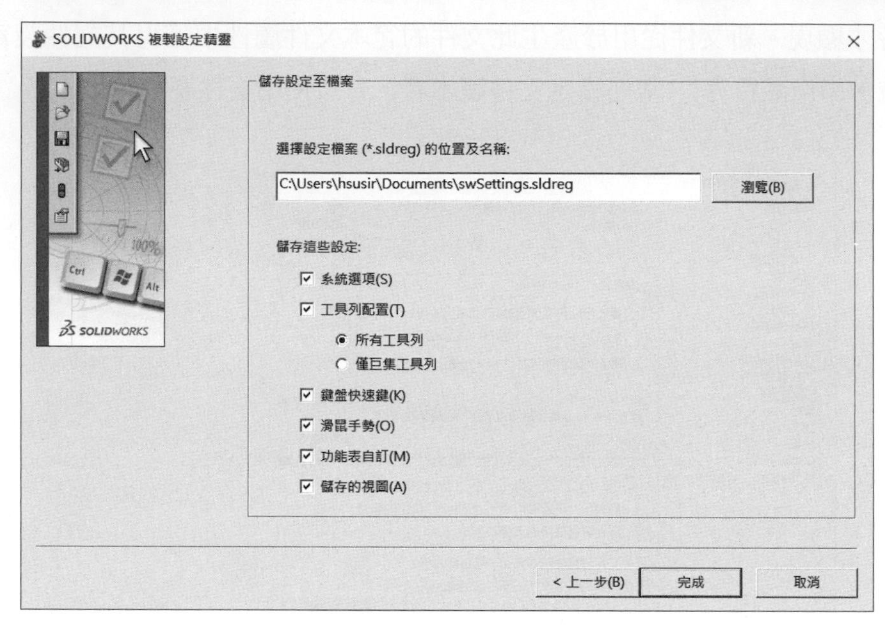

(3) 要回復設定檔時，從「**SOLIDWORKS 複製設定精靈**」對話框中點選**回復設定**，按「**下一步**」，再從回復設定的登錄檔中選擇先前儲存的設定檔，再按「**下一步**」。

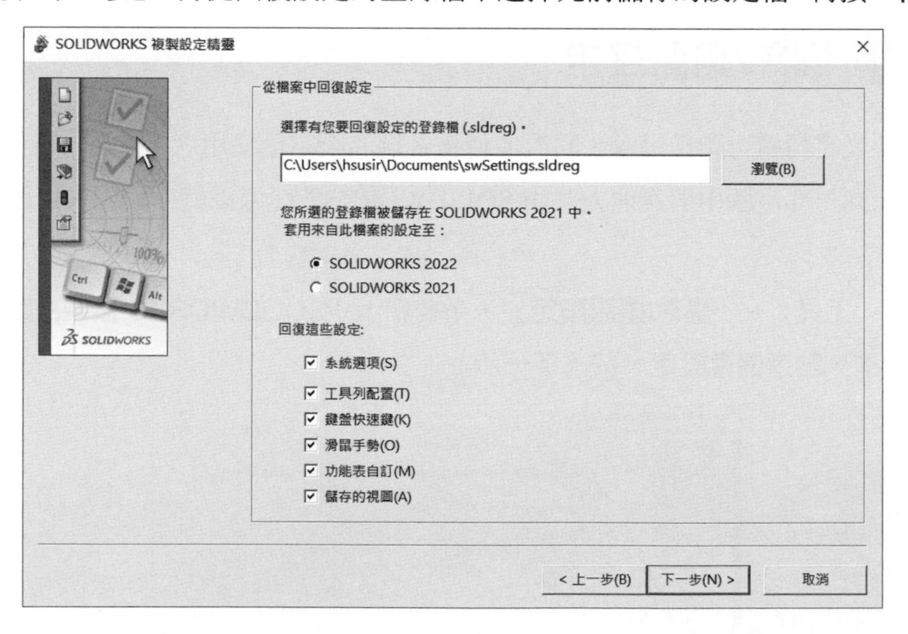

(4) 選擇目的地，按「**下一步**」。

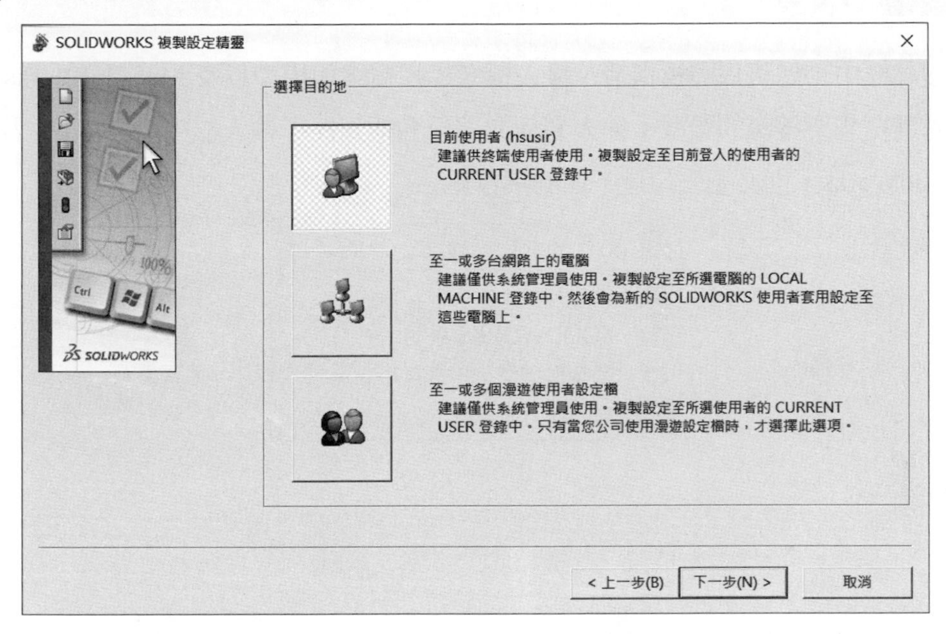

(5) 新設定會覆蓋掉現有的設定，您也可以勾選產生目前設定的備份，按「**完成**」。

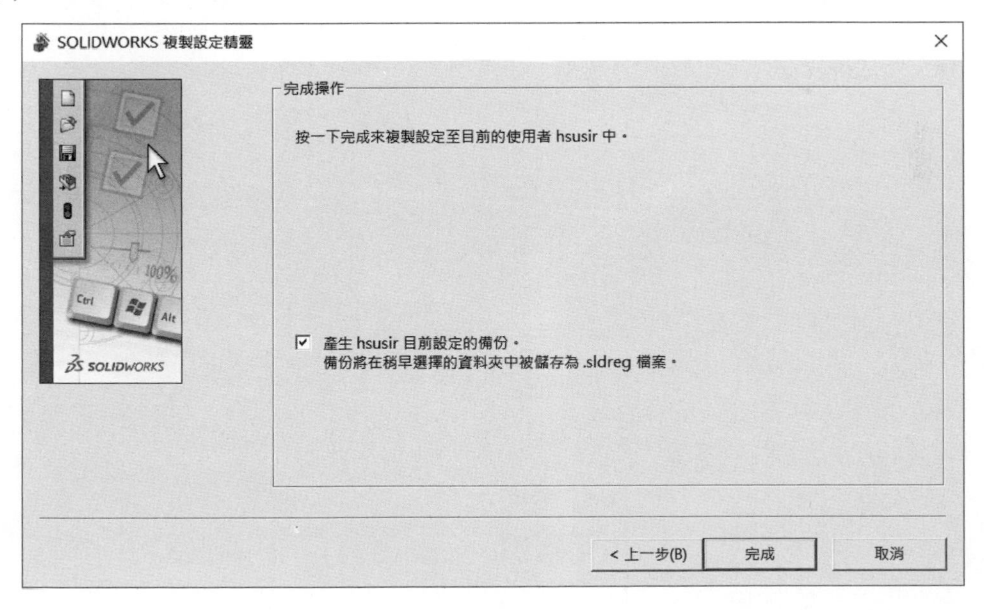

1-9 搜尋

在搜尋框中，您可以尋找指令、輸入檔名尋找檔案與模型以及 MySolidWorks 等。首先您要先選擇想要搜尋的類型；輸入名稱或部份名稱到搜尋輸入框中，按 🔍，若是要搜尋 MySolidWorks，則必須先勾選下面的項目。

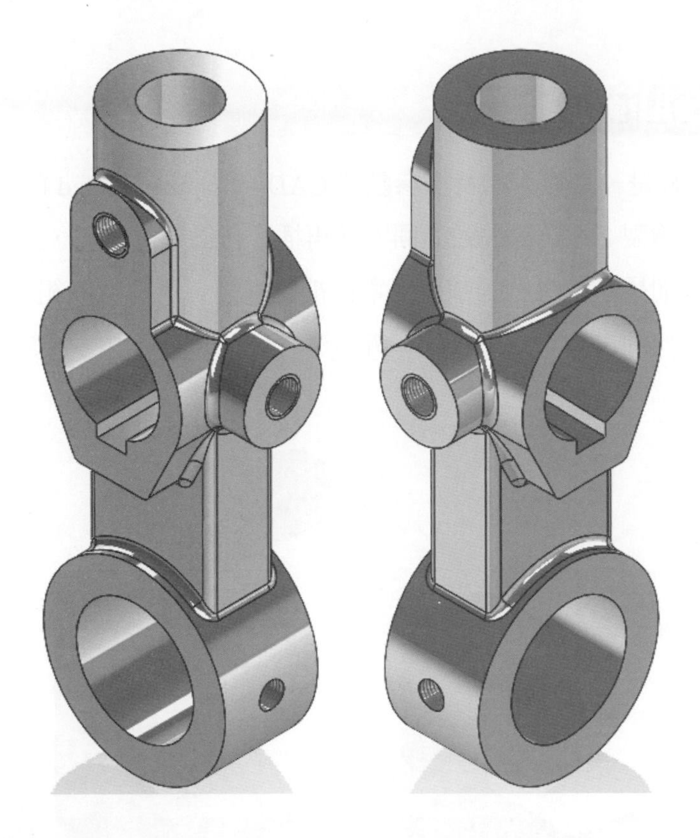

Chapter

2 草圖、基材伸長與除料

2-1 SOLIDWORKS

SOLIDWORKS 是一套強大的特徵參數式 CAD(Computer-Aided Design)設計軟體，3D 零件的建立都是從繪製 2D 草圖(Sketch)開始，再插入特徵建立零件，所以說草圖是產生特徵的基礎，而特徵則是產生零件的基礎，零件被建立後，再組合成組合件。

而零件和組合件則可輸入至工程圖中建立零件圖作爲加工用，三者間並可以互相關連變更設計和尺寸等。

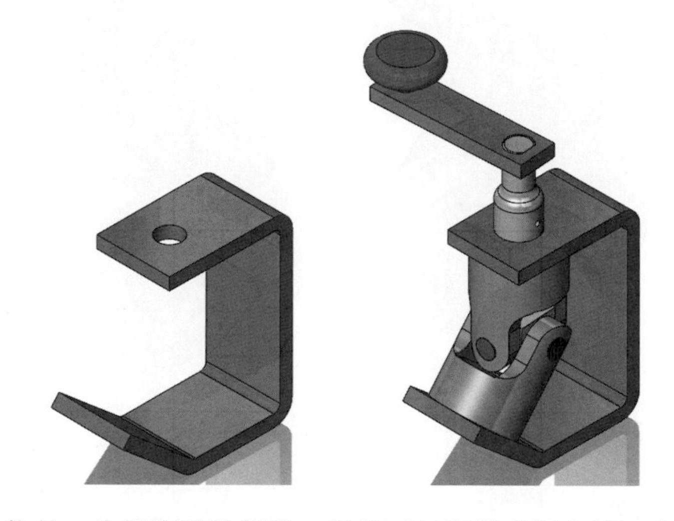

零件即是 3D 物件，也是實體的物件。零件可以組裝成組合件，也可以被用來產生細部工程圖，進而輸出列印供製造部門製造或透過 CAM 軟體辨識(如 CAMWorks)，給予適當的素材、切削條件、刀具等，再由後處理程式產生 NC 程式，模擬無誤後，直接傳輸至 CNC 加工機中切削。

除了少數的應用特徵之外(例如：圓角、導角、拔模、薄殼等)，大多數的特徵都需要先從插入草圖開始。

2-2 了解 3D 空間

SOLIDWORKS 的特徵大多是由 2D 草圖開始，所有的圖元都需繪製在系統提供的基準面、零件平坦面或自行建立的平面上。

您也可以在 SOLIDWORKS 中建立 3D 草圖，在 3D 草圖中，圖元皆建立在 3D 空間而不是平坦面上，與 2D 草圖的基準面並無相關。

2-2-1 三個基準面

在零件或組合件文件的特徵管理員中，SOLIDWORKS 提供預設的三個基準面：**前基準面**、**上基準面**及**右基準面**。基準面是用來繪製草圖爲特徵產生幾何。在前基準面產生的視圖即是正投影中所指的前視圖；同理，右基準面產生右視圖；上基準面產生上視圖。

基準面除了可用來繪製草圖外，也可以用來產生模型的剖面視圖，以及作爲拔模特徵的中立面等。下面爲熟悉三個基準面視角方位的練習步驟：

1. 從功能表列按「**開啓新檔**」圖示 ，在進階使用者範本中選擇「**零件**」，按「**確定**」。

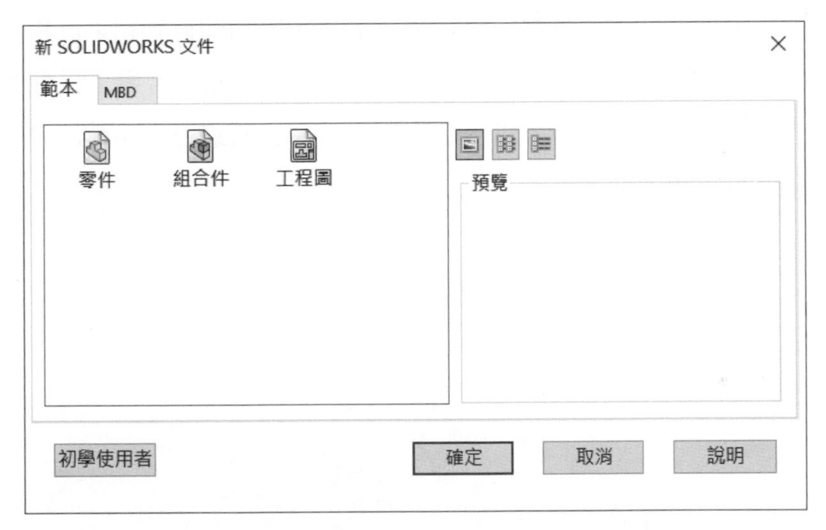

2. 點選功能表「**檢視**」→「**隱藏/顯示**」，確定基準面與原點是被選取的，若無，則點選「**基準面**」與「**原點**」。

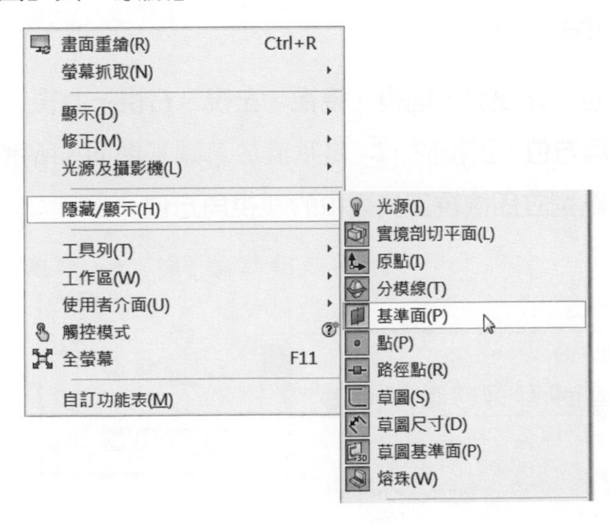

3. 在特徵管理員的三個基準面上按左鍵或右鍵，從文意感應工具列點選「**顯示**」圖示。

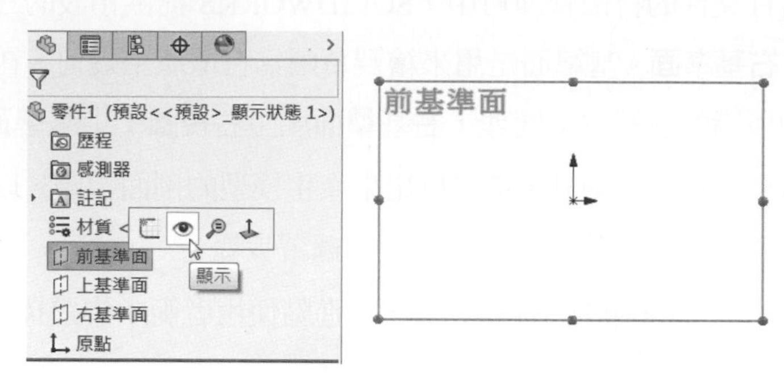

4. 按住**滑鼠中鍵**並移動，試著旋轉三個基準面，放開即自動結束旋轉；或按檢視工具列中的「**旋轉**」 再按左鍵移動也有同樣的功能；若用工具列的旋轉，必須再按「**選擇**」圖示 或按 Esc 結束旋轉。在旋轉過程中，繪圖區左下角的**三度空間參考**也會跟著旋轉。

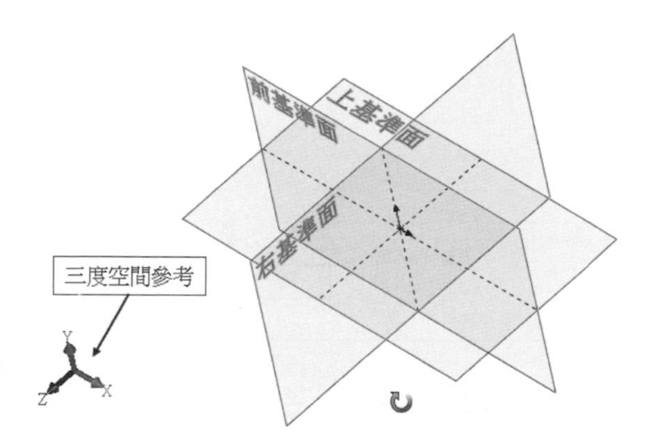

2-2-2 標準視角工具列

標準視角工具列包含**正視於、前視、後視、左視、右視、上視、下視、等角視、不等角視、二等角視**及**視角方位**。**正視於** 是垂直於草圖基準面、所選的基準面或平坦面。要存取**標準視角**也可點選**立即檢視工具列**中的「**視角方位**」。

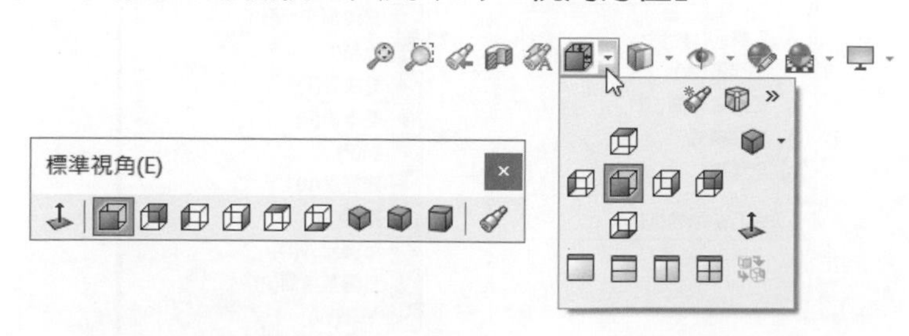

5. 在標準視角工具列上點選「**前視**」、「**右視**」、「**上視**」以及「**等角視**」，觀看在不同的視角下，所呈現出來的視角方位，或點選立即檢視工具列上的各個視角，也都具有同樣效果。

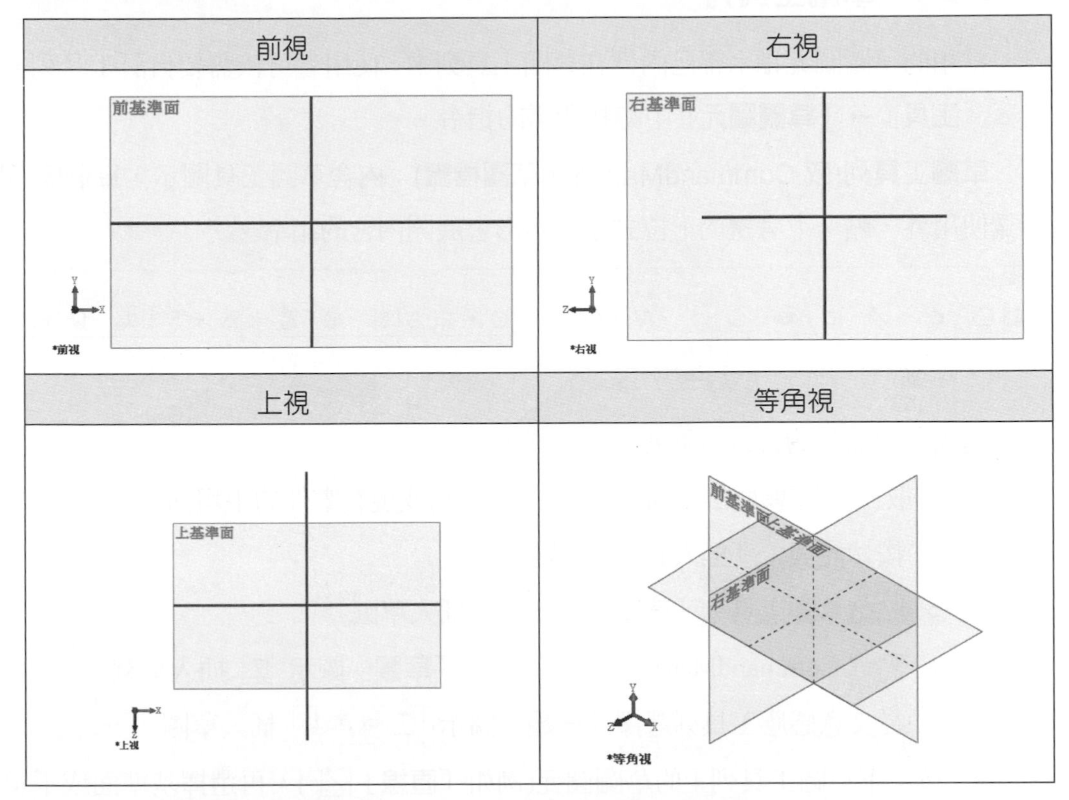

6. 您也可以點選「**四個視角**」圖示，同時檢視零件的「**前視**」、「**上視**」、「**右視**」與「**等角視**」四個視角方位，再點選「**單一視角**」即可回復原始單一視角。

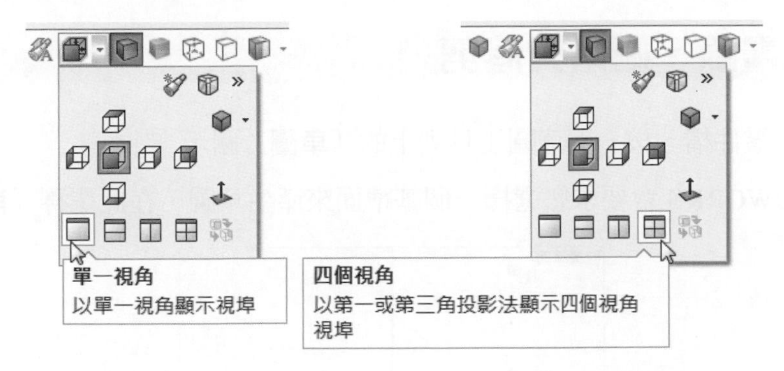

7. 在特徵管理員的三個基準面上按左鍵或右鍵，點選「**隱藏**」圖示 。
8. 不儲存關閉檔案。

2-3 草圖繪製

2-3-1 草圖工具列

常用的草圖圖元指令都已內建在草圖工具列中，使用者可依需要自訂工具列，或從功能表「**工具**」➡「**草圖圖元**」中尋找所需的指令。

草圖工具列(或 CommandManager 草圖標籤)：內含草圖工具圖示，每個圖示除了可單獨使用外，點一下旁邊的下拉式小三角形會展開內含的指令。

草圖(K)

圓(R)
三點定圓

進入草圖繪製的方式有下列幾種方式：

- 選取三個基準面之一(前、上、右基準面)或現有零件的平坦面。
  - 按功能表：「**插入**」➡「**草圖**」
  - 點選草圖工具列「**草圖**」圖示 插入草圖
  - 點選 CommandManager 草圖工具列「**草圖**」圖示 插入草圖
  - 從文意感應工具列選擇「**草圖**」圖示 插入草圖
- 按一下草圖工具列上的草圖圖元(例如「**直線**」)，再選擇基準面或平坦面。
- 在特徵管理員上的基準面上按左鍵或右鍵，點選「**草圖**」圖示 。

2-4 畫線、刪除與修剪

1. 開啓新零件檔，按一下草圖工具列上的「**草圖**」圖示 。
2. SOLIDWORKS 會要求您選擇一個基準面來產生草圖，在此選擇「**前基準面**」。

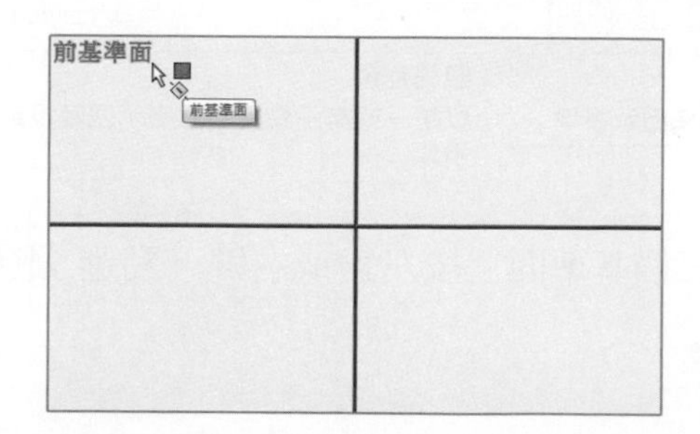

3. 點選後，SOLIDWORKS 會自動幫助您切換正視於前基準面，同時**原點**由藍色變成繪製草圖狀態的**紅色**，原點的短線為水平方向，長線為垂直方向；**確認角落**由一個像草圖符號的**儲存並離開** ↵ 與**不儲存離開**✕的圖鈕組成。

原點

提示

- 自動切換草圖平面為正視的功能只有在零件的第一個草圖才有，接下來的草圖視角方位必須自己手動切換(使用前面的「**視角方位**」控制)。若要自動轉正視，則需點選功能表「**工具**」➡「**選項**」中的**系統選項** ➡ **草圖**，勾選「**產生及編輯草圖時自動旋轉視圖與草圖基準面垂直**」。
- 若是繪圖區中沒有顯示確認角落，點選功能表「**工具**」➡「**選項**」中的**系統選項** ➡ **一般**，勾選「**啟用確認角落**」。

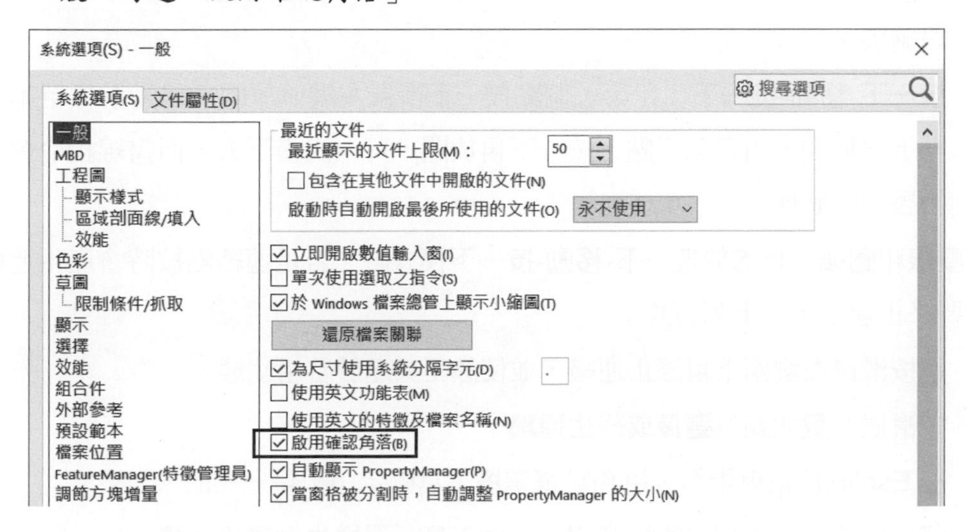

- 當啟用其他指令時(例如草圖圓角)，確認角落會變成**確定** ✔ 與**取消** ✕，您也可以按 D 將確認角落移至游標位置上(右圖)。

4. 點選草圖工具列上的「**直線**」，或按鍵盤 L，游標的形狀變爲，如下圖繪製任意線段，結束指令按 Esc、**選擇**按鈕 或特徵。按 Enter 可重覆上一個指令(畫線)。

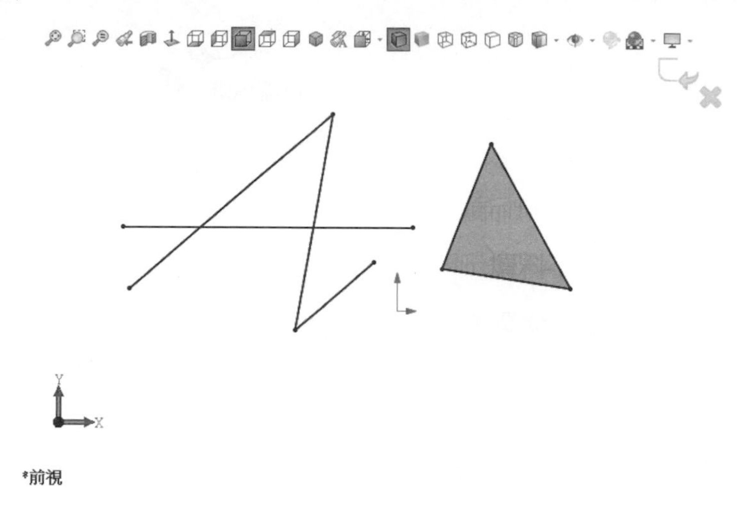

*前視

2-4-1 草圖繪製模式

在 2D 中有兩種繪製草圖的模式：**按住-拖曳**或**按一下-移動-按一下**。SOLIDWORKS 會根據您提供的提示來回應是那一種方式：

- **按住-拖曳**：在第一個點按住滑鼠左鍵並移動至適當位置後，放開滑鼠完成單一線段繪製。
- **按一下-移動-按一下**：在第一個點按一下滑鼠左鍵並放開，移動游標至第二點按一下再放開，再至第三點上按一下再放開，可一直畫下去，而畫線指令會一直保持啓用的狀態。

當**直線**和**圓弧**工具處於**按一下-移動-按一下**模式時，若是連續點按時會產生連續的線段，如要終止連續，有下列方式：

- 連按滑鼠左鍵兩下可終止連續，並使該工具處於啓用狀態。
- 按滑鼠右鍵並點選**選擇**或**終止連續**。
- 按 Esc 直接結束指令，這和點選**選擇**工具圖示 是一樣的。
- 將游標移至工具列，直接選擇另一個工具，這樣也會終止連續。

一般在繪圖指令下，直接按 Esc 鍵或點選**選擇**工具圖示，結果都是一樣回到選擇狀態下。

2-4-2 選取模式

- **單選**：直接按滑鼠左鍵選取，被選取的圖元其性質會直接顯示在屬性視窗中。

按「**工具**」→「**方塊選擇**」 或「**套索選擇**」 可變更物件的選取方式。

- **方塊選擇，由左至右**：按滑鼠左鍵框選，圈選框爲實線，圖元必須被完全包含在圈選框內才能被選取。
- **方塊選擇，由右至左**：按滑鼠左鍵框選，圈選框爲虛線，圖元只要部份被框住在圈選框內即被選取。
- **套索選擇**：與方塊選擇一樣有由左至右和由右至左兩種不同選擇模式。

提示

框選時按 Shift 鍵可將加選的物件加入選擇組中；按 Ctrl 鍵框選，會將尚未選中的物件加入到選擇組，而原先已選中的物件被移除為未選中。

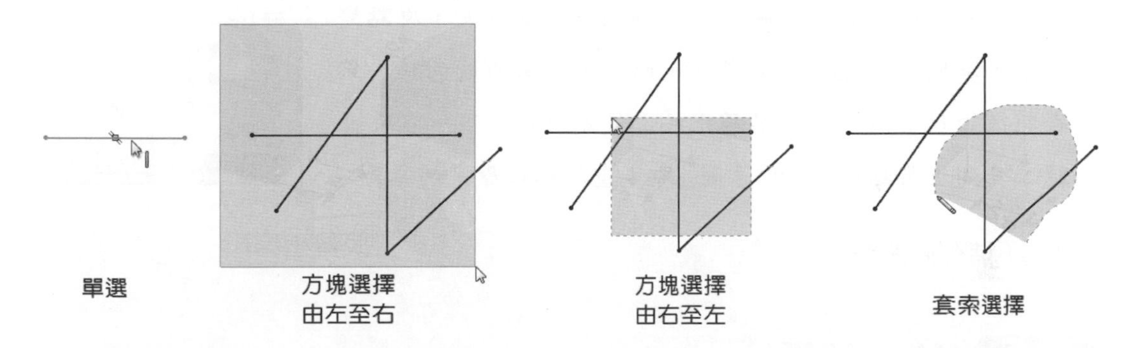

5. 刪除圖元，單選或框選後直接按 Delete 鍵刪除，或按滑鼠右鍵，從快顯示功能表中點選**刪除**。
6. 修剪圖元，點選草圖工具列中的**修剪**圖示 ，下面介紹常用的兩種修剪模式與延伸模式：

<table>
<tr>
<td>強力修剪(P)

在圖面中第一個圖元旁按住滑鼠左鍵，然後拖曳跨過要修剪的草圖圖元。當游標跨過並修剪草圖圖元時，被修剪的線其形狀會變爲出現一個紅點，沿修剪路徑會產生一道痕跡。繼續按住滑鼠左鍵並將游標拖曳至您要修剪的每個圖元。
當完成修剪草圖時放開滑鼠，按確定離開修剪指令。</td>
<td>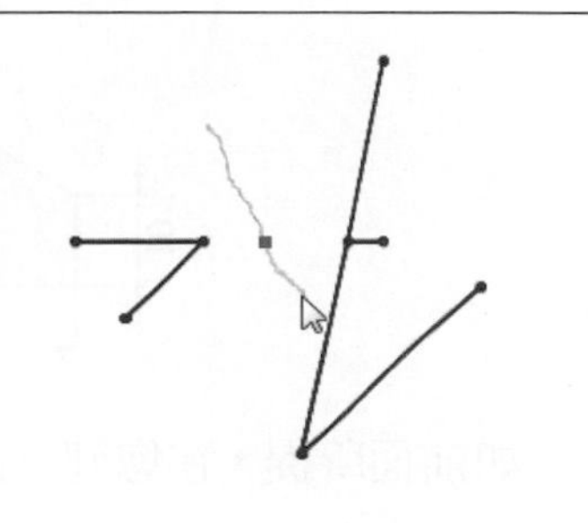</td>
</tr>
</table>

修剪至最近端(T) 游標會變成 ，選擇您要修剪或延伸至最近交點的每個草圖圖元，要延伸，請選擇圖元並拖曳至交點；要修剪，請選擇草圖圖元。 按**確定**離開修剪指令。	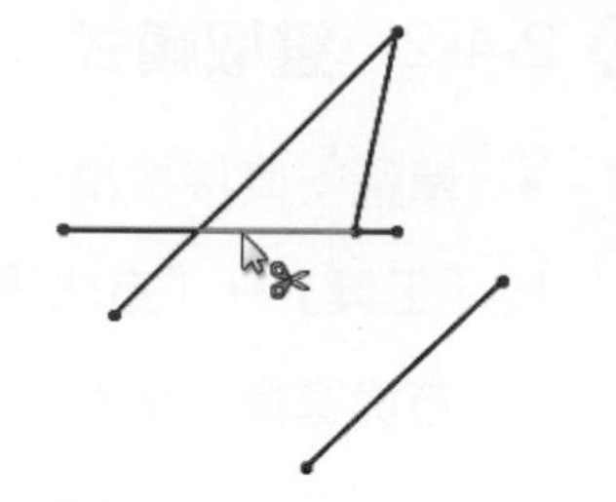
延伸圖元： 使用**強力修剪**選項來延伸： 選擇沿要延伸草圖圖元的任意處，按住滑鼠左鍵拖曳游標至您要延伸草圖圖元的位置或交線處。 當完成延伸草圖時放開游標，按**確定**離開修剪指令。	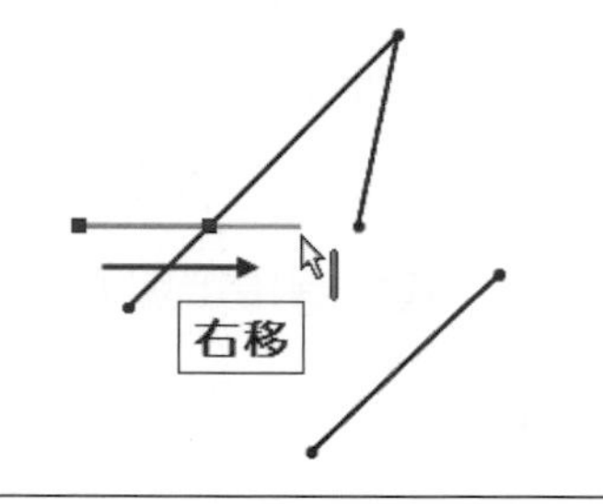

注意

當您按到「**儲存離開草圖**」時，**確認角落**會消失，原點變成藍色，草圖圖元也會變成灰色，而不是原來的藍色時，只要在特徵管理員內的草圖名稱上按滑鼠左鍵點一下，在**文意感應工具列**上再點選「**編輯草圖**」即可重新編輯原來的草圖。

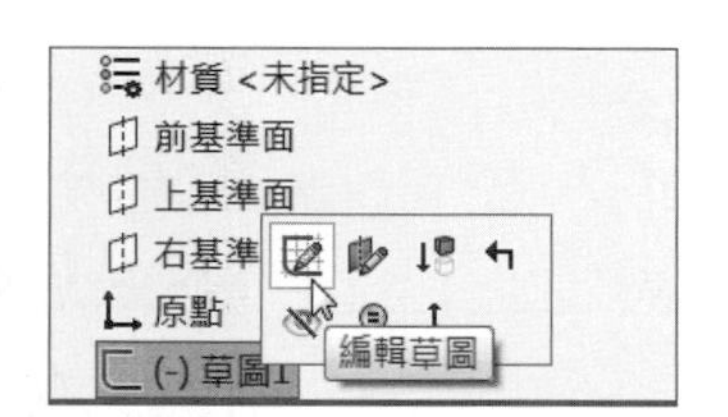

7. 不儲存關閉檔案。

2-5 第一個零件

一般建立基材伸長特徵的步驟都從草圖開始，如圖所示，這是您在本章節要建立的第一個 SOLIDWORKS 零件。

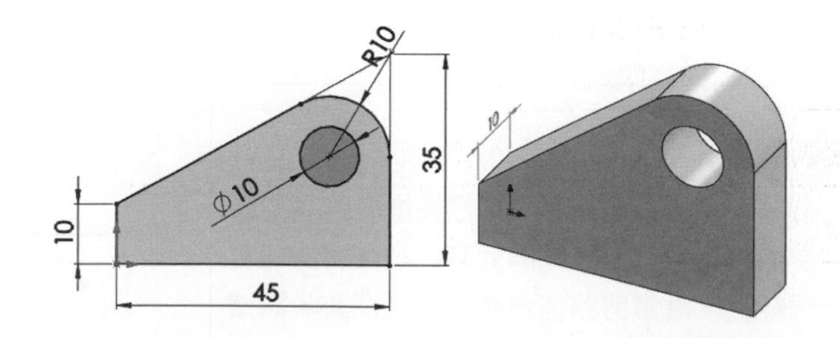

如前面所提，在您建立第一個零件前，必須先繪製草圖以產生基材伸長特徵，而繪製草圖一定要有一個基準面或平坦面，因此您必須在插入草圖之前或之後選擇一個基準面。

下面爲繪製此零件所需的步驟：

1. 開啓新零件檔，點選前基準面，插入草圖。
2. 按一下畫線指令 L，從原點向右沿著水平方向畫線。如圖所示，滑鼠游標變成畫筆 ，游標下方顯示著目前的草圖圖元指令(**直線**)，右下方黃色回饋符號顯示將自動加入的**水平放置**限制條件，右邊則顯示目前線段的大約長度與角度，同時在繪圖區域下面的狀態列上也會顯示此線段的 X 方向和 Y 方向長度。

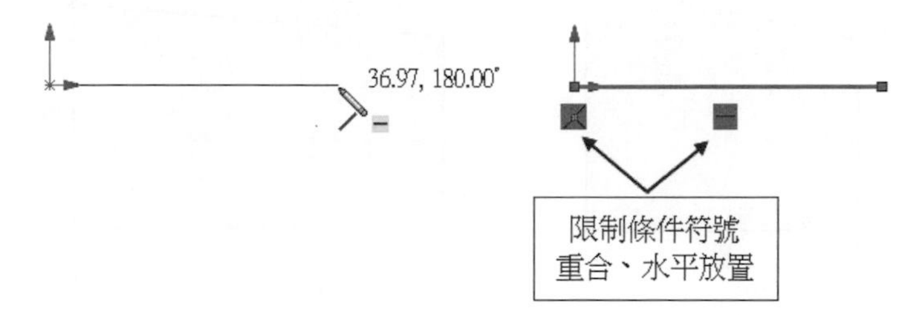

提示

紅色原點短線為水平方向，長線為垂直方向

3. 畫完線段後，線段的左端點與原點會產生一個**重合**的符號；線段的下方也會產生一個**水平放置**的符號，它們是限制條件符號，代表線段本身與左端點已被限制住不能移動，而且顏色爲黑色，只有右端點爲藍色，因尚未被限制住還可以拖曳移動。

- **推斷提示線**

  如圖示，繪製草圖出現的點狀虛線稱之爲**推斷提示線**，藍色提示線只是作圖的提示參考，若沿著黃色提示線作圖，則會加入黃色回饋符號的限制條件。而草圖圖元上的綠色符號代表已加入的限制條件，如圖下方的重合與水平放置限制條件。

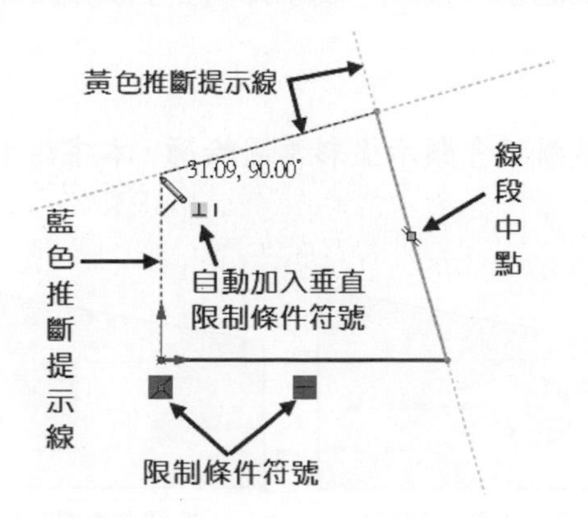

提示

若要取消顯示限制條件符號，按「**檢視**」➡「**隱藏/顯示**」➡「**草圖限制條件**」。

4. 向上畫第二條線段。
5. 完成如下的圖形，如圖所見有的線是藍色，有的是黑色。藍色的線或點是可以拖曳的，而黑色則被固定住了。如前面提的重合與水平放置限制條件已將第一條直線限制住，只有右邊藍色的端點可以被拖曳移動。您可嘗試著拖曳藍色的點或線移動至其他位置。

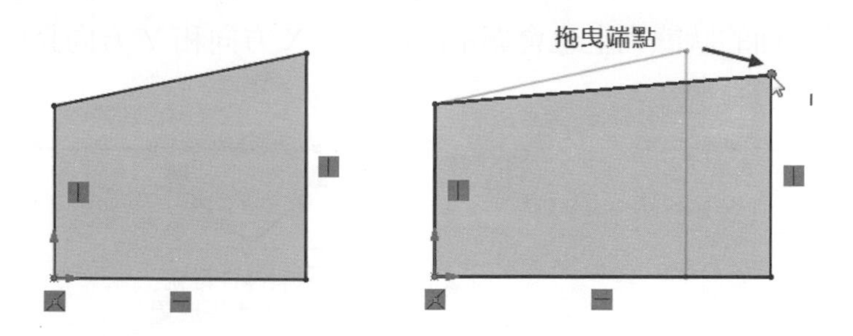

2-5-1 塗彩草圖

選擇「**工具**」➡「**草圖設定**」➡「**塗彩草圖輪廓**」或按工具列上的「**塗彩草圖輪廓**」設定時，只有封閉的草圖輪廓會塗彩，這可讓您以塗彩的形式檢視草圖輪廓和子輪廓是否完全封閉。

若不使用塗彩草圖輪廓，拖曳草圖輪廓必須使用移動工具，現在只要使用**塗彩草圖輪廓**設定，在塗彩草圖輪廓內按住滑鼠左鍵，即可以拖曳、調整其大小，以及套用限制條件至其中。

若要伸長塗彩草圖輪廓，按 Alt 鍵後再按一下塗彩區域，文意感應工具列上會即時顯示**伸長填料/基材** 工具圖示，按一下圖示即可針對此輪廓伸長。

提示

舊版本儲存的檔案，草圖不會顯示**塗彩草圖輪廓**，本書繪製草圖時不一定會使用**塗彩草圖輪廓**。

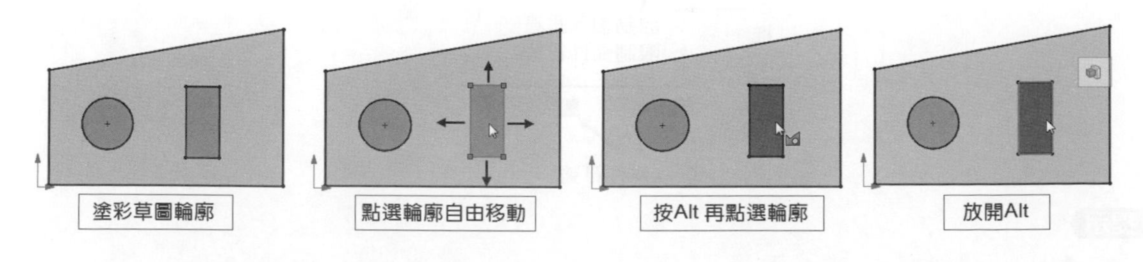

2-5-2 標註尺寸

除了「**工具**」➡「**標註尺寸**」中的個別標註工具外，在 SOLIDWORKS 2D 或 3D 中最常使用的標註工具就是「**智慧型尺寸**」，只要選擇圖元物件或圖元的端點後，再點選放置尺寸的位置，系統即會以尺寸放置的位置來判斷適當的尺寸類型，如水平、垂直、角度、半徑、直徑或圓弧等。

因 SOLIDWORKS 是參數式設計軟體，您所輸入的尺寸將直接套用到草圖圖元上，意即草圖輪廓中的所有圖元會根據此尺寸來自動均勻縮放，而不是調整該圖元的大小，但只限於第一個尺寸(若不要自動縮放，可不勾選「**選項**」➡ **系統選項** ➡ **草圖**中的「**產生第一個尺寸時縮放草圖**」)。且此功能不支援角度及純量尺寸。第二個尺寸以後，草圖圖元大小或長短會隨著您輸入的尺寸作即時的變更。

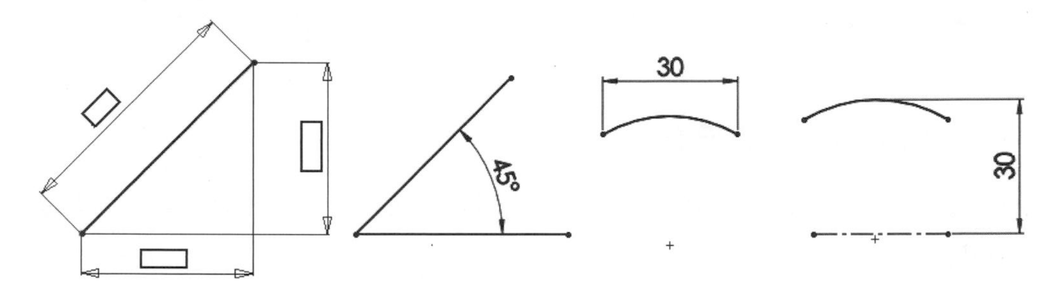

6. 使用**智慧型尺寸** 標註，按滑鼠左鍵，點選水平線後，移動至下方按一下放置尺寸，此時**修改**尺寸對話框出現，直接輸入 45 按 Enter，或按「**確定**」符號即可。

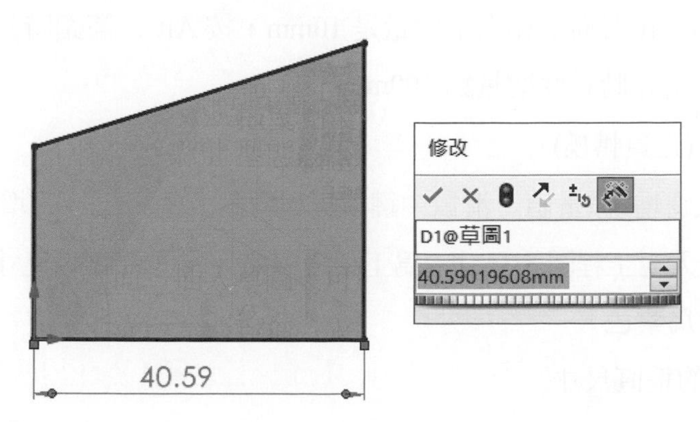

提示

您可以按「**工具**」➡「**自訂**」➡「**鍵盤**」，在「**類別**」中選擇「**工具**」➡「**智慧型**」，按一下 D，設定**智慧型**快速鍵為 D。(按鍵 D 已被指定為「**將確認角落移至游標處**」，您可自行決定是否變更按鍵)

自訂 ? ×

工具列 捷徑列 指令 功能表 鍵盤 滑鼠手勢 自訂

類別(A): 所有指令　　列印清單(P)... 複製清單(C)

顯示(H): 所有指令　　重設回預設(D)

搜尋(S):　　移除快速鍵(R)

類別	指令	快速鍵	搜尋快速鍵
工具(T)	顯示最小曲率半徑(M)..		
工具(T)	顯示曲率(U)..		
工具(T)	標註尺寸(S)		
工具(T)	智慧型(S)..	D	
工具(T)	水平尺寸(H)..		

2-5-3 尺寸修改視窗按鈕

：縮圖滾輪，以滑鼠左鍵按住，可以預設增量，向右增加或向左減少數值。

：儲存目前的值並離開此對話框。

：回復原始値並離開對話框。

：以目前的值重新計算模型。

：增量箭頭，預設向上和向下增量是 10mm，按 Alt＋ 箭頭時長度增量爲 1mm；按 Ctrl＋ 箭頭時長度增量爲 100mm。

：反轉尺寸(正負轉換)

：重設輸入窗增/減量值，滑鼠中鍵滾輪與轉動滾輪對尺寸的增減值。

：標示要輸入至工程圖的尺寸，爲工程圖中插入模型項次的尺寸。不標示的尺寸文字會顯示爲紫色。

7. 標註如圖的垂直尺寸

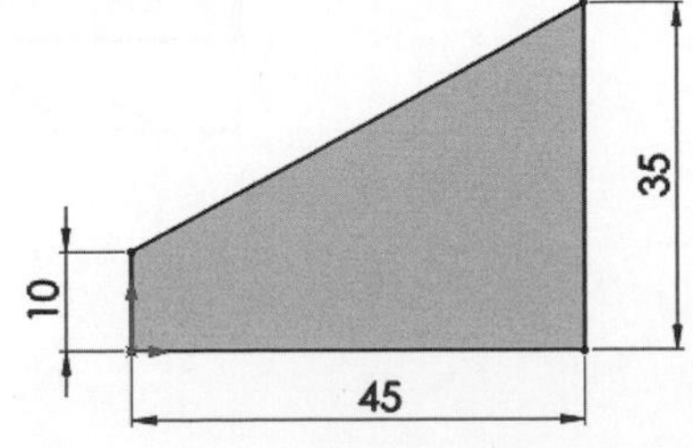

8. 點選草圖工具列中的「**圓角**」，在屬性視窗中輸入圓角半徑為 10mm，並且點選圖元的右上角角點後，草圖圓角 R10 自動加入至角落並修剪相交的兩直線，此時滑鼠回饋符號出現，您可以按右鍵「**確定**」、或按**確認角落**的、或按屬性視窗中的 確定圓角。(您也可以點選兩條邊線建立草圖圓角)按 Esc 離開草圖圓角指令。

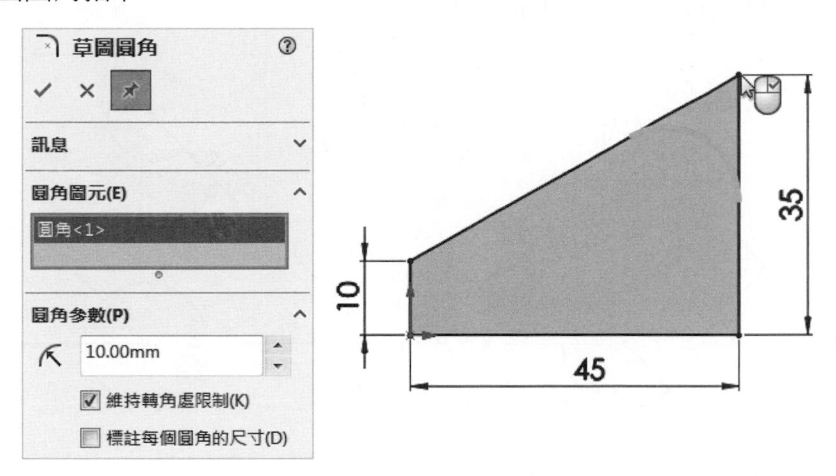

9. 將滑鼠游標移至空白區域，按鍵盤 S 或 s，從捷徑列中點選畫「**圓**」指令。

10. 游標變為，點選 R10 的圓心點(注意游標的右下方是否有一同心圓符號)，向外移動至適當位置按一下以定出圓形，此時草圖有兩個輪廓，塗彩的顏色會有深淺區別。

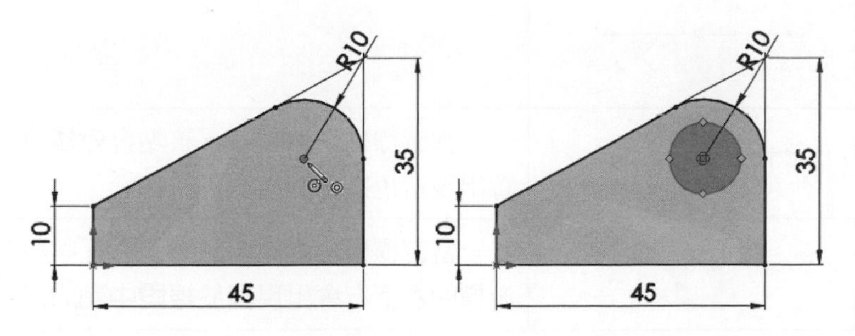

2-5-4 尺寸定位與預覽

當您用**智慧型尺寸**選擇如下圖的草圖圖元後，系統會顯示尺寸預覽及定位提示符號，移動游標直到預覽顯示您所需的尺寸類型，您可以按滑鼠右鍵鎖定尺寸類型後，再繼續調整尺寸位置，找到合適位置後再按滑鼠左鍵確定。

如圖所示，移動游標會得到不同的方向和數值。

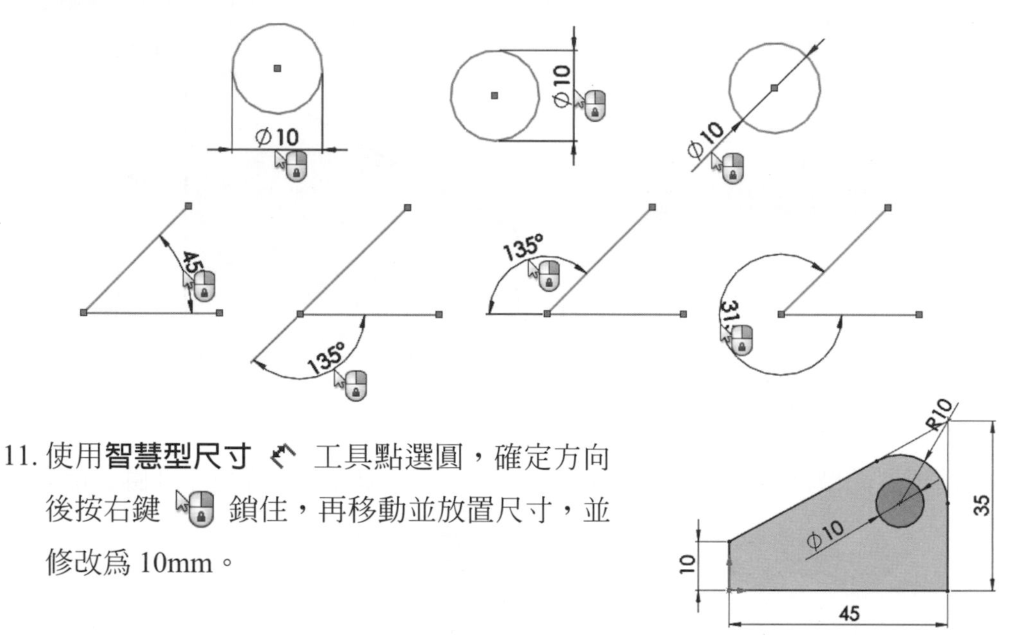

11. 使用**智慧型尺寸** 工具點選圓，確定方向後按右鍵 鎖住，再移動並放置尺寸，並修改為 10mm。

當游標處於繪圖狀態時，游標移到圖元或端點時會顯示為橘色，表示對現有圖元的抓取情況，常見的回饋符號有下列三種：

重合 (在邊線上)		當游標移到圓邊線時，圓會出現圓心與四分點，游標右下方會出現**重合**的回饋符號，邊線會變橘色。 當游標移到直線時，直線會出現中點，游標右下方會出現**重合**的回饋符號，邊線會變橘色。
端點		當游標移到端點時，該點會變橘色，游標的右下方會出現黃色**共點**的回饋符號。
中點		當游標移至直線中點時，圖元與該點會變為橘色，游標的右下方會出現**置於線段中點**的回饋符號。

2-6 草圖定義與限制條件

2-6-1 草圖定義

如同前面所提的，在草圖中顯示為藍色的線段或點都是可以被拖曳移動的，這是因為我們尚未針對草圖圖元標註尺寸或加入限制條件，這種草圖稱之為**不足的定義**。

除了設計不規則造形的產品之外，對於零件我們都建議使用完全定義的草圖，若繪製的草圖出現過多的定義，一定要找出多餘的尺寸或限制條件刪除，恢復為完全定義或不足定義的草圖。

下表列出常見的三種草圖定義：

草圖狀態	特徵管理員顯示狀態	繪圖視窗狀態列顯示
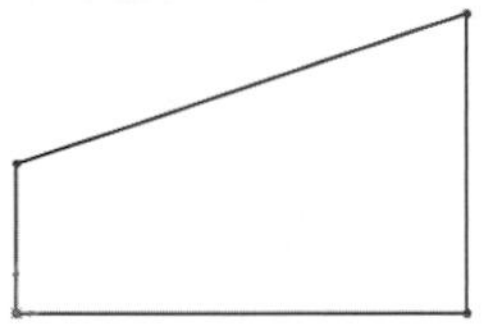 不足的定義	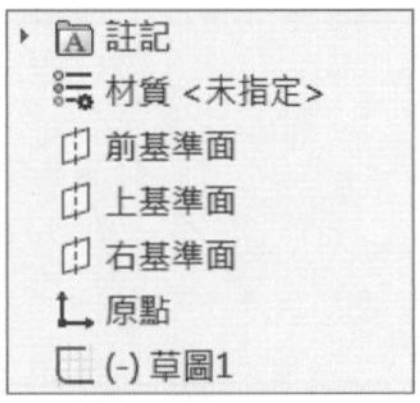 註記 材質 <未指定> 前基準面 上基準面 右基準面 原點 (-) 草圖1 草圖名稱前有(-)符號	 不足的定義 正在編輯：草圖1
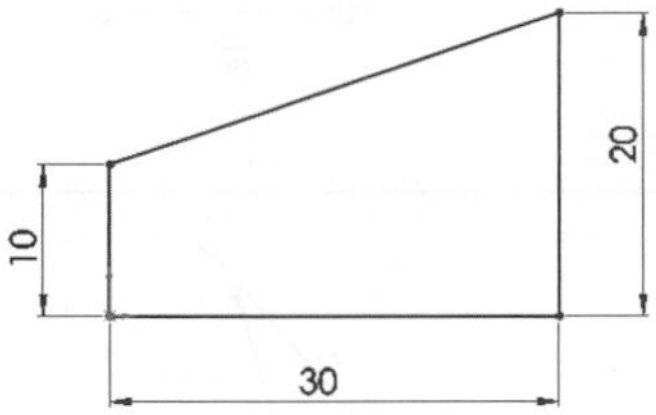 10 20 30 完全定義	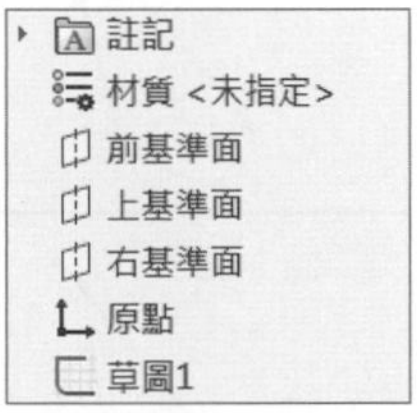 註記 材質 <未指定> 前基準面 上基準面 右基準面 原點 草圖1 草圖名稱前面沒有符號	 完全定義 正在編輯：草圖1
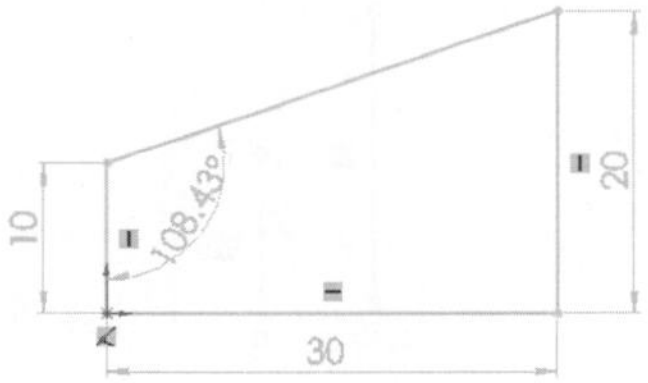 10 108.43° 20 30 過多的定義 草圖呈現紅色(過多定義)、黃灰色(無效的)和棕色(懸置的)等狀態	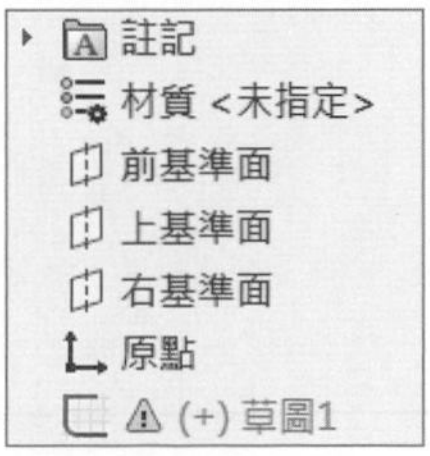 註記 材質 <未指定> 前基準面 上基準面 右基準面 原點 (+) 草圖1 草圖名稱前面有(+)符號，而且零件名稱與草圖名稱前都有三角形警示標誌	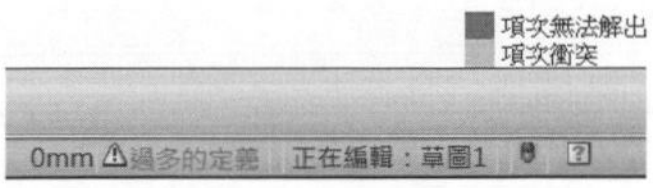 項次無法解出 項次衝突 0mm 過多的定義 正在編輯：草圖1

2-6-2 限制條件

在草圖中，要定義完全的草圖，除了標註尺寸之外，另外就是加入限制條件。

下表為常見的限制條件(此處並未全部列出)：

幾何關係	加入前	加入後
重合 選擇點與線段	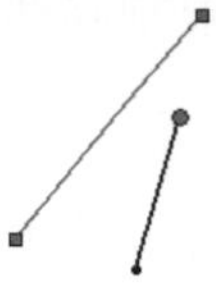	
平行 選擇兩條不同線段	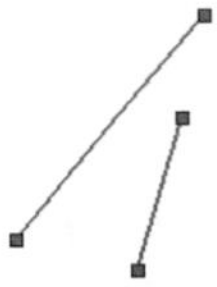	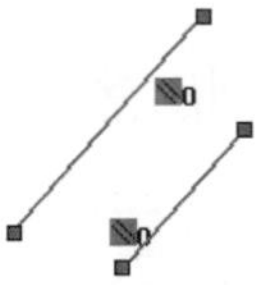
共線 選擇兩條線	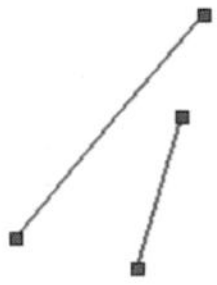	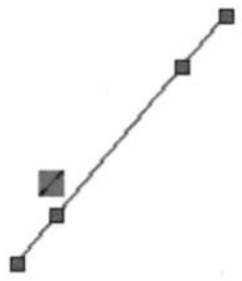
水平放置 選擇一條或更多條直線	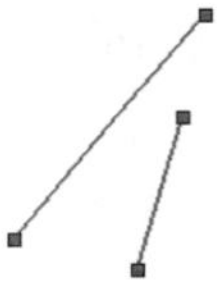	
水平放置 選擇兩端點水平放置		
垂直放置 選擇一條或更多條直線	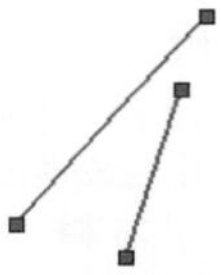	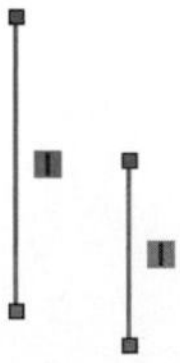
垂直放置 選擇兩端點垂直放置		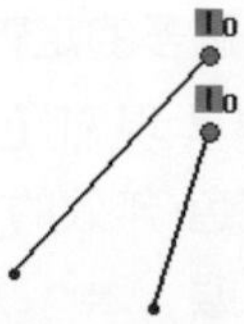

幾何關係	加入前	加入後
等長 選擇兩條線段限制等長		
等徑 選擇兩圓或多個圓限制等徑		
置於線段中點 選擇端點與另一條線段 (例：原點與中心線)		
互相對稱 選擇兩線段與中心線，線段對稱，但端點並不對稱 要使端點對稱必須選擇兩端點與中心線		
置於交錯點 選擇點與兩個相交的圖元		
相切 線與弧使用相同的端點		
貫穿 草圖點與線段(曲線)		

2-6-3 加入幾何限制條件

加入限制條件 ⊥ 是用在草圖圖元中建立像是**平行**、或**共線**、或**相互對稱**等幾何限制條件，加入限制條件有兩種方式：

(1) 點選功能表「**工具**」➡「**限制條件**」➡「**加入限制條件…**」，或點選草圖工具列中的「**加入限制條件**」圖示 ⊥ 後，點選圖元，再從屬性管理員內的加入限制條件列表中選擇所需的項目，如下圖左。

加入限制條件
同心共徑(R)
相切(T)
同心圓/弧(N)
等長/等徑(Q)
固定(F)
曲線等長(L)

(2) 先按住 Ctrl 鍵，點選圖元，再從屬性管理員內的**加入限制條件**列表中選擇限制條件，如下圖右。這樣在操作上較為快速簡便。

(3) 直接框選圖元後，再從屬性管理員內的**加入限制條件**列表中選擇限制條件。

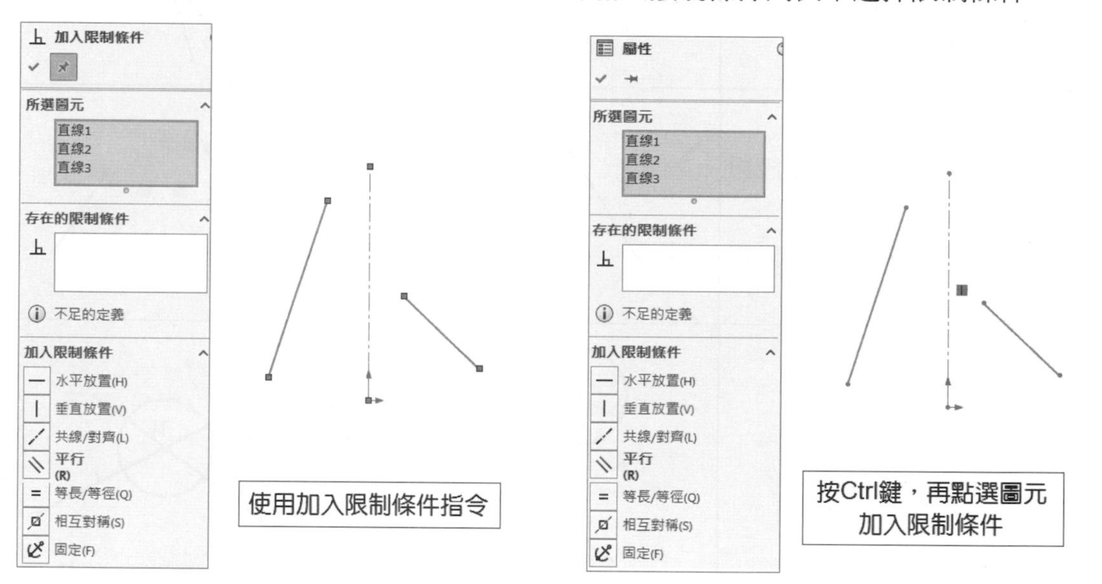

使用加入限制條件指令

按Ctrl鍵，再點選圖元加入限制條件

2-6-4 刪除幾何限制條件

首先點選要修正的圖元，再從屬性管理員內的**存在的限制條件**列表中選擇所要刪除的項目，按 Delete 鍵即可刪除。您也可以點選圖元旁的限制條件符號後再按 Delete 鍵刪除。

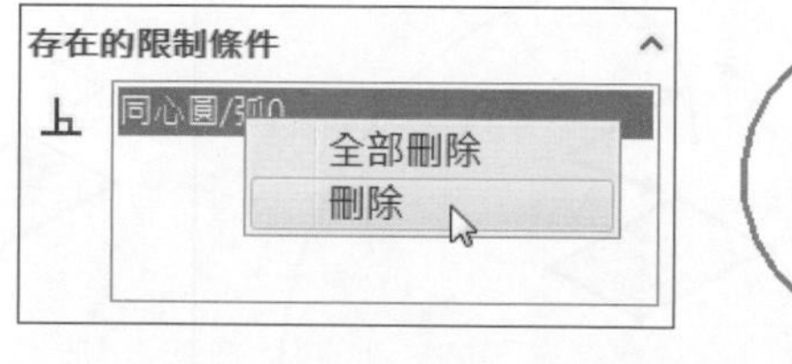

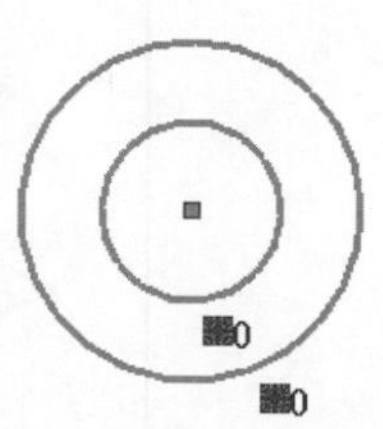

2-6-5 Instant 2D

Instant 2D 是在不開啓修改尺寸對話框時，利用螢幕上的尺規準確地操控草圖模式中的圖元尺寸，以重設圖元。

12. 按「**草圖**」➡「Instant 2D」，選擇尺寸 35，用游標按住箭頭端的圓球控制點，拖曳尺寸，尺寸值隨著游標移動而變更。移動游標至尺規上，使用尺規拖曳可得較精確尺寸，變更尺寸爲 45mm 後鬆開游標。

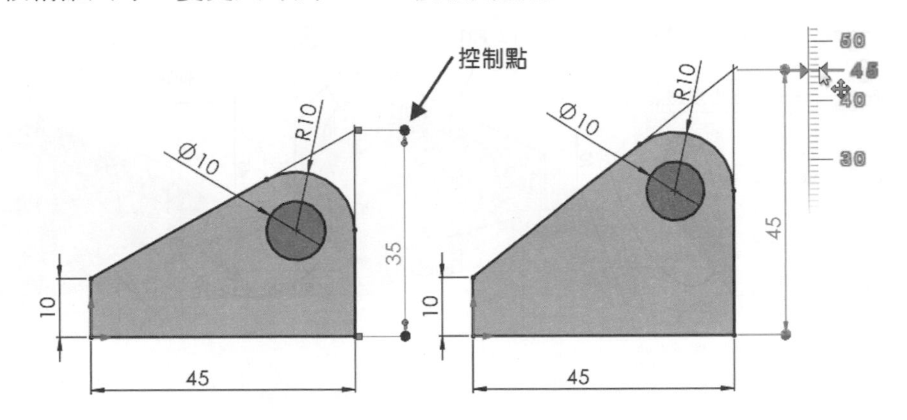

2-7 特徵與特徵工具列

特徵是各種個別的加工外形，將其組合起來時便形成各式各樣的零件，您還可以將一些類型的特徵加入組合件中。

多本體零件亦能包含各式特徵功能。像是同一零件中可包含各式的**伸長**、**旋轉**、**疊層拉伸**、或**掃出**等特徵。

特徵工具列及 CommandManager 特徵工具列內列示了常用的產生模型特徵的工具，由於特徵圖示相當多，所以並非所有的特徵工具都被包含在預設的工具列中。您可以加入或移除圖示來自訂此工具列(參閱第 1 章)，以符合您工作的方式與需求，下圖爲預設特徵工具列及 CommandManager 特徵工具列，小圖示的右方有一個小三角形(稱之爲快顯工具列)，點選向下小三角形可展開相關聯的特徵圖示。(相關自訂方式請參閱第 1 章)

13. 點選功能表列的「**插入**」➞「**填料/基材**」➞「**伸長**」，或點選工具列中的**伸長填料/基材**圖示 ，視角方位已自動切換至「**不等角視**」 (只有第一個基材特徵才會自動切換，第二個以後的特徵需手動切換)，且呈現預覽視圖，視圖中的箭頭為預設的方向，可用滑鼠左鍵拖曳調整深度，屬性依預設值，按「**確定**」 。

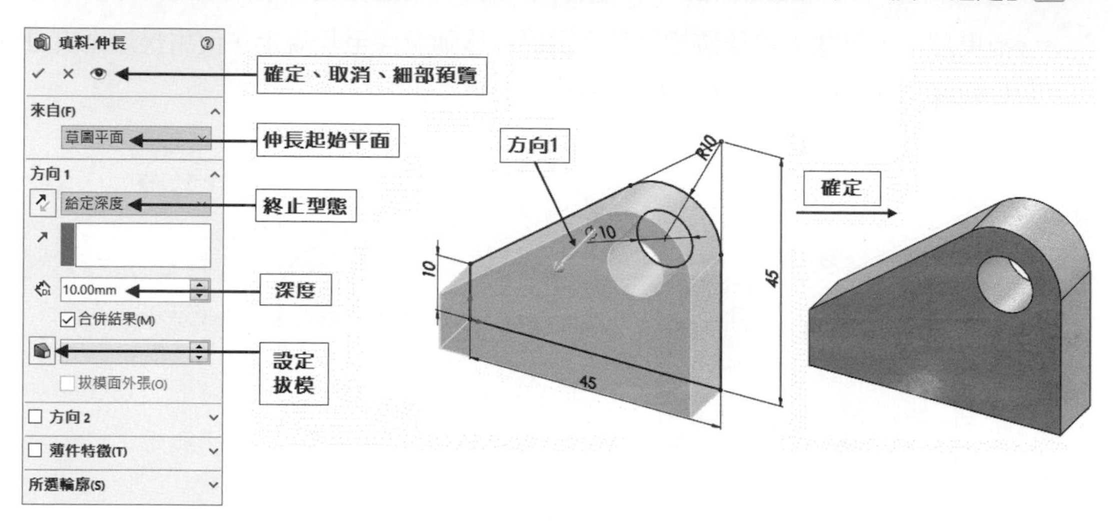

2-7-1 控制點箭頭和尺規

如圖所示，雖然只有給定深度的單一方向，但仍顯示兩個箭頭方向，您可以拖曳**控制點箭頭** 並預覽伸長的深度。啓用的控制點箭頭是彩色的，另一方向未啓用的控制點箭頭為灰色。拖曳時可使用空間尺規補捉伸長數值，游標拖曳越接近尺規則越容易捕捉到尺規上的刻度。

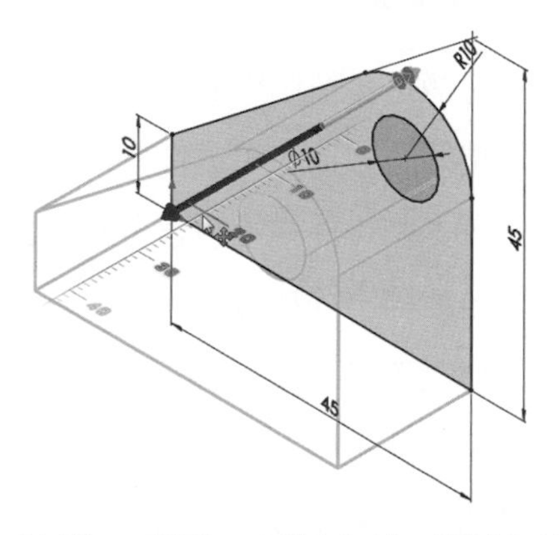

14. 這時，特徵管理員中已有新加入的**填料-伸長 1** 特徵，草圖 1 已被內縮至**填料-伸長 1** 特徵中，零件已從草圖變為 3D 實體。

原點
填料-伸長1
草圖1

2-8 特徵管理員

2-8-1 特徵管理員

特徵管理員位在 SOLIDWORKS 視窗的左側，它提供啓用中零件，組合件或是工程圖的設計大綱檢視。像是模型或組合件的結構，或是在工程圖中檢視不同的圖頁與視圖。特徵管理員及圖面是動態連結的，您可以在分割的窗格中選擇特徵、草圖、以及建構幾何等。也可以拖曳分割棒，分割並同時顯示兩個特徵管理員，或組態管理員、屬性管理員等。

您可以使用特徵管理員**回溯控制棒**或**快顯功能表**來暫時回溯至較早的狀態；或選擇特徵向前移動、移至前一狀態、或移至特徵管理員的尾端。當模型處於回溯狀態時，您可以增加新的特徵或編輯現有的特徵。您可以儲存回溯控制棒位於任意處的模型。

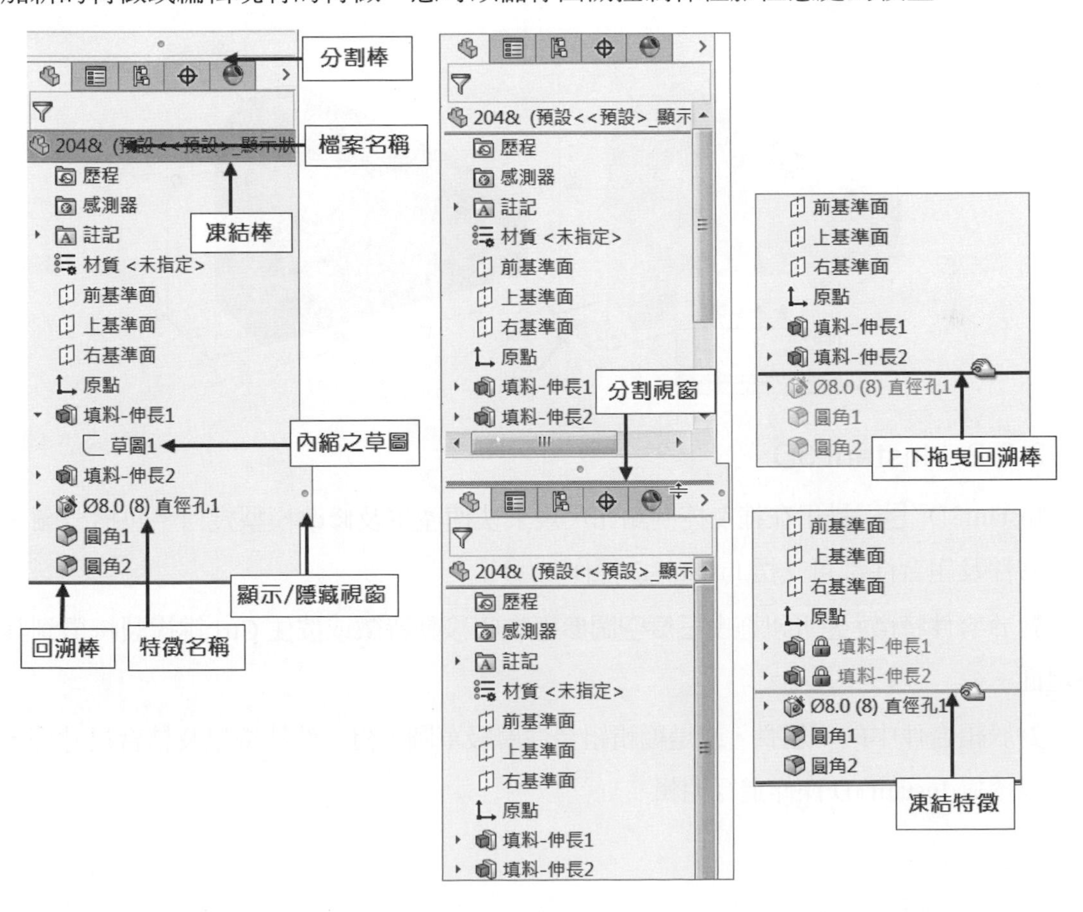

凍結棒可控制特徵管理員中零件的重新計算點；凍結棒上方的特徵已凍結無法加以編輯，並且這些特徵會從模型的重新計算中排除。

若您建立的模型包含許多複雜特徵時，凍結部分模型可協助您：減少重新計算時間與防止意外變更模型

若您不想使用凍結棒，您可以從「**工具**」→「**選項**」→ **系統選項** → **一般**，取消勾選**啓用凍結棒**。

特徵管理員視窗也可以透過中間的按鈕隱藏或顯示以調整繪圖視窗的大小。

15. 在**填料-伸長** 1 特徵上快按滑鼠兩下，以顯示**填料-伸長** 1 特徵中的所有尺寸。在伸長長度 10mm 上快按滑鼠兩下，輸入新的尺寸 15mm，按「**確定**」，再點選標準工具列中的「**重新計算**」圖示，零件已更新爲新的尺寸。點選「**復原**」圖示 回復原來尺寸。

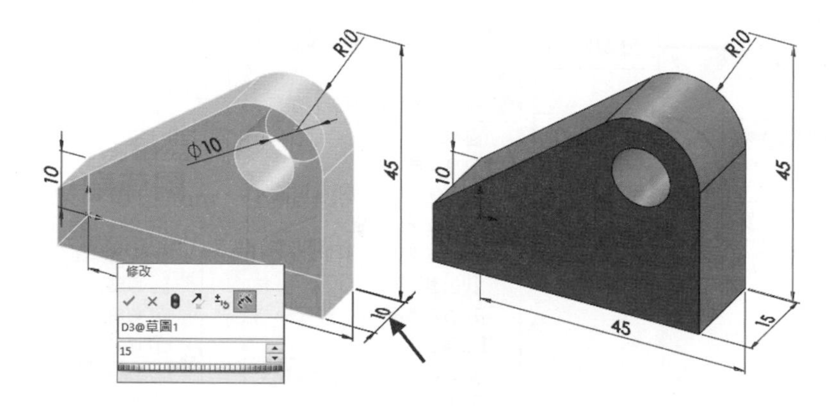

2-8-2 Instant 3D

Instant3D 是用在拖曳控制點和尺規來快速產生及修改模型幾何。包括草圖、特徵、零件及組合件都可支援 Instant3D 操作。

對於零件特徵，您可以拖曳**三度空間參考中心**移動特徵或按住 Ctrl 鍵複製特徵到其他平坦面。

對於組合件中的零組件，或是編輯組合件層級草圖、組合件特徵以及結合尺寸等，您都可以透過 Instant3D 操作進行編輯。

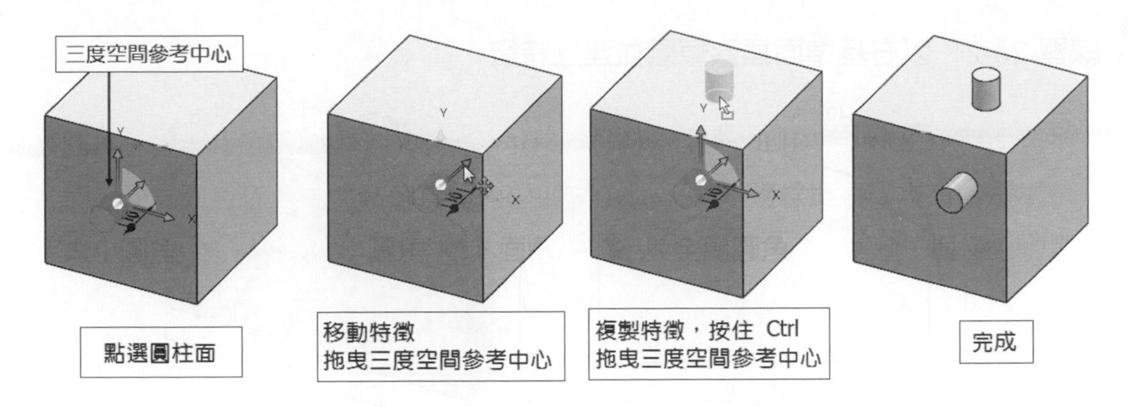

16. 啓用 Instant3D，點選前平坦面以進入 Instant3D 模式，拖曳前面綠色箭頭或拖曳藍色尺寸控制點時，在游標下會顯示修改後動態特徵尺寸大小，將游標移至尺規時可得精確的尺寸控制。

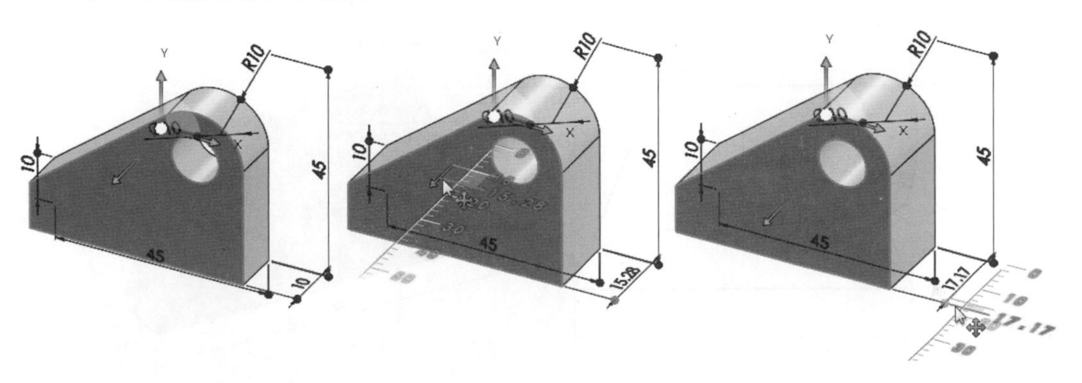

17. 關閉 Instant3D，按**儲存** 並關閉檔案。

2-8-3 練習題：

練習 2a-1 以前基準面插入草圖並建立特徵

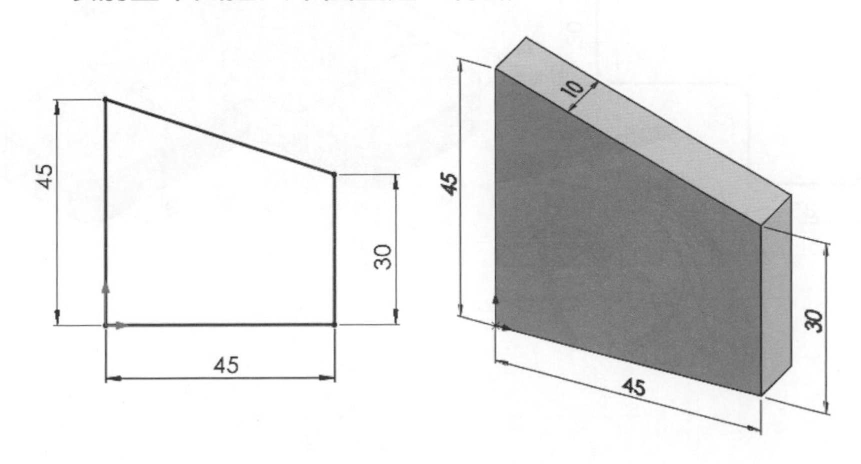

練習 2a-2　以右基準面插入草圖並建立特徵

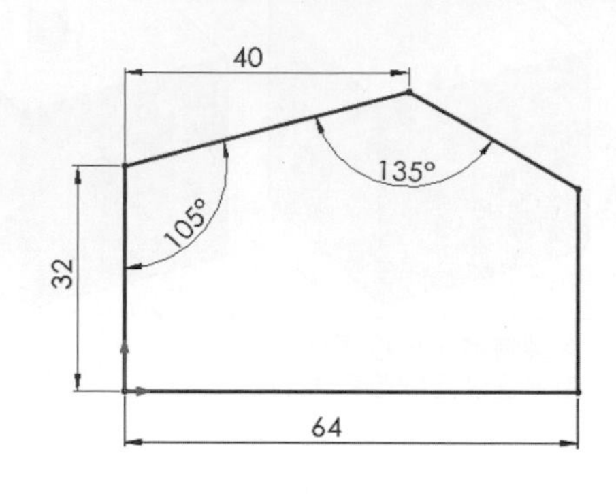

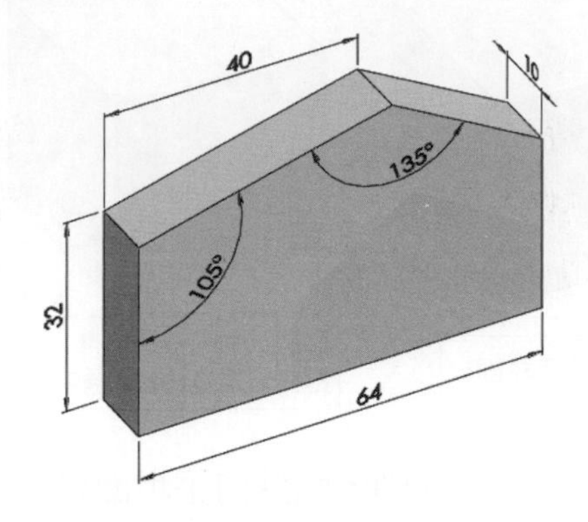

練習 2a-3　以前基準面插入草圖並建立特徵

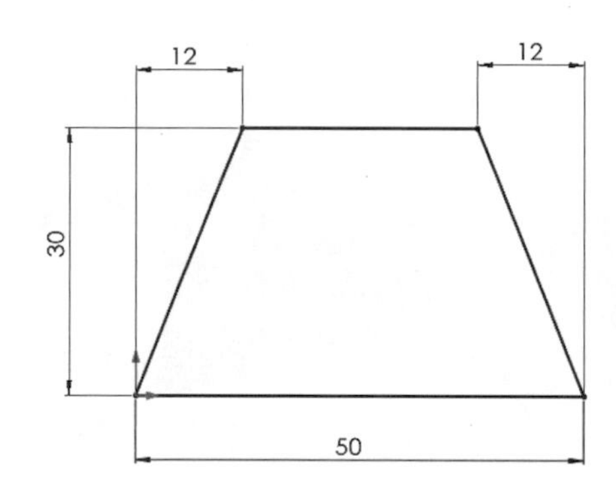

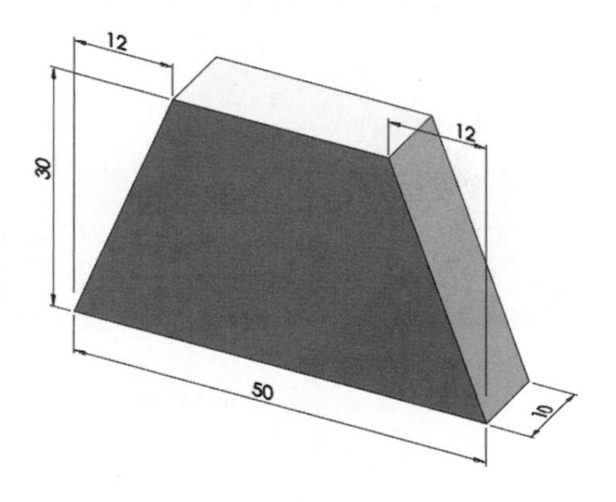

練習 2a-4　以上基準面插入草圖並建立特徵

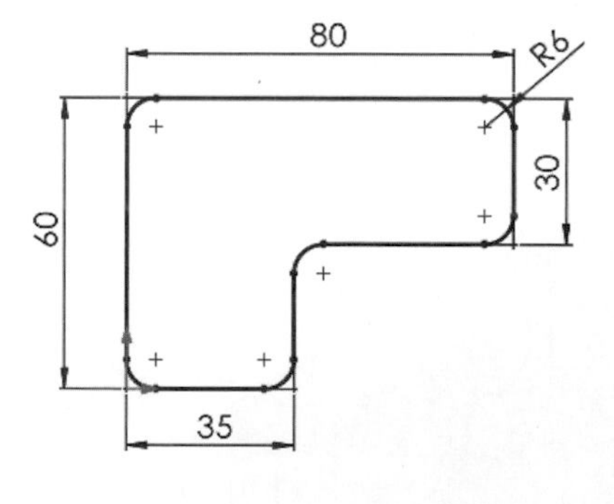

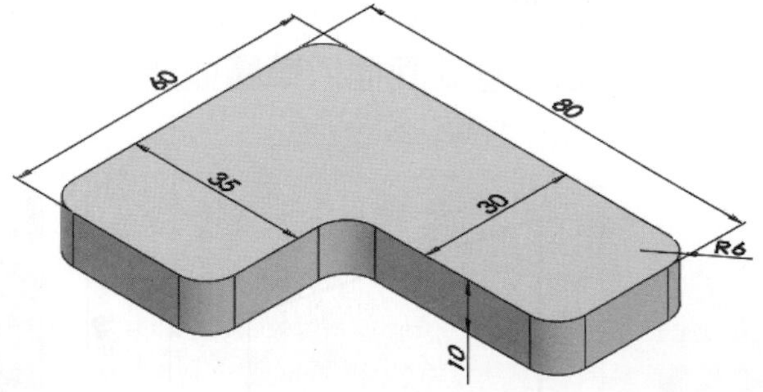

2-9 伸長與除料

當草圖完成後，所要建立的主要特徵與其後加入材料的特徵稱之爲**填料/基材伸長**，而**伸長除料**特徵則是用來移除掉多餘的材料，除料特徵的建立方式和填料一樣，都是使用草圖和伸長除料，指令完全相同，選項也是一樣，唯一的差別是移除材料與加入材料。

下面我們要建立的零件包含基材伸長、伸長填料與伸長除料特徵，使用的終止型態與限制條件也不同。

1. 開啓新的零件檔，單位 mm(預設範本單位皆爲 mm)。
   - ➞ 在右基準面繪製草圖，原點置於左下角，標註如圖中的尺寸，使草圖完全定義。
   - ➞ 插入**填料/基材伸長**特徵，**終止型態**選擇「**兩側對稱**」，深度 72mm。
   - ➞ 按「**確定**」。

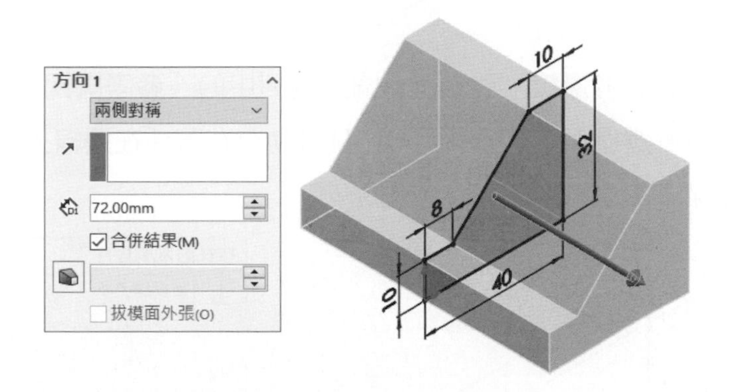

2. 不同於前面插入草圖使用基準面，在此點選前平坦面，從**文意感應工具列**中點選「**草圖**」。系統進入草圖模式，原點顯示爲**紅色**。

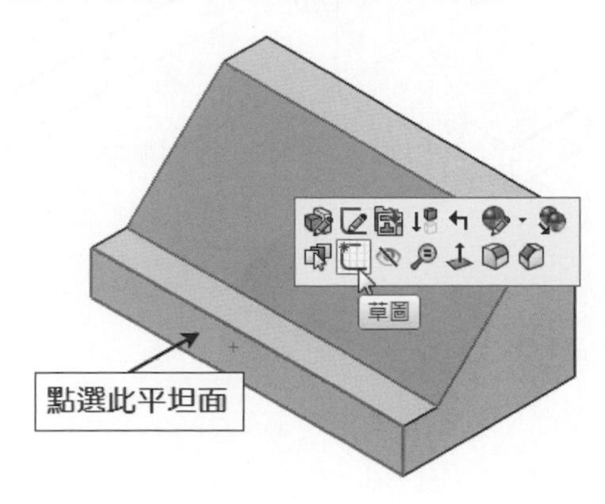

3. 點選立即檢視工具列中的「**顯示樣式**」，選擇「**線架構**」。(若您已在**選項**勾選「**於草圖產生時自動旋轉視圖與草圖基準面垂直**」，按檢視工具列的**等角視**，切換至等角視)

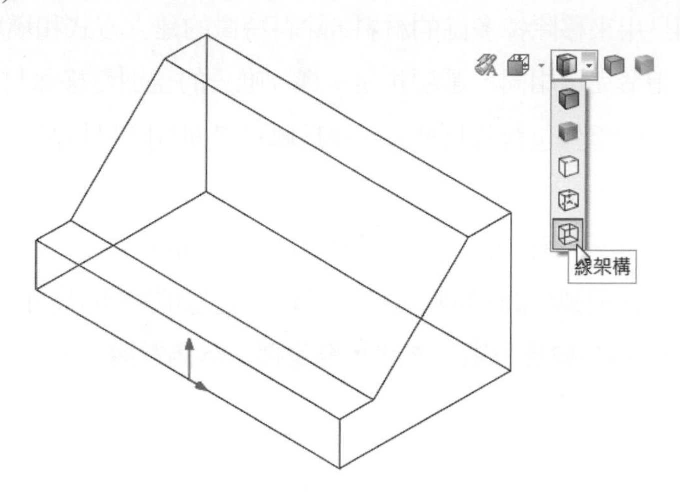

4. 先點選圖中的參考邊線，再點選草圖工具列中的「**參考圖元**」圖示，此時參考圖元複製所選邊線為草圖圖元，並且自動存在著「**在邊線上 0**」的限制條件。參考圖元線段的兩端點是可以拖曳的。

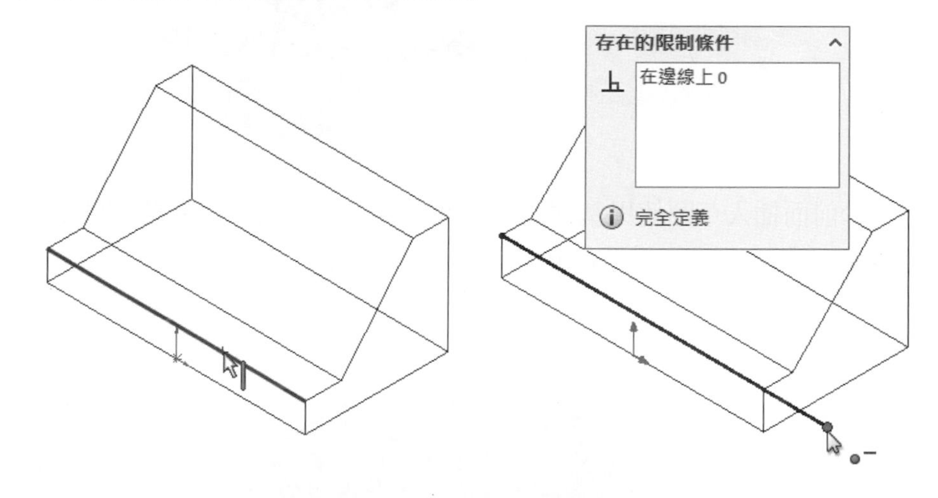

5. 按立即檢視工具列中的「**視角方位**」，選擇「**前視**」。點選「**中心線**」指令 ，從原點或線段中點起繪製一條垂直(原點紅色長座標)中心線，再從參考圖元邊線繪製兩條斜線相交於中心線上(注意兩斜線不要相互垂直)。下圖中，您可以利用修剪工具或拖曳端點至兩斜線的端點上使兩線段端點重合。

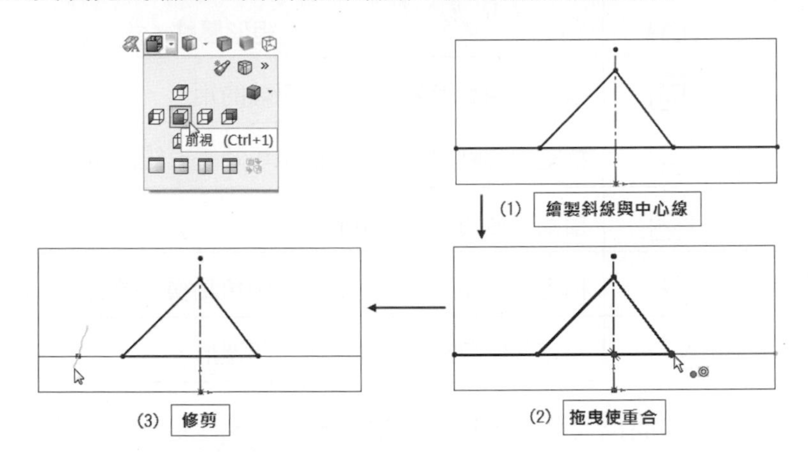

6. 由右至左框選中心線與兩條斜線；或按 Ctrl 鍵，再點選三條線段，加入**相互對稱**的限制條件，最後標註如圖示的尺寸(角度標註只要選擇兩條線即可)。

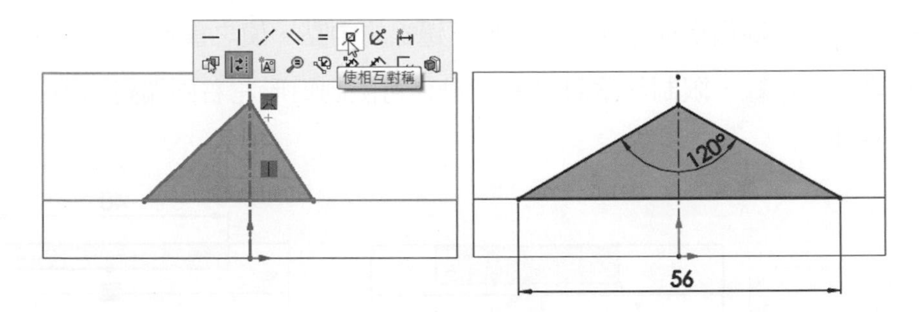

7. 點選「**伸長填料**」，必要時點選「**反轉方向**」鈕 ，終止型態選擇「**成形至下一面**」(若是方向錯誤，終止型態內不會出現「**成形至下一面**」選項)，按「**確定**」。

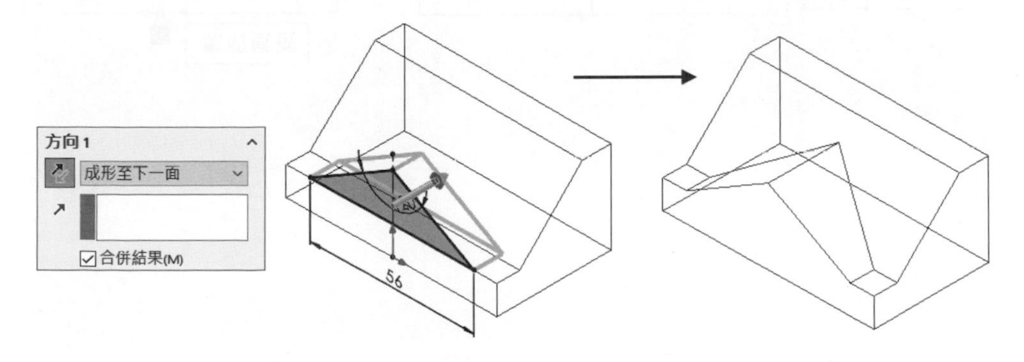

2-9-1 矩形

矩形一般是指定對角兩點定義出兩條水平與兩條垂直線段互相連接而成，系統也提供了下列幾種矩形與平行四邊形等工具使用：

矩形類型	工具	矩形屬性
角落矩形		指定兩角點繪製水平及垂直線的矩形。
中心矩形		指定中心點與一角點繪製水平及垂直線的矩形。
三點角落矩形		指定三個角點繪製矩形。
三點中心矩形		指定中心點、邊線中點及一個角點繪製帶有中心點的矩形。
平行四邊形		指定三個角點繪製標準平行四邊形。

8. 在零件的上平坦面插入草圖，按**三度空間參考**的 Y 軸，切換至上視。
   - ➡ 從草圖工具列點選「**角落矩形**」圖示，與上邊線重合，往下拖曳繪出一個矩形。
   - ➡ 使用中心線指令從原點繪至矩形下邊線的**中點**，使之**重合**。
   - ➡ 點選中心線，限制其**垂直放置**(此動作可限制矩形左右兩端對稱中心線)，標註尺寸。

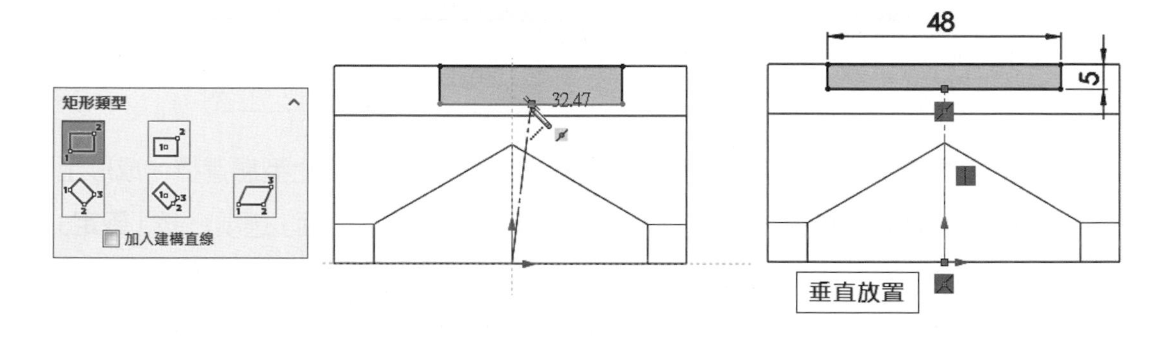

9. 按功能表「**插入**」➡「**除料**」➡「**伸長**」；或從特徵工具列點選「**伸長除料**」圖示 ，終止型態選擇「**完全貫穿**」，按「**確定**」。在顯示樣式列表中選擇「**顯示隱藏線**」，檢視除料特徵。

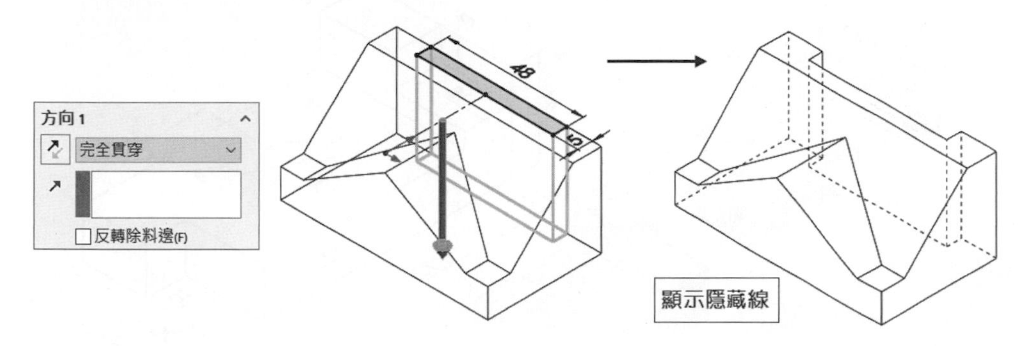

10. 儲存並關閉檔案。

2-9-2 練習題

練習 2b-1 角座

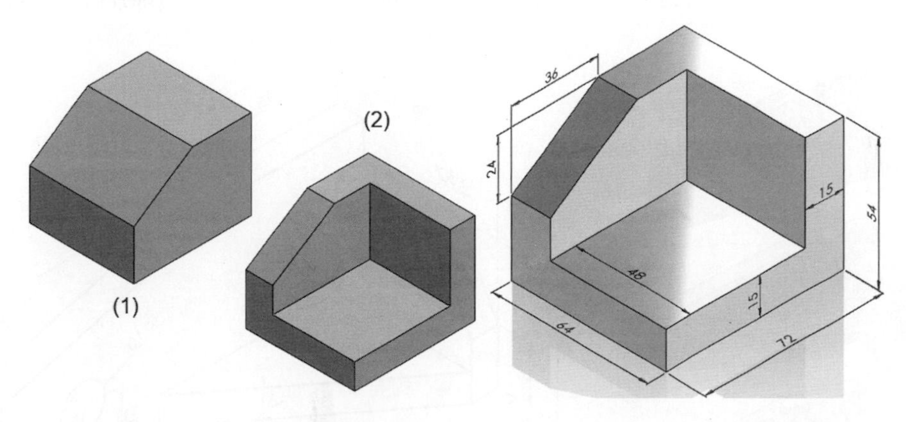

練習 2b-2 支座

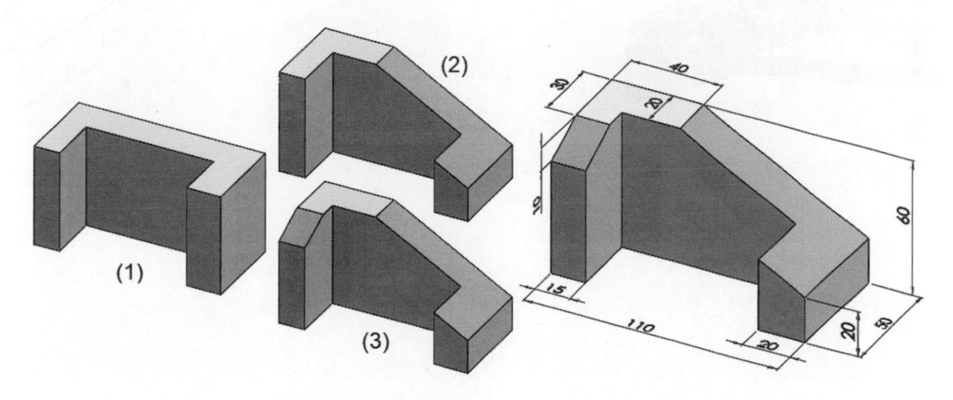

練習 2b-3 Bearing Plate

以前基準面插入 L 形草圖建立基材，再建立除料特徵。

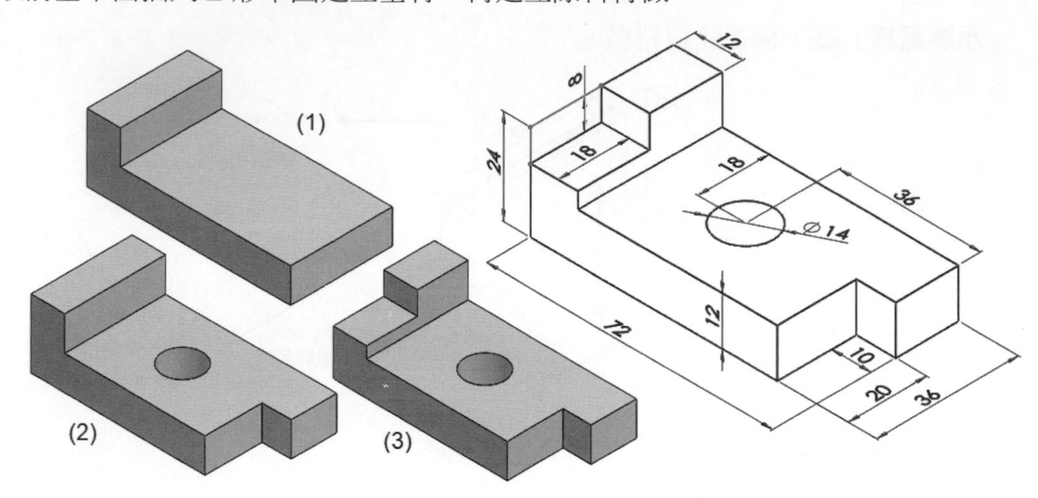

練習 2b-4 切換架

建立前基準面的伸長後(含圓孔)，再由左平坦面與下平坦面建立左側伸長與底部伸長。

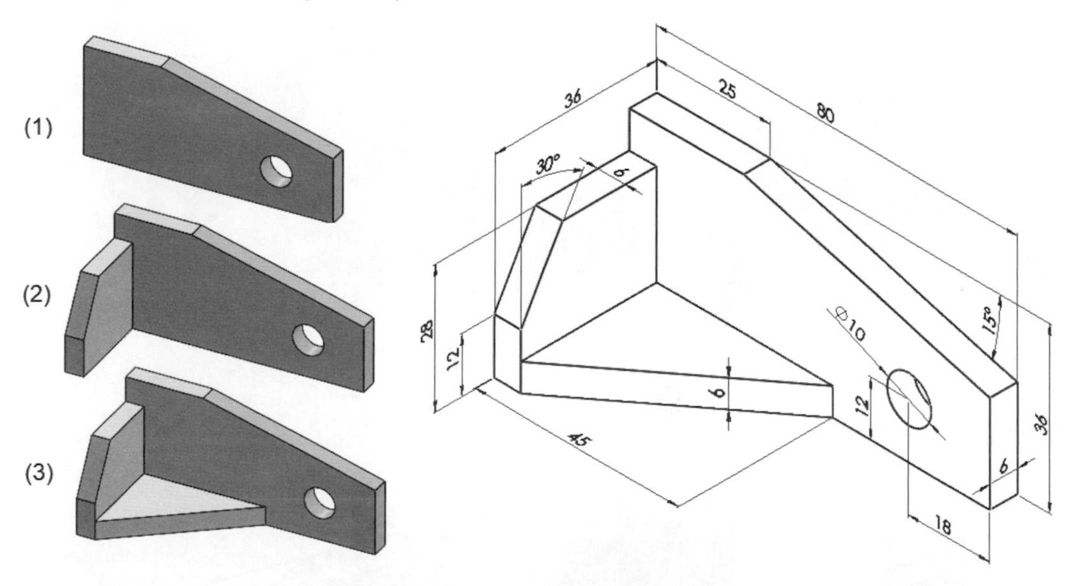

練習 2b-5　滑塊

(1) 以前基準面建立草圖兩側對稱伸長 40mm，(2)在右平坦面插入伸長除料，(3)在上斜面插入草圖。

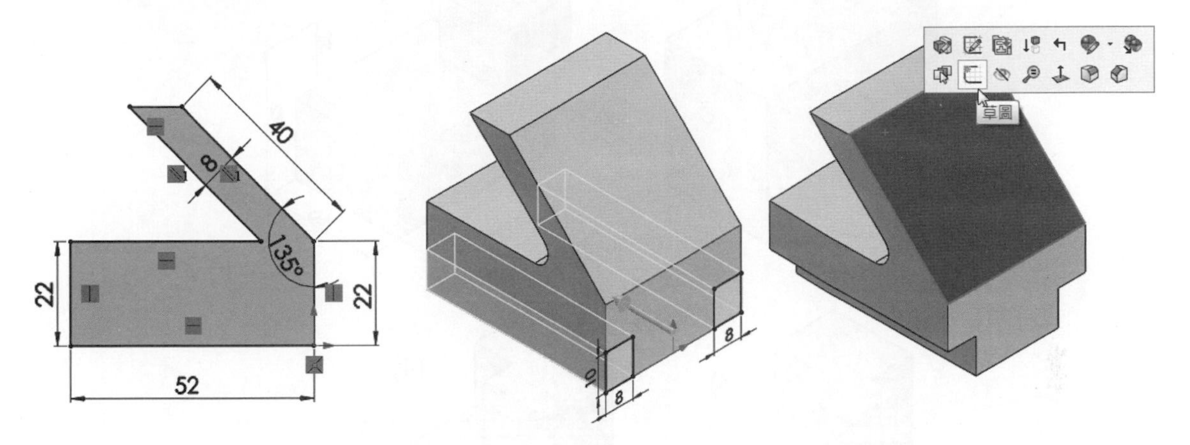

(4) 按視角方位中的「**正視於**」，使視角正垂於上斜面，繪製草圖，點選兩側交點與垂直中心線，加入「**相互對稱**」的限制條件，建立除料伸長，終止型態爲「**成形至下一面**」。

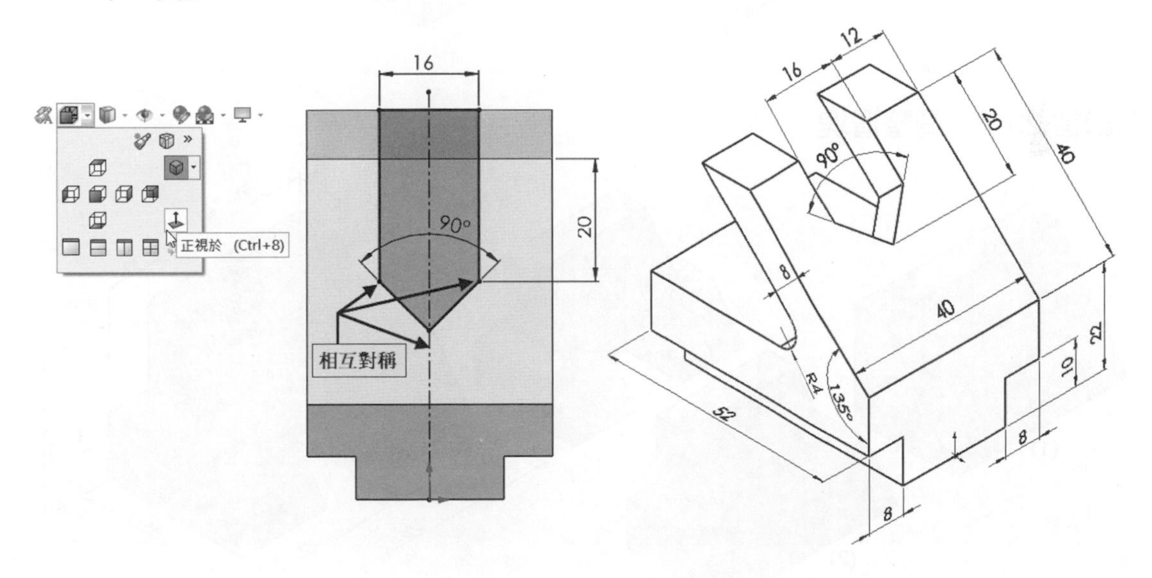

練習 2b-6　角塊

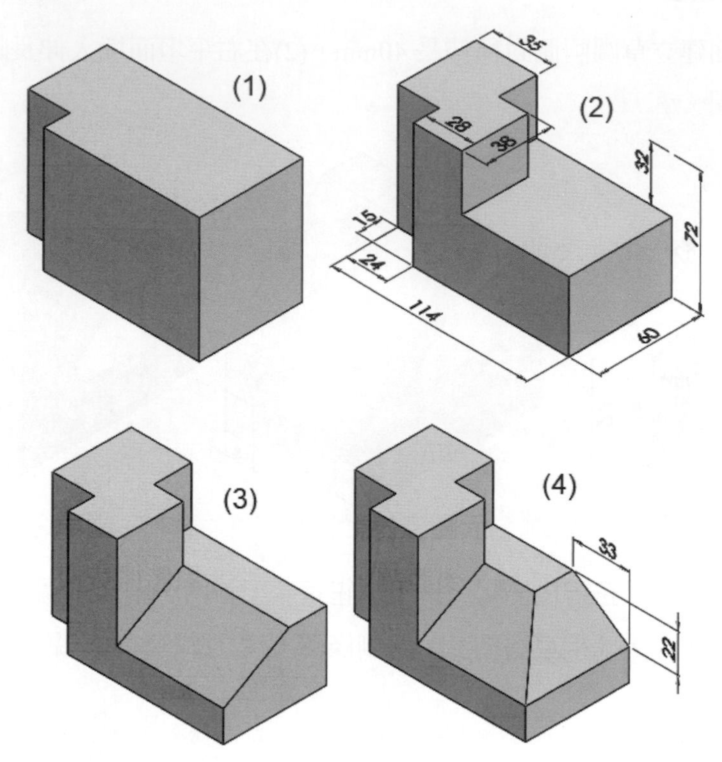

練習 2b-7　調整滑塊

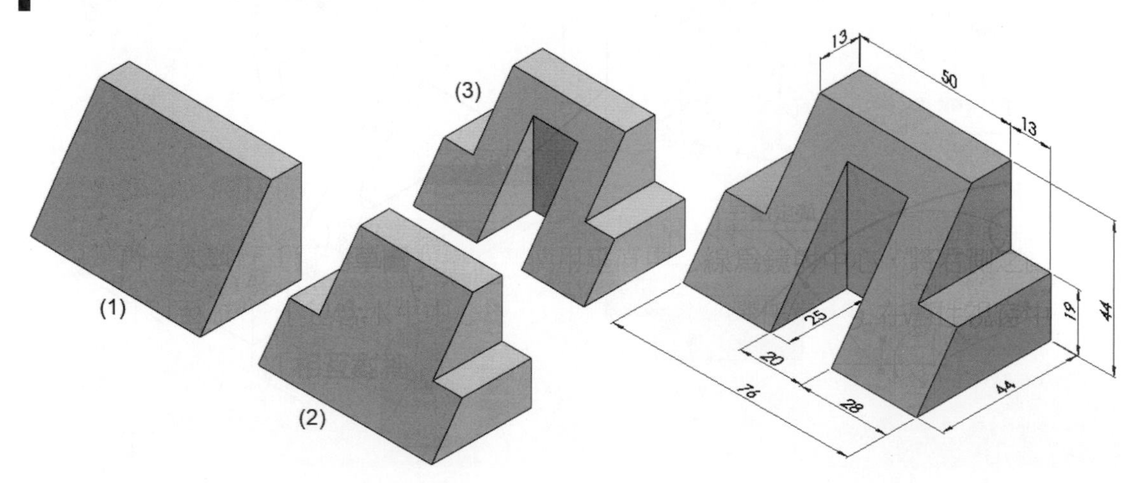

練習 2b-8 斜滑塊

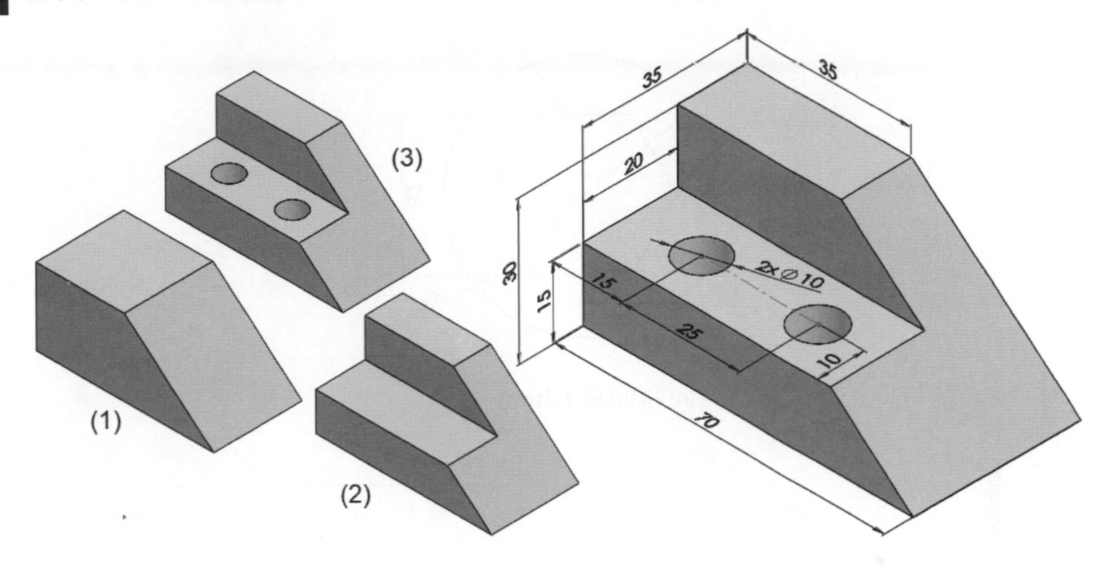

2-9-3 單邊除料

除料伸長除了使用封閉草圖移除材料之外，尚可用未封閉的草圖線段來移除單邊材料的除料特徵方式。

1. 開新檔案，在**前基準面**插入草圖 ➡ 畫圓 ➡ 標註尺寸。
2. 點選草圖工具列上的「**多邊形**」，或按「**工具**」➡「**草圖圖元**」➡「**多邊形**」，游標的形狀變為 。在多邊形屬性視窗中設定 6 邊形、點選**內切圓**，按一下圓心來放置多邊形的中心，向右拖曳出多邊形。

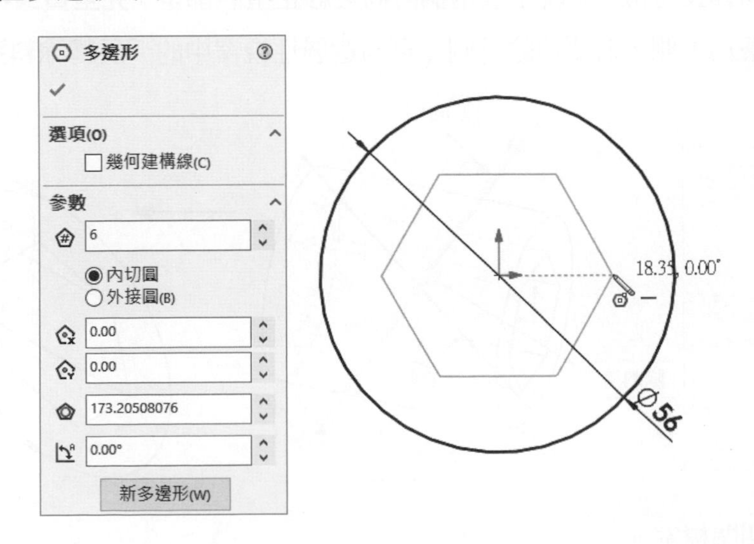

3. 加入其中一條線「**水平放置**」的限制條件，並標註兩水平線間距爲 32mm。

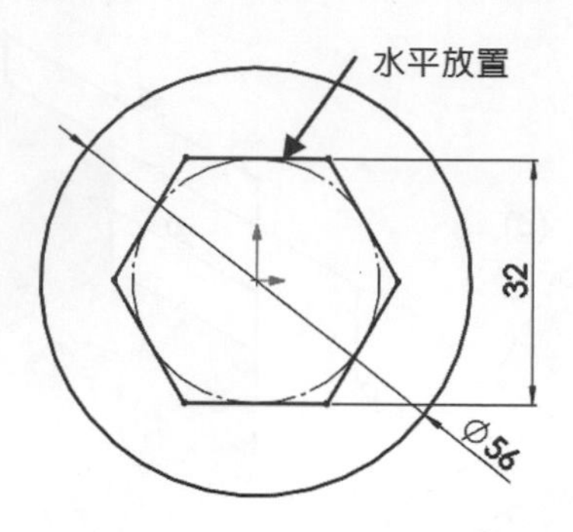

4. 插入基材伸長，反轉方向向右伸長 64mm。

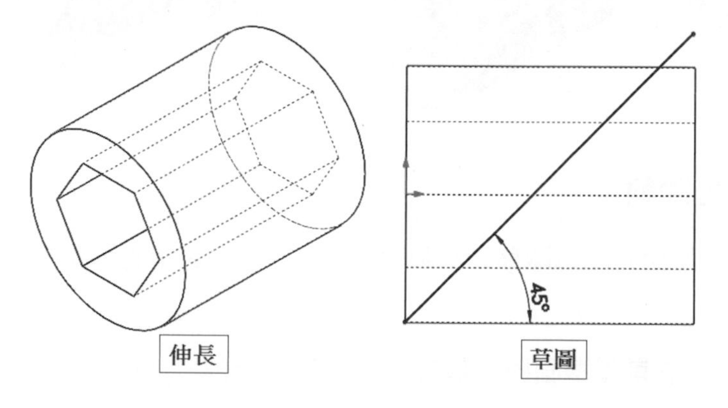

5. 如上圖，在右基準面插入草圖，與左下角點重合，繪製一條 45 度的直線(直線長度必須超過本體才能除料成功)。
6. 插入**除料伸長**特徵，系統預設兩個方向之終止型態都是「**完全貫穿-兩者**」，如圖示除料邊爲上側，若要切除下側，可勾選屬性視窗中的「**反轉除料邊**」。

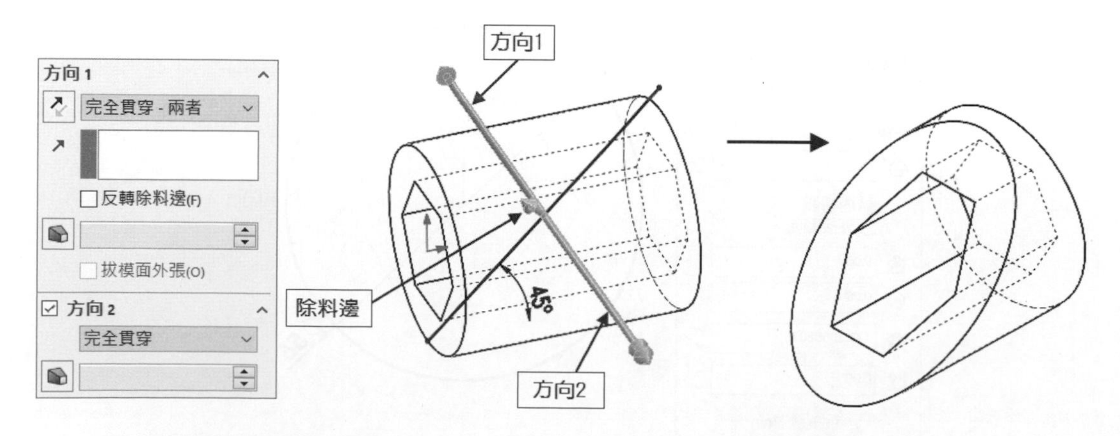

7. 儲存並關閉檔案。

2-9-4 練習題

練習 2c-1 桿滑塊

在上基準面插入草圖，使用**中心矩形** 指令繪製矩形，並限制兩邊等長，加入單邊除料特徵。

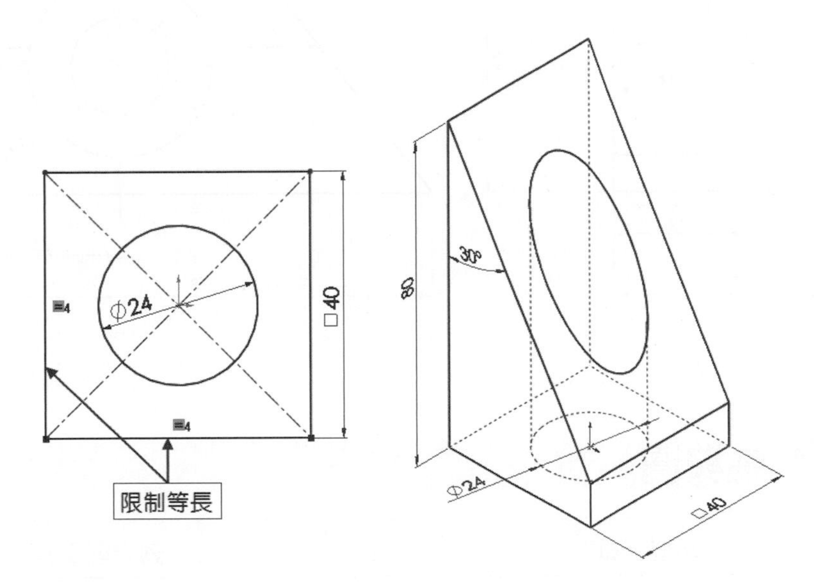

練習 2c-2 滑口

以上基準面插入草圖，底線與原點限制「**置於線段中點**」，上面左右兩條水平線限制「**共線**」。

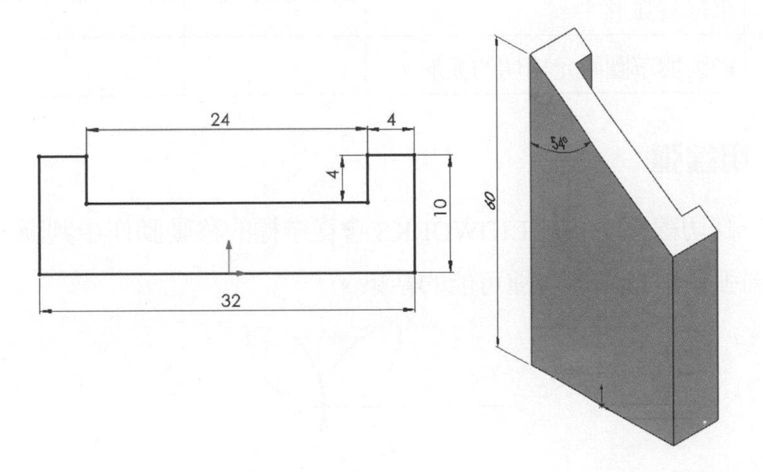

練習 2c-3 楔組

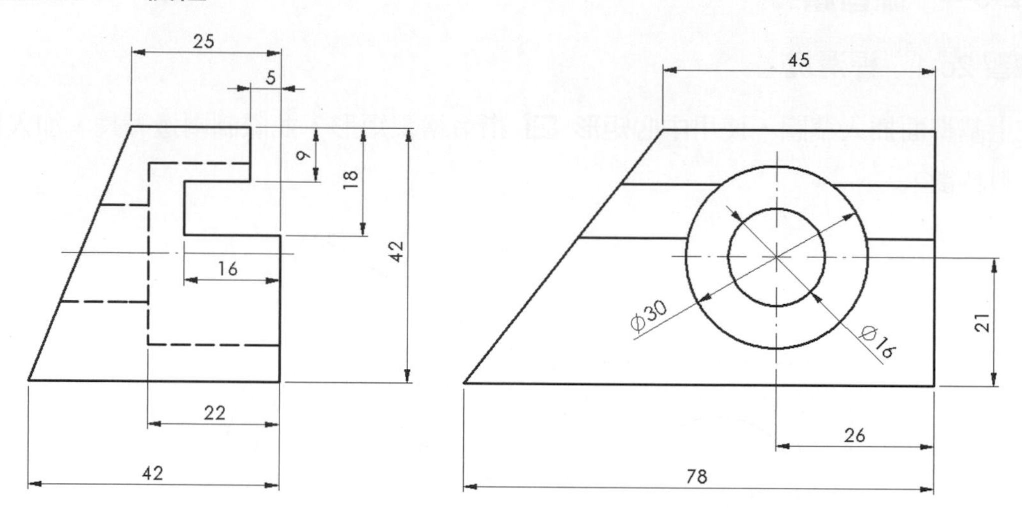

2-10 弧與圓

弧類型工具		圓類型工具	
圓心/起/終點畫弧	以圓心、起點和終點順序繪製弧形。	圓	指定圓心與半徑距離繪製圓。
三點定弧	指定三個點(起點、終點及中點)來繪製弧形。	三點定圓	以不共線的三點繪製圓。
切線弧	繪製與草圖圖元相切的弧形。		

2-10-1 切線弧

當您繪製一條切線弧時，SOLIDWORKS 會從游標的移動動作中判斷，是否爲您所要的切線弧或法向弧，並可區分八種可能的結果。

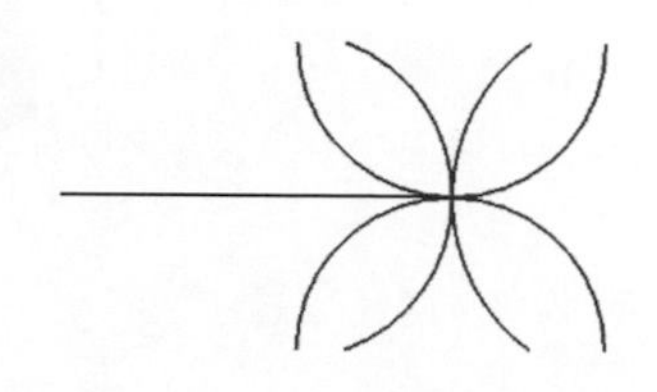

您可以從任何現有的草圖圖元(線、弧、不規則曲線等)的端點上開始繪製切線弧，再移動游標離開端點即可。

- 從切線方向移動游標可以繪製出四種切線弧。
- 從法線方向移動游標可以繪製出四種法線弧。
- 您可以讓游標重新回到端點上，再移動到不同位置改變弧的方向。
- 當使用直線指令時，在不選擇切線弧指令下，您可任意切換畫線或畫弧，只要回到端點再往外移動即變爲畫弧，按 A 鍵又回到畫線模式。

1. 開新檔案，在**上基準面**插入草圖，使用**中點線** 繪製水平線。
2. 繪製如左圖的圖元 ➞ 加入限制條件 ➞ 建立草圖圓角 R10 與 R12 ➞ 標註尺寸 ➞ 向上基材伸長 7mm。

注意

選擇圓弧標註時，應選擇圓弧弧線，而不是中心點。

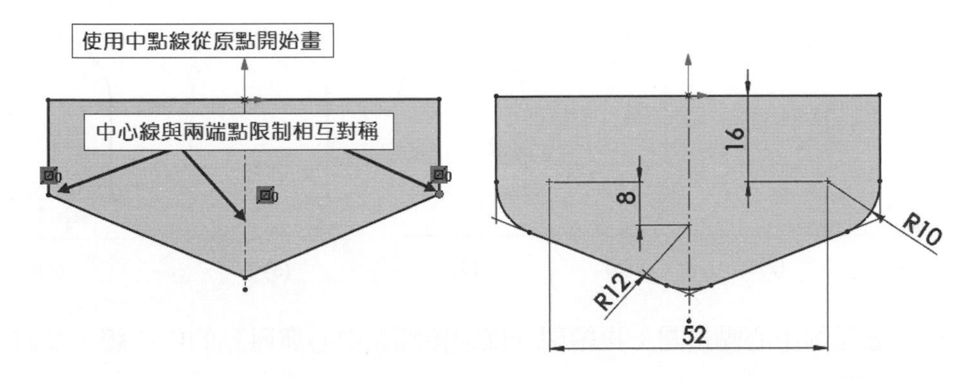

3. 在靠近零件後平面的上平面點一下，從文意感應工具列點選「**選擇其他**」，再從選擇其他列表中選擇被隱藏的面，如圖只有一個後平面被隱藏，所以列表中只有一個面，選擇此平面，在草圖工具列中按「**草圖**」，進入草圖模式。

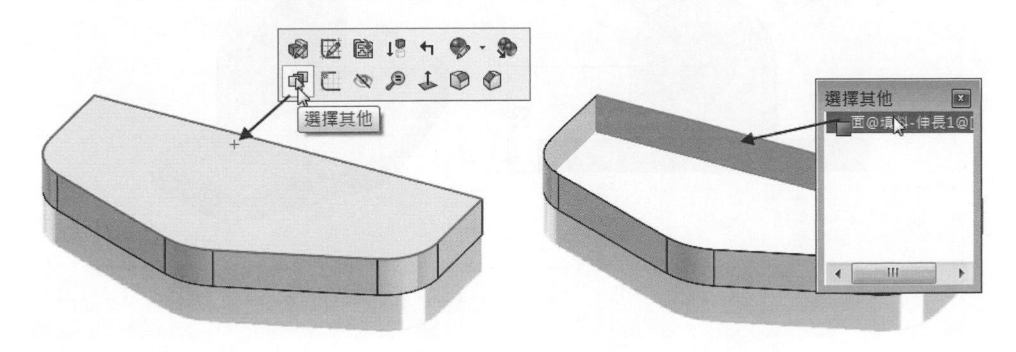

4. 切換至前視，使用**按一下-移動-按一下**繪圖模式。

   (1) 繪製垂直線：點選畫**線**指令，從上平面的邊線上，擷取重合，向上繪製一條垂直線。

   (2) 自垂直線向右上移動(不畫線)。

   (3) 移動游標回到垂直線端點，使之重合。

   (4) 同樣地，再從垂直線向右上移動，畫線指令自動切換成切線弧模式(按 A 可自動回復爲畫線模式)，向右方繪製一條與垂直線相切的 180°圓弧，圓弧的端點與圓弧中心水平對齊，當您繪製完切線弧後，草圖工具會自動切換回直線模式。

   (5) 從弧形的結束端點向下至伸長特徵的上平面畫垂直線，最後畫一條水平線連接兩垂直線的端點。

注意

封閉端水平線的顏色為黑色，但是它的兩端點為藍色。

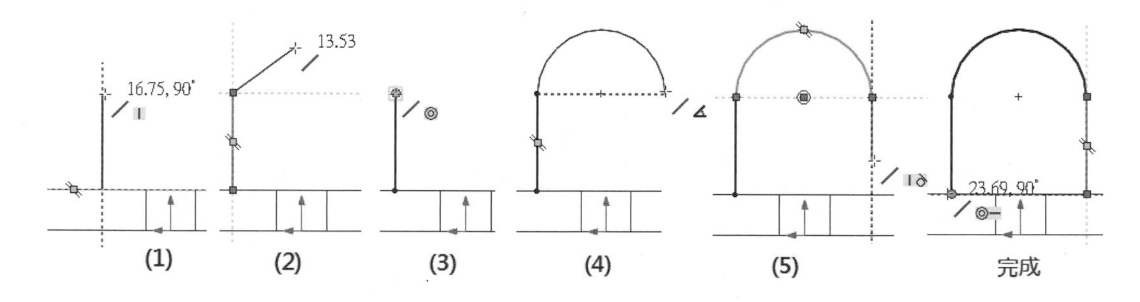

5. 以半圓弧的中心點畫圓；再繪製一條連接圓弧中心與原點的中心線，並將其限制爲**垂直放置**。(您也可以限制圓心與原點**垂直放置**)標註如圖的尺寸。向內側伸長 8mm。

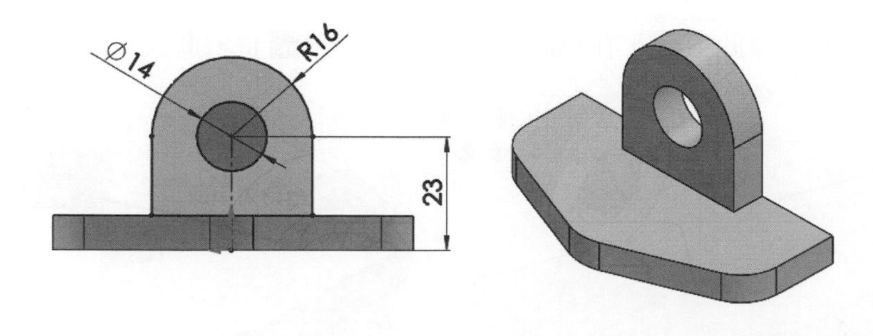

2-10-2 圓角

圓角包含內圓角(增加材料)與外圓角(移除材料)。在 SOLIDWORKS 中，圓角指令只有一個，建立圓角時，只要點選實體內(內圓角)外(外圓角)邊線即可。現有的選項中，有**固定大小圓角**、**變化大小圓角**、**面圓角**與**全周圓角** 4 種，而邊線的選用可勾選"**沿相切面進行**"選項，減少邊線的選擇。

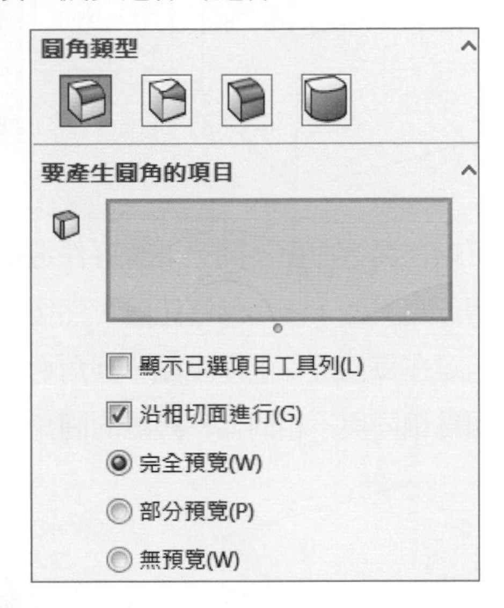

- **顯示已選項目工具列**

  顯示或隱藏**邊線**工具列，**邊線**工具列是一個多重邊線選擇方式，能幫助選擇組合的邊線，不用重複選擇單一邊線。

  如圖，工具列提供了七種不同的邊線組合方式，每個都有不同的圖示和名稱。

- **圓角參數**：**對稱與不對稱**
  - **對稱**：目前通用方式，邊線的兩側使用相同的半徑值。
  - **不對稱**：邊線的兩側使用不同的半徑值。

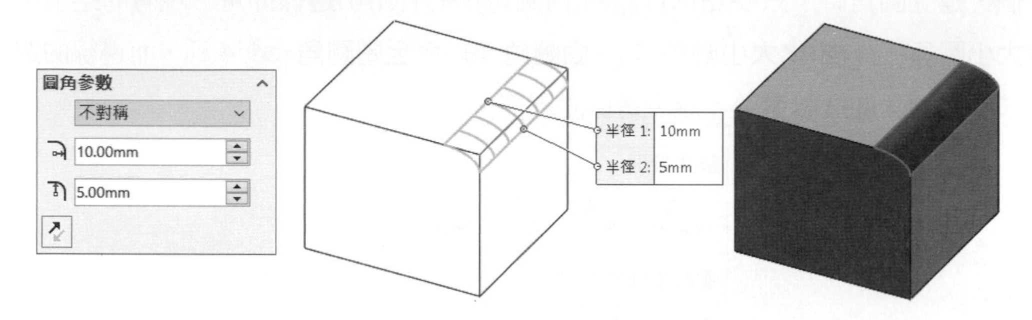

- **偏移參數**：此選項可以在混合曲面之間，沿著零件邊線產生至頂點圓角化的平滑轉換。首先選擇一個頂點與輸入圓角偏移距離，然後為每個邊線指定相同或不同的偏移距離。偏移距離在每個邊線上產生點，圓角會從這個點開始混合匯集於頂點上的三個面。下圖為相同與不相同偏移距離的圓角混合結果。

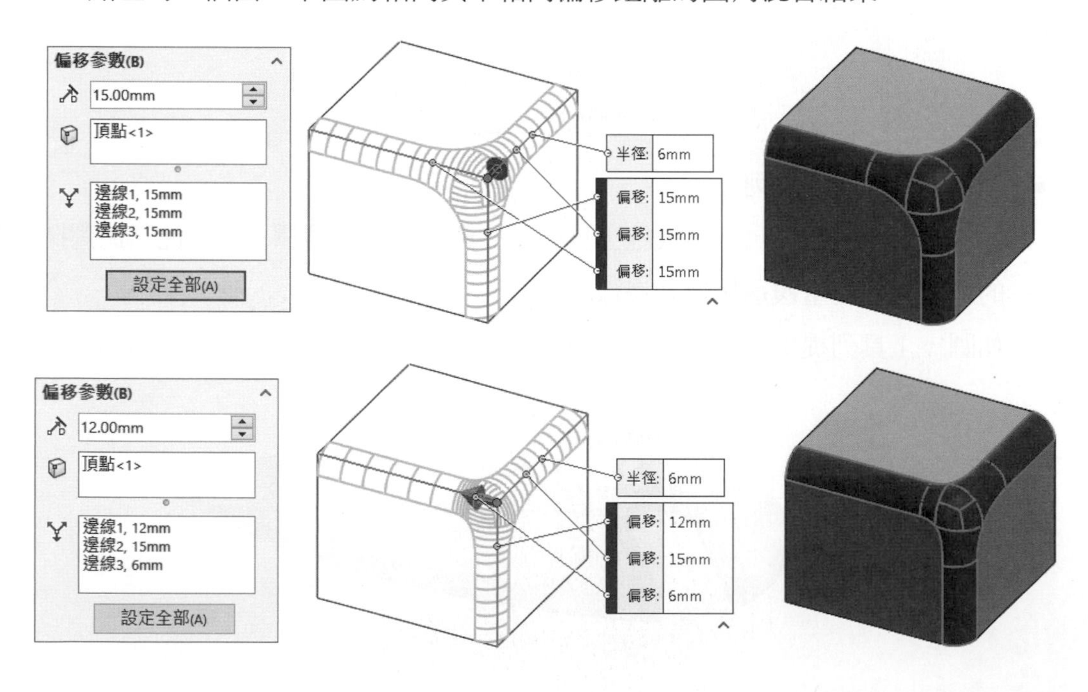

6. 按特徵工具列上的「**圓角**」，選擇**固定大小圓角**，取消選取**顯示已選項目工具列**，在圓角參數輸入半徑 8mm，點選如圖的兩條邊線。您可以選用**完全預覽**(系統需運算，較花時間)，或**部分預覽**(節省時間)來檢視。按「**確定**」。

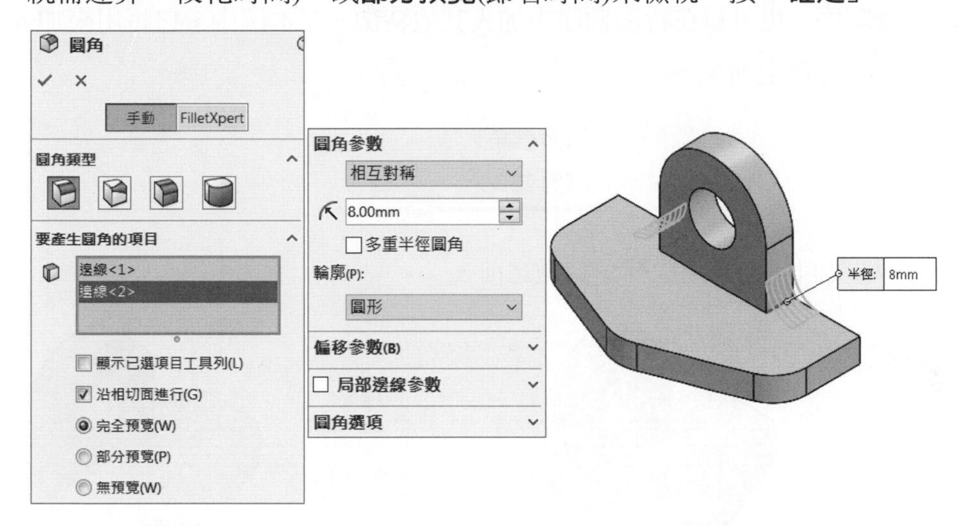

7. 按 Enter 重複前次圓角指令，輸入半徑 2mm，點選三條邊線，勾選「**沿相切面進行**」，此選項會將相切而且相連的邊線也一併加入至圓角項次中，點選邊線後游標右下角會出現**確定**的圖示，按右鍵「**確定**」。

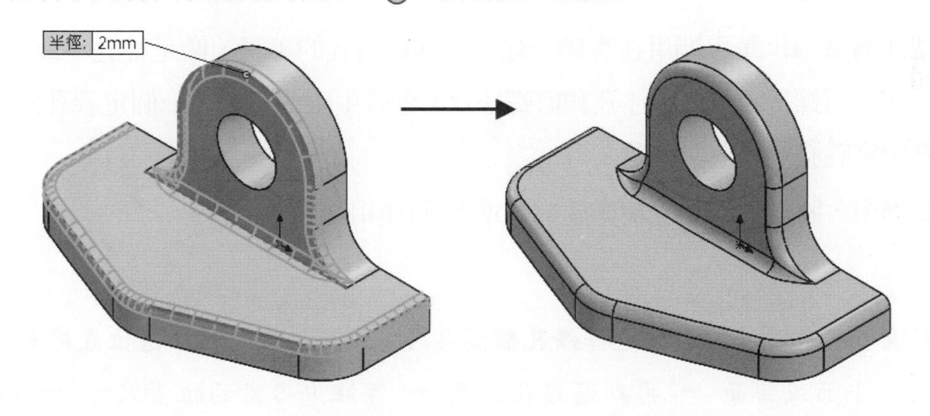

2-10-3 回溯

回溯是位在特徵管理員設計樹下面的一條藍色線，它可以用來檢視零件在建立或加入特徵時的步驟順序，也可以在特徵順序中加入其他特徵。在本例中，它將用來加入異型孔特徵至兩個圓角特徵之前。

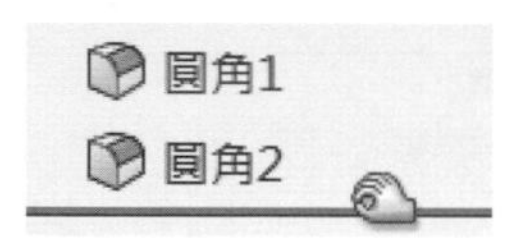

8. 向上拖曳回溯棒至兩個圓角特徵之前。

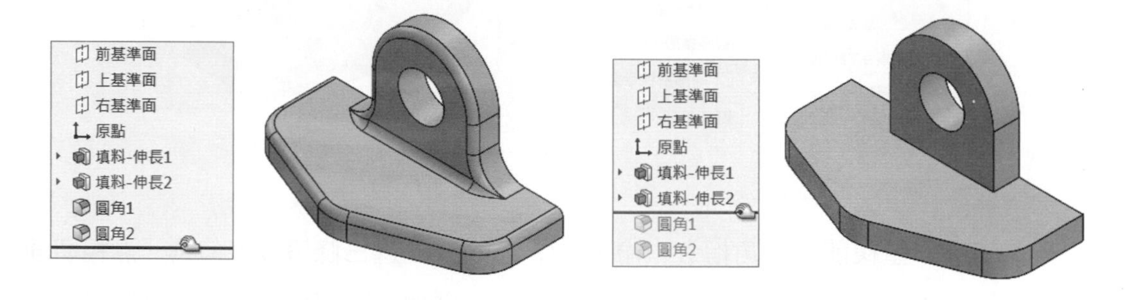

2-10-4 異型孔精靈

異型孔精靈 是專門用在實體上建立標準規格孔的工具，像是柱孔、錐孔、鑽孔、直螺絲攻和管用螺絲攻。其中柱孔和直螺絲攻，會產生兩個草圖，一個定義孔的形狀；另一個爲點，定義孔的中心點位置。

在此例中，將使用異型孔精靈建立標準鑽孔(使用 2D 草圖)。

步驟

執行**異型孔精靈**指令 ➞ 選擇**鑽孔類型**與設定鑽孔規格 ➞ 點選**位置**標籤 ➞ 選定欲鑽孔的平面或曲面 ➞ 再點選鑽孔位置 ➞ 標註中心點的位置尺寸 ➞ 按**確定**。(鑽孔平面可以先預選或執行鑽孔時再選定)

提示

如果欲鑽孔的位置不是平坦面，草圖模式將變為 **3D 草圖**(參閱 7-2)。

9. 在特徵工具列按「**異型孔精靈**」→ 鑽孔類型選擇**鑽孔** → 標準選擇 ISO → 類型選擇**鑽孔尺寸** → 大小選擇⌀8.0mm → 終止型態選擇**完全貫穿** → 按**位置**標籤 → 點選鑽孔草圖平面。

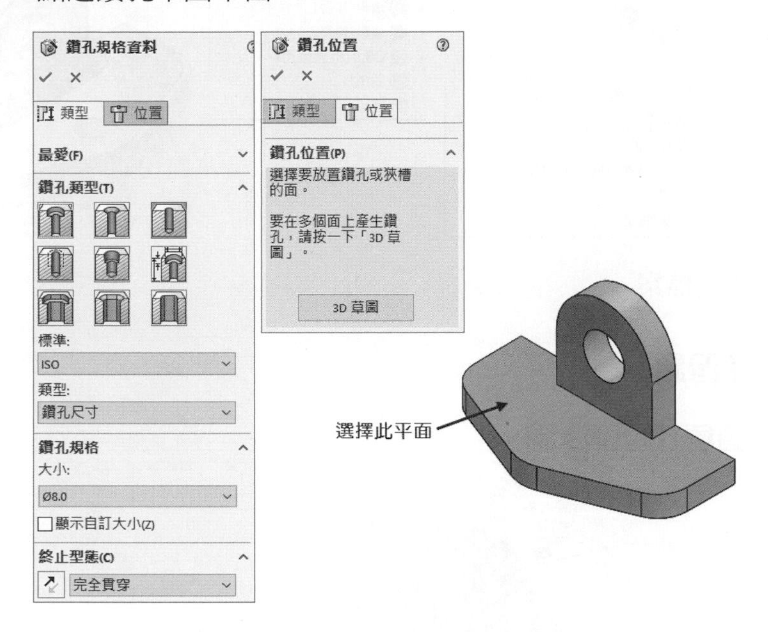

(1) 預設啓用的繪圖指令爲畫「**點**」，畫點代表鑽孔中心點位置。

(2) 將游標移至圓弧邊線上，喚醒中心點標記。

(3) 在中心點位置加入點，完成第一個鑽孔中心點。

(4) 以同樣方式喚醒圓弧的中心點，加入第二個鑽孔中心點

(5) 加入第三個鑽孔中心點，按 Esc 離開畫點指令。

(6) 三個鑽孔位置已完全定義。

若點未與中心點重合，按 ，拖曳點至圓弧邊線上，喚醒中心點，再拖曳至中心點後即可。

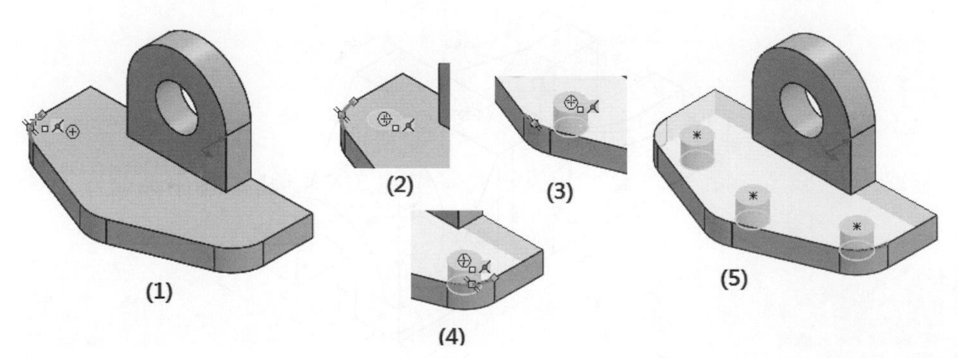

10. 按**確定**完成鑽孔，在回溯棒上按右鍵，點選**移至最後**(或拖曳回溯棒至圓角 2 下方)，恢復圓角特徵。

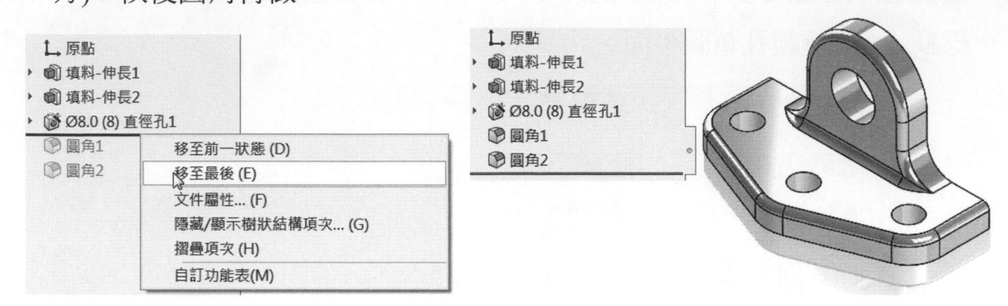

11. 儲存並關閉檔案。

2-10-5 練習題

練習 2d-1 圓角練習

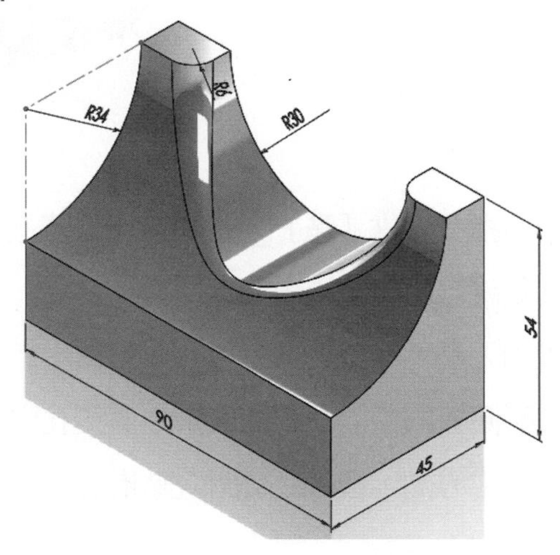

練習 2d-2 座板止器

以前基準面建立基材，伸長兩側對稱，使左右側的填料與除料皆能方便對正中心原點。

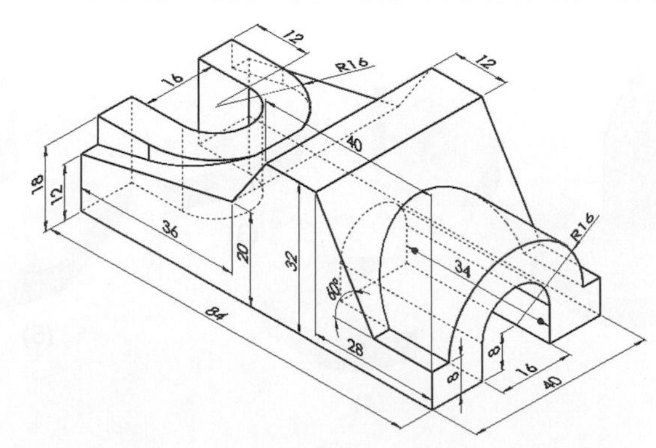

練習 2d-3 Bell crank

使用畫線轉變成切線弧方式完成此例。

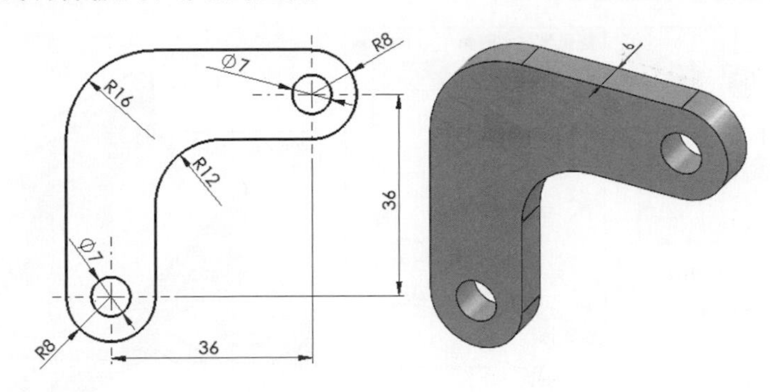

練習 2d-4 開口板手

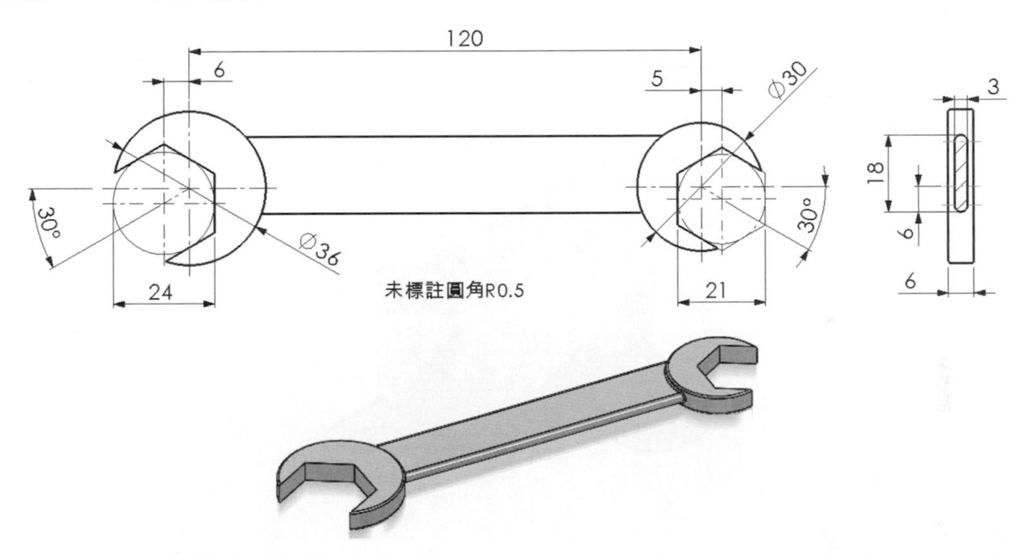

練習 2d-5 裝配型架座

(1) 依圖示尺寸建立基材伸長與伸長除料。

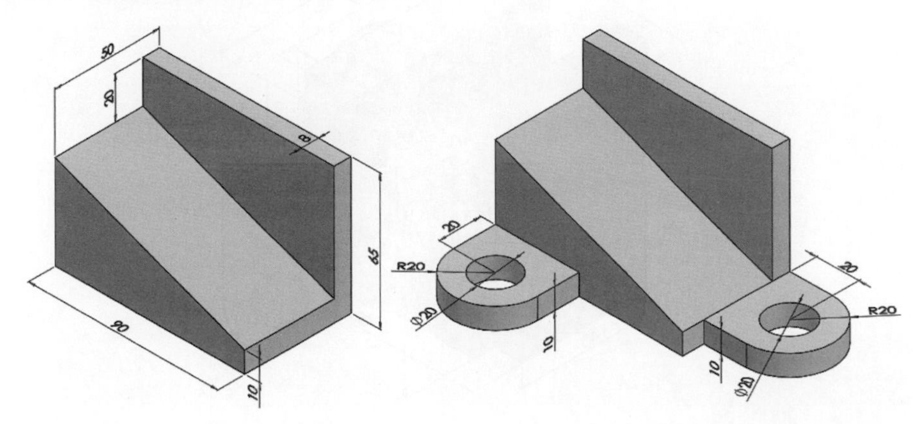

(2) 建立圓角，點選「**變化大小圓角**」圖示 ，為方便控制半徑，直接在模型上的控制點上輸入半徑值 6 與 42，並在「**變化半徑參數**」選項中點選「**直線變化**」。

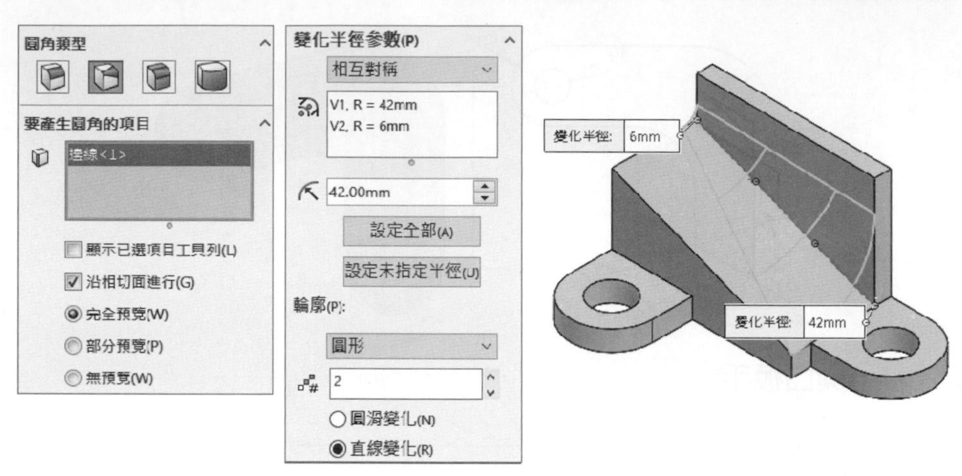

(3) 加入圓角 R2

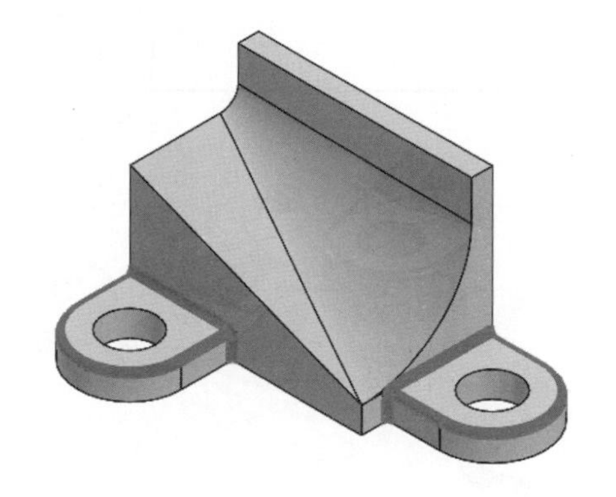

練習 2d-6　支座

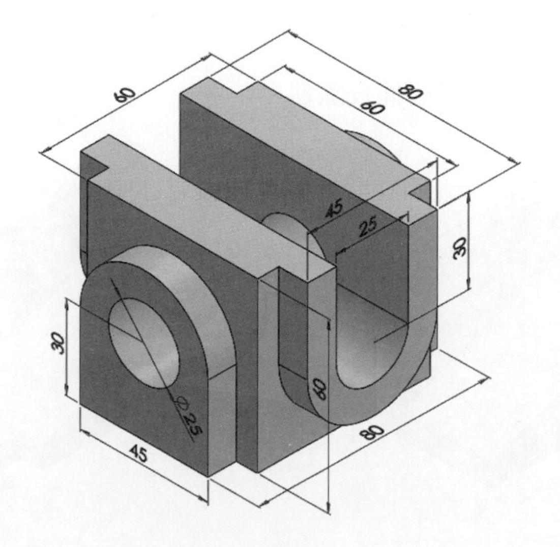

練習 2d-7　軸承座

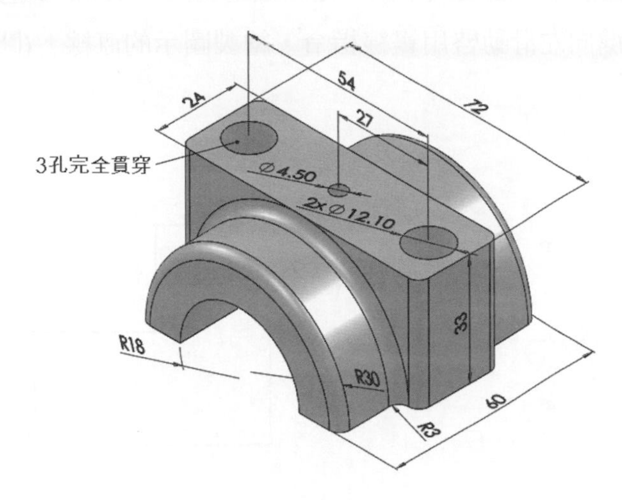

2-11 鏡射與對稱

2-11-1　鏡射草圖

鏡射的功能一般套用至 2D 草圖或在 3D 草圖基準面上產生的 2D 草圖，**鏡射草圖** 指令是繪製後鏡射；**動態鏡射** 指令是邊畫邊鏡射，鏡射的對稱中心可以是一般**直線**、**建構線**或工程圖、零件、或組合件中的**邊線**，草圖圖元可以全部或部份被鏡射。當您繪製鏡射圖元時，SOLIDWORKS 會在每一對相對應的草圖點(弧和直線的端點、弧的圓心等)加入**相互對稱**的限制條件。如果您更改被鏡射的圖元時，則其鏡射影像也將隨之更改。

鏡射的方式：

(1) 點選草圖工具列中的「**鏡射草圖**」指令，在「**鏡射之圖元**」列表中點選要鏡射的圖元；在「**鏡射相對於**」列表中點選中心線或直線線段，按「**確定**」 完成鏡射。

(2) 如同加入限制條件一樣，先按住 Ctrl 鍵後，點選被鏡射之圖元與鏡射相對於的中心線(這裡只能使用一條中心線當作鏡射中心)，再點選草圖工具列中的「**鏡射草圖**」指令，即可完成鏡射。

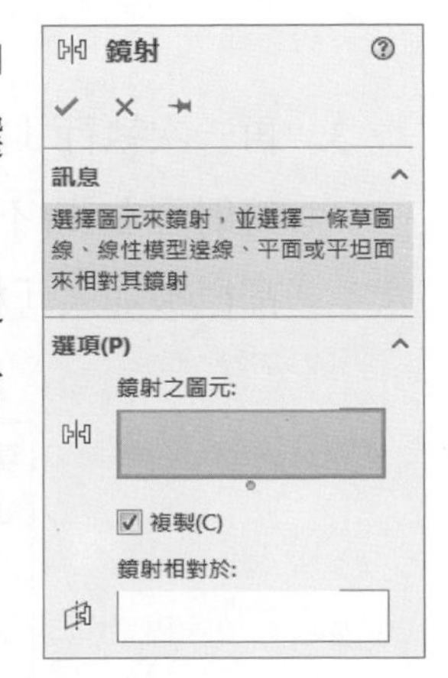

注意

若鏡射的直線有被修剪過，則直線將遺失相互對稱限制條件。

1. 開新檔案，在前基準面插入草圖，從原點繪製長約 20mm 的垂直與水平中心線，再按滑鼠右鍵向左滑動啓用畫線指令，繪製圖示的直線。(關於滑鼠手勢請參閱第 1 章)

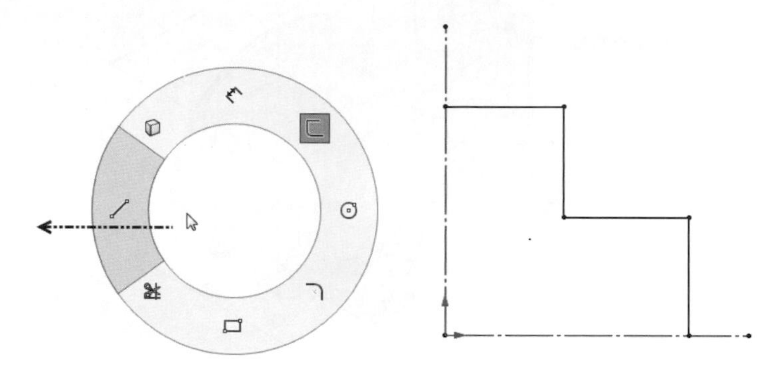

2. 點選「**鏡射草圖**」 指令，在「**鏡射之圖元**」列表中框選要鏡射的線段，「**鏡射相對於**」列表則選擇水平中心線，點選後，鏡射之草圖圖元可經由預覽檢視結果，按「**確定**」。

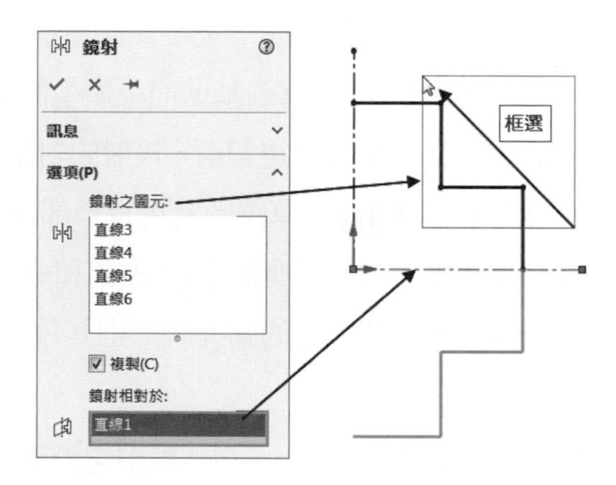

3. 再一次執行「**鏡射草圖**」指令，使用垂直中心線爲鏡射中心，將右側之圖元全部鏡射至左側(不包含水平中心線)。至此，您可點選任意點，在屬性視窗中所有點都已被加入「**相互對稱**」的限制條件。

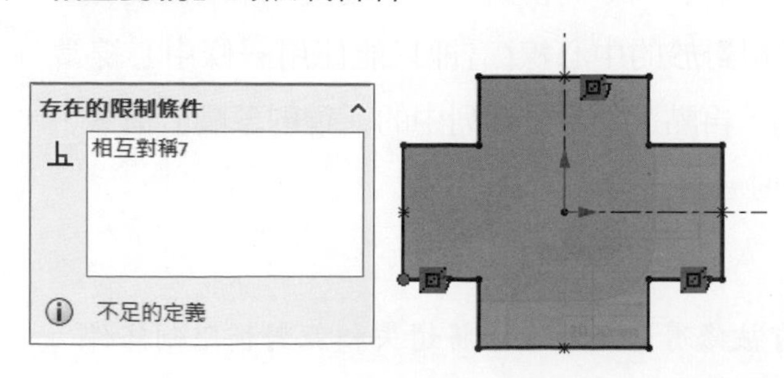

4. 按住滑鼠右鍵向上滑動啓用標註尺寸指令，標示圖示的尺寸，因爲草圖圖元已相互對稱，所以只要標註相對於中心線的尺寸即可完全定義，插入基材伸長 10mm。

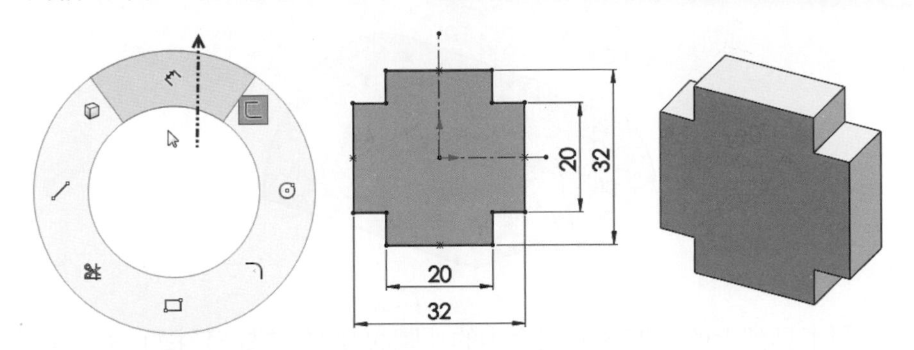

5. 儲存並關閉檔案

2-11-2 狹槽

使用**狹槽**指令您可以繪製如下所示的狹槽草圖。

狹槽類型	屬性
直狹槽	使用兩個端點繪製直狹槽的幾何圖元
圓心/起/終點直狹槽	使用圓心點/起點/終點繪製直狹槽的幾何圖元
三點定弧狹槽	使用沿著弧的三個點繪製弧狹槽的幾何圖元
圓心/起/終點畫弧狹槽	使用弧半徑的中心點以及弧的起點/終點繪製弧狹槽的幾何圖元

1. 開啓新檔，單位 mm。在右基準面插入草圖，以原點爲圓心，使用鏡射，繪製如圖示的圖元，基材伸長終止型態：「**兩側對稱**」，距離 80mm。

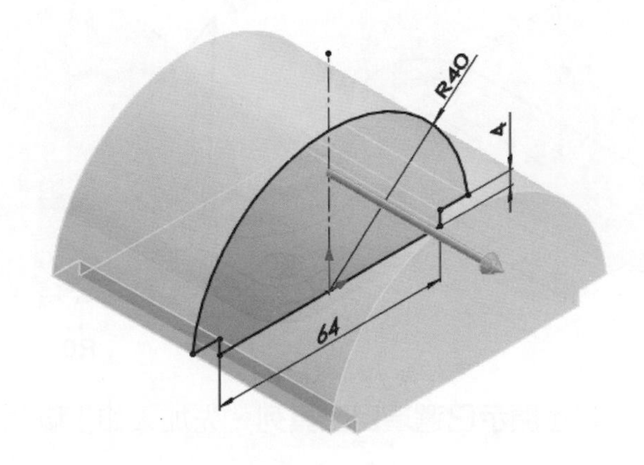

2. 如圖示，在箭頭所指底部平面上插入草圖(可旋轉實體選擇平面，或用**選擇其他**功能選擇平面)。

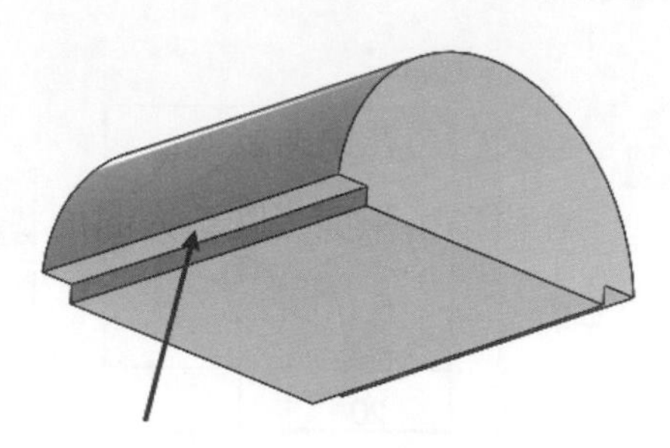

3. 按草圖工具列上的「**狹槽**」指令中的「**圓心/起/終點直狹槽**」，依圖示 123 順序，從原點起繪製直狹槽，不勾選**加入尺寸**，按「**確定**」。

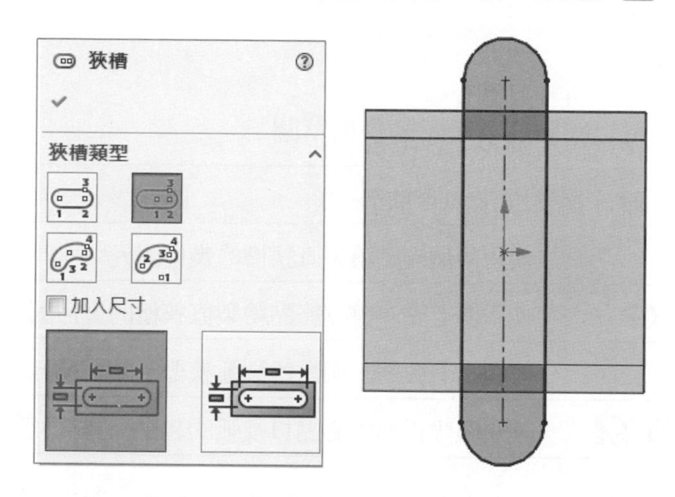

4. 在直狹槽的兩端圓心點上畫兩個**等徑**圓，標註尺寸，並向上伸長 24mm。

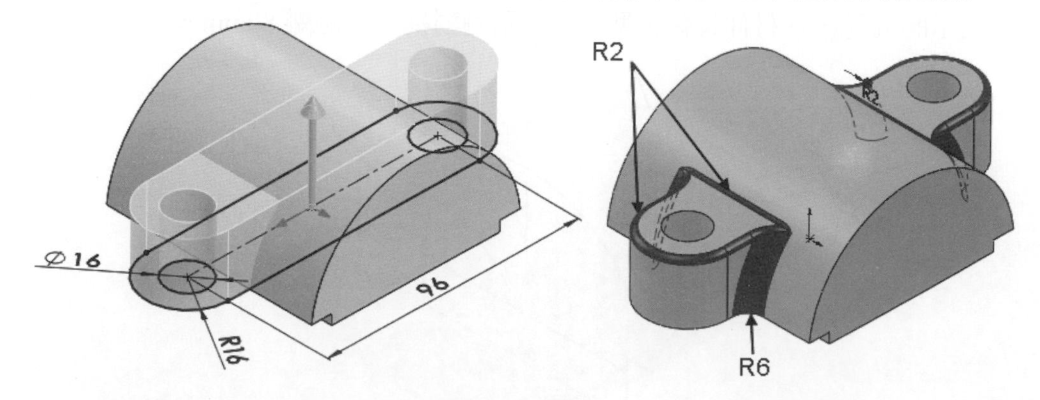

5. 建立圓角特徵，勾選**顯示已選項目工具列**，先加入如上圖的圓角 R6 後，再加入 R2。

6. 建立內孔∅48mm 的完全貫穿除料。

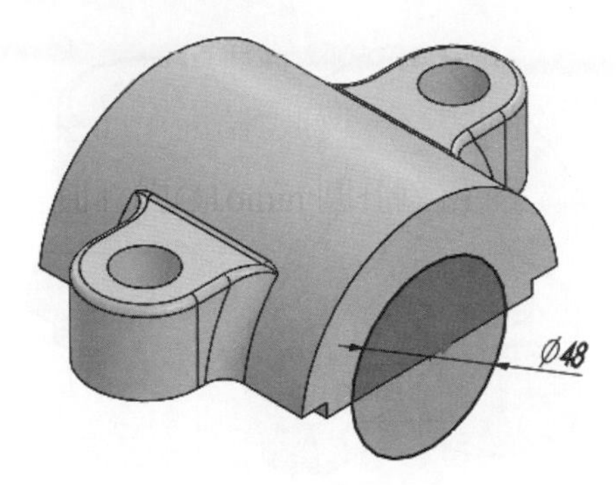

7. 插入**異型孔精靈**。
   - ➡ 鑽孔類型：**直螺絲攻** 。
   - ➡ 標準：ISO。
   - ➡ 類型：**螺紋孔**。
   - ➡ 大小：M10。
   - ➡ 鑽孔與螺紋的終止型態皆爲**完全貫穿**。
   - ➡ 選項：**裝飾螺紋線，有螺紋標註**。

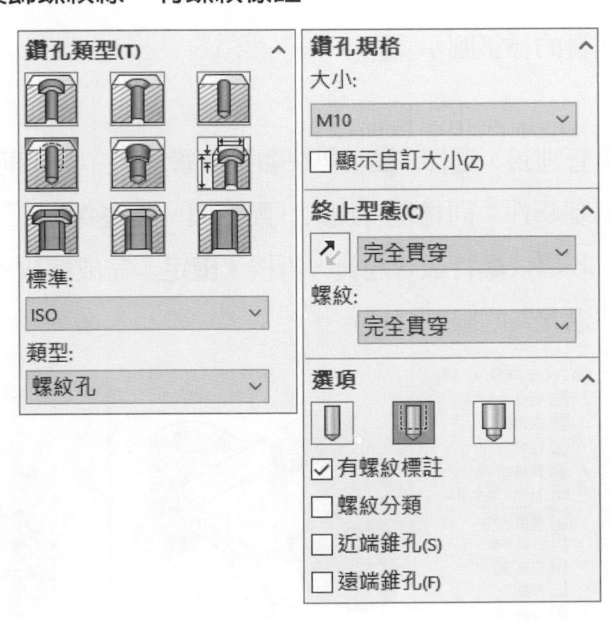

8. 按「**位置**」標籤，點選圓柱中間上表面，再點選鑽孔位置。

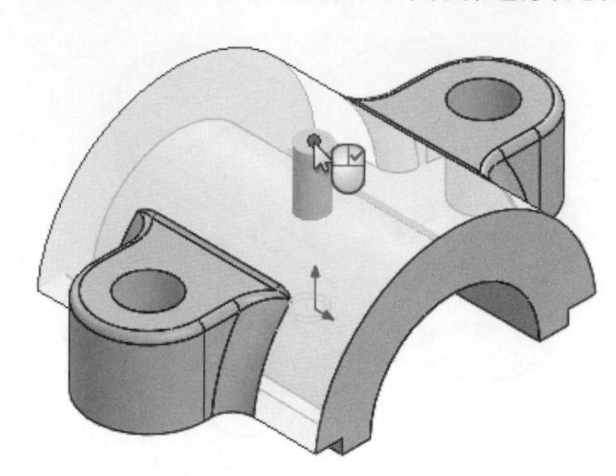

2-11-3 快顯特徵管理員樹狀結構

快顯特徵管理員可讓您同時檢視特徵管理員和屬性管理員。有時候要顯示屬性管理員又要在特徵管理員中選擇項次時，快顯特徵管理員就顯的非常方便。此外，您可以對所選項次隱藏、變更透明度、縮放等，但是不能抑制項次或回溯模型。

當屬性管理員啓用時，快顯特徵管理員自動出現。展開快顯特徵管理員的方式為：

- 按一下快顯特徵管理員中文件名稱旁的 ▸ 符號。
- 點選特徵管理員的標籤圖示 。
- 按快速鍵 C。

9. 展開快顯特徵管理員，選擇「**點**」與快顯特徵管理員中的「**前基準面**」，加入「**在平面上**」的限制條件；同樣地，加入「**點**」與「**右基準面**」，加入「**在平面上**」的限制條件。收摺快顯特徵管理員，再按「**確定**」完成螺紋。(您也可以選擇點與原點，加入“**沿 Y**”的限制條件)

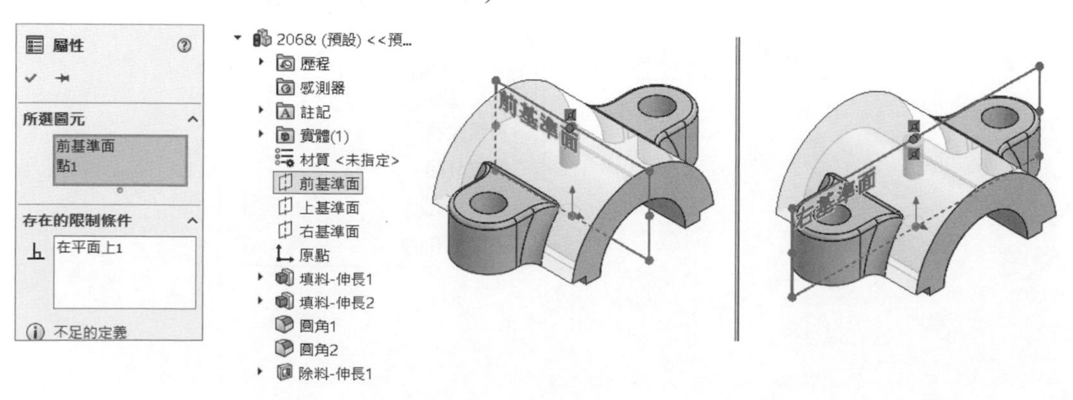

10. 完成後的零件並未有塗彩裝飾螺紋線，在特徵管理員中的「**註記**」上按右鍵，點選「**細目**」，在註記屬性視窗中勾選「**塗彩裝飾螺紋線**」，按「**確定**」。

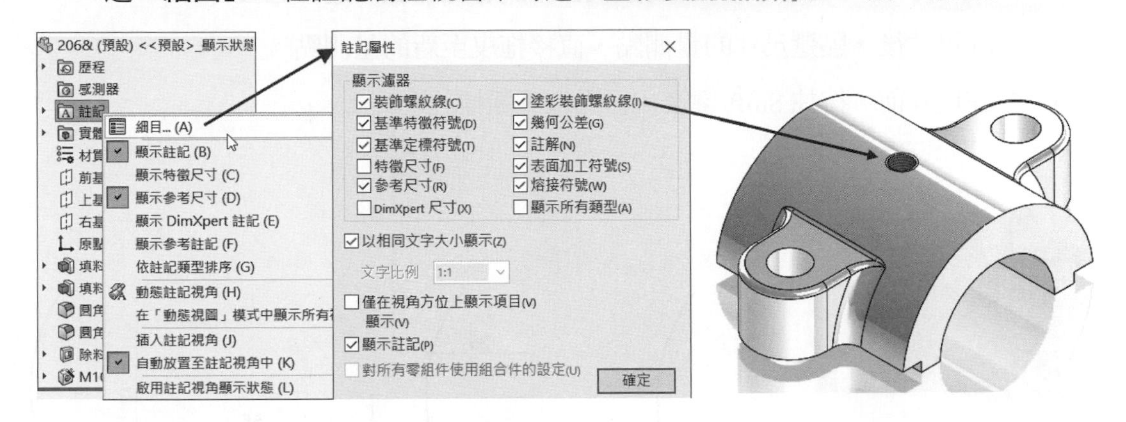

11. 您也可以點選「**工具**」→「**選項**」→「**文件屬性**」→「**尺寸細目**」，勾選**顯示濾器**中的「**塗彩裝飾螺紋線**」。

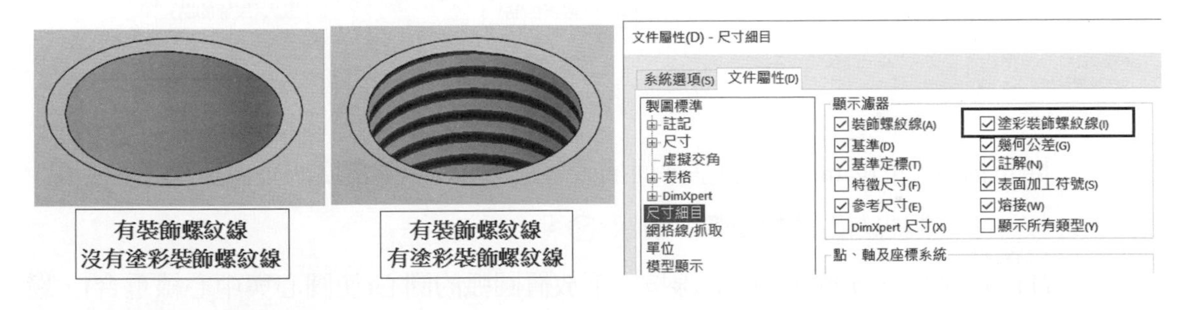

有裝飾螺紋線
沒有塗彩裝飾螺紋線

有裝飾螺紋線
有塗彩裝飾螺紋線

12. 儲存並關閉檔案。

2-11-4 圓弧條件

圓弧條件用來設定如何標註弧、圓、或線與圓弧之間的尺寸，也就是尺寸的距離。因爲尺寸量測的位置不同，所得的尺寸距離也就不同，這裡共有三種尺寸：圓心、最小與最大。其中**第一圓弧條件**指定何處是圓弧或是圓之間距離的量測位置；**第二圓弧條件**指定當兩個項次都是圓弧或圓時，何處是第二項次的距離量測位置。

在下圖中，因爲只有一個圓弧，因此選項只有出現**第一圓弧條件**。

- **圓心**：爲預設值，量測位置爲圓心。
- **最小**：量測點爲最近的點。
- **最大**：量測點爲最遠的點。

標註方式：

- 標註尺寸後，點選尺寸，在屬性視窗中的**導線**標籤內選擇圓弧條件。
- 標註尺寸後，點選尺寸的量測點，直接拖曳至新的量測點。
- 標註尺寸前，按住 Shift 鍵後，再點取圓弧標註。

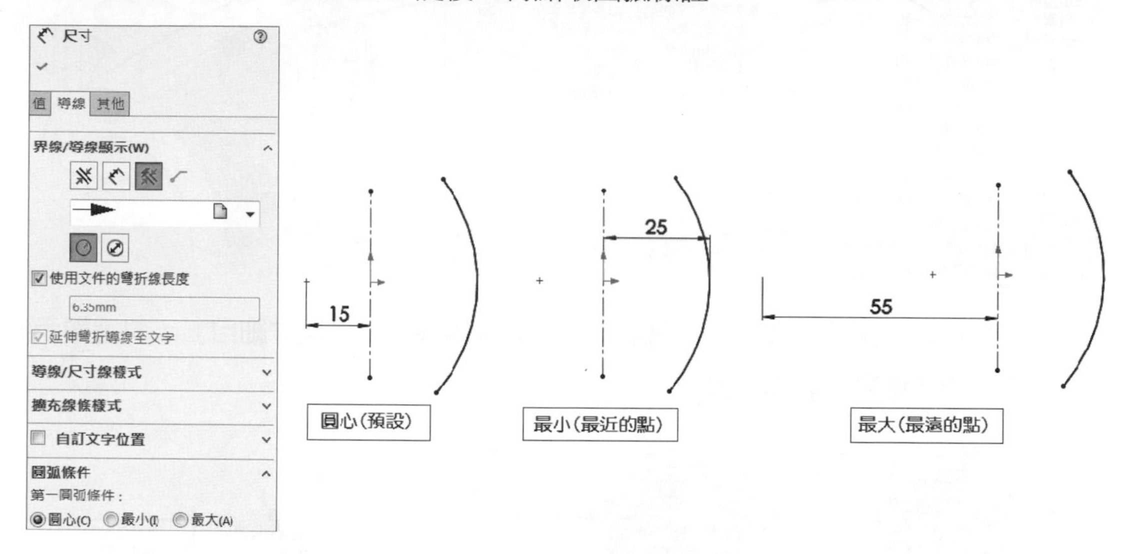

1. 開新檔案，單位 mm，在前基準面插入草圖，繪製**無限長度**的垂直與水平中心線。
2. 按一下「**圓心/起/終點畫弧**」圖示。
   (1) 在原點下方的垂直中心線按一下放置圓弧的圓心(使圓心與中心線重合)，鬆開並移動游標至起始位置。
   (2) 按一下放置圓弧起點以設定半徑與起始角度。
   (3) 鬆開按鍵，向左移動游標，按一下設定終點與角度。

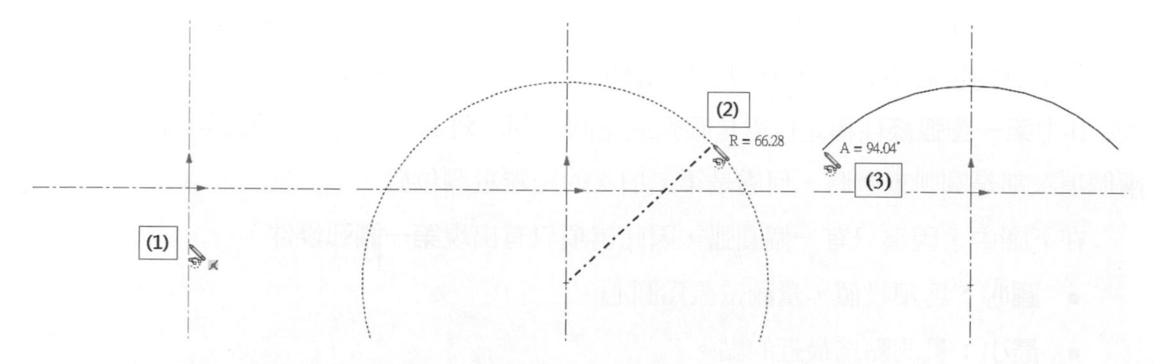

3. 以同樣方式繪製右側圓弧，弧畫大約半徑即可，角度值可大一些，使與前一條弧線相交。

4. 按 Ctrl 鍵，點選垂直中心線與右側弧線，按「**鏡射**」▯；再以水平中心線鏡射上側弧線。

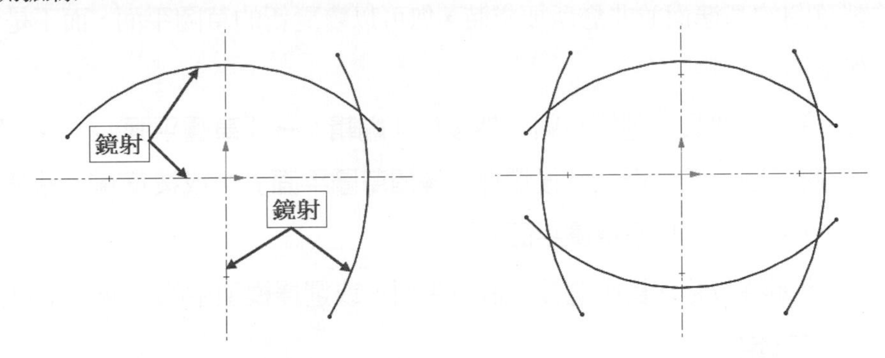

5. 修剪邊線並標註兩半徑值。

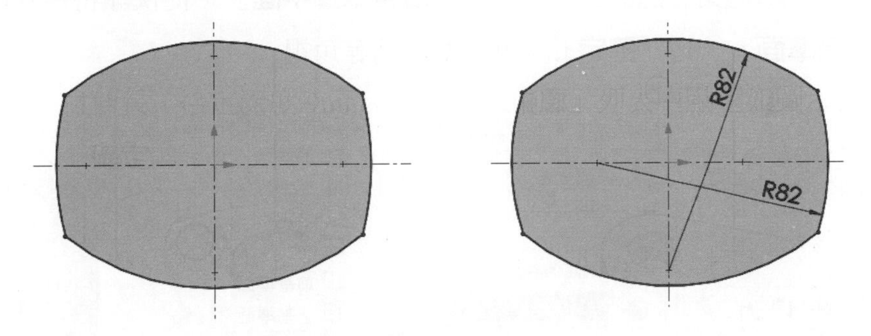

6. 標註尺寸，按 Shift 鍵，點選圓弧，標註兩圓弧之間距；或點選兩圓弧標註中心位置後，再變更此尺寸兩個圓弧條件為「**最小**」。建立伸長填料 14mm。

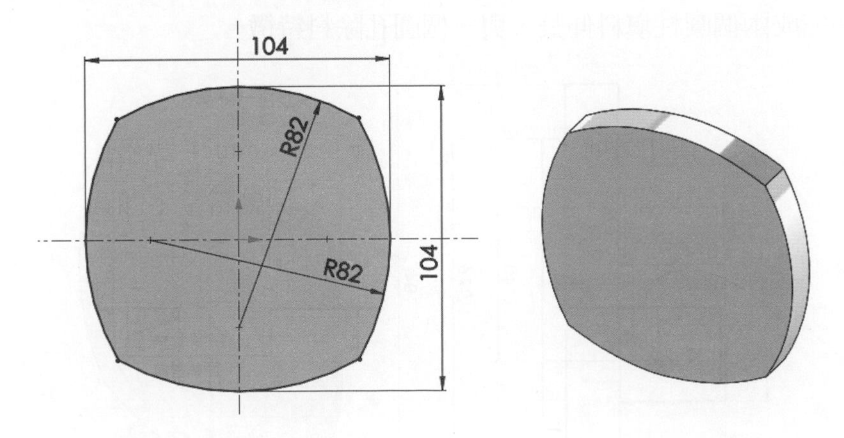

2-11-5 變更草圖基準面

當您繪製草圖的基準面並非您所要求時，您可以變更新的草圖平面，而不是刪除後再重畫，步驟如下：

(1) 在特徵管理員中選擇草圖，然後按「**編輯**」➡「**草圖平面**」；或在特徵管理員的草圖上按右鍵，然後選擇「**編輯草圖平面**」；或按草圖，點選文意感應工具列上的「**編輯草圖平面**」。

(2) 從快顯特徵管理員中選擇一個新平面，或選擇模型中的一個新平坦面。

(3) 按「**確定**」。

7. 按草圖，點選文意感應工具列上的「**編輯草圖平面**」，從快顯特徵管理員中選擇「**右基準面**」，按「**確定**」。變更零件爲等角視。

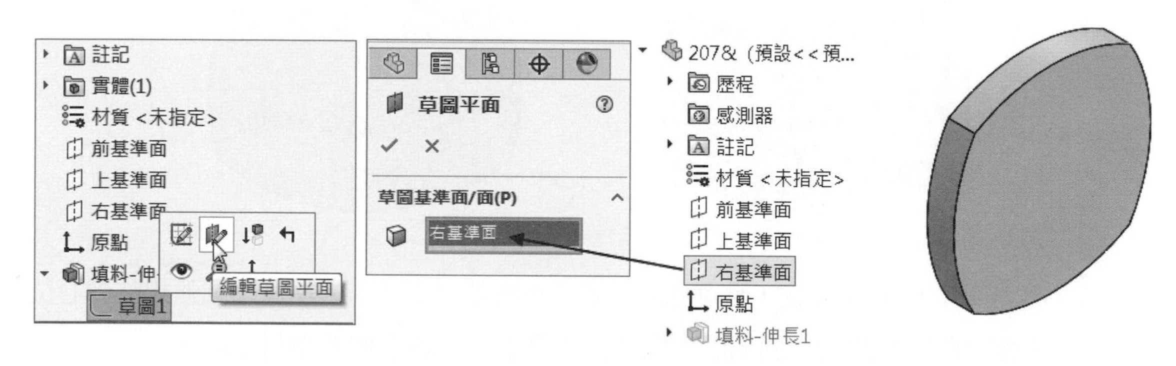

8. 繼續完成兩個圓柱填料伸長，與一個圓孔除料特徵。

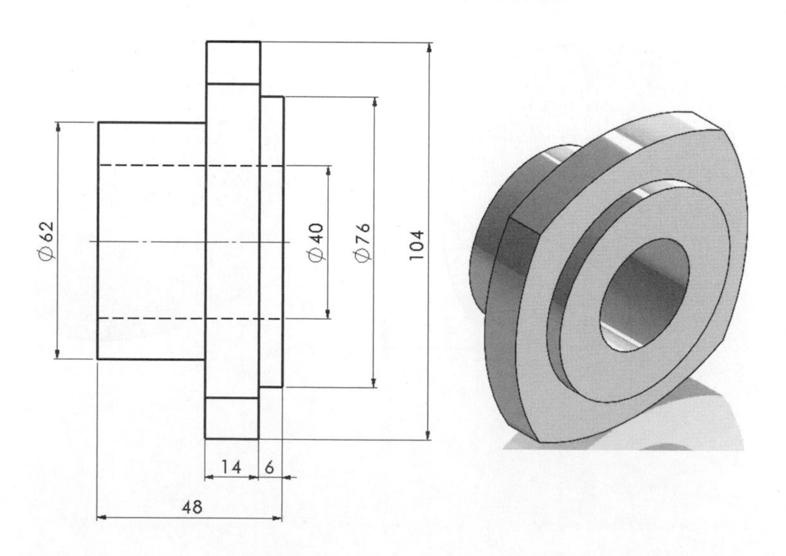

9. 在上基準面插入草圖，畫圓，限制圓心與原點水平放置，向上伸長除料，終止型態：**完全貫穿**。

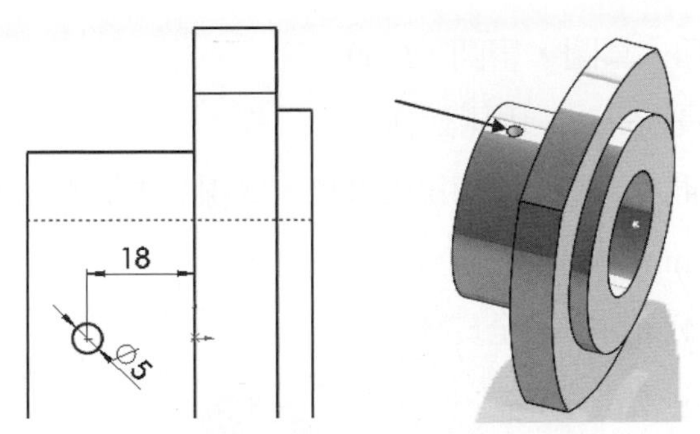

10. 插入「**異型孔精靈**」，設定如下：鑽孔類型：**柱孔**；標準：ISO；類型：**六角承窩頭**；鑽孔大小：M8；終止型態：**完全貫穿**。
11. 點選「**位置**」標籤，選擇如圖示的草圖平面，繪製圓與水平垂直中心線，點選圓，從文意感應工具列中點選「**幾何建構線**」，讓圓的實線變中心線(中心線在草圖中屬於作圖輔助線，不影響特徵)；繪製點並標註角度，如圖，按順序點選(1)原點、(2)水平中心線右端點、(3)點，拖曳並放置，修改角度為 45 度。

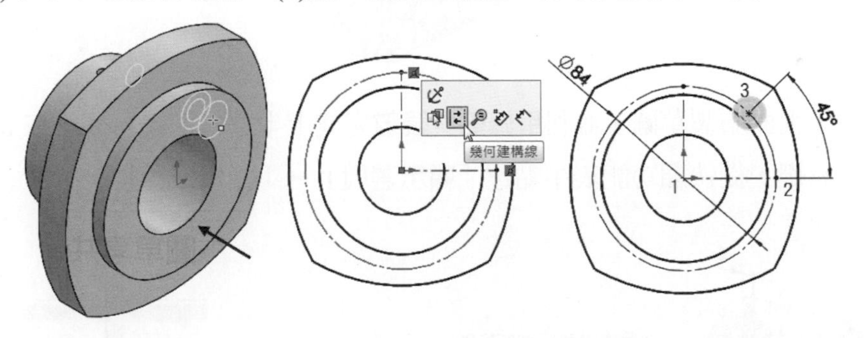

12. 按 Ctrl 鍵，選擇點與水平中心線，按「**鏡射**」；再點選垂直中心線與右側兩點，按「**鏡射**」，再按「**確定**」完成柱孔。

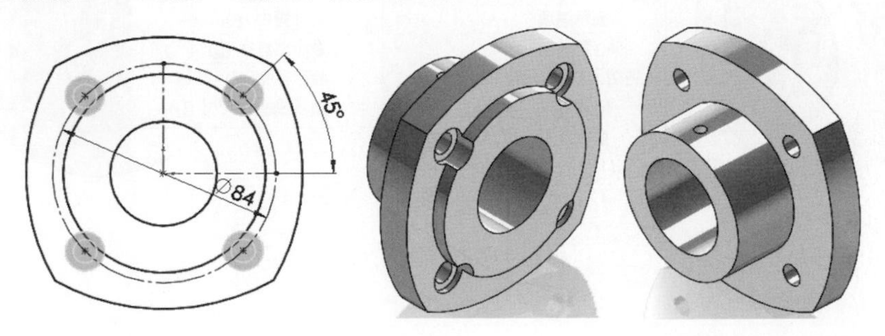

13. 儲存並關閉檔案。

Feed Guide

1. 開新檔案，單位 mm。
   - ➞ 在右基準面插入草圖，畫圓，∅60。
   - ➞ 建立基材伸長 36mm，兩側對稱。
   - ➞ 在前基準面插入草圖，畫切線弧 R12，底線只要大約高度，接近原點即可。
   - ➞ 建立伸長 44mm，兩側對稱。
   - ➞ 建立圓孔∅14 除料，完全貫穿。

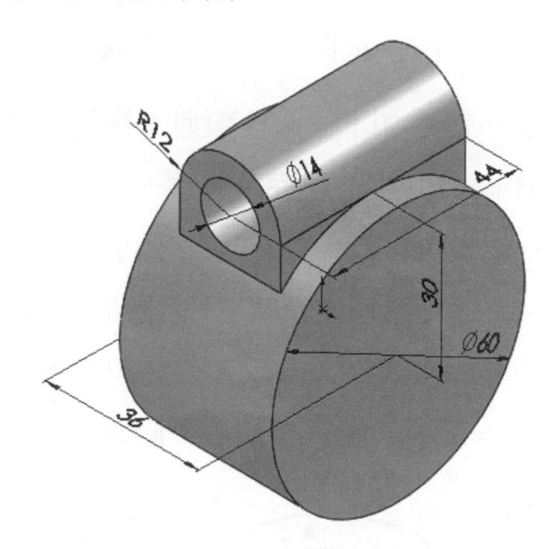

2. 在右平坦面繪製草圖，並利用**修剪**與**鏡射**完成上半部之凹槽形狀，在 R20 的尺寸上按右鍵，從快顯功能表中點選「**顯示選項**」➞「**顯示成直徑**」。

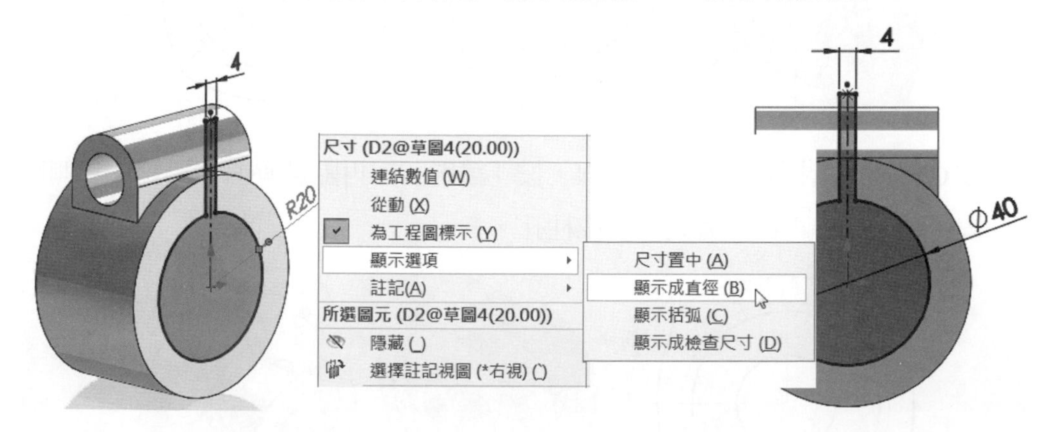

3. 在前基準面插入草圖，使用**中心矩形** 於垂直中心線端點處繪製矩形。建立特徵，兩側對稱，伸長 58mm。

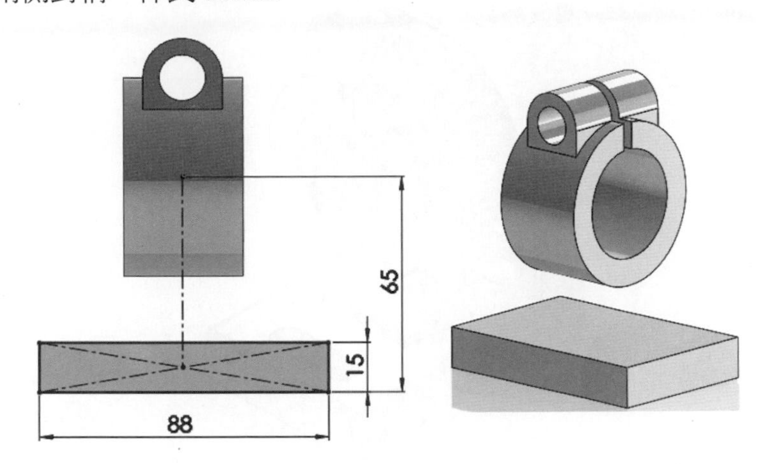

4. 在矩形的上平坦面插入草圖，從原點繪製矩形。插入伸長填料，終止型態選擇「**成形至下一面**」。因爲前面建立的特徵中，兩個實體並未結合在一起，因此在屬性視窗中會有特徵加工範圍之列表出現，勾選「**合併結果**」，使新特徵將兩個實體結合在一起。

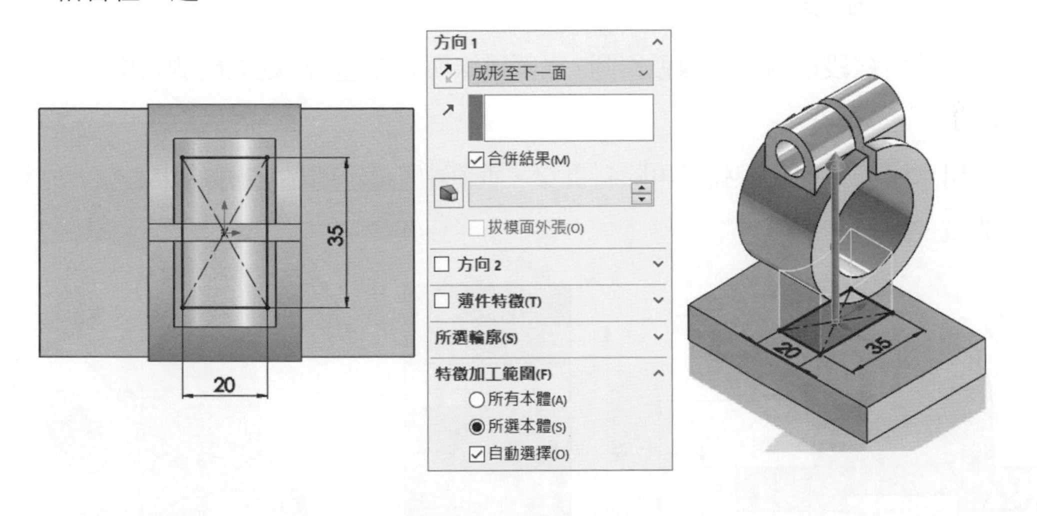

5. 點選矩形的上平坦面，插入草圖，可用垂直中心線鏡射複製狹槽，維持左右對稱；水平中心線則連接至狹槽中點，使狹槽上下對稱。建立除料，完全貫穿。

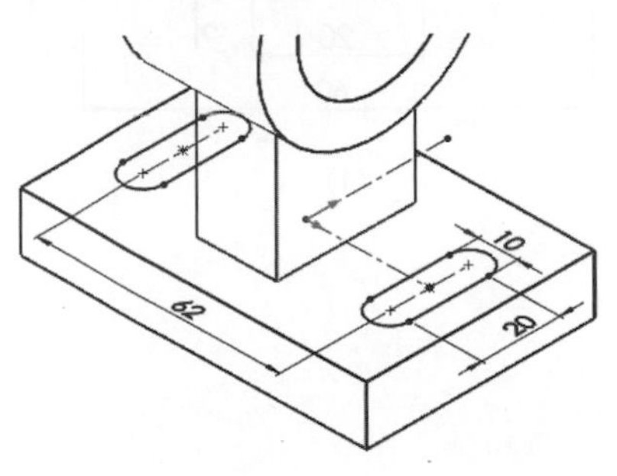

6. 建立相關圓角 R2。

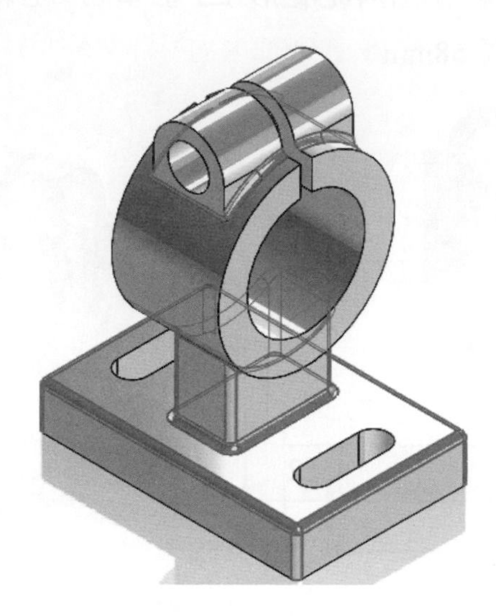

7. 儲存並關閉檔案。

2-11-6 練習題

練習 2e-1 軸支座

(1) 左右鏡射線段後再畫切線弧與圓，底部邊線與原點重合，建立兩側對稱，伸長 30mm 特徵。

(2) 使用水平線鏡射切線弧，再除料貫穿，垂直中心線可限制圓弧的中心點與原點垂直放置。

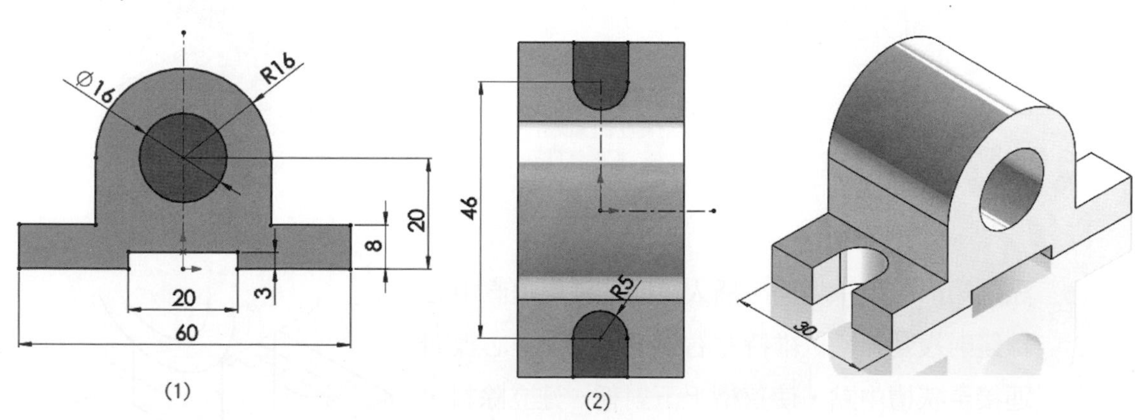

練習 2e-2 底座

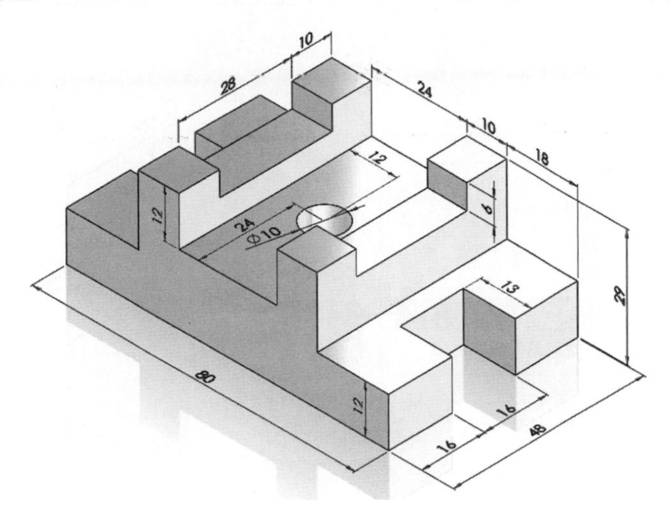

練習 2e-3 Jig Block

所有特徵皆左右對稱。

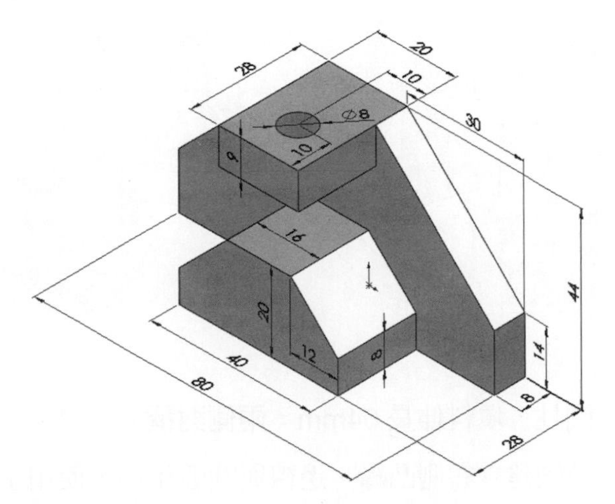

練習 2e-4 軸承扶架

(1) 在上基準面繪製草圖，利用垂直中心線鏡射，向上伸長 16mm。

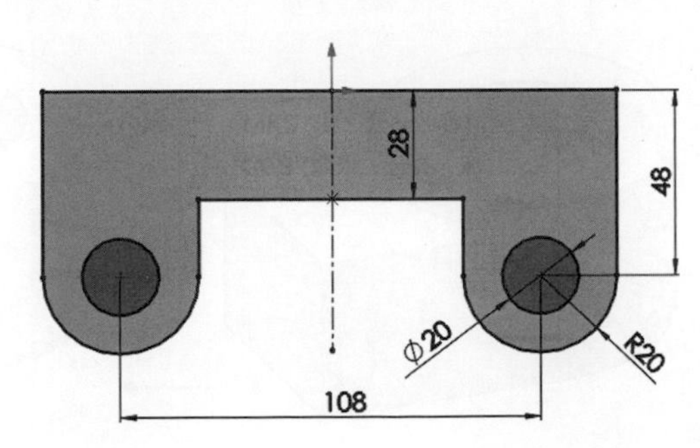

(2) 同樣，利用**鏡射**完成矩形草圖，伸長終止型態選擇「**成形至某一面**」，點選箭頭所指的平面。

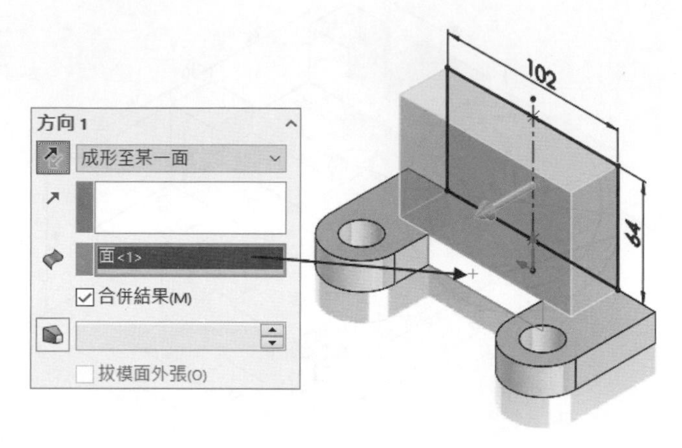

(3) 完成中間圓弧除料(圓心皆與上邊線中點重合)與圓角，小圓角爲 R2。

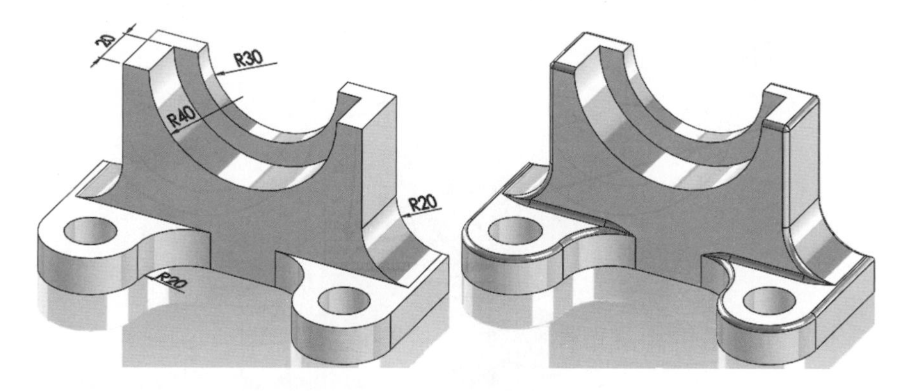

練習 2e-5 吊架

(1) 在上基準面建立圓柱，填料伸長 64mm，**兩側對稱**。

(2) 在下平坦面插入草圖建立右側凸緣，邊線與圓弧相切，使用水平中心線鏡射草圖，向上伸長填料 56mm。

(3) 右側梯形的凹槽使用水平中心線鏡射草圖，建立除料 28mm。

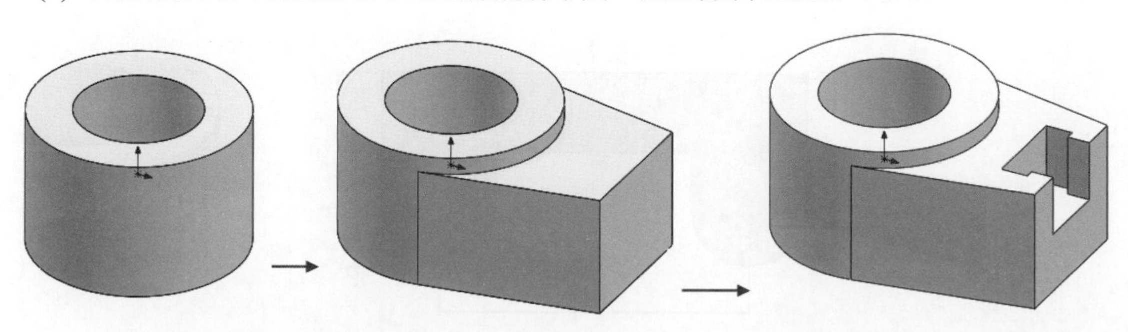

(4) 從前基準面建立圓柱中間的狹槽除料與右下角 L 形除料，終止型態**完全貫穿-兩者**。

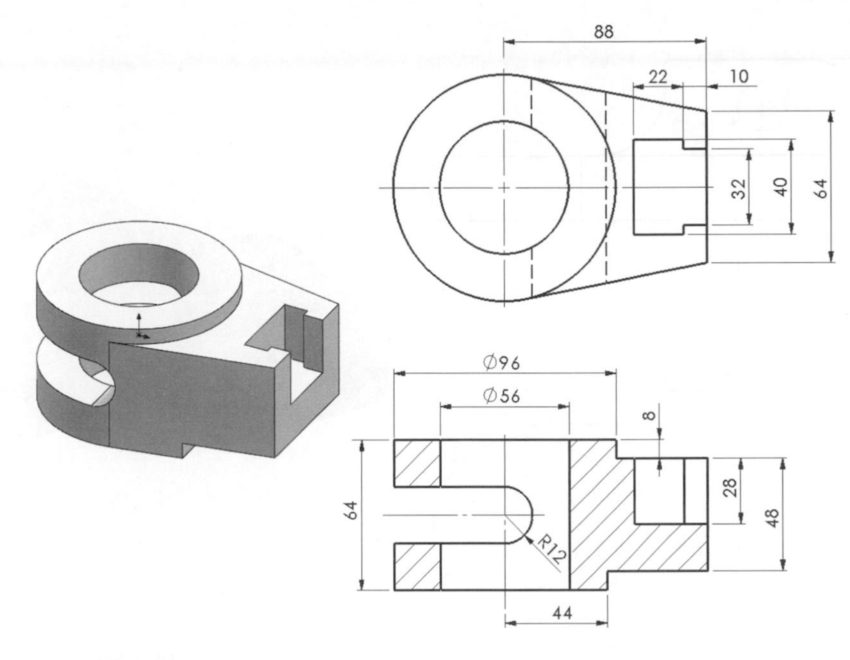

練習 2e-6 楔子底座

原點置於三角形底邊中點，建立兩側對稱伸長填料，中間除料亦是兩側對稱。

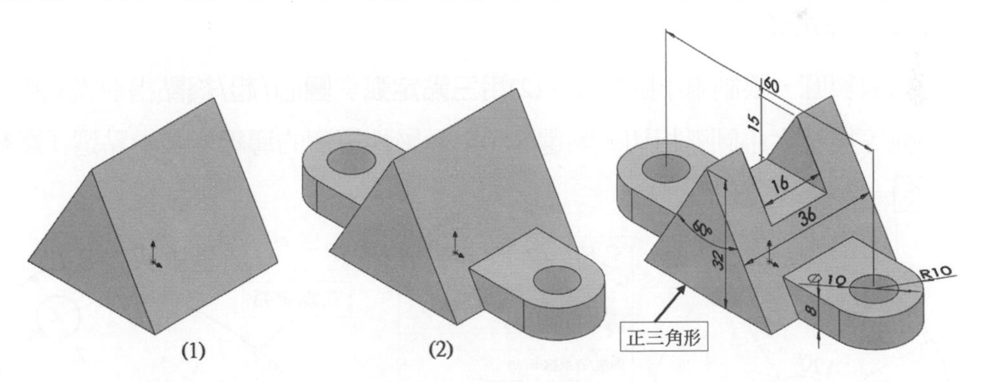

練習 2e-7 勾架

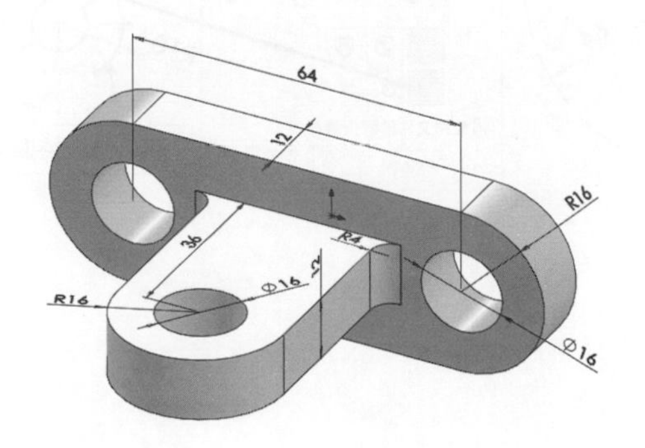

練習 2e-8　錨拖架

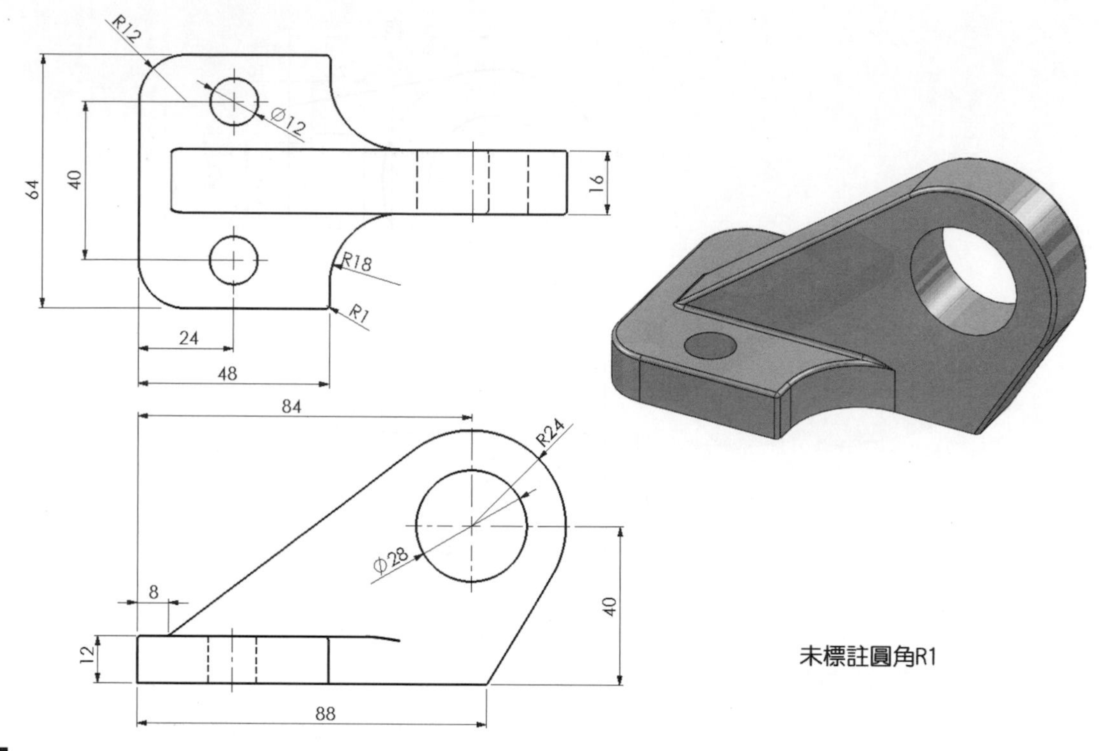

練習 2e-9　檢定題

(1) 畫建構線與圓，限制兩小圓等徑，(2)用**三點定弧**與**圓心/起/終點**指令畫圓弧，限制小圓弧等徑及大小圓弧相切。點選 R80，從屬性視窗的**導線**標籤中點選「**斷縮**」圖示 。

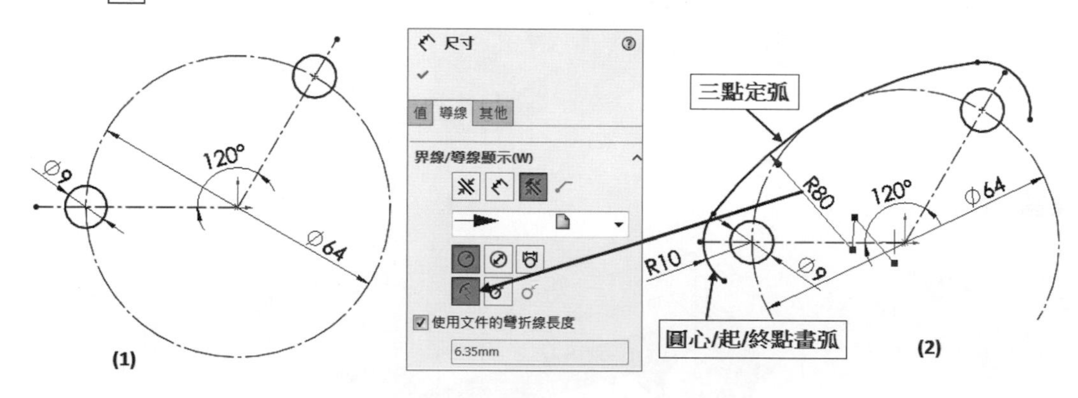

(3) 上下鏡射圓弧與修剪線段，(4)繪製右側圓弧，並限制與 R80 等徑。

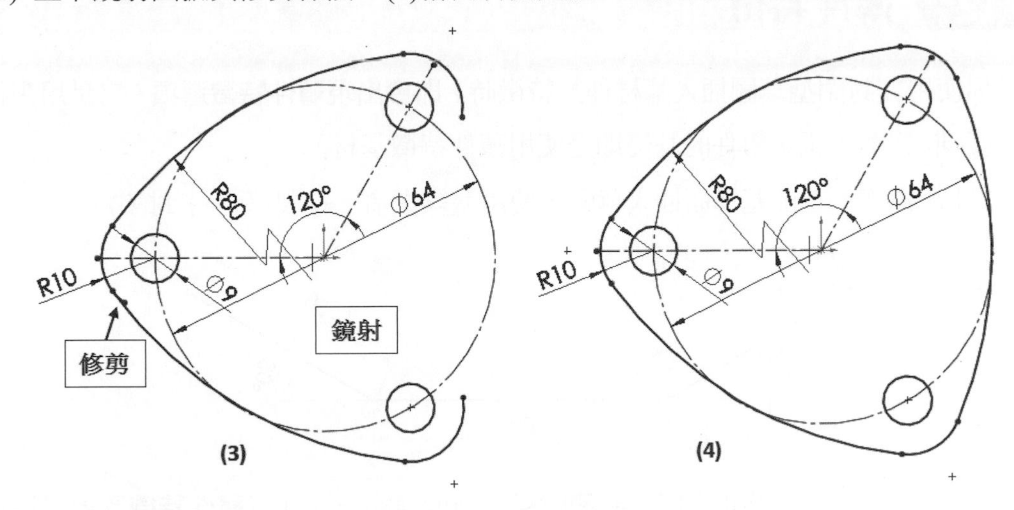

(5) 向上建立基材伸長 8mm，(6)建立三個等徑柱孔除料，深度 1.5mm。

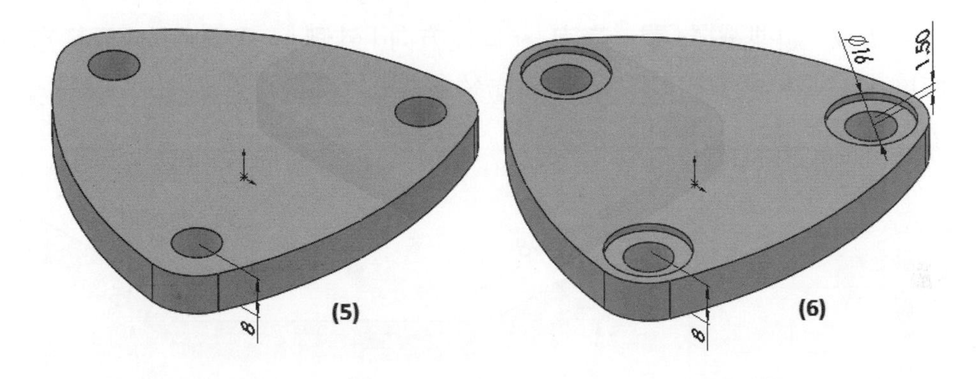

(7) 儲存並關閉檔案。

2-12 薄件特徵

當你使用非封閉型草圖插入基材伸長特徵時，即會出現**薄件特徵**選項，它是用來控制伸長厚度(非深度)，鈑金零件的基礎即是使用薄件特徵基材。

1. 開新檔案，在前基準面插入草圖，使用畫線指令，繪製草圖(未封閉)。

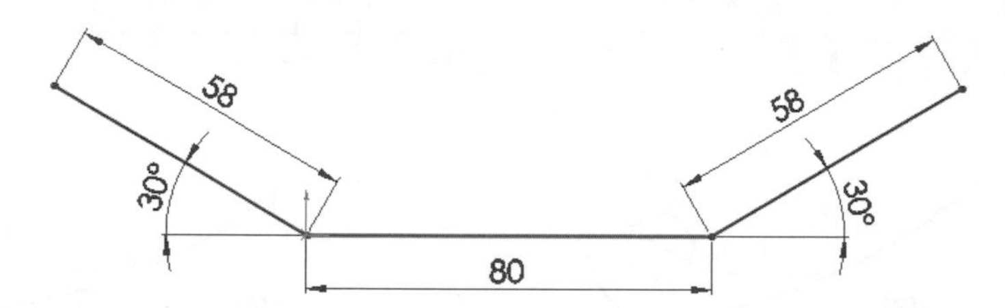

2. 插入基材伸長，終止型態：**兩側對稱**，深度 48mm。注意**薄件特徵**選項已被自動選取，且呈灰色顯示，無法取消，這是因爲草圖只有線段圖元，而非一般的封閉草圖所致，類型選擇「**單一方向**」，厚度方向「**外側**」，必要時按「**反轉方向**」，厚度 12mm，按「**確定**」。此時特徵管理員顯示的特徵名稱爲 伸長-薄件1，而非一般的**填料-伸長** 1。

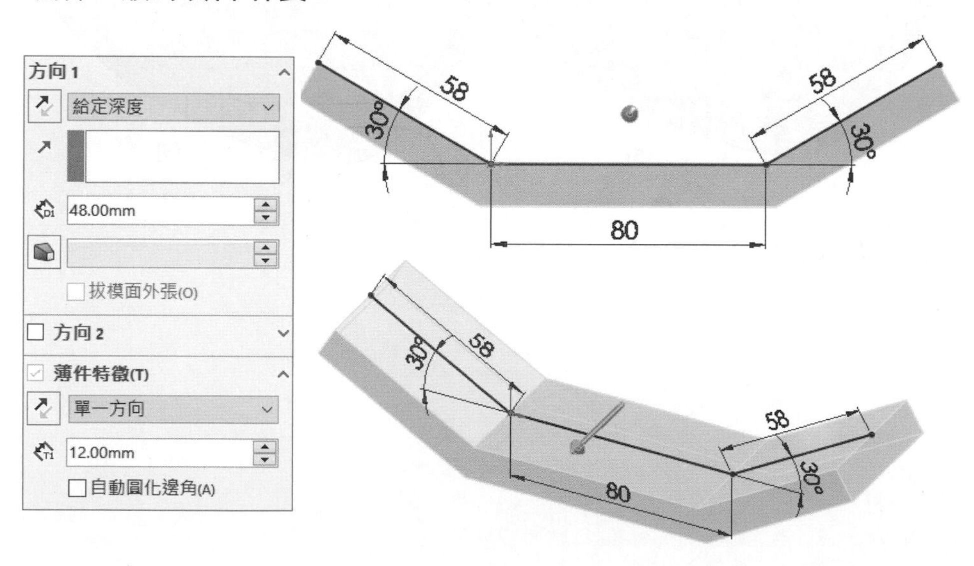

3. 點選「**圓角**」指令，圓角類型選擇「**全周圓角**」，翻轉零件，依序選擇「**面組 1**、**中心面組**、**面組 2**」，圓角指令會依**面組** 1 與**面組** 2 的距離計算出最佳的圓角半徑。

   按「**確定**」。建立同圓心的∅16mm 圓孔除料。

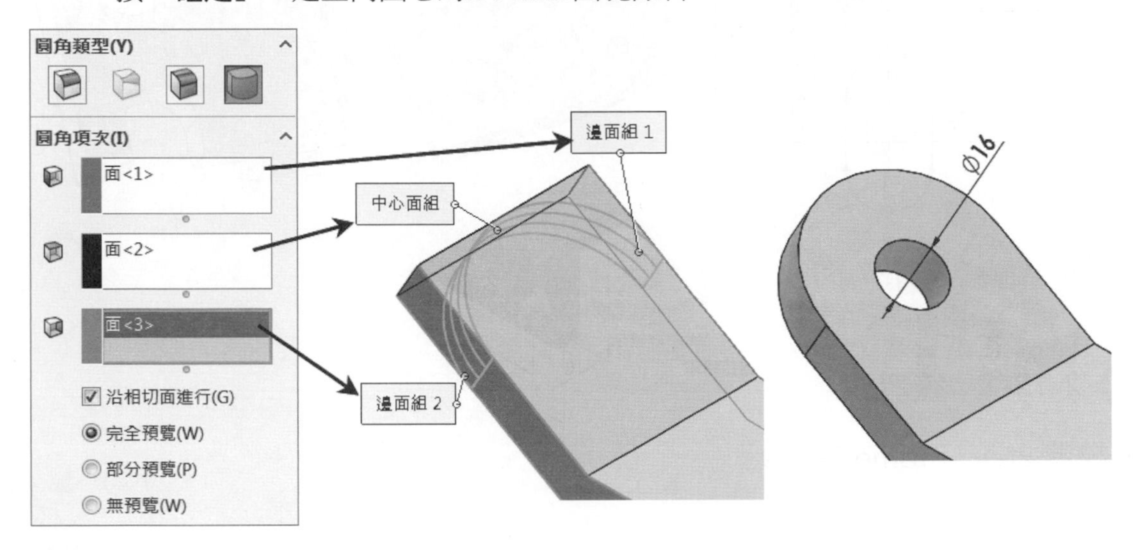

提示

用滑鼠左鍵點選面組後按右鍵，圓角項次會自動跳至下一個面組。

4. 建立圓孔除料：(1)繪製圓孔，(2)繪製連接原點的水平中心，上下鏡射圓孔，(3)繪製連接底線中點的垂直中心線，左右鏡射圓孔，(4)標註尺寸並建立完全貫穿除料。

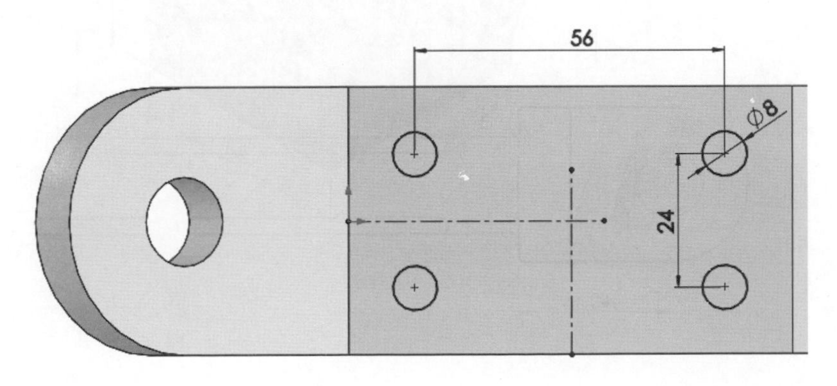

5. 點選如圖示的平面插入草圖，繪製如圖圖元，建立完全貫穿除料。

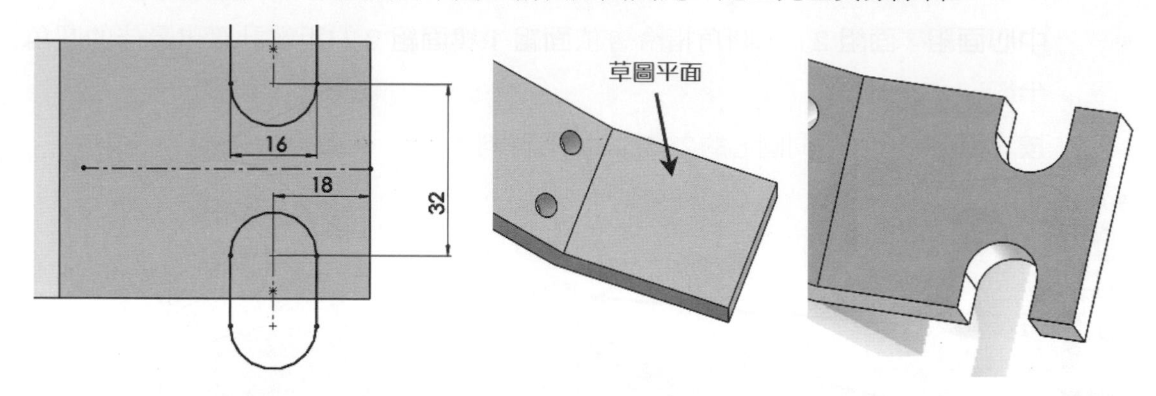

6. 儲存並關閉檔案。

2-12-1 練習題

練習 2f-1 Frame Guide

使用薄件特徵建立零件。

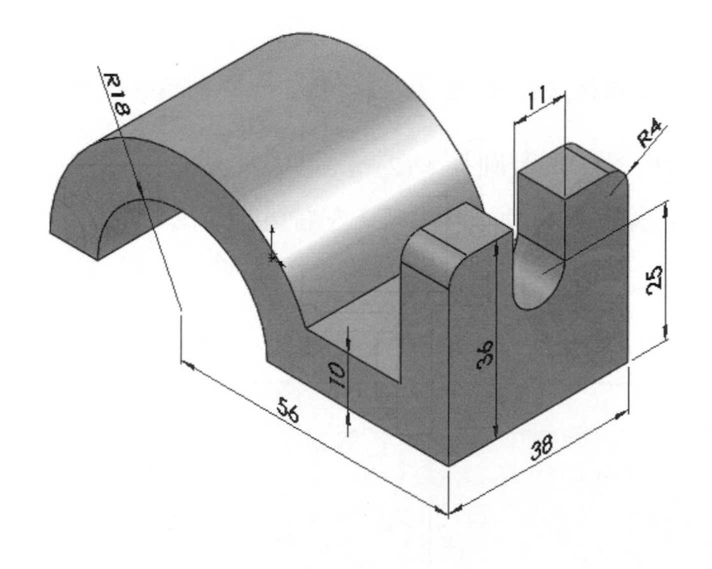

練習 2f-2　把手

使用薄件特徵建立零件，並勾選薄件列表中的**自動圓化邊角**，圓角為 4mm

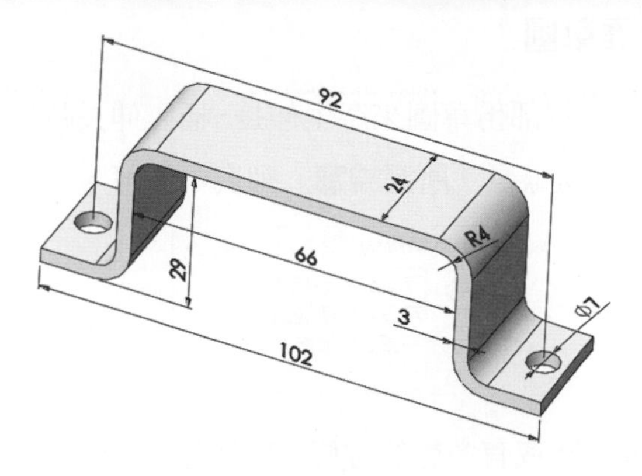

練習 2f-3　支架

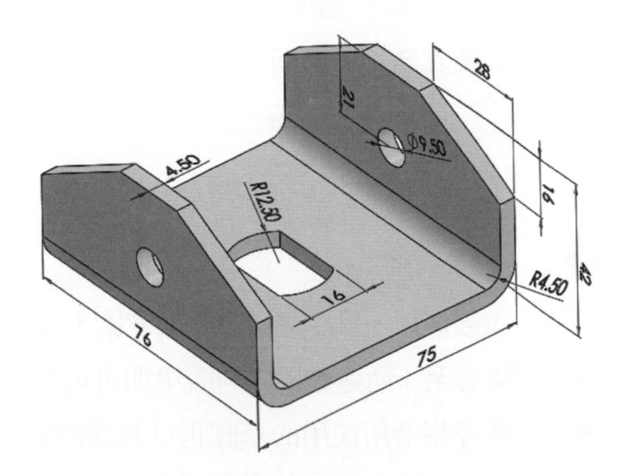

練習 2f-4　定扣

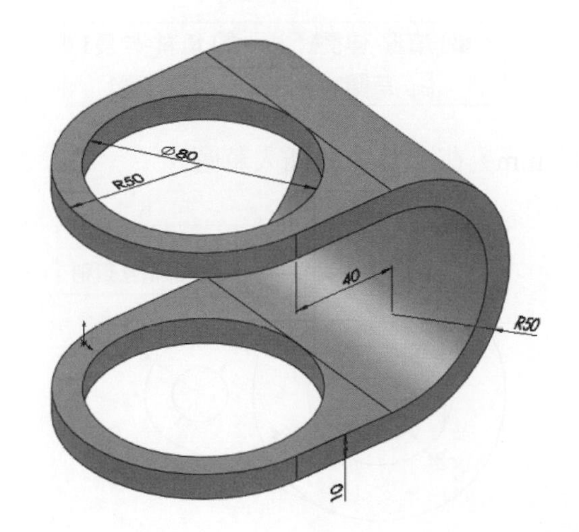

2-13 多重輪廓草圖與共享草圖

2-13-1 多重輪廓草圖

伸長特徵指令允許您使用部份草圖來產生伸長，插入伸長時只要在圖面中選擇草圖輪廓(某封閉草圖區域)或模型邊線至「**所選輪廓**」列表中即可。

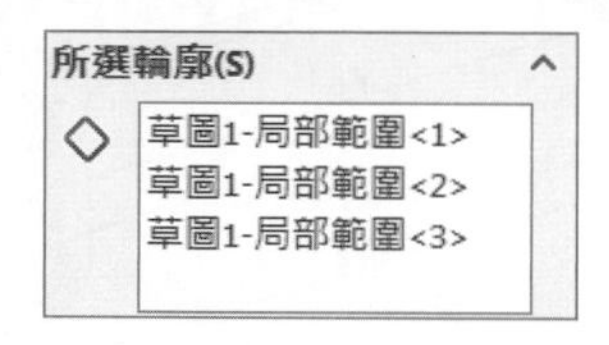

只要有相連的封閉草圖，或有多餘的線條，當您建立伸長特徵時，所選輪廓列表便會展開，游標也會呈現出 的形狀，讓您選擇輪廓。

內縮至特徵內的多重輪廓草圖其名稱的前面會多出一個多重輪廓的符號。

2-13-2 共享草圖

已伸長過的草圖仍可以再次被使用，只要選取原始的草圖，再插入伸長或其他可使用的特徵後，不選擇或選擇草圖輪廓至「**所選輪廓**」列表中即可再次伸長填料或伸長除料，而在其他特徵像掃出、疊層拉伸等指令所使用的草圖也可共享使用。

而經過共同使用的草圖，其草圖名稱前會出現一隻手，代表共用草圖。

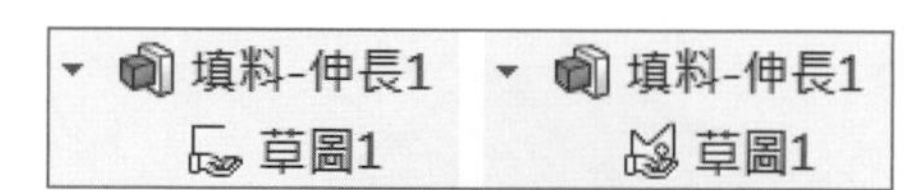

1. 開新檔案，單位 mm，在上基準面插入草圖。

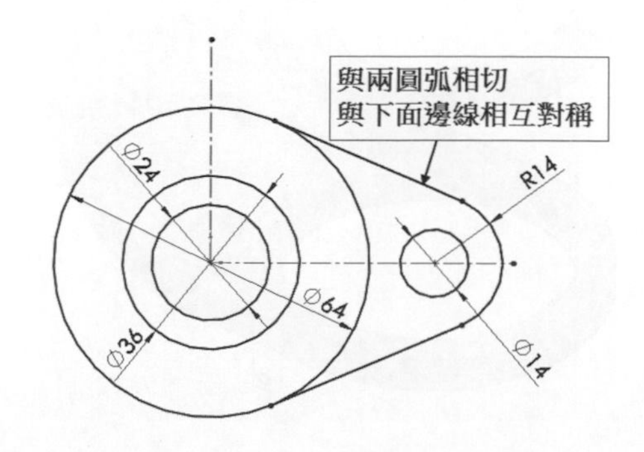

2. 鏡射草圖，並完全定義草圖，您可以不修剪草圖直接使用多重輪廓草圖來伸長；或修剪草圖，但是修剪草圖比較容易失去尺寸與限制條件，需要再定義草圖。這裡我們**不修剪**草圖。

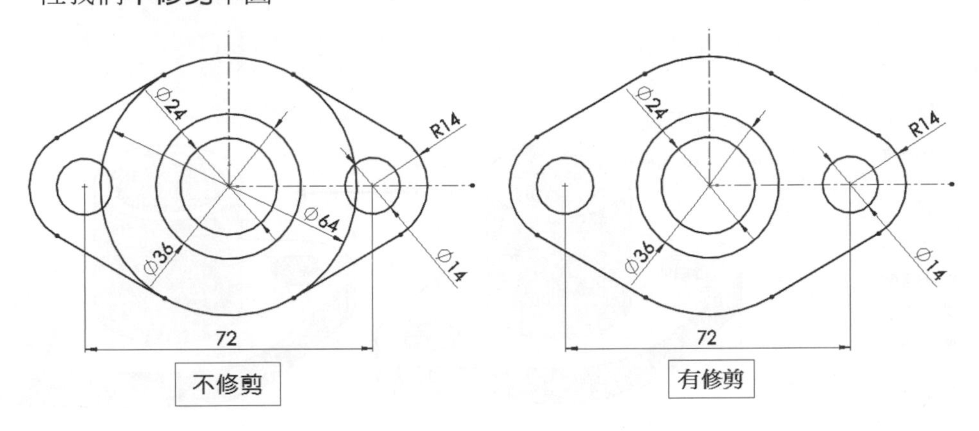

3. 插入基材伸長，給定深度 9mm，在「**所選輪廓**」列表中點選如圖示的三個局部範圍，按「**確定**」。

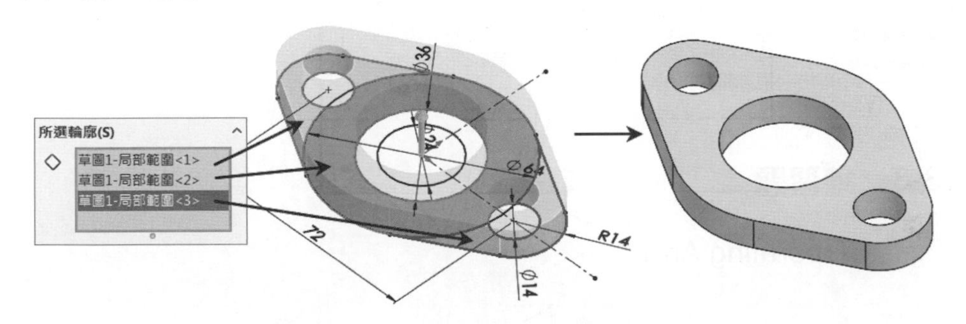

4. 點選 ⊞，展開「**填料-伸長 1**」，再點選「**草圖 1**」，插入伸長填料，所選輪廓如圖示，給定深度 45mm，按「**確定**」。如圖示，伸長 1 與伸長 2 內的草圖都已內含共享草圖的手掌符號。

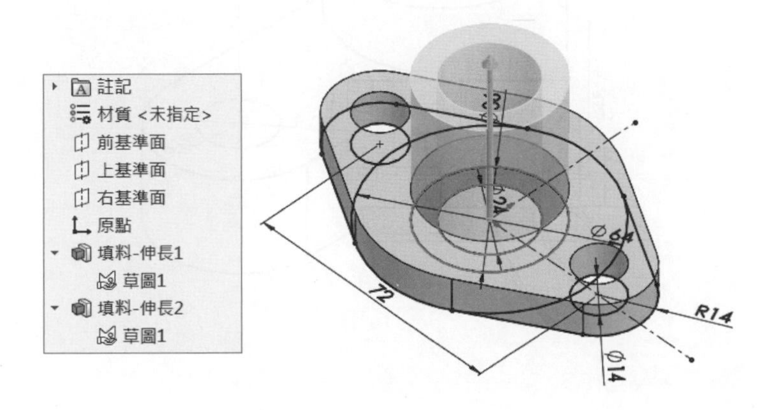

5. 點選特徵工具列內的「**導角**」圖示 ，點選**角度距離** ，設定導角距離 2mm，角度 45°，選擇如圖示的圓弧邊線，按「**確定**」。

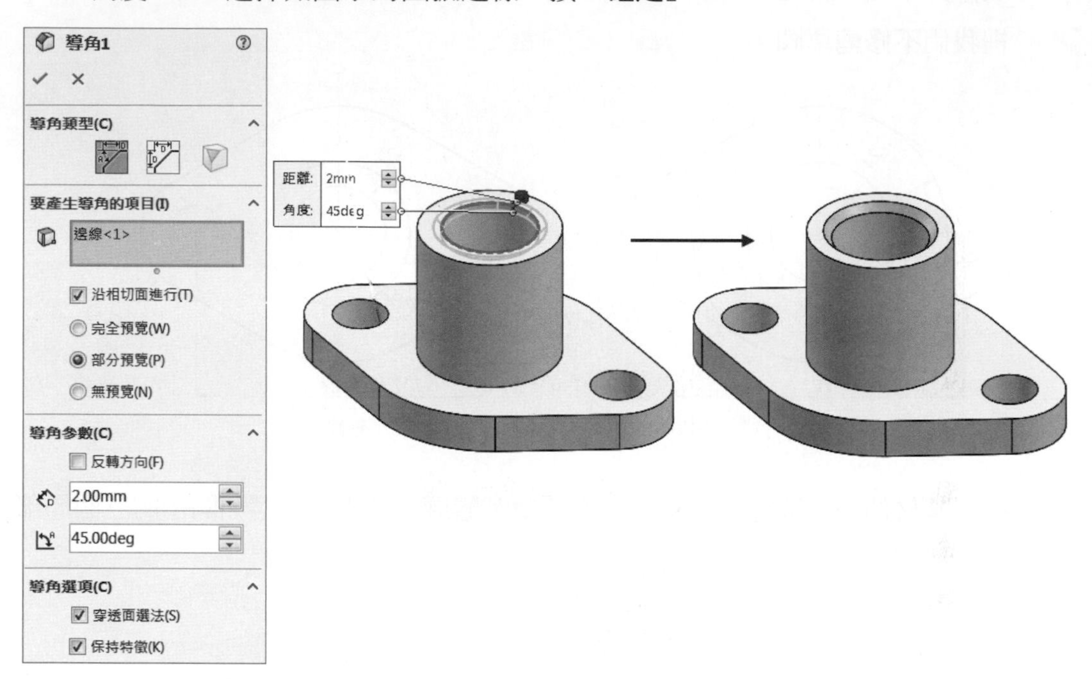

2-13-3 練習題

練習 2g-1 Operating Arm

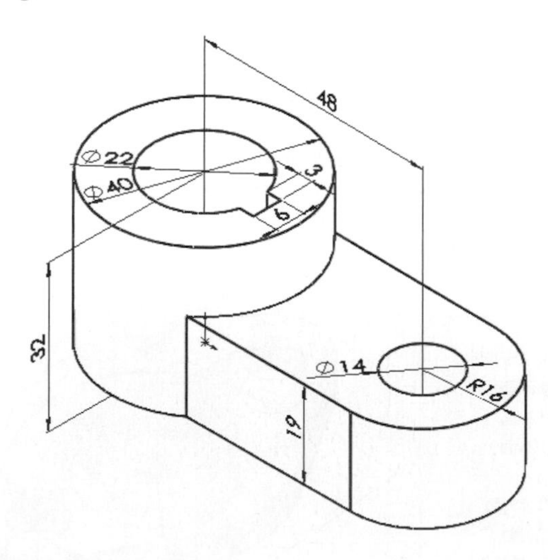

練習 2g-2 共享草圖

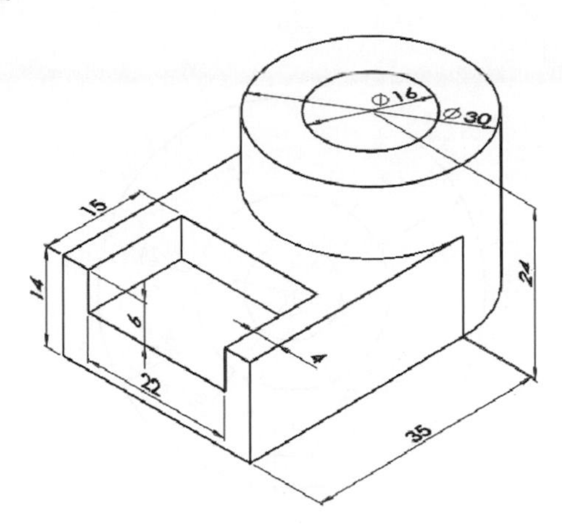

練習 2g-3 曲臂

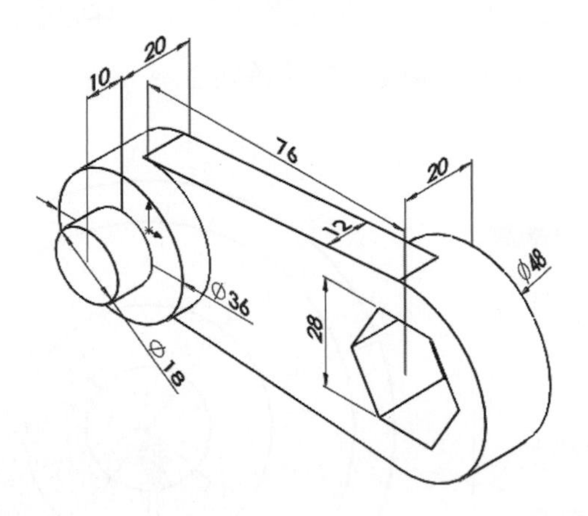

練習 2g-4 共享草圖

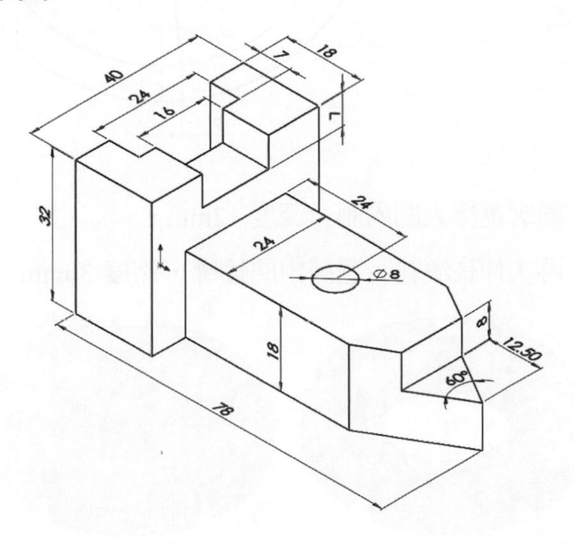

練習 2g-5　止滑轉齒

(1) 在上基準面繪製草圖

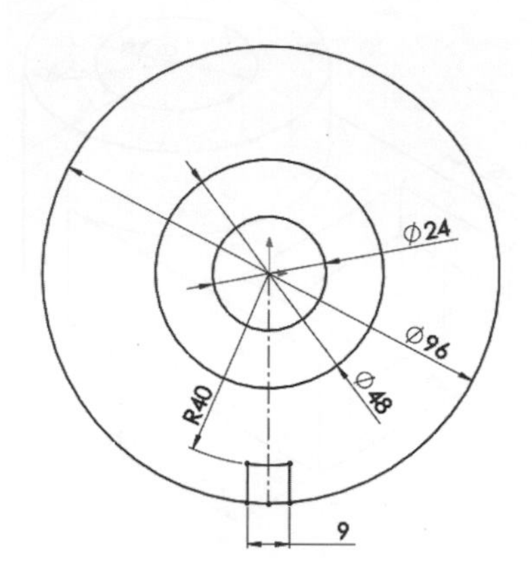

(2) 按「**工具**」➡「**草圖工具**」➡「**環狀複製排列**」，**中心點**選擇原點，複製排列的圖點選 R40 的圓弧與兩條垂直線段，按「**確定**」。

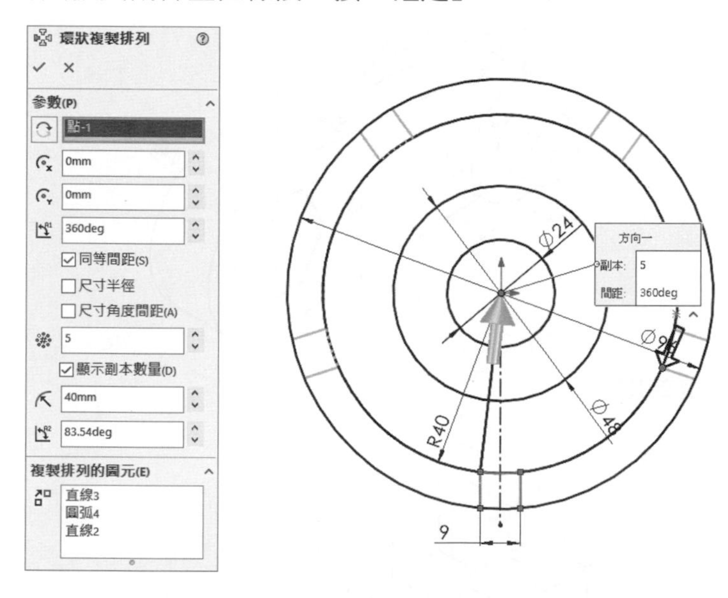

(3) 插入基材伸長，輪廓選擇大圓內側，深度 12mm。

(4) 點選原始草圖，再次伸長填料，選擇中間輪廓，深度 30mm。

(5) 在前基準面畫圓，建立除料，終止型態：**完全貫穿-兩者**。

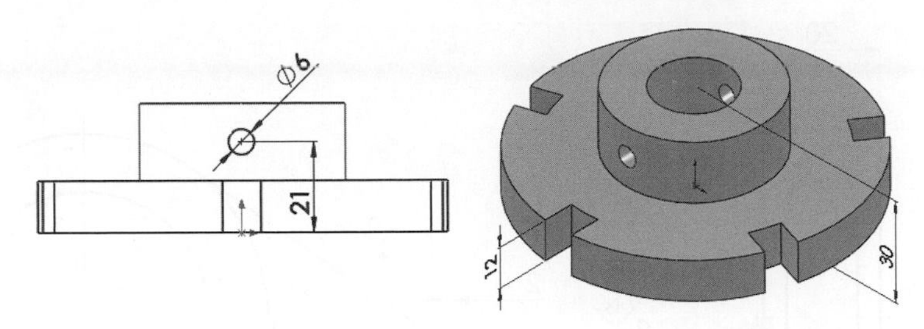

練習 2g-6 斜支架

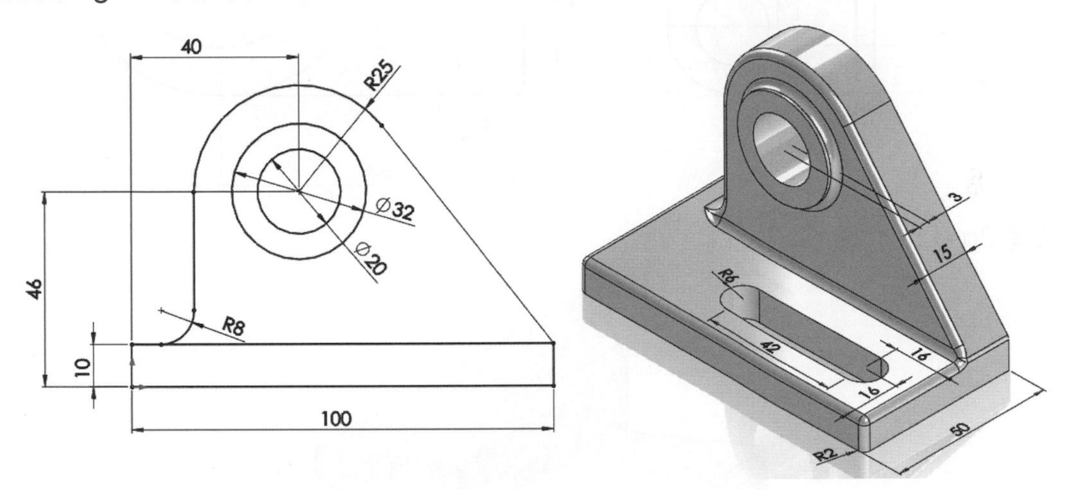

練習 2g-7 軸支撐座

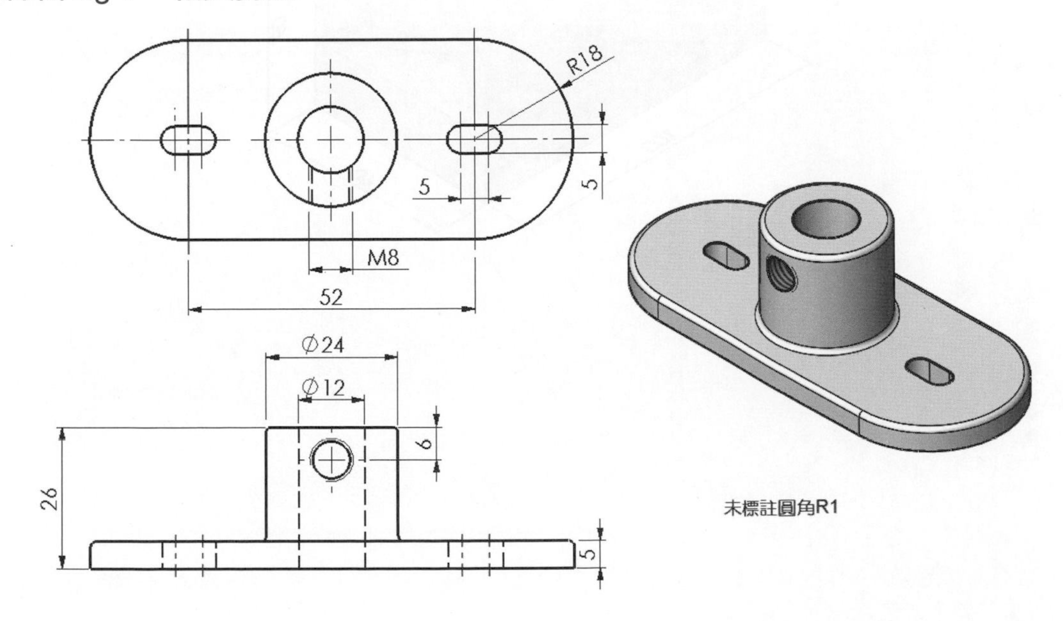

練習 2g-8 吊管架

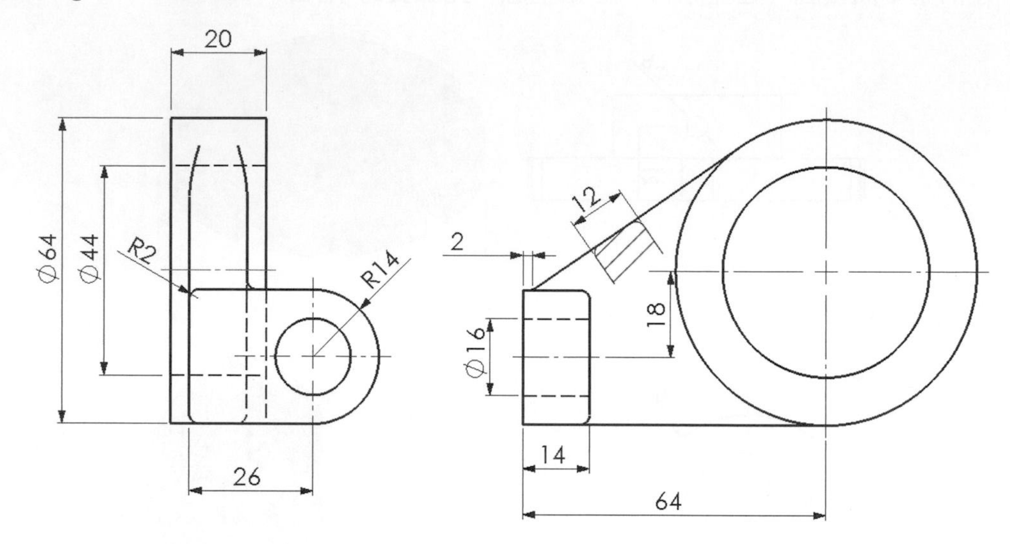

練習 2g-9 角塊

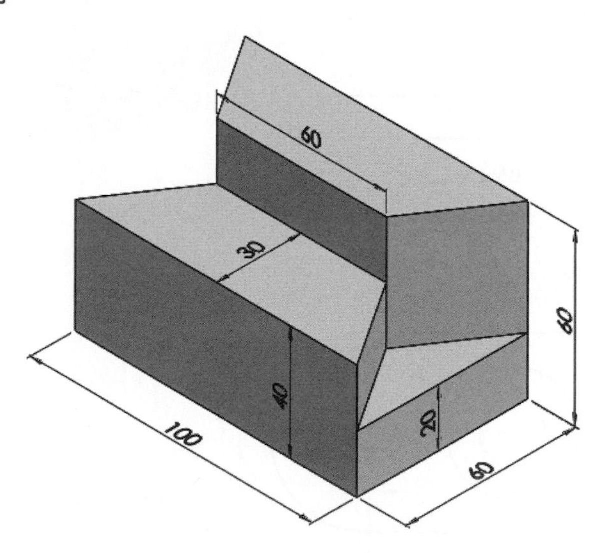

2-14 公制與英制

在 SOLIDWORKS 中，繪製零件、組合件、或工程圖文件都必須要指定單位，因爲這關係到您在繪製圖元時輸入數字的大小。目前 CNS、JIS、DIN 等國家標註都已使用公制作爲單位，即 MMGS(毫米、公克、秒)，但是在英國、美國等國家都還是使用英制 IPS(英吋、英鎊、秒)爲單位。

在「**選項**」中，系統提供四種單位系統供您選擇：

- MKS (米、公斤、秒)。
- CGS (釐米、公克、秒)。
- MMGS (毫米、公克、秒)。
- IPS (英吋、英鎊、秒)。
- 自訂。讓您設定長度單位、密度單位、及力。

因爲前面的例子中全都是使用公制，下面提供兩種單位轉換的說明：

一、開新零件檔，在「**選項**」視窗中，選擇「**文件屬性**」➞「**單位**」，從**單位系統**中點選「**IPS(英吋、英鎊、秒)**」，長度的小數點選「.123」。

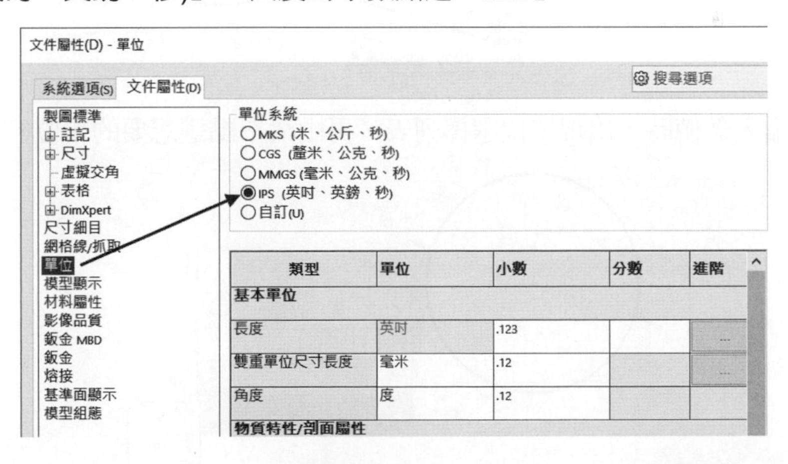

二、在畫面的右下角狀態列上，可直接選擇零件的文件單位，或**編輯文件單位**。

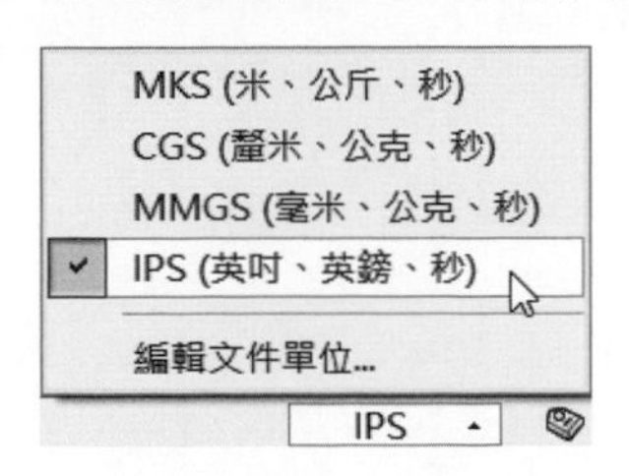

三、除了文件的單位選擇之外，在零件的建構過程中，您也可以直接輸入不同的單位尺寸，只要在尺寸數字的後面加上 mm 或 in 即可。

(1) 在 inch 文件中，標註尺寸時輸入公制尺寸

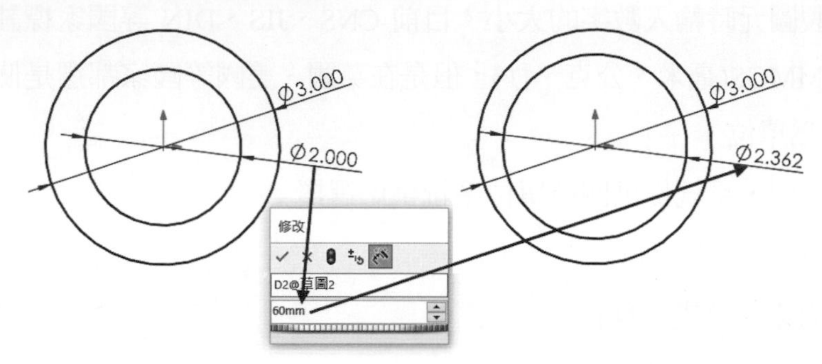

(2) 在 mm 文件中，標註尺寸時輸入英制尺寸

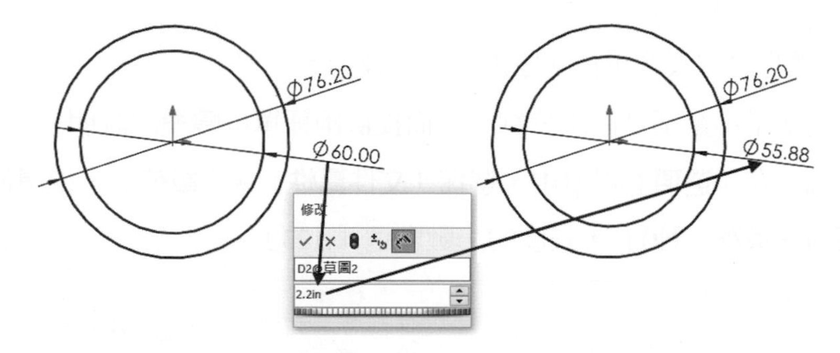

(3) 當您輸入數值時，出現單位選擇列表，再由清單點選想要的單位。

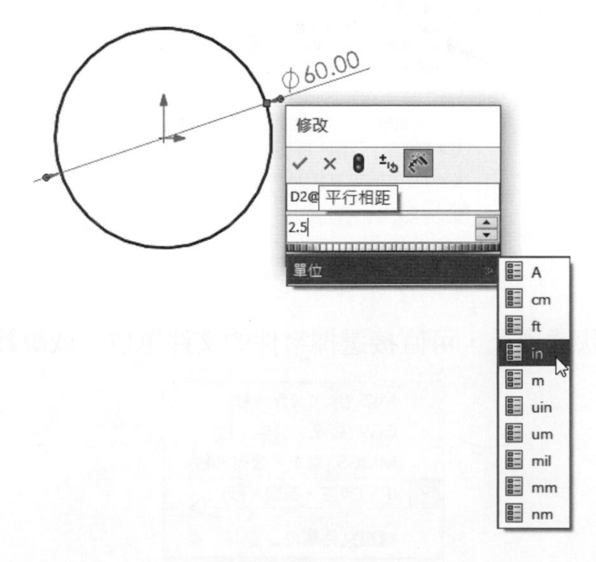

2-14-1 練習題

練習 2h-1　圓頭繩扣，單位 inch

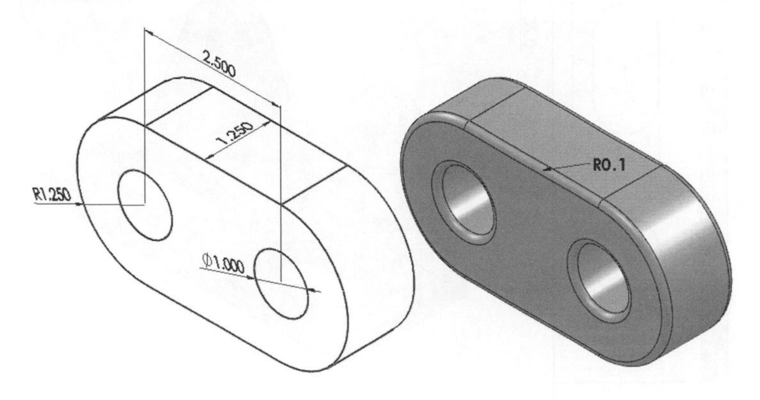

練習 2h-2　連桿，單位 inch

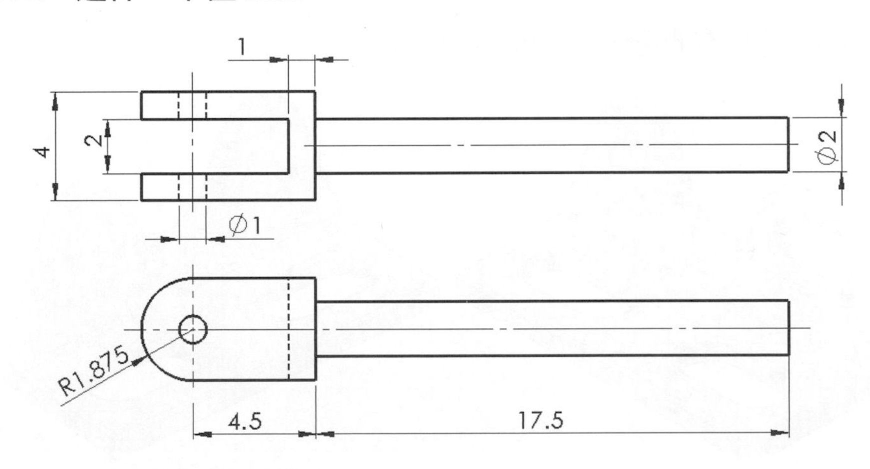

練習 2h-3　夾鉗基座，單位 inch

(1) 使用線、切線弧、圓與鏡射指令繪製草圖，並建立伸長特徵，厚度 0.6in。

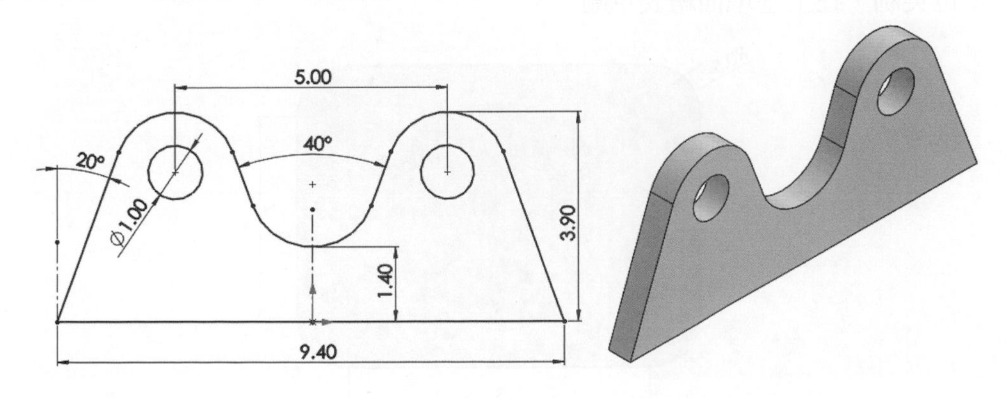

(2) 在上基準面使用**狹槽**及**鏡射**指令繪製草圖，並向下伸長 0.6in。

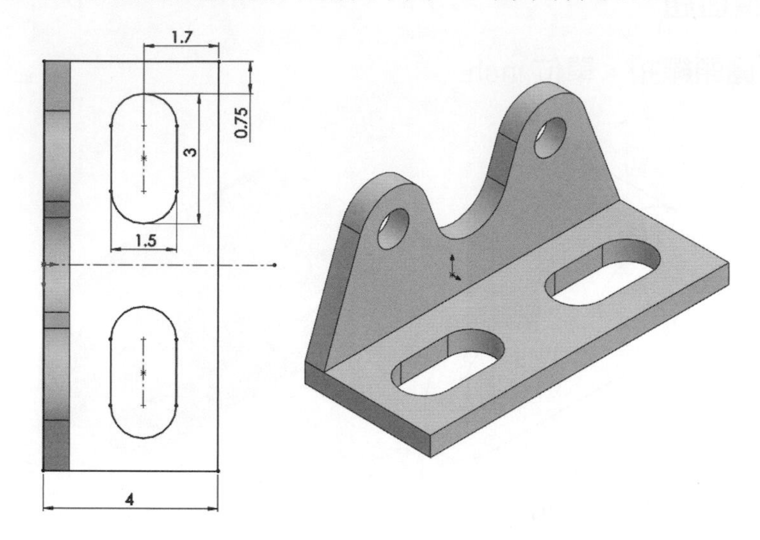

(3) 除底面外，對所有的邊線建立 R0.in 的圓角。

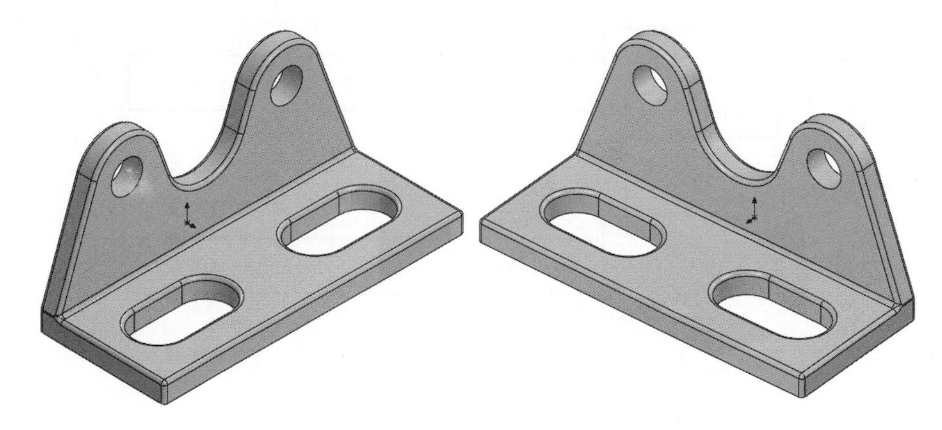

練習 2h-4　閥接頭

(1) 單位英制，在上基準面繪製草圖。

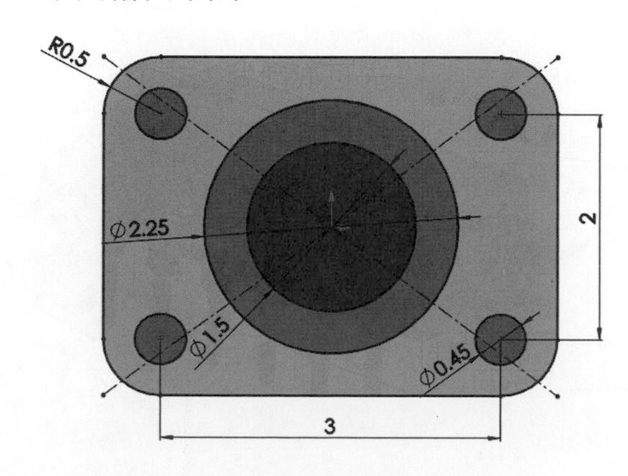

(2) 利用所選輪廓建立伸長填料向上 0.37in。

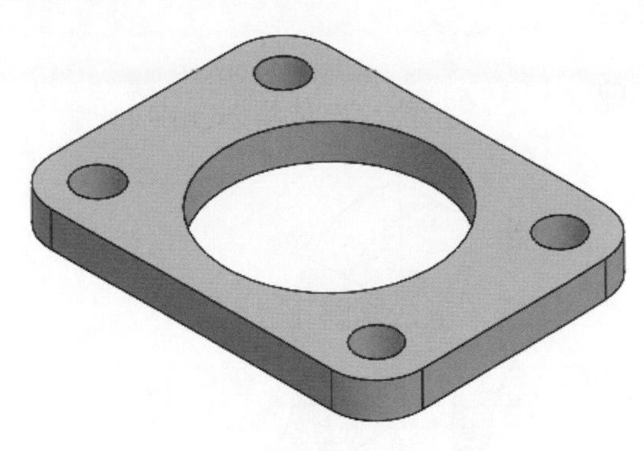

(3) 共享草圖，建立圓柱向上伸長填料 2.25in。

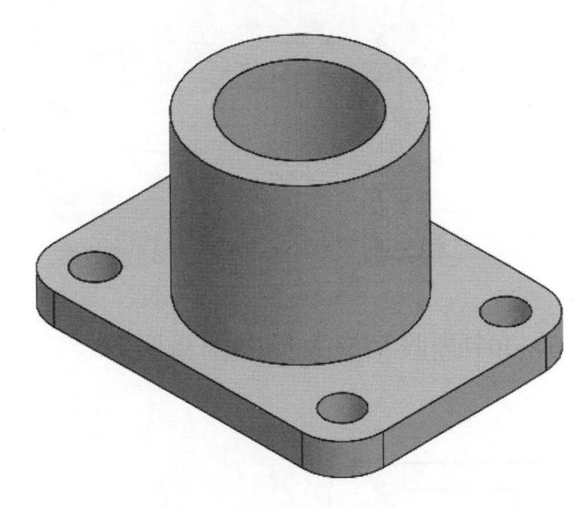

(4) 插入裝飾螺紋線(參閱 3-9 頁)與建立圓角 R0.1in、倒角 0.12in。

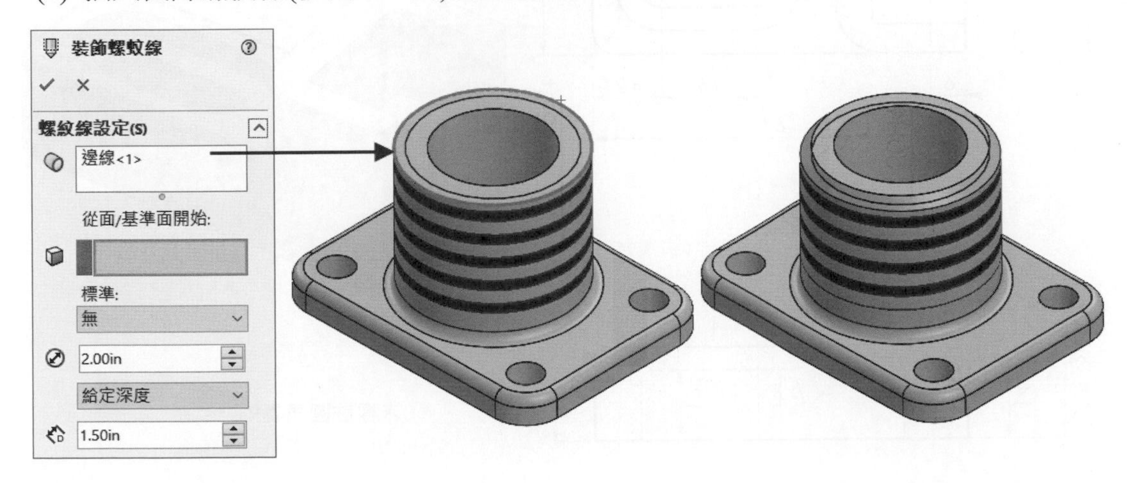

(5) 儲存並關閉檔案。

2-15 綜合練習

練習 2i-1 調節器底座

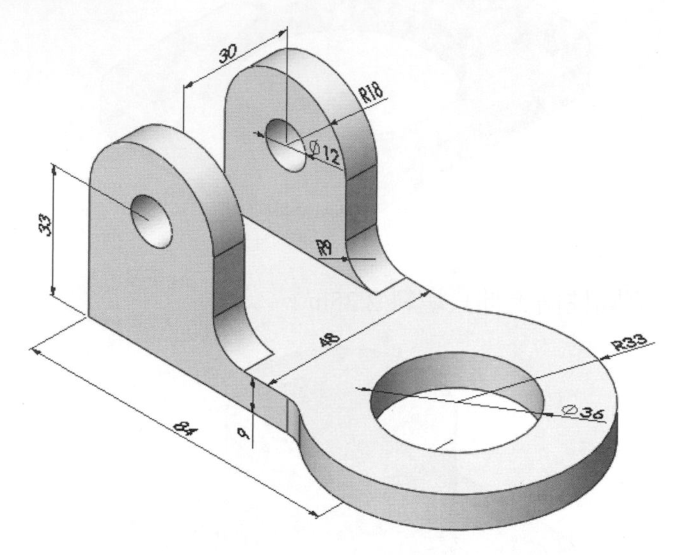

練習 2i-2 工具柄

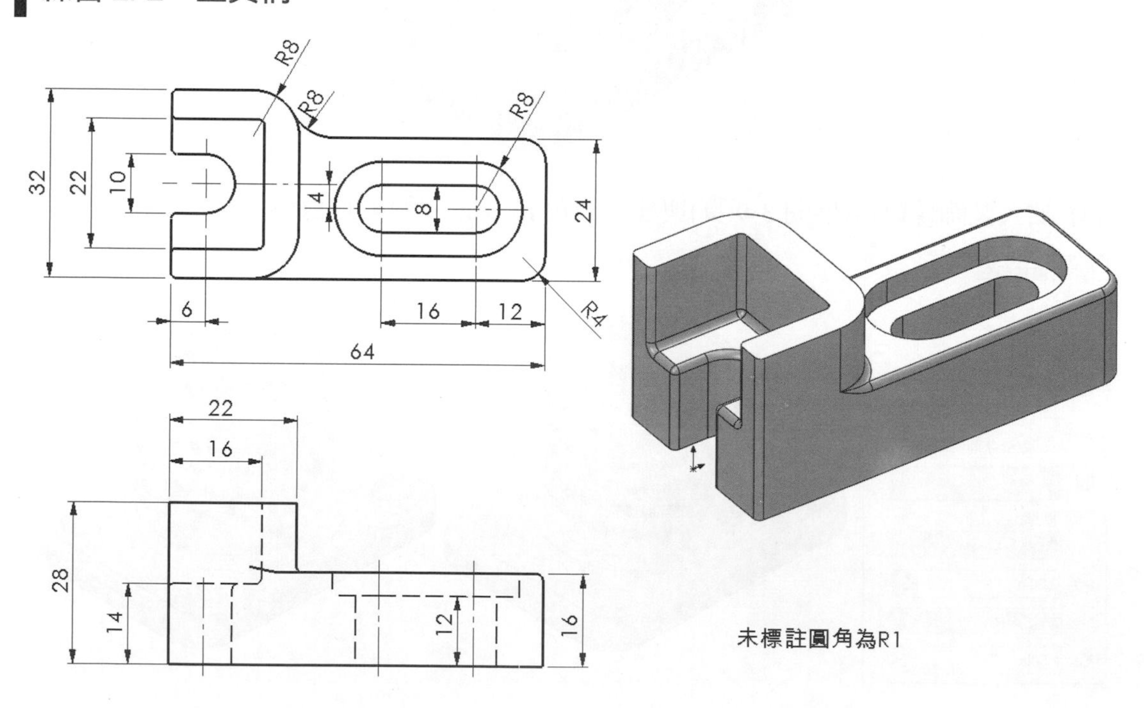

練習 2i-3　檢定題

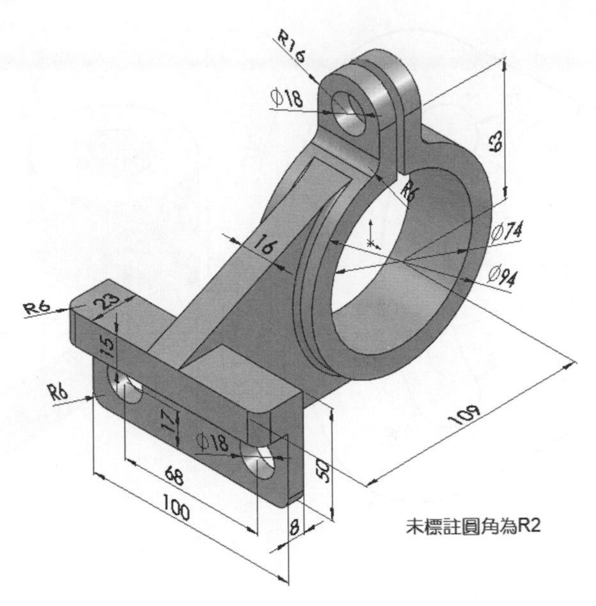

練習 2i-4　檢定題

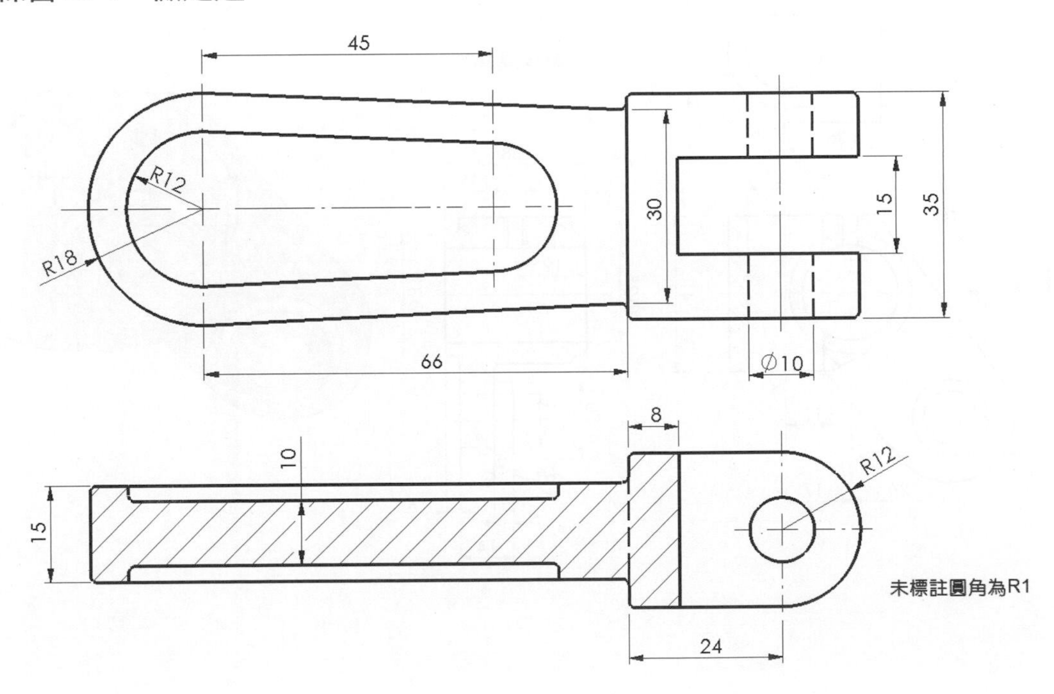

練習 2i-5　止轉器

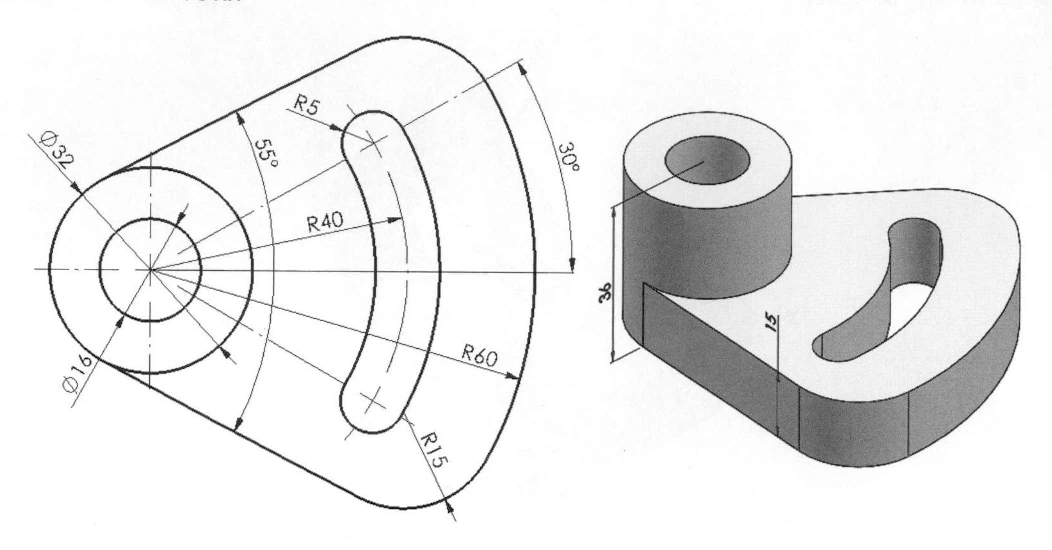

練習 2i-6　軸固定夾

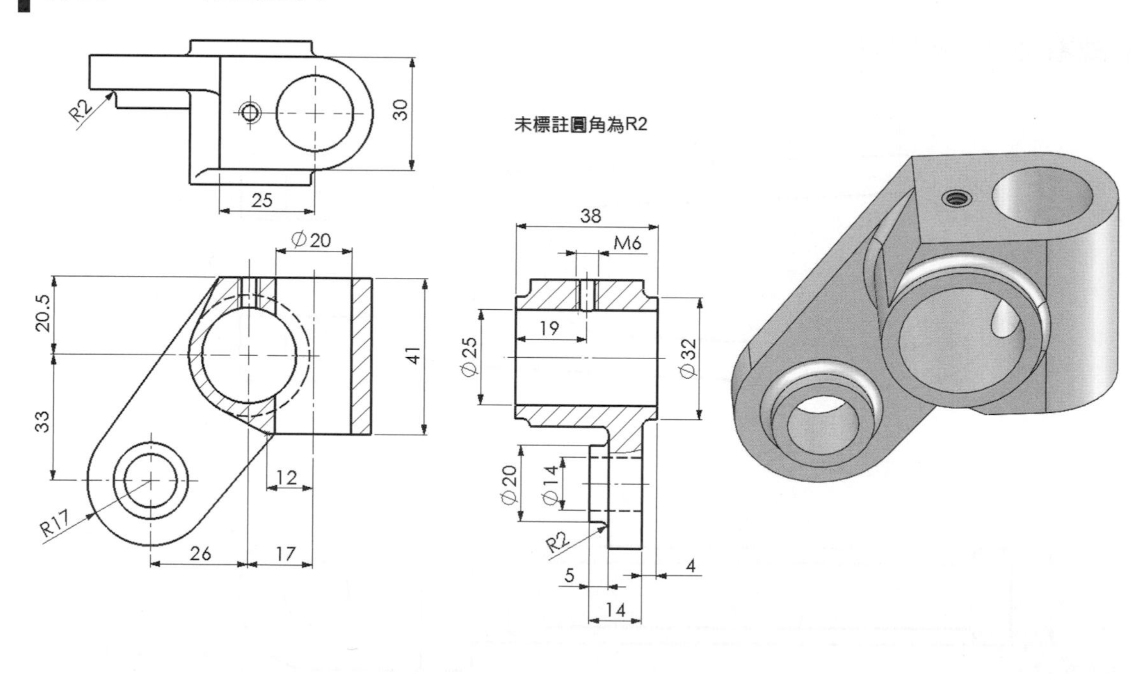

練習 2i-7 柱套

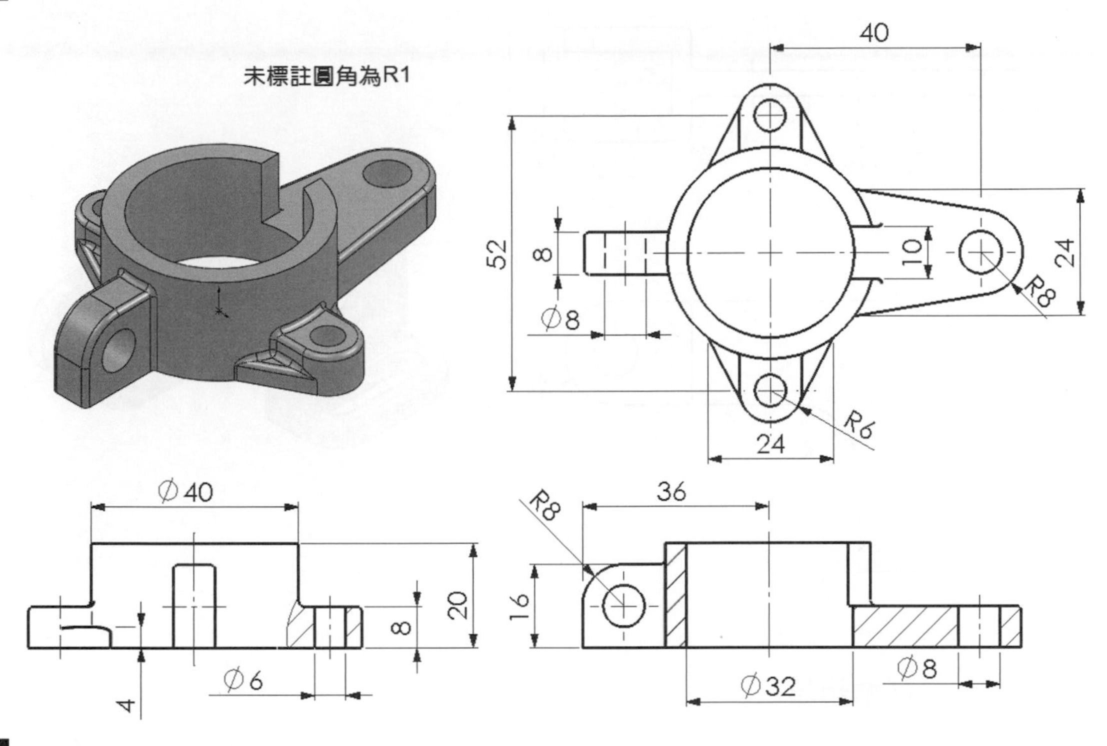

練習 2i-8 固定座

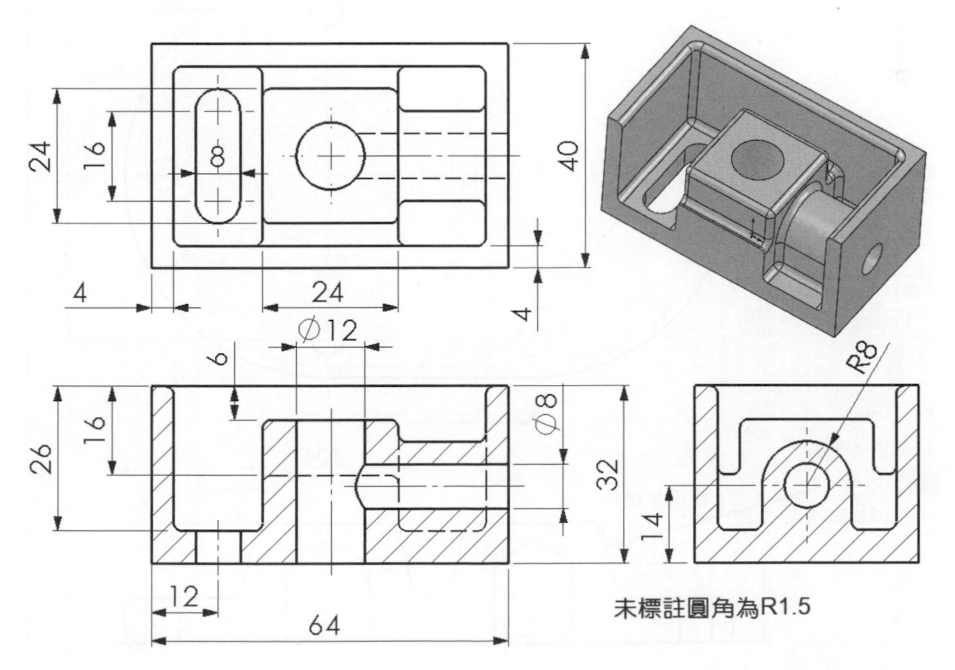

練習 2i-9 Arm Bracket

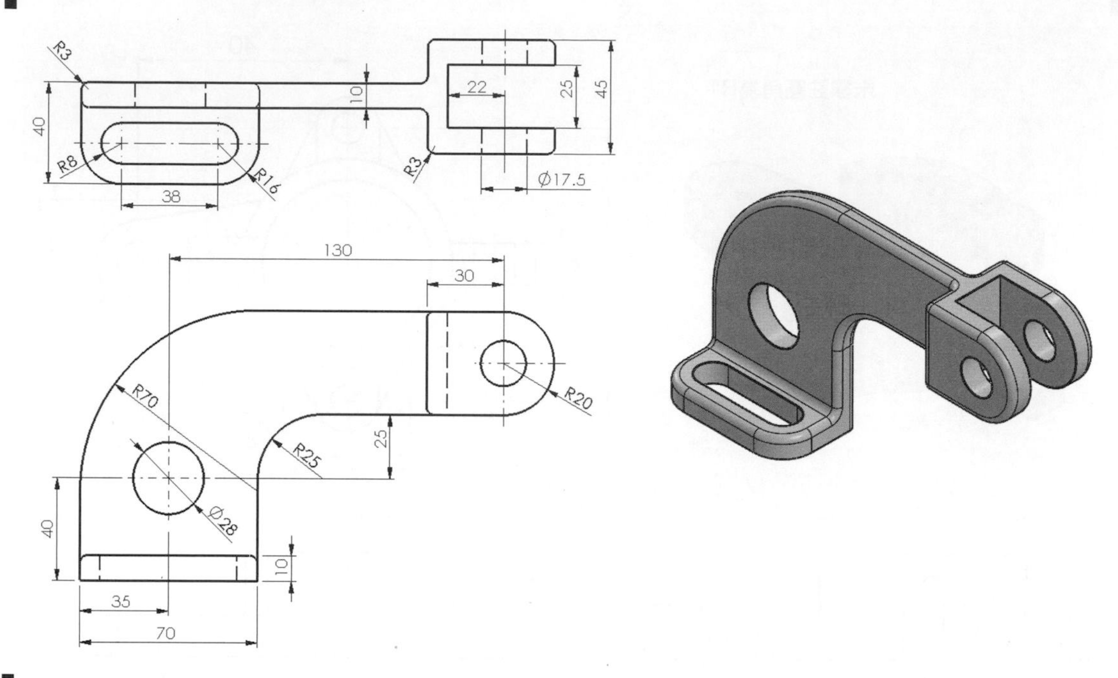

練習 2i-10 齒輪箱蓋

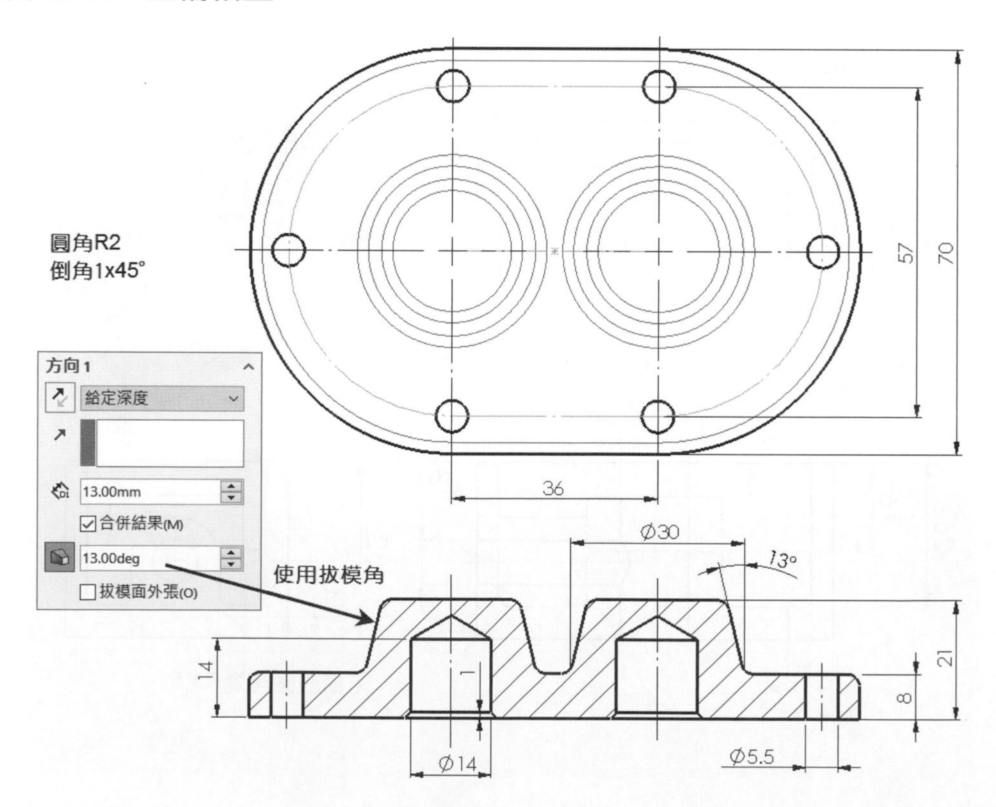

練習 2i-11 圓桿夾具底座

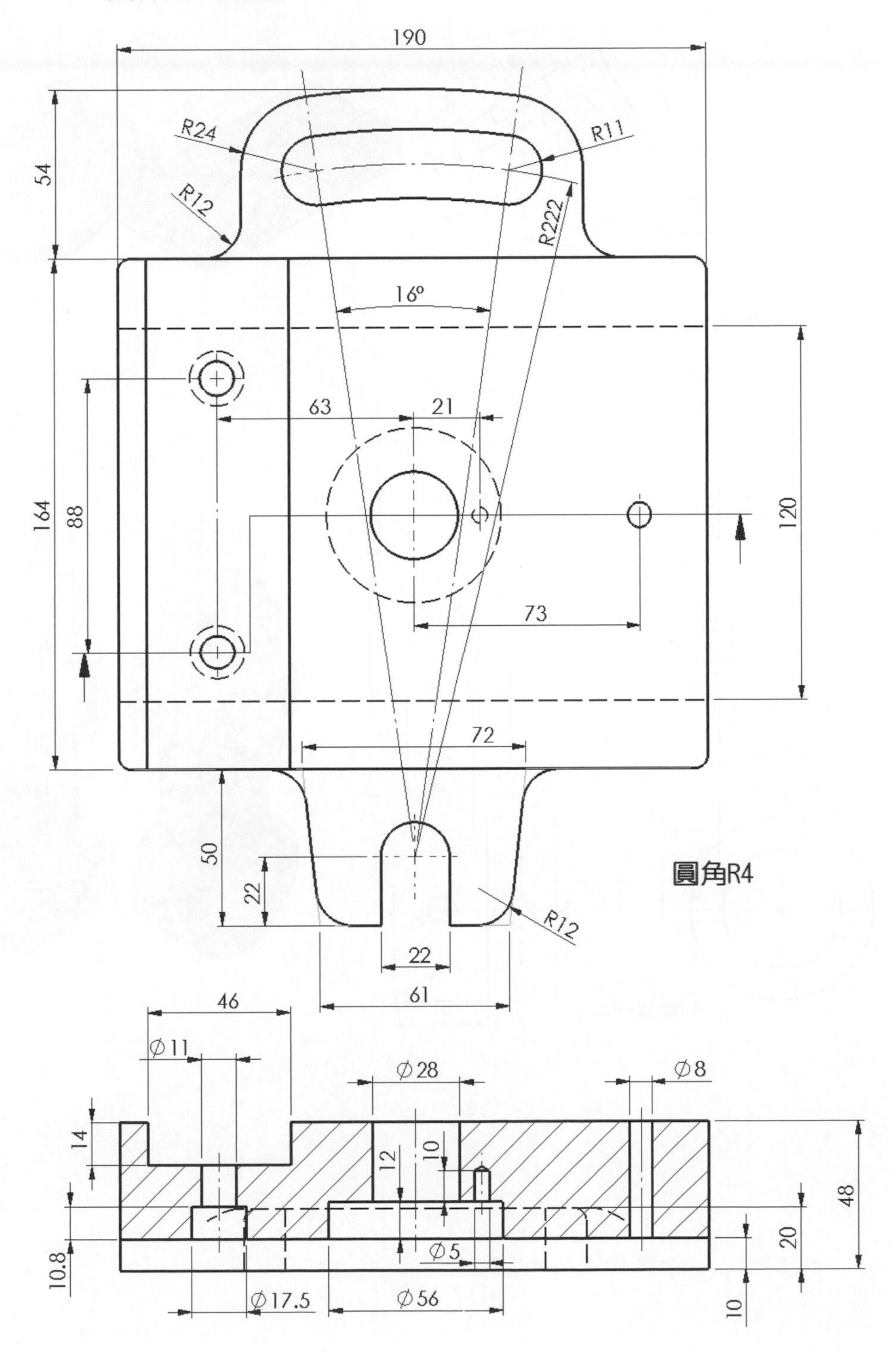

練習 2i-12　刷子夾持器

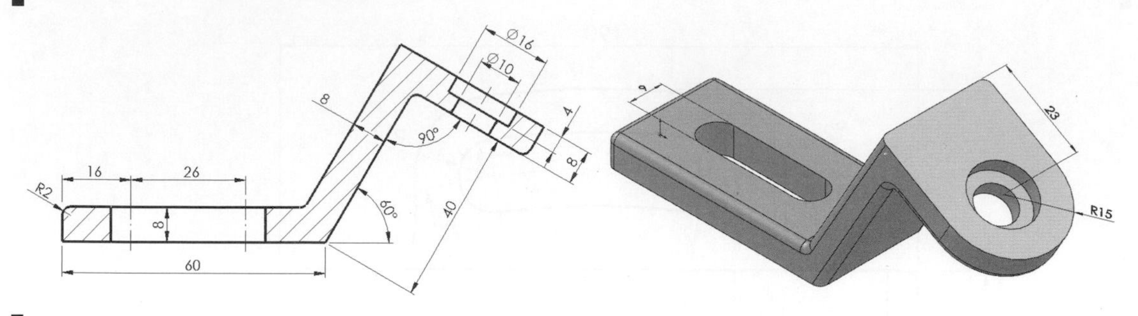

練習 2i-13　惰臂

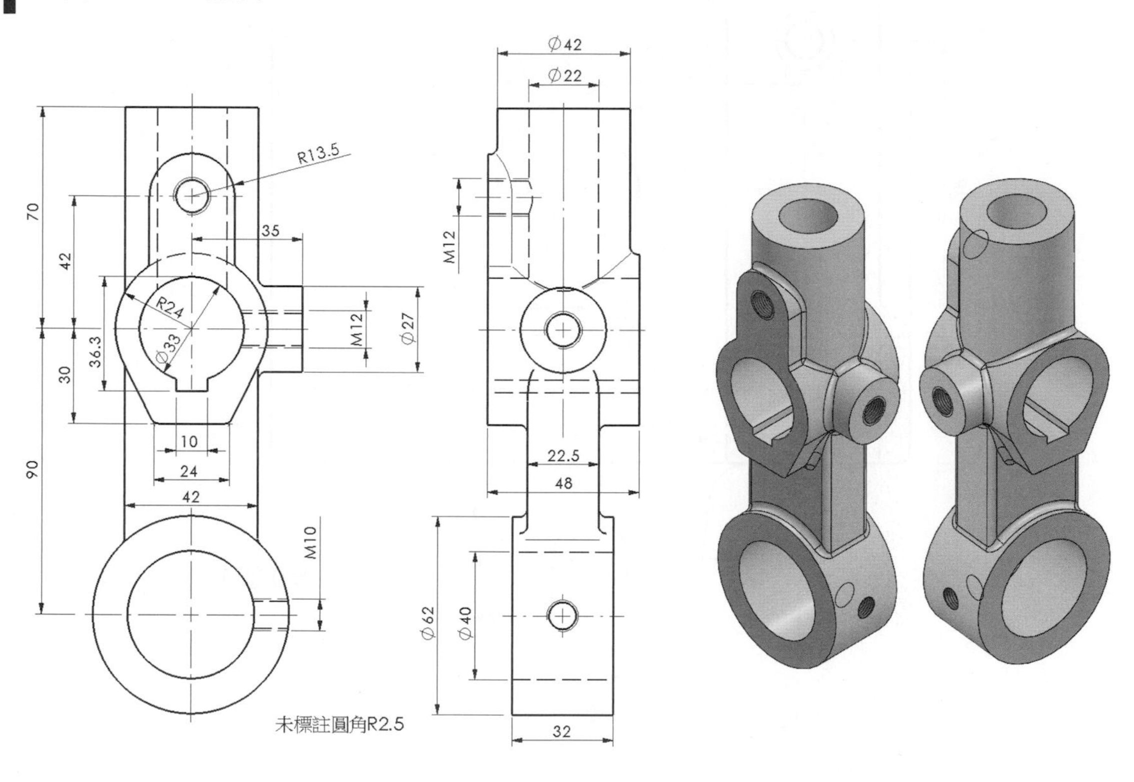

練習 2i-14 固定滑塊

圓孔與背面除料
皆完全貫穿

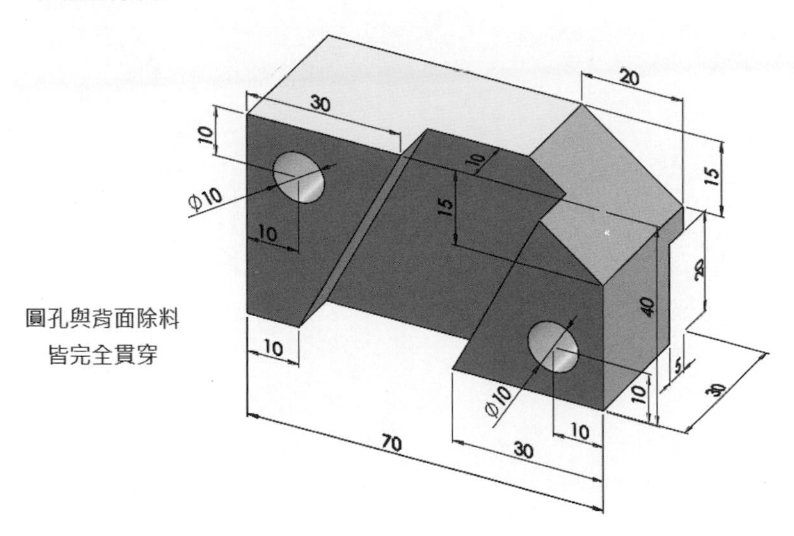

練習 2i-15 固定支架

圓角R2.5
導角1x45°

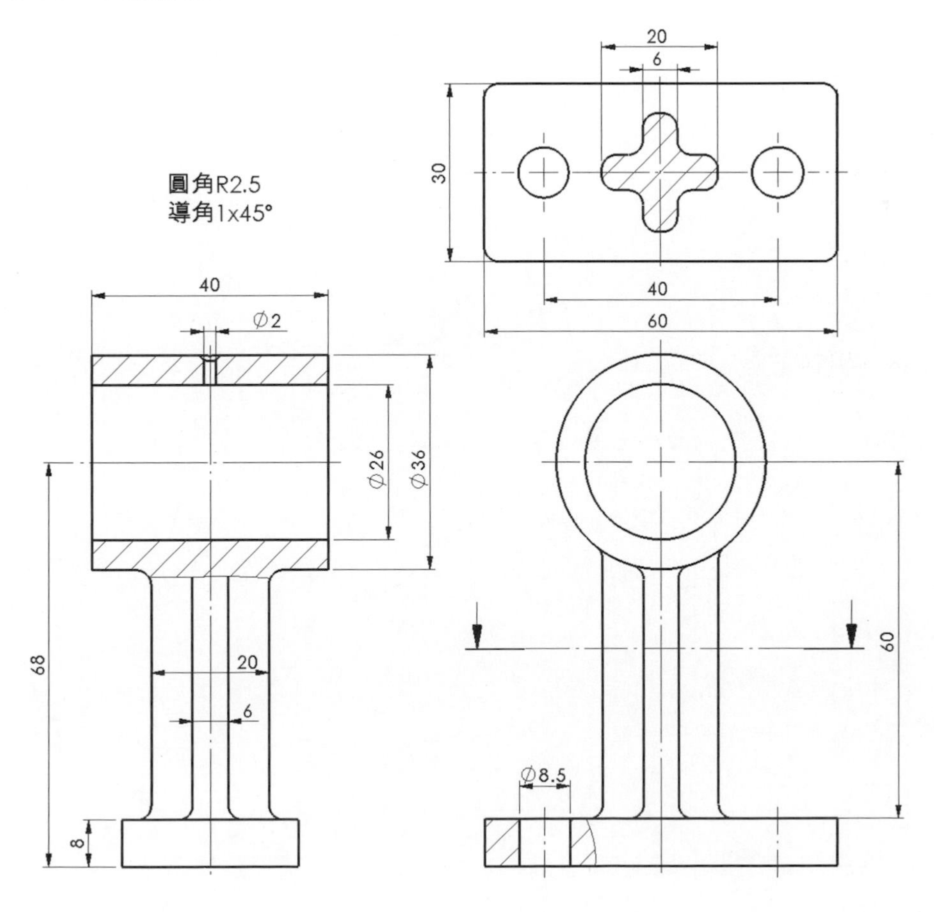

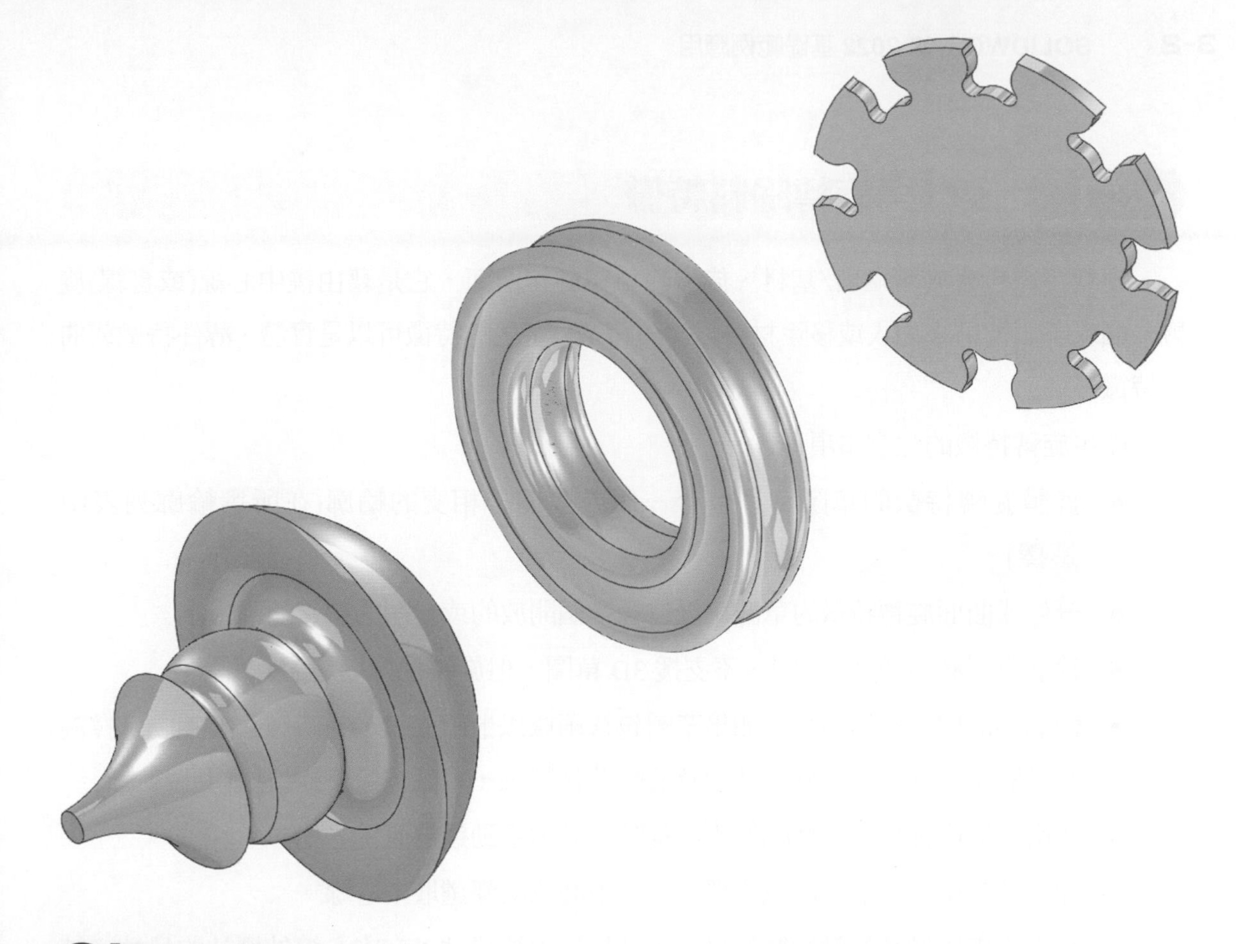

Chapter

3 旋轉與複製

3-1 旋轉與旋轉除料特徵

旋轉特徵包含旋轉填料/基材、旋轉除料與旋轉曲面，它是藉由繞中心線(或實線)旋轉一個或多個輪廓來加入或移除材料以產生特徵。產生的特徵可以是實體、薄件特徵或曲面特徵。

產生旋轉特徵的注意事項：

- 實體旋轉特徵的草圖可以包含一個或多個非相交的輪廓(在所選輪廓列表中選擇)。
- 薄件或曲面旋轉特徵的草圖可以包含多個開放的或封閉的相交輪廓。
- 輪廓草圖必須是 2D 草圖，不支援 3D 草圖，但旋轉軸可以是 3D 草圖。
- 輪廓不能與中心線相交。如果草圖包含兩條以上中心線，這時您必須手動選擇旋轉軸的中心線。針對旋轉曲面及旋轉薄件特徵，草圖線段不能位於中心線上。
- 使用一般直線作為旋轉軸的中心線時，必須手動選擇直線。
- 標註草圖中的多個徑向或直徑尺寸，不必每次都選取中心線。
- 在中心線內標註旋轉特徵的尺寸，結果為半徑尺寸；在中心線外標註的尺寸，結果為直徑尺寸。
- 您必須重新計算模型才能顯示半徑或直徑尺寸的符號。

下圖是我們這一章節所要介紹的第一個零件：

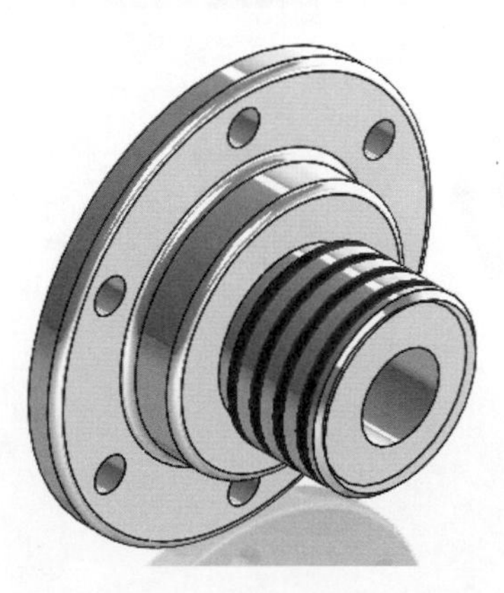

1. 開啓新檔，在前基準面插入草圖，按「S」，從快捷列中選擇中心線，在屬性視窗中勾選**無限長度**，方位點選**水平**，在原點按一下放置水平中心線。

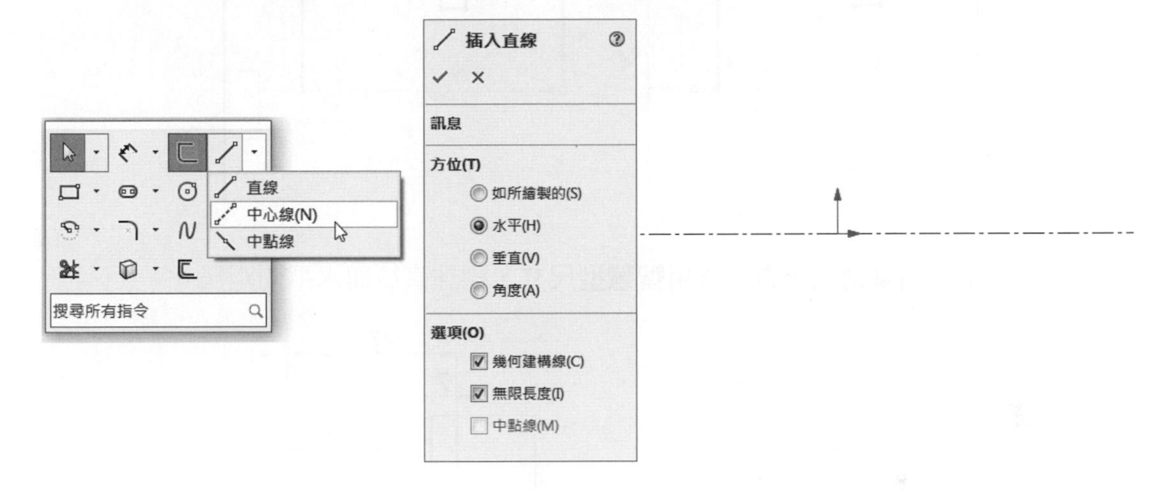

2. 按住滑鼠右鍵滑向左邊，啓用畫線工具，繪製如右側的草圖圖元。

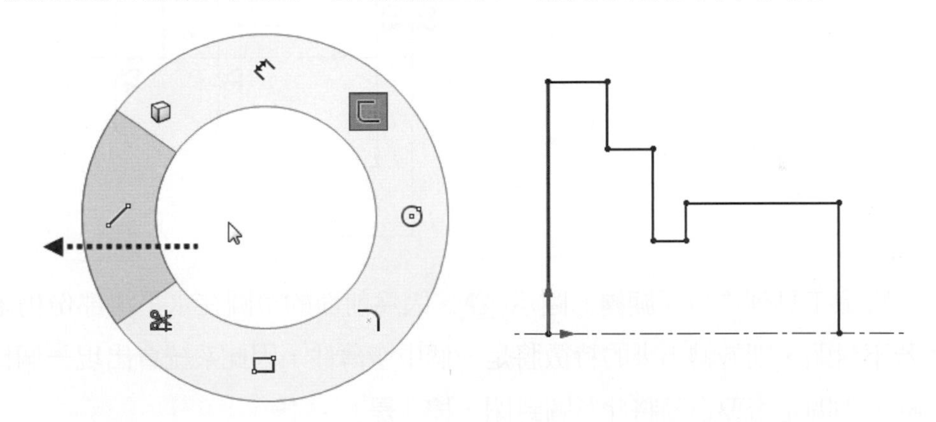

3-1-1 徑向及直徑尺寸

使用**智慧型尺寸** ，點選如圖中的中心線與水平直線，將游標移至水平線與中心線中間，所標註出來的尺寸將成為徑向尺寸(**半徑**)滑鼠游標變成 ；在圖右，將游標移至水平線的下面，所標註出來的尺寸將成為直徑尺寸，滑鼠游標變成 。**智慧型尺寸**在您決定第一個尺寸後，不必再次選取中心線即可連續標註多個徑向或直徑尺寸，取消連續標註按 Esc。

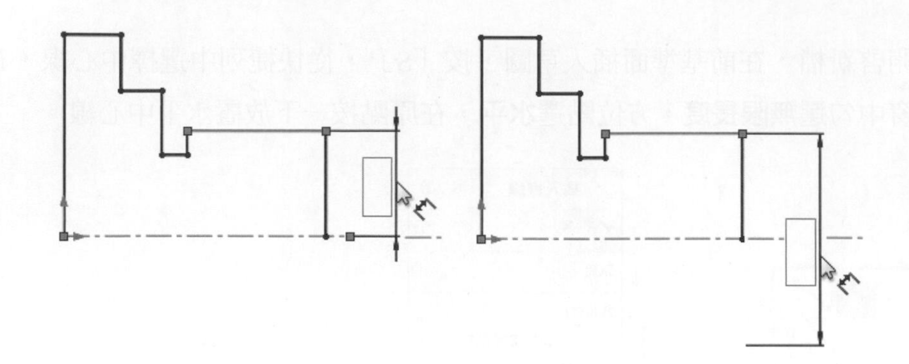

3. 按住滑鼠右鍵滑向上方，啓用**智慧型尺寸**，標註直徑與水平間距尺寸。

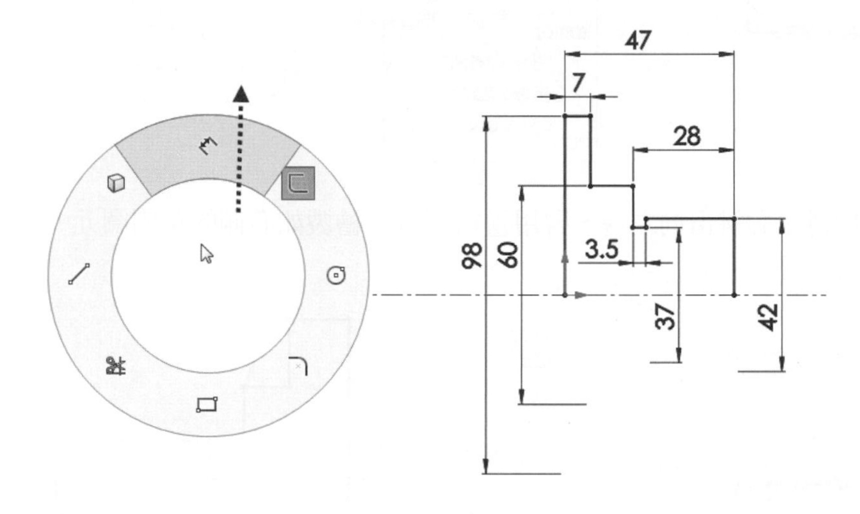
47
7
28
98
60
3.5
37
42

4. 從特徵工具列中按「**旋轉**」圖示，因爲前面的草圖在水平線部份仍未封閉，若不封閉，則旋轉出來的特徵將是一個中空薄件，因此系統會出現一個提示訊息框，詢問是否要自動將此草圖封閉，按「**是**」。

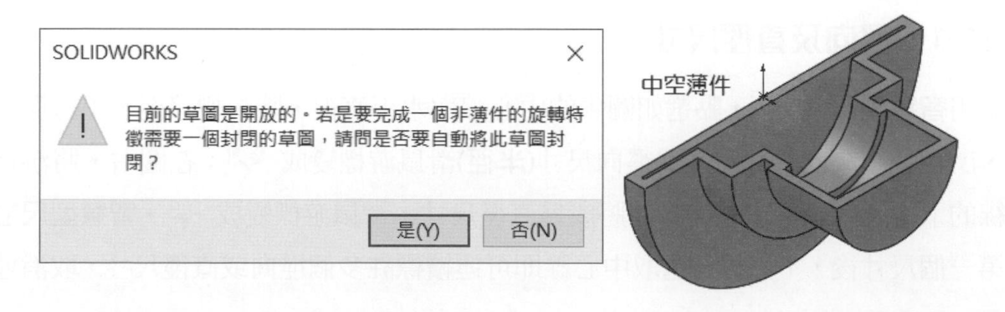
SOLIDWORKS
目前的草圖是開放的。若是要完成一個非薄件的旋轉特徵需要一個封閉的草圖，請問是否要自動將此草圖封閉？
是(Y)
否(N)
中空薄件

5. 注意在屬性管理員內，草圖中的中心線已經被預設爲旋轉軸，旋轉類型爲單一方向；角度 360°。

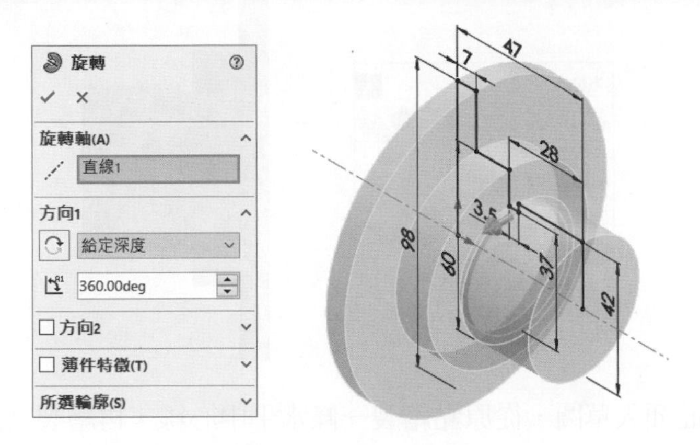

6. 按「**確定**」，草圖已旋轉成圓柱，特徵管理員內也出現一個**旋轉 1** 特徵。

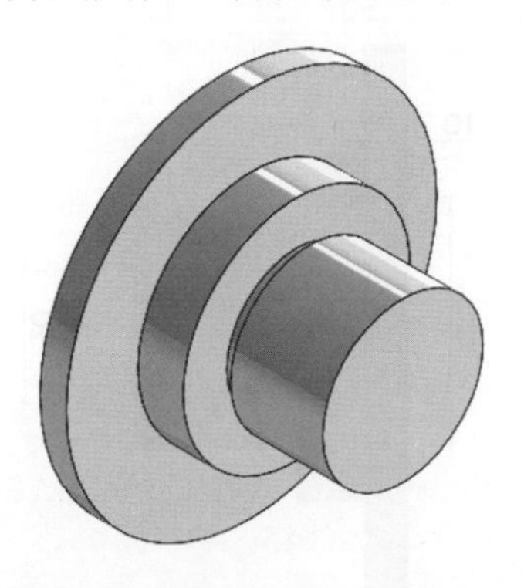

7. 點選圓柱的任一表面，系統於繪圖區的左上角顯示該表面的階層連結，按**草圖 1**，從文意感應工具列中點選「**編輯草圖**」。在圖中，您可以看到原先的直徑尺寸已經被系統自動加上直徑符號，中心線上也自動補上封閉草圖的直線。離開草圖。

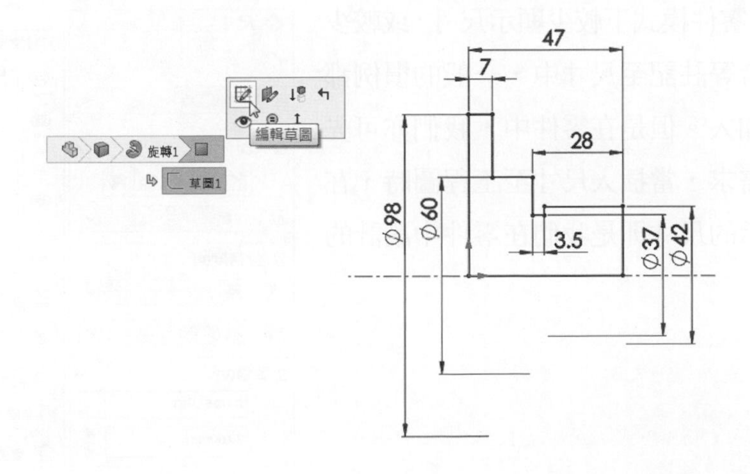

8. 按**空白鍵**(Space Bar)，從**視角方位**內點選 切換至前視。

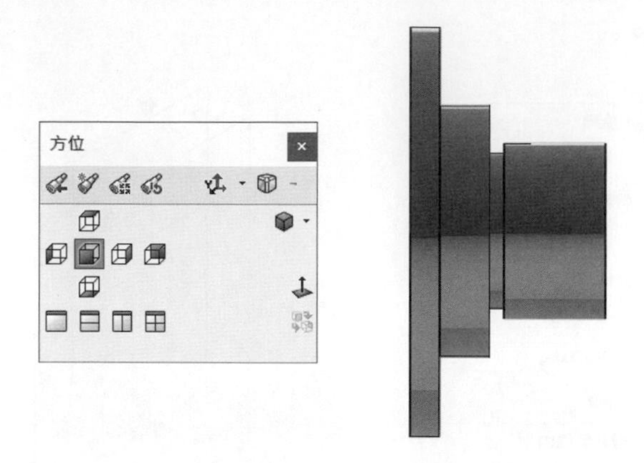

9. 在前基準面插入草圖，從原點繪製一條水平中心線，再繪製其餘的圖元。這一次我們使用封閉草圖，但是標註時一定要選擇中心線才能夠標註出直徑尺寸。

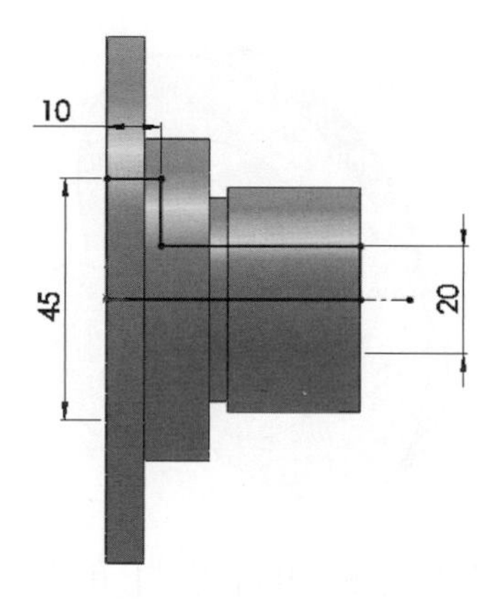

3-1-2 尺寸屬性

雖然在 3D 零件模式下較少顯示尺寸，或較少加入公差、配合等註記至尺寸中，一般的慣例都是在工程圖再加入。但是在零件中，我們亦可先設定好尺寸的需求，當插入尺寸至工程圖時，在工程圖中所顯示的尺寸即是我們在零件中設計的尺寸樣式。

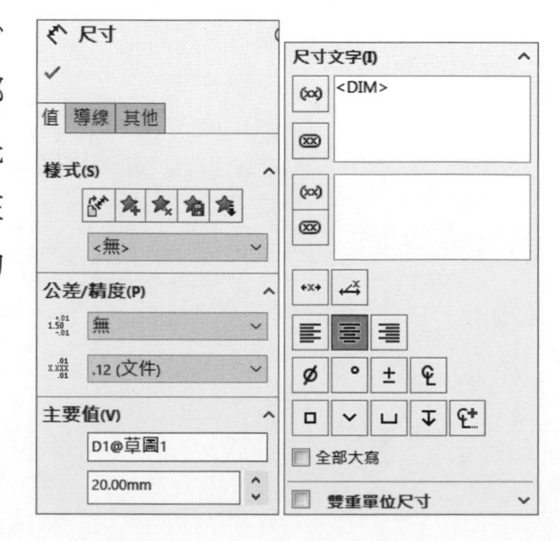

同樣的，在工程圖中所設定好的尺寸樣式，儲存後，再開啓零件，檢視其中的尺寸值也會跟著同步更新。

樣式即類似於文書處理文件中的段落樣式，您可以爲尺寸及不同的註記(註解、幾何公差符號、表面加工符號、及熔接符號)定義新增、更新及刪除樣式。在零件設計中，直接套用樣式，您可以少去重複設定尺寸或註記屬性的時間。

公差類型中含有**基本**、**雙向公差**、**上下極限公差**、**對稱公差**、MIN、MAX、**配合**、**配合公差**等項目。

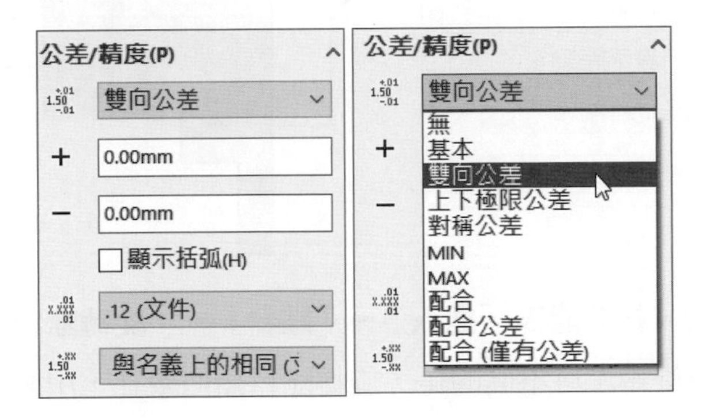

10. 點選尺寸 20，在屬性管理員內的尺寸文字列表中的<DIM>後面加上「H6」基孔制公差配合符號。

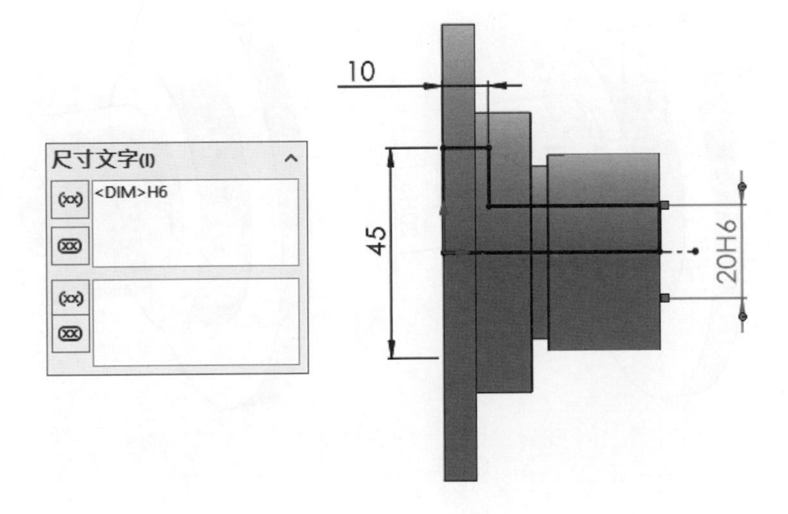

提示

尺寸文字列表中，預設的文字「<DIM>」代表內定尺寸，不要隨意刪除，若不小心刪掉，只要再輸入<DIM>即可。列表下面有預設的符號可隨時加入。

11. 點選尺寸 10，在屬性管理員內的**公差/精度**列表中，**公差類型**選擇「**雙向公差**」，**主要單位精度**依文件預設為兩個小數點後的位數(.12)。**最大極限公差**設為 + 0.20mm，**最小極限公差**設為 0.00mm。

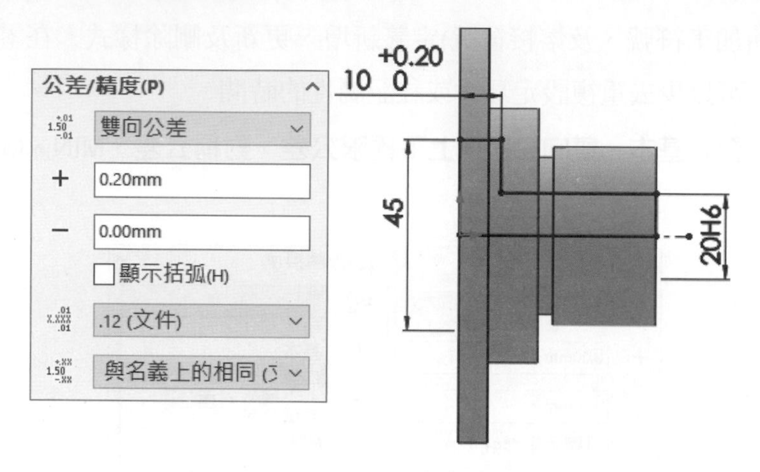

12. 切換至**等角視**，按功能表「**插入**」➡「**除料**」➡「**旋轉除料**」，或「**旋轉除料**」圖示 。與旋轉填料不同的是，旋轉除料類似鑽孔，用來挖出圓形中空多個不同直徑的孔洞。

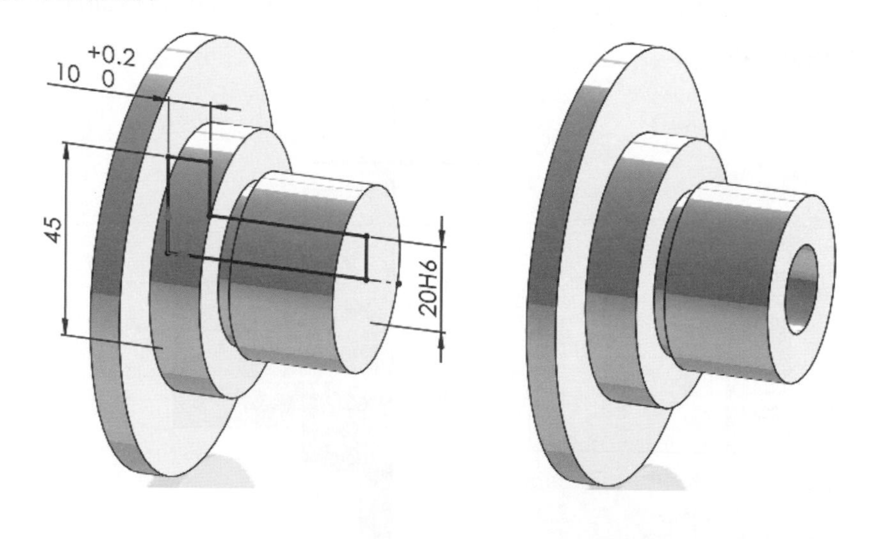

13. 在立即檢視工具列上按「**剖面視圖**」，或按「**檢視**」➡「**顯示**」➡「**剖面視角**」。在屬性管理員中的**剖面** 1 之下，依預設值選擇前基準面，您也可以在快顯特徵管理員中點選其他的基準面或面剖切模型，必要時可選擇**剖面** 2 設定屬性。**儲存**按鈕可輸入**視角名稱**儲存此視角方位，以便在工程圖中插入此視角。

14. 在三度空間參考中，控制項爲橘色。當游標靠近時，控制項會變成藍色，表示作用中，可以被拖曳或旋轉。在剖面視圖中，拖曳環形的擋圈可以旋轉所選的剖面。

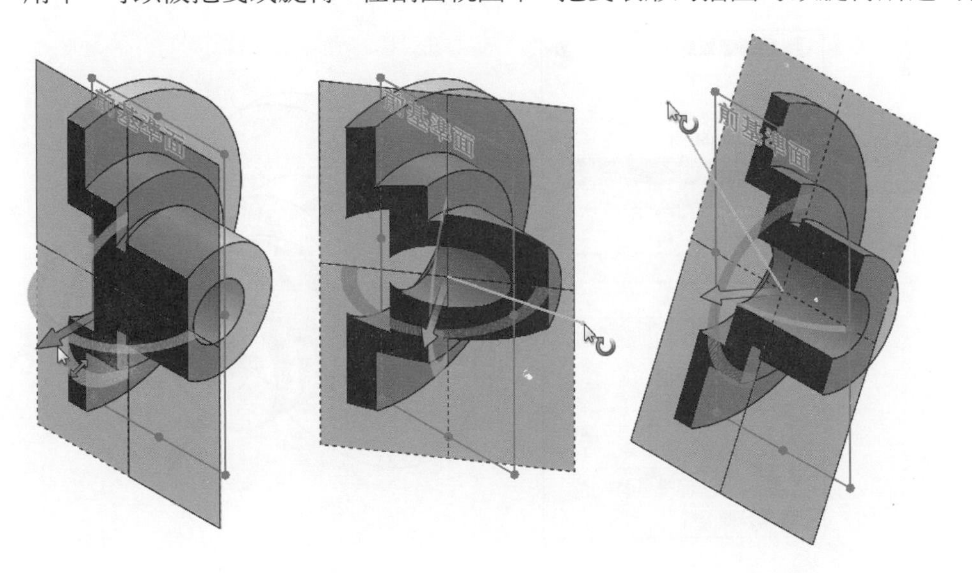

15. 選擇**前基準面**作剖面視圖，按「**確定**」，如圖所示，零件目前的顯示狀況爲**剖面視圖**，像名稱所指出的，這不是除料，只是用作檢視，讓我們可以隨時查看零件內部或某一部份的構造，以檢查零件的建構過程有無錯誤。再按一次「**剖面視圖**」，取消檢視。

16. 按功能表「**插入**」➡「**註記**」➡「**裝飾螺紋線**」，點選箭頭所指的邊線作爲要加入裝飾螺紋線的圓形邊線，標準：ISO；類型：**機械螺紋**；大小 M42；**終止型態**選擇「**成形至下一面**」，按「**確定**」。

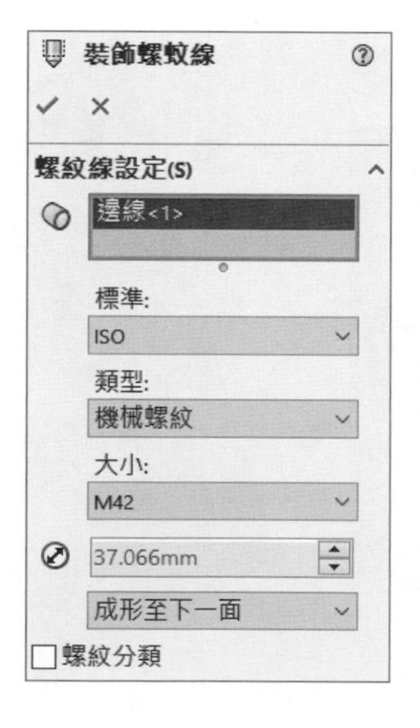

17. 因爲裝飾螺紋線所選擇的圓形邊線屬於**旋轉 1** 的特徵，因此產生的裝飾螺紋線會內縮至**旋轉 1** 特徵內，(塗彩裝飾螺紋線見前面第 2 章說明)。

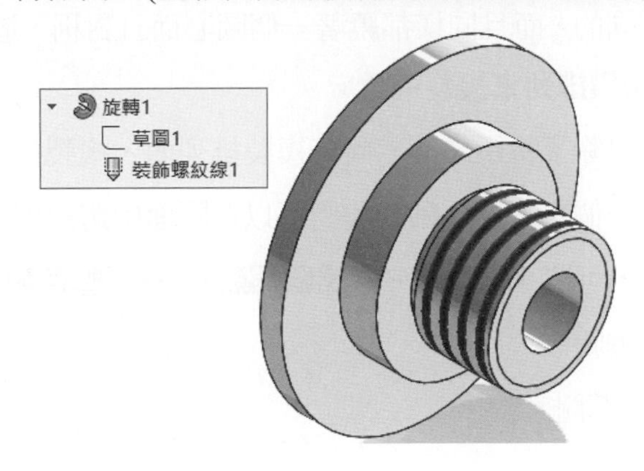

18. 在螺紋的兩端加入導角 1.5 × 45°。

19. 點選箭頭所指的平面爲草圖平面，插入草圖，切換至**前視**，變更顯示樣式爲「**線架構**」，畫圓，變更圓爲**幾何建構線**，標註直徑尺寸 80。

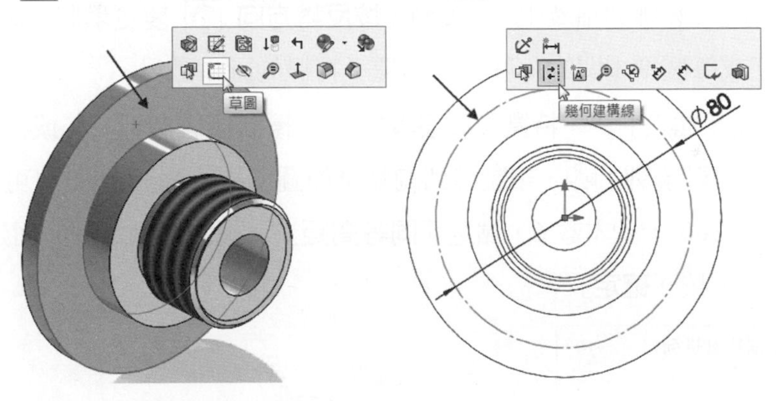

20. 在建構線圓的四分點上繪製圓，並插入伸長除料，終止型態：**完全貫穿**。切換至**等角視**，變更顯示樣式爲「**帶邊線塗彩**」。

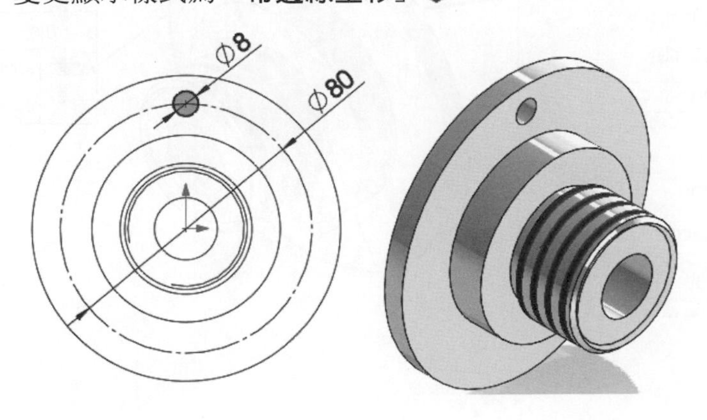

3-2 環狀複製排列

當零件的特徵是相同的，而且同樣都繞著一個圓心而且對稱，這時我們就可以利用**特徵複製/鏡射**內的**環狀複製排列**來複製特徵。

環狀複製排列的項目除了特徵之外，尚有複製排列面、複製排列本體。

複製排列時需選擇一個複製排列軸，我們可以在圖面中選擇如下的一個圖元：

- 基準軸(暫存軸，可按「**檢視**」➞「**隱藏/顯示**」➞「**暫存軸**」)。
- 環形邊線或草圖線。
- 線性邊線或線性草圖直線。
- 圓柱面或曲面。
- 旋轉面或曲面。
- 角度尺寸。

複製排列會繞複製排列軸產生。必要時，按**反轉方向** 變更環狀複製排列的方向。並設定旋轉角度或每個副本間的角度，以及種子特徵的副本數目。

21. 按功能表「**插入**」➞「**特徵複製/鏡射**」➞「**環狀複製排列**」，或按特徵工具列中的「**環狀複製排列**」，**複製排列軸**點選如圖所指的圓形邊線(也可選擇環形面)，全部角度 360°，副本數 6，點選「**同等間距**」，複製特徵選擇前面建立的“除料-伸長 1”，按「**確定**」。

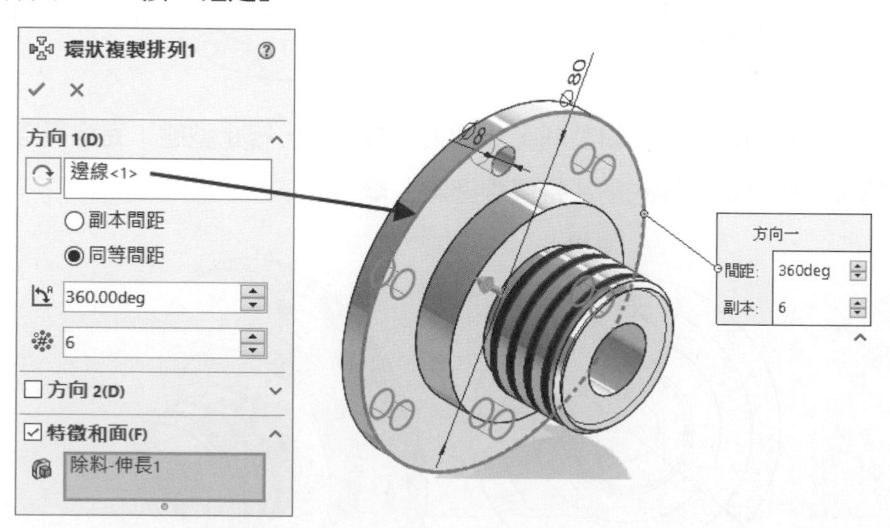

22. 加入如圖示的三個邊線的圓角 R2。

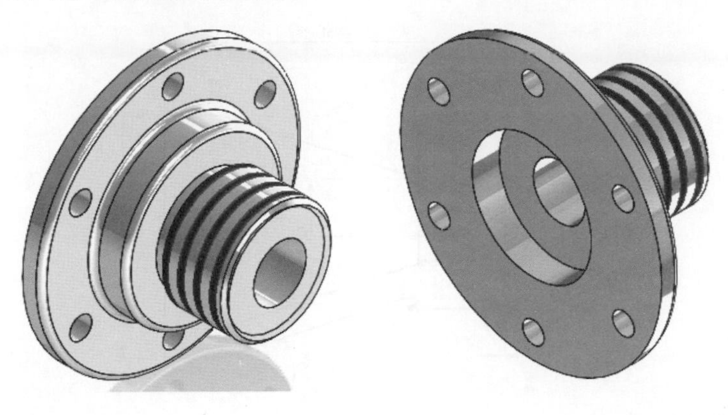

23. 儲存並關閉檔案。

3-2-1 練習題

練習 3a-1　套夾

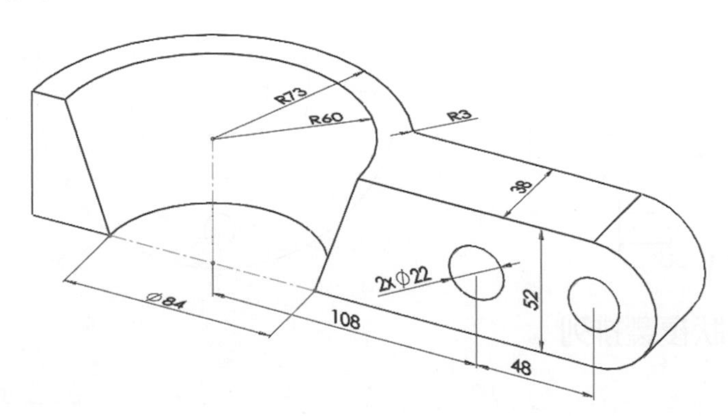

練習 3a-2　皮帶輪

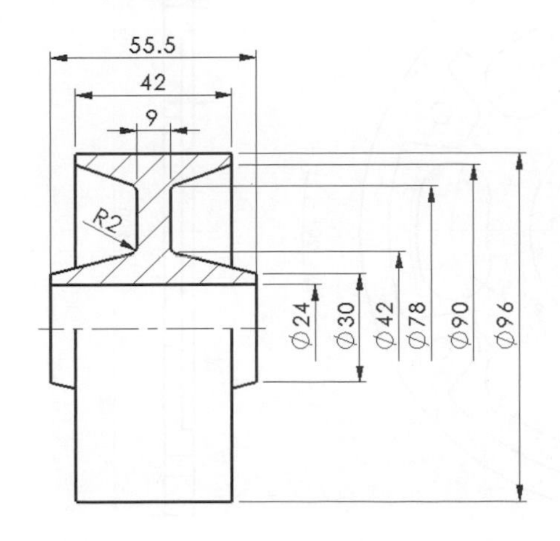

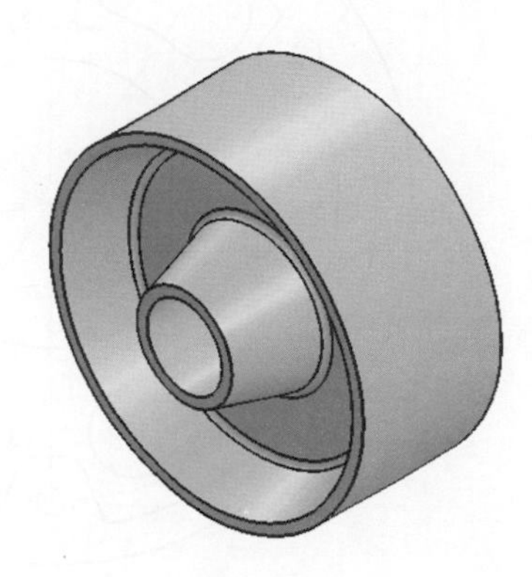

練習 3a-3　手搖千斤頂本體

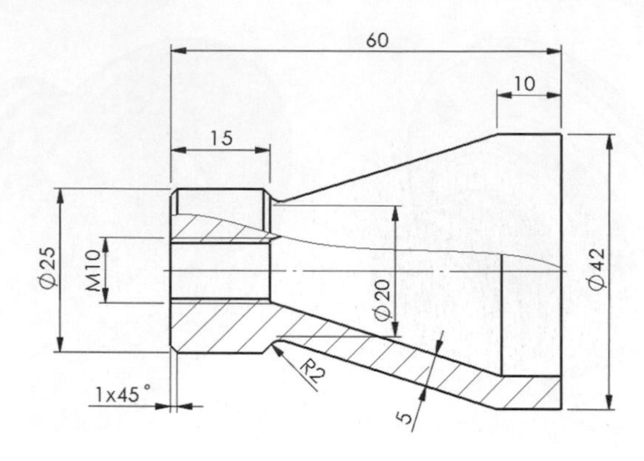

練習 3a-4　法蘭

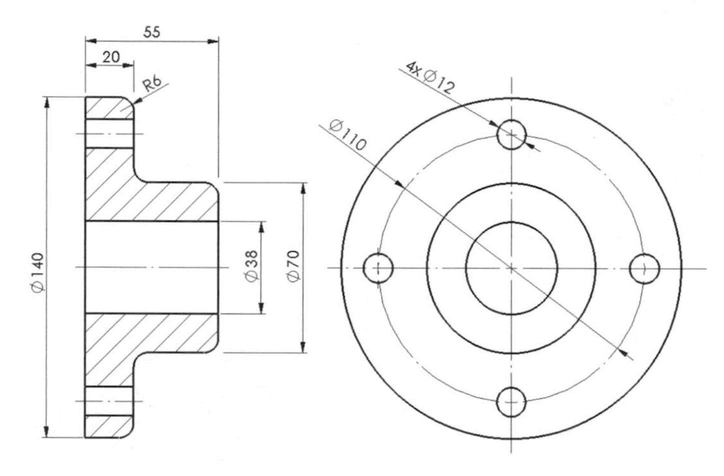

練習 3a-5　環狀複製排列

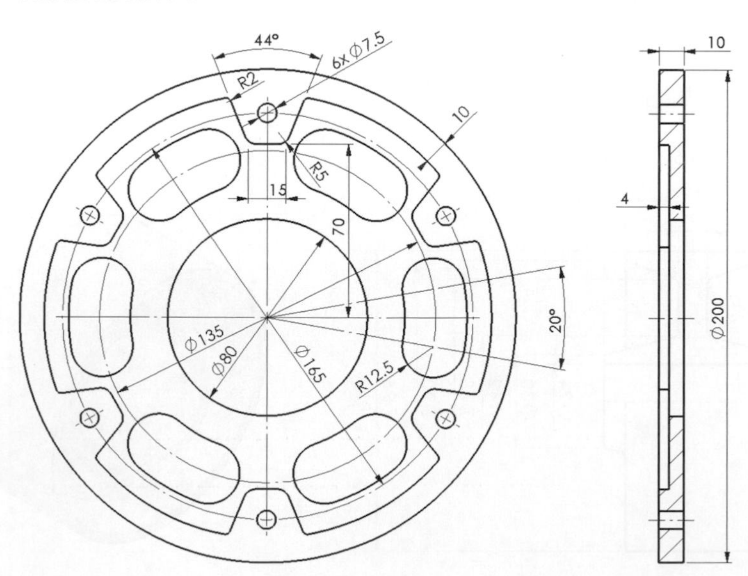

練習 3a-6 圓頭法蘭

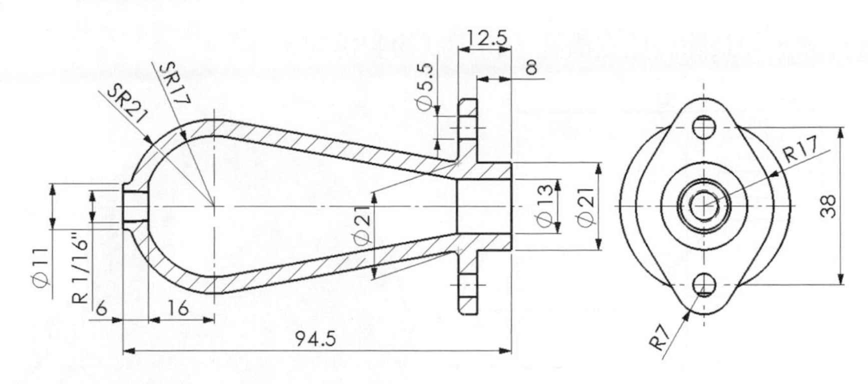

練習 3a-7 偏心軸

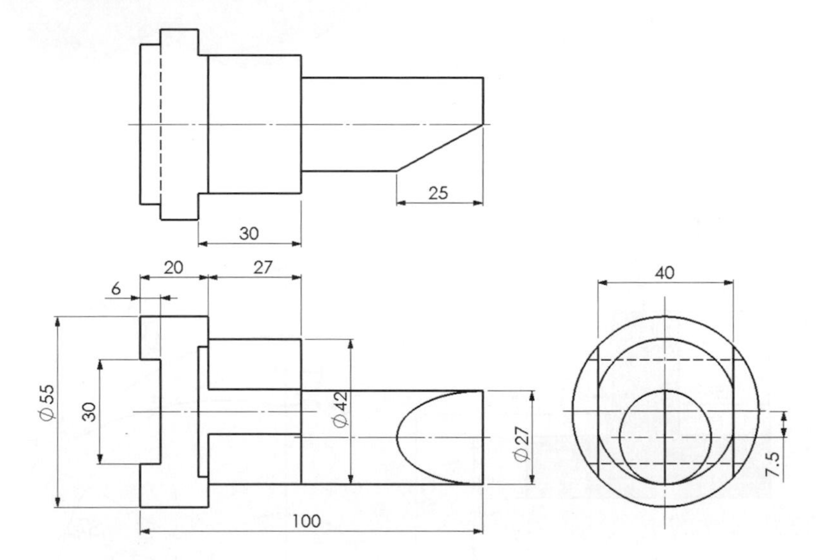

練習 3a-8 法蘭接頭

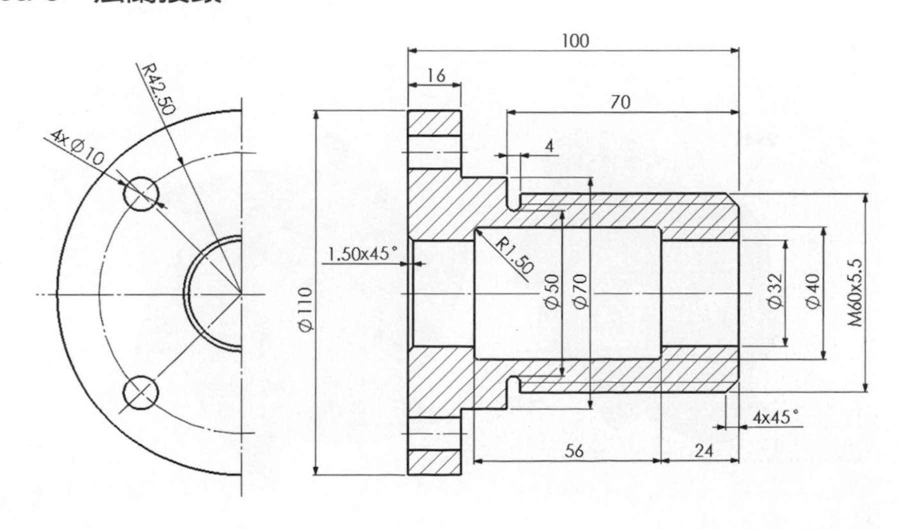

練習 3a-9 栓槽軸接頭

建立旋轉特徵，伸長除料建立槽孔，再環狀複製排列。

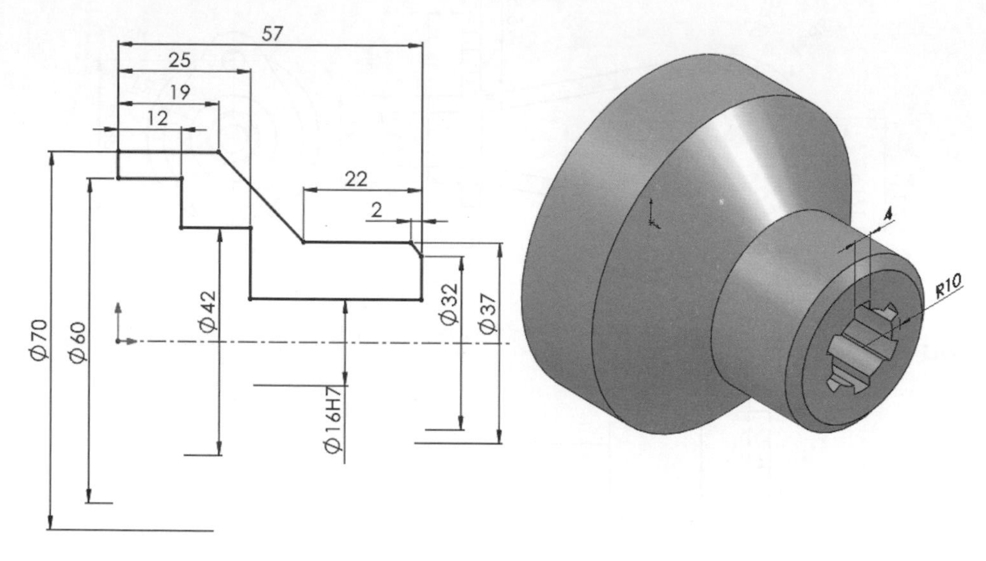

練習 3a-10 棘輪

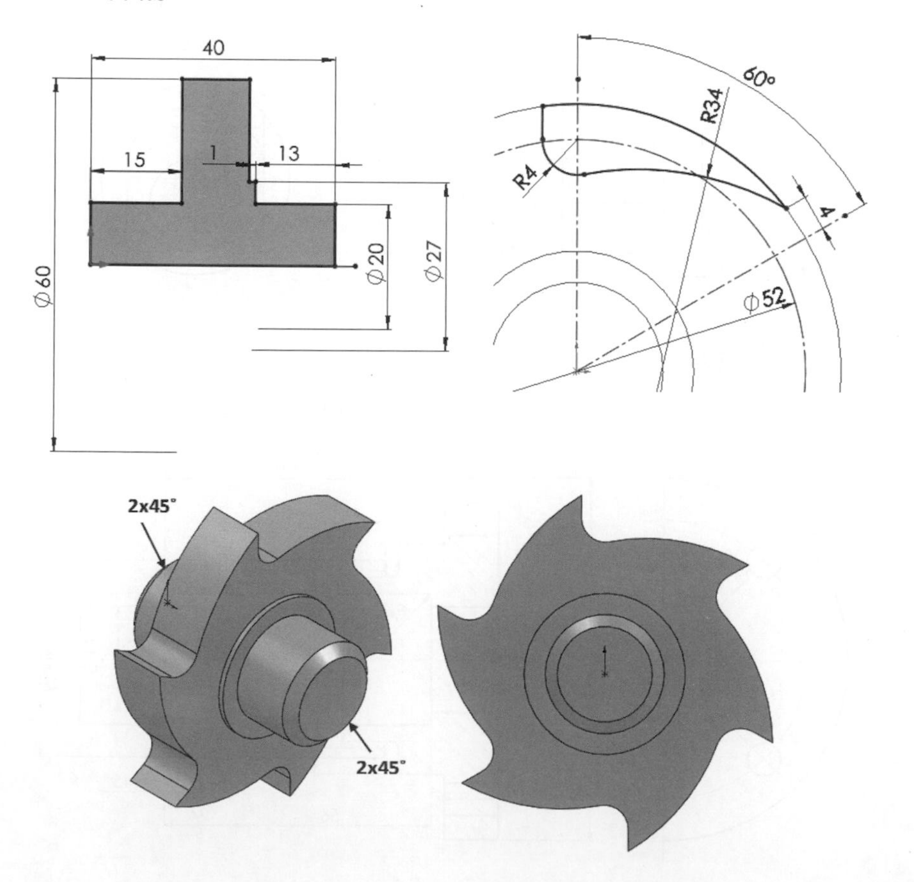

練習 3a-11　手轉輪，圓角 R2

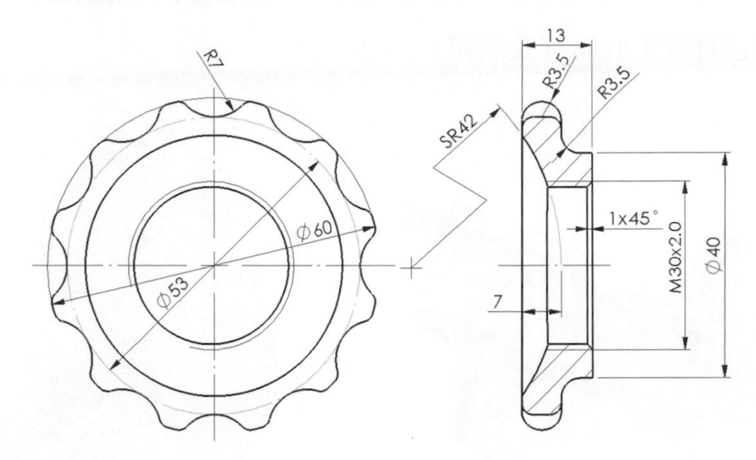

練習 3a-12　檢定題

(1) 開啟零件檔 3a-12，零件內已內含多個特徵。

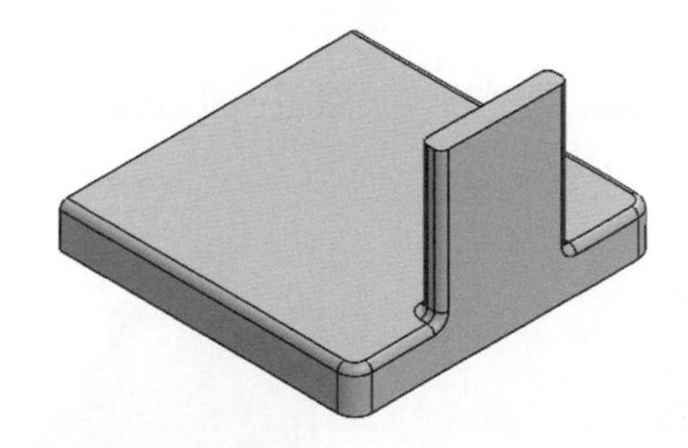

(2) 在前基準面繪製如圖示的多重輪廓草圖。

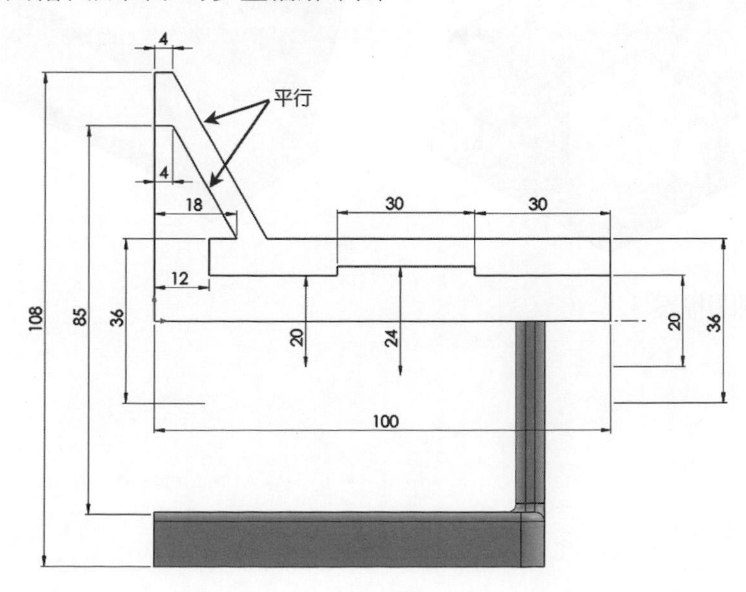

(3) 建立旋轉填料後，再使用相同草圖建立旋轉除料(注意不要勾選**薄件特徵**)。

(4) 建立如圖右的深度 4mm 伸長填料。

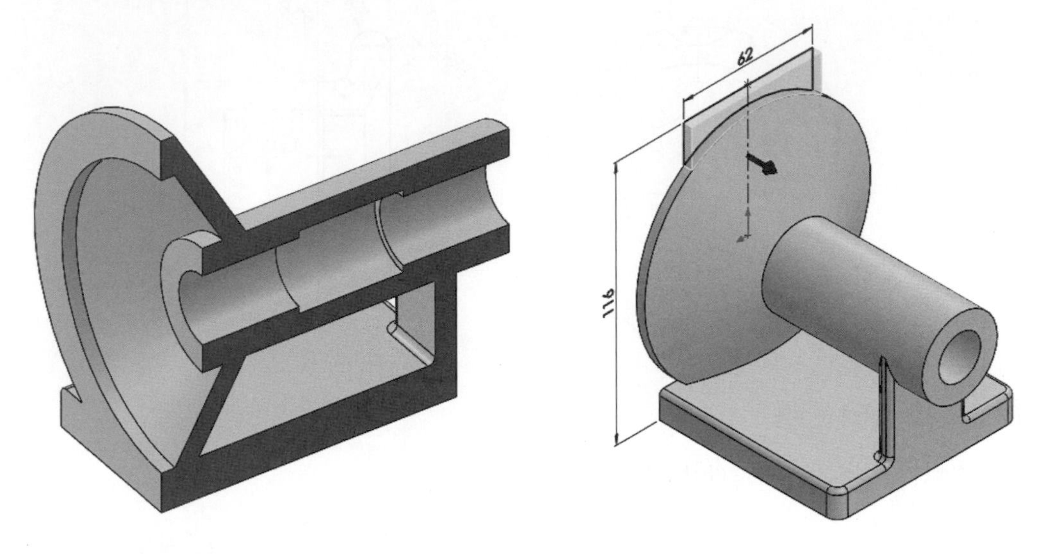

(5) 使用草圖 2 建立底面 6mm 深度的伸長除料，並建立如圖示的圓角 R2。

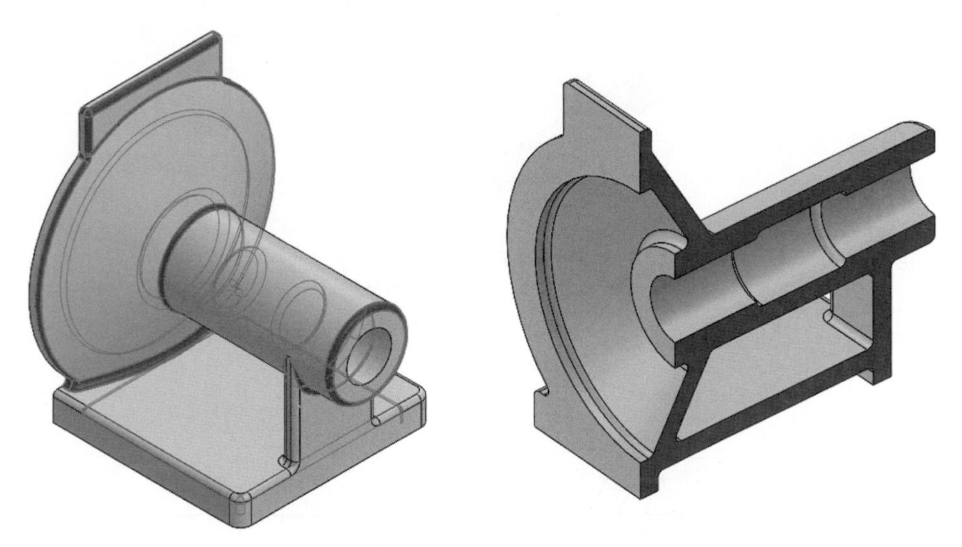

(6) 儲存並關閉檔案。

3-3 鏡射

複製排列會根據種子特徵複製所選的特徵，複製排列包含直線排列、環狀排列、曲線導出複製排列、填入圖樣、或使用草圖點或表格控制的複製排列等。

鏡射複製則是相對於所選的平面或面鏡射所選的特徵、曲面或本體。

對於鏡射特徵，需要選擇被複製的特徵和一個基準面；鏡射整個模型(本體)則需選擇模型上的平坦面。

鏡射步驟：

A. 按特徵工具列上的「**鏡射**」，或「**插入**」➞「**特徵複製/鏡射**」➞「**鏡射**」。

B. 在「**鏡射面/基準面**」列表內，選擇在模型中的一個面或基準面。

C. 選擇「**鏡射特徵**」、「**鏡射之面**」、或「**鏡射本體**」。

D. 依鏡射類型，點選特徵、面或本體。

1. 開啓零件 302。

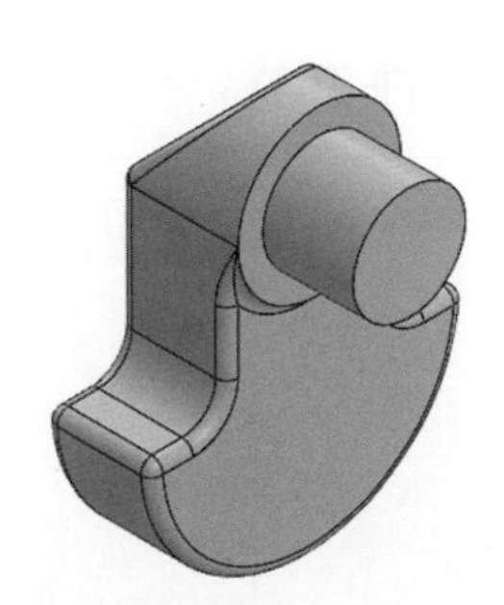

2. 按功能表「**插入**」➞「**特徵複製/鏡射**」➞「**鏡射**」，或點選特徵工具列中的「**鏡射**」，鏡射面選擇如圖所指模型平面，鏡射本體選擇繪圖區中的實體，按「**確定**」。

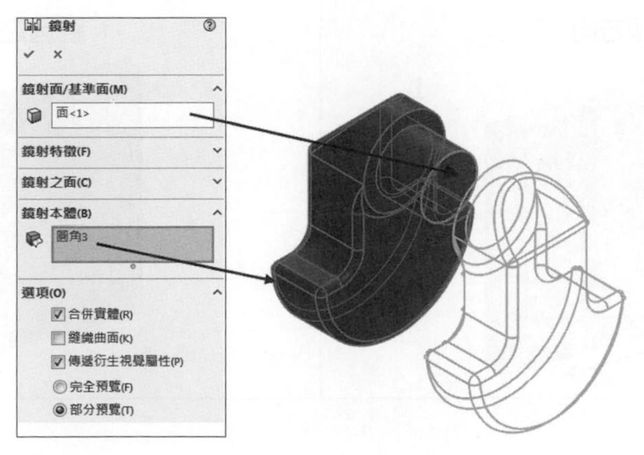

3. 完成本體鏡射。

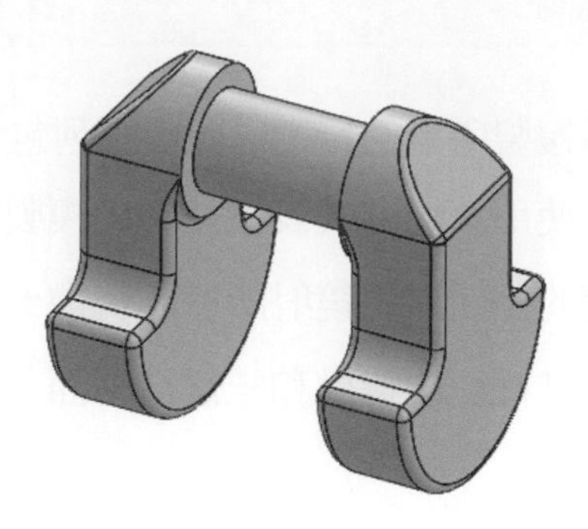

4. 儲存並關閉檔案。

3-4 直線複製排列

當模型中的特徵有重複，而且是在線性方向，這時您可以使用直線複製排列方式進行複製，而不必重複繪製。

直線複製排列有下列表現方式(零件 303)：

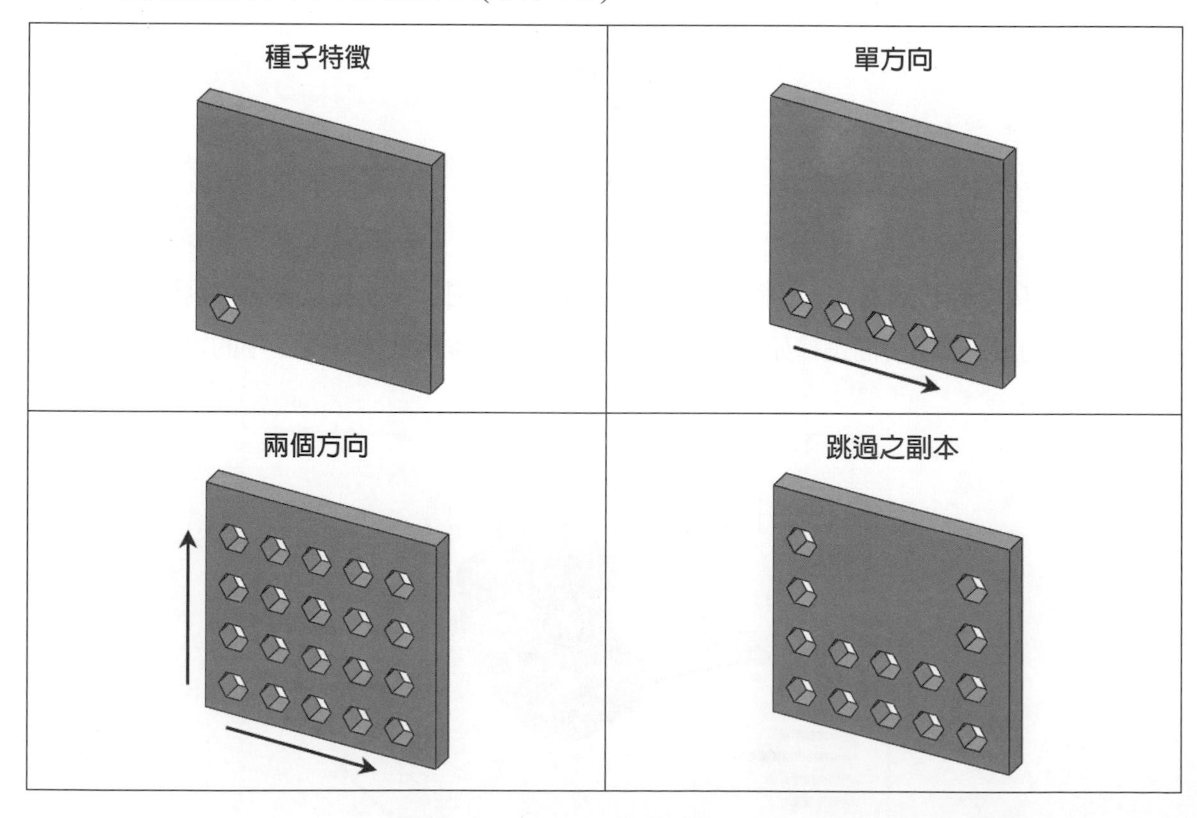

只複製種子特徵：方向 2 不再複製方向 1 的副本。

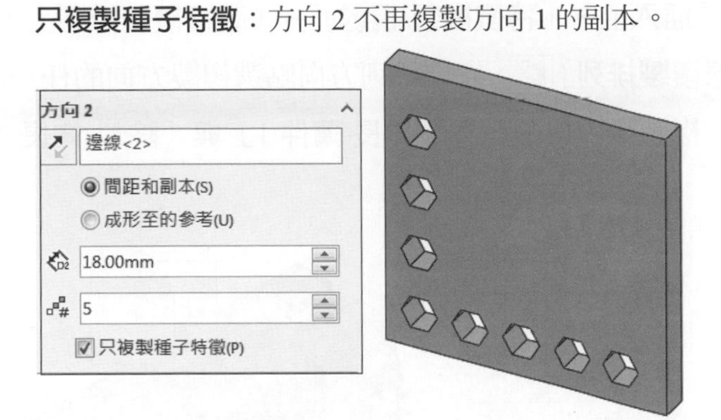

成形至的參考：

上面例子都是以副本數與距離來決定**直線複製排列**的副本數，但**成形至的參考**選項則是使用幾何圖元的間距來控制複製排列副本數。當間距已知，但副本數未知時，副本數可以由終止位置的空間所能填入的數量決定。**所選參考**可以選擇端點、邊線、面或基準面選擇**成形至的參考**時，您需指定**參考幾何**(終止位置)與原始特徵上的**所選參考**，只有界限內的間距能夠填入的特徵才會被複製。

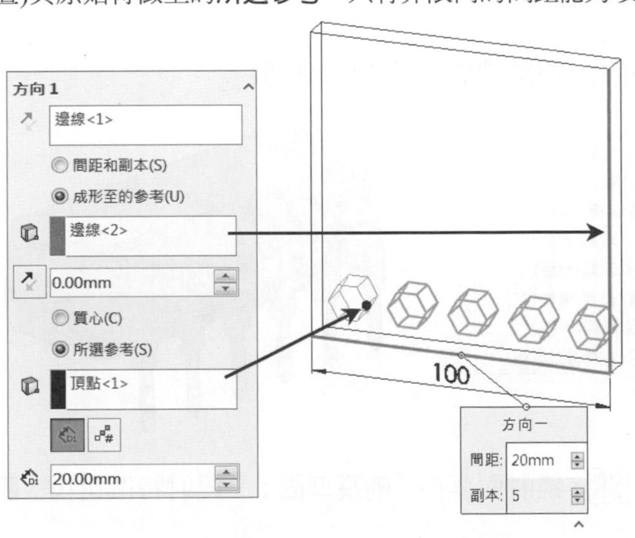

1. 開啓零件 304，此零件中已包含幾個特徵，這裡我們將複製插腳。

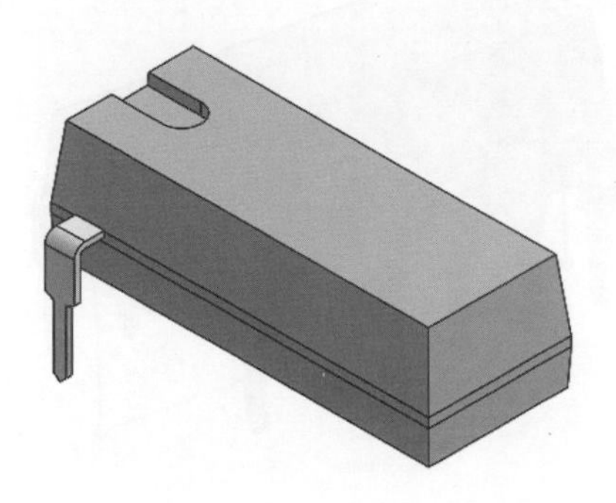

2. 按功能表「**插入**」➡「**特徵複製/鏡射**」➡「**直線複製排列**」，或點選特徵工具列中的「**直線複製排列**」，複製排列方向點選複製方向的任一直線，間距 2.6mm，副本數 6，複製排列特徵選擇「**伸長-薄件** 1」與「**除料-伸長** 2」，按「**確定**」。

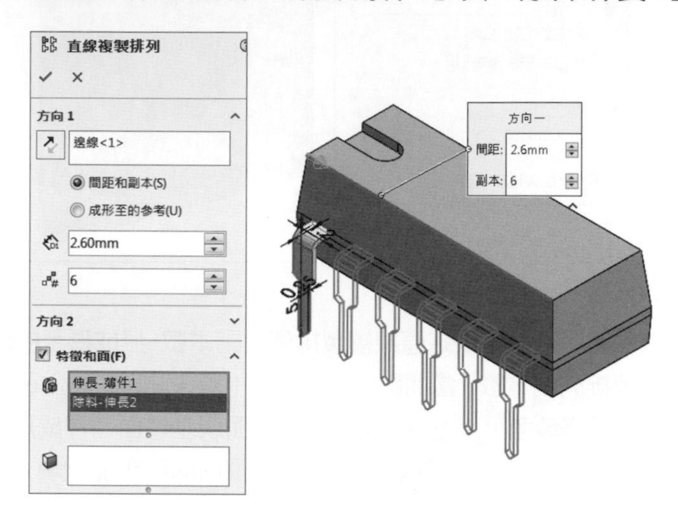

3. 複製排列後產生「**直線複製排列** 1」的特徵。

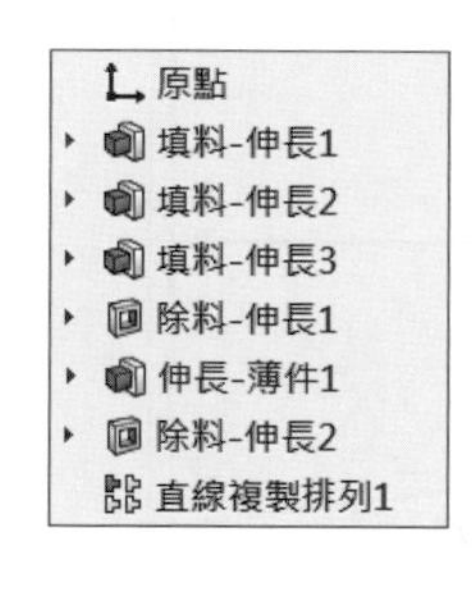

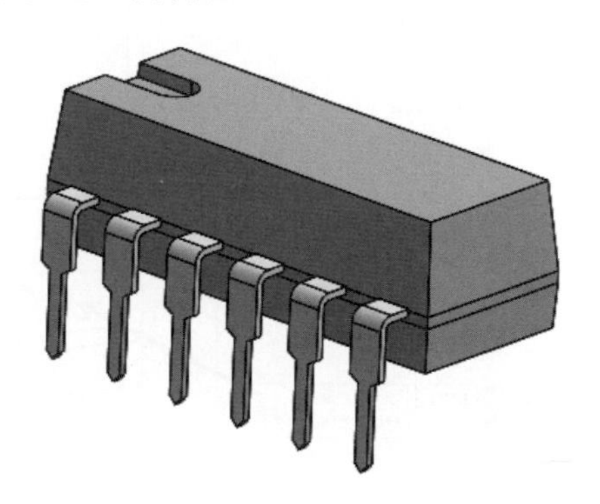

4. 再按「**鏡射**」，鏡射面選擇「**前基準面**」，鏡射特徵選擇「**直線複製排列** 1」，按「**確定**」。

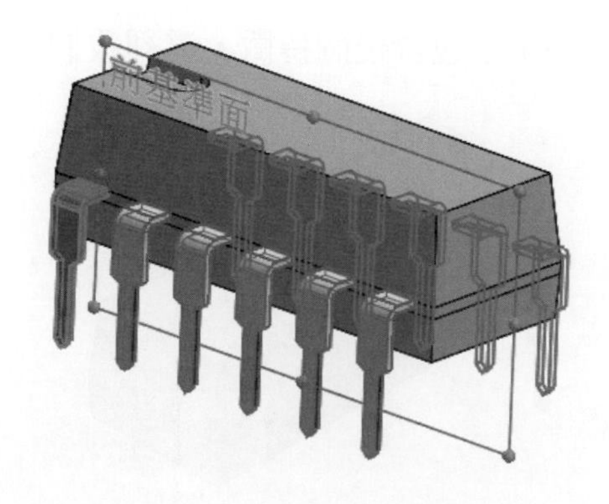

5. 鏡射後得到如圖的結果，按 Shift + ↑向上方向鍵或 ↓ 向下方向鍵兩次，翻轉模型查看，每按一次翻轉 90°。

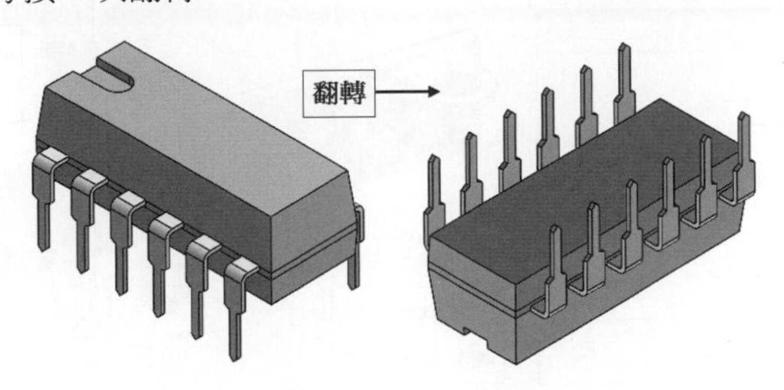

6. 儲存並關閉檔案。

3-4-1 練習題

練習 3b-1 曲軸

開啟前面的鏡射範例檔 302，繼續完成此練習檔。

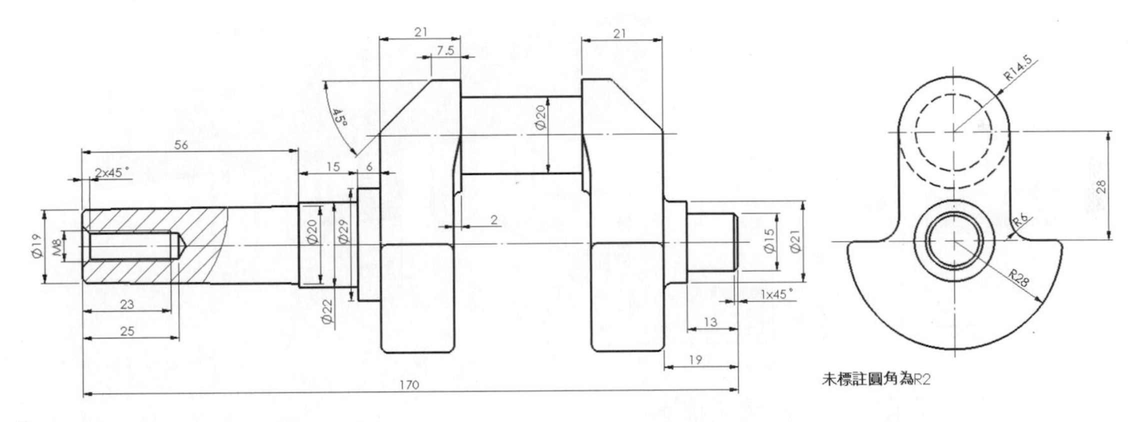

練習 3b-2 Hanger

(1) 開啟零件檔 3b-2。

(2) 鏡射左側特徵。

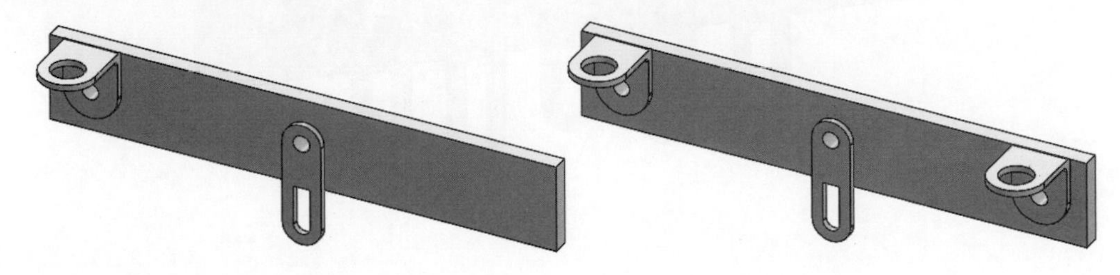

(3) 直線複製排列中間特徵，在方向 2 勾選「**只複製種子特徵**」。

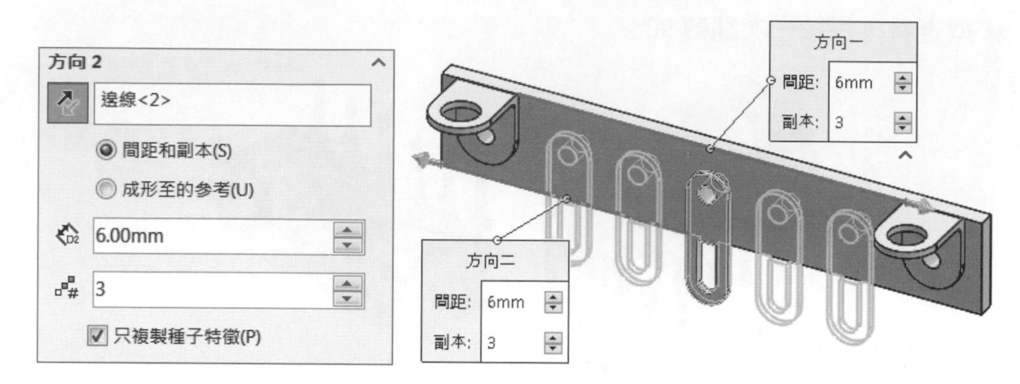

(4) 勾選選項下方「**要變化的副本**」，在指定增量值變化的方向 1 尺寸與方向 2 尺寸都選擇垂直尺寸 7.8mm，增量值輸入 1.5mm，按**確定**。

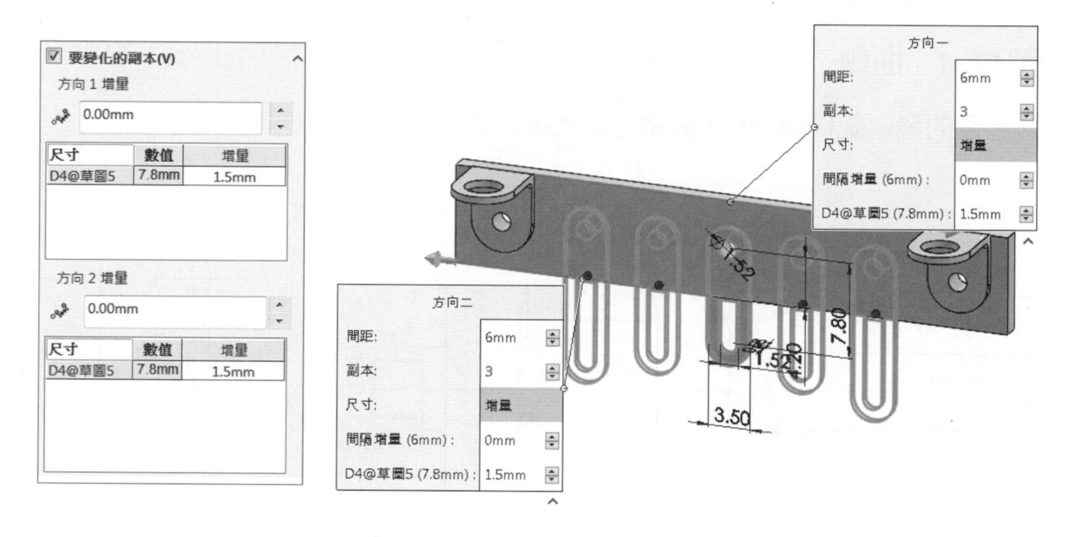

(5) 結果如圖所示，儲存並關閉檔案。

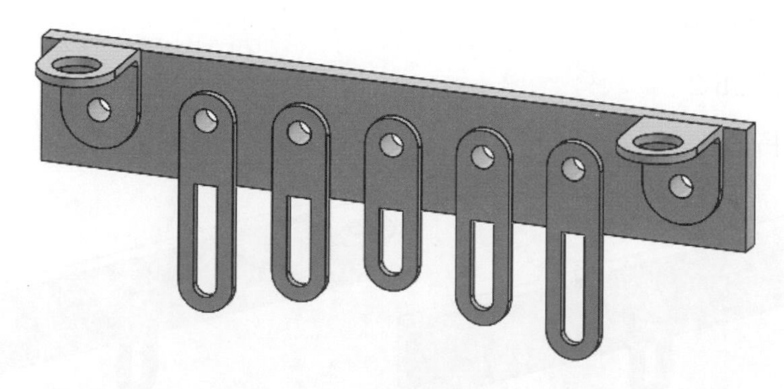

練習 3b-3 束帆扣

(1) 在上基準面繪製草圖，建立基材伸長 2mm。

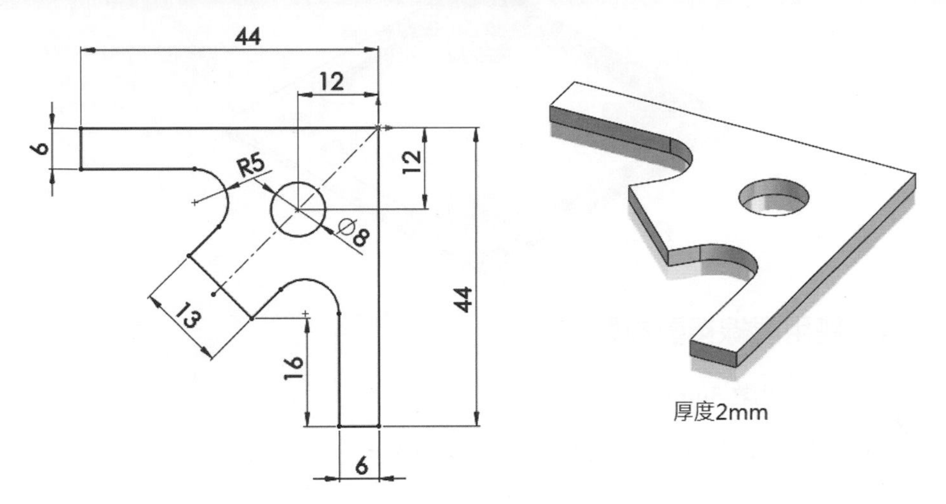

(2) 按鏡射，鏡射本體，鏡射面選擇箭頭所指平面。

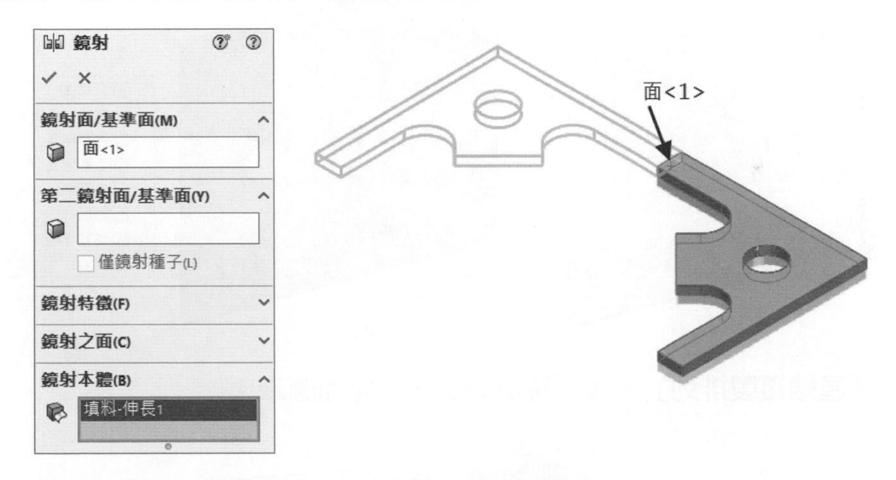

(3) 第二鏡射面選擇箭頭所指平面。

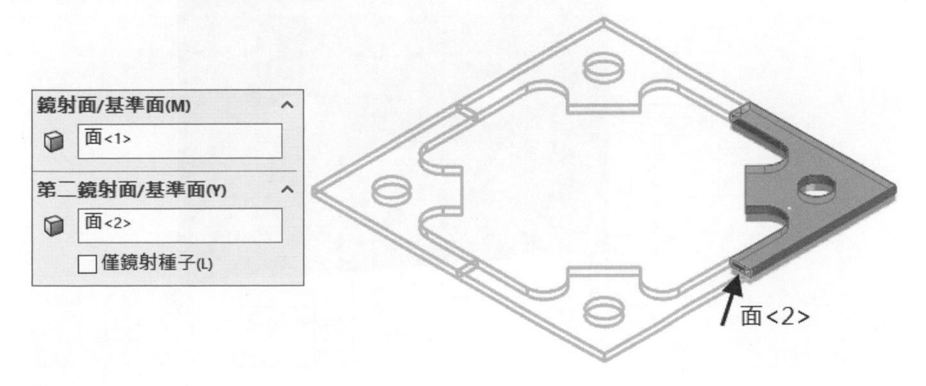

(4) 勾選**合併實體**，按**確定**，結果如圖。

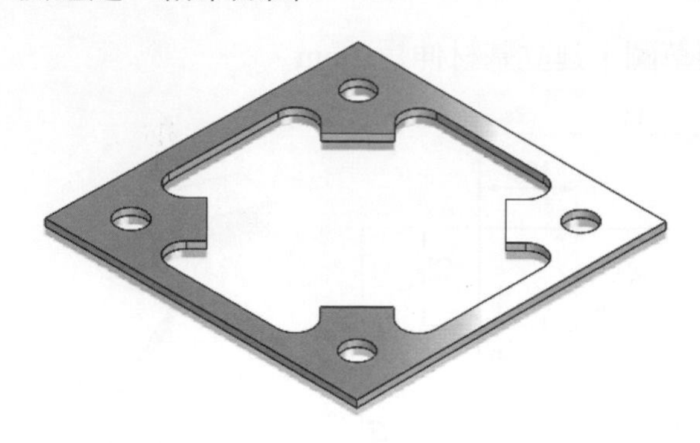

練習 3b-4　使用直線複製排列

(1) 建立基材伸長特徵 5mm。

(2) 建立左下角圓孔除料，並更名特徵爲「Dia7」。

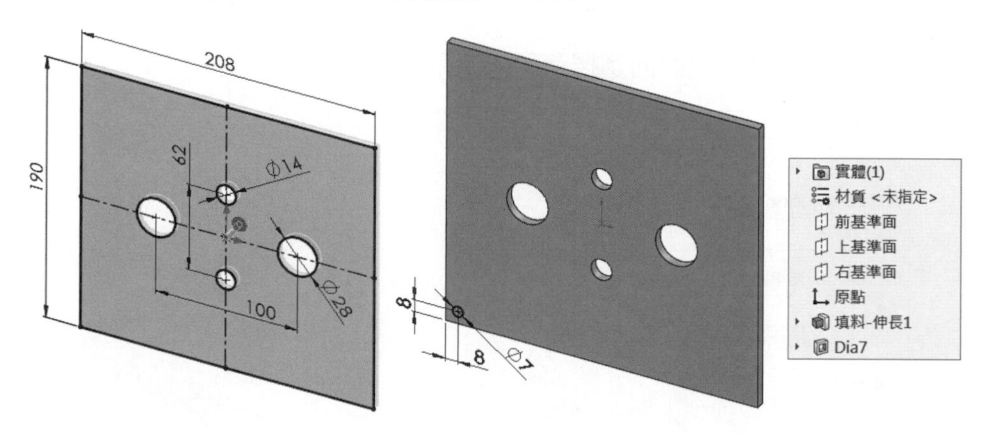

(3) 插入「**直線複製排列**」，複製特徵 Dia7，設定如圖示。

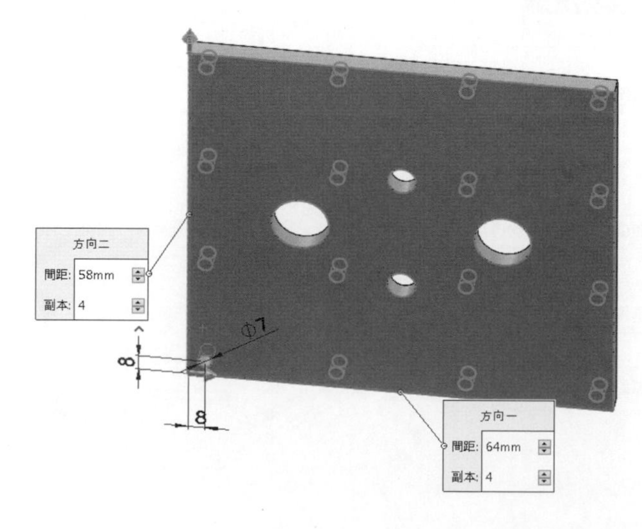

(4) 在**跳過之副本**列表中，點選圖中的四個點，按「**確定**」。

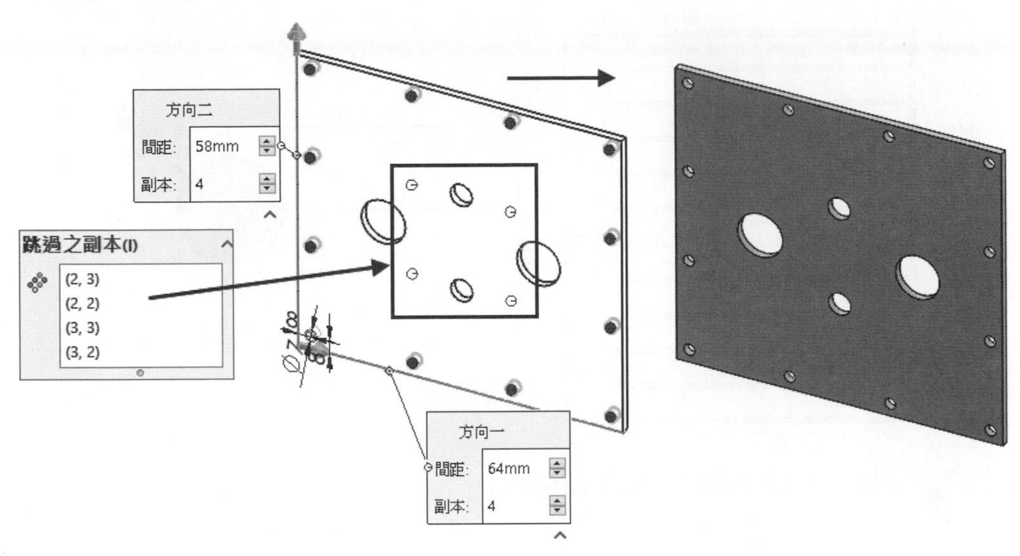

(5) 儲存並關閉檔案。

練習 3b-5　多本體直線複製排列

(1) 開新檔案，單位 in，在右基準面繪製∅0.25in 的圓(原點與圓重合，圓心與原點限制水平放置)，使用「**直線草圖複製排列**」(X 軸方向數量 12，間距 2in)，伸長填料 17.5in，建立多本體零件。

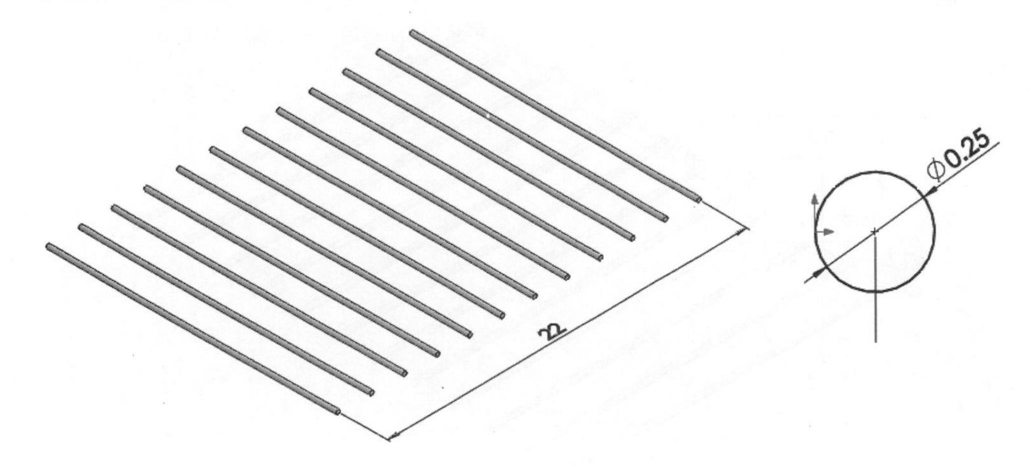

(2) 在前基準面繪製如圖示的草圖，建立伸長填料 22.25in，**特徵加工範圍**點選**所有本體**。

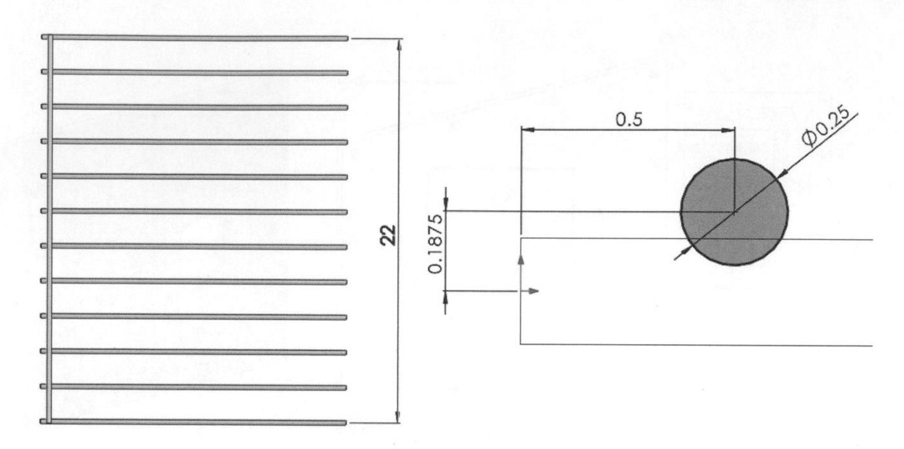

(3) 開啟立即檢視工具列中的「**檢視暫存軸**」

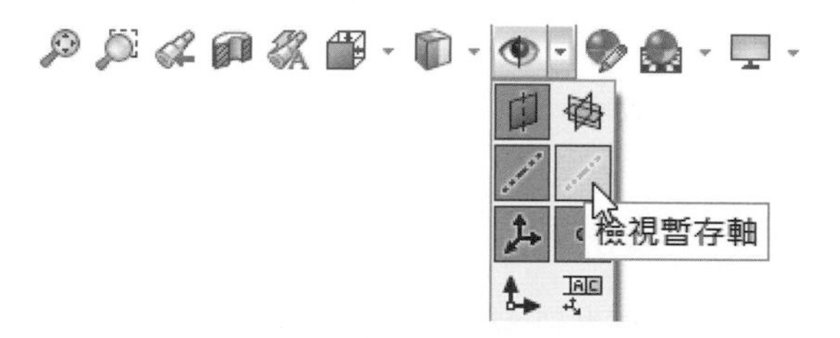

(4) 插入**直線複製排列**，複製排列方向選擇暫存軸，複製特徵選擇填料-伸長 2，間距 1.5in，副本數 12。

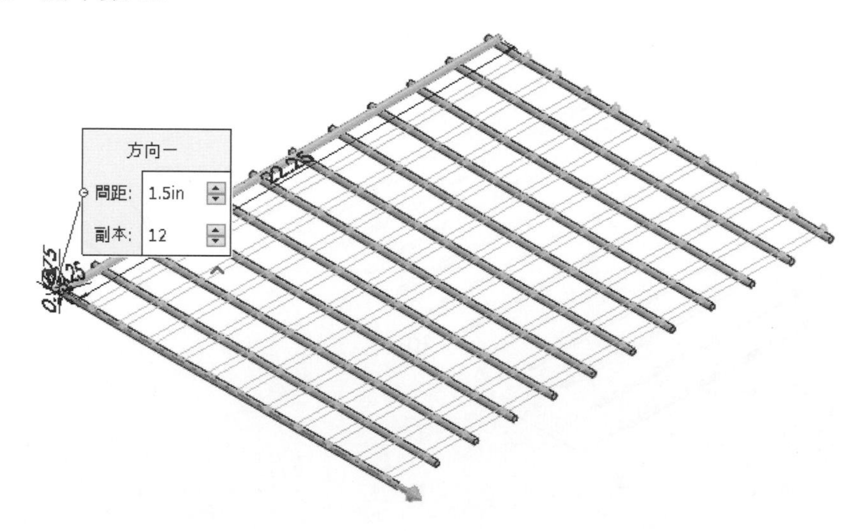

提示

您也可以移動游標至圓柱面或圓錐面上，暫存軸即會自動顯示，以供選取。

(5) 關閉檢視暫存軸，完成如圖示的多本體直線複製排列。

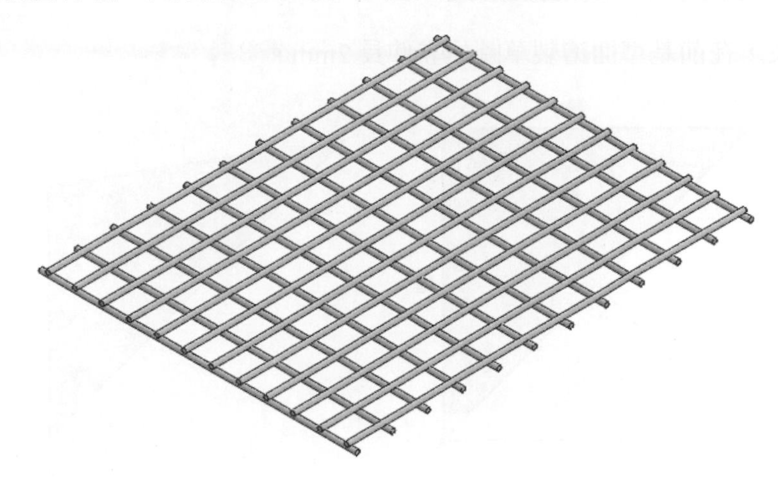

(6) 儲存並關閉檔案

3-4-2 變化草圖

在 SOLIDWORKS 中，使用複製排列時，您可以勾選選項中的**變化草圖**，使複製排列副本於複製時，維持原本特徵的尺寸及限制條件，並同時允許副本的幾何變化。

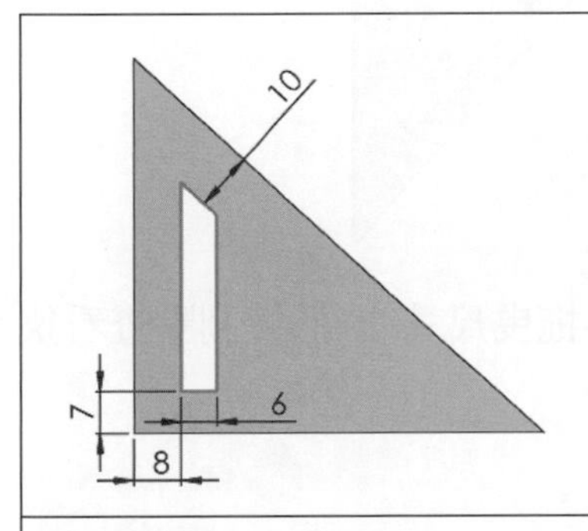	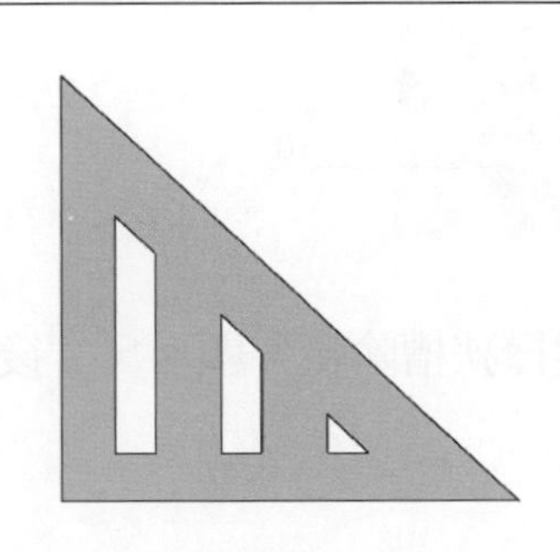	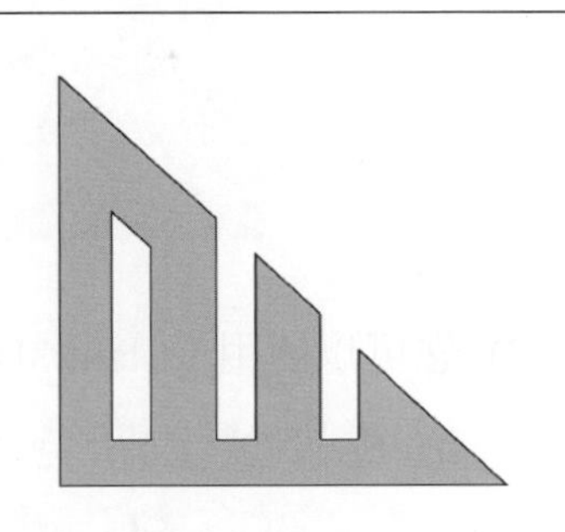
種子特徵 標註斜邊線間距，寬度，及至底部邊線的尺寸。 不標註高度，複製方向選擇尺寸 8。	**選擇變化草圖** 與斜邊線的間距維持不變，因為在種子特徵中沒有標註高度，所有副本的高度會變化。	**清除變化草圖** 副本維持相同形狀。

練習 3b-6 變化草圖直線複製排列

(1) 開新檔案，在前基準面繪製草圖建立伸長 2mm。

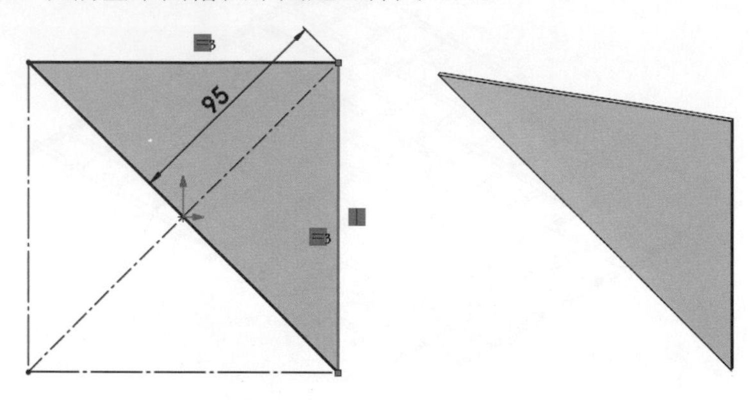

(2) 在前平坦面建立直狹槽除料，注意尺寸標註位置。

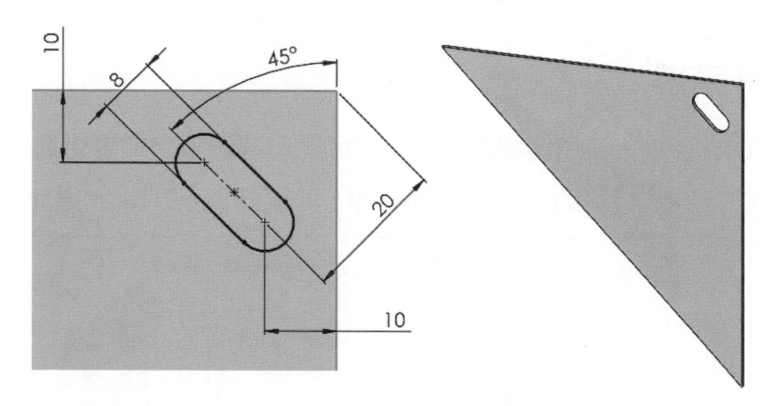

(3) 您可以使用 Instant 3D，選擇狹槽除料，顯示尺寸後，拖曳尺寸 20 的控制點查看狹槽除料的變化情形。

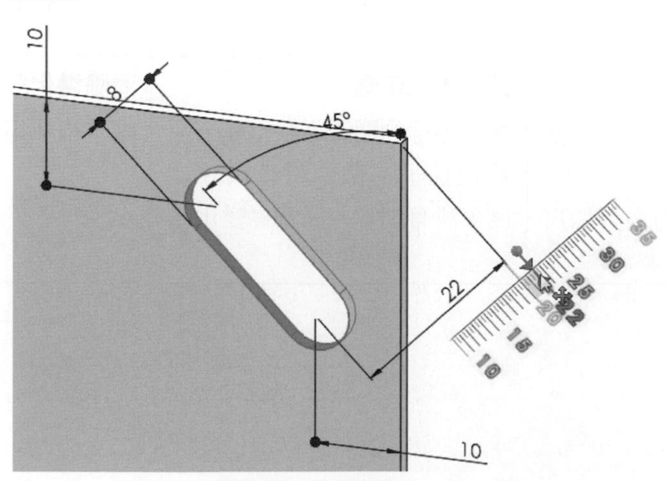

(4) 在除料特徵上快按滑鼠左鍵兩下以顯示尺寸，按「**直線複製排列**」，複製排列方向 1 選擇尺寸 20，間距 15mm，副本數 6，並勾選選項中的 "**變化草圖**" (注意方向)，按**確定**。

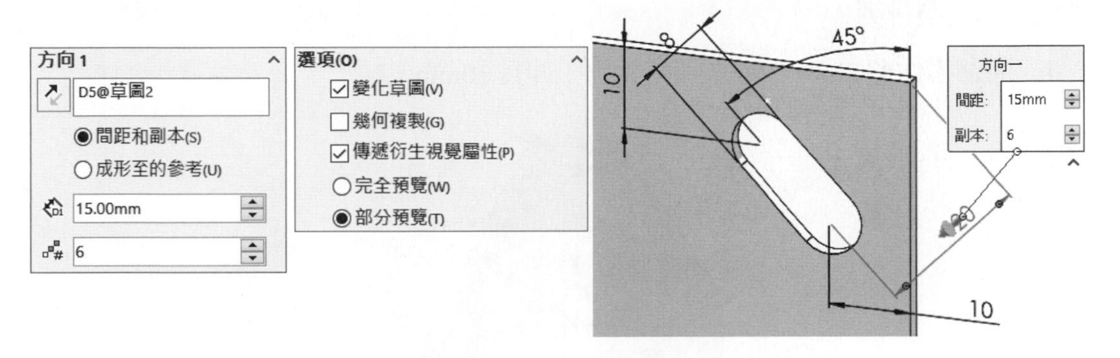

(5) 複製排列後結果如左圖，選擇鏡射面鏡射本體，結果如圖。

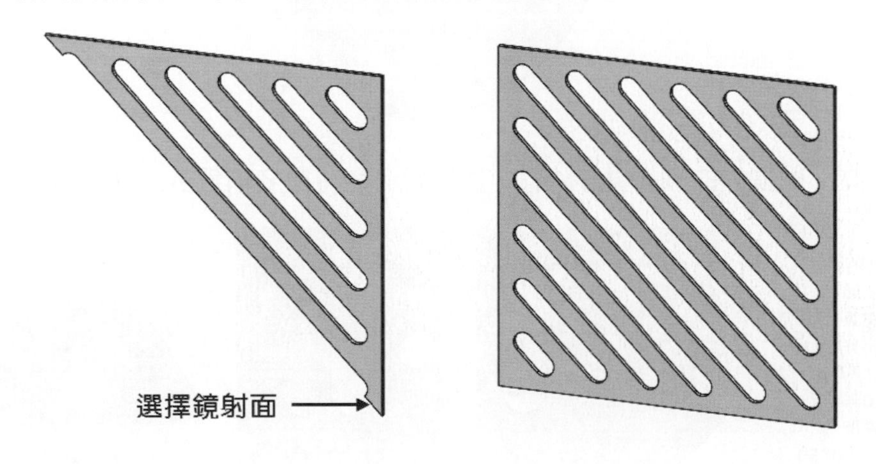

(6) 儲存並關閉檔案

3-5 草圖導出複製排列

草圖導出會以草圖內的草圖點來複製排列種子特徵，對於鑽孔或其他特徵副本均可使用草圖導出複製排列。

1. 開啟零件檔 305，或建立新零件檔，伸長 10mm。

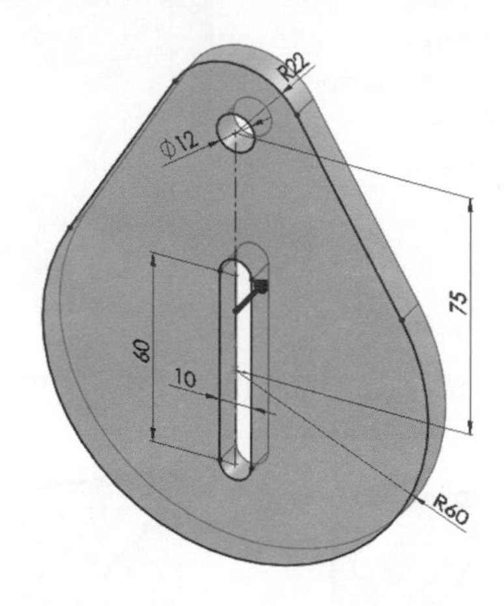

2. 建立三個獨立的圓孔貫穿除料，並重新命名特徵名稱為 A8、B6、C4。

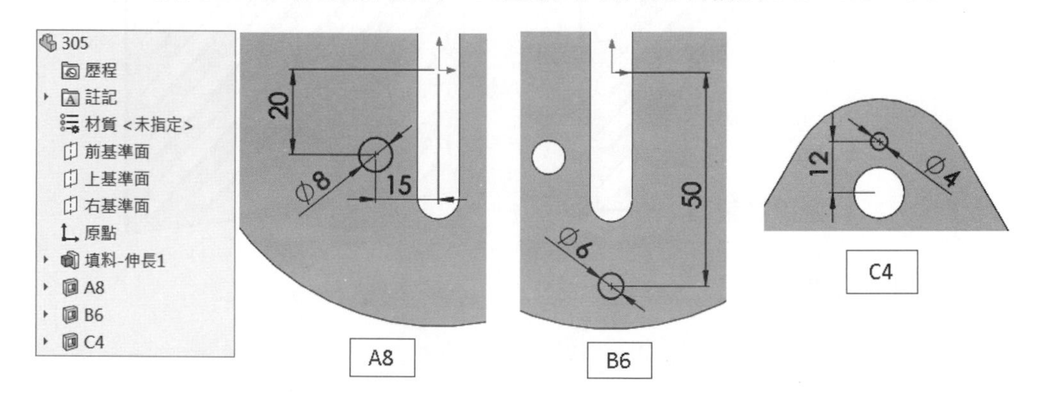

3. 在前平坦面插入草圖，繪製兩條中心線，加入 3 個單點至左側中心線上。

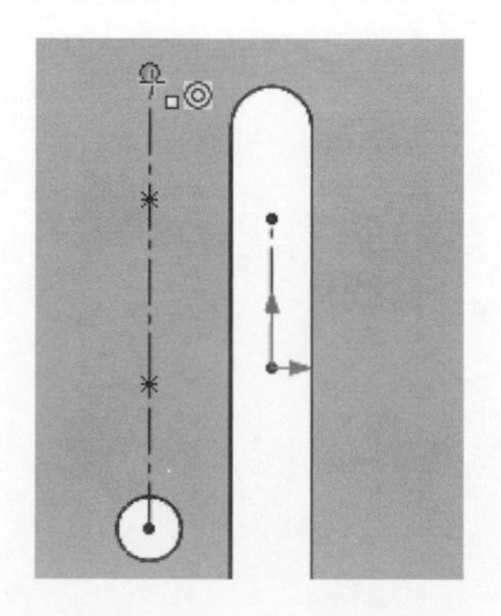

4. 利用原點上的中心線鏡射左側 3 個單點，並加繪右下點，限制右下點與左側線段端點**相互對稱**。標註尺寸限制草圖完全定義，離開草圖。

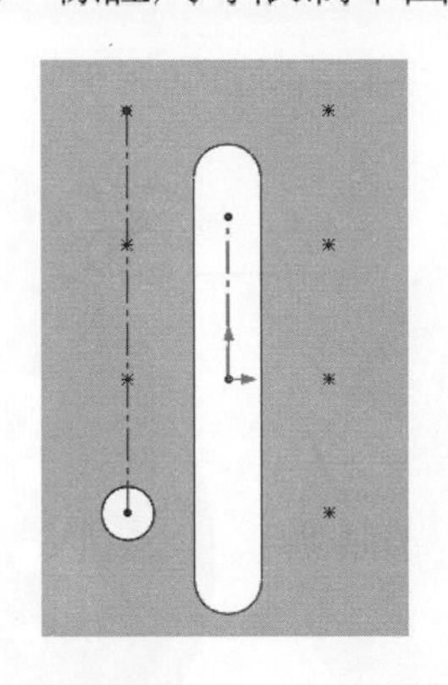

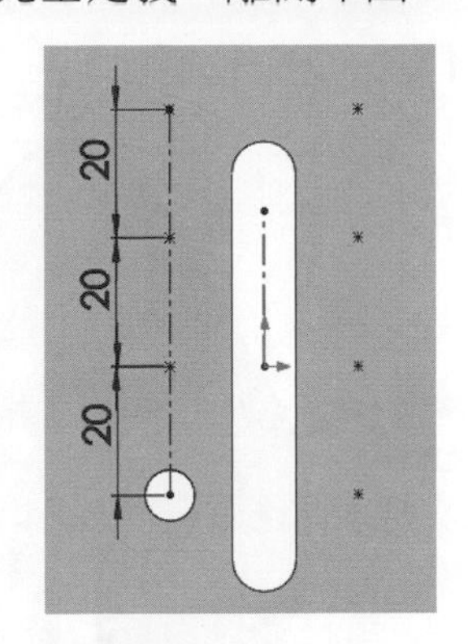

5. 按「**插入**」➡「**特徵複製/鏡射**」➡「**草圖導出複製排列**」，或按特徵工具列上的「**草圖導出複製排列**」，按 C，從快顯特徵管理員中選擇草圖 5 作爲屬性視窗中的「**參考草圖**」；參考點爲「**質心**」；複製特徵選擇 A8，按「**確定**」。隱藏草圖 5。

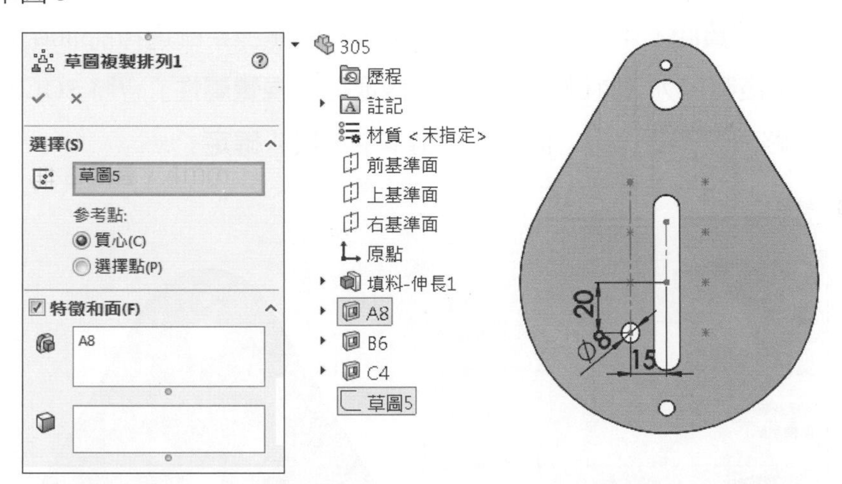

3-6 表格導出複製排列

表格導出複製排列的方式是使用 X-Y 座標複製排列種子特徵。鑽孔排列是表格導出複製排列的一種常見運用。除了鑽孔之外，也可以利用表格導出複製排列的方式來複製其他種子特徵(像是伸長填料)。

也可以將特徵排列的 X-Y 座標儲存起來，然後再載入將它們套用到新的零件中。

6. 按功能表「**插入**」➡「**參考幾何**」➡「**座標系統**」，或點選特徵工具列上的「**座標系統**」，在屬性視窗中，點選原點為座標系統原點，按「**確定**」後，產生特徵「**座標系統 1**」。

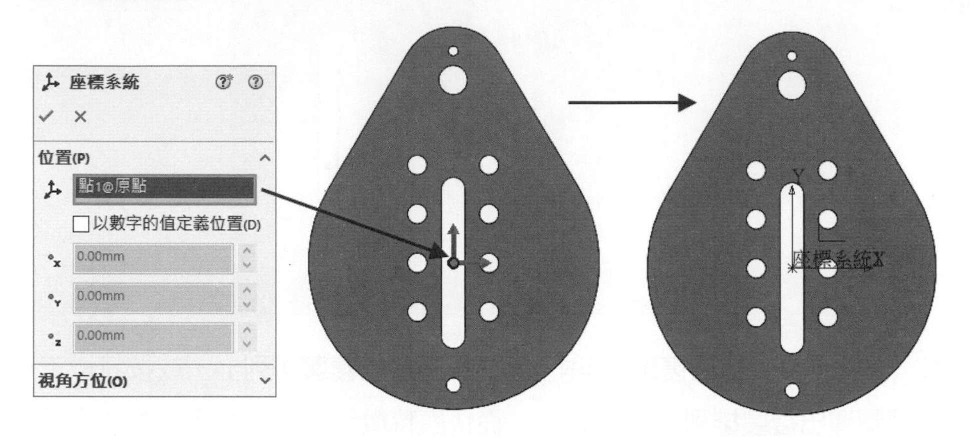

7. 按功能表「**插入**」➡「**特徵複製/鏡射**」➡「**表格導出複製排列**」，或按特徵工具列上的「**表格導出複製排列**」。按「**瀏覽**」選擇複製排列表格檔案 B6.sldptab；參考點為「**質心**」；用來產生表格複製排列的座標系統選擇前面產生的「**座標系統 1**」；複製排列之特徵選擇 B6；「**傳遞衍生視覺屬性**」會將 SOLIDWORKS 色彩、紋路與裝飾螺紋線一併複製至副本中，按「**確定**」。

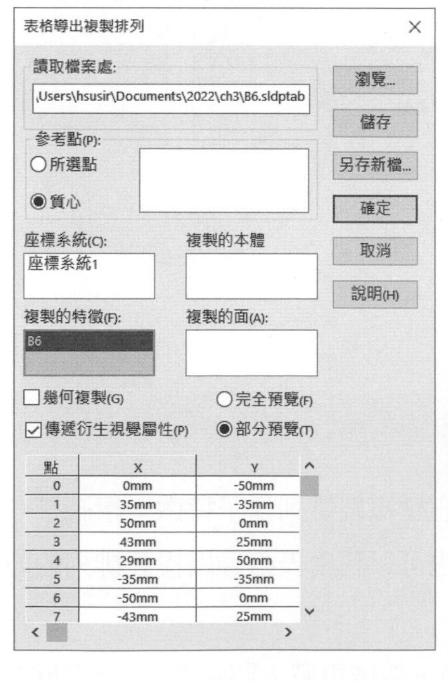

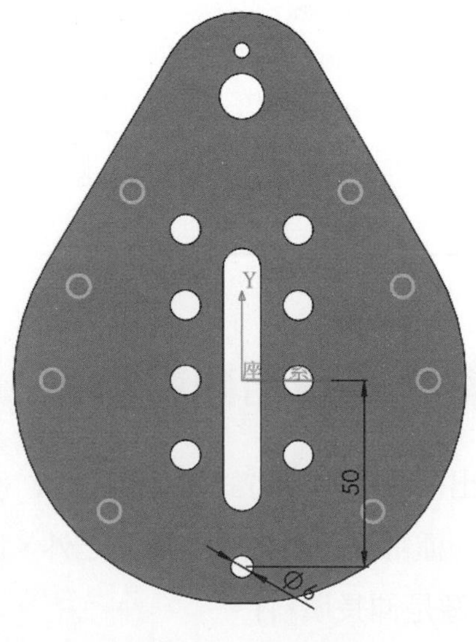

8. 按「**表格導出複製排列**」，座標系統選擇「**座標系統 1**」；複製排列之特徵選擇 C4；此處直接在 X 與 Y 點上輸入座標值，點 0 爲 C4，點 1 與 2 爲複製之副本，按「**確定**」。

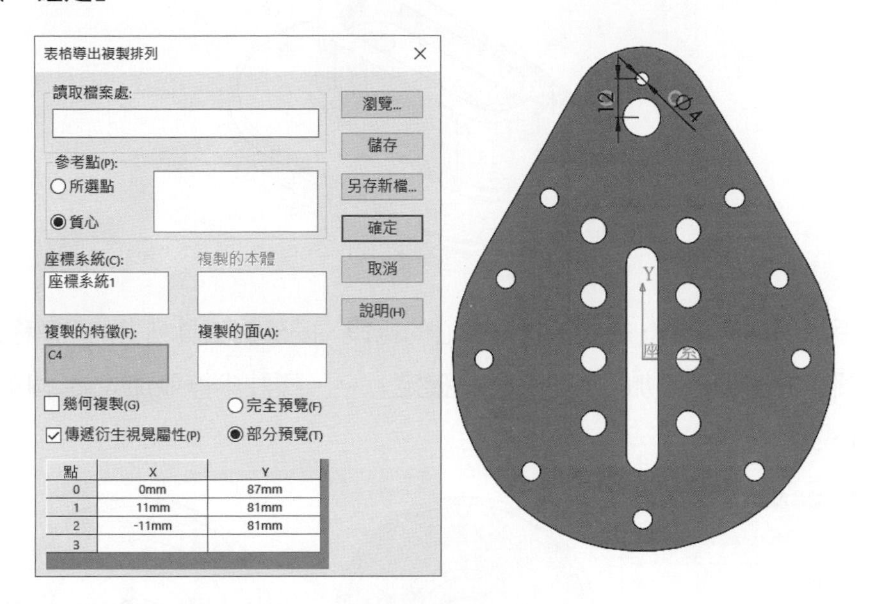

9. 完成後之零件如圖示，儲存並關閉檔案。

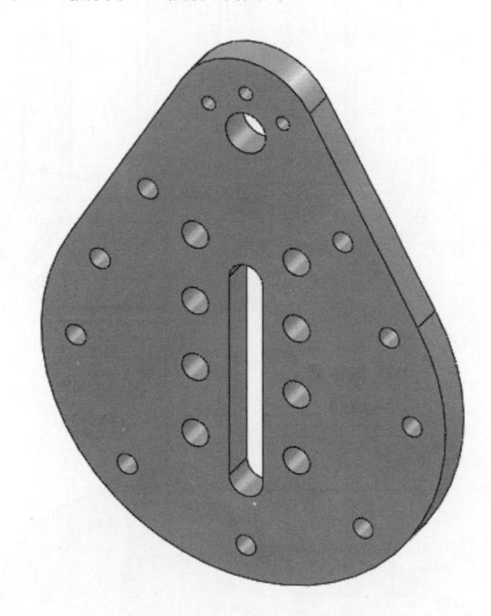

練習 3b-7 軸承支座

(1) 開啓零件檔 3b-7。

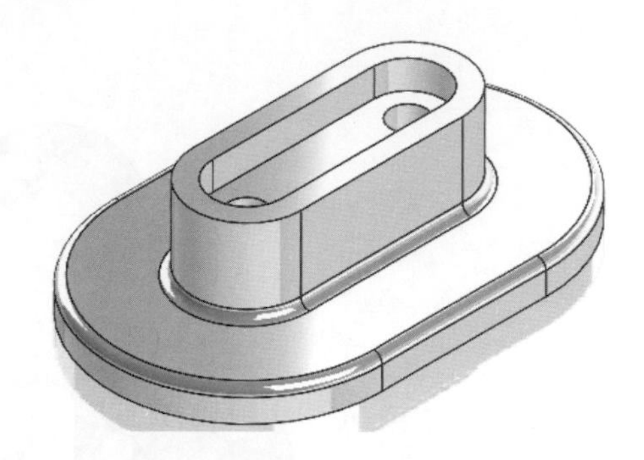

(2) 在上平坦面插入草圖，繪製連接兩圓心的線段，按草圖工具列上的「**偏移圖元**」，勾選圖示的選項，不加入尺寸，按「**確定**」✔。標註半徑並加入 5 個單點(如箭頭所示)，離開草圖。

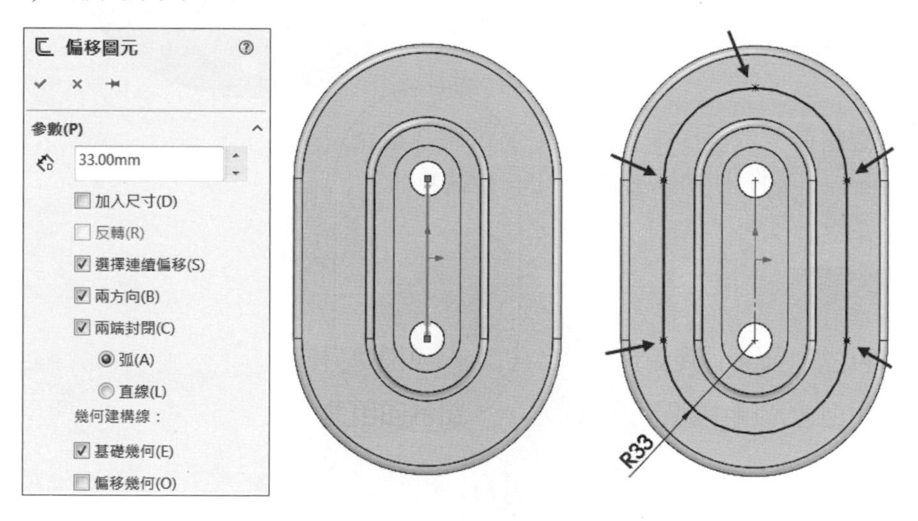

(3) 建立兩個除料孔特徵。

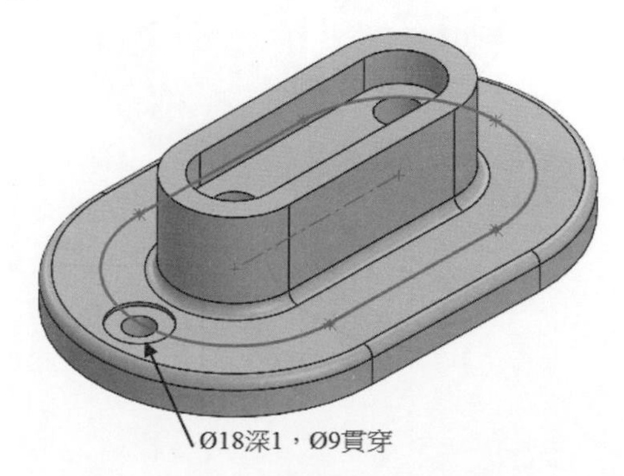

(4) 使用「**草圖導出複製排列**」，參考草圖選擇繪製 5 個單點的草圖，**參考點**選擇「**質心**」，複製排列特徵選擇兩個除料孔，按「**確定**」。

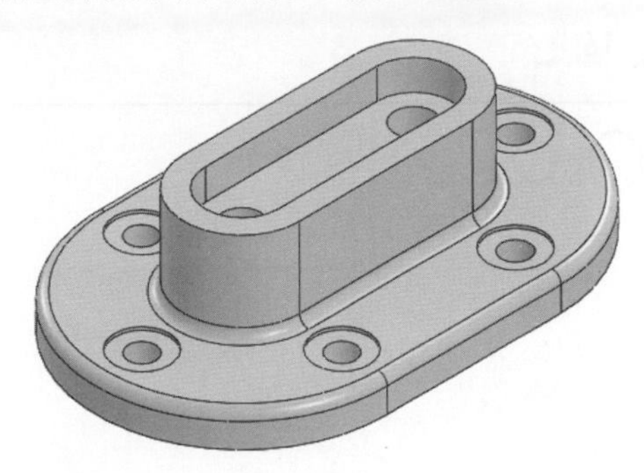

(5) 隱藏草圖，儲存並關閉檔案。

練習 3b-8 使用表格導出複製排列

(1) 依圖示建立特徵，並變更特徵名稱。

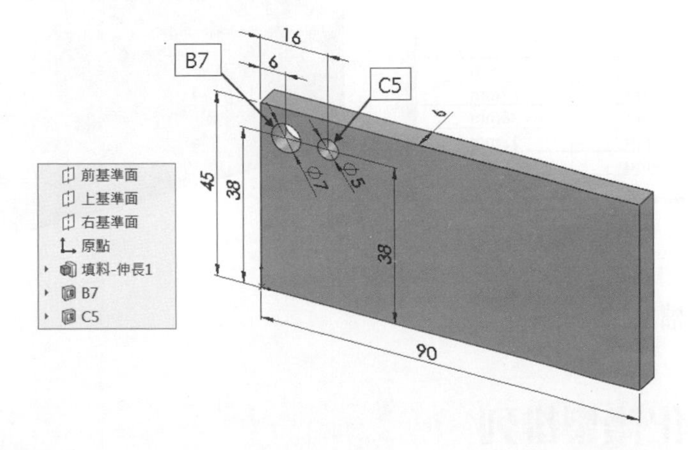

(2) 建立**座標系統** 1。

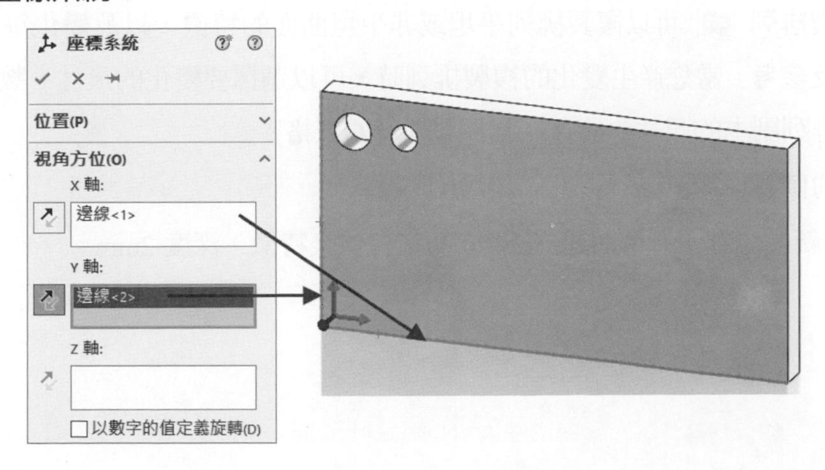

(3) 插入「**表格導出複製排列**」，使用表格檔 C5.sldtab、參考點**質心**與**座標系統 1**，複製 C5 特徵。

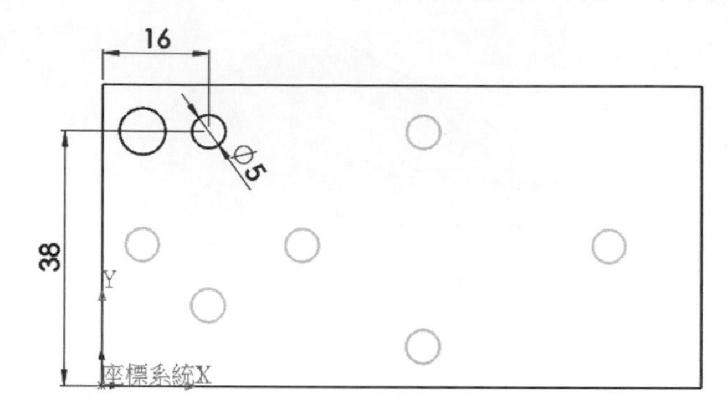

(4) 插入「**表格導出複製排列**」，輸入點 1～點 4 的座標值，複製 B7 特徵。

點	X	Y
0	6mm	38mm
1	60mm	12mm
2	76mm	38mm
3	82mm	12mm
4	60mm	38mm
5		

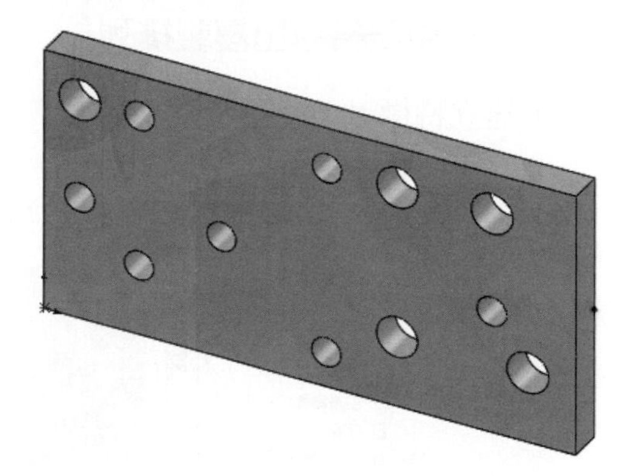

(5) 儲存並關閉檔案。

3-7 變化複製排列

變化複製排列 可以複製排列平坦或非平坦曲面的特徵，以及變化每個複製排列副本的尺寸及參考。當您產生變化的複製排列時，可以選擇要變化的尺寸，數量不限，而且每個複製排列副本的尺寸會儲存在屬性管理員的表格。

表格內的值可以從 Excel 中匯入或匯出。

1. 開啓新檔，在上基準面建立⌀120 的基材伸長特徵，深度 2mm。

2. 在上平坦面繪製如圖示的草圖，並變更三個主要尺寸的名稱(Angle, Length, Offset)，注意標註旋轉角為 0 度，建立完全貫穿除料。

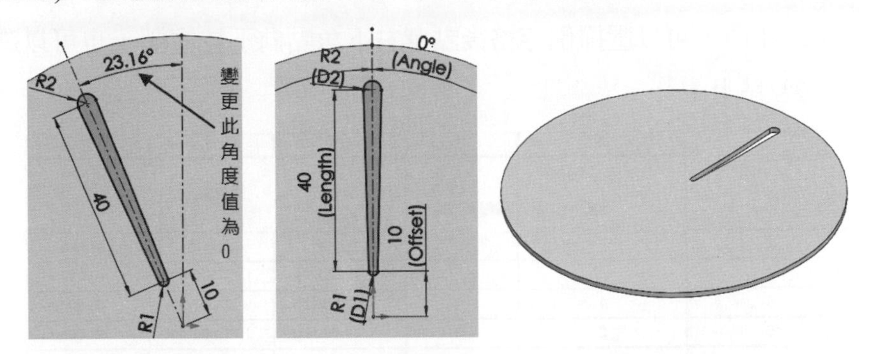

3. 快點除料特徵兩下使顯示尺寸，按「**插入**」→「**特徵複製/鏡射**」→「**變化複製排列**」，複製排列特徵選擇"**除料-伸長 1**"，按**產生複製排列表格**。

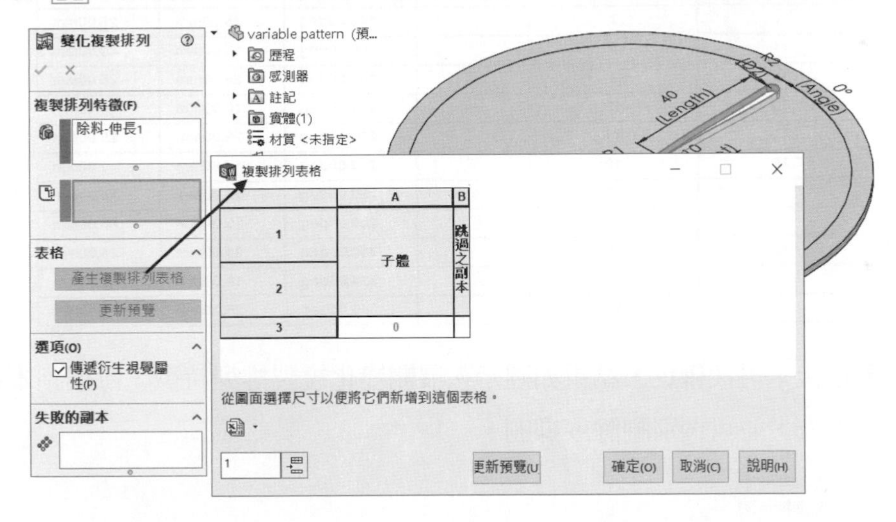

4. 按一下**加入副本**，**子體**下的 0 代表種子特徵，1 代表第 1 個副本。依序選擇尺寸 Angle, Offset, Length，並輸入 20, 25, 25 後按**更新預覽**，新的副本出現在種子特徵的左側。

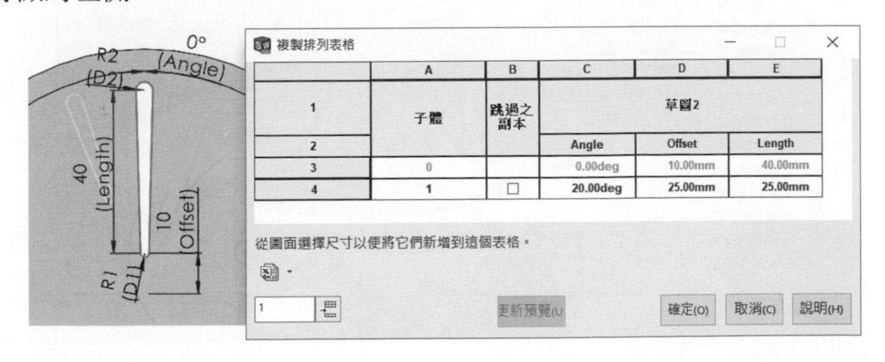

	A	B	C	D	E
1	子體	跳過之副本	草圖2		
2			Angle	Offset	Length
3	0		0.00deg	10.00mm	40.00mm
4	1	☐	20.00deg	25.00mm	25.00mm

5. 在**加入的副本數**輸入 16，再按**加入副本** 16 ，使總數量為 18。輸入如圖示的所有尺寸值，您也可以從本書 QR Code 附檔中匯入 Excel 檔。儲存格的操作模式與 Excel 相同，可以選擇儲存格後點選右下角點向下拉複製，也可以選擇儲存格後按複製/貼上。

	A	B	C	D	E
1	子體	跳過之副本	草圖2		
2			Angle	Offset	Length
3	0		0.00deg	10.00mm	40.00mm
4	1	☐	20.00deg	25.00mm	25.00mm
5	2	☐	40.00deg	10.00mm	40.00mm
6	3	☐	60.00deg	25.00mm	25.00mm
7	4	☐	80.00deg	10.00mm	40.00mm
8	5	☐	100.00deg	25.00mm	25.00mm
9	6	☐	120.00deg	10.00mm	40.00mm
10	7	☐	140.00deg	25.00mm	25.00mm
11	8	☐	160.00deg	10.00mm	40.00mm
12	9	☐	180.00deg	25.00mm	25.00mm
13	10	☐	200.00deg	10.00mm	40.00mm
14	11	☐	220.00deg	25.00mm	25.00mm
15	12	☐	240.00deg	10.00mm	40.00mm
16	13	☐	260.00deg	25.00mm	25.00mm
17	14	☐	280.00deg	10.00mm	40.00mm
18	15	☐	300.00deg	25.00mm	25.00mm
19	16	☐	320.00deg	10.00mm	40.00mm
20	17	☐	340.00deg	25.00mm	25.00mm

6. 按**確定**後，再按**確定**，結果如圖示。展開變化複製排列特徵，每個副本都條列於特徵下方，並可個別**刪除**或**抑制**。

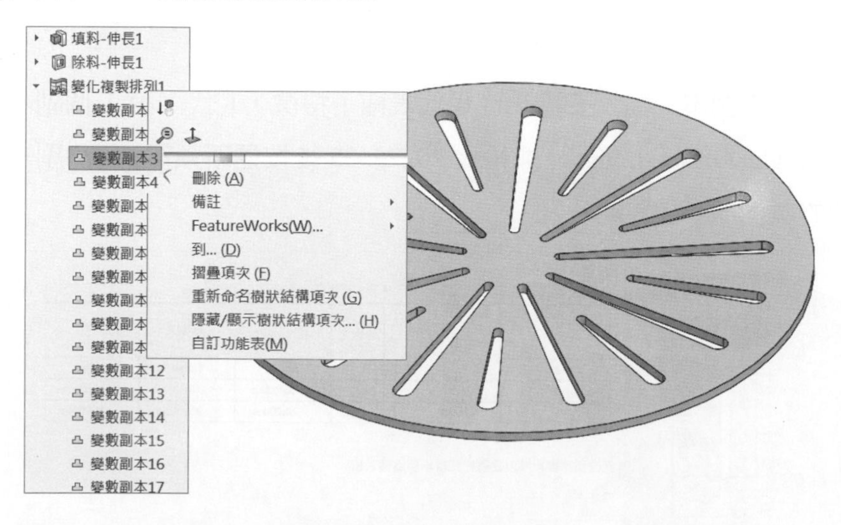

7. 按 Instant 3D，從零件或特徵管理員中選擇副本 1，拖曳 Offset 尺寸值至 15mm，再拖曳 Length 尺寸值至 35mm，按 Esc 離開指令。

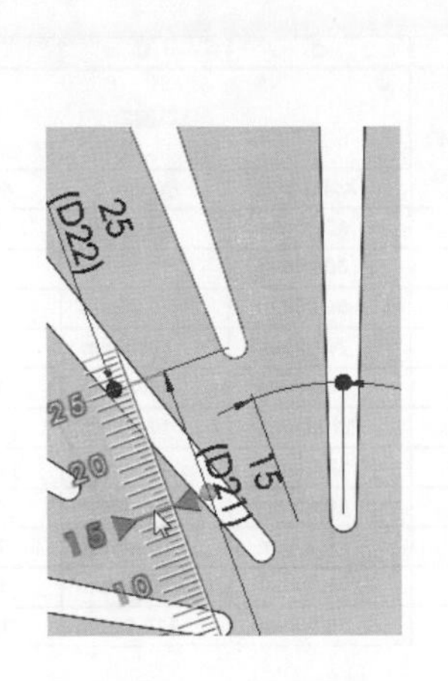

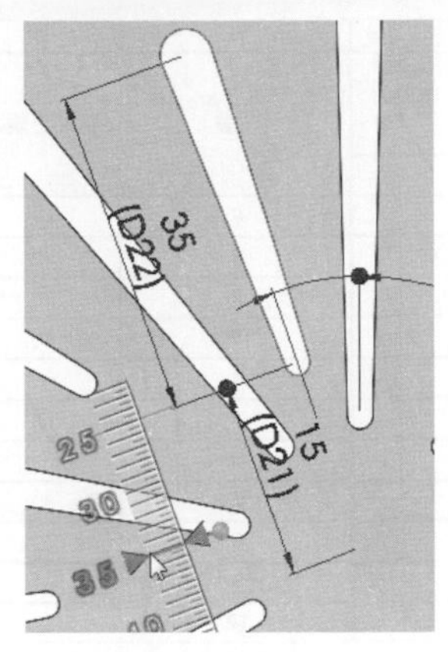

8. 按副本 17，選擇**抑制**，結果如圖。

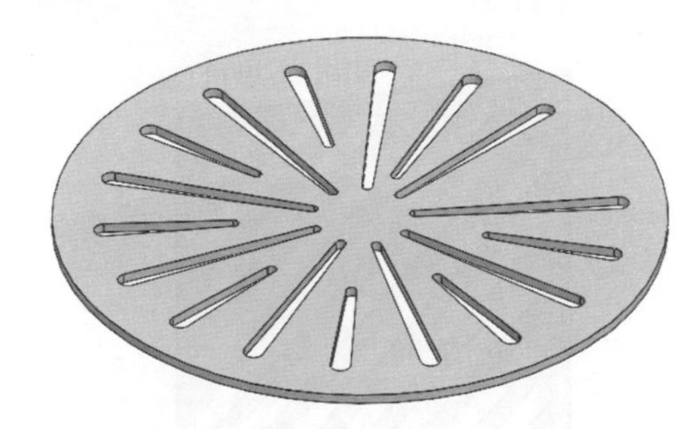

9. 儲存並關閉檔案。

練習 3b-9　變化複製排列

(1) 開啟零件 3b-9，零件已內含一個“Slot 除料”特徵。

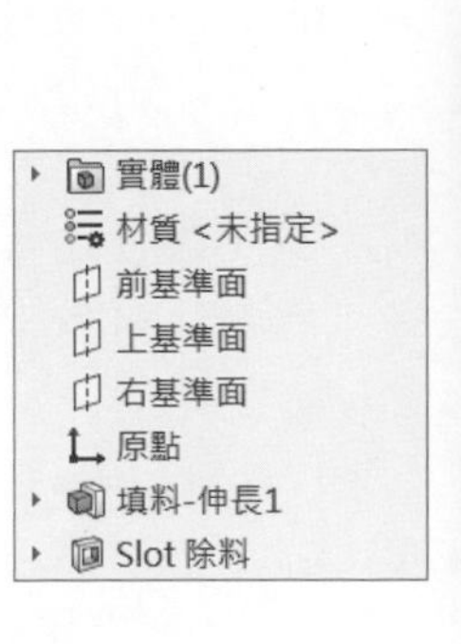

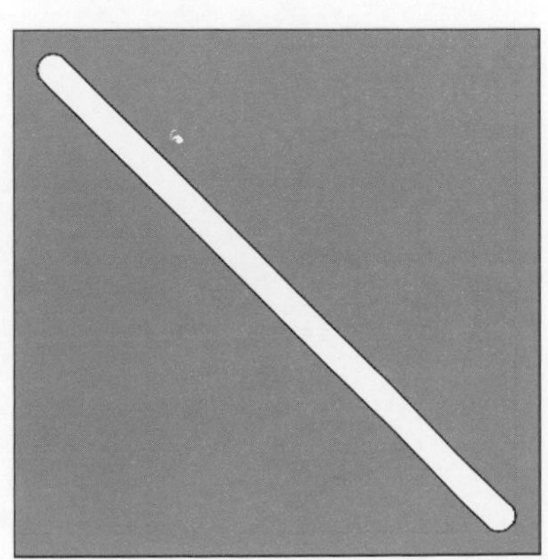

(2) 建立「**變化複製排列**」，特徵選擇“Slot 除料”，按**編輯複製排列表格**，依序選擇 Xdim_L, Ydim, Xdim_R 三個尺寸，加入 10 個副本，輸入如下的表格尺寸值。

	A	B	C	D	E
1	子體	跳過之副本	草圖2		
2			Xdim_L	Ydim	Xdim_R
3	0		10.00mm	10.00mm	10.00mm
4	1	☐	30.00mm	10.00mm	10.00mm
5	2	☐	50.00mm	10.00mm	10.00mm
6	3	☐	70.00mm	10.00mm	10.00mm
7	4	☐	90.00mm	10.00mm	10.00mm
8	5	☐	110.00mm	10.00mm	10.00mm
9	6	☐	10.00mm	30.00mm	30.00mm
10	7	☐	10.00mm	50.00mm	50.00mm
11	8	☐	10.00mm	70.00mm	70.00mm
12	9	☐	10.00mm	90.00mm	90.00mm
13	10	☐	10.00mm	110.00mm	110.00mm

(3) 完成零件如圖，儲存並關閉檔案。

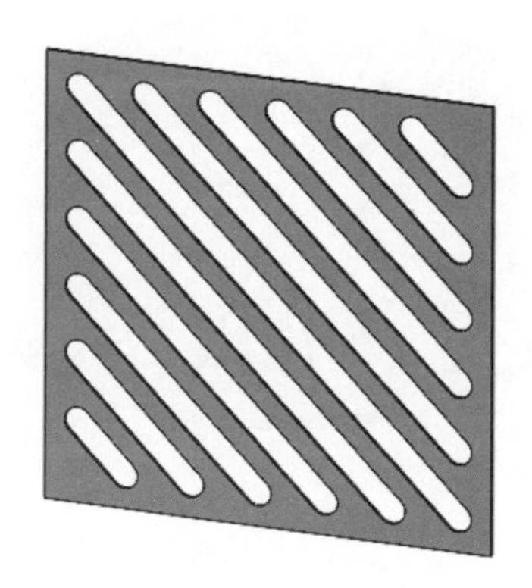

3-8 薄殼與肋

3-8-1 薄殼

薄殼工具會掏空零件的內部，挖空所選擇的面，並在其他的面上留下相同厚度的薄殼特徵。如果沒有選擇模型上的任何面，則薄殼特徵會挖空零件，產生一個封閉的中空模型。另外，您也可以使用**不等殼厚**設定，來為所選的面設定不同的厚度。

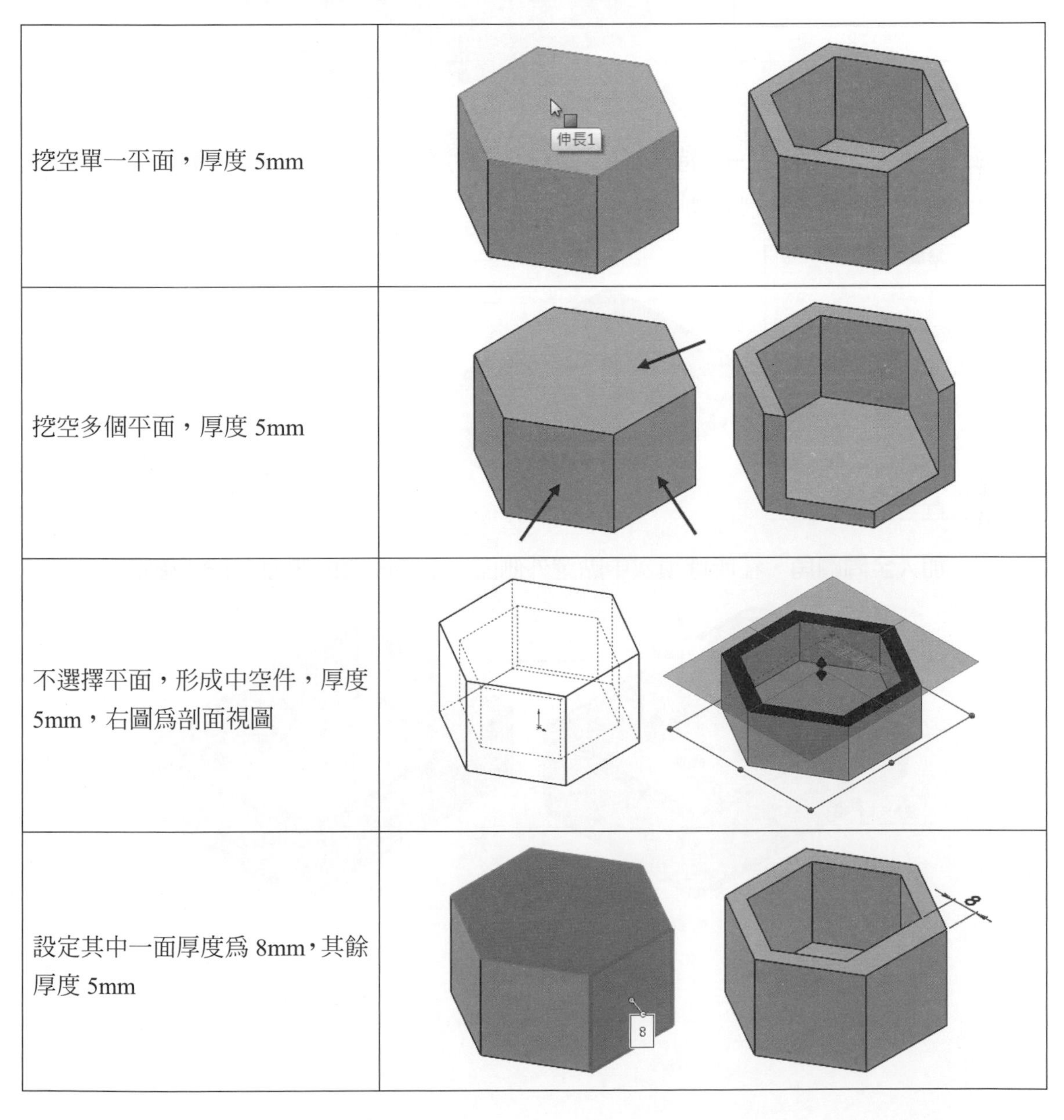

挖空單一平面，厚度 5mm	
挖空多個平面，厚度 5mm	
不選擇平面，形成中空件，厚度 5mm，右圖為剖面視圖	
設定其中一面厚度為 8mm，其餘厚度 5mm	

下面我們將繪製檢定題來說明薄殼與肋的用法：

1. 開新檔案，存檔名稱為 910301C，在前基準面插入草圖，繪製如下的矩形，並建立基材伸長，終止型態選擇「**兩側對稱**」；深度 44mm，加入圓角 R4。

2. 按功能表「**插入**」➡「**特徵**」➡「**薄殼**」或點選特徵工具列中的「**薄殼**」圖示，完成如圖示的薄殼特徵。

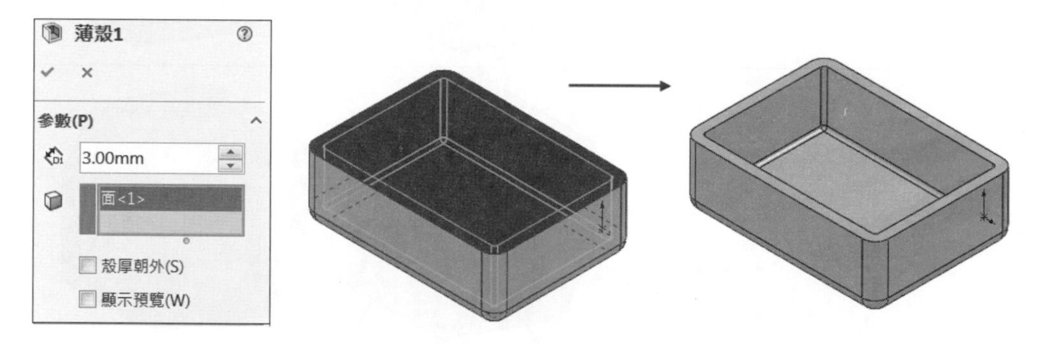

3. 加入**全周圓角**，在所選項次中點選外側面、上平面與內側面，按「**確定**」。

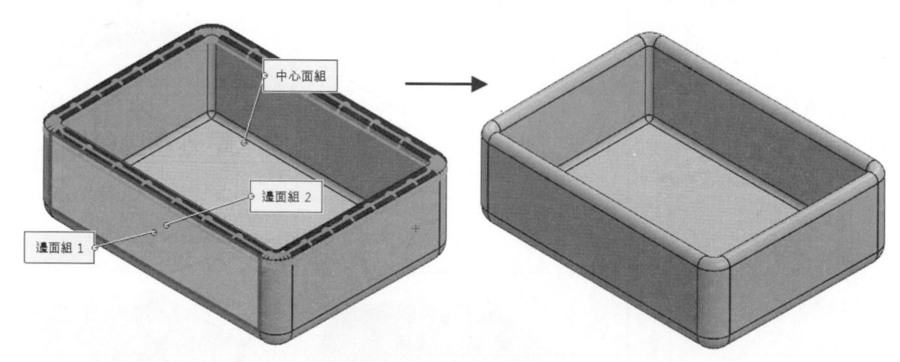

4. 在前基準面建立旋轉填料特徵草圖，因為這裡包含兩個輪廓，旋轉特徵無法自動封閉，因此必須先把草圖輪廓封閉起來。

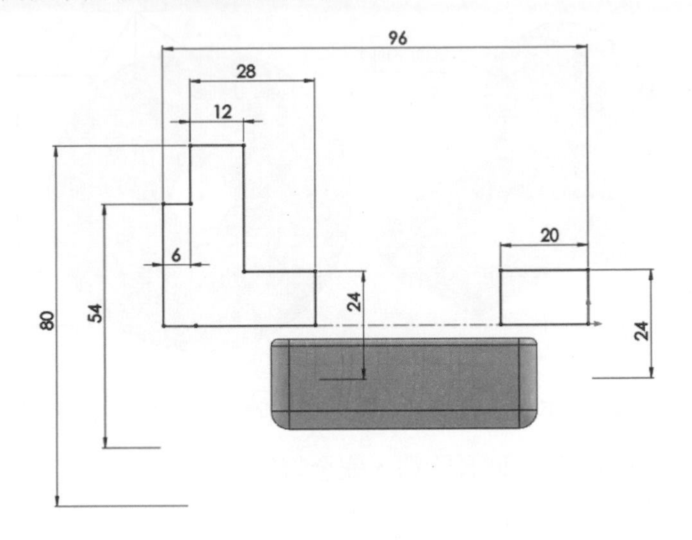

5. 加入旋轉特徵，注意必須勾選「**合併結果**」，這樣新產生的旋轉特徵才會與原來的薄殼特徵結合在一起形成一個實體(如何顯示實體資料夾請參閱第 2 章)。

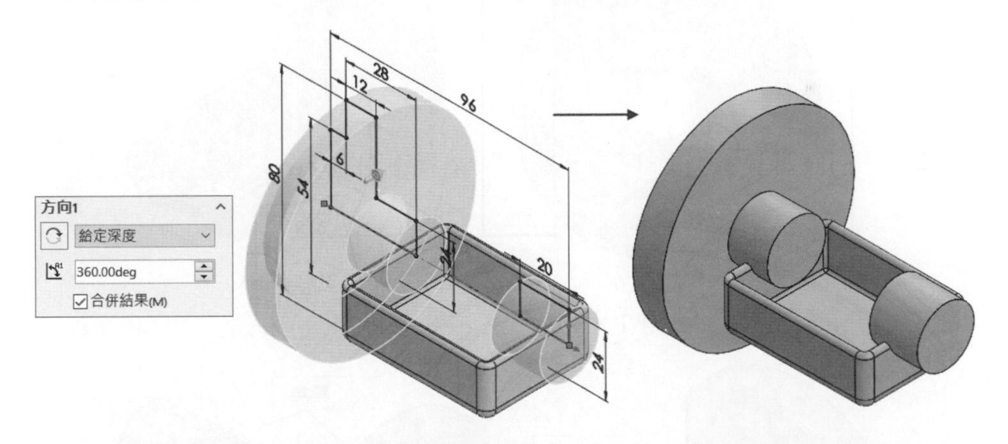

6. (1)在前基準面繪製草圖，建立旋轉除料，(2)在上基準面繪製圓孔，向上貫穿除料。

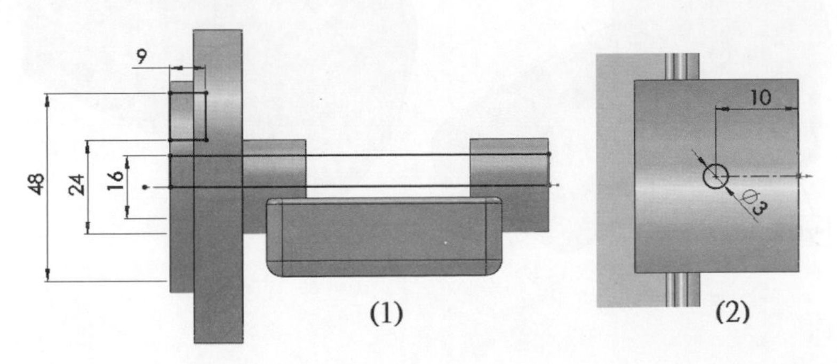

(1) (2)

7. 建立如圖草圖，點選圖中的垂直中心線、圓和矩形，按「**鏡射**」。

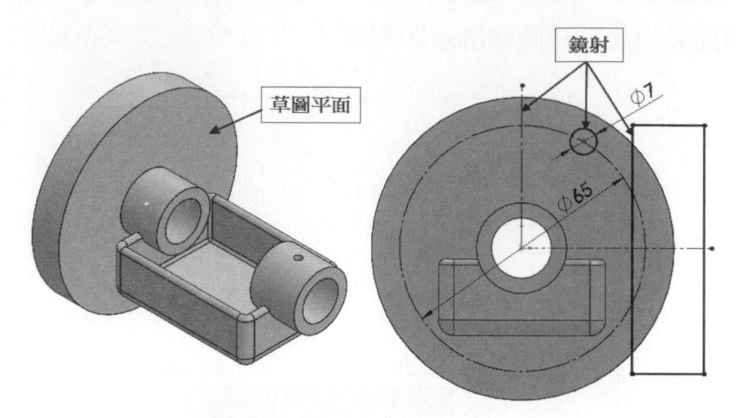

8. 再點選兩個圓與水平中心線，按「**鏡射**」。標註尺寸(先點原點，再點上面兩個圓心標註 60°)。建立伸長除料，完全貫穿。

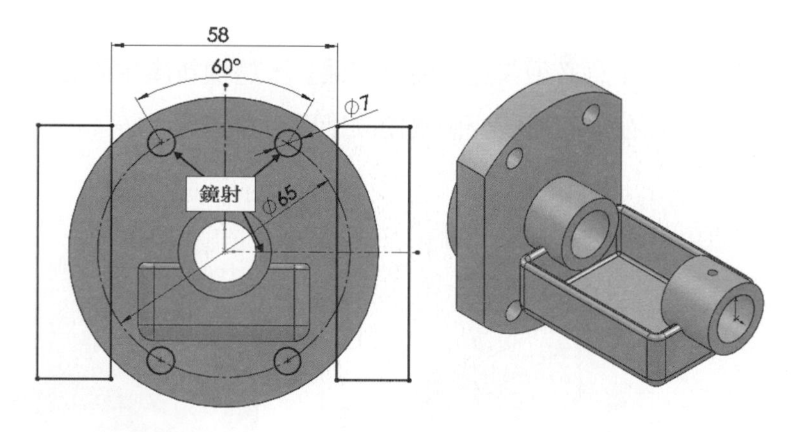

9. 建立圓角 R6 與 R1，導角 1 × 45°。

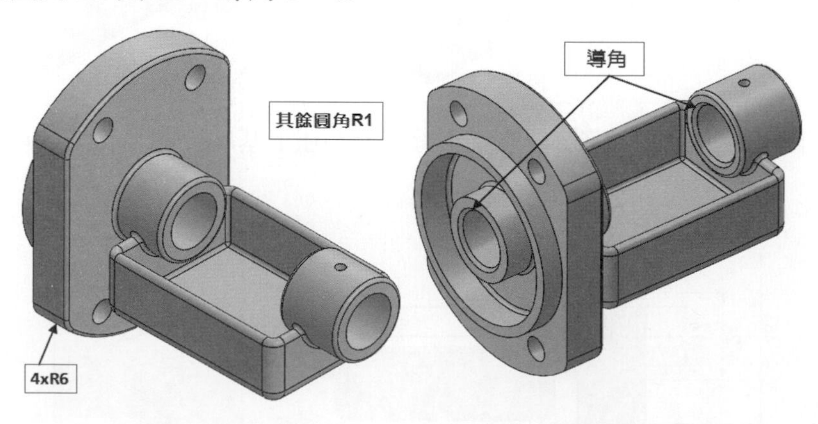

3-8-2 肋材

肋材是從開放或封閉的草圖輪廓所產生伸長特徵的特殊類型。它在輪廓與現有零件之間加入指定方向和厚度的材料。您可以使用單一或多個草圖來產生肋材。您也可以產生有拔模的肋材特徵。

10. 切換至前視，在前基準面插入草圖，畫線，直線右端點與圓角邊線限制相切及重合。按功能表「**插入**」→「**特徵**」→「**肋材**」，或按特徵工具列的「**肋材**」，肋材厚度選擇「**兩邊**」≡，6mm；伸長方向選擇「**平行於草圖**」；必要時勾選「**反轉材料邊**」，使肋材伸長箭頭方向朝向實體。

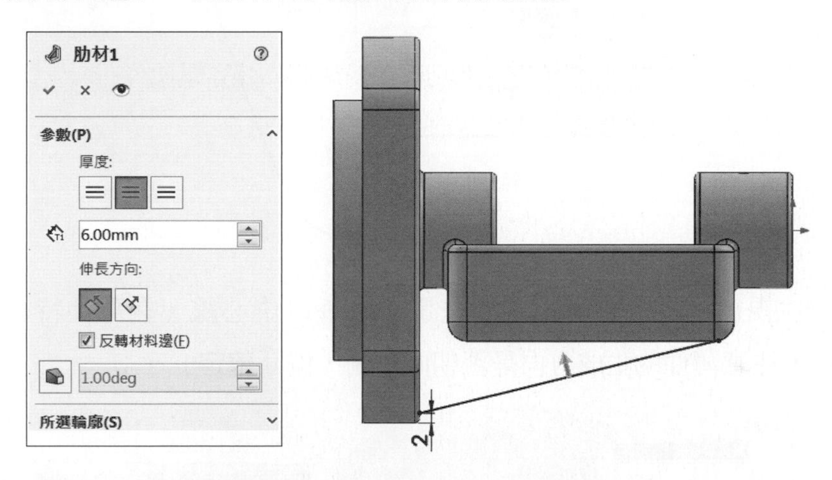

11. 按「**確定**」，完成肋材。建立肋材圓角 R1，在所選項次中只選擇「**肋材 1**」特徵。

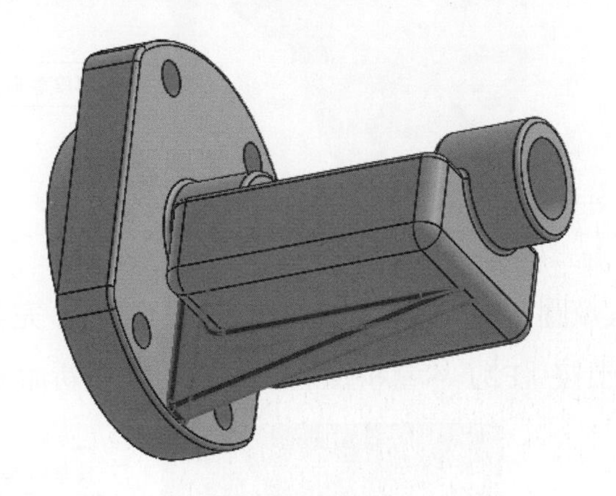

12. 儲存並關閉檔案。

範例二 檢定題 301A

1. 開啓零件 301A，零件已內含一個外形輪廓的草圖 shell。
2. 先點選原點上的垂直中心線，按「s」，在快捷列中點選「**旋轉填料/基材**」。因爲此草圖要被旋轉成薄件特徵，因此系統詢問是否封閉草圖時，按「**否**」。

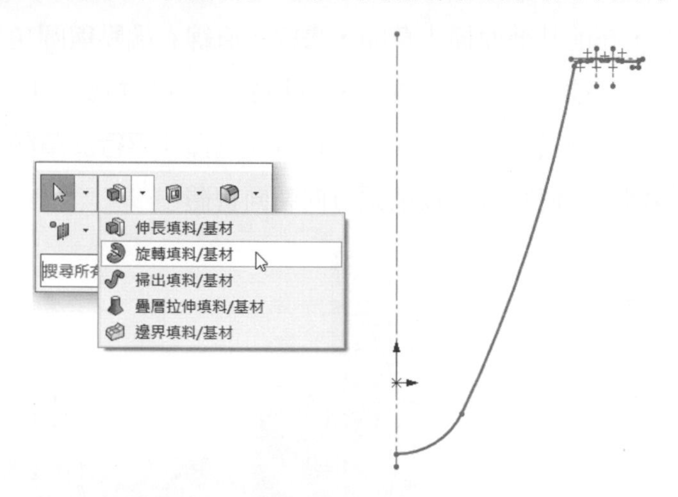

3. 在屬性視窗中，旋轉軸爲已事先選擇的垂直中心線，在薄件特徵上輸入**厚度** 2mm，注意薄件的生成方向是否朝向外側，按「**確定**」。

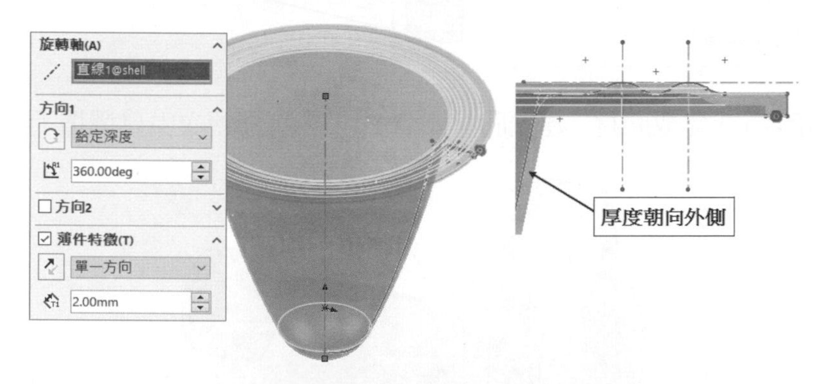

4. 在上基準面插入草圖，繪製∅8 的圓，建立伸長除料，完全貫穿。在「**除料-伸長 1**」的除料特徵上按「F2」，當特徵名稱呈現可被重新命名時，輸入「**直徑** 8」。

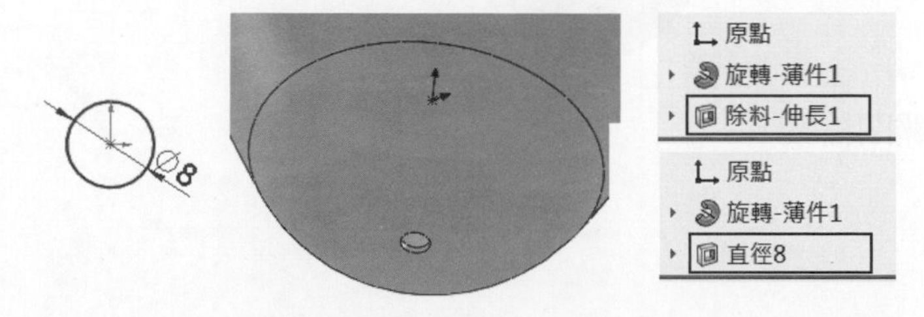

5. 同樣，在上基準面插入草圖，建立伸長除料Ø5 的圓，完全貫穿。在「**除料-伸長 2**」的除料特徵上輕點兩下，重新命名為「**直徑 5**」。

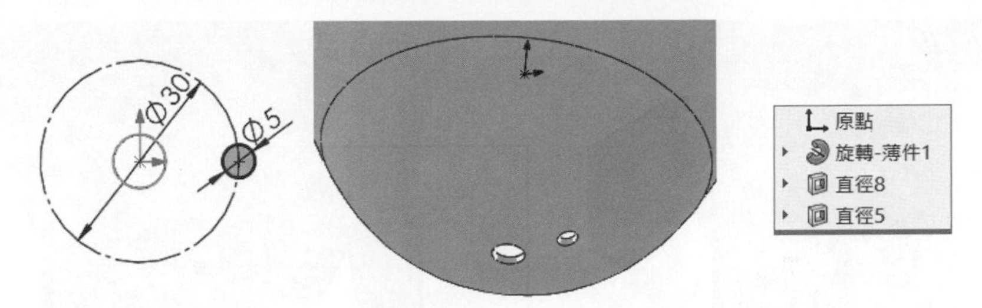

6. 按「**環狀複製排列**」，旋轉軸選擇任一圓邊線，副本數 10，特徵選擇「**直徑 5**」，按「**確定**」。

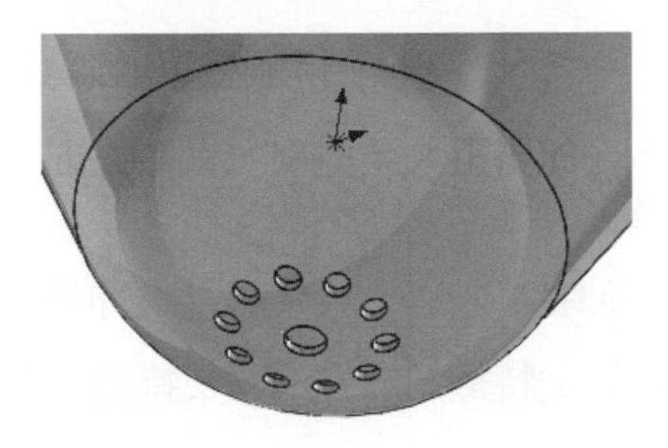

7. 在前基準面插入草圖，切換至前視，繪製開放草圖，建立肋材，使肋材向實體伸長：**厚度兩邊**，4mm。

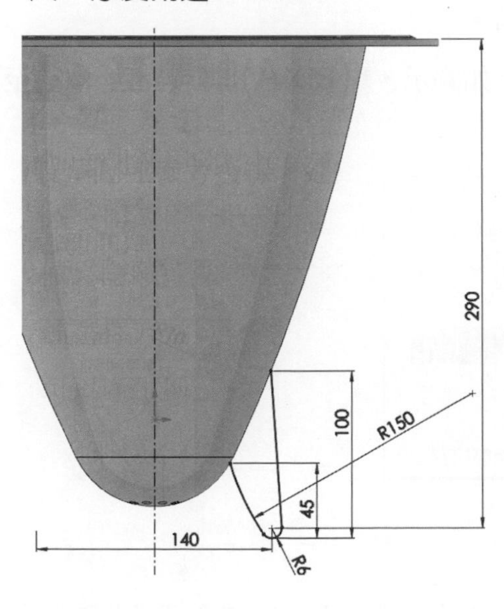

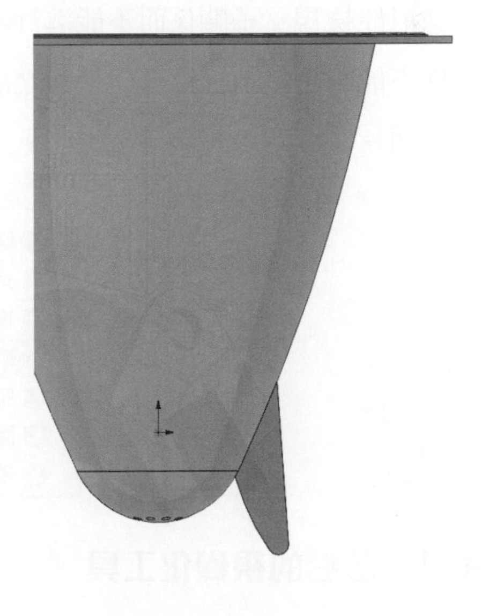

8. 建立肋材**圓角**：點選邊線後，再從文意感應工具列中點選**右迴圈，4 邊線**；建立**環狀複製排列**，副本數 3，複製排列特徵選擇「**肋材** 1」與「**圓角** 1」。

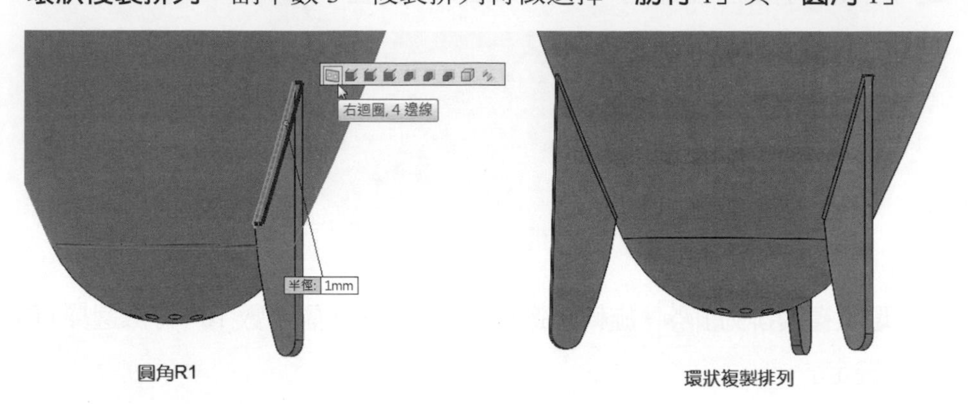

圓角R1　　環狀複製排列

3-8-3 父子關係

特徵一般建構於其他現有的特徵之上。例如，您可以產生一個基材伸長特徵，然後再於其上建立其他如填料或除料伸長的特徵。原始的基材伸長為父特徵；填料或除料伸長為子特徵。子特徵的存在是依存於父特徵的存在，若父特徵不存在或刪除，子特徵會發生錯誤或者一同被刪除。

父子關係包括下列的特性：

- 您只能檢視父子關係而不能進行編輯。
- 您不能將子特徵拖曳至父特徵之前，如圖示，環狀複製排列 1 不能拖曳至直徑 5 之前。

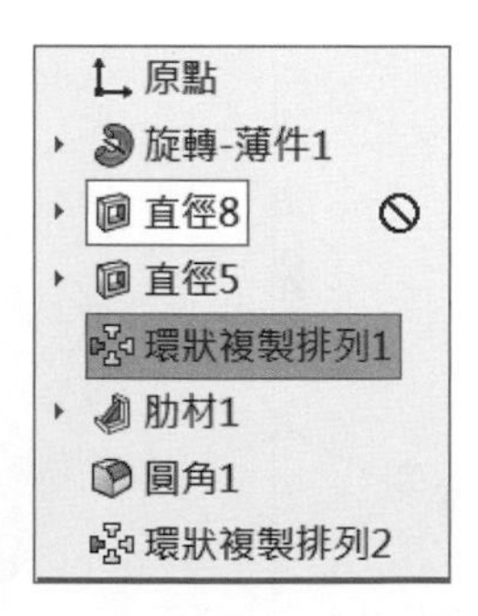

3-8-4 參考的視覺化工具

在特徵管理員樹狀結構中，當您將游標停放在特徵上時，系統會顯示此特徵在各個特徵項次間父子關係的圖形箭頭，這稱為**動態參考視覺化**。

如圖示，將游標移至特徵肋材 1 上，系統顯示指示線，其中藍色箭頭向上代表父關係；紫色箭頭向下代表子關係。

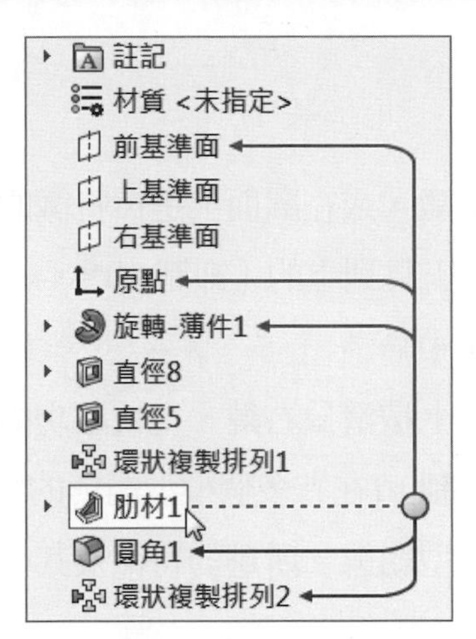

要開啓或關閉零件中的動態參考視覺化時，在零件名稱上按滑鼠右鍵，從文意感應工具列上，點選以開啓或關閉**動態參考視覺化**。

9. 檢視父子關係：在特徵管理員中，在「**直徑 5**」特徵上按右鍵，從快顯功能表中選擇「**父子關係**」。由圖中可以看出**直徑 5** 的父特徵有「**旋轉-薄件 1**」，子特徵有「**環狀複製排列 1**」。

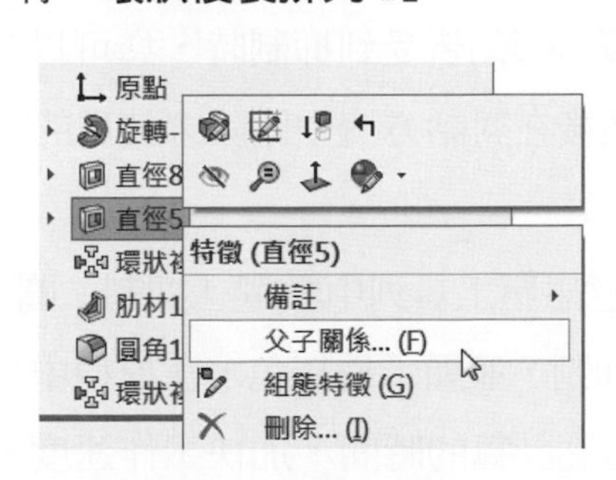

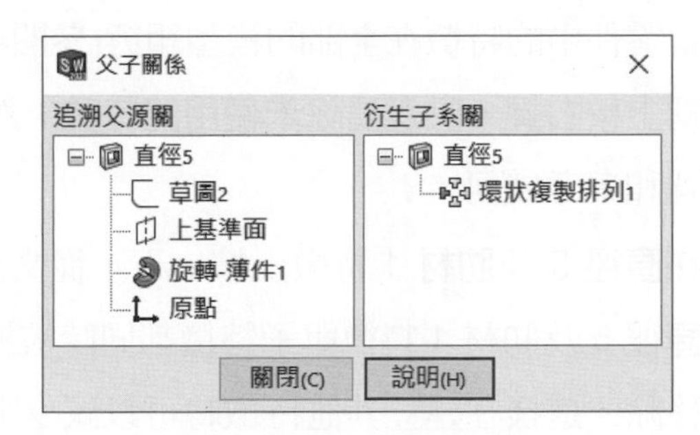

3-8-5 抑制與恢復抑制

在零件文件中，您可以抑制任何特徵。當您抑制特徵時，特徵從模型中移除(沒有刪除，只是從記憶體中移除)。並在特徵管理員中顯示爲灰色。如果特徵有子特徵，有父子關係的子特徵也同時會被抑制。

當您解除抑制特徵時，特徵將重新顯示，若特徵有子特徵，您可以選擇當您解除父特徵的抑制時，要不要解除子特徵的抑制；如果所選的特徵是另一個特徵的子特徵，則父特徵也被恢復抑制。

抑制特徵：

- 在特徵管理員中選擇特徵，或在圖面上選擇特徵的一個面；也可以按住 Ctrl，再選擇多個特徵。按特徵工具列上的「**抑制**」。(在有多個模型組態的零件中，僅套用至目前的模型組態中)。
- 在特徵管理員中的特徵上按滑鼠右鍵，從快顯功能表中選擇「**特徵屬性**」，然後在對話方塊中勾選「**抑制**」(在有多個模型組態的零件中，選擇此模型組態、所有模型組態、或指定的模型組態。所選的特徵及其子特徵被抑制)。

恢復特徵抑制：

- 於特徵管理員中選擇被抑制的特徵，按特徵工具列上的「**恢復抑制**」 (在有多個模型組態的零件中，僅套用至目前的模型組態中)。
- 在特徵管理員中的特徵上按滑鼠右鍵，從快顯功能表中選擇「**特徵屬性**」，然後在對話方塊中清除「**抑制**」(在有多個模型組態的零件中，選擇此模型組態、所有模型組態、或指定的模型組態)。

清除未使用的特徵：

- 當零件中的特徵在全部的模型組態(參閱第 6 章)皆受到抑制時，您可以在零件名稱上按右鍵，點選**清除未使用的特徵**，然後在對話方塊中刪除未使用的特徵、草圖和參考幾何。

10. 在**直徑 5** 及**肋材 1** 特徵上按一下，從文意感應工具列中點選「**抑制**」圖示 ，**直徑 5** 及**肋材 1** 特徵與子特徵都同時被抑制，並顯示為灰色，在模型中也暫時被移除。這樣在建立其他特徵時可以減少電腦計算的時間，加快工作速度。

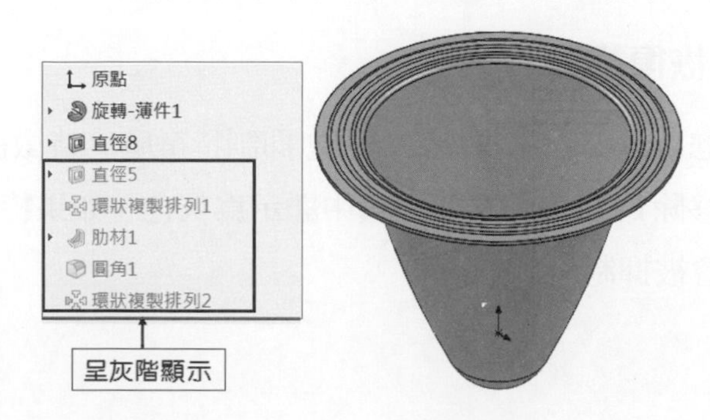

11. 在前基準面插入草圖，在原點繪製垂直中心線，按草圖工具列上的「**橢圓**」，依(1)與中心線重合，(2)長軸一半(與中心線重合)，(3)短軸一半的位置畫橢圓，並標註長短軸之距離。

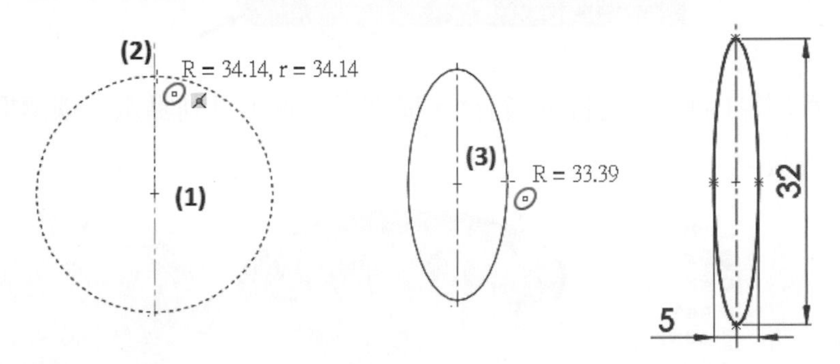

12. 如圖，繪製其餘圖元與標註尺寸。建立伸長除料，終止型態選擇「**完全貫穿**」，按「**確定**」。

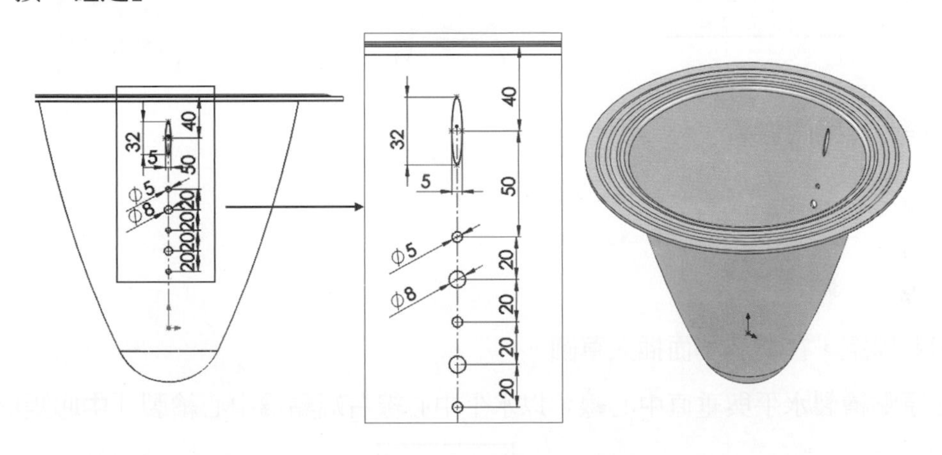

13. 按「**環狀複製排列**」特徵，旋轉軸點選圓弧線，副本數 20，勾選「**同等間距**」，複製排列特徵為上一步驟所做的特徵「**除料-伸長 3**」，按「**確定**」。

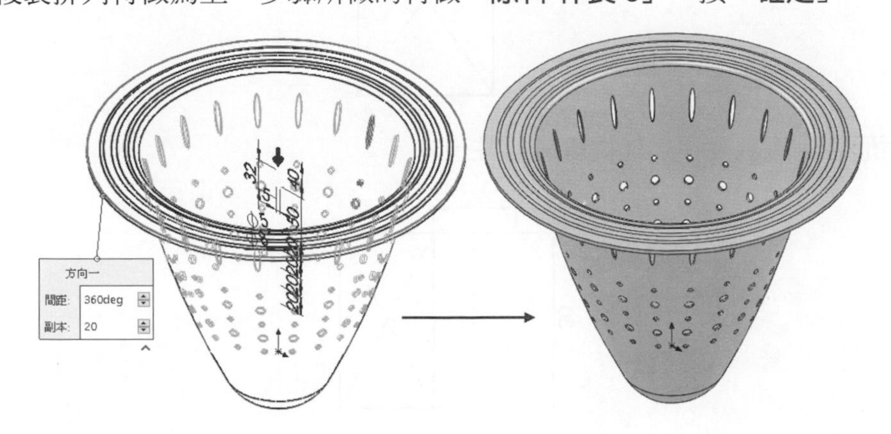

14. 建立上緣圓角 R1。

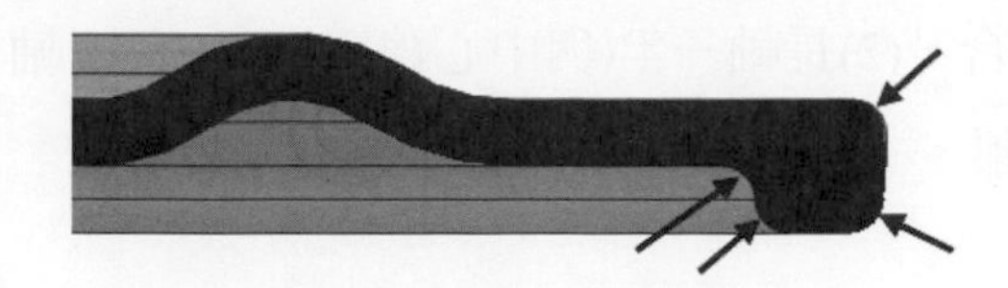

15. 在特徵管理員內點選被抑制的特徵，從文意感應工具列點選「**恢復抑制**」，恢復全部特徵。

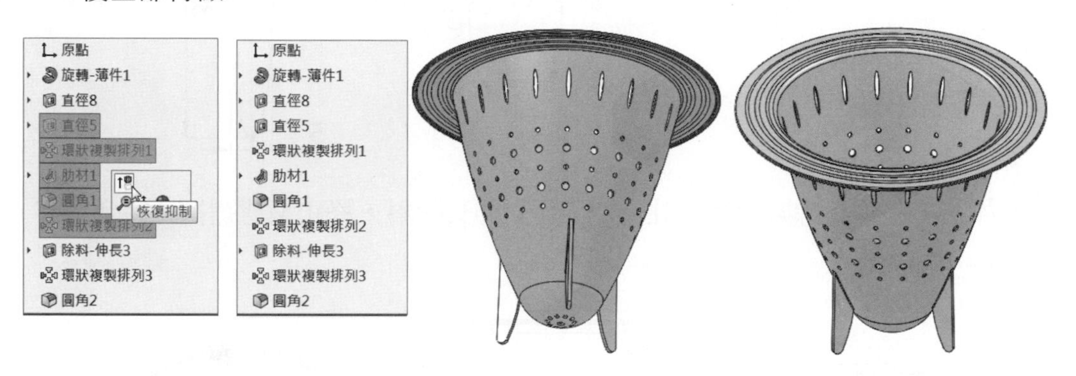

16. 儲存並關閉檔案。

3-8-6 練習題

練習 3c-1　握桿

(1) 開新檔案，在右基準面插入草圖。

(2) 從原點繪製水平與垂直中心線，以水平中心線右端點為中心繪製「**中心矩形**」。

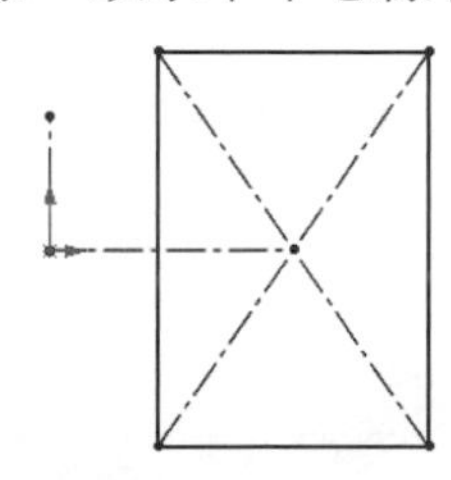

(3) 將矩形右側邊線變更為建構線，標註尺寸。

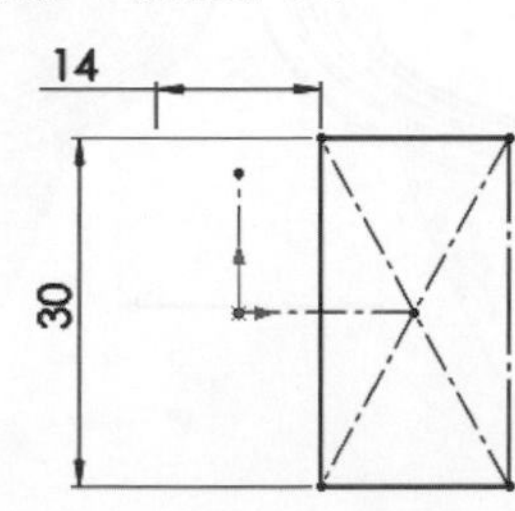

(4) 使用「**圓心/起/終點畫弧**」，依(1)圓心、(2)端點、(3)端點的順序繪製出圓弧的位置與大小，並標註尺寸。

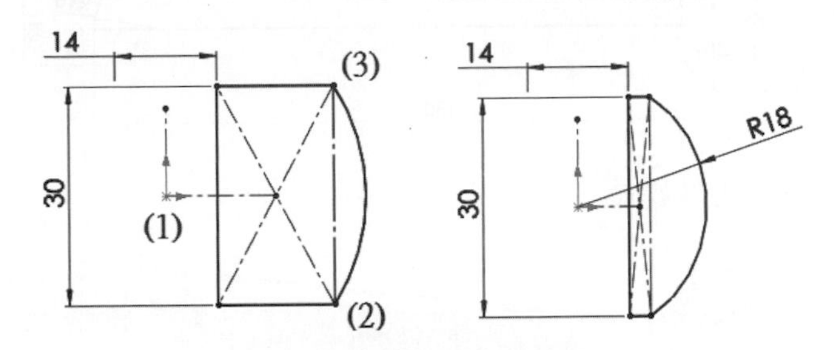

(5) 點選原點上的垂直中心線，建立旋轉特徵。

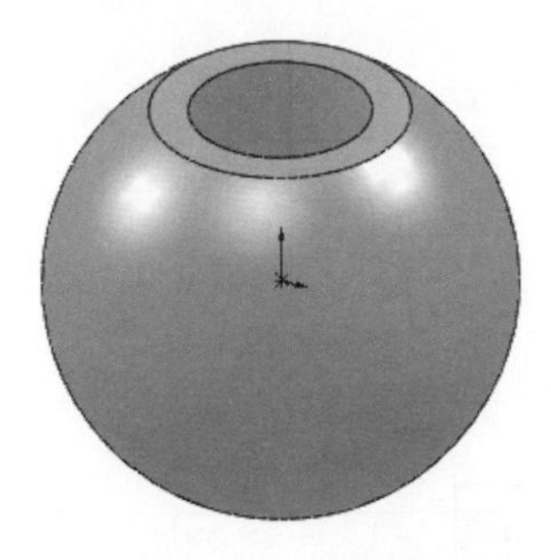

(6) 在上平坦面插入草圖，建立深度 6mm 的除料；再以右基準面插入草圖，繪製圓 ∅4mm，建立**完全貫穿-兩者**的伸長除料。

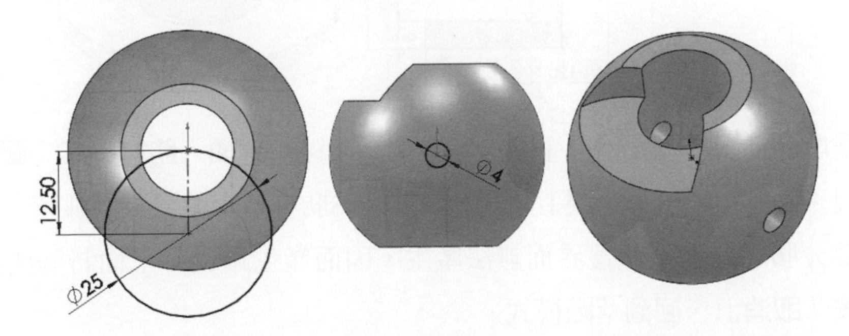

(7) 在右基準面插入草圖，畫線與實體之側影輪廓線重合，再以「**圓心/起/終點畫弧**」完成右側弧線，注意弧中心點和右端點與中心線重合。

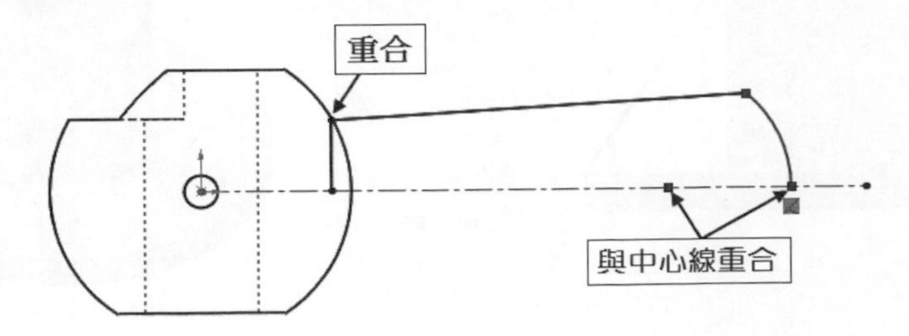

(8) 標註尺寸，封閉草圖，並建立旋轉特徵。

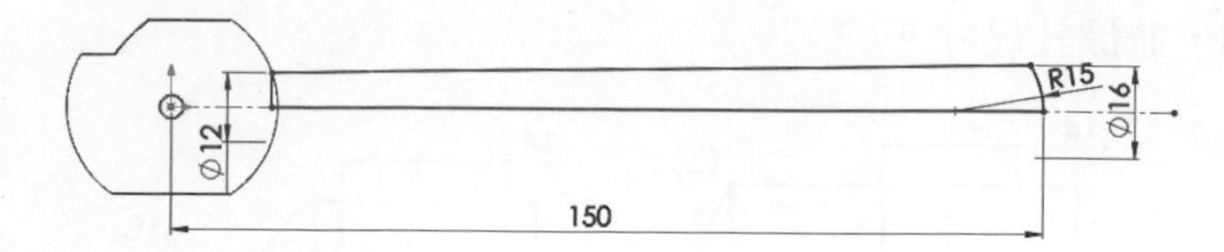

(9) 加入圓角 R2 完成零件建構。

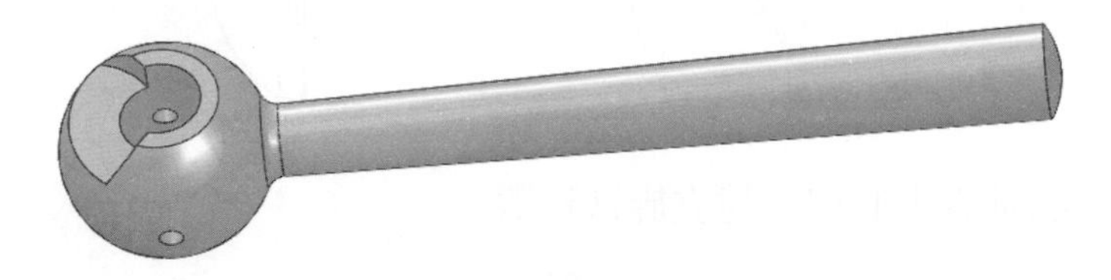

(10) 儲存並關閉檔案

練習 3c-2　肋板

(1) 開新檔案，建立圖中旋轉特徵。

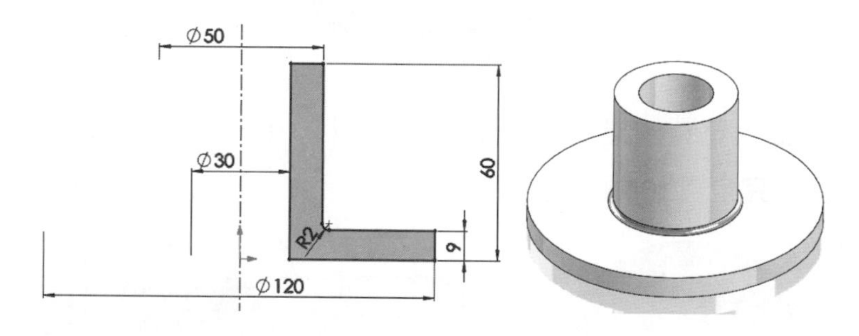

(2) 在前基準面插入草圖，繪製重合於上下端點之線段，插入**肋材**，按「**確定**」後，系統出現「**模型重新計算錯誤**」訊息，這是因為肋材結束位置為圓弧時，因為超出圓弧的部分肋材會找不到邊界而無法產生，因而產生錯誤，下面將解決此特徵的錯誤。按「**取消**」，回到草圖模式。

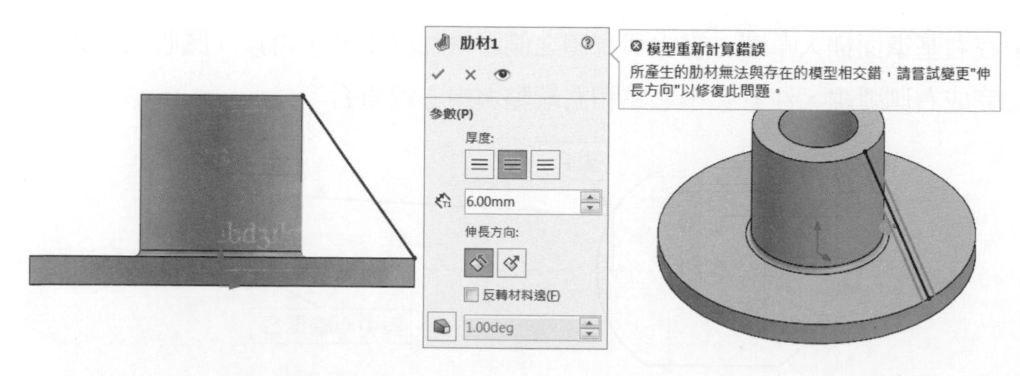

(3) 重繪草圖線，在肋材的草圖上端點加繪一條水平線，與模型上邊界線端點重合並共線，標註尺寸爲 0.0001，按「**確定**」。因**單位**設定的小數點數較少，故顯示爲 0。

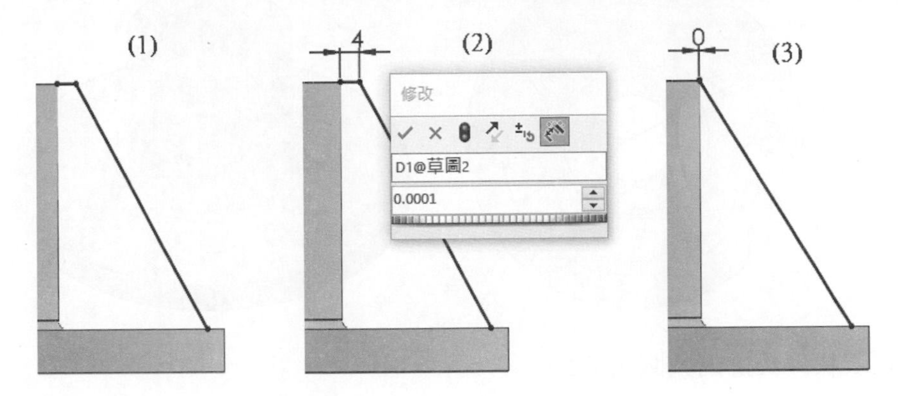

(4) 標註右下角點與模型右輪廓線間距，此間距爲預測值，一開始可以標註較大尺寸避免肋材伸長出零件外產生計算錯誤，待無誤後再適度調整此寬度即可。插入厚度 6mm 的**肋材**，肋材與邊線仍有些許間距。

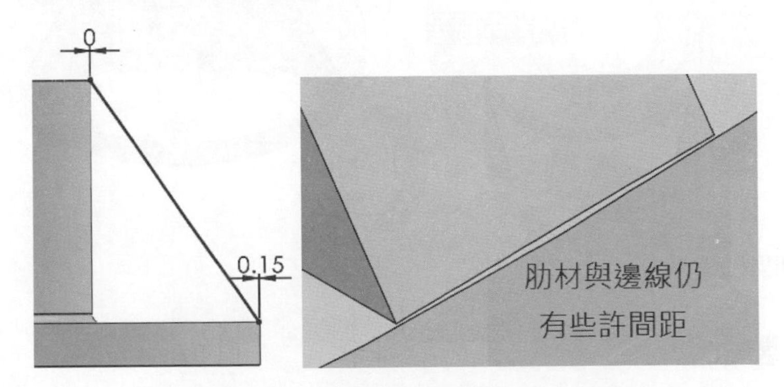

(5) 修改 0.15mm 的寬度值爲 0.1mm，肋材兩端與邊界已無明顯間距。

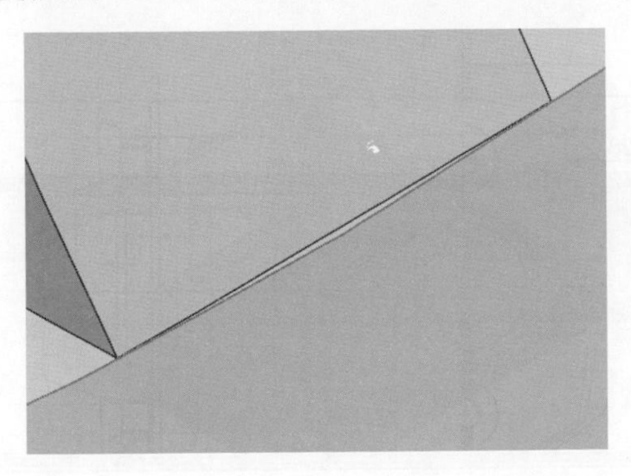

(6) 建立肋材圓角 R2 與圓孔除料。

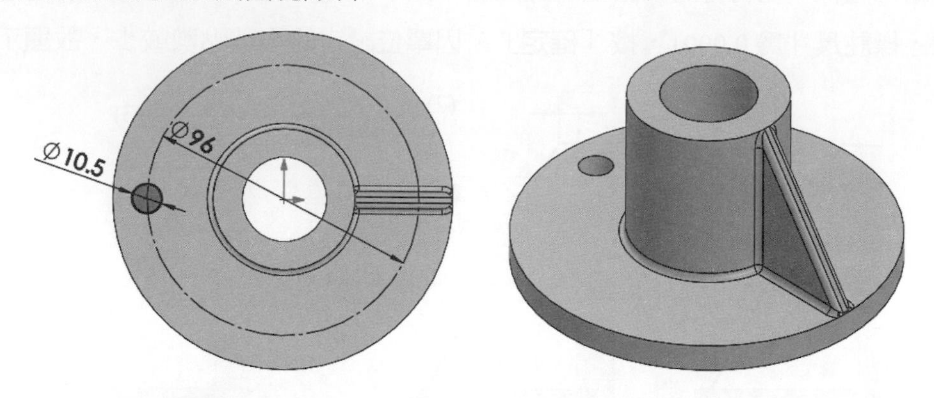

(7) 建立環狀複製排列與圓角 R2。

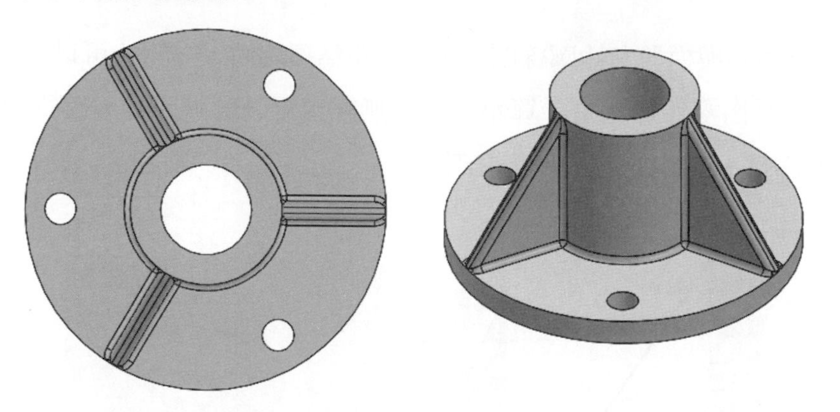

(8) 儲存並關閉檔案。

練習 3c-3　製冰盒

(1) 開啓零件檔 3c-3，在內建的平面 1 插入草圖，使用**直線草圖複製排列**繪製如下的水平與等距垂直線。

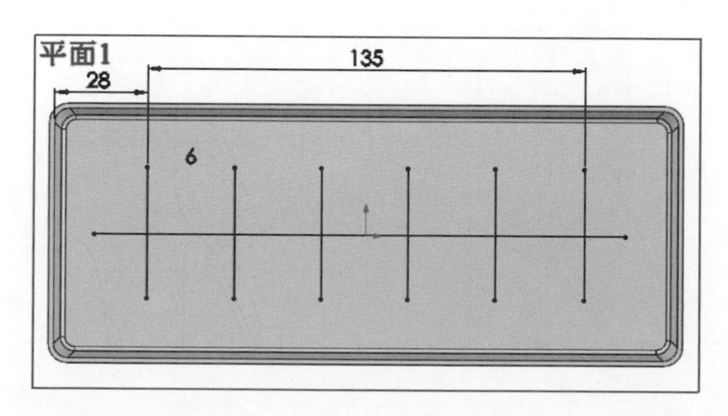

(2) 建立**助材**，參數設定如圖示。

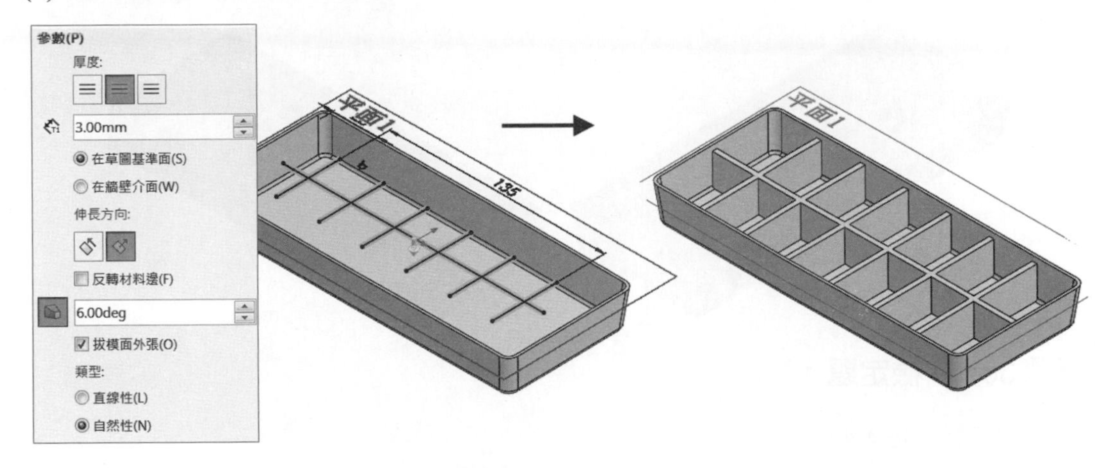

(3) 隱藏平面 1，選擇助材，建立圓角 R1.5。

(4) 建立厚度 1mm 的**薄殼**，翻轉零件至底面，按右鍵，點選**選擇相切**，共選擇 17 個面。

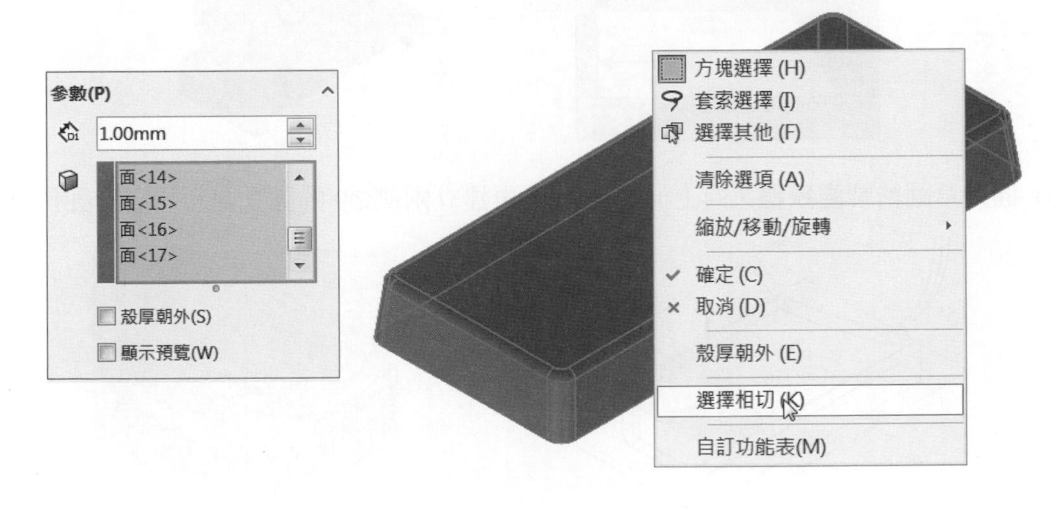

(5) 完成如圖示的製冰盒，儲存並關閉檔案。

練習 3c-4　檢定題

(1) 開啟零件 3c-4。

(2) 在前基準面插入草圖，選擇如箭頭所指的邊線，使用**參考圖元**指令或繪製線段，插入厚度 6mm 的**肋材**，肋材周圍圓角 R2。

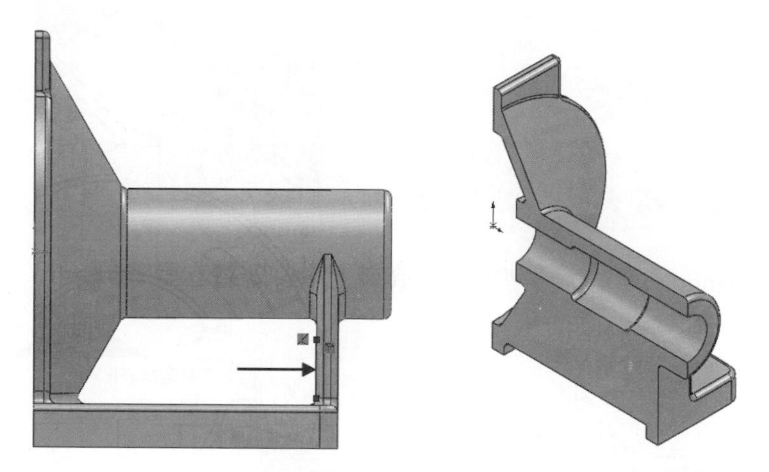

(3) 插入草圖繪製**直狹槽**，向上伸長 4mm，再建立兩側∅9 的圓孔除料，周圍圓角 R2。

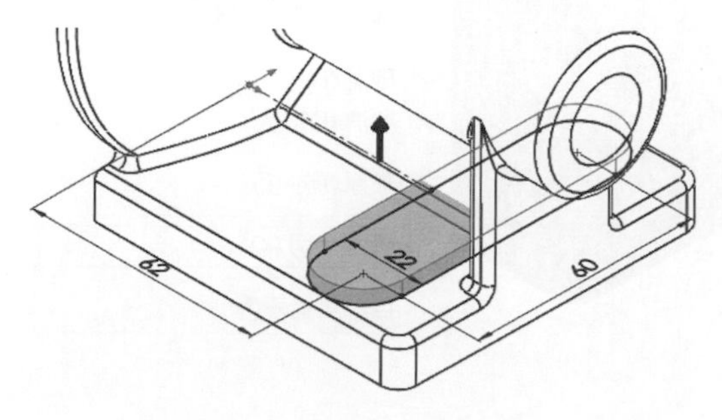

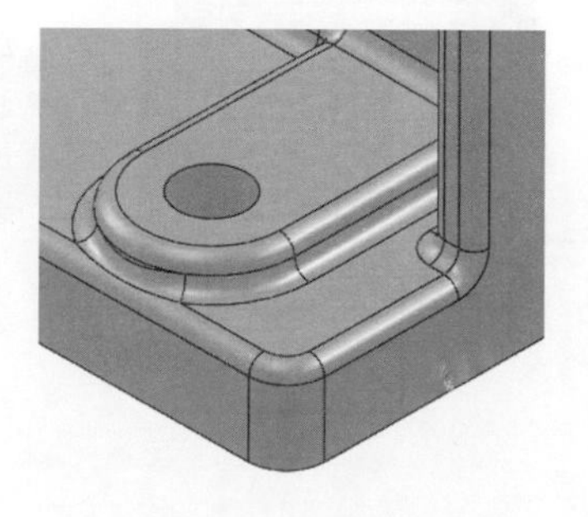

(4) 在肋材前平坦面建立圓孔除料。

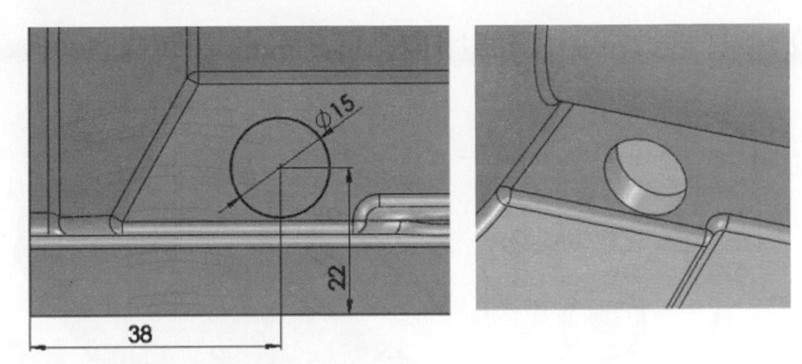

(5) 儲存並關閉檔案。

練習 3c-5 變化草圖

(1) 開啓零件檔 3c-5，檔案內已內含草圖(或開新檔案，在上基準面建立草圖)。

(2) 向上伸長填料 15mm；在上平坦面建立圓孔除料，深度 8mm。

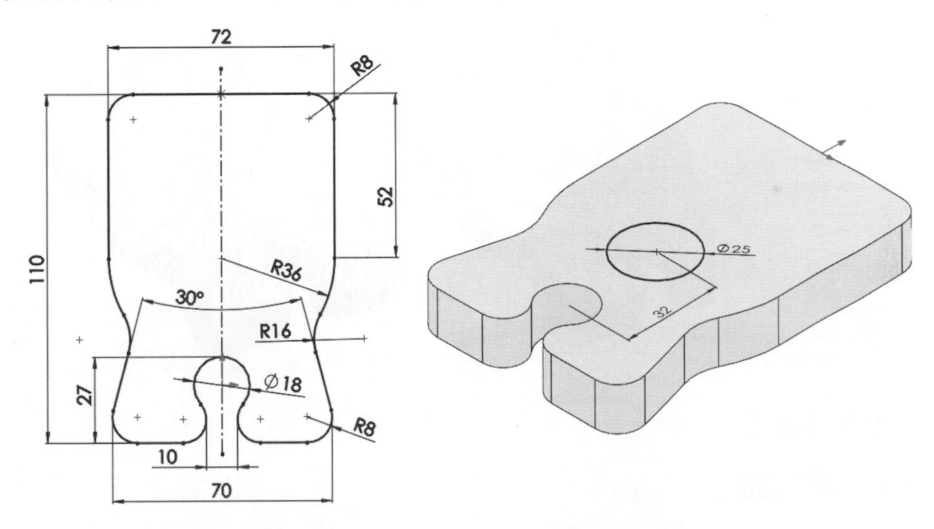

(3) 加入圓角 R2 與底面**薄殼**厚度 2mm。

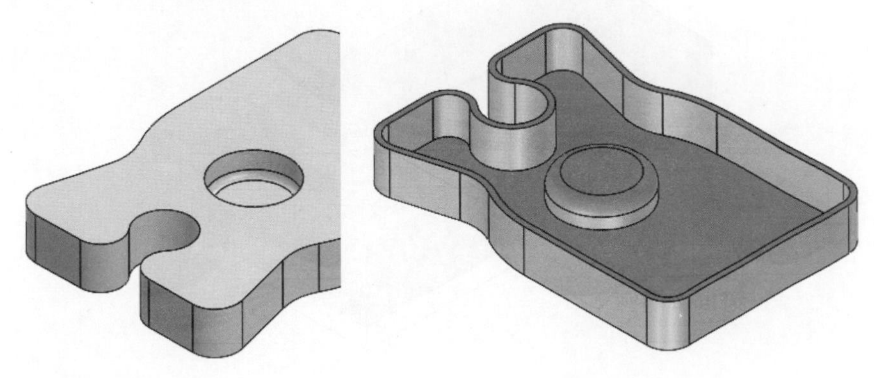

(4) 在上平坦面建立草圖，標註如圖示的尺寸，狹槽上下圓心點皆與水平及圓弧中心線重合，建立伸長除料，終止型態：**完全貫穿**。

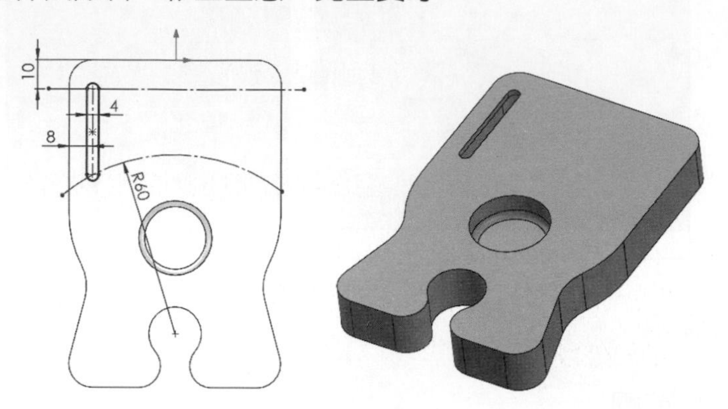

(5) 在狹槽除料特徵上快按滑鼠左鍵兩下顯示尺寸，按**直線複製排列**，方向 1 選擇尺寸 8，勾選**變化草圖**，按**確定**完成如圖示的副本特徵。

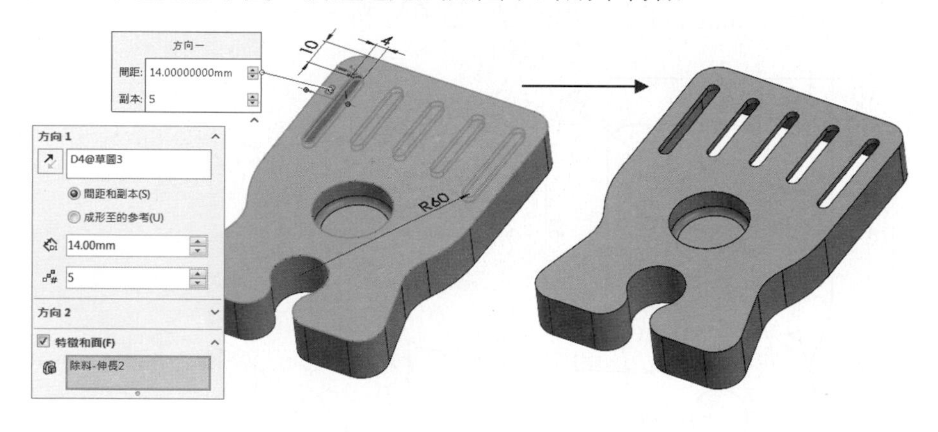

(6) 儲存並關閉檔案。

練習 3c-6　置釘盒

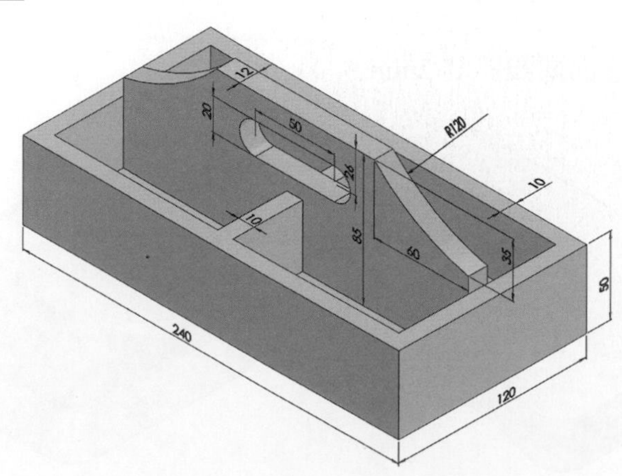

練習 3c-7 oil pan

(1) 在上基準面建立草圖並向上伸長 200mm，**拔模角** 4°。

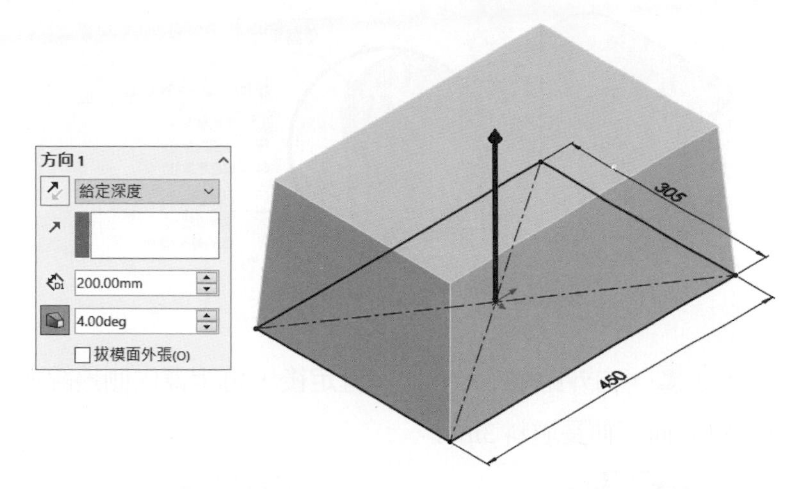

(2) 在前基準面建立草圖與伸長除料，使用「**來自：曲面/面/基準面**」，並選擇如箭頭所指的平面，除料深度 200mm。

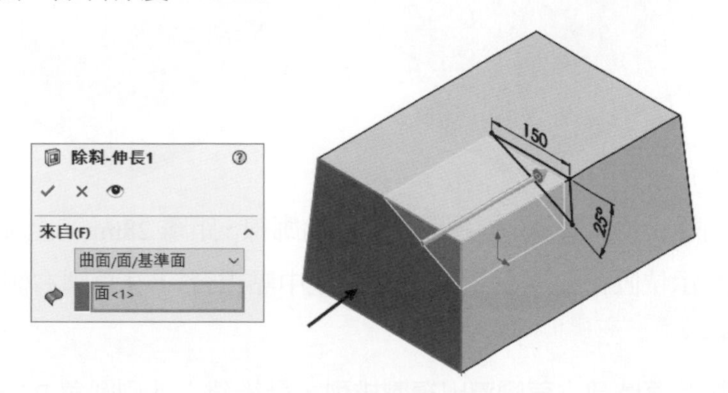

(3) 建立圓角 R50 與 R30，薄殼厚度 3mm。

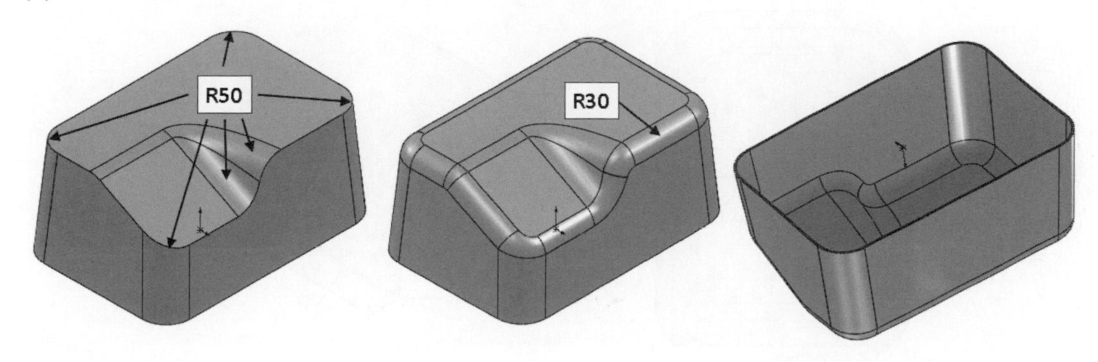

(4) 按 Shift ＋ 向下方向鍵兩次翻轉零件，按 g 使用放大鏡，選擇底部平面插入草圖，在外側邊線按滑鼠右鍵，點選「**選擇相切**」。

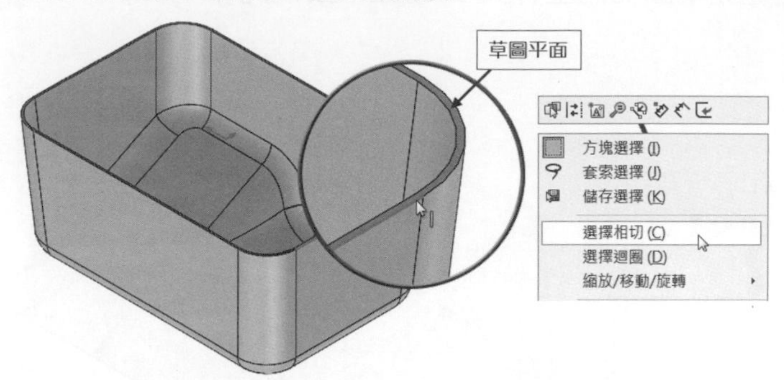

(5) 按「**偏移圖元**」，向外距離 55mm，按**確定**後，再選擇內側邊線迴圈，按「**參考圖元**」，建立向下伸長填料 3mm。

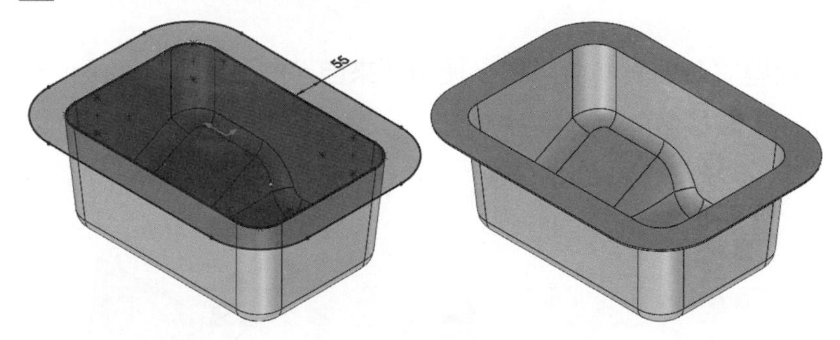

(6) 在伸長的凸緣上插入草圖，向內偏移外側輪廓線，距離 28mm，全部轉換成建構線，並在圖中所示位置繪製 9 個單點(與交點或中點重合)，在草圖右側中心線中點處建立圓孔除料。

(7) 使用此除料及草圖建立**草圖導出複製排列**，最後建立外側圓角 R3，內側圓角 R6。

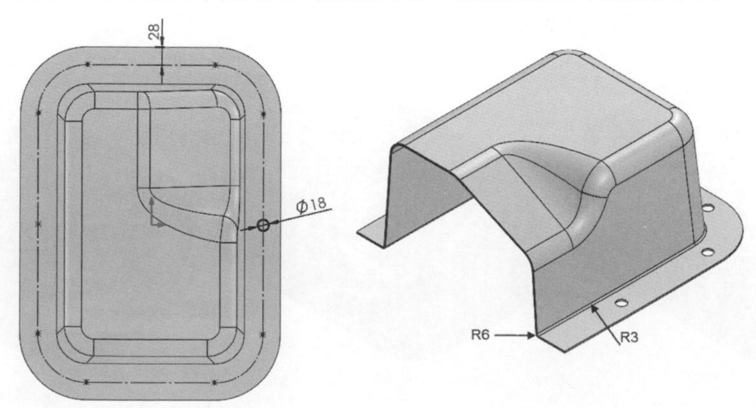

(8) 儲存並關閉檔案。

練習 3c-8 風管

(1) 在上基準面插入草圖，並伸長 40mm，兩側對稱。

(2) 建立兩端開口的薄殼，厚度 6mm。

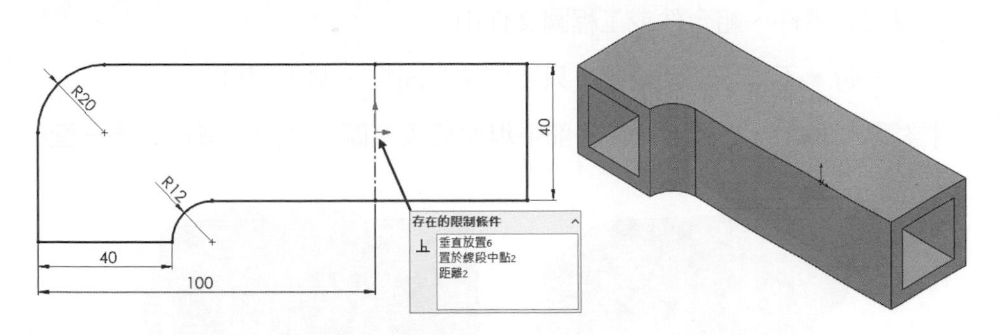

(3) 建立與原點重合的 45 度線作單邊除料。

(4) 在如圖示的草圖平面上插入草圖，切換至「**正視於**」。

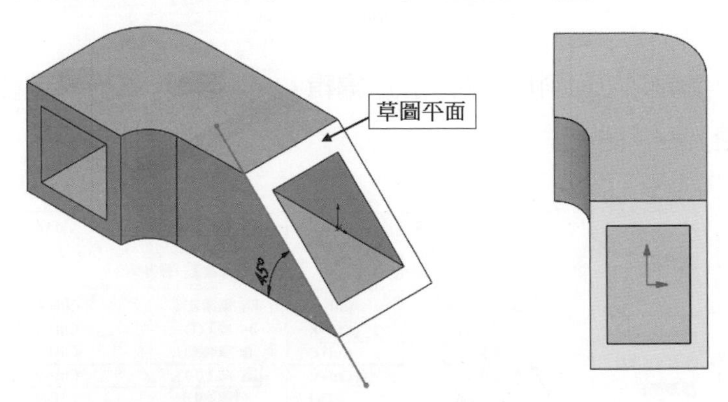

(5) 繪製草圖並參考邊線，建立向下伸長填料 6mm。

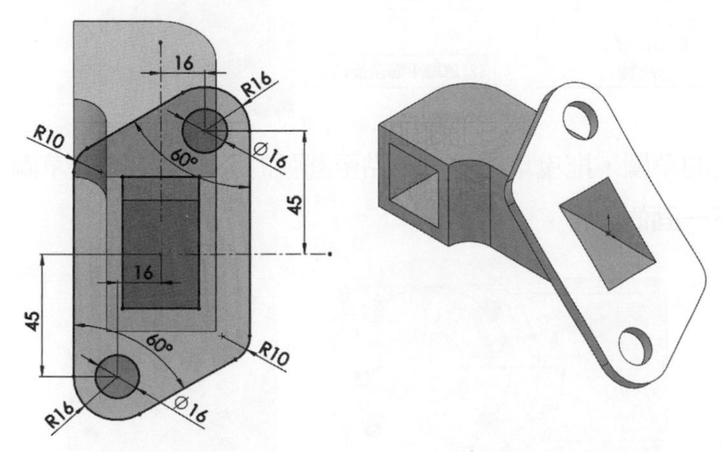

(6) 儲存並關閉檔案。

3-9 複製與貼上草圖

您可以在目前零件或其他零件上複製整個草圖並將其貼在目前零件的一個面上，或貼在另一個草圖或者零件、組合件或工程圖文件中。

要貼上草圖時，不進入草圖繪製，只要選擇平面後，貼上即可。

1. 開啓零件 304C，如圖示，在底部平坦面插入草圖，並建立**成形至下一面**的除料。

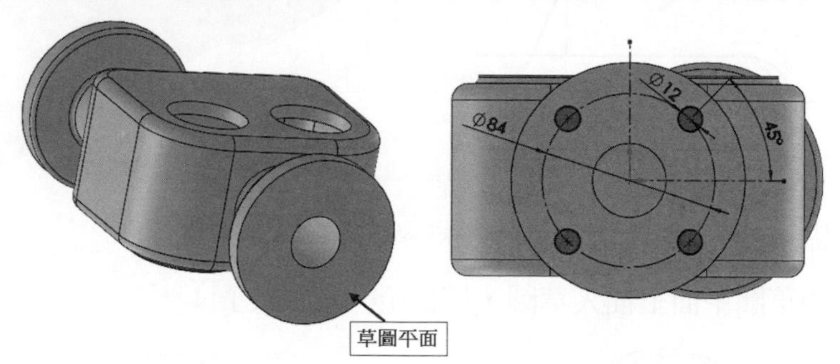

2. 點選上一步驟建立除料的草圖，按「**編輯**」➞「**複製**」，再點選要貼上的平面後，按「**編輯**」➞「**貼上**」。

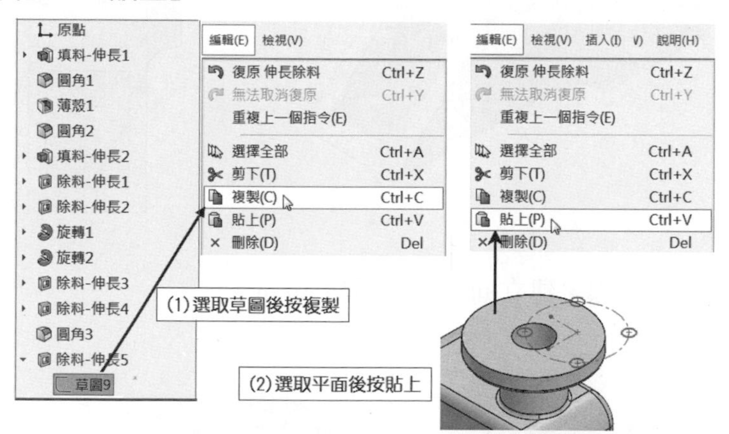

3. 編輯複製的草圖，拖曳草圖的中心點至圓弧的圓心點上，使草圖完全定義，建立**成形至下一面**的除料。

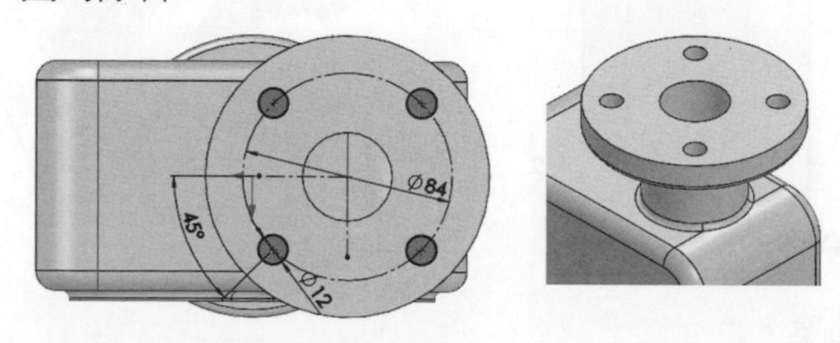

4. 在前基準面插入草圖，上端點相切，下端點重合建立厚度 9mm 的**肋材**，並加入 R3 的圓角。

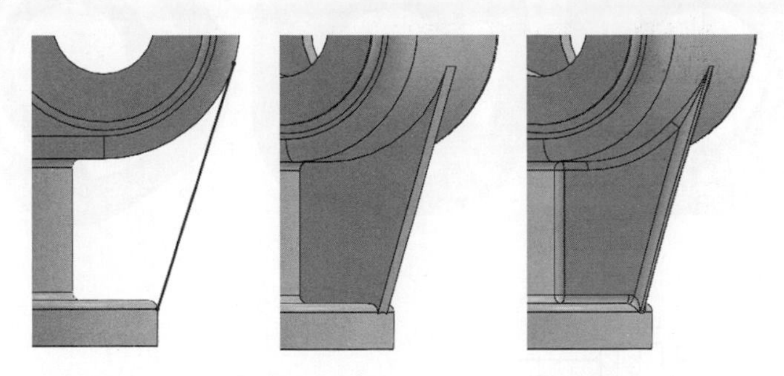

5. 鏡射肋材與圓角。

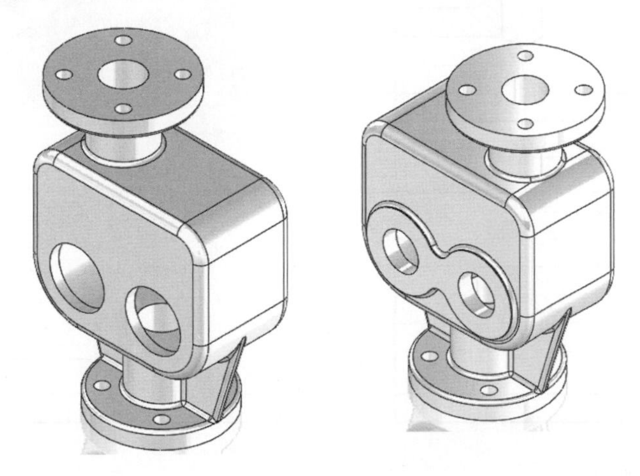

6. 儲存並關閉檔案。

3-10 綜合練習題

練習 3d-1 speaker_frame

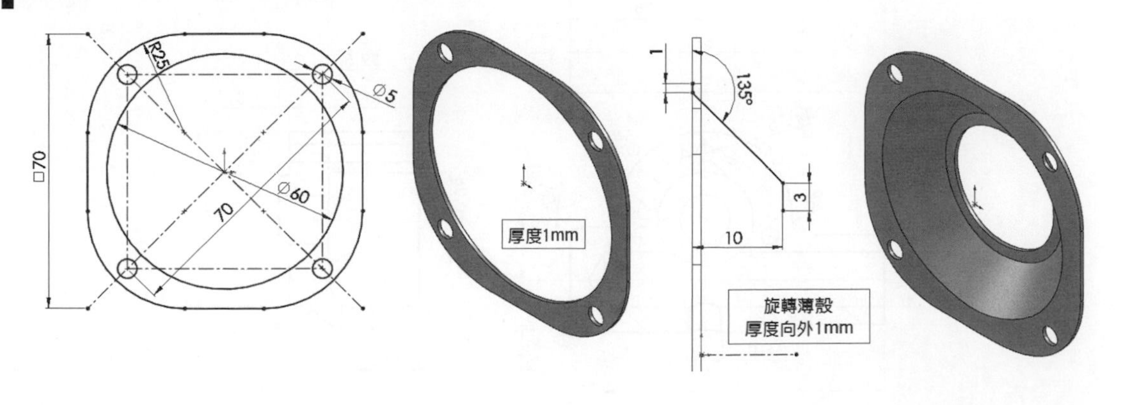

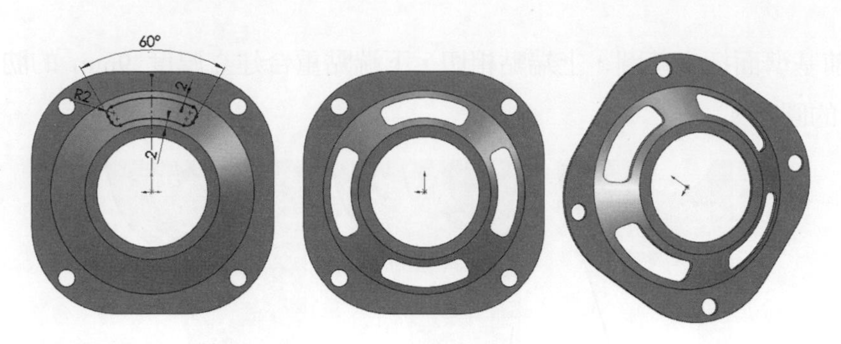

練習 3d-2　軸承座

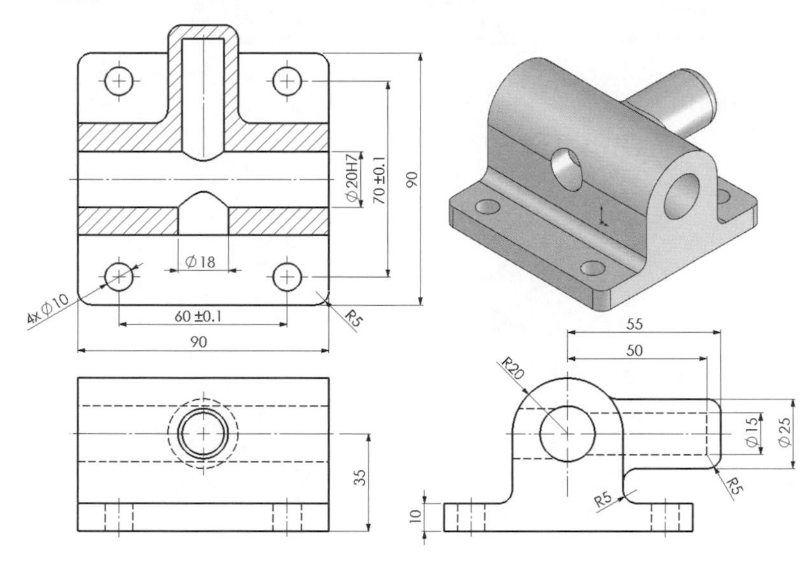

練習 3d-3　齒條箱

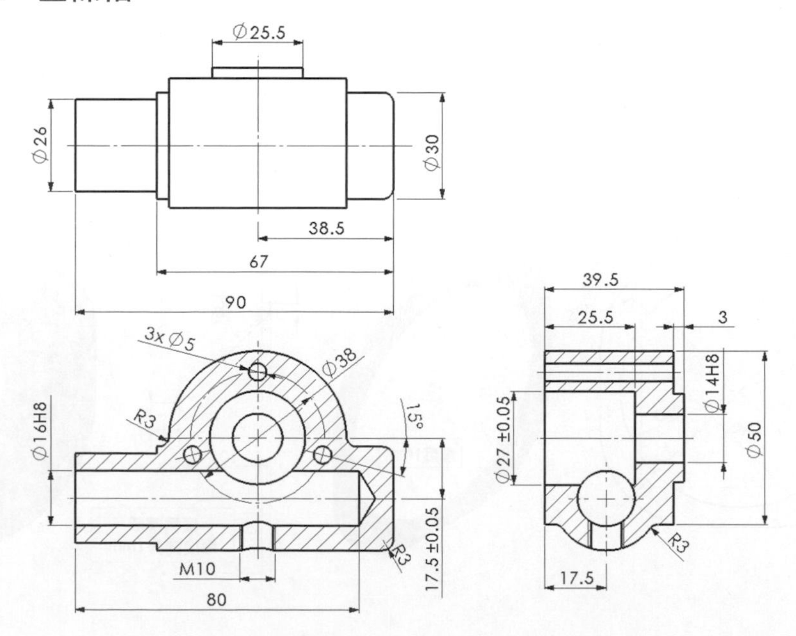

練習 3d-4 偏心軸

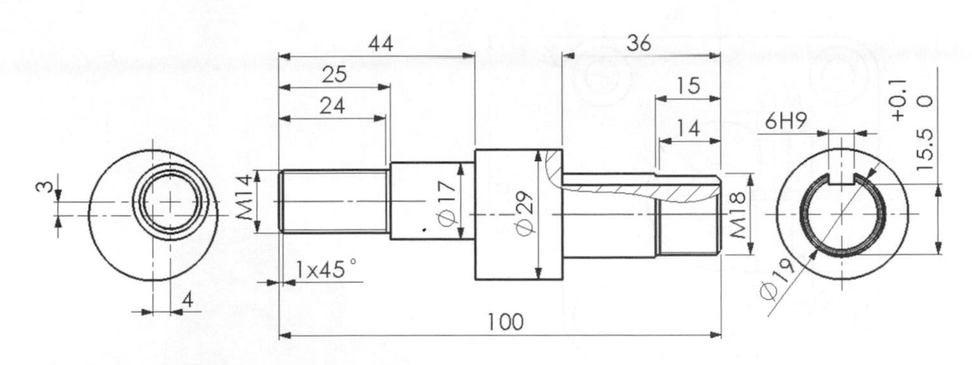

練習 3d-5 可調整軸支座

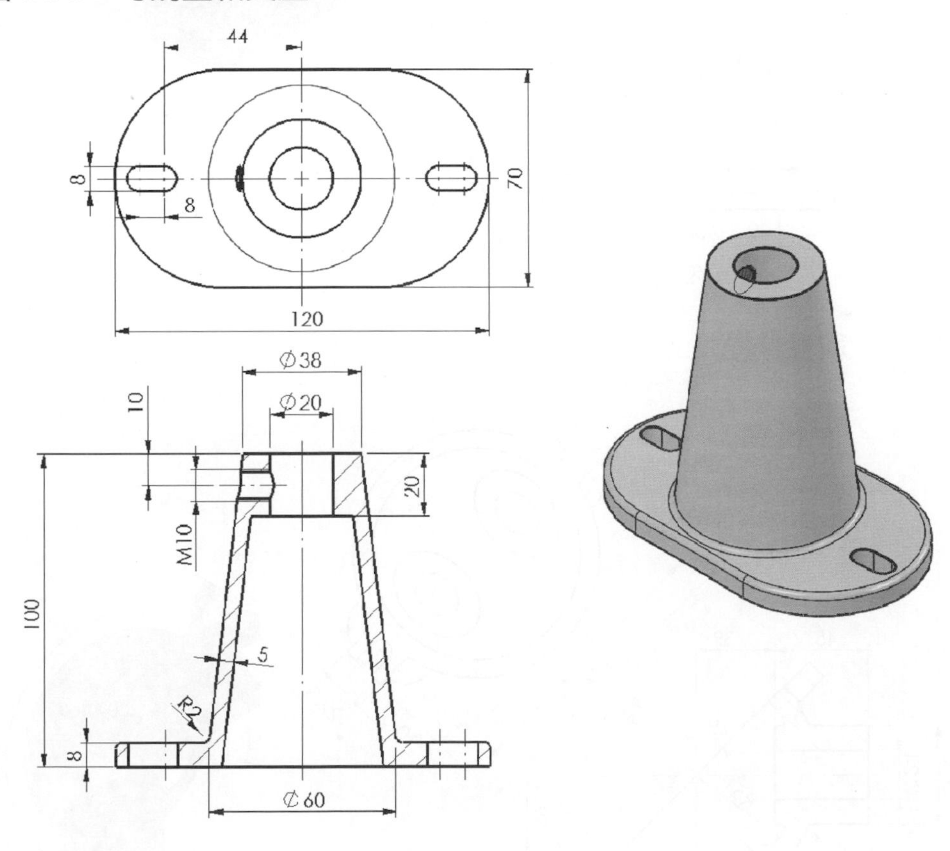

練習 3d-6 鑽模台底座

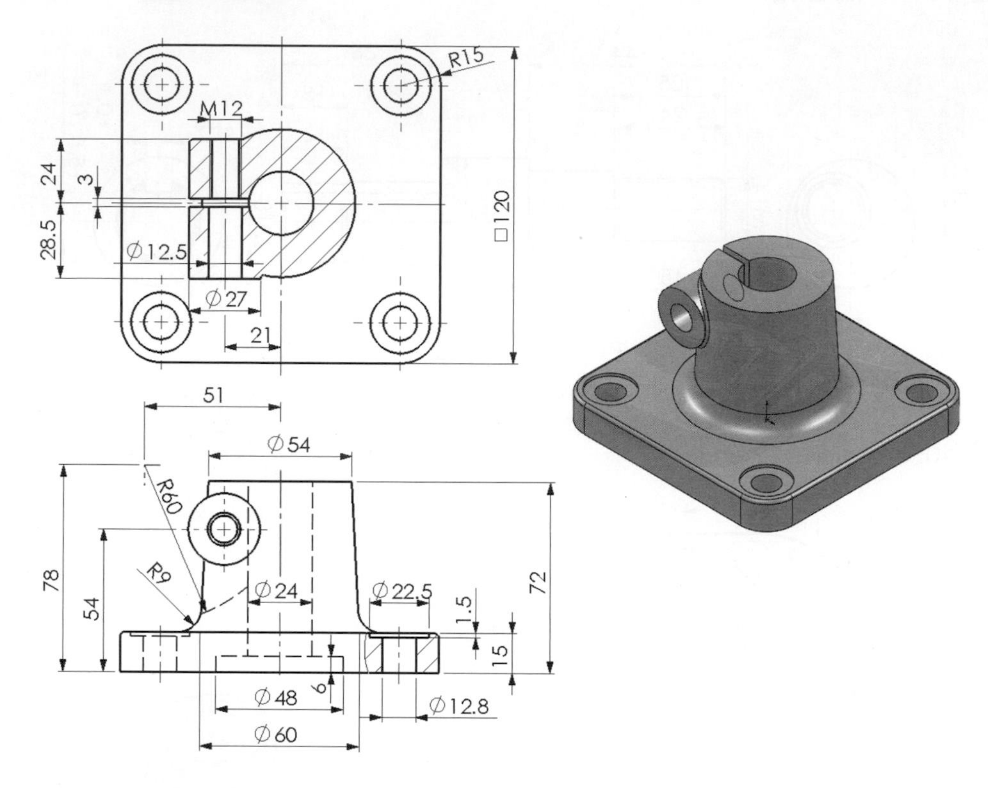

練習 3d-7 斜齒輪匣

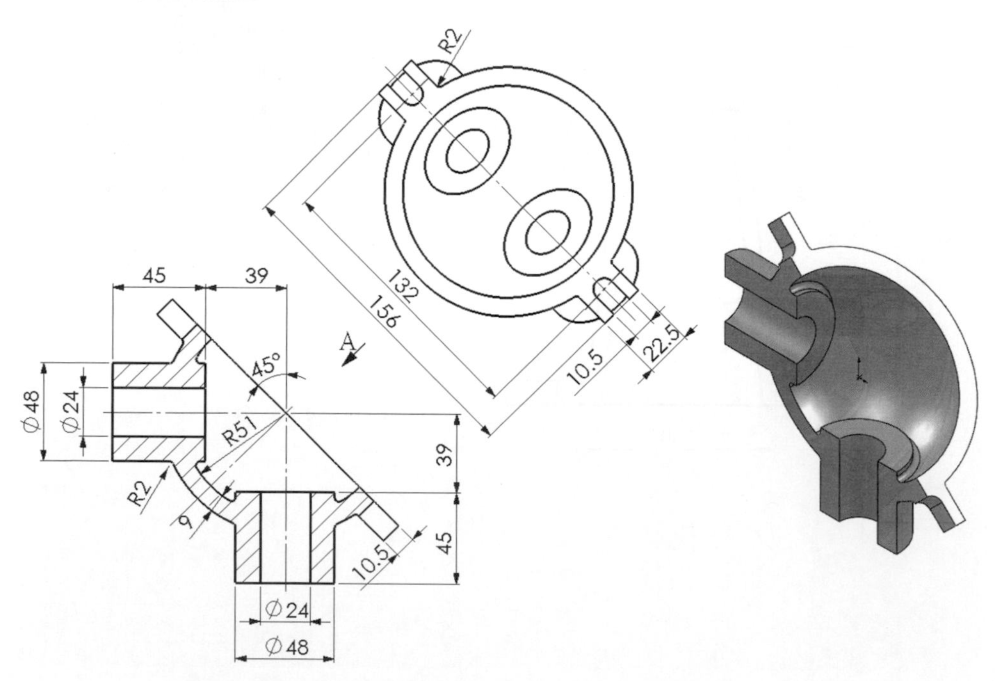

練習 3d-8 競賽題

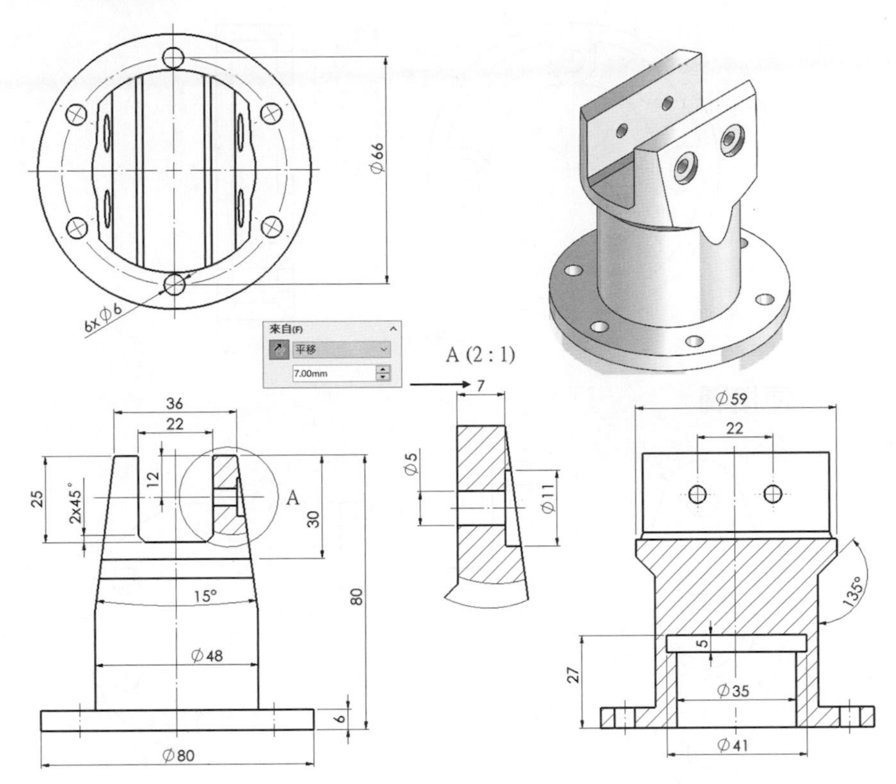

練習 3d-9 競賽題

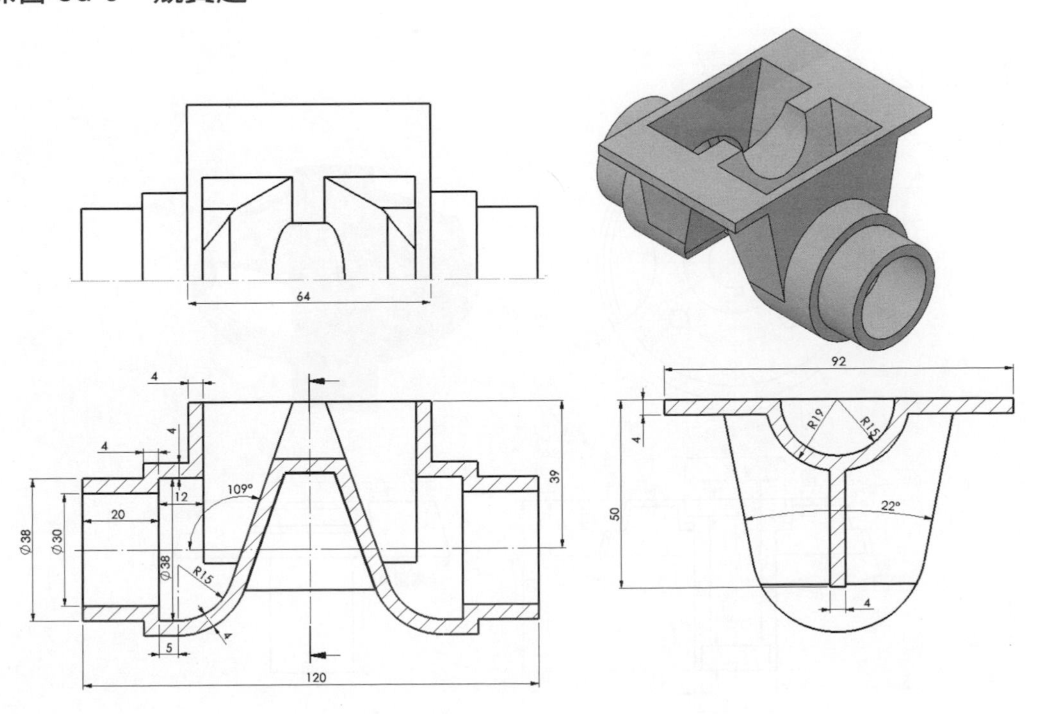

練習 3d-10 活塞帽

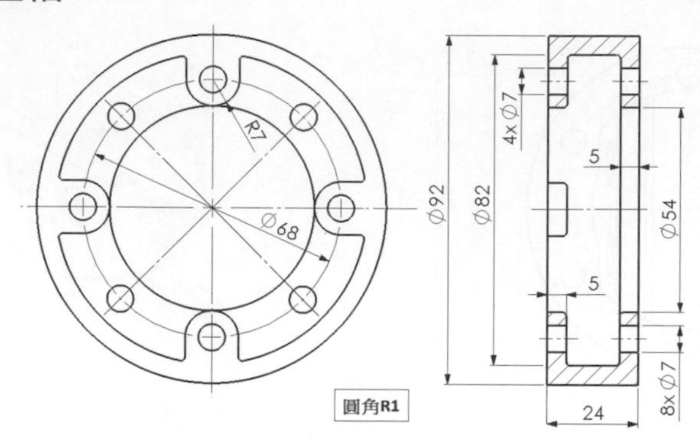

練習 3d-11 連接閥

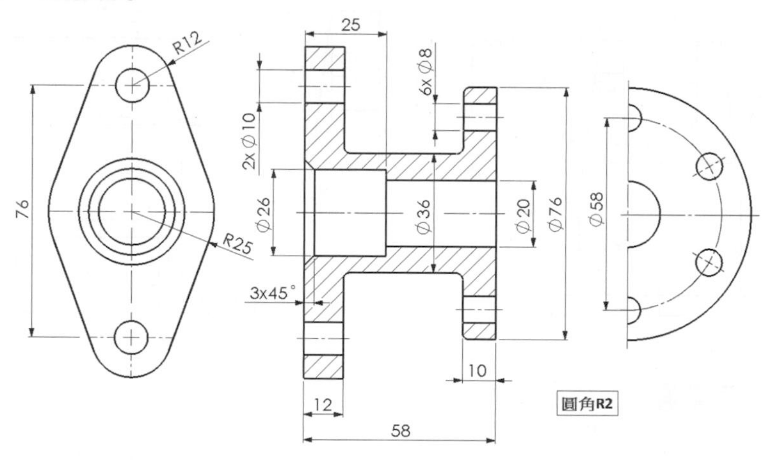

練習 3d-12 3D 競賽題

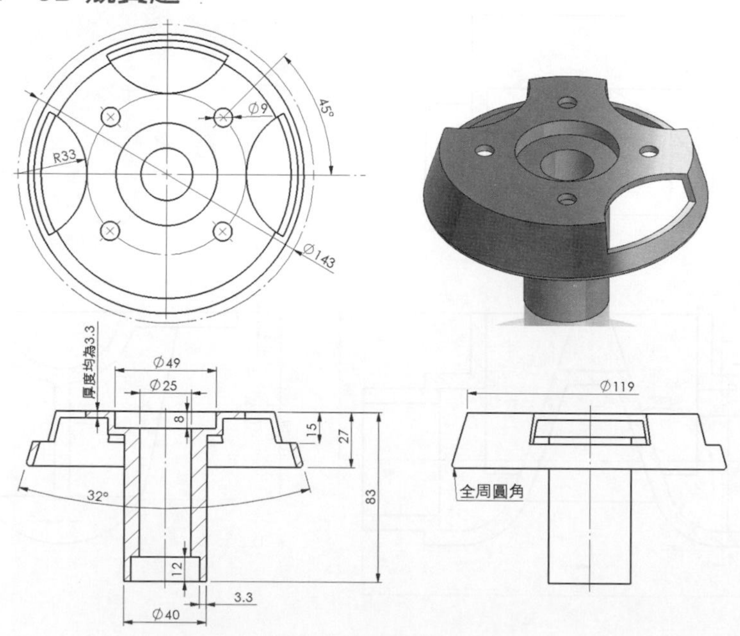

練習 3d-13　檢定題

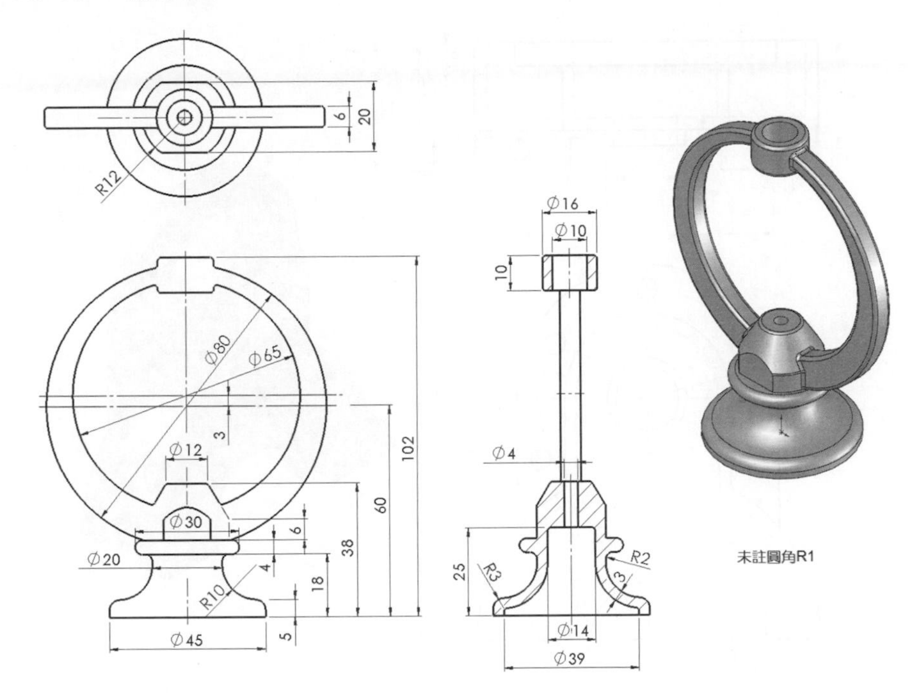

練習 3d-14　空氣壓縮機支座

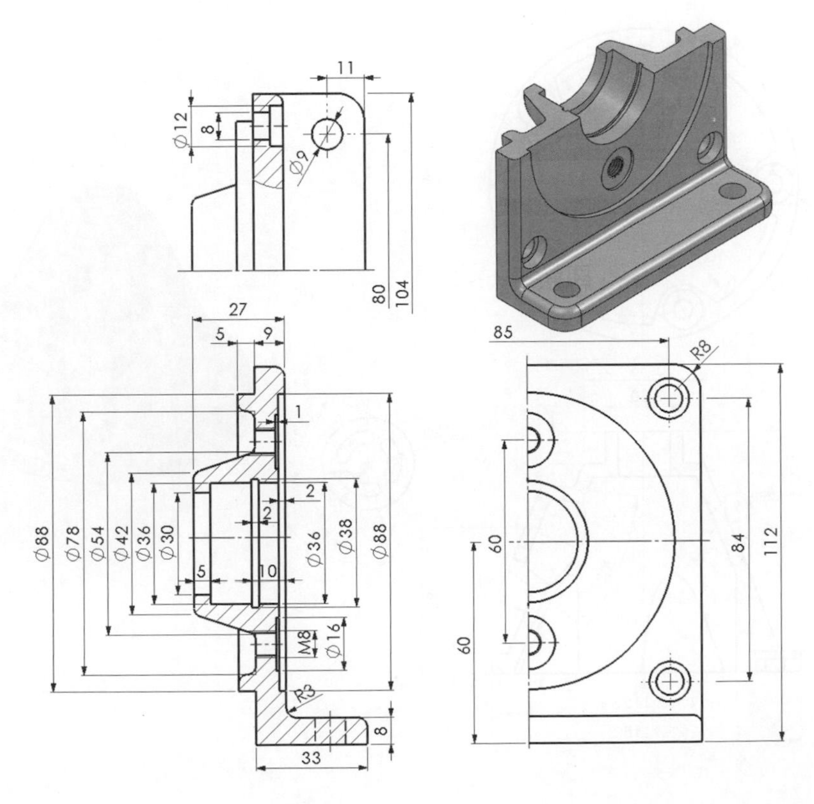

練習 3d-15 轉子蓋

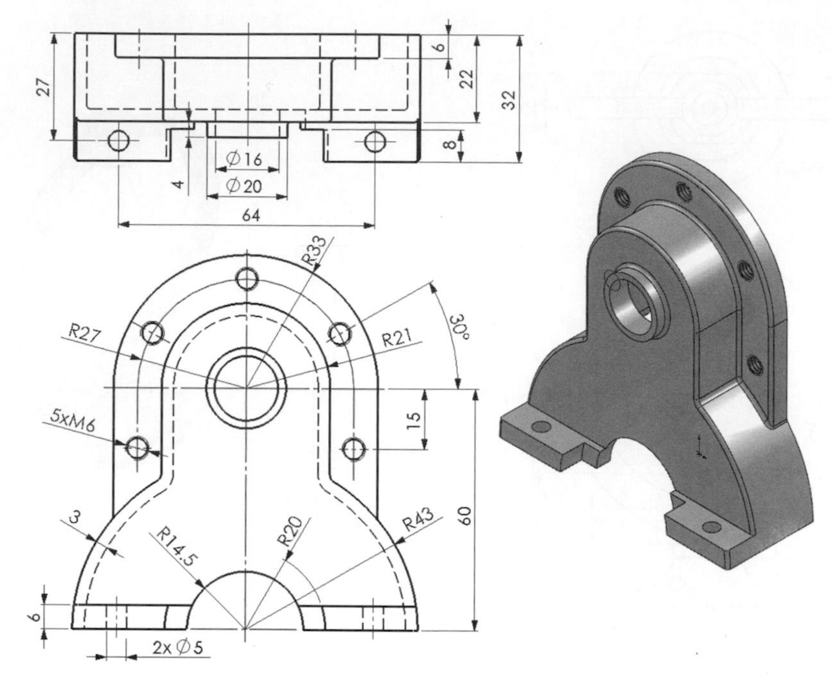

練習 3d-16 競賽題

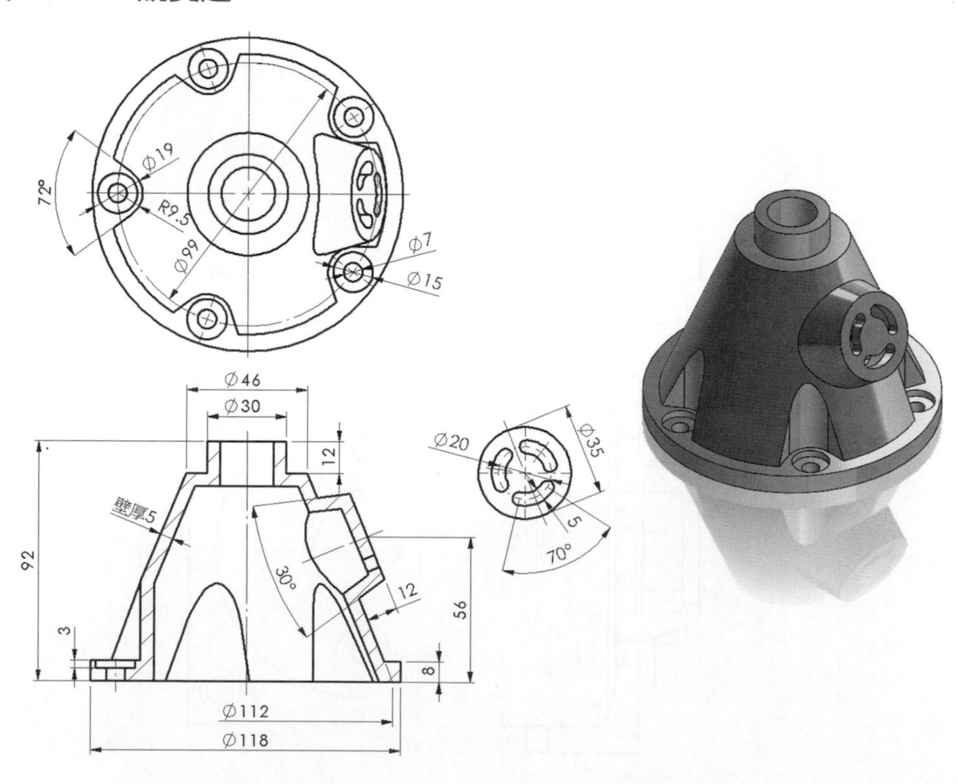

練習 3d-17　漏斗

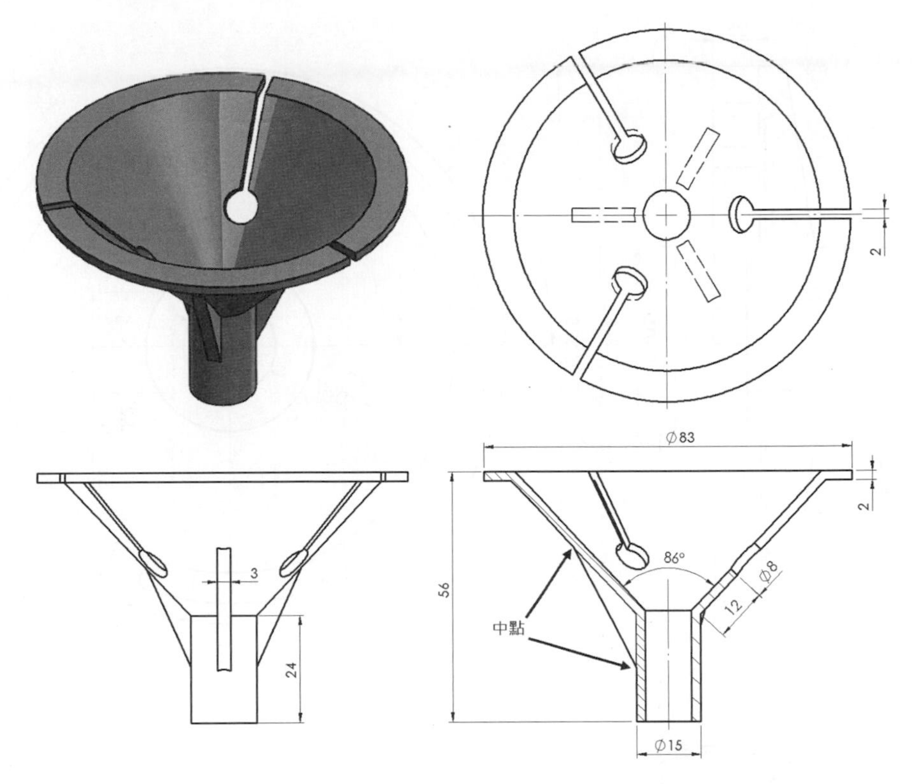

練習 3d-18　上座箱

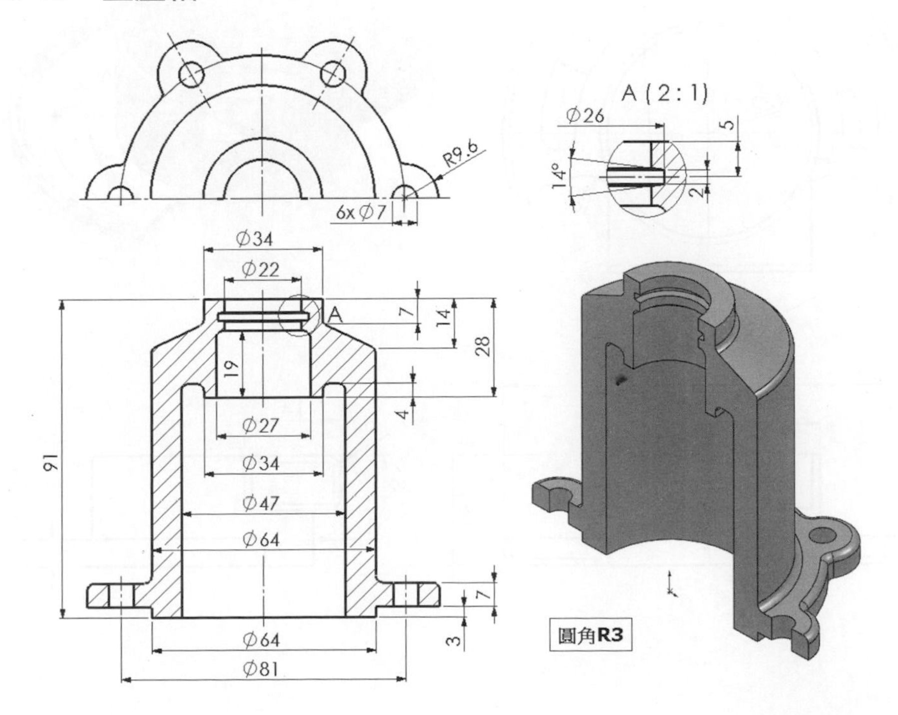

練習 3d-19 離合器

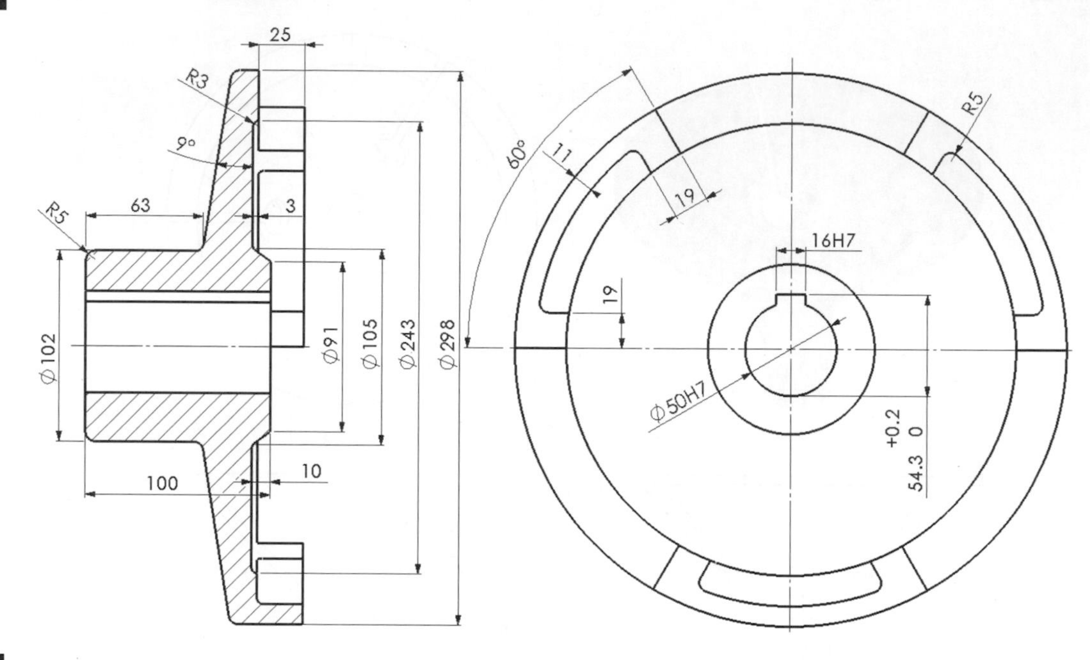

練習 3d-20 競賽題

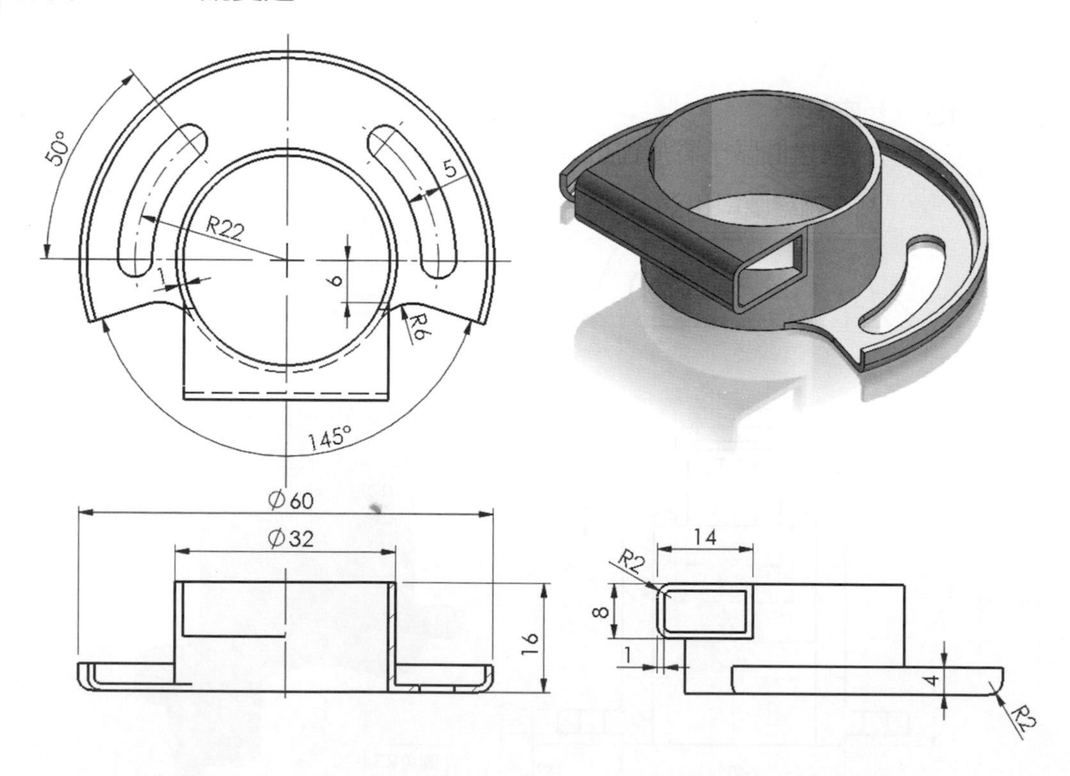

練習 3d-21 變化草圖

使用直線複製排列，方向選擇 5mm，勾選**變化草圖**；完成後再環狀複製排列。

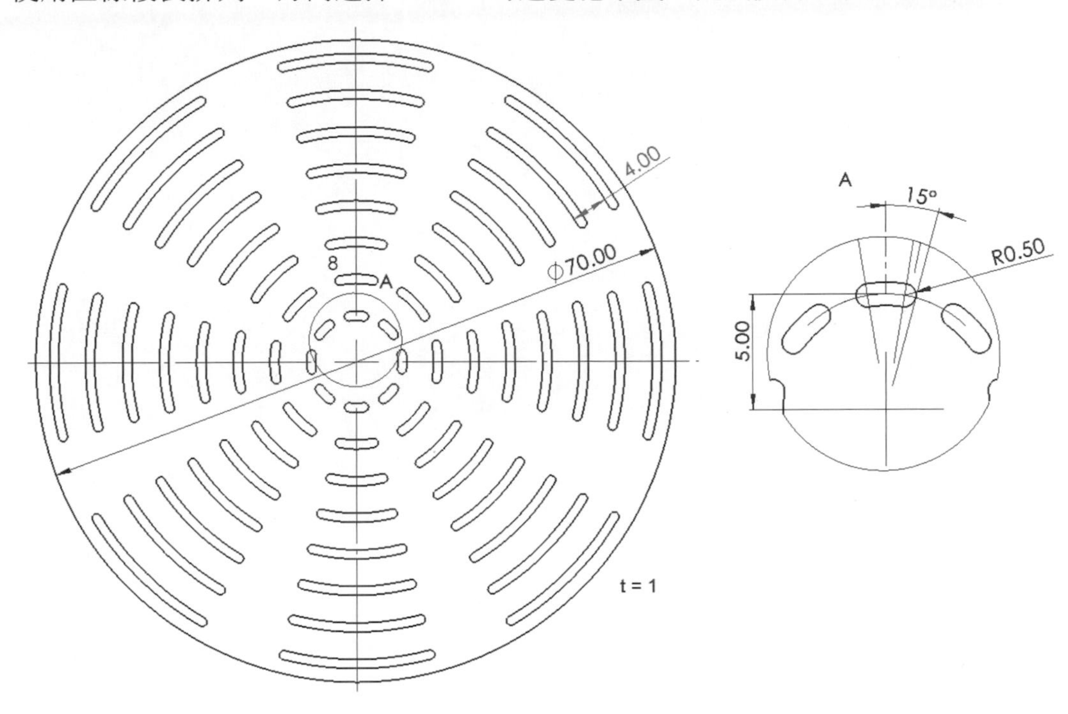

提示

此狹槽除料也可以變化成圓槽除料深 0.5mm 後，再直線複製排列(如下圖)。

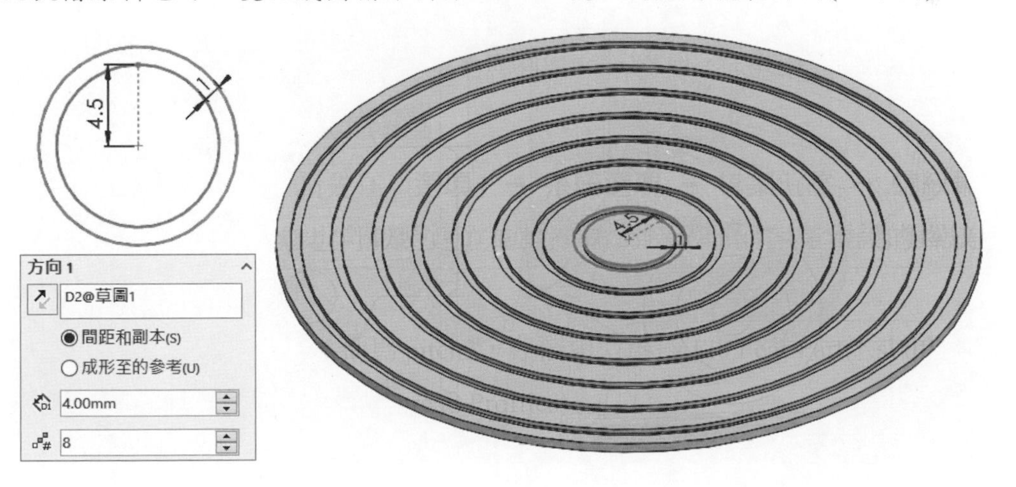

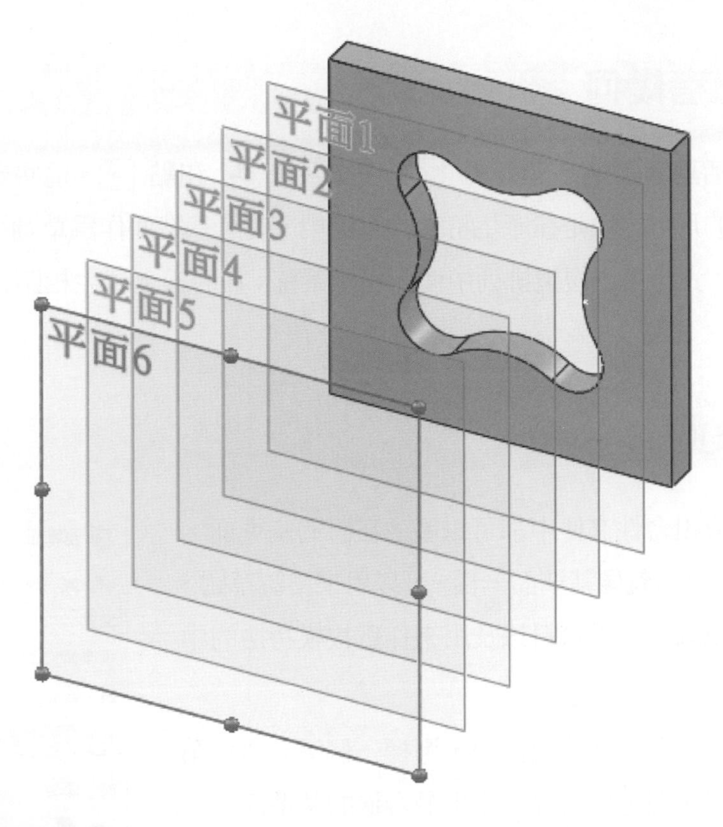

Chapter

4 參考幾何

4-1 參考幾何

參考幾何包括**基準面**、**基準軸**、**座標系統** 和**點**。這些參考幾何可用來定義曲面或實體的形狀，像是在產生特徵的草圖中，使用基準面作為草圖平面；環狀複製排列使用基準軸；表格導出複製排列中使用座標系統；在曲線上產生相距特定距離的位置使用參考點等。

4-2 基準面

一般在零件或組合件文件中都可以產生自訂的基準面，也就是平面。這個平面就像基準面一樣，可以用來繪製草圖、產生模型的剖面視圖、曲面除料以及用來作為拔模特徵的中立面等。

插入基準面後，在屬性管理員中，選擇一個圖元作為第一參考，系統會根據您選擇的圖元產生最合適的基準面。在第一參考、第二參考及第三參考下，另有平行、垂直等選項可用來修改基準面。

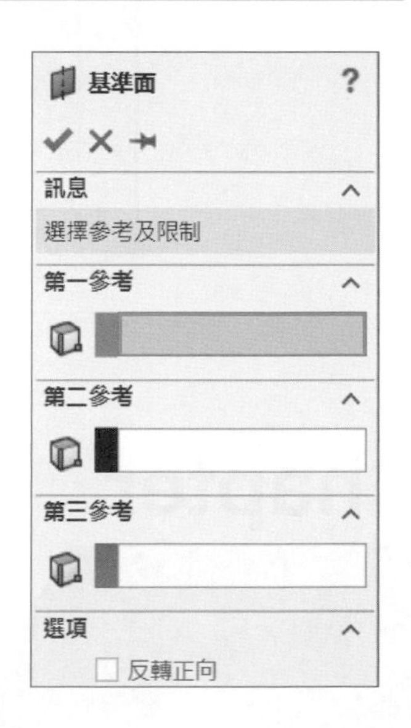

平行：產生與所選基準面平行的基準面，並可指定數量。

垂直：產生與所選參考垂直的基準面。例如，選擇某參考的一條邊線或曲線與另一個參考的一個點或頂點。產生的基準面將穿過該點並與該曲線垂直。**將原點設於曲線上**會將基準面的原點放到曲線上。

重合：產生穿過所選參考的基準面。

夾角：產生通過一條邊線、軸線或草圖直線，並與一個圓柱面或基準面成一定角度的基準面。

偏移距離：產生平行於一基準面或面，並偏移指定距離的一個或數個基準面。

兩側對稱 ：產生位於平坦的面、參考基準面及 3D 草圖基準面之間的中間面。兩個參考需同時選擇**兩側對稱**。

相切 ：產生與圓柱、圓錐、非圓柱和非平坦面相切的基準面。

投影 ：投影單個圖元，例如非平坦曲面上的點、頂點、原點或座標系統

平行於螢幕 ：在平行於目前的視角方位所選的頂點上產生一個基準面。

反轉方向 ：反轉基準面的垂直向量

產生基準面的項次：	結果
第一參考：點 第二參考：點 第三參考：點	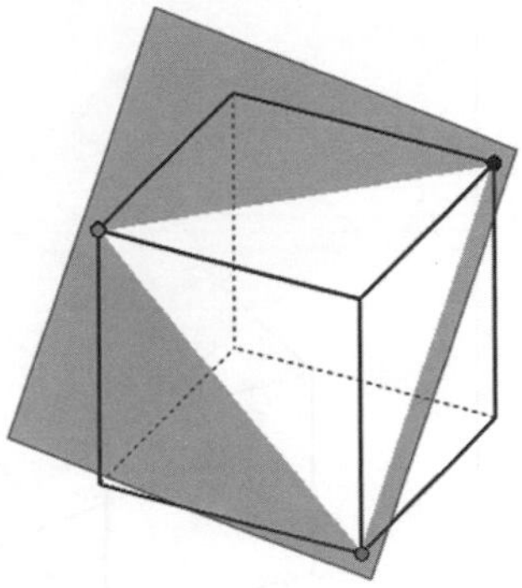
第一參考：點 第二參考：面	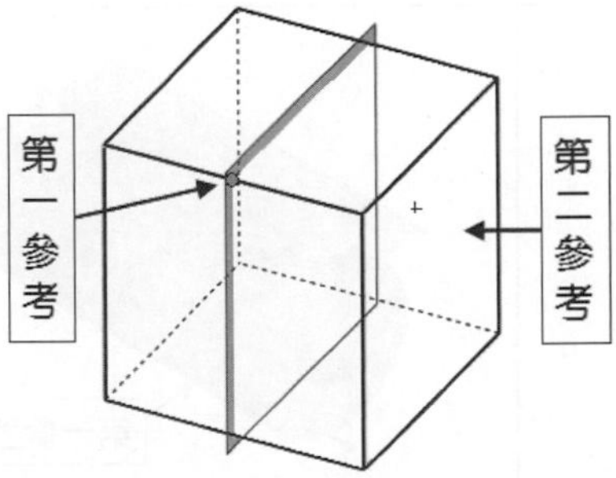 第一參考 第二參考
第一參考：面 第二參考：線 夾角 30 度	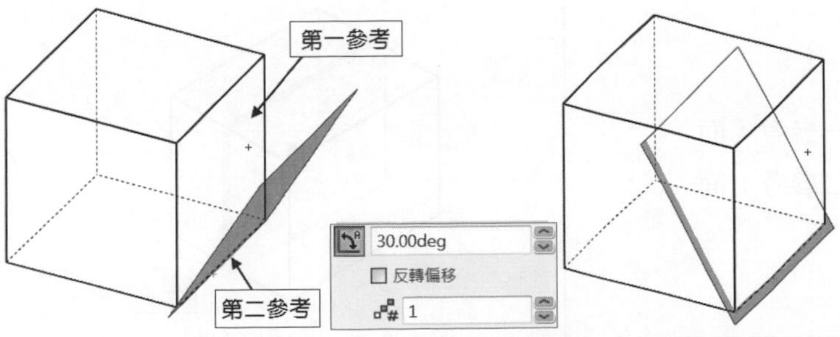 第一參考 第二參考 30.00deg 反轉偏移 1

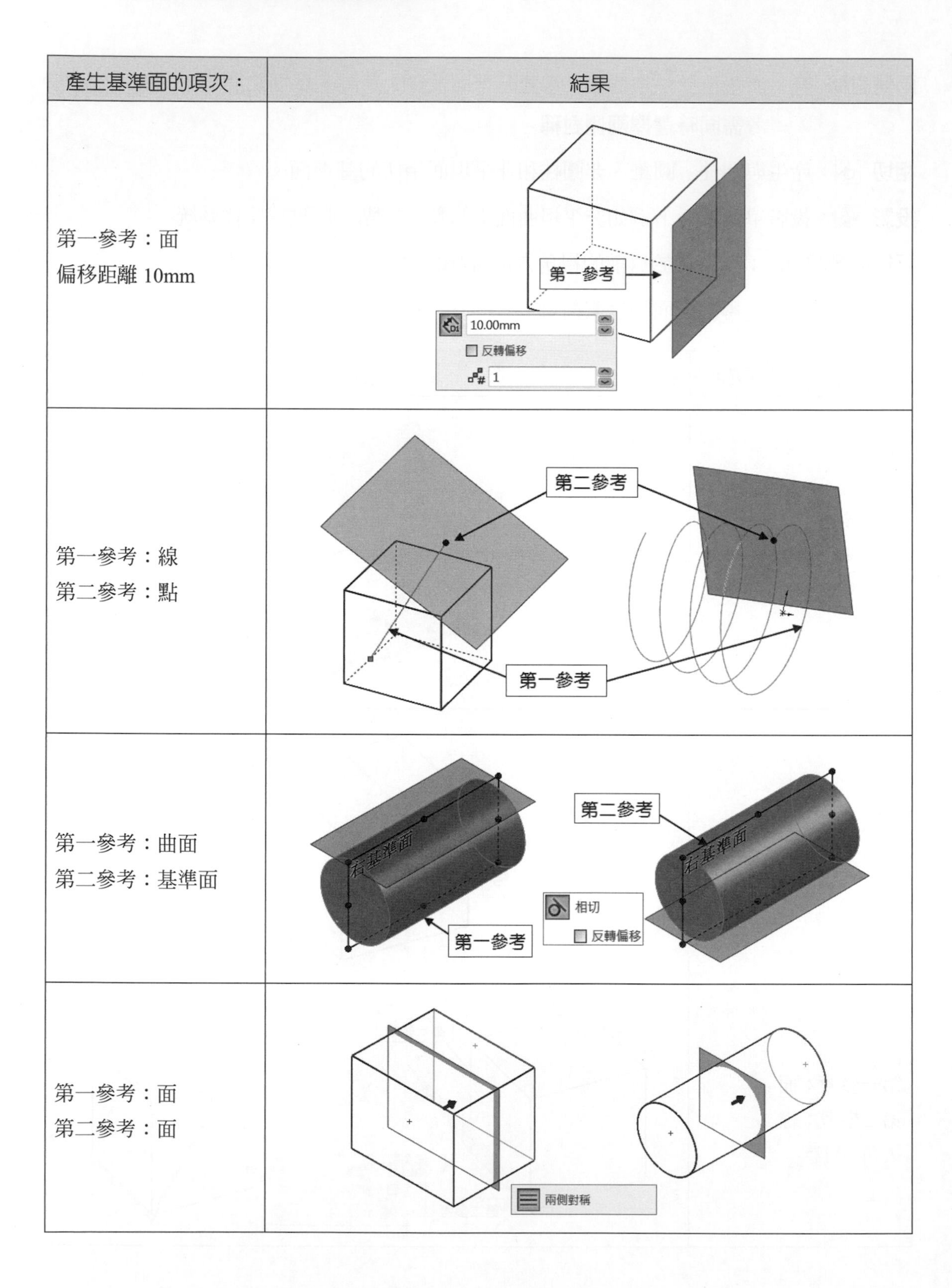

產生基準面的項次：	結果
第一參考：面 偏移距離 10mm	
第一參考：線 第二參考：點	
第一參考：曲面 第二參考：基準面	
第一參考：面 第二參考：面	

1. 開啓 305B 零件，在前基準面插入草圖，並繪製如圖示之圖元，離開草圖。

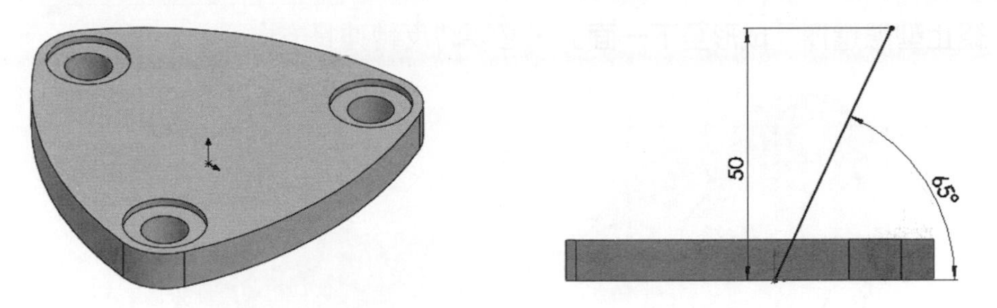

2. 按參考幾何工具列上的「**基準面**」；或按功能表「**插入**」➡「**參考幾何**」➡「**基準面**」；或在繪圖區按 S 鍵，從快捷列中點選「**基準面**」。

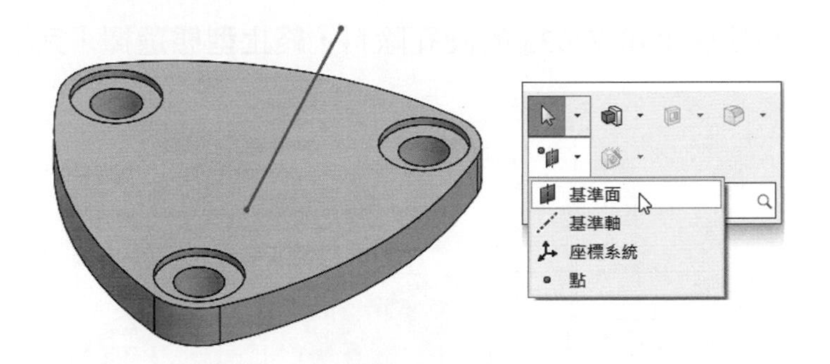

3. 在參考圖元列表中點選圖中的草圖線和端點，按「**確定**」；隱藏**草圖** 3。

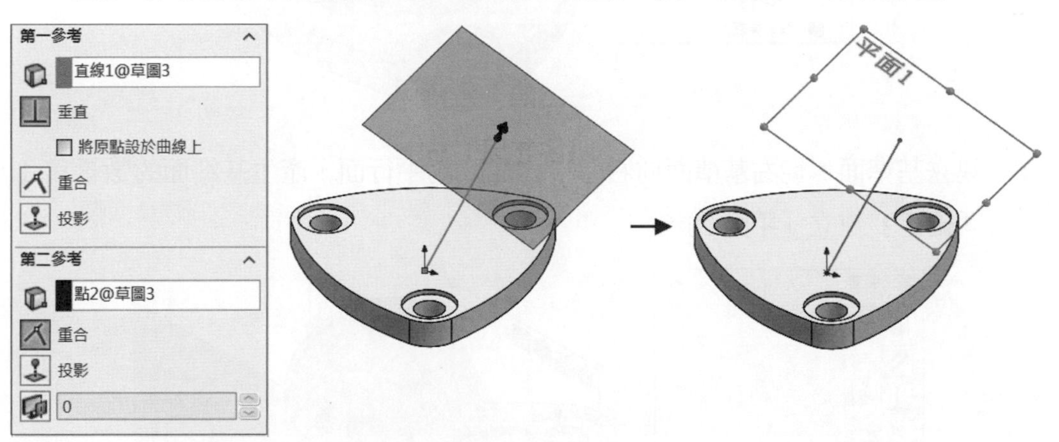

4. 在新增的**平面** 1 插入草圖，並按「**正視於**」，繪製⌀38 的圓，建立伸長填料，**終止型態**選擇「**成形至下一面**」，必要時反轉伸長方向。

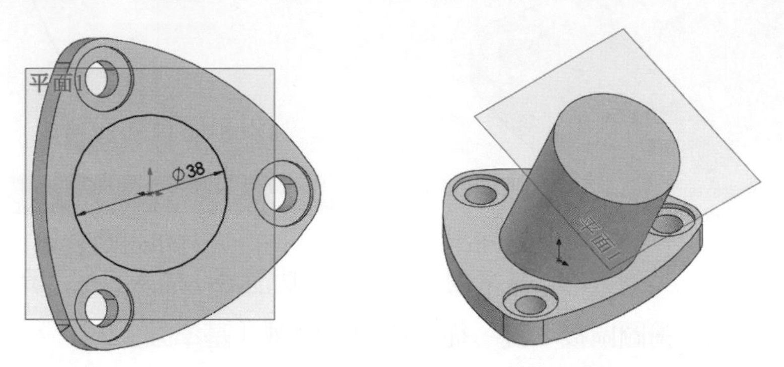

5. 在⌀38 的圓柱面上建立⌀35 的圓孔除料，**終止型態**選擇「**完全貫穿**」；隱藏**平面 1**。

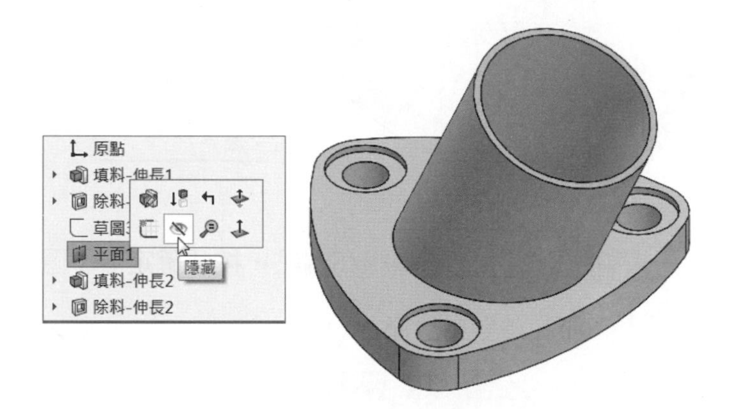

6. 建立基準面，從右基準面向右偏移 50mm 的平行面，產生基準面的數量為 1，按「**確定**」建立「**平面** 2」。

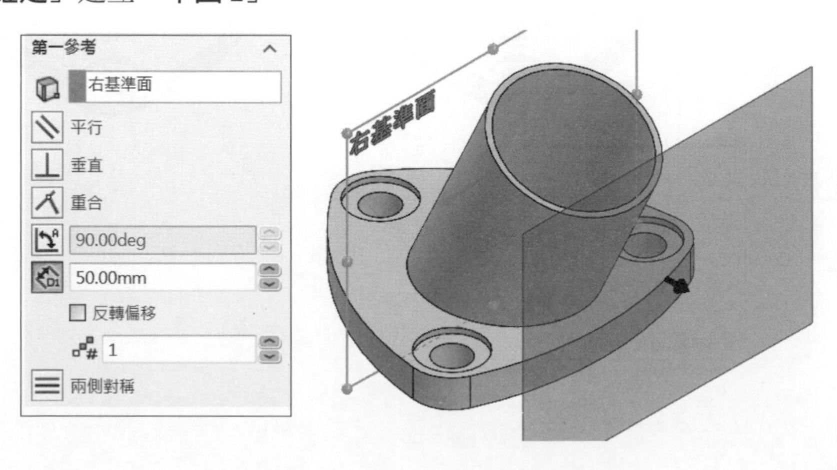

7. 在**平面 2** 插入草圖，建立伸長填料，反轉伸長方向，點選「**拔模**」，**拔模角** 2 度，並勾選「**拔模面外張**」，按「**確定**」。

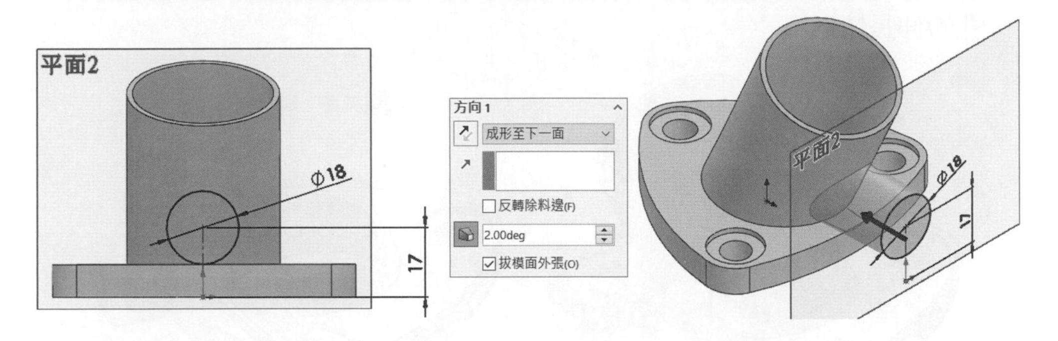

8. 隱藏**平面 2**，在∅18 的圓柱面上建立∅15 的除料，終止型態選擇「**成形至下一面**」，**拔模角** 2 度，勾選「**拔模面外張**」，按「**確定**」。

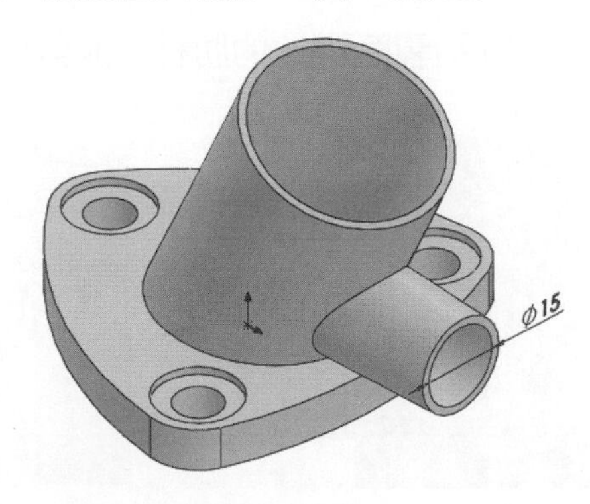

9. 建立從前基準面向前偏移 34mm 的**平面 3**。同樣在**平面 3** 建立∅11 的圓柱伸長填料，**拔模角** 2 度，**拔模面外張**。

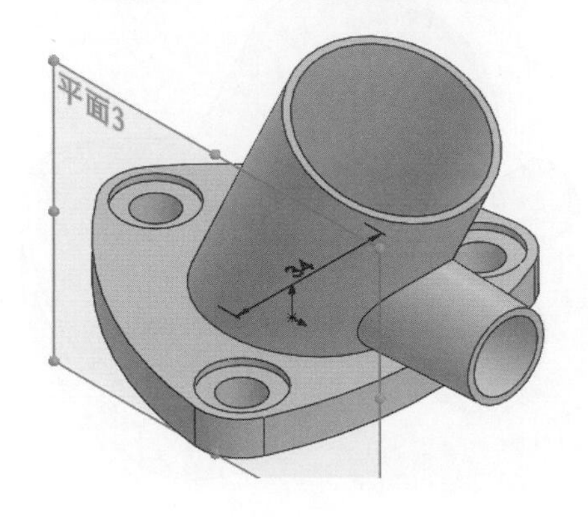

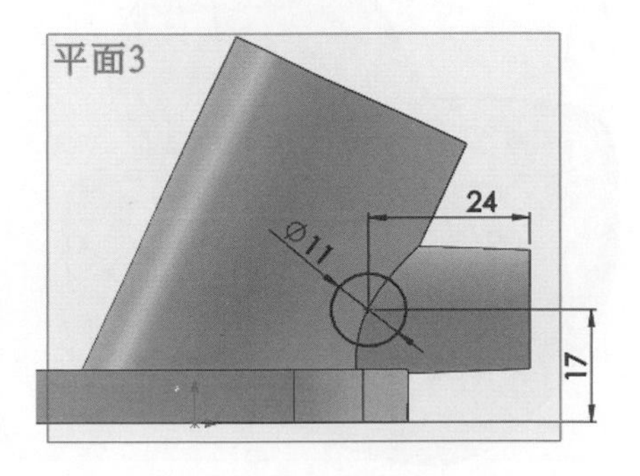

10. 在∅11 的圓柱上建立∅8 的除料，終止型態選擇「**成形至下一面**」，**拔模角** 2 度，勾選「**拔模面外張**」，按「**確定**」。隱藏**平面 3**，並檢視「**剖面視圖**」查看除料孔的伸長情形。

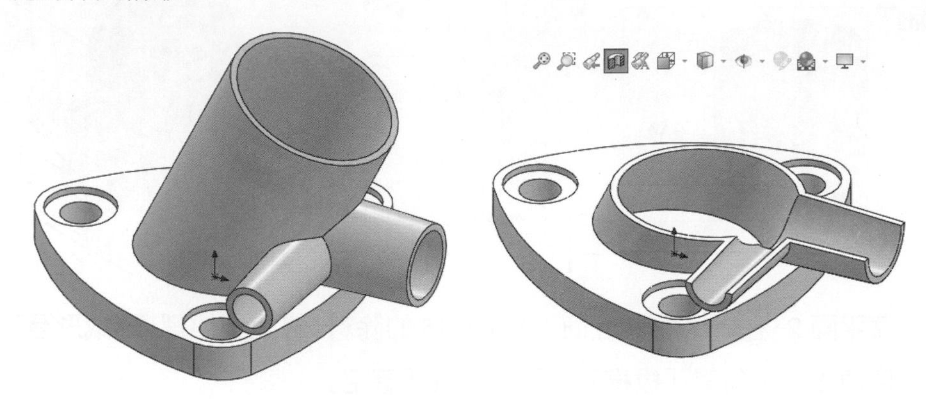

11. 在前基準面插入草圖，加入厚度 3mm 的肋材，並對肋材建立全周圓角。

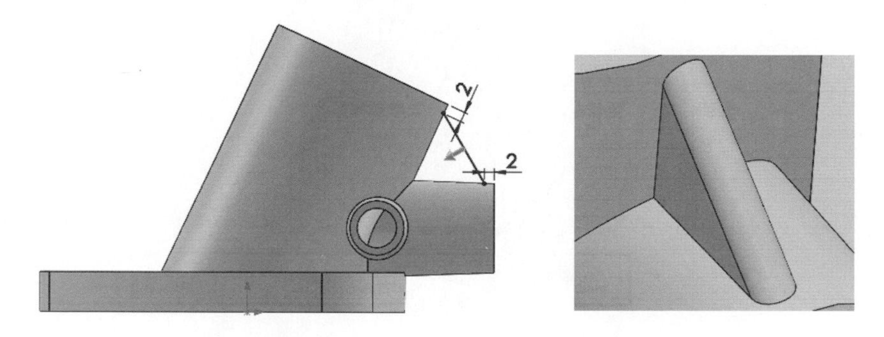

12. 建立圓角 R1，儲存並關閉檔案。

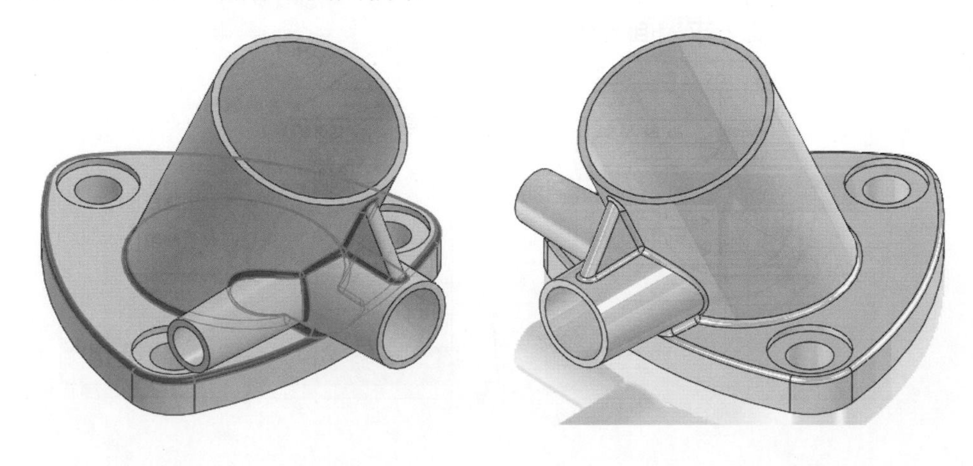

4-2-1 練習題

練習 4a-1 斜墊圈

(1) 建立基材伸長與基準面(選擇平面與線，夾角 30°)。

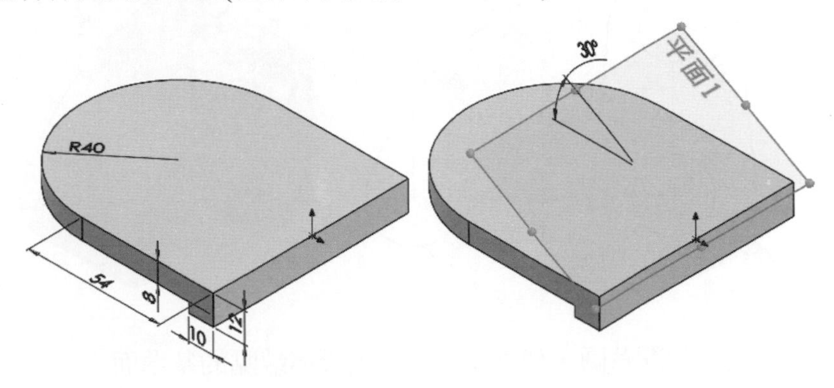

(2) 在平面 1 插入草圖，建立伸長填料與伸長除料。

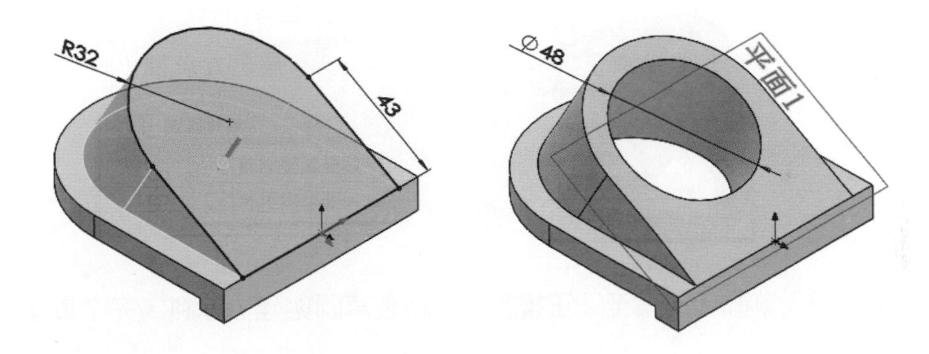

(3) 隱藏平面 1 與加入圓角 R2。

(4) 儲存並關閉檔案。

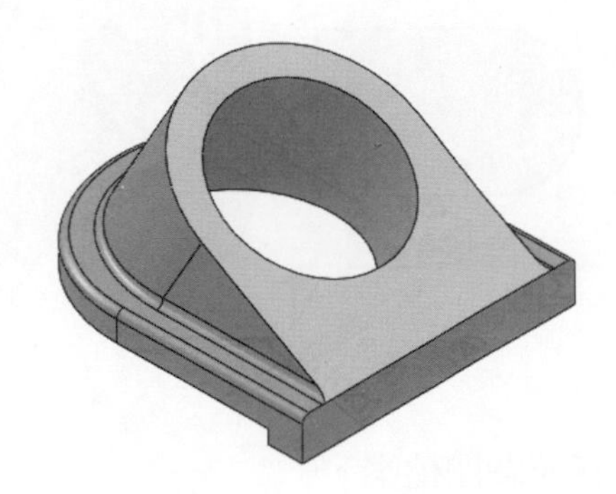

練習 4a-2　調整器槓桿

(1) 使用多輪廓草圖建立基材伸長。

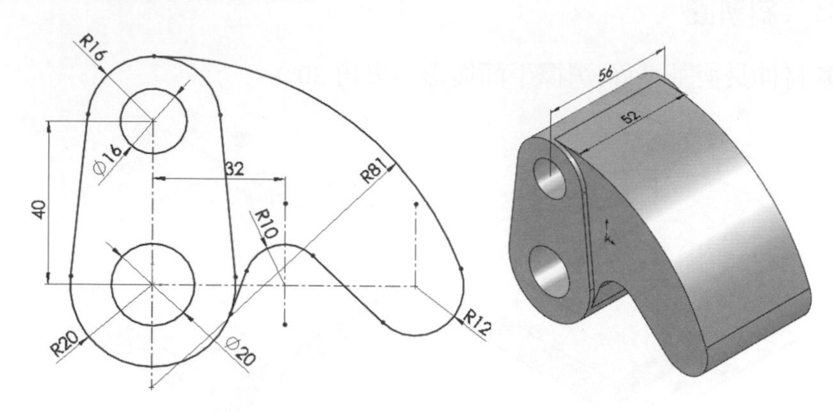

(2) 繪製草圖線段並離開草圖，建立參考草圖線段與端點的基準面。

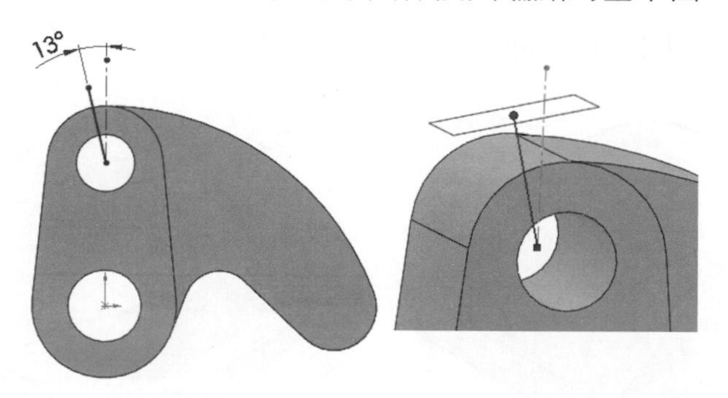

(3) 在平面 1 插入草圖，切換至「**正視於**」，繪製草圖與建立除料，完全貫穿。

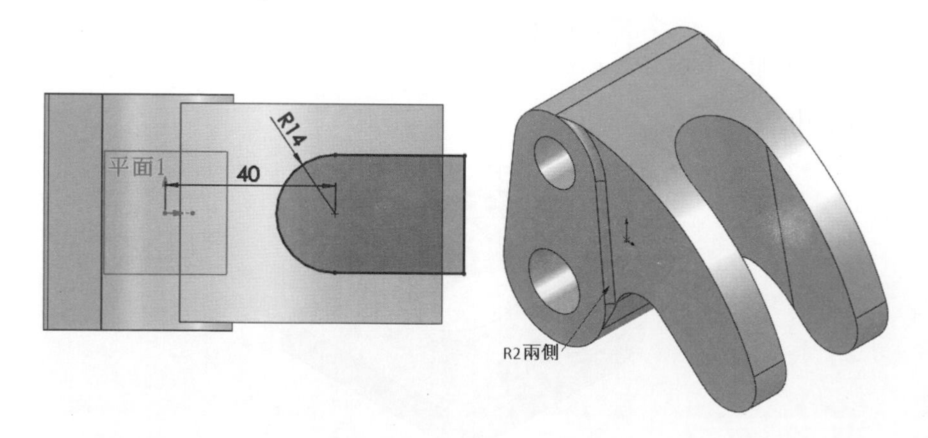

(4) 建立兩側圓角 R2，儲存並關閉檔案。

練習 4a-3 吊架

(1) 開啟零件 4a-3，使用底面與邊線建立平面 1。

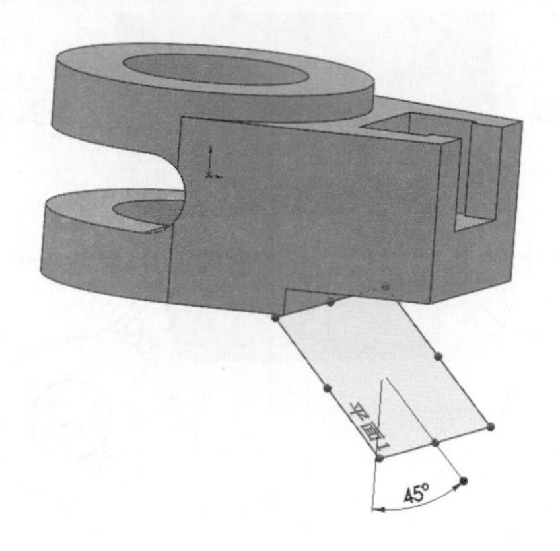

(2) 點選平面 1 後，按「**正視於**」 (再按一次可前後翻轉)，再按 Alt + 向右方向鍵，旋轉平面。

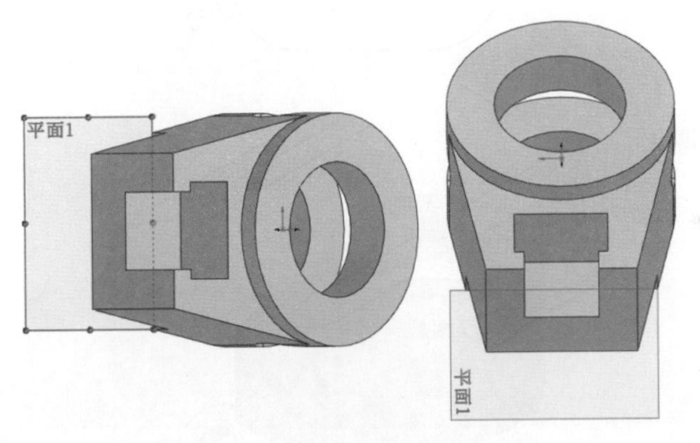

(3) 每按一次轉動 15 度，轉動角度可從「**工具**」➡「**選項**」➡ **系統選項** ➡ **視角** ➡ **視角旋轉**內調整。

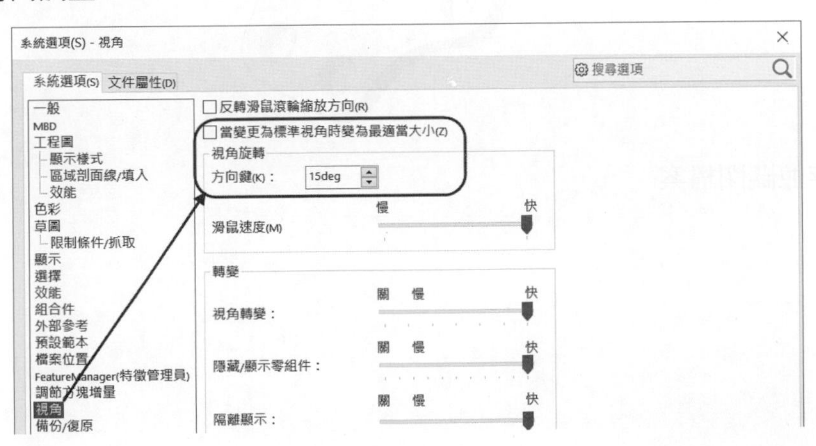

(4) 繪製草圖，用**參考圖元**參考底部圓弧線，限制與草圖的上面線段相切，鏡射右側圖元至左側，建立向下伸長填料 11mm。

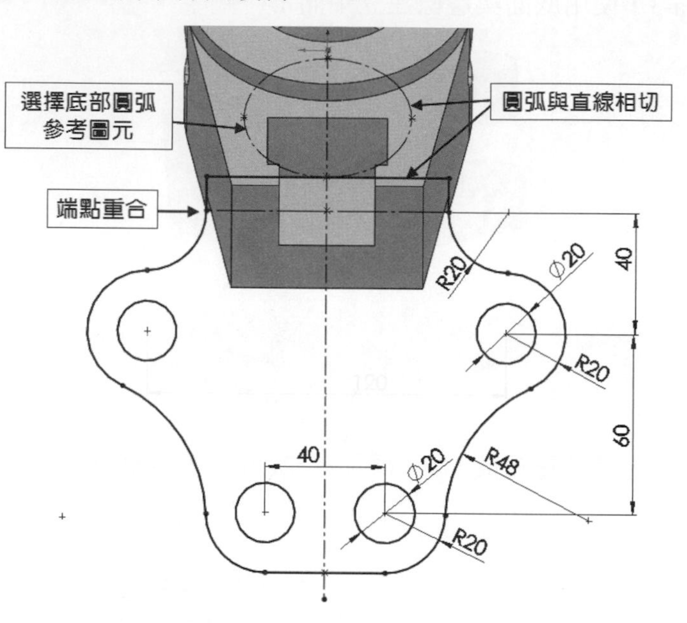

(5) 建立肋材，厚度 12mm。

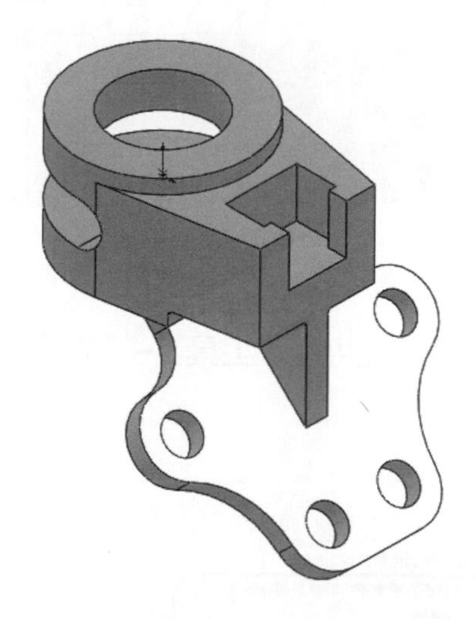

(6) 儲存並關閉檔案

練習 4a-4 檢定題

(1) 開啓 4a-4 零件，建立平面 1，在平面 1 插入草圖，切換至右視。

(2) 按「**工具**」→「**草圖工具**」→「**相交曲線**」，或草圖工具列上的「**相交曲線**」，點選圖中的曲面後，系統在草圖中產生游標所指的曲面與平面 1 相交的曲線。

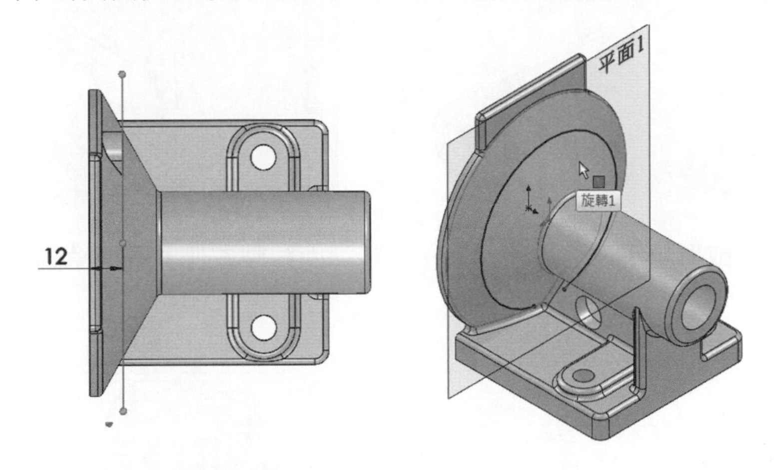

(3) 完成下面的草圖，插入伸長，伸長型態選擇「**成形至下一面**」，隱藏平面 1。

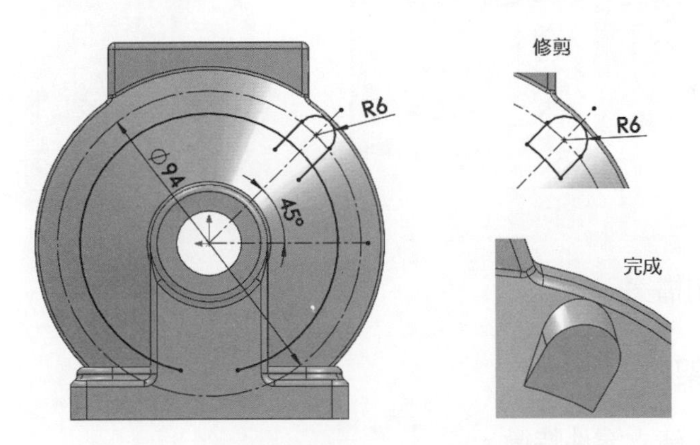

(4) 建立∅5 的圓孔除料與 R1 的圓角後，**環狀複製排列**伸長、除料與圓角特徵。

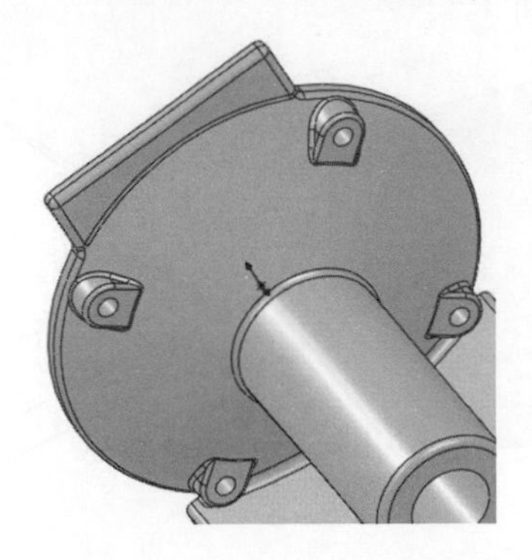

(5) 平行上基準面 22mm，向上建立**平面 2**，同樣地使用**相交曲線**與**畫線**工具在平面 2 繪製草圖，向下伸長**成形至下一面**，圓角 R1。

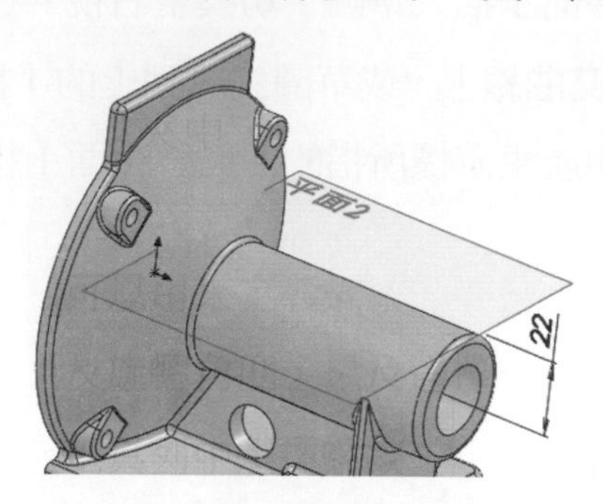

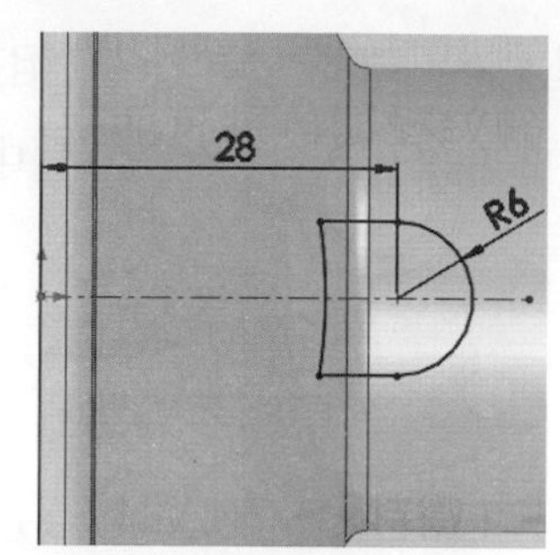

(6) 建立圓孔**成形至下一面**的除料；在上基準面繪製右側圓孔的草圖，建立向上除料貫穿。

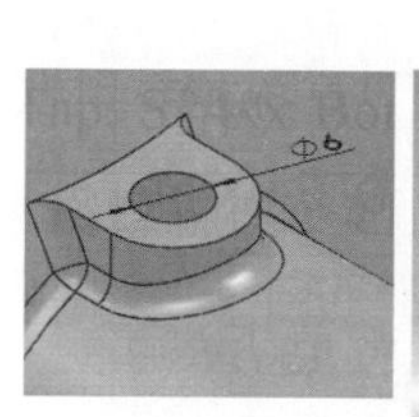

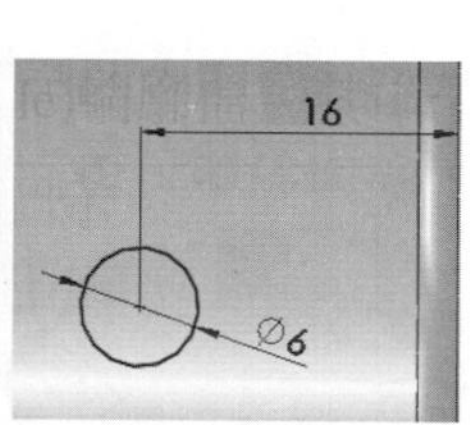

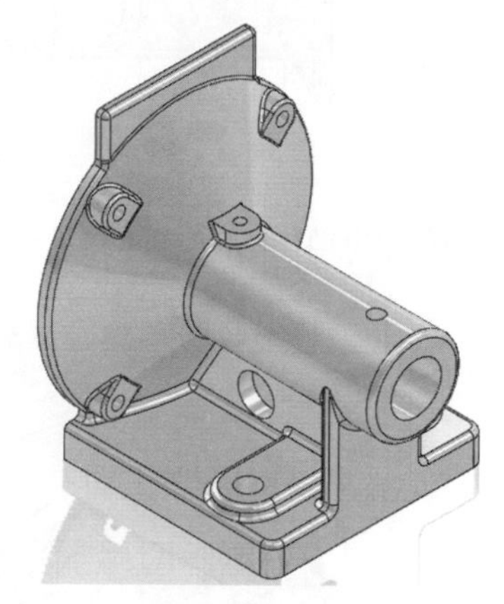

(7) 儲存並關閉檔案。

練習 4a-5　書架

(1) 開啓新檔，建立零件特徵。

(2) 插入距離 12mm 的平面 1。

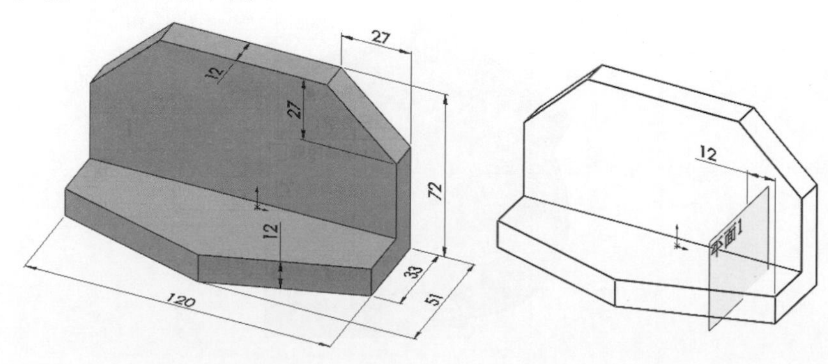

(3) 在平面 1 插入草圖，使用**相交曲線**工具與**重合**限制條件使線段完全定義，插入**肋材**，厚度 12mm 向內側。

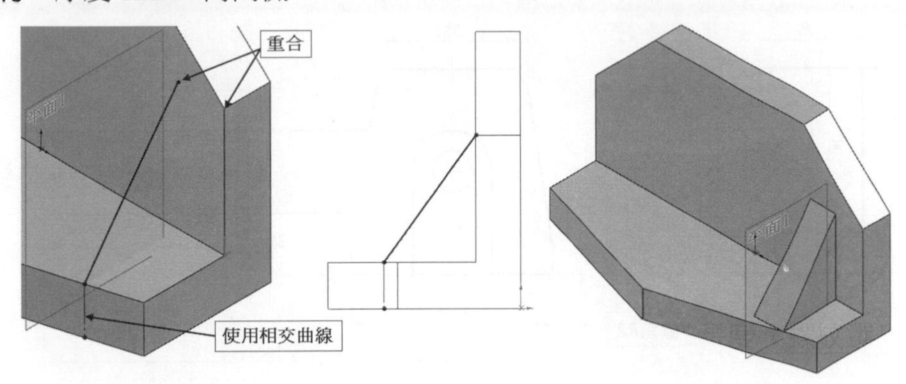

(4) 鏡射肋材，儲存並關閉檔案。

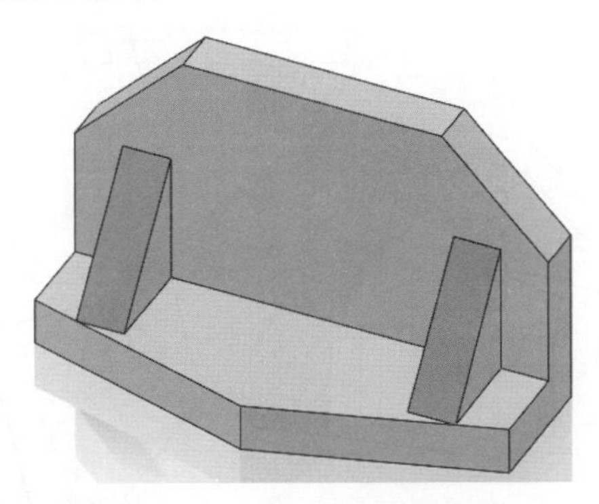

練習 4a-6　Spacing Lever

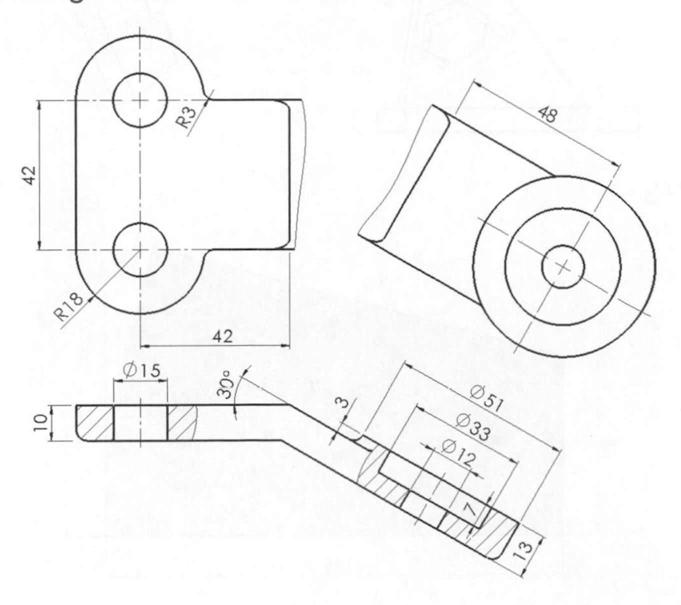

練習 4a-7 轉向關節

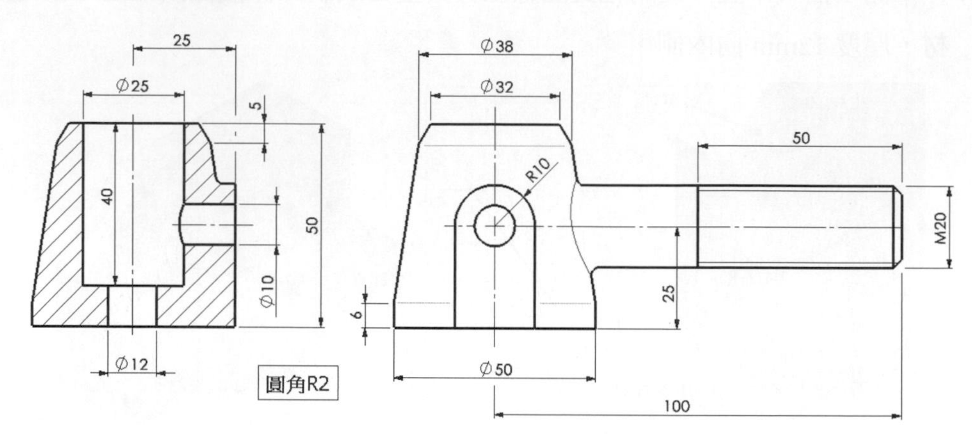

練習 4a-8 複斜面

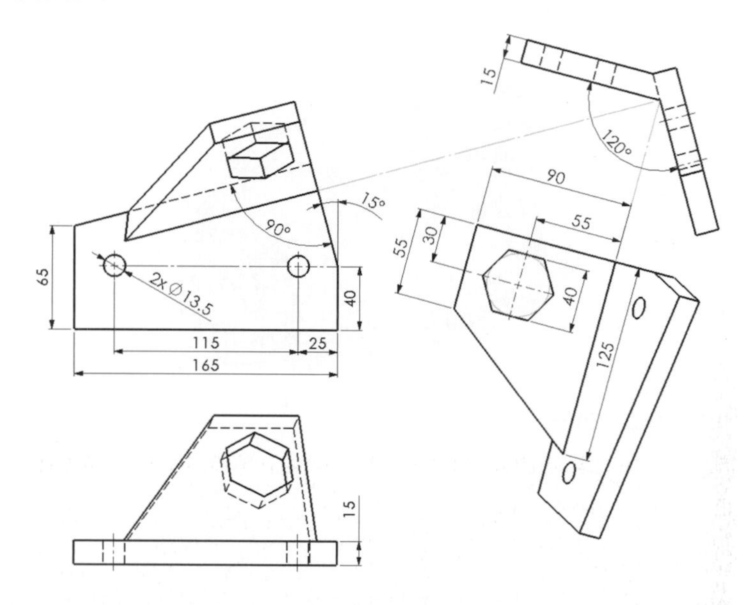

(1) 建立基材伸長。

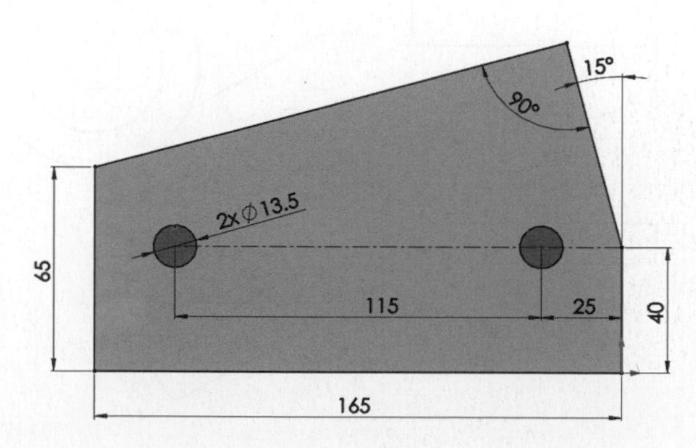

(2) 先建立平面 1，再平行平面 1 向上建立平面 2。

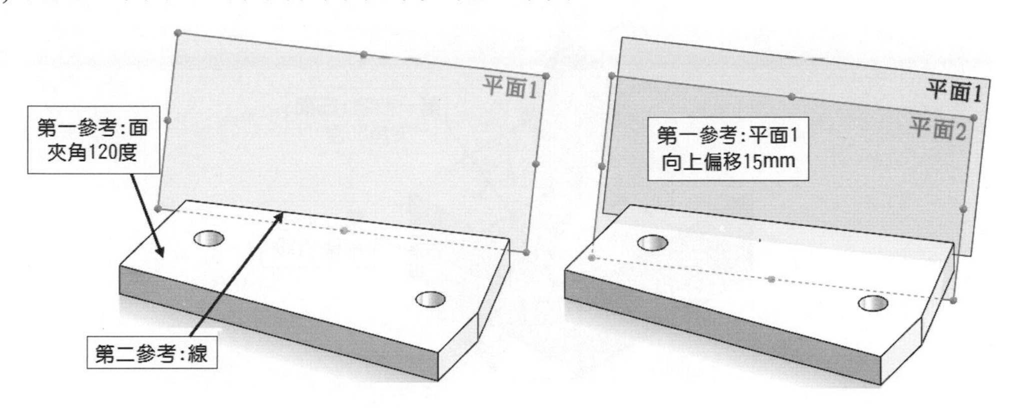

(3) 隱藏平面 1，在平面 2 插入草圖，建立伸長填料，向下 15mm。

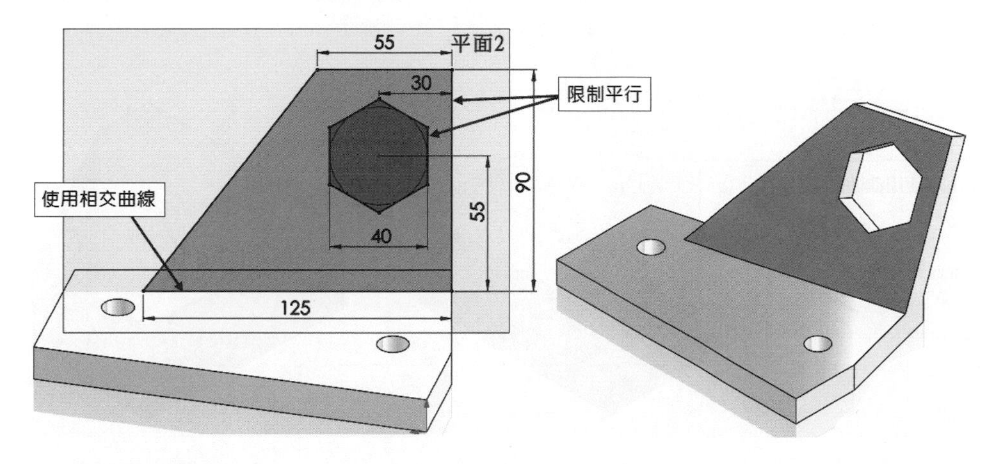

(4) 儲存並關閉檔案

練習 4a-9　Angle mounting

(1) 建立基材特徵，在基材底面建立草圖，繪製一條線段。

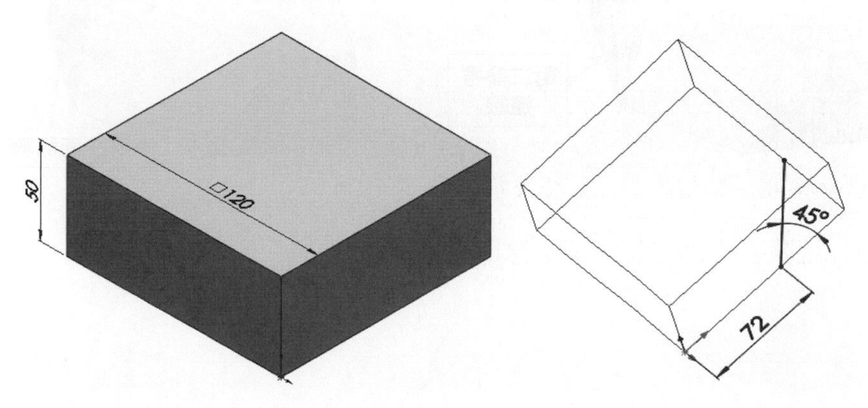

(2) 建立參考平面 1。

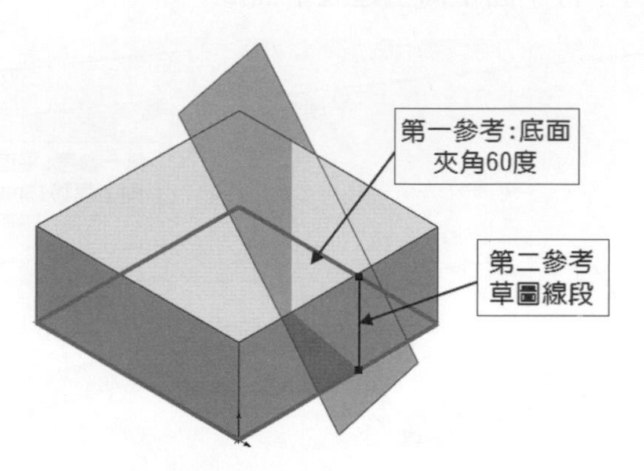

(3) 按「**插入**」➞「**除料**」➞「**使用曲面**」，箭頭方向為除料邊。

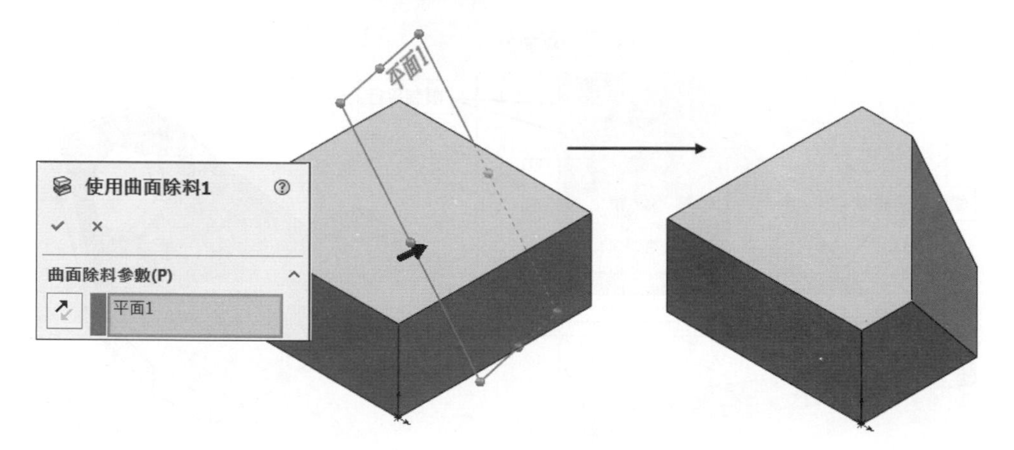

(4) 建立參考平面 2，同上一步驟，使用平面 2 除料。

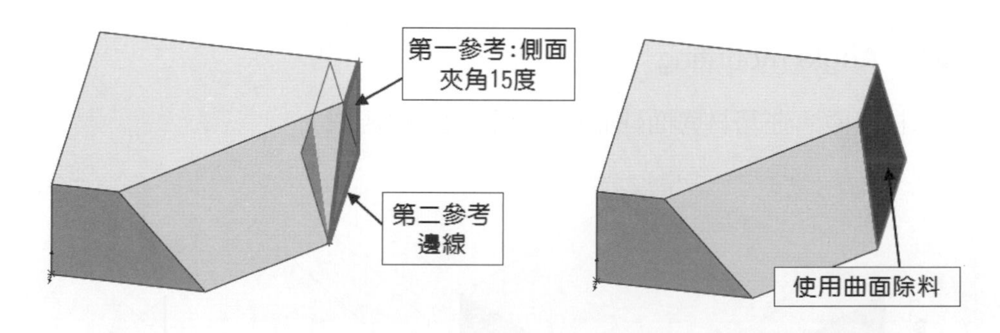

(5) 插入**薄殼**，厚度 10mm。

(6) 顯示草圖 1，在圖示的斜面上按**正視於**，建立草圖繪製圓，並限制孔中心與中心線重合，建立圓孔除料。

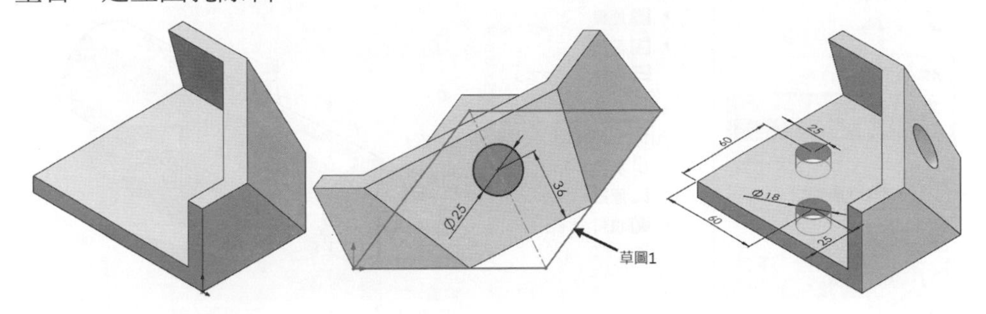

(7) 建立圓角 R3。

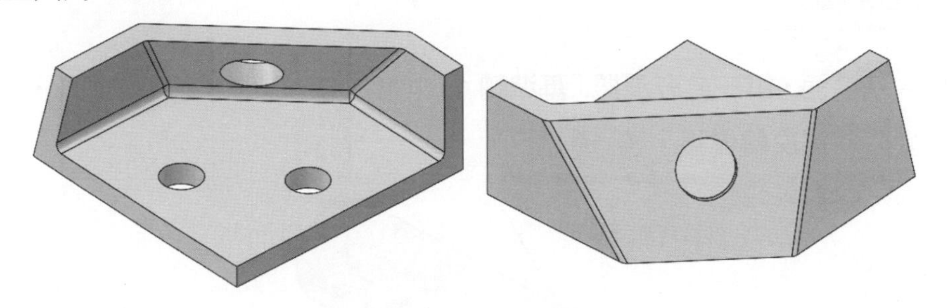

(8) 儲存並關閉檔案。

4-3 基準軸(Axis)

當模型的圓錐和圓柱特徵被建立後，中間會自動產生基準軸，此軸稱之爲**暫存軸**。您在繪製草圖幾何或作環狀複製排列時都可使用基準軸。您可以透過「**檢視**」➡「**暫存軸**」設定預設值爲隱藏或顯示所有暫存軸。

另一種選擇方式是，移動游標至圓柱面或圓錐面上，暫存軸即會自動顯示，以供選取。

您也可以產生稱爲幾何建構軸的**參考軸**(Reference Axis)，此軸也是基準軸的一種。

1. 開啓新檔，在前基準面插入草圖，繪製圓，建立深度 120mm **兩側對稱**的伸長。

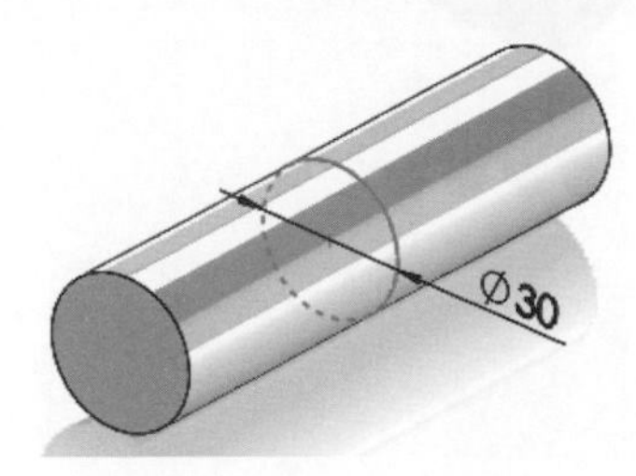

2. 按「**插入**」➡「**參考幾何**」➡「**基準軸**」，或按工具列中的「**基準軸**」，在參考圖元列表內點選前基準面與上基準面(按 C 展開特徵快顯功能表選擇)，按 ✔。

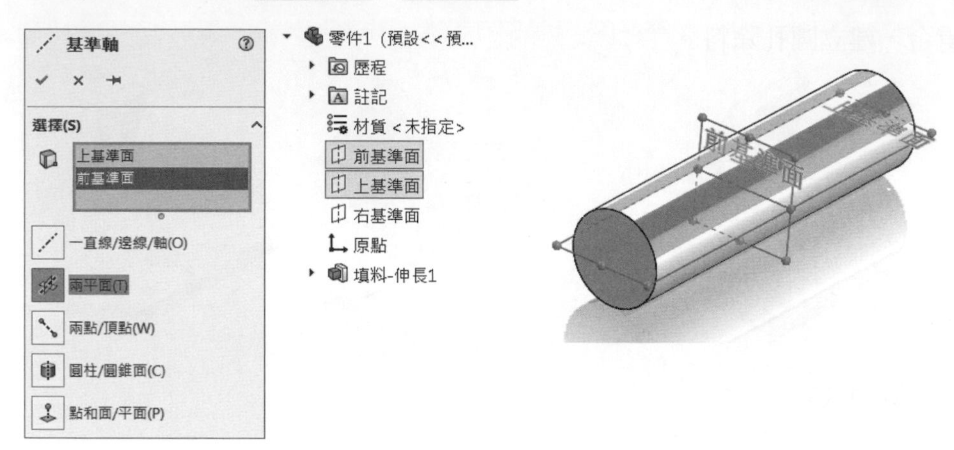

3. 插入基準面，第一參考選擇「**基準軸 1**」，第二參考選擇「**前基準面**」，角度 45°，必要時勾選**反轉偏移**，按 ✔。

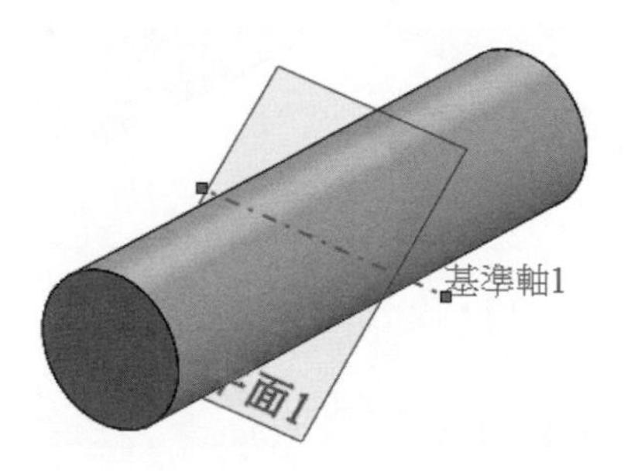

4. 在平面 1 插入草圖，繪製圓，圓心與原點重合，向上伸長 60mm。隱藏平面 1 與基準軸 1。

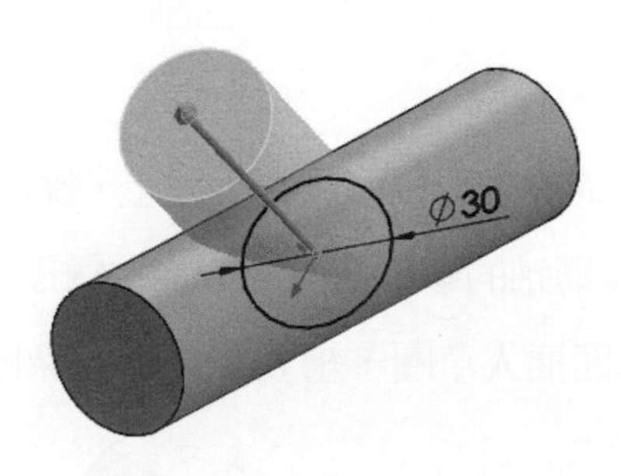

5. 先建立圓角 R2，再建立厚度 2mm 的薄殼(三個開口)。

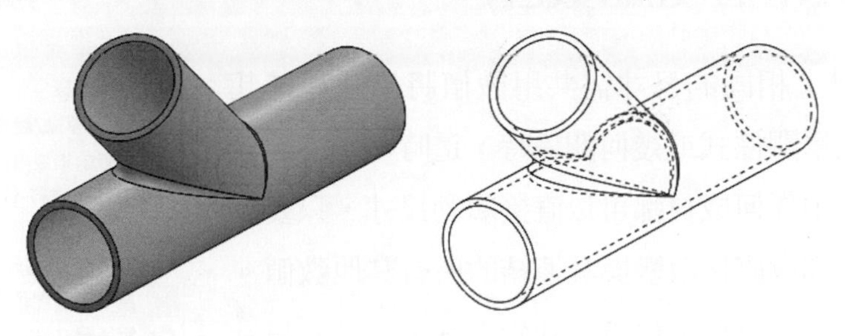

6. 在特徵管理員中的「**註記**」上按滑鼠右鍵，勾選「**顯示特徵尺寸**」，試著調整一下尺寸的位置，其中黑色爲草圖尺寸，藍色爲特徵尺寸。

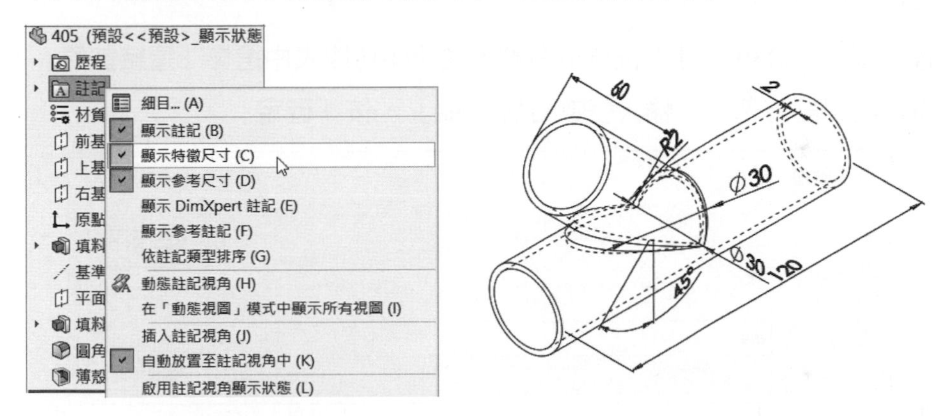

7. 在 R2、45°與薄殼厚度 2 的尺寸上按滑鼠右鍵，點選「**隱藏**」。若要顯示尺寸，在特徵名稱上按滑鼠右鍵，點選「**顯示所有尺寸**」即可。

8. 按「**檢視**」➡「**隱藏/顯示**」➡「**尺寸名稱**」，您可看見所有的尺寸名稱都包含在括弧中。

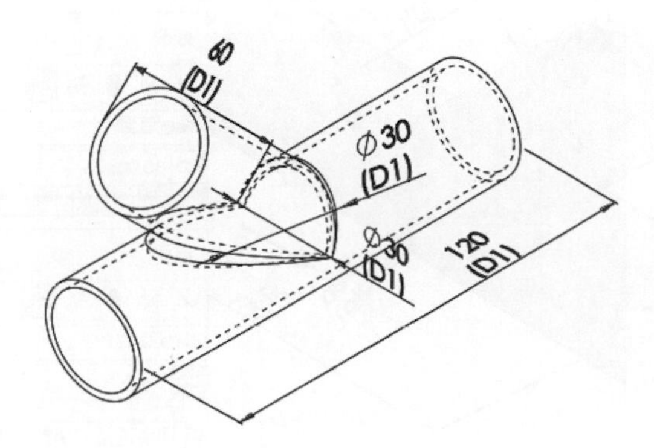

4-4 共用值(連結數值)

當有兩個以上相同的尺寸需共用數值將尺寸連結起來，而不使用數學關係式或幾何關係時，這時可使用**連結數值**，連結數值中任何成員都可以直接驅動尺寸，只要更改任意一個數值都會直接改變與其連結的所有其他數值。

選擇工具
縮放/移動/旋轉
最近的指令(R)
尺寸 (D1@填料-伸長1@405.SLDPRT)
隱藏 (F)
連結數值 (G)
為工程圖標示 (H)
組態尺寸 (I)
顯示選項
智慧型尺寸(K)
註記(A)

連結值的名稱會直接取代爲尺寸的名稱，連結的尺寸名稱也都會出現在特徵管理員中的數學關係式資料夾與數學關係式對話方塊中。

9. 在草圖 1 的∅30 尺寸上按滑鼠右鍵，從快顯功能表中選擇「**連結數值**」，在**共用數值**的對話方塊中，輸入變數名稱「dia」，按「**確定**」。

10. 當尺寸被設定爲共用數值後，尺寸名稱已被變數名稱所取代，而且尺寸名稱前面也會出現紅色的鏈結符號 ；對此尺寸快點兩下，在修改對話方塊中的尺寸數字前也有鏈結符號，代表此尺寸已爲共用數值，按鏈結符號會顯示變數名稱。

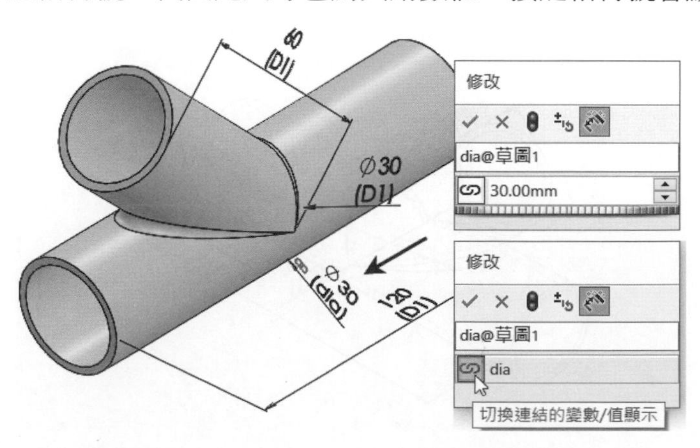

11. 在草圖 2 的∅30 尺寸按右鍵，從快顯功能表中選擇「**連結數值**」。從對話方塊選單中，選擇「dia」，按「**確定**」，兩個∅30 的尺寸名稱都已被代換成相同的變數 dia，也就是兩者的數值是相同且共用的。

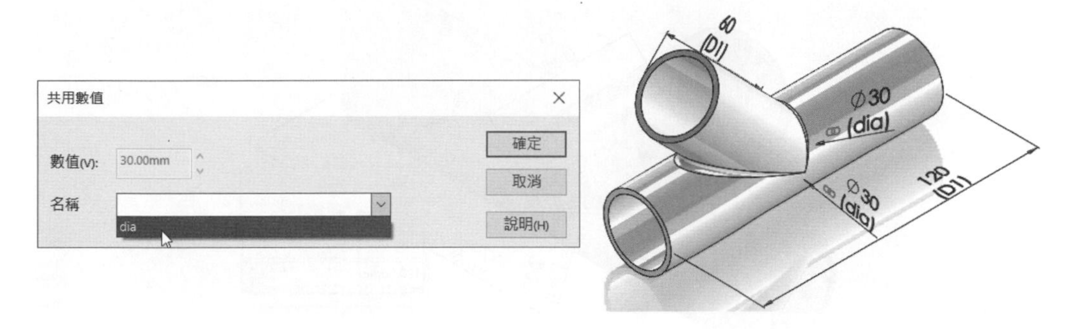

提示

若想取消連結，只要在尺寸按右鍵，從快顯功能表中選擇「**解除連結數值**」即可。

4-5 數學關係式(Equations)

數學關係式是使用尺寸名稱作爲變數，在模型尺寸之間建立數學運算式，以連結不同特徵、草圖之間的尺寸關係。每一條數學方程式都會將等號右側的運算結果指定給左側的變數(也就是左側的尺寸會被右側的值所驅動)。例如 A = B + C，B + C 的結果會指定給 A。

12. 檢視特徵功能表，在註記下面已自動加入數學關係式，也都內含共用數值的變數名稱與變數值；按「**工具**」➡「**數學關係式**」，在列表內也列出一個整體變數 dia。

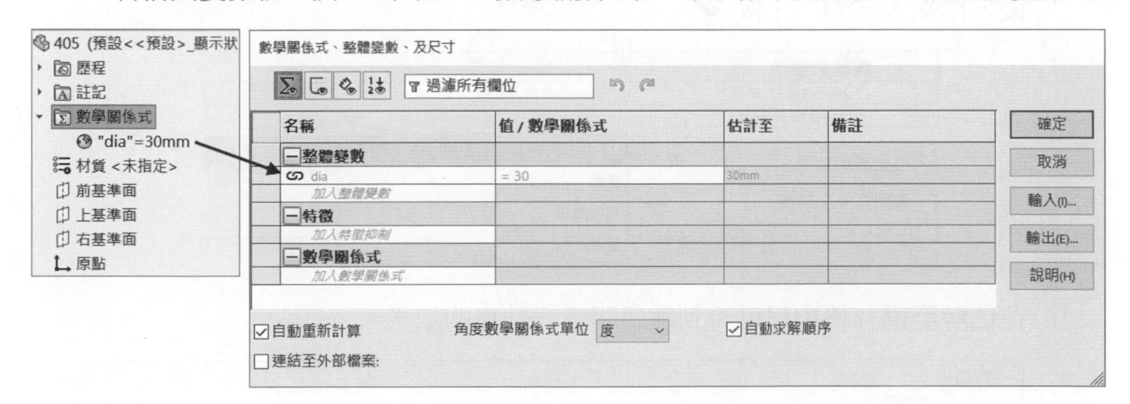

13. 點選尺寸 60、120，在**修改**對話方塊中變更兩伸長特徵的深度值名稱為 short 與 long，(“@伸長#” 會自動加在名稱後面)，您也可以點選尺寸後在屬性管理員內變更。

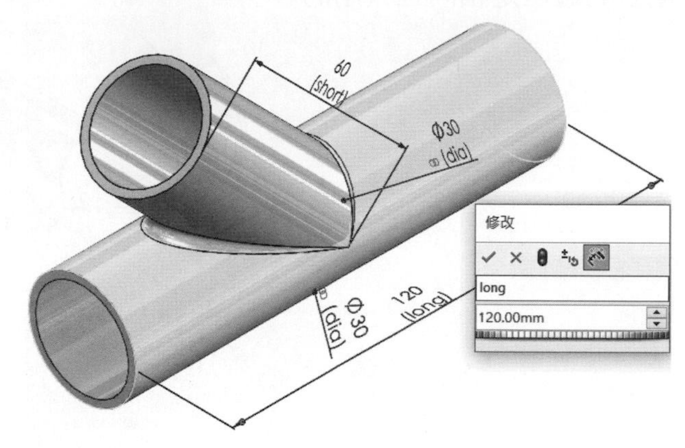

14. 開啓「**數學關係式**」，按一下加入數學關係式下的儲存格，點選 short，在**值**的＝右邊點選 long，再輸入“/2”，按 ✔。

名稱	值 / 數學關係式	估計至	備註
整體變數			
dia	= 30	30mm	
加入整體變數			
特徵			
加入特徵抑制			
數學關係式			
"short@填料-伸長2"	= "long@填料-伸長1" / 2	60mm	
加入數學關係式			

15. 再按一下數學關係式下的儲存格，點選 long，從**值**的儲存格中選擇**整體變數** dia 後，再輸入“*4”，按 ✔。

數學關係式		
"short@填料-伸長2"	= "long@填料-伸長1" / 2	60mm
"long@填料-伸長1"	=	

☑自動重新計算 角度數
☐連結至外部檔案:

整體變數 > dia (30mm)
函數 >
檔案屬性 >
量測...

16. 在**估計至**儲存格中已可看到數學關係式計算的結果。

特徵			
加入特徵抑制			
數學關係式			
"short@填料-伸長2"	= "long@填料-伸長1" / 2	60mm	
"long@填料-伸長1"	= "dia" * 4	120mm	
加入數學關係式			

17. 按**尺寸視圖** ，尺寸值、連結數值與數學關係式值皆可從尺寸名稱列表中檢視，按**確定**。

數學關係式、整體變數、及尺寸

過濾所有欄位

名稱	值 / 數學關係式	估計至	備註
整體變數			
dia	= 30	30mm	
加入整體變數			
特徵			
加入特徵抑制			
尺寸			
dia@草圖1	30mm	30mm	
long@填料-伸長1	= "dia" * 4	120mm	
D1@平面1	45deg	45deg	
dia@草圖2	30mm	30mm	
short@填料-伸長2	= "long@填料-伸長1" / 2	60mm	
D1@圓角1	2mm	2mm	
D1@薄殼1	2mm	2mm	

提示

若要刪除數學關係式，只要在名稱上按右鍵，點選刪除即可。

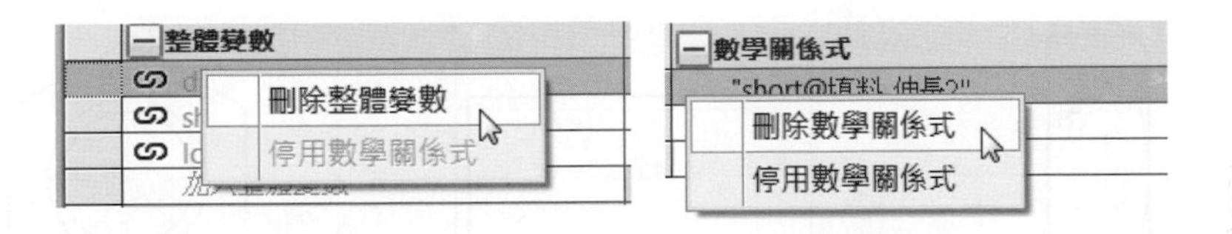

18. 離開數學關係式對話方塊後，short 與 long 尺寸數值前已多了一個 Σ，代表此尺寸已受數學關係式所驅動；同時該尺寸的數值輸入框呈灰階，已被限制住而無法更改。

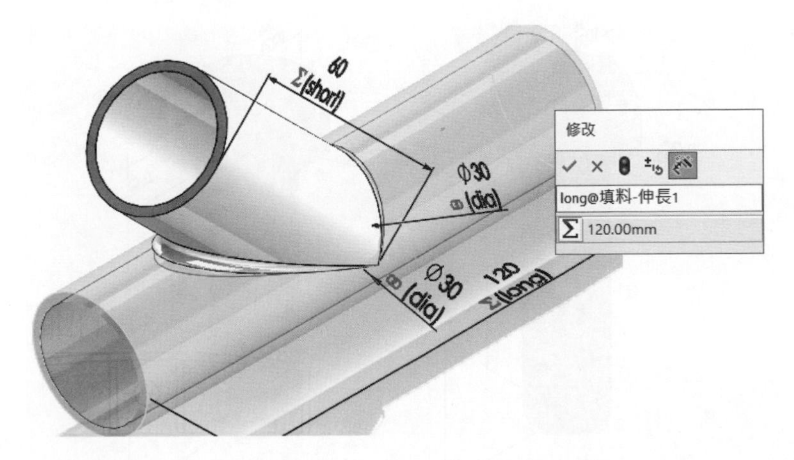

19. 變更尺寸值，將 dia 值改成 25，按「**重新計算**」，經過計算後，short 與 Long 的尺寸值已因數學關係式而變更爲 50 與 100。

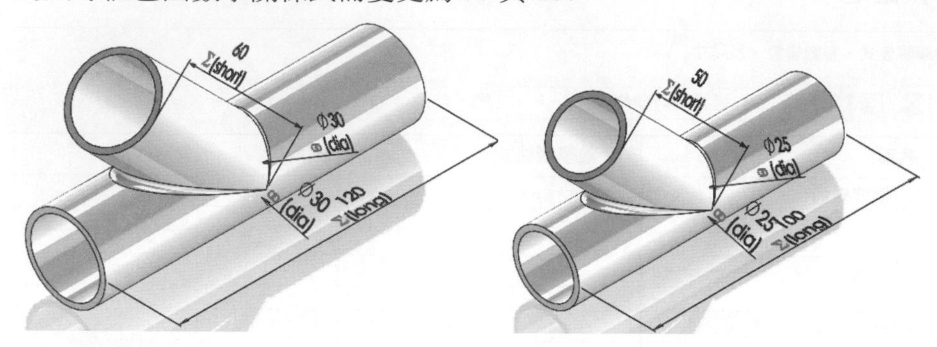

20. 儲存並關閉檔案。

4-5-1 練習題

練習 4b-1 螺栓

(1) 開啓零件 4b-1。

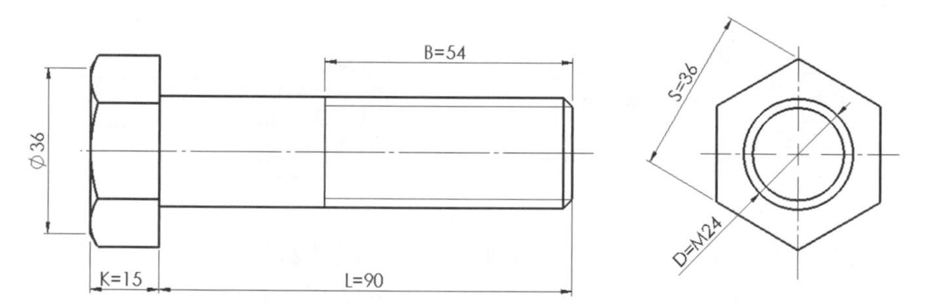

(2) 顯示特徵尺寸與尺寸名稱，並變更名稱如右圖。

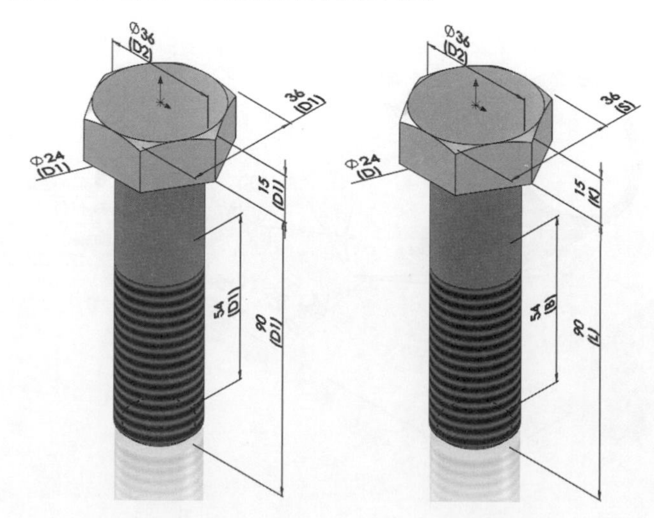

(3) 連結數值∅36(D2)與 36(S)。

(4) 建立數學關係式，S = 1.5D；K = (2D)/3；B = 2D + 6；L = B + 12

(5) 變更 24(D)的尺寸為 16、20、30、36，查看螺栓的變化。

4-6 拔模分析與拔模

4-6-1 拔模分析

拔模分析是用來確認零件的特徵是否已經給定拔模角度，是否能夠成功脫模。

您可以按「**檢視**」→「**顯示**」→「**拔模分析**」、CommandManager 中的「**評估**」→「**拔模分析**」，或模具工具列中的「**拔模分析**」，在選定**起模方向(面)**後，設定分析參數與色彩設定，以找出並顯示在鑄模零件中拔模不足的區域。

1. 開啟零件檔 draft。

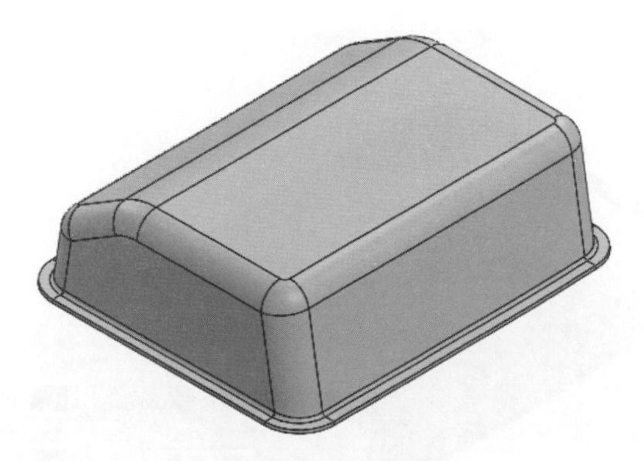

2. 翻轉零件，按「**拔模分析**」，**起模方向**選擇如箭頭所示的平面，拔模角為預設值。

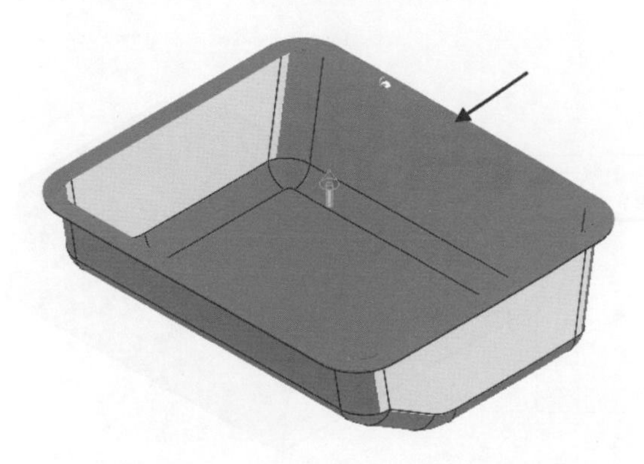

3. 按**反轉方向**，使起模方向如圖所示，依照拔模種類，表面以不同顏色顯示，其中零件的兩側面顯示**黃色**的面表示需要拔模處理。

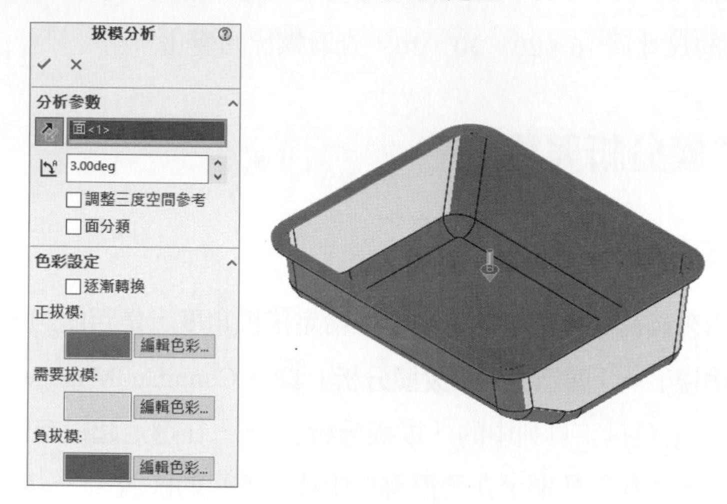

4. 按**確定** 完成指令，零件的表面顏色仍維持顯示狀態，移動游標至黃色面以顯示拔模角度。

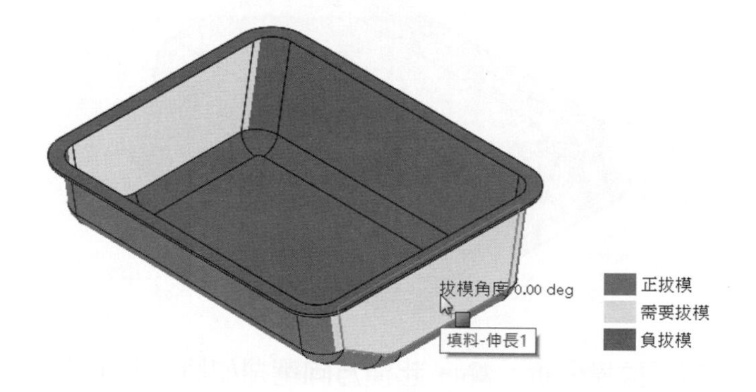

5. 翻轉零件，拖曳回溯棒至填料-伸長 1 特徵下方，從圖中可看到零件的兩側面顯示爲黃色。

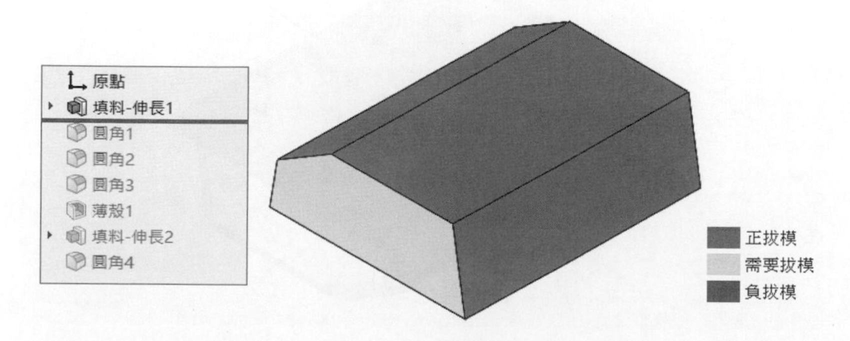

4-6-2 拔模

拔模是用在伸長的基材、填料或除料中套用拔模角度。您可以產生以特定的角度斜削所選模型面的特徵，並使用中立面來決定所產生模具的起模方向。形狀複雜零件可以使用分模線及階段拔模。

您可以按「**插入**」→「**特徵**」→「**拔模**」、CommandManager 中的「**特徵**」→「**拔模**」，或特徵工具列中的「**拔模**」啓用指令。

6. 按「**拔模**」，**中立面**選擇底部平面，箭頭向上，**拔模面**選擇兩個黃色面，**拔模角度** 10°，按**確定**。

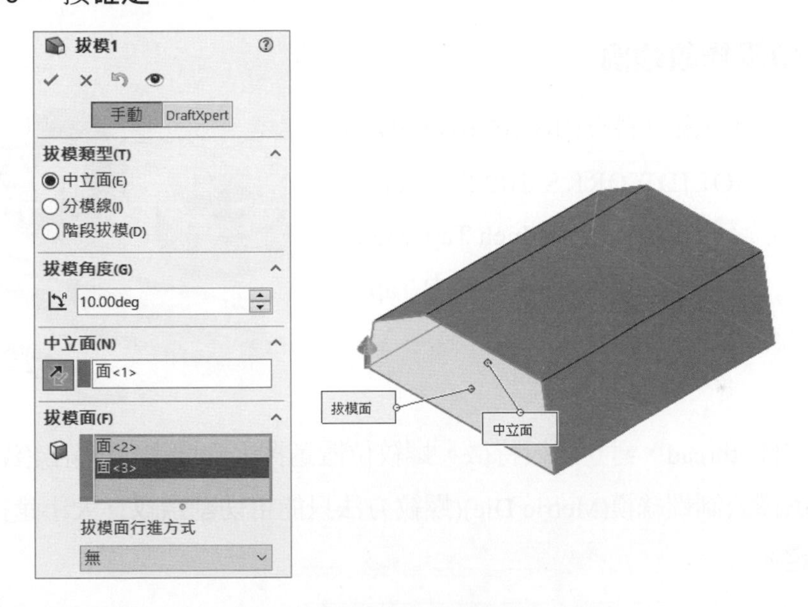

7. 拖曳回溯棒至最後，查看零件拔模角度顏色，已無出現黃色面。

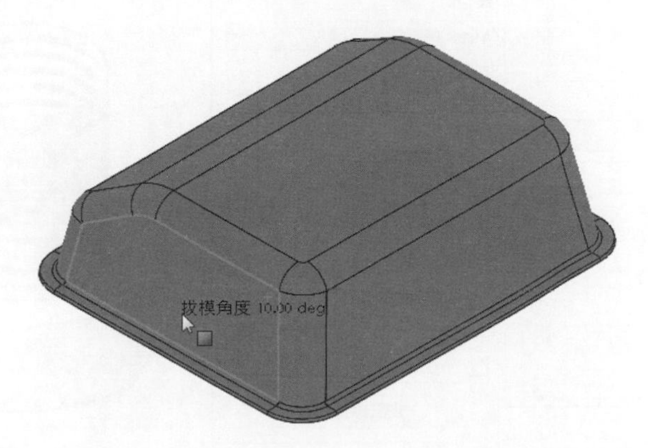

8. 按「**拔模分析**」，關閉拔模顏色顯示，儲存並關閉檔案。

4-7 螺紋

在 SOLIDWORKS 中，您可以使用輪廓草圖在圓柱面上產生螺旋螺紋，而這輪廓草圖是存在螺紋輪廓資料夾中，螺紋輪廓可以自訂，並可將自訂螺紋輪廓另存爲特徵庫(*.sldlfp)。

使用**螺紋**特徵可以用來定義螺紋的開始位置、指定偏移、設定終止型態、指定類型、大小、直徑、螺距及旋轉角度，以及選擇右、左旋螺紋等選項。

您可以從特徵工具列中選擇**螺紋** ，或從按「**插入**」→「**特徵**」→「**螺紋**」。

4-7-1 預設螺紋輪廓

在螺紋輪廓的檔案資料夾內(C:\ProgramData\SOLIDWORKS\SOLIDWORKS 2022\Thread Profiles)，系統預設有 5 個(Inch Die, Inch Tap, Metric Die, Metric Tap, SP4xx Bottle)輪廓檔，其中 Tap 爲螺絲攻；Die 爲螺絲模，如圖示。

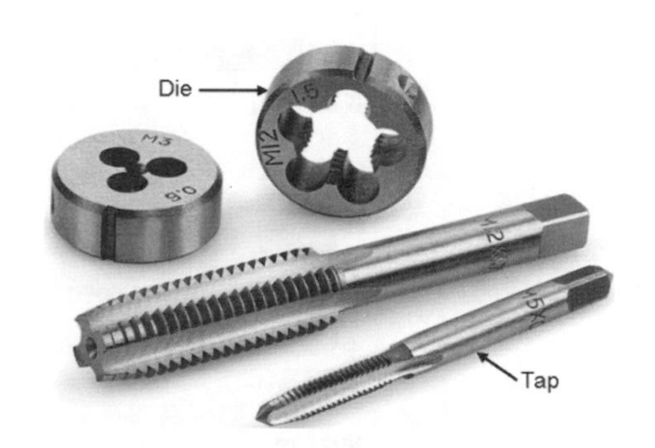

1. 開啓零件 thread，建立**螺紋**特徵，螺紋位置選擇上端圓邊線，給定深度 40mm，類型選擇公制螺絲模(Metric Die)(螺紋方法只能用**切割螺紋**)，大小選擇 M30×3.5，按**確定**。

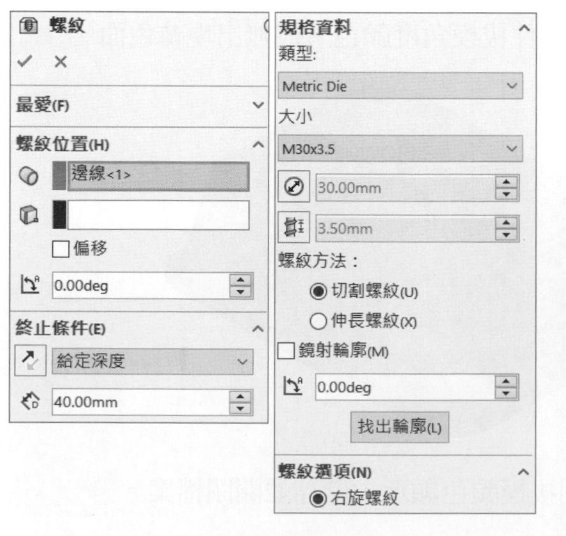

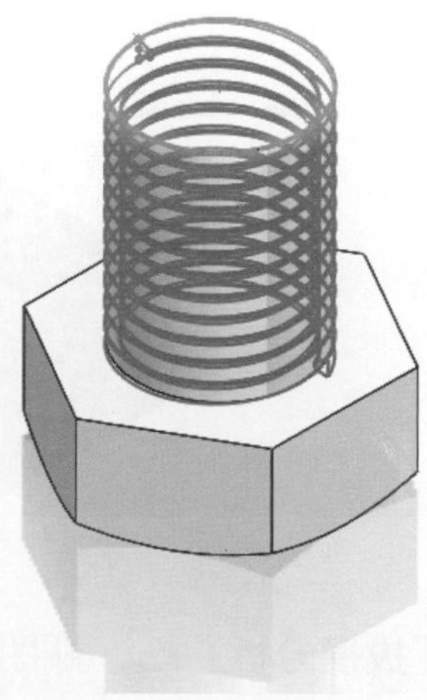

2. 檢查剖面，如圖示可以發現上緣與下端面並沒有對齊。

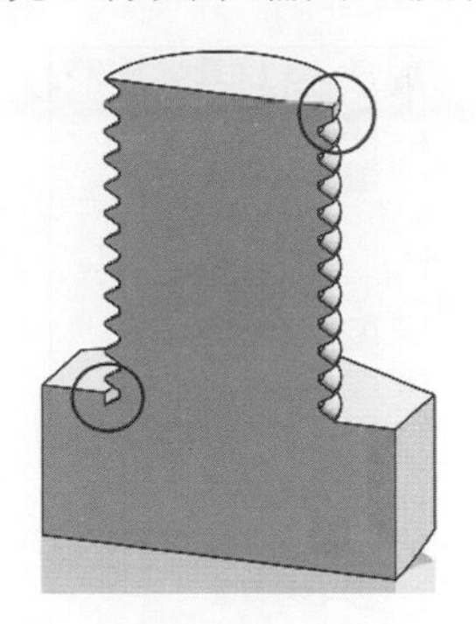

3. 編輯螺紋特徵，勾選**偏移**，向外 3.5mm，勾選**維持螺紋長度**，螺紋選項勾選**以起始面修剪**與**以結束面修剪**。下圖中，螺紋的外形起始與結束已與端面平行。

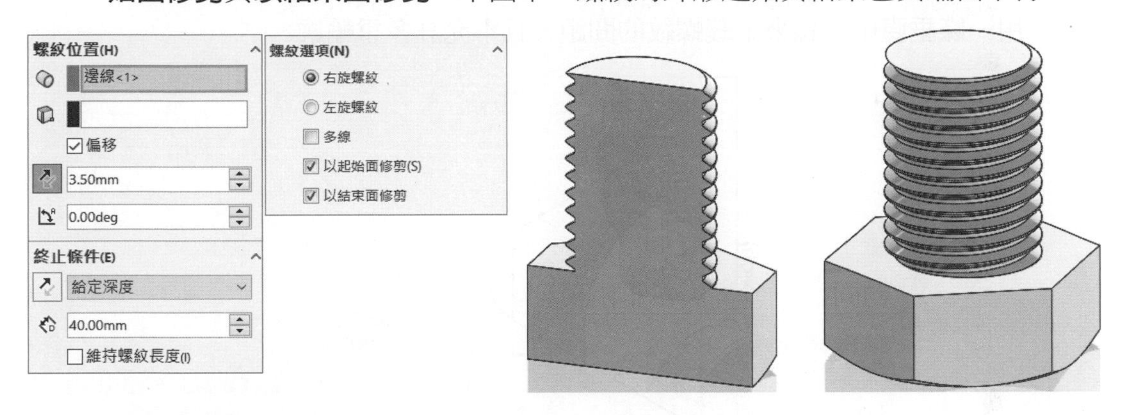

4. 儲存並關閉檔案。

4-7-2 自訂螺紋輪廓

在使用自訂螺紋之前，請先在「**選項**」→ **系統選項** → **檔案位置** → **螺紋輪廓**中新增自訂螺紋輪廓的位置，您也可以將建立的螺紋輪廓特徵庫儲存在預設的螺紋輪廓資料夾中。

1. 開新檔案並儲存檔案名稱為 pitch3，存檔類型選擇 Lib Feat Part(*.sldlfp)，路徑選擇預設的螺紋輪廓目錄中(Thread Profiles)。

檔案名稱(N): pitch3
存檔類型(T): Lib Feat Part (*.sldlfp)
描述: Add a description

2. 因存檔類型為專用特徵庫檔案，系統會在特徵功能表中加入參考與尺寸的資料夾。

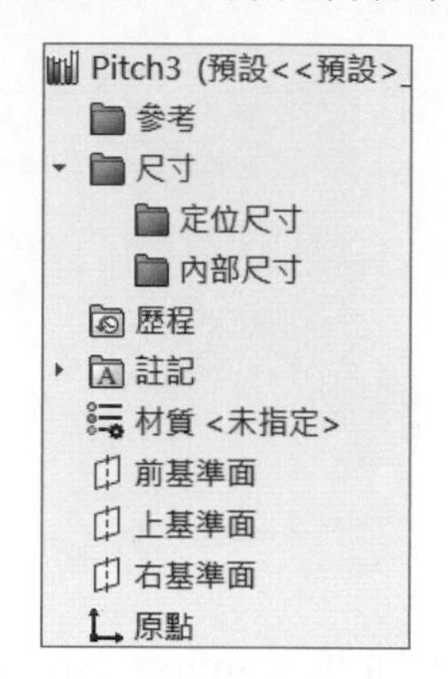

3. 在前基準面插入草圖，建立如圖示的螺紋輪廓，並變更尺寸名稱。注意螺紋只使用一條**垂直**中心線來定義螺紋的間距，且不允許多重輪廓。

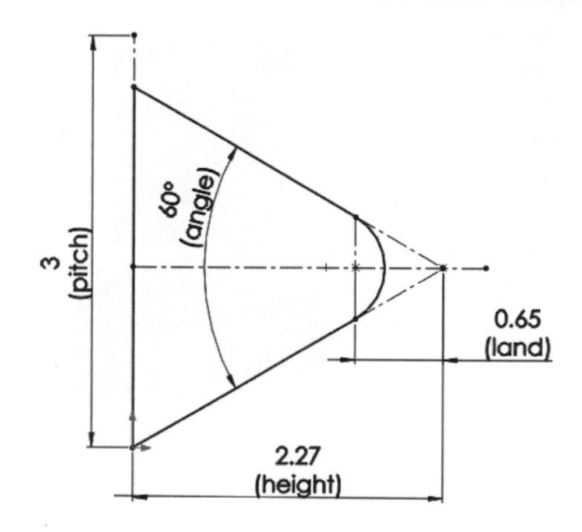

4. 建立如圖示的數學關係式，其中螺紋高度 H = 0.866025*P，作用高度 height = H*7/8，根部圓弧高 = H/4。

	名稱	值 / 數學關係式	估計至	備註
	整體變數			
	"P"	= 3	3	
	"H"	= "P" * 0.866025	2.59807	
	加入整體變數			
	特徵			
	加入特徵抑制			
	數學關係式			
	"height@草圖1"	= "H" * 7 / 8	2.27mm	
	"land@草圖1"	= "H" / 4	0.65mm	
	加入數學關係式			

5. 建立好外螺紋的除料輪廓草圖後，在草圖 1 上按右鍵，點選**加入至資料庫**，系統會在參考與尺寸資料夾中加入特徵放置的基準面，與標示爲特徵庫的特徵的尺寸。同時草圖 1 圖示上也會多出一個 L 英文字母。

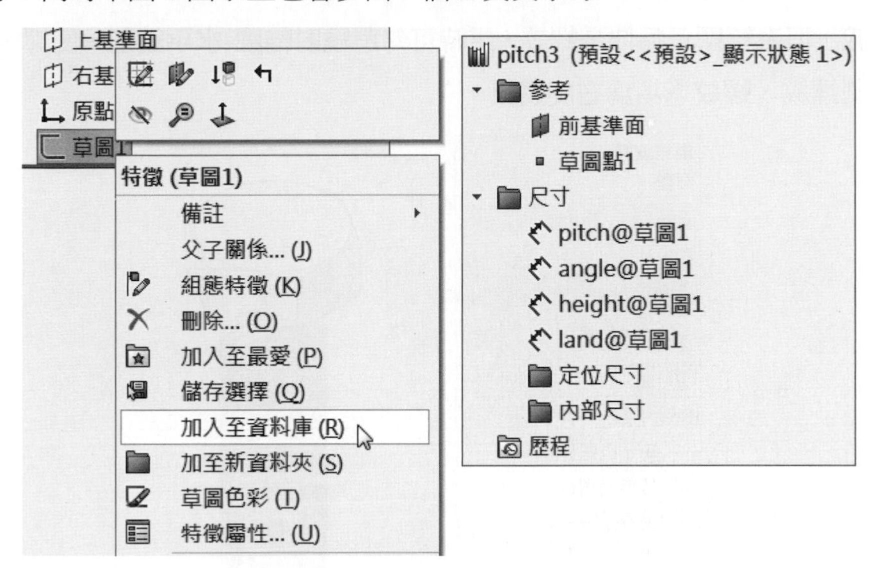

6. 儲存並關閉 pitch3 螺紋輪廓檔案。
7. 開啓 bolt 零件，目前零件只有螺栓頭與圓柱，並未有螺紋或裝飾螺紋線。

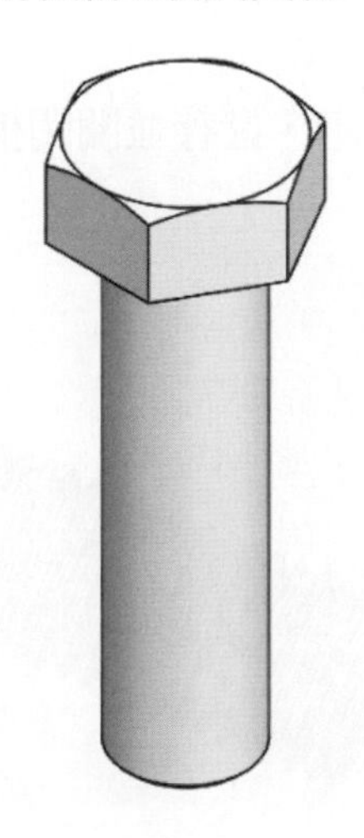

8. 建立**螺紋**，邊線選擇導角外側圓線，勾選**偏移**，向外 3mm，避免螺紋起點除料不完整；**給定深度 70mm**，並勾選**維持螺紋長度**(不受偏移影響)；螺紋類型選擇前面建立的特徵庫螺紋輪廓 pitch3，大小預設(只有一種模型組態)；螺紋方法為**切割螺紋**，但系統顯示為伸長螺紋，這時可勾選**鏡射輪廓-水平鏡射**，使螺紋方法維持切割螺紋，螺紋選項為**右旋螺紋**。

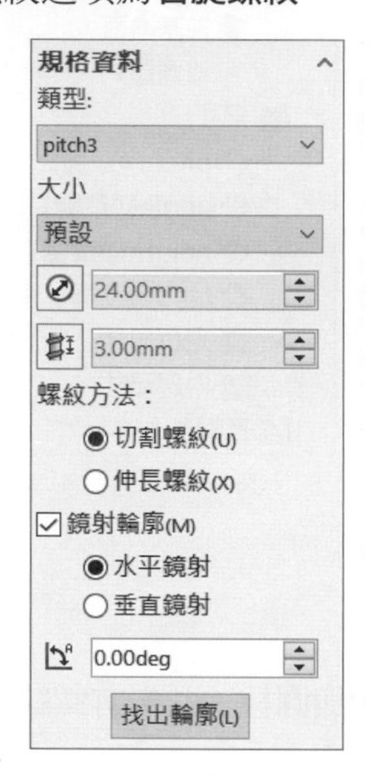

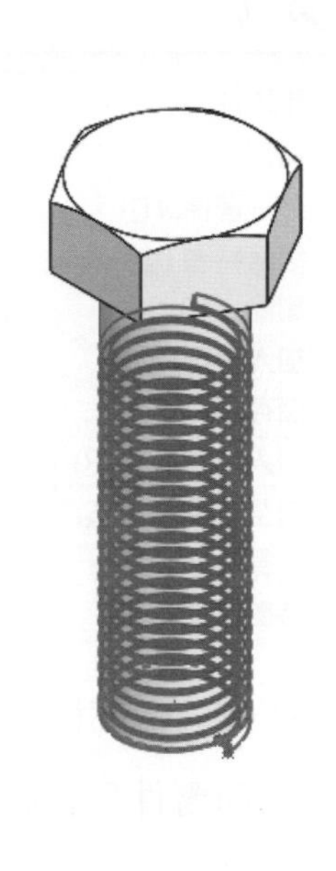

9. 按**確定**，螺紋顯示結果如圖示，儲存並關閉檔案。

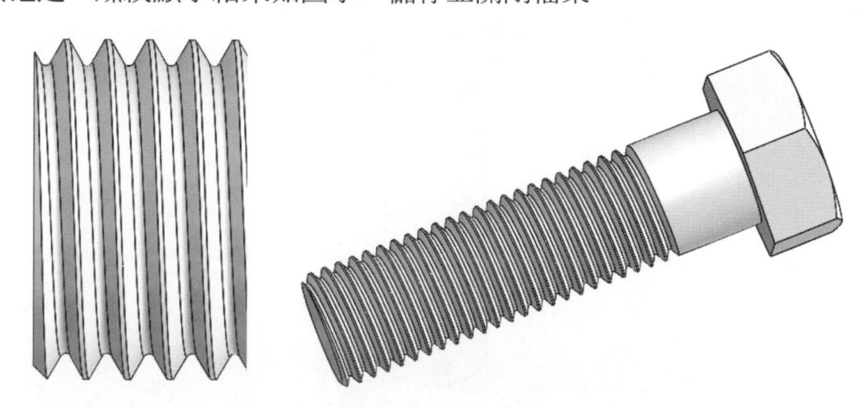

4-7-3 練習題

練習 4b-2 screw

(1) 建立**節距** 5mm 的梯型牙特徵庫零件 Lib Feat Part(*.sldlfp)，繪製圖示的螺紋輪廓並建立數學關係式，存檔備用。

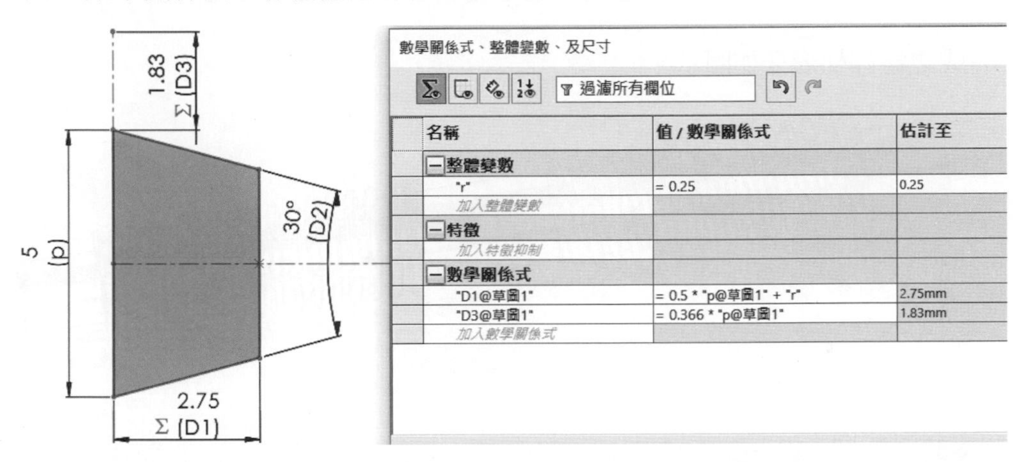

數學關係式、整體變數、及尺寸

過濾所有欄位

名稱	值 / 數學關係式	估計至
整體變數		
"r"	= 0.25	0.25
加入整體變數		
特徵		
加入特徵抑制		
數學關係式		
"D1@草圖1"	= 0.5 * "p@草圖1" + "r"	2.75mm
"D3@草圖1"	= 0.366 * "p@草圖1"	1.83mm
加入數學關係式		

(2) 開新檔案，在右基準面插入草圖，建立旋轉與導角特徵。

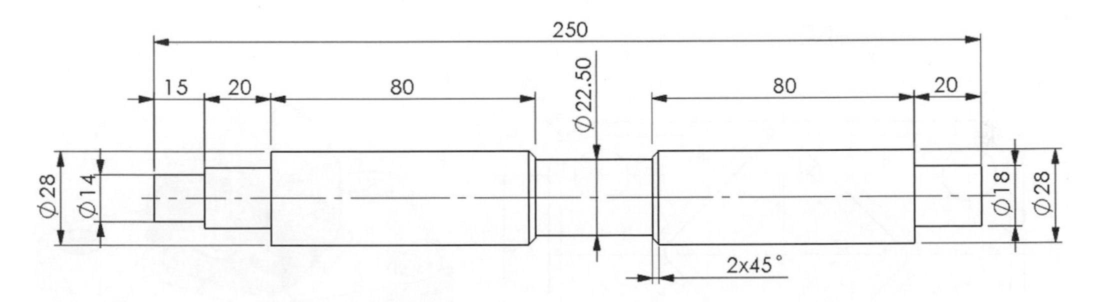

(3) 使用前面建立的特徵庫，梯型牙螺紋輪廓在右側建立**右旋螺紋**。

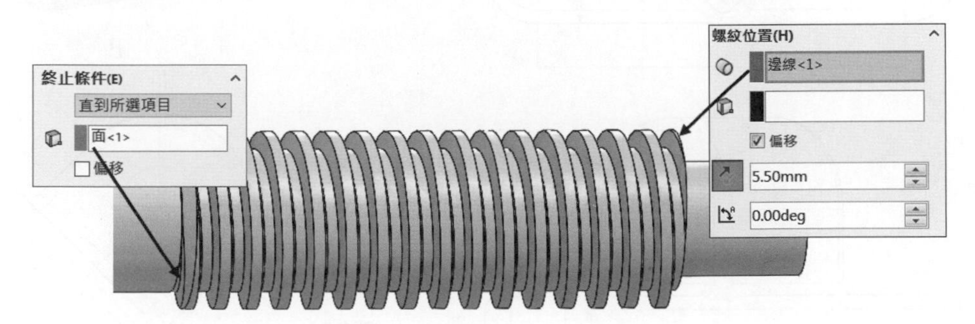

(4) 以相同方式在左側建立**左旋螺紋**。

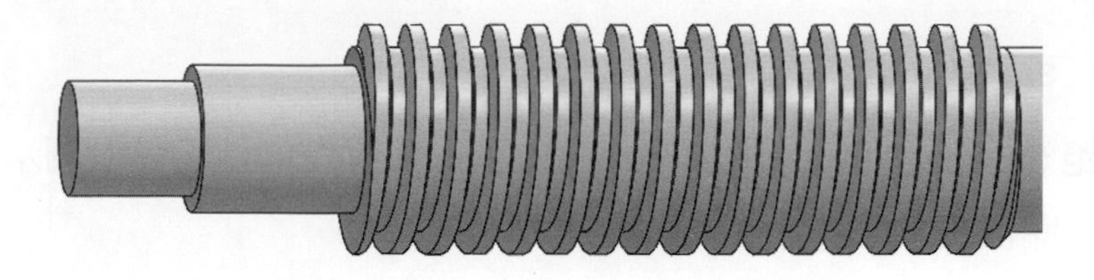

(5) 完成之螺桿梯形牙如圖示。

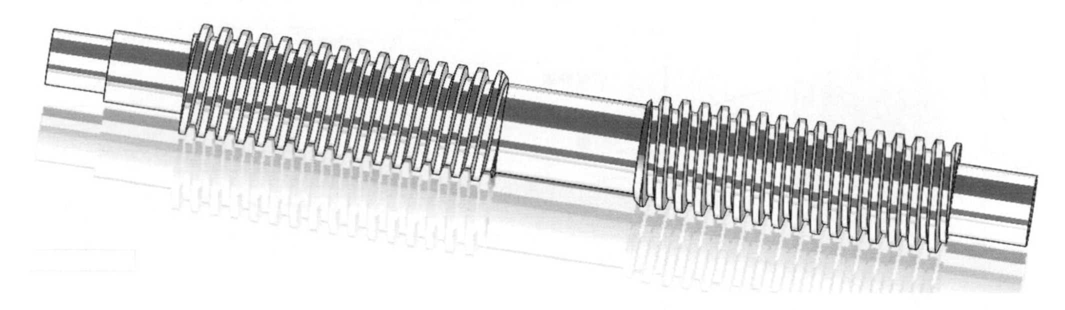

4-8 綜合練習

練習 4c-1 Brearing

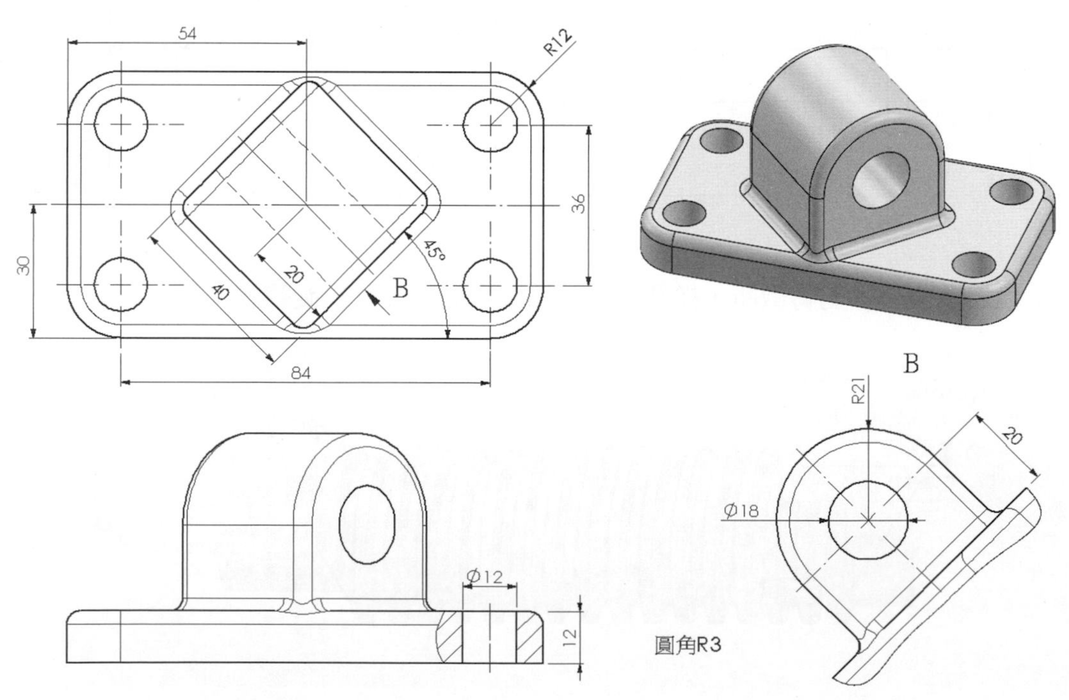

練習 4c-2 位置調整架

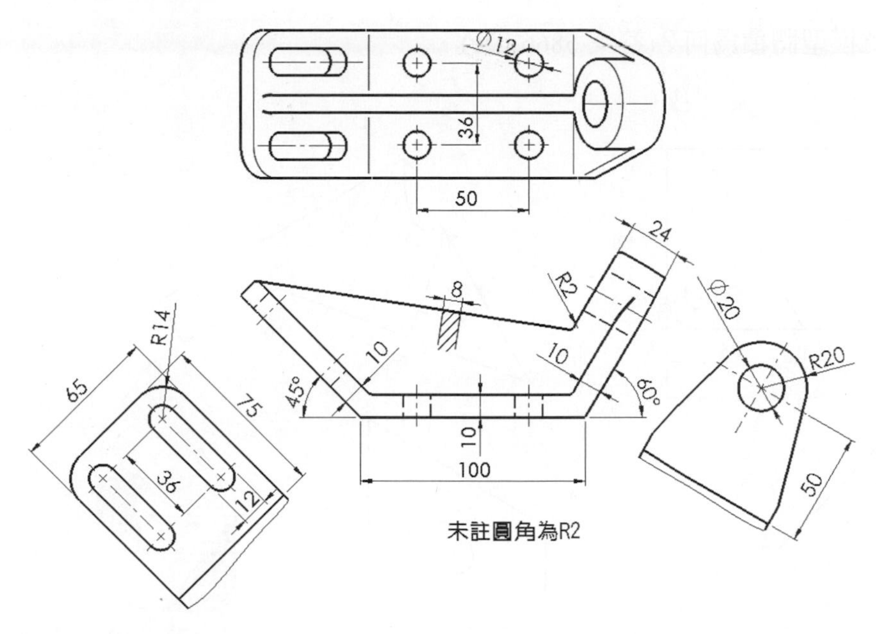

未註圓角為R2

練習 4c-3 Shifter Fork (單位 IPS)

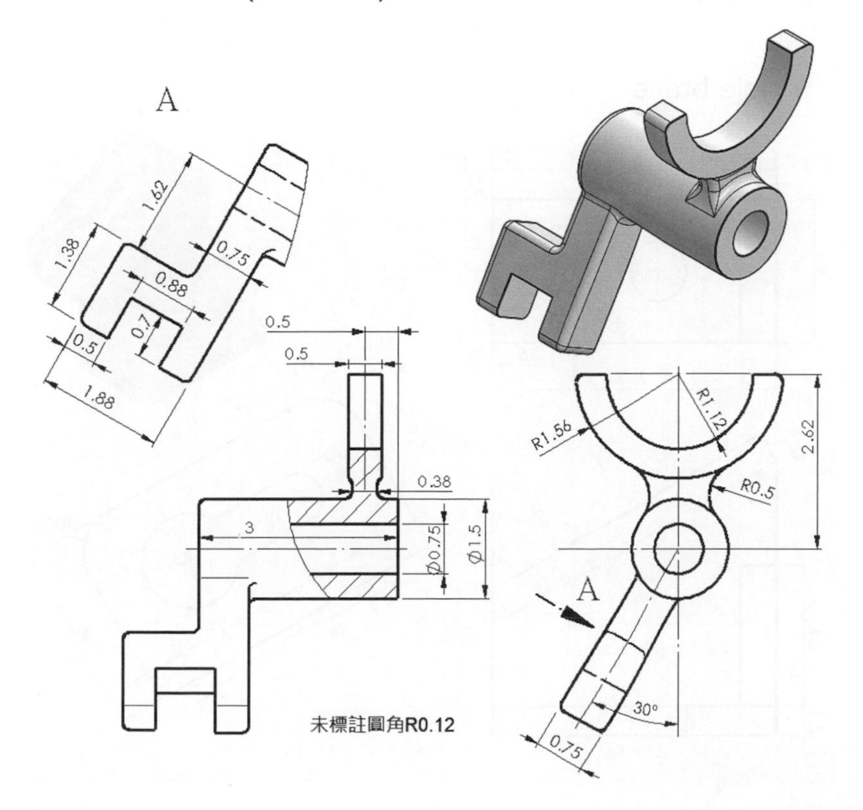

未標註圓角R0.12

練習 4c-4　競賽題

問題：此模型體積為何？(答案 58667.26)

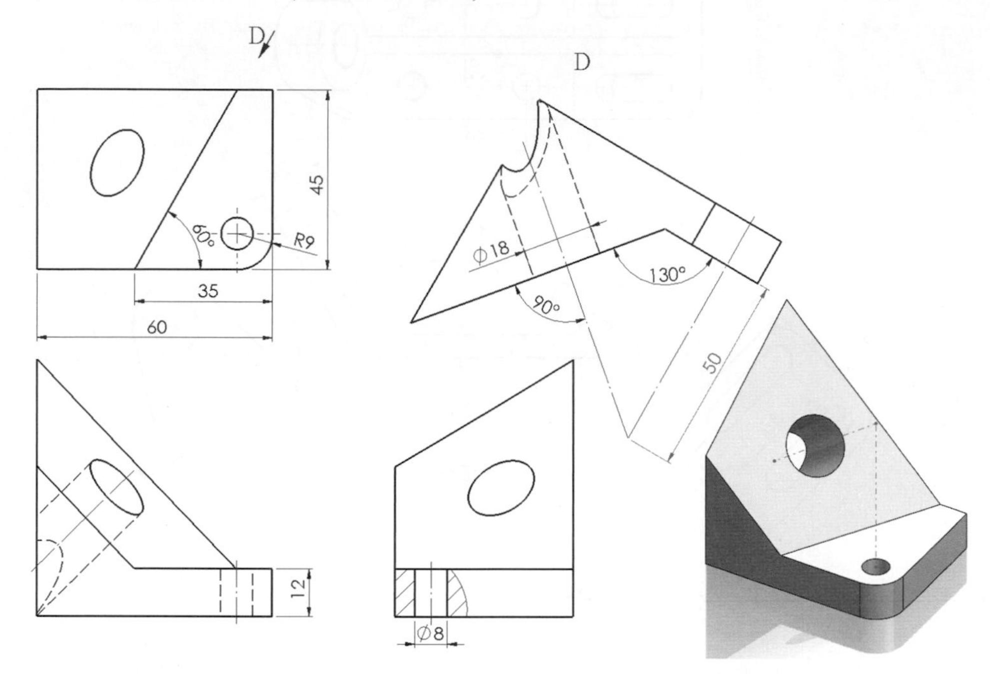

練習 4c-5　Angle brace

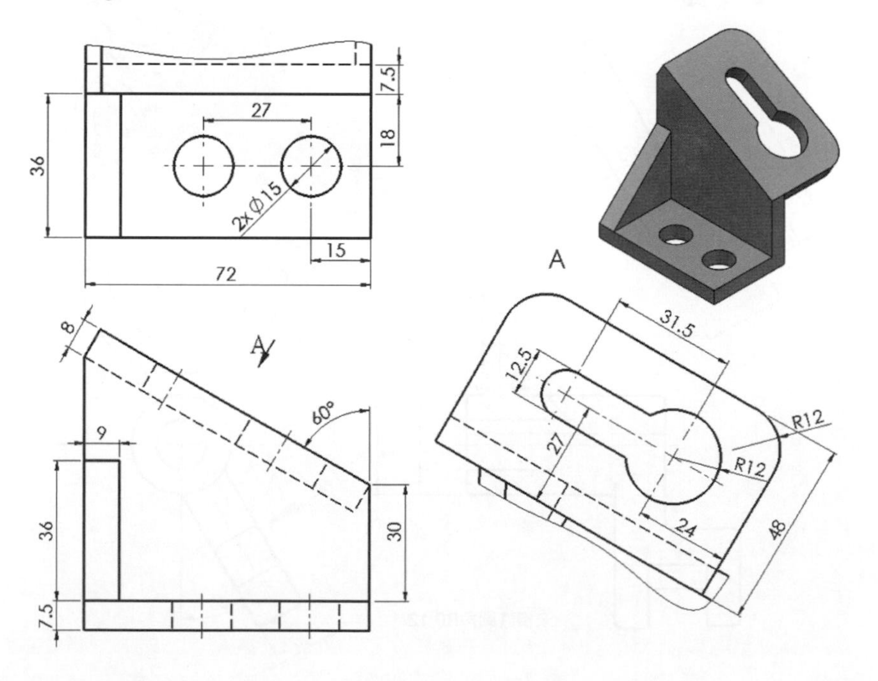

練習 4c-6 機蓋

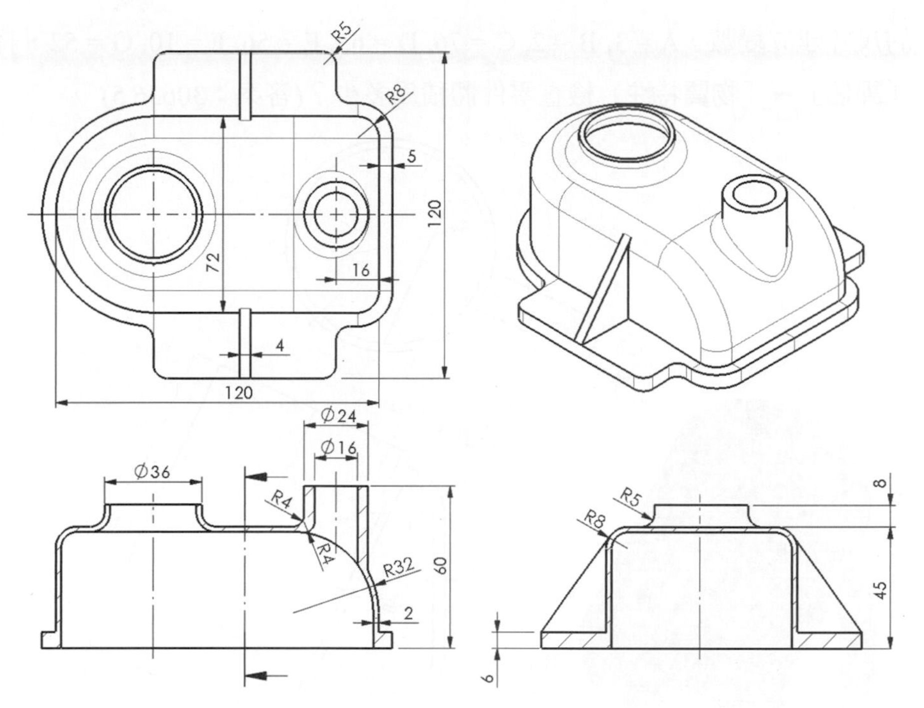

練習 4c-7 角軸底座

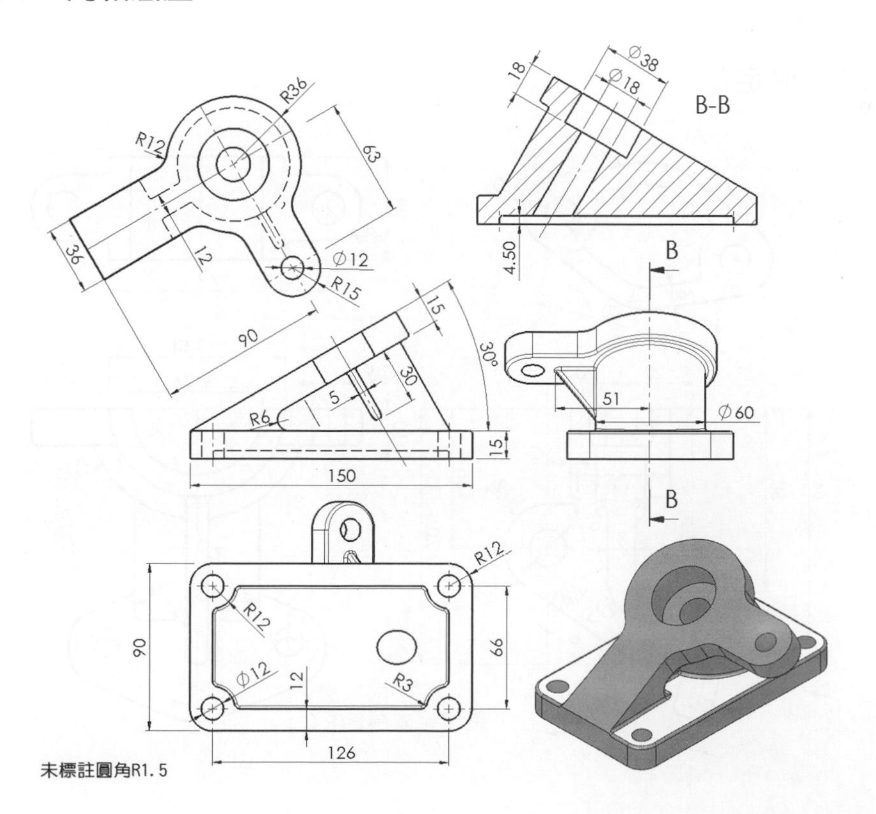

練習 4c-8 競賽題

依圖中的尺寸建立變數，A = 3, B = 2, C = 76, D = 65, E = 56, F = 10, G = 52，杯體為等厚，按「**評估**」➡「**物質特性**」檢查零件體積為多少？(答案：30636.5)

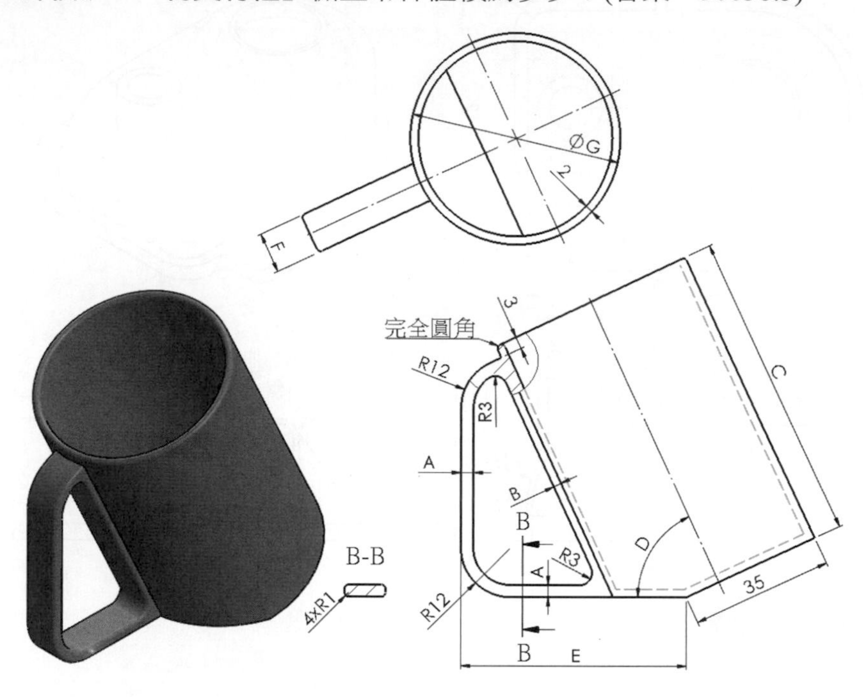

練習 4c-9 檢定題

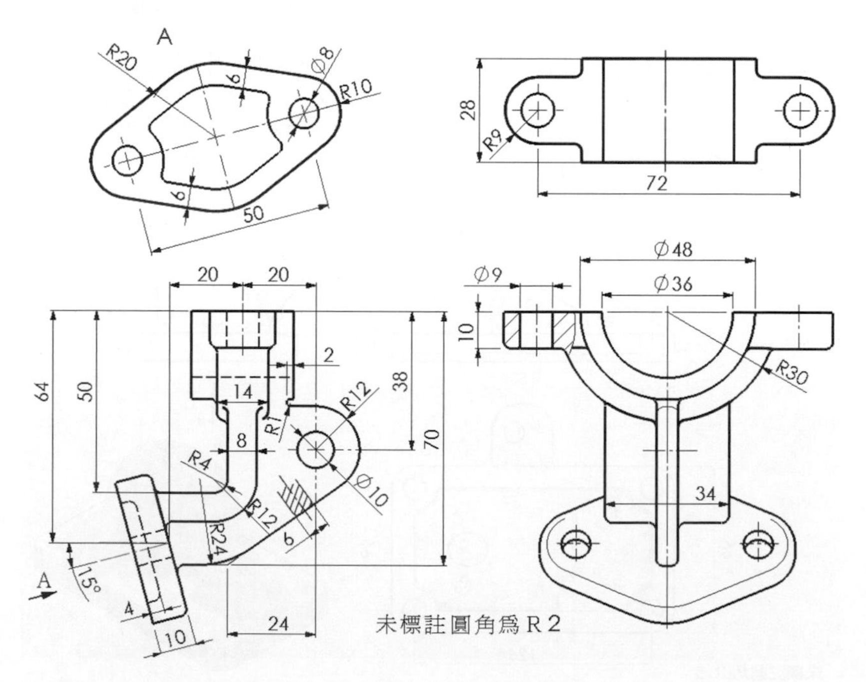

未標註圓角為 R 2

練習 4c-10 軸座

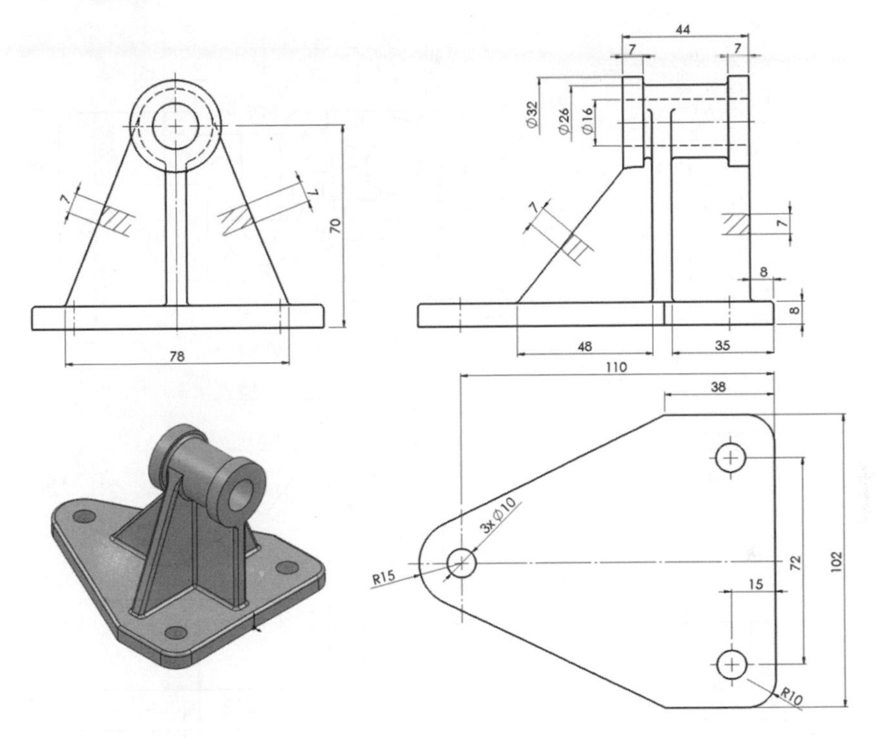

練習 4c-11 競賽題

求零件體積爲多少？(答案：9039.34)

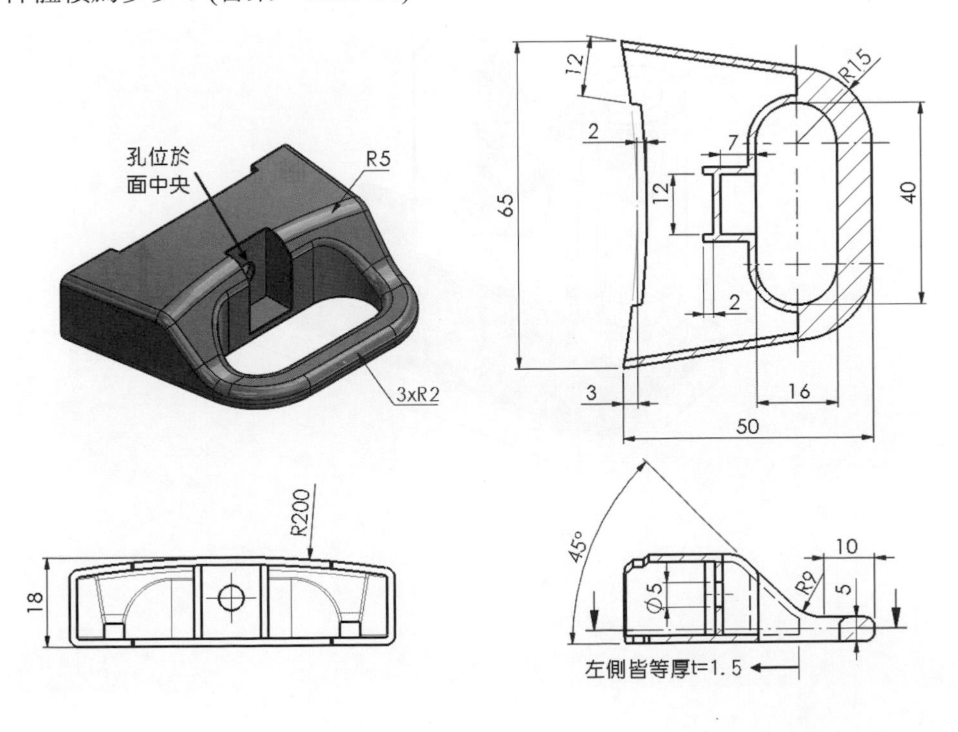

練習 4c-12　圓桿夾具

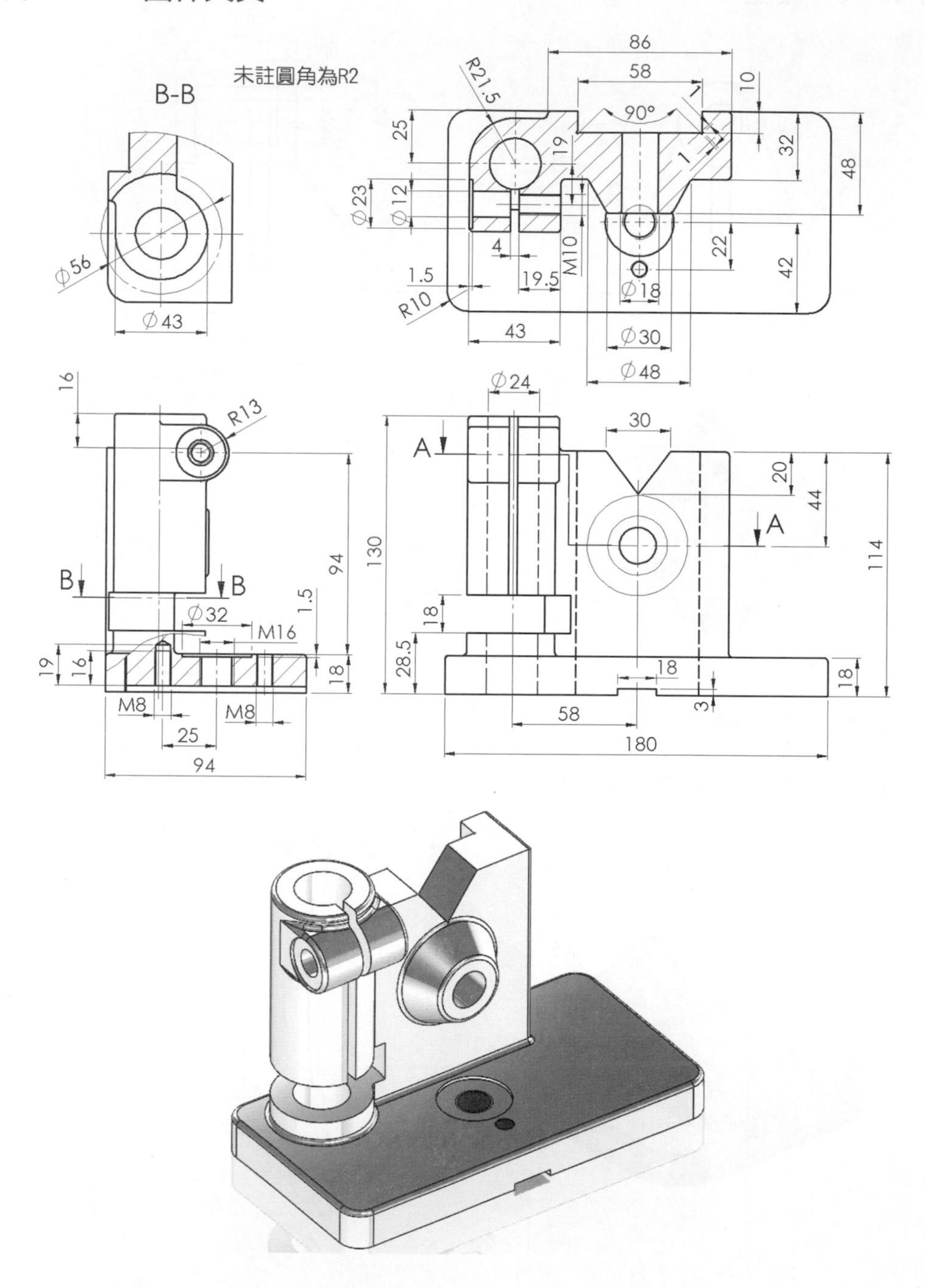
未註圓角為R2
B-B
A
B
86
58
90°
R21.5
10
32
48
25
19
1
Ø23
Ø12
4
M10
19.5
1.5
R10
22
42
Ø18
43
Ø30
Ø48
Ø56
Ø43
16
R13
94
1.5
Ø32
M16
19
18
M8
25
Ø24
30
20
44
114
130
28.5
58
180
3

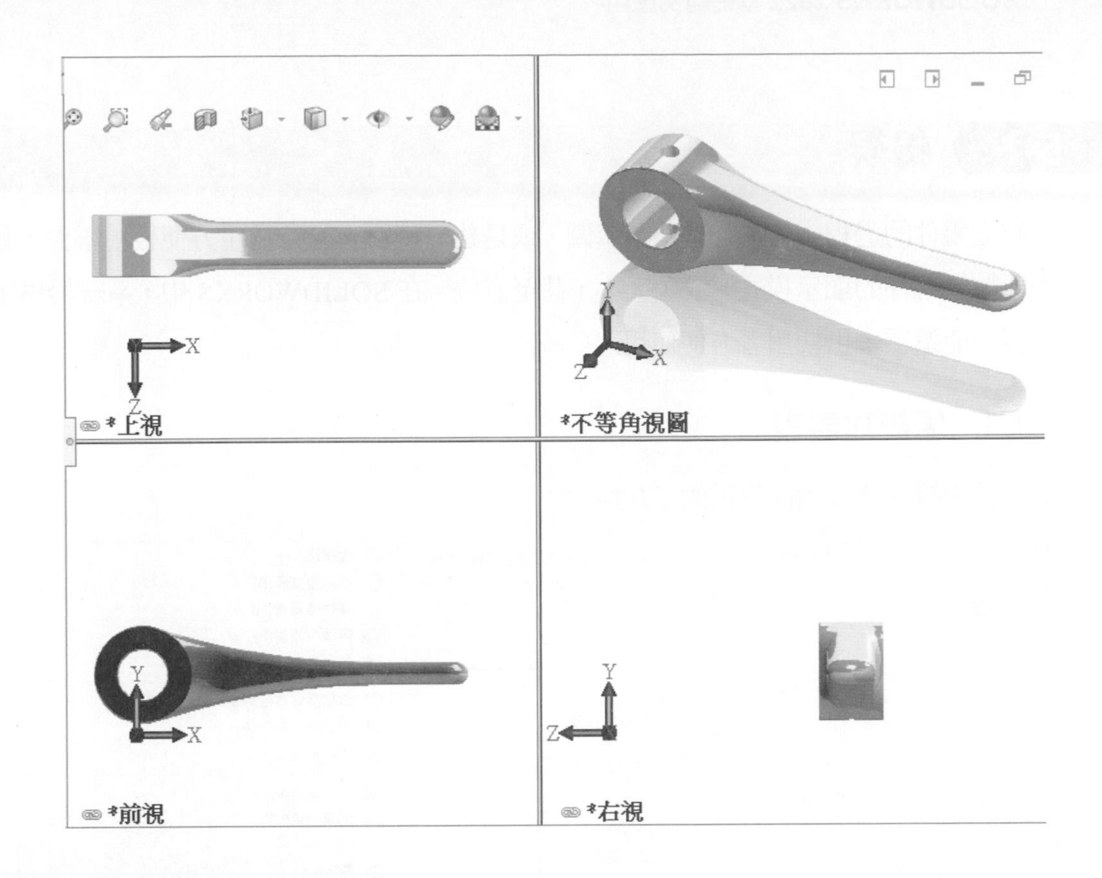

Chapter 5 零件顯示與視角方位

5-1 檢視

在建立零件的過程中，不管是繪製草圖，或是建立特徵，有時爲了方便檢視零件，我們必需要改變零件的顯示模式，或者大小，甚至方位。在 SOLIDWORKS 中，系統提供了一些檢視功能選項，供使用者方便使用。

5-1-1 檢視功能表

下面爲**檢視**功能表內所提供的子功能：

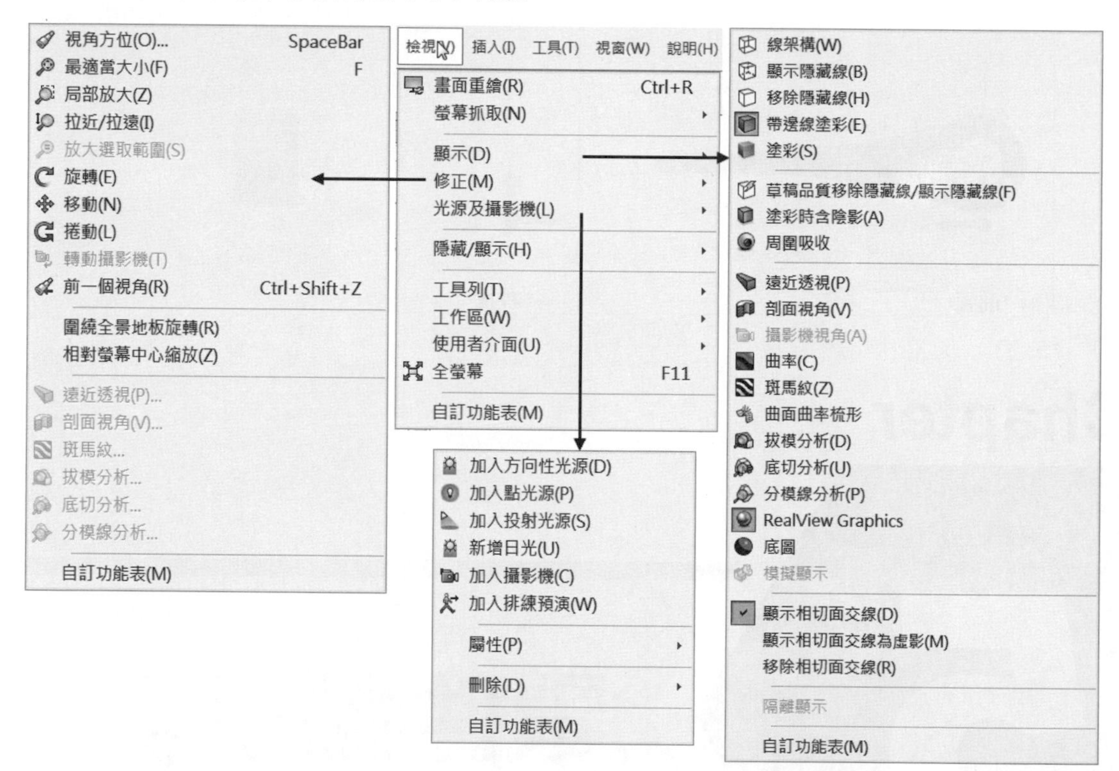

但是在建模過程中，若是每次都點選功能表，相對的就較浪費時間，因此在功能表內的子功能表前若有小圖示者，表示都已將此功能內建在相對的工具列內。

下圖爲**檢視**工具列與**標準視角**工具列，常用的功能都已加入到工具列中，您也可以自訂工具列，將其他功能也加入到工具列中(請參閱第 1 章自訂工具列)。

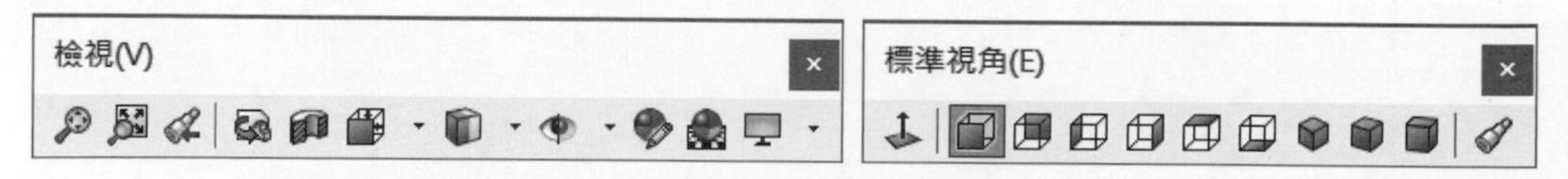

5-1-2 立即檢視工具列

爲方便檢視與作圖，系統在視埠(繪圖區)的頂端提供一個透明工具列，列示操控視圖所需的常用工具，此工具列稱之爲“**立即檢視工具列**”，您也可以自訂立即檢視工具列來顯示您經常使用的工具，並隱藏您不常用的工具(請參閱第 1 章自訂工具列)。

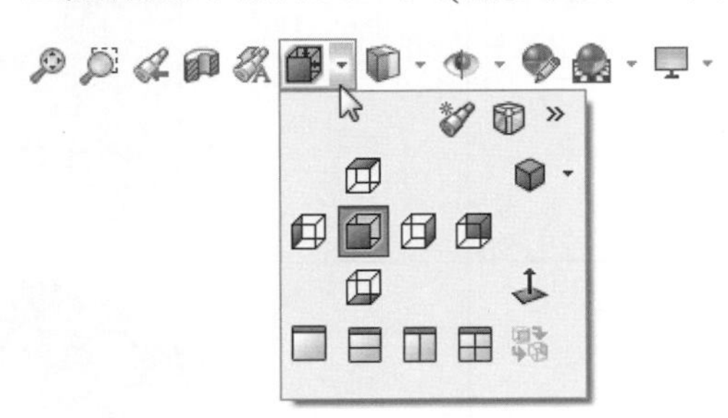

下面我們將利用前面所做的零件來測試各項檢視功能：

1. 開啓零件檔/parts/301C。
2. 下列爲在各個視角方位之下，零件所顯現的結果。

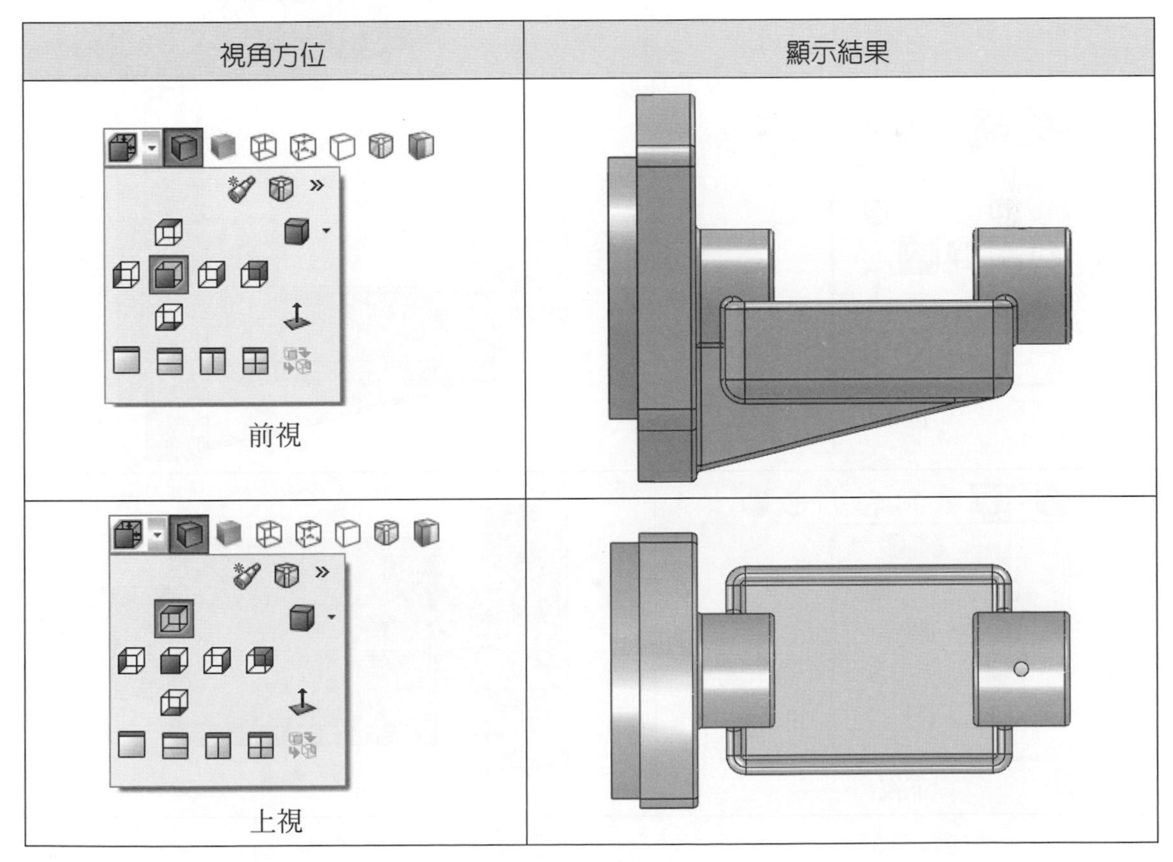

視角方位	顯示結果
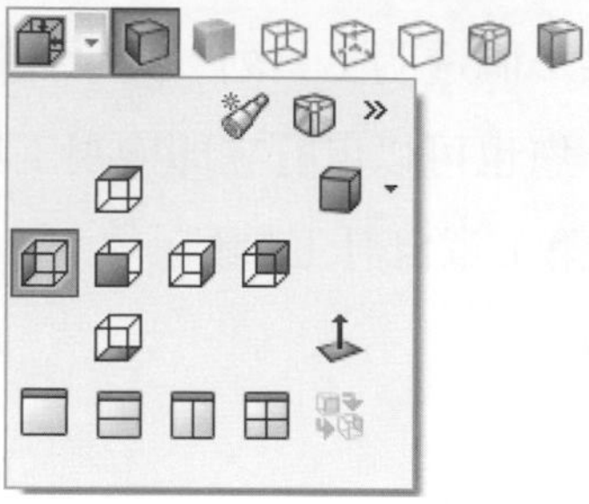 左視	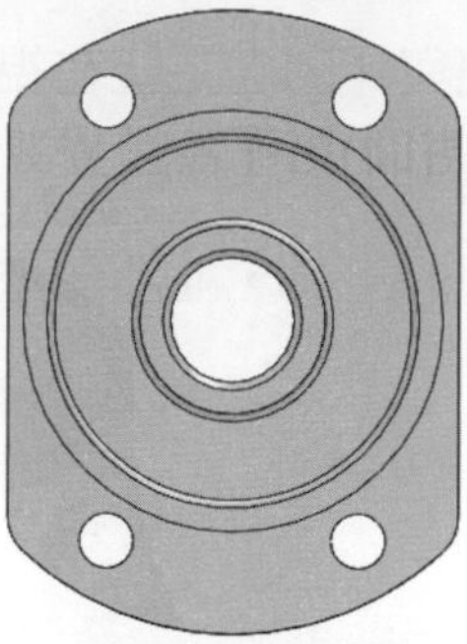
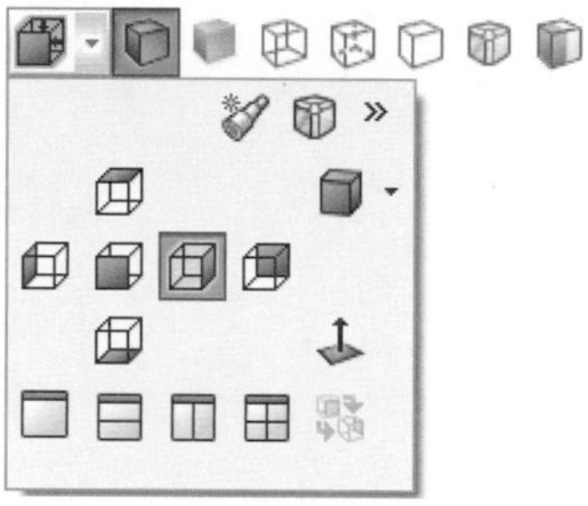 右視	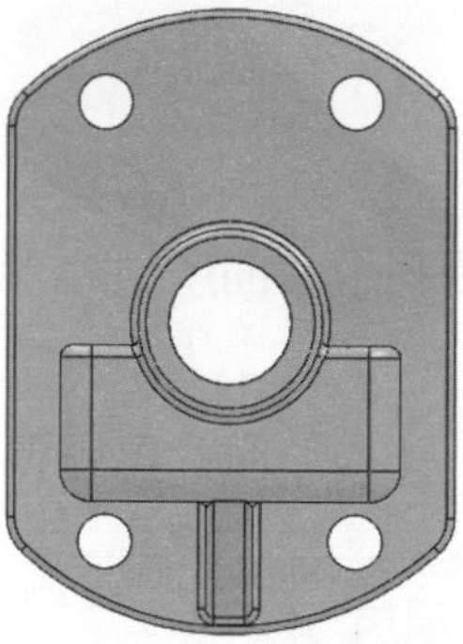
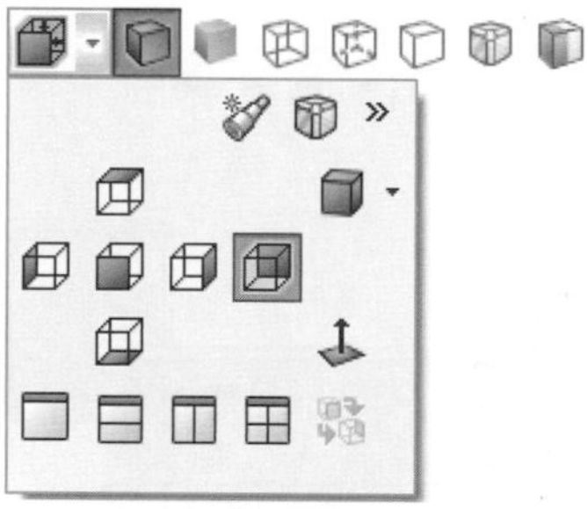 後視	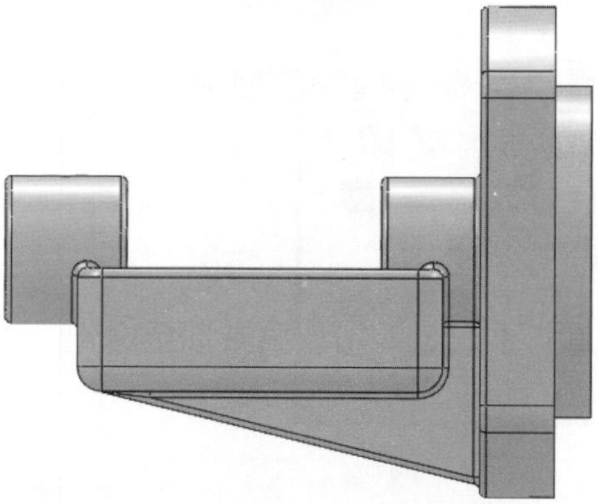
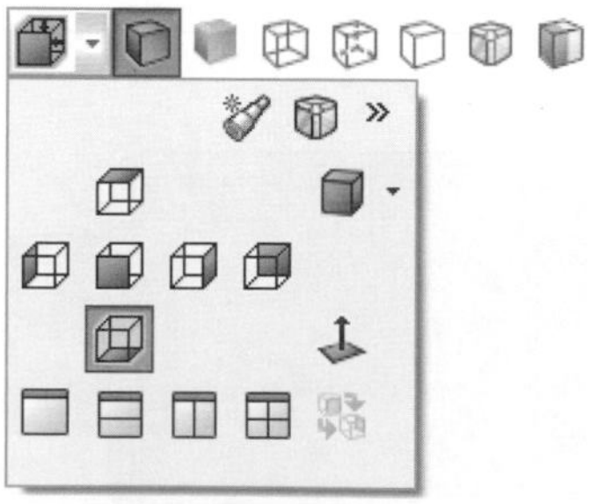 下視	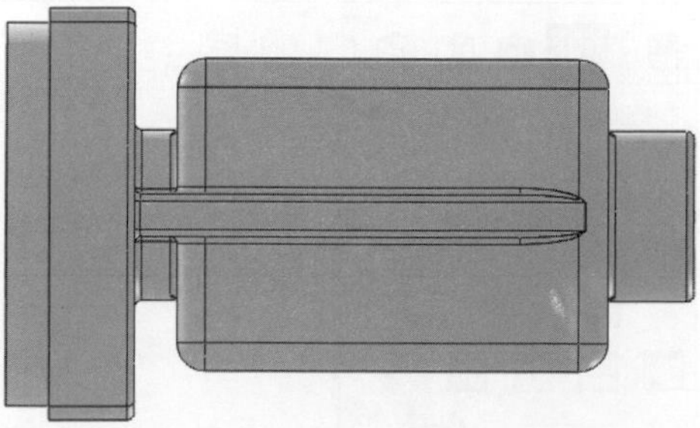

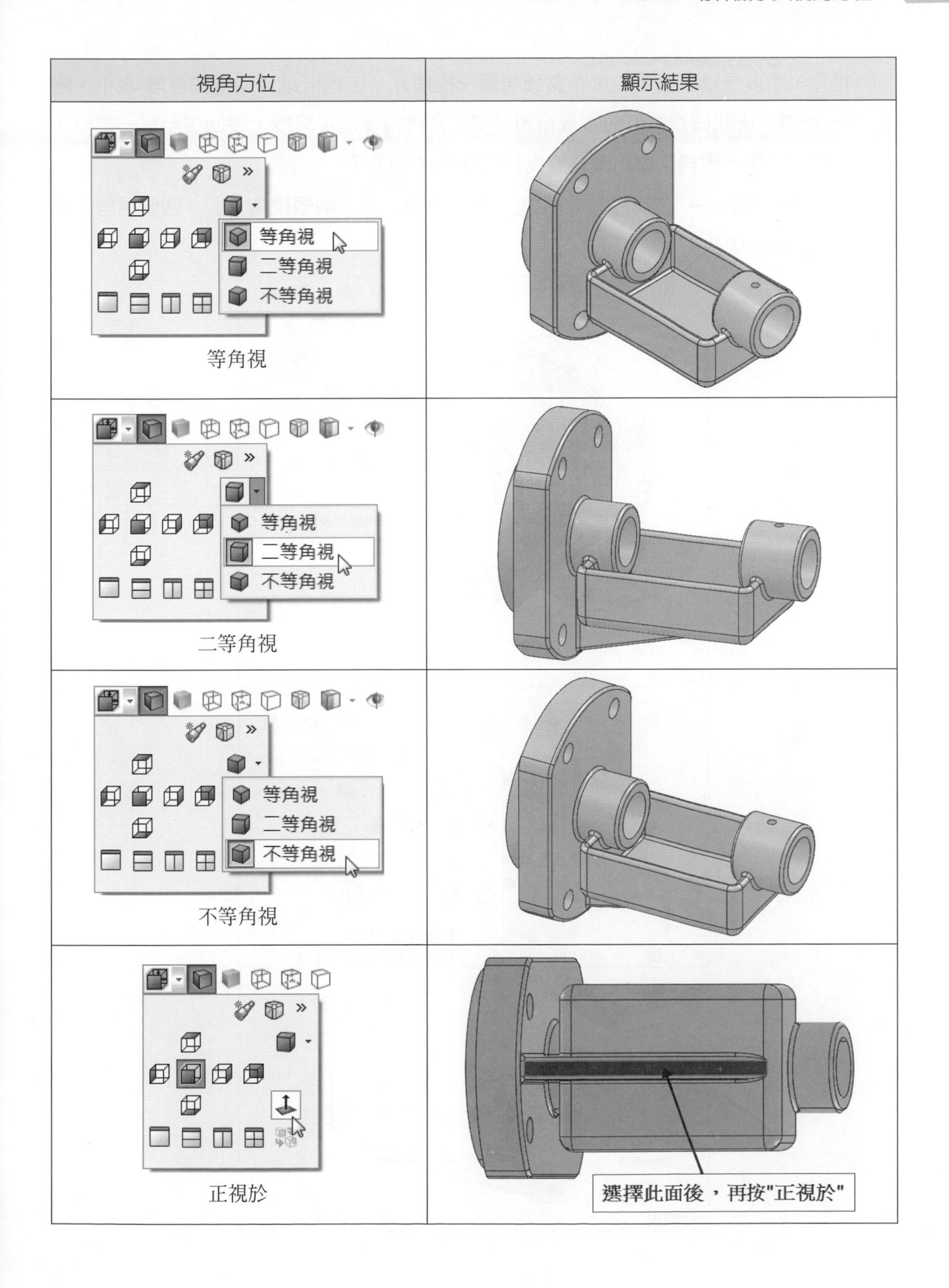

視角方位	顯示結果
等角視	
二等角視	
不等角視	
正視於	選擇此面後，再按"正視於"

視埠，也就是繪圖區，除了平常使用**單一視角**外，您也可以透過**兩個視角-水平**、**兩個視角-垂直**、或**四個視角**來檢視或繪製模型。當檢視多個視埠後，要回復至單一視埠，只要再點選“**單一視角**”圖示，或拖曳分割棒至邊界即可。

3. 按「**視窗**」➡「**視埠**」，或點選「**單一視角**」、「**兩個視角**」與「**四個視角**」圖示檢視模型。

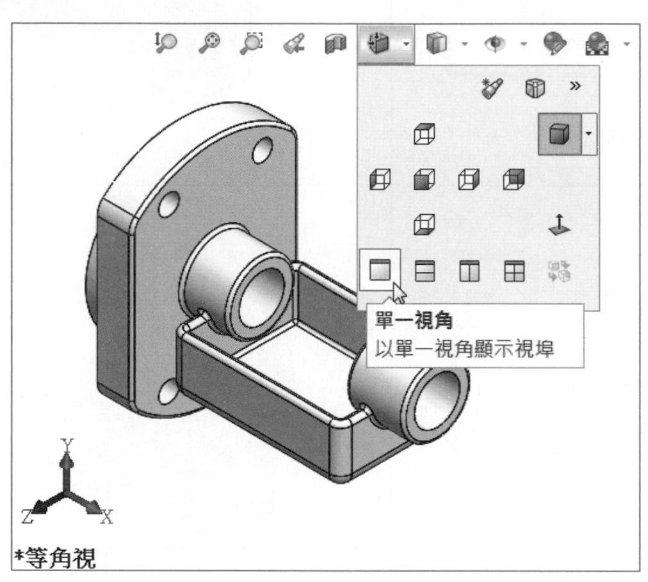

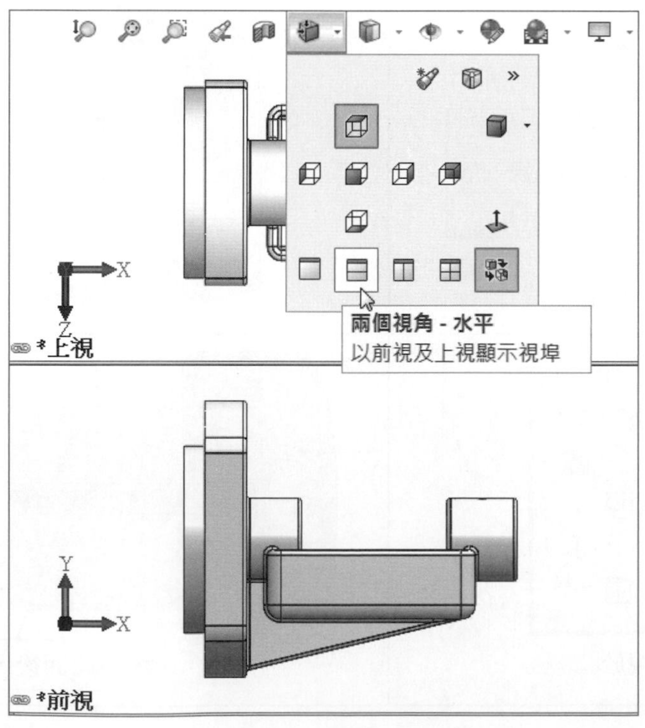

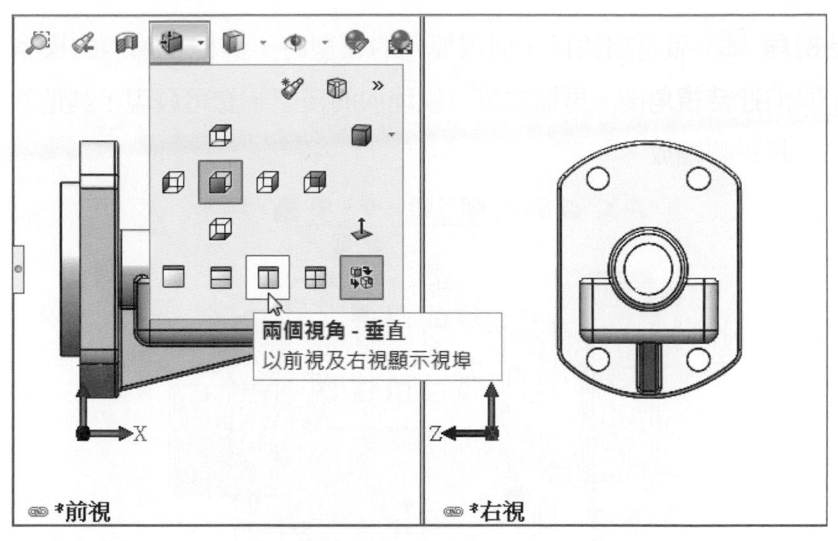
兩個視角 - 垂直
以前視及右視顯示視埠
X
Z
*前視
*右視

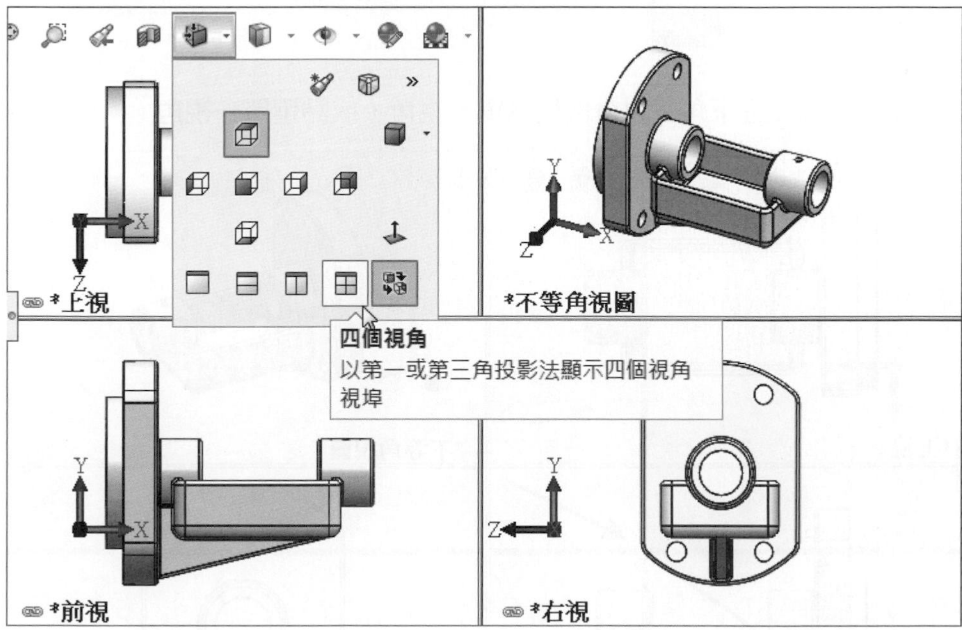
四個視角
以第一或第三角投影法顯示四個視角視埠
*上視
*不等角視圖
*前視
*右視
X
Y
Z

4. **連結視角** 就是縮放任一個視埠內的模型時，其他視埠內的模型也會同步縮放。取消**連結視角**後，再縮放單一視埠內的模型，您可發現，其他視埠內的模型並未一起跟著縮放。

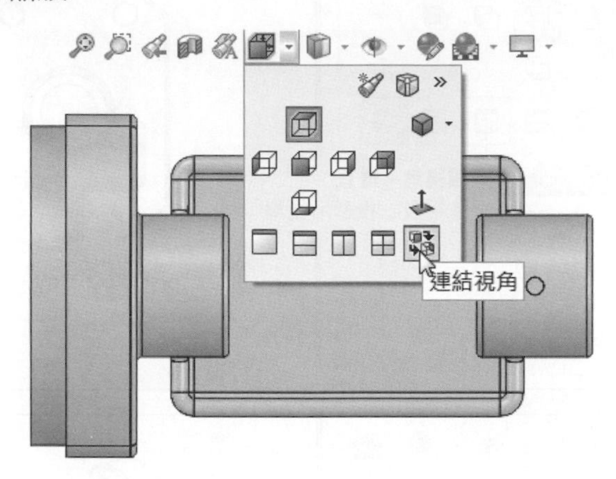

5. 拖曳分割線至左下角使視窗恢復爲單一視角，或點選**單一視角**。

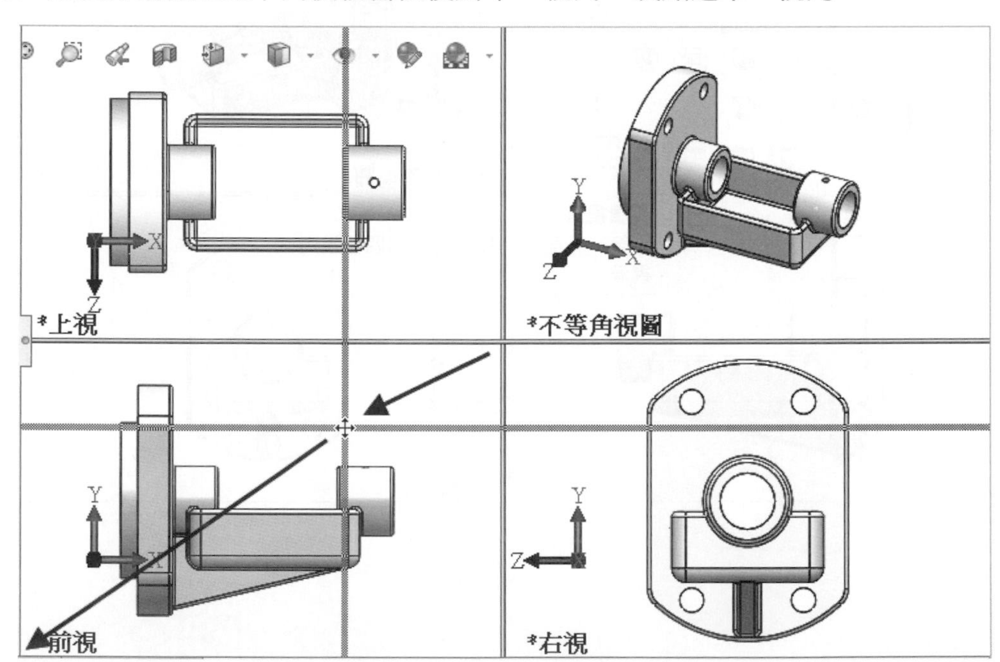

6. **檢視樣式**的控制選項讓您檢視文件的顯示模式。

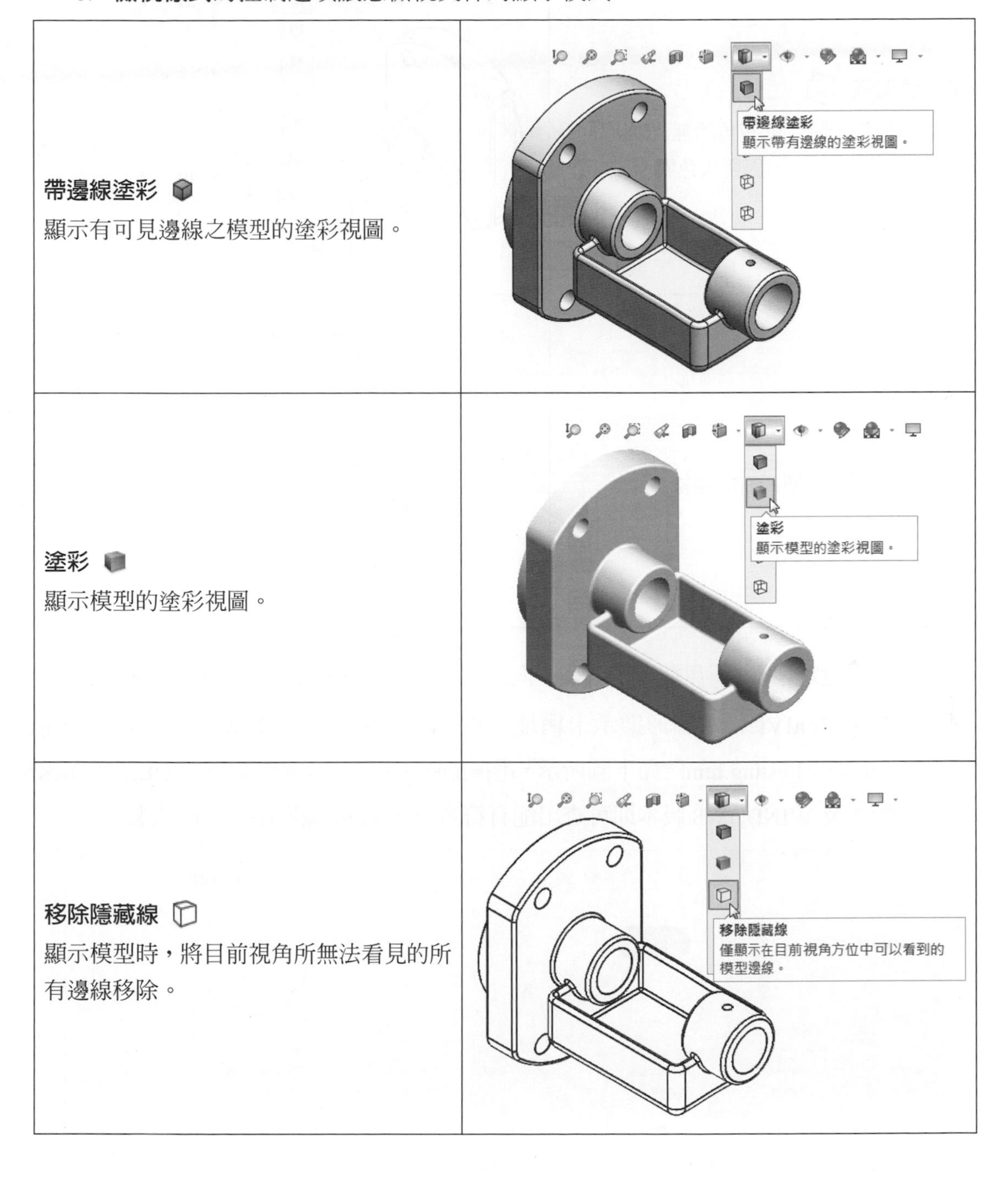

帶邊線塗彩 顯示有可見邊線之模型的塗彩視圖。	
塗彩 顯示模型的塗彩視圖。	
移除隱藏線 顯示模型時，將目前視角所無法看見的所有邊線移除。	

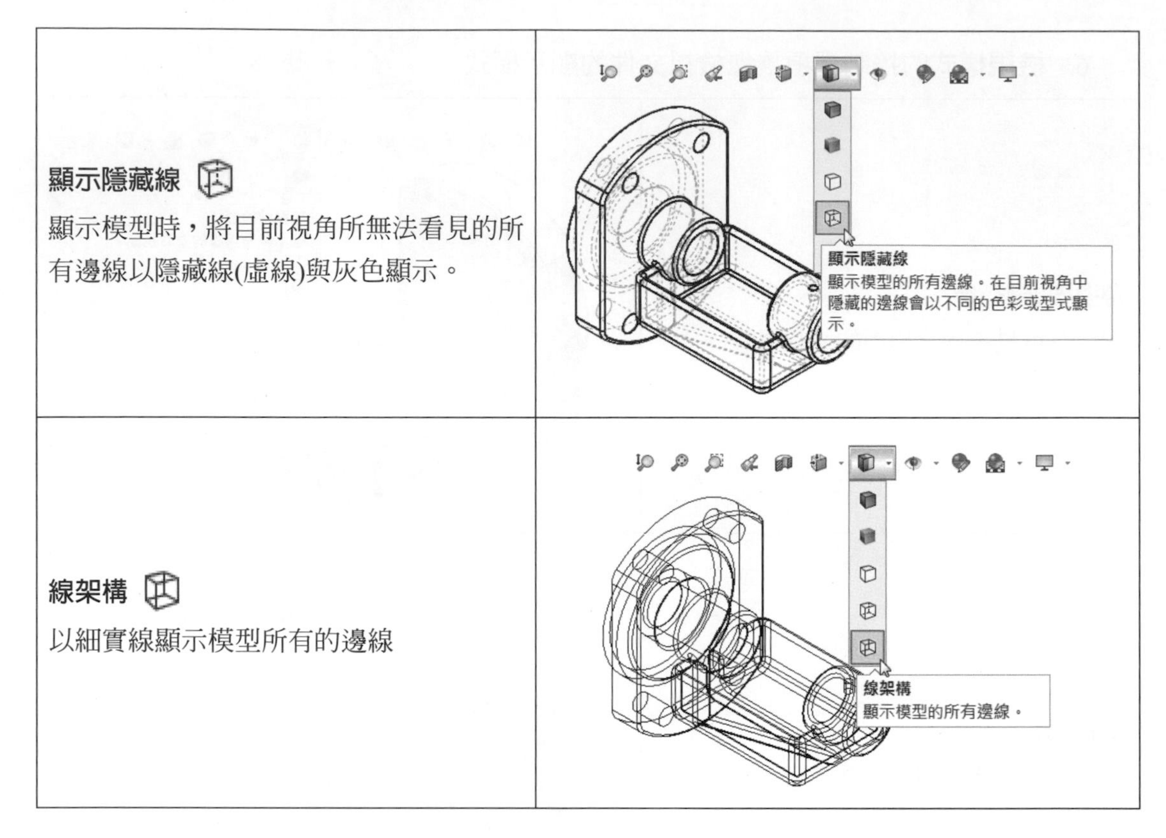

顯示隱藏線

顯示模型時，將目前視角所無法看見的所有邊線以隱藏線(虛線)與灰色顯示。

線架構

以細實線顯示模型所有的邊線

7. **檢視設定**，用在切換各種不同的檢視，例如，**遠近透視**、RealView 等。
8. 支援 RealView 的圖形顯示卡網址 http://www.SOLIDWORKS.com/sw/support/videocardtesting.html。如下圖所示，選擇品牌、型號、繪圖卡型號、SOLIDWORKS 版本及 WINDOWS 版本即可查出配有符合 RealView 圖形顯示卡的電腦。

Keyword Search | 2022 | Lenovo | ThinkPad P53

[ALL] Graphics Cards | Reset

Results 5

System Vendor	System Model	Operating System	Graphics Card	Solidworks Version	Recommended Driver	Test Notes
Lenovo	ThinkPad P53	Windows 10	Quadro T1000	2022	R470	i
Lenovo	ThinkPad P53	Windows 10	Quadro T2000	2022	R470	i
Lenovo	ThinkPad P53	Windows 10	Quadro RTX3000	2022	R470	i
Lenovo	ThinkPad P53	Windows 10	Quadro RTX4000	2022	R470	i
Lenovo	ThinkPad P53	Windows 10	Quadro RTX5000	2022	R470	i

遠近透視

顯示模型的透視圖。遠近透視視圖即是通常用眼睛所看見的視圖。平行線會在遠處的消失點交會。

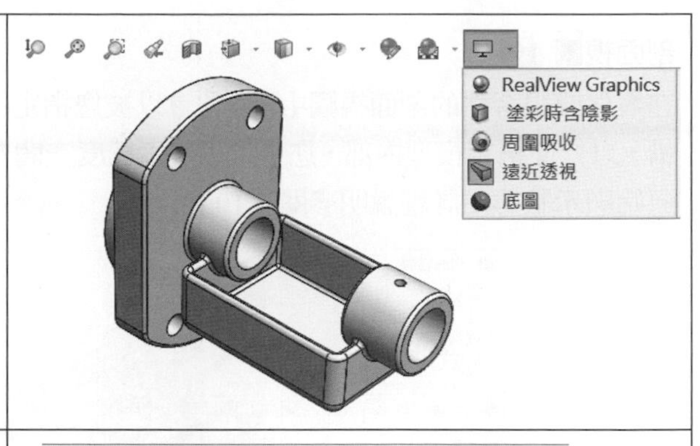

塗彩時含陰影

顯示模型之下的陰影。當您旋轉模型時，陰影會與模型一起旋轉。

當您啓用陰影時，在動態視圖操作過程中(縮放、移動、旋轉等)，系統的效能較慢。

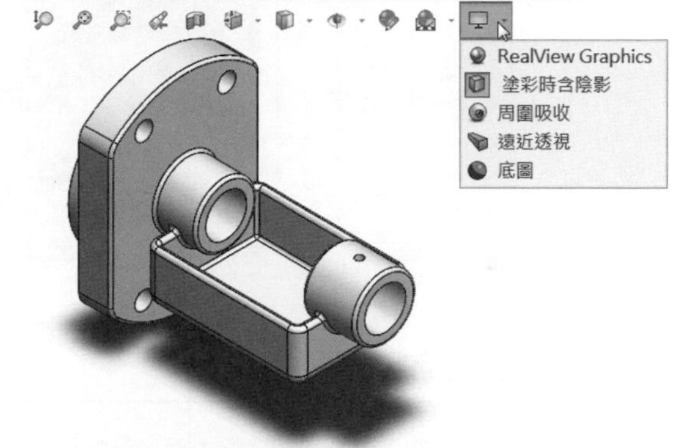

RealView Graphics 

RealView Graphics 是支援即時進階圖彩的繪圖顯示卡。例如，在您旋轉零件的過程中，零件仍會保持經計算處理的外觀。

不支援 RealView 的圖形顯示卡，其 RealView Graphics 圖示會以灰階顯示。

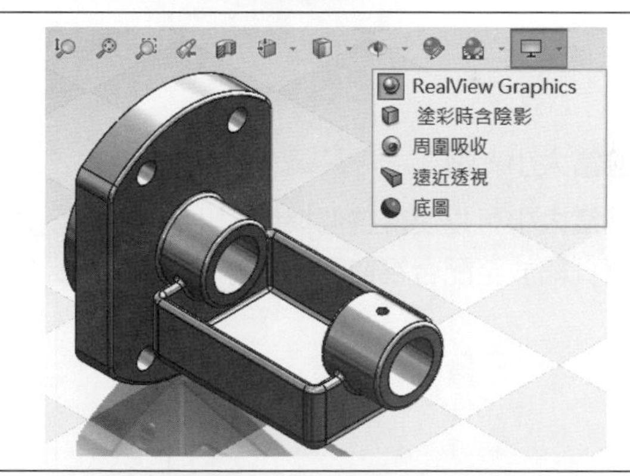

周圍吸收

周圍吸收是一種整體照明方法，可藉由控制包藏區域所造成的稀薄效果與周圍光線來增加模型實體感。使物件出現就如同在陰天一般的效果。

當您使用 RealView 圖形時，可以在所有全景中使用周圍吸收。

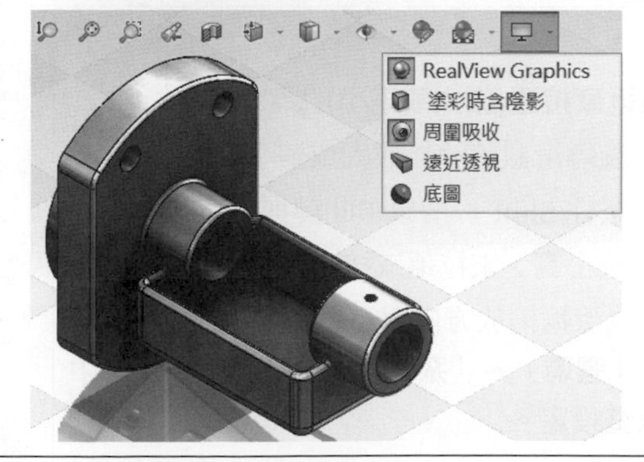

剖面視圖

在零件或組合件的剖面視圖中，模型會以被您指定的基準面或面，對半切除以顯示模型內部的結構，以方便檢視模型內部，您也可以使用三度空間參考旋轉或移動剖面。再按一次**剖面視圖**回復原始顯示狀態。詳細說明參閱 5-10 節。

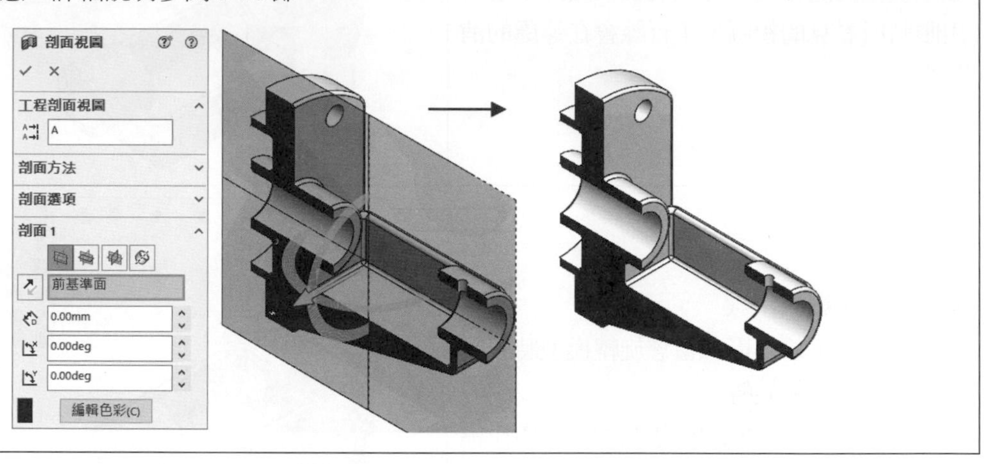

9. 模型的**縮放**。

最適當大小

最適當大小可以使得整個模型、組合件或工程圖頁縮放至配合視窗大小以方便檢視。

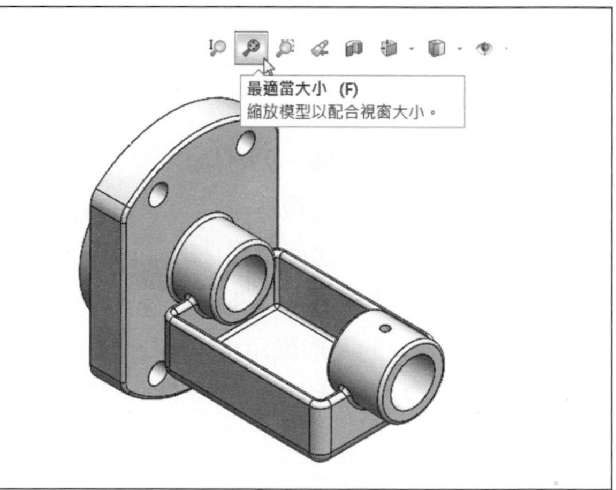

拉近或拉遠(放大或縮小)

- 旋轉滑鼠滾輪以放大或縮小
- 按住 Shift + 滑鼠中間鍵拖曳。
- 按小寫 z 來拉遠或按大寫 Z 來拉近。

滑鼠滾輪縮放方向與滑鼠速度可從「**工具**」➡「**選項**」➡「**系統選項**」➡「**視角**」當中調整設定。

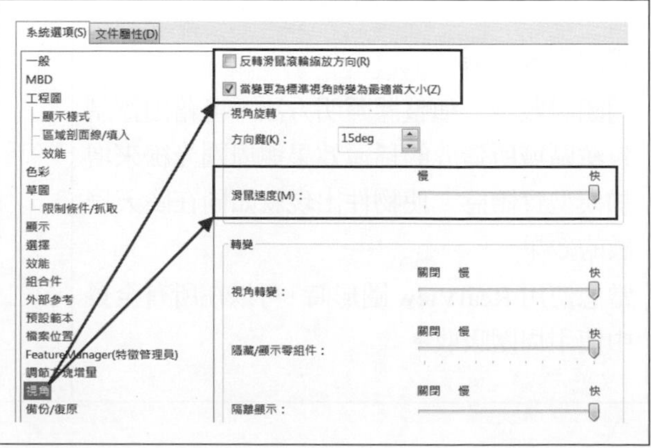

局部放大

用游標拖曳方塊放大所選的區域。

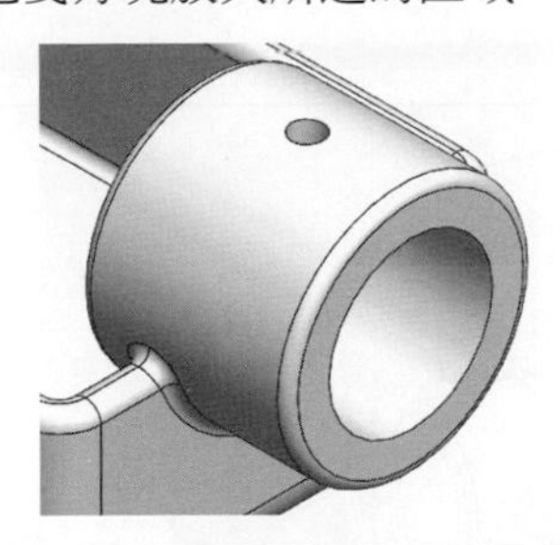

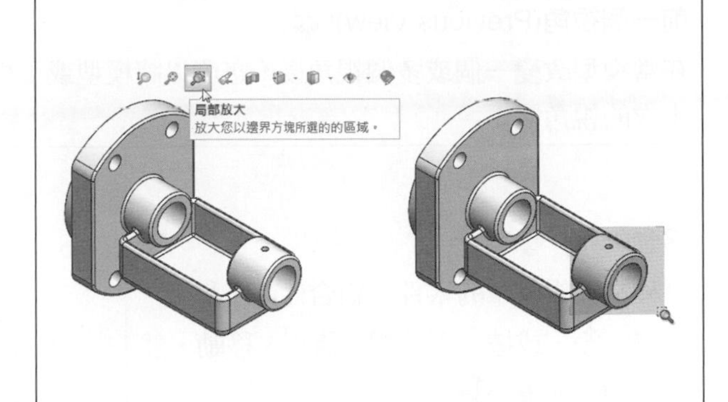

使用放大鏡，按 G，取消按 Esc

將游標停在要檢查的區域上，然後按 G，會開啓放大鏡。滑鼠移動到放大鏡邊界線，放大鏡會跟著移動位置。使用滑鼠滾輪也可以縮放放大鏡內的畫面。

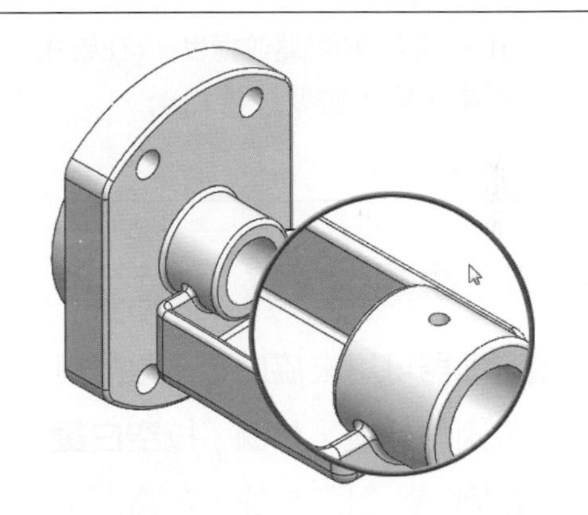

旋轉

在零件及組合件中旋轉模型視角。

旋轉方式：

- 按「**旋轉**」，拖曳游標。
- 按住滑鼠中間鍵來拖曳旋轉。
- 按 Shift 鍵 + 方向鍵作 90 度爲旋轉增量的旋轉。

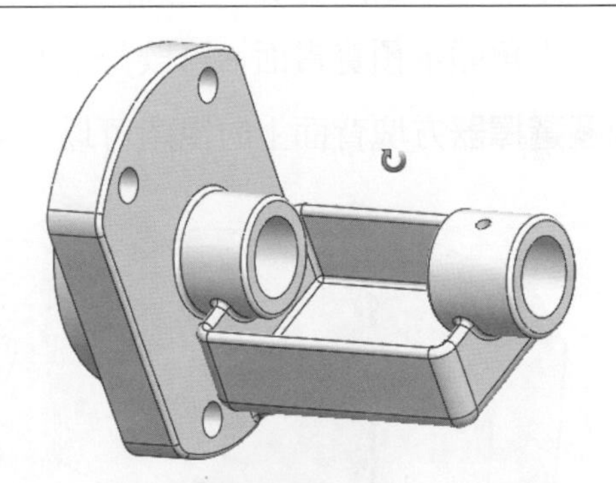

相對於頂點、邊線、或來旋轉

- 按「**旋轉**」，選擇一個頂點、邊線、或面後，再按左鍵拖曳游標。
- 用滑鼠中鍵點選頂點、邊線、面後，再按中鍵拖曳游標。

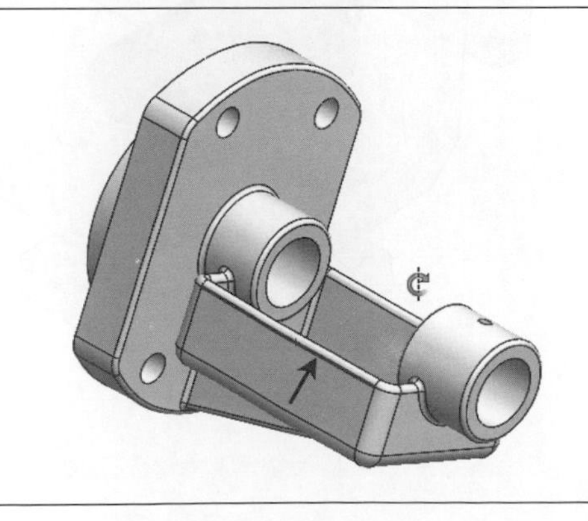

前一個視角(Previous View)

在當模型改變一個或多個視角後，您可以將模型或工程圖回復到前一個視角(圖)。最多可回復原十次的視角變更。

移動(Pan)

平移文件視窗中的零件、組合件或工程圖。

- 按 ，或按一下檢視、修正、移動，然後拖曳游標 。
- 按住 Ctrl + 滑鼠中間鍵並拖曳。(在啓用的工程圖中，您不需要按住 Ctrl)。

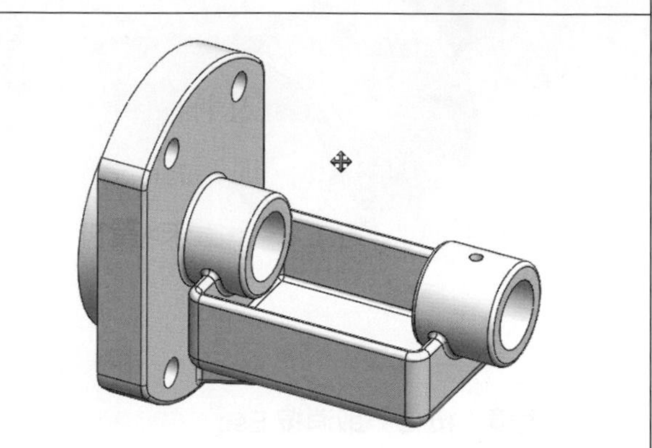

5-1-3 視圖選擇器

視圖選擇器可用來協助您在選擇模型的右視、左視、前視、後視、上視及軸測視圖後，查看這些視圖的外觀。如圖，按**空白鍵**開啓**視角方位**對話方塊(見 5-4)，再按一下「**視圖選擇器**」**方向** 對話方塊，在圖面中的「**視圖選擇器**」中移動游標至任一視圖(平面)，系統於右上角顯示預覽畫面，再按一平面，零件即以被選擇的視圖顯示。

視圖選擇器方塊背面上的視圖可以“Alt + 滑鼠”選擇。

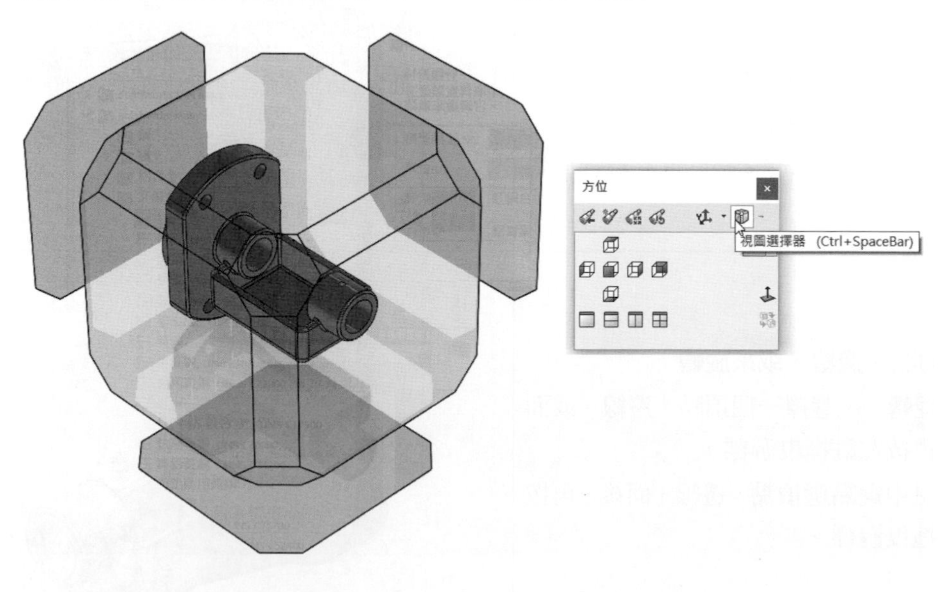

10. 按空白鍵，在**方位**對話方塊中，點選「**視圖選擇器**」。

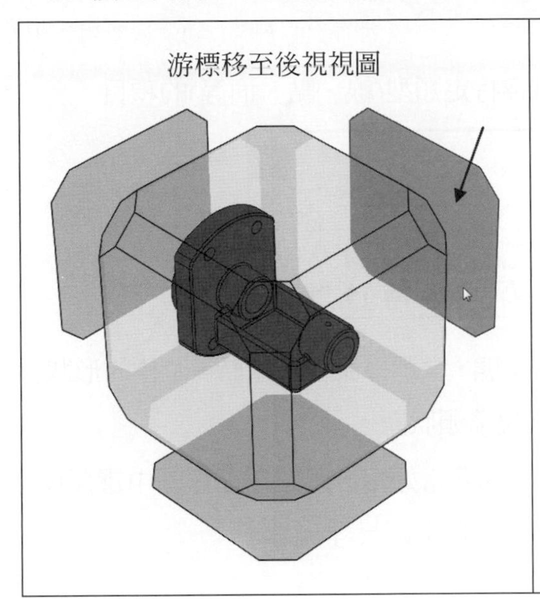

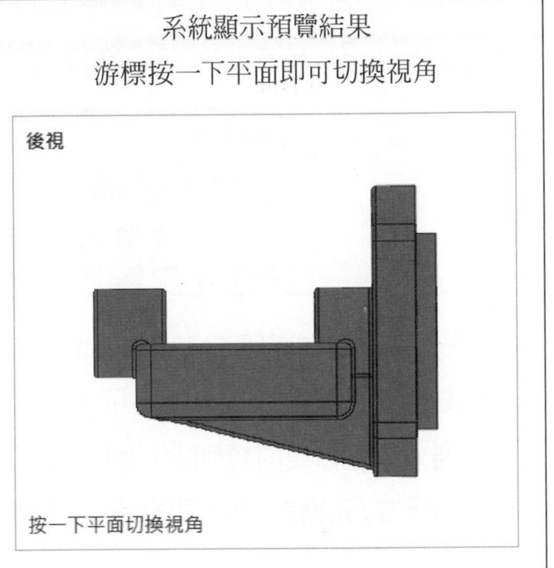

11. 三度空間參考功能

選取	結果
選取軸不垂直於螢幕的軸	點選後，軸方向垂直於螢幕
選取軸垂直於螢幕的軸	點選後，順時計旋轉視角 180 度
Shift + 選取軸	對選取軸順時計旋轉視角 90 度
Alt + 選取軸	對選取軸順時計旋轉 Alt 視角增量(預設 15 度)

12. 不儲存關閉零件檔。

5-2 選擇濾器

選擇濾器可幫助您在圖面或工程圖頁中選擇特定類型(線、點、面等)的項目。

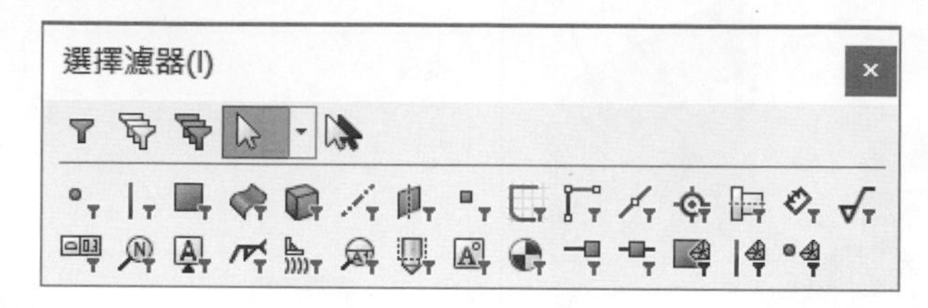

按 F5 可切換選擇濾器工具列的顯示/隱藏狀態，當選擇濾器啓用時，游標的形狀會變爲 ，按 F6 可取消選擇濾器的使用，游標回復箭頭狀態。

當您要大量選擇相同類型時，選擇濾器即變的非常好用，例如在工程圖中選擇尺寸，按一下**篩選尺寸/孔標註** ，再框選工程圖即可選擇全部尺寸。

5-3 鍵盤快速鍵

1. 方向鍵：旋轉視角。
2. Shift＋ 方向鍵：每次旋轉視角 90 度。
3. Alt＋ 左或右方向鍵：繞垂直於螢幕旋轉，每次的旋轉角度可從「**工具**」➡「**選項**」➡「**系統選項**」➡「**視角**」➡「**視角旋轉**」➡「**方向鍵**」設定，預設值爲 15 度。
4. C 或 c：特徵快顯功能表。
5. D：在某些指令執行時，將確認角落移至游標處。
6. F 或在滑鼠中鍵上快按兩下：最適當大小。
7. G：放大鏡，(按 Ctrl＋ 滑鼠中鍵可移動放大鏡與指標)。
8. L 或 l：畫線。
9. Q：將游標移至面上，按下 Q，即可顯示參考平面。
10. R：系統顯示最近開啓的檔案列表，若檔案已移動，則顯示預覽無法使用。

11. S 或 s：捷徑列
12. z：放大視角。
13. Z：縮小視角。
14. Ctrl + 方向鍵：依方向平移畫面。
15. Ctrl + 1：前視。
16. Ctrl + 2：後視。
17. Ctrl + 3：左視。
18. Ctrl + 4：右視。
19. Ctrl + 5：上視。
20. Ctrl + 6：下視。
21. Ctrl + 7：等角視。
22. Ctrl + 8：正視於。
23. Ctrl + B：重新計算模型。
24. Ctrl + T：顯示平坦樹狀結構視圖。
25. Ctrl + Z：復原。
26. Ctrl + Y：取消復原。
27. Ctrl + Tab：循環切換模型視窗。
28. Ctrl + 按滑鼠中鍵移動：平移畫面。
29. 滑鼠手勢：壓住並移動滑鼠右鍵，喚醒並使用右鍵相關指令。
30. 空白鍵：**視角方位**對話方塊。
31. Enter：重複最後一個指令。

32. E：選擇過濾器「**邊線**」選擇切換。
33. X：選擇過濾器「**面**」選擇切換。
34. V：選擇過濾器「**頂點**」選擇切換。

(設定常用的快速鍵請參閱第 1 章)

5-4 視角方位(View Orientation)

除了標準視角(對於模型有正視於、前視、後視、等角視等，對於工程圖有全部圖頁)之外，您也可以縮放模型並旋轉到設定好的視角，或為工程圖預先設定的視圖，再將您命名的視角增加到清單中，之後只要點選已命名的視角(工程圖亦同)，即可即時顯示此視角(此視圖)。

下面，我們將以電腦輔助立體製圖丙級 1060301-1 題目說明視角方位，依題目說明，必須在工程圖內建立此零件兩個等角視的工程視圖，很顯然零件的等角視與題目要求的方位不同，因此等角視必須自行建立。

1. 開啟零件檔 1060301-1，檢視此零件的三視圖與等角圖狀態。

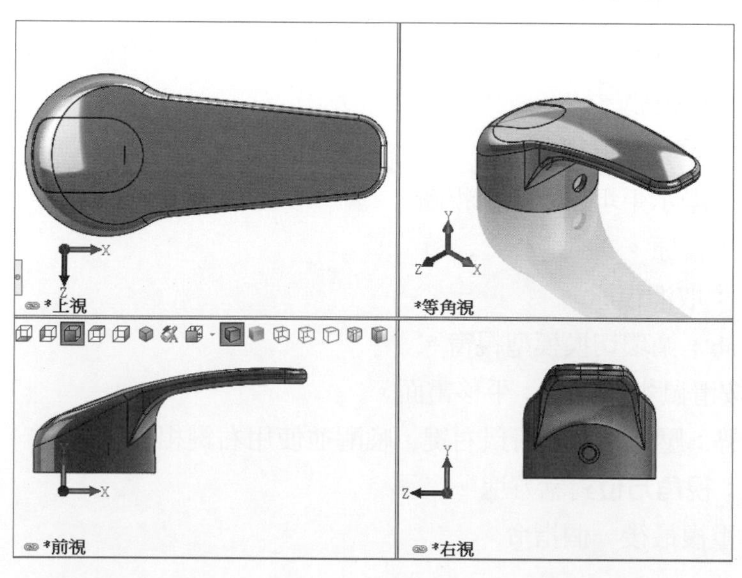

2. 按「**空白鍵**(space)」，或按「**視角方位**」 開啟**視角方位**對話方塊。

   - ：**前一個視角**
   - ：**新增視角**
   - ：**更新標準視角**
   - ：**重設標準視角**
   - ：**指定視角方位的上軸**
   - ：**視圖選擇器**
   - ：**保持視角方位對話方塊的開啟**

3. 按一下大頭針，保持視角方位對話方塊的開啟，切換零件顯示至**前視**，按一下「**更新標準視角**」，此時系統要求您「選擇您要將目前視圖指派到的標準視圖」。

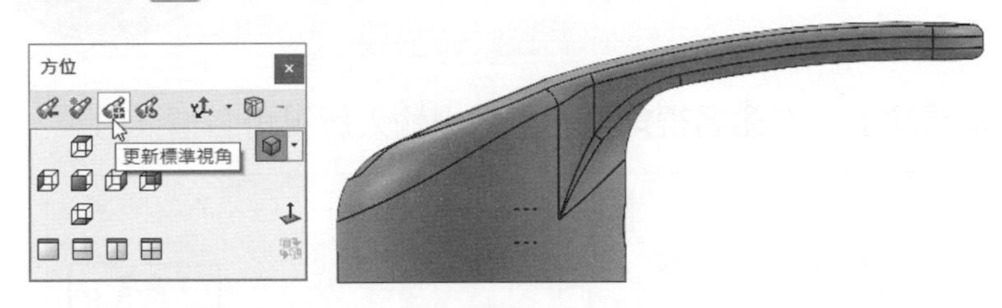

4. 按「**下視**」，系統會出現一個警告的訊息框，告知若是變更視角方位將影響到工程圖的投影視圖等，按「**是**」。

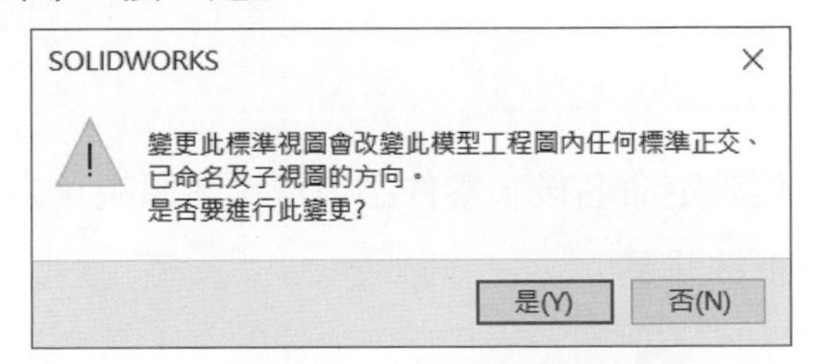

SOLIDWORKS
變更此標準視圖會改變此模型工程圖內任何標準正交、已命名及子視圖的方向。
是否要進行此變更?
是(Y)
否(N)

5. 按一下「**等角視**」，您可發現零件的**前視**已變更為**下視(仰視)**。

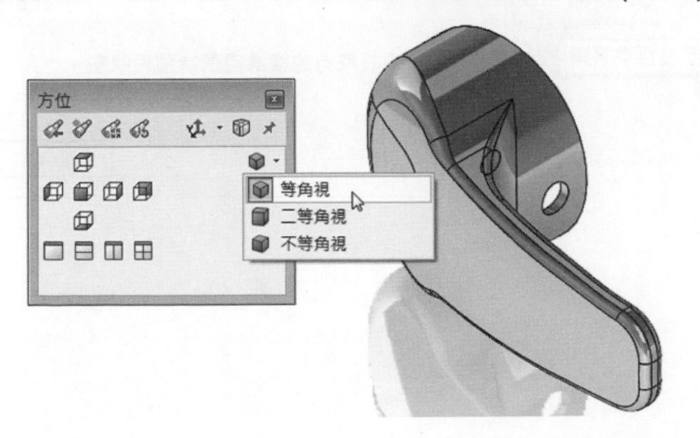

6. 同樣地，切換零件顯示至**前視**，按一下「**更新標準視角**」，和步驟 3 相同，選擇**下視**為指派的標準視圖，在警告的訊息框上按「**是**」。
7. 按一下「**等角視**」，同樣地零件新的**前視**再度被變更為**下視(仰視)**。

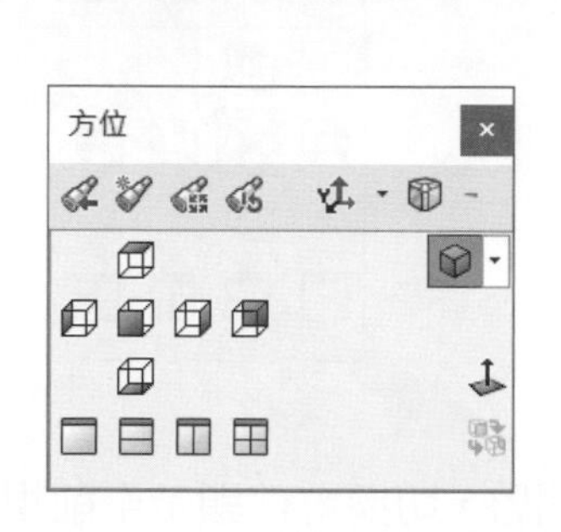

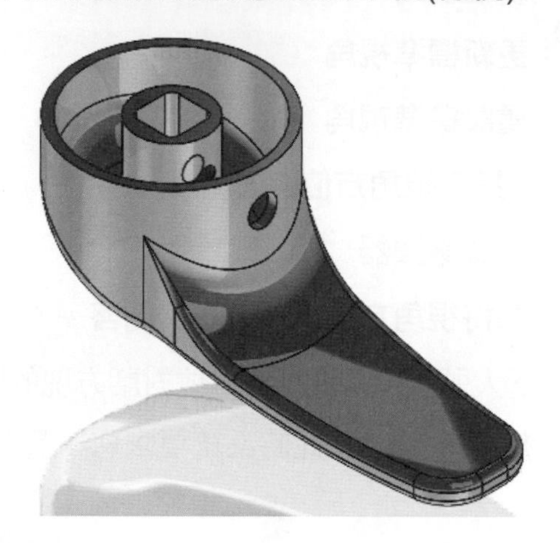

8. 按「**新增視角**」，在**命名視角**對話方塊中輸入新視角名稱「v1」，按「**確定**」。

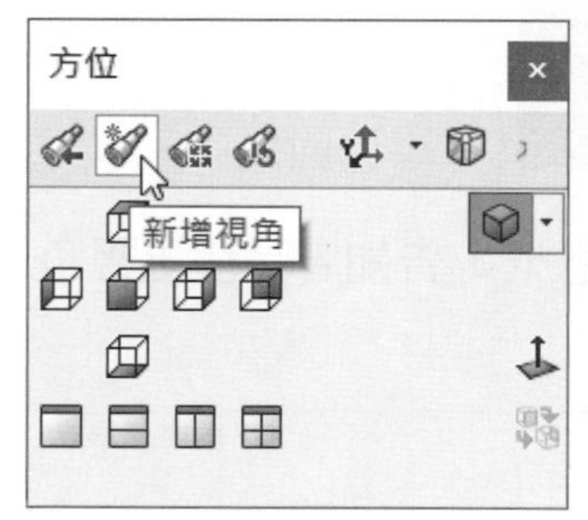

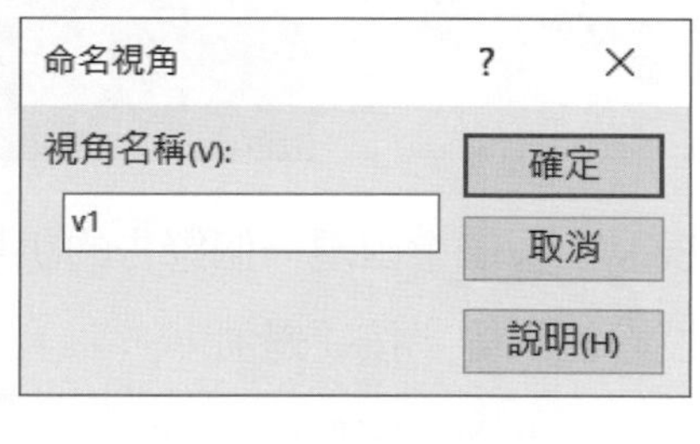

9. 在完成新視角方位設定命名後，零件必須恢復至原視角方位。按一下「**重設標準視角**」，在訊息框按「**是**」。

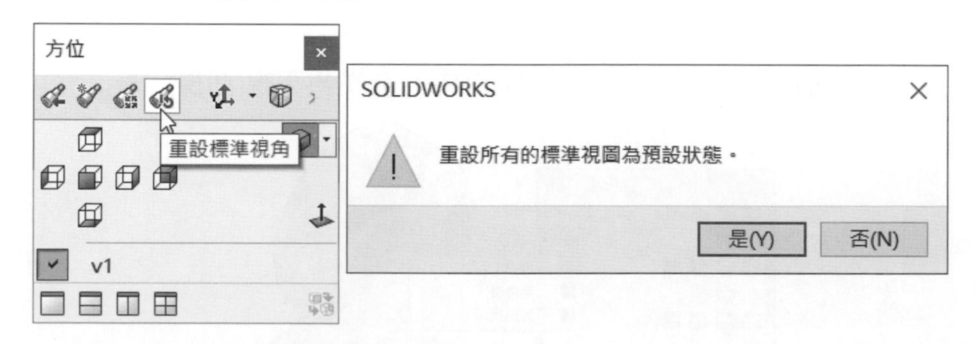

10. 在新命名的視角方位 v1 中，按 ✕ 可刪除此視角，或按 💾 將此視角方位可儲存至 SOLIDWORKS 系統中，這樣在開啓任何零件檔時，皆可使用此視角方位。

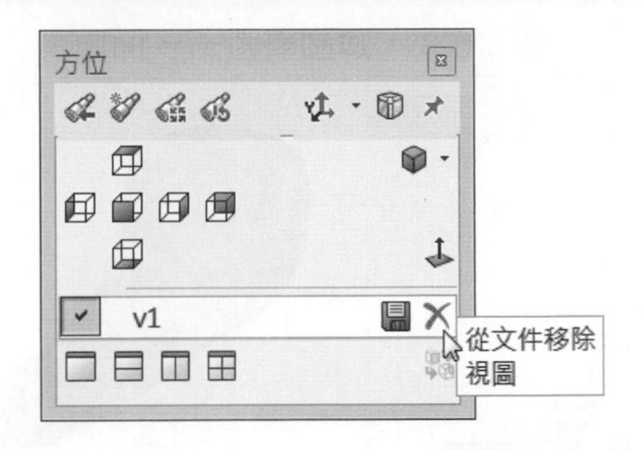

11. 再一次，切換零件顯示至**前視**，更新標準視角爲**右視**，新增等角視的視角爲 v2，並再**重設標準視角**。儲存此零件檔，並保持開啓。

12. 開啓工程圖檔 1060301-1，這個工程圖已內含兩個工程視圖，其視角方位皆爲**等角視**。

注意

若是未重設標準視角就儲存檔案，此工程圖所顯示的等角圖將是更新標準視角後的等角視。

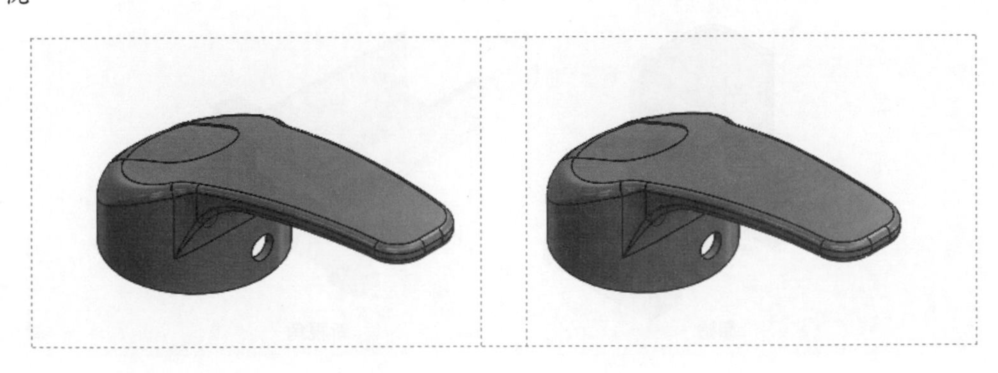

13. 從工程圖頁中，點選其中一個視圖，在屬性管理員中的**方位**下的**更多視角**中，勾選前面步驟所建立的「**v1**」視角，您可發現工程視角已從原先的等角視，更新為新視角 v1。

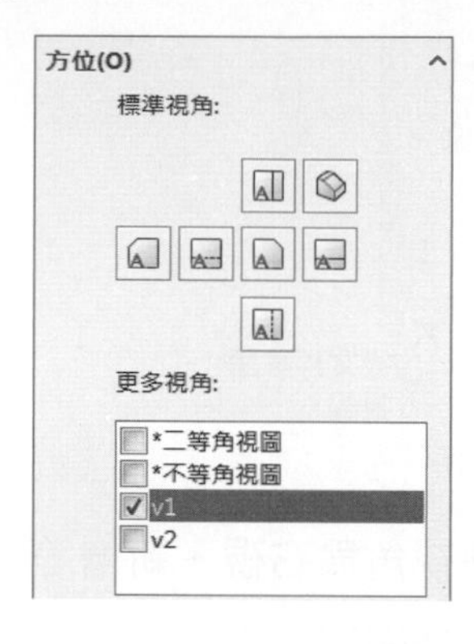

14. 再點選另一個工程視圖，勾選 v2 視角，完成後的工程圖顯示如下圖。

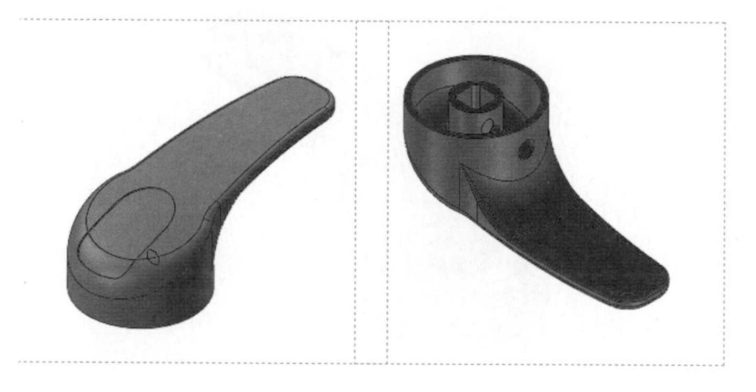

15. 儲存並關閉所有檔案。

5-4-1 練習題

練習 5a-1 競賽題

開啟零件檔 5a-1，建立**下視**變更為**右視**的新等角視 v1。

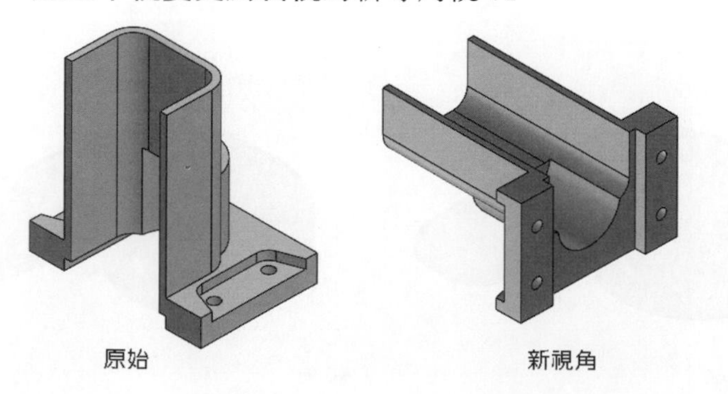

原始　　新視角

練習 5a-2 檢定題

(1) 開啓零件檔 910305A 與工程圖檔 910305，工程圖檔內含兩個工程視圖，新增一個視角方位 view1，並切換工程視圖(表現圖)顯示爲新的視角方位。

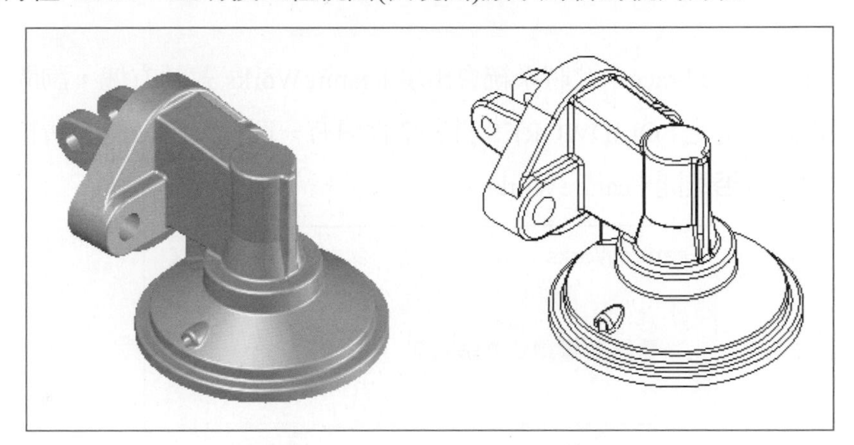

(2) 完成後之新工程圖。

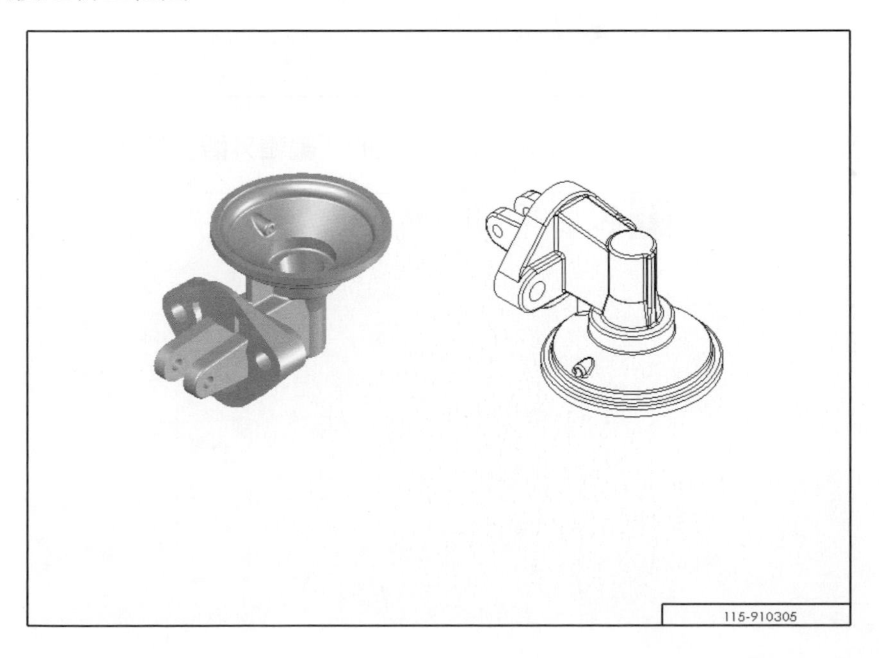

5-5 色彩及光學

色彩及光學的功用在於套用色彩及光學到模型中的所選圖元上，像是本體、面、曲面或是特徵。

1. 開啓零件 angle brace，此時系統會出現 FeatureWorks 對話方塊，詢問是否要繼續特徵辨識，這是 SOLIDWORKS 針對零件只有一個輸入特徵時，所提供的特徵辨識功能，按**否**離開 FeatureWorks。

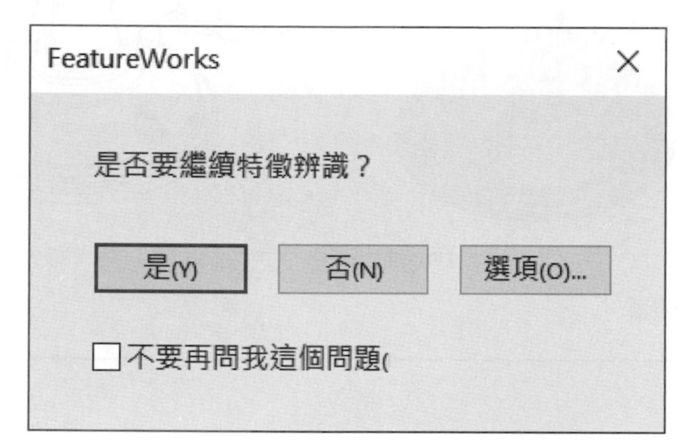

2. 點選零件名稱後，再按立即檢視工具列上的「**編輯外觀**」按鈕。

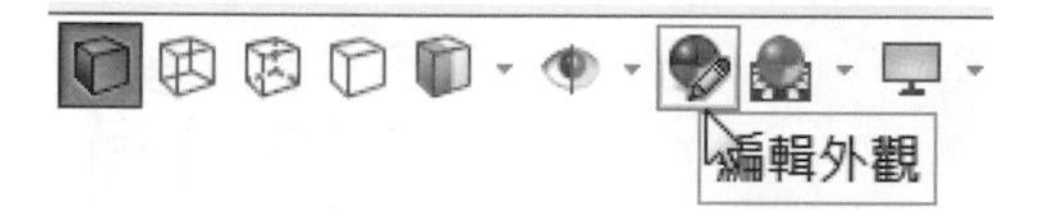

3. 如圖示，零件名稱在**所選幾何**列表內，您可以在色彩調色盤中彩選擇一個色彩；或選擇「RGB」，以紅、綠、藍的值來定義一個色彩；或選擇「HSV」，以色調、彩度、及值的輸入來定義一個色彩。**顯示狀態**則是套用此外觀至那些顯示狀態中。編輯外觀同時，如圖右側，工作窗格中的外觀也同時顯示，按**取消** ✕ 離開。

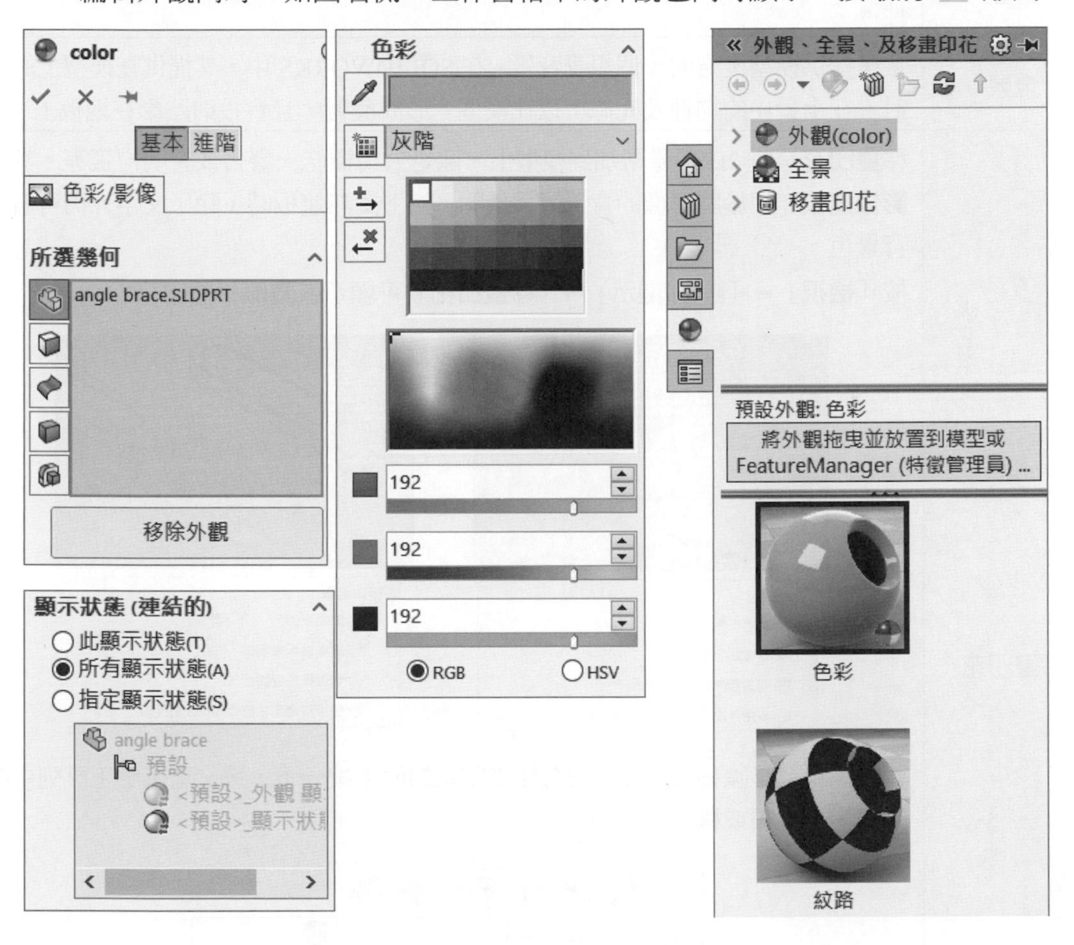

5-6 外觀、全景與移畫印花

工作窗格	功能
外觀	**外觀**定義了模型的可見屬性，包括色彩和紋路。外觀不影響由材質確定的具體屬性。
全景	**全景**提供模型後方的一個視覺背景。在 SOLIDWORKS 中，其提供在模型上的反射。在全景中的物件及光源可以在模型上形成反射，且會投射陰影在地板上。
移畫印花	**移畫印花**是將 2D 影像附加到模型上，像是公司標誌、警告或說明標籤等。其中**影像遮板**作用於將影像的背景設為透明，如下圖無遮板時，除了文字外仍可看見背景色。 按「**檢視**」→「**隱藏/顯示**」→「**移畫印花**」可顯示或隱藏移畫印花 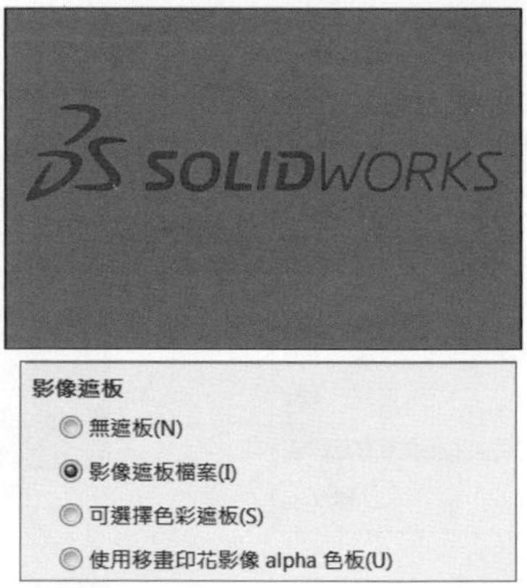  若要編輯或移除移畫印花，在有移畫印花的面上按一下，按文意感應工具列中的**外觀**，再編輯或移除圖案即可。 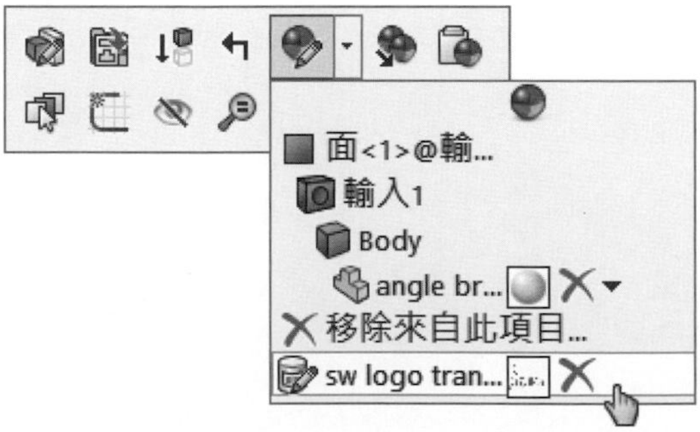

4. 展開工作窗格，點選「**外觀、全景、及移畫印花**」，展開**外觀 → 金屬 → 鋁**，從底面的預覽列表中拖曳**拋光鋁**至零件上，放開滑鼠後再從彈出的文意感應工具列中選擇零件。

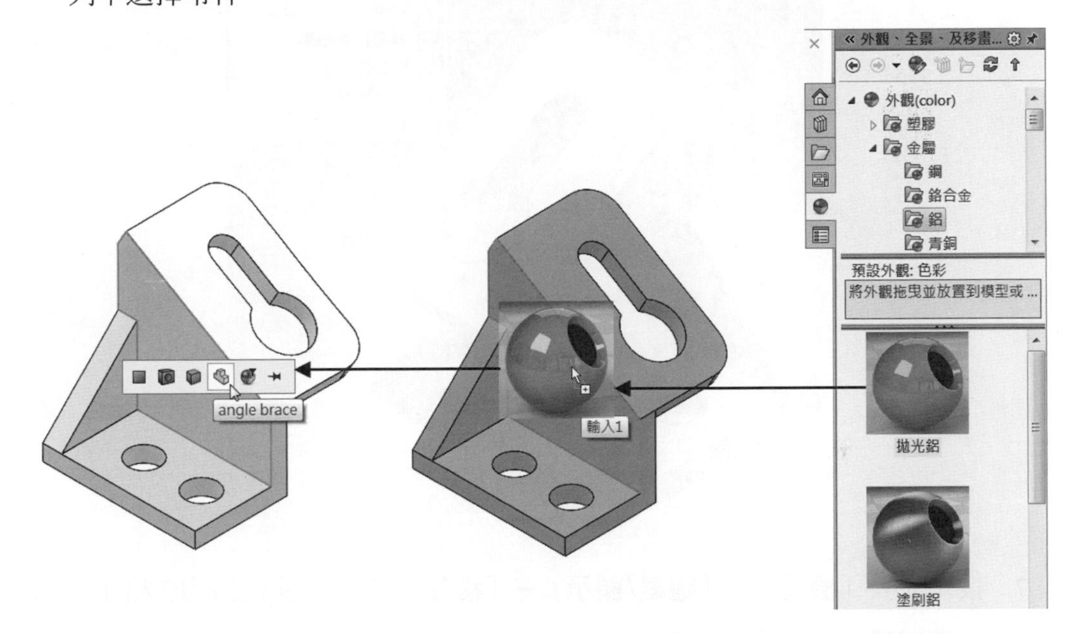

5. 展開**全景**，拖曳**基本全景**中的「**背景幕-Lightbox Studio**」至繪圖區放開，因使用全景時，系統選項中的**色彩 → 視窗背景外觀**需改為「**使用文件全景**」，系統會自動出現提示視窗，按**是**。

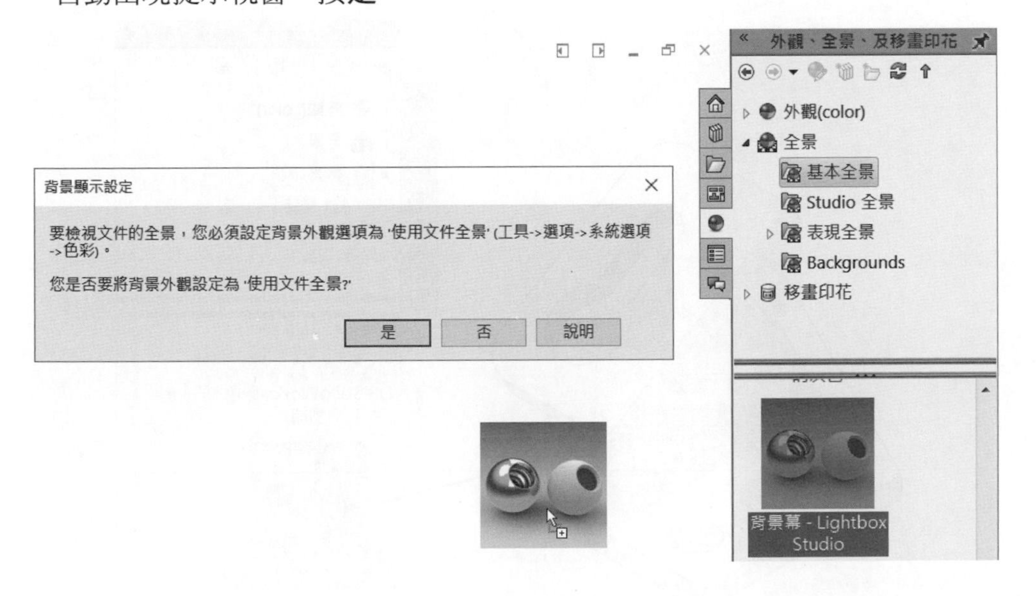

6. 啓用 **RealView Graphics**、**塗彩時含陰影**與**周圍吸收**，若電腦中無 RealView Graphics 功能可跳過此步驟。

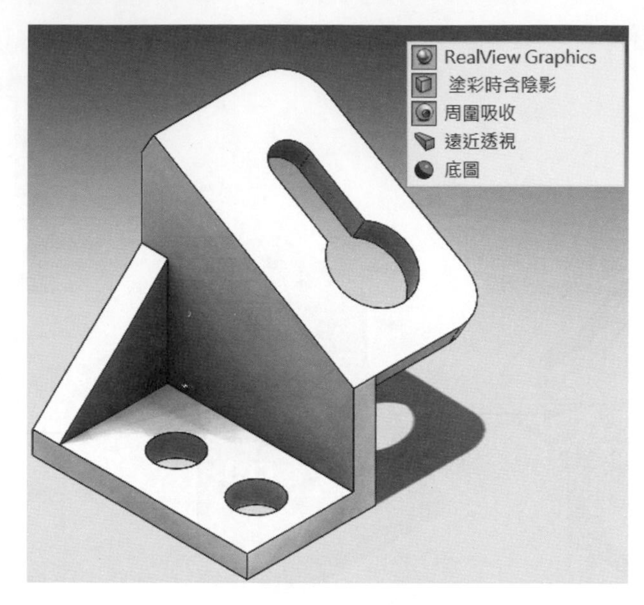

7. 按功能表**「檢視」→「隱藏/顯示」→「移畫印花」**以顯示後面加入的移畫印花。
8. 變更背景色彩為單色，取消 RealView Graphics、塗彩時含陰影與周圍吸收。
9. 展開**移畫印花**，從下面的預覽窗格中拖曳 DS SOLIDWORKS 透明影像至圖中的表面放開。

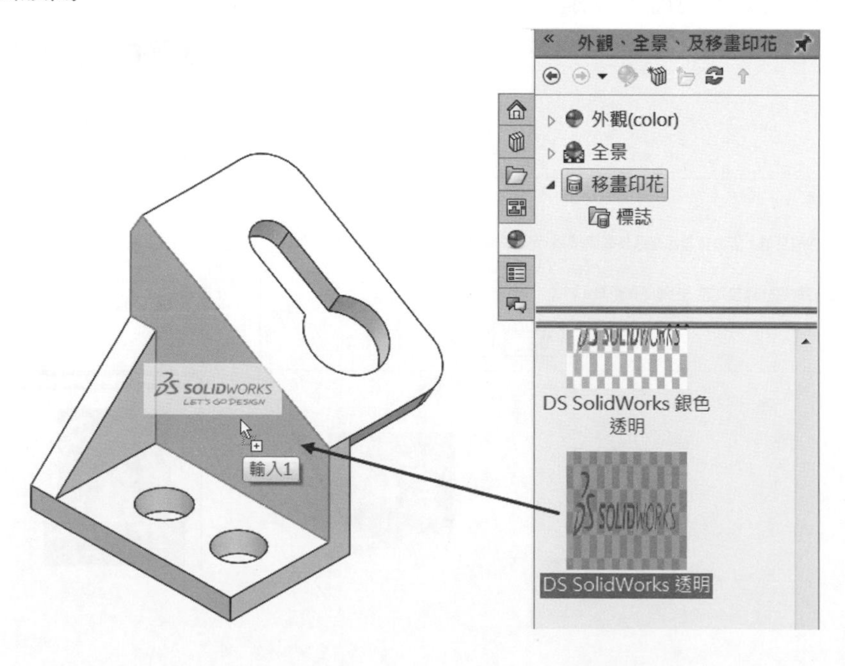

10. 在移畫印花的屬性管理員中設定選項，像是**無遮板**，移動印花至適當位置，按**確定**。

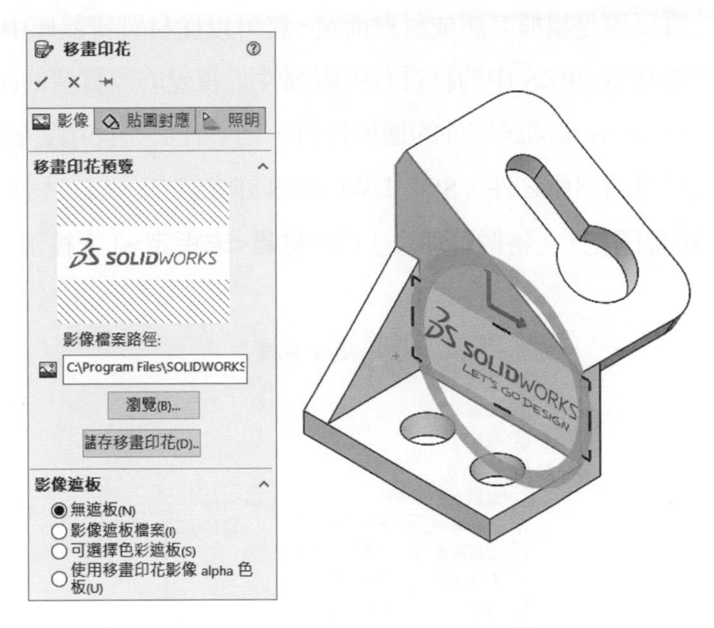

11. 如圖示，SOLIDWORKS 的圖案已顯示於標示的表面上。

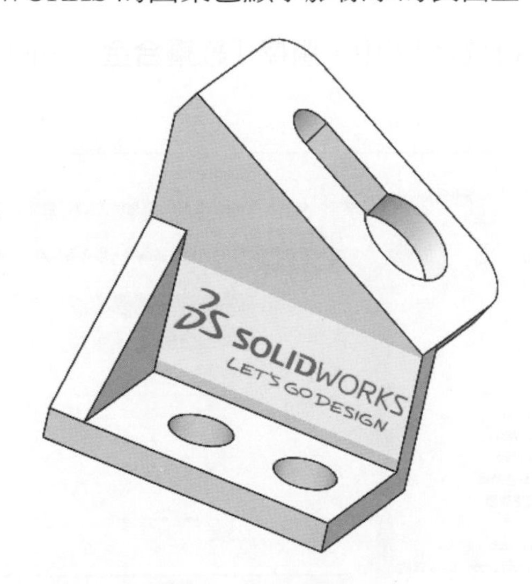

5-7 指定材料

零件的機械性質反應是根據其組成材料而定，您可以從材質資料庫中選擇一個材質來指定給零件。在 SOLIDWORKS 中的材質有兩組屬性：視覺的及實質的(機械上的)，若是您要使用 SimulationXpress 來測試零件的機械性質，則零件必須使用實質的屬性。除了預先定義材質屬性的材質資料庫之外，SOLIDWORKS 亦允許加入材質到資料庫中。

12. 關閉顯示**移畫印花**，在特徵管理員上的「**材質<未指定>**」上按滑鼠右鍵，選擇「**編輯材質**」。

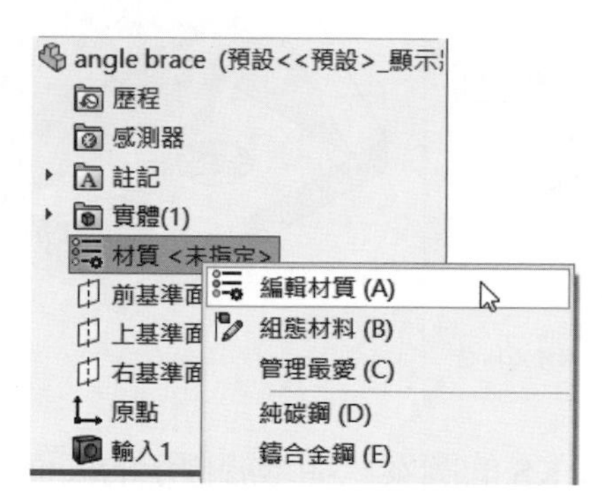

13. 在 SOLIDWORKS 材質列表中，選擇「**紅銅合金**」中的「**鋁青銅**」，按「**套用**」與「**關閉**」。

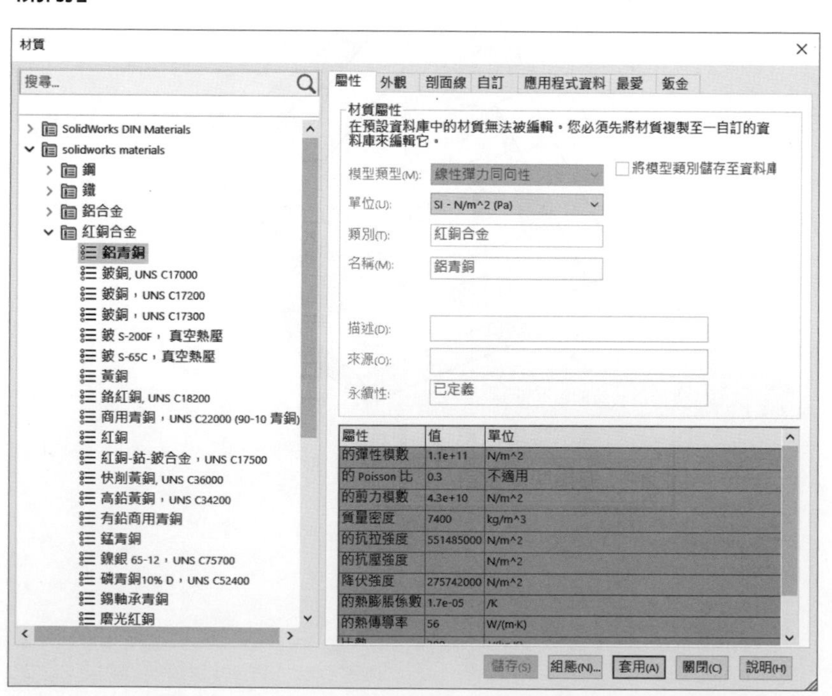

14. 按「**工具**」➡「**評估**」➡「**物質特性**」，如圖示，系統已依材質特性，計算出零件的質量、體積、表面積與慣性矩等。

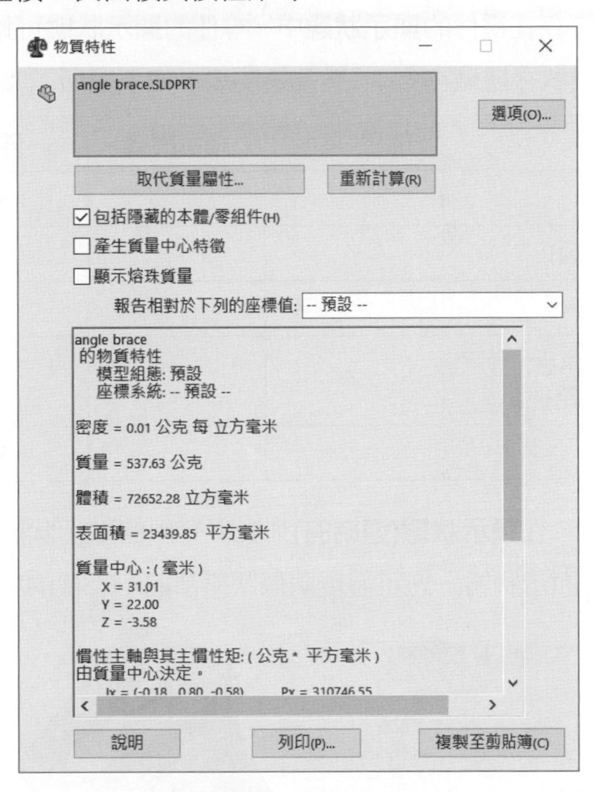

15. 按 RealView Graphics 顯示，零件會依材質的不同而顯示不同的色彩，非一般指定色彩的塗彩，關閉 RealView。

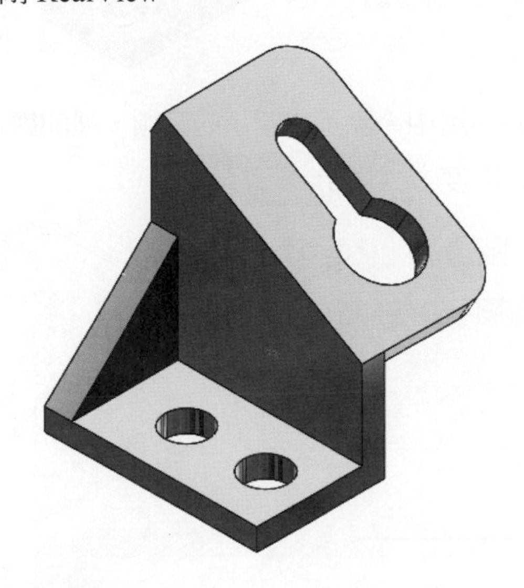

5-8 零件的顯示

零件的顯示設定儲存在零件的**顯示狀態**中。零件的顯示狀態可以控制本體、特徵、面及零件的外觀、顯示模式、隱藏/顯示狀態及透明度，如下表所示：

	隱藏/顯示	顯示模式	外觀	透明度
零件			✓	✓
本體(實體與表面)	✓	✓	✓	✓
特徵			✓	✓
可以隱藏的特徵，例如草圖、參考幾何、曲線、分模線及路徑點	✓			
面			✓	✓

16. 按**組態管理員**，在**顯示狀態(連結的)**列表下有兩個顯示狀態，在顯示狀態名稱上快點兩下啓用顯示狀態，您可發現兩個狀態都顯示一樣的材質顏色。

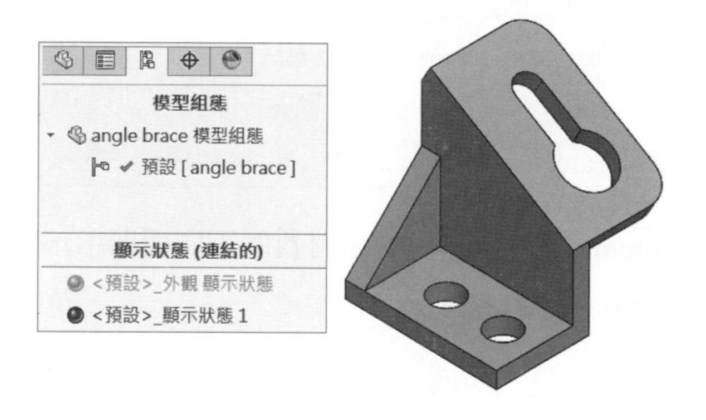

17. 維持**顯示狀態 1** 爲啓用中。點選如圖示的箭頭，展開**顯示窗格**，按一下零件的透明度，使零件以透明度方式顯示。

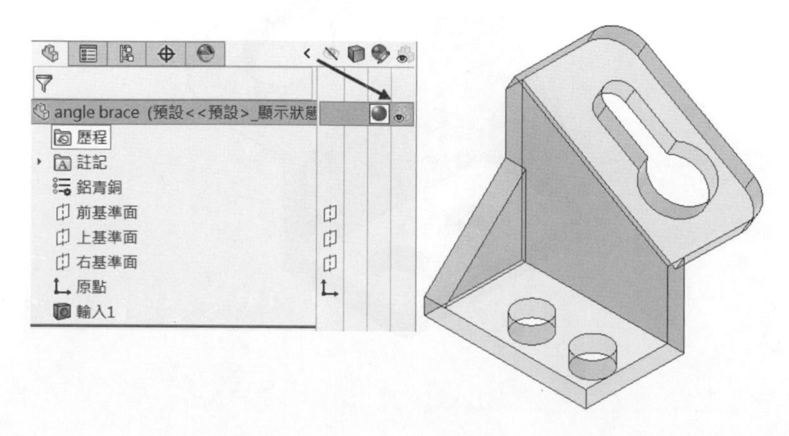

18. 在零件組態管理員下的顯示狀態中按右鍵，點選**新增顯示狀態**，並重新命名爲 Red，啓用顯示狀態 Red。

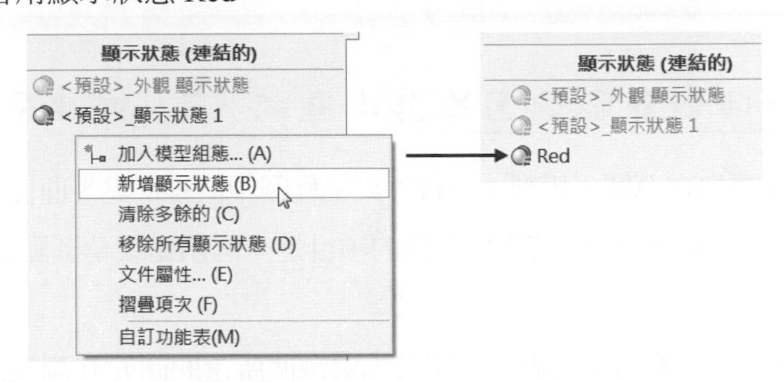

19. 取消透明顯示，變更此零件的外觀爲淡紅色，並點選顯示狀態中的「**此顯示狀態**」，按 ✔。

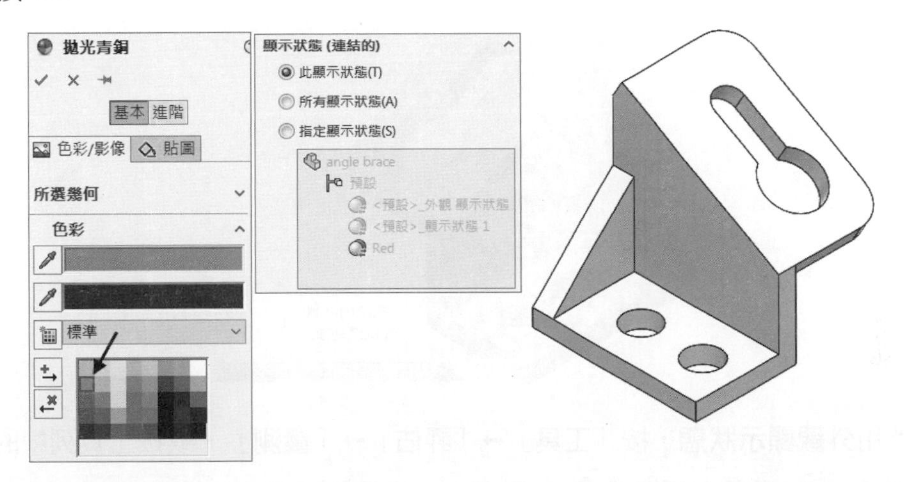

20. 點選顯示狀態中的三種狀態檢視零件的顯示情況。

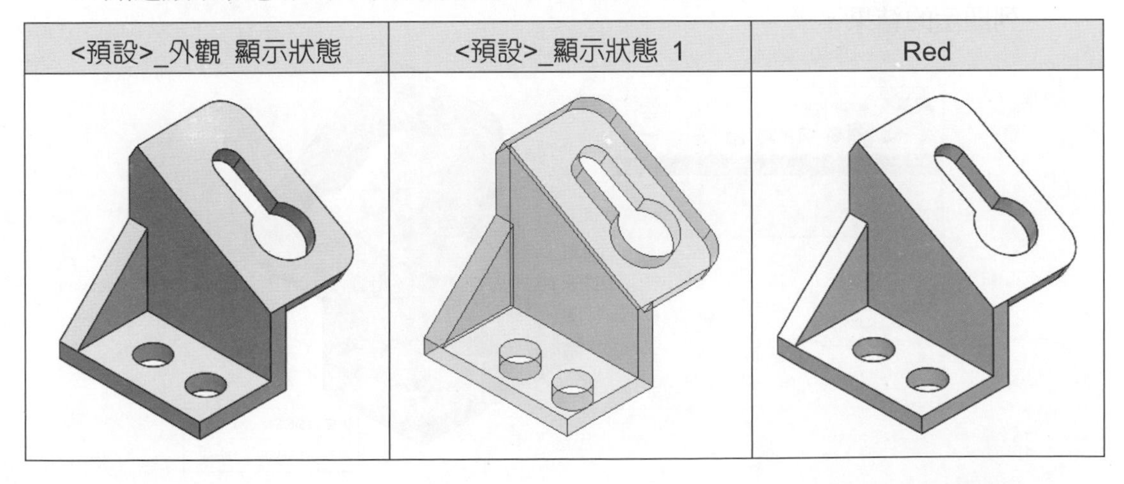

5-9 量測

量測工具可以讓您在草圖、模型、組合件或工程圖中直線、點、曲面、及基準面之間量測距離、角度、半徑和大小等。若當您選擇的項目是一個頂點或草圖點時，會顯示其 x、y 和 z 的座標值。

21. 點選圓邊線，若**量測**工具尚未啟用時，對每個所選的圖元其測量值會出現在狀態列中。

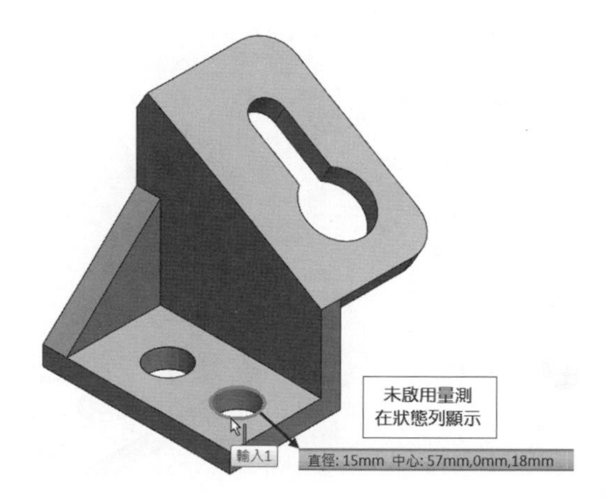

22. 啟用**外觀顯示狀態**，按「**工具**」➡「**評估**」➡「**量測**」，或按工具列中的「**量測**」圖示 ，滑鼠游標變成 ，點選上一步驟的圓邊線，測量結果如上一步驟狀態列顯示的結果。

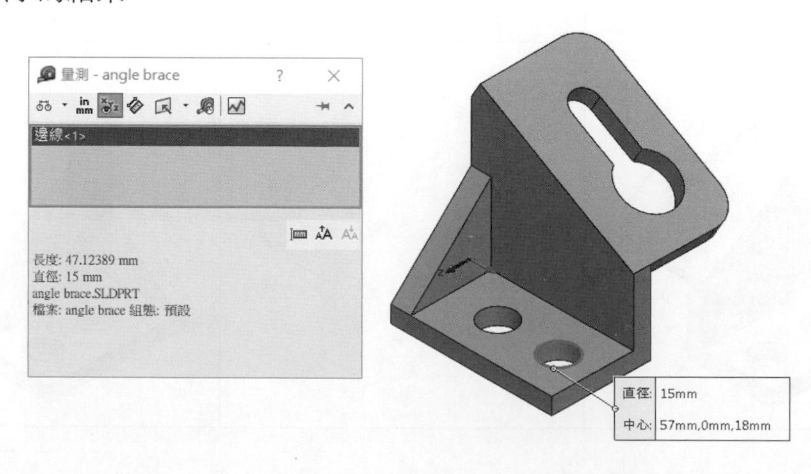

23. 使用**弧/圓測量** ，且選取弧或圓時，您可以選擇項次來指定顯示距離。

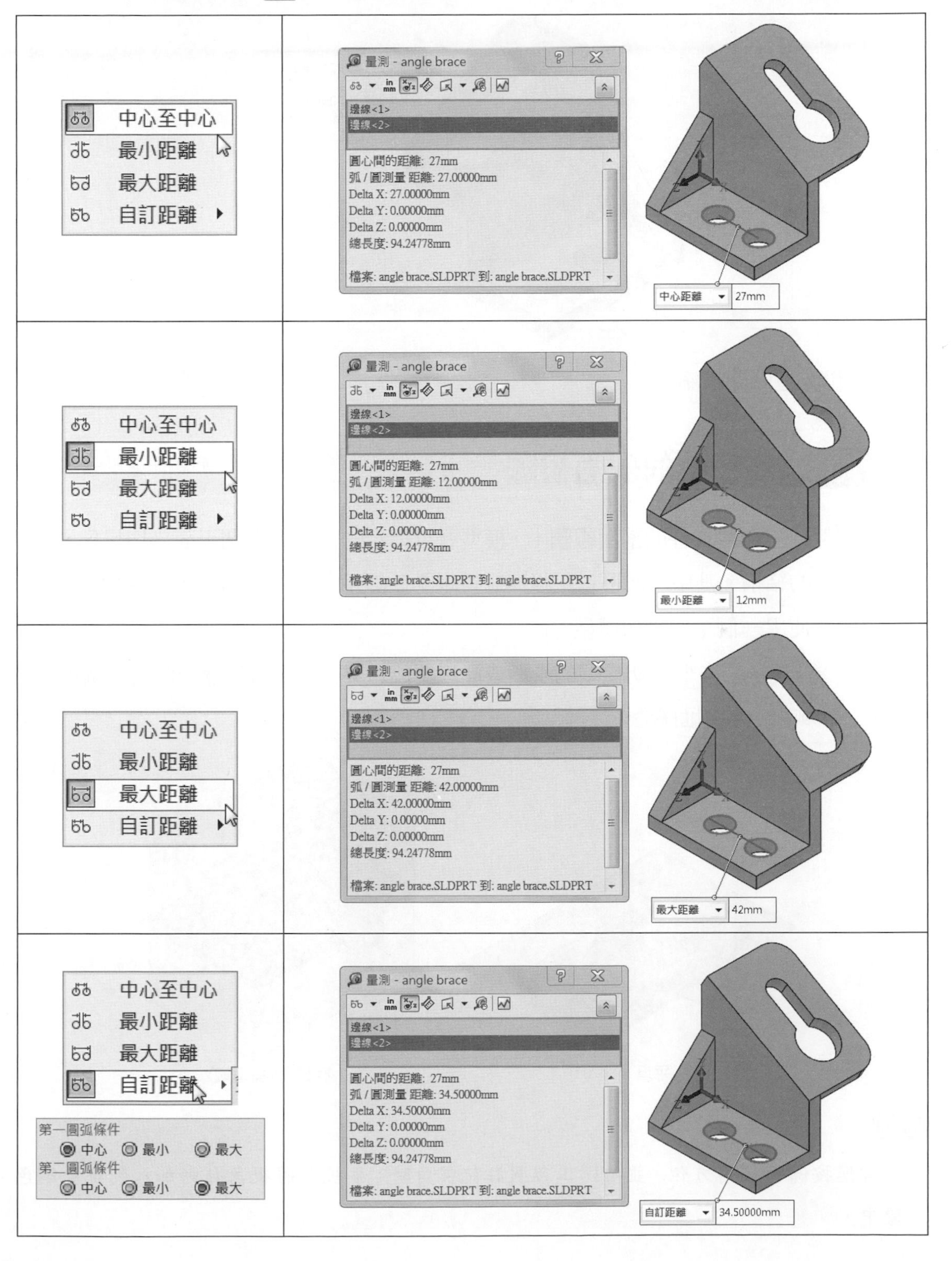

24. 取消選擇後，再點選斜面，查看其面積與周長。

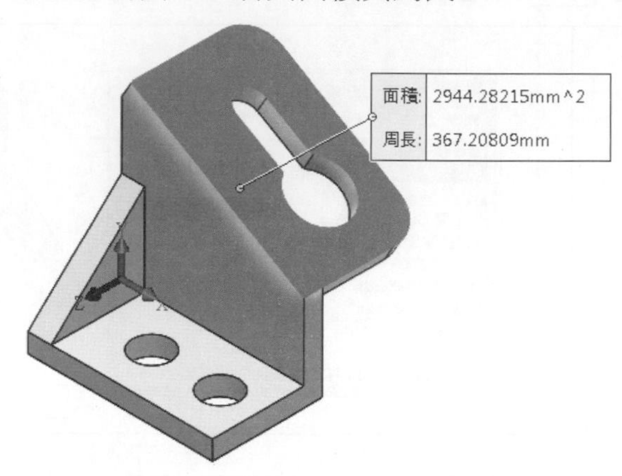

25. 儲存並關閉檔案。

5-10 模型中的剖面視圖

在零件或組合件文件的剖面視圖中，模型會以指定的一個或多個平面剖切呈現，以顯示模型內部的結構。其中平面可以平移與旋轉以動態顯示剖切，剖切選項有**平坦**和**區域**。

平坦：使用一個平面剖切模型。

區域：首先選擇多個剖切模型的平面或面以組成邊界方塊，再選擇一個或多個相交區域來定義剖面視圖。

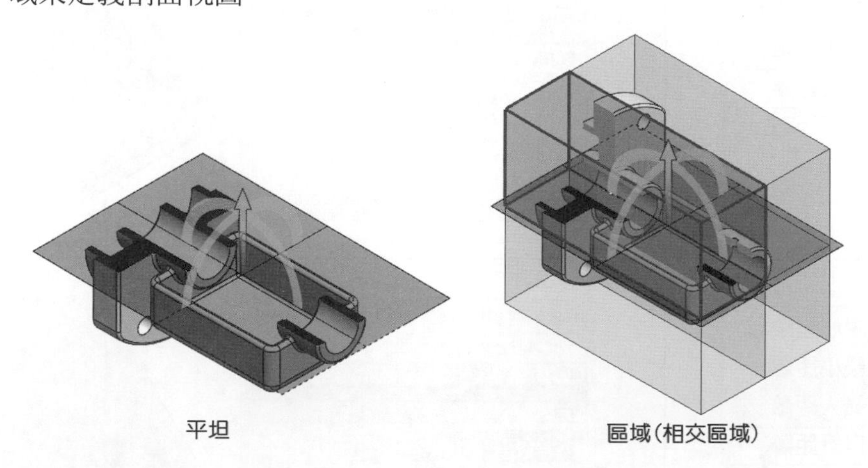

平坦　　區域(相交區域)

注意

當您按**儲存**視角方位，並勾選**工程圖註記視角**時，系統會將視角自動加入到**視圖調色盤**中。

1. 開啓零件 910310B。
2. 從立即檢視工具列按**剖面視圖**，剖面 1 選擇箭頭所指平面，Y 旋轉設定爲 90 度，結果如圖所示。剖面方法選擇**區域**，系統自動出現剖面 2。

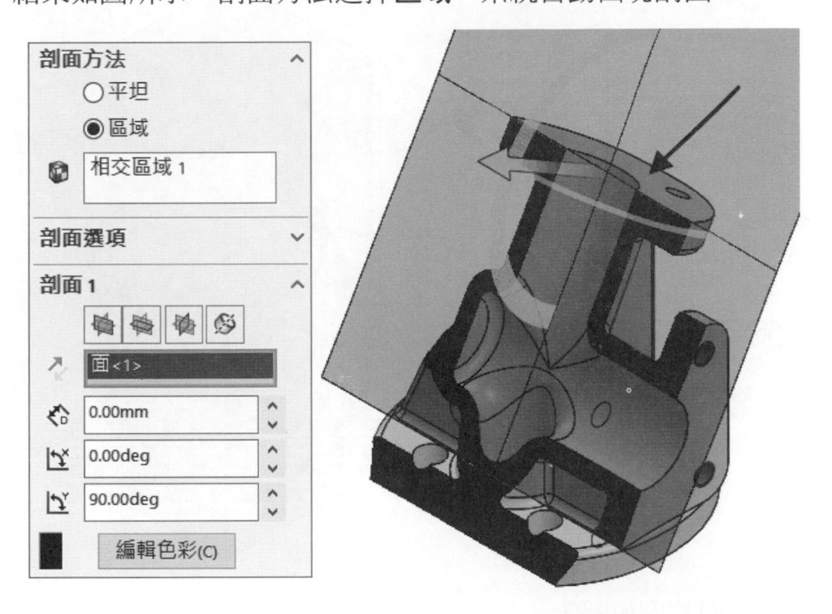

3. 勾選**剖面** 2，並選擇右基準面，注意看兩個剖面顏色是不同的。

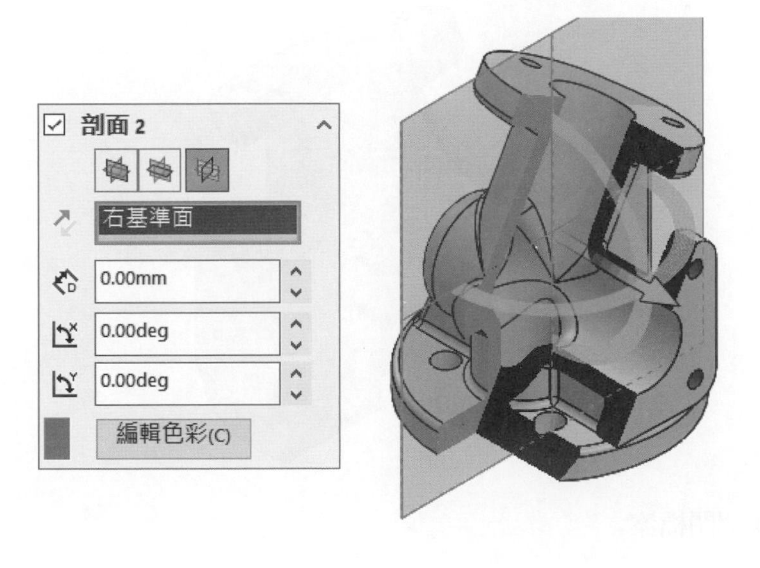

4. 勾選**剖面** 3，並選擇前基準面。
5. 按區域列表框，如圖示選擇相交區域 1, 2, 5。

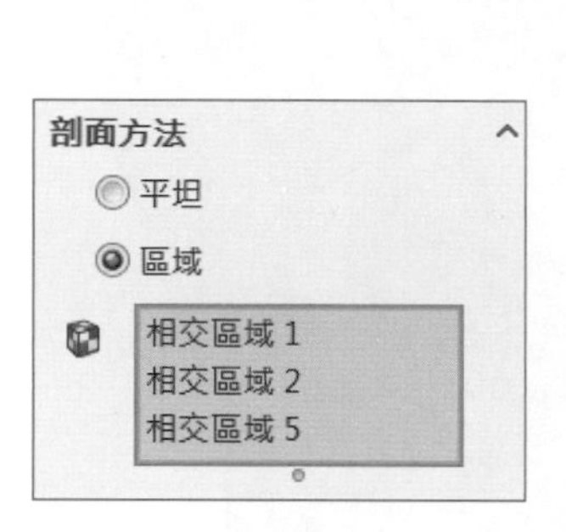

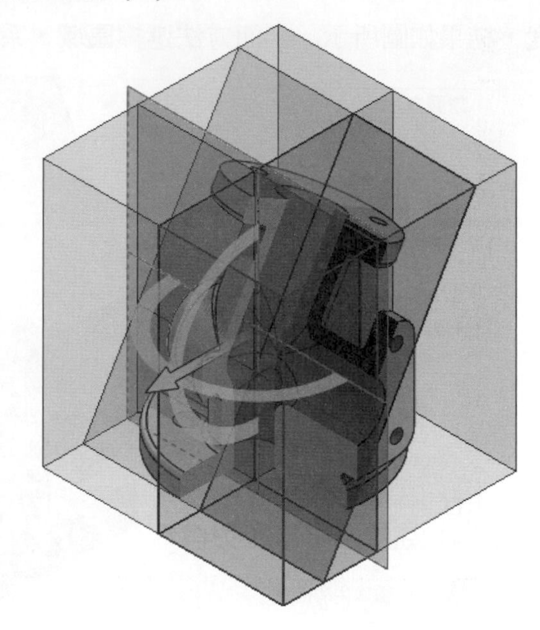

6. 完成後的剖面視圖如圖示。

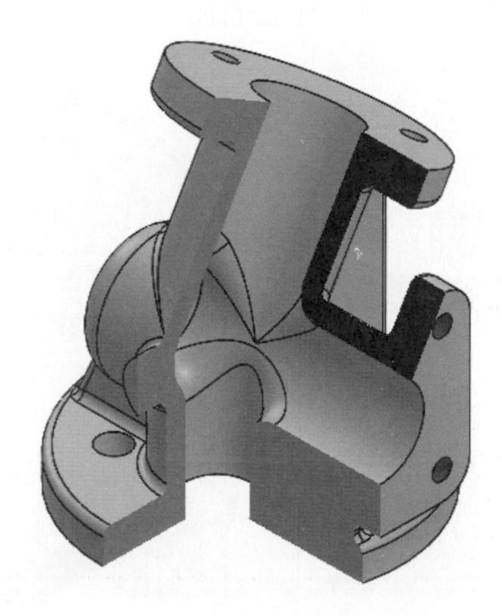

7. 儲存並關閉檔案。

5-11 綜合練習題

練習 5b-1 競賽題

參數：A = 80、B = 60、C = 80、D = 35、E = 38、F = 5、T = 3，未標註壁厚為 T

問題：1、P1 到 P2 之間的距離是多少？(89.26)

2、灰色面的面積是多少？(1512.16)

3、模型體積是多少？(46584.79)

(答案允許誤差範圍 ± 0.5%)

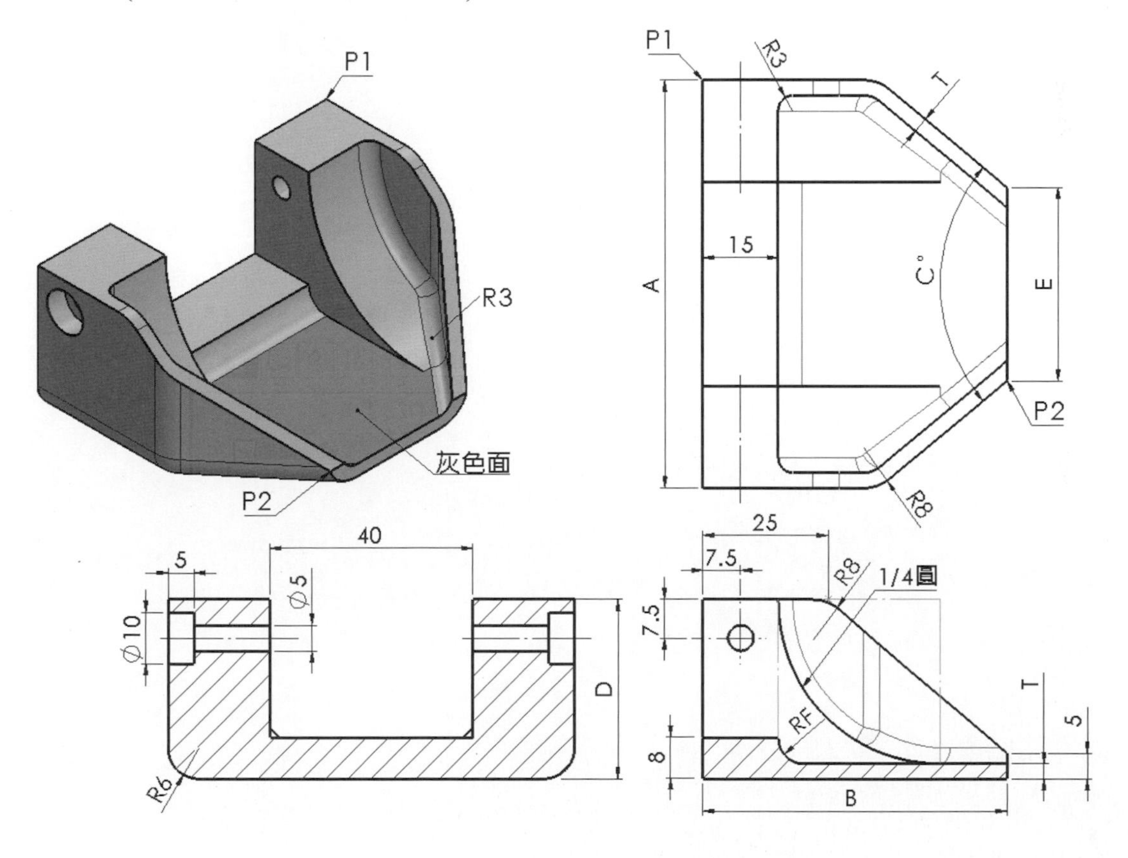

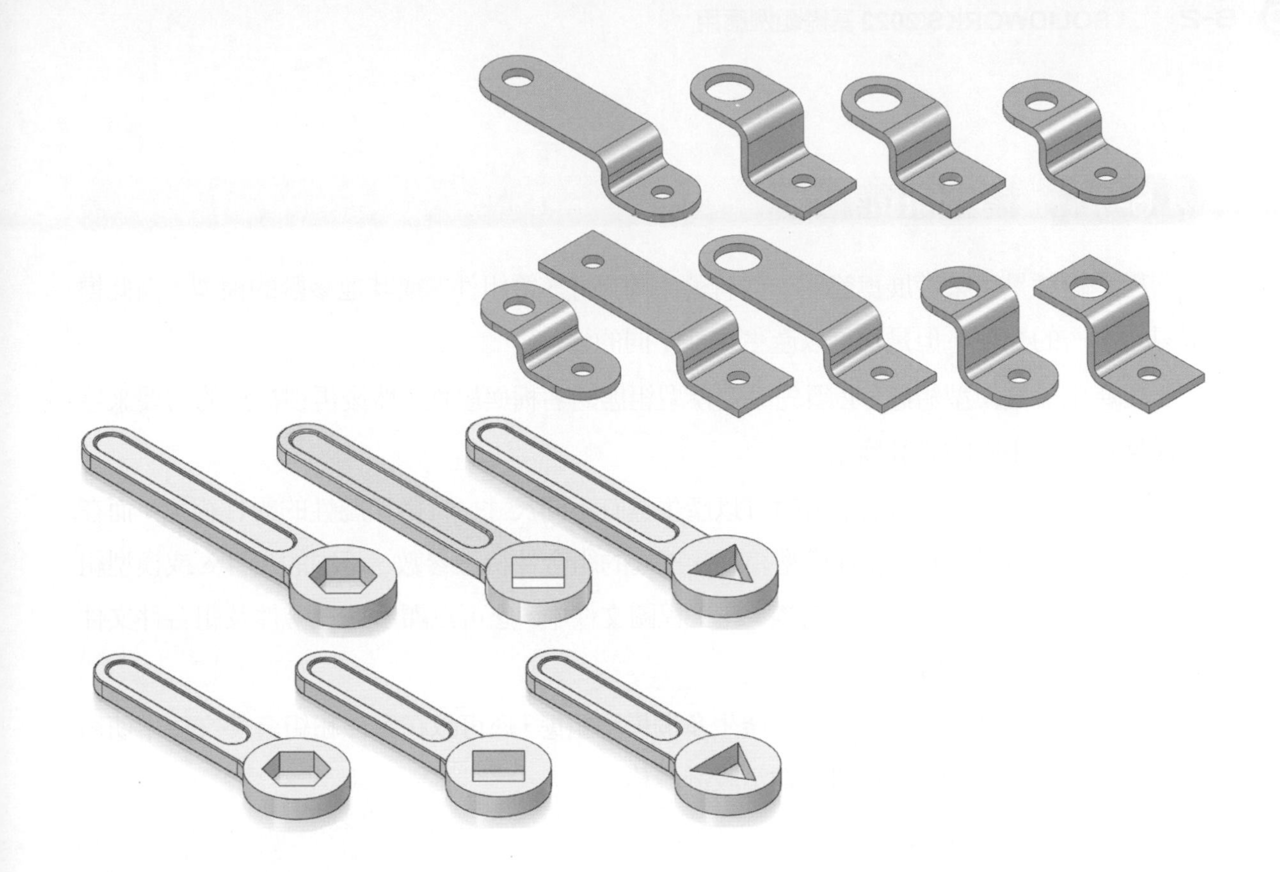

Chapter

6 模型組態

6-1 模型組態概要

模型組態是用來發展與管理一群有著不同尺寸、零組件、或其他參數的模型，而此模型只是單一的文件，但是卻可以產生多種不同的變化。

要產生一個模型組態，必須先設定模型組態的名稱與屬性，然後再根據您的需要來修改模型以產生不同的設計變化。

在零件文件中，使用模型組態可以產生具有不同尺寸、特徵和屬性的零件組態；而在組合件中，使用不同的零組件模型組態、不同的組合件特徵參數、不同的尺寸、或模型組態特定的屬性則可產生組合件家族；在工程圖文件中，您可以顯示您在零件及組合件文件中產生模型組態的視圖。

使用設計表格也可以用來同時產生多個模型組態，您可以在零件和組合件文件中使用設計表格，而且可以在工程圖中顯示設計表格。

1. 開啟零件 wrench。

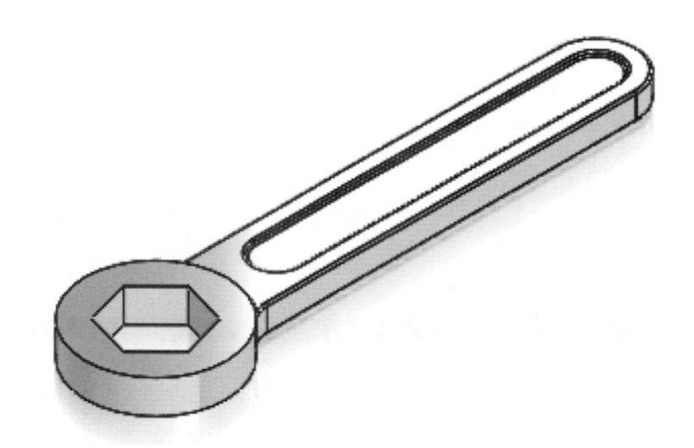

2. 模型組態管理員和特徵管理員都共用同一個視窗位置，想在視窗中做切換顯示，您只需要點選視窗上面的「**模型組態**」標籤 。若要同時檢視特徵及組態管理員，只要將分割棒向下拉即可。

   預設的模型組態名稱為**"預設"**，名稱前面的 ✔ 代表該模型組態為啟用中。

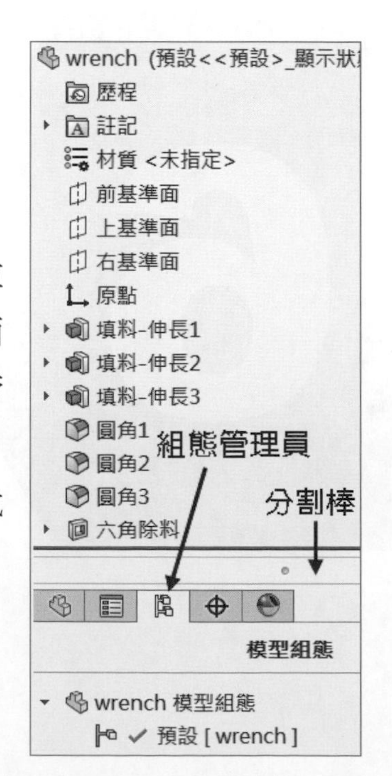

6-1-1 定義模型組態

您可以透過**恢復抑制**或是**抑制**零件上選定的特徵來定義組態，當特徵受到抑制時，該特徵仍會以灰階形式出現在特徵管理員中，這種定義會存在此零件目前作用中的模型組態內。同一個零件內，你可以建構許多不同的模型組態，並在模型組態之間做切換。

3. 在組態管理員的零件名稱上按滑鼠右鍵，點選「**加入模型組態**」。輸入名稱爲「**六角板手**」，在進階選項中的「**抑制特徵**」預設是勾選的，這表示此模型組態中所建立的特徵在其他模型組態中是受抑制的，按「**確定**」。您可以發現啓用中的模型組態爲「**六角板手**」，組態名稱會出現在特徵管理員上的零件名稱右邊括弧中。

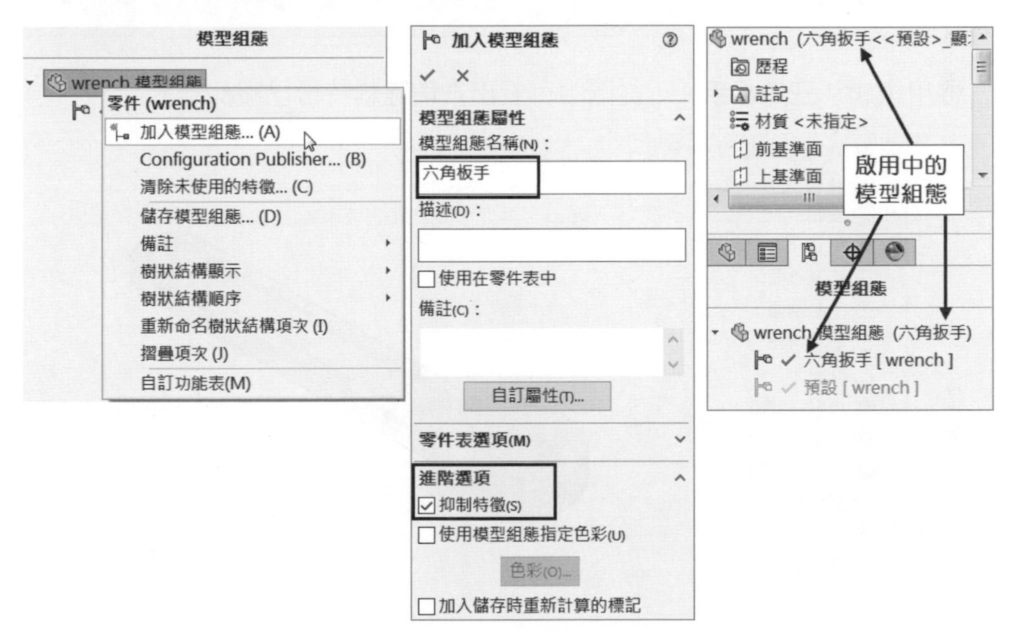

4. 目前「**預設**」模型組態爲灰色非啓用中，按右鍵，點選**刪除**，再按**確定**，此時模型組態只剩一個六角板手。

5. 再加入兩個模型組態，名稱爲「**三角板手**」、「**四角板手**」，啓用模型組態只要在組態名稱上快點兩下即可。

6. 在「**六角除料**」特徵上按滑鼠右鍵，點選「**組態特徵**」。在修改模型組態對話方塊上，勾選「**三角板手**」與「**四角板手**」兩個組態爲抑制，這代表六角除料特徵在三角板手與四角板手組態中是被抑制的，按「**確定**」。(關於抑制與恢復抑制，請查閱第 3 章)

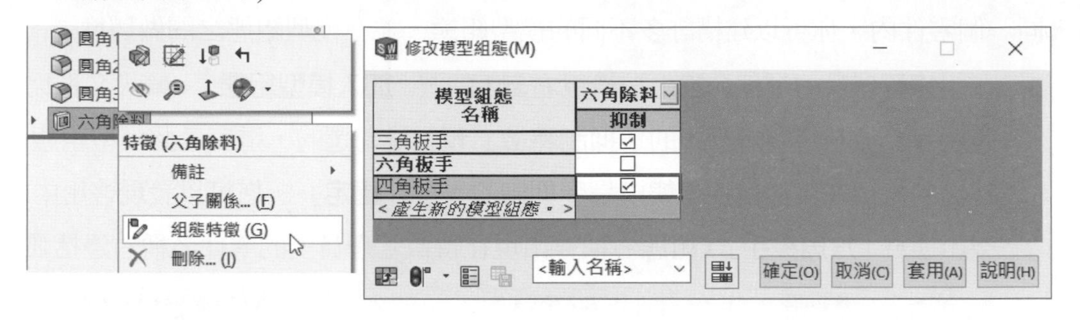

7. 啓用組態「**三角板手**」，從圖中可看出**六角除料**特徵已被抑制。

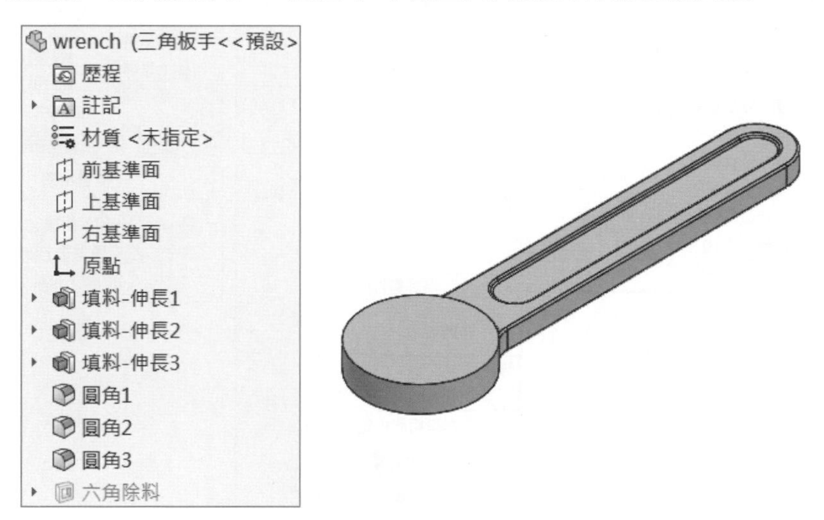

8. 建立除料特徵，並更名爲「**三角除料**」。

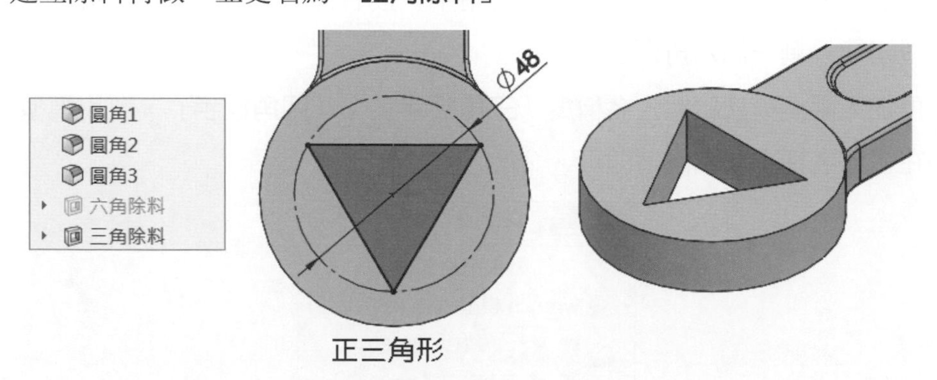

正三角形

9. 啓用組態「**四角板手**」，您可以發現**三角除料**也是受抑制的。建立除料，並更名爲「**四角除料**」。

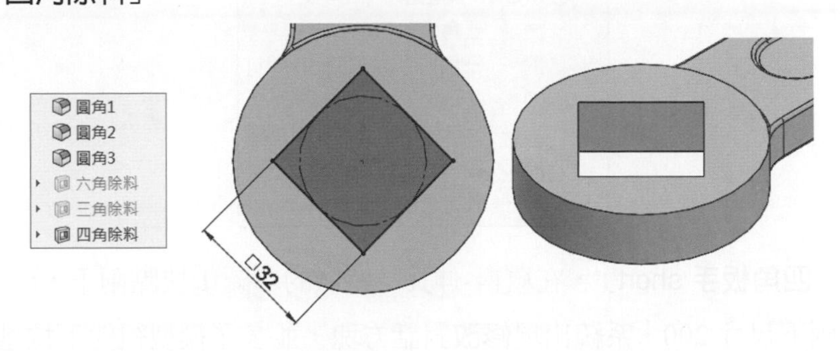

10. 個別啓用三個模型組態，並檢視其中的特徵抑制狀態，雖然零件中存在著三個不同的除料，但是各屬於不同的模型組態。其中組態名稱前的符號 與 此模型組態資料是最新的不需重新計算，而符號 則表示是需要重新計算的。

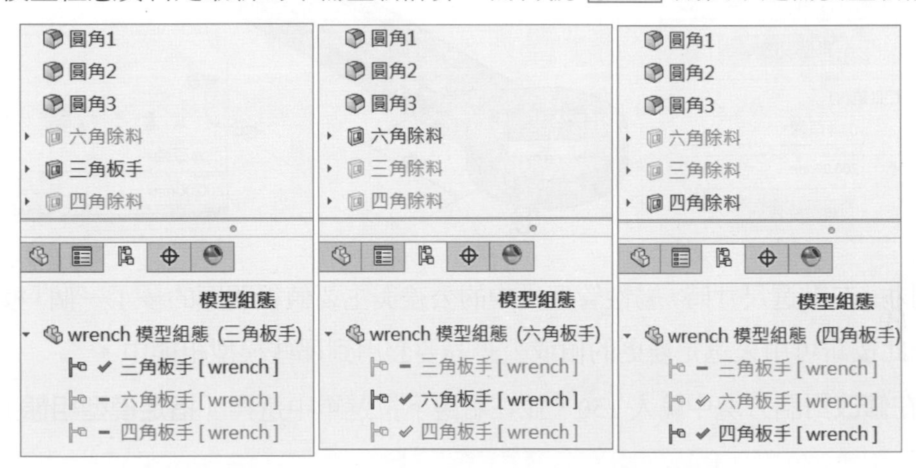

11. 在零件名稱上按滑鼠右鍵，點選「**重新計算所有模型組態**」，此時模型組態名稱前面都會呈現 ✓ 符號。

12. 點選組態「**三角板手**」，按「Ctrl + C」**複製**，再按「Ctrl + V」**貼上**，模型組態新增一個從「**三角板手**」複製過來的組態；同樣地，複製「**四角板手**」與「**六角板手**」。

13. 按一下新增的模型組態，再按「F2」，變更名稱，並在名稱後加上 short。

14. 啓用「**四角板手 short**」，在填料-伸長 1 特徵的草圖 1 快點兩下，待尺寸出現後，快點兩下尺寸 200，系統出現**修改**對話方塊，並多了模型組態下拉選單 。

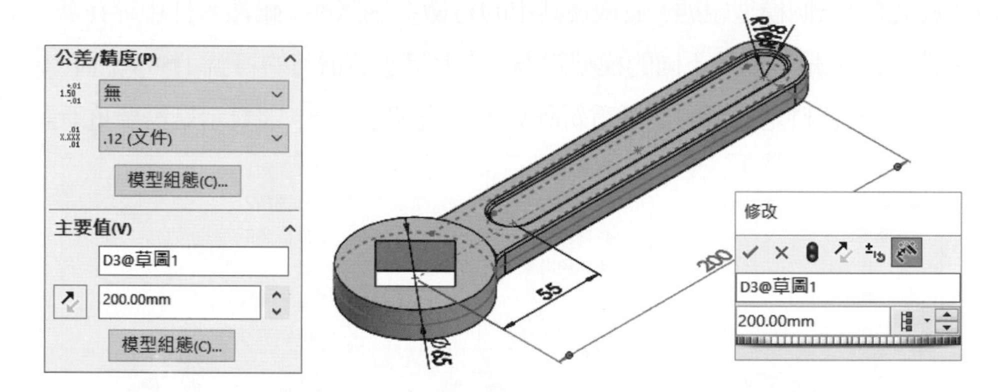

如圖左，在點選尺寸時，屬性管理員中的公差與主要值很明顯的多了一個「**模型組態**」的按鈕，此按鈕可用來選定變更的值或公差等要套用到那些模型組態中。

15. 在**修改**對話方塊中輸入 150，並在右邊下拉選單中選擇「**指定模型組態**」。

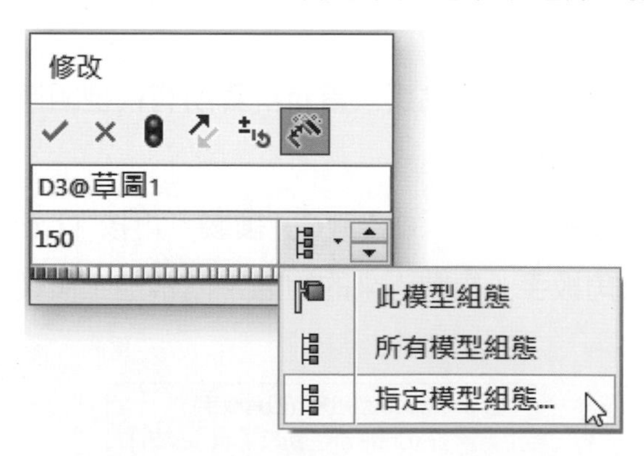

16. 在指定要修改模型組態對話方塊中，選擇所有 short 組態，按「**確定**」，再按「**以目前的值重新計算模型**」，按 ✔ 離開**修改**對話方塊。

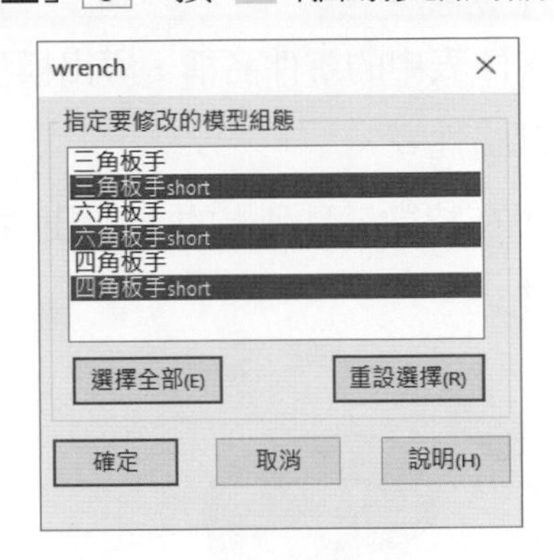

17. 在所有模型組態名稱上快點兩下，啓用模型組態，檢視所有模型組態的顯示狀態。

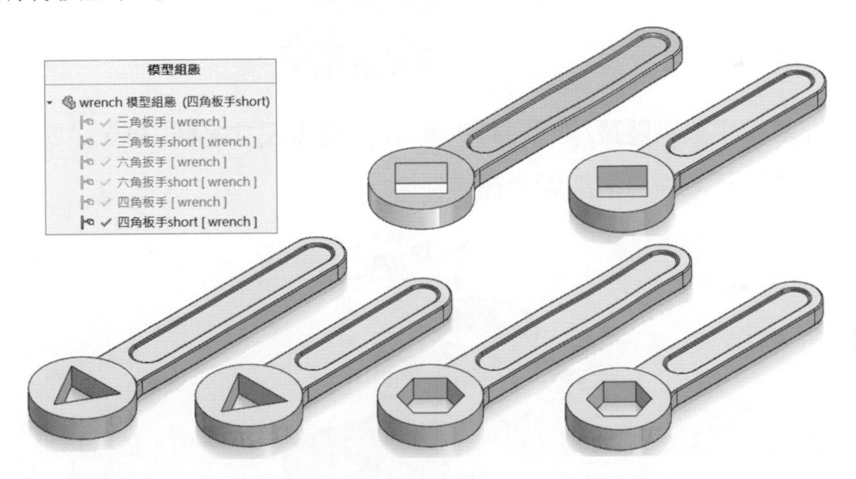

18. 儲存並關閉檔案。

6-2 設計表格

首先，要使用設計表格，在您的電腦上必須有安裝 Microsoft Excel，藉由嵌入到 Microsoft Excel 工作表中的參數(特徵狀態、尺寸大小等)變化，會使的設計表格產生模型組態，也就是說設計表格可以用來建立零件或組合件的多個不同模型組態

除了在模型文件中直接插入新的設計表格之外，也可以使用已存在的 Excel 檔案，設計表格會儲存於模型文件中，您可以決定是否連結到原來的 Excel 檔案，使模型中所作的更改直接更新或不更新到原來的 Excel 檔案中。(SOLIDWORKS 支援的 Excel 版本請參閱第 1 章。)

在零件模型中，可以用設計表格中控制以下項次：

- 特徵、異型孔精靈鑽孔大小的尺寸及抑制狀態
- 模型組態屬性，包括零件表中的零件名稱、導出模型組態、數學關係式、草圖限制條件、說明、及自訂屬性等。

1. 開啟零件 Cable straps，在特徵工具列上的「**註記**」按滑鼠右鍵，從快顯示功能表中點選「**顯示特徵尺寸**」。

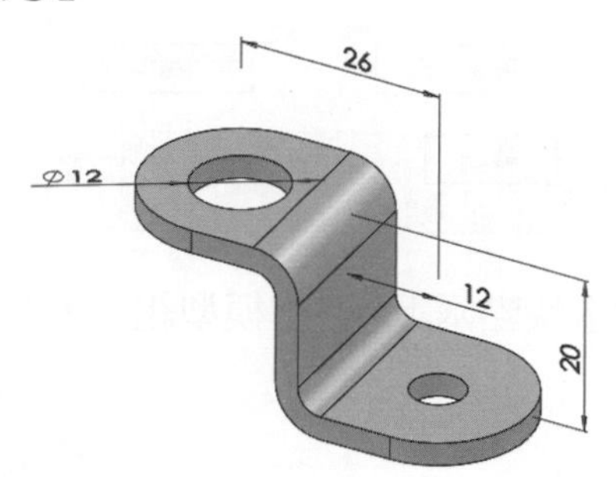

2. 按立即檢視工具列**隱藏/顯示項次** 中的**檢視尺寸名稱** D1，從零件圖中可看到幾個主要的尺寸與名稱都顯示在零件中。

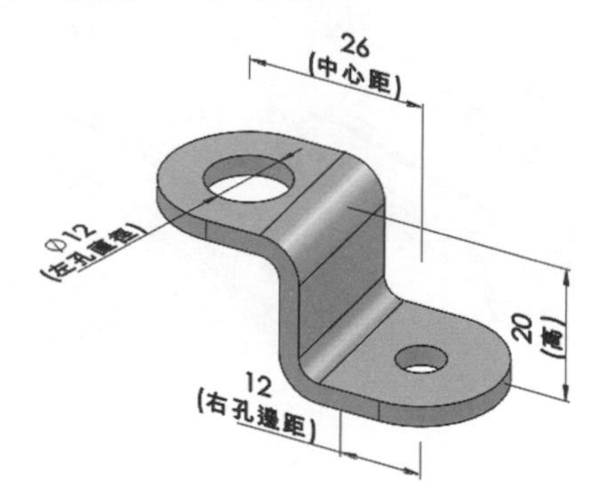

3. 按「**插入**」→「**表格**」→「**設計表格**」，來源點選「**自動產生**」，其餘選項維持不變，按「**確定**」。

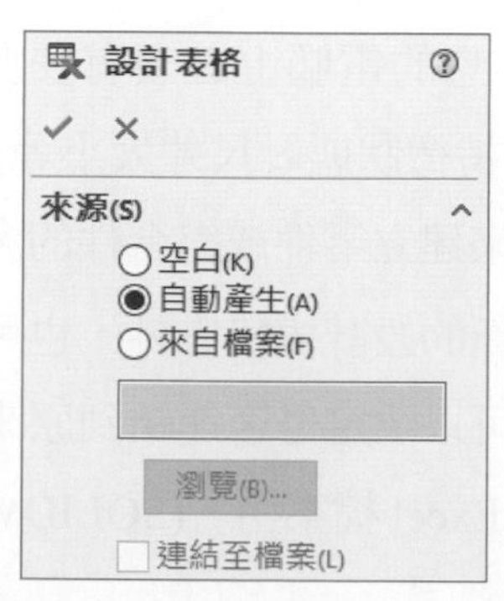

4. 從尺寸對話方塊中按 Ctrl 鍵，選擇圖示的 4 個尺寸，按「**確定**」。

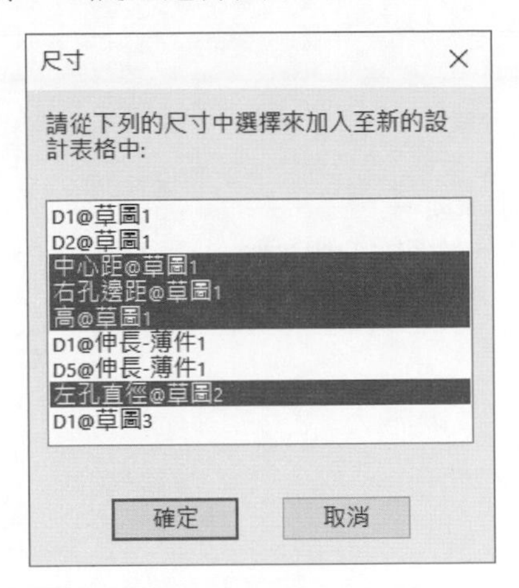

5. 此時與 Excel 連結的設計表格出現在繪圖區的左上角，上一步驟加入的尺寸也已加入到表頭儲存格中，但是儲存格並未出現尺寸數值。

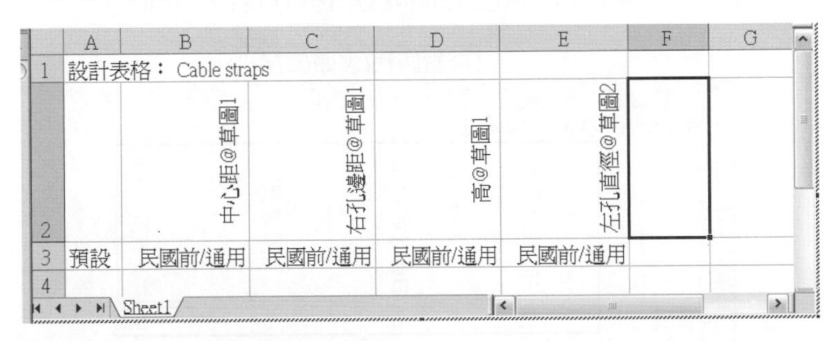

6. 在表格的左上角按一下選擇整個表格，再到任一儲存格中按滑鼠右鍵，從快顯功能表中點選「**儲存格格式**」。

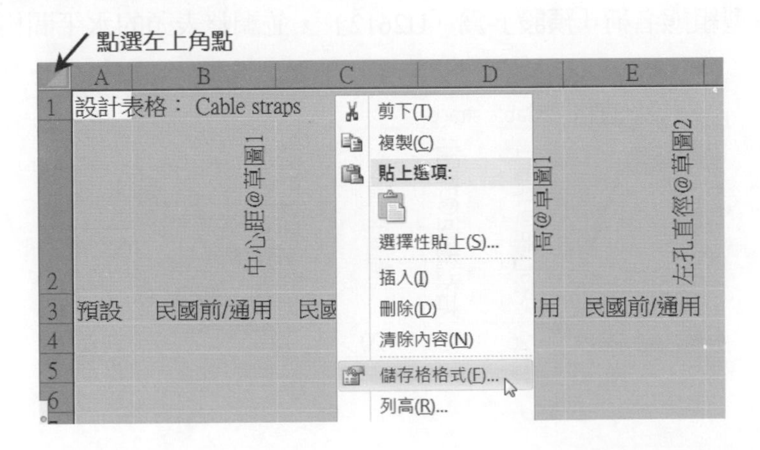

7. 在數值類別中點選「**通用格式**」後按「**確定**」。

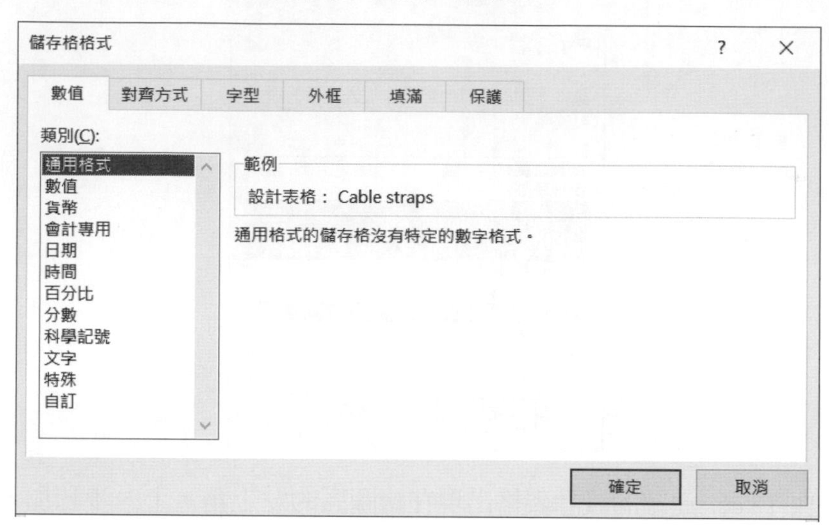

8. 如圖，表格儲存格中的有效值已變換成模型的實際尺寸值。

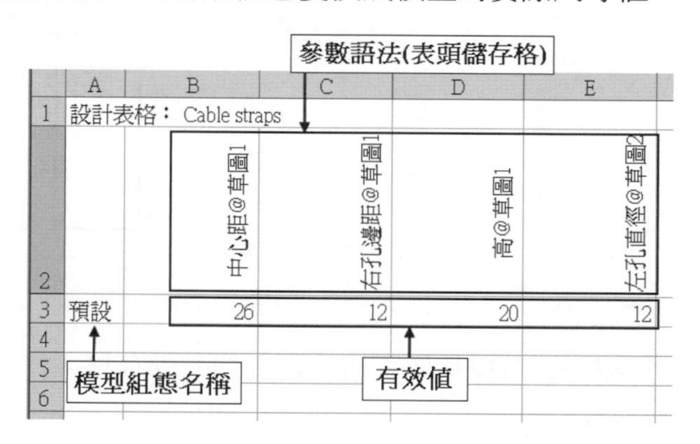

9. 變更模型組態名稱「**預設**」爲「U2612」，並調整表頭的水平間格大小。

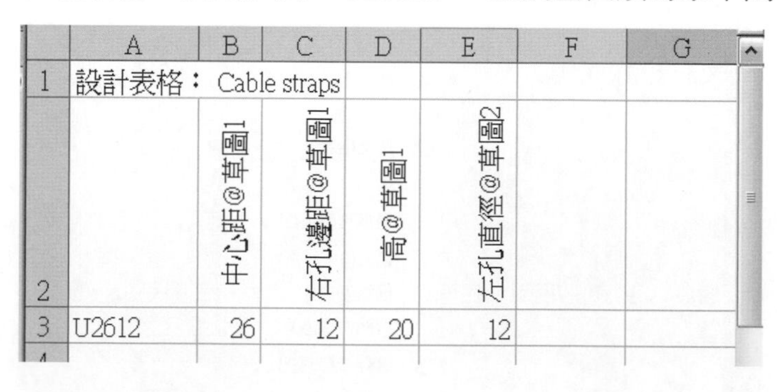

10. 選擇儲存格 F2，再至特徵管理員的「**左全周圓角**」上快點兩下，「**$狀態@左全周圓角**」特徵已被加入至表頭中，有效值爲「**恢復抑制**」；同樣地，也加入「**右全周圓角**」特徵於 G2。

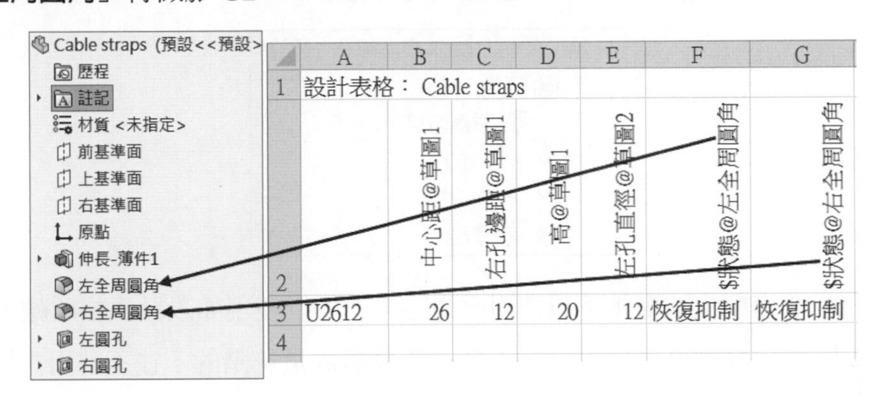

	A	B	C	D	E	F	G
1	設計表格： Cable straps						
2		中心距@草圖1	右孔邊距@草圖1	高@草圖1	左孔直徑@草圖2	$狀態@左全周圓角	$狀態@右全周圓角
3	U2612	26	12	20	12	恢復抑制	恢復抑制
4							

11. 將**恢復抑制**變更爲英文縮寫 U(或 1)，複製第 3 列到第 4 列，變更組態名稱爲 S2612，全周圓角設爲「**抑制**」(縮寫 S 或 0)。

	A	B	C	D	E	F	G
1	設計表格： Cable straps						
2		中心距@草圖1	右孔邊距@草圖1	高@草圖1	左孔直徑@草圖2	$狀態@左全周圓角	$狀態@右全周圓角
3	U2612	26	12	20	12	U	U
4	S2612	26	12	20	12	S	S
5							

12. 在繪圖區中任意處按一下，結束設計表格，回到繪圖狀態，系統彈出一個訊息顯示從設計表格新增的組態有兩組。

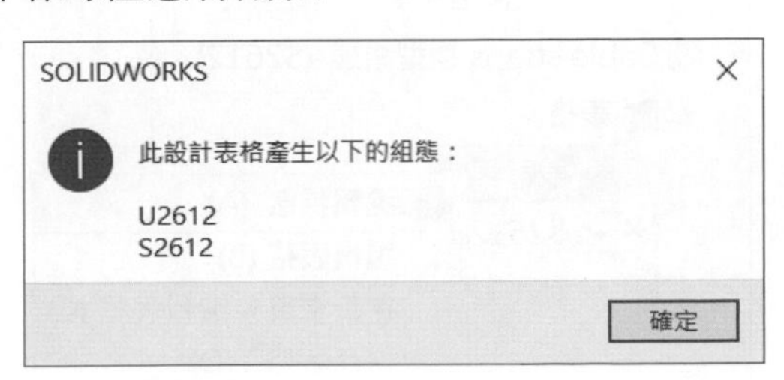

13. 按一下模型組態管理員，由圖中可看出**設計表格**已被儲存於**組態管理員**的**表格**資料夾中，且設計表格產生的兩個組態都已被收集在模型組態中，組態名稱前面的設計表格符號 |✕ − 代表它是由設計表格產生。

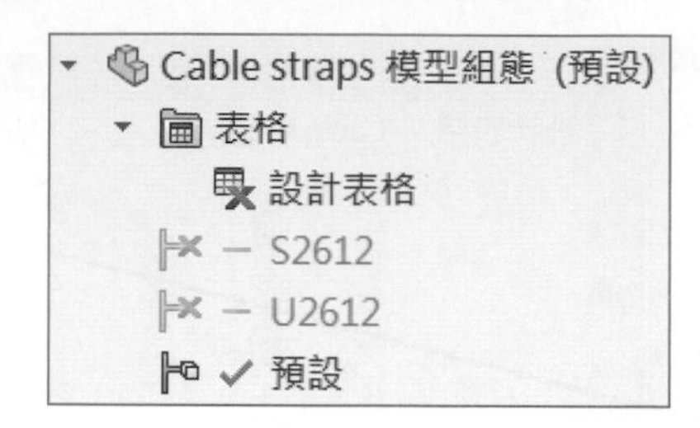

14. 在 S2612 組態上快點兩下以啓用此組態，您可以發現如設計表格所輸入的，左右全周圓角爲抑制(S 或 0)狀態，在特徵管理員內是灰階的。在不啓用「**預設**」模型組態下，刪除「**預設**」模型組態。

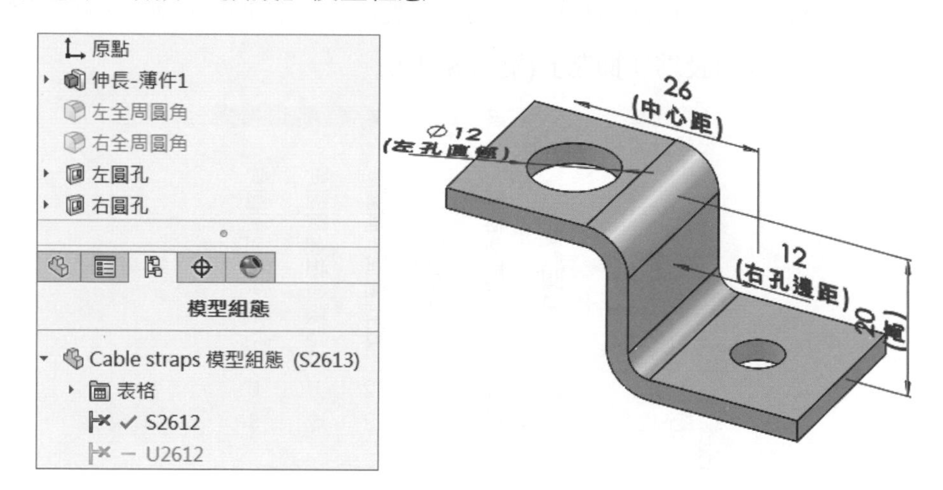

15. 在**設計表格**上按滑鼠右鍵，從快顯功能表中點選「**編輯表格**」。

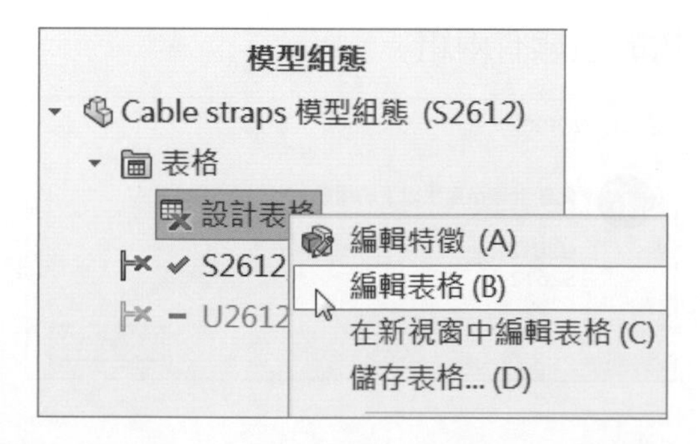

16. 在**新增列及欄**對話方塊中，不點選任何參數，按「**確定**」。

17. 在設計表格中，再加入 7 組不同的模型組態數據，按「**確定**」，或在繪圖區上按一下。

設計表格： Cable straps

	中心距@草圖1	右孔邊距@草圖1	高@草圖1	左孔直徑@草圖2	$狀態@左全周圓角	$狀態@右全周圓角
U2612	26	12	20	12	U	U
S2612	26	12	20	12	S	S
U2810	28	14	10	10	U	U
U2814	28	14	14	10	U	U
U3215	32	12	15	15	U	S
U3220	32	12	20	15	U	S
U6412	64	12	12	10	U	U
S6412	64	12	12	7	S	S
S6415	64	12	12	15	U	S

工作表1

18. 系統加入 7 組新的模型組態至模型組態管理員中。

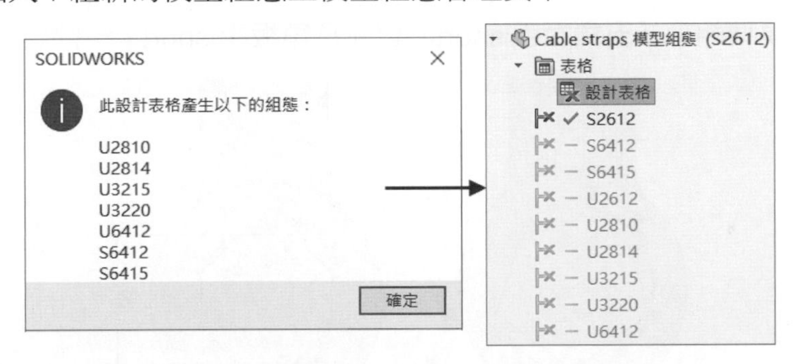

19. 取消顯示特徵尺寸與尺寸名稱，並在每個模型組態上快點兩下，查看各個模型組態的形狀變化。

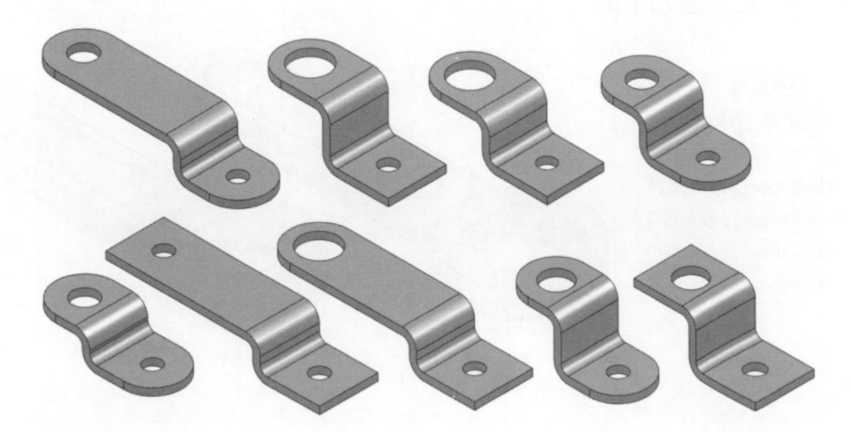

20. 儲存並關閉檔案。

6-3 綜合練習

練習 6a-1 短板手

(1) 開啓零件 wrench2，零件已內含三個模型組態。

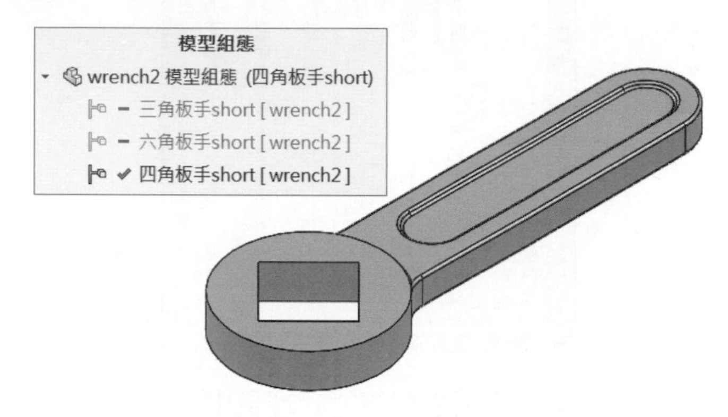

(2) 新增兩個模型組態「**五角板手 short**」與「**八角板手 short**」，除料草圖如下。

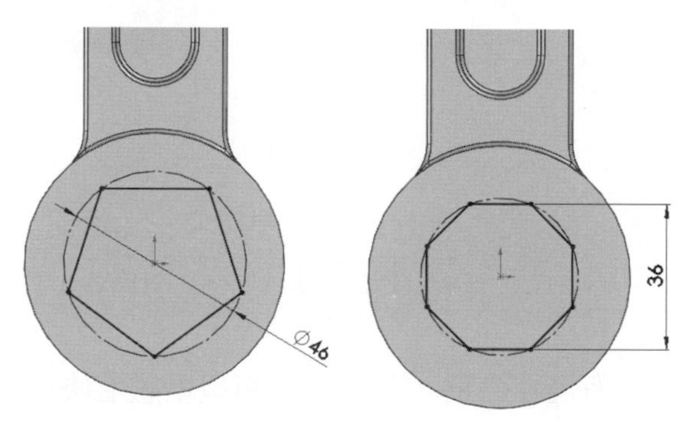

(3) 完成後之模型組態如下圖。

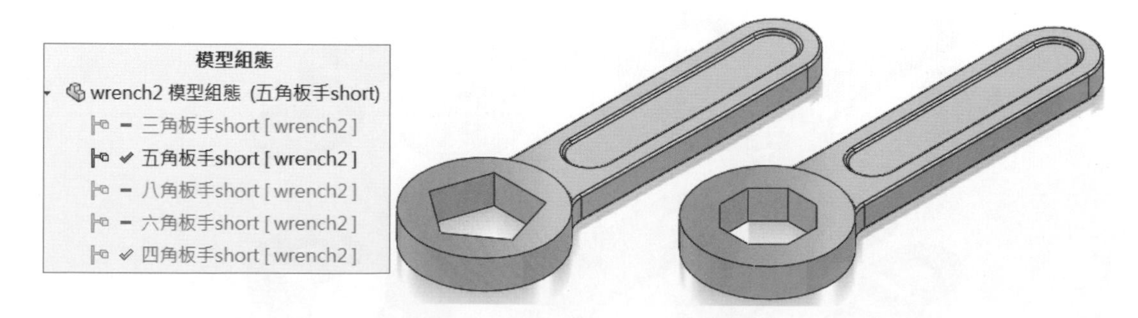

練習 6a-2　螺栓

(1) 開啟零件檔 bolt，並顯示特徵尺寸與尺寸名稱，其中零件已內建一個數學關係式。

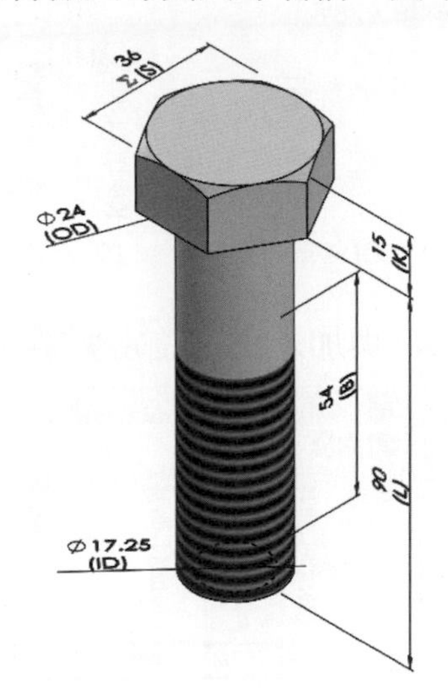

(2) 新增數學關係式。

數學關係式、整體變數、及尺寸

過濾所有欄位

名稱	值 / 數學關係式	估計至
整體變數		
加入整體變數		
特徵		
加入特徵抑制		
數學關係式		
"S@草圖1"	= "OD@草圖3" * 1.5	36mm
"ID@裝飾螺紋線1"	= "OD@草圖3" * 0.75	18mm
加入數學關係式		

(3) 插入設計表格，並新增圖中的尺寸。

尺寸

請從下列的尺寸中選擇來加入至新的設計表格中:

S@草圖1
K@填料-伸長1
D3@除料-伸長1
OD@草圖3
L@填料-伸長2

確定　取消

(4) 在表格中可看出 S 值爲數學關係式，刪除 B 欄(因 S 值已由數學關係式取代)。

	A	B	C	D	E
1	設計表格： bolt				
2		S@草圖1	K@填料-伸長1	OD@草圖3	L@填料-伸長2
3	預設	="OD@草圖3" * 1.5	15	24	90

(5) 在表格中變更組態名稱 M24，與加入 B@裝飾螺紋線 1，在 E3 儲存格輸入= 2*C3 + 6。

	A	B	C	D	E
1	設計表格： bolt				
2		K@填料-伸長1	OD@草圖3	L@填料-伸長2	B@裝飾螺紋線1
3	M24	15	24	90	=2*C3+6
4					

(6) 複製並輸入 B-D 欄中的數值(E 欄由公式控制)，完成新增模型組態，刪除「**預設**」模型組態。

模型組態
- bolt 模型組態 (M20)
  - 表格
    - 設計表格
  - ✔ M20
  - M24
  - M30
  - M36
  - M42

	A	B	C	D	E
1	設計表格： bolt				
2		K@填料-伸長1	OD@草圖3	L@填料-伸長2	B@裝飾螺紋線1
3	M24	15	24	90	54
4	M20	13	20	80	46
5	M30	19	30	100	66
6	M36	23	36	110	78
7	M42	26	42	120	90

(7) 檢視各個模型組態的顯示狀況。

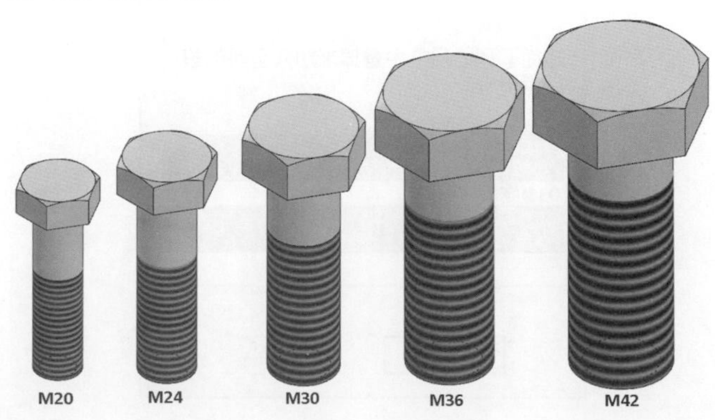

練習 6a-3　Pillow Block

(1) 開啓零件檔 pillow block，零件已顯示特徵尺寸與尺寸名稱。

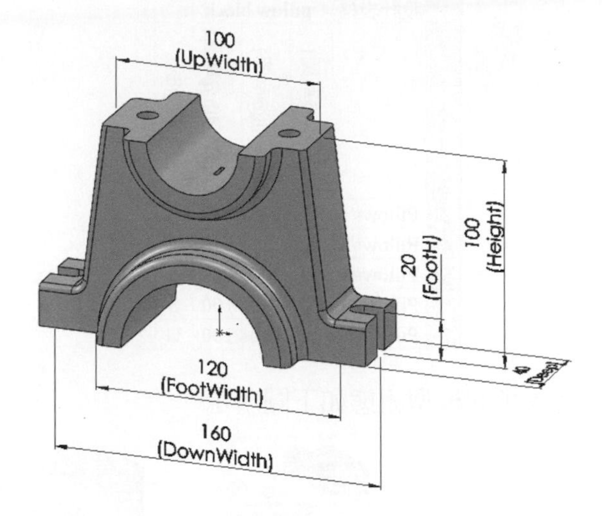

(2) 插入設計表格，並新增圖中的尺寸。

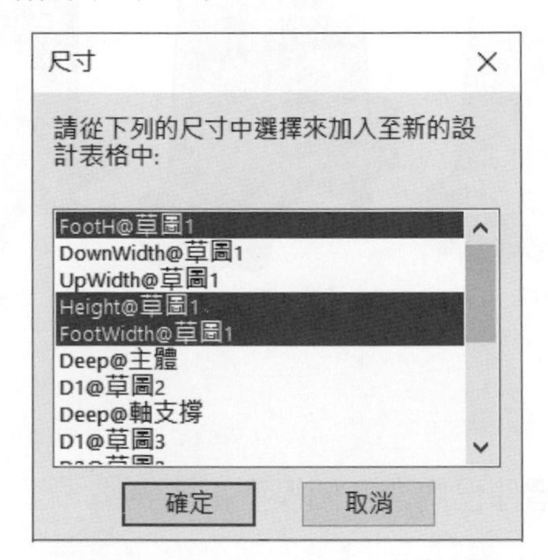

(3) 在表格中再新增特徵「**油孔**」的狀態。

	A	B	C	D	E	F
1	設計表格：pillow block					
2		FootH@草圖1	Height@草圖1	FootWidth@草圖1	$狀態@油孔	
3	預設	20	100	120	U	
4						

(4) 複製並輸入表中的數值，完成新增模型組態，刪除「**預設**」模型組態。

	A	B	C	D	E
1	設計表格： pillow block				
2		FootH@草圖1	Height@草圖1	FootWidth@草圖1	$狀態@油孔
3	Pillow#1	20	100	120	S
4	Pillow#2	40	120	120	S
5	Pillow#3	40	200	120	S
6	Pillow#4	20	200	100	S
7	Pillow#5	20	100	100	U

(5) 隱藏特徵尺寸，完成後的模型組態如下圖所示。

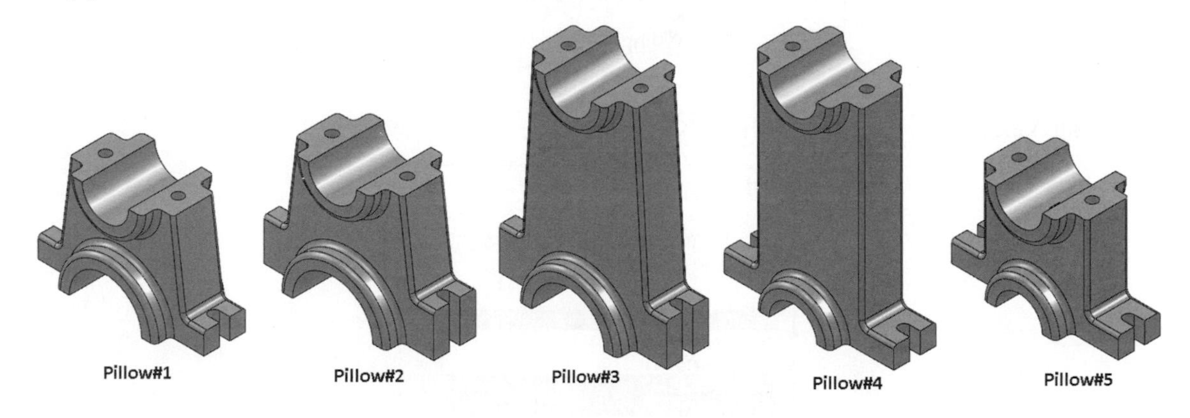

練習 6a-4　組態材料

(1) 開啓零件檔 flange，零件已內含三個模型組態表格。

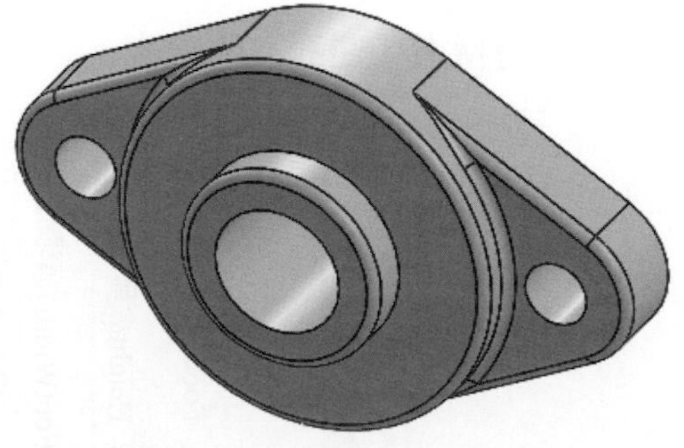

(2) 在零件特徵管理員上的材質上按滑鼠右鍵，選擇**組態材料**。

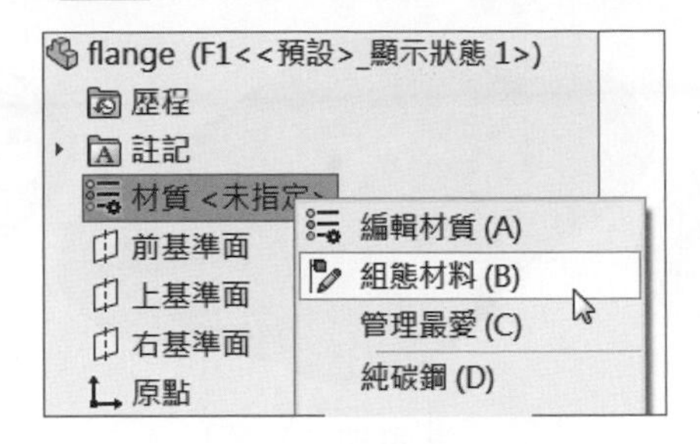

(3) 在**組態材料**對話方塊內選擇三個組態的材質為**黃銅**、**紅銅**、**純碳鋼**。

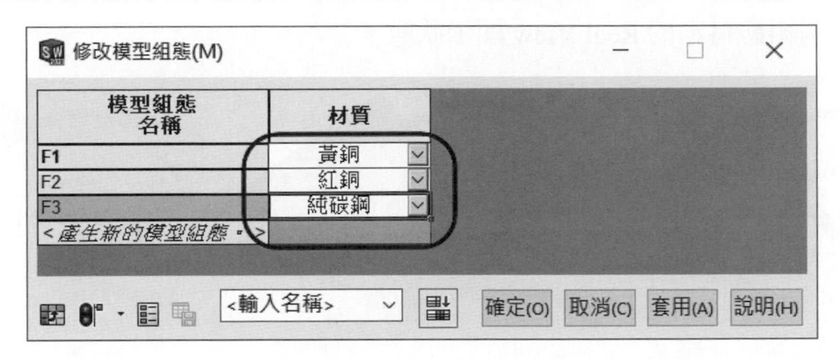

(4) 在是否連結組態與材料外觀的對話方塊上，勾選**不要再次顯示**，再按**是**。

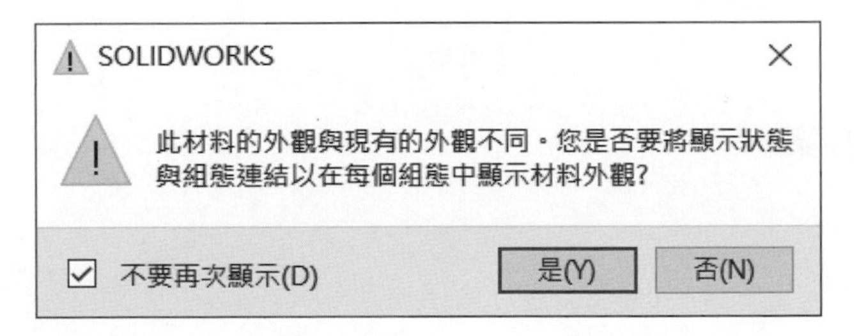

(5) 您也可以在模型組態下的顯示狀態名稱上按滑鼠右鍵，點選**屬性**，再勾選屬性中的「**將顯示狀態與模型組態連結**」。

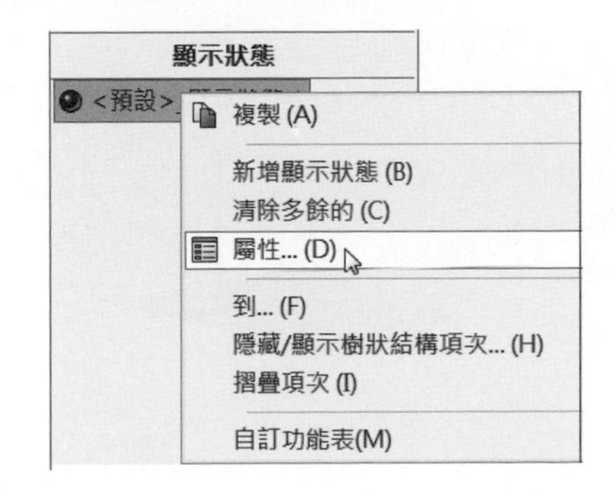

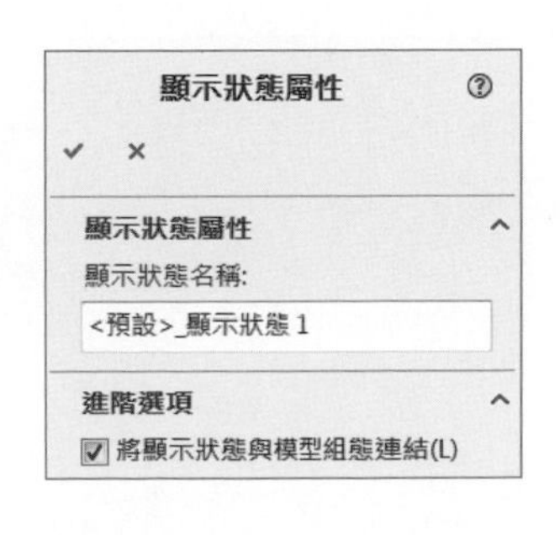

(6) 檢視三個組態材料的顯示狀態。

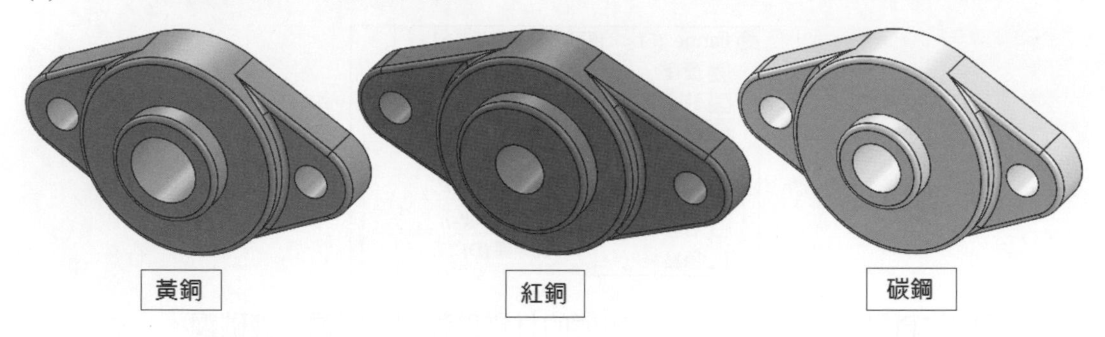

(7) 檢視三個組態材料的 Real View 顯示狀態。

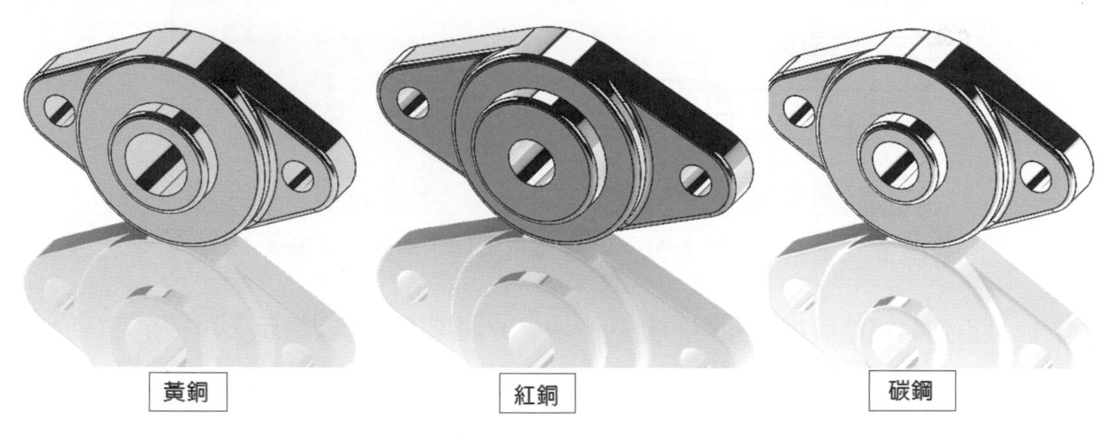

(8) 儲存並關閉檔案。

Chapter

7 掃出與曲線

7-1 掃出(Sweep)

掃出是沿著一條**路徑(草圖線段或曲線)**移動**輪廓**(剖面)來產生基材、填料、除料或曲面的特徵。

掃出輪廓有三種：

一、**草圖輪廓**：沿著 2D 或 3D 草圖路徑移動 2D 輪廓產生掃出。

二、**圓形輪廓**(不用繪製草圖)：沿著模型中的草圖直線、邊線或曲線直接產生實體螺桿或中空軟管。

三、**實體輪廓**：使用工具本體及路徑來產生掃出除料，例如在圓柱本體周圍產生除料。

掃出特徵必須注意下列事項：

一、對基材或填料掃出特徵，輪廓必須是封閉的；對曲面掃出特徵，則可以是開放或封閉的。

二、路徑可以是開放或封閉的。

三、路徑可以是草圖中的一組草圖曲線、一條曲線或一組模型邊線。

四、不論是剖面、路徑或所形成的實體，都不能有自相交錯的情況。

五、「**導引曲線**」必須與輪廓或與輪廓草圖上的點重合或貫穿。

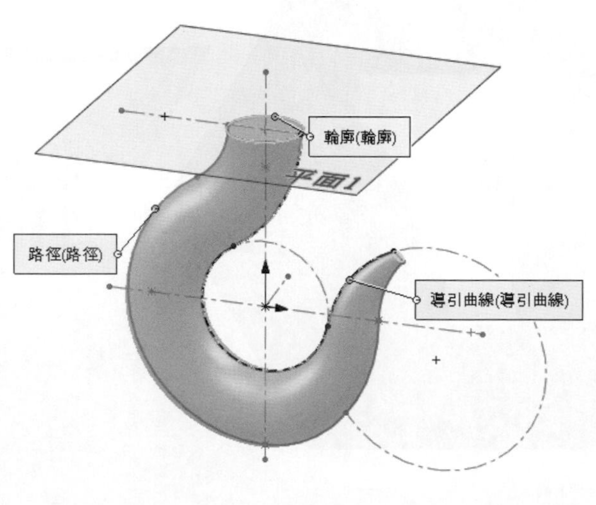

1. 在前基準面插入草圖，因為是兩個不同的輪廓，所以矩形輪廓必須是封閉的。插入「**旋轉**」特徵，從特徵管理員中可檢視這是兩個不同的實體。存檔名稱為“Hand Wheel”

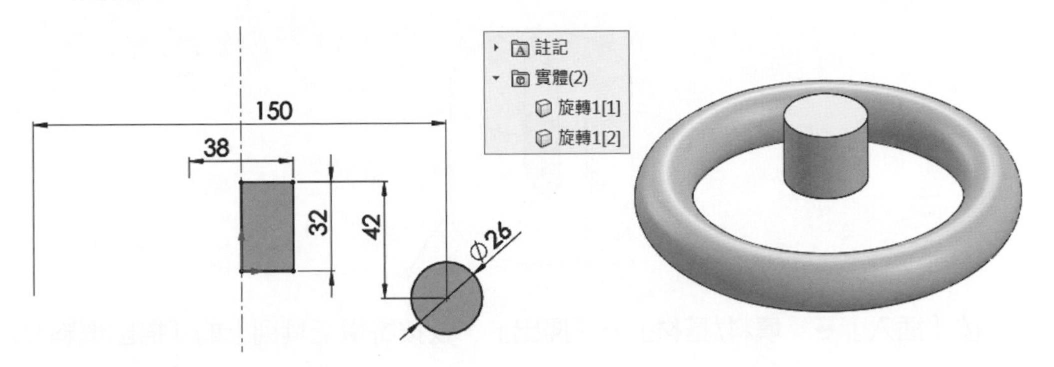

2. 顯示**旋轉**特徵內的**草圖 1**，先顯示窗格，再按顯示草圖後，隱藏窗格；或按一下草圖，點選**顯示** 。

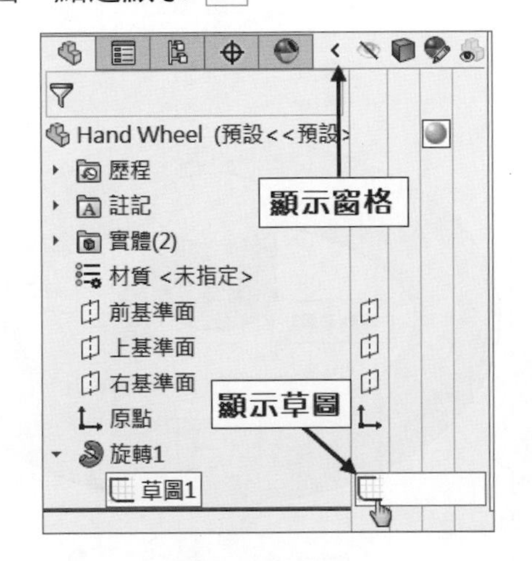

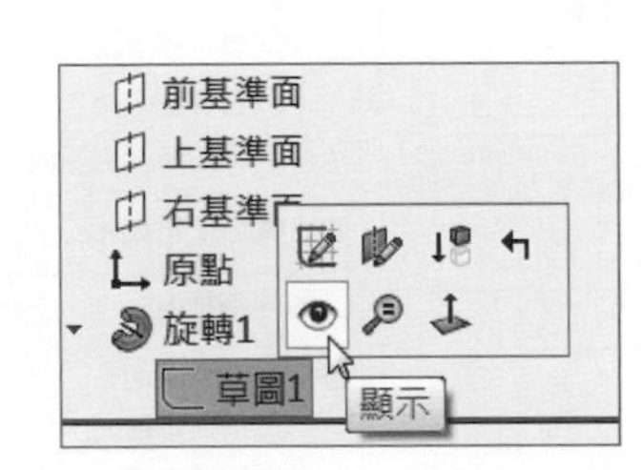

3. 在前基準面繪製**路徑草圖**，注意圓弧與線段重合和相切的限制條件符號，離開草圖。

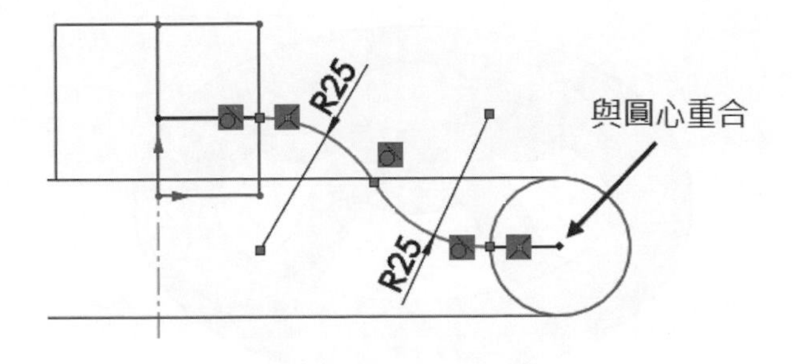

4. 隱藏草圖 1，在右基準面繪製**輪廓草圖**，使用**狹槽**指令中的**圓心/起/終點直狹槽** ，畫直狹槽，勾選**加入尺寸**與點選**整體長度**，直狹槽起點(中心線中點)與路徑線端點**重合**，繪製後再更改尺寸。離開草圖。

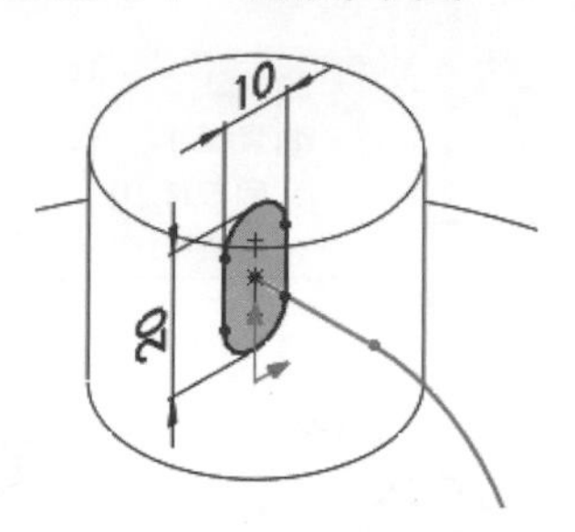

5. 按「**插入**」➡「**填料/基材**」➡「**掃出**」，或按特徵工具列上的「**掃出填料/基材**」 ，點選**草圖輪廓**，再選擇草圖 3 為輪廓，草圖 2 為路徑；勾選選項中的**合併相切面**，因為**合併結果**連接兩個實體，因此特徵加工範圍選擇「**所有本體**」，按「**確定**」。

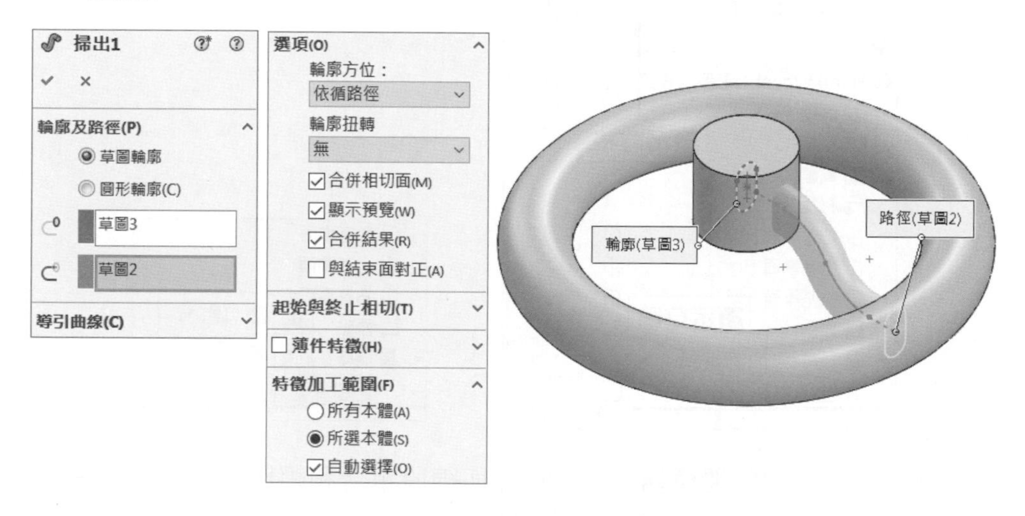

6. 插入「**環狀複製排列**」，特徵選擇「**掃出 1**」，副本數 4。

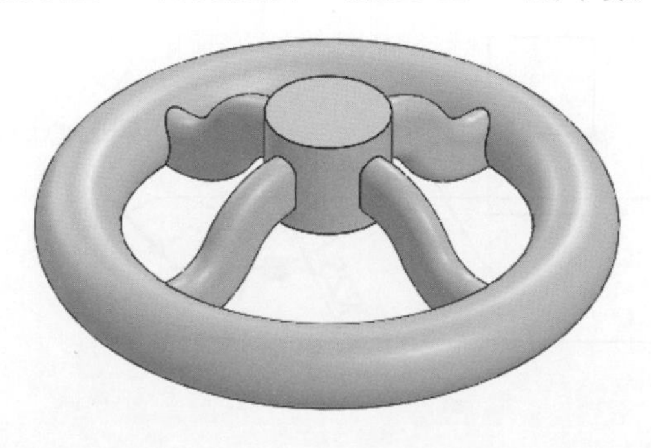

7. 對 4 個輪輻相接處建立 R3 的圓角、∅20 圓孔除料及上下 2 × 45°導角。

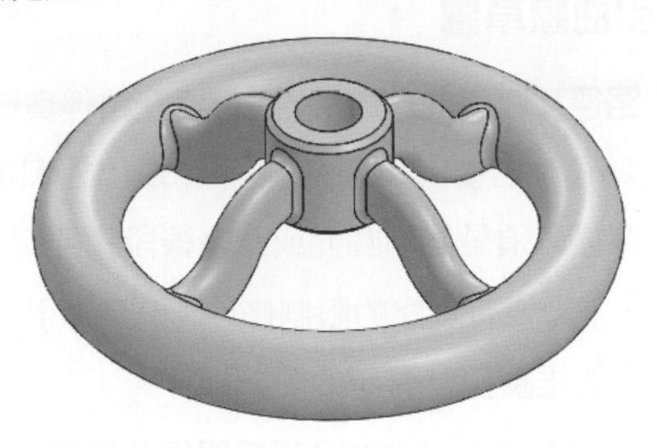

8. 若您的電腦顯示卡不具有 RealView 功能，請跳至步驟 11。
9. 點選 ，啓用 RealView，選擇**工件窗格**中的「**外觀**」➞「**漆**」➞「**粉末塗料**」，拖曳**鋁粉末塗料**至零件上放開，並從彈出式的文意感應工具列中選擇本體。

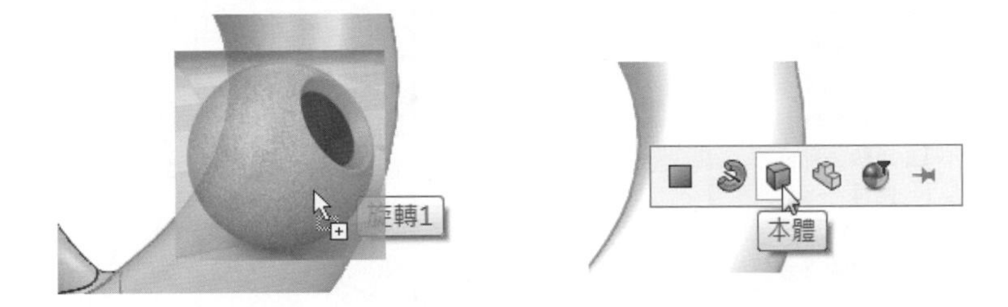

10. **全景**選擇**基本全景**，拖曳**背景幕**-Lightbox Studio 至零件視窗中，並變更零件顯示爲塗彩模式。

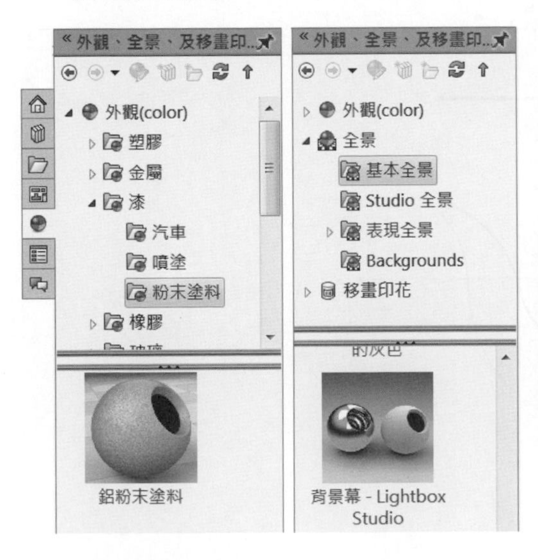

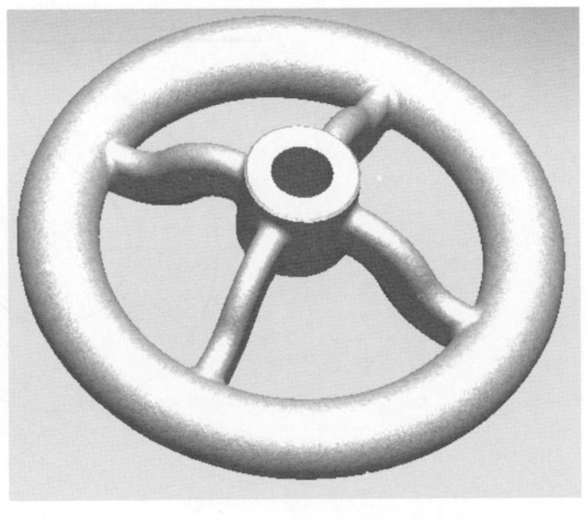

11. 儲存並關閉檔案。

7-1-1 路徑與導引曲線草圖

掃出的中間輪廓是由**路徑**及**導引曲線**所決定。若要在路徑與輪廓上的草圖點間加入**貫穿**的限制條件，需先產生路徑；若要在導引曲線與輪廓上的草圖點間加入**貫穿**的限制條件，需先產生導引曲線。路徑必須是個別圖元或路徑線段相連時必須是**相切**的。

掃出使用導引曲線時，不需要有貫穿的限制條件，但是導引曲線必須與輪廓或與輪廓草圖上的點重合，使掃出自動推斷出有**貫穿**的限制條件。

1. 開啓零件檔 Hook，零件檔內已內含名稱爲**路徑**及**限制曲線**的草圖及平面 1。

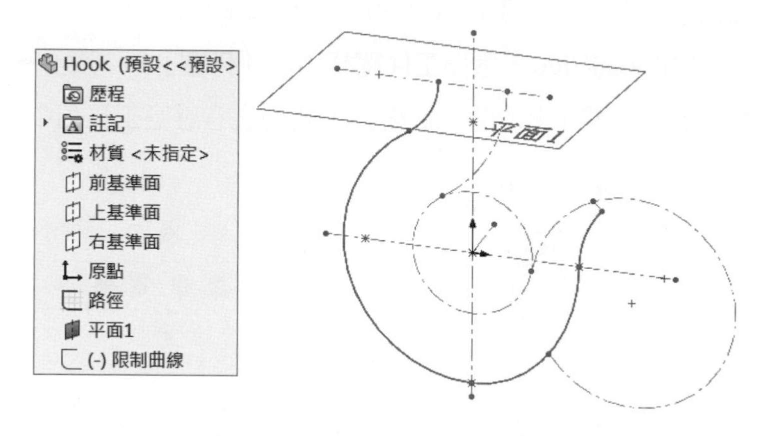

2. 在前基準面插入草圖，使用參考圖元(共 3 個圓弧)，參考路徑草圖中的的建構線，完成後，變更草圖名稱爲「**導引曲線**」。

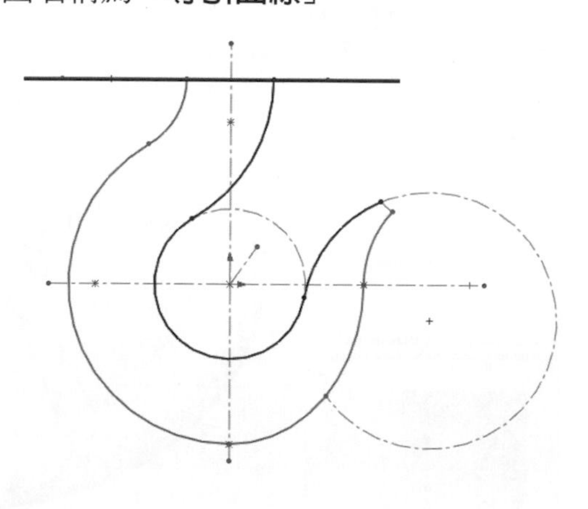

3. 在平面 1 繪製圓，圓的邊線與路徑及導引曲線的端點重合，圓心與水平中心線重合(勿與原點重合)，變更草圖名稱為「**輪廓**」，隱藏平面 1。

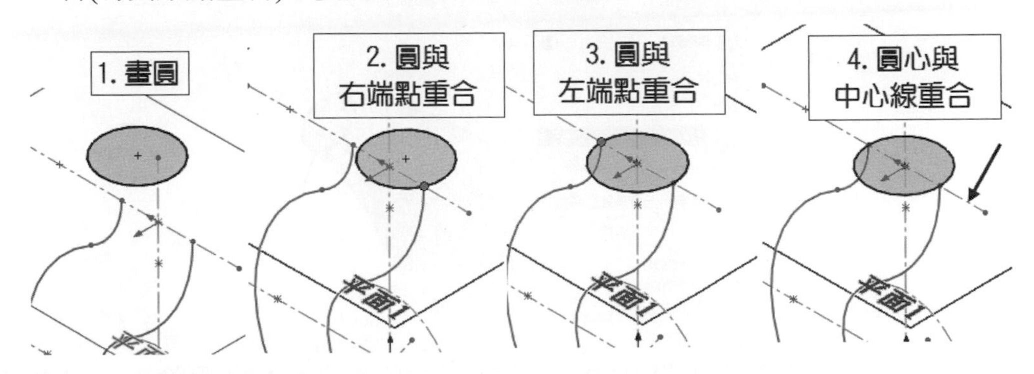

4. 插入「**掃出**」特徵，輪廓選擇「**輪廓**」草圖，路徑選擇「**路徑**」草圖，導引曲線選擇「**導引曲線**」草圖，勾選「**合併平滑面**」，按「**確定**」。

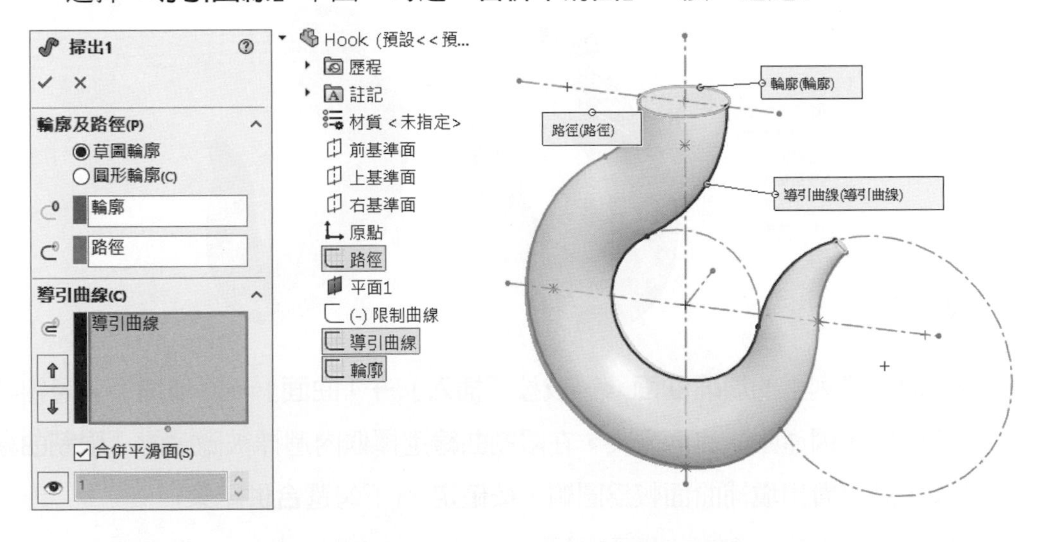

5. 平滑面即為因相切所產生的面之交接線，合併後可看出兩者之間的差異。

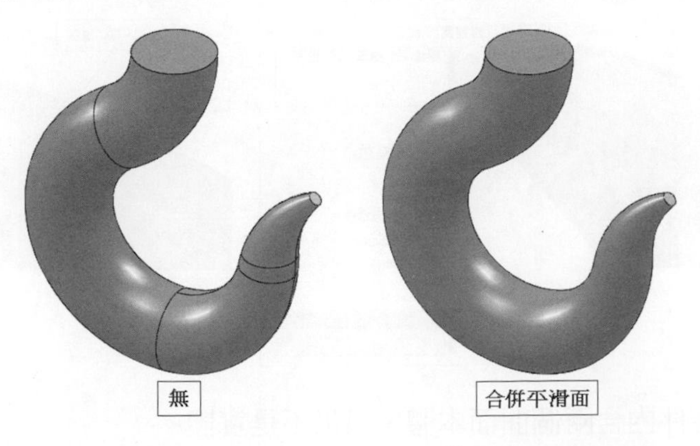

6. 按曲面工具列上的**刪除面** 或按「**插入**」➡「**面**」➡「**刪除**」，選項選擇**刪除**，點選圖示的面，按「**確定**」。

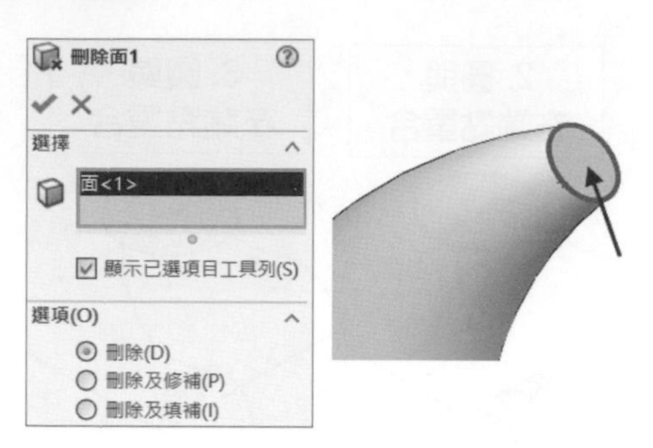

7. 刪除面後，原先實體內部已成中空，取而代之的是曲面本體(刪除面 1)，因面被刪除而形成未封閉的曲面。

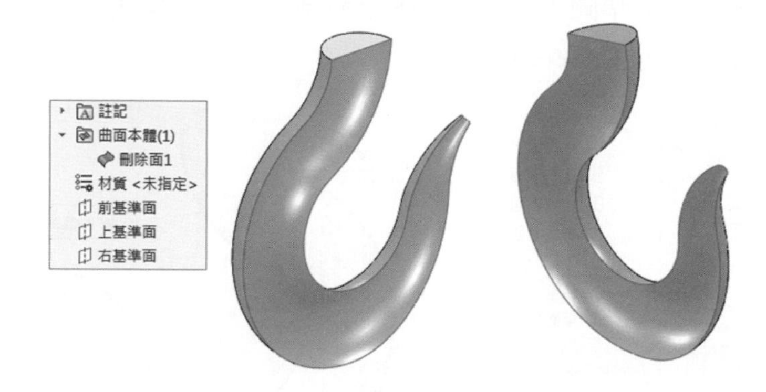

8. 按曲面工具列上的**填補曲面** 或按「**插入**」➡「**曲面**」➡「**填補**」，邊線設定選擇**曲率**，因產生的曲面太尖，在**限制曲線**選擇框內選擇被隱藏的「**限制曲線**」草圖，您可看出填補曲面較為圓順，按**確定**。(不勾選**合併結果**)

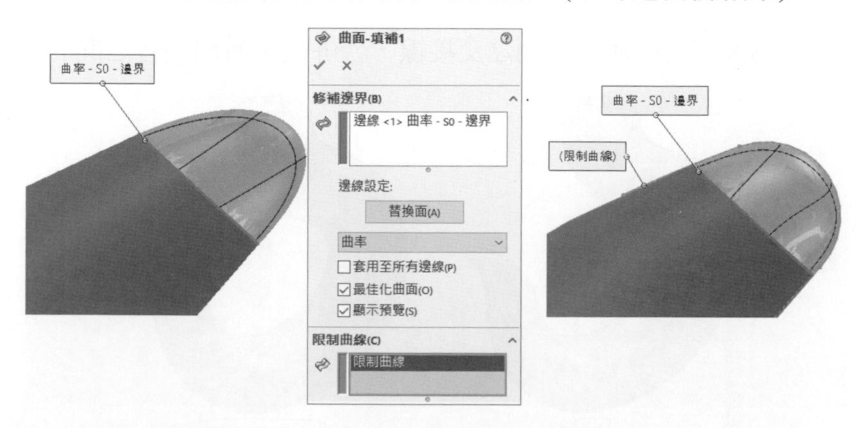

9. 完成後之零件內含兩個曲面本體，但仍不是實體。

10. 按曲面工具列上的「**縫織曲面**」或按「**插入**」➡「**曲面**」➡「**縫織**」，選擇兩個曲面本體，勾選**產生實體**及**合併圖元**，取消勾選**縫隙控制**，按**確定**。所有曲面已被縫織並形成實體。

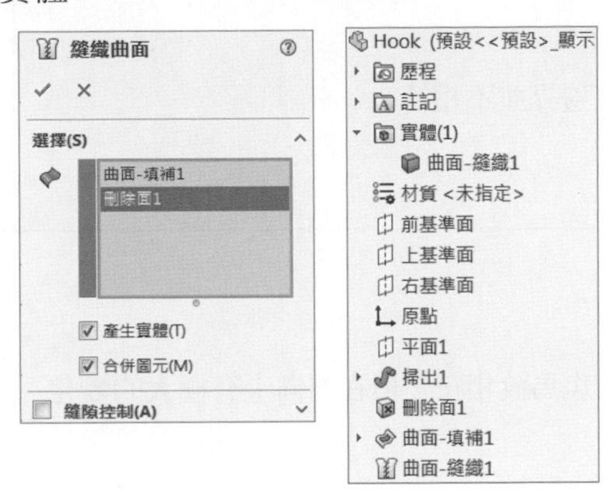

11. 加入伸長∅60×80、螺紋 M60×5.5 深度 70mm 與導角 5×45°，完成後之零件如圖示。

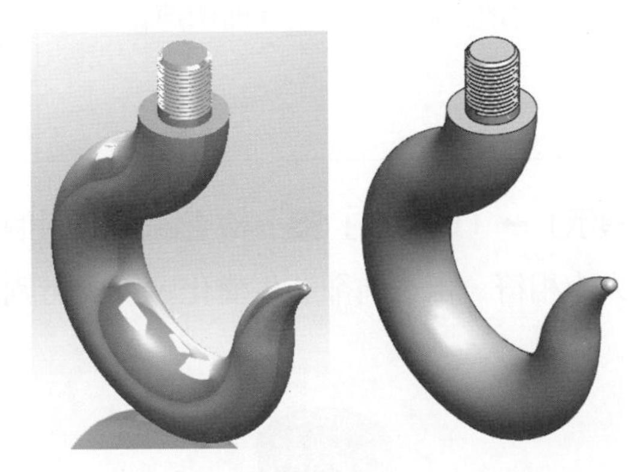

7-1-2 斑馬紋

在檢查兩個相鄰面是否接觸、相切或有連續曲率時，使用斑馬紋可讓您檢視曲面中以標準顯示難以觀察到的細小變化。斑馬紋是以模仿在非常光澤表面上反射的長光線條紋顯示，讓您以視覺來判斷什麼類型的邊界存在於曲面之間。

下列爲三種相鄰面以斑馬紋顯示時的狀況：

種類	說明	斑馬紋結果
相接	斑馬紋在邊界並不相符	
相切	在邊界的斑馬紋相符，但在方向上有極大的變化	
曲率連續	斑馬紋平滑持續地跨過邊界產生「曲率連續」的效果。	

12. 按**「檢視」→「顯示」→「斑馬紋」**，檢查圖示的兩個地方，您可以發覺在斑馬紋相接的地方大小相符，但方向卻產生變化，因此可判斷出這是相切，非曲率連續。

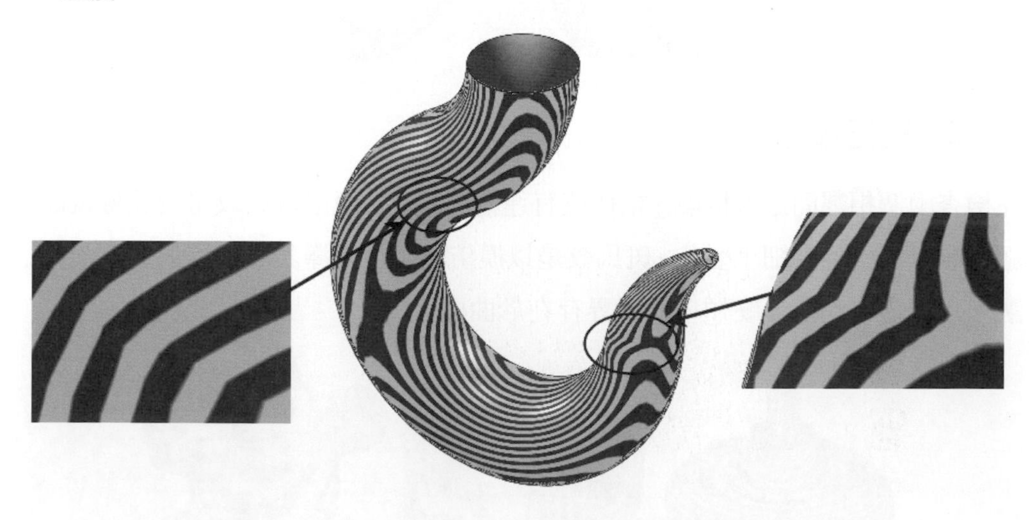

13. 在零件上按右鍵，點選**斑馬紋**以關閉斑馬紋顯示。

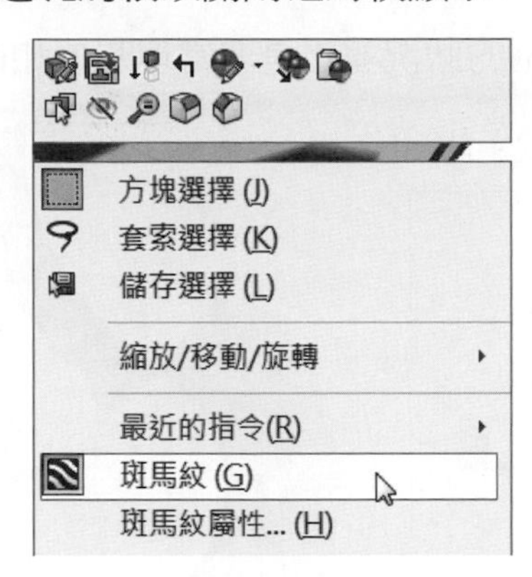

7-1-3 表面曲率梳形

表面曲率梳形工具用在模型表面上顯示曲率梳形，分析相鄰表面嵌合與轉換的方式，用以評估曲率特性與曲線的平滑度，梳形脊線的長度與該點的曲率大小成正比。

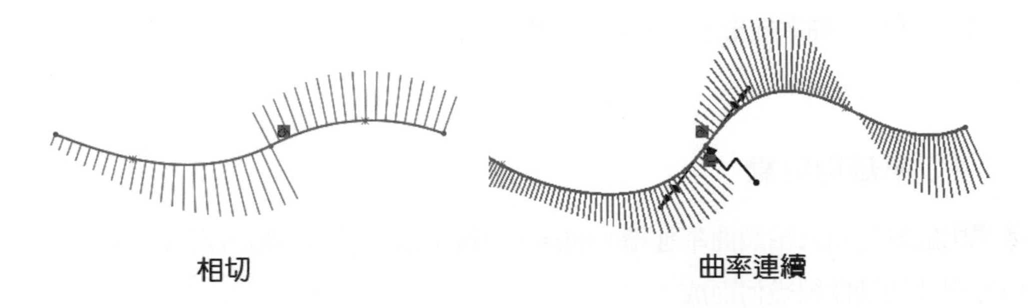

14. 在前基準面插入草圖，並選擇零件內側輪廓線為**參考圖元**，在參考圖元邊線上按右鍵，點選「**顯示曲率梳形**」。

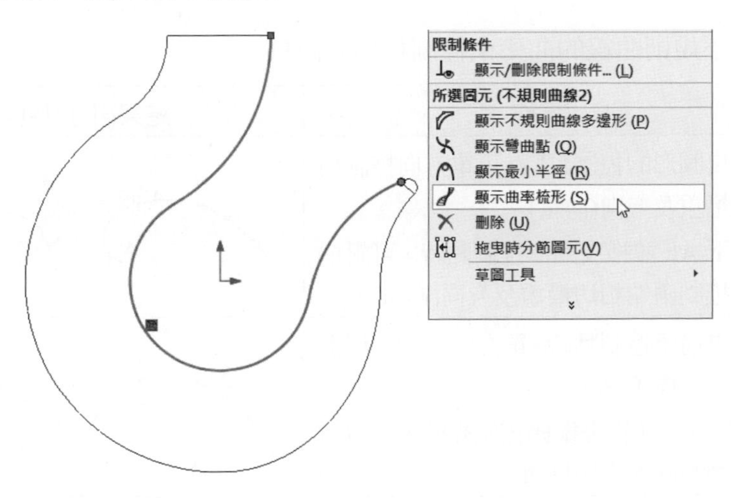

15. 在屬性視窗中，您可以調整梳形顯示的**比例**與**密度**。由圖中可以看出在曲線上有兩個彎曲點，曲率連續的狀況並不是非常理想，和前面斑馬紋顯示類似。

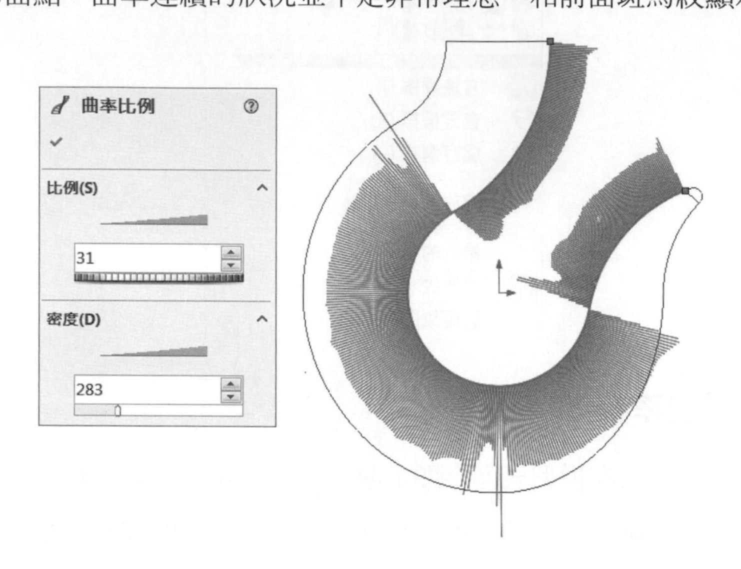

16. 關閉「**顯示曲率梳形**」，不儲存離開草圖。
17. 儲存並關閉檔案。

7-1-4 不規則曲線

不規則曲線是用來繪製曲率連續的曲線，曲線是由一系列的點所定義，而這些點是系統使用方程式插補曲線幾何而成。

藉由加入點、刪除點、移動點、標註點、改變點的相切或相切權重都可用來編輯不規則曲線。

權重：修改不規則曲線的曲率來控制相切的向量。

控制點	操作	結果(不對稱與對稱)
	拖曳圓形的控制點時，可單方向控制相切權重及方向(向量)。 按下 Alt 並拖曳圓形控制點時，可對稱地控制兩端相切權重及方向(向量)。	
	拖曳箭頭控制點時，單方向控制相切權重，方向不變。 按下 Alt 並拖曳箭頭控制點時，可對稱的控制兩端相切權重。	

控制點	操作	結果(不對稱與對稱)
	拖曳菱形的控制點，可控制相切的方向(向量)。相切是對稱的，且直接套用到不規則曲線點上。	33.33deg
	拖曳曲線的控制點可移動至其他位置。	

1. 開新零件檔，存檔為 handle，在上基準面建立如下草圖，長中心線中點與短中心線端點和原點重合，連結中心線的三個端點繪製**不規則曲線**。

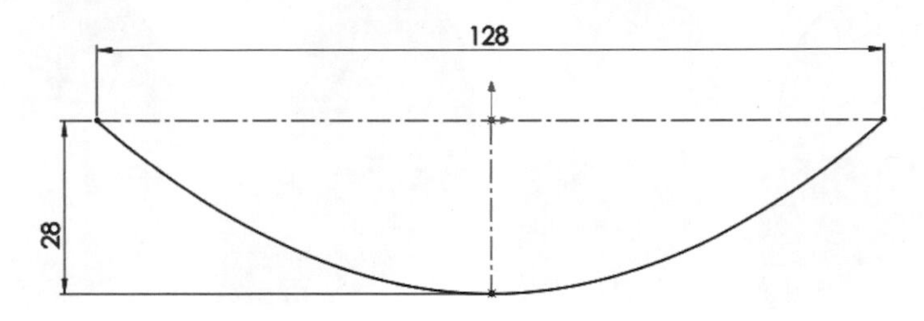

2. 限制兩端的相切控線**垂直放置**(勿調整大小)，標註控制線時點選**控制點**，輸入相切權重為 72，並連結數值，離開草圖。

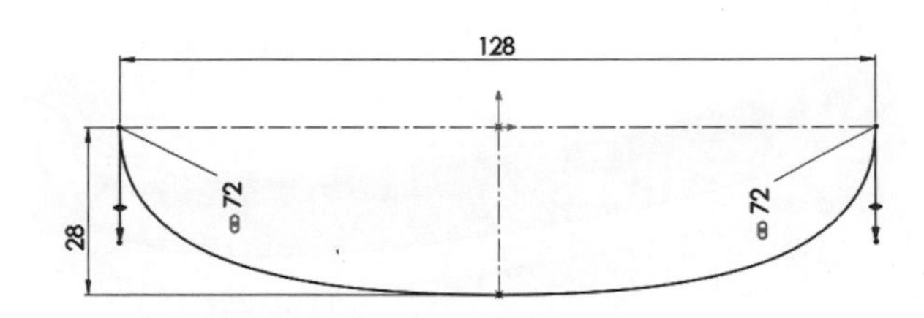

3. 在前基準面插入草圖，繪製橢圓，標註如圖示，中心點與不規則曲線端點重合，離開草圖。

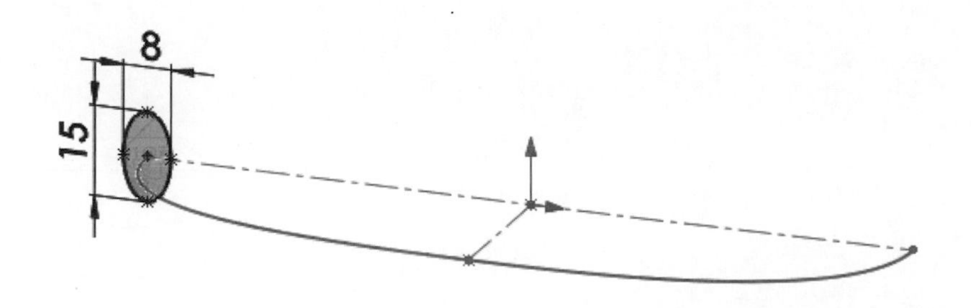

4. 使用橢圓輪廓沿著不規則曲線路徑掃出實體。

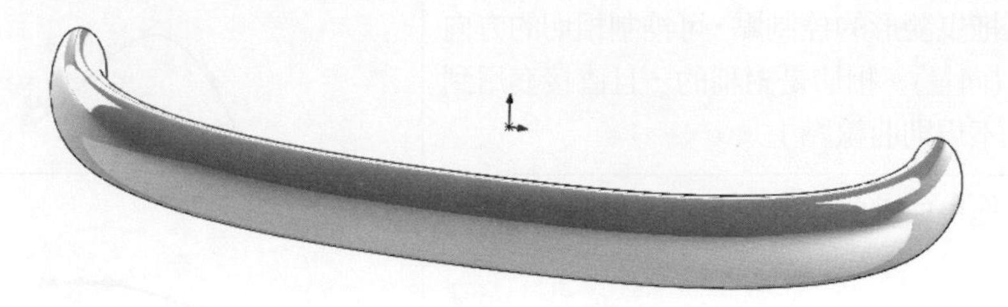

5. 在前基準面繪製草圖，插入偏移橢圓外側 4mm 的圖元，向外伸長 3mm；建立圓角 R4 與 R0.5。

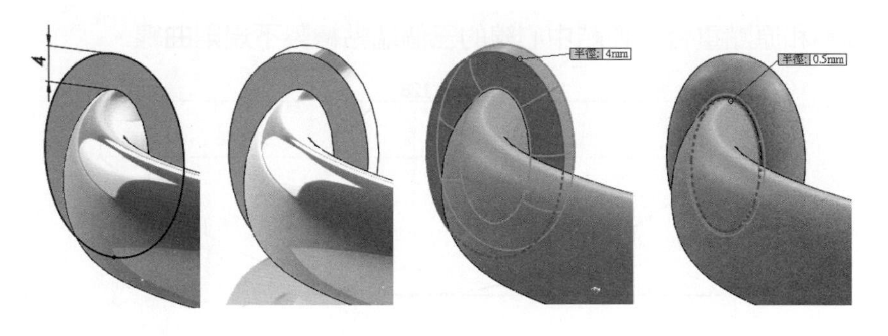

6. 用右基準面鏡射前面伸長與圓角特徵，完成如下圖零件。

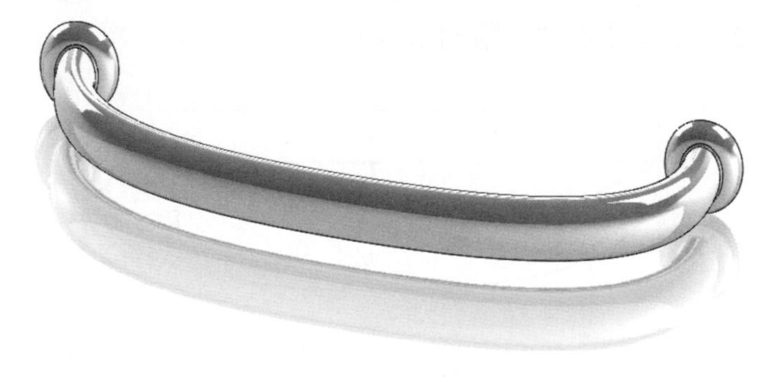

7. 儲存並關閉檔案。

7-1-5 練習題

練習 7a-1 掃出除料

1. 開新零件檔，建立如圖特徵(或開啓零件 7a-1)。

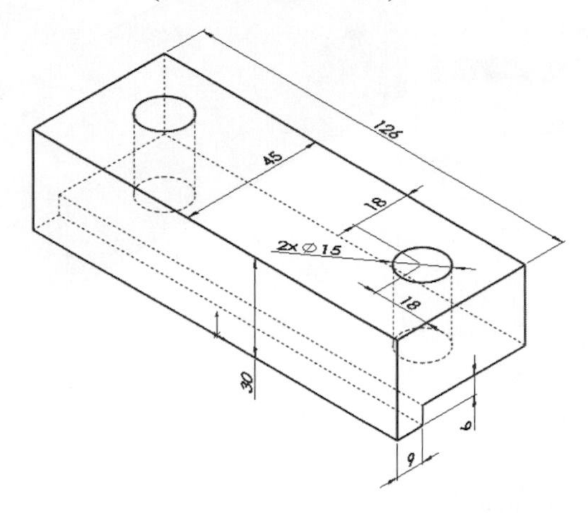

2. 在上平坦面繪製路徑線草圖，在前平坦面繪製輪廓草圖，其中右上端點與路徑線重合。

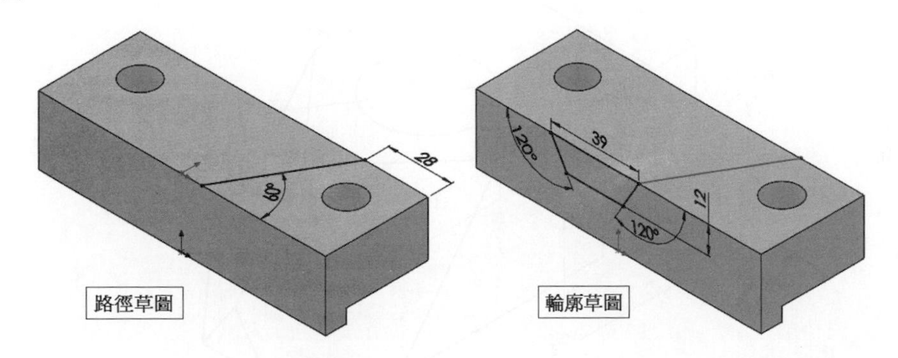

3. 按「**插入**」➡「**除料**」➡「**掃出**」，或從特徵工具列點選「**掃出除料**」，點選前一步驟所繪製的路徑與輪廓，建立除料特徵。

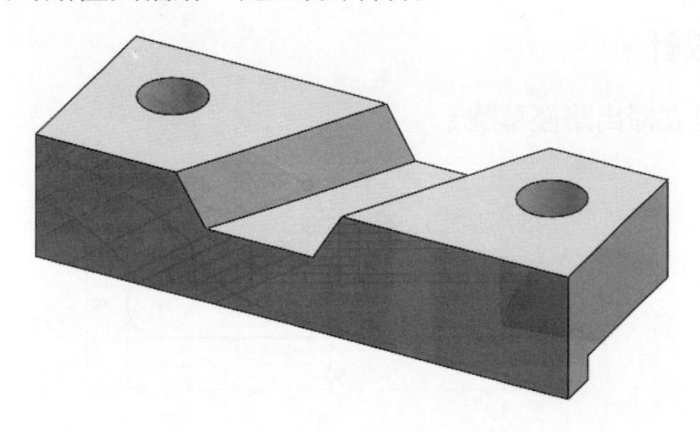

4. 您也可以使用「**伸長除料**」特徵，只要**伸長方向**選擇前面繪製的路徑草圖中的線段即可。

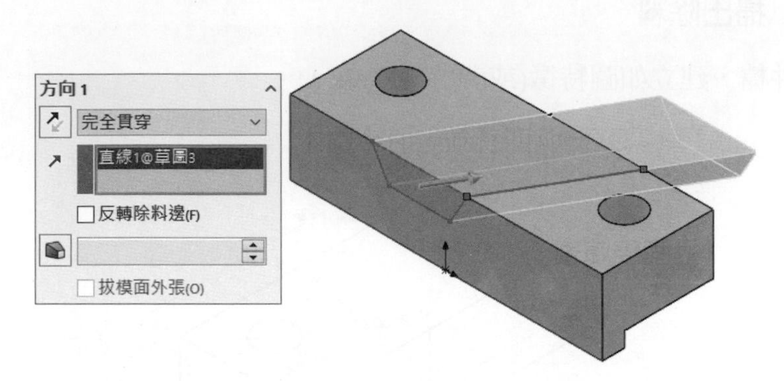

5. 儲存並關閉檔案。

練習 7a-2 掃出除料

使用掃出除料特徵完成右側除料。

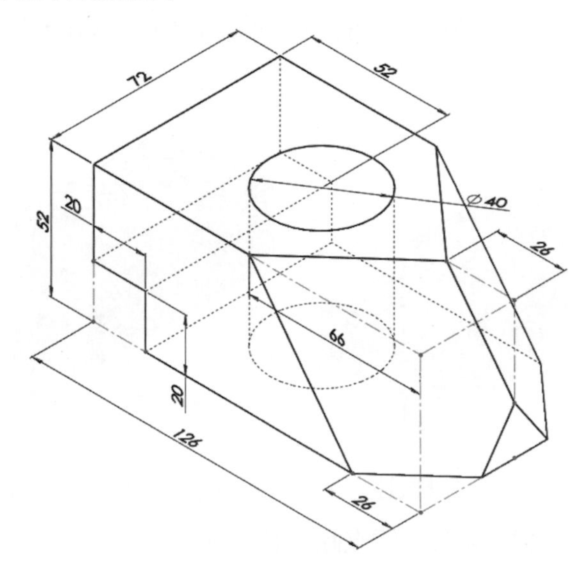

練習 7a-3 迴紋針

(1) 在前基準面建立掃出路徑草圖。

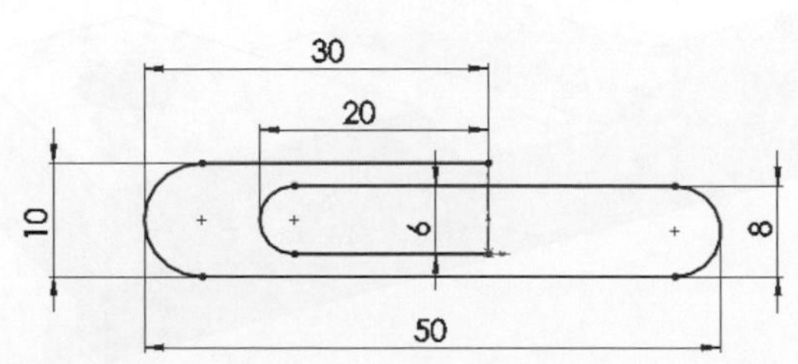

(2) 插入掃出特徵，在選項中選擇**圓形輪廓**，並輸入∅1mm。

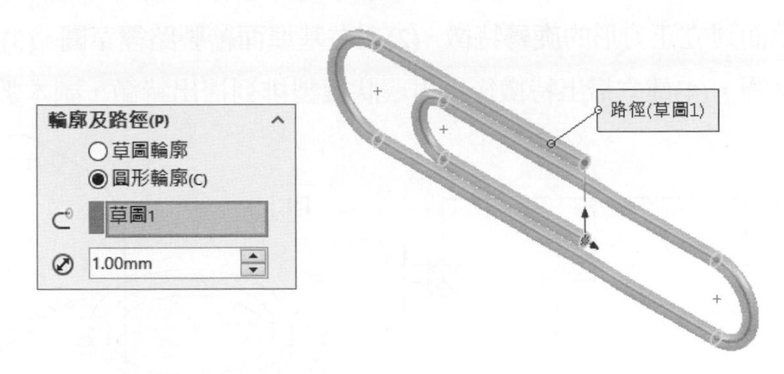

(3) 掃出結果如圖示，儲存並關閉檔案。

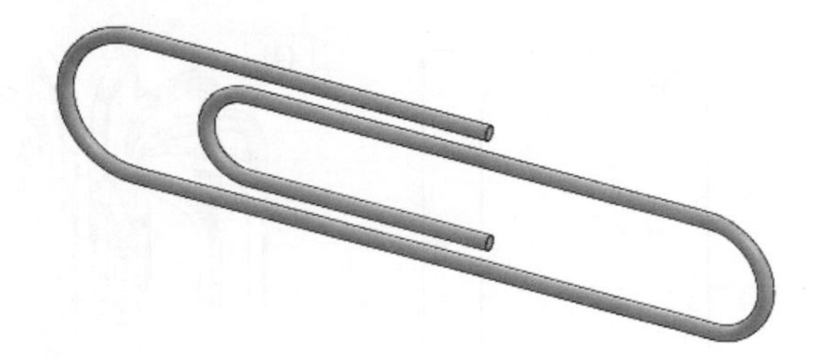

練習 7a-4　鞍扣架

在前基準面繪製輪廓草圖，在上基準面繪製路徑草圖，建立掃出特徵。

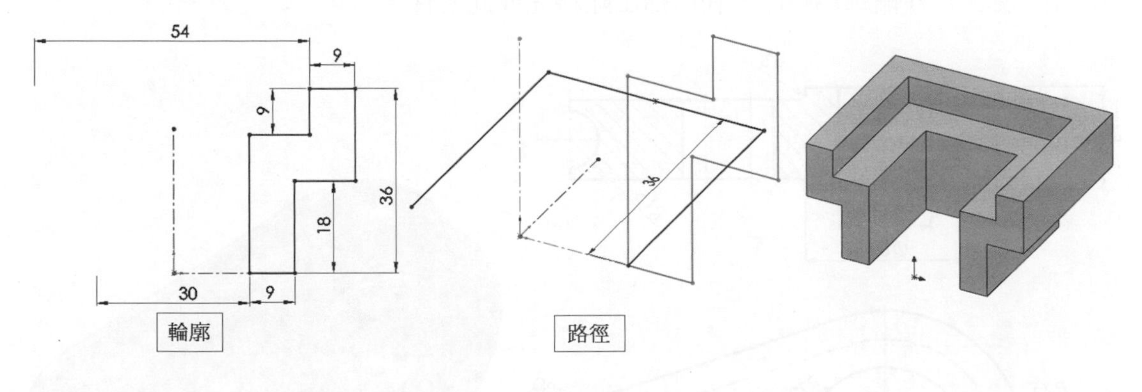

練習 7a-5　磁鐵線圈

(1) 於前基準面建立正方形的**旋轉**特徵，(2)在右基準面繪製路徑草圖，(3)建立平面與繪製輪廓草圖，(4)建立掃出特徵後，再環狀複製排列掃出特徵，副本數 12。

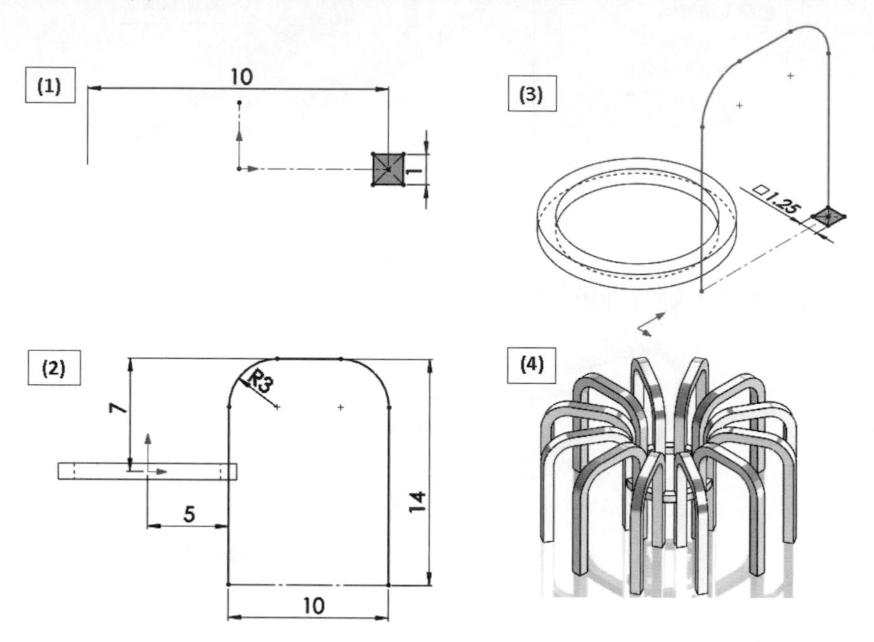

練習 7a-6　線套管

使用前視圖的外輪廓爲路徑，利用掃出除料完成此零件。

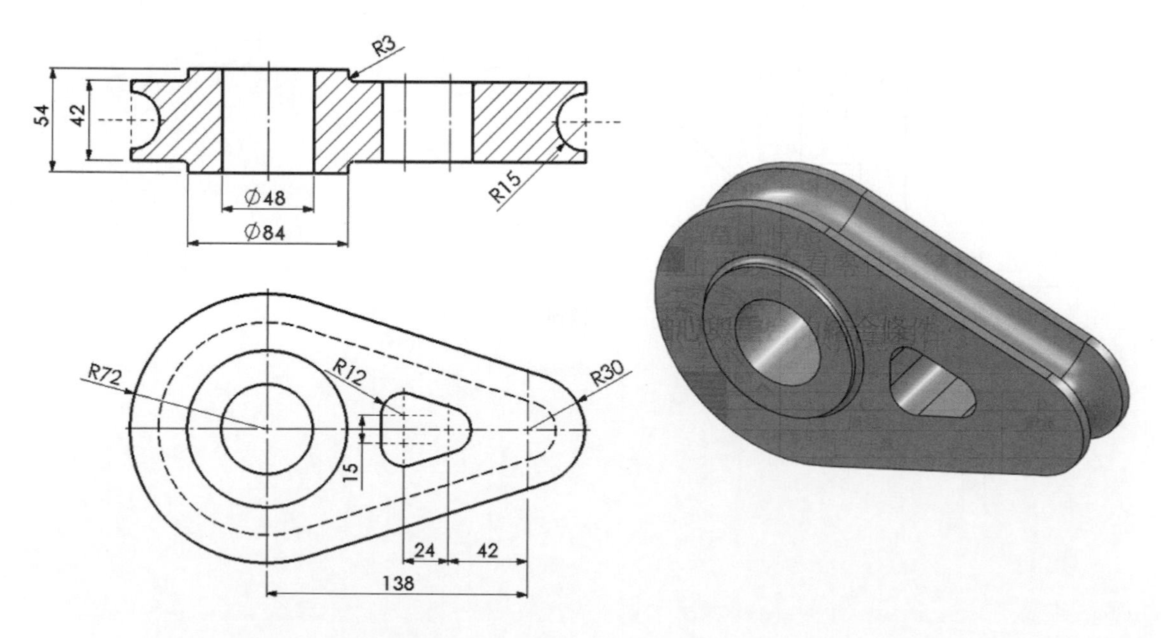

練習 7a-7 Blade

(1) 建立基材伸長，深度 10mm。

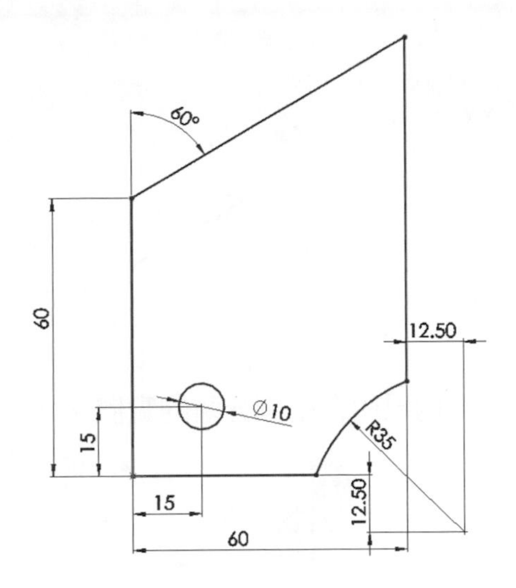

(2) 使用掃出除料與**固定剖面法向量**選項建立刀鋒。

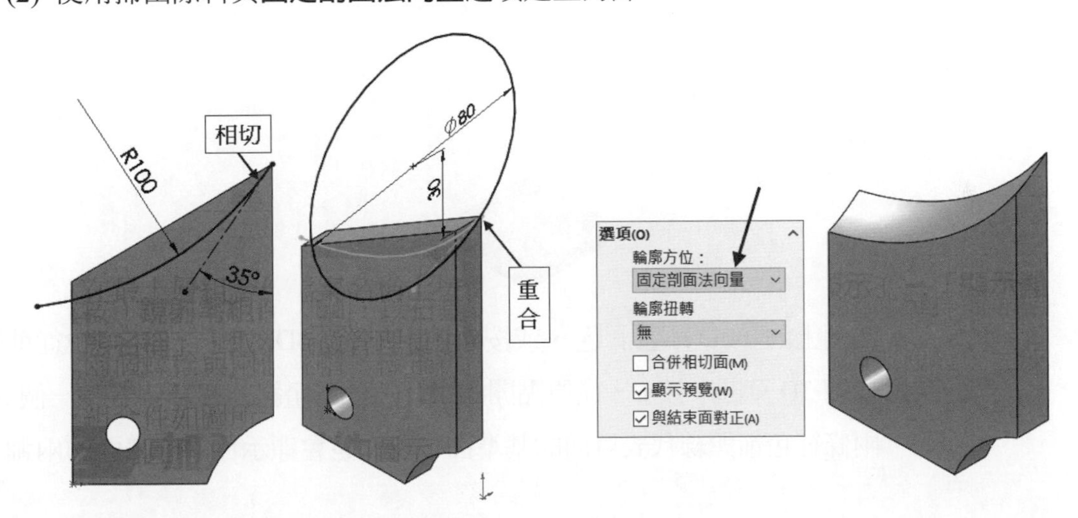

7-2 3D 草圖

在 2D 草圖中，所有繪製的幾何都會集中在繪製草圖的基準面上，像是側影輪廓邊線經過投影後，會變成平坦的圖元。

而在 3D 草圖中，基準面並不是固定的，繪製的圖元也不限制在同一基準面上。在工作基準面，或是 3D 空間的任意點中，您都可以繪製 3D 草圖圖元。

預設情況下，在插入草圖後，3D 草圖會從前基準面開始，您可以按 Tab 鍵切換到其他兩個基準面，若切換到非標準參考平面，只要按 Ctrl 鍵再選取平面即可。

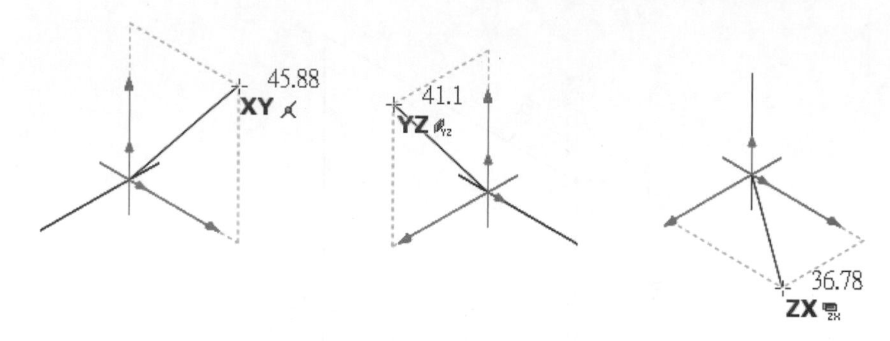

1. 開啓舊檔 3dpipe，檔案內已內含兩個分離的實體。

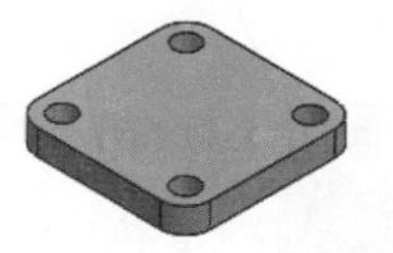

2. 按草圖工具列上的「**3D 草圖**」，或按「**插入**」➞「**3D 草圖**」，系統會從前基準面開啓一個 3D 草圖。按 L，從原點開始畫線，此時畫線的起點會變成一個 3D 控制點，兩條紅色箭頭線代表目前的基準面，游標也會顯示目前基準面的兩軸。

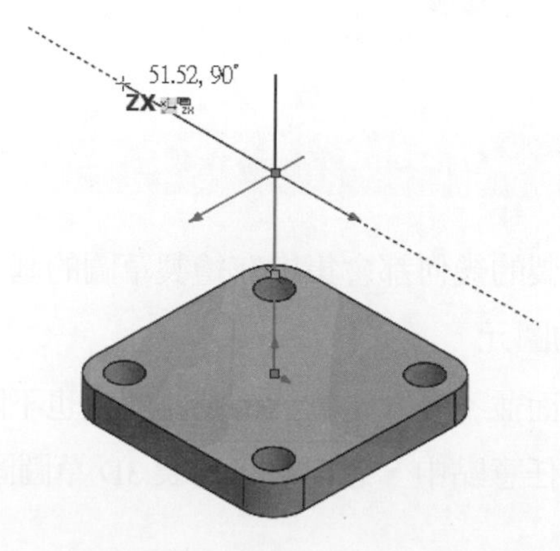

3. 按 Tab 鍵切換平面，繪製沿著座標軸方向的線段(必要時加入限制條件)，並標註尺寸(注意繪製時線段是在正確的平面上)。

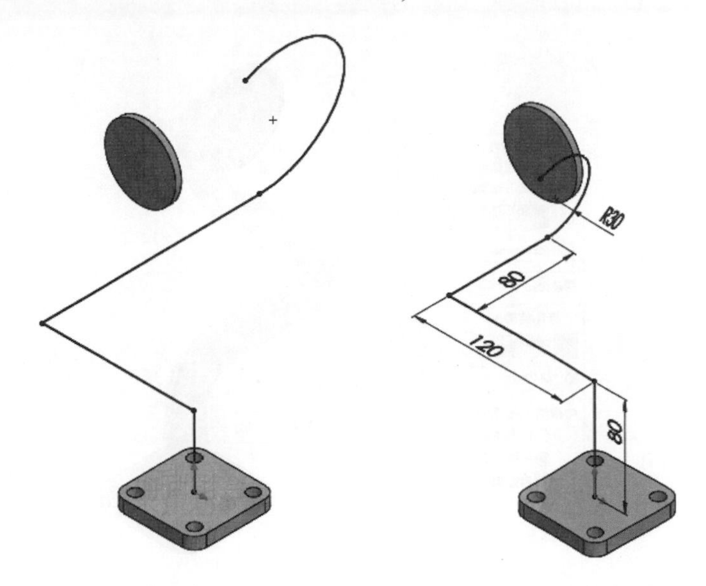

4. 繪製草圖圓角與加入圓弧上下兩端點 沿 Y(Y) 的限制條件，此時草圖已完全定義。

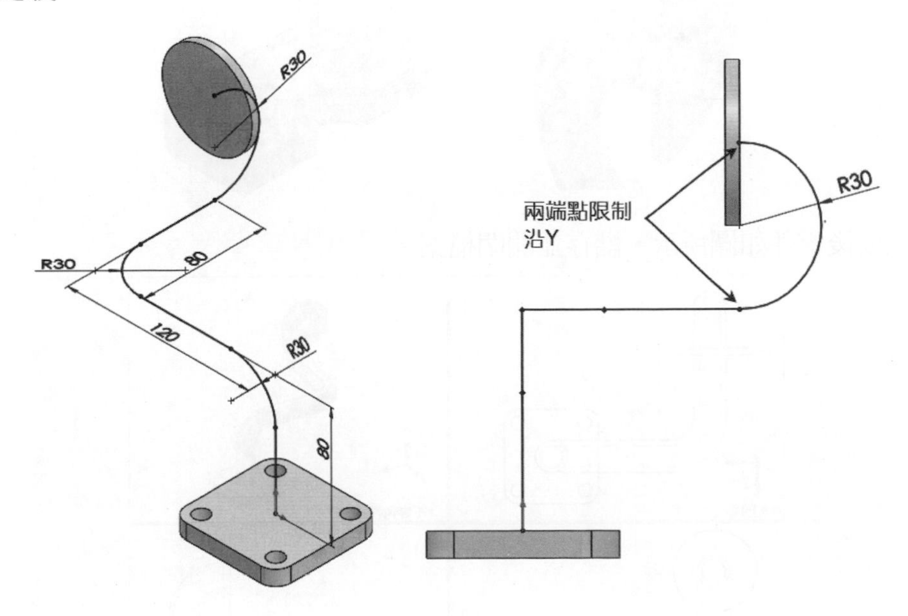

5. 按**掃出**，路徑選擇 3D 草圖，點選**圓形輪廓**，∅23mm，勾選**薄件特徵**，厚度 3mm，方向向內，因掃出特徵連接兩個實體，因此會有**特徵加工範圍**選項。按**確定**。

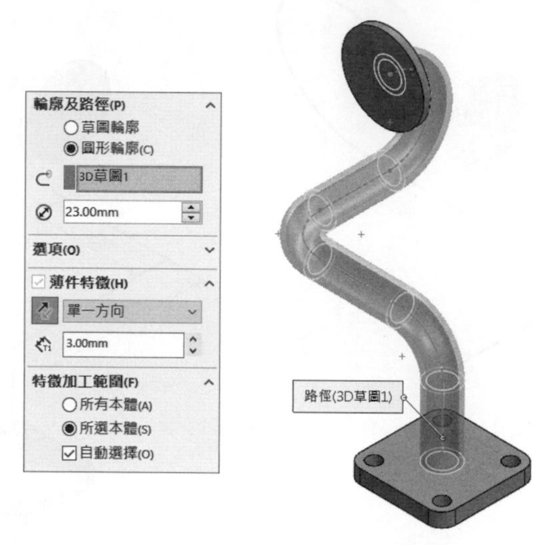

6. 以掃出薄件內孔爲參考圖元，繪製草圖建立兩端出口的除料。

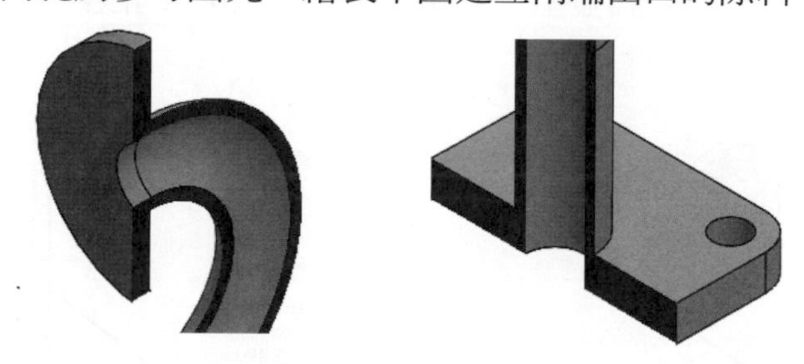

7. 完成後零件如圖所示，儲存並關閉檔案。

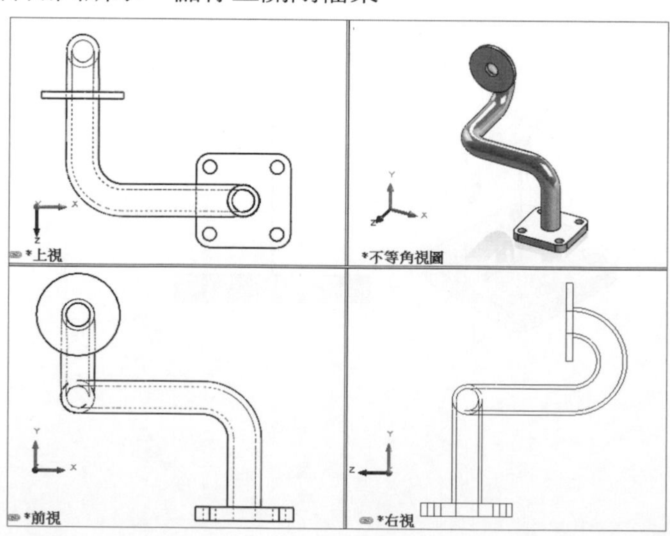

7-2-1 練習題

練習 7b-1 U 型管

(1) 開新檔案，單位**英吋**，繪製下面 3D 草圖。

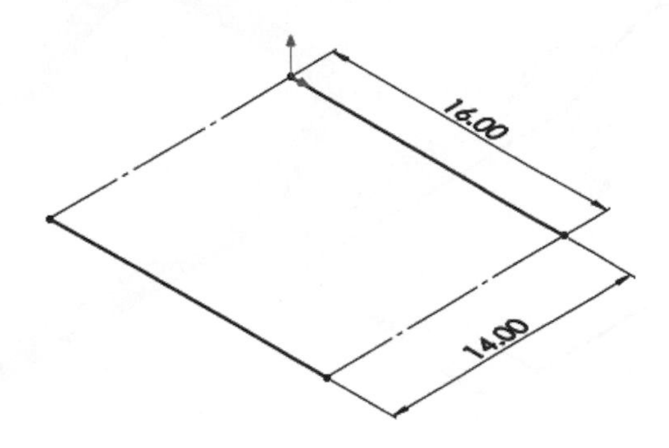

(2) 按草圖工具列上的**基準面** (非特徵工具列的基準面)，**第一參考**選擇連接原點的中心線，**第二參考**選擇上基準面，夾角 150 度，建立 3D 草圖基準面。

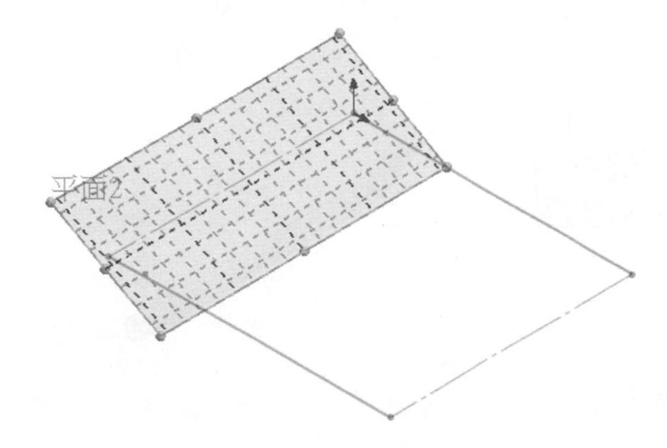

(3) 在平面上繪製直線，標註尺寸與加入限制條件，在空白處快點滑鼠兩下離開基準面，回到 3D 草圖狀態(也可以在平面邊線上快點滑鼠兩下，回到基準面繪圖)。

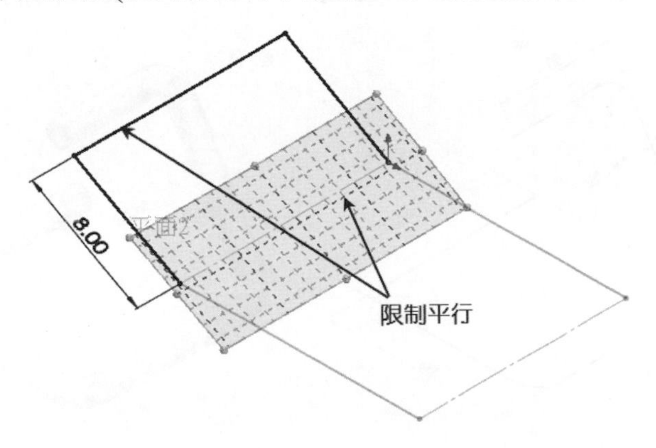

(4) 加入 R5 與 R3 圓角後，建立掃出特徵，∅1.2in，勾選薄件特徵，厚度 0.12in，方向向內。

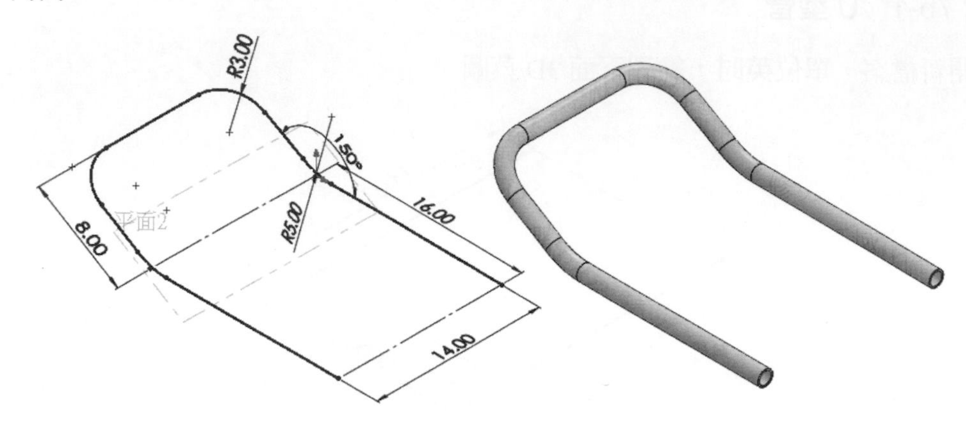

(5) 檢視暫存軸，建立圓孔除料，間距 3in，5 個孔，終止型態：完全貫穿-兩者。

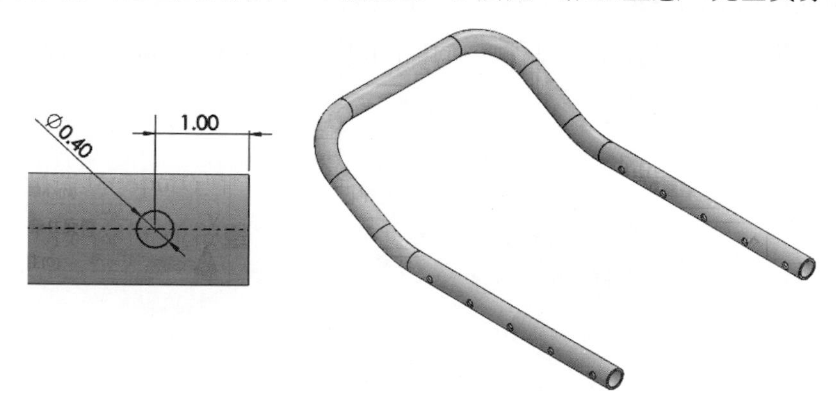

(6) 儲存並關閉檔案。

練習 7b-2　掃出填料

以 3D 草圖爲路徑，建立掃出特徵，∅10mm，薄件厚度 1mm 向內。

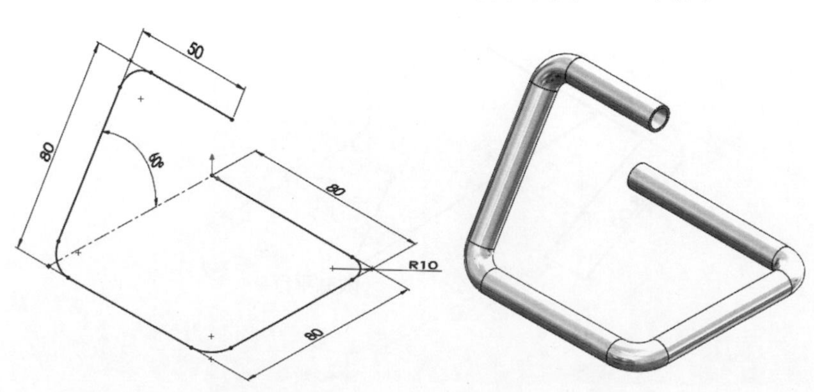

練習 7b-3　概念座椅

請依下圖爲概念，設計出座椅下的彎管，椅墊下、手把下以及椅背後應有適當的鑽孔供固定用。

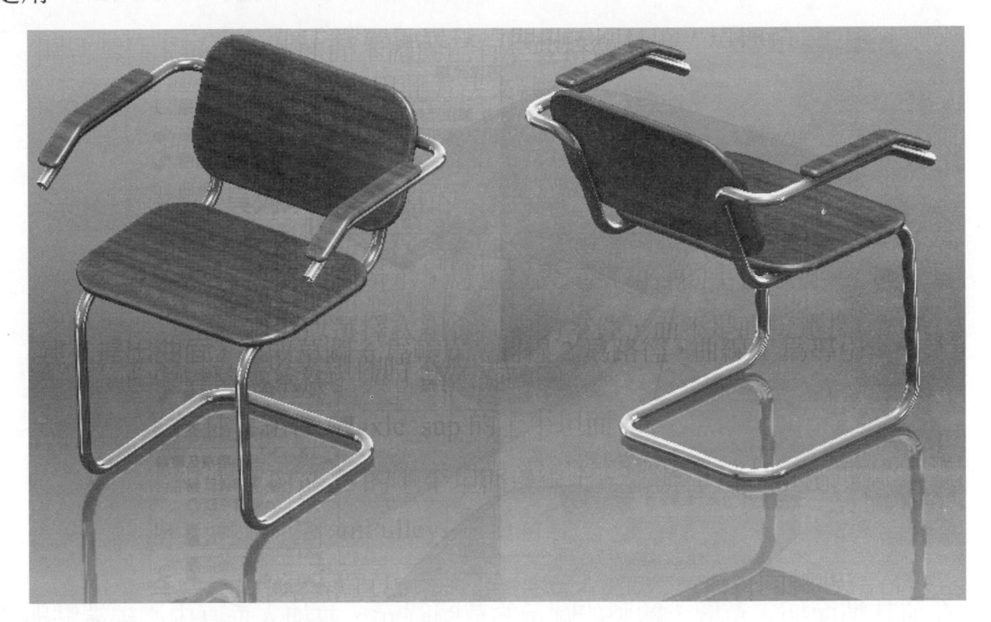

7-3 螺旋曲線與渦捲線

在零件上建立螺旋或渦捲曲線，只要在草圖中繪製一個圓(此圓的直徑控制螺旋曲線的直徑)，再按曲線工具列上的「**螺旋曲線和渦捲線**」，或按「**插入**」→「**曲線**」→「**螺旋曲線/渦捲線**」，再依屬性設定參數即可。

螺旋曲線常被用來當作掃出特徵的路徑或導引曲線，或是作爲疊層拉伸特徵的導引曲線。

屬性管理員內的**定義依據**含有：

- **螺距和圈數**：定義螺距及圈數來產生螺旋曲線。
- **高度及圈數**：定義高度及圈數來產生螺旋曲線。
- **高度及螺距**：定義高度及螺距來產生螺旋曲線。
- **渦捲線**：定義螺距及圈數來產生渦捲線。

1. 開新零件檔，存檔名稱爲 spring。
2. 在前基準面插入草圖，畫圓，按「**螺旋曲線**」，定義依據選擇「**螺距和圈數**」；參數選擇「**固定螺距**」、螺距 2.4mm、圈數 6、起始角度 0、**順時針**，按 ✔。

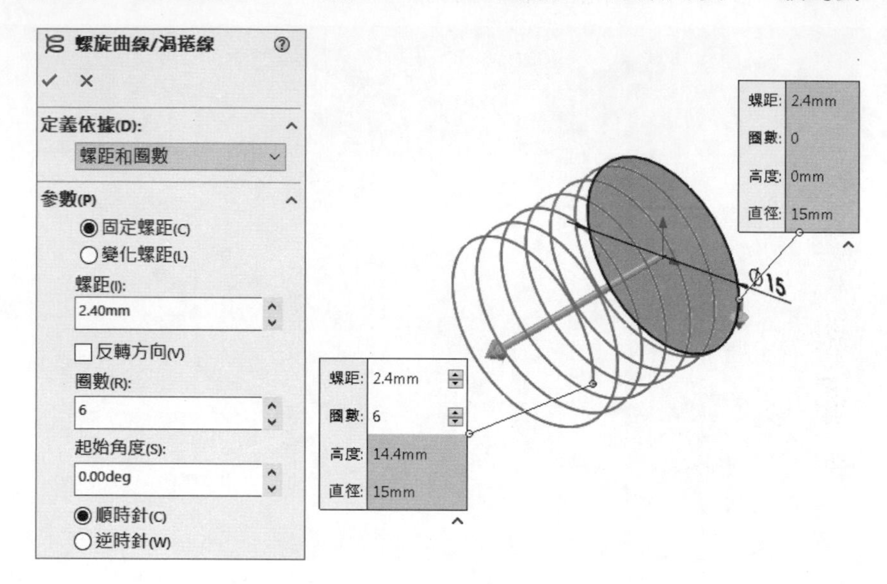

3. 在前基準面插入草圖，繪製如圖示的草圖圖元，並加入垂直中心線端點與曲線的**貫穿**限制條件，離開草圖。

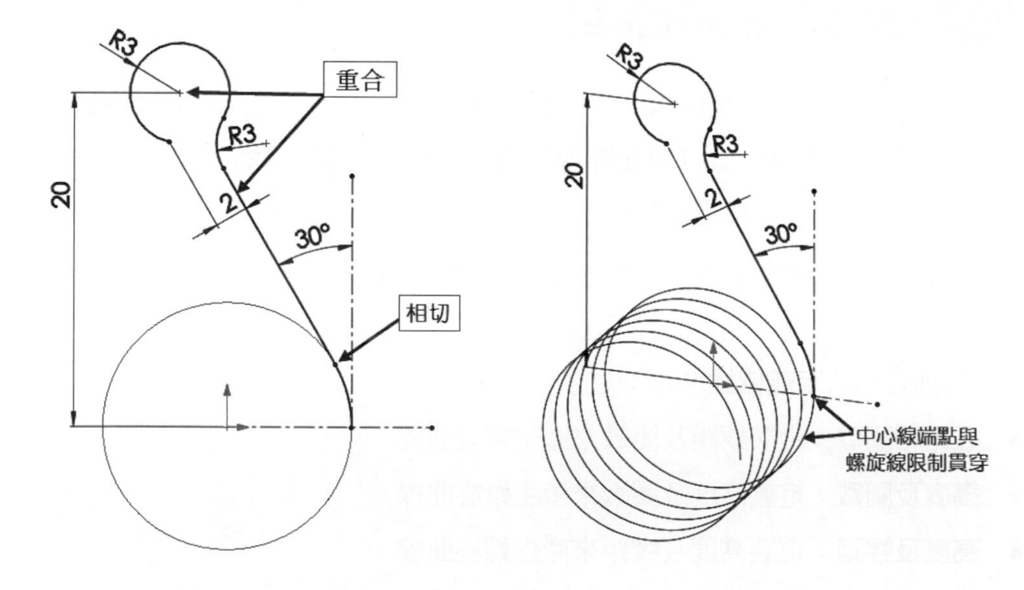

4. 插入 3D 草圖，繪製線段使沿著 Z 與 Y，拖曳 Y 線段端點至螺旋曲線端點上使**重合**；限制 Y 線段端點與上基準面「**在平面上**」；最後加入圓角，標註尺寸，離開 3D 草圖。

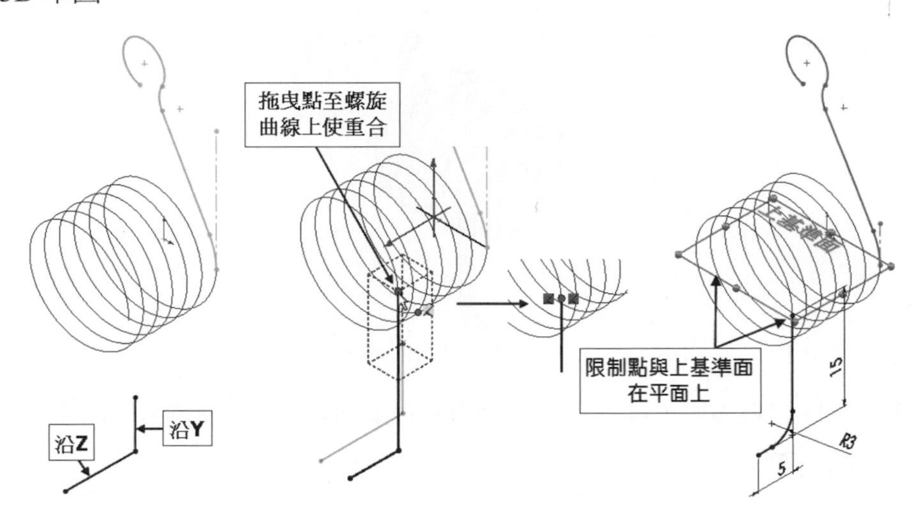

7-4 合成曲線

合成曲線用在將曲線、草圖幾何和模型邊線等線段集合起來產生一條新的曲線。合成曲線常被用來作爲產生疊層拉伸和掃出的導引曲線，或是掃出的路徑線。

5. 按曲線工具列上的「**合成曲線**」，或按「**插入**」→「**曲線**」→「**合成曲線**」，在連接圖元列表中選擇**螺旋曲線**、**3D 草圖 1** 與**草圖 2**，按「**確定**」。

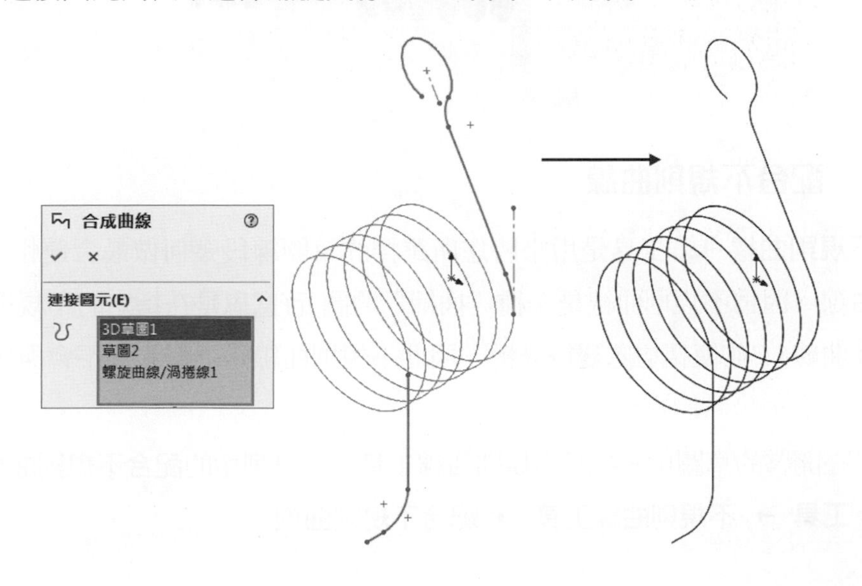

6. 按**掃出**，點選**圓形輪廓**，∅1.6mm；**路徑**選擇合成曲線，結果如下圖。

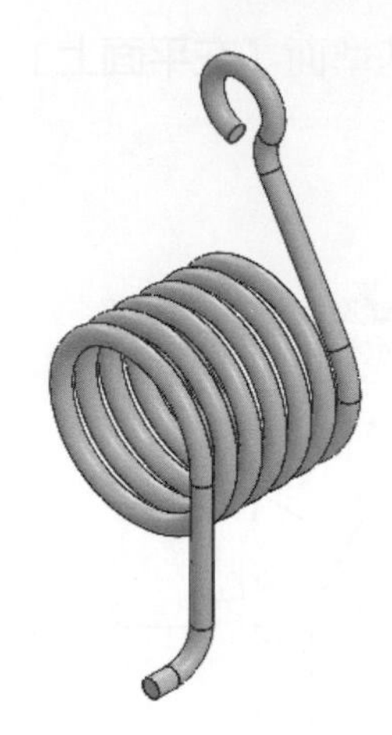

7. 檢視零件的斑馬紋，可以看到螺旋的左右兩端點合成後並未相切，這是曲線連接的一個問題。

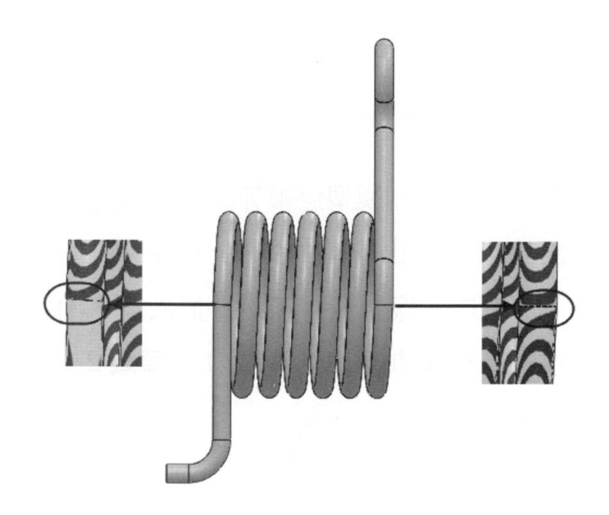

7-4-1 配合不規則曲線

配合不規則曲線 工具是用來將您所選擇的草圖線段幾何做最合邏輯的配合(Fit)爲不規則曲線。因爲不規則曲線是一種“插補”的圖元(意思是在指定的不規則曲線點之間填滿整條曲線)，並使相切處變得光滑。因此不規則曲線是近似的，不會與原有的圖元完全吻合。

您可以在開啓的草圖中，按「不規則曲線工具」工具列中的**配合不規則曲線** ，或按功能表：**工具 → 不規則曲線工具 → 配合不規則曲線**。

8. 刪除**掃出 1** 特徵，插入 3D 草圖，使用**參考圖元**將合成曲線轉換成草圖圖元。
9. 從不規則曲線工具列中按**配合不規則曲線** ，在 3D 草圖中選擇所有圖元，取消勾選**封閉不規則曲線**；點選**限制**選項，將配合不規則曲線限制在原有圖元上，而原有圖元將被轉換為建構線。設定**公差**值為 0.1mm，按**確定**。

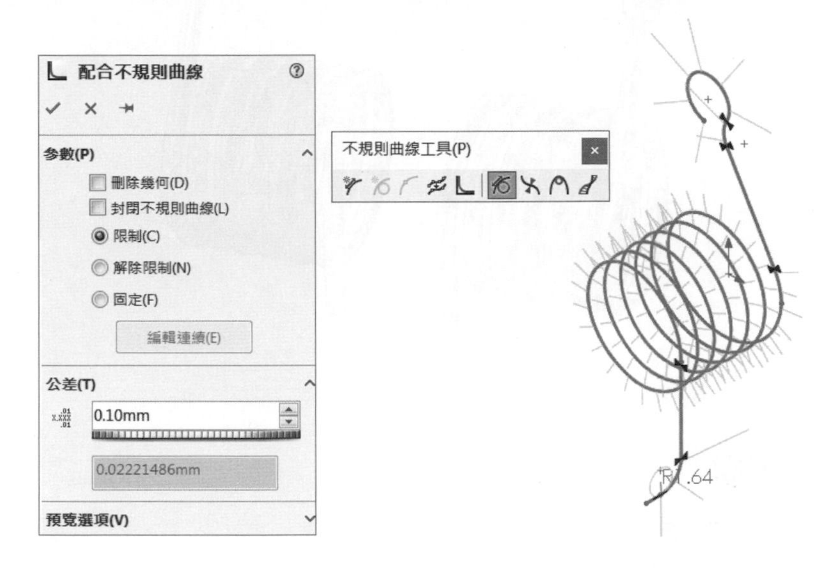

10. 重新建立掃出特徵，配合不規則曲線為掃出路徑，注意掃出特徵已變成連續的平滑面，同時轉換後的區域也比原先的光滑，斑馬紋也不再中斷。

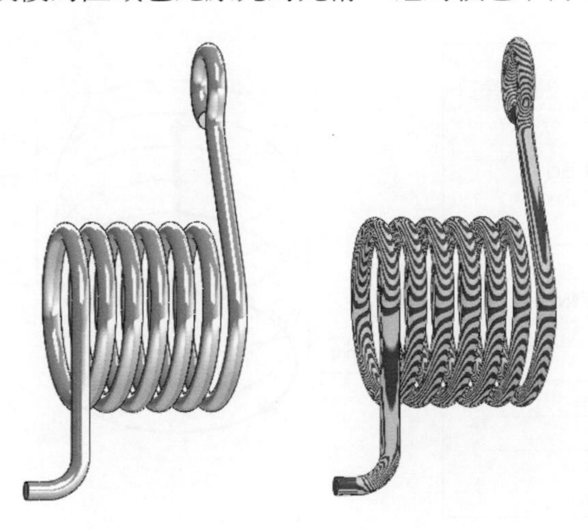

11. 按**鏡射** 特徵，**鏡射本體**，完成後之零件如圖示，儲存並關閉檔案。

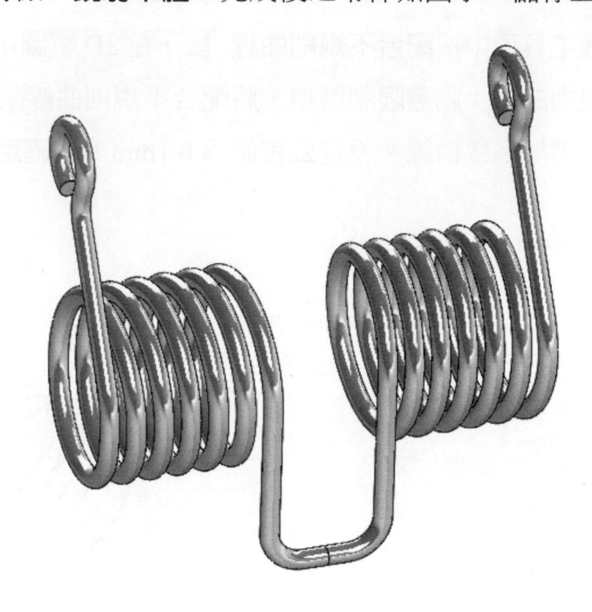

7-4-2 練習題

練習 7c-1 壓縮彈簧

(1) 開新零件檔，在上基準面繪製∅42 的圓，使用**高度與圈數**建立**螺旋曲線**，再用∅6 建立掃出特徵。

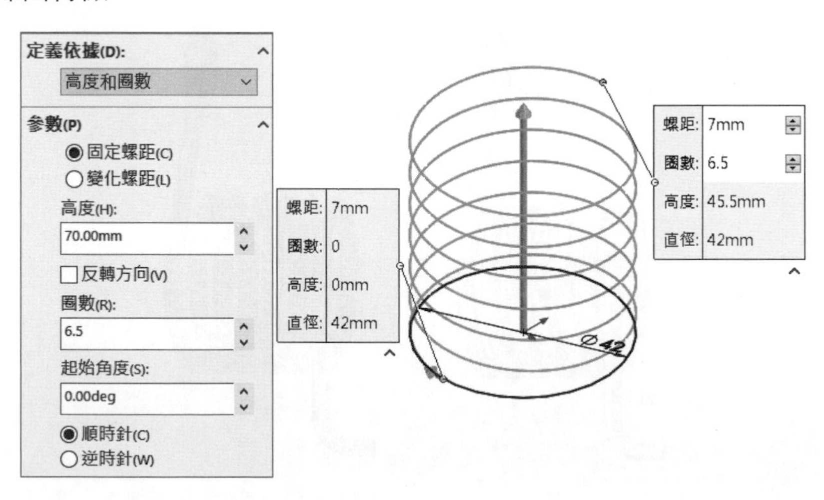

(2) 在前基準面繪製草圖，建立除料，勾選「**反轉除料邊**」。

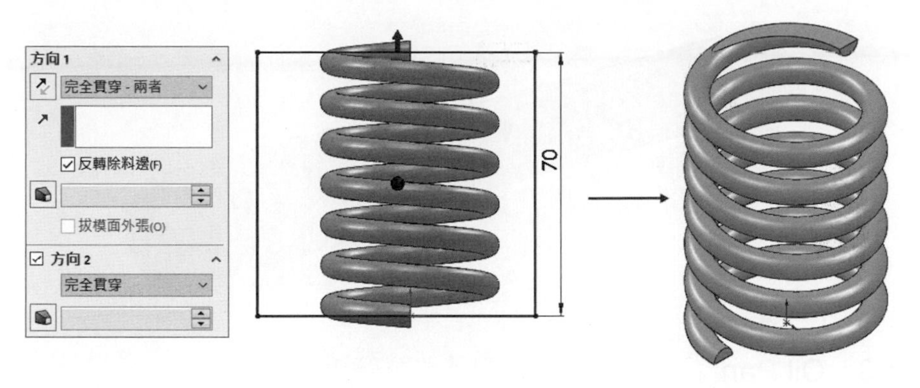

練習 7c-2　螺桿

(1) 開新零件檔，建立如圖示的零件。

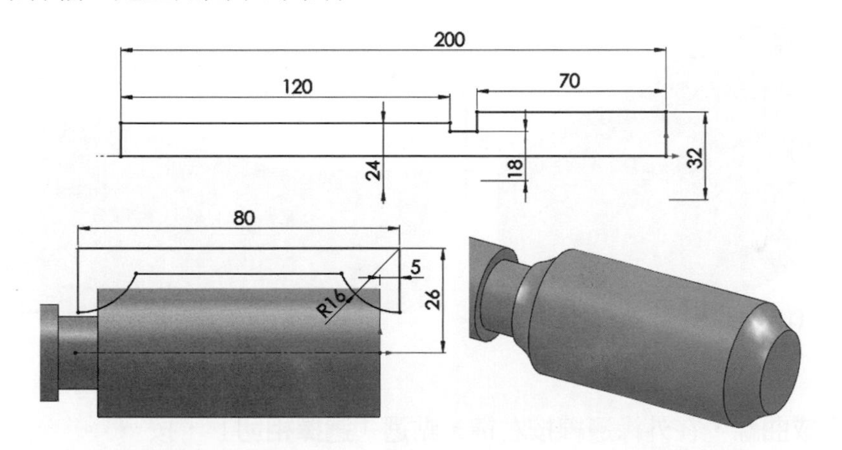

(2) 在右平坦面插入草圖，繪製圓，建立**螺旋曲線**，屬性設定如圖示。

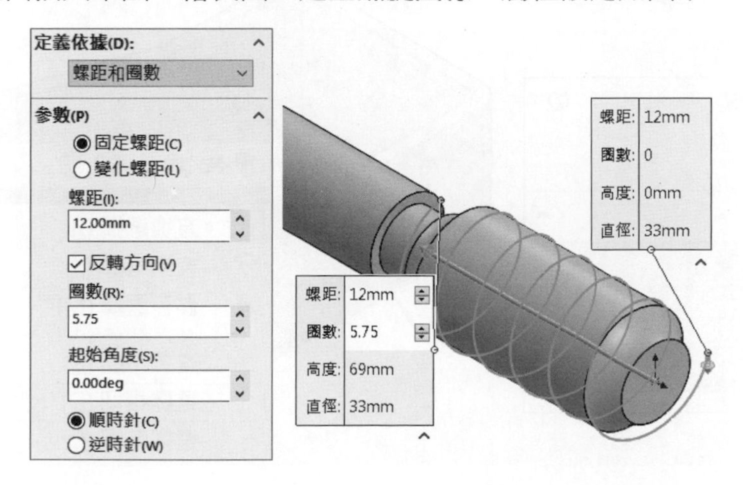

(3) 建立掃出除料特徵，使用**圓形輪廓**，Ø6mm 完成如圖示之零件。

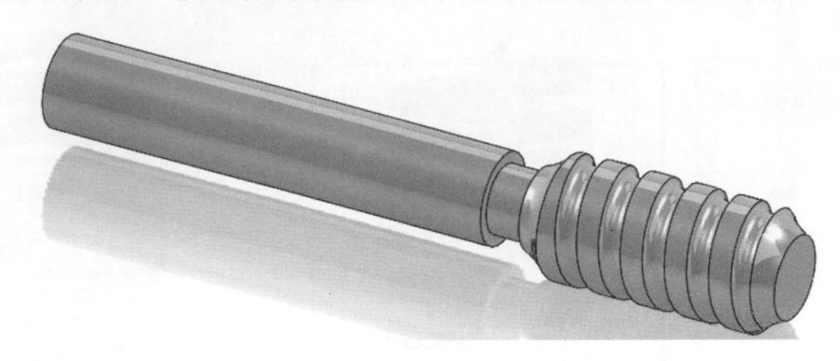

練習 7c-3 Oil Pan

(1) 開新零件檔，建立 100×50、高 40、圓角 R5、薄殼厚 3mm 的零件，伸長兩側對稱。

(2) 建立伸長除料與圓角 R20

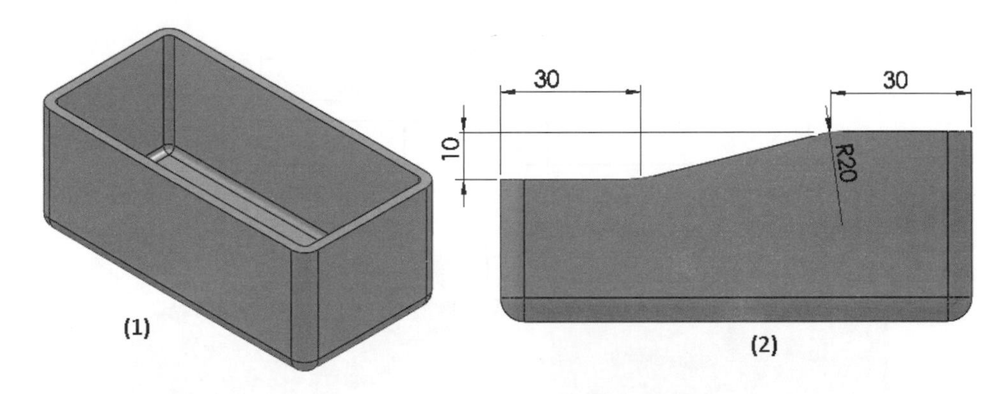

(3) 插入**合成曲線**，在外緣邊線按右鍵，點選「**選擇相切**」，按 ✔。

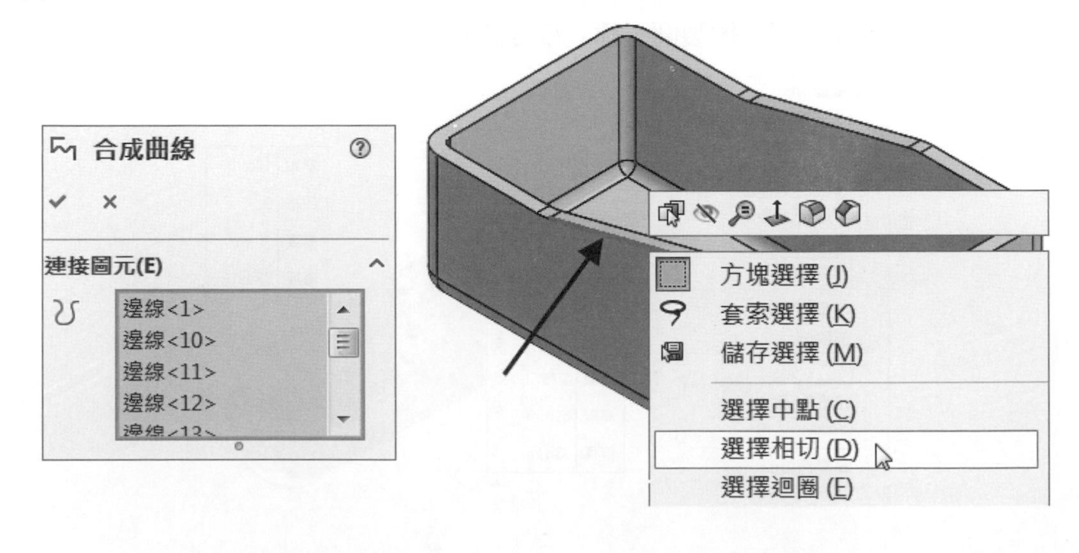

(4) 在零件的右上角建立輪廓草圖，插入掃出填料特徵，路徑選擇**合成曲線**，再加入圓角 R1。

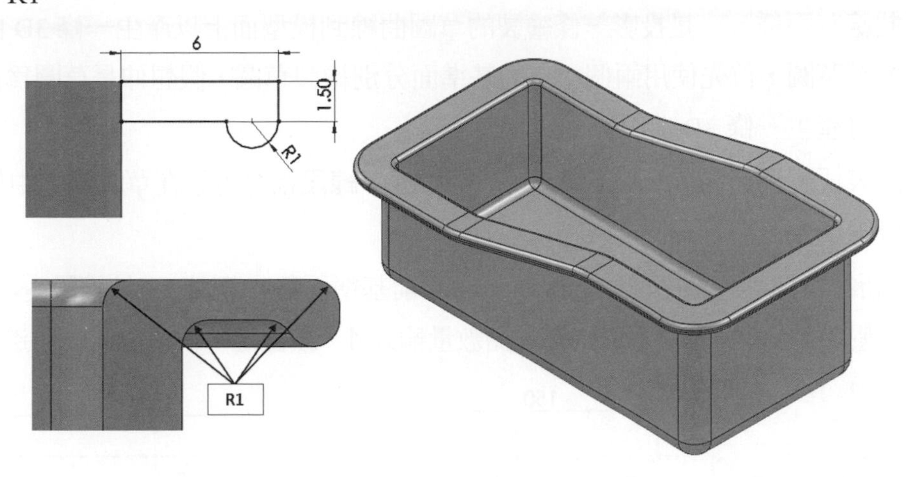

(5) 儲存並關閉檔案。

練習 7c-4　錐形彈簧

(1) 開新零件檔，在上基準面繪製∅100 的圓，建立錐形螺旋線。

(2) 在右基準面繪製草圖，使用**草圖輪廓**，建立掃出基材特徵。

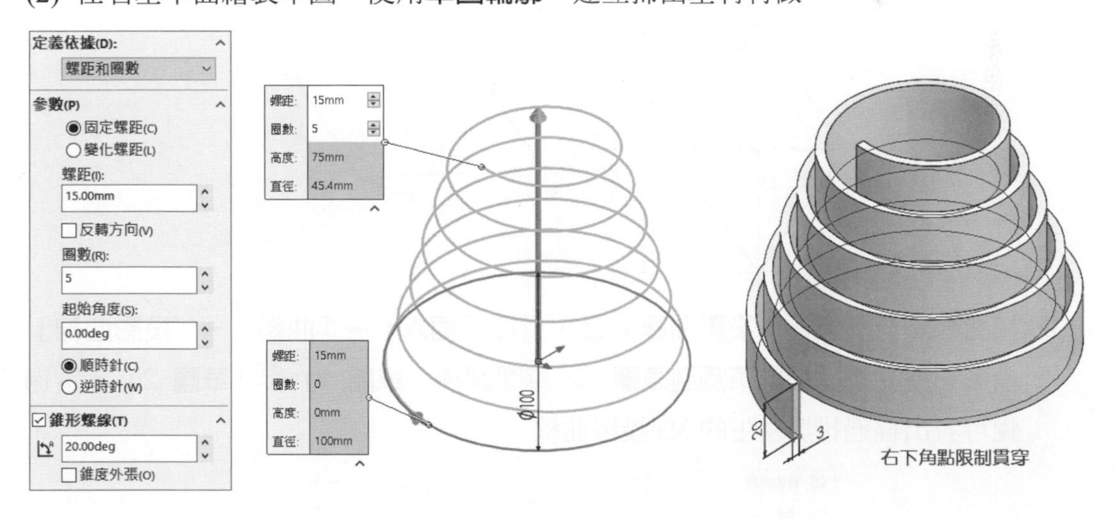

7-5 投影曲線

投影曲線有兩種，一是投影一條繪製的草圖曲線到模型面上以產生一條 3D 曲線；二是投影草圖至草圖，首先使用兩個相交的基準面分別繪製草圖，假想伸長草圖為曲面，兩曲面的相交可產生一條 3D 曲線。

按功能表「**工具**」➡「**草圖工具**」➡「**線段**」，**線段**指令可以在草圖圖元中放置等距點或分割直線產生等距線段。

1. 開新零件檔，存檔名稱為 projective。在前基準面建立草圖 1，按**線段**，單一圖元選擇草圖直線，點選**草圖點**，點數量輸入 4，按**確定**。再一次完成右邊草圖點。

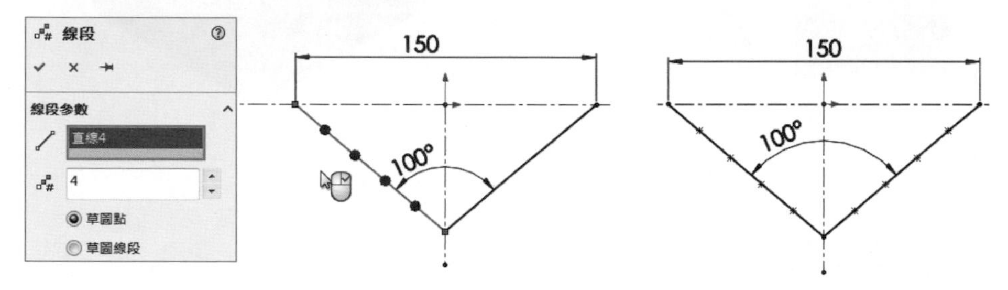

2. 在上基準面建立草圖 2，左右兩端點與草圖 1 兩端點重合。同樣地，使用**線段**建立兩直線的草圖點。

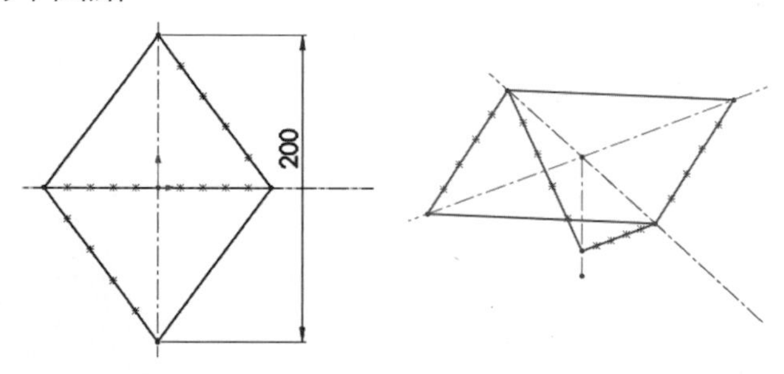

3. 按曲線工具列上的「**投影曲線**」，或按「**插入**」➡「**曲線**」➡「**投影曲線**」，投影類型點選「**投影草圖到草圖**」，草圖選擇「**草圖 1**」與「**草圖 2**」，透過預覽可看出經過投影產生的 3D 投影曲線。

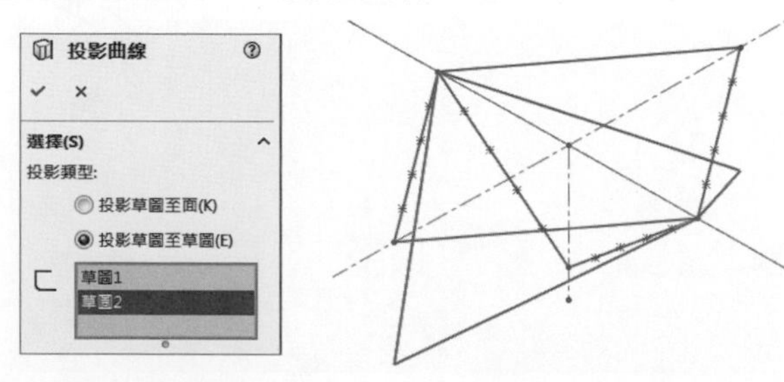

4. 顯示草圖 1 與草圖 2，(a)在前基準面建立草圖 3，繪製連接兩點的直線；(b)在上基準面建立草圖 4，繪製連接兩點的直線；(c)建立兩草圖的投影曲線。

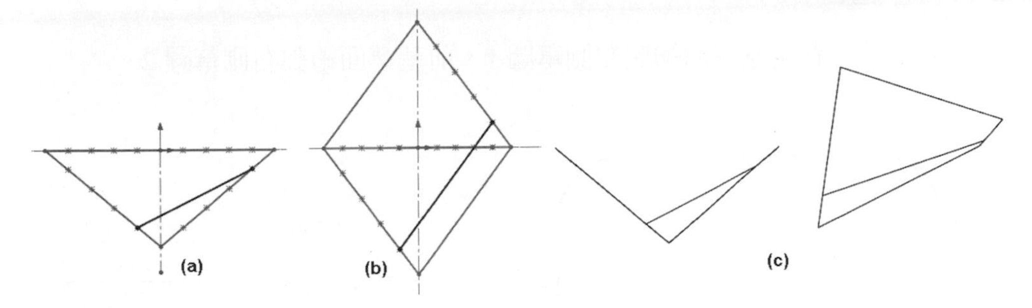

5. 繼續建立草圖，並完成另外 3 條投影曲線。

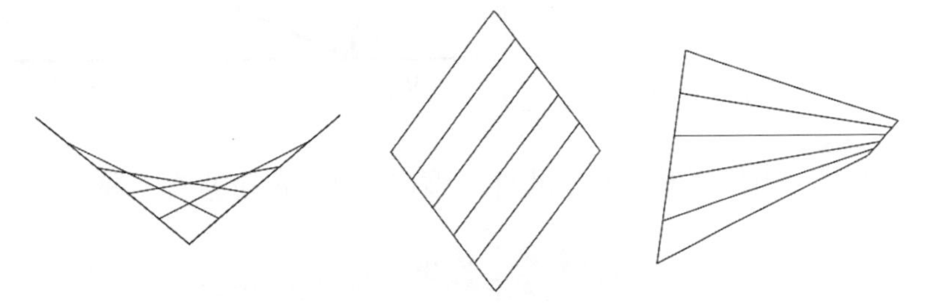

6. 建立掃出特徵，使用**圓形輪廓**∅6，掃出路徑選擇**曲線 1**，按**確定**。再使用曲線 2-5 與∅5 建立掃出特徵 2-5。隱藏所有曲線。

7. 使用右基準面鏡射掃出 2-5 特徵，如下圖，儲存並關閉檔案。

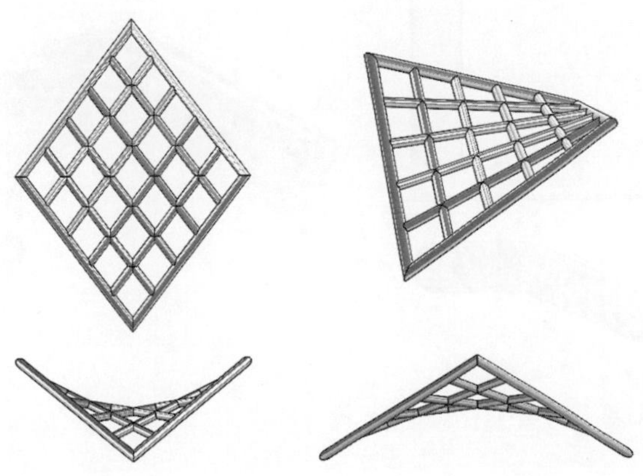

7-5-1 練習題

練習 7d-1 彎管

(1) 開新零件檔，在上基準面繪製左側草圖 1，前基準面繪製右側草圖 2。

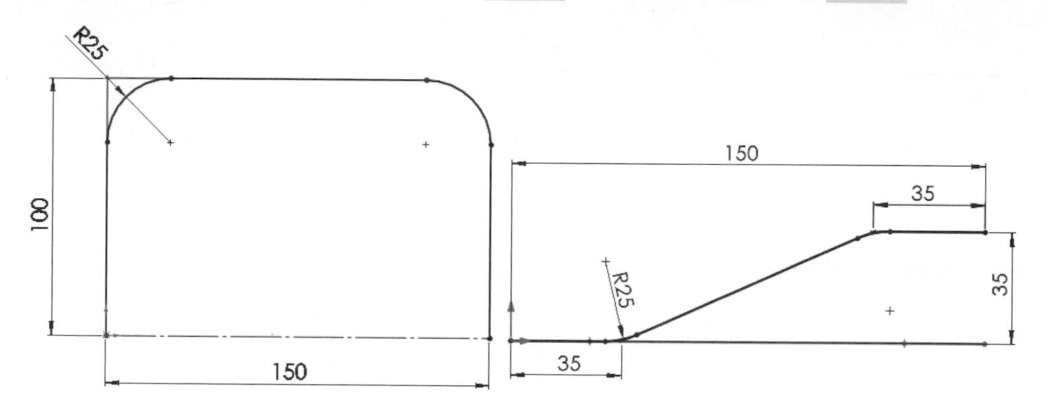

(2) 建立投影曲線，再使用圓∅20，薄件厚度向內 1mm 的選項，建立掃出特徵。

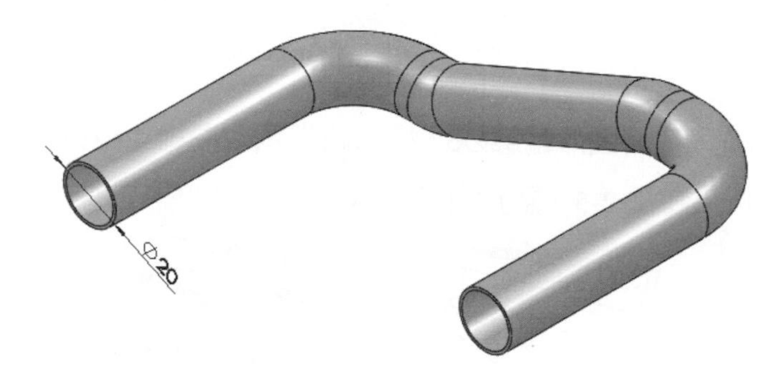

(3) 結果如圖所示，儲存並關閉檔案。

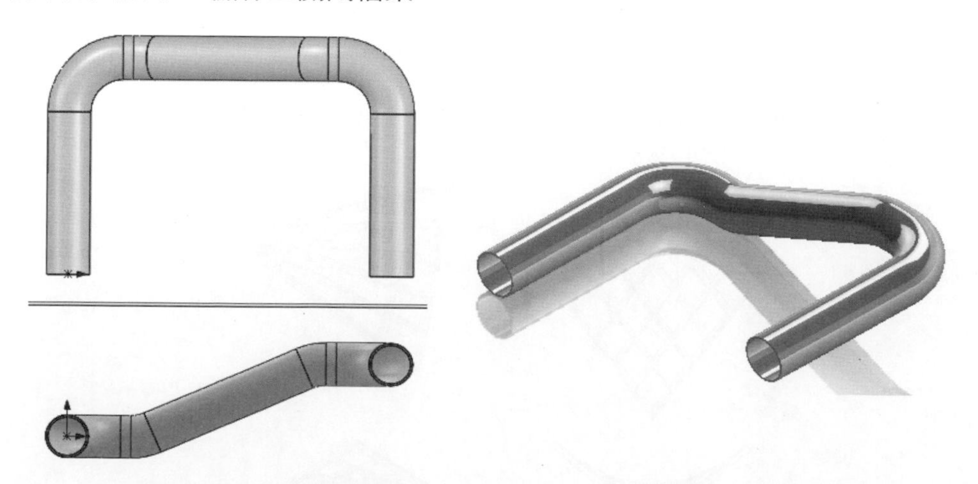

練習 7d-2　轉接器

(1) 開啟零件檔 7d-2，在上基準面插入草圖，切換至下視繪製橢圓，並建立**投影曲線**，使用「**投影草圖到面上**」。

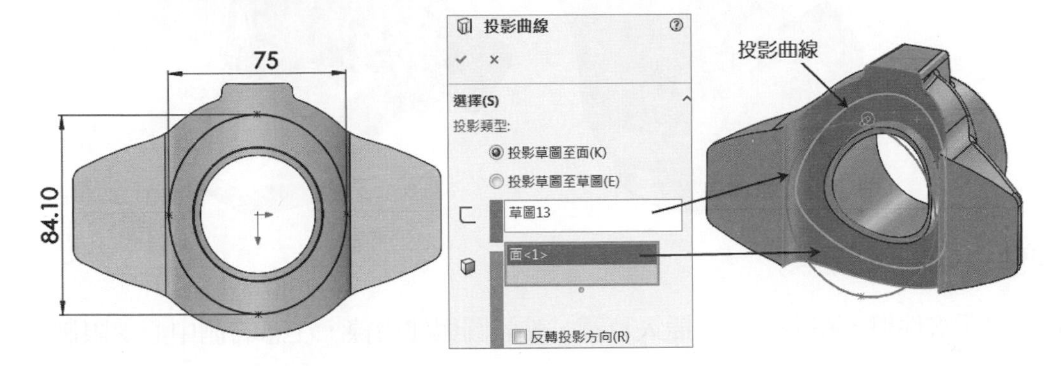

(2) 在右基準面建立輪廓草圖，兩端點限制**貫穿**(**注意**：直線勿限制**水平放置**)。

(3) 建立掃出除料特徵，路徑選擇圖示的邊線，曲線 1 作為導引曲線。

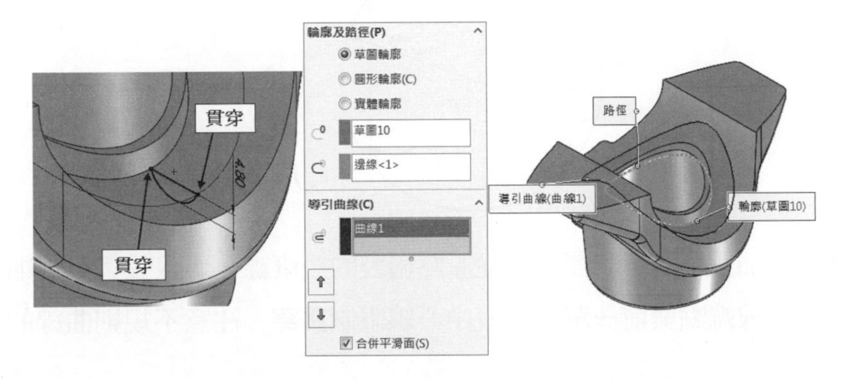

(4) 在上平面插入草圖，參考圓邊線建立螺旋曲線；在右基準面如箭頭所指示的位置繪製掃出除料草圖(點與螺旋線限制貫穿)。

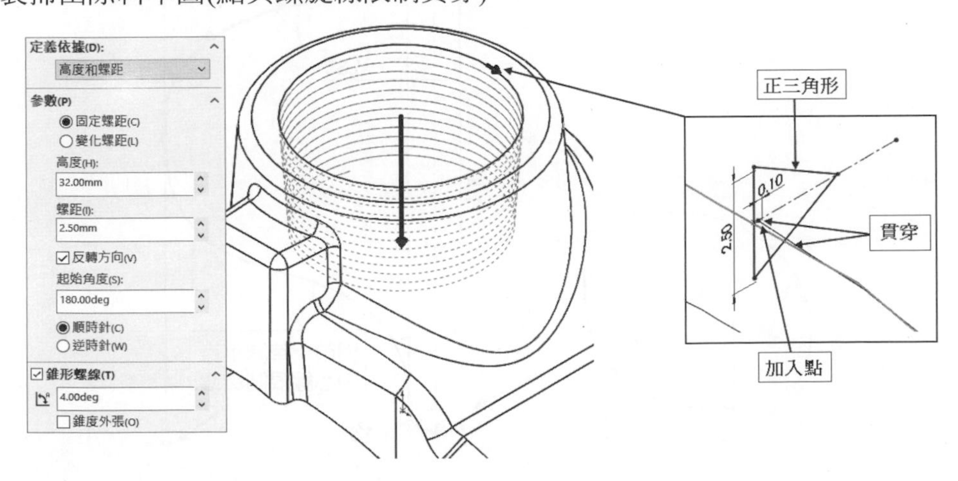

(5) 建立掃出除料特徵後，完成的零件如圖示。

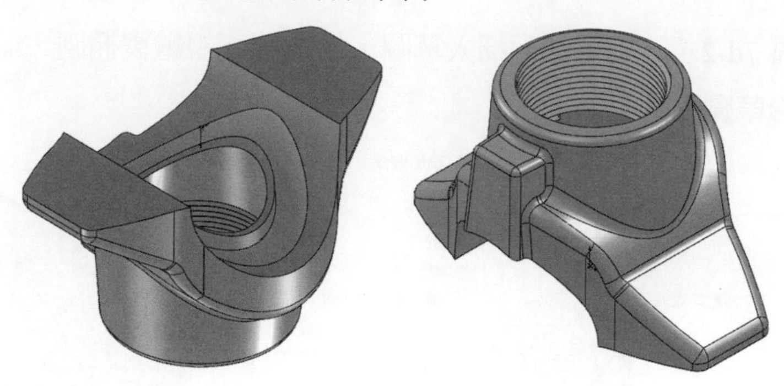

練習 7d-3　水瓶架

(1) 開新零件檔，在上基準面插入草圖，繪製圓與建構線，注意右側中心線限制垂直放置，原點重合於圓的左側。

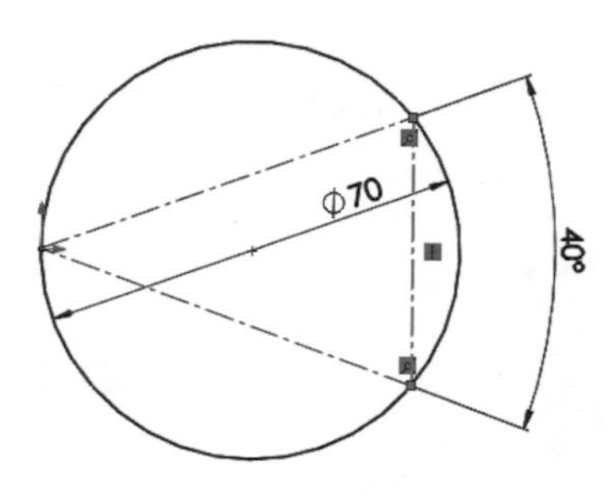

(2) 在前基準面插入草圖，草圖包含從原點繪製的短直線、切線弧與不規則曲線，最右側垂直中心線端點與前一草圖垂直中心線限制**貫穿**。注意不規則曲線的形狀控制，務使滑順。

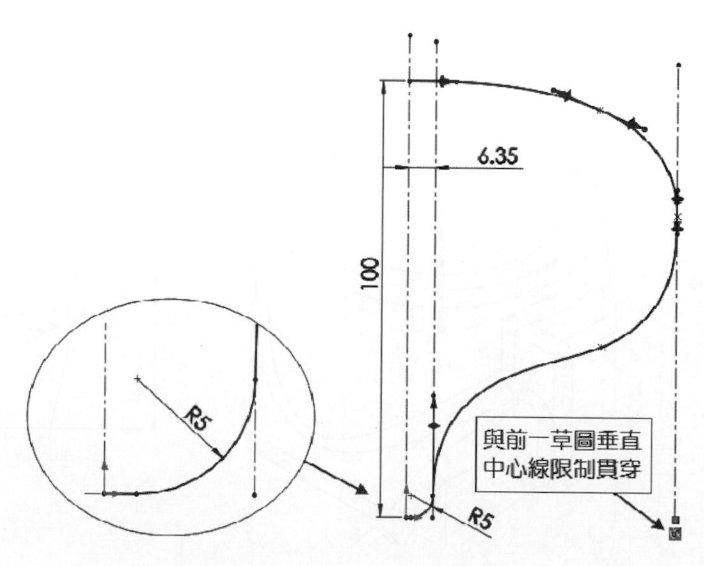

(3) 使用兩草圖建立投影曲線

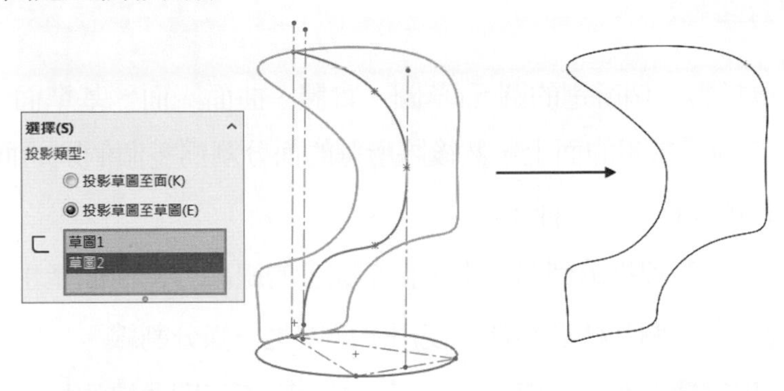

(4) 在前基準面繪製圓，並限制圓中心與投影曲線**貫穿**。使用**草圖輪廓**選項，選擇圓與曲線建立掃出特徵，如圖示。

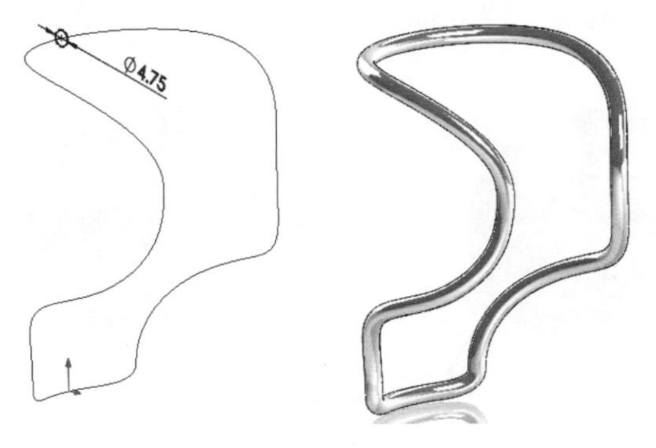

(5) 檢視零件的四個視角。

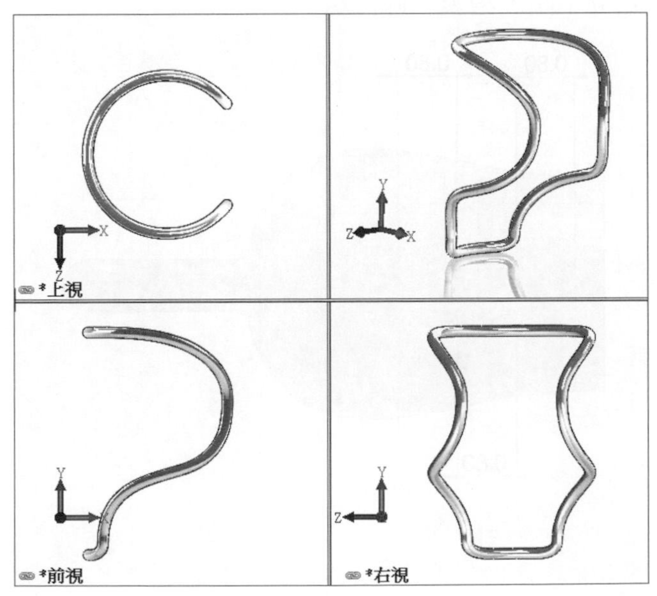

(6) 儲存並關閉檔案。

7-6 分割線

分割線工具會投影一個所選的圖元(草圖、實體、曲面、面、基準面、或曲面不規則曲線)到曲面，或彎曲或平坦的面上，然後將所選的面分割爲多個個別的面。

產生分割線的類型有下列三種：

- **投影**：將一個草圖投影到曲面上，依草圖上的線段分割曲面產生分割線。
- **側影輪廓**：在一個圓柱形零件上使用平面產生一條分割線。
- **相交**：使用實體、曲面、面、基準面、或曲面不規則曲線的相交位置來分割面。

1. 開啓零件 resist，圖中已內含一個草圖，在箭頭所指的位置插入草圖，並參考邊線圖元，作爲掃出輪廓，建立掃出特徵。

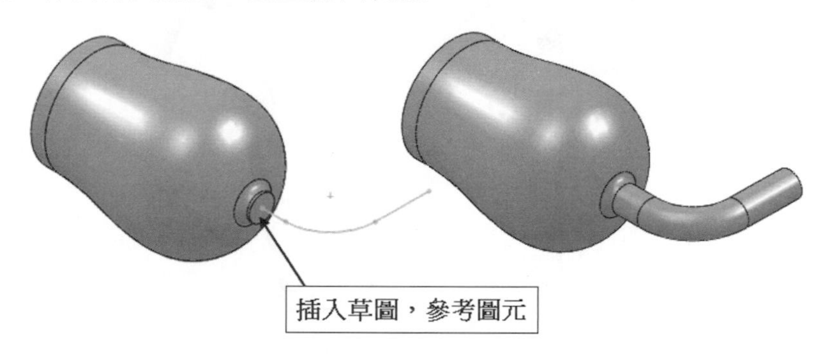

2. 在前基準面建立草圖，繪製三條直線。

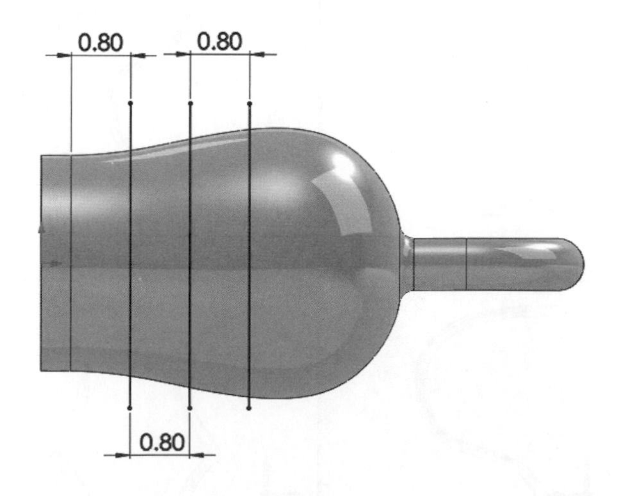

3. 按曲線工具列上的「**分割線**」，或按「**插入**」➡「**曲線**」➡「**分割線**」，類型選擇「**投影**」，選擇如圖示的草圖與面，按 ✔。

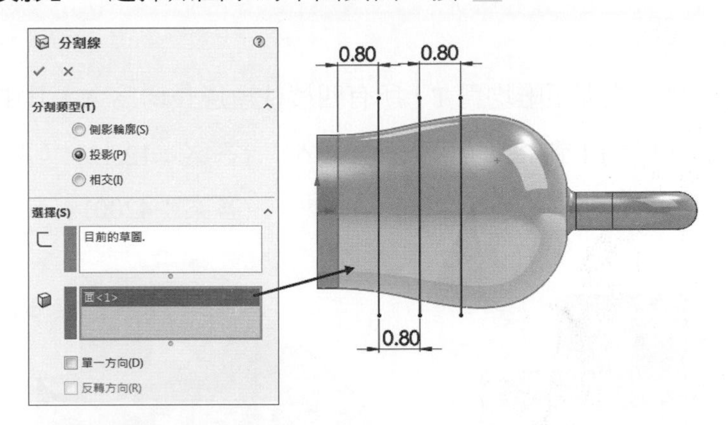

4. 鏡射本體，鏡射後的零件如圖示，曲面已被分割爲許多的獨立的小曲面。

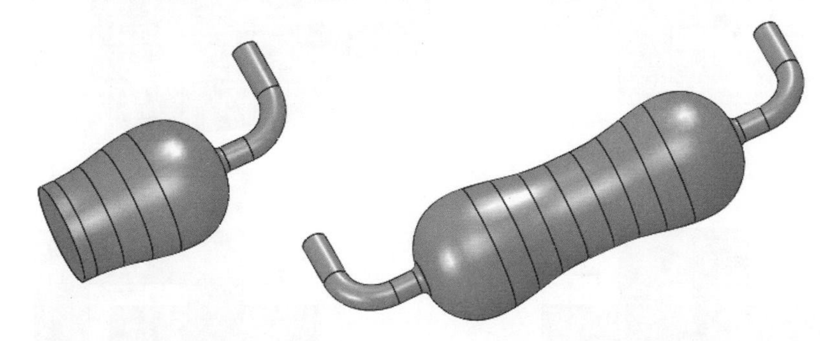

5. 按立即檢視工具列的「**編輯外觀**」，選擇圖中的四個面，並選擇與原始零件不同的色彩，按「**確定**」。

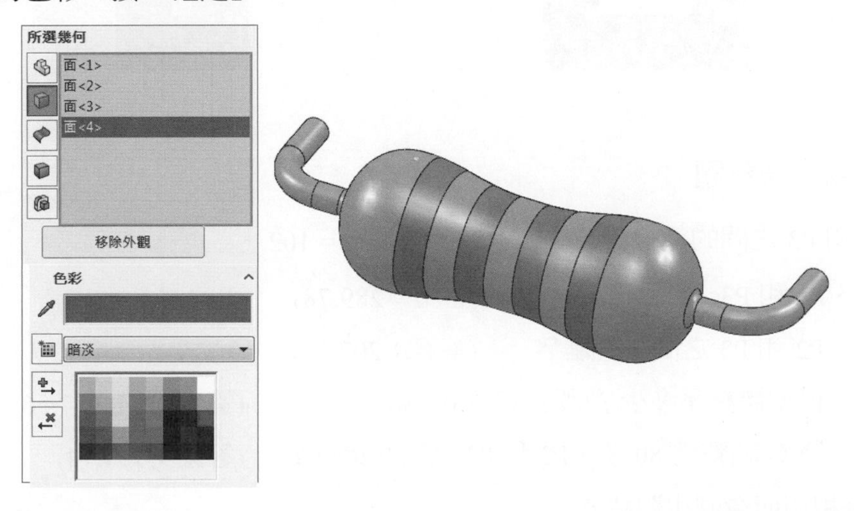

6. 儲存並關閉檔案

7-7 綜合練習

練習 7e-1 競賽題

圖中所有相鄰四稜柱之間距離均爲 T，所有四稜柱短邊長均爲 A，其中 A = 5，T = 2

【問題】1、請問圖中 P1 到 P2 的距離是多少？ (答案：12.12)

2、模型體積是多少？ (答案：4200)

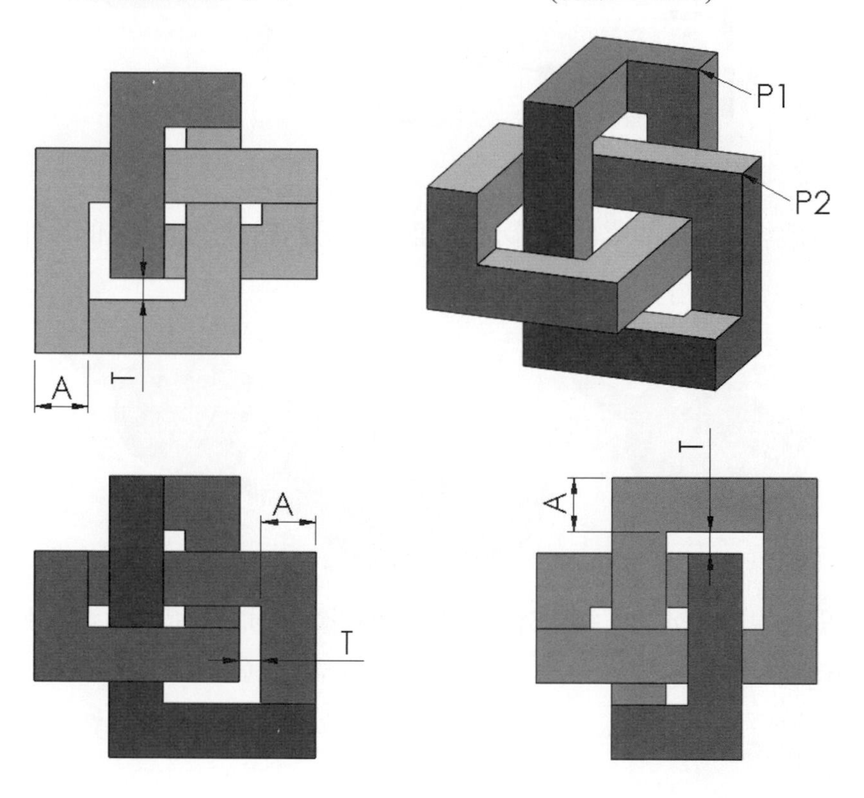

練習 7e-2 競賽題

如圖 P1 和 P3 之間的連線穿過彎管中心，其中 G = 102

問題：1、P1 和 P3 之間的距離？ (答案：289.78)

2、P2 和 P3 之間的距離？ (答案：207.35)

3、模型體積是多少？(誤差正負 0.5%) (答案：344987.56)

4、將 G 調整爲 80 後，P2 和 P3 之間的距離？ (答案：151.14)

註：合併相切面會減少體積。

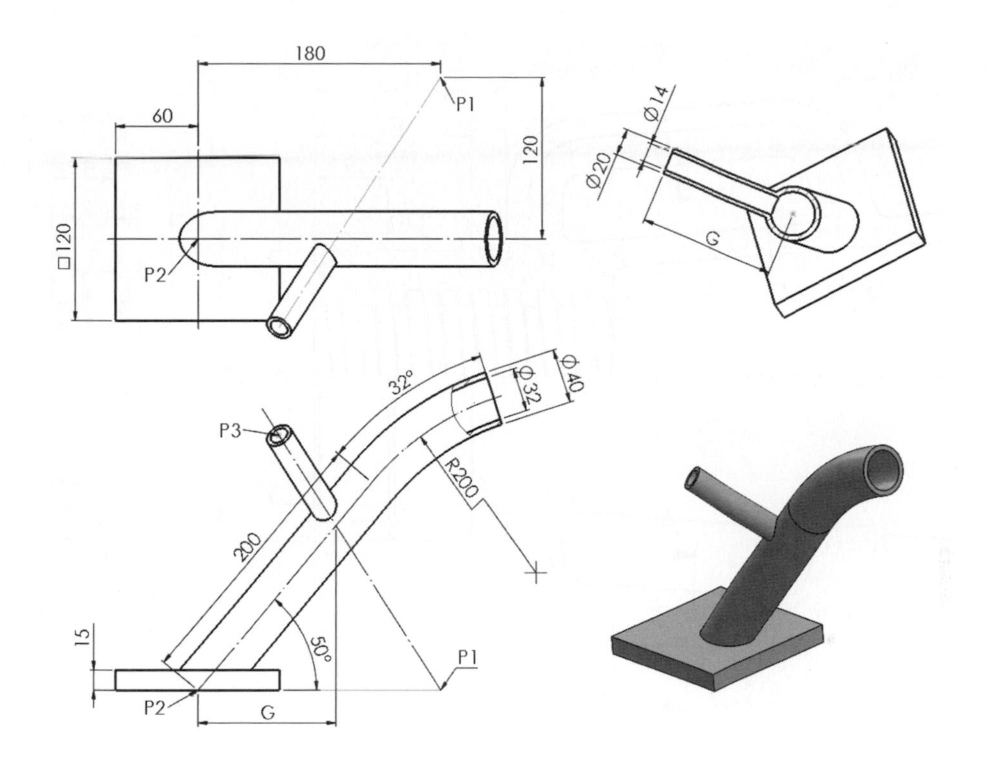

練習 7e-3　千斤頂

開啓零件 7e-3，完成剩餘的兩個掃出特徵，其中螺旋曲線使用「**高度與螺距**」，高度 108mm，螺距 12mm，起始角度 0°，順時針。

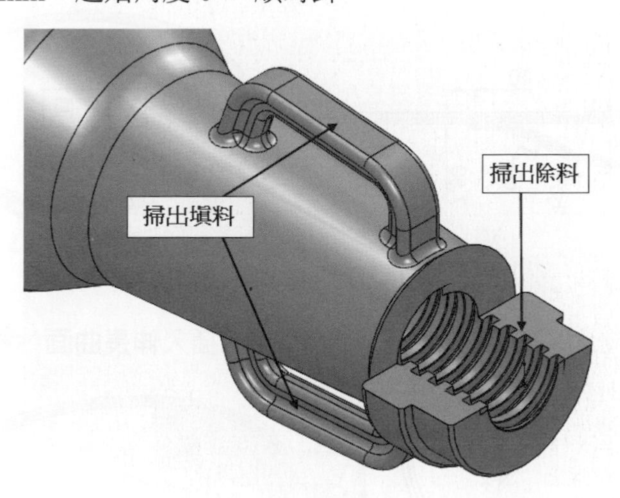

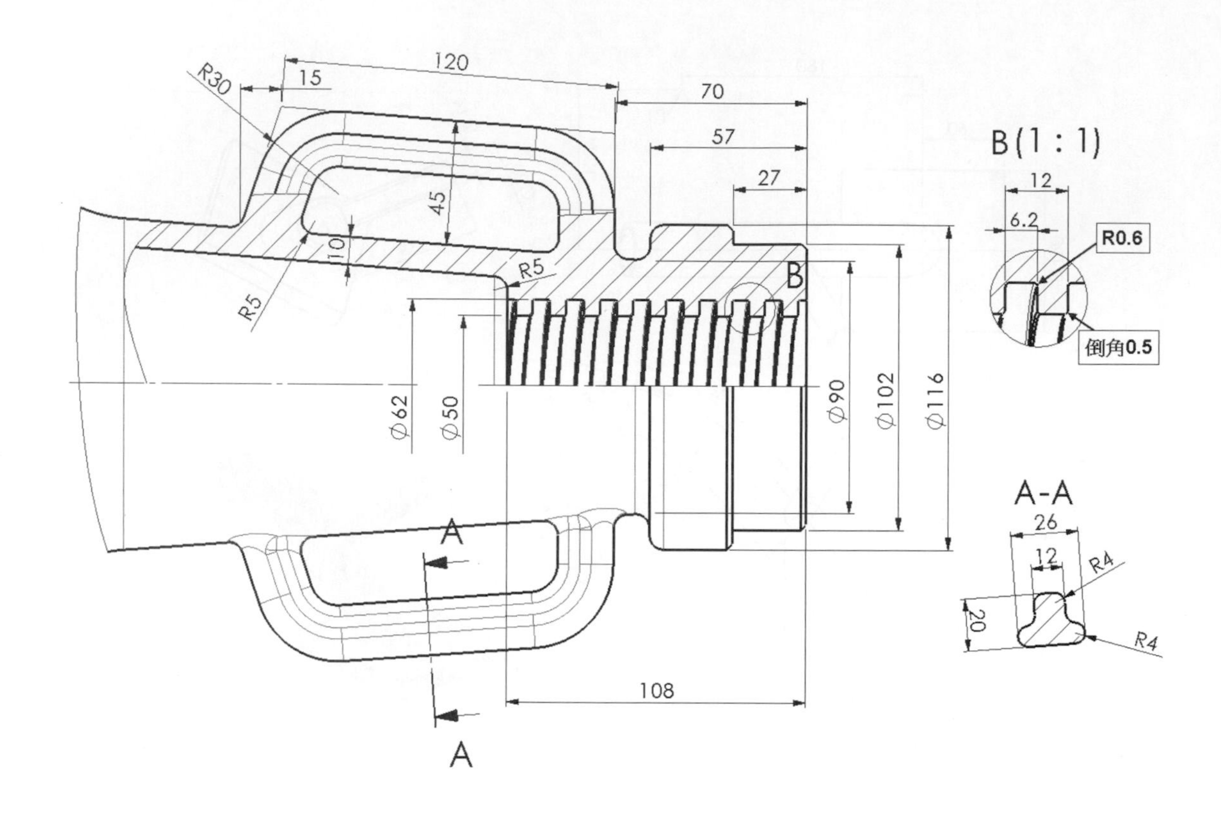

練習 7e-4　籃球輪圈

開啓零件 7e-4，依步驟建立如圖示的特徵。

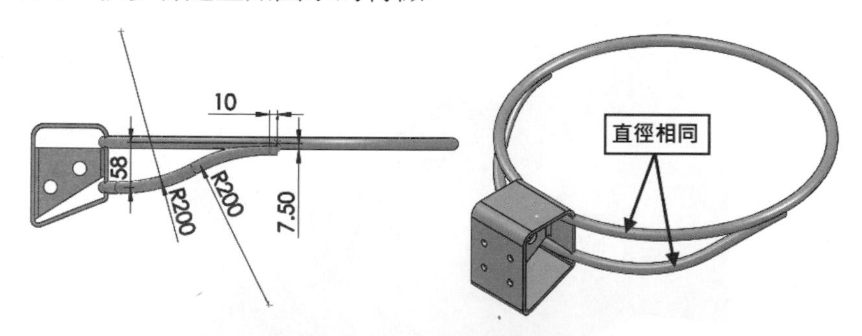

(1) 在上基準面建立水平中心線與圓弧線的草圖，插入**伸長曲面**，深度 100mm。

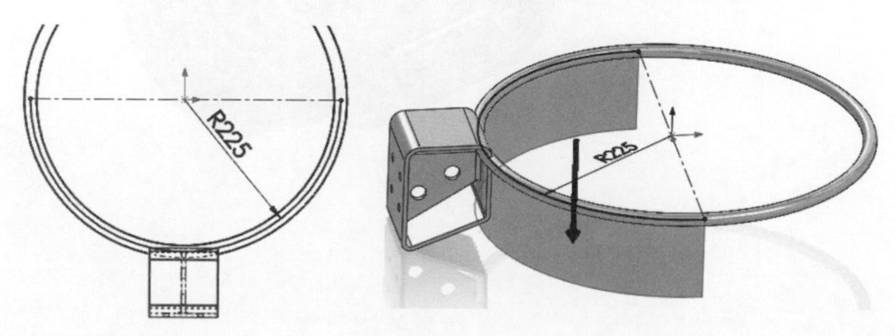

(2) 在右基準面建立兩條水平線與切線弧的草圖，在曲面建立**投影曲線**(勾選**雙向**)。

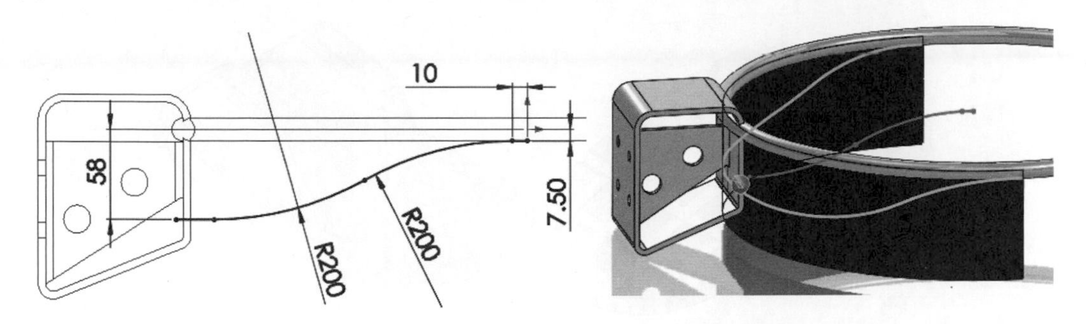

(3) 插入 3D 草圖，選擇曲線 1 後按**參考圖元**，使用**配合不規則曲線**，選擇所有圖元，參數設定如圖。

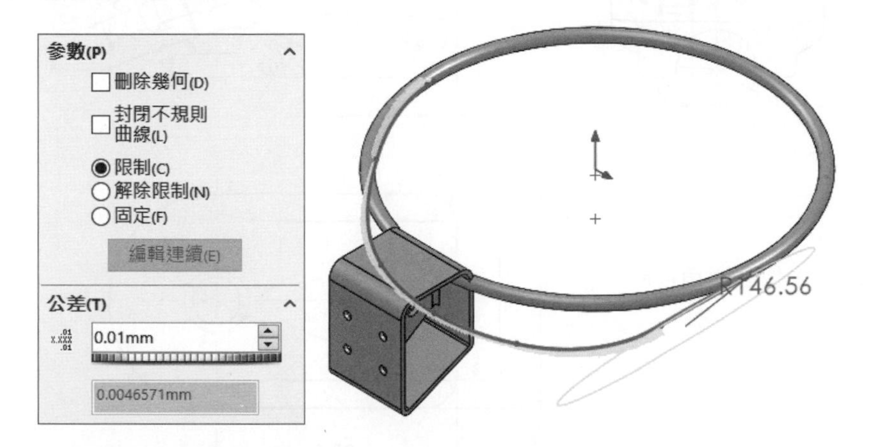

(4) 使用 3D 草圖與圓形輪廓∅15mm，建立掃出特徵。

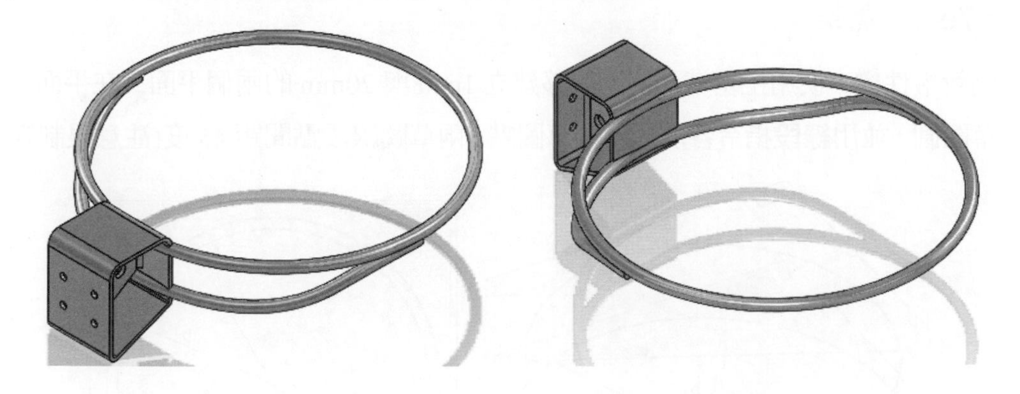

練習 7e-5　踏板

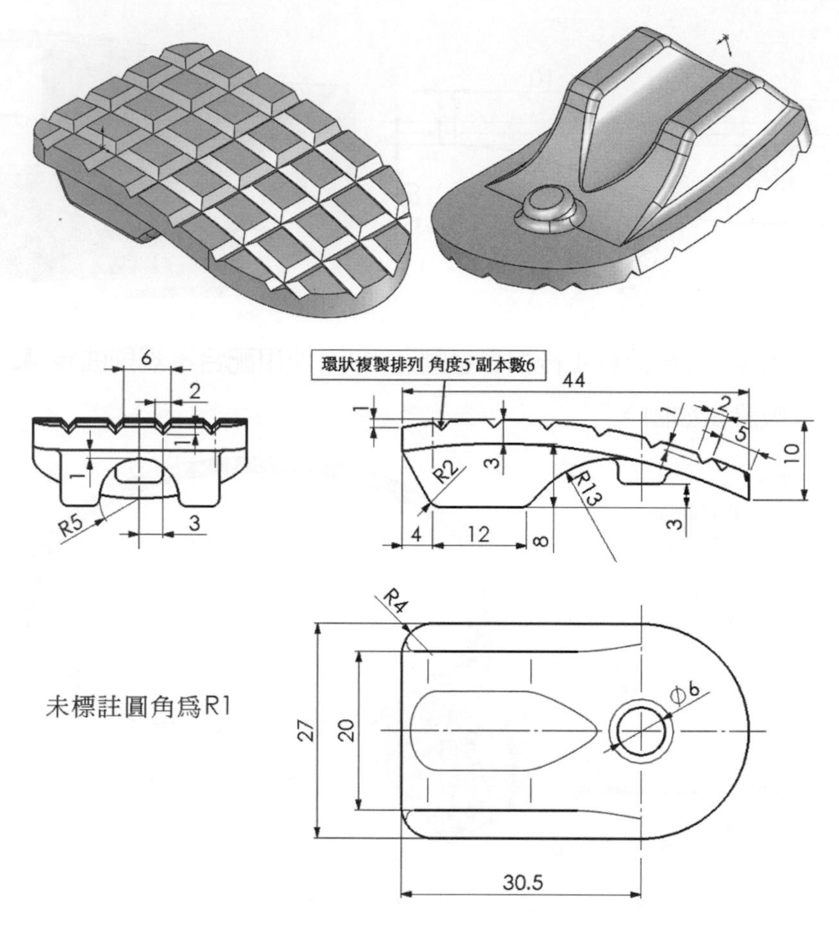

練習 7e-6　蒸架

(1) 開新零件檔，使用上基準面向下偏移建立 1mm 與 20mm 的兩個平面，在平面上建立草圖圓，並用**線段**指令各加入四個草圖點，兩草圖線段點間距 45 度(注意限制條件)。

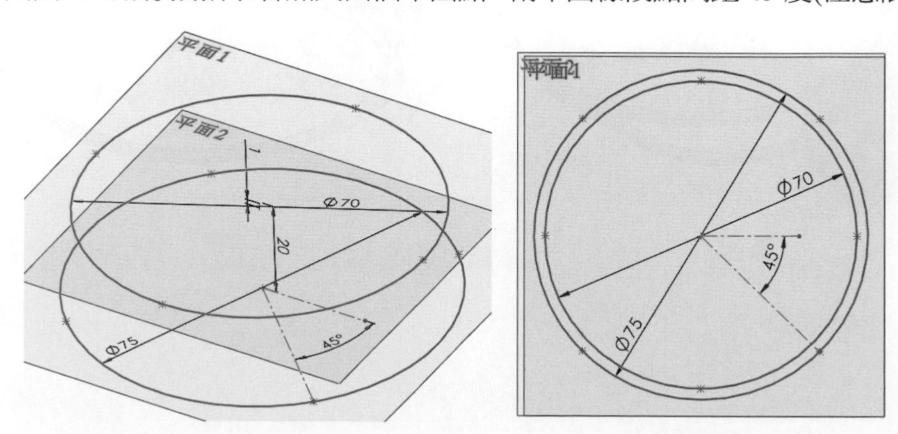

(2) 從**曲線**下拉選單中，按「**穿越參考點曲線**」，依序選擇**線段**指令建立的 8 個點，勾選**封閉曲線**，按 ✔；使用曲線 1 及圓形輪廓∅3 建立掃出特徵。

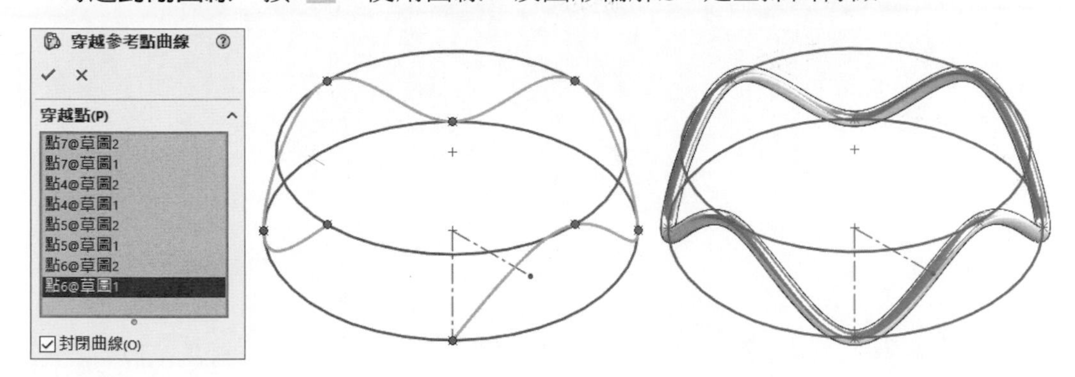

(3) 在前基準面繪製草圖，建立三個旋轉圓環。

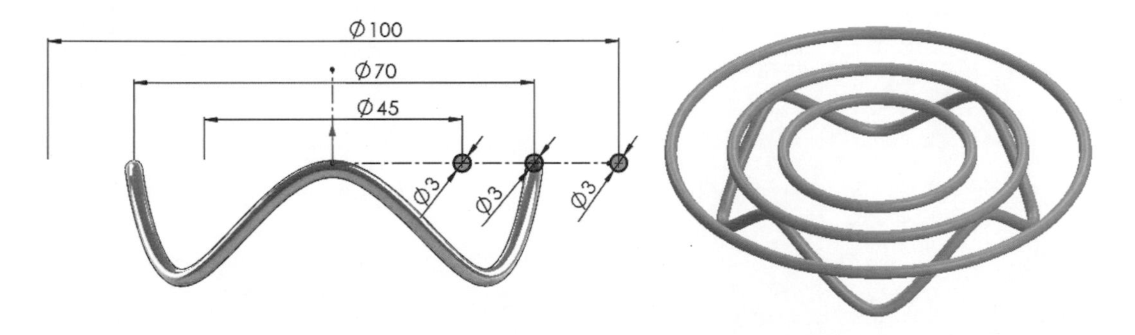

(4) 在平面 1 繪製狹槽，建立∅3mm 的掃出特徵後(勾選**合併結果**)，插入**環狀複製排列**，結果如圖右。

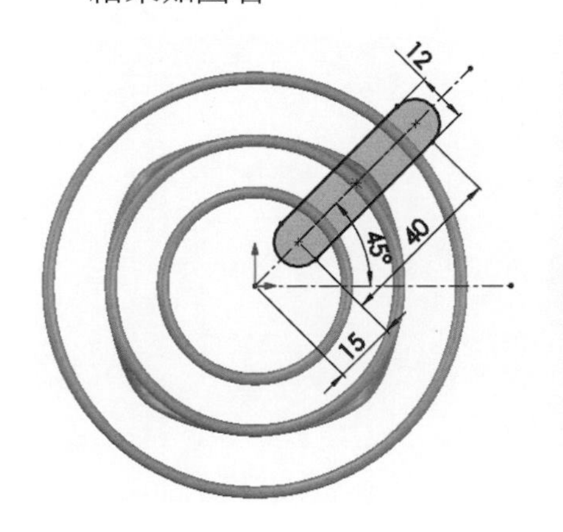

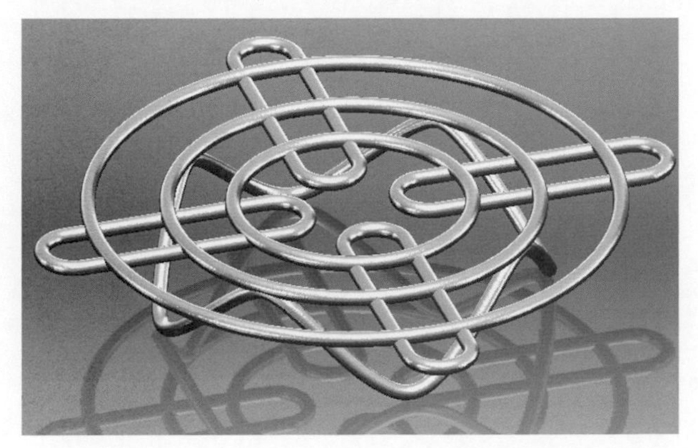

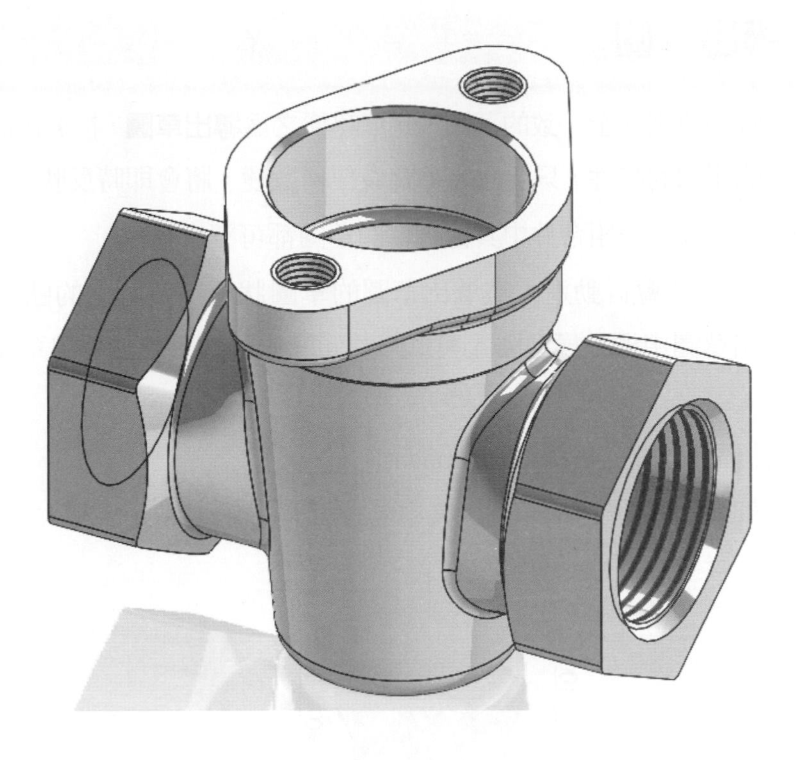

Chapter

8 進階特徵

8-1 導出草圖

從現有的草圖中導出完全一致的草圖，此草圖稱之為**導出草圖**，被導出的草圖會保持著與原始草圖之間相同的特性，只要原始草圖做任何改變，將會即時反映到導出的草圖。

同一零件的草圖或同一組合件中其他零件的草圖都可導出草圖。

導出草圖後，系統會自動進入被導出草圖的草圖狀態，草圖內的圖元大小已被驅動，您只能在導出草圖中標註模型圖元與草圖圖元間的尺寸，標註導出草圖的圖元是沒有作用的。

1. 開新零件檔，存檔名稱為 shock mount。
2. 在前基準面繪製如圖示的草圖，其中 R20 弧角小於 180°，限制大圓弧等徑。

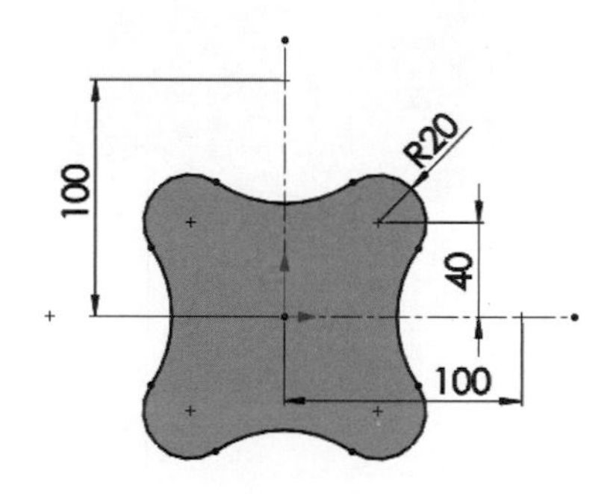

3. 建立前基準面的平行面，距離 40mm，產生基準面的**數量** 2。

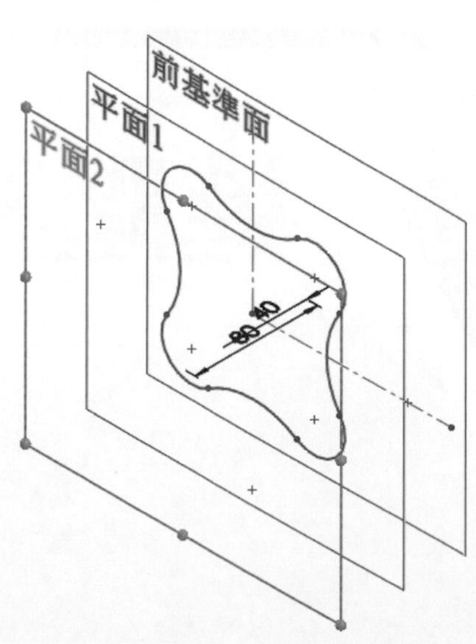

4. 按住 Ctrl 鍵，選擇要作爲導出新草圖的**草圖** 1，與要放置新草圖的**平面** 2，按「**插入**」➡「**導出草圖**」，新的草圖在選取的**平面** 2 出現，且進入編輯草圖狀態，同時特徵管理員內的草圖 2 多出了「**導出**」兩個字。

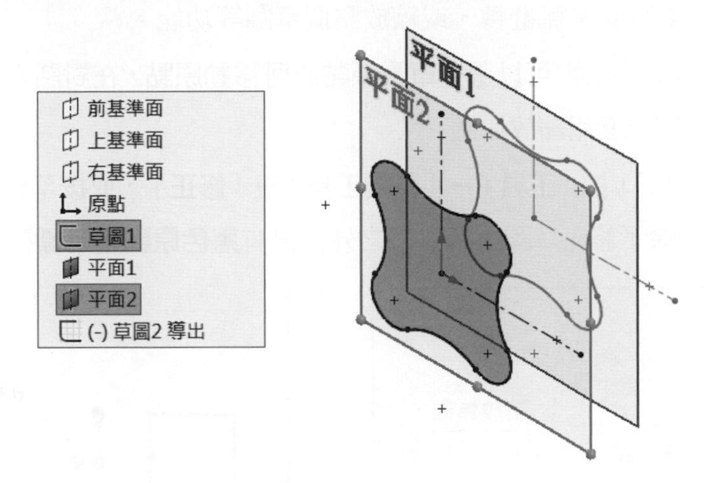

5. 目前的草圖狀態是不足定義的(藍色)，限制導出草圖與原始草圖的水平中心線共線，以及垂直中心線共線使草圖完全定義(黑色)，離開草圖。
6. 在特徵管理員上點選**草圖** 1，按「Ctrl + C」，再點選**平面** 1，按「Ctrl + V」，複製草圖 1 至平面 1，並編輯「**草圖** 3」。

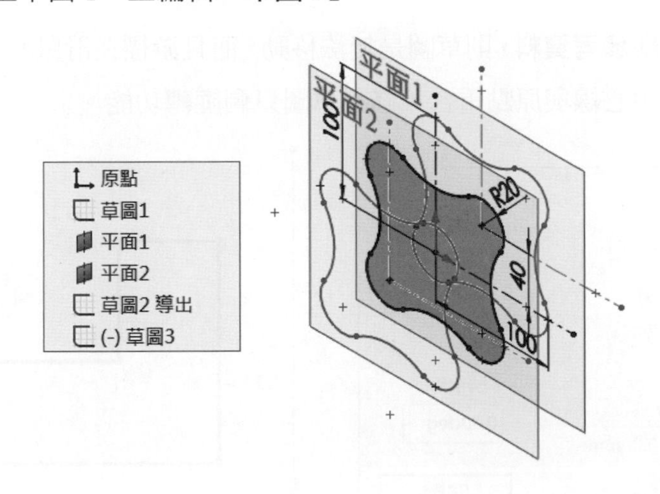

8-2 修正草圖

為了讓使用者方便調整整個草圖幾何的方向、位置、角度或大小，**修正草圖**工具提供了移動、旋轉、對 X 軸或 Y 軸翻轉、或縮放整個草圖等功能。

其中，相對縮放的中心點可以選擇**草圖原點**或**可移動原點**，在對話方塊輸入**縮放係數**的值，再按 Enter，即能套用縮放比例。

在編輯草圖狀態下，按「**工具**」➡「**草圖工具**」➡「**修正**」，或按草圖工具列中的「**修正草圖**」圖示，除了修正草圖對話方塊之外，另有**黑色原點**與**游標符號**。

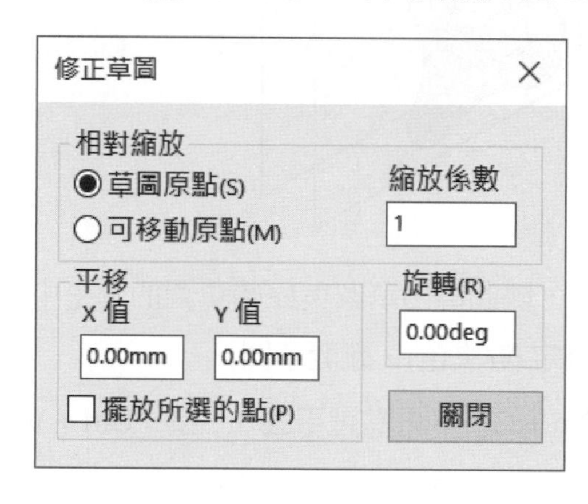

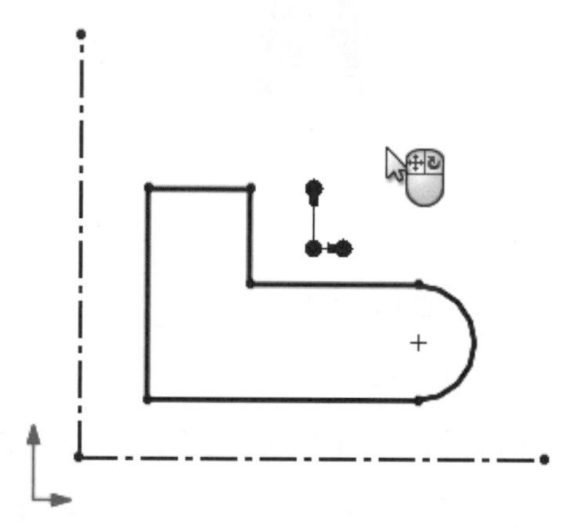

如果草圖有**外部參考資料**，則草圖是無法移動，而且游標在滑鼠的左鍵符號上有「？」的記號。如右圖，中心線與原點重合，修正草圖只剩**旋轉**功能。

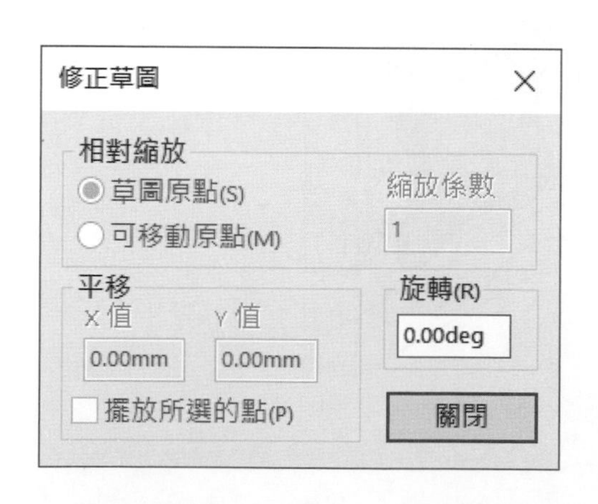

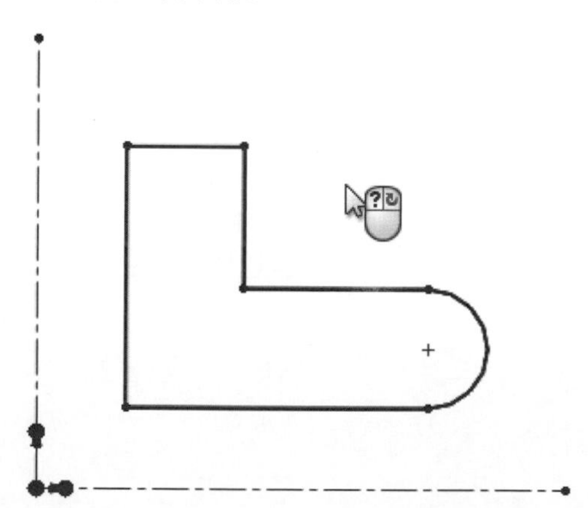

當您把滑鼠游標指向黑色端點或黑色原點的中心時，會顯示三種回饋符號，每一種符號的作用方式如下表：

回饋符號	作用前	作用後
 按滑鼠左鍵拖曳可移動草圖	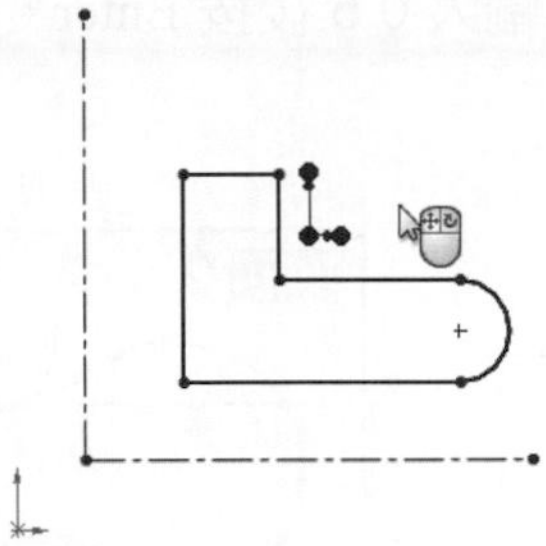	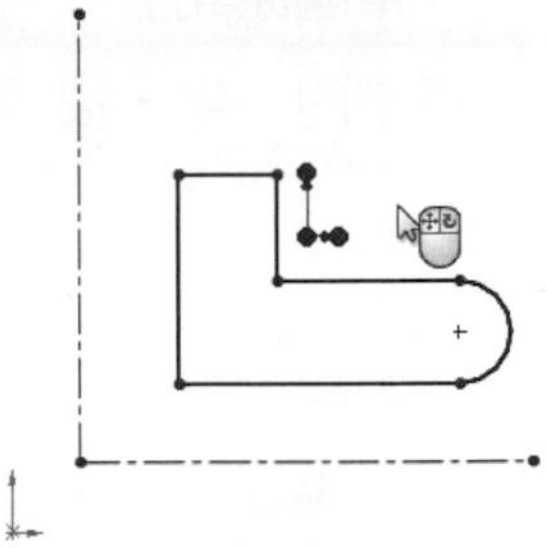
 按右鍵來對 Y 軸鏡射反轉草圖(左右翻轉)	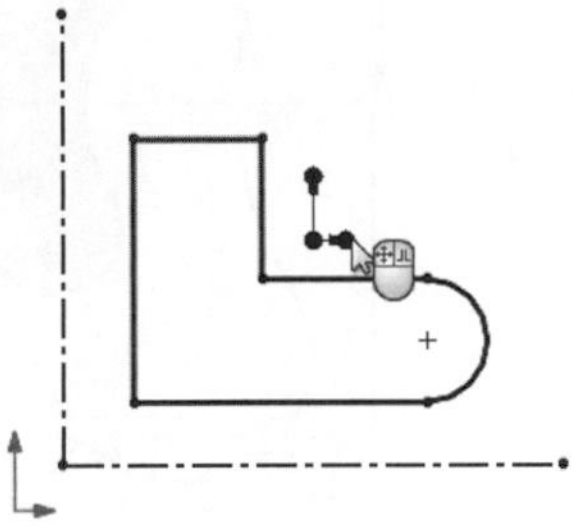	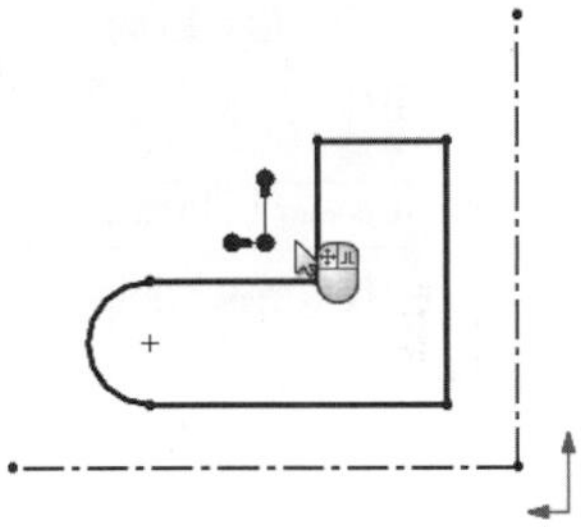
 按右鍵來對 X 軸鏡射反轉草圖(上下翻轉)	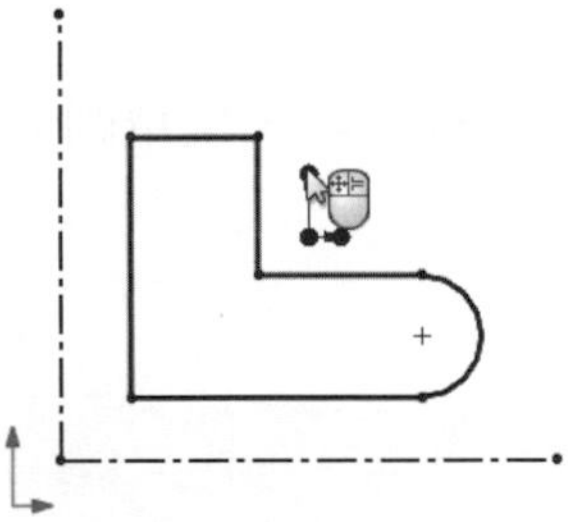	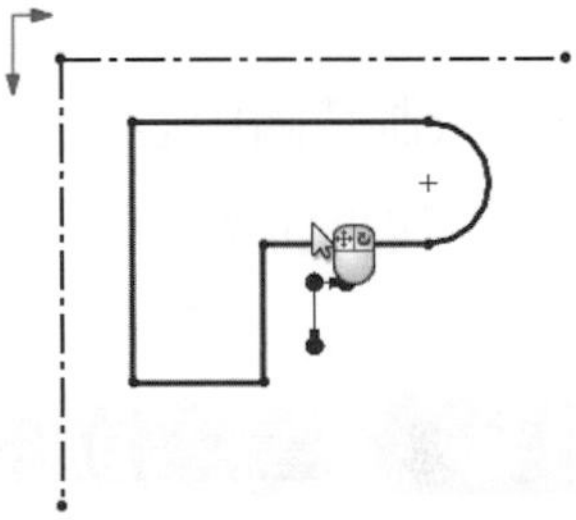
 按右鍵來對兩個軸鏡射反轉草圖	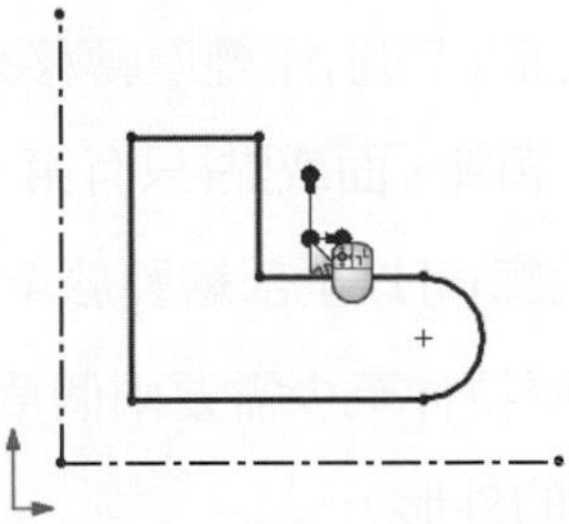	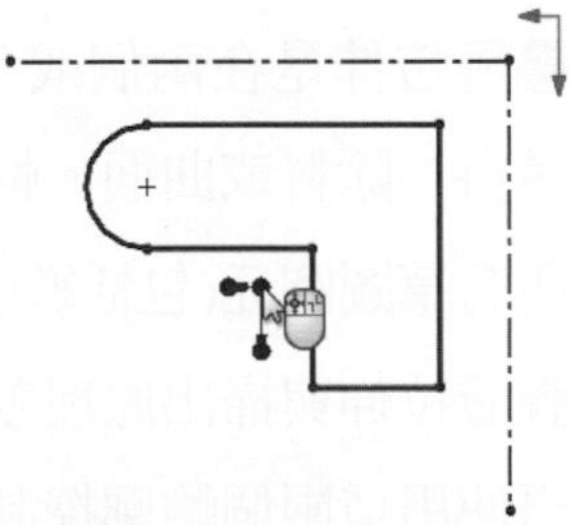
 按滑鼠右鍵來圍繞黑色原點旋轉草圖。	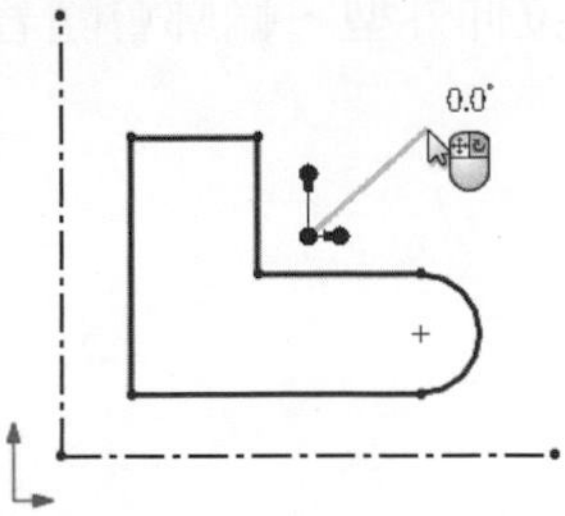 0.0°	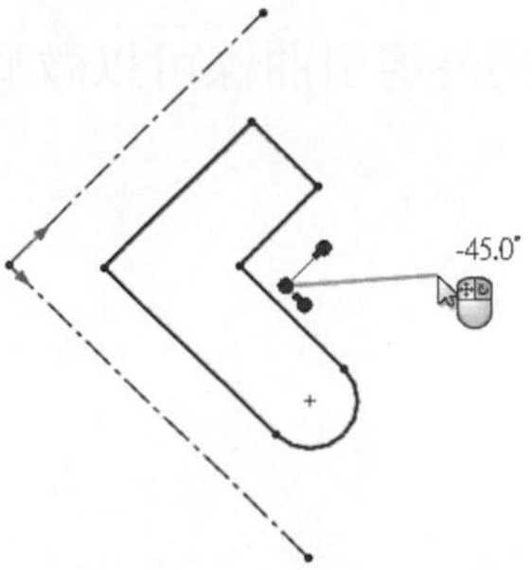 -45.0°

7. 按「**修正草圖**」，這時草圖是不足定義的，全部呈藍色，在「**相對縮放**」選擇「**草圖原點**」，「**縮放係數**」輸入 0.5 後按 Enter，從尺寸值可看到草圖已縮小爲原來的一半，按「**關閉**」。

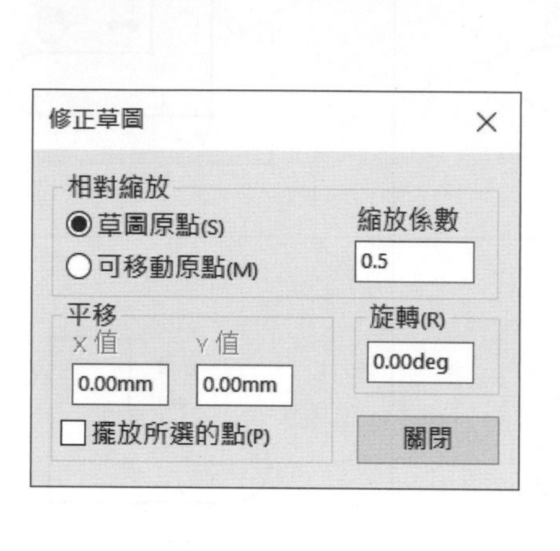

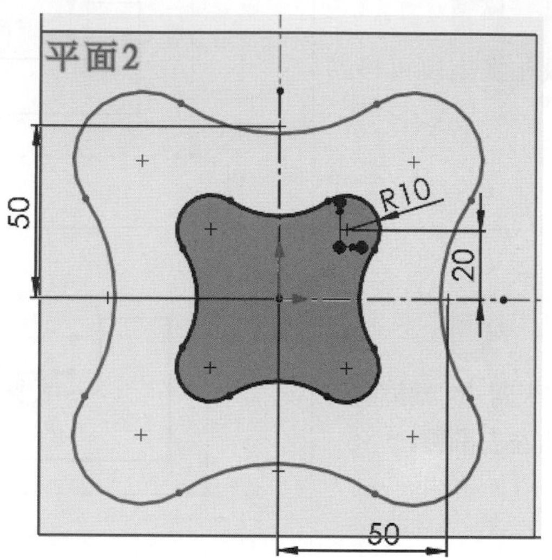

8. 限制草圖中心線與原始草圖中心線共線，使草圖完全定義，離開草圖；隱藏平面 1 與平面 2。

8-3 疊層拉伸

疊層拉伸是在兩個或多個輪廓之間(草圖)作疊層轉移來產生特徵，特徵的類型有基材、填料、除料或曲面。輪廓可以是草圖、面或點(只有第一個或最後一個輪廓可爲點)。

所有草圖圖元(包括導引曲線與輪廓)可以全部繪製於單一 3D 草圖中。

疊層拉伸與掃出原理差不多，疊層拉伸至少需要兩個草圖，是分開獨立的草圖兩個輪廓，再使用這兩個輪廓控制疊層拉伸的外形。

另外導引曲線可以微調控制疊層拉伸外型，輪廓會隨著導引曲線做些微變化。

9. 按特徵工具列上的「**疊層拉伸**」，或按「**插入**」➡「**填料/基材**」➡「**疊層拉伸**」，點選圖形視窗中的三個草圖至輪廓清單中，選擇草圖時，要挑選相對應圖元中的位置。

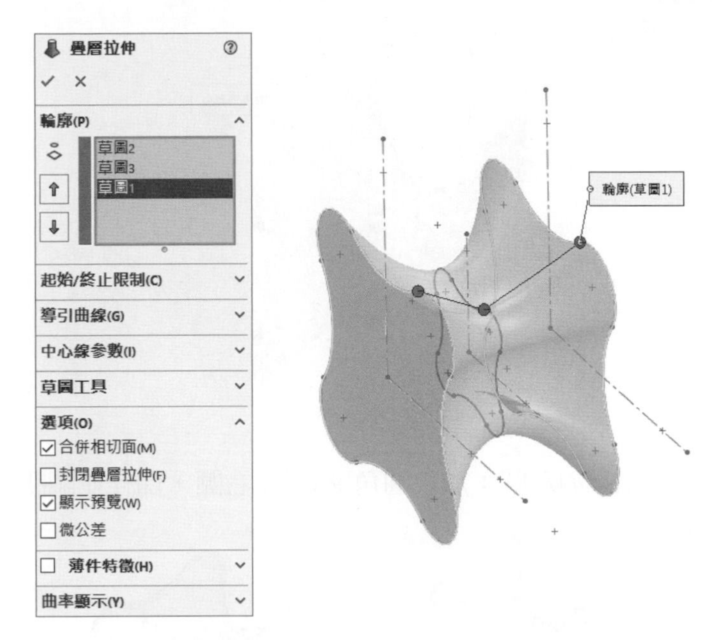

提示

當疊層拉伸使用三個或三個以上的草圖時，輪廓列表中的草圖必須按順序。若是順序不正確，可以使用**往上移動**和**往下移動**按鈕來調整定位。

- **合併相切面**

  若輪廓之相連的線段是相切的，**合併相切面**選項可使疊層拉伸曲面維持相切，只要相鄰的面皆會被合併成單一的曲面，而不是分割面。

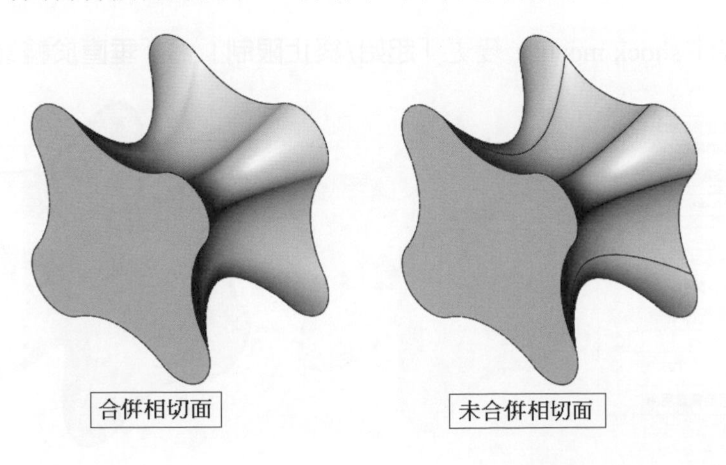

合併相切面　　未合併相切面

10. 在圖形區按滑鼠右鍵，從選單中選擇「**顯示所有連接點**」，檢視輪廓之間端點的連接，每個端點都可以拖曳與放置。按滑鼠右鍵，選擇「**重設連接點**」或「**隱藏所有連接點**」。

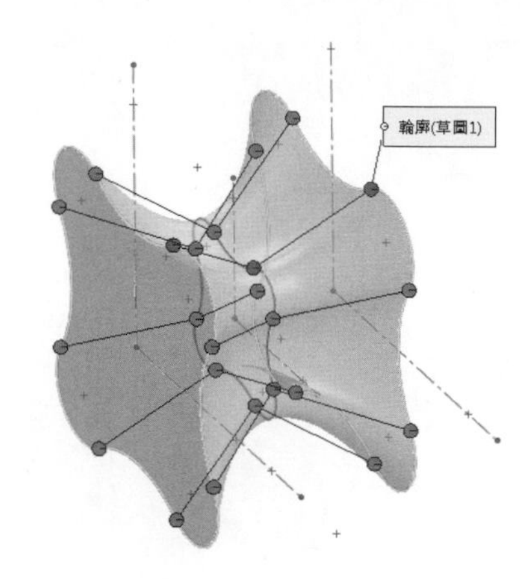

11. 按「**確定**」後結果如左圖；加入圓角 R3，如右圖，儲存並關閉檔案。

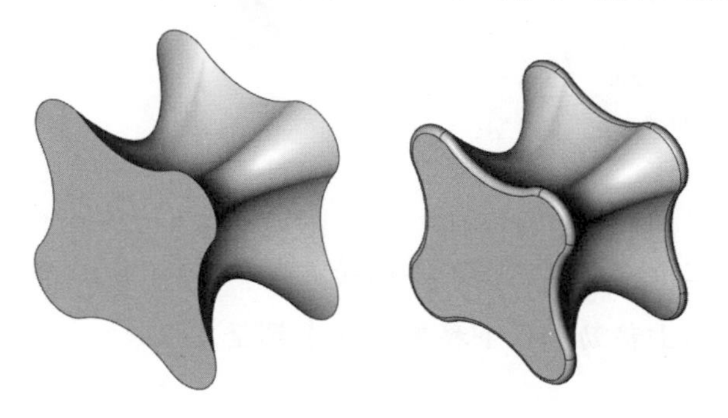

8-3-1 練習題

練習 8a-1 選項變化

開啓前面的零件 shock mount，變更「**起始/終止限制**」爲「**垂直於輪廓**」。

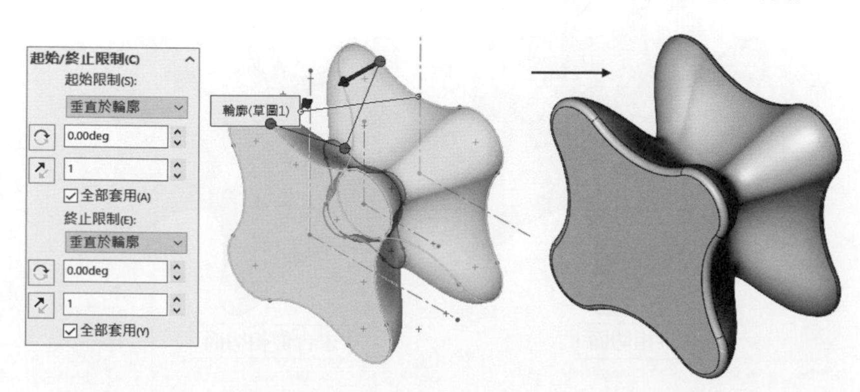

練習 8a-2　疊層拉伸

開新零件檔，以草圖**點**與**五邊形**建立疊層拉伸特徵。

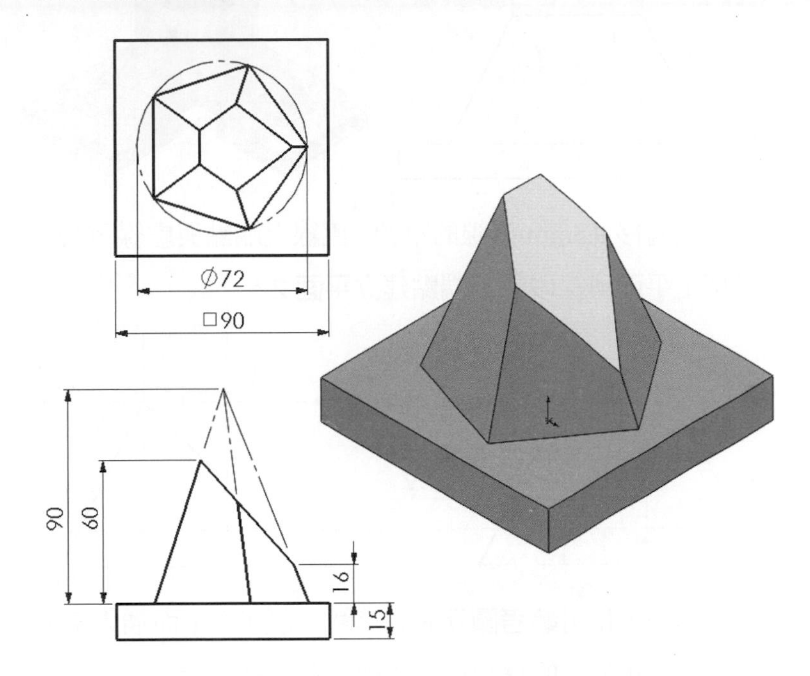

練習 8a-3　柱基

下圖零件將使用到**疊層拉伸填料**與**疊層拉伸除料**特徵，單位 mm。

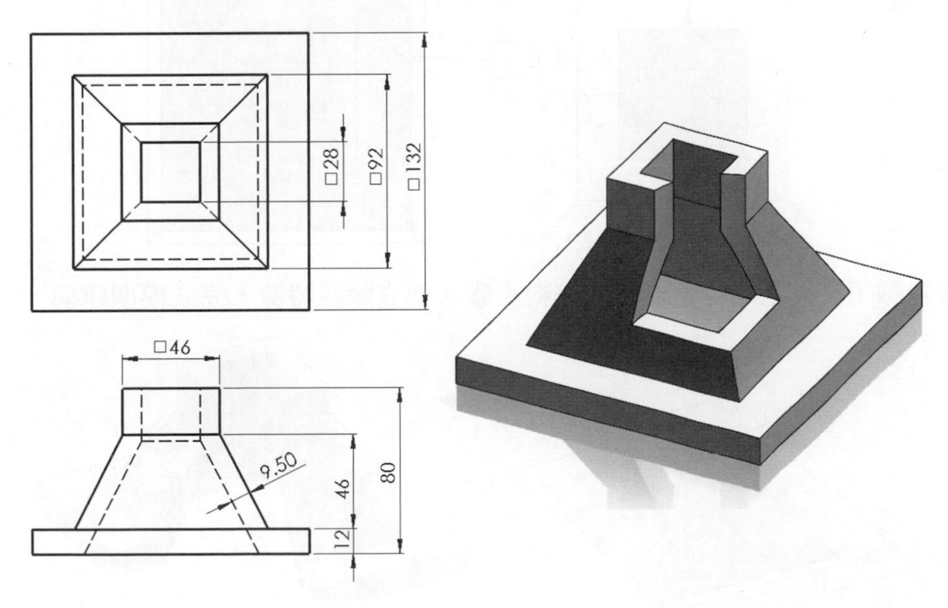

(1) 開新零件檔，使用基材伸長、伸長除料與疊層拉伸建立如圖的模型。

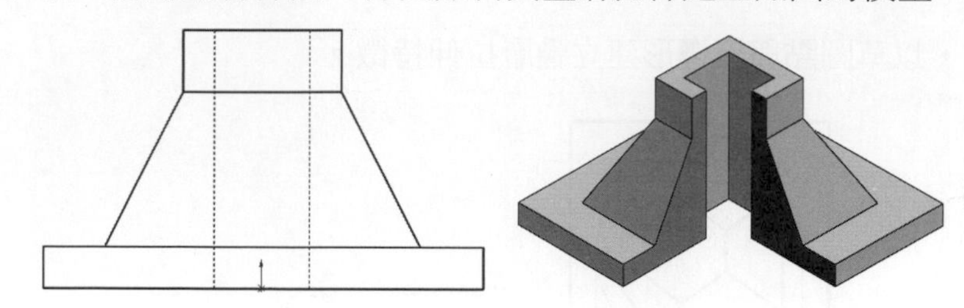

(2) 在前基準面插入偏移 9.5mm 直線的草圖，直線上端點與虛線重合；下端點與底線重合，再以模型上平面與線段的上端點建立**平面 2**。

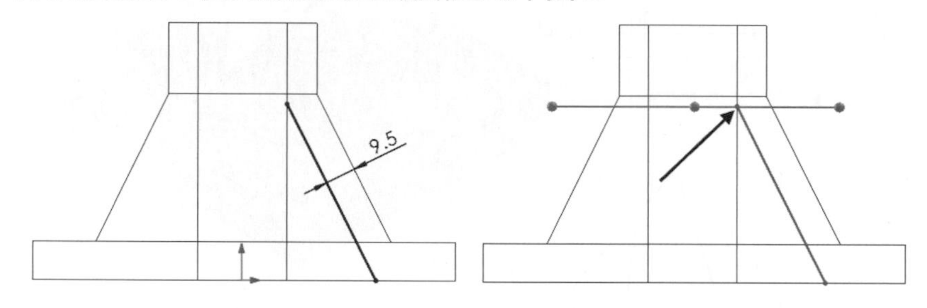

(3) 在平面 2 插入草圖，使用**參考圖元**完成草圖；在底部平面插入草圖，繪製矩形，限制等長爲正方形，正方形的邊線與上步驟的草圖點重合。

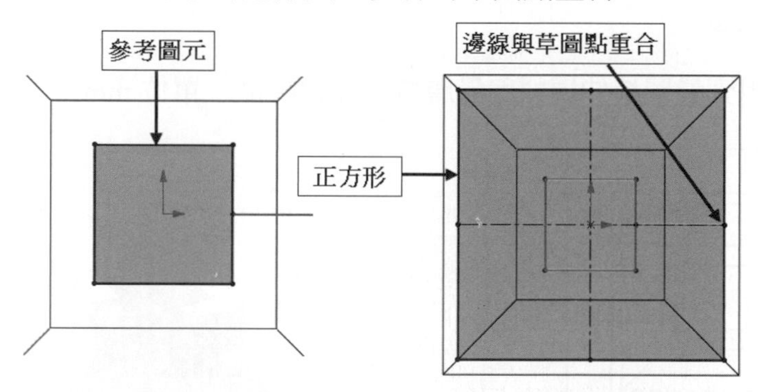

(4) 按特徵工具列上的「**疊層拉伸除料**」，建立除料特徵，完成模型建構。

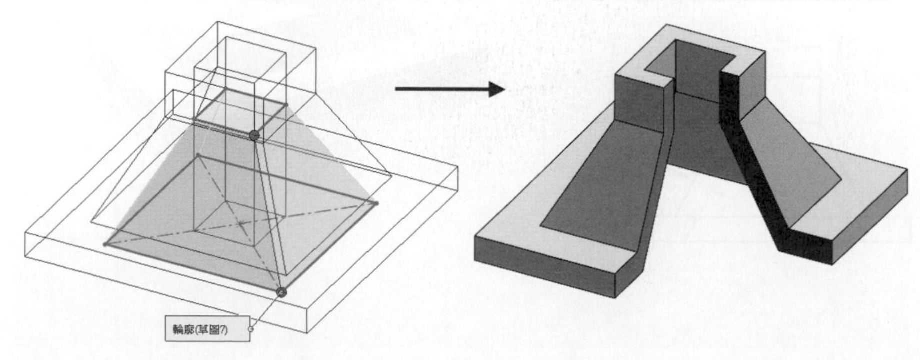

練習 8a-4 成形工具平板

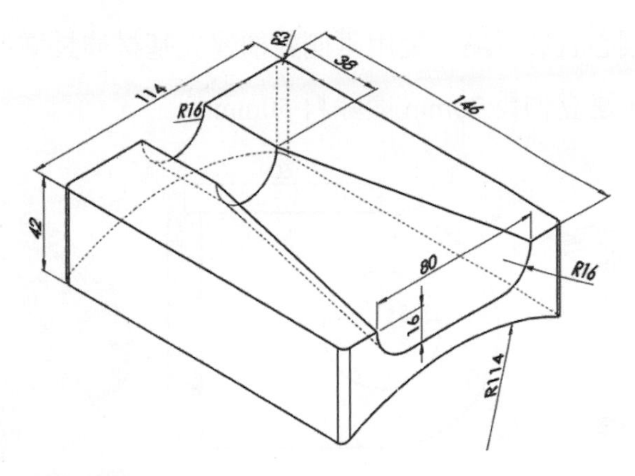

練習 8a-5 中心線參數應用

使用疊層拉伸長除料中的**中心線參數**(另外繪製一個草圖)，完成下圖零件建構。

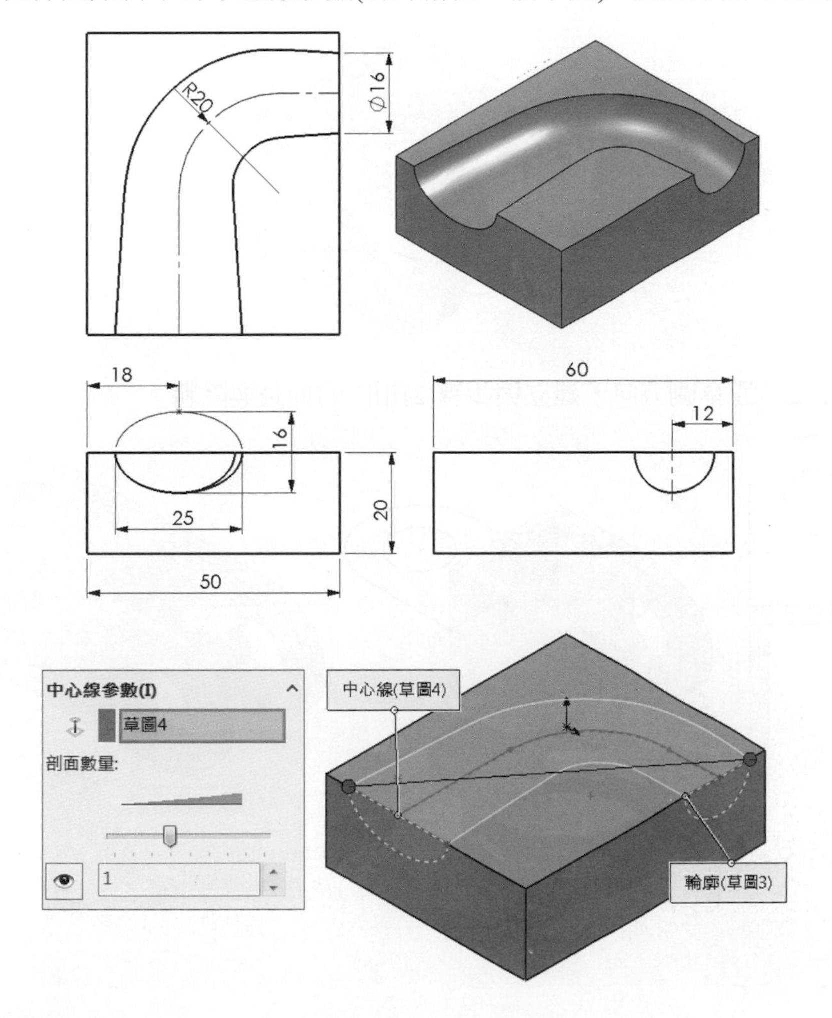

練習 8a-6 導出草圖

(1) 開新零件檔，圓心置於原點，使用兩側對稱建立基材伸長填料。

(2) 利用共用草圖，建立伸長 70mm 與除料 50mm。

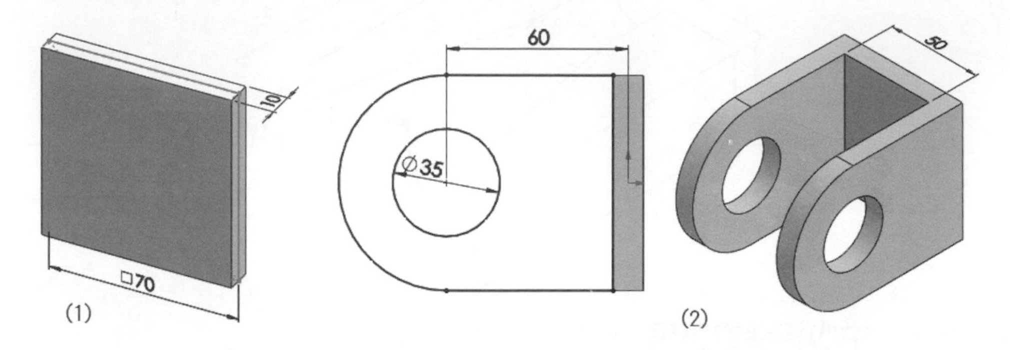

(3) 選擇草圖 2 與上基準面，按「**插入**」➡「**導出草圖**」。

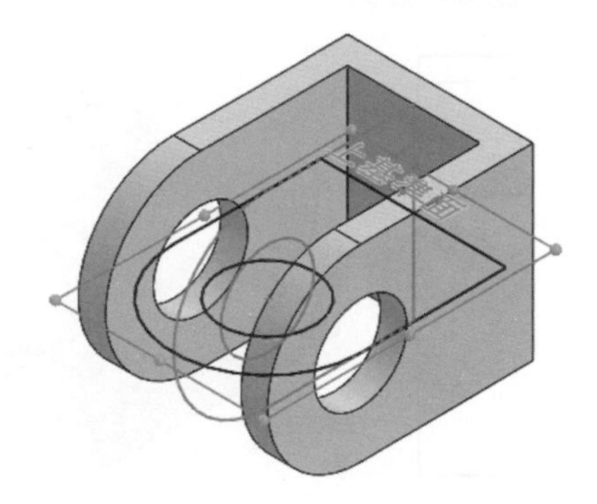

(4) 使用**修正**調整草圖方向，建立與步驟(2)相同的伸長與除料。

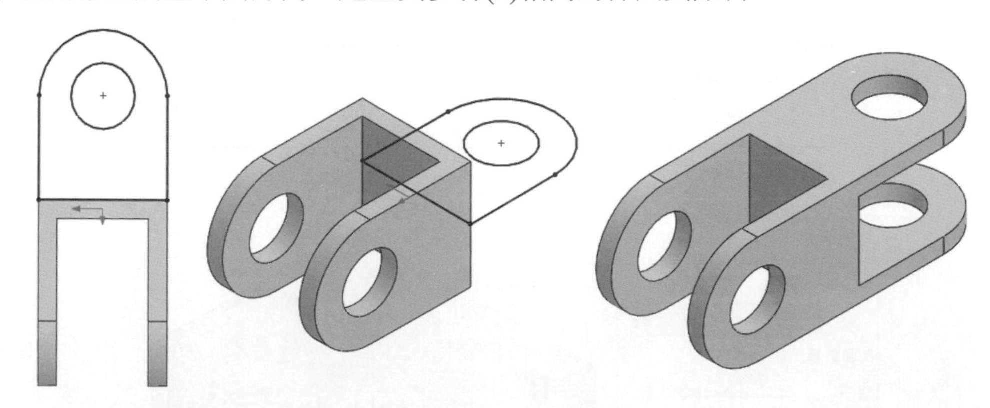

(5) 檢視特徵尺寸，並調整至適當位置。

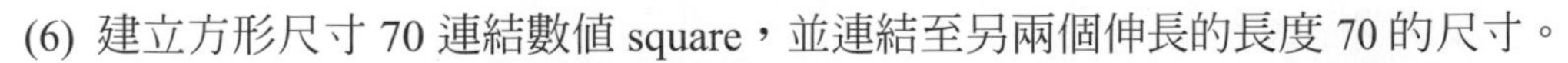

(6) 建立方形尺寸 70 連結數值 square，並連結至另兩個伸長的長度 70 的尺寸。

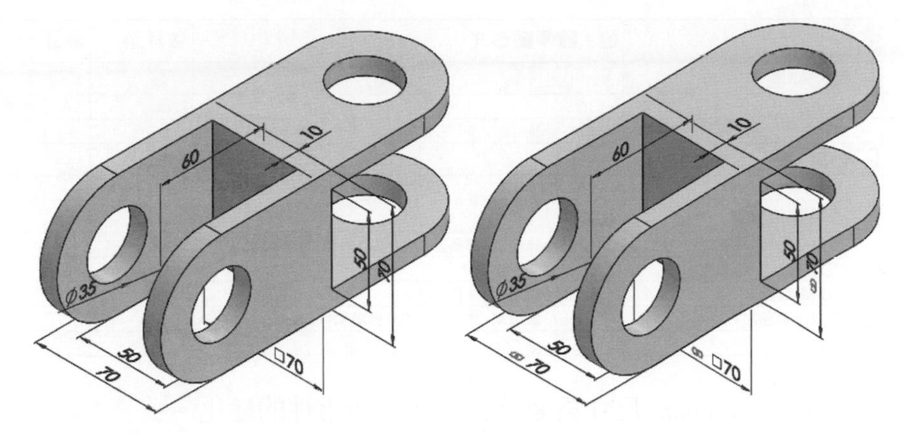

(7) 修改兩個除料深度尺寸 50，輸入“ = ”，點選 70，輸入“-2*”，再點選尺寸 10 (原意為 = 70-2*10)。

(8) 同樣地，建立圓孔 35 的尺寸為「 = 70/2」。

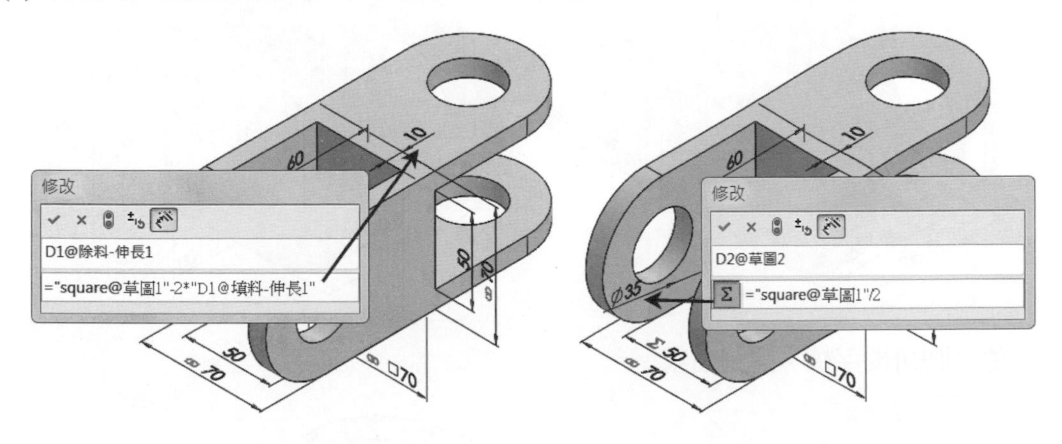

(9) 建立兩個圓距 60 的尺寸為「 = 70-10」，全部連結後的尺寸如右圖。

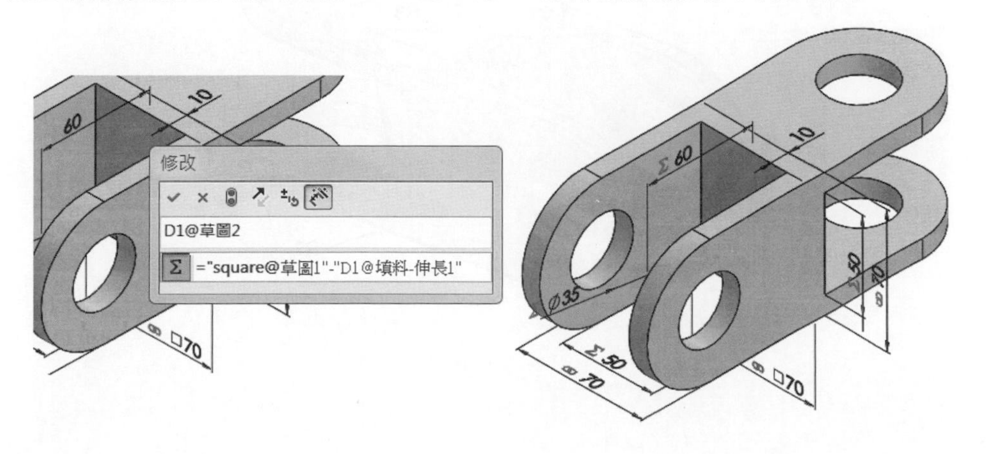

(10) 檢查數學關係式。

名稱	值 / 數學關係式	估計至	備註
整體變數			
square	= 70	70mm	
加入整體變數			
特徵			
加入特徵抑制			
數學關係式			
"D1@除料-伸長1"	= "square@填料-伸長2" - 2 * "D1@填料-伸長1"	50mm	
"D1@除料-伸長2"	= "D1@除料-伸長1"	50mm	
"D1@草圖2"	= "square@填料-伸長2" / 2	35mm	
"D2@草圖2"	= "square@填料-伸長2" - "D1@填料-伸長1"	60mm	
加入數學關係式			

(11) 修改並重新計算 square 尺寸為 80 及 100，檢查零件的變化。

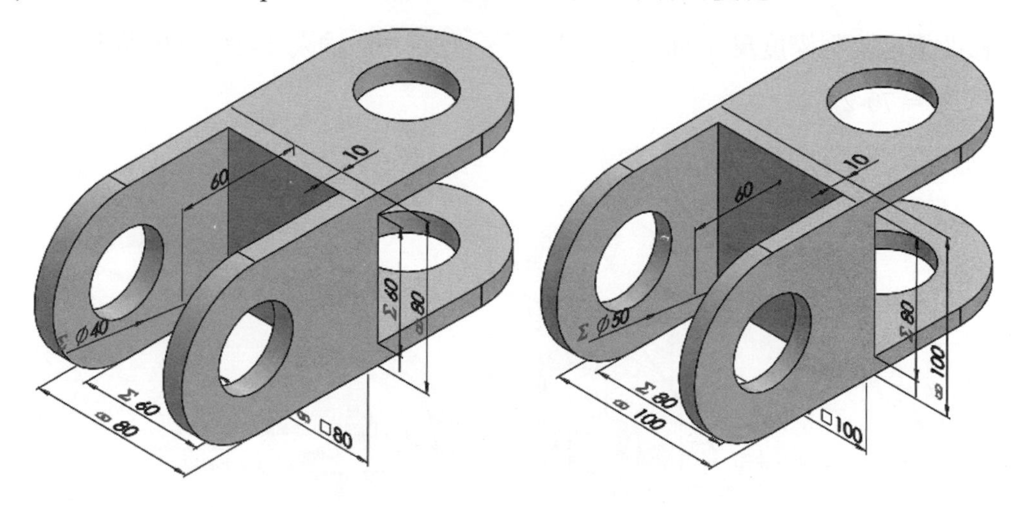

(12) 建立圓角後存檔，關閉檔案。

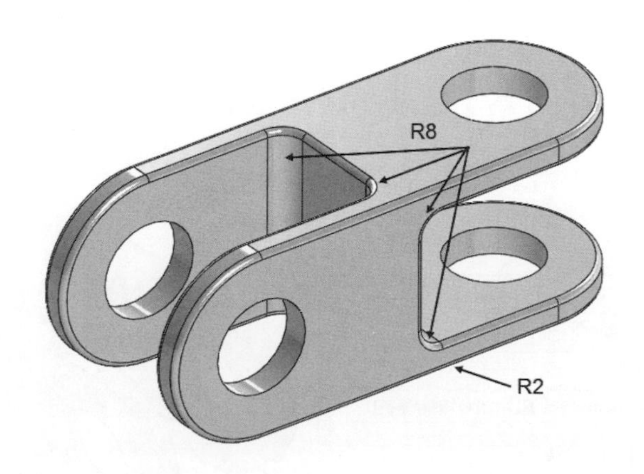

練習 8a-7　切斷圖元

(1) 建立下面兩個草圖，一個矩形，一個半圓。

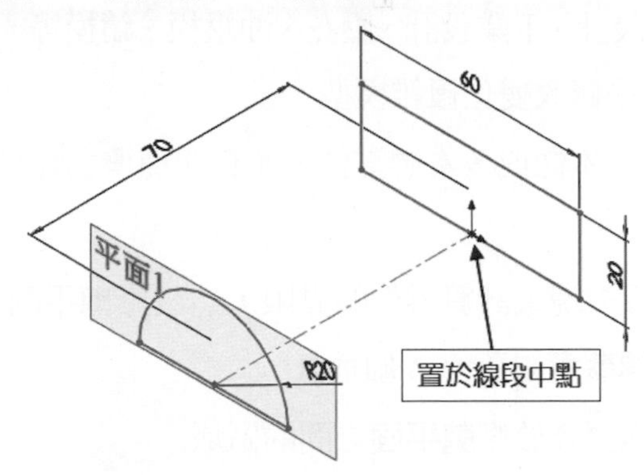

(2) 建立疊層拉伸，注意矩形與半圓的連結位置是不對稱的。

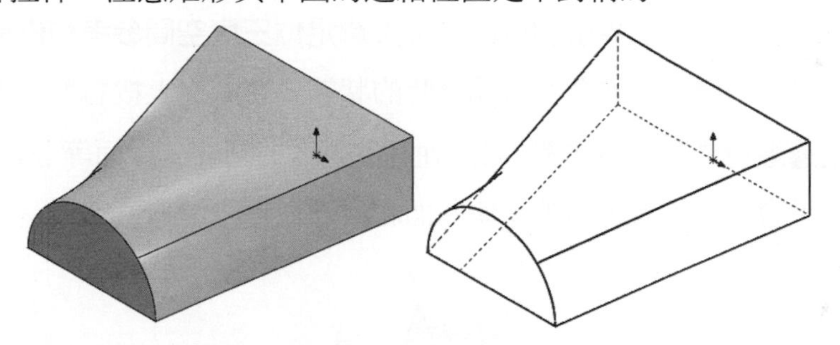

(3) 按**復原**，編輯半圓的草圖，在圓線段上按滑鼠右鍵，使用**分割圖元**，在圓上點 2 點分割圓弧線為 3 段，標註角度完成草圖。

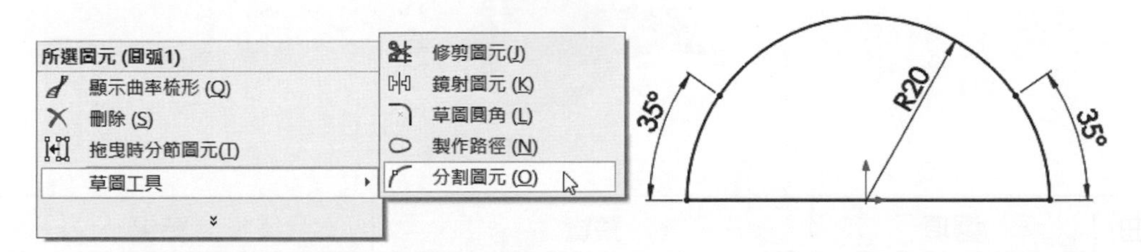

(4) 建立疊層拉伸完成下圖，儲存並關閉檔案。

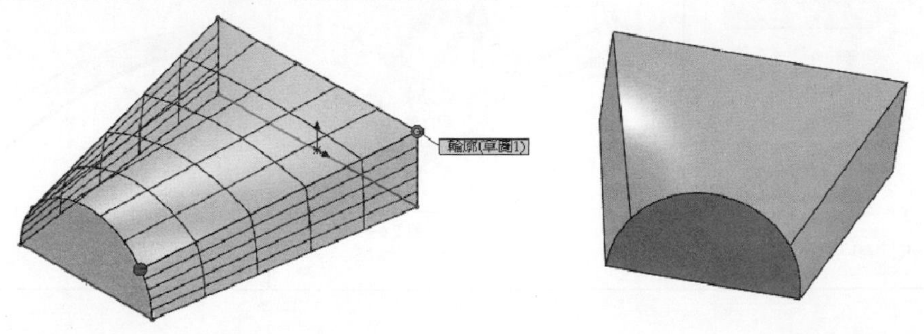

8-4 彎曲

對於設計意念、機械設計、工業設計、壓花、沖壓模、鑄模等，**彎曲**特徵利用可預測，且憑直覺的工具方便您用來修改變化複雜模型。

彎曲特徵可以變更單一本體或多本體零件，並有四種彎曲類型：彎折、扭轉、拔梢、伸展，且有下列等特性：

- 彎曲特徵使用邊界方塊來計算零件的界限，然後**修剪平面**最初會位於本體的界限上，並與**三度空間參考**的藍色 Z 軸垂直。
- 彎曲特徵作用的範圍介於**修剪平面**之間的區域。
- 彎曲特徵的中心在**三度空間參考**位置的中心附近。
- 若要控制彎曲特徵的界限和位置，可重新定位**三度空間參考**和**修剪平面**。若要重設所有屬性值爲最初彎曲特徵開啓時的狀態，在圖面上按右鍵再點選**重設彎曲**。
- 勾選**硬邊線**會產生分割本體的分析曲面(圓錐、圓柱、平面等等)，若不勾選此選項，結果會產生不規則曲線，使曲面和面顯得更平滑。

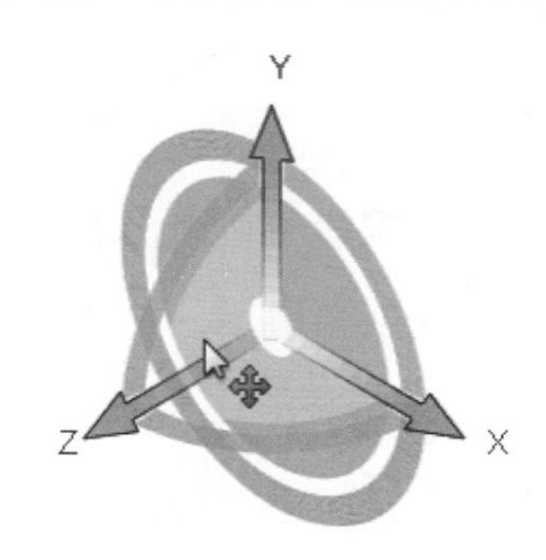

彎曲	選項	預覽	結果
彎折	彎曲輸入(F) 填料-伸長1 彎折(B) 扭轉(W) 拔梢(A) 伸展(S) 硬邊線(H) 45deg 231.35mm	修剪平面 1 Y X 彎折軸 Z 修剪平面 2	

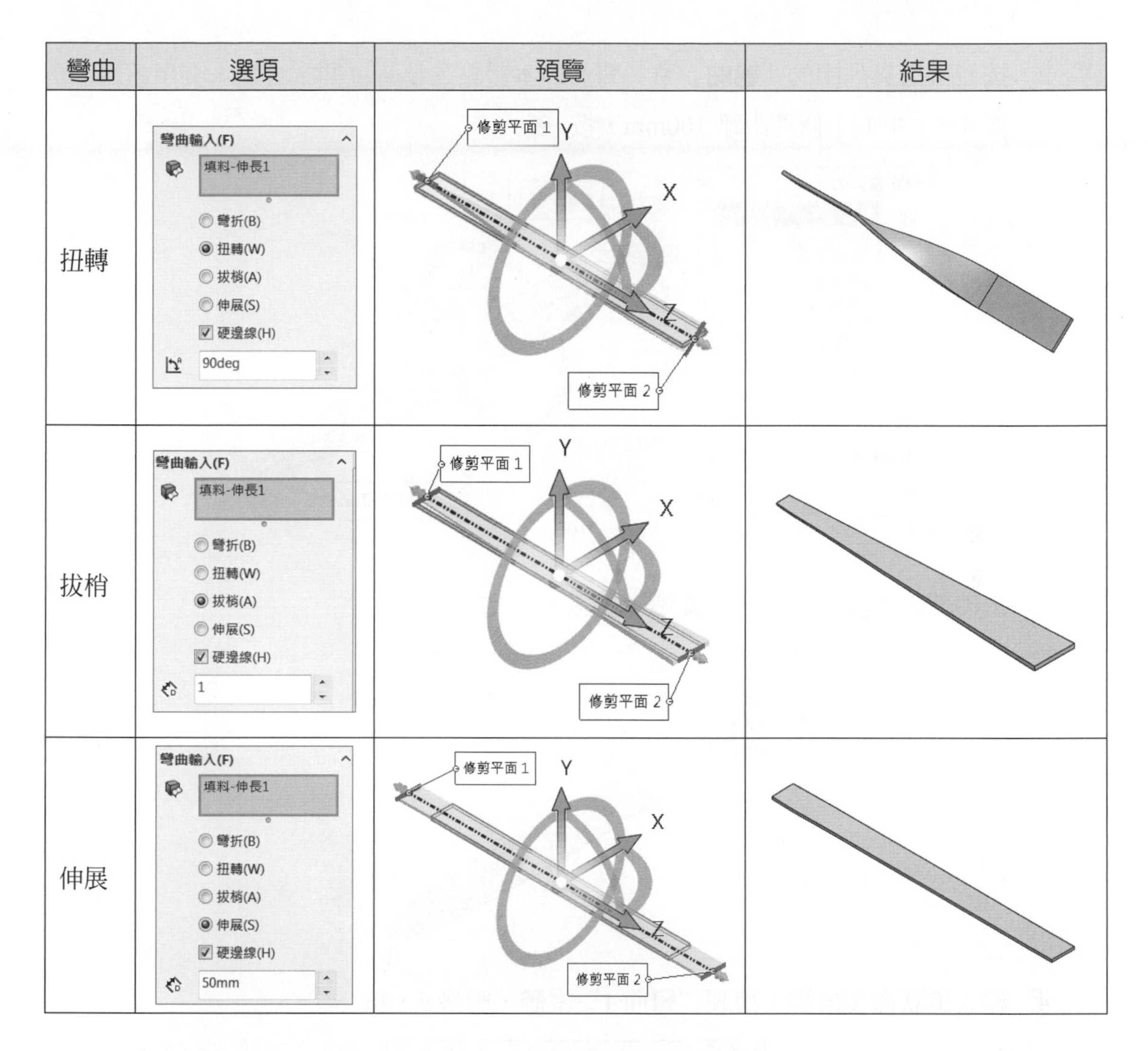

彎曲	選項	預覽	結果
扭轉			
拔梢			
伸展			

1. 開啓零件 Flex，零件中已內含一個特徵及兩個草圖，使用兩個草圖建立**疊層拉伸**，不勾選**合併結果**，設定如圖示，注意**起始限制**為草圖 2。

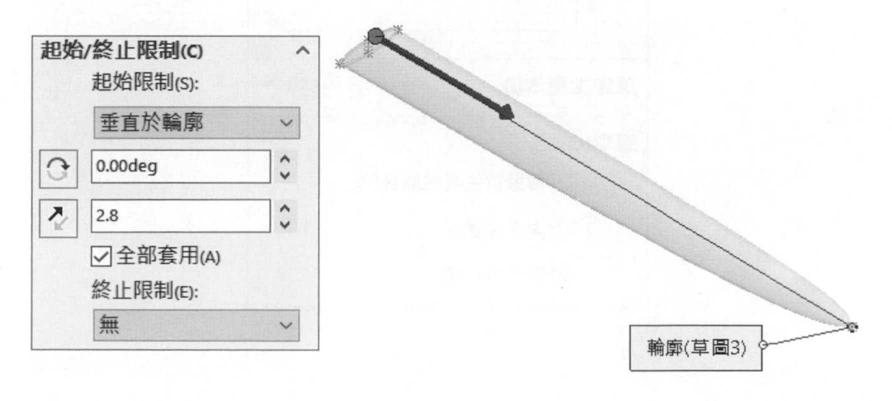

2. 按特徵工具列中的「**彎曲**」，彎曲的本體點選疊層拉伸 1 實體，套用**扭轉**，角度 45°，平面 1 修剪距離 100mm，按 。

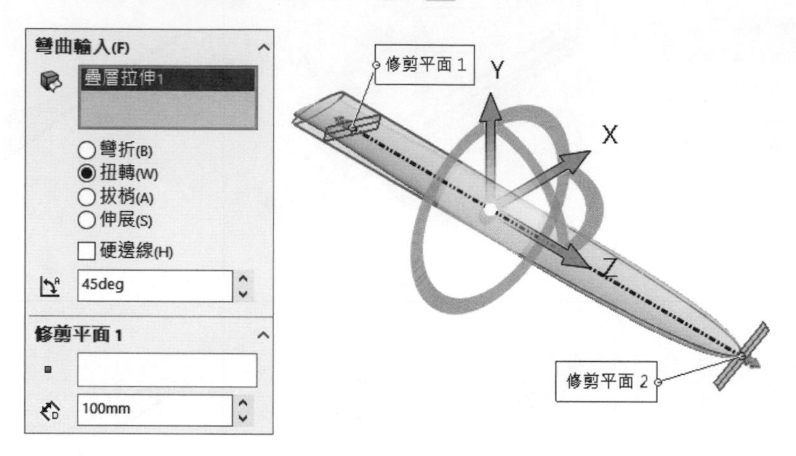

3. 扭轉結果如圖所示，顯示旋轉 1 實體。

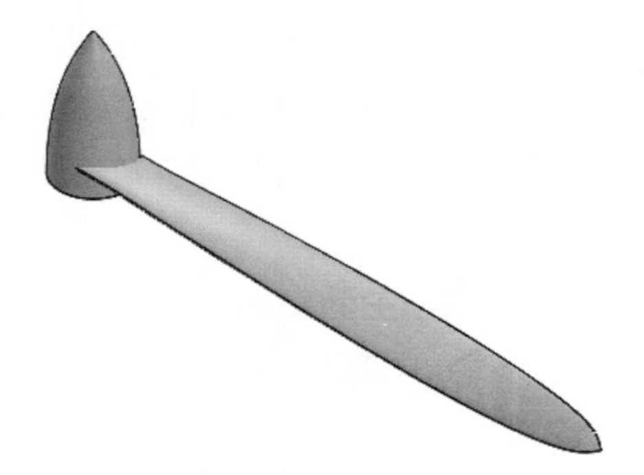

4. 建立**環狀複製排列**，複製“彎曲 1”本體，數量 3，按 。

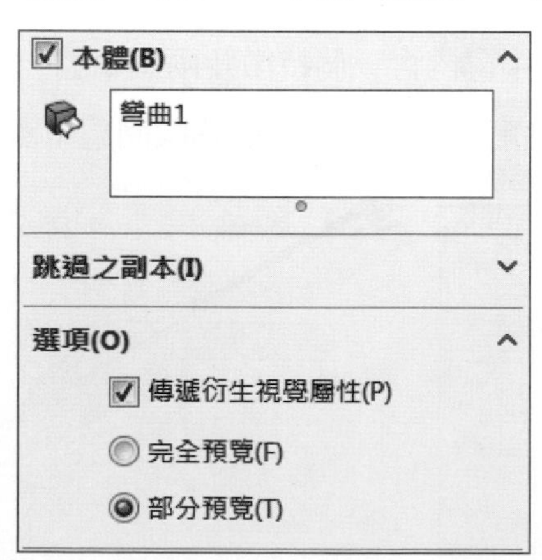

8-4-1 結合

在多本體零件中，當您想要合併、減除或重疊那些已經相交的本體時，您可以使用**結合**指令產生由多個本體相交所定義的本體，並在結合屬性管理員中設定選項。

所選本體	**加入：** 結合所選本體產生單一的本體	**減除：** 從所選主要本體中移除相交部份	**共同：** 只保留所選本體相交部份

5. 按「**插入**」→「**特徵**」→「**結合**」，**操作類型**點選**加入**，**結合之本體**選擇實體資料夾下的 4 個本體，按**確定**後，所有本體已結合成單一本體。

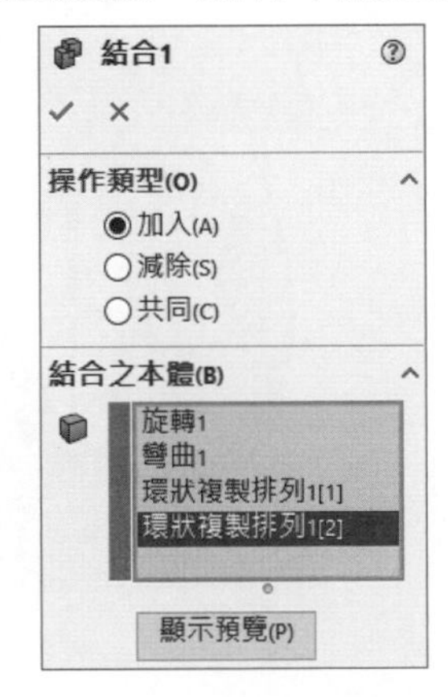

6. 建立圓角 R10，結果如圖示。

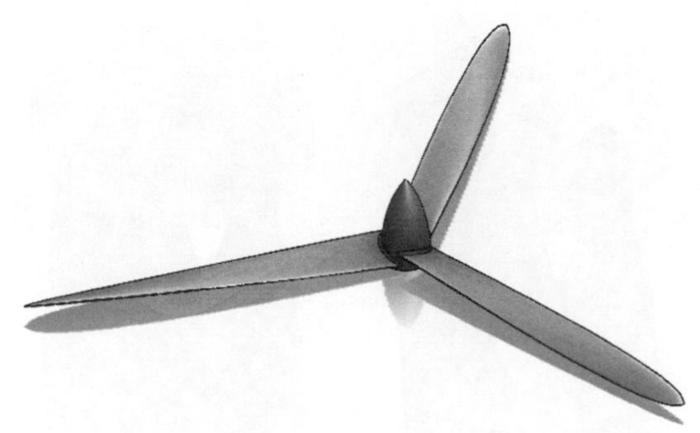

7. 儲存並關閉檔案。

8-4-2 練習題

練習 8b-1 扭轉

(1) 開啟零件 8b-1，按「**彎曲**」。

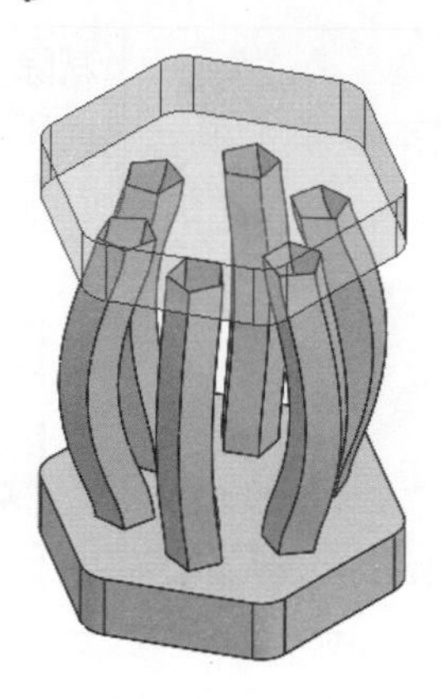

(2) 點選**扭轉**，修剪平面皆向內偏移 20mm，按 。

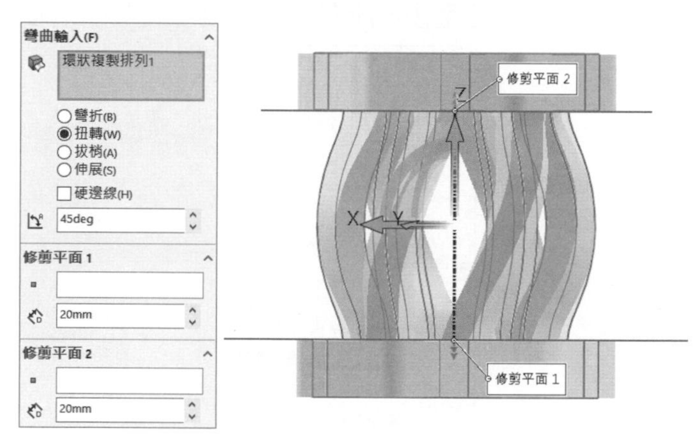

(3) 結果如圖所示，儲存並關閉檔案。

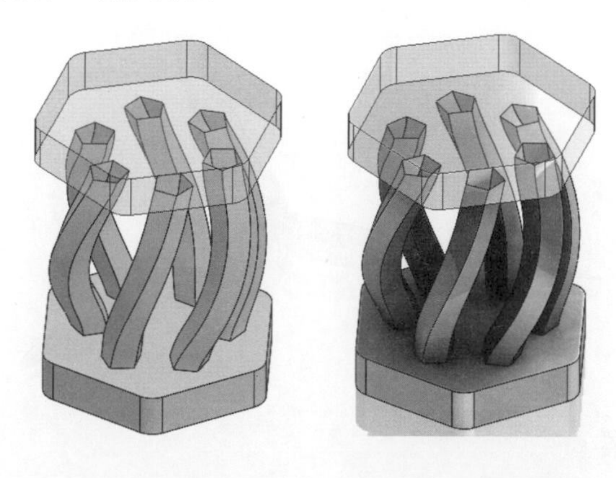

8-5 曲面

要了解曲面得先了解曲面和實體模型的不同，在前面章節所建立的模型基本上都是實體，具有體積的模型，且模型都是由面所組成，模型的兩個面之間共用一條邊線，三個面共用一個頂點，但是曲面是沒有體積的，就算是組成像是實體模型，它仍然是曲面沒有體積，我們以下面例子說明。

1. 開新檔案，在上基準面插入草圖畫圓，按曲面工具列中的「**伸長曲面**」，曲面屬性管理員基本上和實體特徵是相似的，按**確定**後可發現只有一個圓柱表面，並未有體積，而且特徵管理員中只顯示 1 個曲面本體。

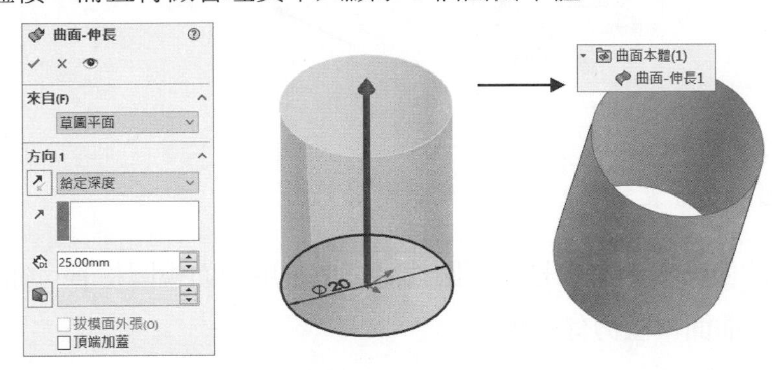

2. 在上基準面插入草圖畫正方形□25，按曲面工具列中的**平坦曲面**，**邊界圖元**為目前的草圖，按**確定**。

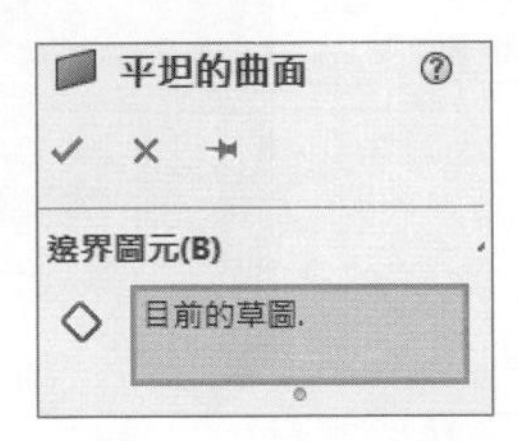

3. 按**平坦曲面**，**邊界圖元**選擇圓柱曲面上端邊線圓，按**確定**，結果如圖，特徵管理員中顯示著三個曲面本體。

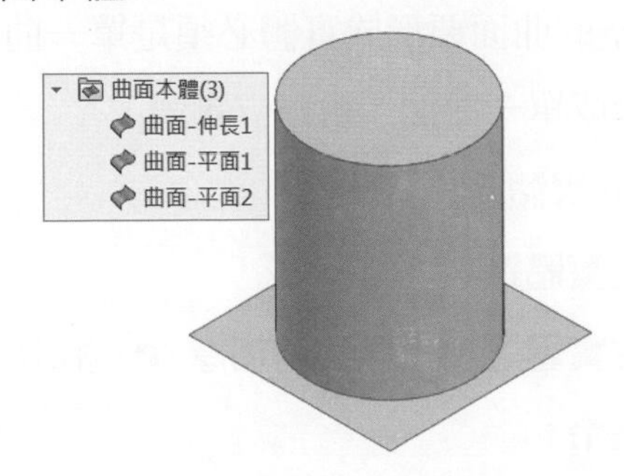

4. 按曲面工具列中的「**修剪曲面**」，類型選擇**互相**，**曲面**選擇圓柱面與底部平坦面，在**移除選擇**中選擇箭頭所指的區域，按**確定**。

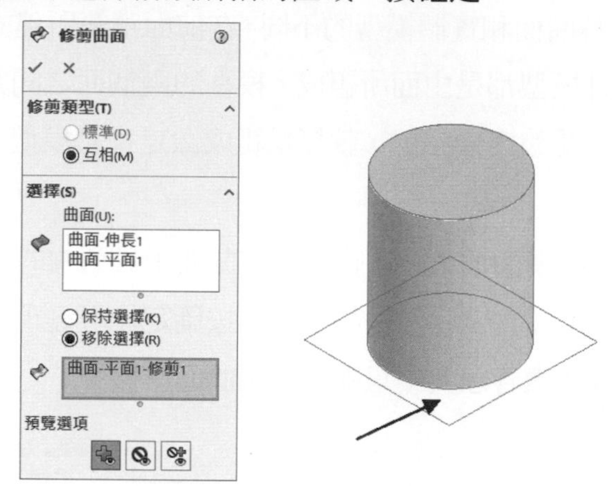

提示

修剪曲面也可以繪製草圖，再使用**標準**修剪。

5. 修剪後的曲面看起來像是一個圓柱體，但是用剖面視圖檢查可知其內部仍是空心，而且曲面本體仍有三個。

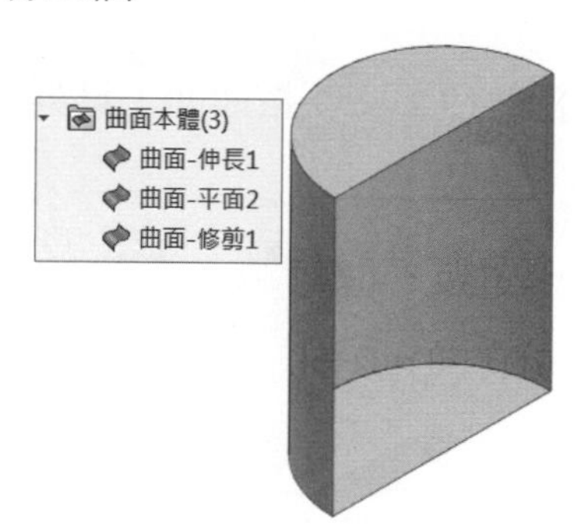

8-5-1 曲面產生實體

在一般程序下，封閉中空的曲面要形成實體必須是單一曲面本體，這時可以用「**縫織曲面**」指令將所有曲面縫成單一曲面，再建立實體。

您也可以以下列方式建立實體：

- **縫織曲面**並勾選**產生實體**選項。
- **縫織曲面**不勾選**產生實體**選項，再使用**加厚**指令。
- 直接使用**相交**指令。

6. 按**縫織曲面** ，如圖選擇三個曲面，勾選**產生實體**，按**確定**。

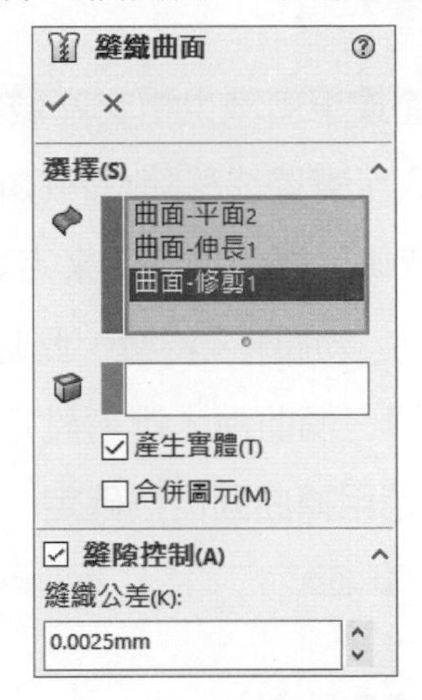

7. 使用剖面視圖檢查，圓柱內部為具有體積的實體。

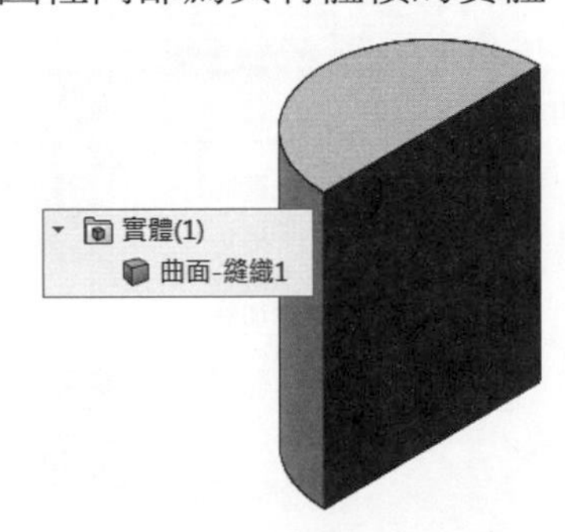

8. 編輯“**曲面-縫織 1**”特徵，取消勾選**產生實體**，按**確定**，此時實體回復為單一曲面本體。
9. 按**加厚** ，勾選**由封閉的體積產生實體**，按**確定**。使用剖面視圖檢查，圓柱內部為具有體積的實體。

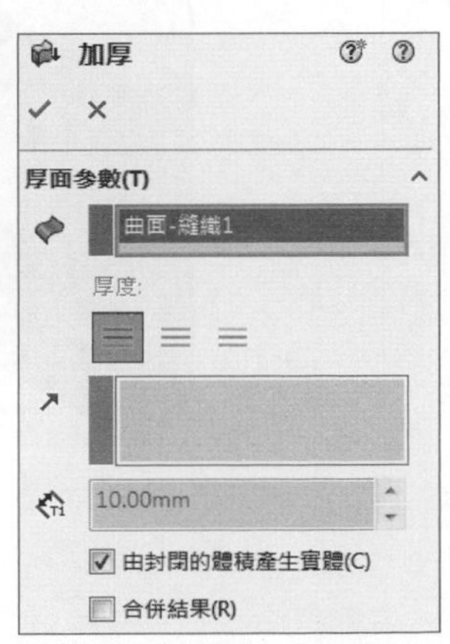

8-5-2 相交

相交指令可以利用實體、曲面或平面產生相交區域來修改或產生新的幾何(選擇保留或清除)。例如，將開放的曲面加入至實體或移除材料(類似取代面與曲面除料)，或使用模型產生上下模仁的空心模塑，又或使用曲面加蓋，來定義封閉體積。

10. 抑制“修剪”、“縫織”與“加厚”特徵，此時模型爲未修剪前的曲面；按特徵工具列上的**相交**，選擇三個曲面，選項設定如圖按**相交**，區域清單出現一個內部區域“**區域 1**”，勾選**用掉曲面**後按**確定**。

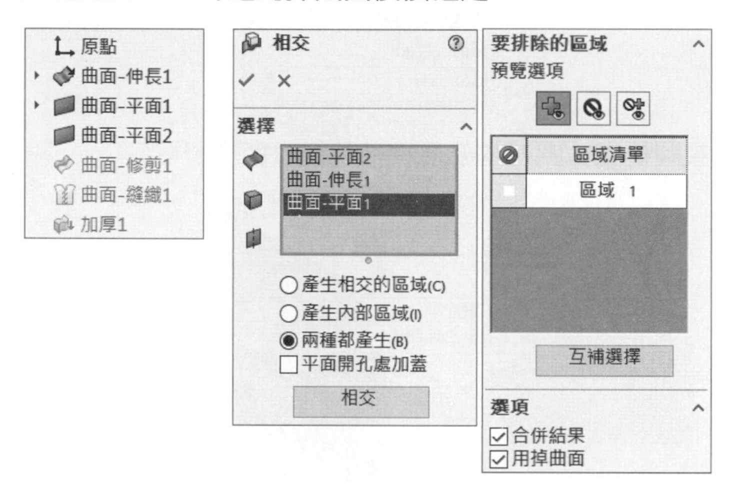

11. 結果如圖，已無曲面本體，模型爲具有體積的實體。

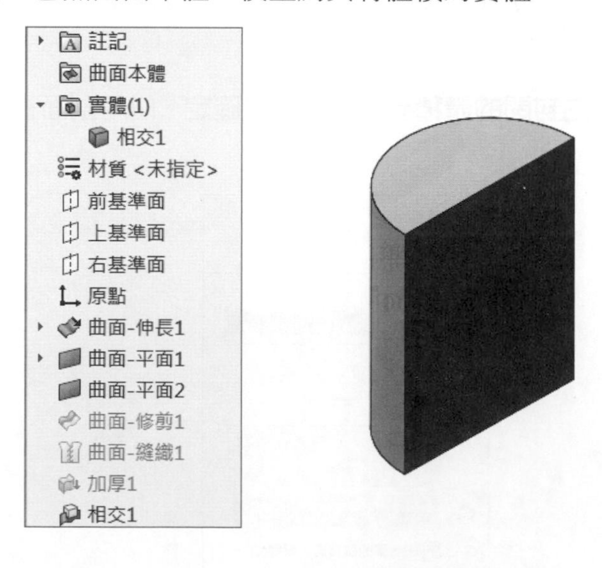

8-5-3 曲面屬性管理員

曲面特徵的屬性管理員與一般特徵的屬性管理員選項基本上都是一樣，只有少數選項略有不同，像是曲面-伸長與伸長填料、掃出填料與掃出曲面等。

1. 開啓零件 Faucet，此曲面本體內已有一些特徵。

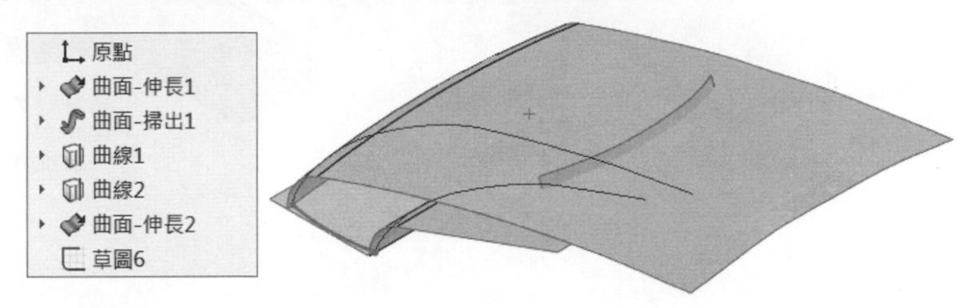

2. 建立**掃出曲面**，選取草圖 6 為輪廓，曲線 2 為路徑，曲線 1 為導引曲線，按**確定**。

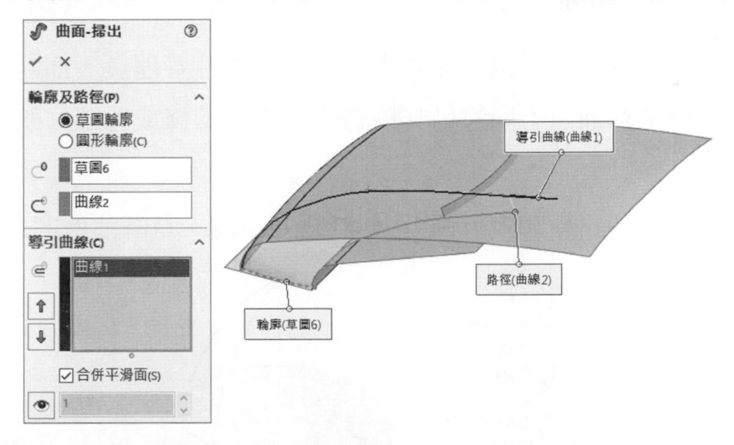

3. 因為掃出曲面僅與其他曲面相接，為避免有任何空隙，您可以使用**延伸曲面**指令，將曲面再擴大。如圖，隱藏兩條曲線後，選擇前面建立的掃出曲面，建立**延伸曲面** 2mm。

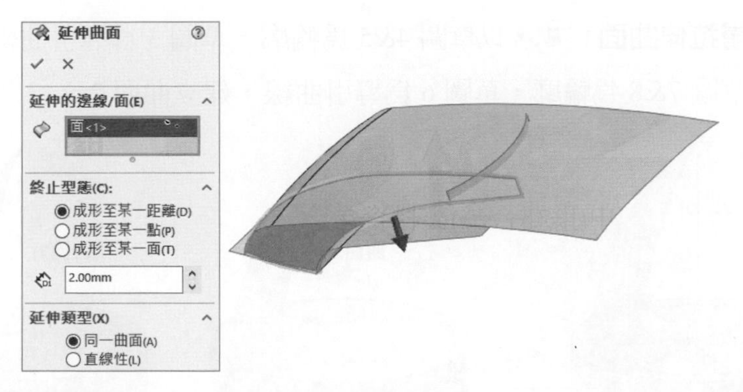

4. 以前基準面鏡射 **"曲面-延伸 1"**，此時共有 5 個曲面本體，並已包圍一個封閉區域。

5. 按「**相交**」，選擇 5 個曲面本體，點選兩種都產生，按**相交**，勾選**用掉曲面**，保留內部區域，按**確定**。如圖，內部區域已形成一個實體。

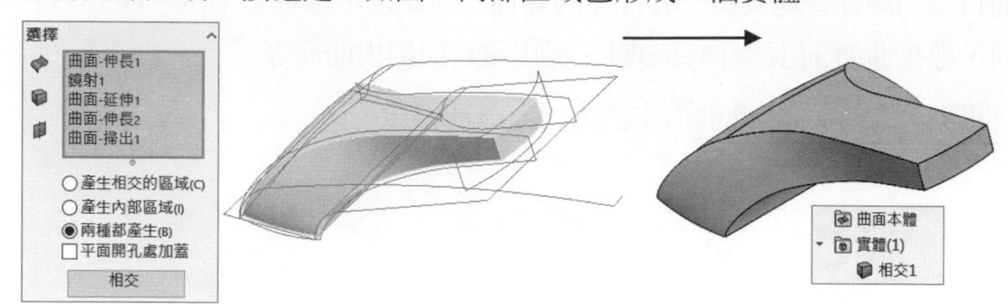

6. 儲存並關閉檔案。

8-5-4 疊層拉伸曲面

跟疊層拉伸特徵一樣，疊層拉伸曲面也有相同的屬性管理員，都需要有輪廓，必要時加入導引曲線，只是和曲面不同的是其輪廓皆為單一線條或曲線，所產出的特徵為曲面本體。

1. 開啟零件 TwistH，此模型中已有一些特徵及草圖，草圖部份顯示部份隱藏。

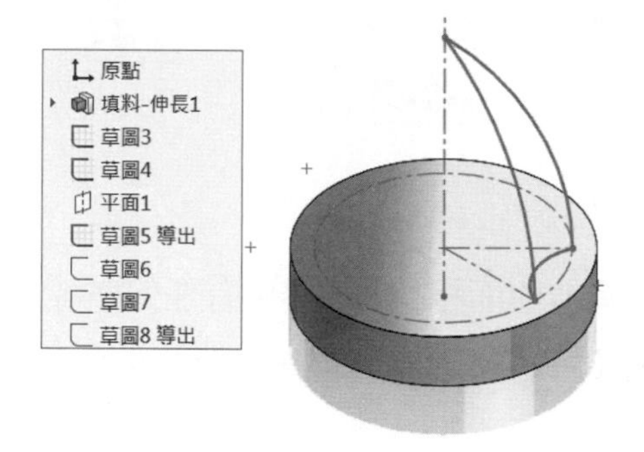

2. 按「**疊層拉伸曲面**」，以草圖 4&5 為輪廓，草圖 3 為導引曲線，建立曲面 1；同樣以草圖 7&8 為輪廓，草圖 6 為導引曲線，建立曲面 2。

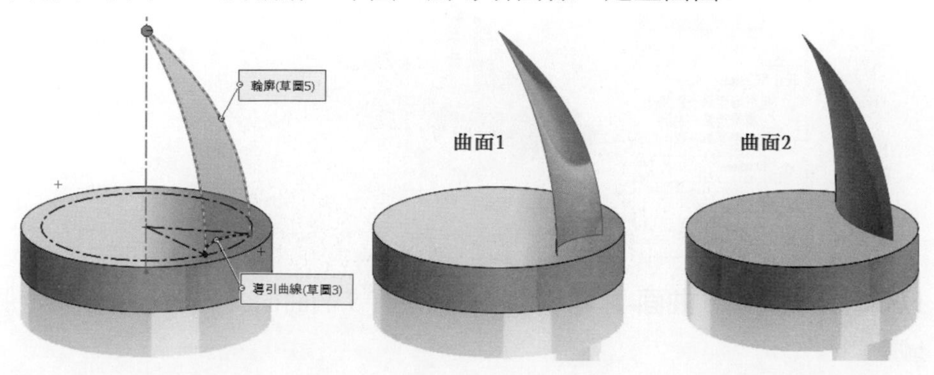

3. 建立環狀複製排列曲面本體，曲面 1 複製 8 個，曲面 2 複製 4 個，從圖中可看出目前的模型是實體曲面混合體。

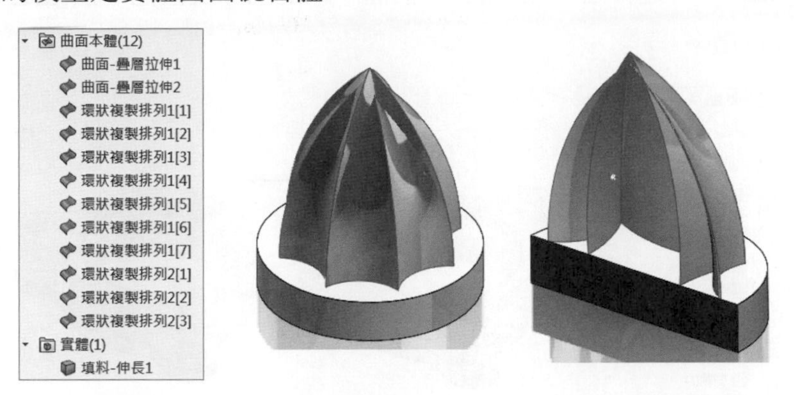

4. 選擇所有曲面與實體，建立**相交**，如圖不選擇排除的區域，按**確定**產生單一實體，最後選擇底面建立厚度 1mm 的薄殼。

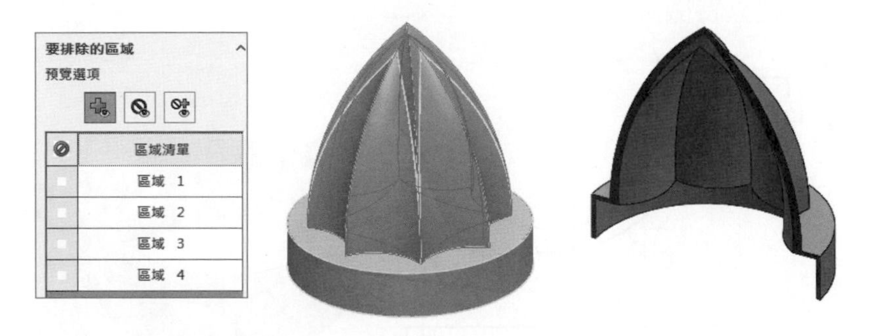

5. 儲存並關閉檔案。

8-5-5 輸入模型

對於從其他軟件建立的模型所轉換輸入的模型，此時只有單一輸入特徵，此時個別特徵處理就可以使用曲面，常見的方式可以使用刪除曲面或除料，再建立特徵或填補曲面方式處理，下面我們將練習如何變更 A 零件為 B。

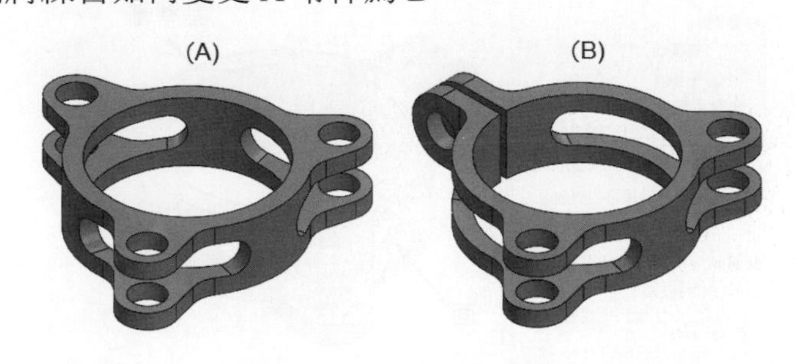

1. 開啓零件 circleR，此零件爲一外部輸入之 IGS 檔案模型。
2. 按**刪除面**，選擇圖左側身的 18 個面，點選**刪除及修補**，按**確定**。如圖已剩下兩個耳特徵。

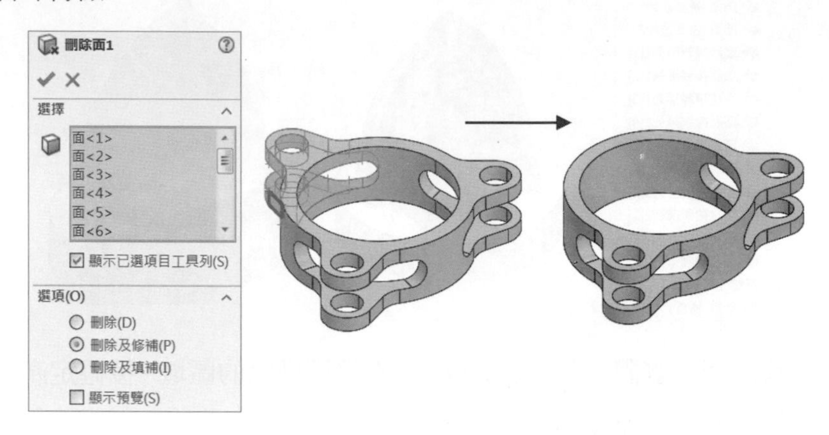

3. 如圖示，建立特徵。

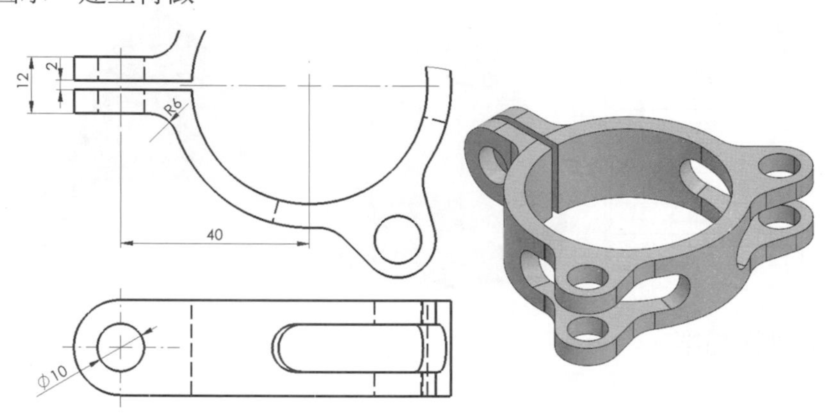

4. 按「**插入**」→「**面**」→「**移動**」，顯示暫存軸，點選**旋轉**，選擇**面**，**軸參考**選擇**基準軸 1**，輸入 45°，確定面是順時鐘移動，按**確定**。

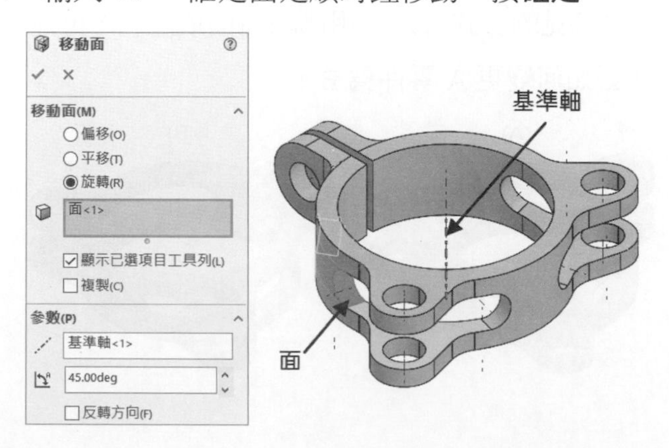

5. 同樣，建立上方的移動面，檢視剖面視圖，模型已依要求變更。

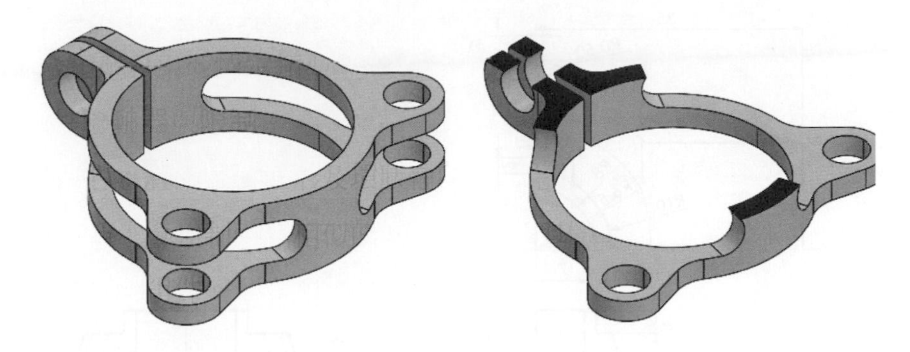

6. 儲存並關閉檔案。

8-6 綜合練習

練習 8c-1 農舍

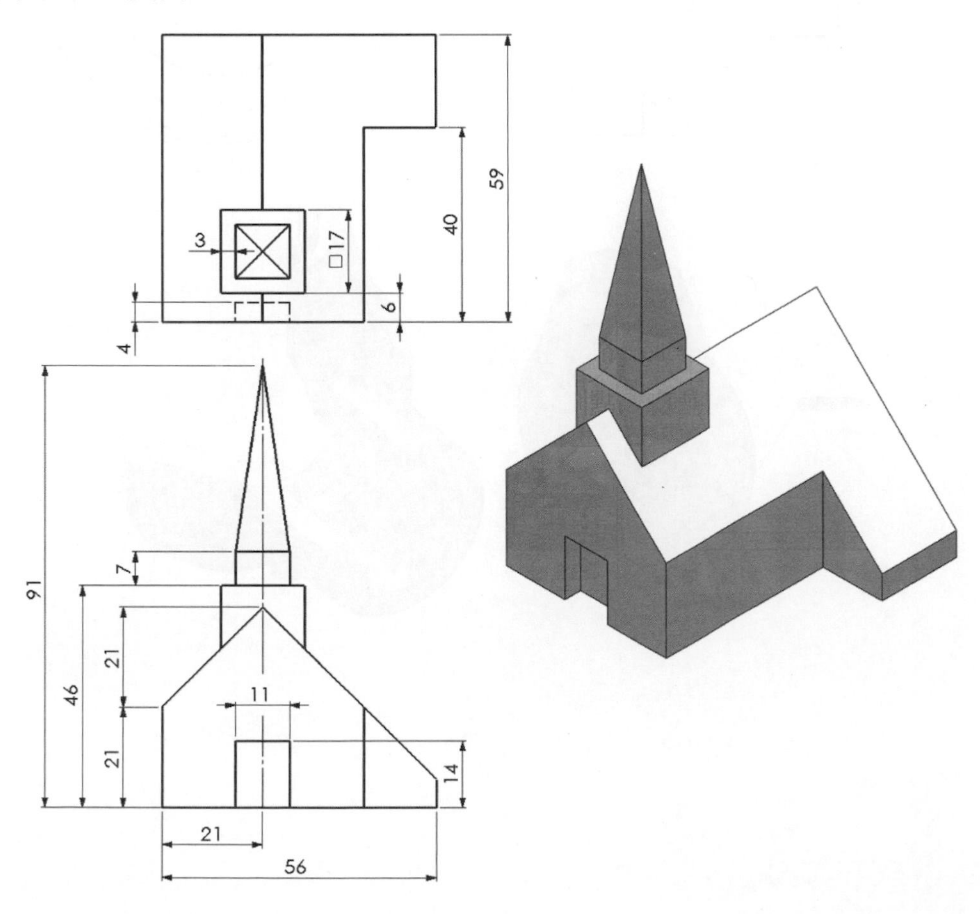

練習 8c-2　球閥

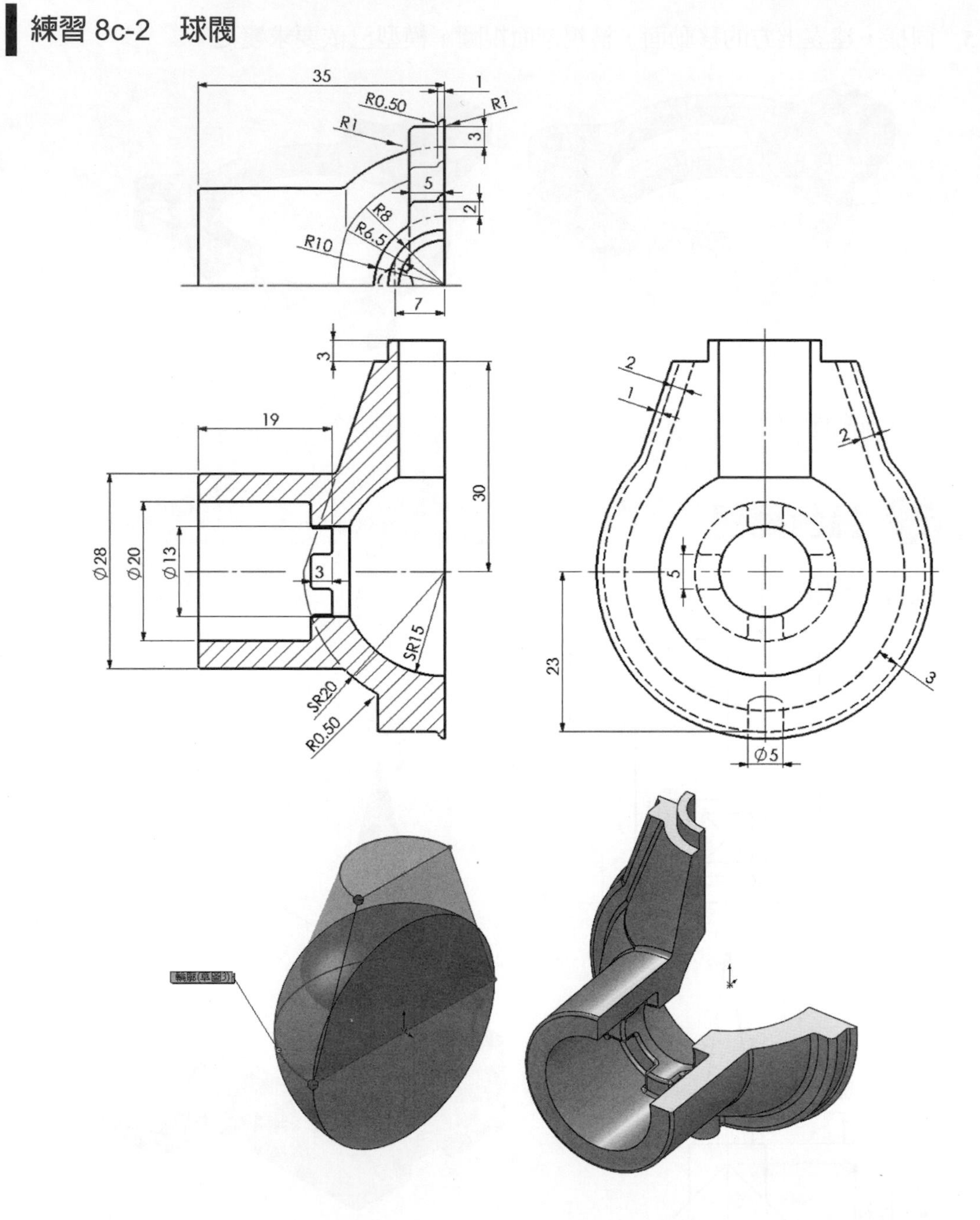
35
1
R0.50
R1
R1
3
5
2
R8
R6.5
R10
7
3
19
30
Ø28
Ø20
Ø13
3
SR15
SR20
R0.50
2
1
2
5
23
3
Ø5

練習 8c-3 旋塞閥

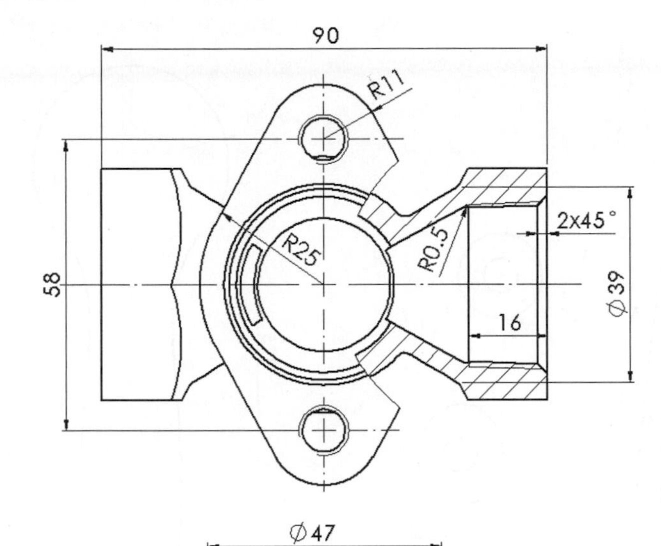

1.未標註倒角1x45°
2.未標註圓角為R2

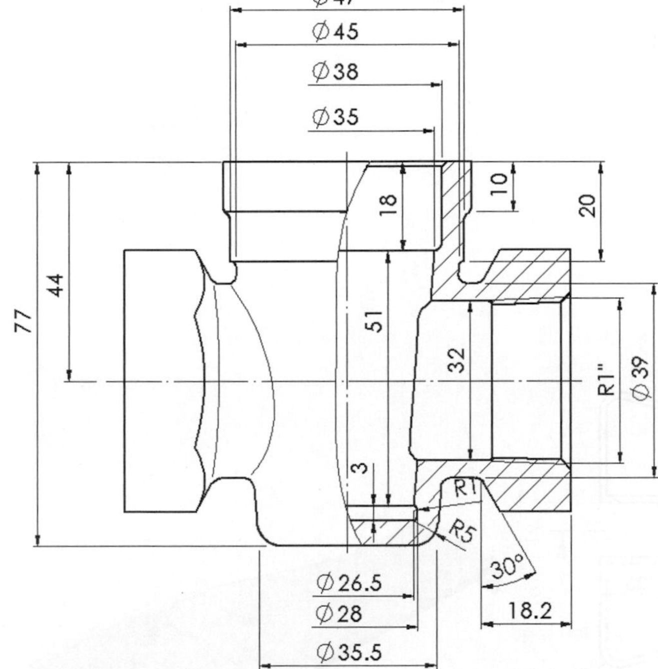

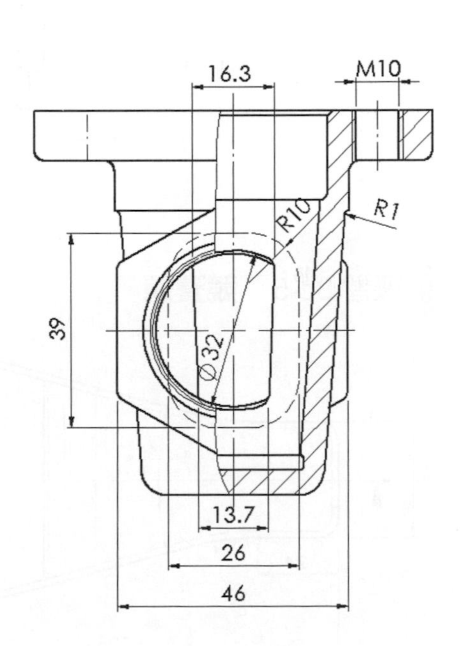

練習 8c-4 蓮蓬頭柄

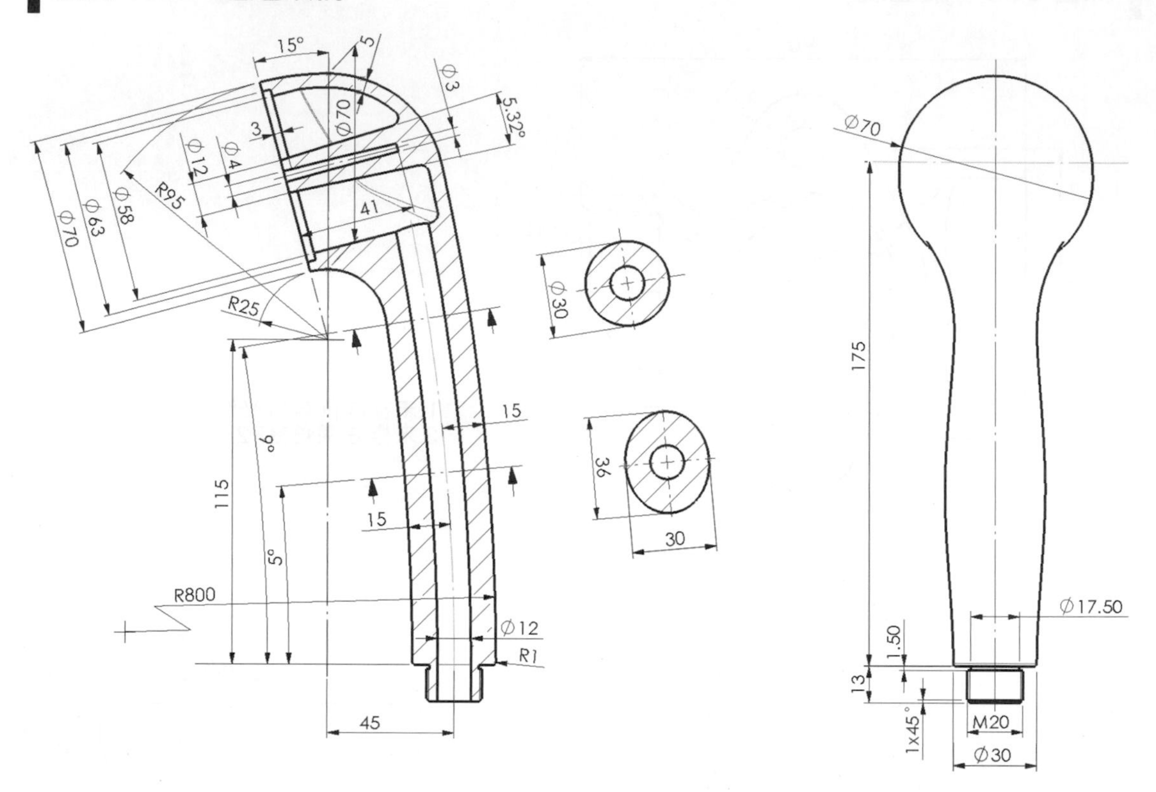

練習 8c-5 競賽題

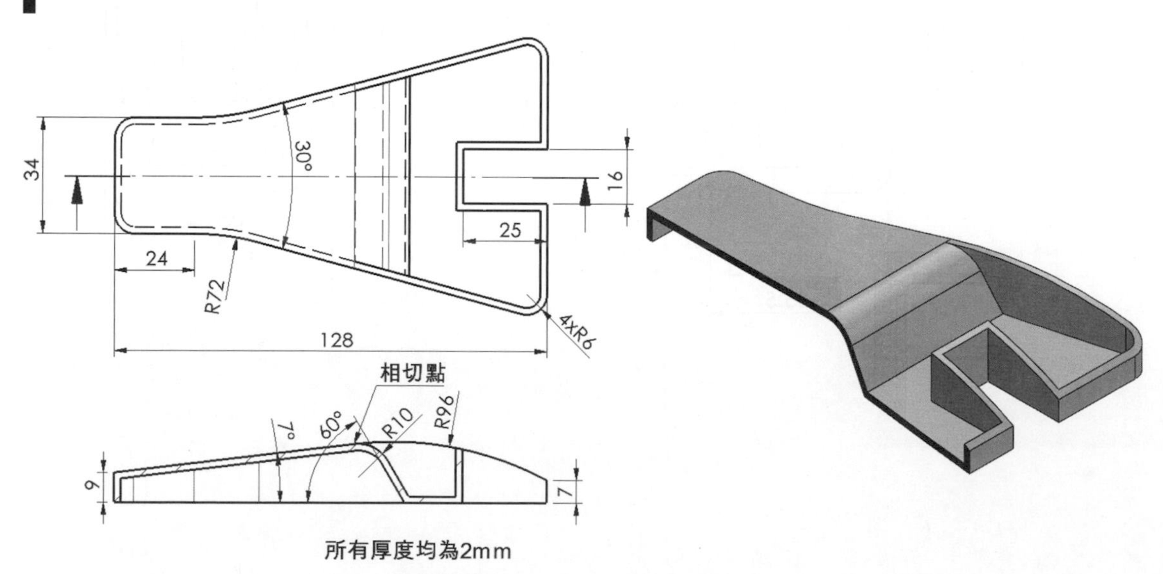

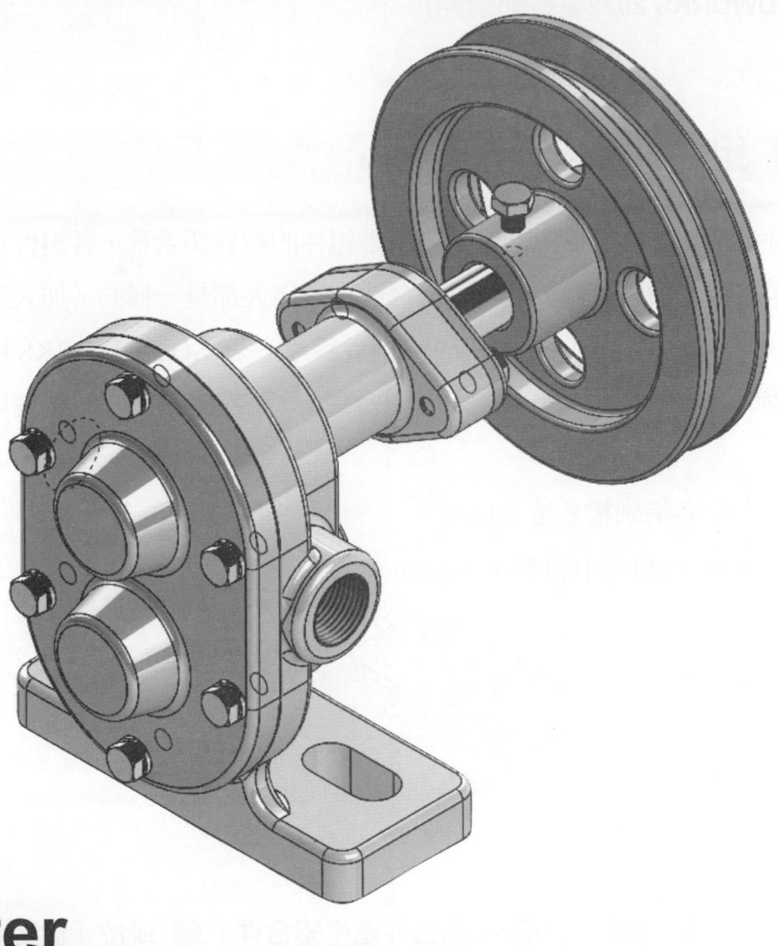

Chapter

9 組合件

9-1 組合件(Assemblies)

在組合件功能中，您可以建立包含許多零組件的複雜組合件，零組件可以是零件和其他組合件，稱為**次組合件**。對零組件與組合件的操作大都是一樣的。加入結合的零組件至組合件中會在組合件及零組件間產生一個關聯(參考)。當 SOLIDWORKS 開啓組合件時，會尋找相關聯的零組件檔案以將其顯示在組合件中，在零組件中所做的變更也會自動反映在組合件中。

組合件的文件名稱副檔名是.sldasm

1. 開啓 caster 資料夾中的零件 01plate。

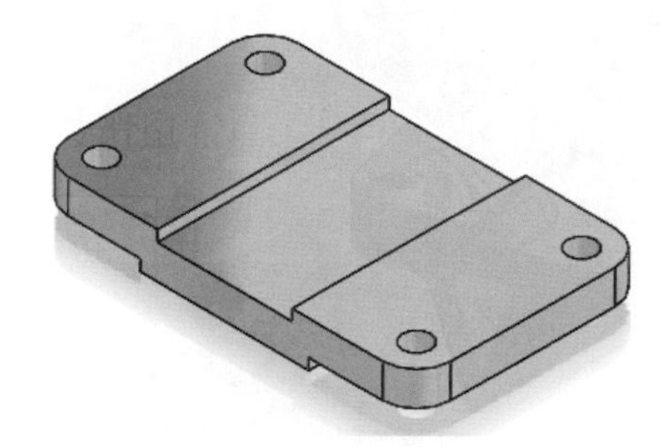

2. 按標準工具列上的「**從零件/組合件產生組合件**」 或按「**檔案**」→「**從零件產生組合件**」。從**新 SOLIDWORKS 文件**對話方塊中選擇**組合件**範本，雖然組合件內的單位為 mm，但是英吋或 mm 的零組件單位都是可以相通共用的。

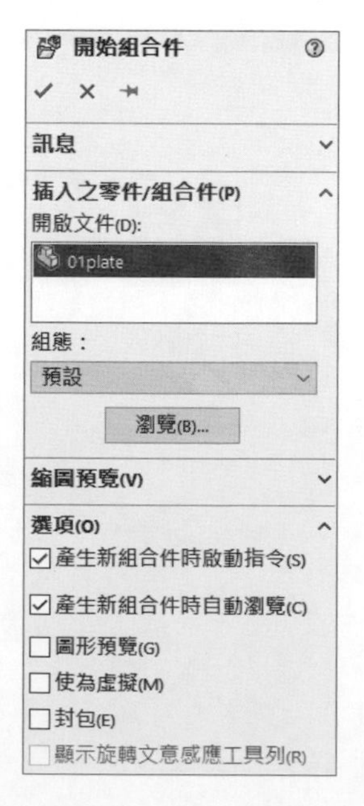

3. 組合件開啓，且屬性管理員中的**插入之零件/組合件**列表內已包含剛才開啓的零件 01plate。勾選「**圖形預覽**」，使零組件可在繪圖區中顯示。

4. 按「**確定**」✔ 加入零件到組合件中，SOLIDWORKS 會使第一個零組件變成固定。從特徵功能表中可看出，零組件名稱前面加了(固定)，不能移動也不能轉動。

提示

按「**確定**」可以使零組件原點與目前的組合件原點重合；若要取消第一個零組件為固定，在零組件名稱上按滑鼠右鍵，點選「**浮動**」即可。

5. 儲存此組合件檔，檔名爲 Caster，儲存時，系統若有問您是否馬上重新計算模型，按「**重新計算並儲存文件**」。在特徵管理員中，組合件的縮圖與零件不同。

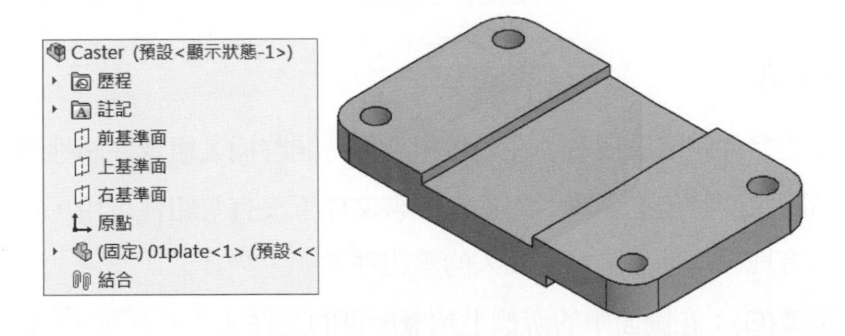

6. 在最上層組合件檔案名稱上按滑鼠右鍵，點選「**樹狀結構顯示**」→「**顯示顯示狀態名稱**」，取消特徵管理員中的顯示狀態名稱。

9-2 加入零組件

第一個零組件被插入後會被固定住，其餘的零組件可隨後加入並與之做**結合**。新加入的零件未被固定可自由轉動與移動。

加入零組件至組合件的方式有下列幾種：

- **利用插入對話方塊**
- **從檔案總管拖曳**
- **從已開啓的文件拖曳**
- **從工作窗格拖曳**

7. 在組合件工具列中，按「**插入零組件**」圖示 ，或按「**插入**」➡「**零組件**」➡「**現有的零件/組合件**」，按「**瀏覽**」選擇零組件 02axle_sup，在繪圖區中按一下放置零組件。

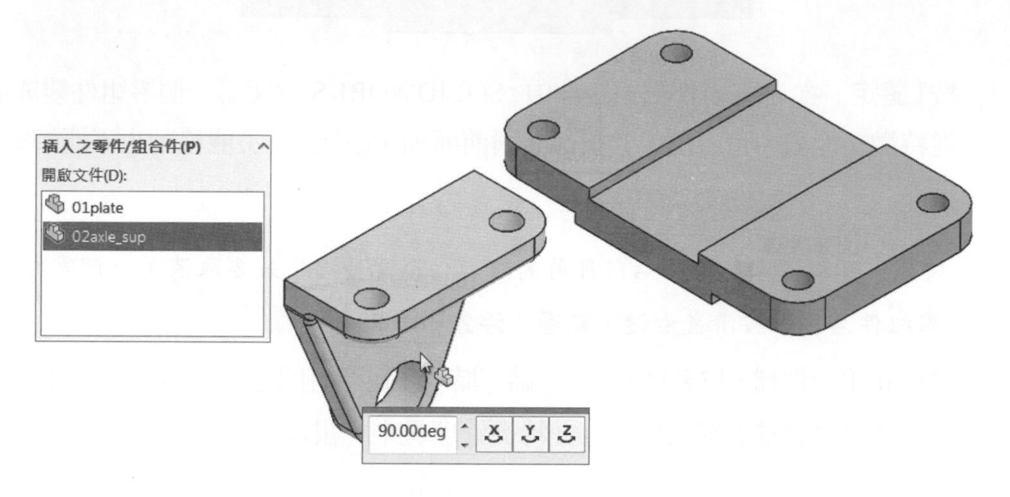

9-2-1 選項

- **產生新組合件時啓動指令**：在產生組合件時開啓插入組合件屬性管理員。
- **產生新組合件時自動瀏覽**：如果在開啓文件下沒有零組件可用，則會出現開啓舊檔對話方塊，以便您瀏覽要插入的零組件。
- **圖形預覽(G)**：在圖面中的游標上預覽所選的文件。
- **使為虛擬(M)**：使插入的零組件爲虛擬的，只儲存在組合件中。
- **封包**：使您插入的零組件爲封包零組件。
- **顯示旋轉文意感應工具列**：插入零組件時顯示旋轉文意感應工具列，您可以使用文意感應工具列繞著 X、Y 或 Z 軸旋轉零組件。

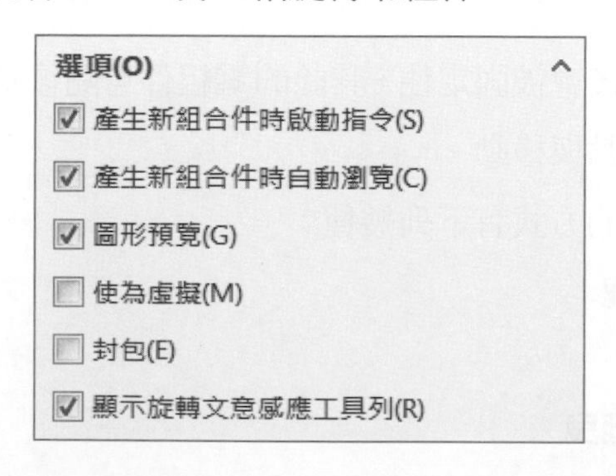

只要在放置零組件前，在**文意感應工具列**中，輸入旋轉角度，按一下旋轉軸按鈕，即可立即旋轉零組件，此旋轉軸可參考畫面的左下角**三度空間參考**。

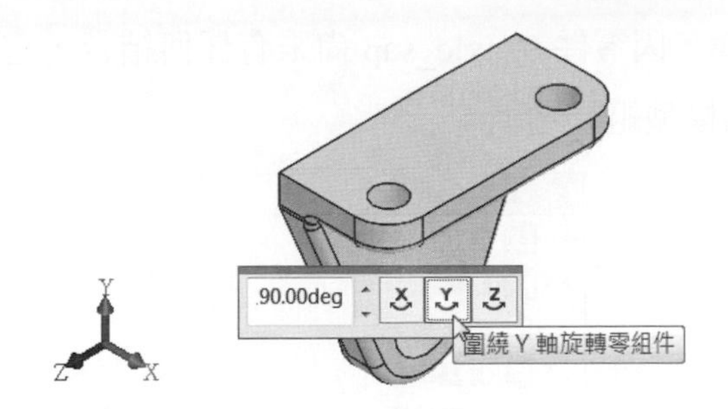

9-2-2 自由度與零組件的狀態

- **自由度**

  每一個零組件在被加到組合件作結合之前，都有六個自由度：沿著 X，Y，Z 軸平移與繞著這些軸做旋轉的 A，B，C 軸。自由度控制著零組件在組合件中的移動與旋轉，您可以利用**固定**以及**插入結合**條件的選項，來控制自由度。

- **零組件的狀態**

  組合件中零組件會呈現**完全**、**過度(+)**或是**未充分定義(−)**的狀態，在括號裡的符號會顯示在名稱的前面表示零件是過度還是未充分定義。

  未充分定義的零件尚有一些自由度可以做利用，完全定義零件代表已無法自由活動，即沒有自由度。固定狀態(固定)表示零組件在目前的位置上被固定(不是結合)。而問號(？)的符號是針對無解的零組件，此類零組件無法利用現有的資訊做結合。

8. 按一下零組件名稱前面的▸符號，零件內的特徵仍和原始零件特徵一樣，都可自由存取，在(–)02axle_sup<1>中，<1>表示此 02axle_sup 為第一個副本，(–)代表未充分定義的狀態，因零件 02axle_sup 尚未有任何結合，它仍然擁有六個全部的自由度。(預設)為模型組態名稱。

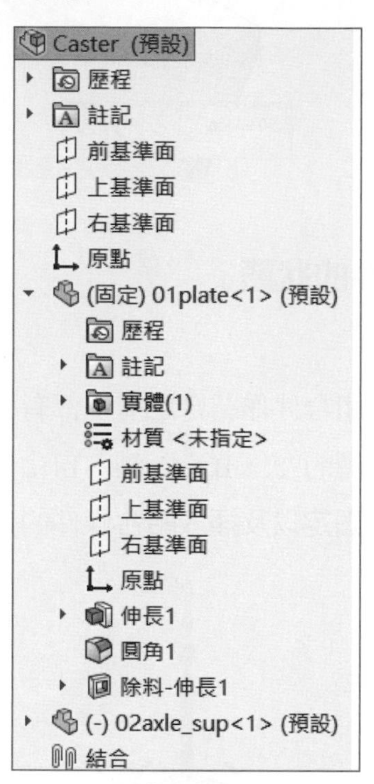

9. 按「**工具**」→「**零組件**」→「**移動或旋轉**」，或按組合件工具列中的「**移動**」 或「**旋轉**」 圖示，調整零組件 02axle_sup 的方位以接近組合的狀態。

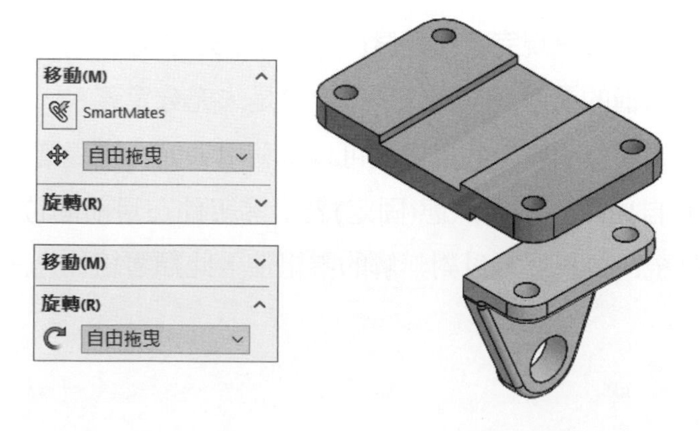

10. 您也可以在零組件上按滑鼠右鍵，點選「**與三度空間參考一起移動**」。使用三度空間參考軸，拖曳箭頭可沿著箭頭方向移動，拖曳環可沿環所在平面旋轉，當您使用旋轉或移動時增量值較不明顯，把游標移到刻度上可得較精確的數值。

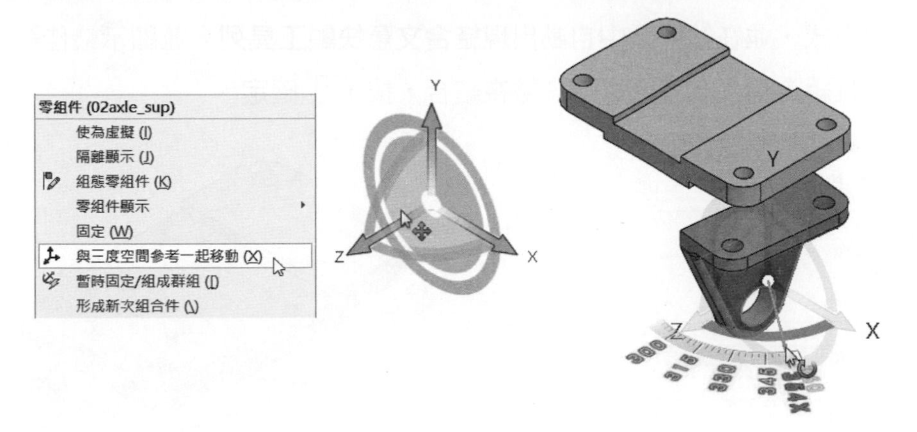

提示

在具有自由度的零組件上按滑鼠右鍵，也可以旋轉零組件。

9-3 結合

任意地移動或旋轉零組件並不是幫助零件結合，只有使用**結合**指令，在零組件之間或是零件與組合件之間限制它們之間的動作，並產生關聯才是結合。常見的結合方式有如圖所示的「**標準結合**」選項。**結合對正**選項是用來調整零件對正的正反方向。

在本例中，零件 01 與 02 之間必須完成兩個同軸心與一個重合的結合條件。

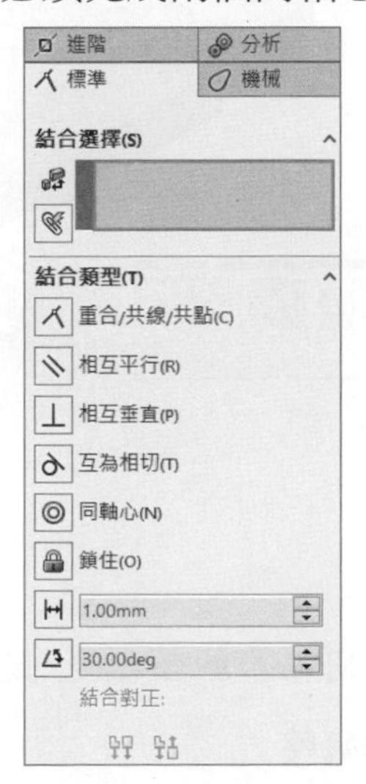

11. 按組合件工具列的「**結合**」，或按「**插入**」➡「**結合方式**」。在選項下方勾選「**讓第一個選擇透明**」，第一個被選擇結合的零組件會呈現透明狀；在屬性管理員中的**結合選擇**之下，選擇兩零件的圓弧線或圓孔面，此時系統自動判斷出最佳結合方式，並在繪圖區中自動出現**結合文意快顯工具列**，並顯示最佳結合為**同軸心**，且組合件移動就位以讓您檢視結合，按 ✓ **確定**。

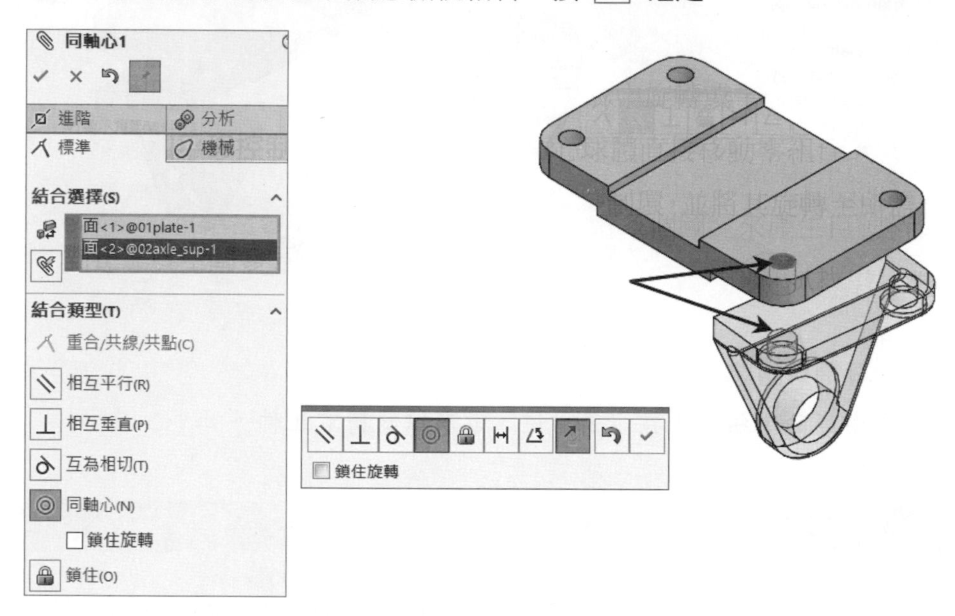

12. 完成第二個同軸心的結合，關閉**結合**。

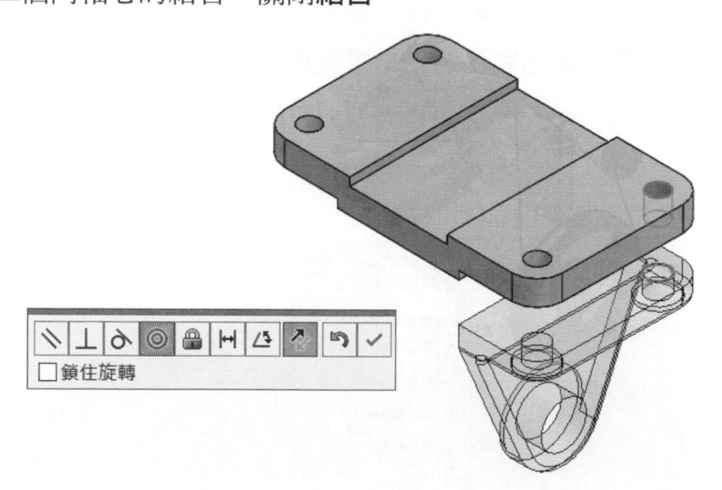

提示

使用**鎖住旋轉**選項可以在建立同軸心結合之後，避免結合的零組件旋轉。但在上面兩個同軸心結合中，並不適用鎖住旋轉。

9-4 智慧型結合條件

零組件可在不用結合指令下，只要拖放就能即時新增結合條件，這種方式稱爲**智慧型結合條件**，只要利用 Alt 鍵加上標準拖曳技巧即可。同樣的，這種結合方法也會喚出**結合文意感應工具列**，標準的結合都可用此方法來建立。

按 Ctrl 鍵 + 拖曳零組件會複製零組件及其結合條件；按 Ctrl 鍵 + 點選兩個零組件可喚醒**結合文意感應工具列**以加入適當的結合條件。

13. 要用智慧型結合條件來新增結合條件(本例**重合**)時，只要依下列步驟即可(需關閉結合指令)：

    A、按住 Alt 鍵(拖曳零組件時不放開)。

    B、點選並按住零組件 02axle_sup 的上平坦面。

    C、移動零組件至 01plate 的下平坦面邊線上，當游標旁 出現迴紋針符號時，再放開 Alt 鍵。

    D、當**重合**結合條件的工具提示 出現時，放開零組件。

    E、此時**結合文意感應工具列**的結合型式出現**重合**的結合條件。

    F、按**確定**後，系統已在 01plate 和 02axle_sup 之間建立一個**重合**結合條件。

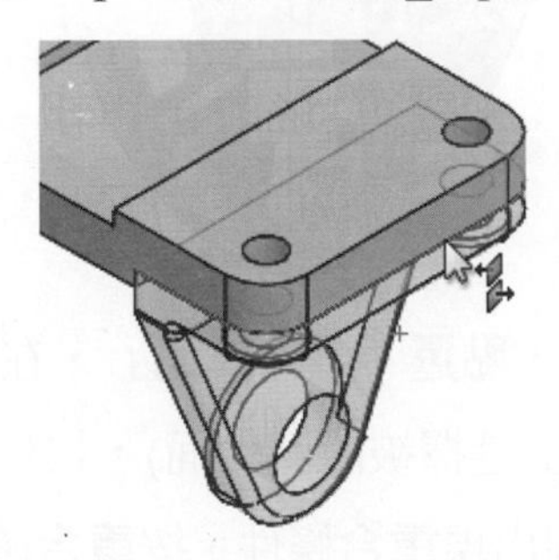

9-4-1 結合群組

組合件裡所有的結合關係皆收錄在**結合**資料夾(結合群組)中，結合群組裡收錄的結合條件都會依所加入順序放置，系統也會依此順序來求解，預設中每個組合件都會有一個結合條件群組，而每個零組件內也會有一個屬於本身的結合資料夾。

資料夾裡的結合群組收錄的是要一起被求解的結合條件，並以兩個迴紋針的圖示 結合 作識別。

14. 展開**結合**資料夾，除了零組件內有一個屬於本身的結合資料夾外，最下面的特徵也內建一個組合件內所有完整的**結合群組**。

- (固定) 01plate<1> (預設)
  - 結合於 Caster
    - 同軸心1 (02axle_sup<1>)
    - 同軸心2 (02axle_sup<1>)
    - 重合/共線/共點1 (02axle_sup<1>)
- 02axle_sup<1> (預設)
  - 結合於 Caster
    - 同軸心1 (01plate<1>)
    - 同軸心2 (01plate<1>)
    - 重合/共線/共點1 (01plate<1>)
- 結合
  - 同軸心1 (01plate<1>,02axle_sup<1>)
  - 同軸心2 (01plate<1>,02axle_sup<1>)
  - 重合/共線/共點1 (01plate<1>,02axle_sup<1>)

15. 使用插入零組件的方式，加入 05bushing 零組件，您可以在零件上按滑鼠右鍵，旋轉至適當方向。

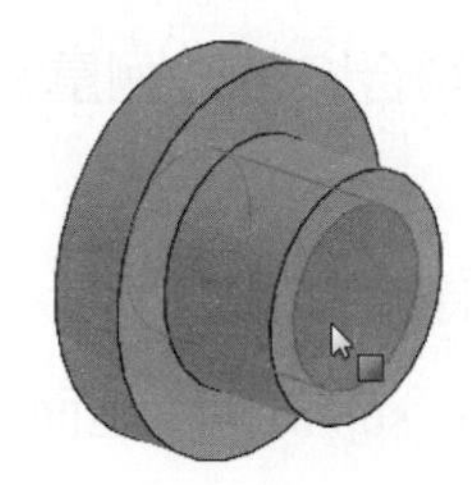

16. 按 Alt + 點選零組件 05bushing 的小圓柱外面與 02axle_sup 的內孔圓柱面接觸，系統顯示**同軸心**條件，按**確定**完成兩零件的結合。

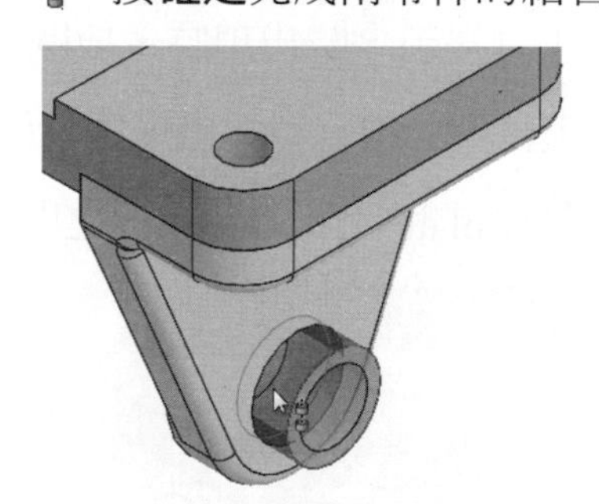

17. 在零件 02 上按滑鼠右鍵，點選「**選擇其他**」，在**選擇其他**列表中點選零件 02 被隱藏的平面(或在零組件上選擇被隱藏的面)，按住 Ctrl 鍵再選擇零件 05 的側平面，結合文意感應工具列出現**重合**條件，按**重合**確定結合。(旋轉組合件再選擇面也可)

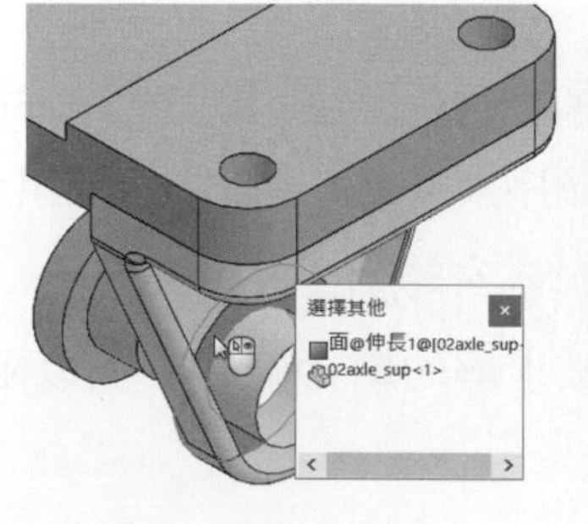

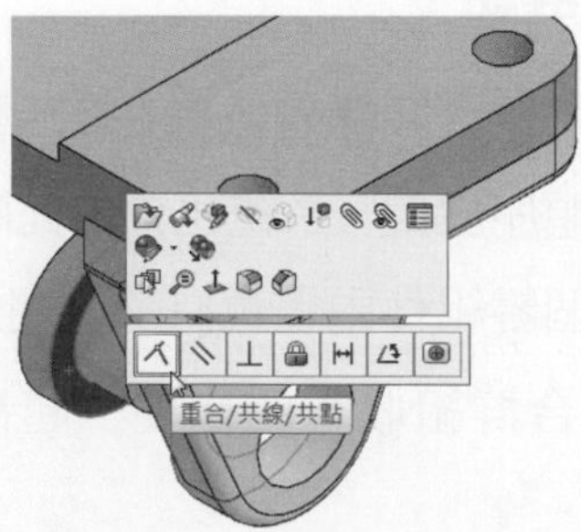

提示

除了使用「**選擇其他**」指令之外，您也可以移動游標至被隱藏的面上方，再按 **Alt** 鍵，即可暫時隱藏上方的面，待您選擇後，即自動回復顯示。

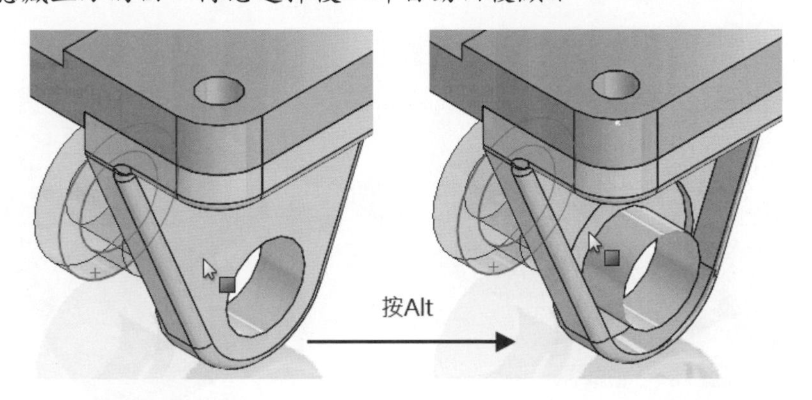

18. 按「**插入**」➡「**鏡射零組件**」，或按組合件工具列中的「**鏡射零組件**」圖示，以**右基準面**為**鏡射基準面**，鏡射的零組件選擇零件 02 與 05，按「**確定**」。

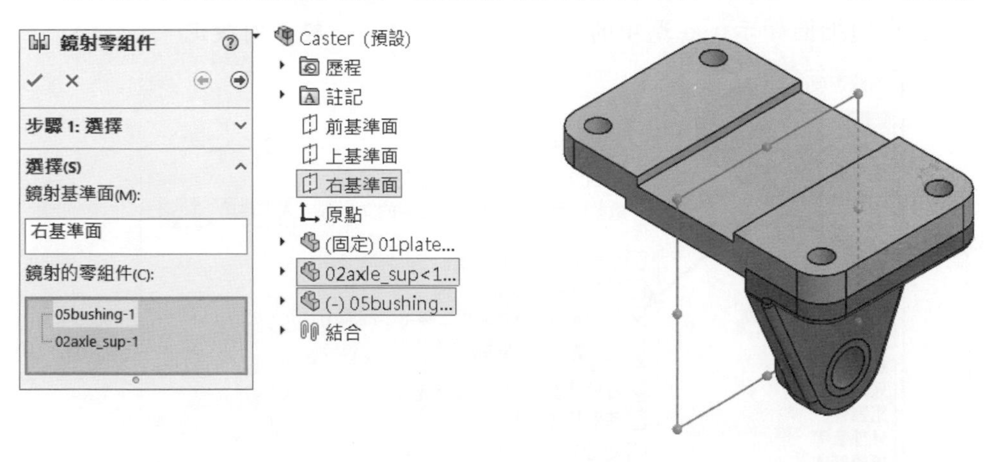

19. 結果如圖所示。

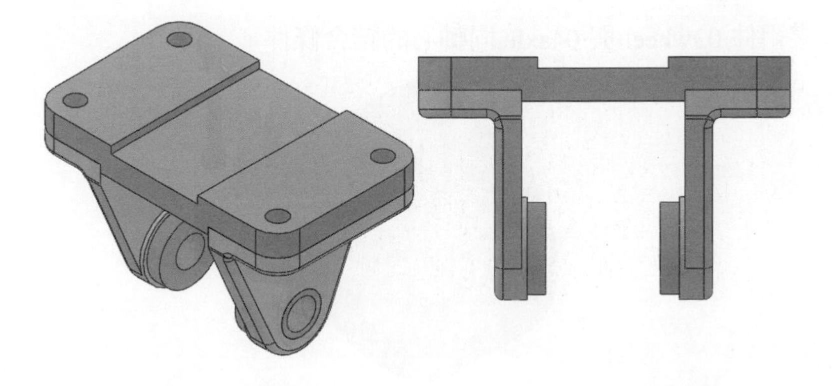

20. 開啓**檔案總管**，調整一下檔案總管視窗尺寸，讓 SOLIDWORKS 繪圖區能顯現出來。因爲 SOLIDWORKS 支援一般視窗物件的拖曳與放置，零件檔案可以從**檔案總管**視窗拖曳至組合件中放置。如圖，拖曳 03wheel 與 04axle 至繪圖區中。

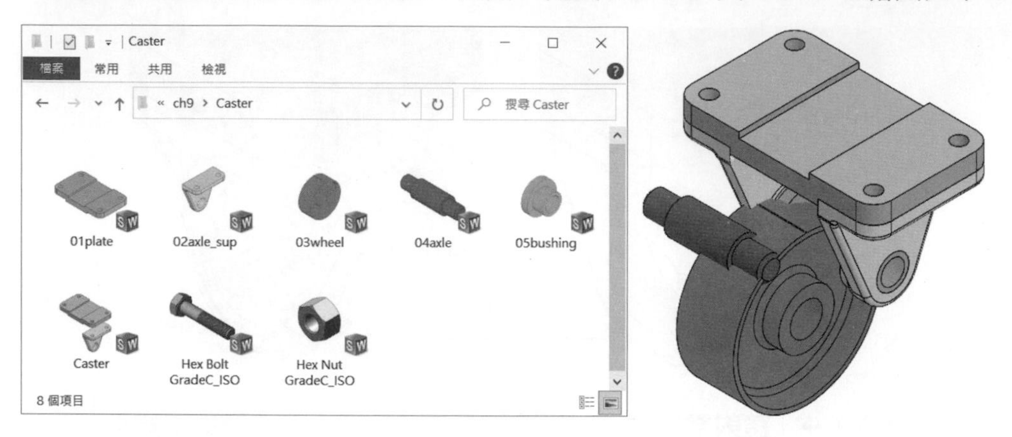

提示

檔案總管中的縮圖顯示，在**選項**的「**系統選項**」➡「**一般**」內設定。

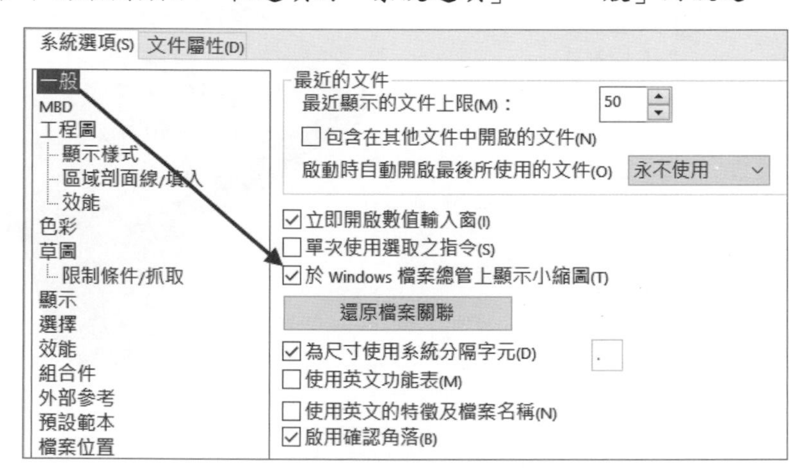

21. 加入零組件 03wheel 與 04axle 同軸心的結合條件。

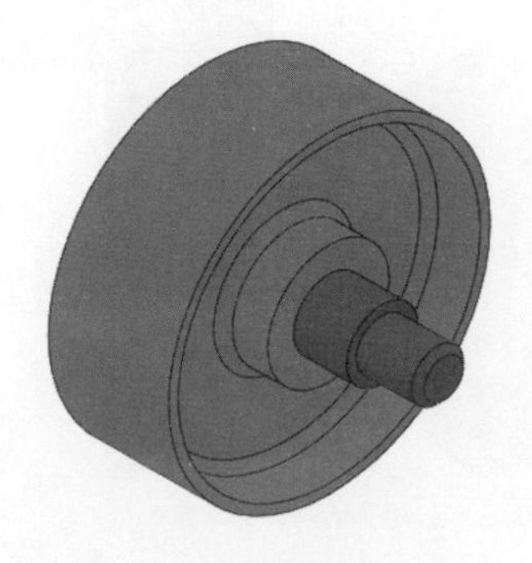

9-5 進階結合類型

進階結合類型只用於特定類型上，這些類型包含**輪廓中心**、**相互對稱**、**寬度**、**路徑結合**、**線性/線性聯軸器**與**限制**。

- **輪廓中心**：置中對正矩形及環狀輪廓，並完全定義零組件。
- **相互對稱**：會強制兩個相似的圖元對著一個基準面或平坦面限制對稱，但並不會複製鏡射零組件。
- **寬度**：選項**置中**、**自由**、**平行尺寸**、**百分比**將所選的兩個**薄板頁**平坦面置於**寬度**兩個平坦面限制置中、自由移動或限制位置移動。
- **路徑結合**：限制零組件上所選的點在路徑中。
- **線性/線性聯軸器**：在某個零組件的平移和其他零組件的平移之間建立關係。
- **限制(平行相距與角度)**：定義著距離或角度運動的範圍，允許零組件在距離及角度結合的範圍值之間移動。

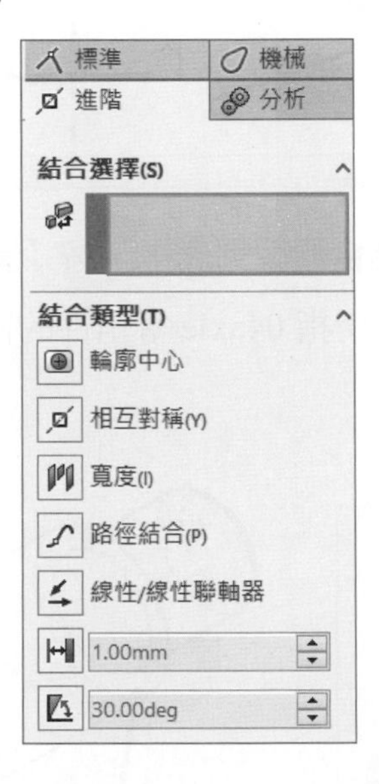

9-5-1 寬度結合

寬度結合的選擇項包含一對**寬度參考**(爲形成「**外側**」之兩個相互平行或不相互平行的平坦面)，與一對**薄板頁參考**(爲「**內側**」之兩個相互平行或不相互平行的平坦面，或一個圓柱面或軸)，零件薄板頁的面會放置於寬度面的中間限制置中、自由移動或限制位置移動。在此例中，03wheel 應被放在 04axle 以及 02axle_sup 的中間。

22. 在零組件 04axle 軸件(粉紫色)上按一下，從文意感應工具列上點選「**零組件預覽視窗**」，此時零組件 04axle 單獨顯示在視窗右側，方便您選用。

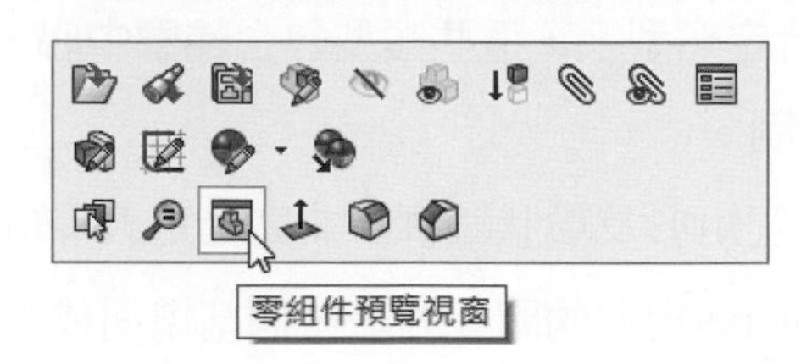

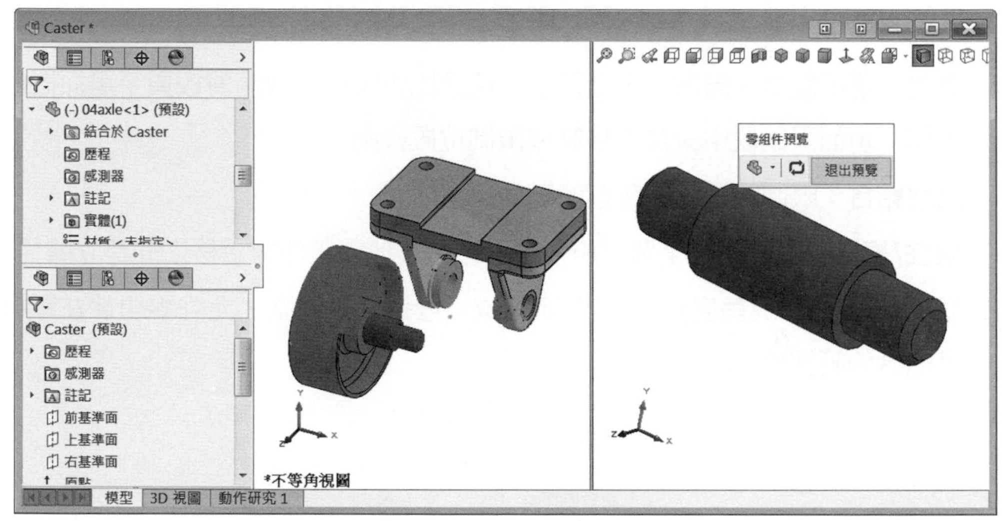

23. 按「**結合**」，在**進階**的**結合類型**列表中，按「**寬度**」，**限制**選擇**置中**，在**寬度選擇**列表中，選擇如箭頭所指 04axle 零組件的兩個圓柱側面，您也可以選擇軸兩端的兩個平面。

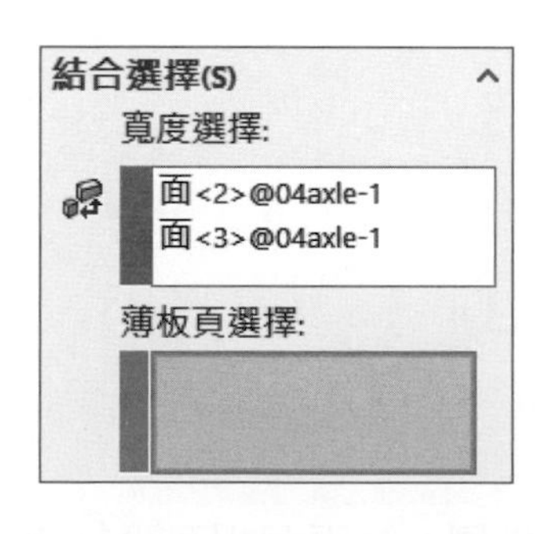

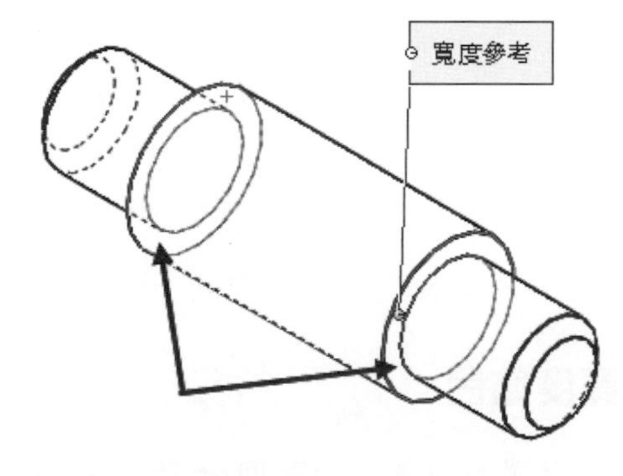

24. 在**薄板頁選擇**列表中，選擇如箭頭所指 03wheel 零組件的兩個對稱平面，按**確定**，再按**退出預覽**。

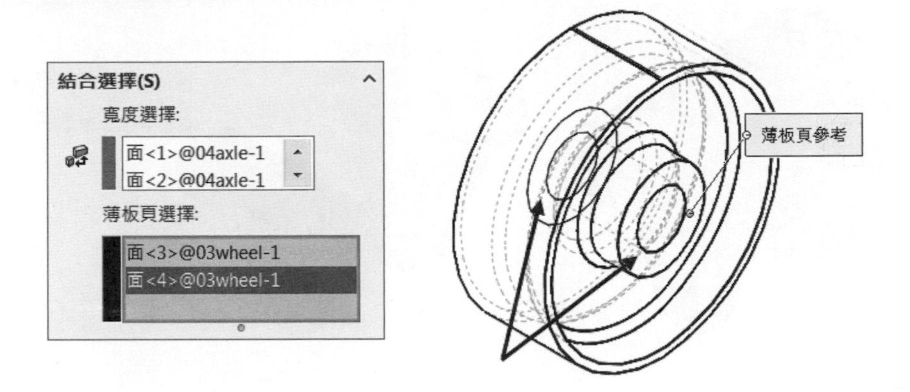

25. 結果 03wheel 零組件與 04axle 零組件已置中放置，在每一側邊都有相同的間距。

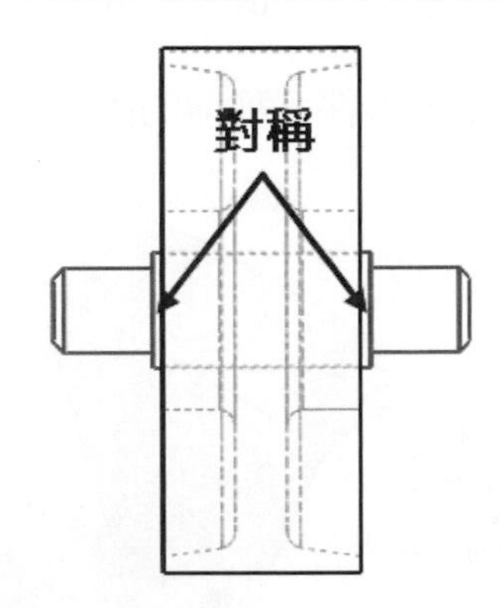

9-5-2 隱藏/顯示零組件

有時候爲方便檢視組合件中其他零件，而必須隱藏某些零組件。當零組件被隱藏時，在特徵管理員中的零件名稱前面圖示會顯示爲透明狀。

- **透明度**

  變更透明度會讓零組件呈現透明度爲 75%的狀態，平時爲 0%。呈現透明狀況時，零組件是無法選取的，只有按住 Shift 鍵，才能選擇零組件，否則選擇時將穿過透明零組件。變更零組件透明度時，特徵管理員內的圖示不會改變。

26. 移動游標至零組件 01plate 上，按 Tab 鍵，零組件 01plate 自動隱藏；按一下零件 02axle_sup<1>，在文意感應工具列上按「**變更透明度**」，使零件以 75%透明顯示。

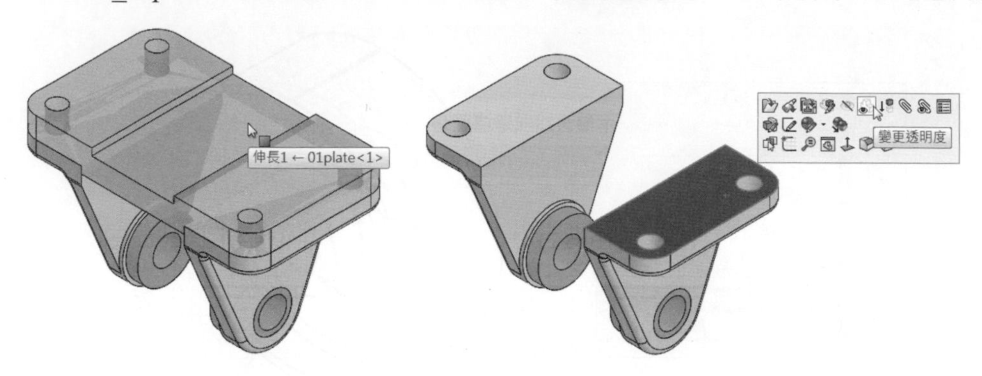

提示

移動游標至被隱藏零組件的位置，按 Shift + Tab，可回復顯示零組件。

27. 此時零件 01plate 已被隱藏，零件名稱前的圖示為隱藏，零件 02axle_sup<1>也變成透明狀。

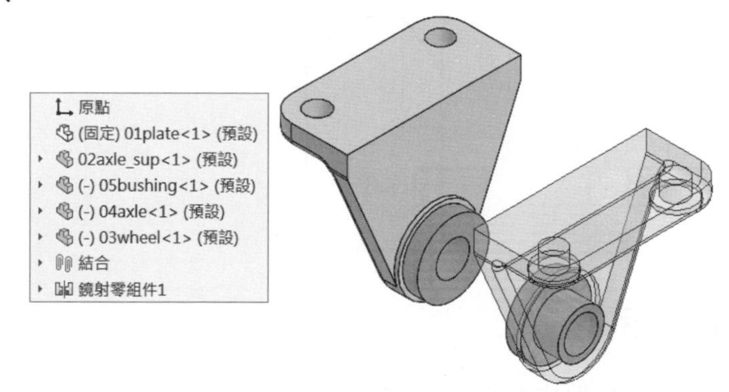

28. 加入 04wheel 與 02axle_sup **同軸心**與**寬度**的結合條件，**限制**為**置中**。

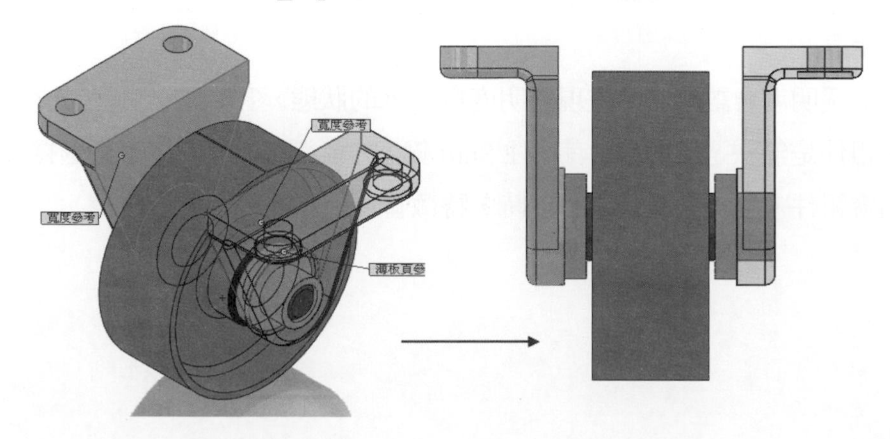

29. 試著移動 04wheel，該零件只剩一個旋轉的自由度。

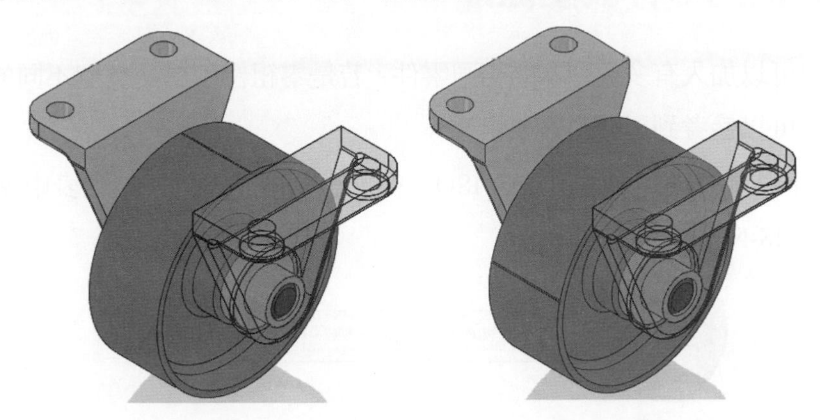

30. 按一下零件 01plate，從**文意感應工具列**中選擇「**顯示零組件**」；再按零件 02axle_sup<1>從**文意感應工具列**中選擇「**變更透明度**」，以回復零組件的顯示。

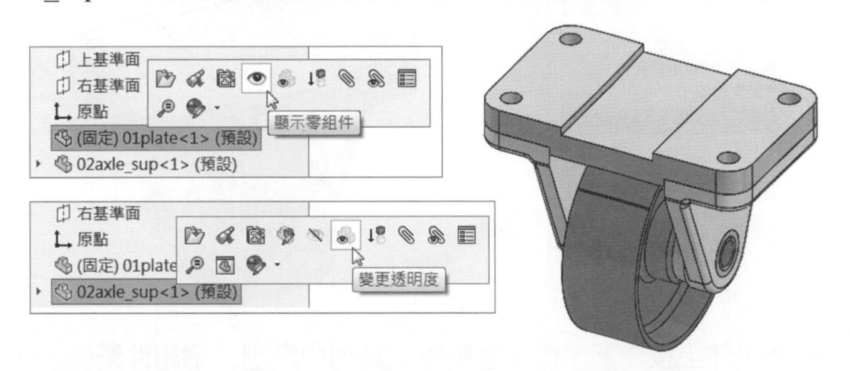

31. 開啟螺帽零件 Hex Nut GradeC_ISO，並關閉其他零件。按「**視窗**」→「**垂直非重疊顯示**」，拖曳螺帽的零件名稱至組合件視窗中放開。

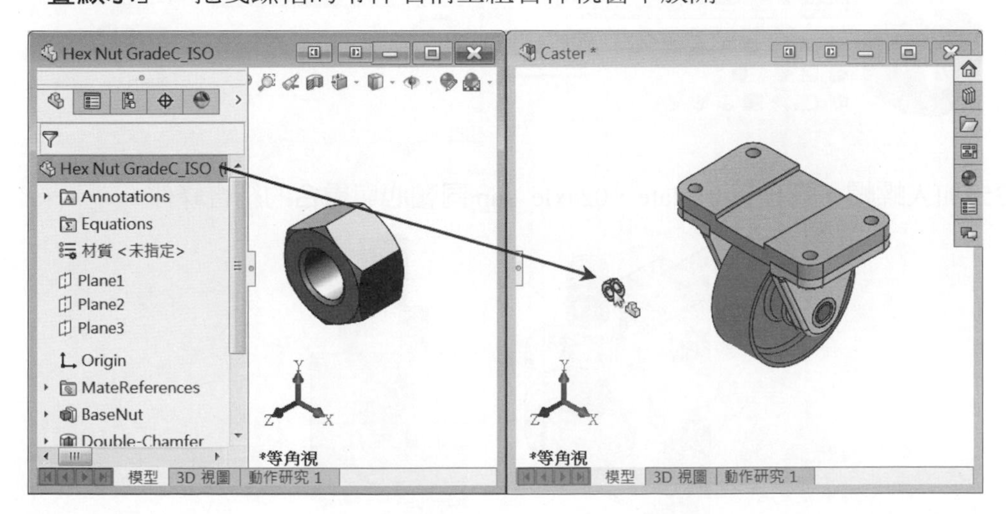

9-6 使用零件模型組態

組合件裡可以加入有多個副本的相同零件，若是零組件中內建多個不同的模型組態，則每個副本都可以參考到不同的模型組態。

32. 按一下零件 Hex Nut GradeC_ISO，從文意感應工具列下拉列表中點選模型組態 4034-M8-N，按 ✓。

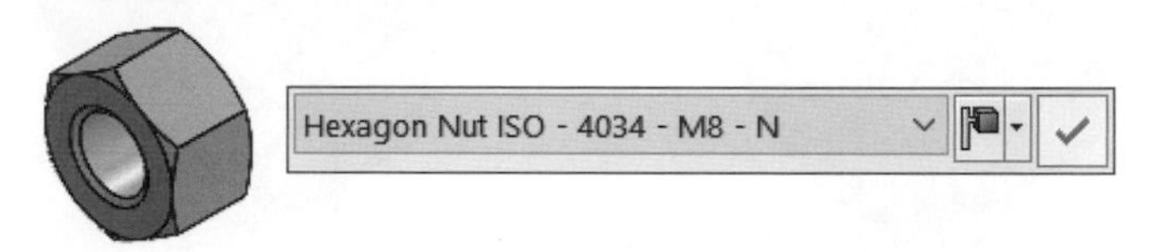

33. 插入螺栓 Hex Bolt GradeC_ISO 至組合件中，組態選擇 ISO 4016-M8x40x22-WN。

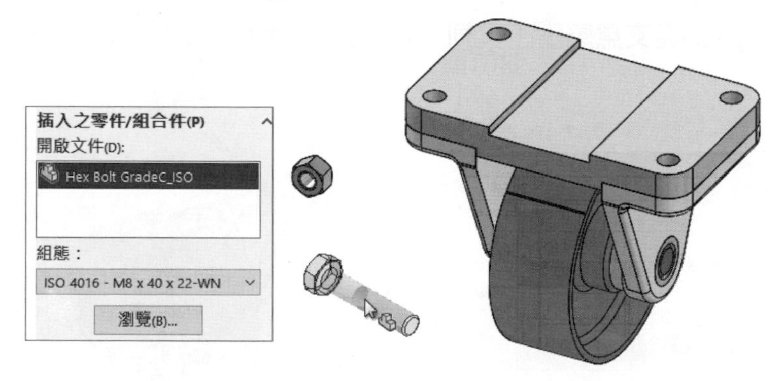

34. 在螺帽零組件上按一下，從文意感應工具列中點選**「零組件屬性」**，從圖中可看出目前選用的模型組態是 Hexagon Nut ISO – 4034 – M8 – N，關閉視窗。

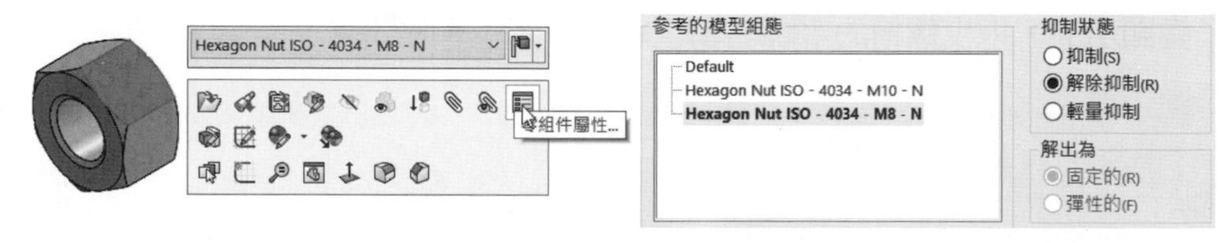

35. 加入螺帽、螺栓與 01plate、02axle_sup **同軸心**與**重合**的結合條件。

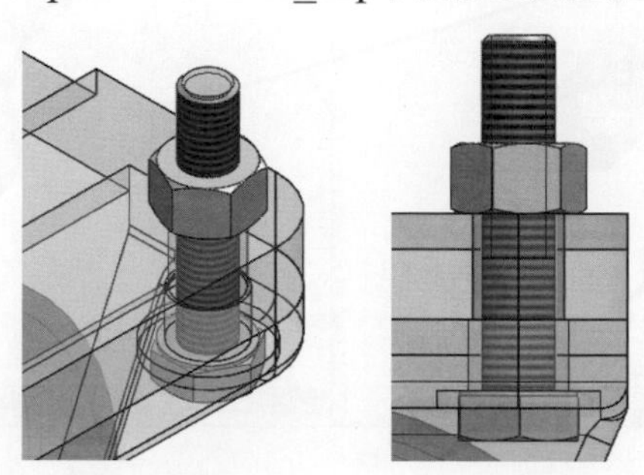

36. 按 Ctrl 鍵 + 拖曳螺栓至箭頭所指的圓孔，系統除了複製螺栓外，還利用智慧型結合條件，加入同軸心的結合，必要時移動位置可反轉方向。若重合的位置不對，可找出原始結合條件再**編輯特徵**修正即可。

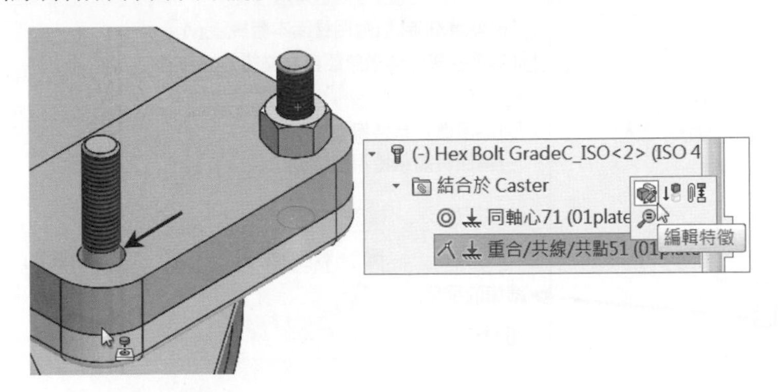

37. 按 Ctrl 鍵 + 拖曳螺帽完成複製螺帽，並自動加入同軸心與重合的結合條件。

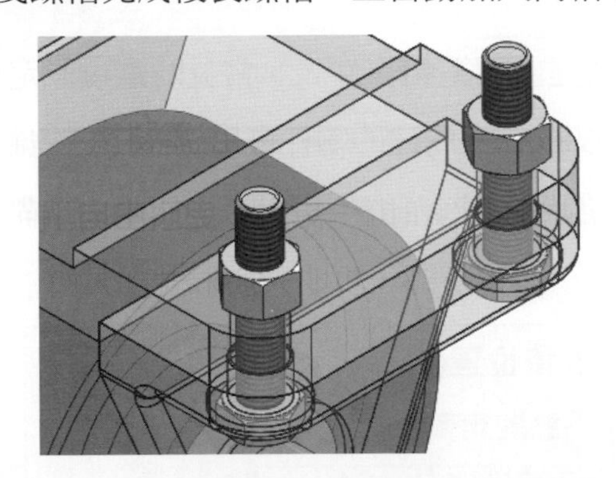

38. 按「**鏡射零組件**」，以**右基準面**爲**鏡射基準面**，鏡射的零組件選擇前面結合的兩個螺栓與兩個螺帽。檢查新複製零組件的結合條件，也一併被複製，完成後的組合件如圖所示。

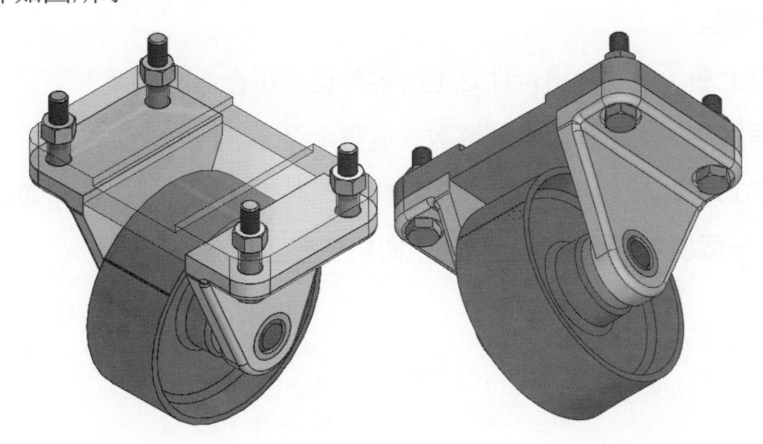

39. 若是在旋轉視窗時，發現零組件呈現盒狀線條顯示，按**選項**中的「**系統選項**」→「**效能**」，調高「**細節的程度**」即可。

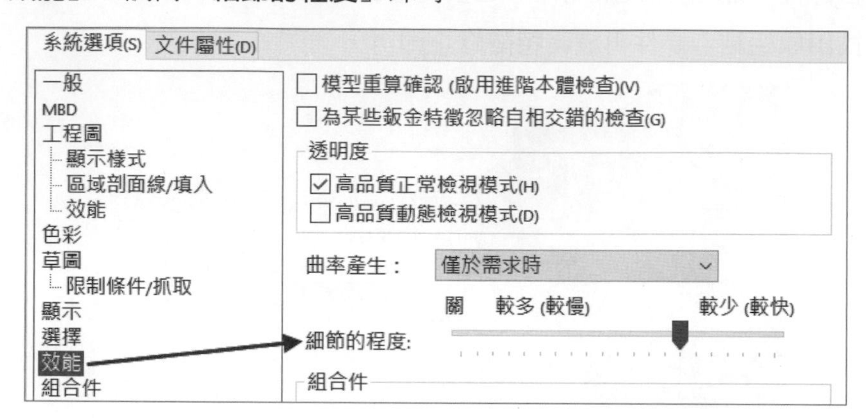

9-6-1 零件表(BOM)

在組合件中，您可預先建立與編輯零件表，常見的選項設定如下：

- **表格範本**：SOLIDWORKS 內建的零件表範本，用以控制欄位、設定與格式化。
- **表格位置**：插入表格時，用來貼附表格至圖頁格式中的錨點，插入後也可以修改(此選項只用在工程圖中)。

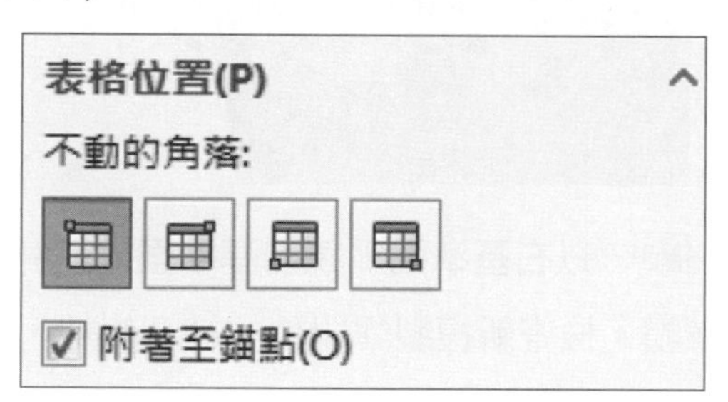

- **零件表類型**：
  - **只有上層**：僅顯示組合件之上層零件與次組合件零組件。
  - **只有零件**：次組合件會被解散，並列示全部零件。
  - **階梯式**：顯示上層零組件與次組合件，其中次組合件依階梯顯示零組件。
- **顯示為一個項次編號**：相同零件不同組態皆顯示爲一個項次。

40. 顯示組合件爲等角視，按「**插入**」➡「**表格**」➡「**零件表**」，如圖示，表格範本選擇 bom-standard；BOM 類型選擇**只有上層**，按**確定**。

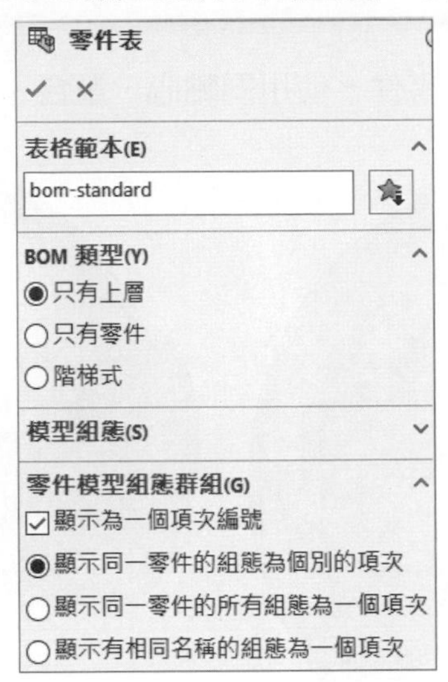

41. 在**選擇註記視角**訊息框中按**確定**，註記視角適用於工程圖，本例目前未使用，因此零件表將直接產生於等角視中。

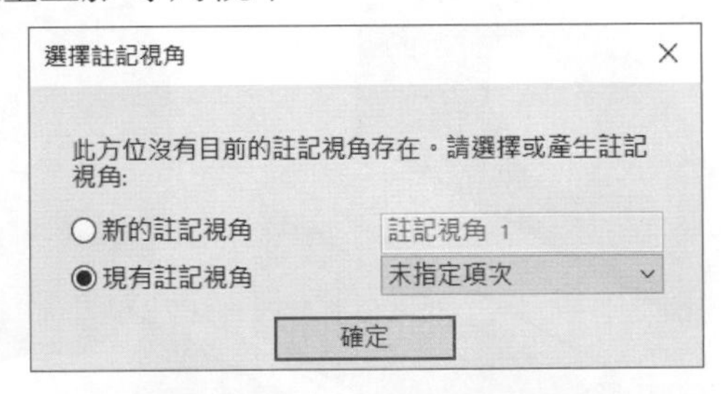

42. 在空白處按一下放置零件表，如圖，零件表已內存於特徵管理員中。

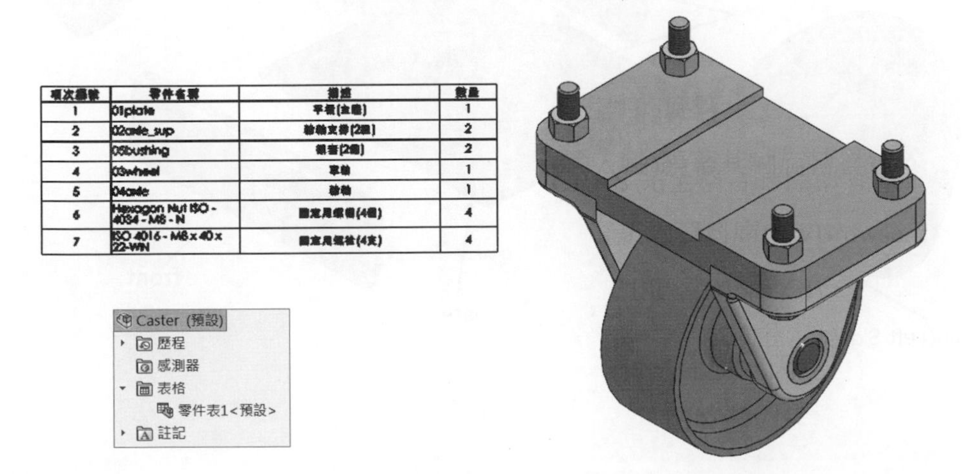

項次編號	零件名稱	描述	數量
1	01plate	平板(主體)	1
2	02axle_sup	輪軸支撐(2個)	2
3	05bushing	襯套(2個)	2
4	03wheel	車輪	1
5	04axle	輪軸	1
6	Hexagon Nut ISO - 4034 - M8 - N	固定用螺帽(4個)	4
7	ISO 4016 - M8 x 40 x 22-WN	固定用螺栓(4支)	4

43. 在**零件表 1** 上按滑鼠右鍵，點選**隱藏表格**，儲存並關閉檔案。

9-6-2 練習題

練習 9a-1 Remotecase

開啓 Remotecase 資料夾內的零件，使用**同軸心**、**重合**、**寬度**結合此遙控器置物架。

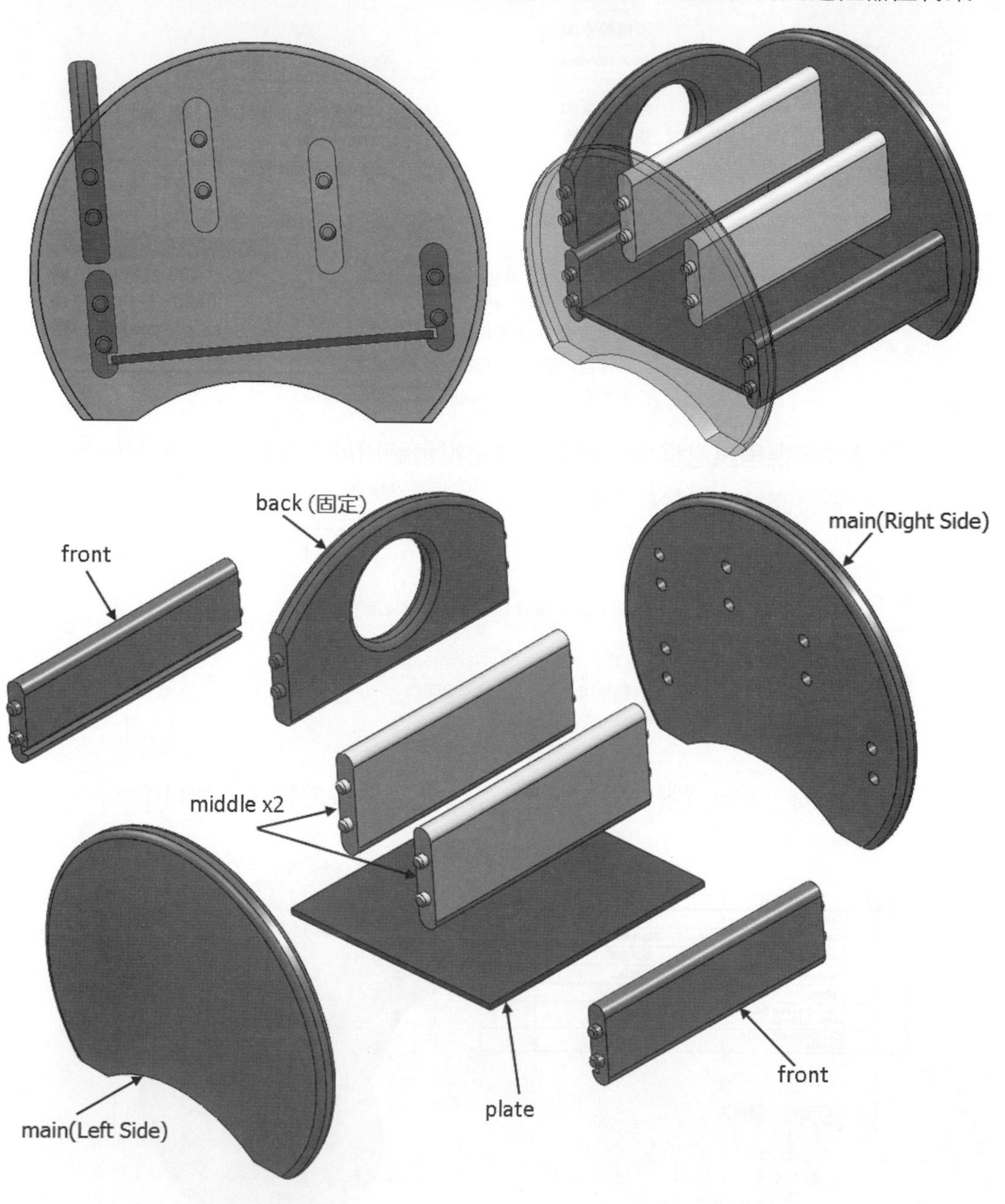

練習 9a-2 Geneva

(1) 開啓 Geneva 資料夾內的零件，結合成組合件。

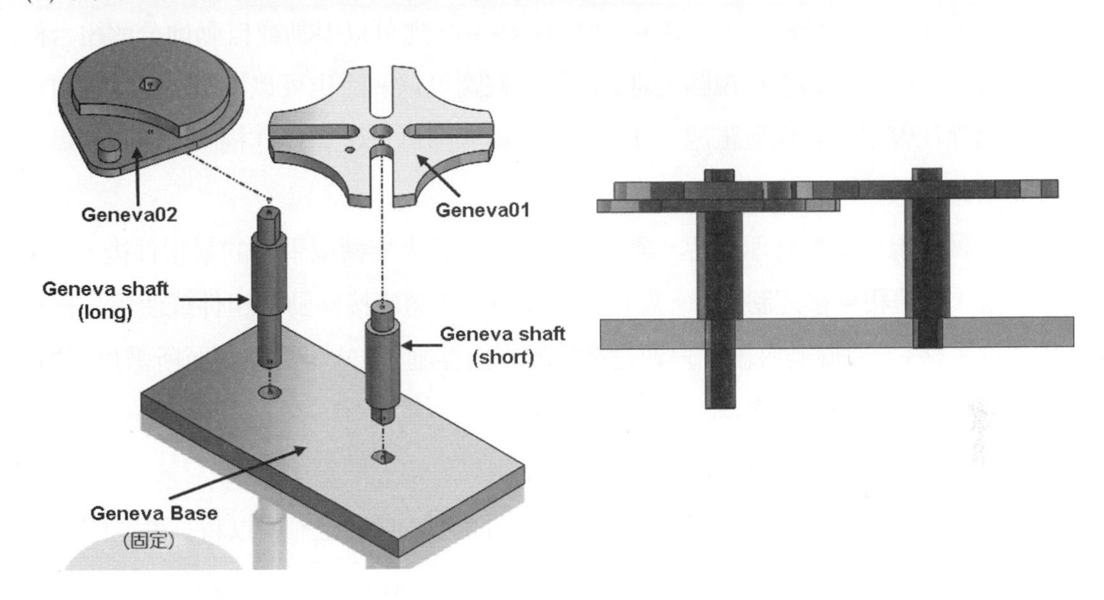

(2) 使用**移動零組件**的**具體動態**選項，拖曳並旋轉零組件 Geneva02 檢視日內瓦機構。

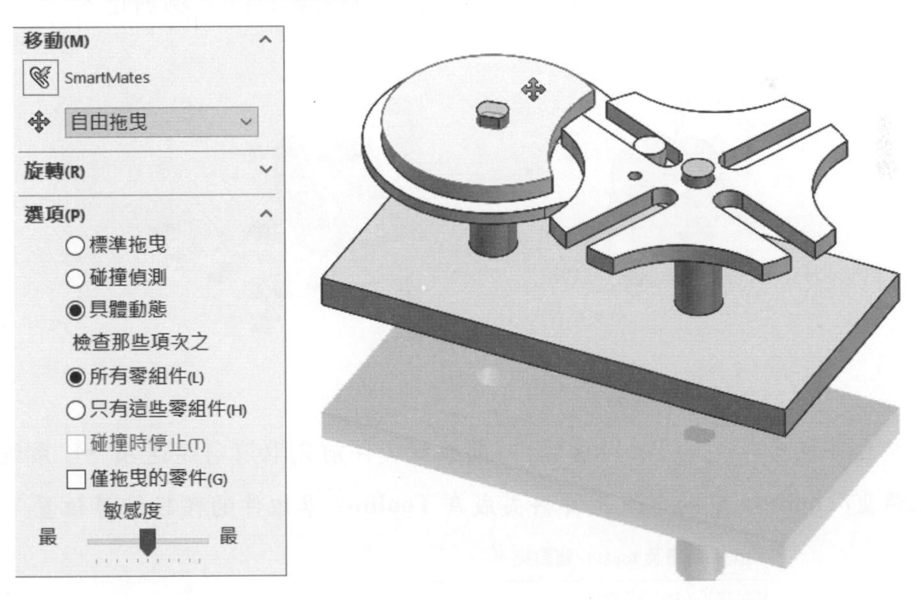

(3) 儲存並關閉檔案。

9-7 組合件的爆炸視圖

爆炸視圖即為零件分解圖，在 SOLIDWORKS 中，您可以手動或自動地分解組合件內的零組件來建立組合件的爆炸視圖，建立的爆炸視圖可以解除也可以恢復，也可以用在工程視圖和儲存在啓用中的模型組態，每一個模型組態都可以建立爆炸視圖，建立的爆炸視圖也可以用動畫展示。

當開啓爆炸視圖屬性管理員時，選擇要在爆炸步驟中旋轉或平移的零組件後，在零件上會出現「**旋轉和平移控制點**」。您可以拖曳中心球體直接移動零組件或使用平移控制線產生線性平移；若要旋轉零組件只要選擇旋轉方向控制環，並將其旋轉至所需角度即可。

移動或對正三度空間參考：

- 拖曳中心球體可自由拖曳三度空間參考。
- Alt ＋ 拖曳中心球體或臂並將其置放在一個邊線或面上，可以將三度空間參考與邊線或面對正。
- 在中心球體按滑鼠右鍵，然後選擇對正於或與零組件的原點對正。

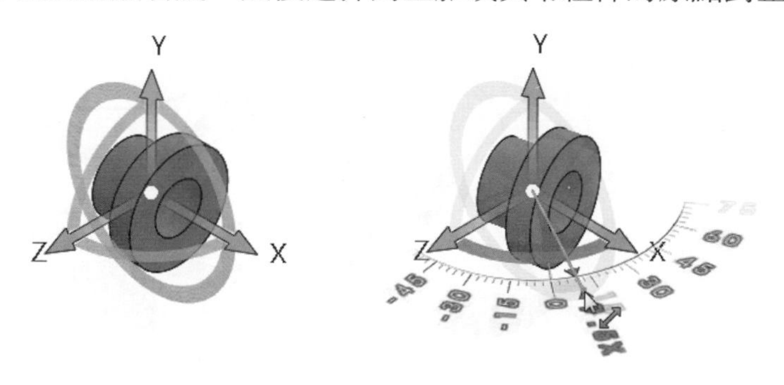

注意

因此組合件包含外部的 Toolbox 零件，開啟組合件前先取消勾選**選項 ➡ 系統選項 ➡ 異型孔精靈/Toolbox** 中的「**使此資料夾成為 Toolbox 零組件的預設搜尋位置**」。

異型孔精靈及 Toolbox 資料夾：

C:\SOLIDWORKS Data\ ...

☐ 使此資料夾成為 Toolbox 零組件的預設搜尋位置

組態(C)...

1. 開啓前面建立的組合件 Caster，模型組態爲**預設**，在這裡我們加入一個模型組態 “Exploded” 用來建立**爆炸視圖**。
2. 在 Exploded 模型組態的名稱上按滑鼠右鍵，點選「**新爆炸視圖**」，或按「**插入**」➡「**新爆炸視圖**」。

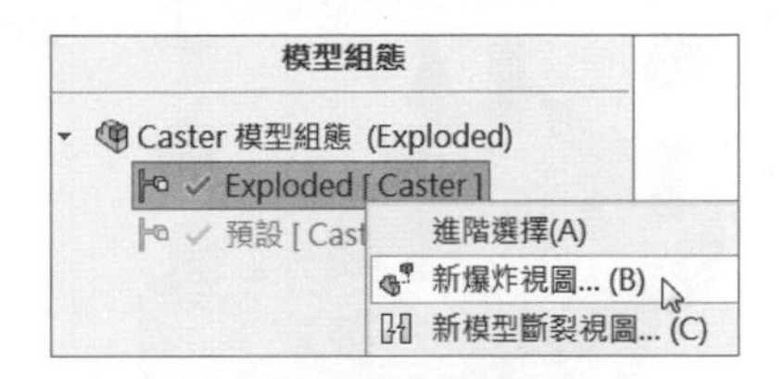

3. 爆炸分解的屬性視窗如圖所示，您可以設定零組件的平移或旋轉等，**選擇次組合件的零件**代表是否可以選擇次組合件中的零件，而不是直接選擇次組合件。取消勾選「**自動間隔零組件**」與「**顯示旋轉圈**」。

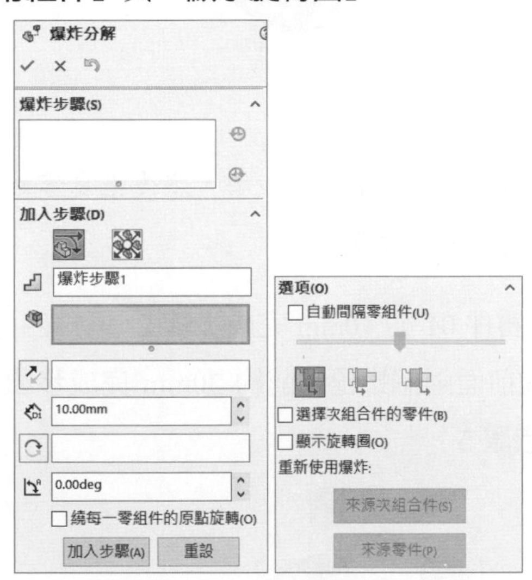

4. 在繪圖區選擇四個**螺帽**零組件，此時旋轉和平移控制點會出現在零組件的中間，其中 Y 軸已對正圓孔面的中心。

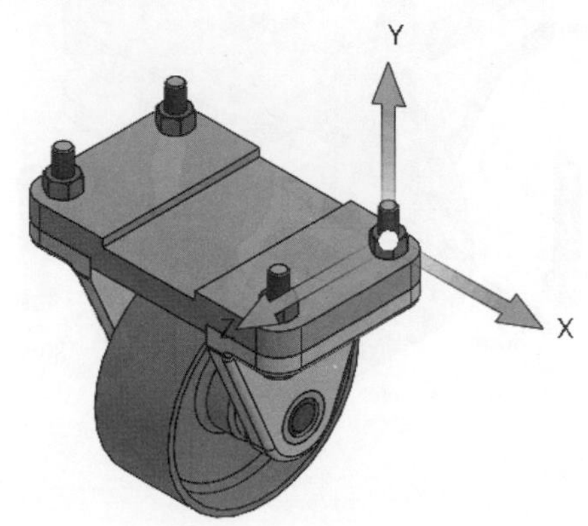

5. 向上拖曳 Y 軸離開組合件約 40mm 後放開，按**完成**後，**爆炸步驟 1** 特徵被加入至步驟中，零組件也會被列示於步驟內。

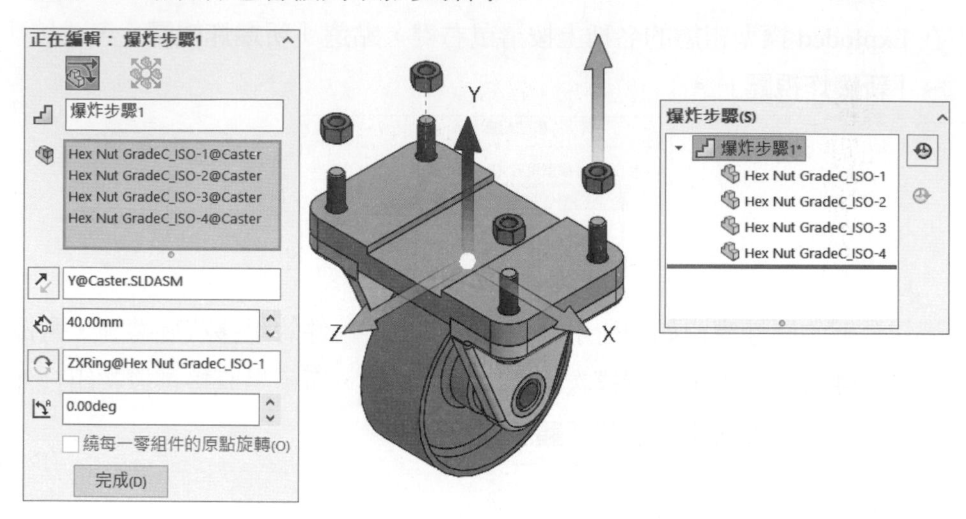

提示

若零組件的位置不理想，只要點選爆炸步驟，然後拖曳零組件的橘色控制軸或圓，可重新定位零組件在爆炸視圖中的位置。

6. 同樣地，向上拖曳零件 01 約 10mm 完成**步驟 2**；選擇四個螺栓，向下拖曳約 80mm 完成**步驟 3**；拖曳前面兩個螺栓向前約 30mm 完成**步驟 4**；拖曳後面兩個螺栓向後約 30mm 完成**步驟 5**。

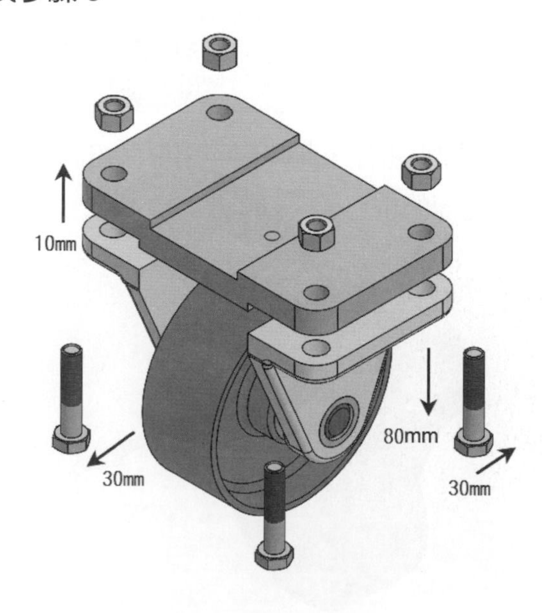

7. 勾選「**自動間隔零組件**」，拖曳**間距**至適當位置，邊界方塊選擇**中心排序**，選擇如圖示的三個零組件。拖曳軸線放置零組件時，三個零組件會自動間隔，並依序排列，形成一個**連續 1** 的步驟，若是距離不夠，可再拖曳箭頭個別調整。

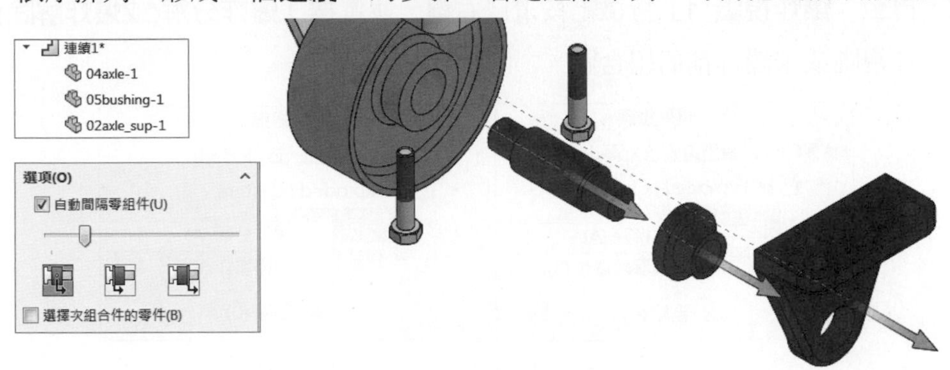

8. 依同樣方式完成**連續 2**，若是零組件被隱藏，可以按 C，從特徵快顯功能表中選擇。

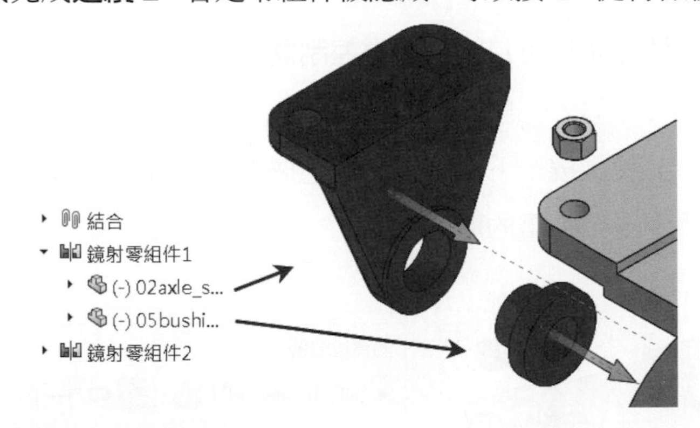

9. 按**確定**，完成的爆炸圖如圖所示。

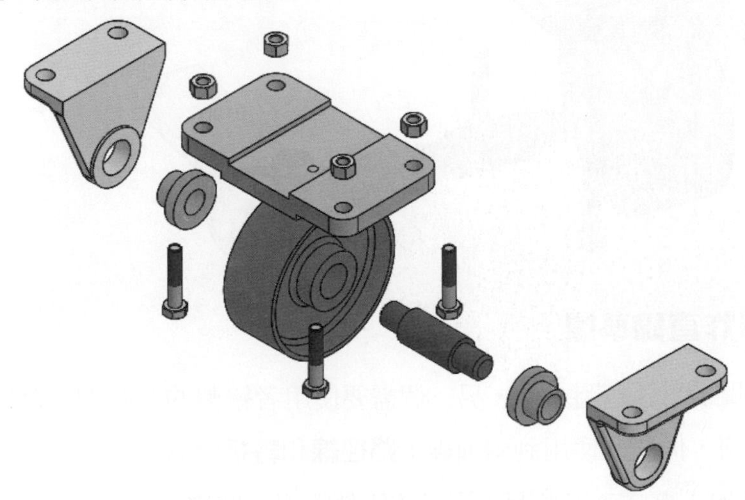

10. **儲存檔案**

9-7-1 爆炸和解除爆炸視圖

建立後的爆炸視圖會和模型組態一起儲存，只要在組態管理員中，展開爆炸視圖的模型組態，再至「**爆炸視圖 1**」特徵上按滑鼠右鍵，並選擇「**爆炸分解**(或**爆炸解除**)」，即可顯示爆炸視圖或未爆炸前的組合圖。

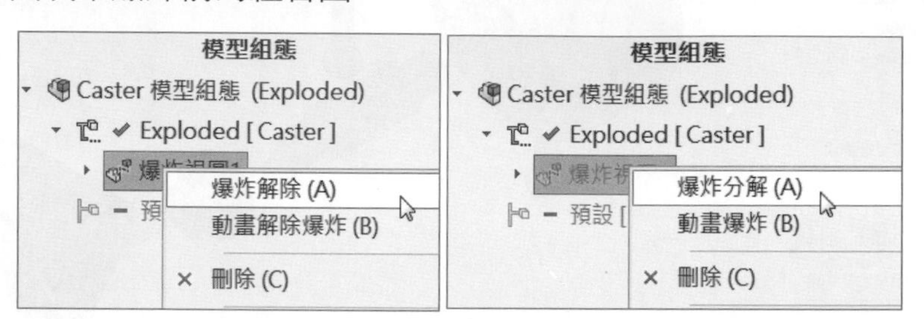

9-7-2 爆炸視圖的動畫

組合件的爆炸或解除爆炸可以透過**動畫控制器快顯工具列**的按鈕，用來模擬組合件組合與爆炸的動畫顯示。

在「**爆炸視圖 1**」特徵按一下滑鼠右鍵並選擇產生「**動畫爆炸**(或**動畫解除爆炸**)」，您可以從動畫控制器中設定動畫的顯示方式。

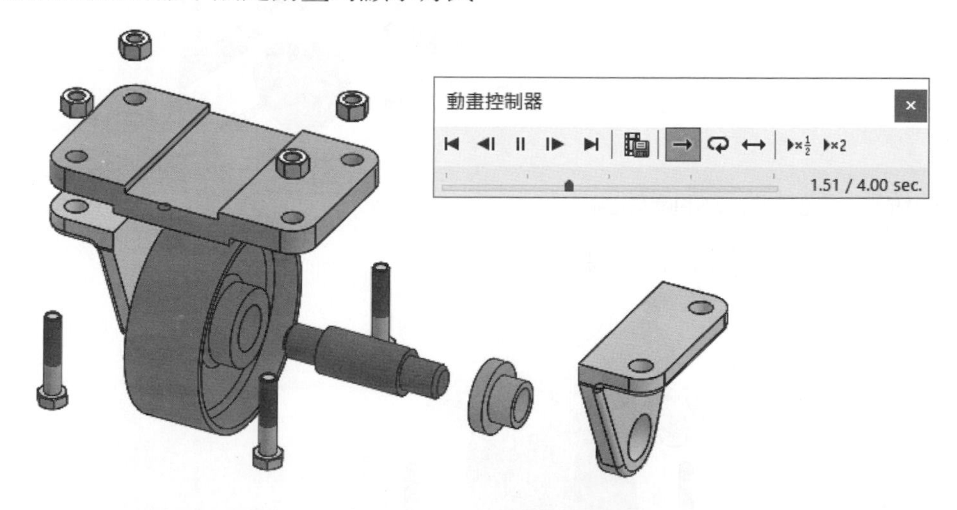

9-7-3 爆炸直線草圖

除了 2D 草圖與 3D 草圖之外，另一個需要使用者繪製的草圖即爲**爆炸直線草圖**。它也是一種 3D 草圖，但是只使用到兩種線：**路徑線**和**轉折直線**。

路徑線是用加入爆炸直線草圖來表示零組件的爆炸路徑。

轉折直線是用來斷裂一條已存在的直線，再轉變成一系列的 90 度線。轉折直線會自動加入垂直與平行於原始直線的限制條件。在一般的 2D 草圖中也可以使用轉折直線。

選項**沿 XYZ** 則產生平行於 X、Y、及 Z 軸的方向的路徑，避免使用最短的路徑。

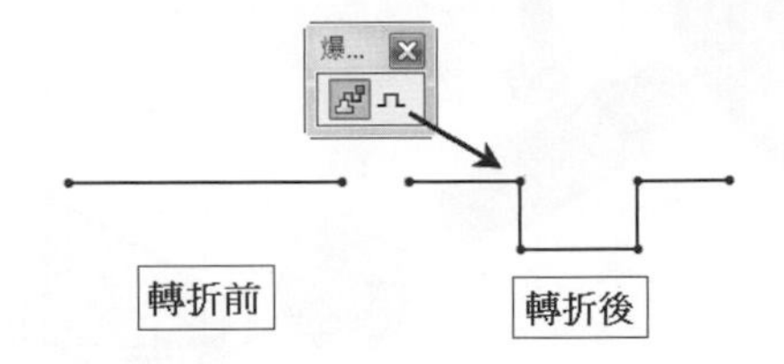

1. 按「**選項**」➡ **系統選項** ➡ **草圖**，取消勾選**在零件/組合件草圖中顯示圖元點**。
2. 按「**插入**」➡「**爆炸直線草圖**」，如圖示選擇兩圓弧建立 01plate 與螺帽之間的路徑線，點選路徑線終點上的箭頭可以反轉路徑線的方向，若是兩個零組件，只要確定方向一致即可，按**確定**後進行下一段路徑線。

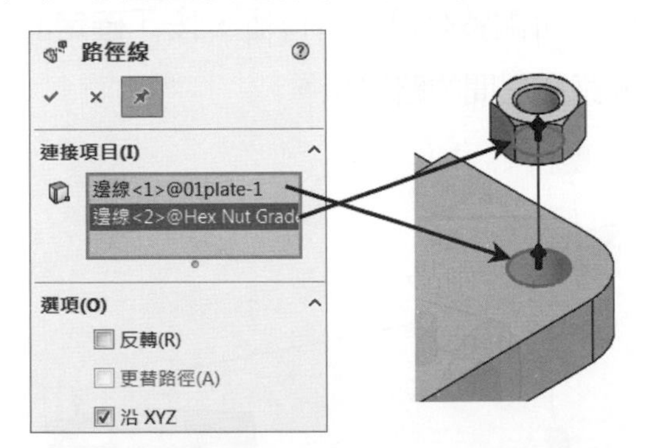

3. 加入螺栓與 01plate 圓孔之間的路徑線，因路徑並非一直線，路徑線段會出現轉折，移動游標至轉折路徑線上，粉紅色控制點會自動出現並可拖曳調整位置。

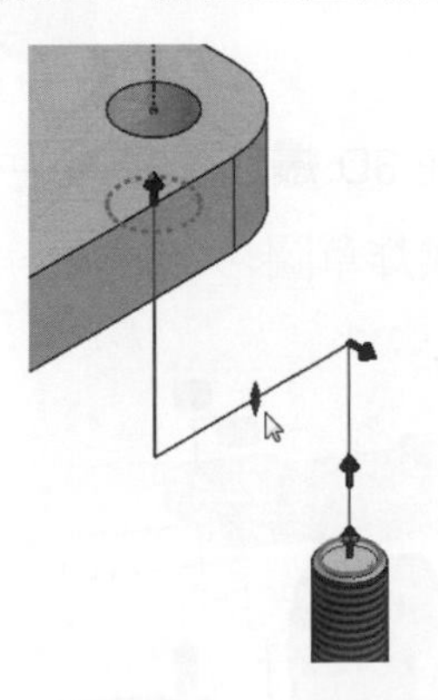

4. 以同樣的方式完成其他螺帽與螺栓的路徑線。

5. 選擇 04wheel 的圓弧以及 02axle_sup<1>的圓弧，此時連續的路徑線直接產生，按「**確定**」。

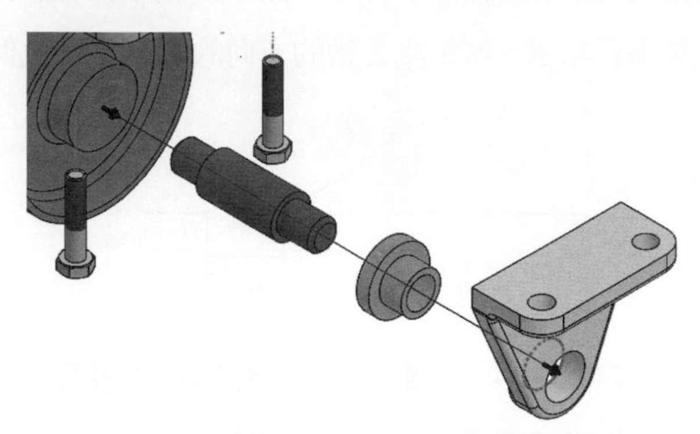

6. 以相同方式建立 04wheel、05bushing<2>與 02axle_sup<2>之間的連續路徑線。
7. 如圖示，取消**沿 XYZ** 選項，加入 01plate 鑽孔與 02axle_sup 鑽孔之間的路徑線，拖曳粉紅色控制點，可調整線段轉折位置，按「**確定**」，繼續完成其他 01plate 鑽孔與 02axle_sup 鑽孔之間的路徑線。

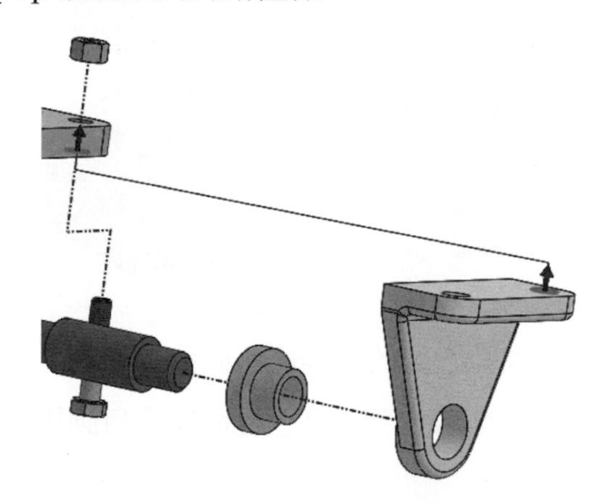

8. 此時所有的路徑線都內含在 **3D 爆炸 1** 草圖中，若需要編修時可以像編輯草圖一樣編輯即可，按**確定**離開爆炸草圖。

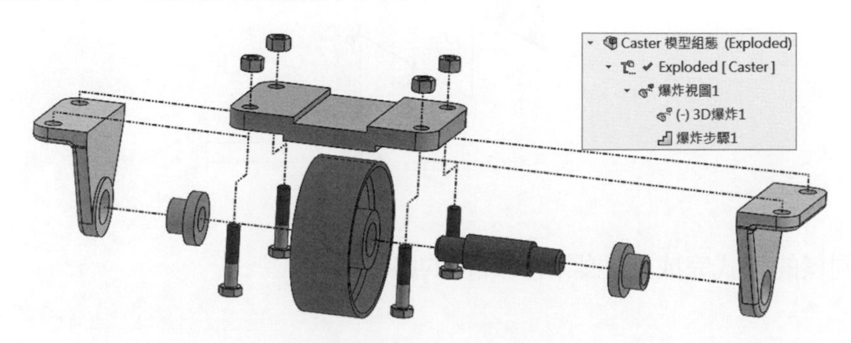

9-7-4 爆炸視圖的工程圖

有關工程圖的相關技巧與說明，請參閱下一章節。

9. 按標準工具列中的「**從零件/組合件產生工程圖**」，範本選擇**工程圖**。在圖頁格式/大小對話方塊中選擇**標準格式**「A3(ISO)」，按「**確定**」。

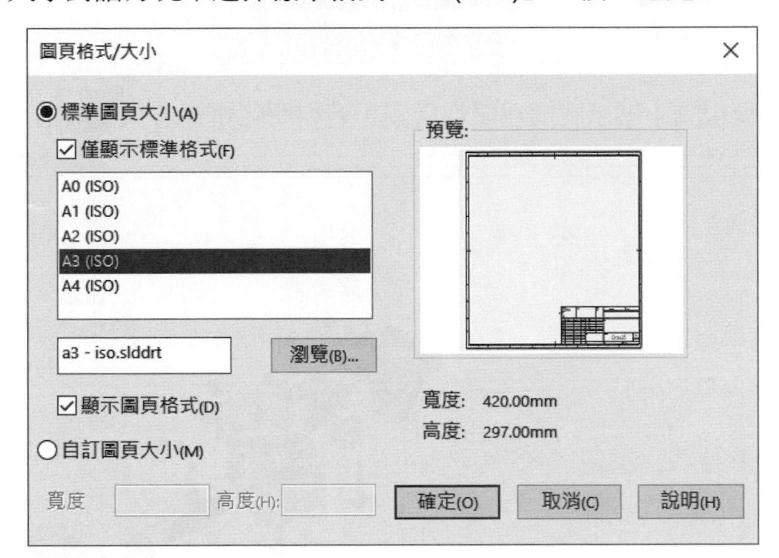

10. 從**視圖調色盤**中取消勾選**輸入註記**後，拖曳**等角視**至工程圖中適當位置，再點選「**工程視圖 1**」，從屬性管理員中選擇「**帶邊線塗彩**」與「**使用自訂比例 1：2**」，此時視圖顯示應為非爆炸狀態。

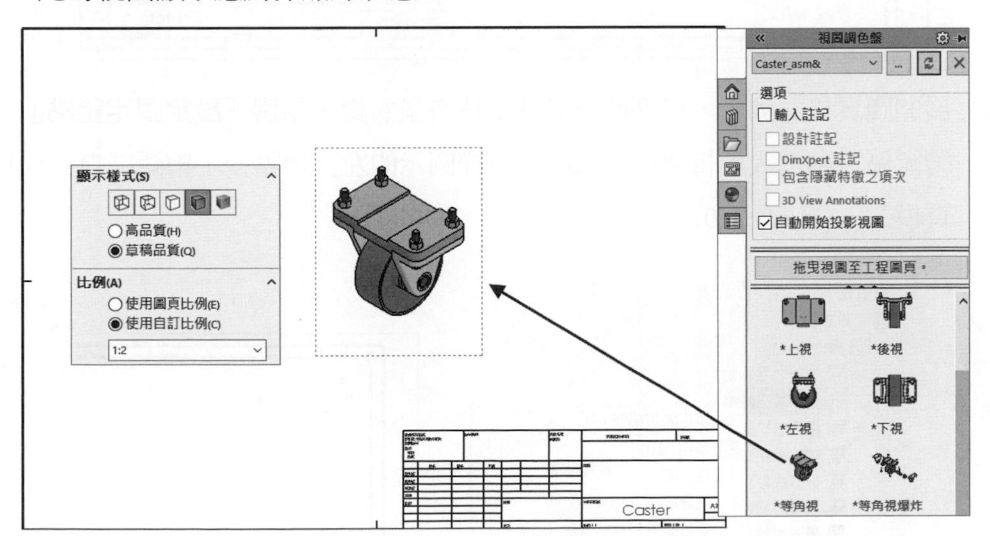

11. 按一下「**工程視圖 1**」，從屬性管理員中的參考模型組態選擇 Exploded，並勾選「**以爆炸或模型斷裂的狀態顯示**」，按**確定**。

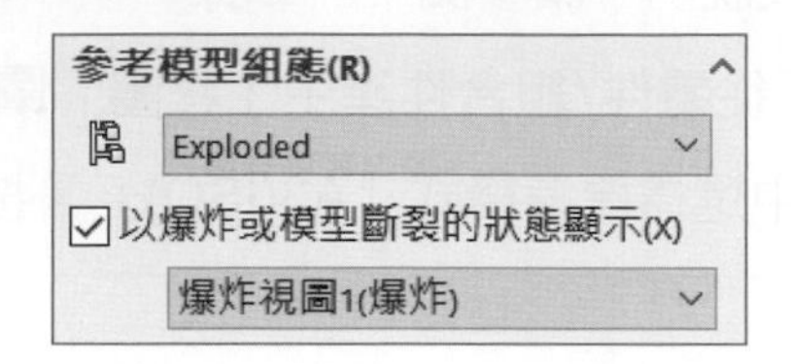

12. 此時工程視圖 1 顯示狀態爲爆炸視圖，若要解除爆炸，只要取消勾選即可。

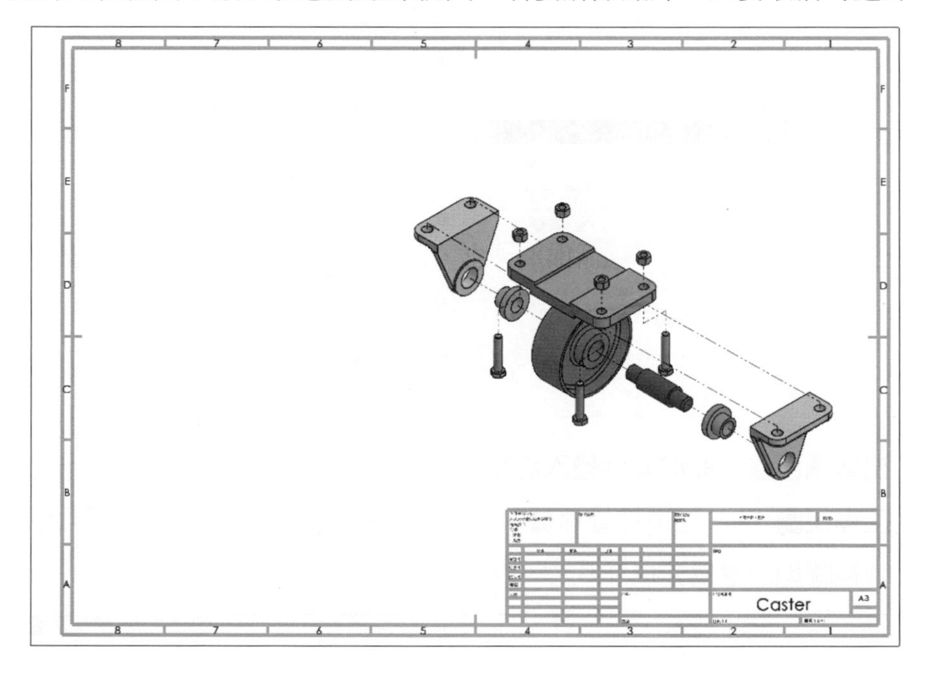

13. 展開圖頁格式列表，在零件表錨點 1 按滑鼠右鍵，點選「**設定固定錨點**」，此時繪圖區自動進入編輯圖頁格式中，選擇圖示的左上角點後，繪圖區自動回復爲圖頁模式。(參閱 ch10)

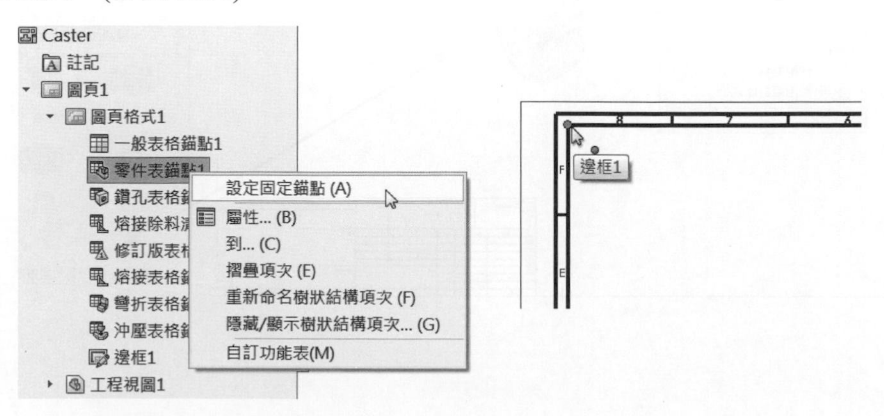

14. 選擇爆炸視圖，按**註記**標籤列中的**表格 → 零件表**，因組合件中已建立零件表，因此在 BOM 選項中選擇**複製現有的表格**以及表格位置的**附著至錨點**，按**確定**。

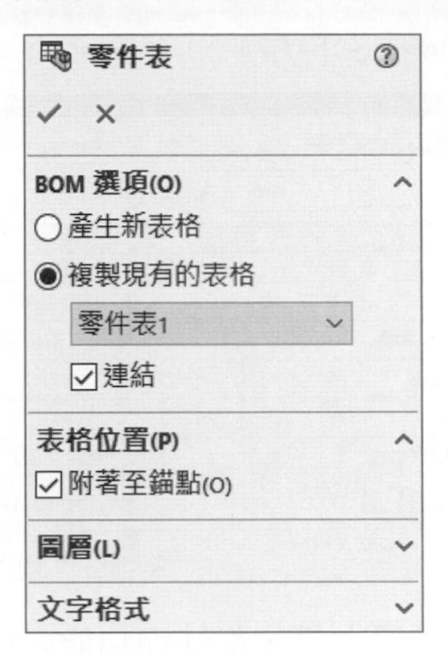

15. 如圖示，組合件中建立的零件表已附著於工程圖的左上角點。

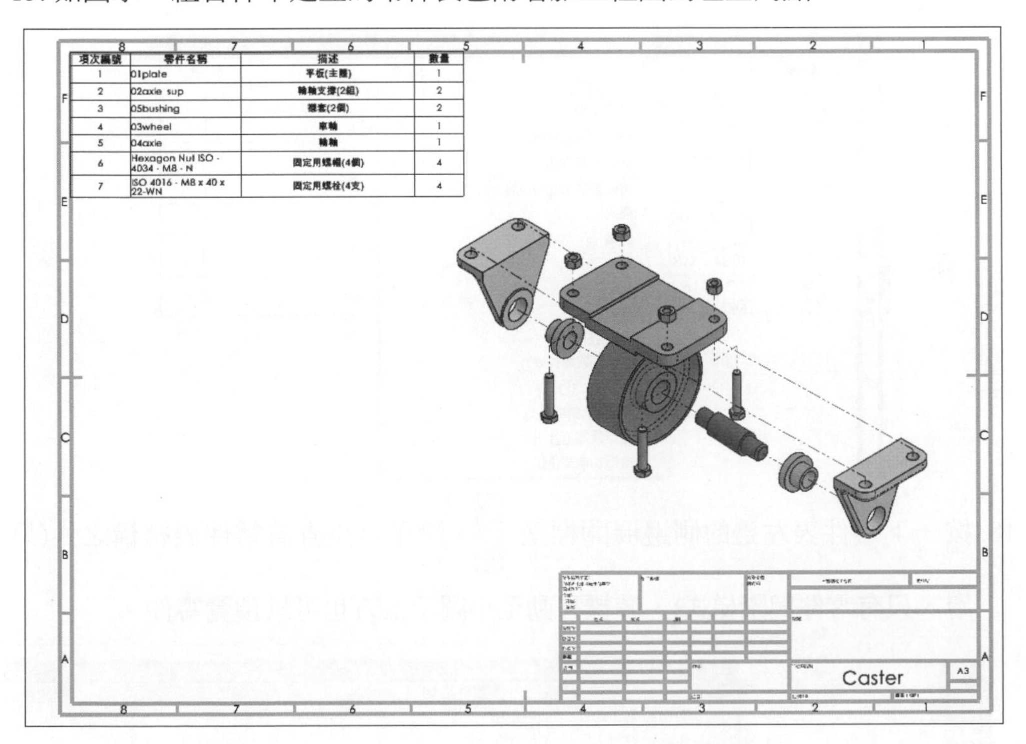

16. 按一下零件表左上角的移動圖示 ，整個表格反白顯示，您可以按住拖曳英文的欄項次左右移動，也可以按住拖曳列編號項次上下移動，拖曳項次 3 的 05bushing 至項次 5 的 04axie 下方。

選擇表格

側邊展開

選擇拖曳欄

	A	B	C	D
1	項次編號	零件名稱	描述	數量
2	1	01plate	平板(主體)	1
3	2	02axle_sup	輪軸支撐(2組)	1
4	3	03wheel	車輪	1
5	4	04axle	輪軸	1
6	5	05bushing	襯套(2個)	1
7	6	Hexagon Nut ISO - 4034 - M8 - N	固定用螺帽(4個)	2
8	7	ISO 4016 - M8 x 40 x 22-WN	固定用螺栓(4支)	2

17. 您也可以在零件表上按滑鼠右鍵，從快顯功能表中選擇調整表格或儲存格的選項設定。

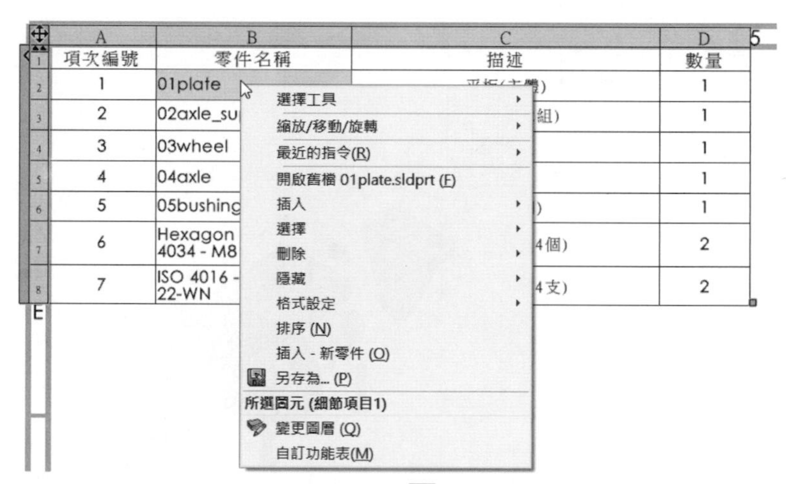

18. 按一下零件表左邊的側邊展開標籤 ，除了可以查看零件表結構之外(只有上層、只有零件與階梯式)，游標移動至小圖示上方也可以預覽零件。

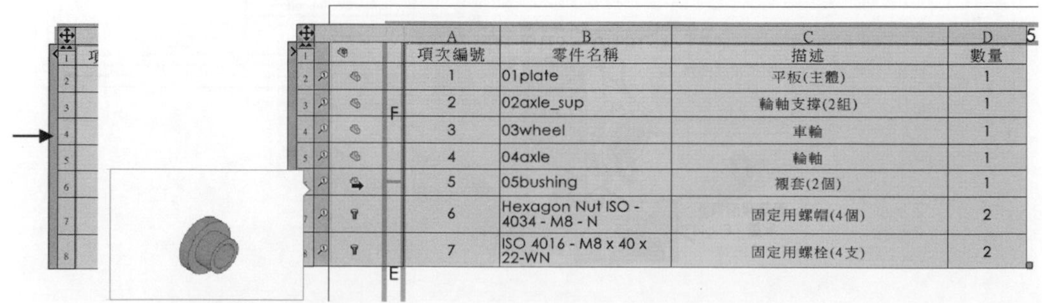

19. 選擇爆炸視圖，按**自動零件號球**，複製排列方式選擇**配置到左邊**，按**確定**，系統依零件表中的項次編號插入零件號球。

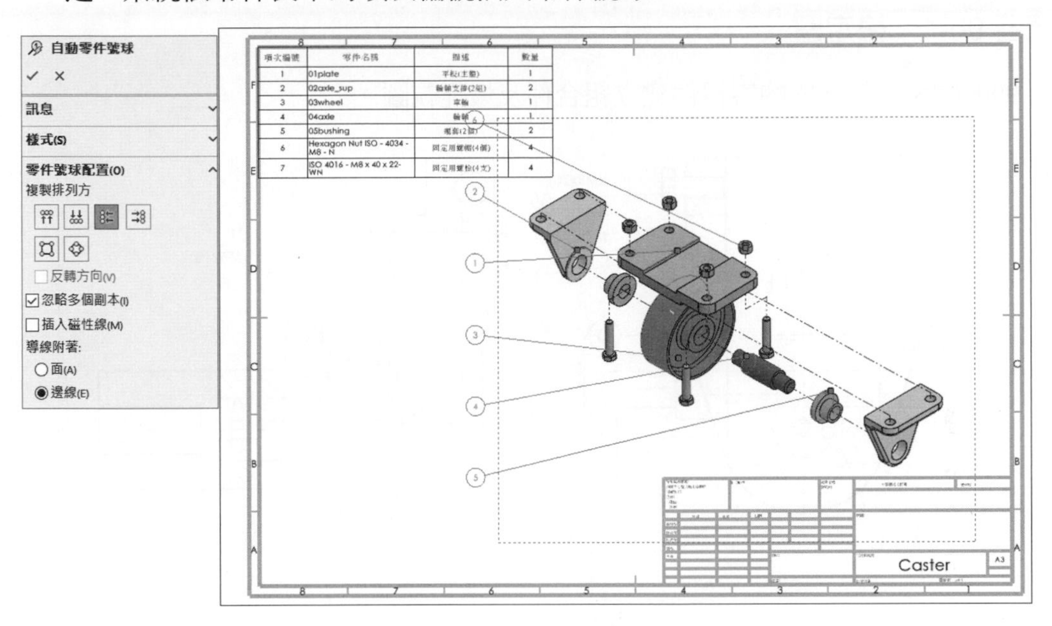

20. 按**磁性線**，間距**自由拖曳**，拖曳一條 150°的磁性線，可以邊拖曳時將零件號球吸入，後再將未納入的號球拖入即可，調整號球使位置不相交錯。

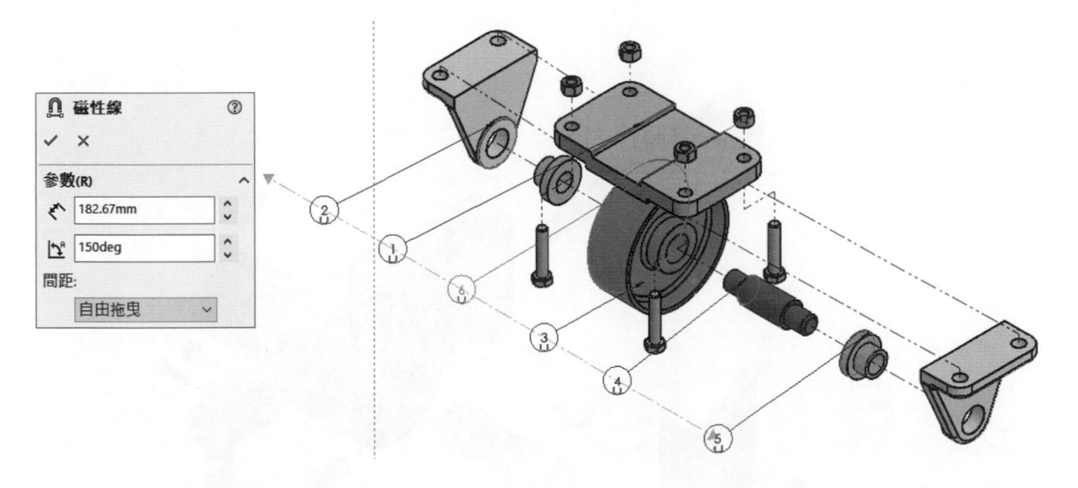

21. 儲存並關閉所有檔案。

9-7-5 練習題

練習 9b-1 檢定題

依 990207B 資料夾內的零組件建立組合件及爆炸視圖。

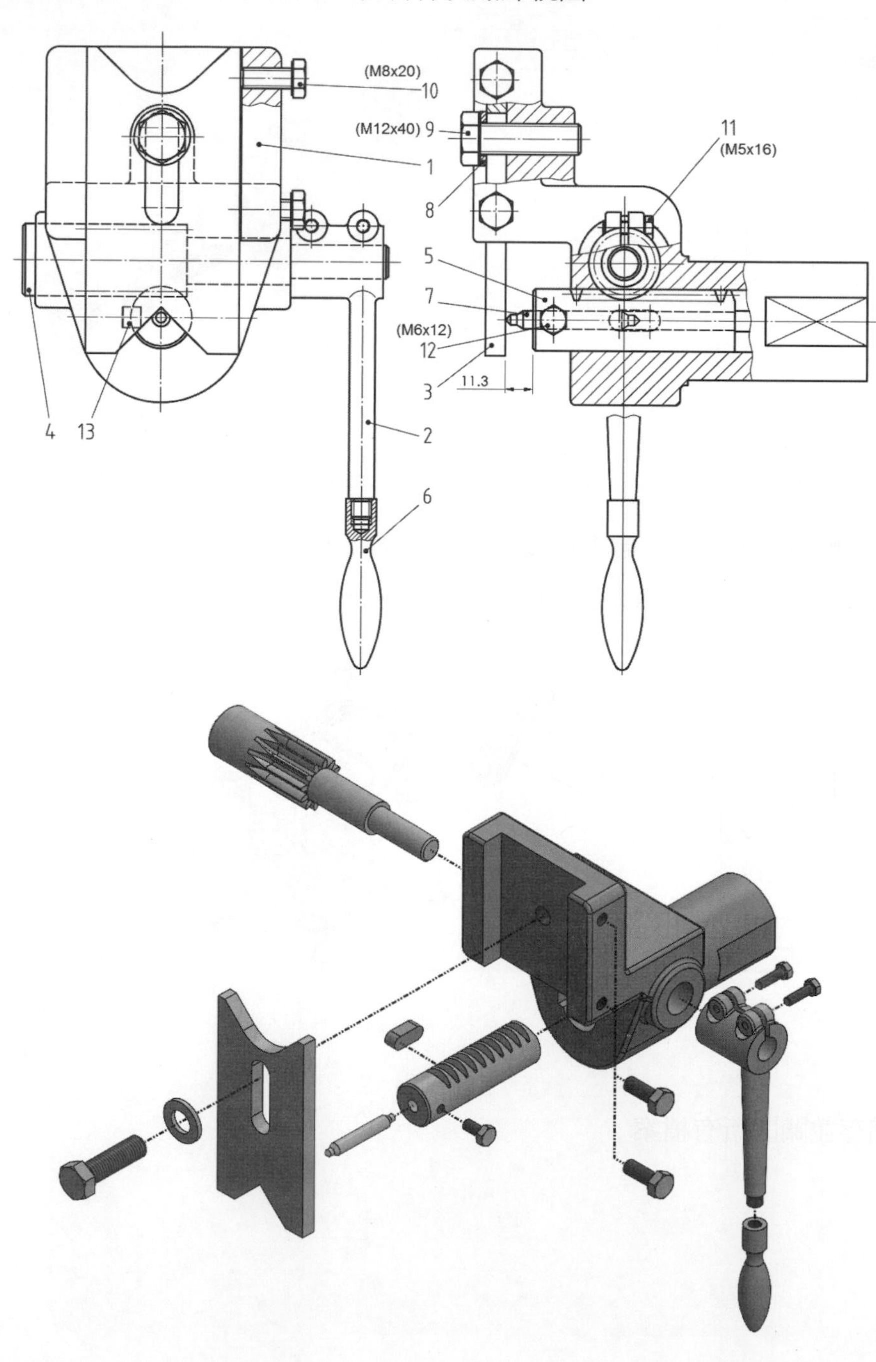

9-8 機械結合

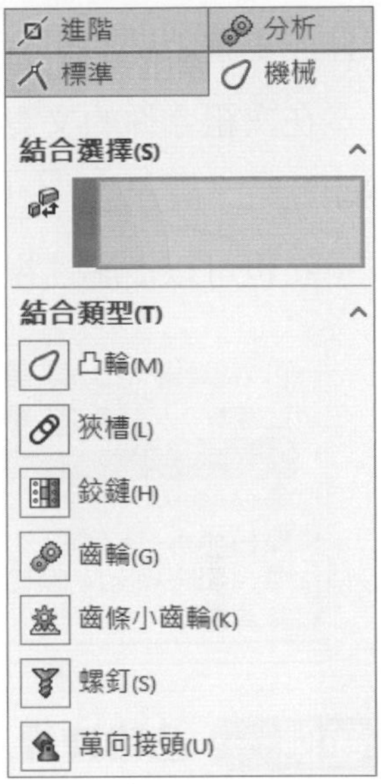

- **凸輪**：是一種相切或重合/共點類型的結合，它允許您結合一個圓柱、平面或點到一連續相切的伸長填料曲面，像是凸輪外緣。
- **狹槽**：使用狹槽可以結合螺栓與直狹槽或彎狹槽，或結合狹槽與狹槽。您可以選擇軸、圓柱面或狹槽來產生狹槽結合。
- **鉸鏈**：鉸鏈結合將兩個零組件之間的移動限制在一個旋轉自由度。它的效果和加入同軸心結合並加上重合/共線/共點結合相同。鉸鏈結合也可以限制兩個零組件之間的旋轉角度。
- **齒輪**：定義著連接齒輪或皮帶輪機構之間的相對關係。它允許您設定並維持零組件之間所需的旋轉運動之轉速比。需注意的是，齒輪間的組態都是預設(Default)，轉向相反，所以皮帶輪的旋轉方向因爲同向必須要**反轉**。
- **齒條及小齒輪**：齒條及小齒輪結合，是一個零組件(齒條)的線性平移導致另一個零件(齒輪)環形旋轉的動運結合，反之亦然；其中齒條平移的距離等於小齒輪直徑*pi。(有時零組件並不需要有齒輪齒)。
- **螺釘**：螺釘結合是在一個零組件的旋轉與另一個零組件的平移之間加入一個螺距的限制條件。根據螺距的限制條件，一個零組件旋轉會帶動另一個零組件平移；同樣地，一個零組件的平移也會存動另一零組件的旋轉。
- **萬向接頭**：萬向接頭的作用是一個零組件(輸入軸)繞著其軸旋轉會造成另一零組件(輸出軸)繞著其軸旋轉。

9-8-1 彈性與剛性

剛性：當次組合件設爲剛性時，次組合件被視爲單一的零組件，因此，在父組合件中，無法對次組合件中的零組件建立結合關係，也無法運動，同時實體因爲視剛性次組合件爲單一物體，系統在執行與重新計算時時間比較快。

彈性：當次組合件設為彈性時，在父組合件中它是可動的，次組合件中的各個零組件是被允許移動的。這些零組件仍然作為次組合件的組群存在移動或旋轉，次組合件中的零組件並不會破壞次組合件或其父組合件中的結合。

在次組合件的文意感應工具列中點選**剛性**，壓按為彈性，否則為剛性，次組合件為剛性時，圖示為 ；次組合件為彈性時，圖示為 。

您也可以從屬性視窗中將**解出為**調整為**固定的**或**彈性的**。

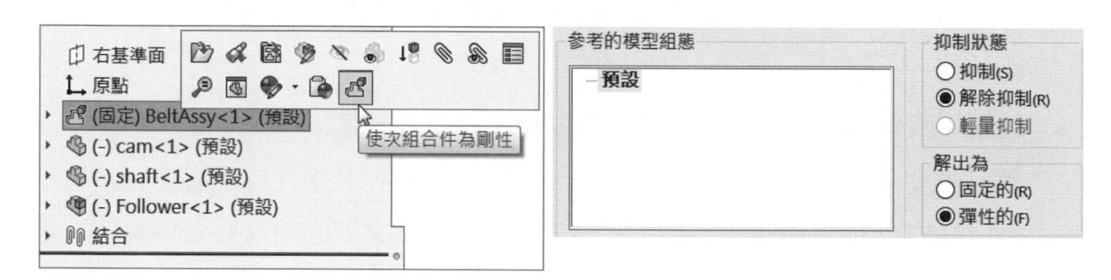

範例一 凸輪連桿

1. 按**開啟舊檔**，切換至 CamPulleys 資料夾，點選右下角**快速濾器**中的**濾器組合件**，對話方塊僅顯示組合件。

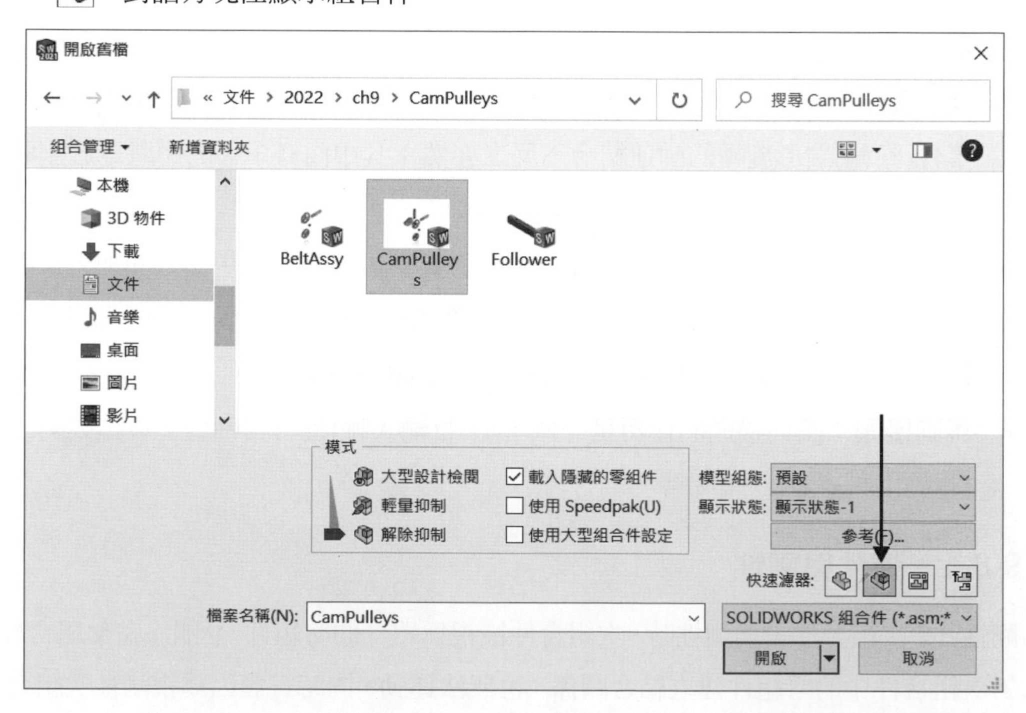

2. 選擇組合件 CamPulleys，按**開啓**，這個組合件包含著凸輪、連桿與次組合件皮帶輪系統，我們將加入適當的結合到組合件中以獲得想要的運動。

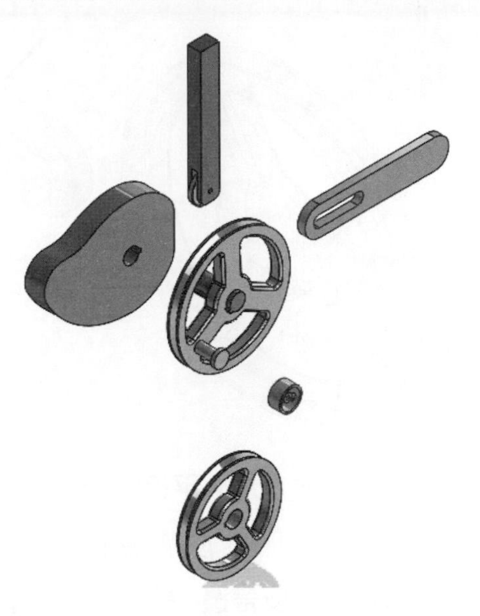

提示

本例的次組合件 BeltAssy 為彈性，零組件可個別運動；次組合件 Follower 為剛性，只能整體運動。

3. 在次組合件 BeltAssy 上按一下，從文意感應工具列中選擇「**開啓次組合件**」，次組合件 BeltAssy 會被開啓至另一視窗中。

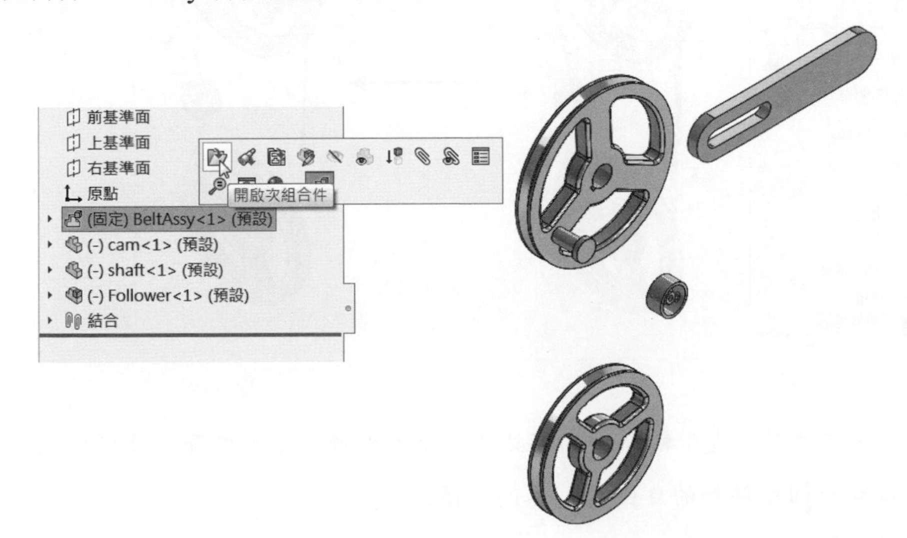

4. 按「**結合**」，勾選選項「**僅為定位使用**」，此選項只使用結合功能來對正零組件，並不會加入結合條件。選擇圖示的兩平面，加入**平行**結合，按 ✓。

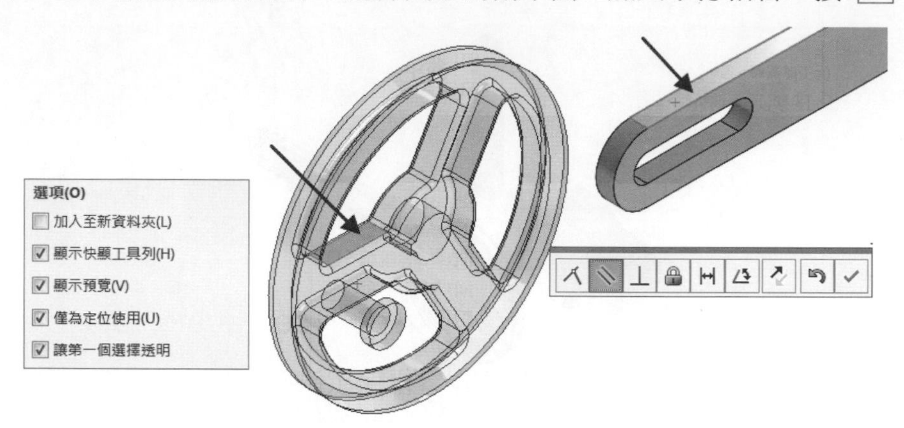

5. 關閉**結合**，檢視結合資料夾，並未加入**平行**結合。
6. 按「**插入**」➞「**組合件特徵**」➞「 **皮帶/鏈條**」，選擇兩皮帶輪與惰輪的外圓邊線，調整惰輪順序及勾選**反轉皮帶邊**(惰輪)，勾選**驅動**，輸入長度 1875mm，按**確定** ✓。

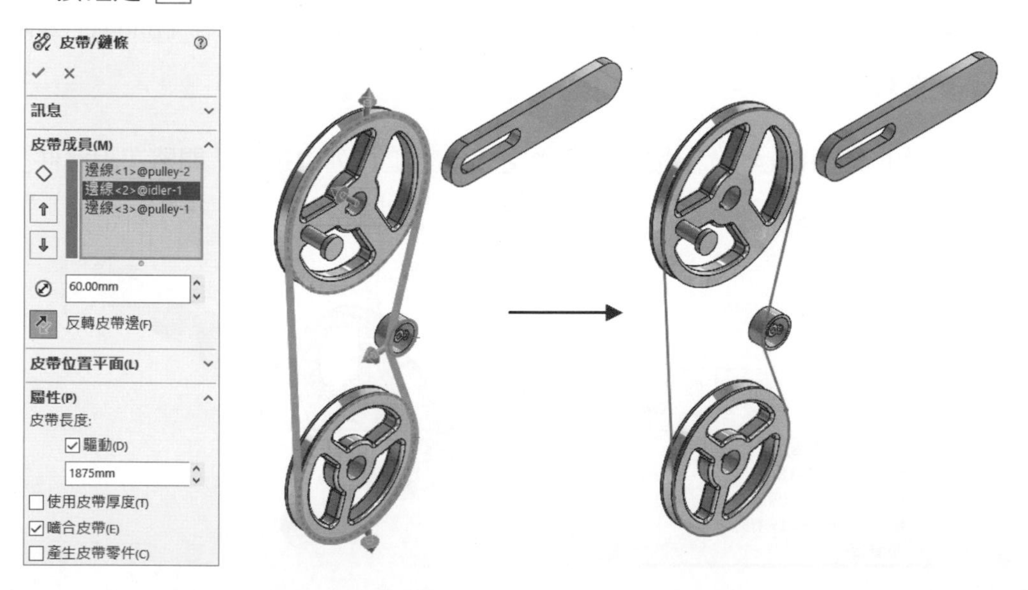

注意

建立皮帶特徵時，皮帶輪和惰輪都必須保持可旋轉，若要皮帶長度可驅動，則其中一個輪必須有一個可移動的自由度，本例為惰輪。

7. 您可以嘗試著移動皮帶輪看看是否三個都有依正確的速度比在轉動(皮帶是沒有任何運動的)。
8. 使用**機械結合**，按**狹槽** ，限制為**自由**，加入圓銷圓柱面與 Link 零組件狹槽內面之間的結合條件，使圓銷放進狹槽內，按 。

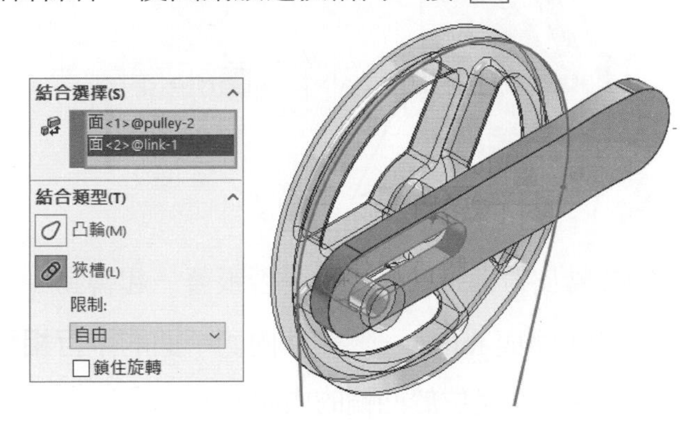

9. 您可以再一次移動皮帶輪以確定 Link 零組件的運動狀態。存檔並關閉目前的次組合件，回到主組合件 CamPulleys 並重新計算。
10. 按 Ctrl 鍵，同時選取凸輪 cam 軸孔面與 shaft 軸面，加入**同軸心**結合條件。

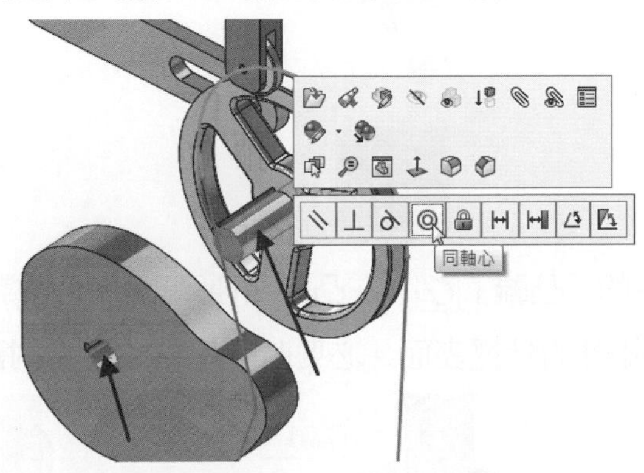

11. 同樣的，加入凸輪 cam 軸槽與 shaft 軸凸出鍵兩個平坦面的**平行**結合條件。

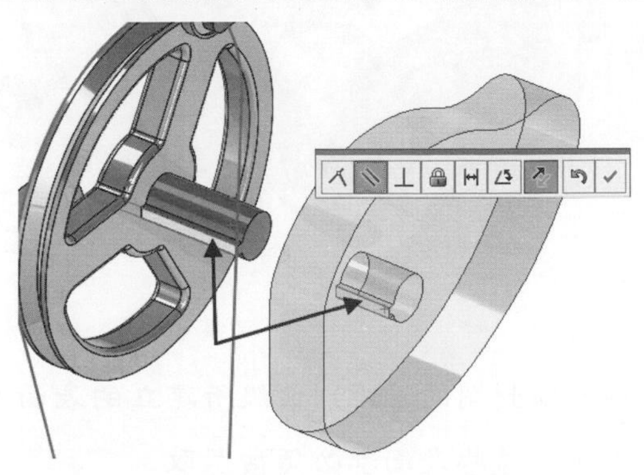

12. 加入凸輪 cam 外側平面與 shaft 軸端平坦面的**平行相距** 10mm 結合條件，按「**反轉方向**」使軸凸出向外。

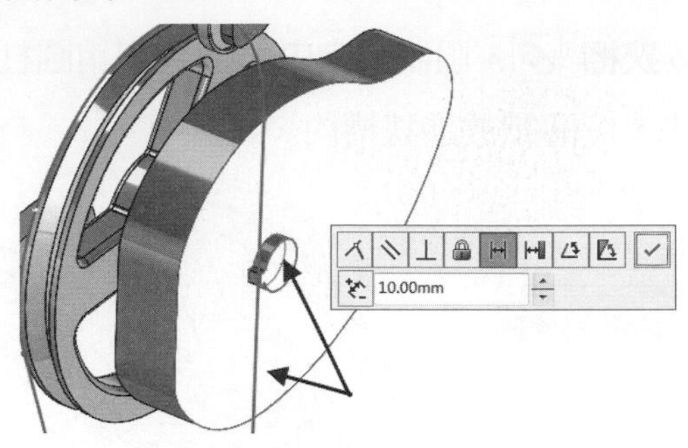

13. 您可以再一次的旋轉皮帶輪，檢查凸輪是否跟著一起轉動。

14. 加入凸輪 cam 內側平面與 follower 零組件內側平面的**平行相距** 7.5mm 結合條件，確認 follower 零組件平面是位於凸輪的內側。

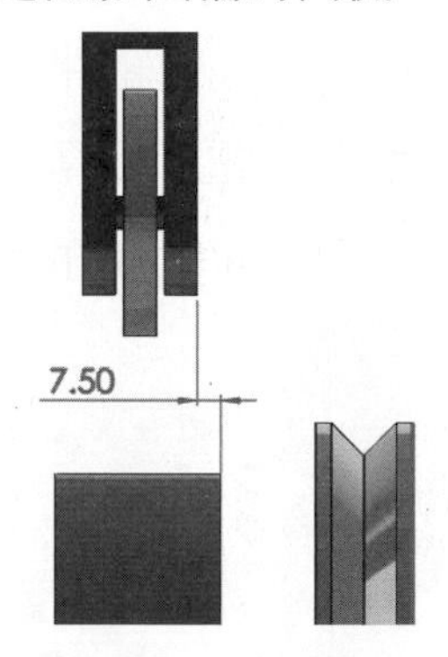

15. 使用**機械結合**中的「**凸輪**」，在**凸輪路徑**列表內，選擇凸輪面，**凸輪從動件**列表選擇 roller 零組件的外徑表面。必要時，反轉「**結合對正**」方向，按 。

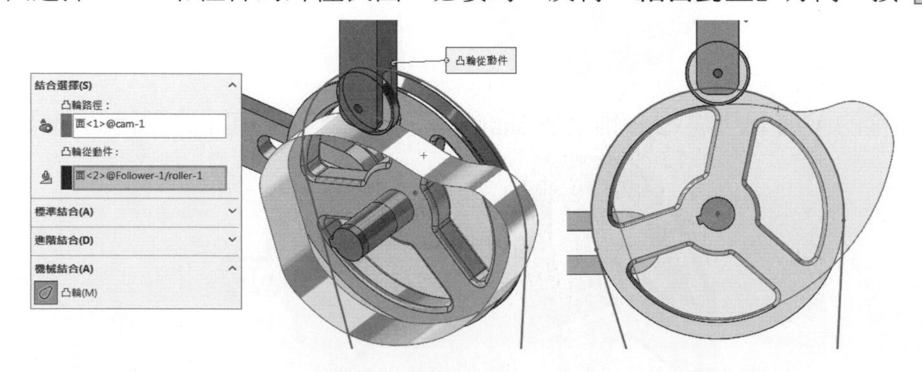

注意

因為此凸輪只有一個由一條封閉的不規則曲線所建立的表面，所有只有選一個面，若是凸輪包含相切的多個表面，這些表面都必須被選取。

16. 完成運動結合，轉動下方的皮帶輪，上方的皮帶輪會依正確的速比運動，Link (連桿)依循圓銷，Follower 次組合件隨著凸輪旋轉而上下移動。

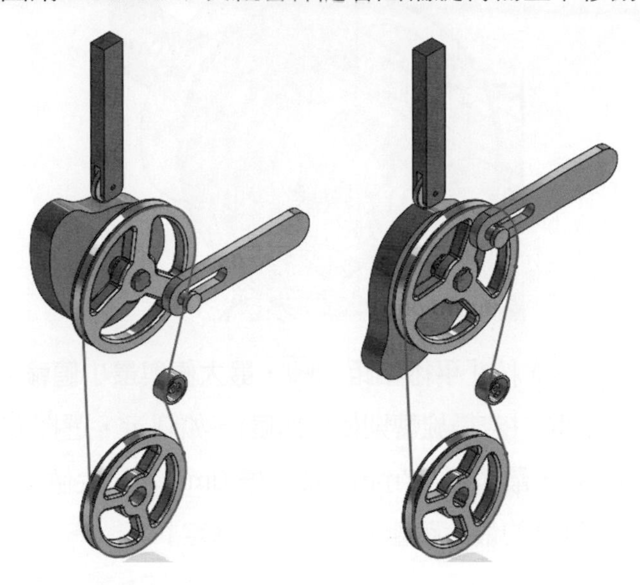

17. 儲存並關閉所有檔案。

範例二 跟刀架

1. 開啓組合件\跟刀架\跟刀架.sldasm，爲了方便檢視，這個組合件內的零件 1 與零件 2 已變更爲透明狀，雖然組合件大致已結合完成，但是 **06 手輪**推動 **05 頂錐**的動作並未結合完成，下面我們將透過**進階結合**的**平行相距**和**機械結合**的**螺釘**完成此結合動作。

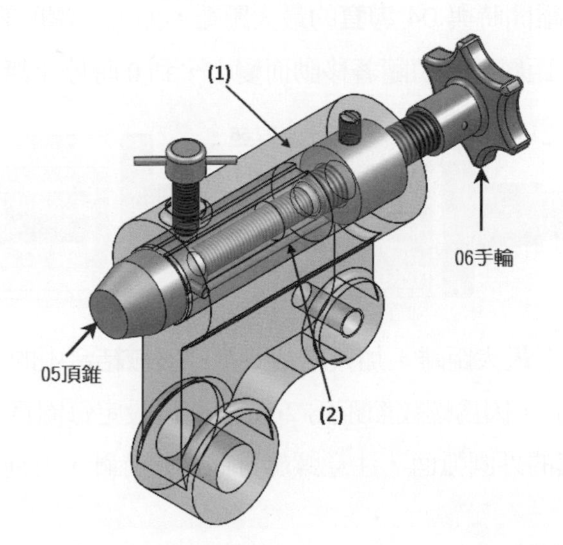

2. 按 g 使用放大鏡，放大要加入結合的區域。

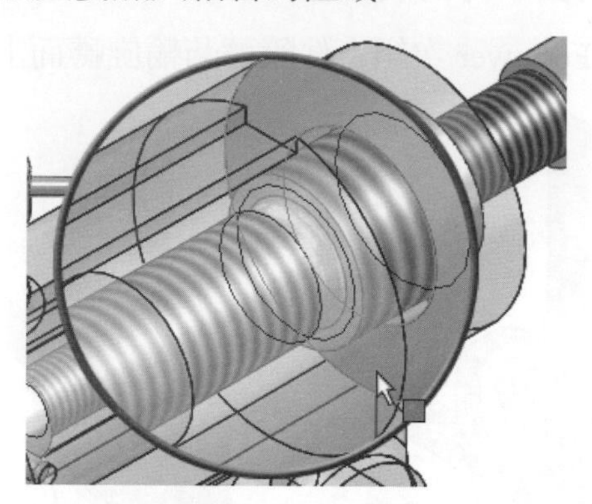

3. 使用**進階結合**列表，按「**平行相距**」，**最大值**與**最小值**輸入框會跟著顯示出來讓使用者輸入距離。(若是旋轉則使用**角度**)。如圖示，選擇 **03 螺桿**與 **04 導套**的平面，**距離 0mm**，**最大值 37mm**，**最小值 0mm**。最大值的決定是取決於 **06 手輪**離開時與 **04 導套**的最大距離而定，按「**確定**」。

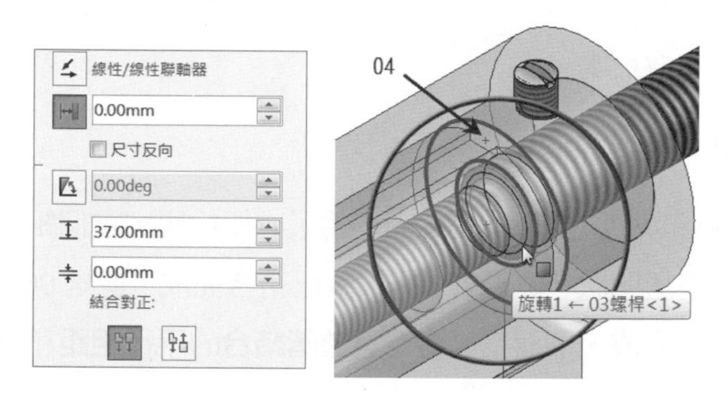

4. 量測 **06 手輪**離開時與 **04 導套**的最大距離，如上步驟所訂的 37mm，拖曳 **06 手輪**往左移動，距離尺寸值隨著移動而變小，到 0 時停止無法移動。

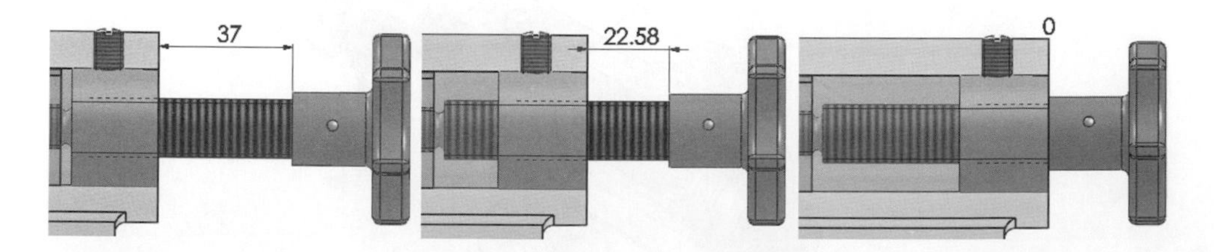

5. 移動 06 手輪至最大距離，加入**結合**，選擇**機械結合**中的「**螺釘**」，選項點選「**距離/圈數**」，因爲螺紋節距爲 2mm，所以設定每圈爲 2mm，結合選擇 **03 螺桿**與 **04 導套**的外圓弧面，注意螺旋方向爲順時針，方向會依所選零組件表面的順序而不同。

提示

在選擇零組件時，透明件是可以被穿透的，若要選透明件則必須加按 Shift 鍵。

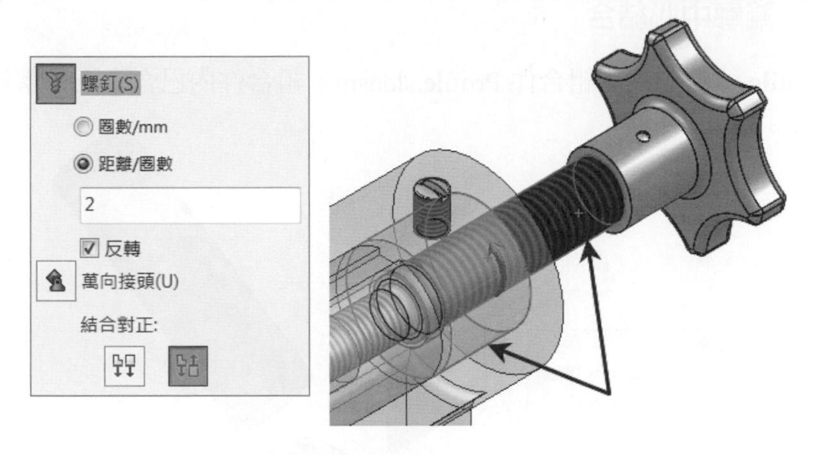

6. 完成後之組合件，沿著箭頭順時針旋轉，轉動手輪即可前進，依每圈前進 2mm，倒轉逆時針則後退。

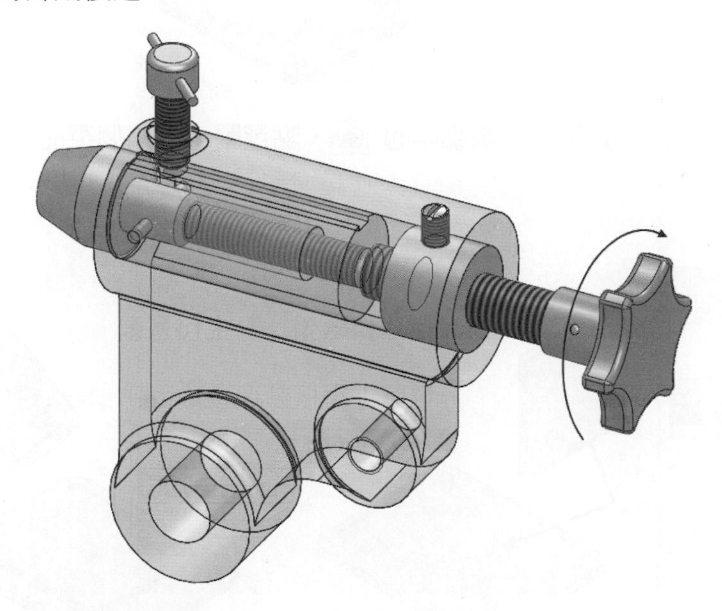

7. 儲存並關閉檔案。

9-8-2 練習題

練習 9c-1 輪廓中心結合

(1) 開啓 Profile 資料夾內的組合件 Profile.sldasm，組合件內已含含三個零組件。

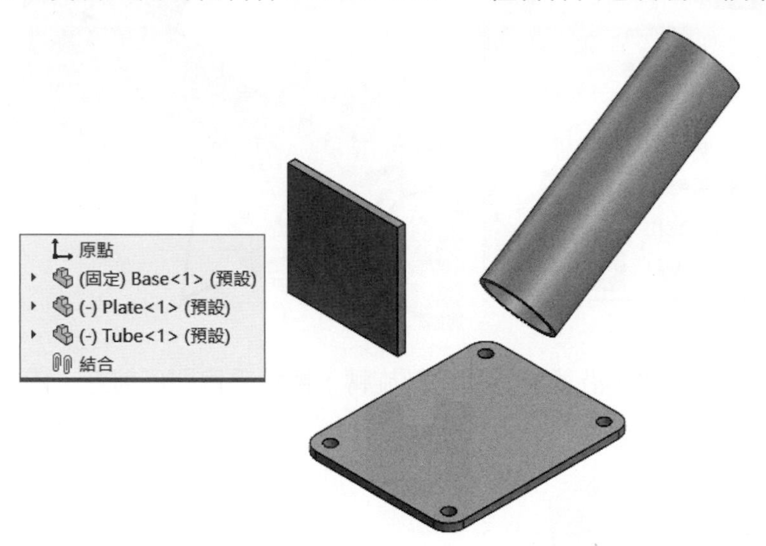

(2) 按「**結合**」，選擇**進階**中的**輪廓中心**，點選圖示的兩個平面，按「**確定**」。

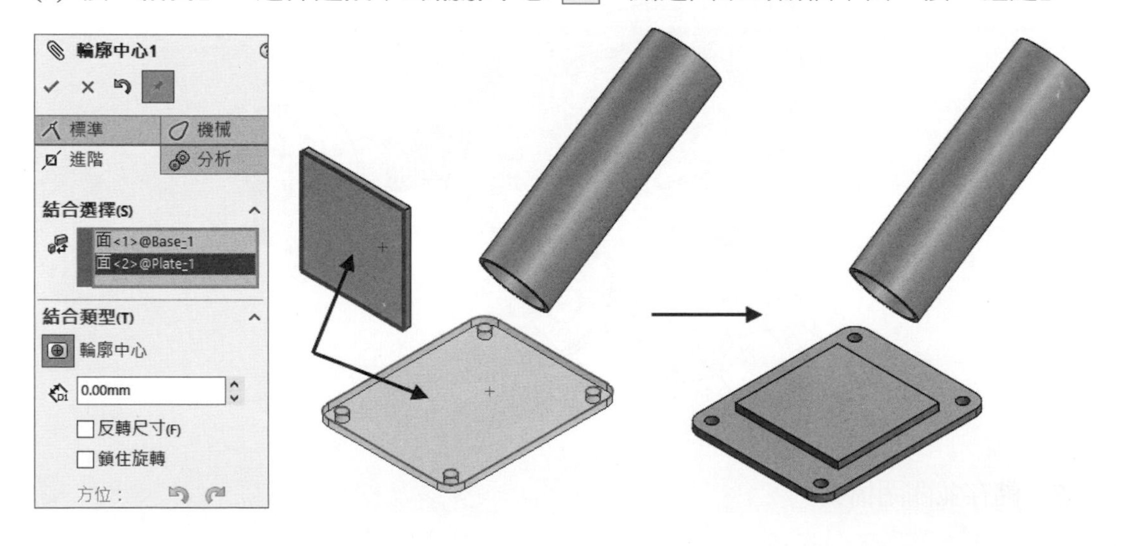

(3) 再一次選擇**輪廓中心** ，點選 Plate 零組件的上表面及 Tube 零組件的底面，勾選**鎖住旋轉**，按「**確定**」。

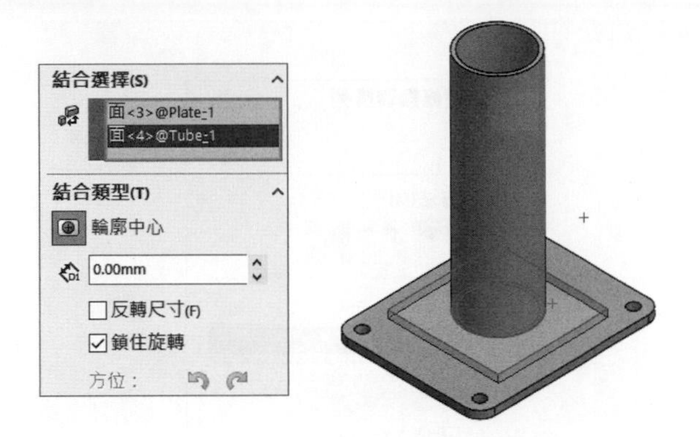

(4) 儲存並關閉檔案。

練習 9c-2 鏈條複製排列

(1) 開啓新檔，範本選擇**組合件**，在前基準面繪製如下草圖。

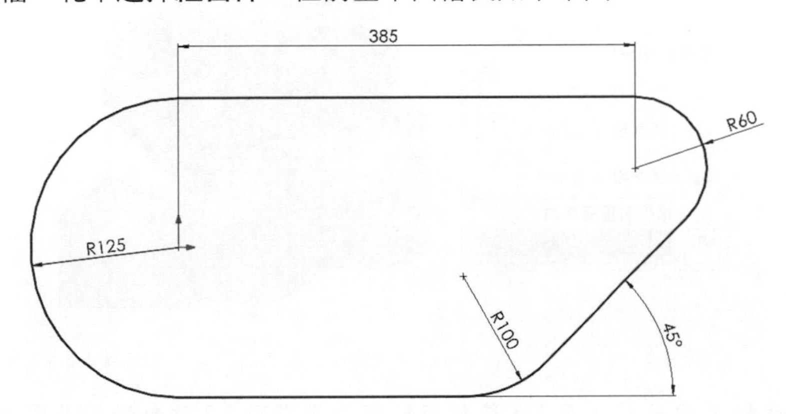

(2) 插入 Chain 資料夾中的零組件 Sub1 與 Sub2，預設第一個零組件爲**固定**，在零件名稱上按滑鼠右鍵，點選**浮動**。

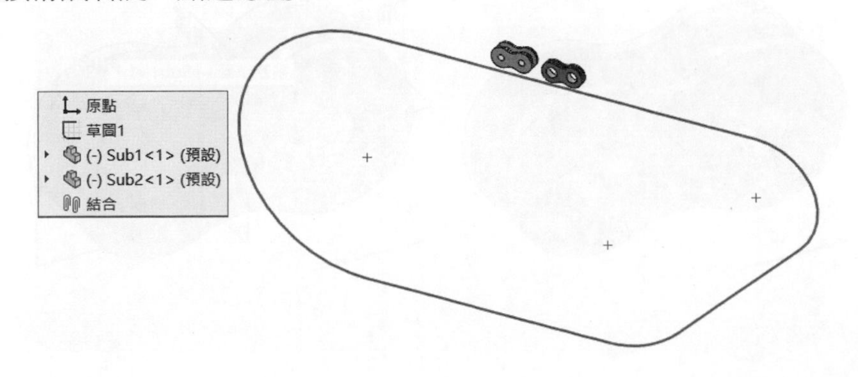

(3) 按「**插入**」➡「**零組件複製**」➡「**鏈條複製排列**」，**螺距方法**點選**鏈接的連結關係**，**路徑**選擇**草圖 1**，您也可以用 SelectionManager 選擇封閉的草圖圖元迴圈，勾選**填入路徑**。

(4) 在**連續群組 1** 的零組件中選擇 Sub1，並選擇如箭頭所示的兩個**暫存軸**及**前基準面**。

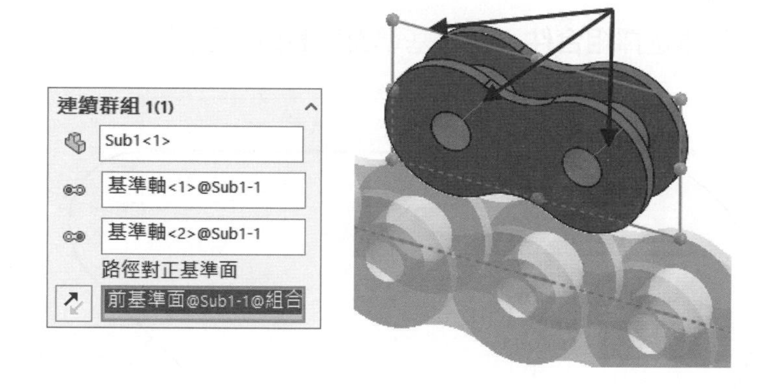

提示

1.您可以移動游標至圓柱面上，待暫存軸顯示後選取；2.移動游標至零組件上，按 Q，待所有基準面暫時顯示後，再選擇前基準面。

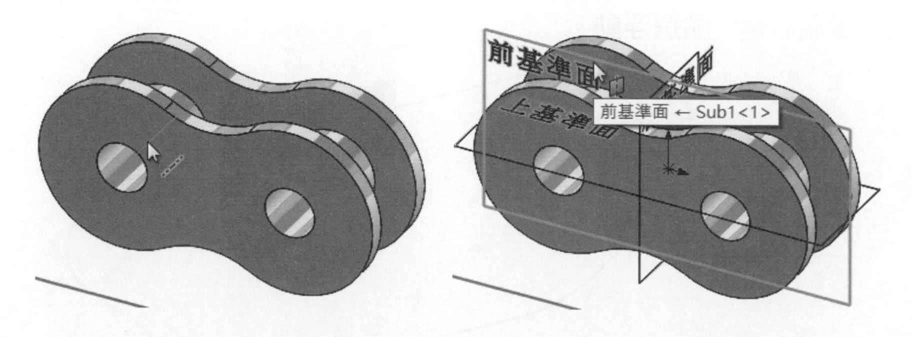

(5) 在**連續群組** 2 的零組件中選擇 Sub2，並選擇兩個**暫存軸**及**前基準面**，點選**動態**，按**確定**。

(6) 關閉暫存軸，在特徵管理員中點選**鏈條複製排列 1**，以顯示種子零組件。

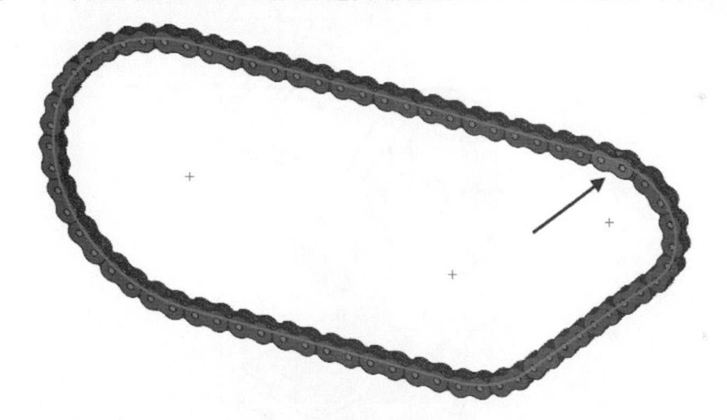

(7) 逆時針拖曳種子零組件，查看鏈條運動狀況。

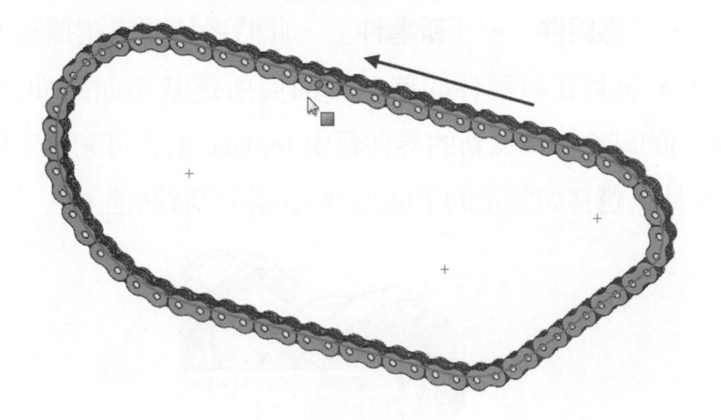

注意

若是第一個零組件未變更為浮動，種子零組件將無法拖曳運動。草圖線的總長度不等於鏈條滾子的總寬度時，鏈條會顯現空隙。

(8) 儲存並關閉檔案。

9-9 在組合件中產生零件(由上而下設計)

當組合件中的零組件與其他零組件有相關聯時，您可以在組合件中利用相關聯零組件的幾何產生一個新零件。

作法是在組合件中插入新零件，並在作圖的過程中參考其他零組件的幾何，這可以省略作圖時間，當關聯零組件有設計變更時，新零件也能跟著變更。

在組合件的關聯中產生新的零組件之前，您可以在選項中設定，是將新的零組件儲存爲外部的零件檔案或組合件檔案中的虛擬零組件。

1. 從 990202B 資料夾開啓組合件檔 990202B.sldasm，組合件內目前有三個零件，視角方位如圖。

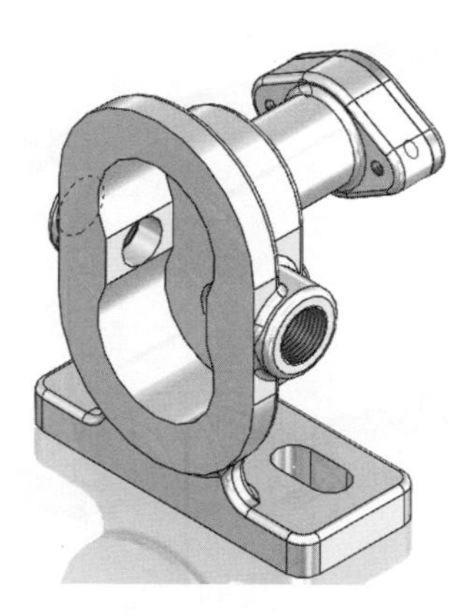

2. 按「**插入**」➡「**零組件**」➡「**新零件**」，此時系統要求選擇基準面或平坦面以開啓一個草圖，並且在新零件的前基準面與所選基準面或面之間自動加入一個 Inplace(重合)的結合，這樣新的零件藉由 Inplace 結合可完全定位，不需要加入其他的結合條件。選擇如圖示的平面以進入編輯草圖狀態。

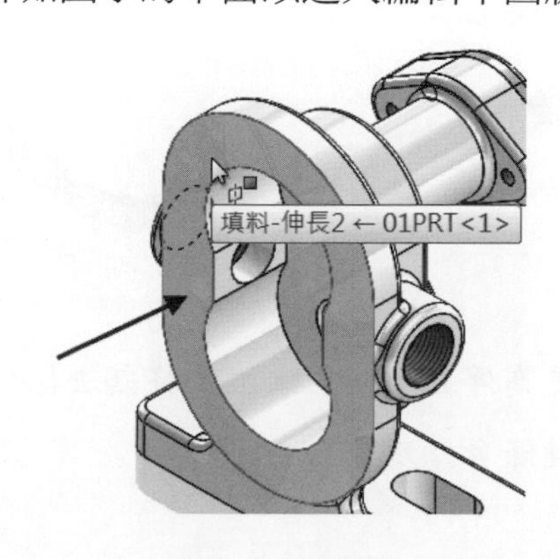

3. (a)使用參考圖元，參考如箭頭所示的兩條圓周輪廓線，(b)插入伸長填料，厚度 0.3mm，(c)按 離開編輯零組件。

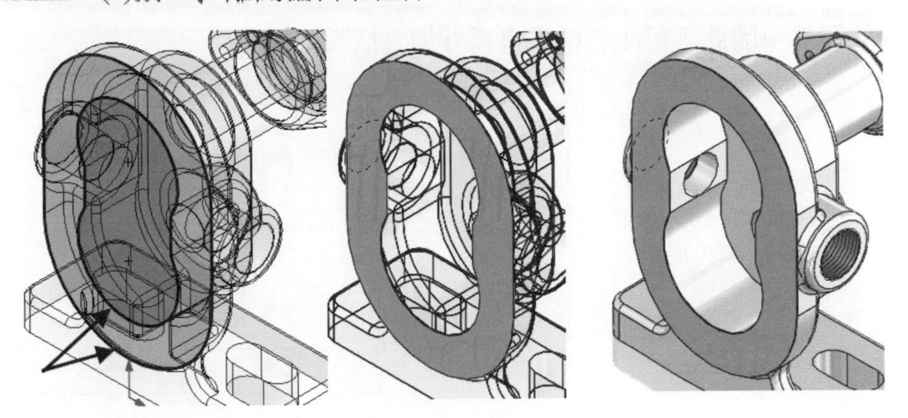

9-9-1 外部零組件與虛擬零組件

在組合件中建立新零件稱之為「**由上而下的設計**」，而新零件可用內部儲存方式儲存在組合件檔案中，此時稱為「**虛擬零組件**」，或另存成一般零組件檔案，則稱為「**外部零組件**」。

虛擬零組件在由上而下的設計中特別有用，在初期概念設計過程期間，如果您需要經常針對組合件結構與零組件進行測試以及變更，使用虛擬零組件在某些方面會比由下而上的設計方法擁有較多優勢。

虛擬零組件名稱的格式為：[零件名稱^組合件名稱]，如此例[零件 1^990202B]，您可以在虛擬零組件上按一下滑鼠右鍵，點選「**重新命名零件**」以變更名稱。

(固定) 01PRT<1> (預設)
(-) 08<1> (預設)
05<1> -> (預設)
[零件1^990202B]<1> -> (預設)
結合

預設下，系統會將新零組件儲存在組合件檔案內部，作為虛擬零組件。若要將新的零組件直接儲存為外部的零件檔案也可在**選項**中設定。

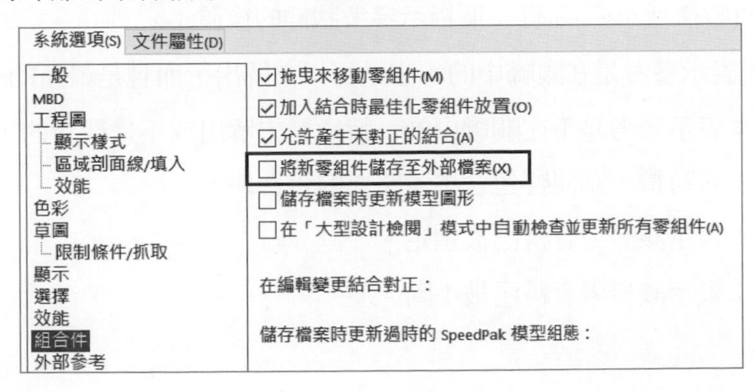

4. 在零組件上按滑鼠右鍵，點選**儲存零件(在外部檔案中)**，重新命名虛擬零組件名稱爲“07”。當您按下**確定**後，零組件會儲存到指定的資料夾中，因爲它已成爲外部零件，因此零組件名稱不會再外加方括弧。

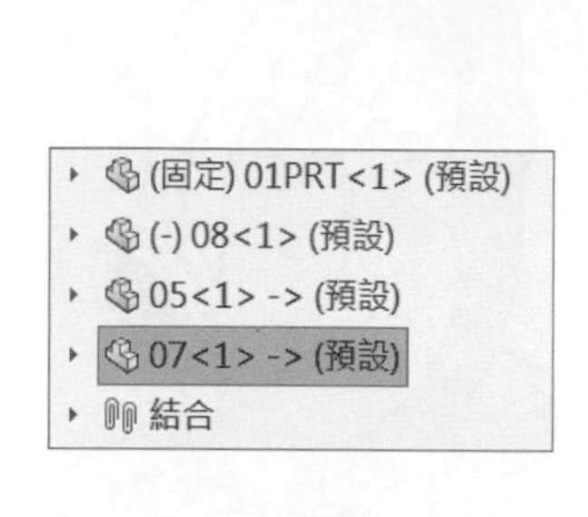

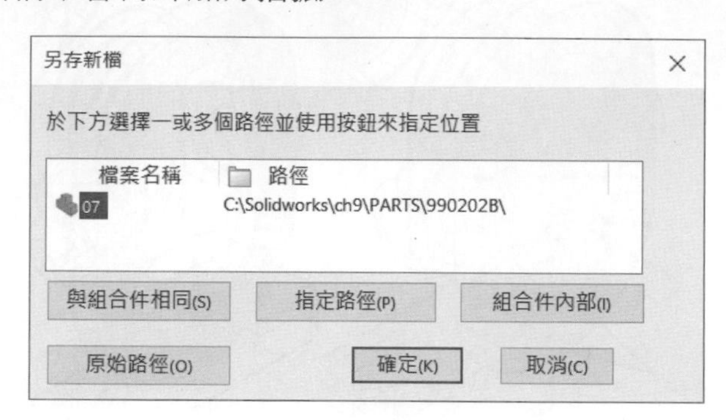

5. 選擇如圖示的平面，插入新零件，參考外邊線建立伸長填料，給定深度 8mm，按**確定**離開零組件編輯，將零件存爲外部零組件，檔名“02”。

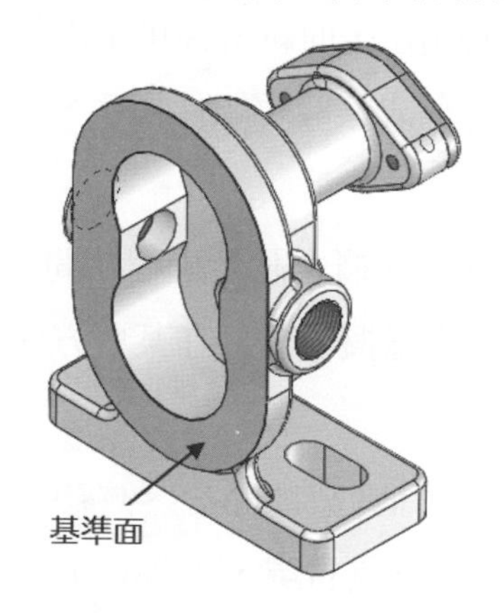

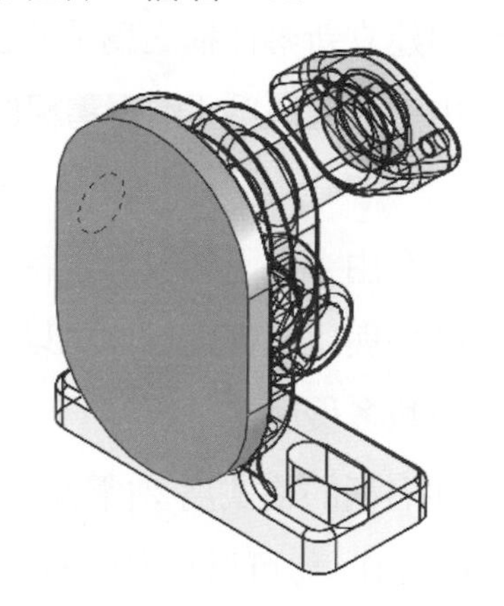

9-9-2 外部參考

當零組件中的任何項次在建構中有參考到其他零組件時，在特徵管理員中，任何具有外部參考的項次(特徵或草圖)都有一個指示參考狀態的後置：

後置{->}：表示參考是在關聯中的，它是可以被解出，而且是最新的。

後置{->?}：表示參考是不在關聯中的，特徵是未解出或不是最新的，如要解出和更新特徵，請開啓包含更新路徑的組合件。

後置{->*}：表示該參考資料已被鎖定。

後置{->x}：表示該參考資料已被中斷。

6. 點選零組件 02，選擇**開啟零件**，這時零件將會被開啟至新視窗中編輯，從特徵中可見，後置->表示是在關聯中，且是最新的。

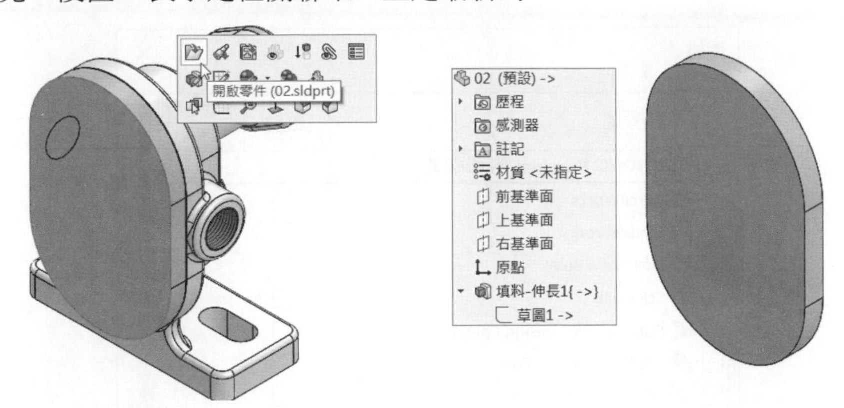

7. 在新視窗中繼續編輯零件 02，如下圖加入新的特徵後，存檔並關閉檔案，回到組合件中，系統會要求重新計算，或自動重新計算，新零組件如圖。

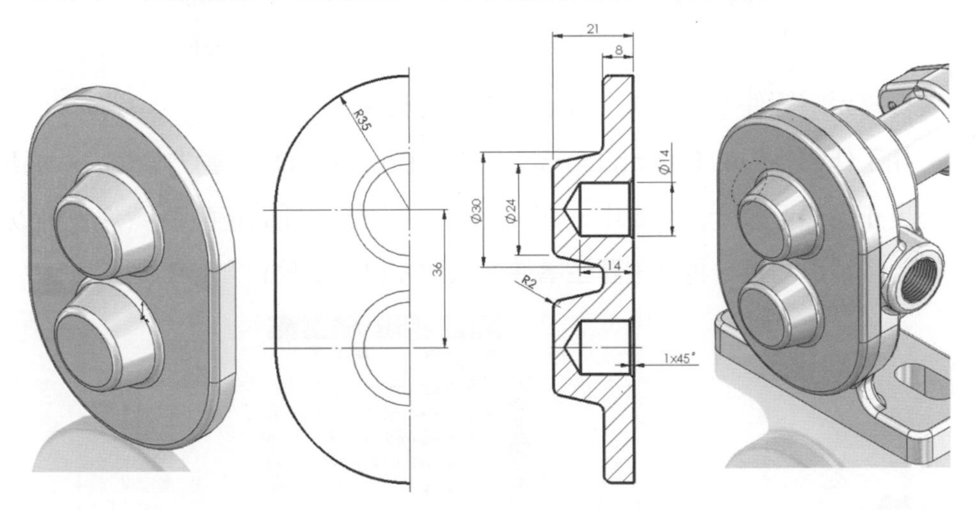

9-9-3 SOLIDWORKS®Toolbox

SOLIDWORKS®Toolbox 包括一個與 SOLIDWORKS 完全整合的標準零件庫，零件庫包含所支援標準的主要零件檔案，零組件尺寸及組態資訊的資料庫(SWBrowser.mdb)。

Toolbox 支援的國際標準包括：ANSI、AS、BSI、CISC、DIN、GB、ISO、IS、JIS、KS 及 MIL 等。包括的硬體有：軸承、螺栓、凸輪、齒輪、工模襯套、螺帽、銷、扣環、螺釘、鏈輪、結構形狀、正時皮帶輪等。

從工作窗格開啟 Toolbox 後，選擇要插入的零件的標準和類型，然後拖曳零組件至組合件，再設定想要的零組件尺寸及組態即可。

8. 按「**工具**」➡「**附加**」，從視窗中勾選 SOLIDWORKS Toolbox Library 及 SOLIDWORKS Toolbox Utilities 後，按「**確定**」，啓動 Toolbox。

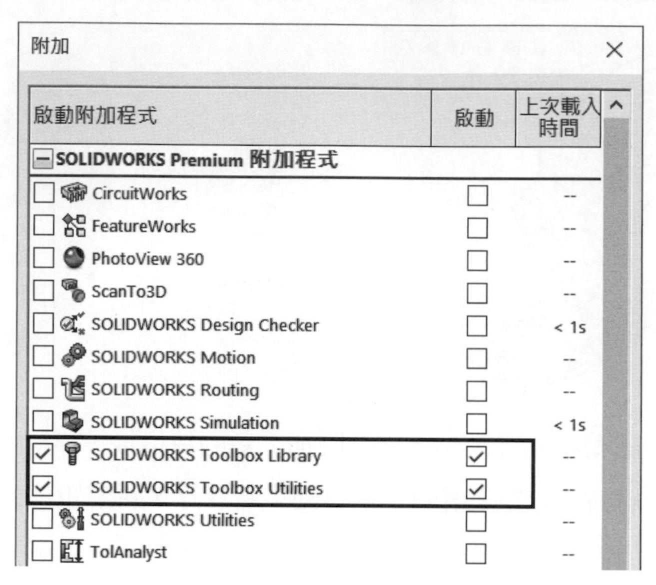

9. 游標移至零組件 02 與 07 上方按 Tab 鍵隱藏零組件。
10. 展開**工作窗格**中的 Design Library ➡ ToolBox ➡ ISO ➡ **動力傳輸** ➡ **齒輪**。
11. 拖曳正齒輪至組合件視圖中，放開以產生未設定屬性的正齒輪。(您也可以在正齒輪上按滑鼠右鍵，再點選**產生零件**方式建立自訂齒輪)。

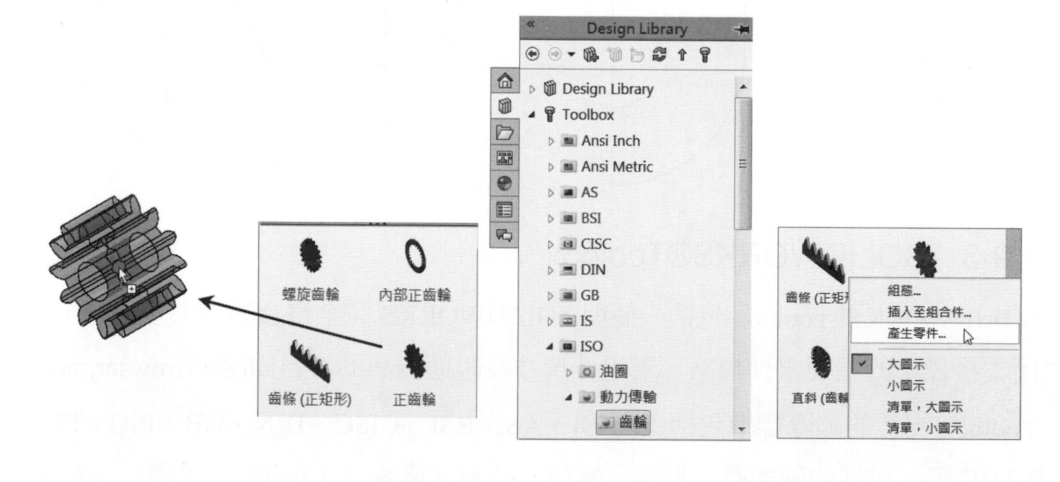

12. 按**加入**，輸入零件名稱“03 SpurG”；設定正齒輪的屬性、組態名稱 Long，按**確定**，再按**確定**，按 Esc 不加入其他複製，零件預設檔名為“spur gear_iso”。

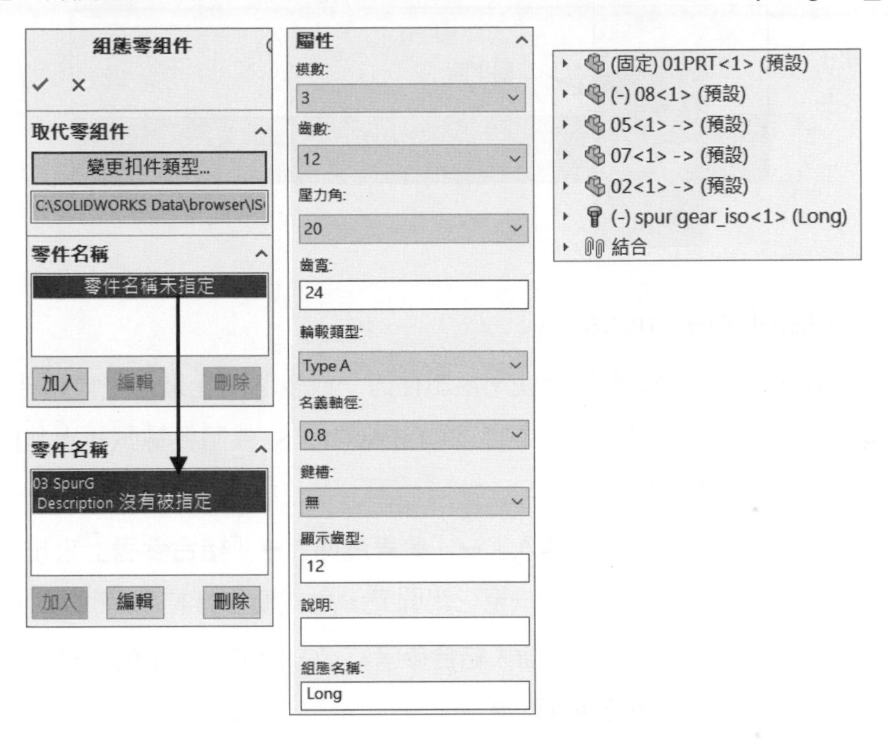

13. 開啟零件“spur gear_iso”至新視窗編輯，系統依設定的模型組態自動產生在 ToolBox 中的檔案，且顯示為唯讀。這裡我們將此檔案另存新檔與組合件放在同一資料夾中。按「**檔案**」→「**另存新檔**」，在警示對話方塊中按**另存新檔**，輸入檔名為“03 SpurG”，將其儲存至與組合件同一資料夾內。

- **另存新檔**：新零組件檔與組合件維持組合參考關係。
- **另存備份檔**：組合件內部仍與舊零組件維持參考，與新零組件備份檔無關。

14. 抑制 Bore 特徵，抑制後 MateReferences 因無法作用而產生錯誤訊息，按「**關閉**」後刪除 MateReferences 特徵。

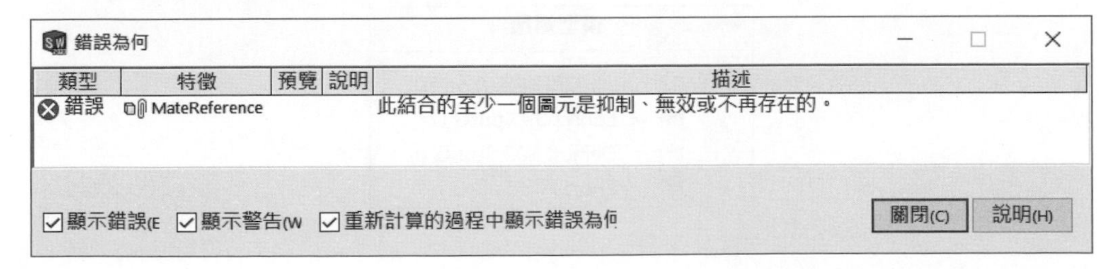

15. 依圖示草圖平面建立兩方向圓柱伸長填料，以及兩端導角 1×45°。

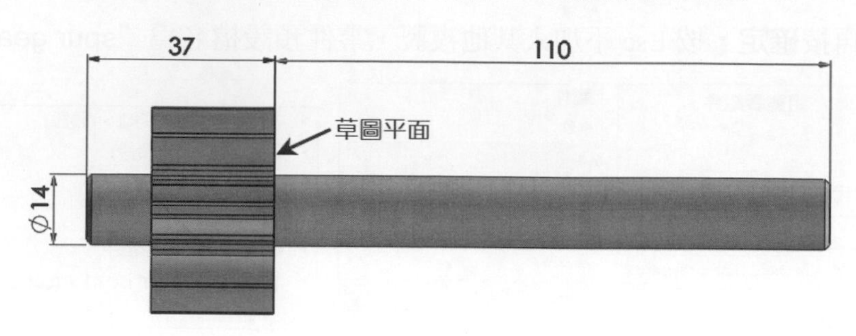

9-9-4 MateReferences

MateReferences(**結合參考**)指定使用零組件的一或多個圖元來產生自動結合。當您拖曳有一個結合參考的零組件到組合件中時，SOLIDWORKS 軟體會嘗試找出其他具有相同結合參考名稱與結合類型的組合。

像是零件或是組合件可以按「**插入**」→「**參考幾何**」→「**結合參考**」來預先加入一個或多個結合參考，結合參考可以指定一至三組圖元，以方便您作結合時可以自動加入。

16. 在零組件 03 SpurG 中，重新插入**結合參考**特徵，指定如圖示的圓柱面為第一參考圖元，按 ，並按**重新計算** 。

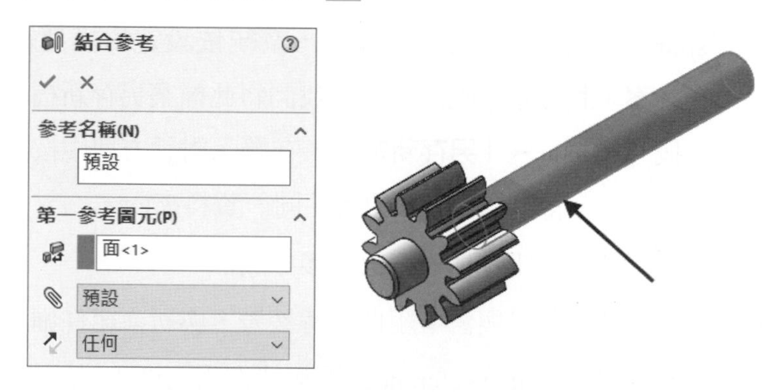

17. 複製 Long 模型組態，並重新命名為 Short。

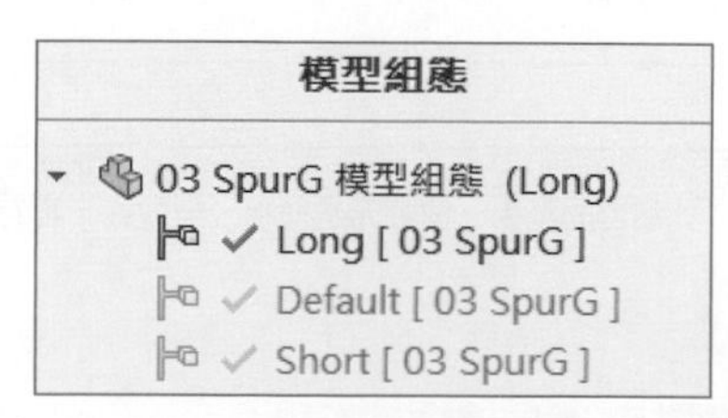

18. 在軸伸長特徵 110 尺寸上按滑鼠右鍵，點選**組態尺寸**，變更 Short 組態尺寸為 13mm。

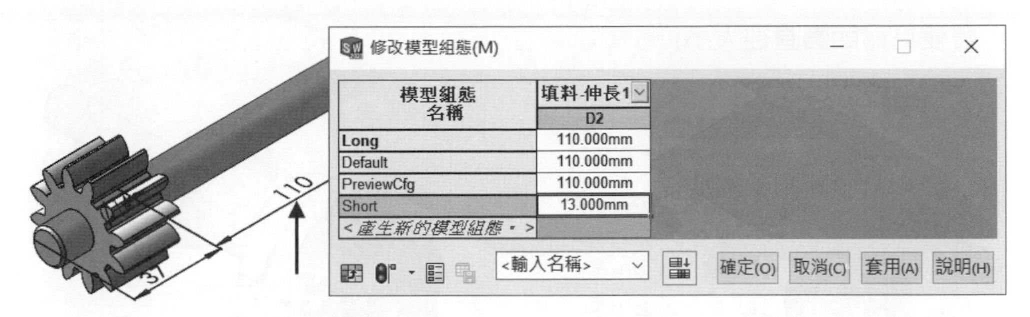

19. Long 與 Short 模型組態如下圖。

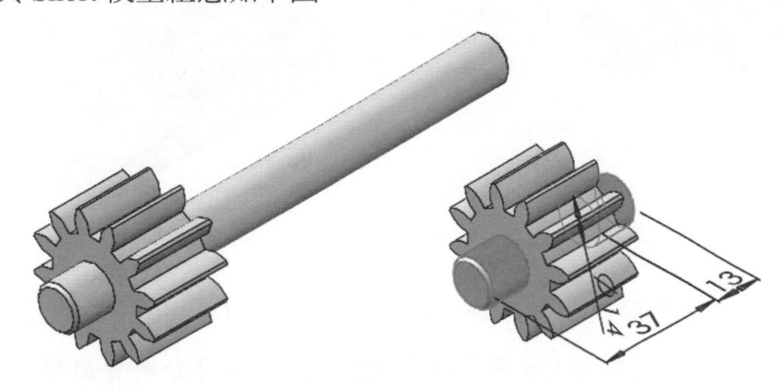

20. 儲存並關閉正齒輪檔案，回到組合件視窗。
21. 按 Ctrl + 拖曳，複製零組件 03 SpurG，模型組態選擇 Short，當您拖曳零件時，可直接利用參考結合，結合至下方的軸孔。

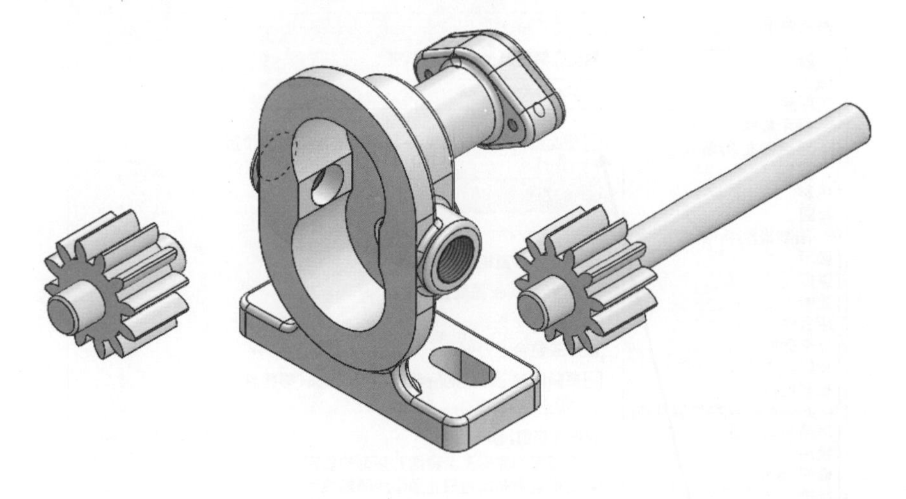

22. 建立兩齒輪與 01PRT **同軸心**結合及平面**重合**結合條件；先確定兩齒輪未干涉後，再建立兩齒輪機械結合(兩齒輪選擇外圓平面，勿選擇邊線)。(不同直徑齒輪比例需變更爲**節圓直徑**大小)。

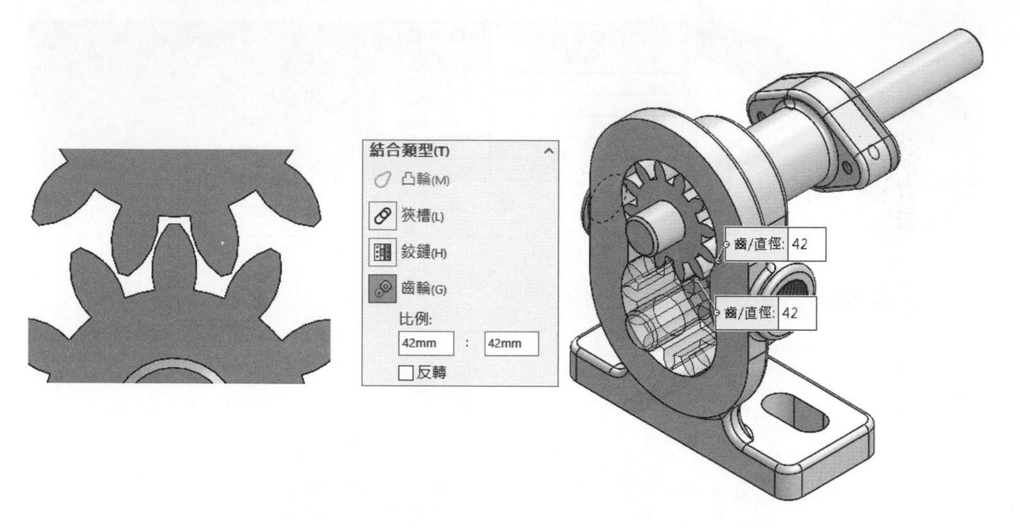

注意

當您存檔後，再重新開啟組合件時，組合件原先從 Toolbox 內產生的檔案會優先從 Toolbox 尋找相關零件與組態，若符合則直接使用，若不符合則會出現錯誤訊息。為此，您可以從**選項 ➡ 系統選項 ➡**「**異型孔精靈/Toolbox**」中取消勾選「**使此資料夾成為 Toolbox 零組件的預設搜尋位置**」，這樣，若有修改過且另存新檔外部 Toolbox 零組件才能正常存取。

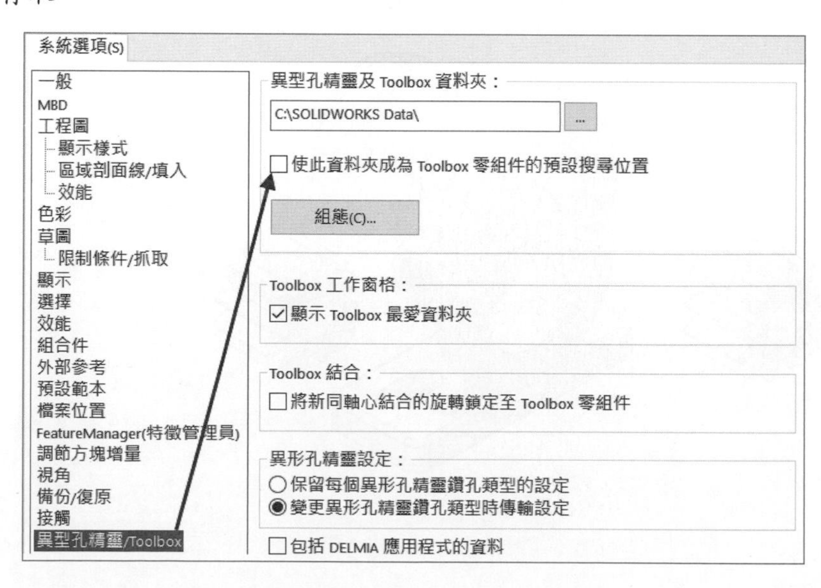

23. 游標移至零組件 02 與 07 上方按 Shift + Tab 顯示零組件。

24. 先點選如圖示的平面後，按「**插入**」→「**組合件特徵**」→「**鑽孔**」→「**連續鑽孔**」，或從組合件工具列點選**連續鑽孔**，鑽孔位置選擇「**產生新的鑽孔**」，並建立如右側的建構線草圖與 6 單點(單點為螺栓孔的位置)。

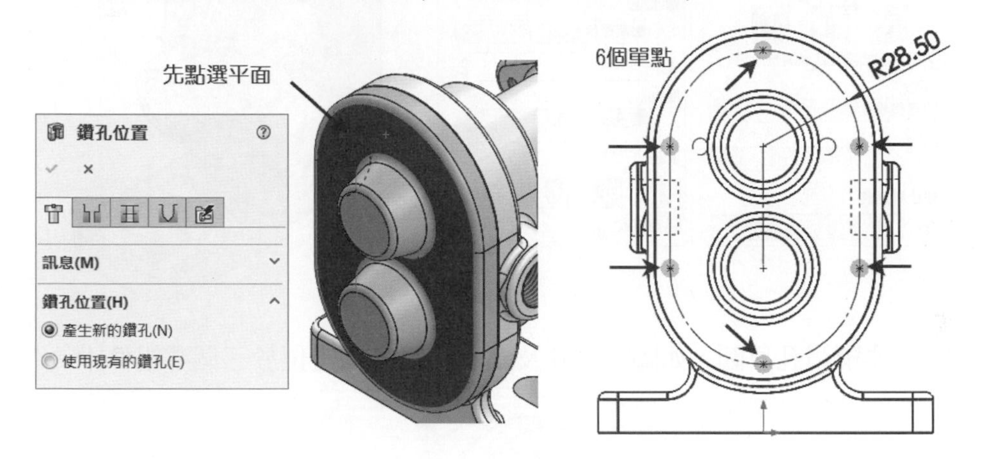

25. 選擇**第一個零件**標籤，設定鑽孔、ISO、鑽孔尺寸、大小Ø5.5。選擇**中間零件**標籤，中間零件勾選**根據起始鑽孔自動調整大小**。

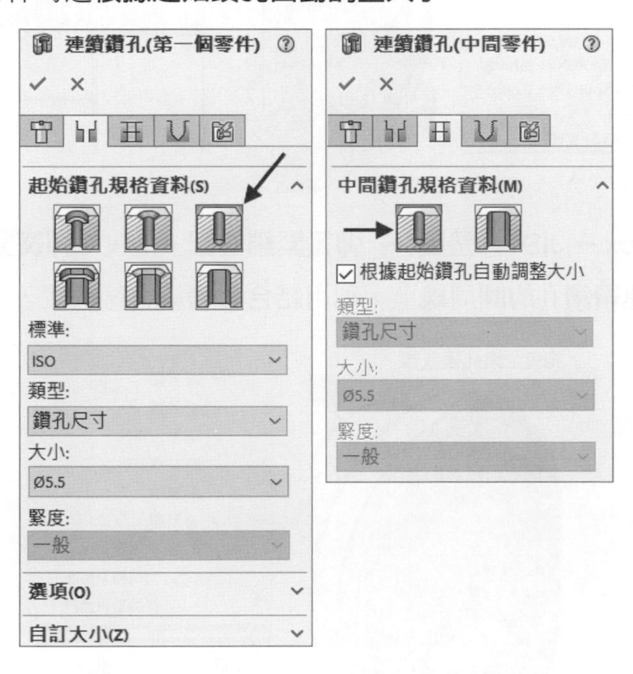

26. **最後零件**標籤設定如圖示，按「**確定**」。

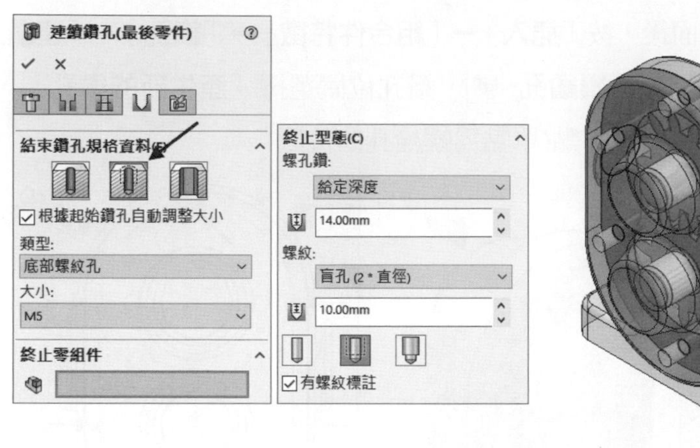

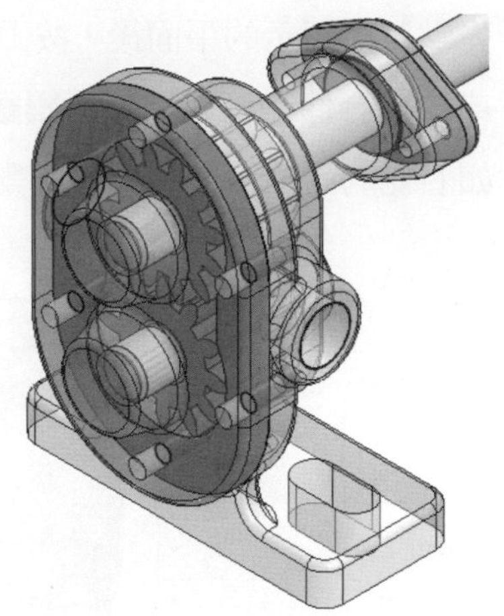

27. 隱藏連續鑽孔草圖，如圖示鑽孔及螺紋孔已一同定位於三個零組件中。

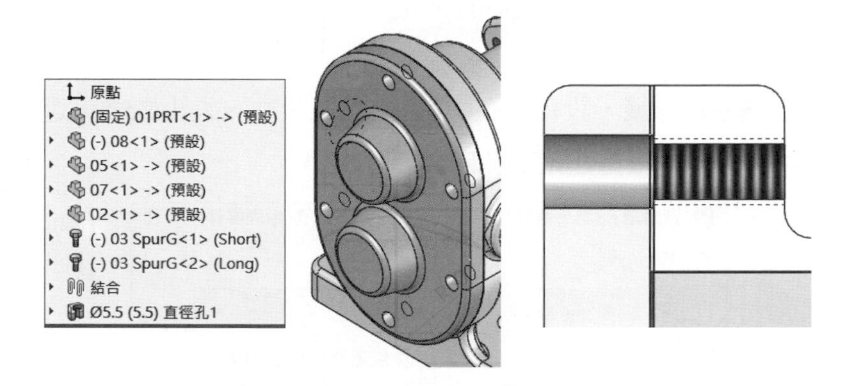

28. 開啟 Toolbox ➡ JIS ➡ **墊圈** ➡ **彈簧緊鎖墊圈**，拖曳「**彈簧緊鎖墊圈 No.2 JIS B 1251**」至連續鑽孔的圓周線上，利用**結合參考**結合後放置，大小選擇 M5。

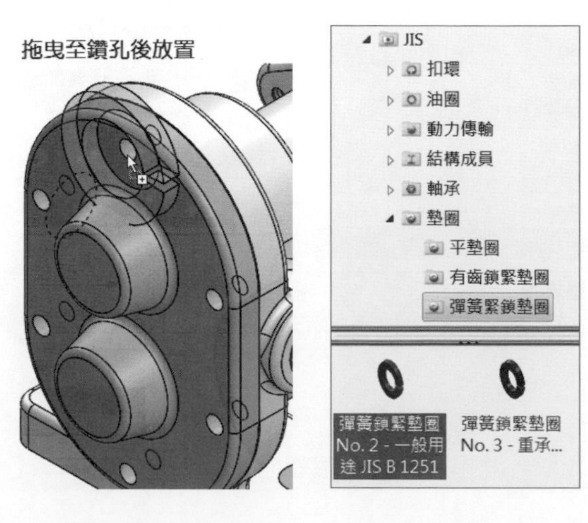

29. 設定彈簧緊鎖墊圈大小 M5，屬性如圖示，按「**確定**」。

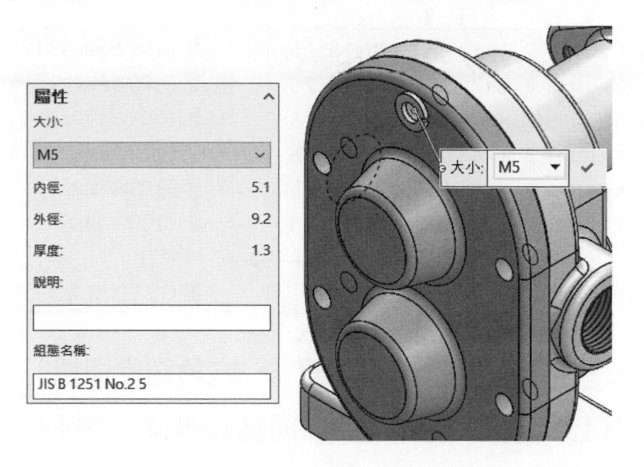

30. 繼續選擇其他 5 個鑽孔放置彈簧緊鎖墊圈零組件(游標會出現同軸心與重合結合符號)。

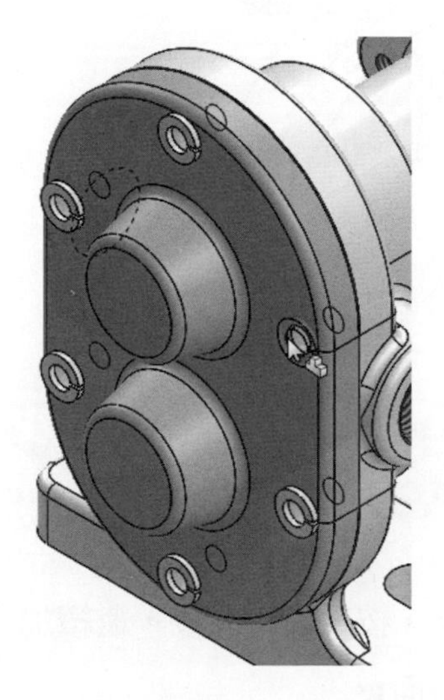

31. 開啓彈簧緊鎖墊圈至新視窗中，如圖示，結合參考的參考圖元只有一條邊線。

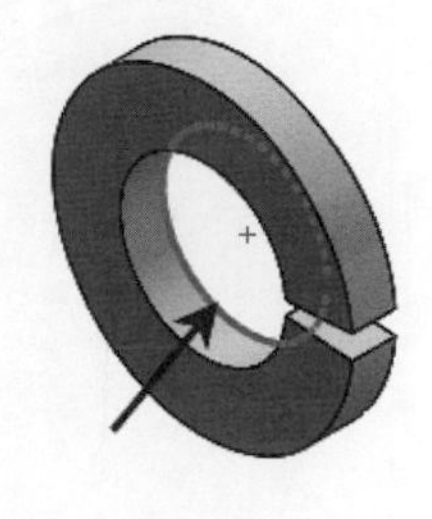

32. 按「**另存新檔**」，儲存至與組合件同一資料夾，並變更零組件名稱爲 09 Washer。

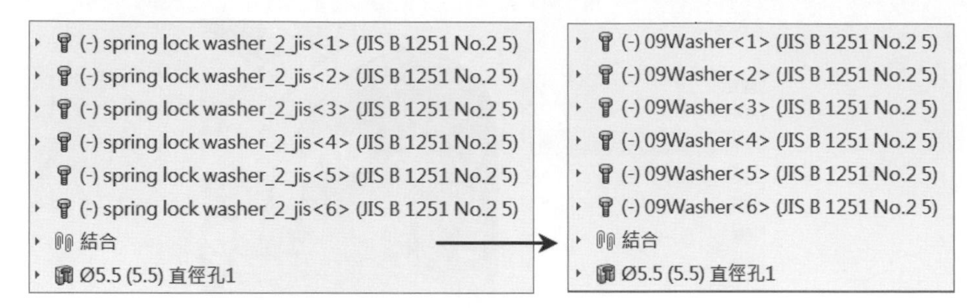

33. 開啓 Toolbox ➡ ISO ➡ **螺栓與螺釘** ➡ **六角螺栓與螺釘**，拖曳「**六角螺釘 ISO 4015**」至墊圈上，當游標處出現 同軸心與重合符號時，放置螺栓(扣件)。

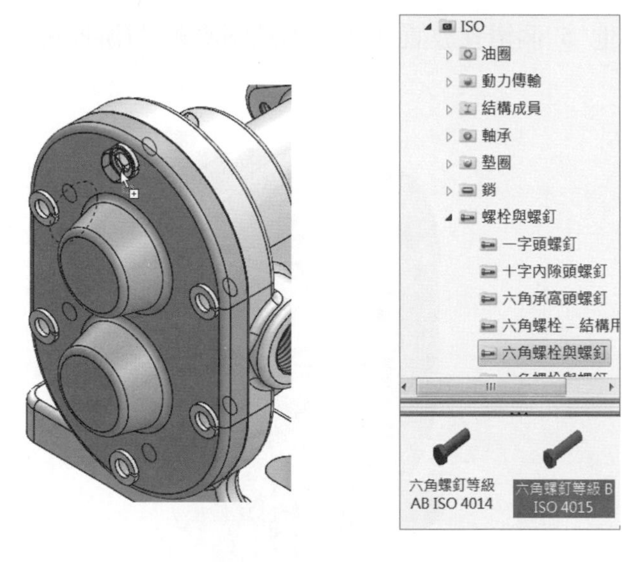

34. 在屬性視窗中設定如下，按「**確定**」後，繼續加入其他 5 個螺栓(扣件) (注意重合面需結合至墊圈的外表面)。

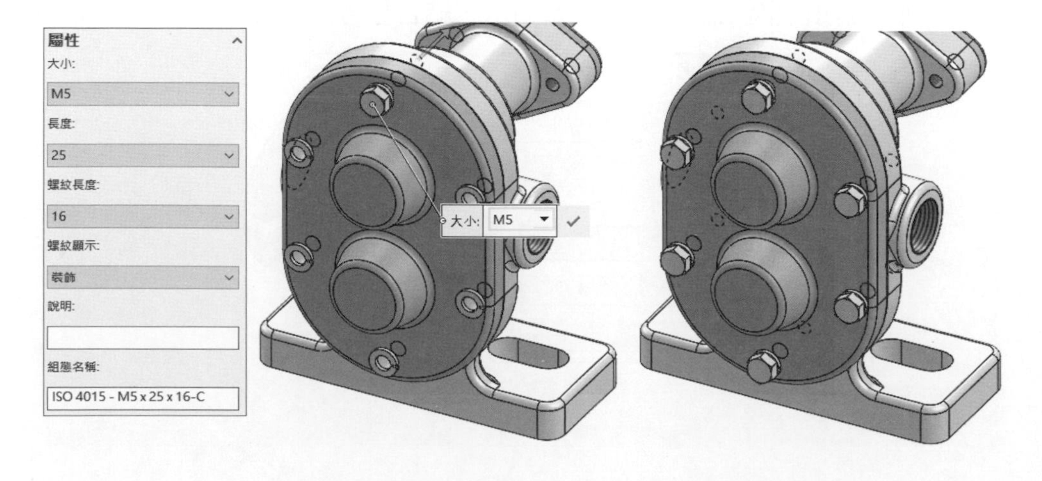

35. 開啓扣件檔，並另存新檔，檔名爲“10 Bolt”，與組合件同路徑，並從 M5×25×16-C 複製，新增 3 個模型組態 M5×18×16、M5×16×12、M5×12×11；在零件名稱上方按滑鼠右鍵，點選「**重新計算所有模型組態**」及「**樹狀結構順序**」→「**數值**」。

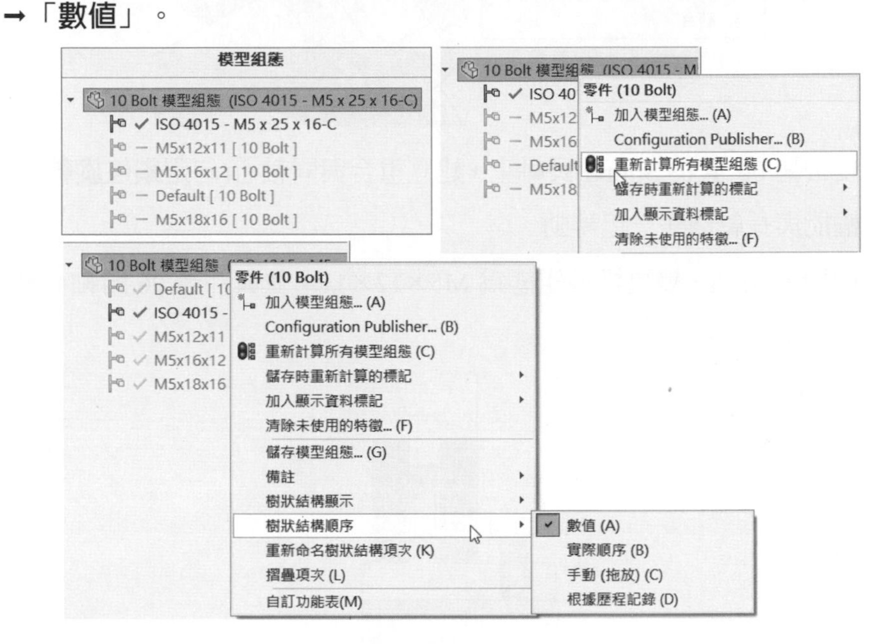

36. 在特徵 BaseBody 內的 BodySke 草圖上快點兩下，在尺寸 16 上按滑鼠右鍵，點選**組態尺寸**，從 BodySke 下拉選單中勾選“Length”，組態尺寸設定如下圖，儲存並關閉檔案。

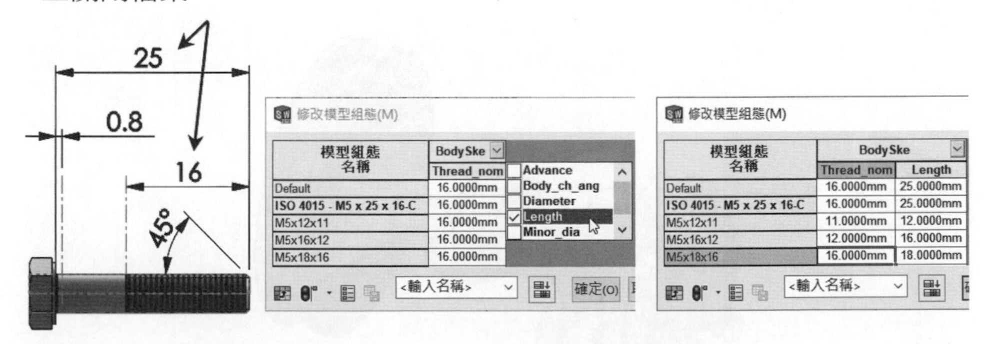

37. 變更此 6 個螺栓扣件的模型組態爲 M5×18×16。

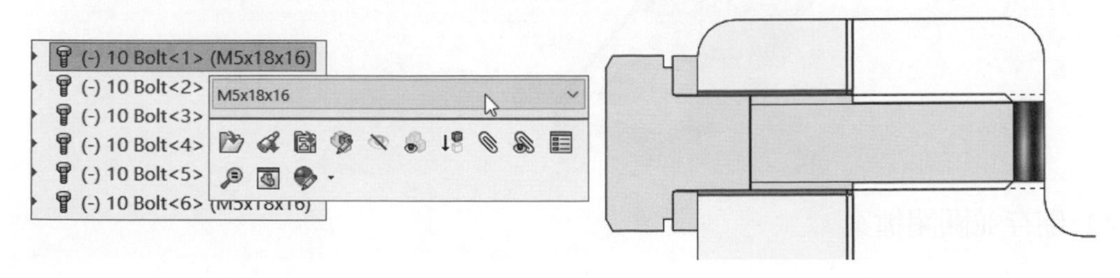

38. 如圖示，新增兩個螺栓 10 Bolt 至件號 05 上，變更模型組態為 M5×16×12。

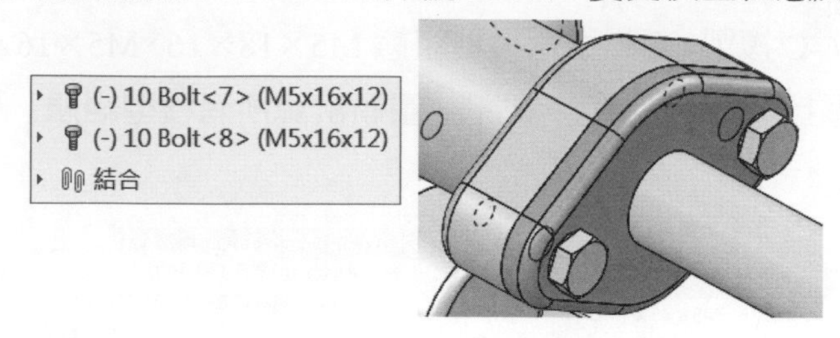

39. 插入皮帶輪 06 至 03 SpurG 長軸上，建立重合與同軸心(勾選**鎖住旋轉**)的結合，使皮帶輪能與長軸齒輪一起轉動。

40. 新增螺栓 10 Bolt，變更模型組態為 M5×12×11，並與件號 06 同軸心結合、件號 03 相切結合。

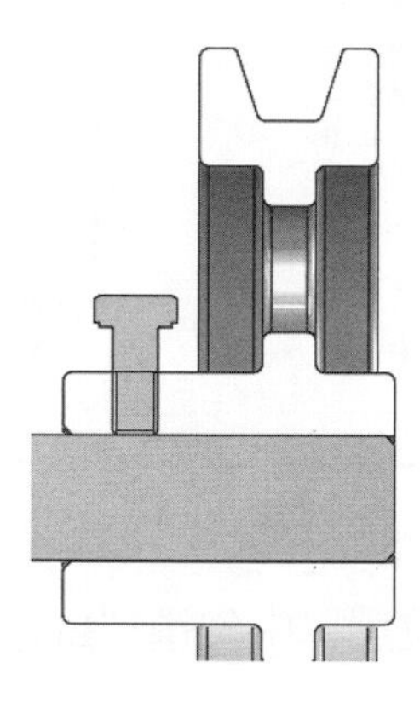

41. 完成的組合件如圖。

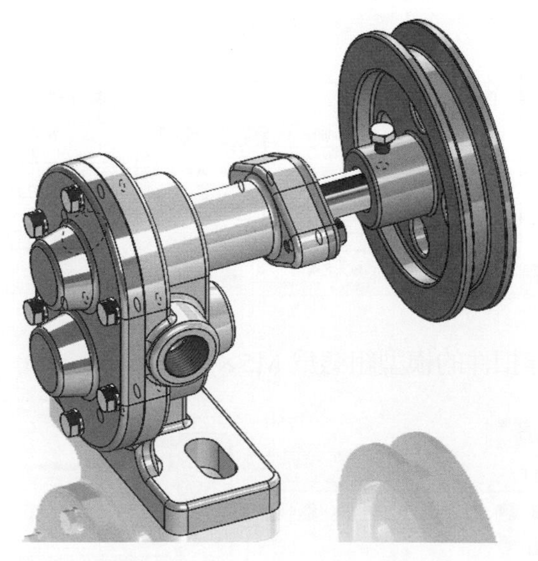

42. 儲存並關閉檔案。

9-9-5 練習題

練習 9d-1 組合件的模型組態

(1) 開啓\9d-1 資料夾中的組合件 9d-1.sldasm。

(2) 編輯齒輪件“03 SpurG”，複製 Long 模型組態，並重新命名爲 Long Uncut；複製 Short 模型組態，並重新命名爲 Short Uncut。

模型組態
03 SpurG 模型組態 (Long Uncut)
Default [03 SpurG]
✔ Long Uncut [03 SpurG]
✔ Long [03 SpurG]
✔ Short Uncut [03 SpurG]
✔ Short [03 SpurG]

(3) 個別啓用 Long Uncut 與 Short Uncut 模型組態，抑制 ToothCut 特徵及加入齒輪面的導角。儲存並離開**編輯零件**。

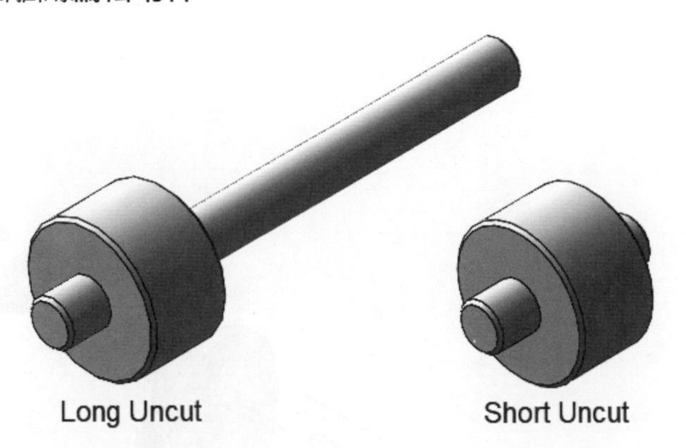

(4) 在組合件中加入模型組態，名稱爲 UncutGear，並啓用組態 UncutGear。

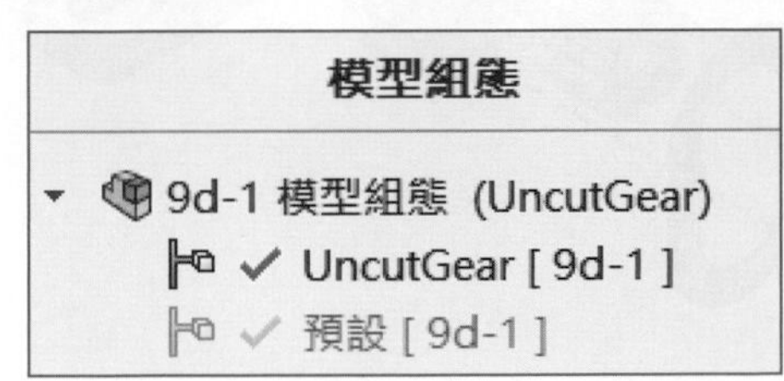

(5) 變更零組件 03 SpurG <1>及 03 SpurG <2>的模型組態爲齒形未除料狀態(Long Uncut 及 Short Uncut)。檢查組合件的兩個模型組態，如圖示(已隱藏某些零組件)。

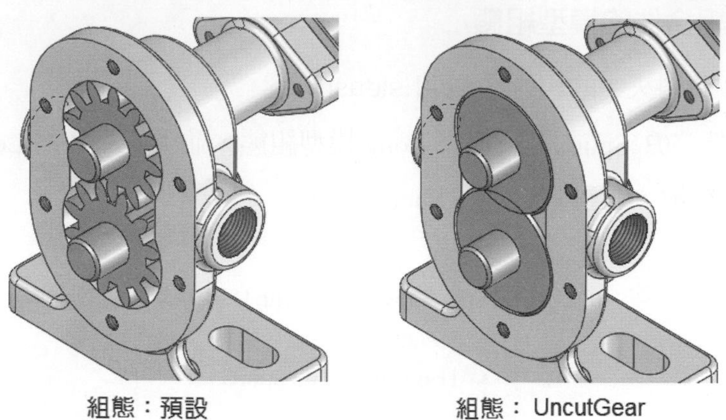

組態：預設　　　　組態： UncutGear

(6) 儲存並關閉檔案。

練習 9d-2　爆炸視圖

開啓前面的組合件\920202B\920202B.sldasm，建立爆炸視圖。

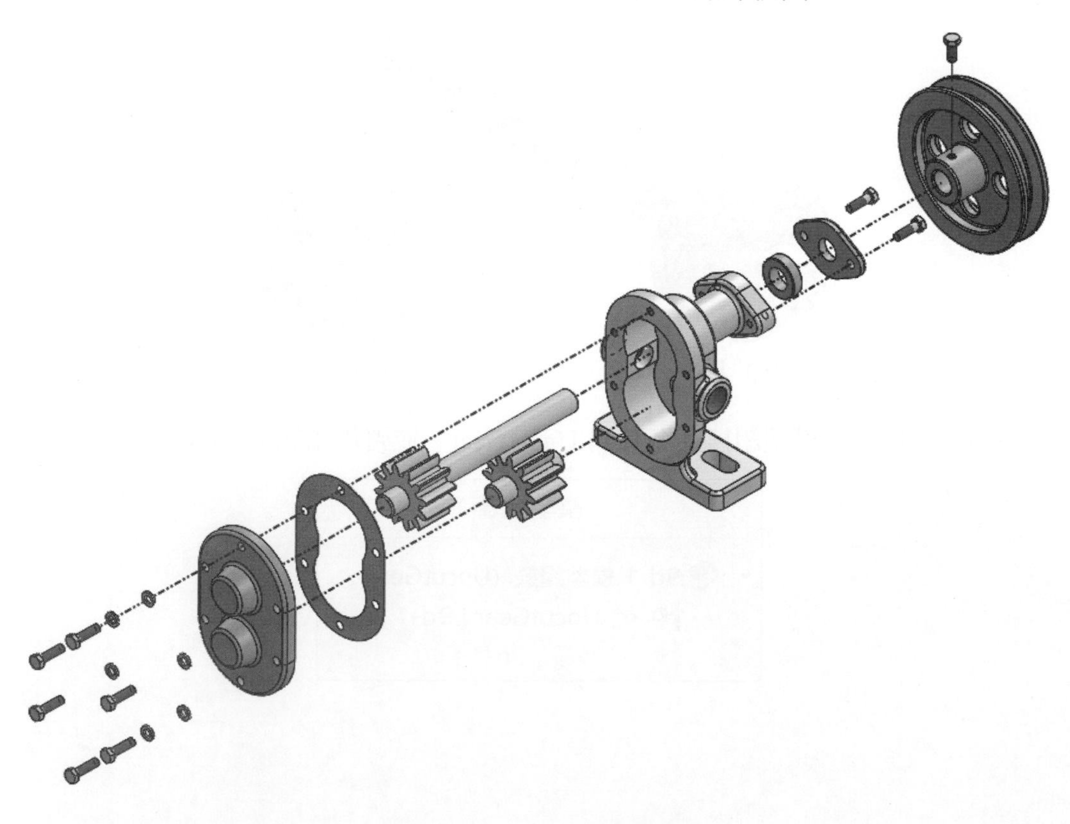

9-10 熔珠

在 SOLIDWORKS 中，**熔珠**即是熔接，建立熔珠可新增至熔接零件與組合件及多本體零件中。在繪圖區中，熔珠在模型中只以簡化的圖形顯示，未產生任何幾何，而且包含在特徵管理員結構中的個別熔珠資料夾內。

熔珠一次只能熔接兩個零組件，若有三個或以上，需要建立兩個熔珠。

1. 開啟\Gusset 資料夾下的組合件 Gusset.sldasm，組合件內含三個零組件。
2. 按組合件工具列的**組合件特徵** →「**熔珠**」，**熔接選擇**：**熔接路徑**，熔珠尺寸 2mm，在箭頭所指的邊線上按滑鼠右鍵，點選**選擇相切**，按 ✓。

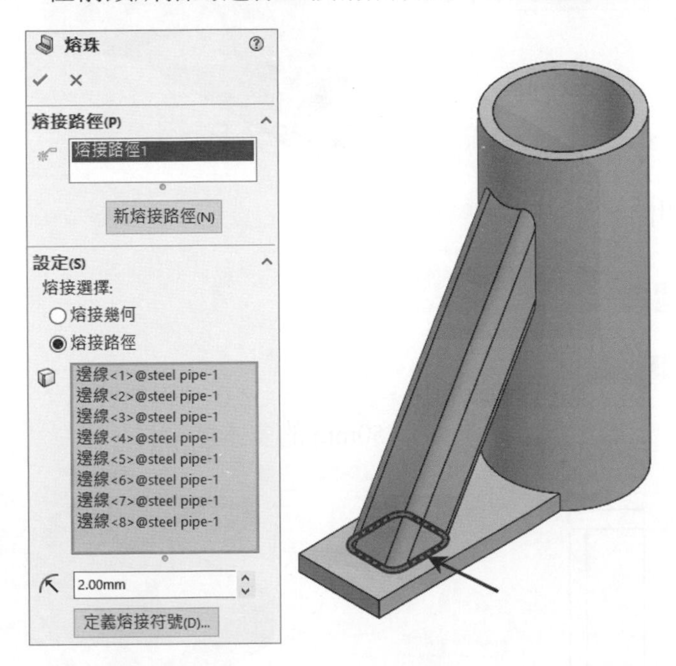

3. 如圖所示，系統產生的熔珠已用簡單的圖形表示在邊線上，特徵也併入熔接資料夾中。

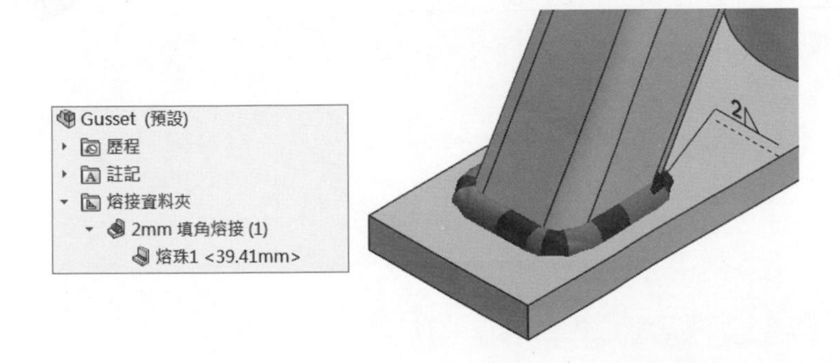

4. 以相同的設定，建立另外兩個熔珠特徵。

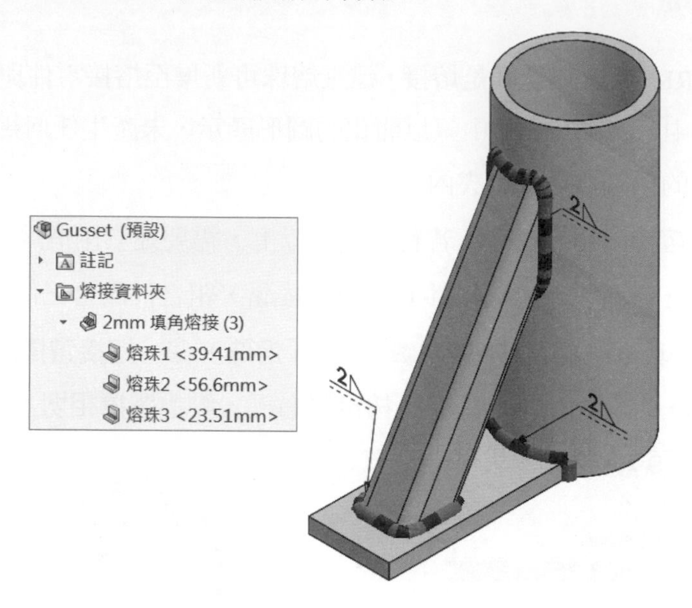

5. 儲存並關閉檔案。

9-10-1 練習題

練習 9e-1 多本體熔珠

(1) 開新零件檔，依圖示尺寸建立伸長 50mm 的多本體零件。

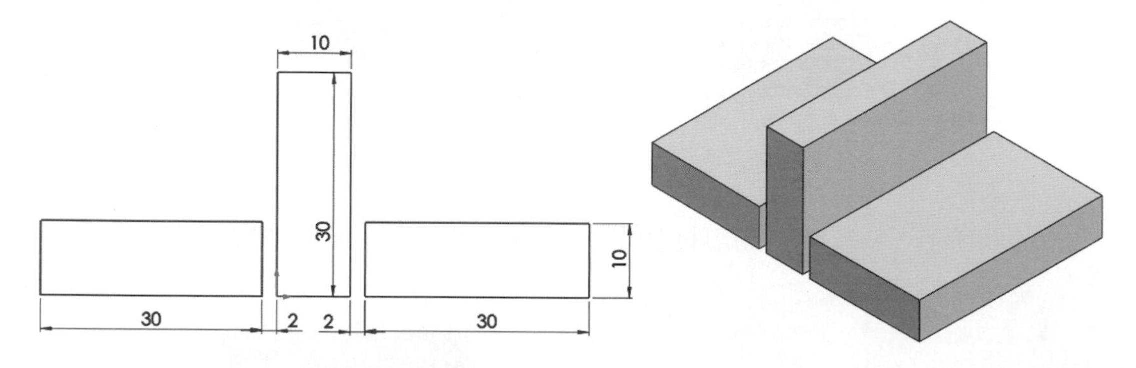

(2) 按「**插入**」→「**熔接**」→「**圓角熔珠**」，選項設定如圖示，其中**相交邊線**爲自動產生，按 ✓。

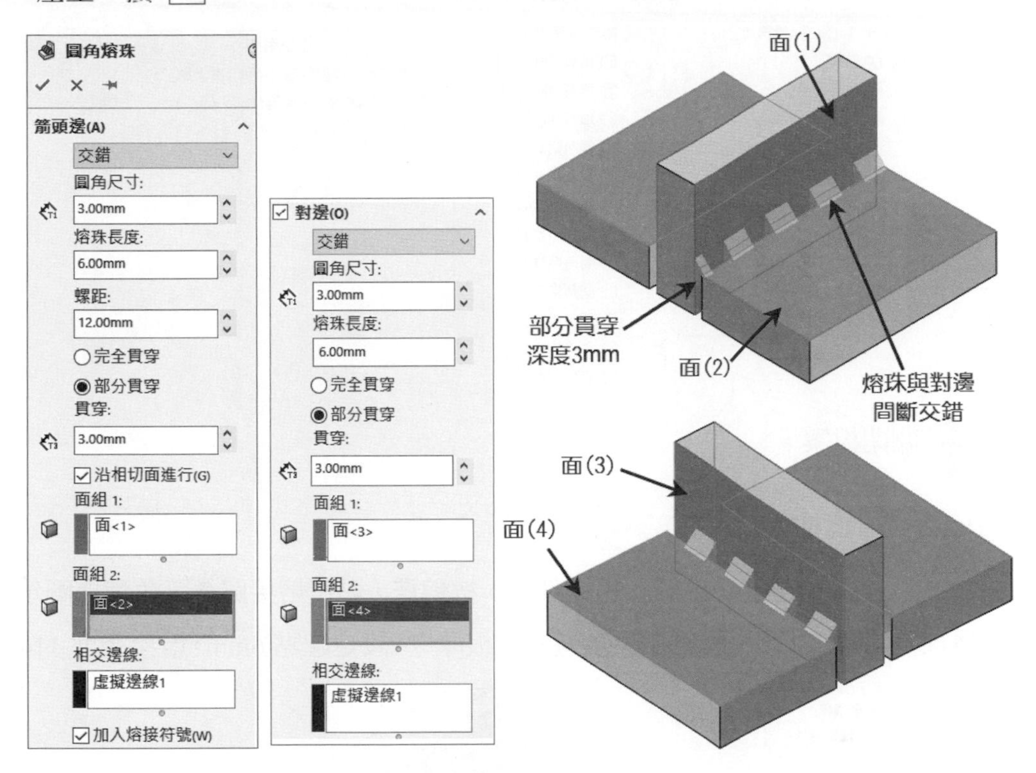

(3) 如圖示，箭頭邊與對邊的圓角熔珠相互交錯，熔珠長度 6mm，相鄰熔珠間距(螺距)12mm，深度 3mm。

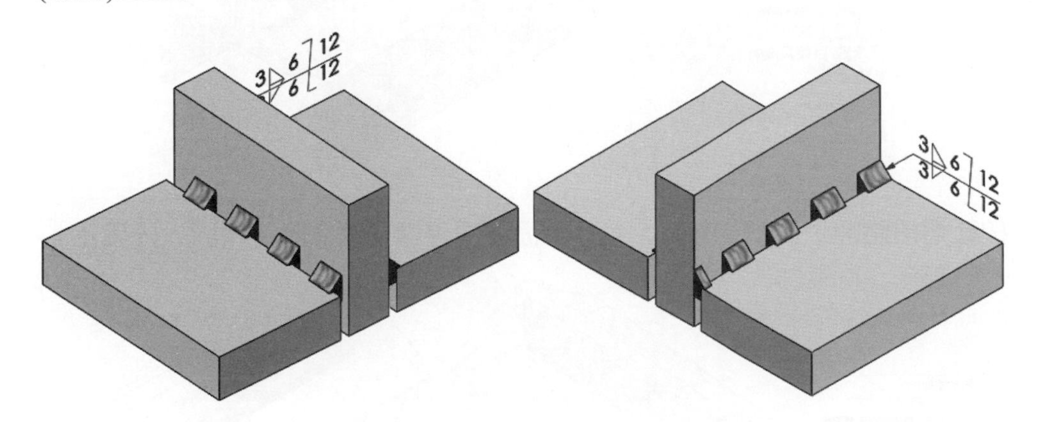

(4) 在特徵管理員中，系統將實體資料夾變更爲**除料清單**資料夾，而且圓角熔珠亦納入資料夾中。同時模型組態也變更爲**機器加工**。

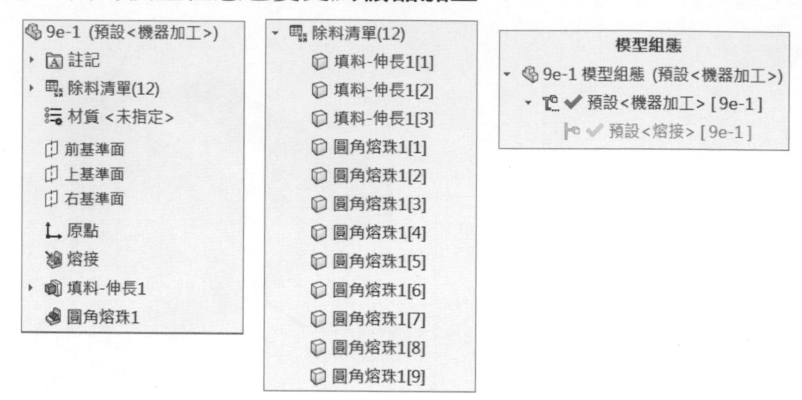

(5) 儲存並關閉檔案。

練習 9e-2　角撐板熔珠

(1) 開啓 Weld 資料夾內 WeldAsm 組合件檔，按**熔珠**，點選熔接路徑，並選擇圖示箭頭的邊線，**熔珠尺寸** 3mm，爲扣除兩邊角撐板厚度，設定起點 6mm，熔接長度 114mm。

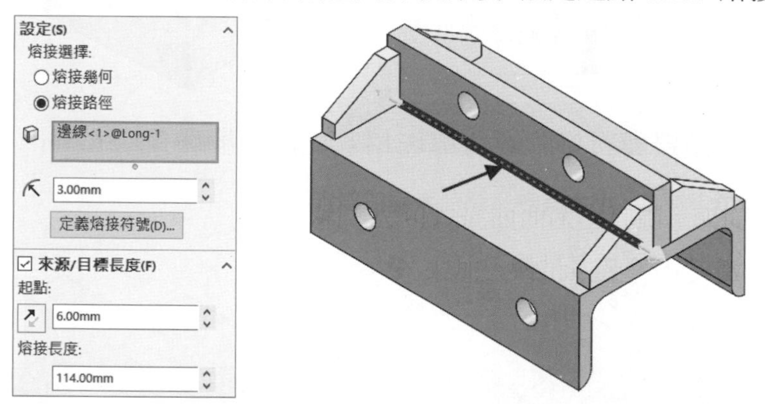

(2) 按**新熔接路徑**，旋轉至背面，選擇背面相同邊線，選擇設定相同，按**確定** ✓。

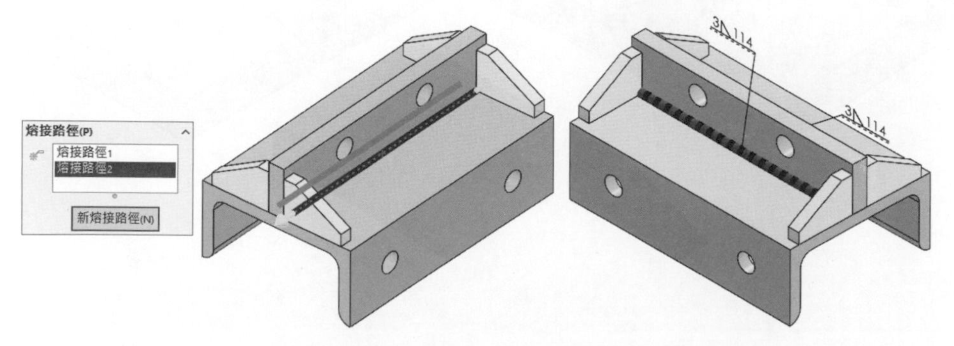

(3) 再一次按**熔珠**，點選**熔接幾何**，選擇圖示箭頭所指邊線相鄰的 2 個面，**熔珠尺寸** 3mm。

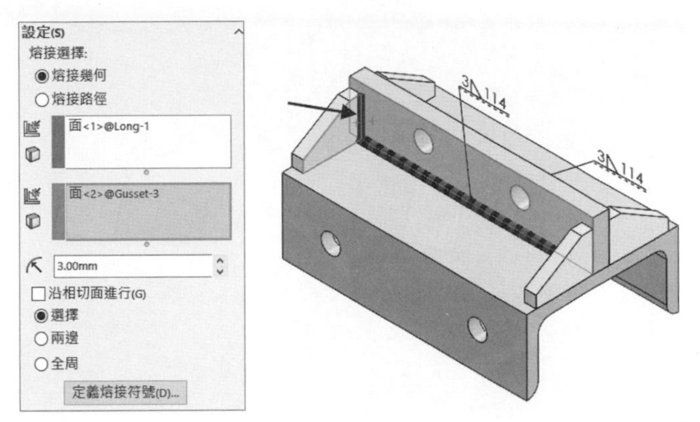

(4) 按**新熔接路徑**，選擇角撐板與 C-Shape 零件底部接觸邊線相鄰的 2 個面；依相同方式，每新增 1 條路徑即按一次**新熔接路徑**，包含背面相同邊線共 8 條，選擇設定相同，按**確定** ✓ 結果如圖。

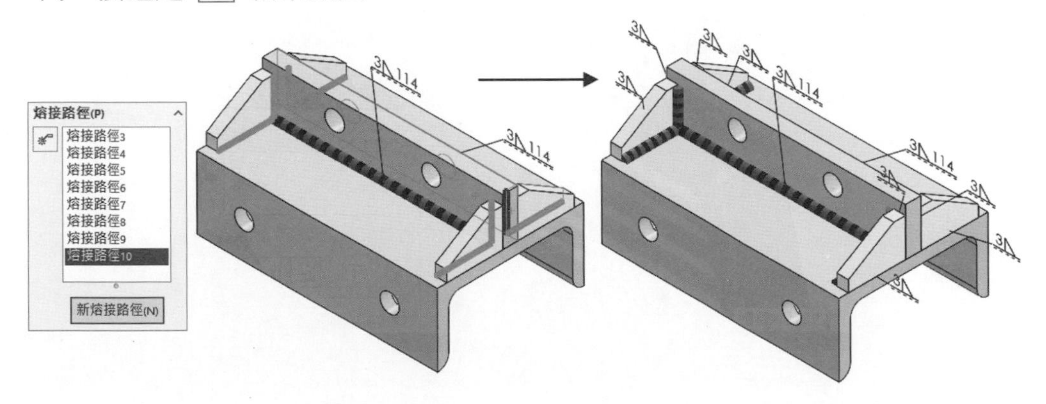

(5) 如圖，所有熔接特徵皆儲存於註記下的**熔接資料夾**，若需編修，在熔珠上按滑鼠右鍵，點選**編輯特徵**即可。

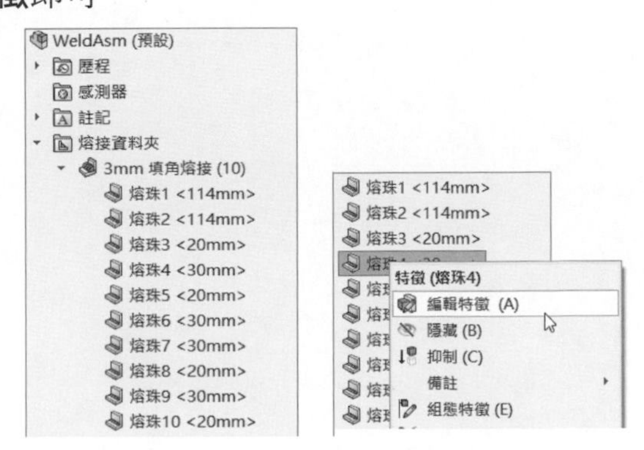

(6) 儲存並關閉檔案。

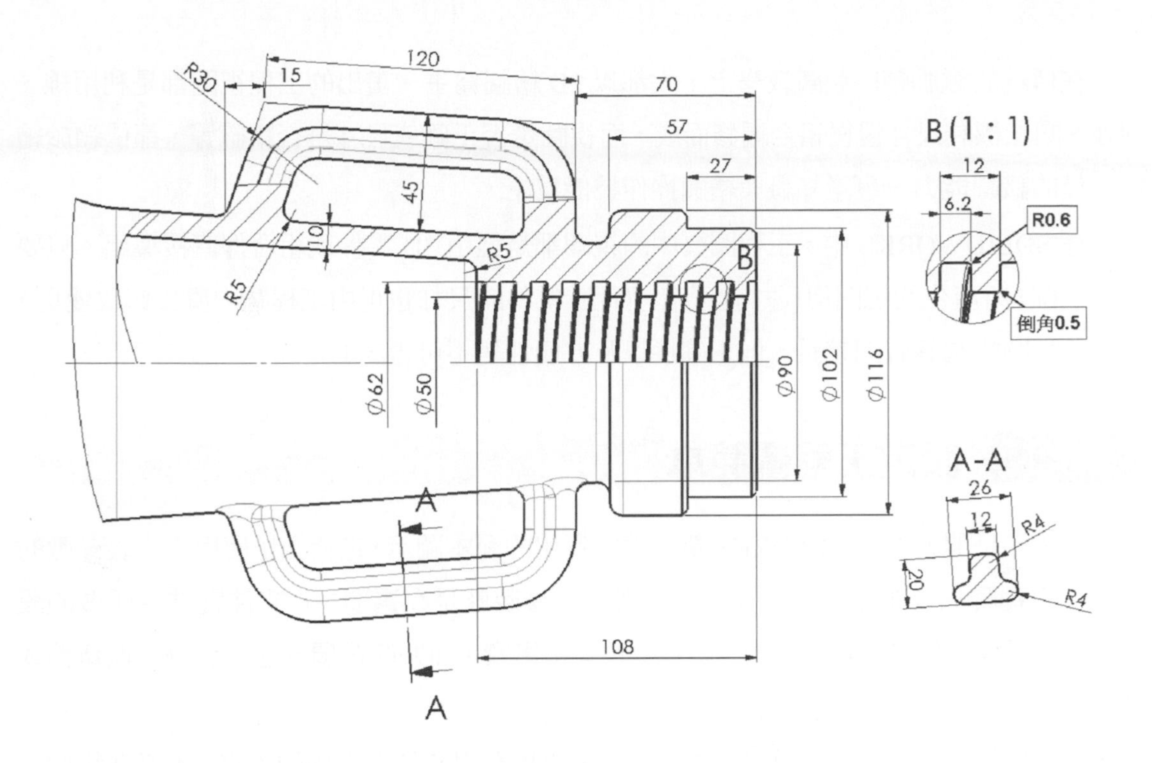

Chapter

10 工程視圖與註記

在傳統的電腦輔助製圖教學上，大都以 2D 繪圖爲主。畫出的工程視圖都是利用線、圓弧、圓和標註尺寸慢慢組合編修而成，而視圖是否正確或尺寸是否精確等，都依賴於繪圖人員的識圖能力、專業知識與繪圖操作技能爲主。

在 SOLIDWORKS 中，工程圖頁中的視圖都是經由 3D 零件或組合件直接導出。只要零件正確，所產生的視圖與尺寸就正確。而且，零件的尺寸也可由工程圖中直接修改變更，雖然工程圖的編修時間較長，但正確性以及方便性是不可否認的。

10-1 設定工程圖範本

範本即是開啓 SOLIDWORKS 新文件時選用的範本圖示，包括像是使用者定義參數的**零件**、**工程圖**以及**組合件**文件等。使用者定義參數就是在**選項 ➞ 文件屬性**內所做的設定，**文件屬性**會依存在該檔案中，對其他檔案不影響，而**系統選項**則適用於每一個新檔或舊檔。

建立新的範本後，每次開啓新的文件都會直接套用**文件屬性**內的設定，不必在每個文件中重新設定。

10-2 工程圖選項設定

以下的設定是以符合 CNS 製圖標準範本爲目標的項目與步驟，相關標準可查詢 CNS-3「國家標準(CNS)網路服務系統 https://www.cnsonline.com.tw/」：

1. 開新檔案，在**新 SOLIDWORKS 文件**內，點選「**工程圖**」，按「**確定**」，系統出現**圖頁格式/大小**對話方塊，按「**取消**」。按 ✕ 關閉**模型視角**(當選項中有勾選**產生新工程圖時啓用指令**時，**模型視角**才會自動出現)。
2. 按「**選項**」➞ **系統選項**，取消勾選「**自動縮放新工程視圖**」。這個選項會自動調整新插入的工程視圖比例，而不按照**圖頁屬性**對話方塊內所設定的比例插入。

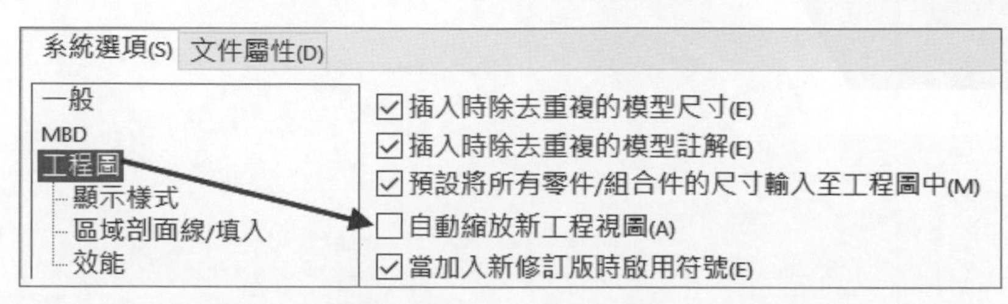

3. 點選**工程圖**內的「**顯示樣式**」，把**相切邊線**標籤設為「**移除**」。相切面交線大都為圓角與表面間的相交切線，相切面交線線條型式設定與顯示會在後面說明。

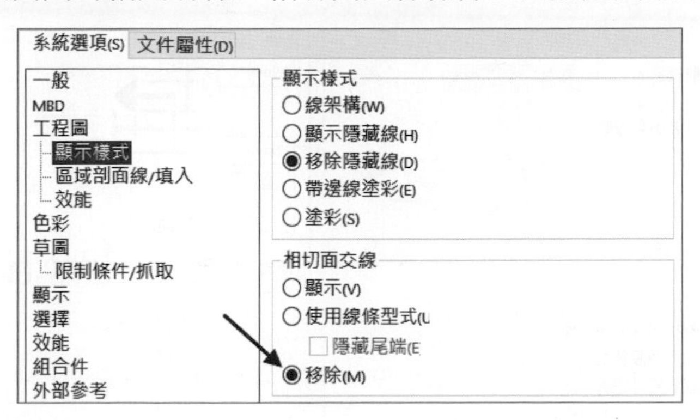

4. 點選「**文件屬性**」➡「**註記**」「**表格**」「**視圖**」內的字型，設定大小為 5mm，「**尺寸**」以及**註記**下的「**表面加工**」大小 2.5mm。

5. 點選**註記**下的**零件號球**➡**單一零件號球**的**模式**選擇「**無**」。

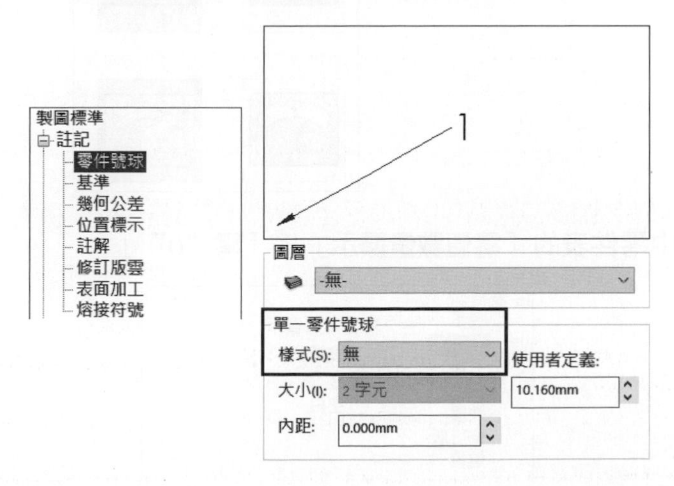

6. 點選**尺寸**，設定如圖示的箭頭大小，其中**以尺寸高度縮放**是以尺寸界線的高度重新縮放箭頭大小；尺寸的零值設爲**移除**，並取消勾選下方的預設項次。

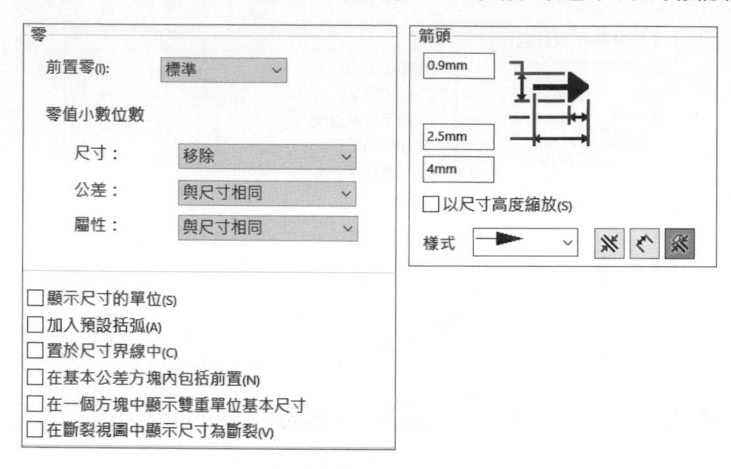

7. 勾選**直徑**及**孔標註**的**顯示第二個外側箭頭**。

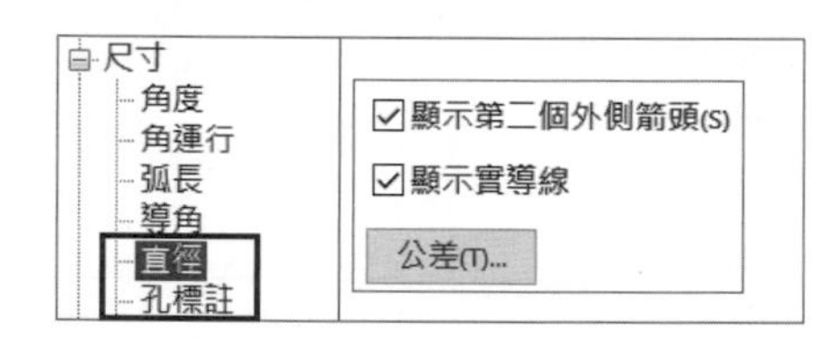

8. 狹槽中心符號線選擇右邊兩個圖形。

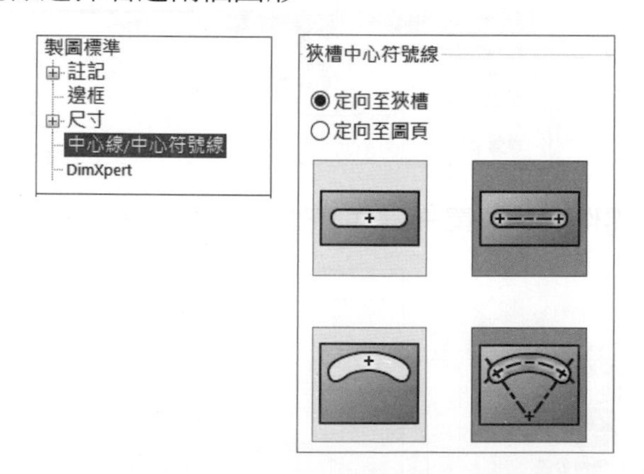

9. 變更**表格**中**零件表**的「**零值數量顯示**」爲「**零“0”**」。

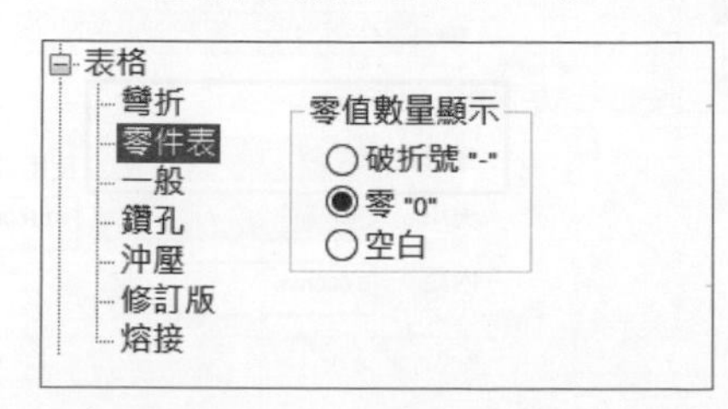

10. 變更**視圖→**「**剖面視圖**」**線條樣式**、**剖面/視圖大小**之箭頭，如圖示。

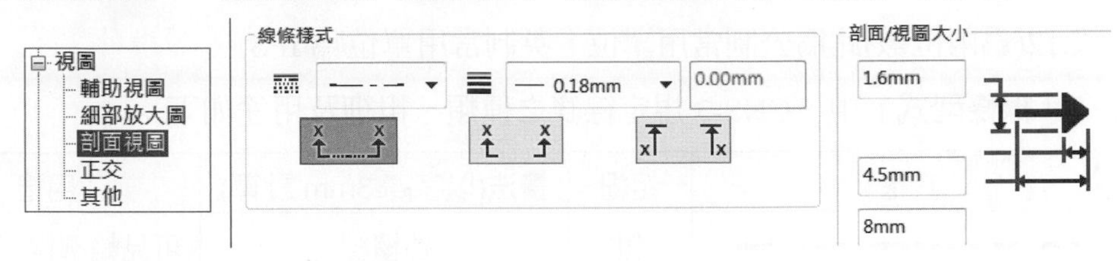

11. 點選「**視圖**」，修改「**輔助視圖**」、「**細部放大圖**」與「**剖面視圖**」的標示，取消「**根據標準**」，設定**名稱**、**標示**、**旋轉**、**比例**、**分隔字元**與選擇**成行**，勾選**於視圖上方顯示標示**。若需個別修改視圖標示，必須在**註解**屬性管理員中選擇「**手動視圖標示**」，再修改視圖標示文字。

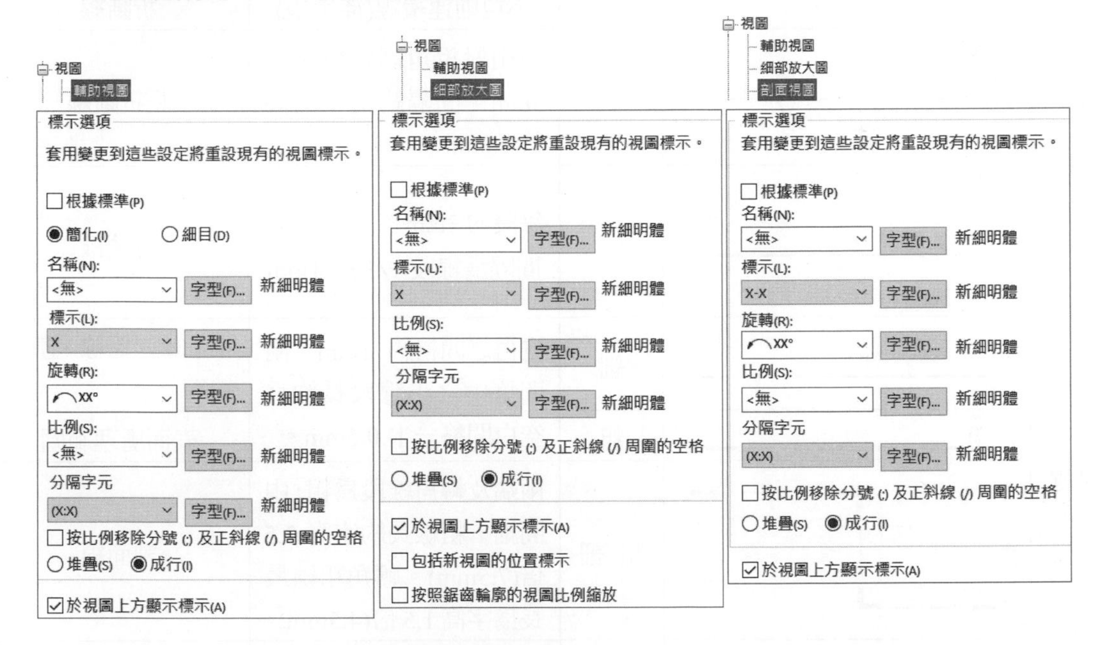

12. 點選「**尺寸細目**」，**視圖產生時自動插入**內的項次全部取消勾選。

視圖產生時自動插入

- ☐ 中心符號-鑽孔-零件(M)
- ☐ 中心符號-圓角 -零件(K)
- ☐ 中心符號-狹槽 -零件(L)
- ☐ 定位符號 - 零件
- ☐ 中心符號-鑽孔-組合件(O)
- ☐ 中心符號-圓角 -組合件(B)
- ☐ 中心符號-狹槽 -組合件(T)
- ☐ 定位符號 - 組合件
- ☐ 具有中心符號線之鑽孔複製排列的連接線
- ☐ 中心線(E)
- ☐ 零件號球(A)
- ☐ 為工程圖標示的尺寸(W)

13. 點選「**單位**」，選定**單位系統**中的「**MMGS(毫米、公克、秒)**」，長度的小數點設.12(爲兩位數)此爲公制常用單位，英制常用單位爲 IPS。

14. 在「**線條型式**」中，CNS-3 規定線條之種類、粗細及用途如下：

種類	式樣	粗細	畫法(以字高 3mm 計算)	用途
實線		粗	連續線	可見輪廓線、圖框線
		細	連續線	尺度線、尺度界線、指線、剖面線，圓角消失之稜線、旋轉剖面輪廓線等
			不規則連續線(徒手畫)	折斷線
			兩相對銳角高約爲字高 3mm，間隔約爲字高 6 倍 18mm。	長折斷線
虛線		中	每段約 3mm 間隔爲線段 1/3 約 1mm	隱藏線
鏈線		細	空白之間格約 1mm，兩間格中之小線段長約爲空白間格一半 0.5mm。	中心線、節線、基準線等
		粗		表面處理範圍
		粗/細	兩端及轉角線段爲粗，中間細，粗線長約字高 2.5 倍(7.5mm)。轉角粗線最長爲字高 1.5 倍(4.5mm)。	割面線
兩點鏈線		細	空白之間格約 1mm，兩間格中之小線段長約爲空白間格一半 0.5mm。	假想線

由上列之規定中，**可見之邊線**的線條粗細需設為**實線** 0.5mm；**隱藏之邊線**設為**虛線** 0.35mm；**相切面交線**樣式為**實線** 0.18mm，**爆炸線**為**一點鏈線** 0.18mm，其餘維持設定。

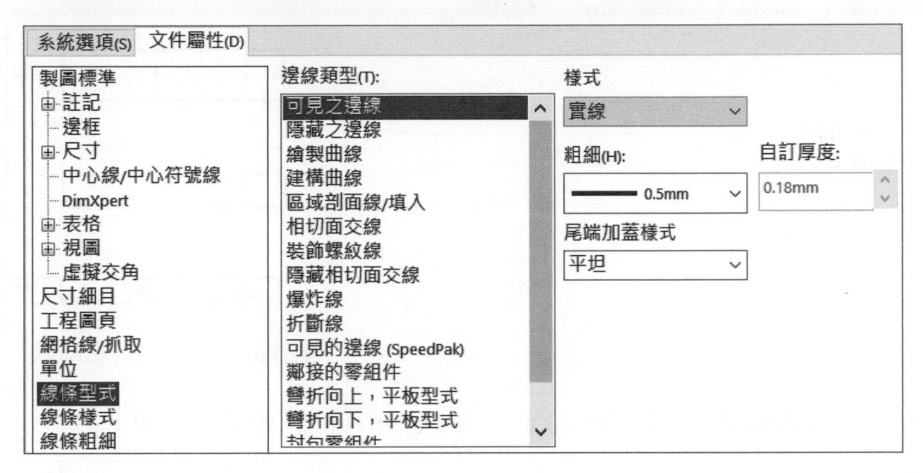

15. 「**線條樣式**」亦需設為標準值，在線條長度及間距值中，每一個單位長度為 5mm，線條設定如下：

虛線(隱匿輪廓線)	A, 0.6, −0.2	每段 3mm，間隔 1mm
兩點鏈線(假想線)	A, 4, −0.2, 0.1, −0.2, 0.1, −0.2	線長約 20mm，中間一點約 0.5mm，空白間格約 1mm
細/粗_鏈線	B, 1.5, −0.2, 0.1, −0.2	粗端長約 7.5mm，中間一點約 0.5mm，空白間格約 1mm
一點鏈線(中心線)	A, 4, −0.2, 0.1, −0.2	線長約 20mm，中間一點約 0.5mm，空白間格約 1mm

系統選項(S) 文件屬性(D)
製圖標準
註記
邊框
尺寸
中心線/中心符號線
DimXpert
表格
視圖
虛擬交角
尺寸細目
工程圖頁
網格線/抓取
單位
線條型式
線條樣式
線條粗細
影像品質
鈑金
熔接
線條型式:
名稱 外觀
實線
虛線 (隱匿輪廓線)
兩點鏈線 (假想線)
鏈線
一點鏈線 (中心線)
騎縫線
細/粗_鏈線
新增(N)
刪除(D)
載入(L)
儲存(S)
線條長度及間距值:
A,0.6,-0.2

16. 按「**新增**」，名稱爲「**短虛線**」，線條長度及間距値 A, 0.36, −0.14，顯示結果爲實線長 1.8，間格 0.7，這是用於虛線有一端未連接至邊線時使用。

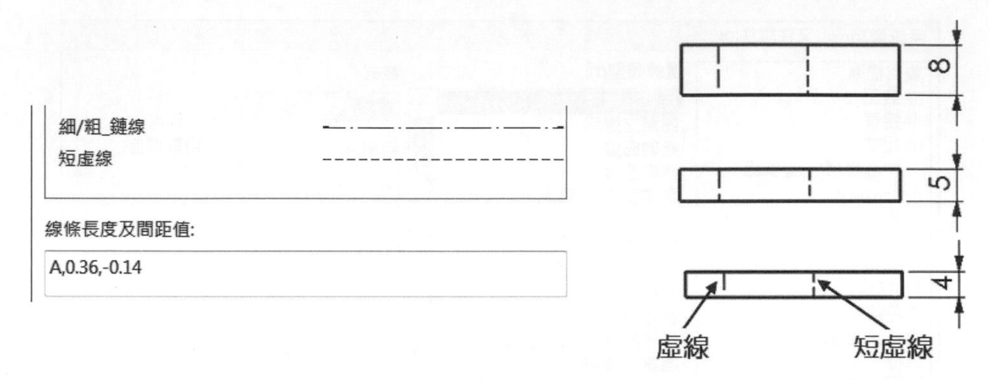

17. 點選「**線條粗細**」，維持原設定即可，CNS-3 的粗中細設定如下表：

粗	1	0.8	0.7	0.6	0.5	0.35
中(標準)	0.7	0.6	0.5	0.4	0.35	0.25
細	0.35	0.3	0.25	0.2	0.18	0.13

線條粗細列印設定

為每個大小編輯列印線條的預設粗細。修改這些值不會變更顯示的線條粗細。

細(N):	0.18mm
標準	0.25mm
粗(K):	0.35mm
粗(2):	0.5mm
粗(3):	0.7mm
粗(4):	1mm
粗(5):	1.4mm
粗(6):	2mm

重設(R)

18. 點選「**影像品質**」，此解析度的設定值牽涉到您的電腦運算效率，若是電腦速度夠快，可以設定的高一些，若是速度慢，則要設定的低一些。

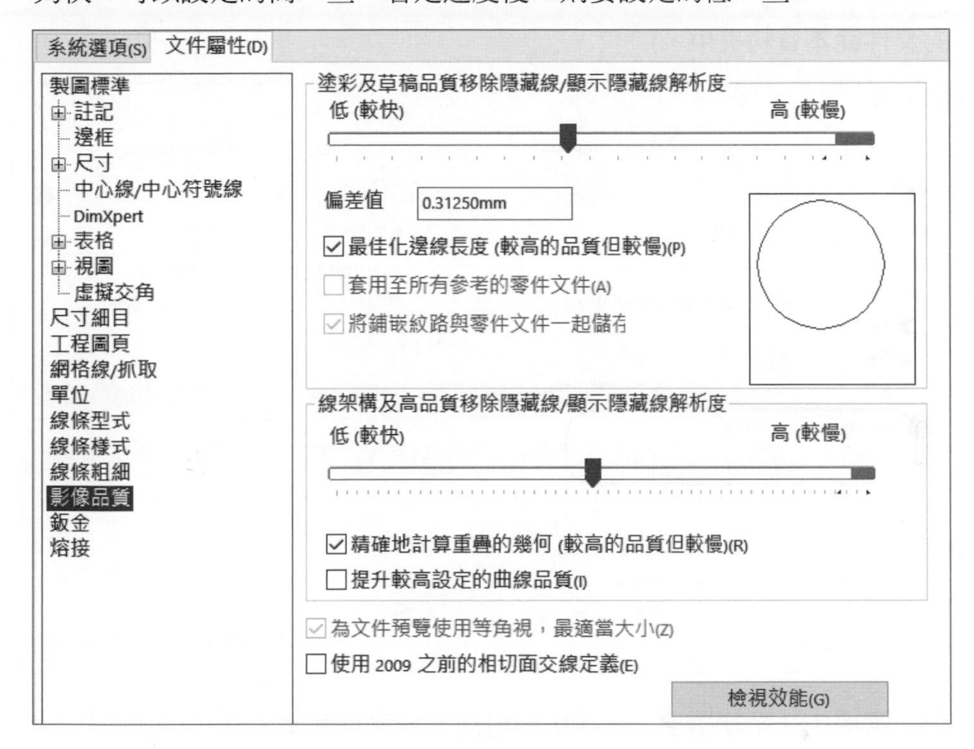

19. 按「**確定**」，結束**選項**設定。

20. 按「**檔案**」➞「**屬性**」，在**自訂**標籤下新增“**繪製者**”屬性，並在**值**儲存格內輸入您的名字，按「**確定**」。

摘要 自訂

刪除(D)

	屬性名稱	類型	值 / 文字表達方式
1	繪製者	文字	王大明
2	<輸入一個新屬性>		

21. 按「**儲存檔案**」，存檔類型選擇「**工程視圖範本(*.drwdot)**」，檔案名稱輸入「**CNS 工程圖**」，按「**存檔**」。(當您選擇工程圖範本時，資料夾會自動切換至系統預設的**文件範本**資料夾中。)

22. 查看**選項**中「**系統選項**」➡「**檔案位置**」內**文件範本**資料夾(如下圖)，此為系統預設值，上一步驟所建立的範本即是被儲存在此資料夾內。(當您做系統更新時，自訂的範本必須記得先行備份起來。)

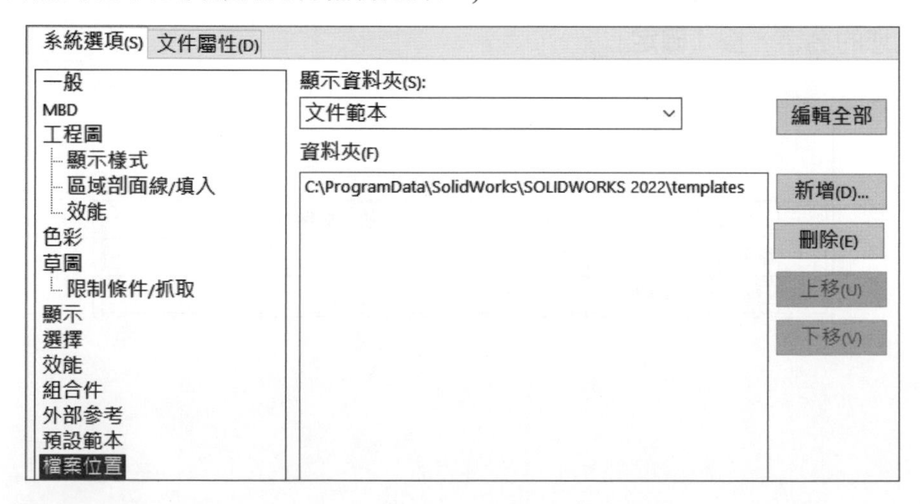

23. 關閉範本檔案。

10-3 工程圖頁與圖頁格式

在工程圖中，**圖頁**與**圖頁格式**分屬於不同的圖層，且個別獨立，平時圖頁在上層可看到**圖頁格式**，但切換至圖頁格式時，將看不到上層的**圖頁**。

一個工程圖檔案中可以包含多張圖頁，每張圖頁也都可個別設計圖頁格式(像是標題欄)。

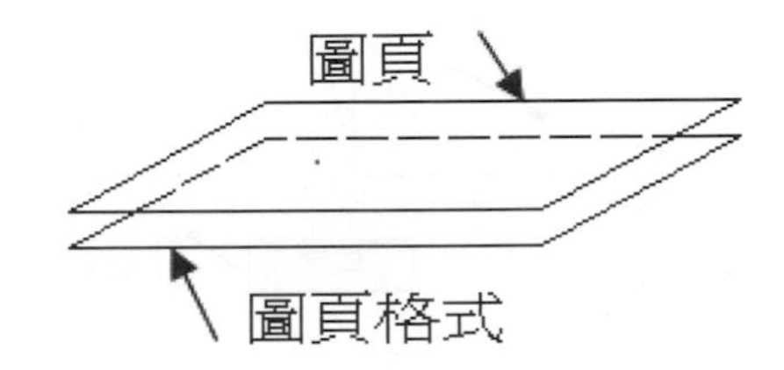

注意

- 在**圖頁**屬性視窗中，若使用**標準圖頁大小**時，勾選**顯示圖頁格式**可看到預設圖頁格式範本；取消勾選**顯示圖頁格式**時，則不顯示範本，自行繪製的內容也不顯示。
- 若使用**自訂圖頁大小**，勾選「**顯示圖頁格式**」才會顯示自行繪製的圖頁格式；取消勾選**顯示圖頁格式**時，則圖頁格式全部不顯示。
- 有顯示的部份才能列印。
- 在圖頁下，圖頁格式之內容顯示為灰色，黑白列印時可正常列印為黑色，若使用彩色列印則印出結果為灰色。
- 要將灰色顯示為黑色，點選**選項**中的「**系統選項**」➡「**色彩**」，將色彩調配設定中的「**停用的圖元**」顏色變更為黑色即可。

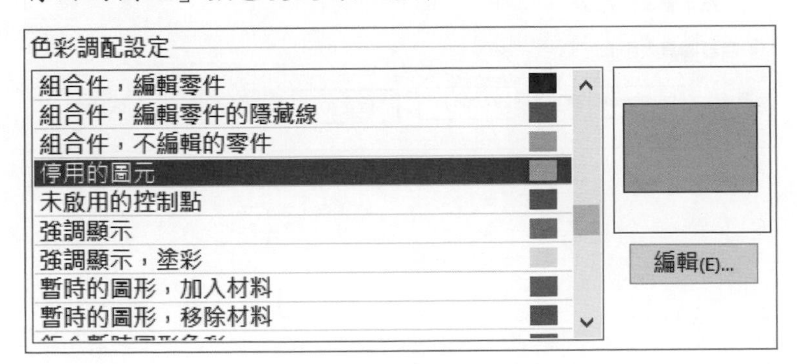

1. 按**開新檔案** ，在**新 SOLIDWORKS 文件**中已可看見前面所建立的「CNS 工程圖」範本(進階使用者)，點選「CNS 工程圖」後，按「**確定**」。

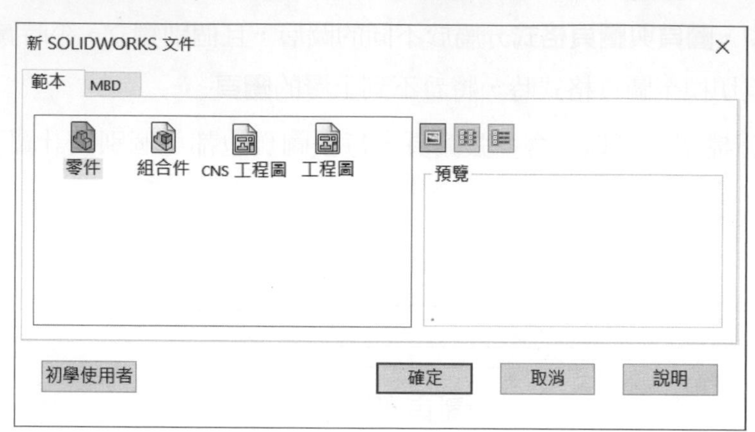

2. 按**確定**後系統顯示「**圖頁格式/大小**」對話方塊，選取「**A3-ISO**」尺寸，勾選「**顯示圖頁格式**」及點選「**自訂圖頁大小**」，按「**確定**」。A3 的圖紙大小為 420mm×297mm。若沒有出現此對話方塊，可從步驟 4 進入設定。

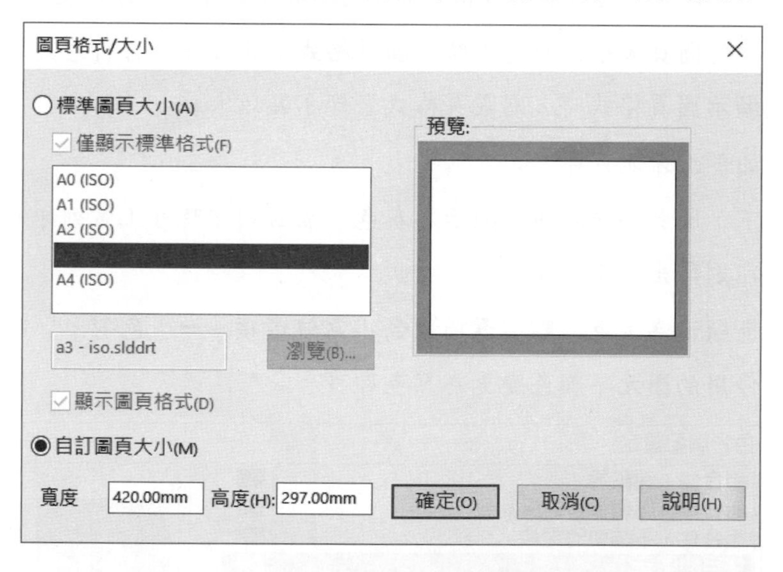

10-4 工程圖頁屬性

標準圖頁大小：內建範本的橫式有 A, B, C, D, E, A0, A1, A2, A3, A4，直式有 A, A4。您可依需要是否**顯示圖頁格式**(圖框、標題欄)，**圖頁格式**爲範本中內建，若不合用則可點選**自訂圖頁大小**後自行繪製。CNS 標準都以 A 系列爲標準圖頁大小。

自訂圖頁大小：您可依個別使用需求輸入圖頁大小，並自行繪製圖頁格式。但是必須勾選**顯示圖頁格式**。

3. 進入工程圖後，預設狀態會出現「**模型視角**」屬性視窗，要使用者選擇零件或組合件來產生視圖，按「**取消**」✕ 關閉**模型視角**。

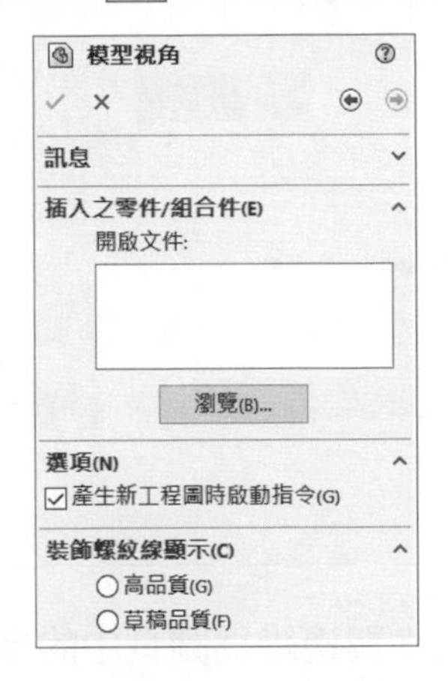

提示

若不想**模型視角**屬性視窗自動出現，可在選項中，取消勾選「**產生新工程圖時啟動指令**」。

4. 在圖頁 1 畫面中空白處，按滑鼠右鍵，選擇「**屬性…**」

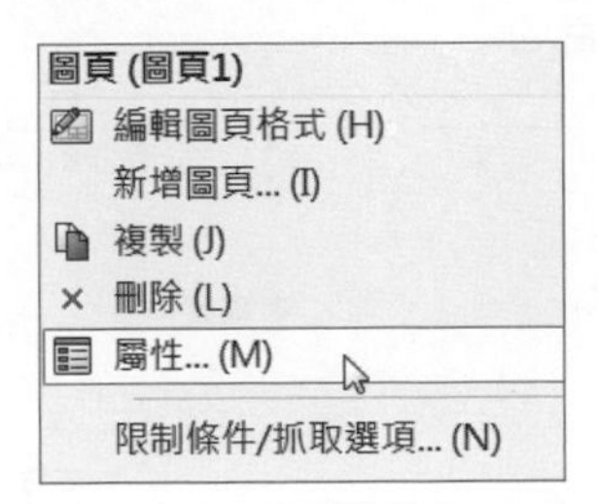

提示

屬性預設下是隱藏的，您可以從**自訂功能表**中勾選**屬性**使預設為顯示；您也可以從特徵管理員中的圖頁 1 上按滑鼠右鍵，選擇**屬性**。

5. 在**圖頁屬性**視窗中，維持預設「**比例 1：1**」，投影類型**第三角法**，**圖頁大小**依前面設定不變，按「**套用變更**」。

6. **區域參數**標籤中的區域大小與邊緣爲圖頁中的參考格線，可勾選「**檢視**」➡「**使用者介面**」➡「**區域線**」來顯示。

10-4-1 圖頁格式

如前面所述，**圖頁格式**主要是標題欄爲主，它所在的圖層就像一般的 2D 繪圖平面一樣，可以直接繪製圖元，而不受限於圖頁中的“**工程視圖**”，隨時跟著工程視圖移動而移動。

A3 圖紙預留邊界範圍如圖示，可用空間約 385×277，您也可以依習慣設定。

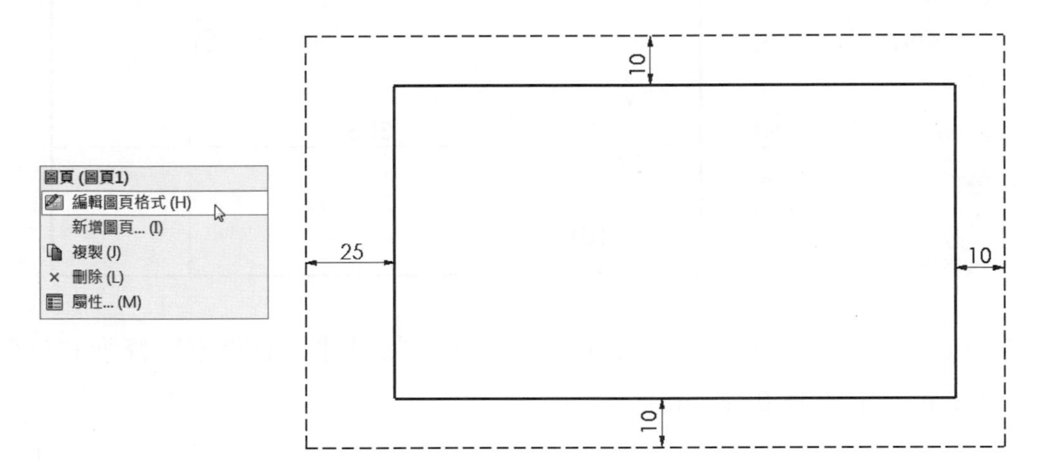

7. 在空白圖頁中按滑鼠右鍵，選取「**編輯圖頁格式**」，進入後，確認角落會出現**編輯圖頁格式**的確認符號 。
8. 在圖頁格式中繪製矩形框，按 Ctrl 鍵，選取四條框線，從**線條型式**工具列中點選「0.5mm」，變更線條線粗。

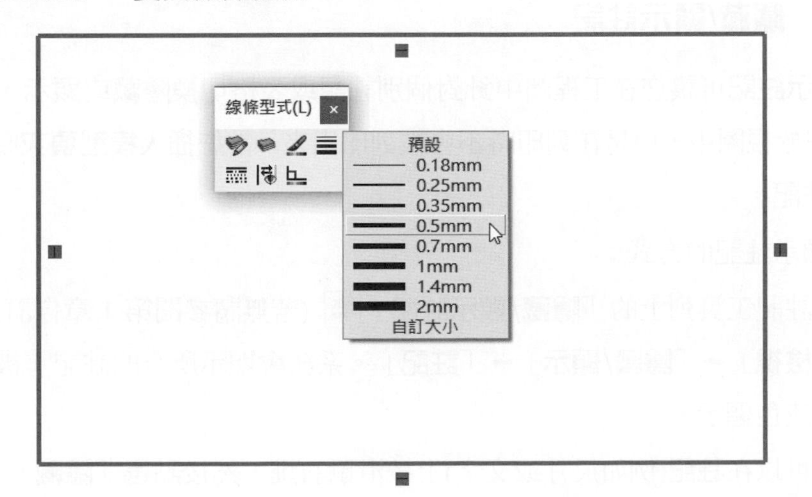

9. 限制圖框左下角點在(25, 10)位置，加入**固定**限制條件，並標註尺寸 385×277。

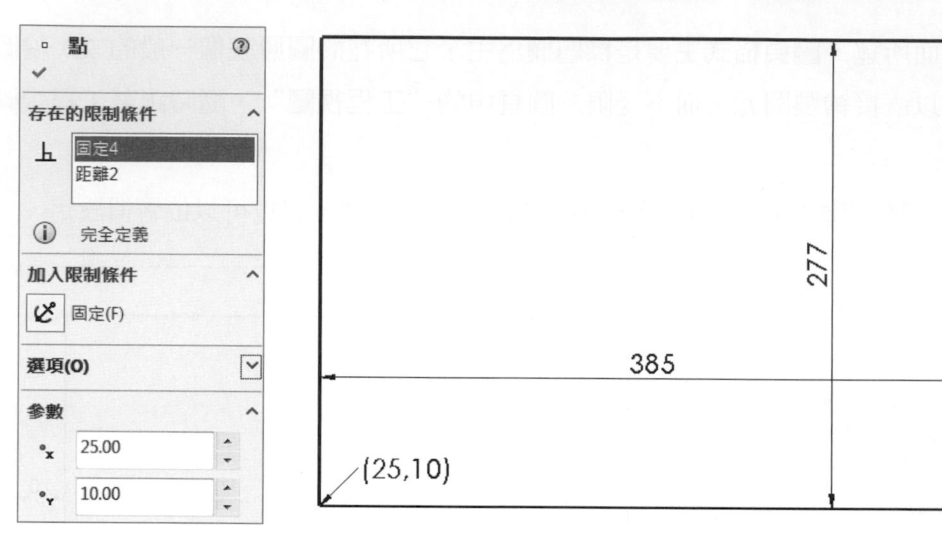

10. 在圖框的右下角繪製如圖示的標題欄，標註尺寸，並設定線條型式外側為 0.5mm，內側為 0.18mm。

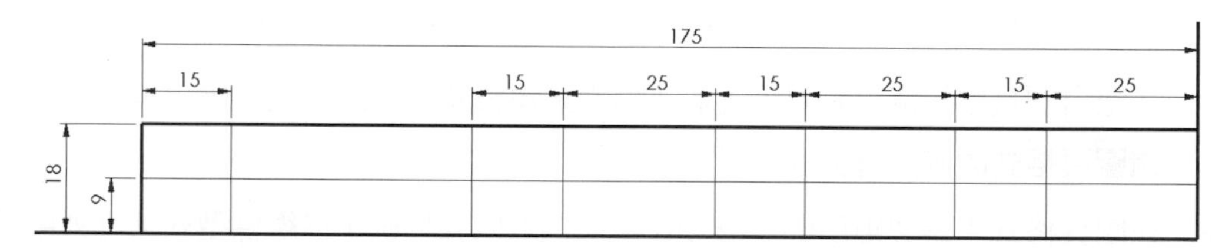

10-4-2 隱藏/顯示註記

隱藏/顯示註記可讓您在工程圖中針對個別註記或表格切換隱藏或顯示，被隱藏的註記，仍然存在於視圖中，但是在列印時不會被列印出來。當您插入**模型項次**時，您也可以隱藏或顯示註記。

隱藏或顯示註記的方式：

- 使用註記工具列上的「**隱藏/顯示註記**」 (若無請參閱第 1 章自訂工具列)，或按「**檢視**」➡「**隱藏/顯示**」➡「**註記**」。系統會顯示所有的註記，被隱藏的註記會以灰色顯示。
- 您也可以在**註記**(例如尺寸或文字)上按滑鼠右鍵，然後點選「**隱藏**」。

11. 點選註記工具列上的「**隱藏/顯示註記**」，這時游標回饋符號爲 ，點選圖頁格式內的所有尺寸，因爲這些尺寸只是用來限制標題欄的位置，不需要被列印出來。

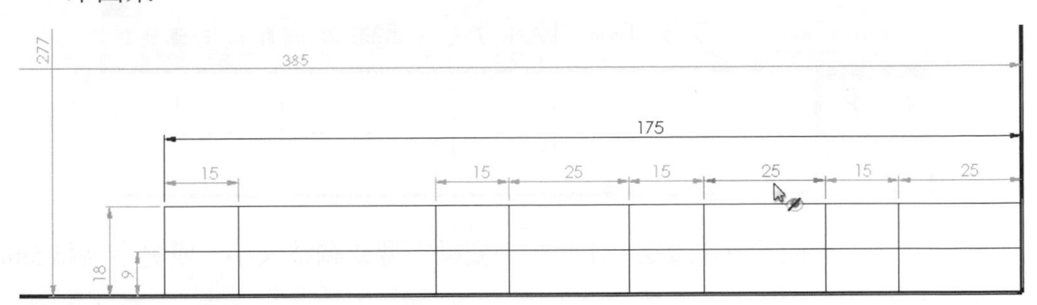

提示

您也可以按 F5 使用**選擇濾器**中的**篩選尺寸/孔標註** ，一次性選取所有尺寸。

12. 按 Esc 或按「**選擇**」 結束隱藏註記。

10-4-3 註解

註解即是說明文字，包含簡單的文字、符號、參數文字及超連結。註解可帶有一條指向項次(面、邊線或頂點)的導線，導線可以是直的、彎折的、或多折的。

插入註解的一些注意事項：

- 在註解中可以插入**超連結**。
- 在註解中可以連結註解至文件、自訂、或模型組態指定的屬性。
- 在註解中可以加入零件號球。
- 按「**檢視**」➞「**隱藏/顯示**」➞「**註記連結變數**」，您可以顯示變數的名稱或顯示變數的內容。
- 在輸入註解後，可以調整環繞註解的方塊邊界大小。
- 當您拖曳現有文字與其他文字對齊時，根據您選擇註解的位置，游標變更爲靠左、置中、或靠右對齊。例如，如果您選擇註解的最左邊，游標變爲靠左對齊。
- 空白的註解在螢幕上會顯示爲 ⊠，其在預覽列印及列印的文件上不會出現。

13. 按註記工具列中的「**註解**」，點選**無導線**，點選標題欄內的空格位置並輸入文字，註解的大小必須在輸入文字後才能利用周圍 8 個控制點調整。

14. 框選文字，再從「**格式設定**」工具列中變換字型或調整大小，變更字高爲 5mm。

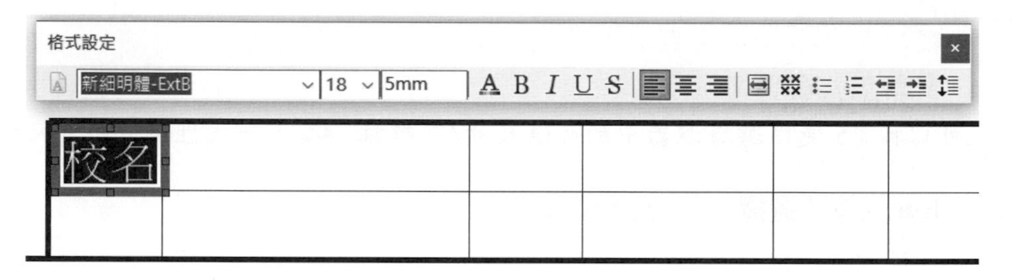

15. 在空白處按一下結束文字輸入(再按一下 Esc 可結束註解)，移動游標至另一欄位，使用對正線與前一註解對齊，點選確定位置，再變更文字。

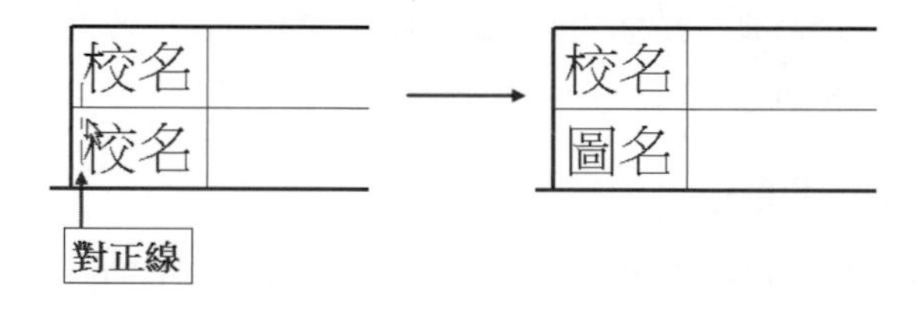

16. 完成標題欄註解輸入。

校名		比例		姓名		審核	
圖名		投影		座號		圖號	

17. 在姓名的空白欄處插入**註解**，點選屬性管理員中的「**連結至屬性**」按鈕。

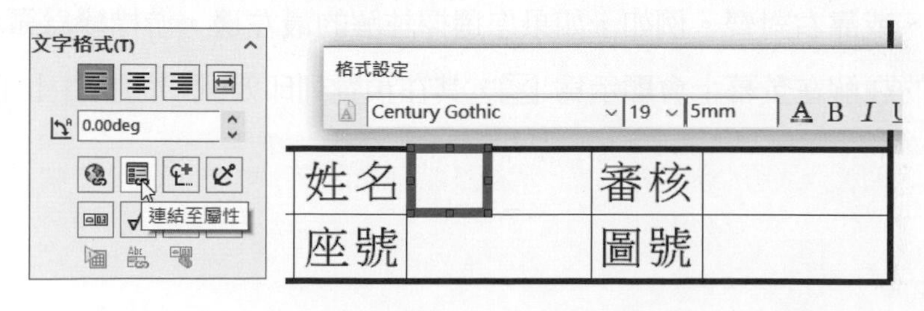

18. 在連結至屬性視窗中，從**屬性名稱**下拉式選單內選擇「**繪製者**」，按「**確定**」

連結至屬性
使用自訂屬性，屬性來自
目前文件
這裡找到的模型
目前文件
選擇：
工程圖1
檔案屬性(F)
屬性名稱：
繪製者
評估值：
王大明
日期格 長 短 顯示時間
確定 取消 說明

19. 當您點選連結屬性時，顯示模式為變數的內容，為功能表「**檔案**」→「**屬性**」內輸入的自訂值，因為此時功能表「**檢視**」→「**隱藏/顯示**」→「**註記連結變數**」是未被勾選的。

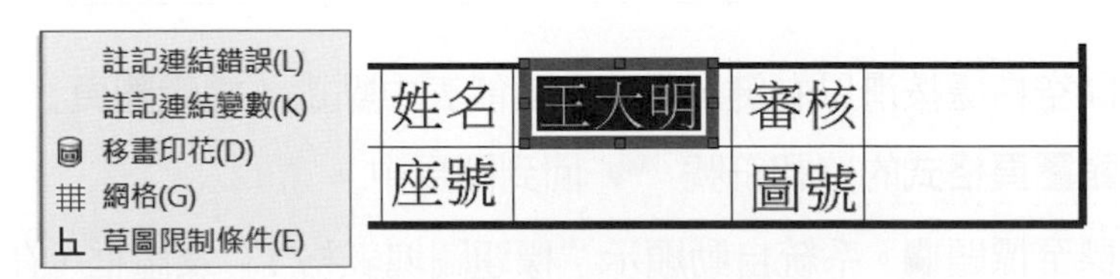

20. 當「**註記連結變數**」被勾選時，並點選連結屬性時，顯示模式為變數名稱。

21. 按「**確定**」，結束註解輸入，此時變數欄內的內容為變數值，即繪製者姓名，註解的顯示顏色為藍色。若是變數值的內容為空白，則註解的顯示也是空白。

22. 在圖號欄中輸入文字“ #### ”並將屬性調整為置中 。

姓名	王大明	審核	
座號		圖號	####

23. 在繪圖區空白處按滑鼠右鍵，點選「**標題圖塊欄位**」，此時畫面在標題欄區自動顯示標題圖塊，調整至標題欄大小即可。

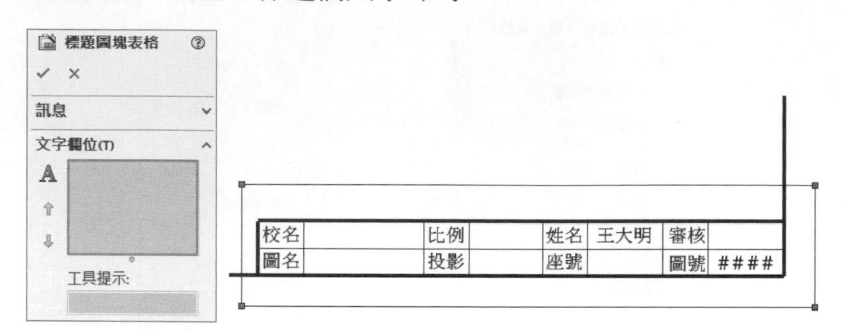

24. 在文字欄位中選擇“**王大明**”與“**####**”，此處所選定的兩個欄位表示在圖頁模式下也可編輯，而不限於只能在圖頁格式中變更，按**確定**。

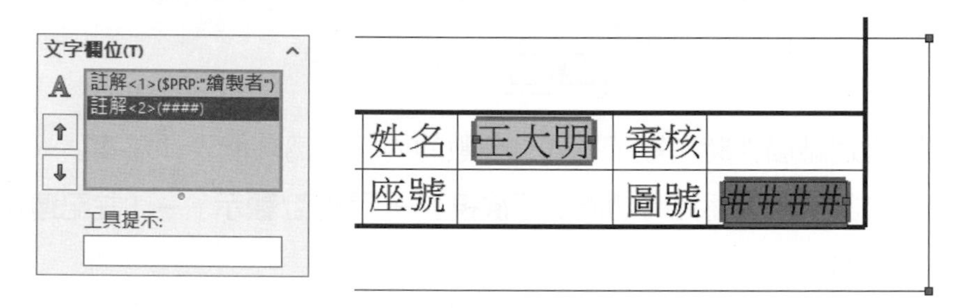

25. 在繪圖區空白處按滑鼠右鍵，從快顯功能表中點選「**編輯圖頁**」，回到圖頁中；或按**編輯圖頁格式**的確認符號 回到圖頁中。

26. 移動游標至標題欄，系統自動顯示“標題圖塊表格 1”及虛框，在王大明或 #### 上快點兩下，使其顯示為藍色可編輯狀態。

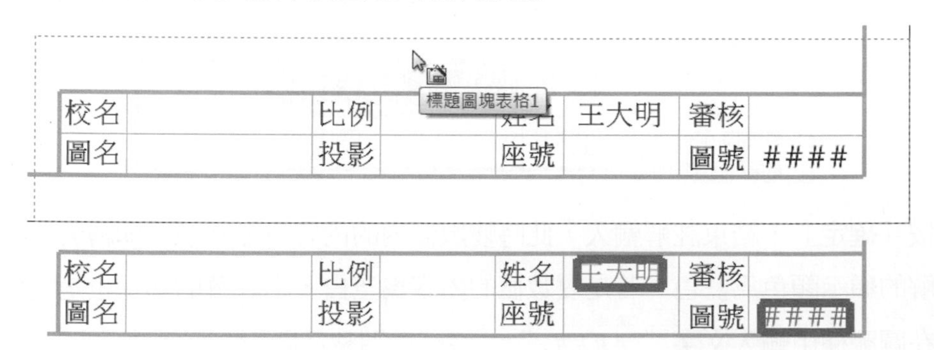

27. 變更姓名爲“朱小亮”、圖號爲“201A”，按**確定**，再開啓**屬性**視窗，繪製者的值已自動更新爲新輸入值。

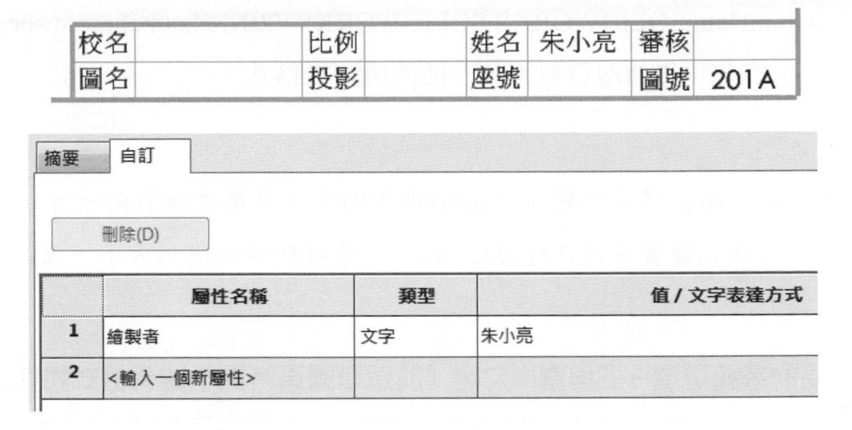

28. 再將“朱小亮”變更回“王大明”後，按**確定**離開屬性視窗，標題欄也自動回復，最後變更 201A 爲原值“####”。

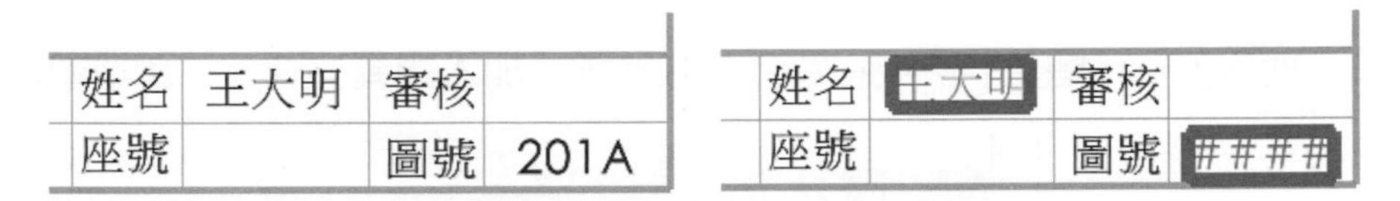

29. 按功能表「**檔案**」➡「**儲存圖頁格式**」。

30. 在檔案名稱欄內輸入「**A3 橫向格式**」，存檔類型已內定爲圖頁格式(*.slddrt)，按「**存檔**」。

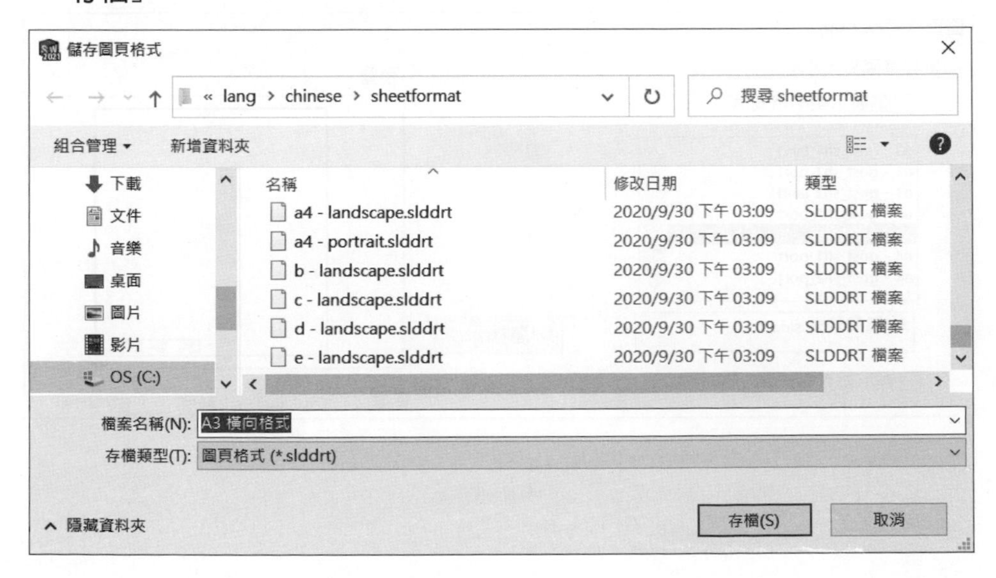

31. 檢查圖頁格式所儲存的目錄位置，可發現前面儲存的「**A3 橫向格式**」已存在圖頁格式所在的目錄中。此目錄之設定位於**系統選項➞檔案位置➞圖頁格式**內 C:\ProgramData\SOLIDWORKS\SOLIDWORKS 20XX\lang\chinese\sheetformat 資料夾內，您也可以新增資料夾，方便使用圖頁格式。

注意

圖頁格式所存的檔案只是標題欄與圖框(即前面在圖頁格式繪製的所有內容)，並不包括**選項**設定，而且此圖頁格式只適用於 A3，不適用於其他圖紙大小，因此檔名才加註 A3 字樣。

32. 在**選項**的**系統選項➞工程圖**中勾選「**於新增圖頁時顯示圖頁格式對話方塊**」。

☑自動移入有視圖的視圖調色盤(I)
☑於新增圖頁時顯示圖頁格式對話方塊(F)
☑當尺寸被刪除或編輯時減少間距 (加入或變更公差、文字等等...)

33. 按「**插入**」➞「**圖頁**」，或在圖頁下方點選「**加入圖頁**」圖元，新增**圖頁 2**。

34. 系統自動出現**圖頁 2** 的**圖頁屬性**對話方塊，圖頁格式選擇「**A3 橫向格式**」，按「**確定**」。

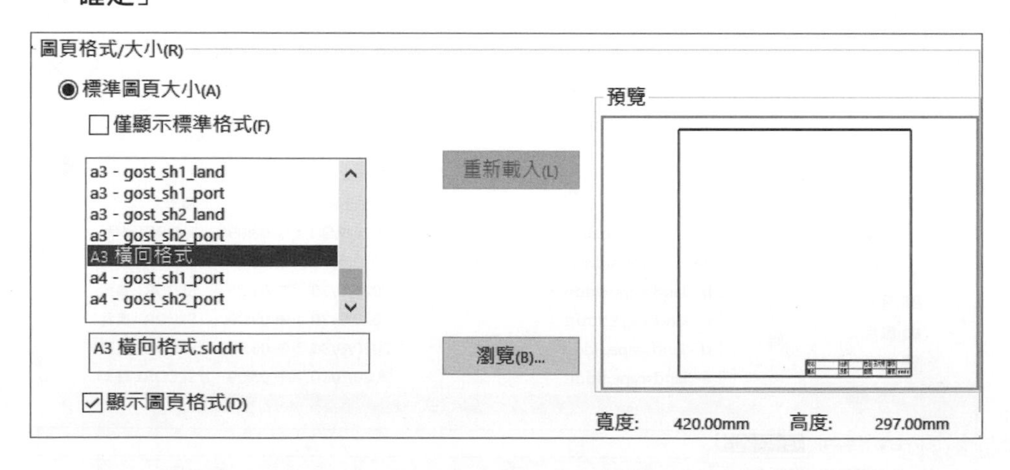

35. 從特徵管理員內可看到圖頁 2 已有圖頁格式 2，繪圖區內也有和圖頁 1 相同的圖頁格式。

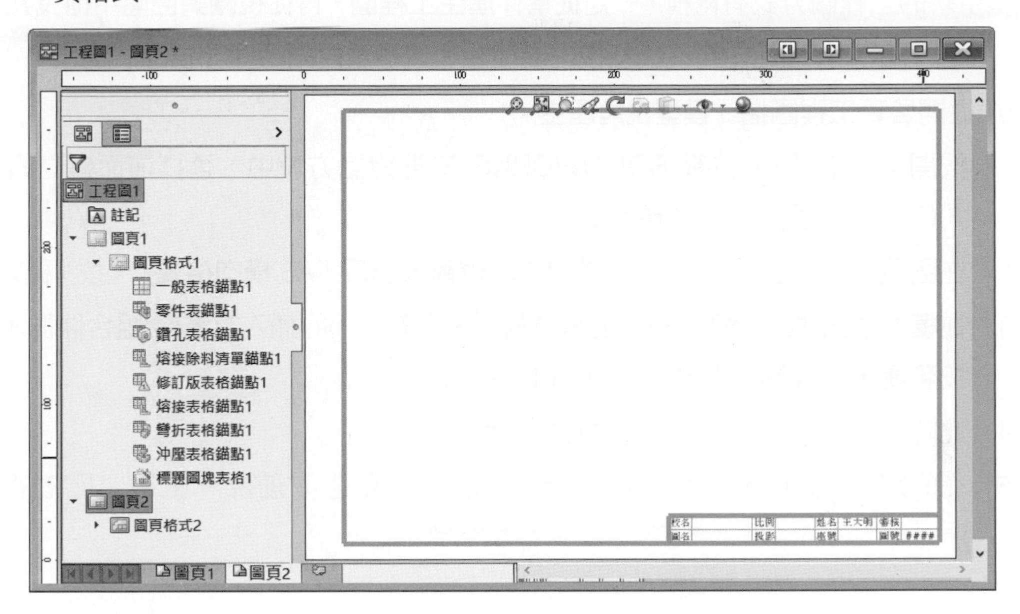

36. 不儲存關閉檔案。

提示

若是您將圖頁格式連同選項一同儲存為範本，則產生新工程圖檔時，圖頁大小、比例與圖頁格式都會一同套用在新的工程圖上，系統將不會再詢問您圖頁大小。

10-5 產生工程視圖

在 SOLIDWORKS 中，所有零件和組合件都可以用來建立 2D 工程圖，零件、組合件和工程圖是相互關連的文件；如果對零件或組合件內的特徵或尺寸做出任何更改，工程圖文件也將隨之更改；同樣地，如果對工程圖文件做出任何尺寸更改，零件或組合件也將跟著變更。

通常，工程圖都是透過模型之正投影產生的視圖組成，除了標準三視圖外，也有剖視圖、輔助視圖，局部視圖等。

在產生零件或組合件的相關工程圖之前，必須先儲存零件或組合件。

10-5-1 產生新的工程圖

產生新的工程圖方式有兩種，一是**從零件產生工程圖**，再從**視圖調色盤**中拖曳建立視圖；一是開啓新工程圖檔，再從**模型視角**屬性管理員中設定選項建立視圖。

(A)從開啓新工程圖檔、模型視角產生：

1. 按**開啓新檔** ，在**新 SOLIDWORKS 文件**對話方塊中，選擇前面建立的範本「**CNS 工程圖**」，按「**確定**」。
2. 在**圖頁格式/大小**對話方塊中選擇**標準圖頁大小**爲「**A3 橫向格式**」，按「**確定**」。
3. 在**模型視角**(按「**插入**」→「**工程視圖**」→「**模型**」)的**插入之零件/組合件**群組中，按**瀏覽**，從資料夾中選擇 1001.SLDPRT 零件。
4. 此時模型視角自動進入下一頁**方位**標籤。
5. 在的**方位**標籤中，勾選「**產生多個視角**」，並點選「***前視**、***上視**、及***右視**」。

6. 按**確定** ，工程圖文件內已含零件的三個視圖，比例爲 1：1。

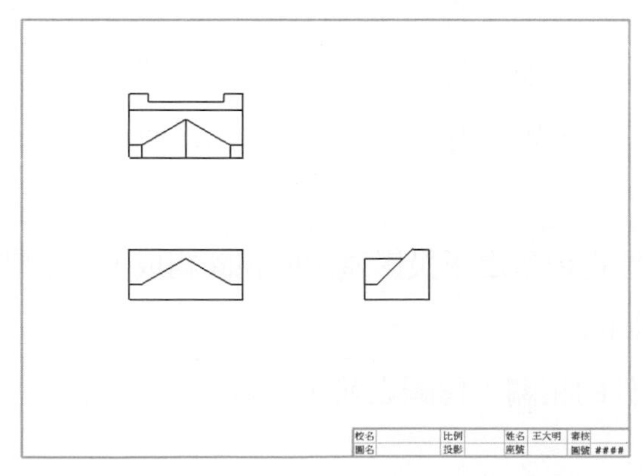

7. 不儲存關閉所有檔案。

(B)**從零件產生工程圖**(新零件或組合件必須已先存檔)：

1. 開啓零件檔 1001.sldprt。
2. 在開啓的零件視窗中，按功能表「**檔案**」→「**從零件產生工程圖**」，在新 **SOLIDWORKS 文件**對話方塊中，選擇前面建立的範本「CNS 工程圖」，按「**確定**」。
3. 在**圖頁格式/大小**對話方塊中選擇**標準圖頁大小**為「A3 橫向格式」，按「**確定**」。
4. 在**工作窗格**的**視圖調色盤**自動開啓，取消勾選**輸入註記**，勾選**自動開始投影視圖**。

10-5-2 視圖調色盤

在**工作窗格**的視圖調色盤可以用來插入工程視圖。它包含標準視圖、註記視角、剖面視圖、及所選模型的平板型式(鈑金零件)，您可藉由拖曳視圖到工程圖頁中來產生工程視圖。

固定視圖調色盤可按大頭針符號 ，若工作窗格內縮隱藏，再按視圖調色盤符號 顯示。

5. 從**視圖調色盤**中拖曳「**前視**」視圖到工程圖頁中，再拖曳游標投影「**上視**」與「**右視**」視圖，按滑鼠右鍵「**確定**」結束產生視圖。

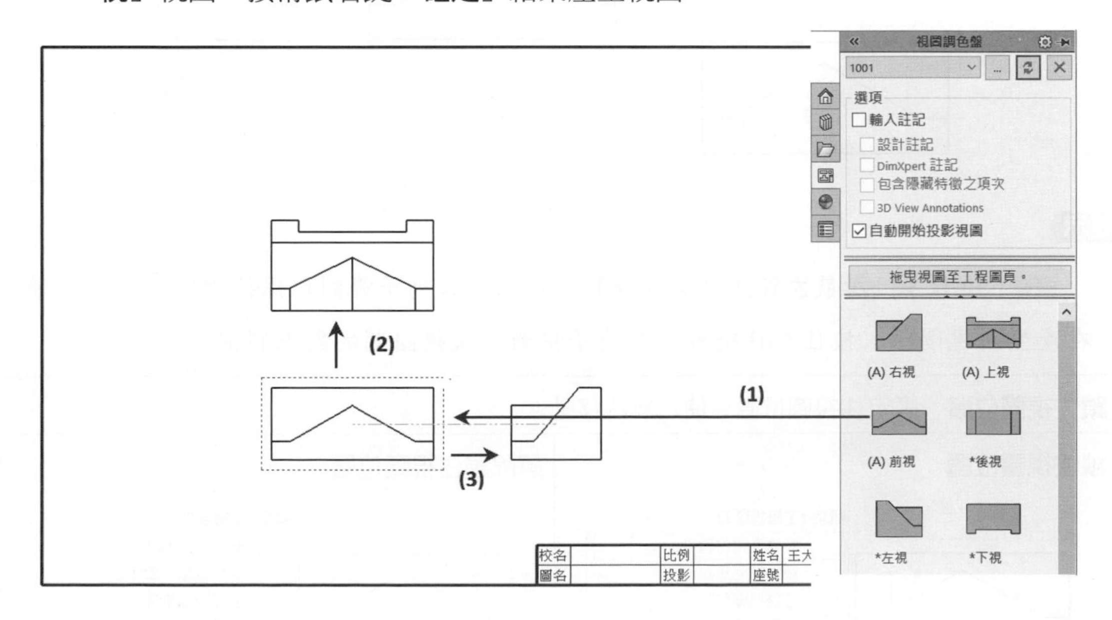

6. 點選前視圖，在屬性管理員中的顯示模式中點選**顯示隱藏線**。在右視圖的顯示模式中勾選**使用父樣式**，它會和前視一樣顯示隱藏線。

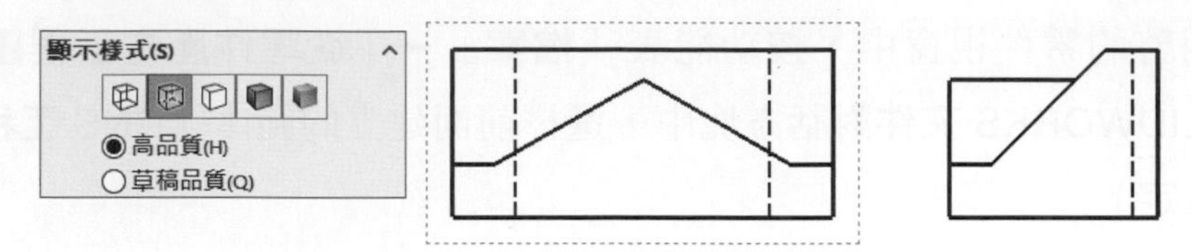

10-5-3 視圖的移動與對正

將游標移到視圖邊界圖框上，或選擇視圖。當移動游標 出現時，將視圖拖曳到新的位置，因為上視圖與右視圖仍與前視圖保持「**對正**」的關係，因此只能作垂直與水平方向的移動。若是拖曳前視圖，則上視圖與右視圖的垂直水平位置都會因為維持對正的關係而跟著移動。

若游標在視圖內而不是邊界上，可按 Alt 鍵+拖曳來移動視圖。

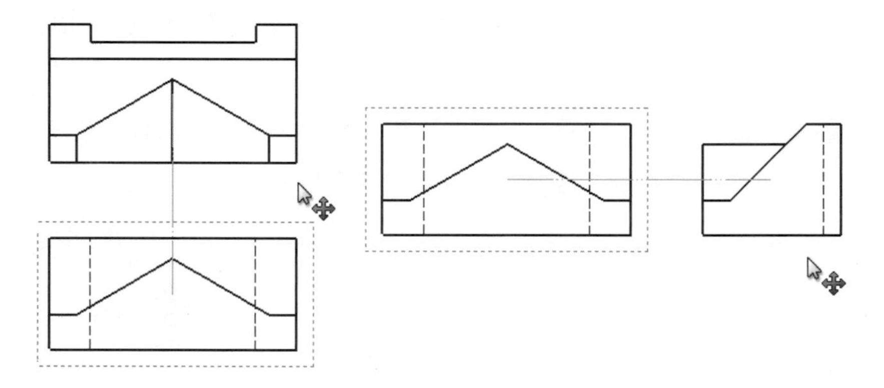

提示

按住 **Shift 鍵+滑鼠左鍵**拖曳父視圖時可以同時移動子視圖以保持視圖之間的距離，在產生新視圖時，按住 Ctrl 鍵可以取消子視圖與父視圖間的對正關係。

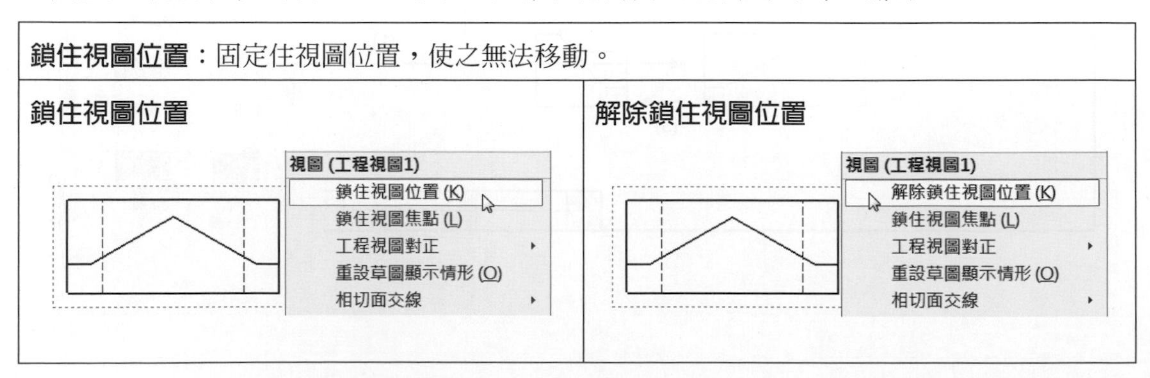

鎖住視圖位置：固定住視圖位置，使之無法移動。	
鎖住視圖位置	**解除鎖住視圖位置**

<table>
<tr><td colspan="2">鎖住視圖焦點：被鎖住的視圖在邊界框的四個角落會有轉折粗線，插入的註記或標註尺寸等會附著在視圖內，若未鎖住視圖焦點註記，則容易附著在別的視圖上。</td></tr>
<tr><td>鎖住視圖焦點：在視圖內側快點兩下，外框有轉折粗線
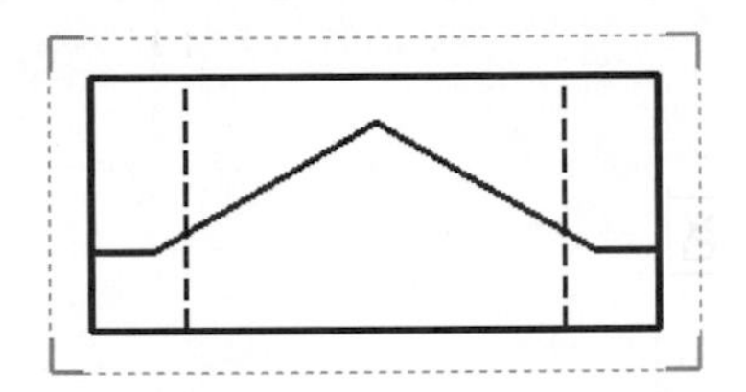</td><td>解開視圖焦點：在視圖外側快點兩下，外框無轉折粗線
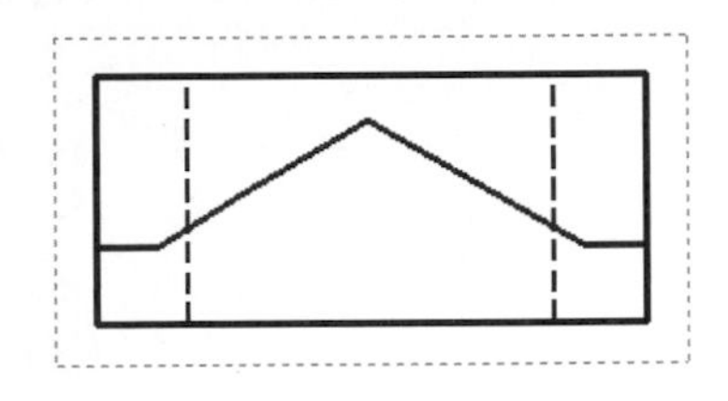</td></tr>
<tr><td colspan="2">視圖之對正：像平常標準三視圖，右視圖和上視圖各與前視圖保持對正關係。</td></tr>
<tr><td>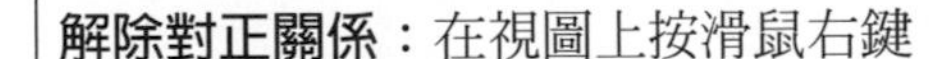解除對正關係：在視圖上按滑鼠右鍵
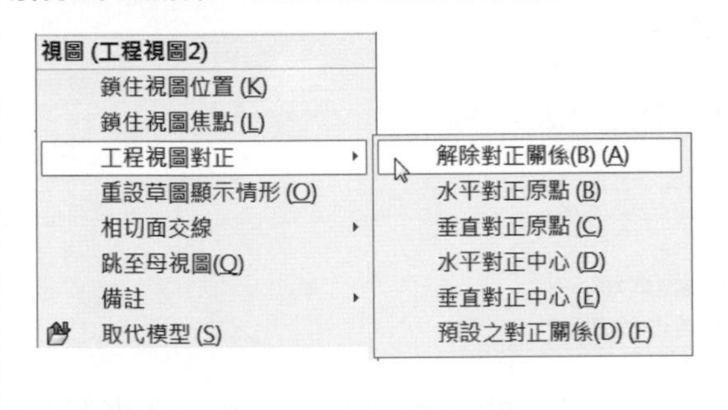</td><td>結果：視圖可自由移動不受限制
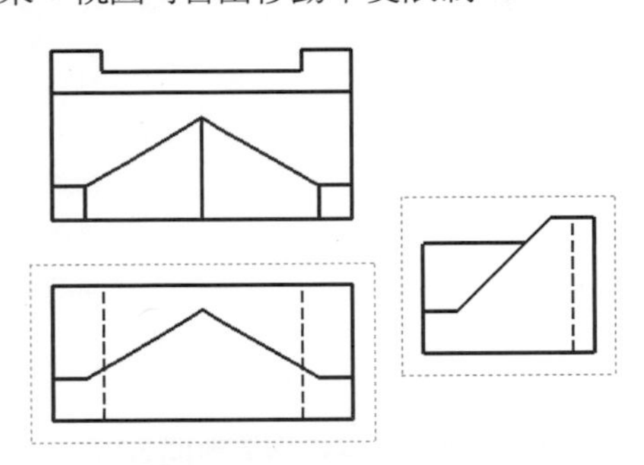</td></tr>
<tr><td>回復預設對正關係：在視圖上按滑鼠右鍵
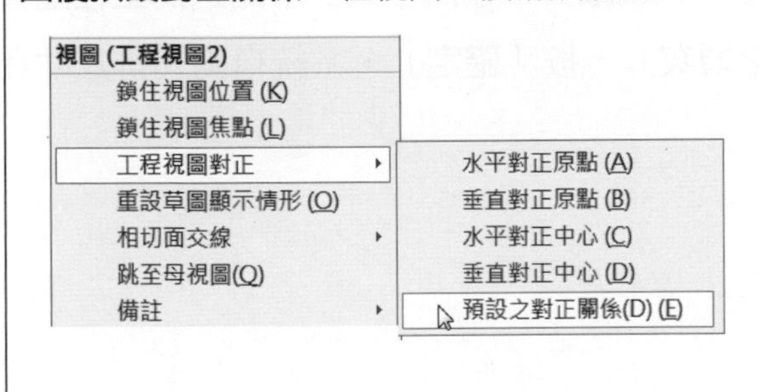</td><td>結果：保持對正
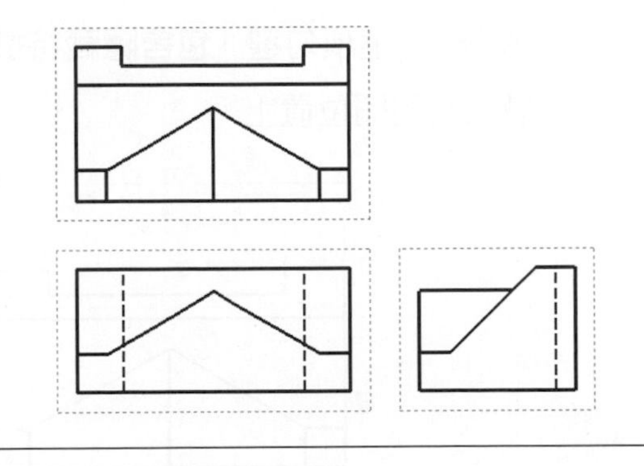</td></tr>
</table>

10-5-4 模型項次

模型項次包含模型文件(零件或組合件)中的尺寸、註記、及參考幾何。模型項次可以被插入到所選的工程視圖、或所有視圖中。當插入項次至所有工程視圖時，尺寸及註記會顯示在適當的視圖中，其中部分視圖中的特徵尺寸會被優先插入。

但是被插入的項次位置部份不太符合使用者的要求，因此都可以以滑鼠左鍵拖曳移動；按滑鼠右鍵點選隱藏/顯示；也可以用「**隱藏/顯示註記**」來隱藏/顯示模型項次；以及刪除(按 Delete 鍵)、拖曳模型項次至另一個工程視圖中(按 Shift 鍵)和複製模型項次至另一工程視圖中(按 Ctrl 鍵)，或者自行標註亦可(但會被系統列為從動尺寸，即無法驅動模型)。

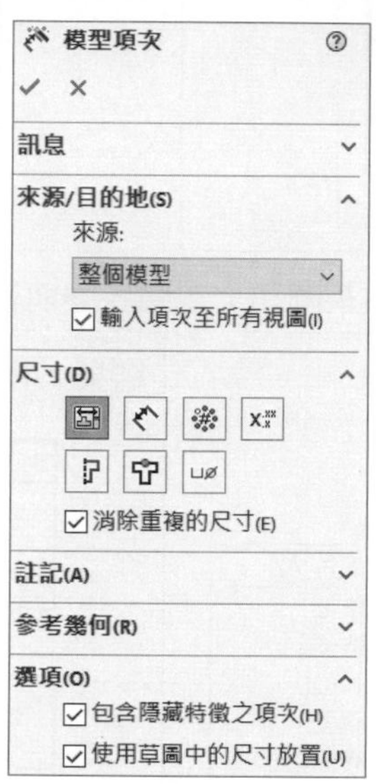

8. 按「**插入**」→「**模型項次**」；或按註記工具列上的「**模型項次**」，在來源選擇「**整個模型**」，並勾選「**輸入項次至所有視圖**」，在**尺寸**列表中點選**為工程圖標示**，選項勾選「**包含隱藏特徵之項次**」，按「**確定**」，系統自動安排尺寸在最佳的視圖位置上。

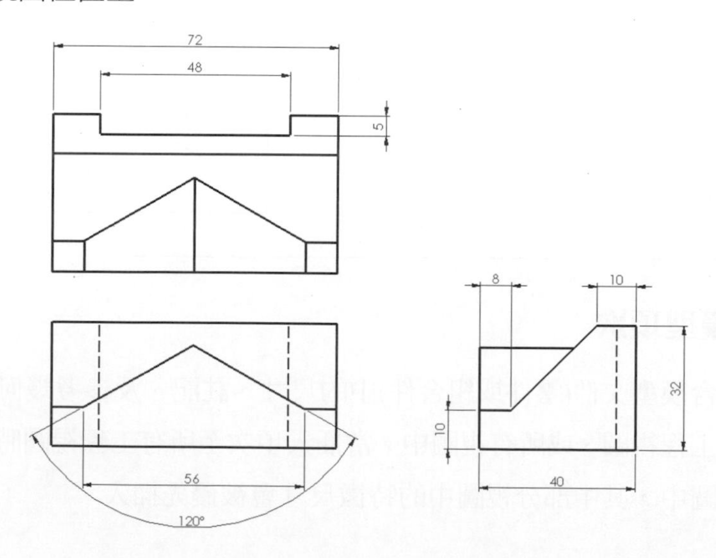

9. 尺寸線術語如圖示，超出尺寸線與間距如選項設定。

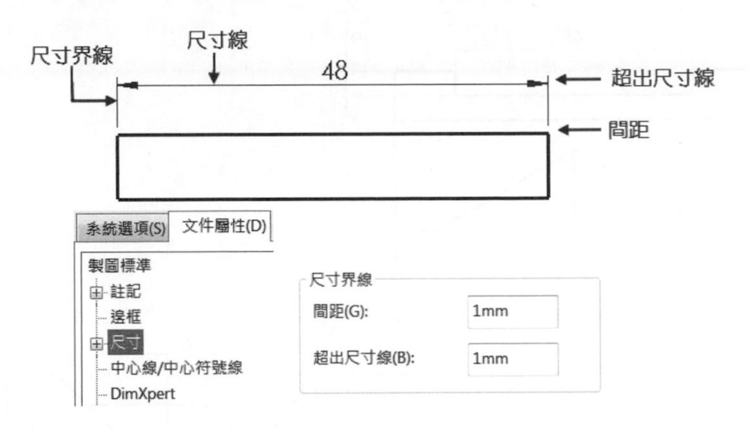

10. 尺寸線控制點

(1)選取尺寸時，箭頭上會出現**圓形控制點** ，尺寸界線會出現**附著點**，(2)拖曳附著點至標註位置的頂點，系統會預留尺寸界線間距，(3)按一下箭頭控制點時，箭頭會向外或向內反轉，(4)在控制點按一下滑鼠右鍵時，會出現箭頭樣式清單，以變更尺寸箭頭的樣式，(5)或拖曳附著點至新的位置上，新的尺寸值會變更至新的附著點上。

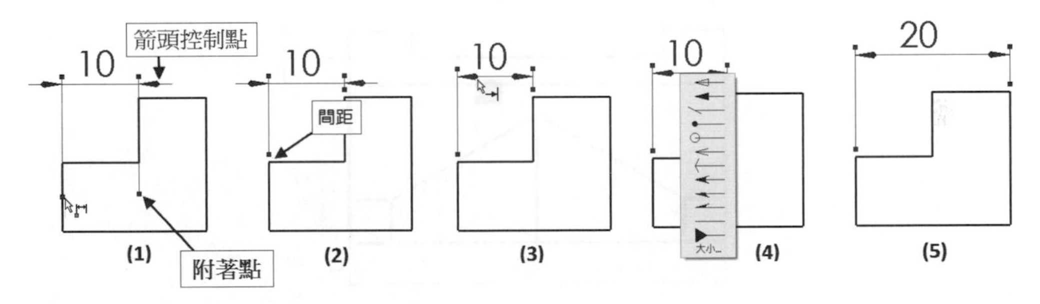

11. 調整前視圖尺寸位置；按 Shift 鍵，將右視圖的垂直尺寸 10 與 32 拖曳移動至前視圖，並調整附著點及尺寸位置。

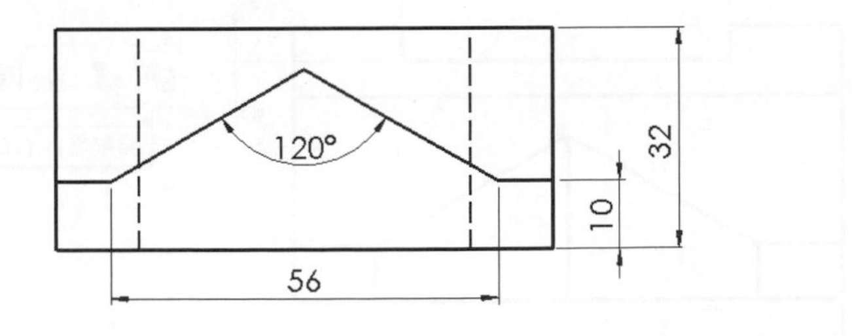

提示

按 Shift 鍵+拖曳尺寸至其他視圖為移動尺寸，按 Ctrl 鍵則為複製尺寸。

12. 調整其他尺寸的附著點及尺寸位置，調整附著點在端點上。

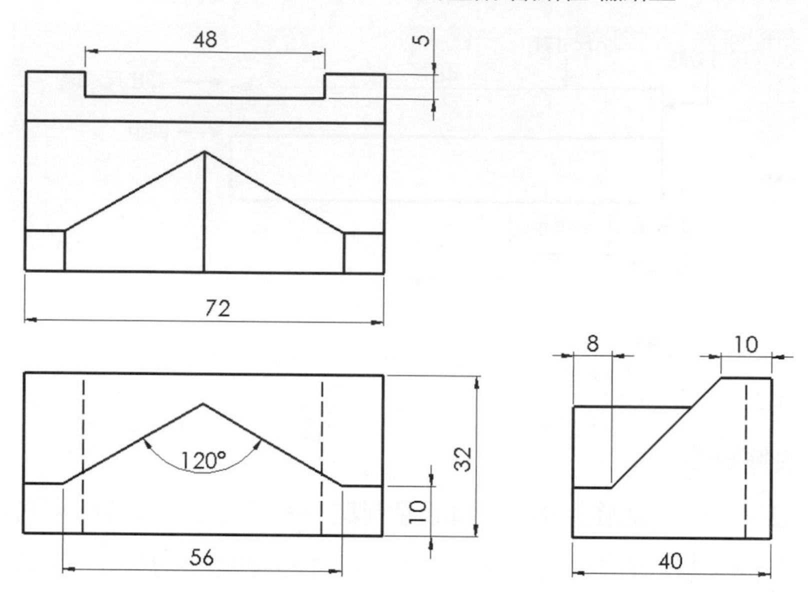

13. 變更寬度 72 為 80，不要按**重新計算**，如圖示，尚未與模型連結更新的視圖在外框上會有斜線區域顯示。

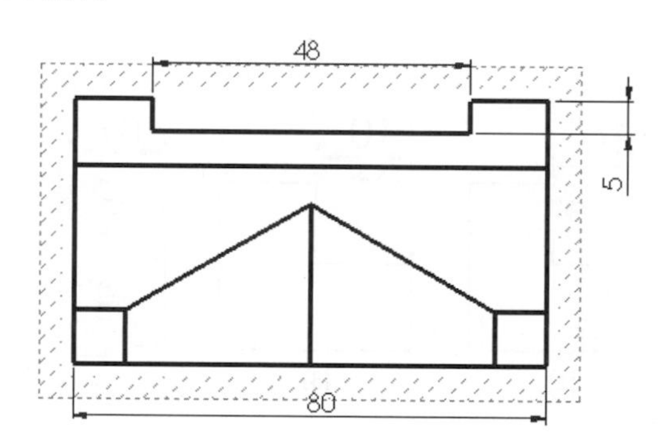

14. 按**重新計算**，並在視圖中的零件上按左鍵，點選「**開啟零件**」。

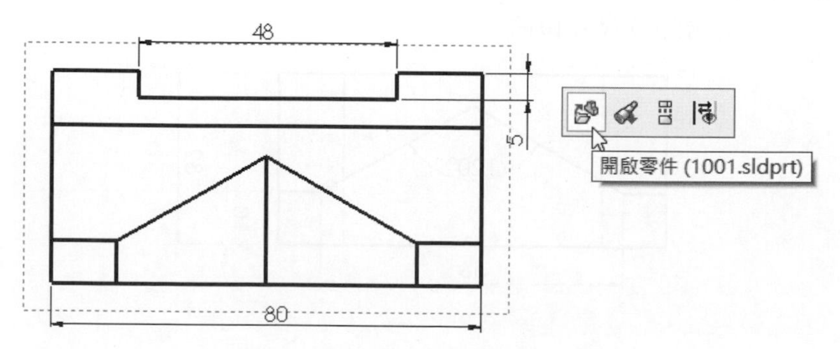

15. 檢查零件的伸長 1 特徵尺寸，您可以發現尺寸值已自動變更為 80。這代表著零件與工程圖兩者是互相關聯的，一方變更尺寸，另一方也會跟著變更。

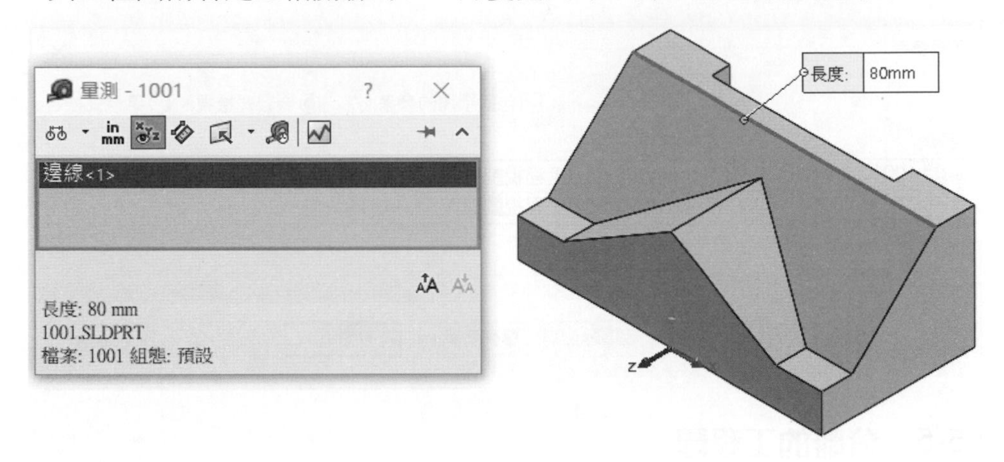

- **驅動尺寸與從動尺寸**

驅動尺寸屬於模型尺寸，它設定了草圖圖元的值，同時控制距離、厚度、及特徵參數。當您改變尺寸時，模型會隨之更新(上圖為驅動尺寸)，預設下在工程圖中顯示為黑色。

從動尺寸(參考尺寸)顯示模型的量測尺寸，但並不驅動模型，而且您無法更改其數值，當您改變模型時，參考尺寸會隨之更新，預設下在工程圖中顯示為灰色，但列印時仍為黑色。

16. 切換至工程圖，儲存工程圖文件，檔名 1001，副檔名為.slddrw，工程圖名稱會使用插入的第一個模型名稱，名稱會顯示在標題列中。當您儲存工程圖時，**另存新檔**對話方塊會直接使用模型名稱作為預設檔名。其中**另存副本**則以新的檔案名稱儲存文件而不取代啓用的文件。

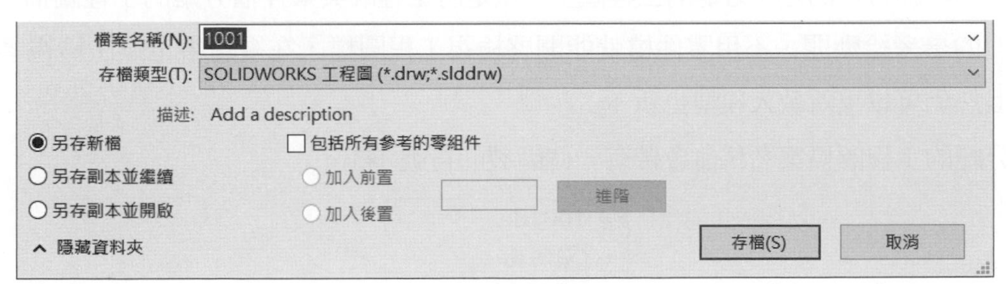

17. 按「**檔案**」→「**尋找參考**」，從對話方塊中可得知，目前工程圖所參考的零件檔名稱以及其所在的資料夾，按「**關閉**」。

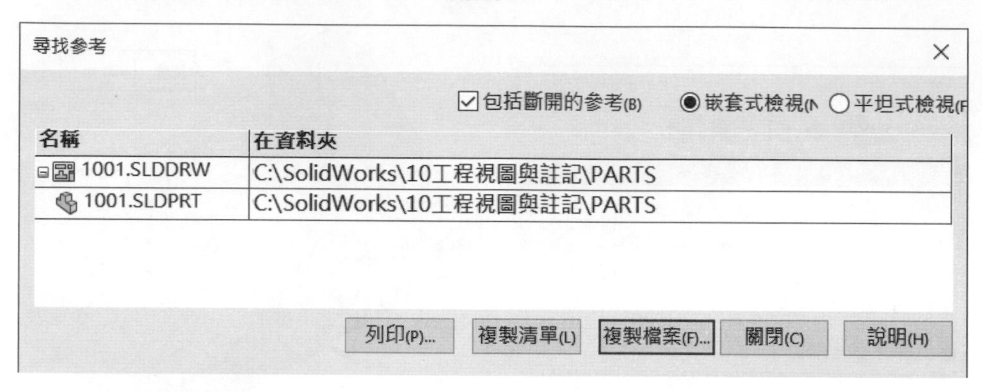

10-5-5 分離的工程圖

預設的類型為「**工程圖**」，您也可以將工程圖儲存為其他像是 AutoCAD 檔的*.dxf、*.dwg 以方便 AutoCAD 開啓編輯；Adobe 的點陣圖檔、向量檔或 pdf 檔；eDrawings 檔以及圖片檔(*.jpg、*.tif)。

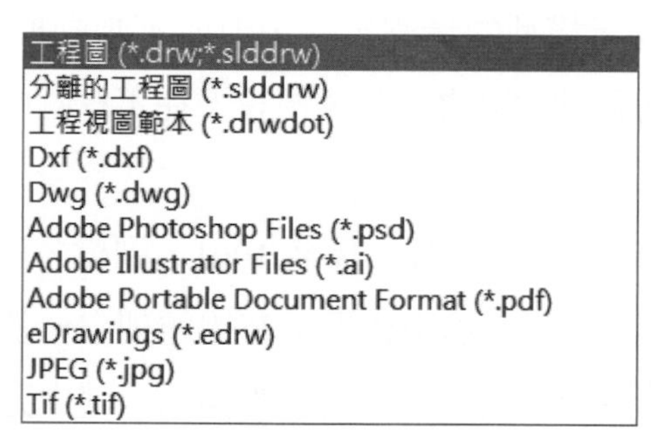

其中較為特別的是「**分離的工程圖**」，就是將工程圖與零件檔分離的工程圖檔，它會將前面的參考給斷開，不用零件檔就能開啓檢視工程圖檔，在視圖中也無法檢視零件特徵，但您仍可以重新載入模型更新。

分離的工程圖檔案名稱前會帶有一個斷裂的符號 。

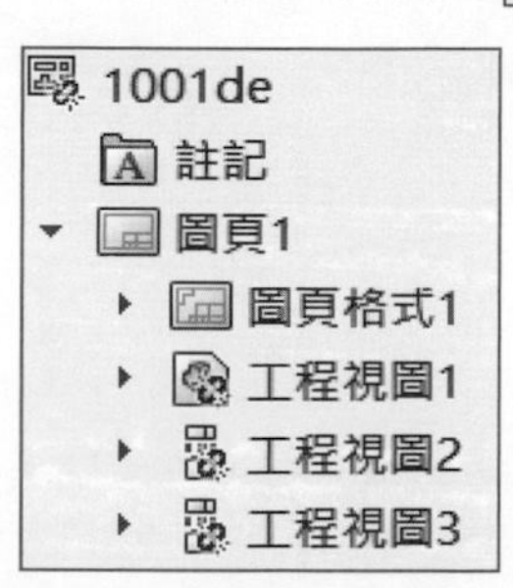

18. 按「**檔案**」➡「**另存新檔**」，點選**另存副本並繼續**，存檔類型選擇分離的工程圖(*.slddrw)，檔名 1001de(因為和工程圖使用相同的副檔名，檔名不可相同)，按**存檔**。

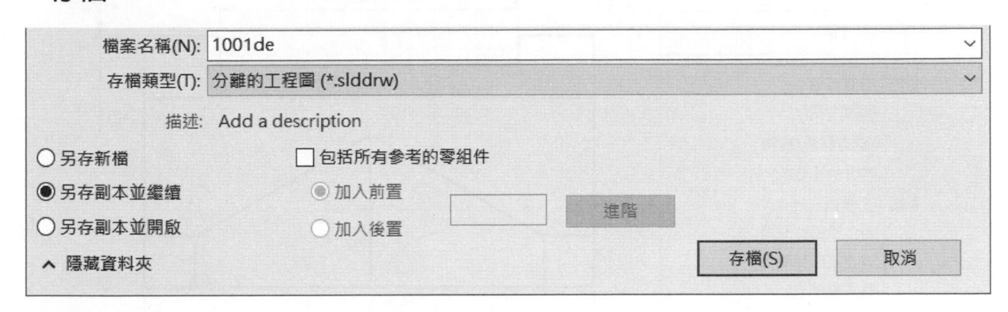

19. 關閉所有工程圖檔，回到零件檔視窗，變更伸長 1 特徵尺寸為 72mm，按**儲存檔案**並關閉零件檔。

20. 開啓分離的工程圖檔 1001de，系統出現訊息框指出，"圖頁 1 包含有過時外部模型的工程視圖"，意即視圖不是最新的，這是因為在開啓分離的工程圖時，系統仍會檢視模型是否與工程圖的資料一致，若是不同，系統會顯示警告訊息要求更新視圖，按**確定**。

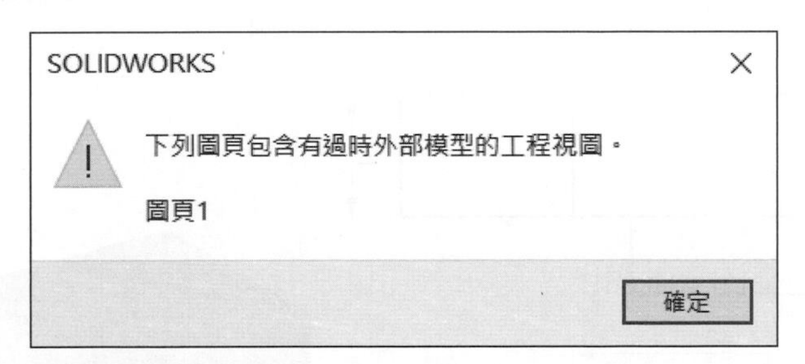

21. 按「**檔案**」➡「**尋找參考**」，從對話方塊中可得知，目前工程圖所參考的零件檔並未載入至記憶體，按「**關閉**」。

名稱	在資料夾
1001de.slddrw	C:\SolidWorks\10工程視圖與註記\PARTS
1001.SLDPRT [沒有開啟]	C:\SolidWorks\10工程視圖與註記\PARTS

22. 在視圖上按滑鼠右鍵，點選**載入模型**，在訊息框上按**是**，零件檔的資料已載入記憶體中，視圖的尺寸也自動更新。

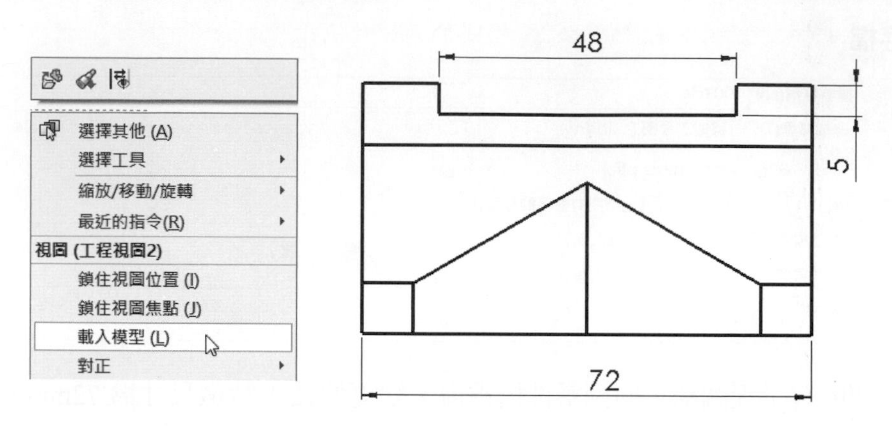

23. 儲存並關閉檔案。

10-5-6 練習題

練習 10a-1　斜支架

使用零件 10a-1，開新工程圖，建立圖示的工程視圖。

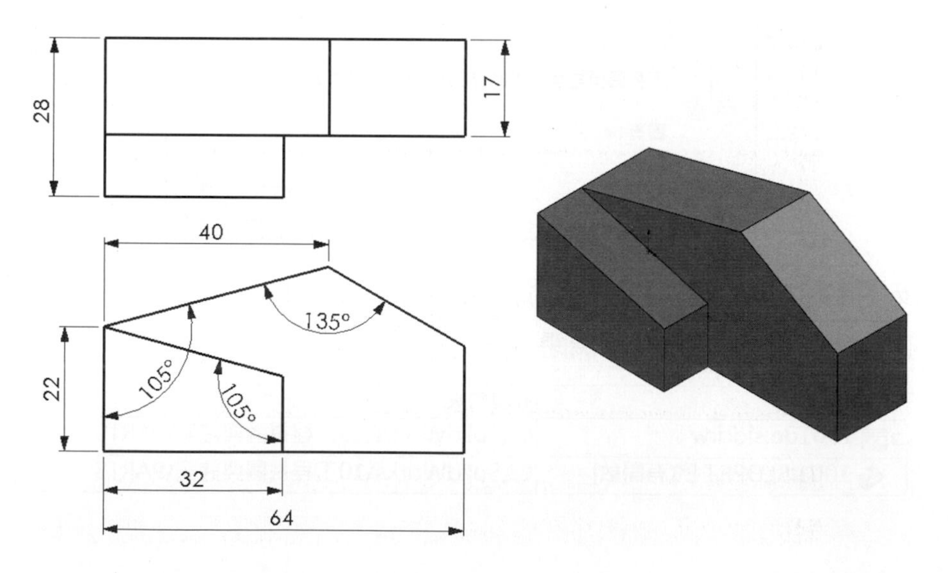

練習 10a-2 楔形

使用零件 10a-2，開新工程圖，建立圖示的工程視圖。

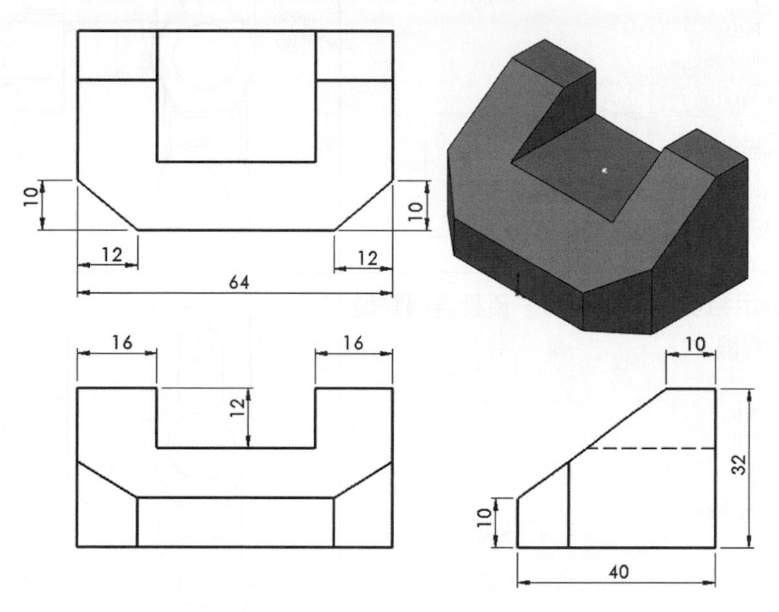

10-6 工程視圖顯示型式

工程視圖和零件一樣，都有**塗彩**、**帶邊線塗彩**、**移除隱藏線**、**顯示隱藏線**和**線架構**模式，或當您插入工程視圖之後，您可以依您的需求調整視圖的顯示方式。

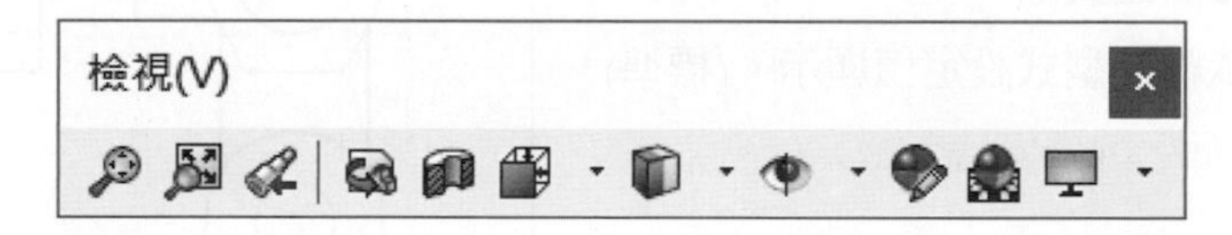

1. 開啓工程圖檔 1002，利用立即檢視工具列檢視工程視圖的顯示模式。

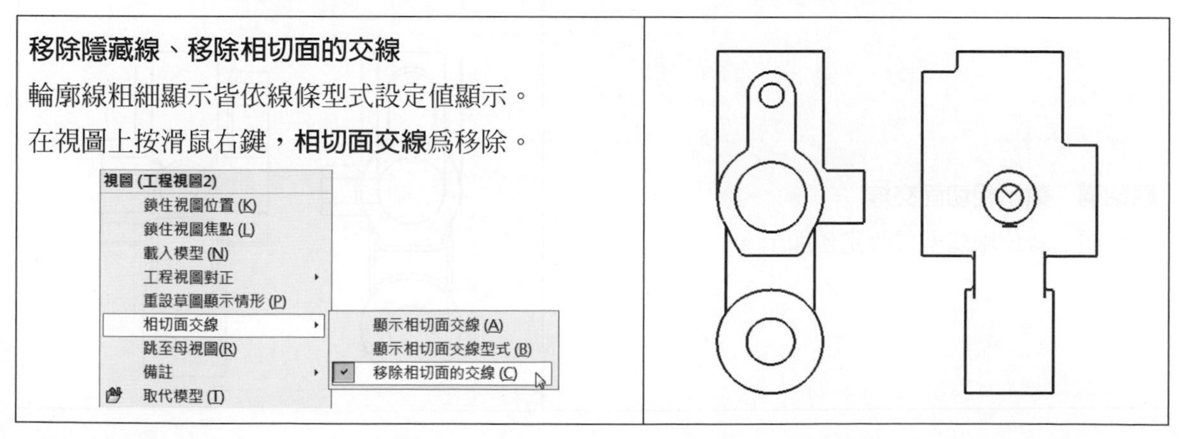

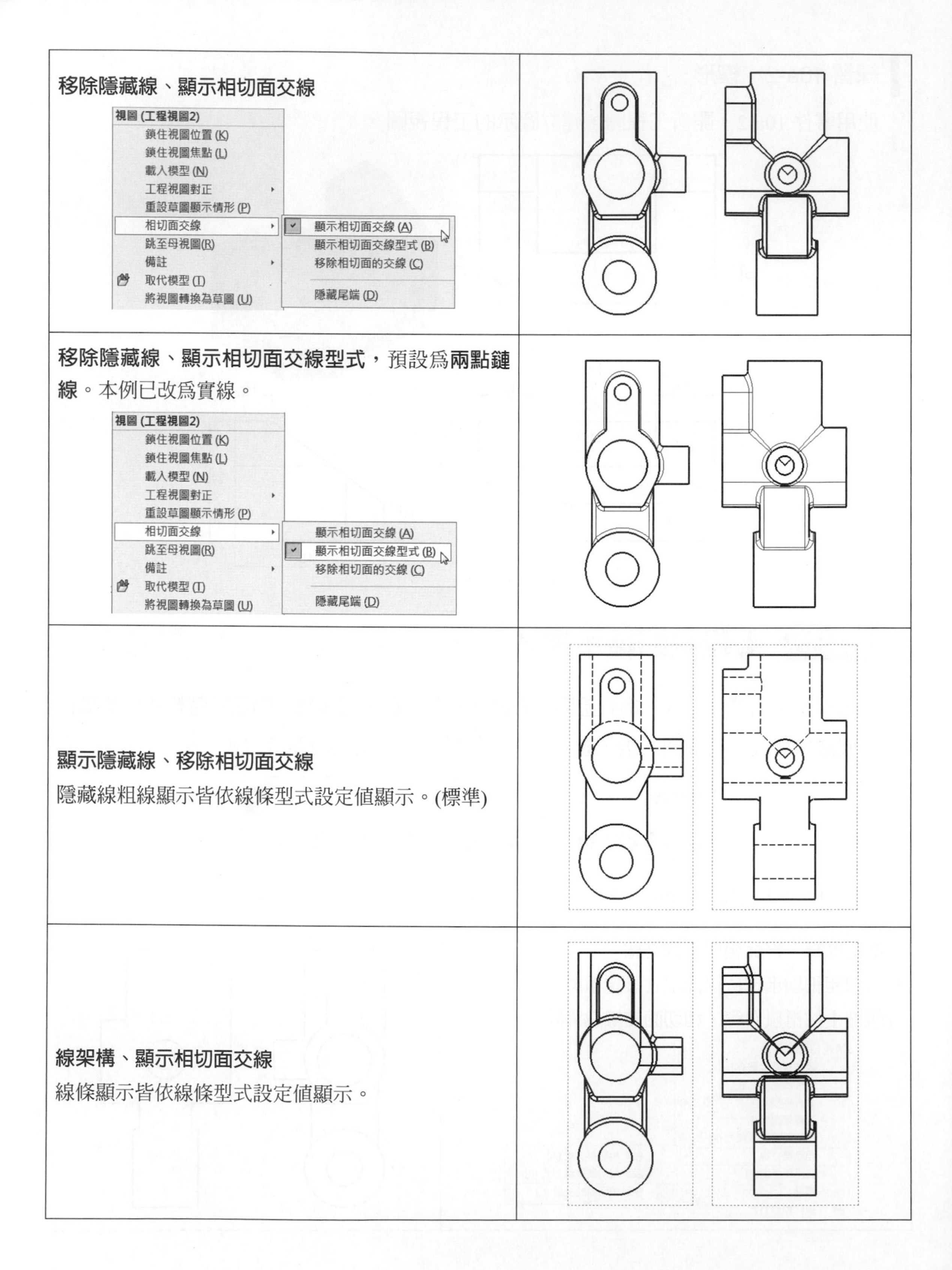
移除隱藏線、顯示相切面交線
視圖 (工程視圖2)
鎖住視圖位置 (K)
鎖住視圖焦點 (L)
載入模型 (N)
工程視圖對正
重設草圖顯示情形 (P)
相切面交線
跳至母視圖(R)
備註
取代模型 (T)
將視圖轉換為草圖 (U)
顯示相切面交線 (A)
顯示相切面交線型式 (B)
移除相切面的交線 (C)
隱藏尾端 (D)
移除隱藏線、顯示相切面交線型式，預設爲兩點鏈線。本例已改爲實線。
視圖 (工程視圖2)
鎖住視圖位置 (K)
鎖住視圖焦點 (L)
載入模型 (N)
工程視圖對正
重設草圖顯示情形 (P)
相切面交線
跳至母視圖(R)
備註
取代模型 (T)
將視圖轉換為草圖 (U)
顯示相切面交線 (A)
顯示相切面交線型式 (B)
移除相切面的交線 (C)
隱藏尾端 (D)
顯示隱藏線、移除相切面交線
隱藏線粗線顯示皆依線條型式設定值顯示。(標準)
線架構、顯示相切面交線
線條顯示皆依線條型式設定值顯示。

 塗彩與帶邊線塗彩	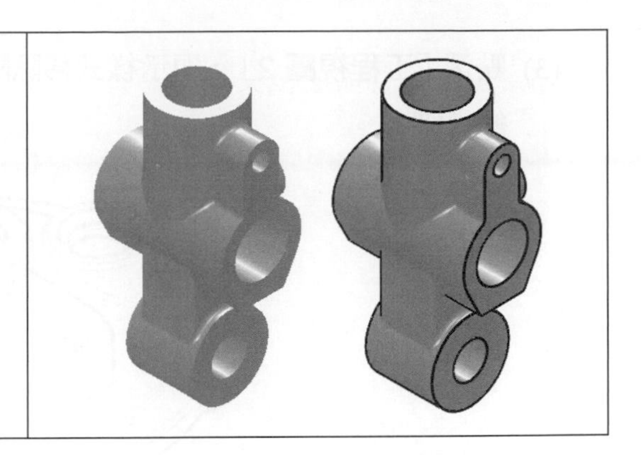

練習 10a-3　檢定題

(1) 開啓工程圖檔 10a-3，檔案中已內含兩個視圖。

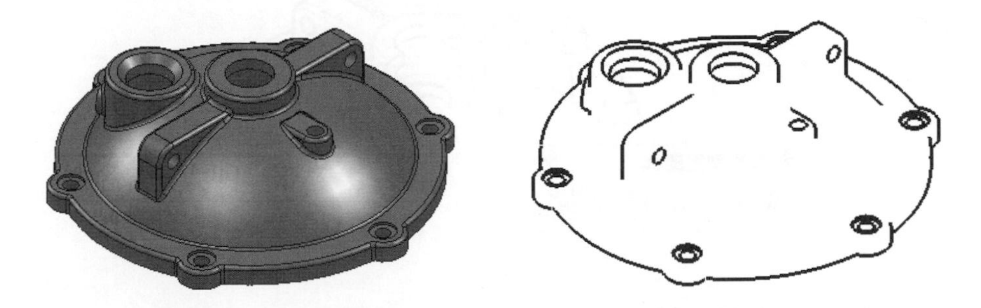

(2) 點選「**工程視圖 1**」，設定**移除相切面的交線**，並在屬性管理員勾選方位中的 view1，以及變更顯示樣式爲**塗彩**。

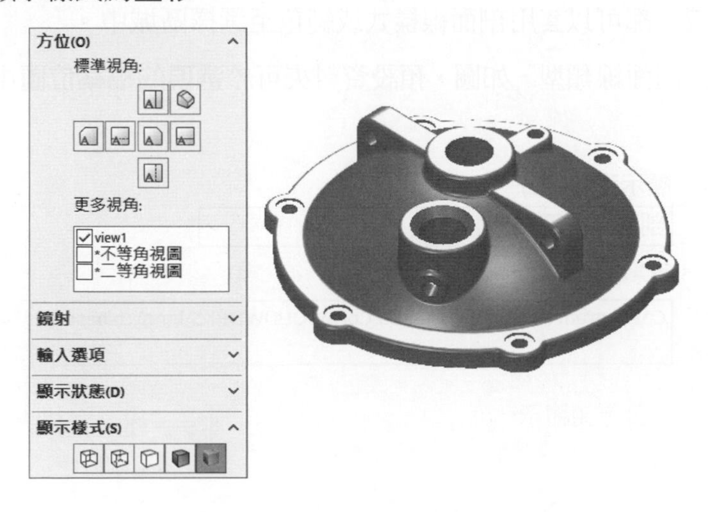

(3) 點選「**工程視圖 2**」，顯示樣式**移除隱藏線**，**顯示相切面交線型式**，線條樣式爲「**實線、細**」。

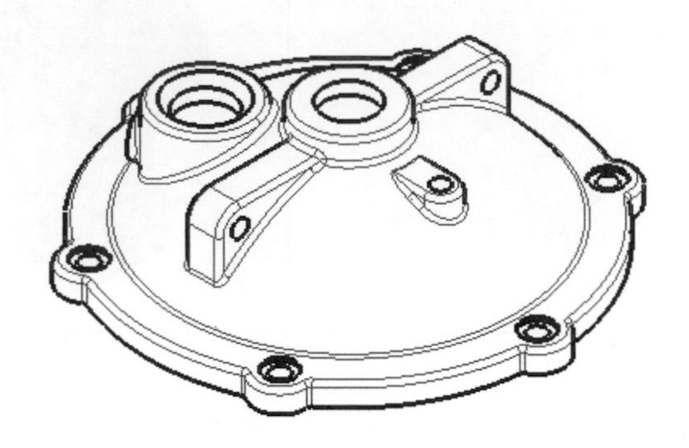

(4) 在參考模型組態列表中選擇模型組態 cut1，按「**確定**」。

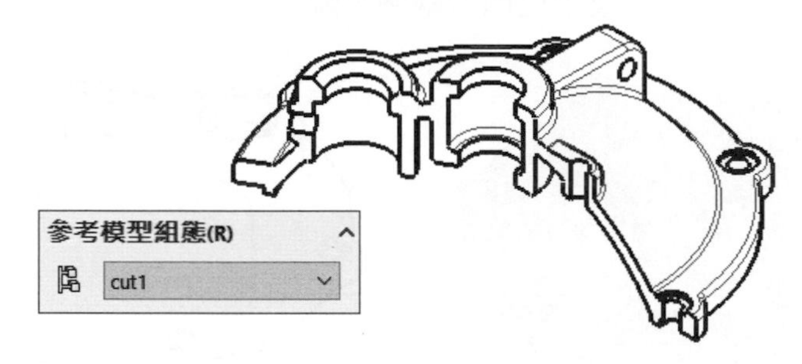

10-6-1 區域剖面線/填入

當有任何切割面時，像是模型面、一個封閉草圖輪廓的線段、或模型邊線及草圖圖元組合而圍成的**區域**，都可以套用剖面線樣式或純色至選擇區城中。

您也可以自訂剖面線類型，如圖，預設資料夾可於**選項**的**檔案位置**中尋得，預設檔案爲 Sldwks.ptn。

顯示資料夾(S):

剖面線類型檔案

資料夾(F)

C:\Program Files\SOLIDWORKS Corp\SOLIDWORKS\lang\chinese

(5) 按註記工具列中的「**區域剖面線/填入**」圖示 ，此時滑鼠游標變成 ，點選圖中箭頭所指的區域，比例設為 2，按「**確定**」完成剖面線的填入。

提示

您也可以使用**邊界**的選項，同樣的選擇面即可。

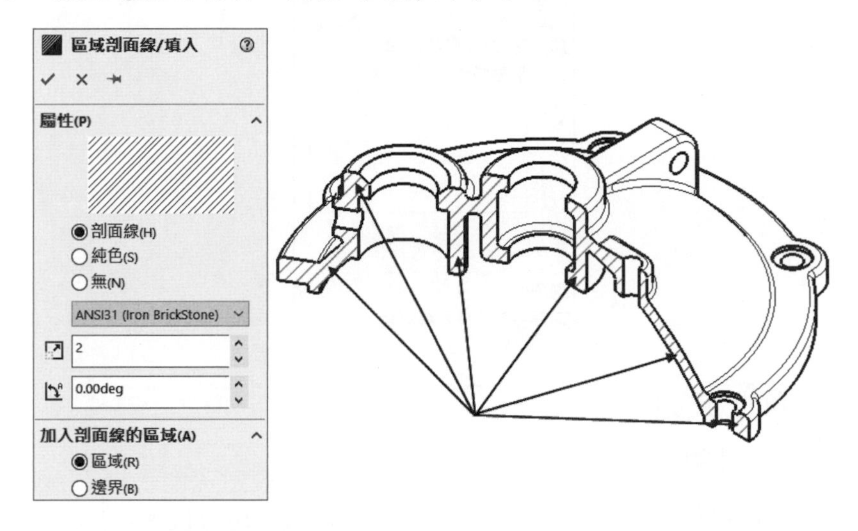

(6) 完成後的工程視圖顯示如圖。

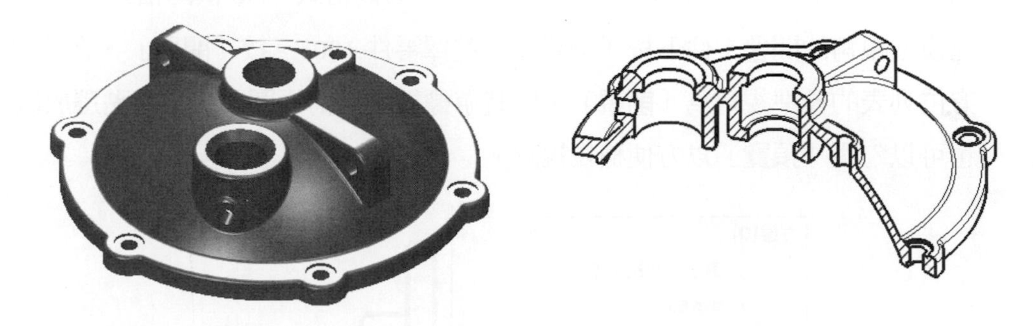

(7) 儲存並關閉檔案。

10-7 模型視角

若是**模型視角**的選項「**產生新工程圖時啟動指令**」已被勾選，則當您新增一個新工程圖，或當您插入模型視角到工程圖文件時，模型視角屬性管理員會出現提供您插入模型視角至工程圖中。

一、插入模型視角：

在工程圖工具列按「**模型視角**」。

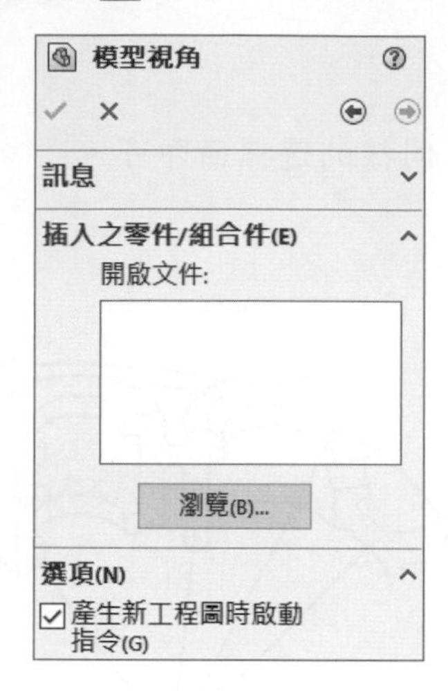

二、變更模型視角的方位：

(1) 選擇一個視圖。

(2) 在屬性管理員的方位之下，選擇一個不同的視角方位。

1. 開新工程圖檔，以「**CNS 工程圖**」為範本，圖頁格式「**A3 橫向格式**」。
2. 在模型視角的開啟文件下按「**瀏覽**」，選擇零件 1003，按「**開啟**」，在預設下，方位列表的標準視角為「**前視**」，同時游標拖曳著前視圖讓使用者點選放置，您也可以勾選「**預覽**」以方便檢視視圖。

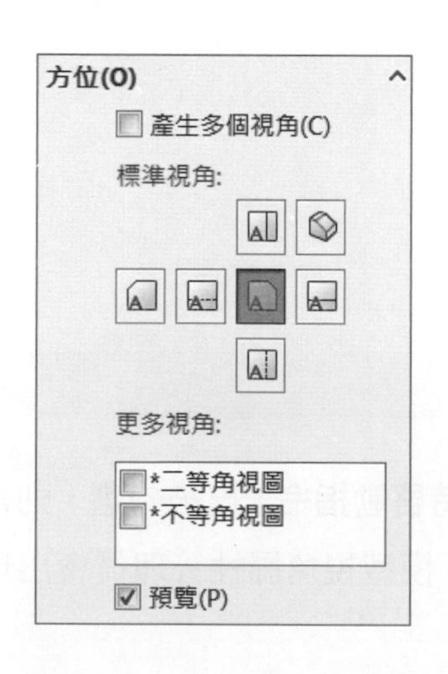

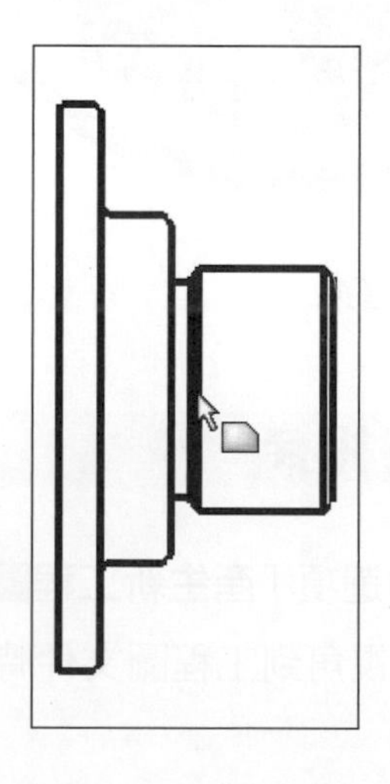

3. 在適當位置按一下後，向右拖曳，再按一下放置右視圖，游標會出現滑鼠右鍵**確定** 的回饋符號，按滑鼠右鍵或按「**確定**」結束新視圖放置。

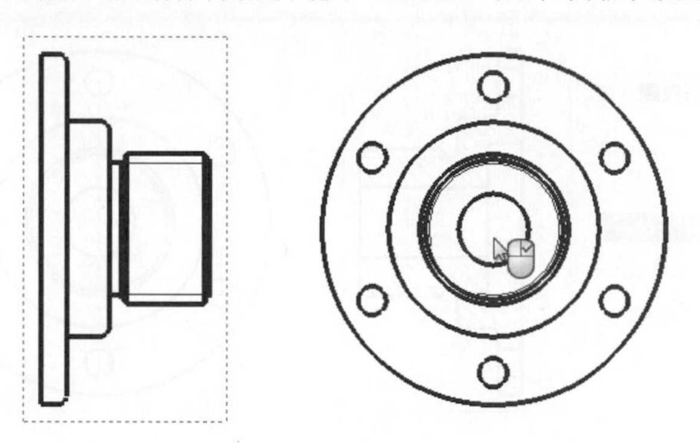

10-8 區域深度剖視圖

區域深度剖視圖可以當成是剖視圖的一種，也是工程視圖的一部份。定義區域深度剖視圖的方式，通常是以**不規則曲線**(或矩形)繪製封閉的輪廓，並以指定的深度移除材料來顯示內部的結構，指定深度的方式通常是給定數字或選擇幾何(例如圓)。

刪除或編輯區域深度剖視圖只要在特徵管理員中的區域深度剖視圖上按滑鼠右鍵，然後選擇：

- **刪除**。
- **編輯定義**：在屬性管理員中設定選項，再按「**確定**」。
- **編輯草圖**：選擇草圖圖元並以加以編輯，然後關閉草圖編輯。

4. 在前視圖快點兩下以鎖住視圖焦點，按工程圖工具列上的「**區域深度剖視圖**」圖示 ，或按「**插入**」→「**工程視圖**」→「**區域深度剖視圖**」。游標的形狀變爲 ，草圖指令爲「**不規則曲線**」，在前視圖繪製封閉的不規則曲線。

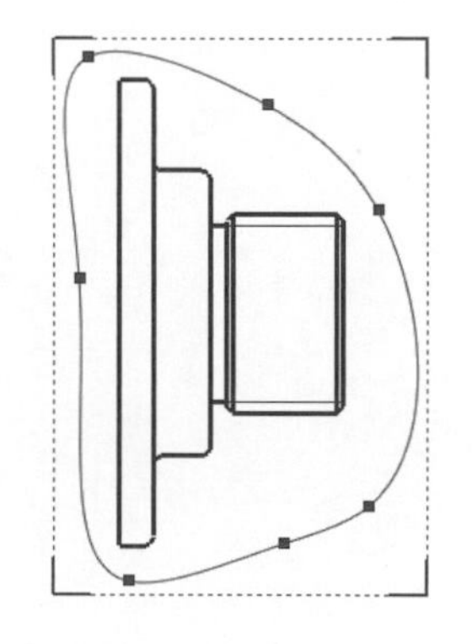

提示

您也可以先用「**不規則曲線**」繪製封閉曲線後，在曲線被選取的狀態下，點選「**區域深度剖視圖**」；或用「**矩形**」工具直接繪製包含模型的矩形框來產生區域深度剖視圖。

5. 封閉曲線後，自統自動出現屬性管理員，勾選「**預覽**」，並在右視圖中點選一條圓弧線，剖切深度會自動設爲圓心，按「**確定**」。

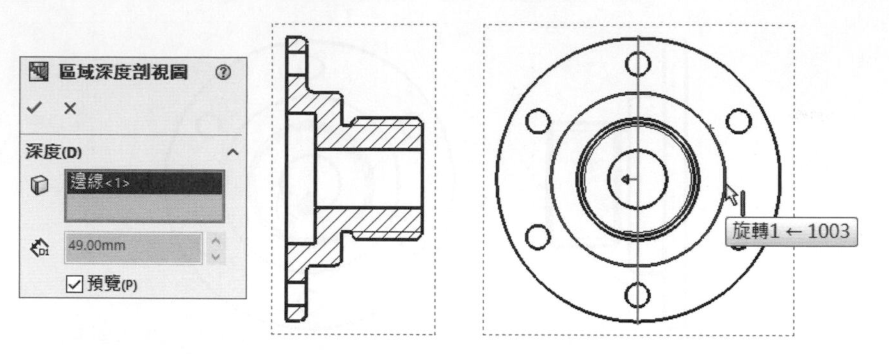

10-9 中心註記

中心符號線與**中心線**可以直接從註記插入至視圖中，或用草圖中心線繪製，除了標註中心位置外，也可做爲標註尺寸時的界線。

中心符號線有**單一中心符號線**、**直線中心符號線**、或**環狀中心符號線**三種樣式。**直線中心符號線**的樣式可以包括連接線。**環狀中心符號線**的樣式可以包括環狀線、徑向線、基準中心符號線及狹槽中心符號線。**顯示屬性**包括符號大小、延伸線、縫隙及指定中心符號線的中心線型式。

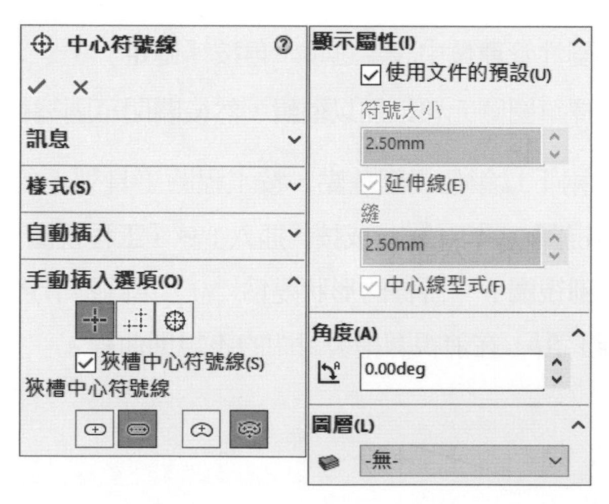

樣式如下表：

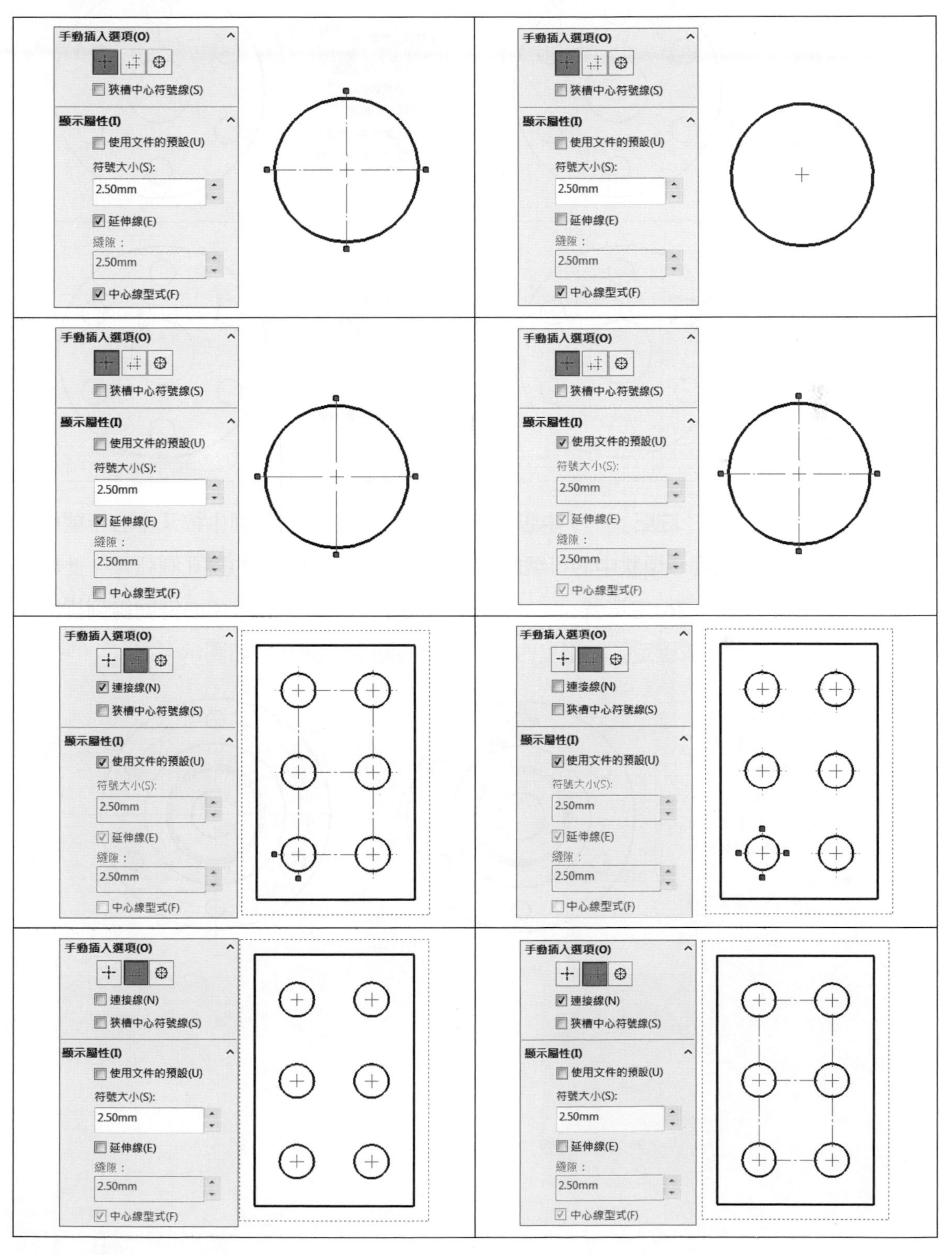

手動插入選項(O)
狹槽中心符號線(S)
顯示屬性(I)
使用文件的預設(U)
符號大小(S):
2.50mm
延伸線(E)
縫隙：
2.50mm
中心線型式(F)
連接線(N)

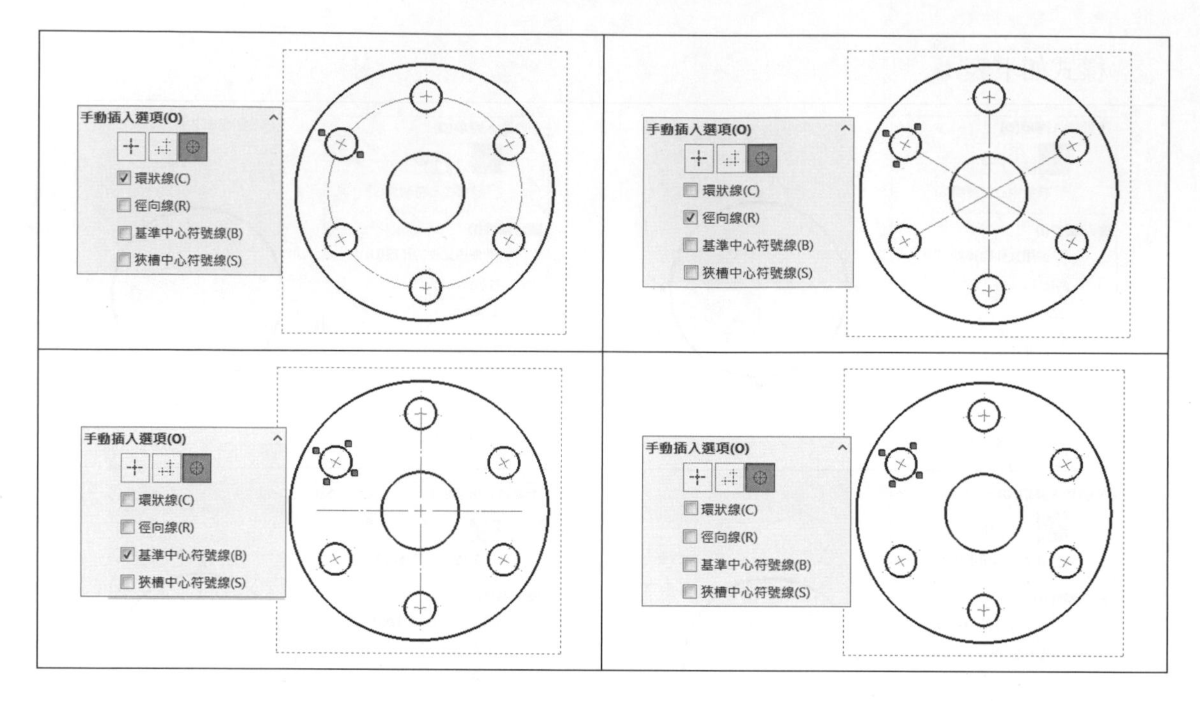

6. 按「**插入**」➡「**註記**」➡「**中心符號線**」，或從註記工具列中按「**中心符號線**」圖示 ⊕，點選「**環狀中心符號線**」，再點選右視圖中的鑽孔圓弧線，此時工程視圖出現一個**衍生**符號，按一下「**衍生**」符號來套用中心符號線到排列中的所有圖元，按**確定**後，拖曳四個中心線端點至大圓外，如圖示。

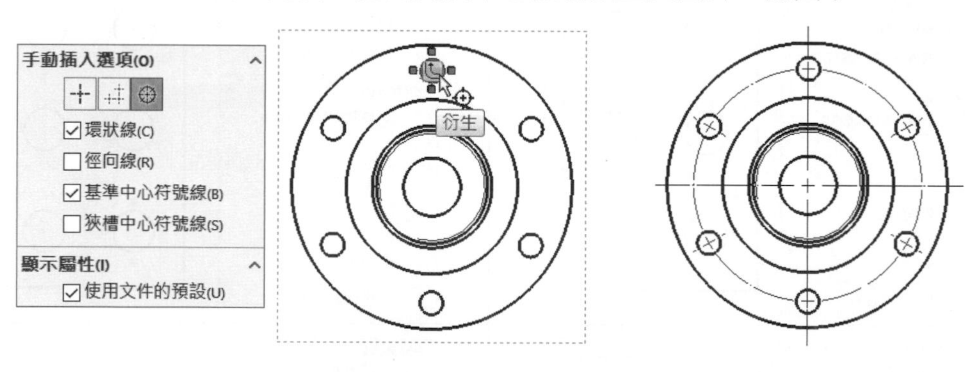

7. 按「**中心線**」圖示 ，選擇圓孔的兩邊線，或勾選自動插入的**選擇視圖**後再點選視圖。

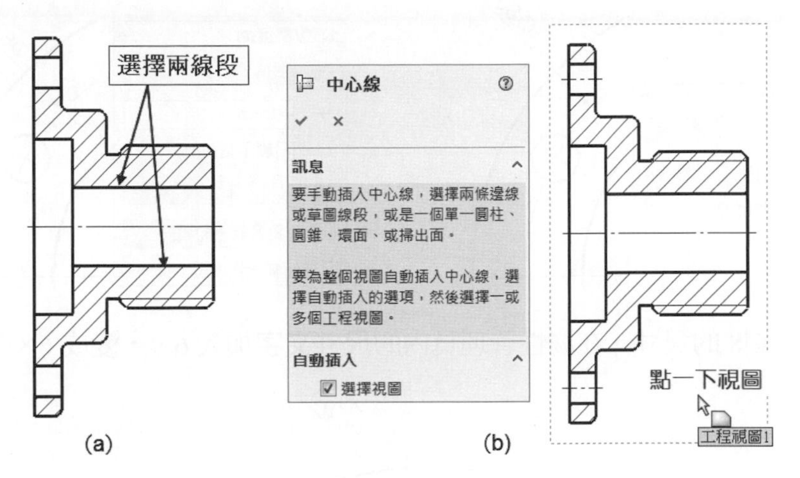

8. 插入「**模型項次**」，您可發現在零件草圖中，標註尺寸的公差配合也一同出現在工程視圖中。

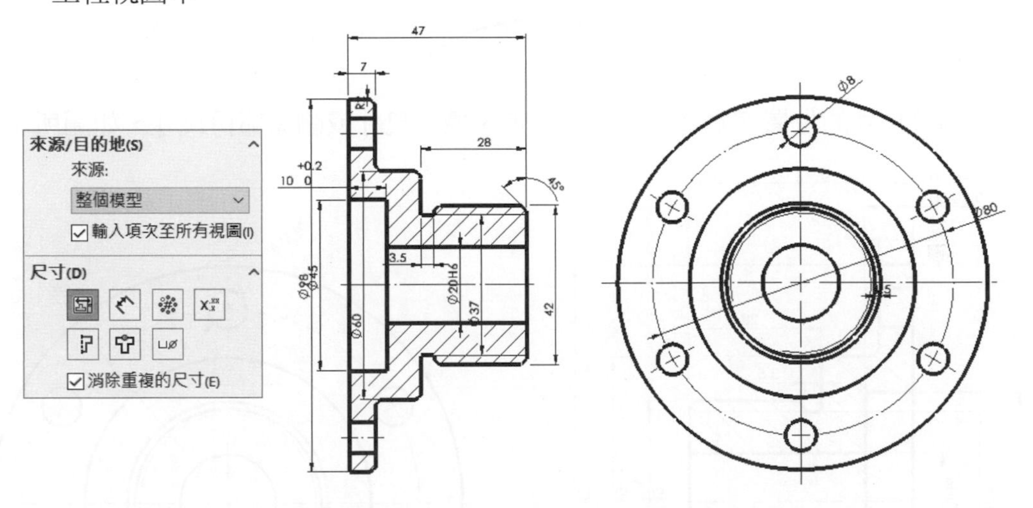

9. 按一下 42 的尺寸，在屬性管理員的**尺寸文字** <DIM> 前面加入 M，以修改前置字元為 M42。

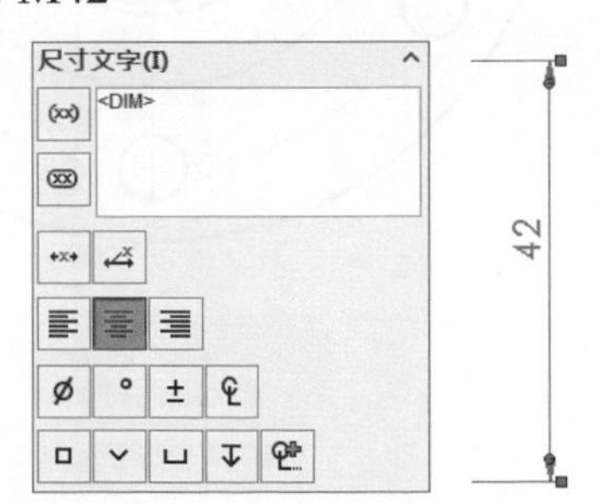

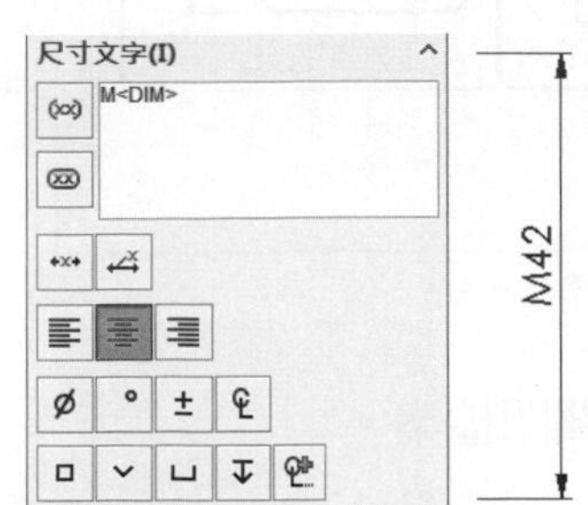

10. 按∅80 的尺寸，在屬性管理員內的「**公差/精度**」內變更如圖所需的公差。

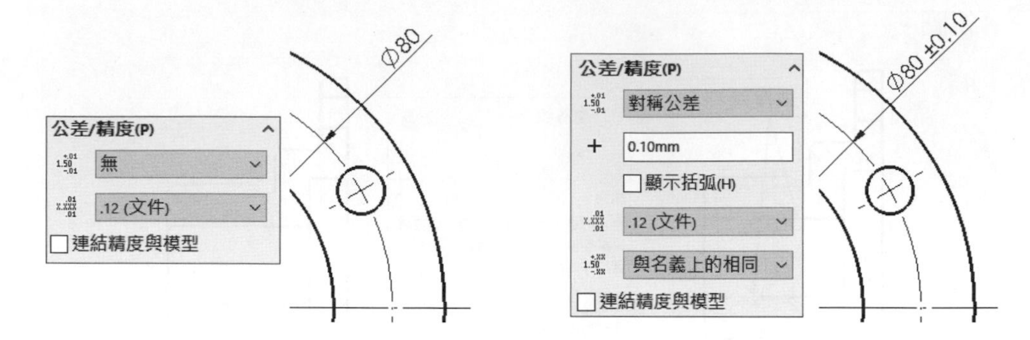

11. 按一下∅8 的尺寸，在屬性管理員內的**尺寸文字**加入 6×，變成 6×∅8。

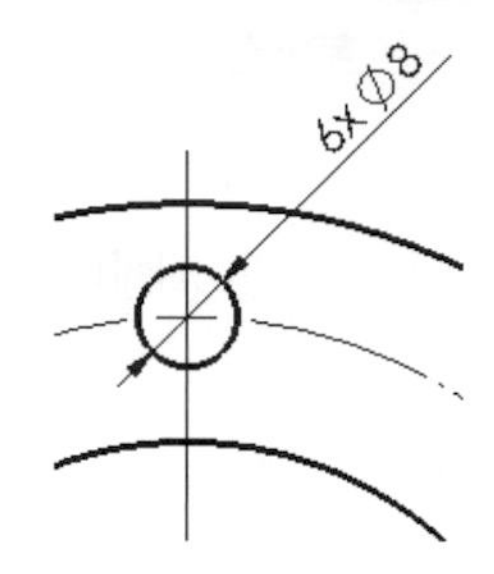

12. 調整尺寸的位置與附著點，加入公差、標註尺寸或刪除部份尺寸，如圖所示。

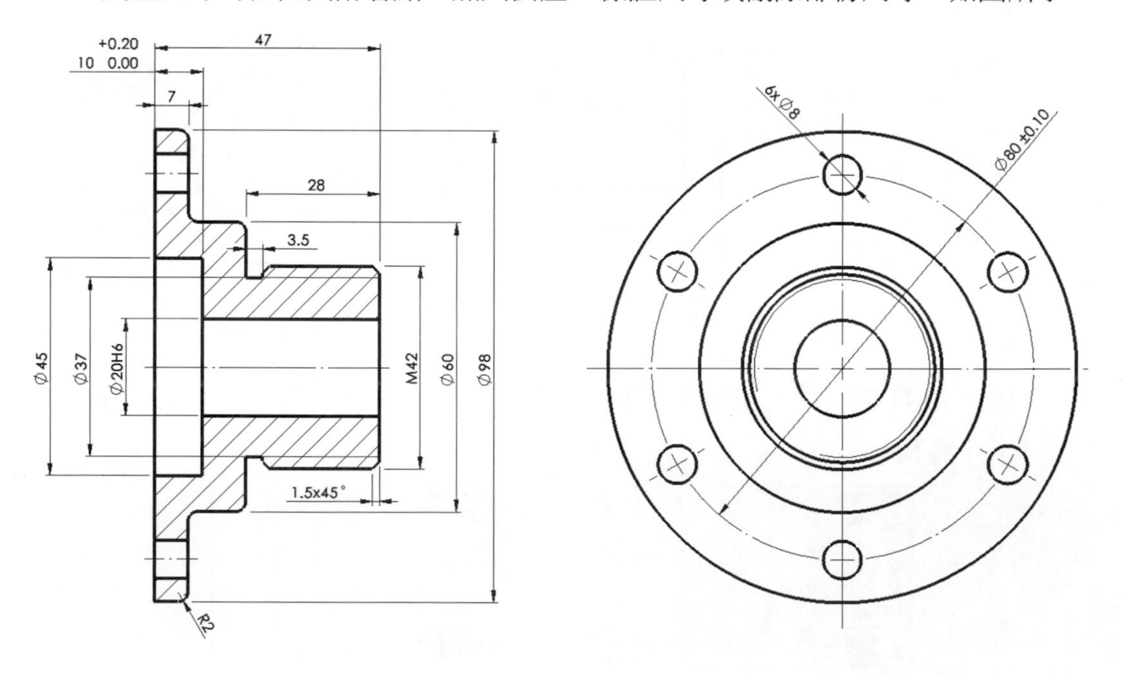

13. 儲存並關閉檔案。

10-10 剖面視圖

剖面視圖是在工程圖中，用割面或割面線切割父視圖，來產生清楚表達零件內部結構的視圖。該剖面視圖可以是直線切割剖面，或是由分段割面線定義的偏移(或轉正)剖面，割面線還可以包括同心圓弧。

在 SOLIDWORKS 中，所有剖面(全剖、半剖、輔助剖與轉正剖等)都已整合至**剖面視圖**指令中。

10-10-1 剖面視圖類型

在**剖面視圖**指令中，分為兩大類：**剖面視圖**與**半剖面**，而**剖面視圖**的種類又依除料線(割面線)區分為垂直剖面視圖、水平剖面視圖、輔助剖面視圖與轉正剖視圖，在放置除料線前，您可以按 Tab 鍵逐一切換上列四個視圖。

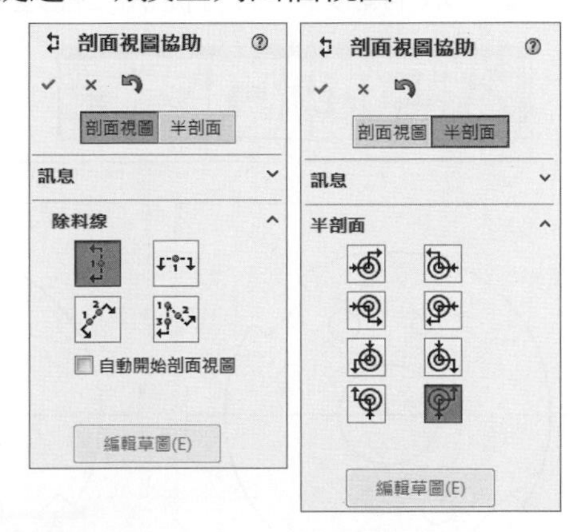

下列各式剖面，您可以開啓 section 工程圖檔練習。

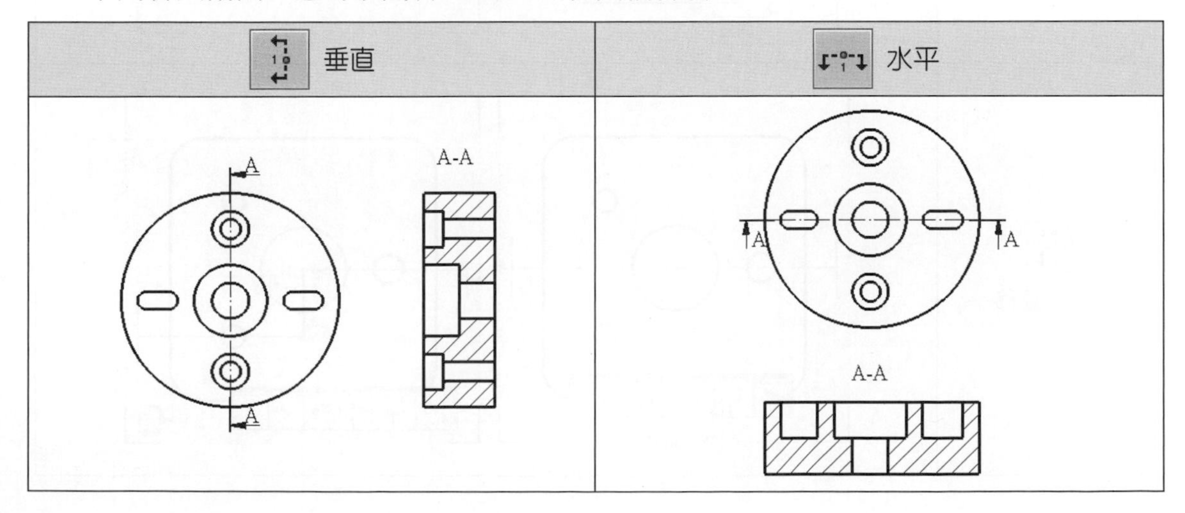

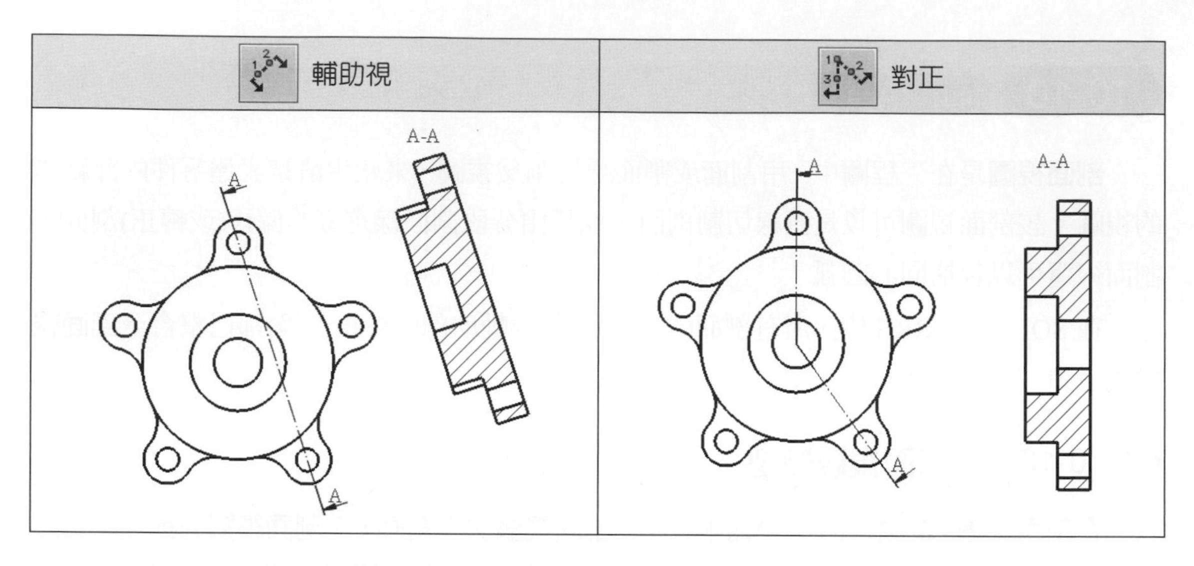

在選項「**自動開始剖面視圖**」未勾選時，當您放置除料線後，系統自動顯示剖面視圖快顯工具列，除了有復原、確定、取消之外，另有提供三種建立偏移剖視圖的選項。

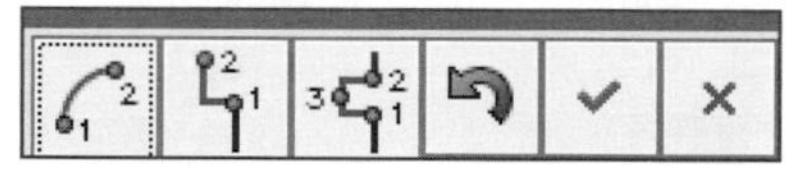

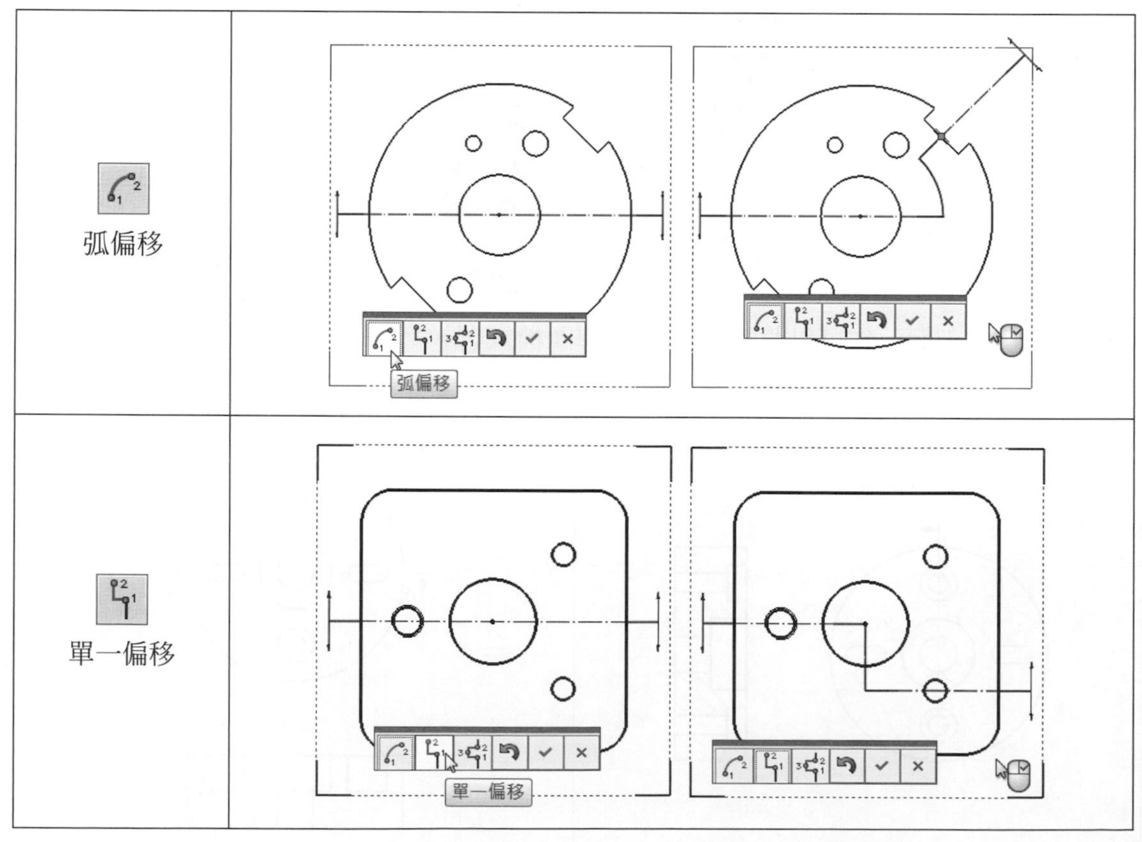

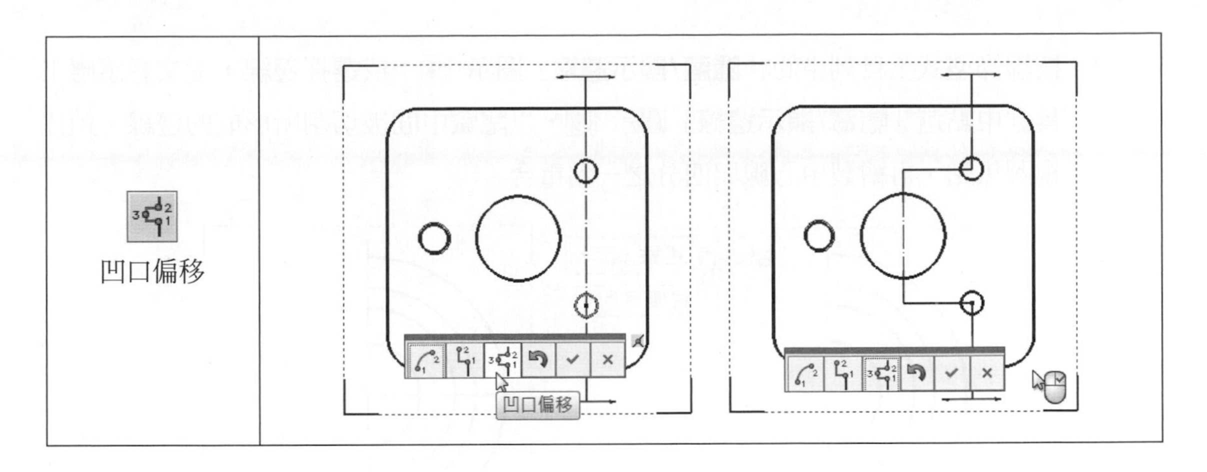

10-10-2 全剖面

利用割面線，將物體分割爲對稱之兩部分，移去前半部，只畫後半部，另一視圖則用以表示全部被切割狀況之剖視圖，稱爲**全剖面**。

全剖面只畫後半部的視圖，通常的作法是用模型組態或以裁剪視圖的方式處理。

1. 開啓工程圖檔 1004.slddrw，檢視圖頁 1 內有兩個視圖**前視**與**右視**，兩視圖模型組態皆爲**預設**。

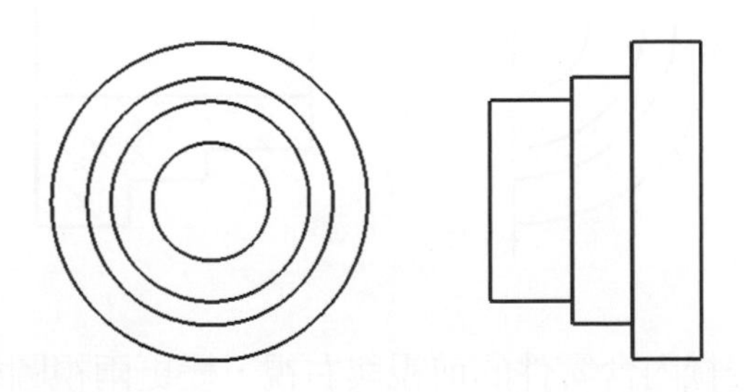

2. 在前視圖的右側繪製矩形，左上角與左下角的端點與圓重合，並限制一條水平線與圓相切，在矩形爲選取狀態下，按「**區域深度剖視圖**」，調整剖切深度使完全切除模型，按「**確定**」。

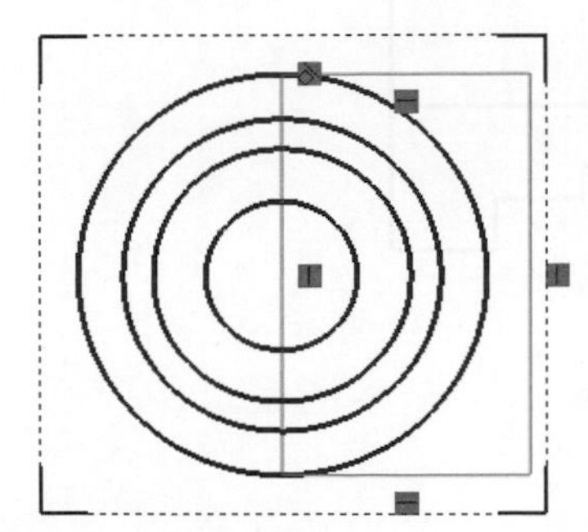

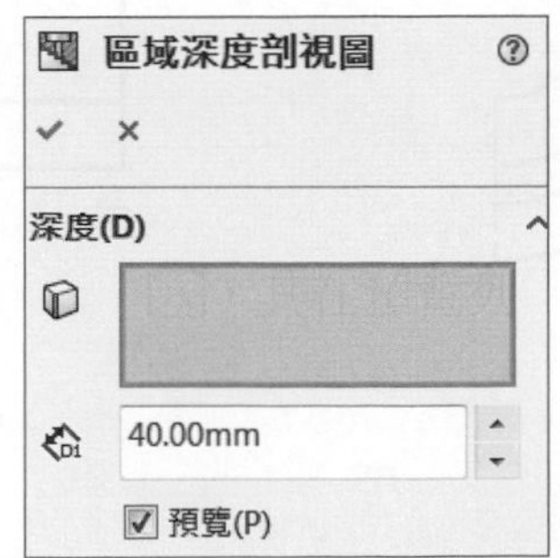

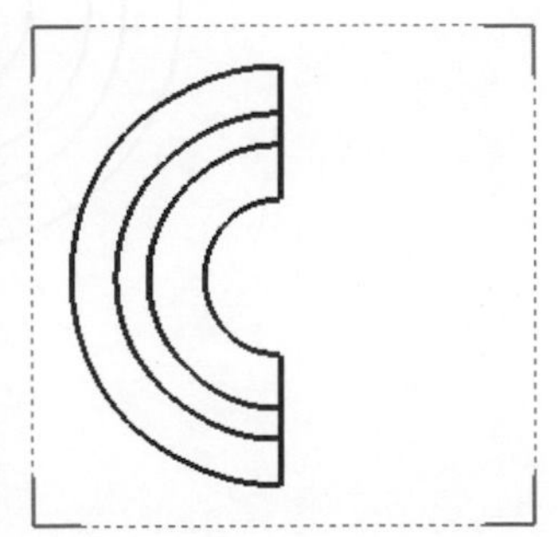

3. 按線條型式工具列中的「**隱藏/顯示邊線**」圖示 ；或選擇邊線，從文意感應工具列中點選「**隱藏/顯示邊線**」圖示 ，以隱藏中間被切割所形成的邊線，鎖住視圖焦點，再繪製中心線與四分之一點重合。

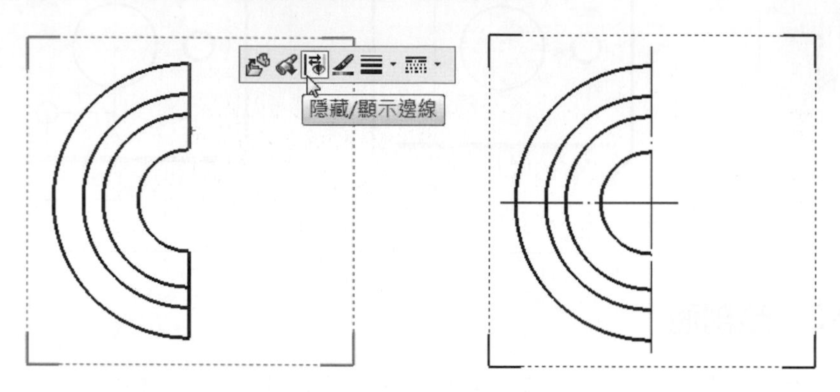

4. 完成右側之區域深度剖視圖後，全剖面剖視圖如下。

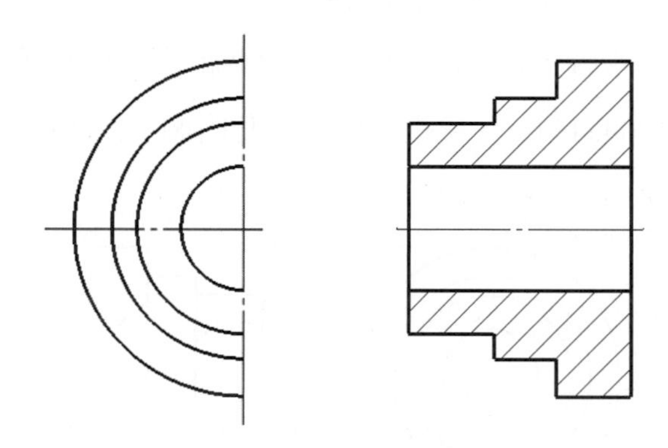

5. 切換至圖頁 2，一樣內含零件的前視與右視，變更兩視圖模型組態皆為 cut。

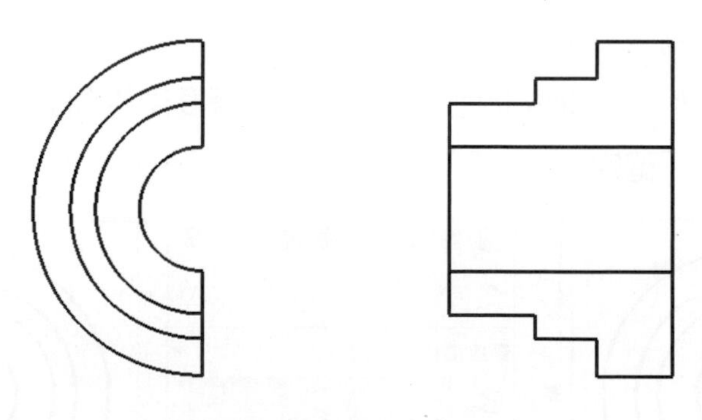

6. 隱藏前視圖的垂直邊線，再繪製與加入中心線於兩視圖，使用**區域剖面線/填入**建立右視圖剖面線。

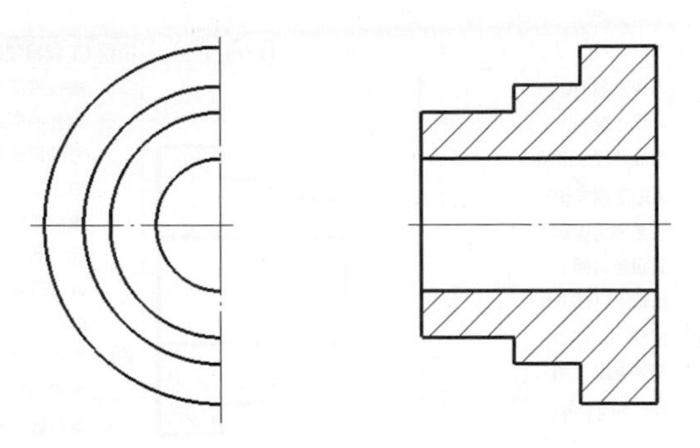

7. 切換至圖頁 3，內含前視圖，視圖模型組態為**預設**，按「**剖面視圖**」，在屬性視窗點選**剖面視圖**與**垂直除料線**，勾選**自動開始剖面視圖**，放置除料線中點於圓心後，拖曳剖視圖於前視圖的右側放置。

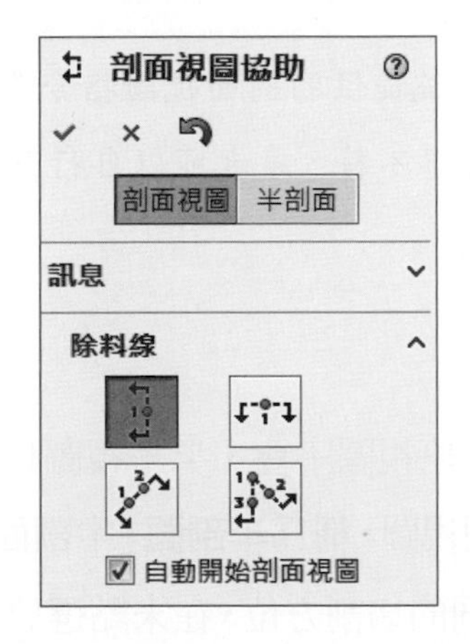

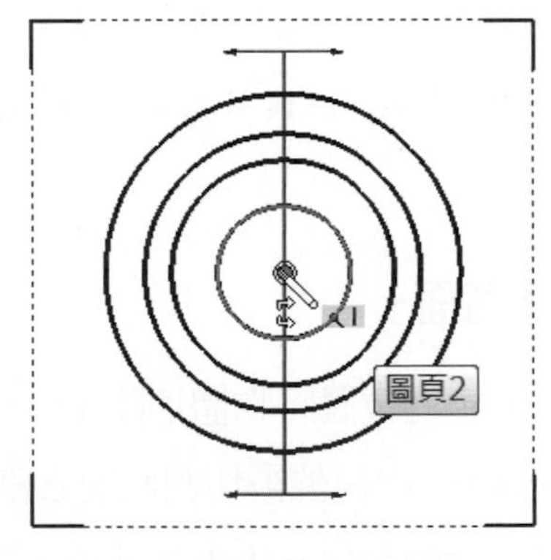

8. 按 ✔ 後，調整標示文字位置與加入中心線。

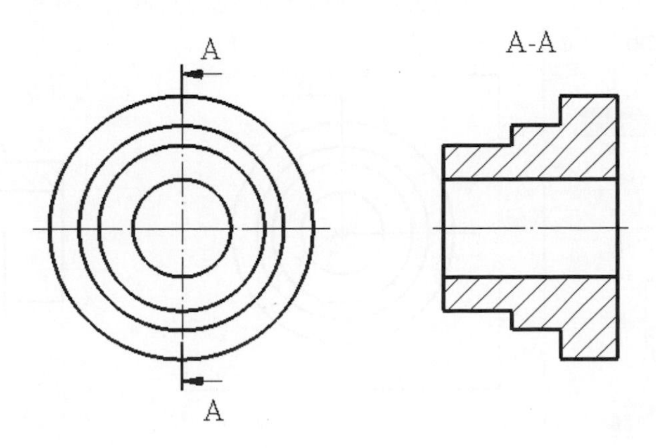

9. 要在父視圖中隱藏除料線，只要在除料線或剖面視圖按一下滑鼠右鍵，再按**隱藏除料線**。要顯示隱藏的除料線，再至剖面視圖上按滑鼠右鍵，按**顯示除料線**即可。

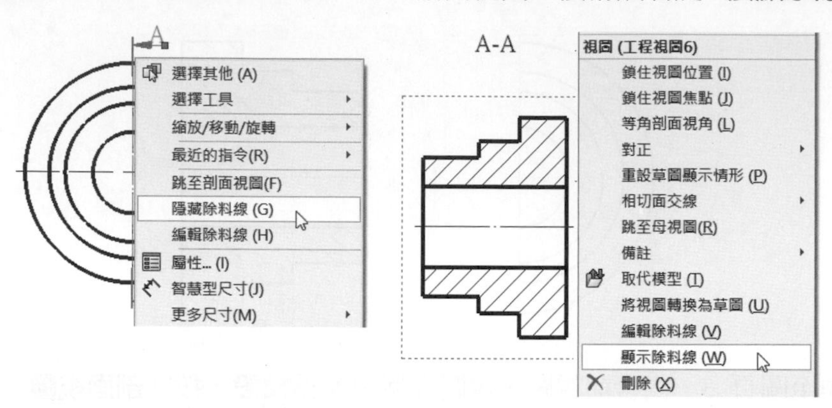

10. 儲存並關閉檔案。

提示

上面列示了三種建立全剖面的方式，雖然系統提供的剖面視圖指令為最快方式，也符合 ISO 與 ASME 的標準，但與目前的 CNS 標準不符，讀者可以自行選擇適合使用的剖面視圖繪製。

10-10-3 半剖面

使用割面線，沿中心位置將物體切除 1/4，原視圖不變，另一視圖以中心線爲分界，一半繪製示外部形狀，一半繪製被切割狀況之剖視圖，稱爲**半剖面**，半剖面通常不畫虛線。

在剖面視圖指令中的半剖面提供了 8 種不同的切割方位，在未點選放置割面線前可按 Tab 鍵逐一切換。點選位置後再放置剖視圖即可。

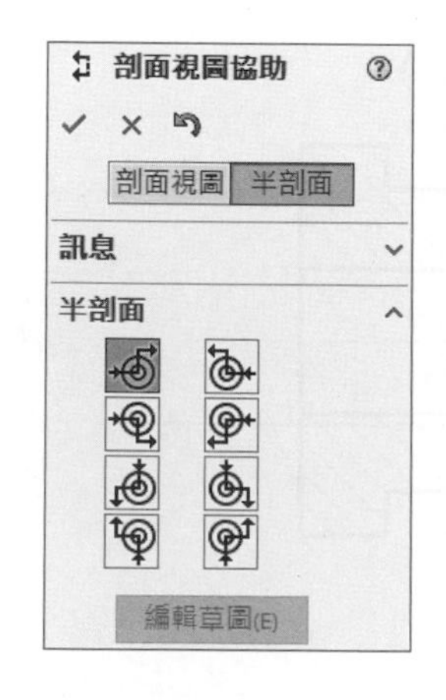

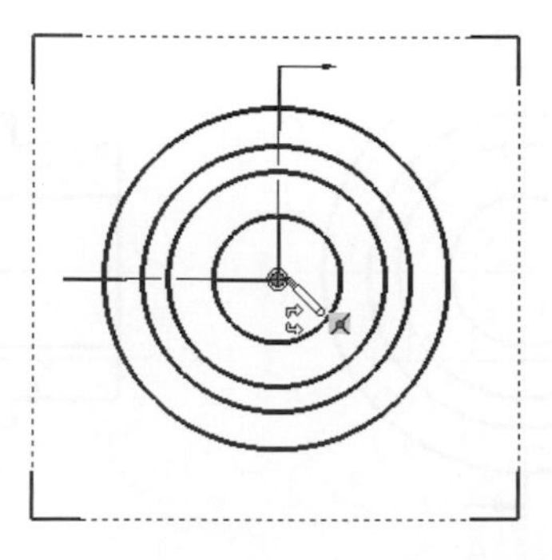

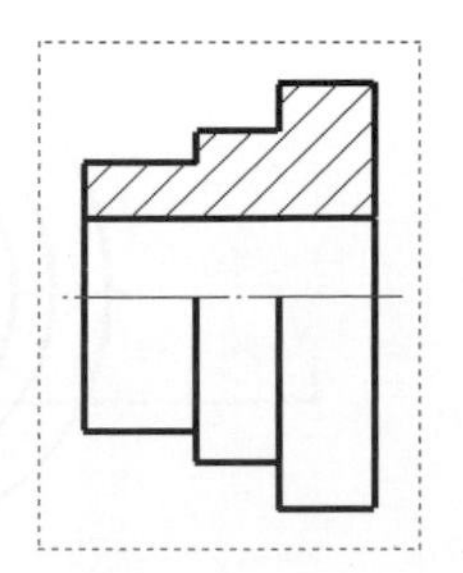

1. 開啓工程圖檔 1005.slddrw，圖頁中已內含**上視**工程視圖。

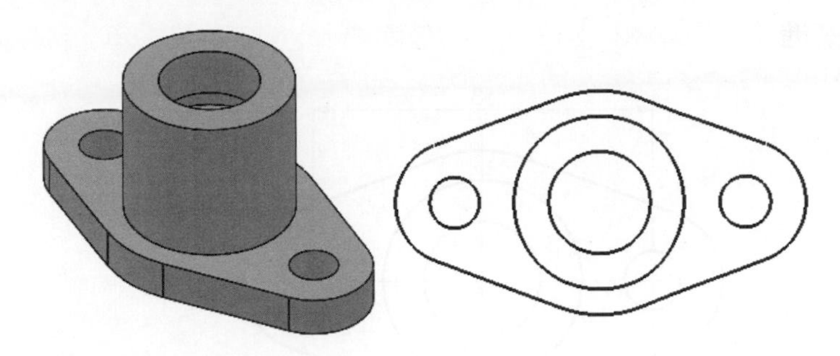

2. 按「**剖面視圖**」，再選用半剖面，半剖面選擇右側上，點選轉折點與原點重合。

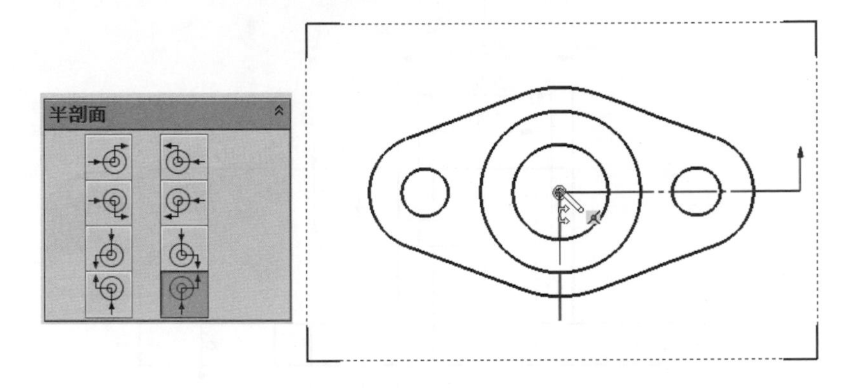

3. 向下拖曳放置剖視圖，按**確定**後，隱藏除料線與刪除剖面標示 A-A；再加入中心線。

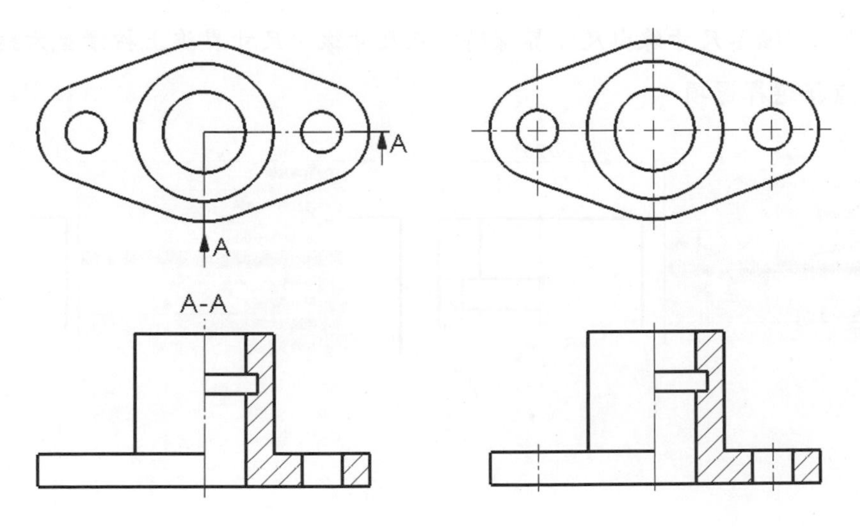

4. 插入「**模型項次**」，並調整尺寸位置，很明顯的視圖當中尺寸Ø20 與Ø26 並不符合製圖標準。

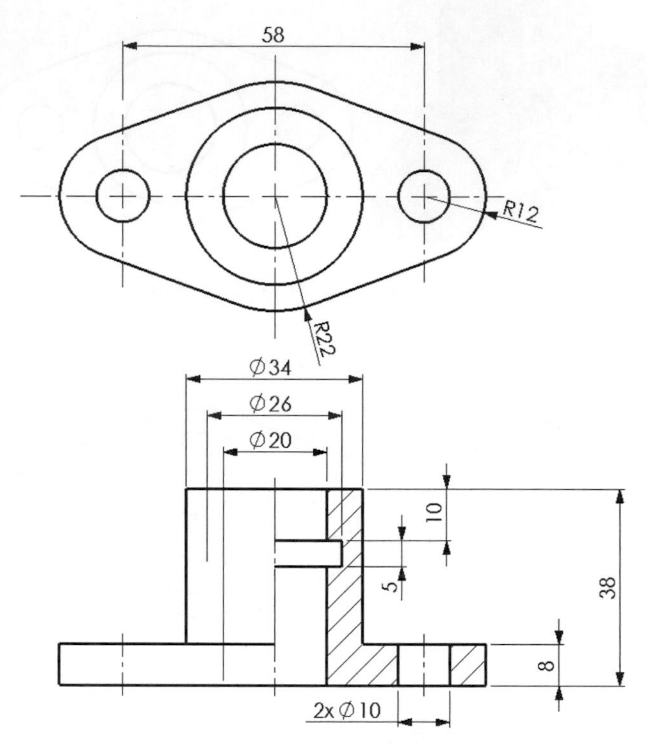

提示

若要隱藏/顯示**尺寸線與尺寸界線**時，在尺寸線、尺寸界線上按滑鼠右鍵，從快顯功能表中直接選擇選項。

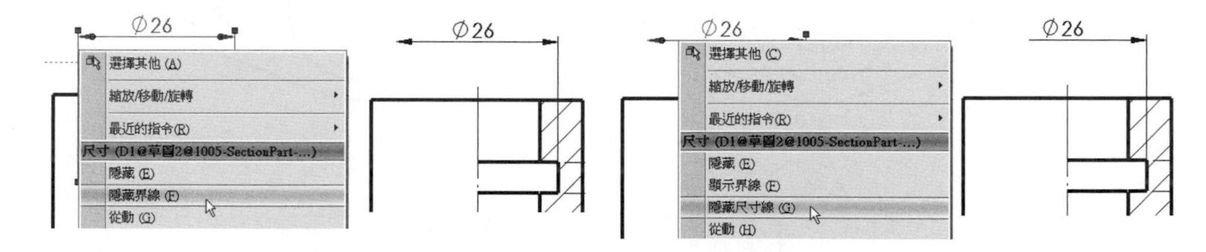

5. 在⌀20 與⌀26 尺寸的左側尺寸界線與尺寸線上按滑鼠右鍵，選擇「**隱藏界線**」與「**隱藏尺寸線**」。

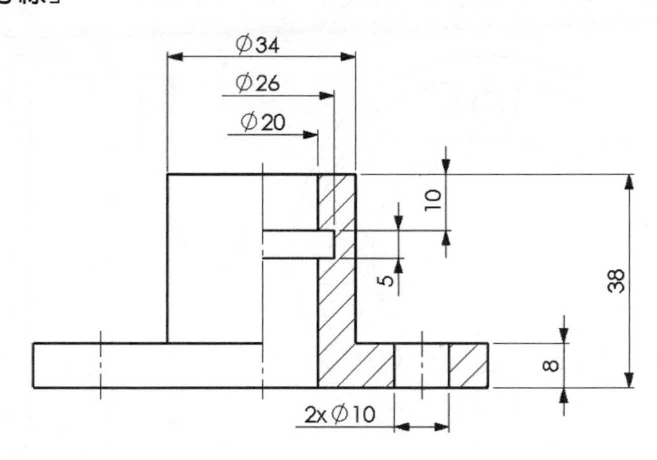

提示

若上視圖需表現為移除前半部的半視圖，可參閱前面全剖面作法。

6. 儲存並關閉檔案。

10-10-4 練習題

練習 10b-1 離合器

使用零件檔 10b-1 建立新工程圖檔，完成如下的工程視圖。

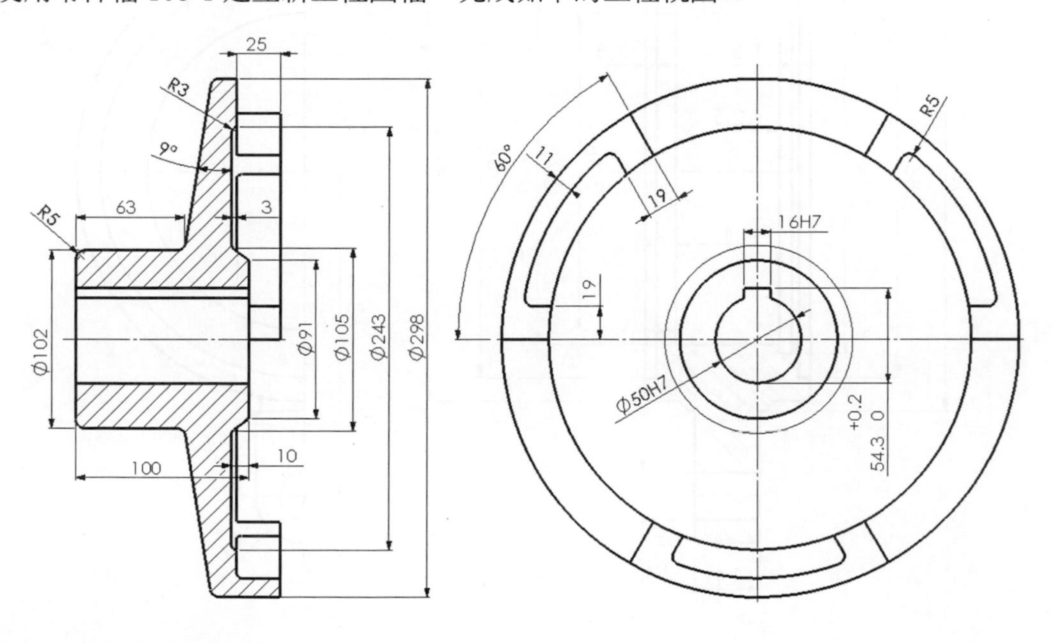

練習 10b-2 活塞帽

使用零件檔 10b-2 建立新工程圖檔，完成如下的工程視圖。

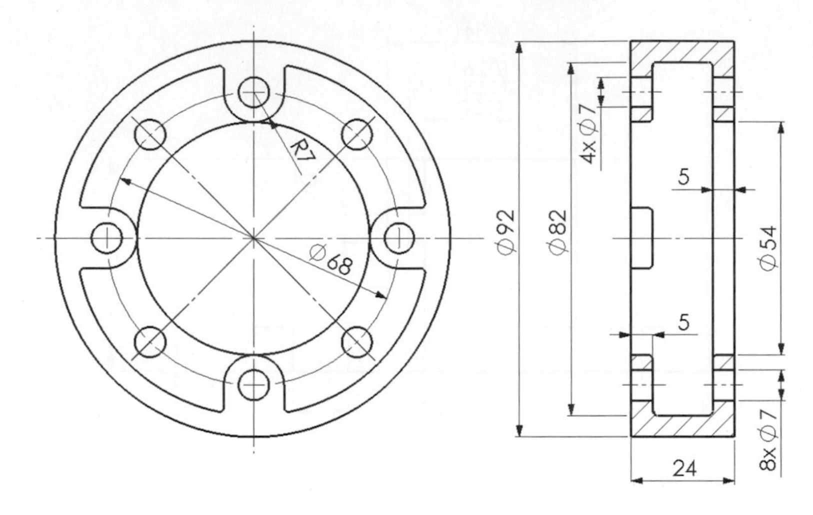

練習 10b-3 搖桿

使用零件檔 10b-3 建立新工程圖檔，完成如下的工程視圖。

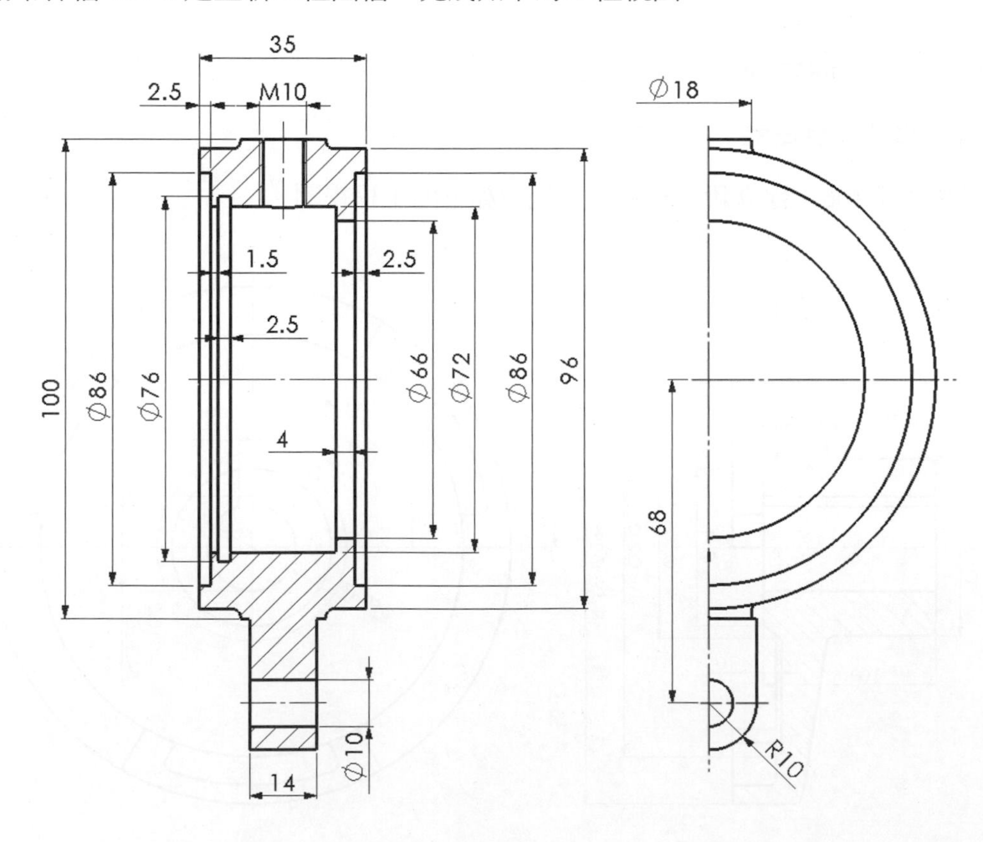

練習 10b-4　連接閥

使用零件檔 10b-4 建立新工程圖檔，完成如下的工程視圖。

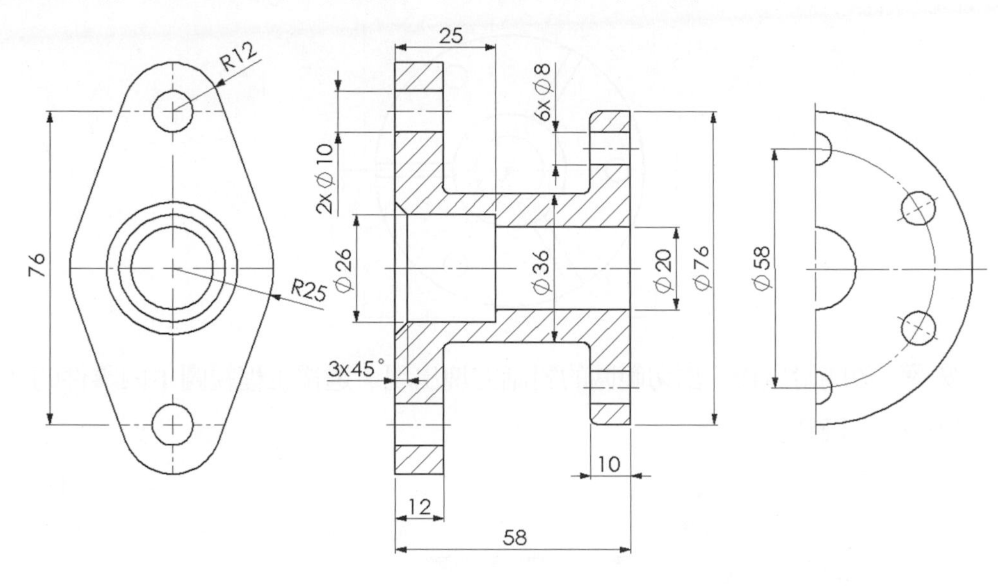

10-10-5　肋剖面

1. 開啓工程圖檔 1006.slddrw，圖頁中已內含一個上視圖。
2. 調整消失的圓角稜線：(a)選擇肋兩條直線，按參考圖元；(b)拖曳參考邊線使與圓重合；(c)變更參考邊線線條粗細為 0.5mm。

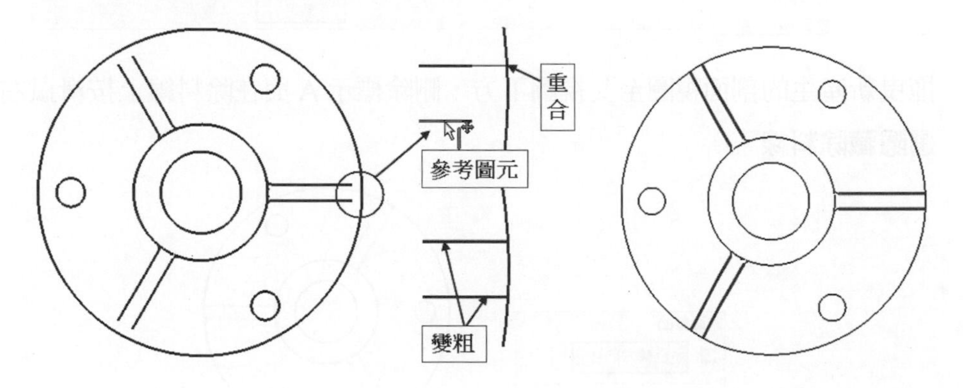

3. 按「**剖面視圖**」，除料線選擇**水平**，勾選**自動開始剖面視圖**，放置水平除料線於圓心點上。

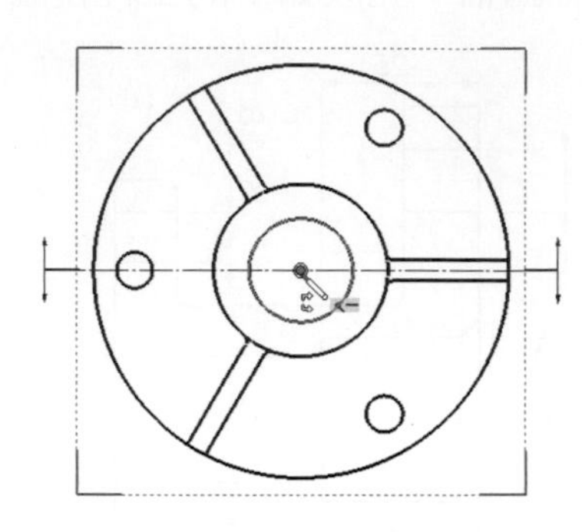

4. 按 放開滑鼠後，剖切範圍的對話方塊出現，選擇工程視圖 1 內零件的「**肋材 1**」，按「**確定**」。

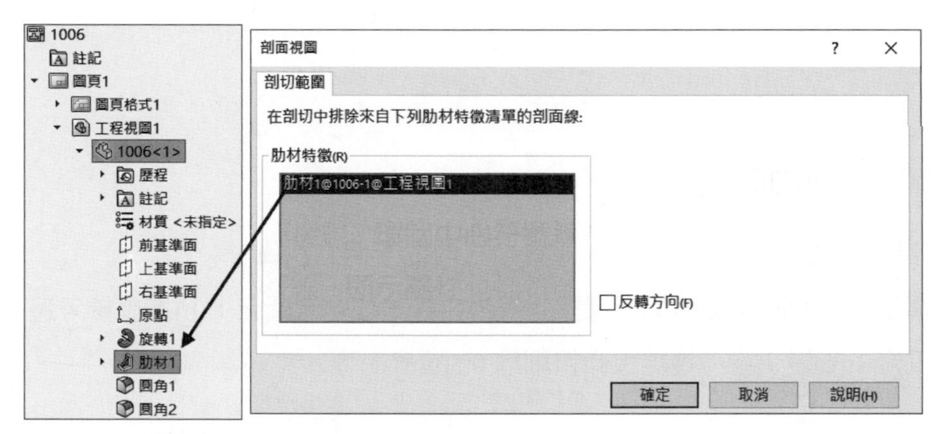

5. 拖曳新產生的剖面視圖至父視圖下方，刪除標示 A 與在除料線上按滑鼠右鍵，點選**隱藏除料線**。

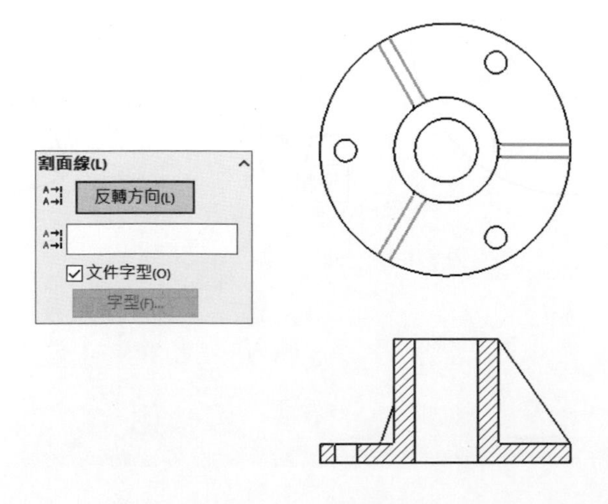

6. 點選剖視圖，(a)鎖住視圖焦點，(b)隱藏左側肋投影線，(c)點選**剖面線**，在屬性視窗中取消勾選「**材料剖面線**」，並點選「**無**」。

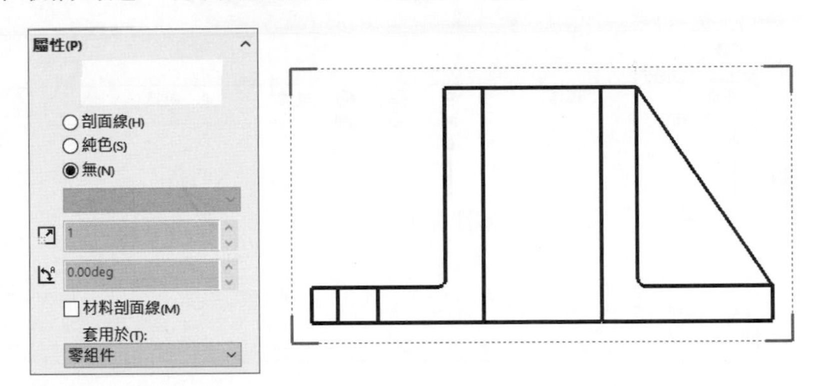

7. (a)使用畫線指令繪製中心線、左邊肋邊線，變更邊線為粗線，(b)參考左側鑽孔邊線圖元，(c)使用中心線鏡射鑽孔參考圖元至右側形成鑽孔位置，(d)加入鑽孔中心線，(e)加入剖面線，必要時調整比例。

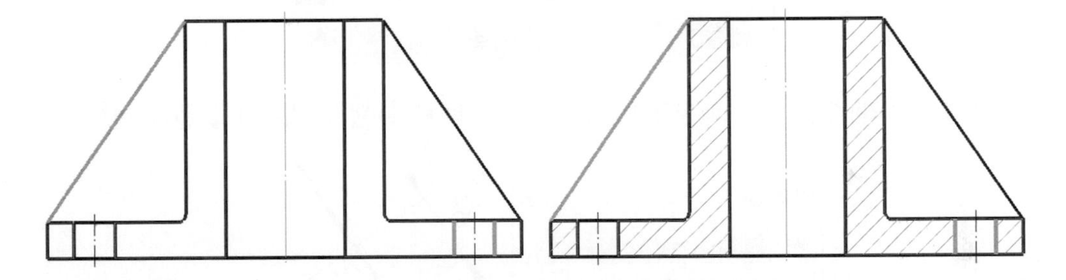

8. 繪製肋剖面：(a)繪製與肋邊線垂直和平行的邊線，加入圓角，用不規則曲線封閉圖形；(b)標註尺寸；(c)用隱藏註記指令隱藏 R1.5；(d)限制短邊線與肋邊線共線；(e)以**邊界**模式加入剖面線(點選矩形與圓角區域)，或用**區域**模式。

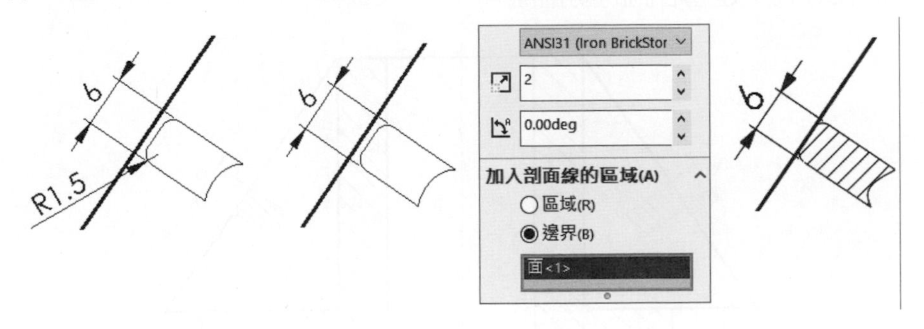

9. 按圖層工具列中的「**圖層屬性**」，新增一個**圖層** 0，按一下，使其關閉顯示，按**確定**。

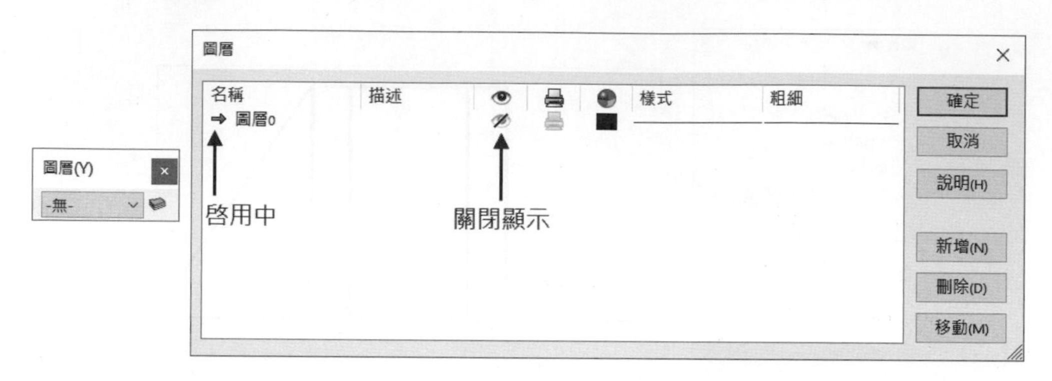

10. 因目前只有一個圖層 0，為啓用中且關閉顯示，為避免後面加入的圖元被隱藏，變更圖層為預設的“**-無**”。

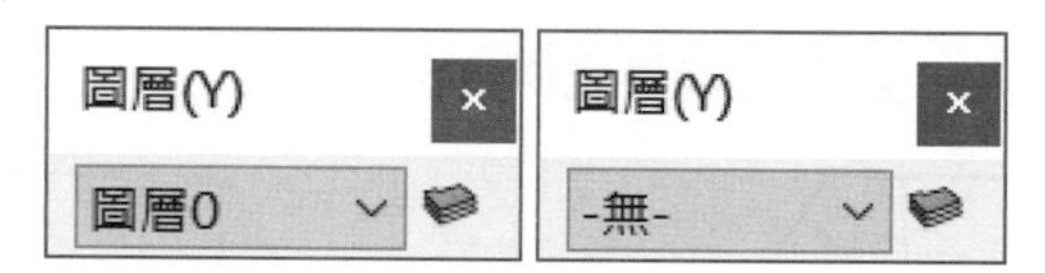

11. 點選不規則曲線，從圖層工具列或屬性管理員中選擇圖層 0 以隱藏曲線。

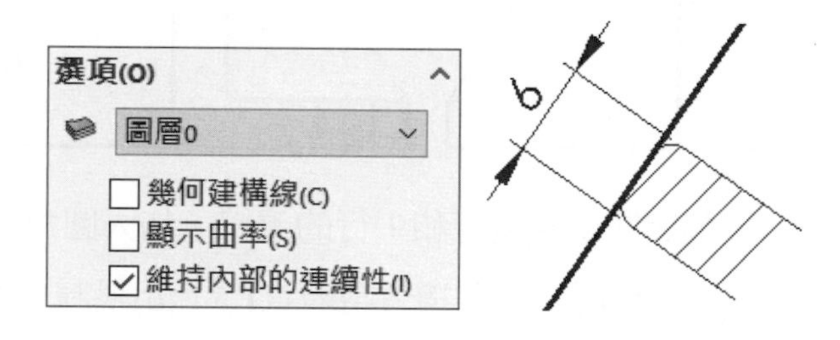

12. 以同樣方式，建立右側的肋剖面。

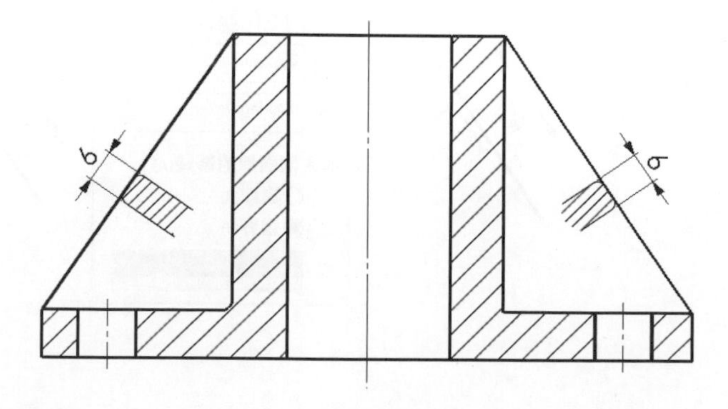

13. 儲存並關閉檔案。

10-10-6 轉正剖視圖

凡是零件的某一部分與投影面成一角度時，爲了能清楚表達此一部分，需將此一部分迴轉至與投影面平行而產生投影之視圖，稱之**轉正視圖**，將此部分剖切後迴轉至投影面的視圖稱之爲**轉正剖面**。

轉正剖視圖即是在工程圖中產生模型剖面，再轉正至投影面而成的剖視圖，其剖面會與所選取的割面線線段對正，割面線是由兩條或多條線段以某一角度連接而成。

1. 開啓工程圖檔 1007.slddrw，圖頁中已內含一個視圖。按**剖面視圖**，點選**對正**除料線與勾選**自動開始剖面視圖**，(a)先放置轉折點與中心點重合，(b)放置上轉折線垂直放置，(c)放置下轉折線與中心點重合，向右拖曳視圖。

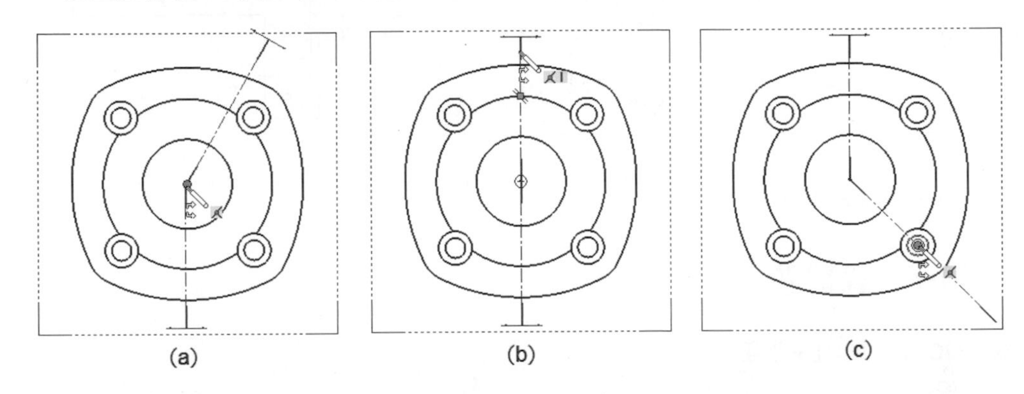

2. 按「**反轉方向**」使剖面箭頭轉向右側，在適當的位置按一下游標放置視圖，刪除除料線的文字 A 標示。

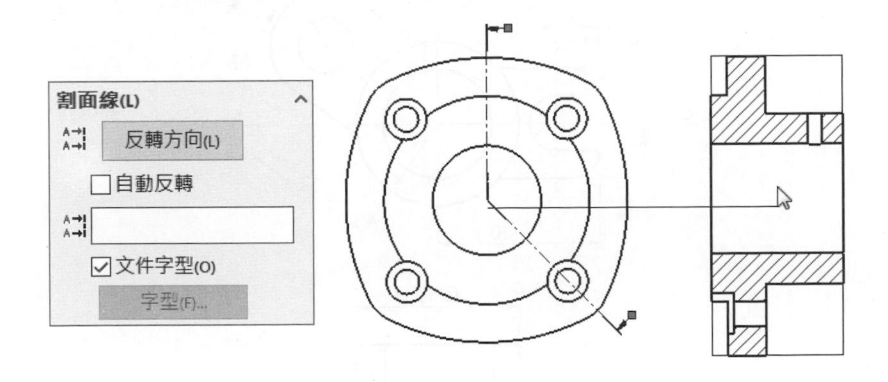

3. 插入**模型項次**，完成下圖的尺寸標註，註孔尺寸若不儘理想可以隱藏後再自行標註，其他缺少的尺寸請自行標註加入。

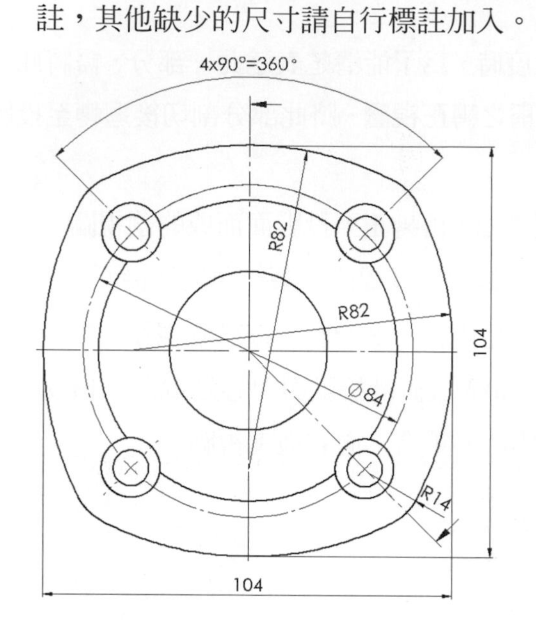

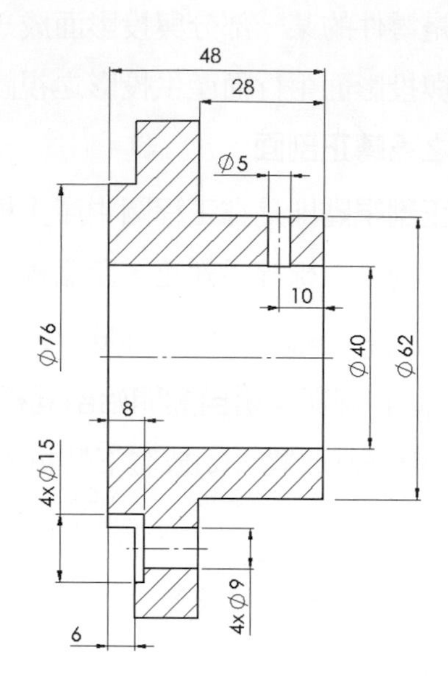

4. 儲存並關閉檔案。

10-10-7 練習題

練習 10c-1 轉正剖面

使用零件檔 10c-1 建立新工程圖檔，完成圖示的工程視圖。

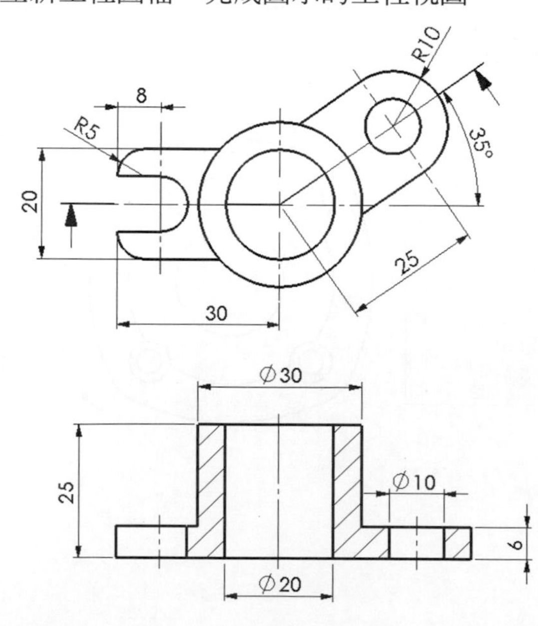

練習 10c-2　轉正剖面

使用零件檔 10c-2 建立新工程圖檔，完成圖示的工程視圖。

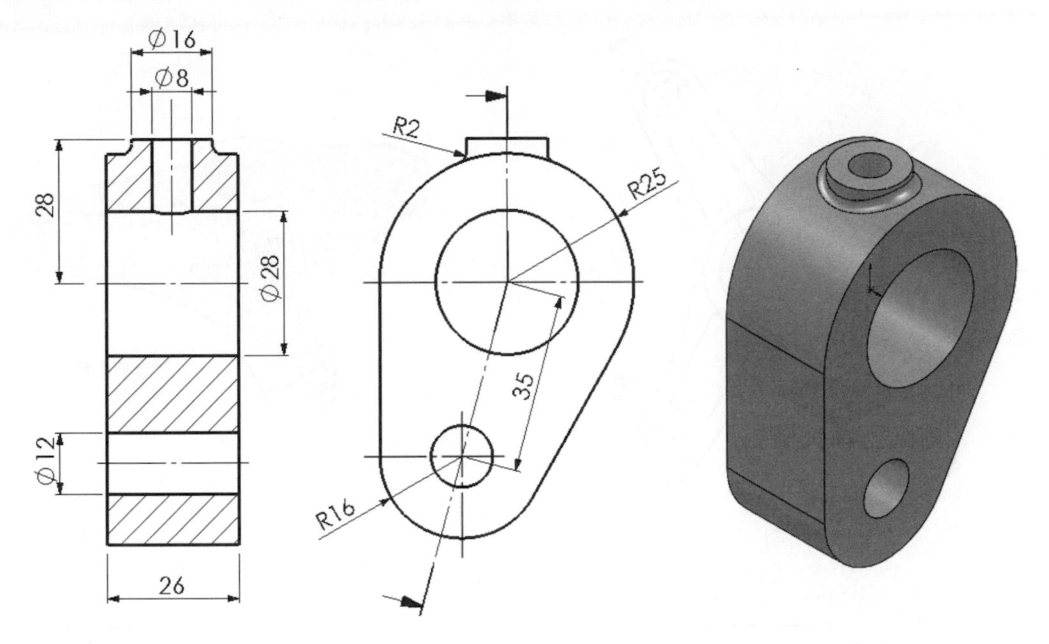

注意

由於轉正的尺寸會停留在原始圖形的投影位置，因此必須先刪除或隱藏原始尺寸之後，再標註新尺寸的位置。

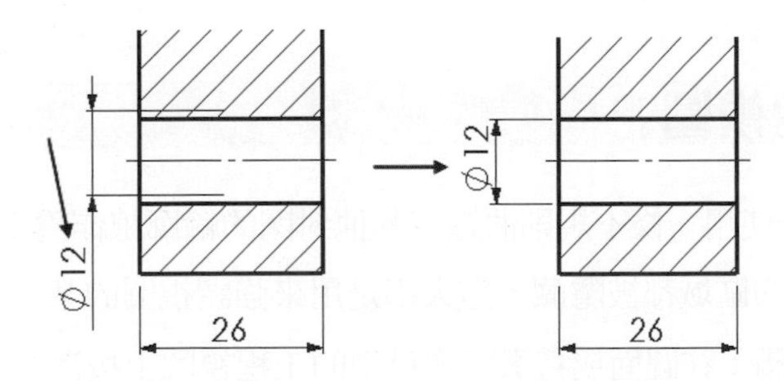

練習 10c-3 TriAngle

使用零件檔 10c-3 建立新工程圖檔，完成圖示的工程視圖。

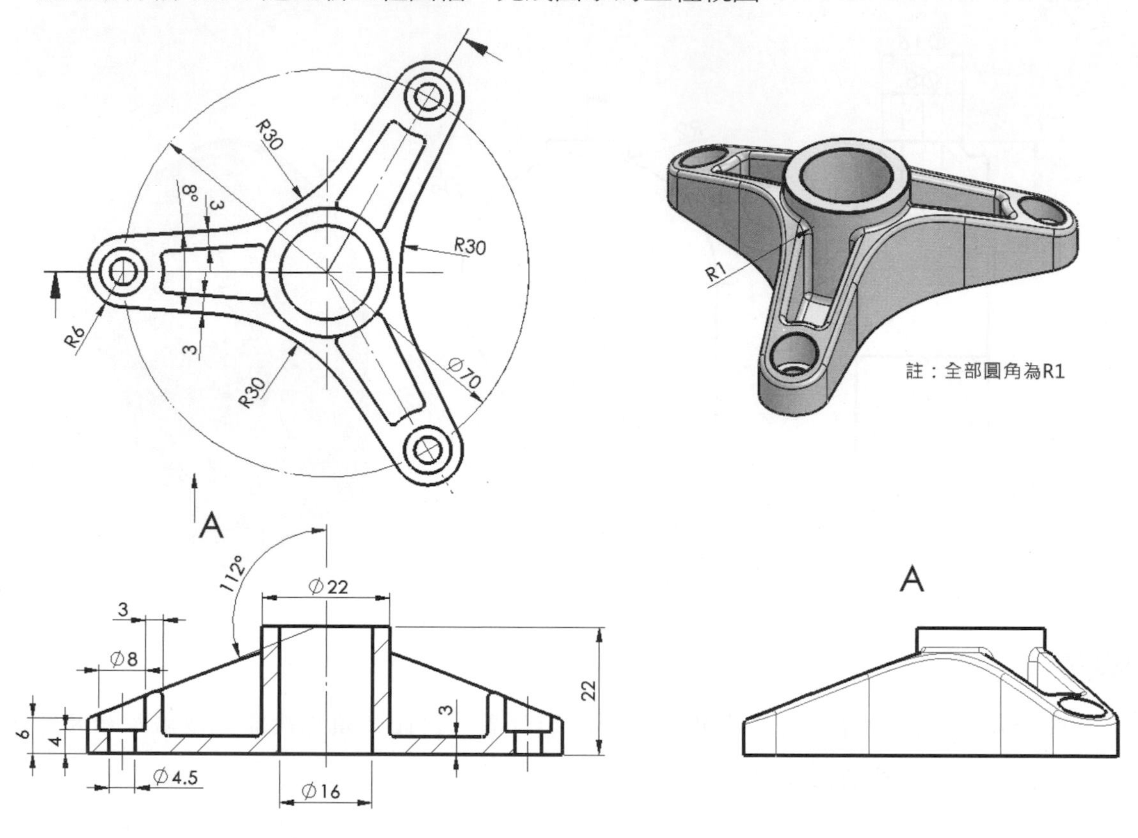

10-11 裁剪視圖

裁剪視圖通常是使用一條不規則曲線或其他封閉的輪廓線作為裁剪邊界，在裁剪邊界(封閉的草圖輪廓)外的區域都被隱藏，這大都是用來強調視圖的某一部分區域。

- **編輯剪裁視圖：**在圖面或特徵管理員中的工程視圖上按滑鼠右鍵，然後選擇「**裁剪視圖**」➡「**編輯裁剪**」，編輯完成，按「**重新計算**」以更新視圖。
- **移除裁剪視圖：**在圖面或特徵管理員中的工程視圖上按滑鼠右鍵，然後選擇「**裁剪視圖**」➡「**移除裁剪**」，裁剪視圖被移除且視圖回到未剪裁的狀態。

1. 開啓工程圖檔 1008.slddrw，圖頁中已包含**前視**與**上視**。

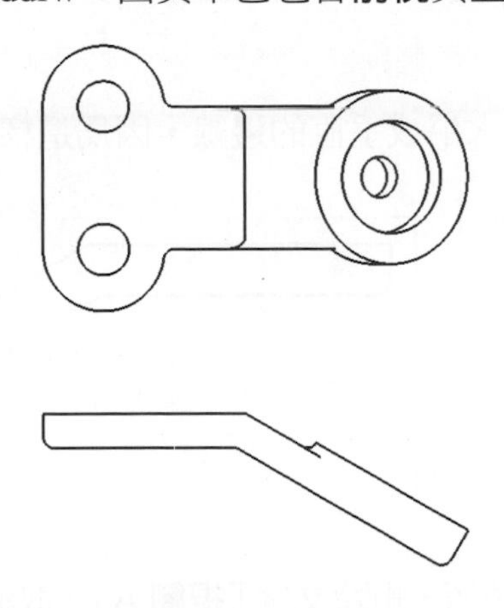

2. 鎖住上視圖焦點，使用「**不規則曲線**」 繪製並封閉不規則曲線，在不規則曲線被選取下，按「**插入**」➡「**工程視圖**」➡「**裁剪視圖**」，或按工程圖工具列上的「**裁剪視圖**」圖示 ，不規則曲線變成裁剪視圖的草圖，草圖外的圖形被隱藏。

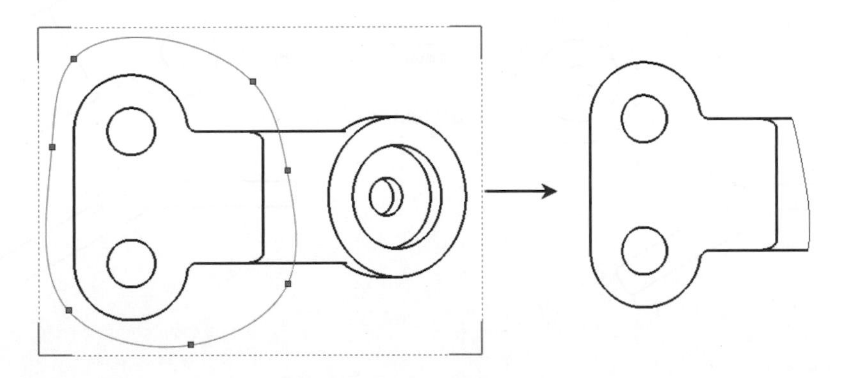

10-12 輔助視圖

輔助視圖通常用於非標準三視圖的投影視圖，也就是單斜面或複斜面的投影視圖，在 SOLIDWORKS 中輔助視圖是以一條存在於視圖中的參考邊線做正交投影，此參考邊線可以是一個零件的邊線、一條輪廓線、一個軸線、或是一條草圖線，繪製線段前，先鎖住此工程視圖。

3. 按「**插入**」➞「**工程視圖**」➞「**輔助視圖**」，或按工程圖工具列上的「**輔助視圖**」圖示 。

4. 選取參考邊線(不可是水平或垂直的邊線，因爲這樣會產生標準投影視圖)。

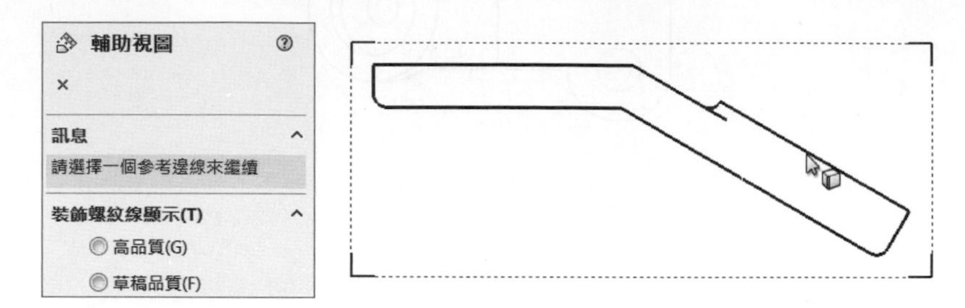

5. 拖曳輔助視圖至適當位置，刪除文字「**視圖 A**」，取消勾選屬性視窗中的「**箭頭**」。

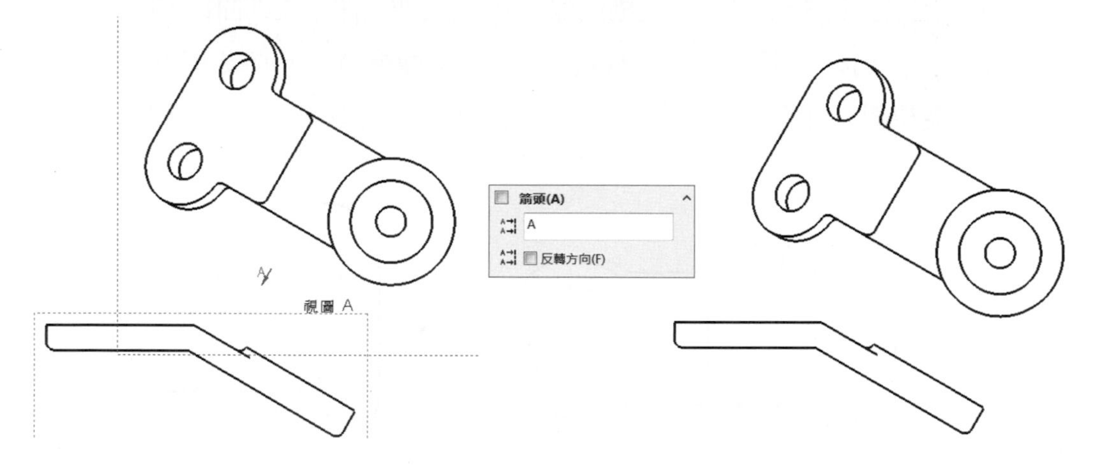

提示

在放置輔助視圖之前，按住 Ctrl 鍵可除解對正關系。

6. 鎖住輔助視圖，繪製封閉的不規則曲線，按「**裁剪視圖**」。

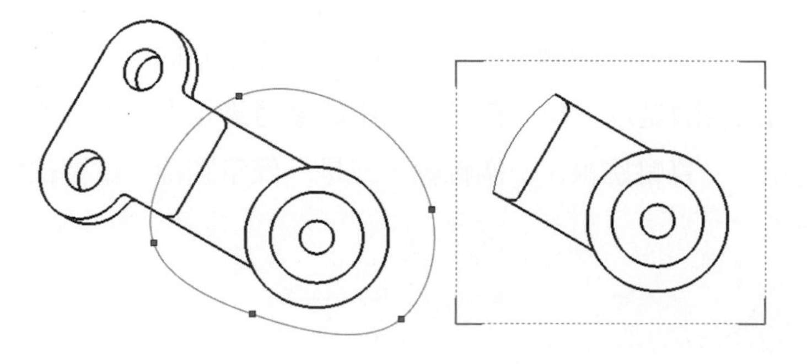

7. 在前視圖繪製兩個**區域深度剖視圖**，以檢視內圓孔結構，變更斷裂線為細實線。

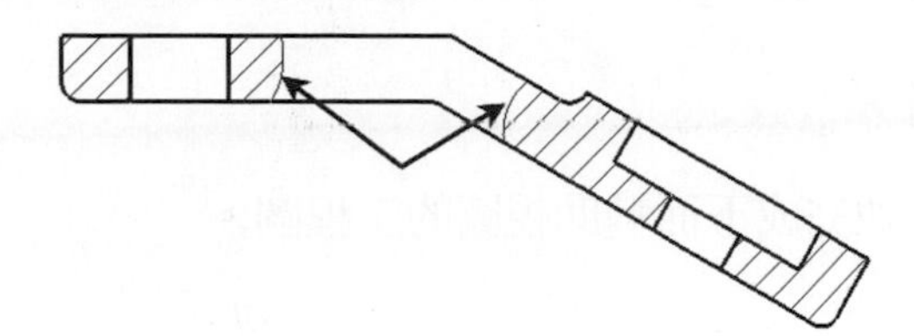

8. 插入中心符號線與中心線。

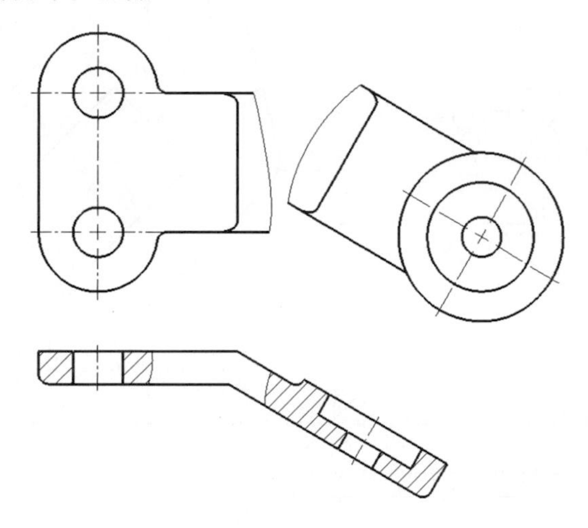

9. 插入「**模型項次**」，加入尺寸標註，必要時刪除某些尺寸，並手動標註補足尺寸。(自行標註的尺寸屬於從動尺寸或參考尺寸)

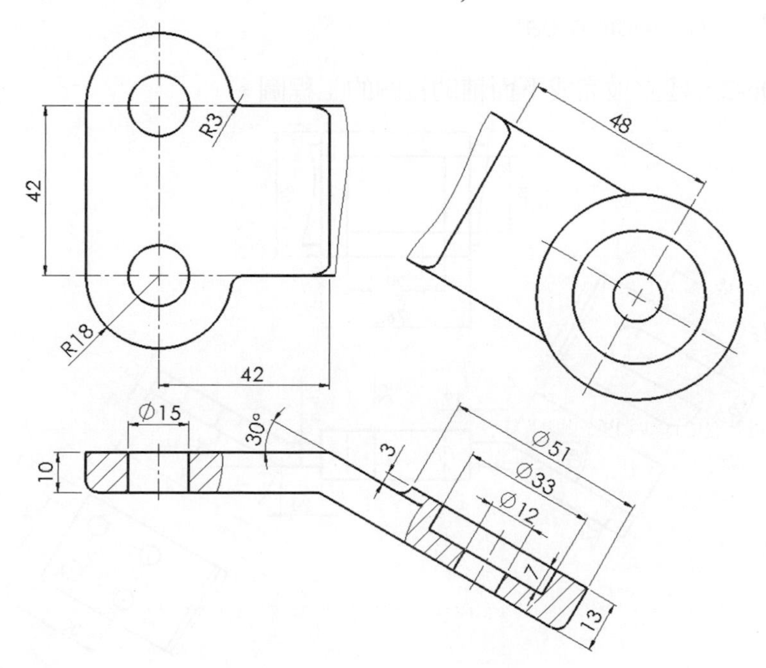

10-12-1 練習題

練習 10d-1　斜接管

開啓零件 10d-1，建立並完成下面輔助視圖的工程圖。

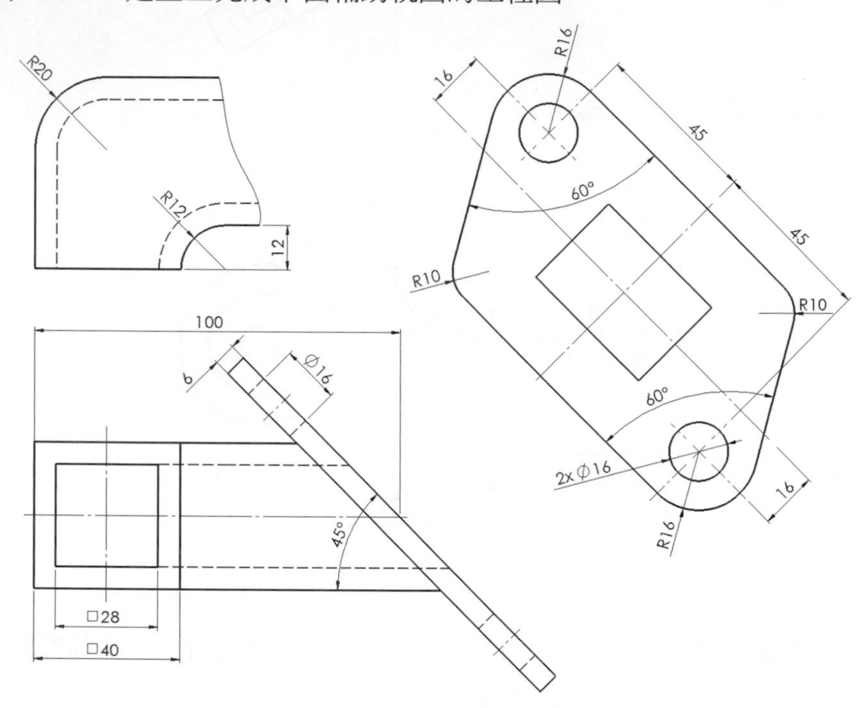

練習 10d-2　Connecting bar

開啓零件 10d-2，建立並完成下面輔助視圖的工程圖。

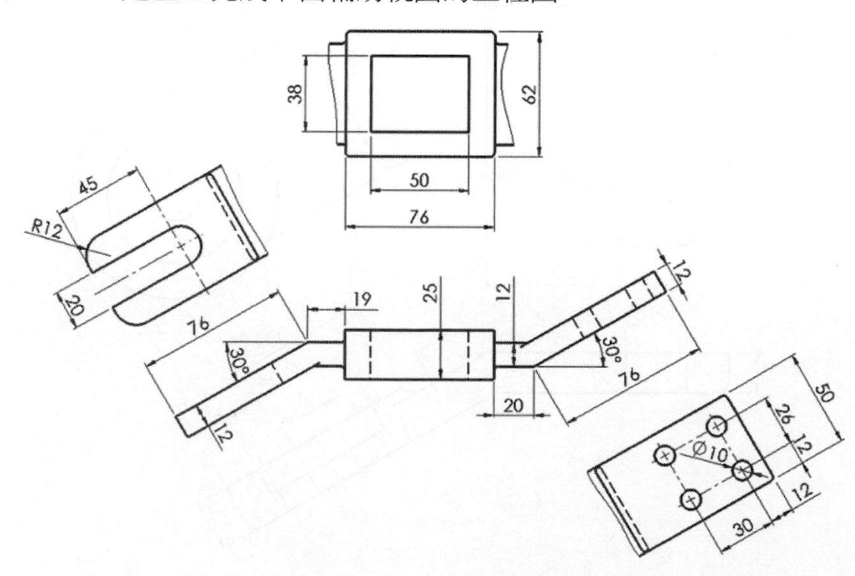

練習 10d-3 Angle brace

開啓零件 10d-3，建立並完成下面輔助視圖的工程圖，其中 A 視圖取消對正後，再拖曳至適當位置。

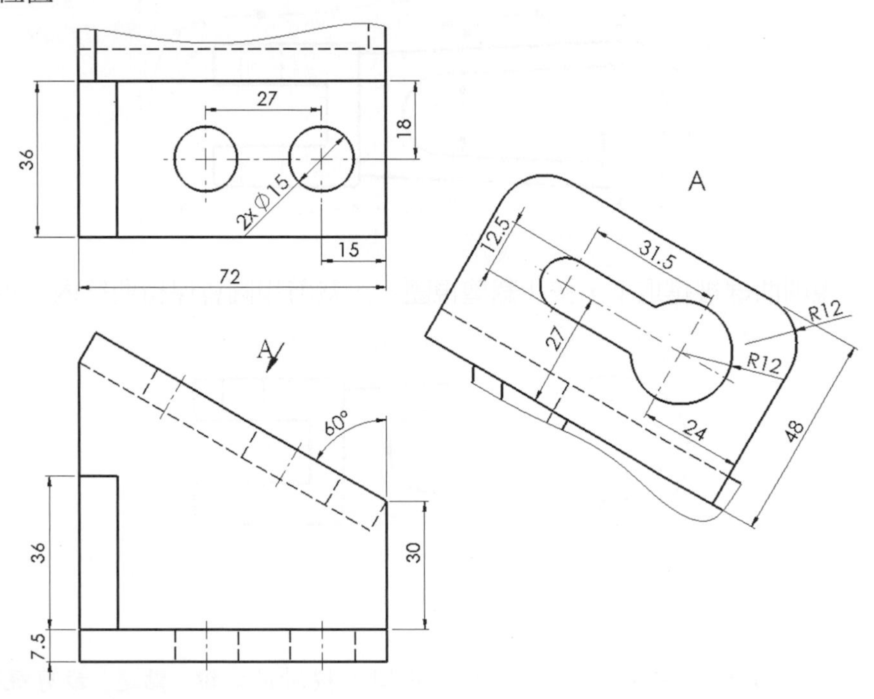

10-13 旋轉剖面

有時爲了表現肋的形狀，需要在肋的中間做剖面，並將此剖面在原處旋轉投影，外框以細實線表示的剖面稱之爲**旋轉剖面**，有時爲避免與外形實線重疊，可配合中斷視圖而改以粗實線表示外框。

1. 開啓工程圖檔 1009.slddrw，圖頁中已內含前視及上視及顯示隱藏線。

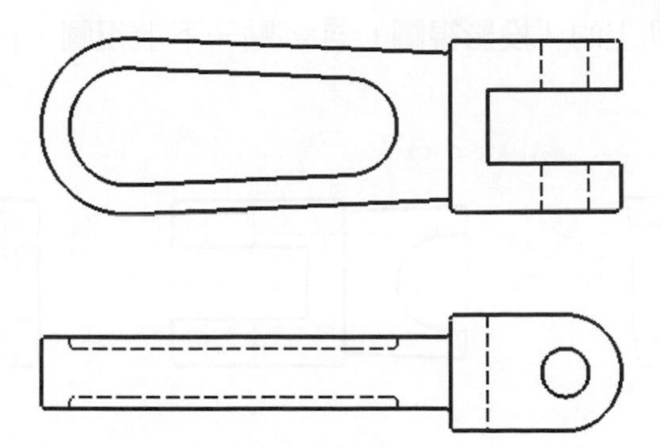

2. 在上視圖快點兩下以鎖住視圖焦點，使用「**不規則曲線**」，繪製裁剪後要保留的區域封閉曲線。

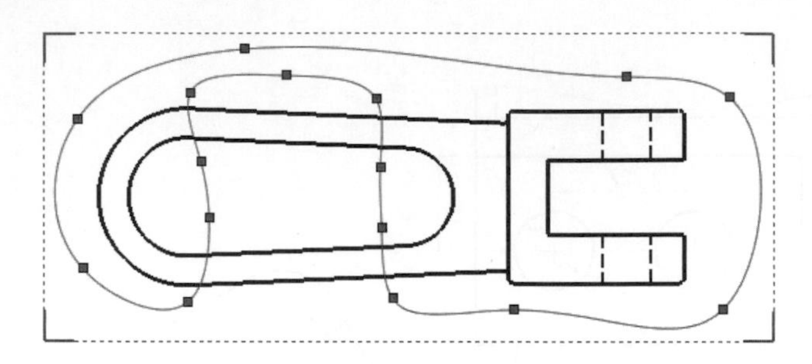

3. 在不規則曲線被選取下，按「**裁剪視圖**」，裁剪視圖會保留曲線內的視圖。

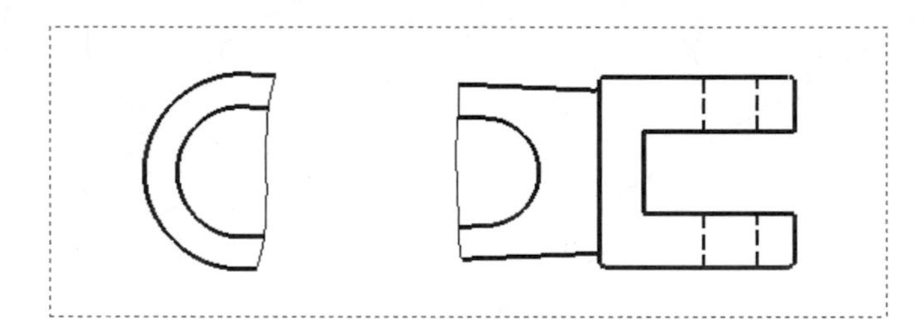

提示

若是裁剪視圖的位置需要調整，您可以在視圖上按滑鼠右鍵，點選「**裁剪視圖**」➡「**編輯裁剪視圖**」，調整不規則曲線的位置後，再離開草圖即可。

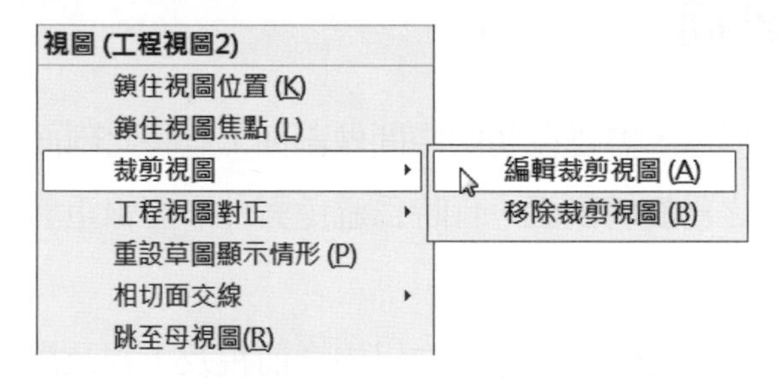

4. 按工程圖工具列上的「**投影視圖**」，點一下上視圖，再往右拖曳出投影視圖，按「**確定**」。

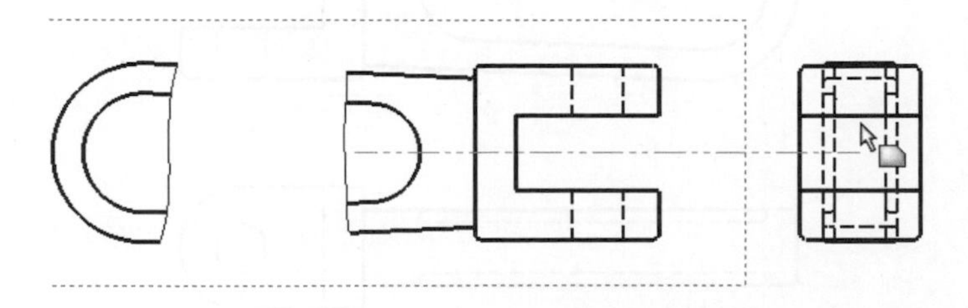

5. 切換為「**移除隱藏線**」，並在新投影視圖上建立**區域深度剖視圖**，調整剖切至適當位置。

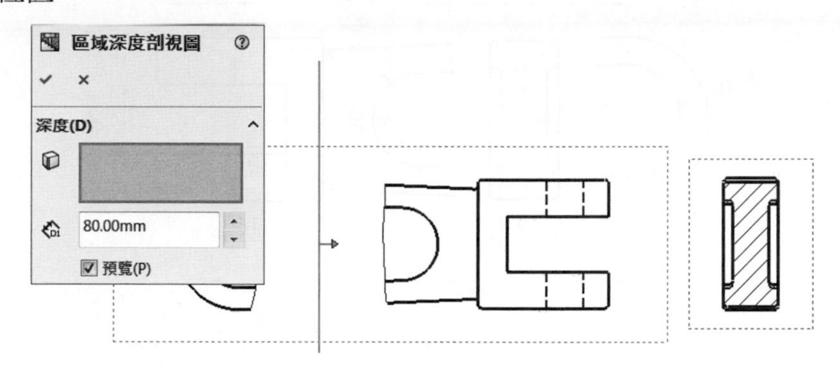

6. 隱藏邊線。

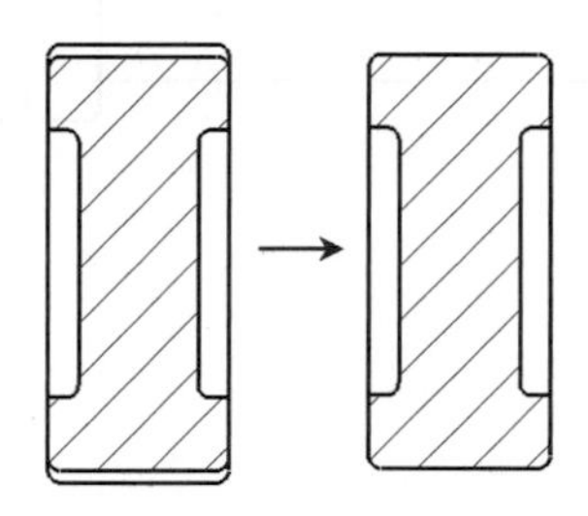

7. 拖曳投影視圖至上視圖的被裁切位置中間。

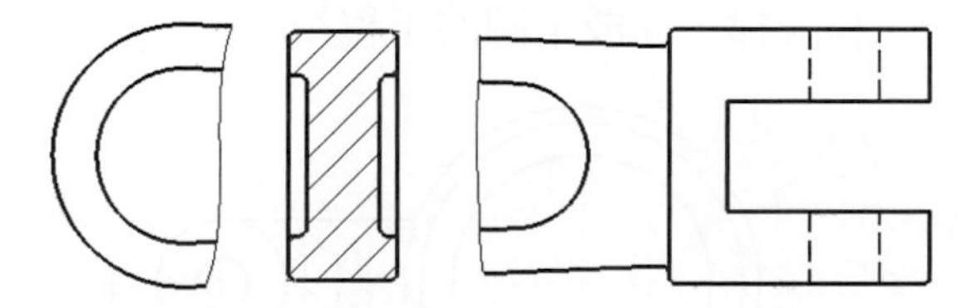

8. 插入**模型項次**。

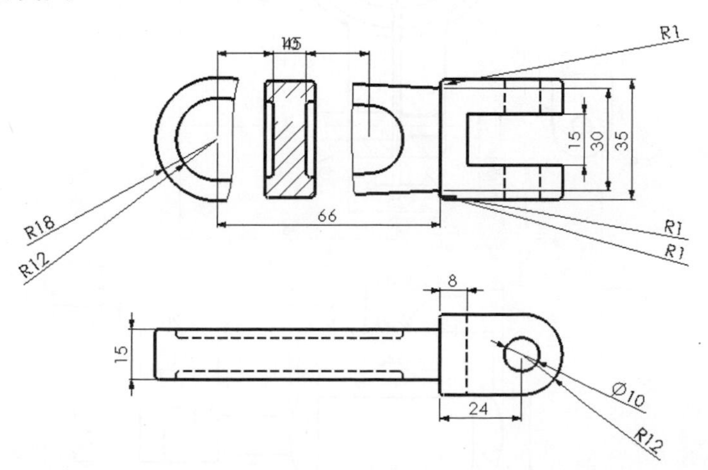

9. 調整尺寸位置，加入中心註記，必要時刪除或標註適當的尺寸。

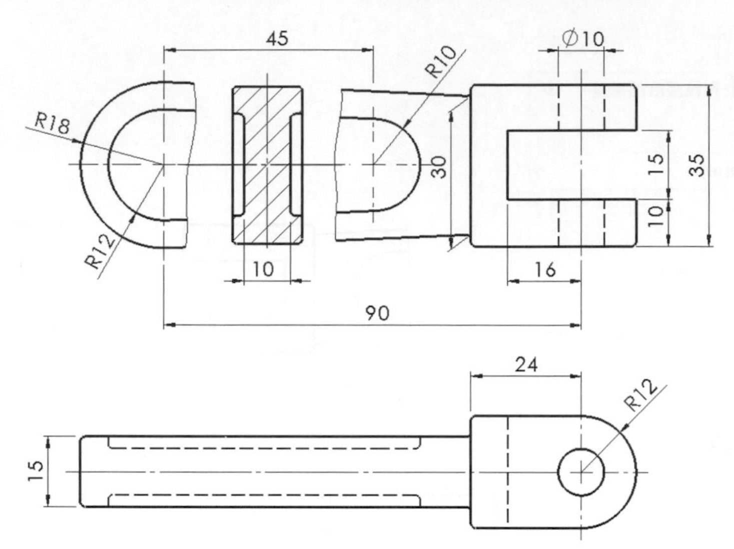

10. 儲存並關閉檔案。

10-13-1 練習題

練習題 10e-1 檢定題

開啓零件檔 10e-1 與新工程圖檔，完成下圖的工程視圖。

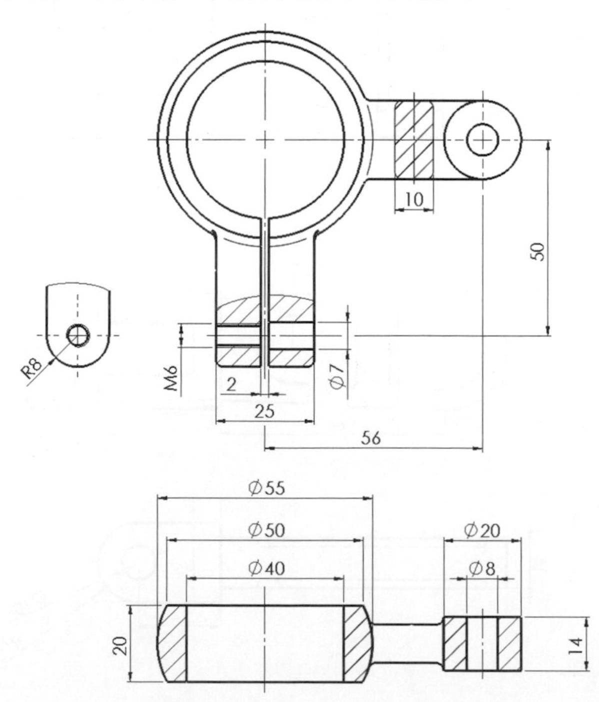

練習題 10e-2 檢定題

開啓零件檔 10e-2 與新工程圖檔，完成下圖的工程視圖。

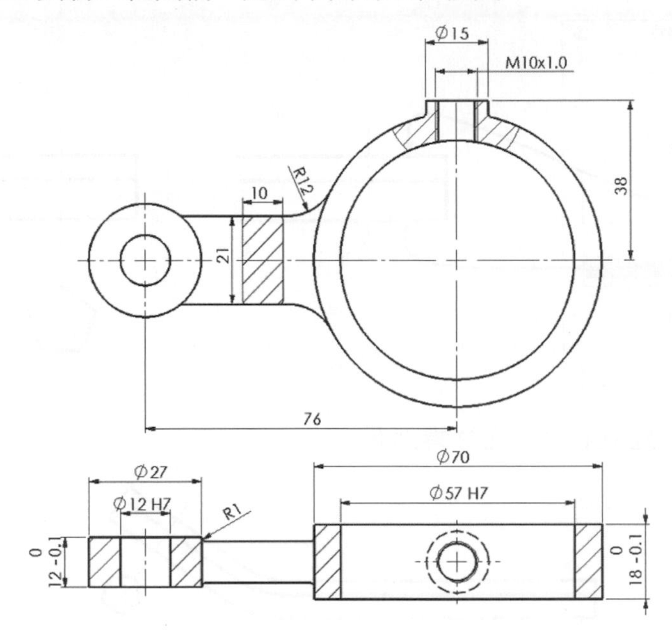

10-14 移轉剖面

移轉剖面可在所選工程視圖的位置剖切，並將剖面旋轉顯示模型的切片後，沿著割面線之延伸方向移出繪於視圖之外。

1. 開啓工程圖檔 Removed Section，圖頁中已有幾個視圖與剖視圖。

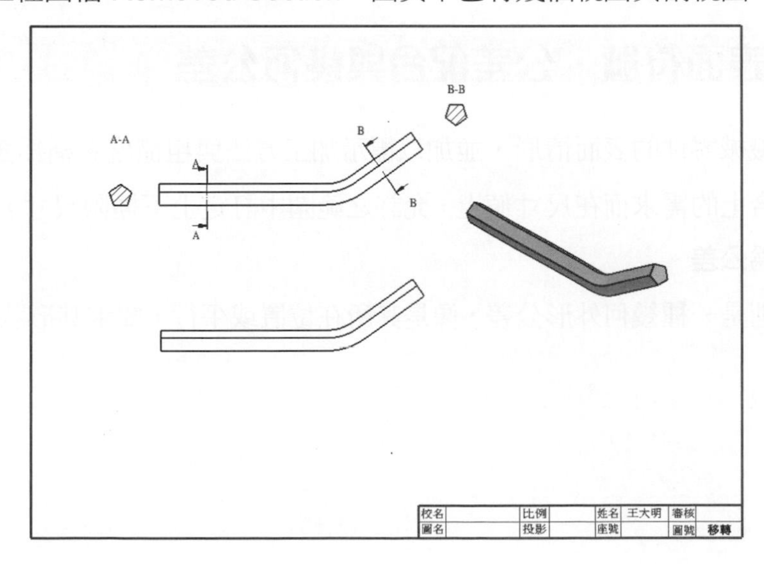

2. 在**工程圖**標籤中按**移轉剖面** ，**邊線**及**對置的邊線**選擇如圖中的兩條邊線，再選擇適當位置放置除料線，最後放置視圖。

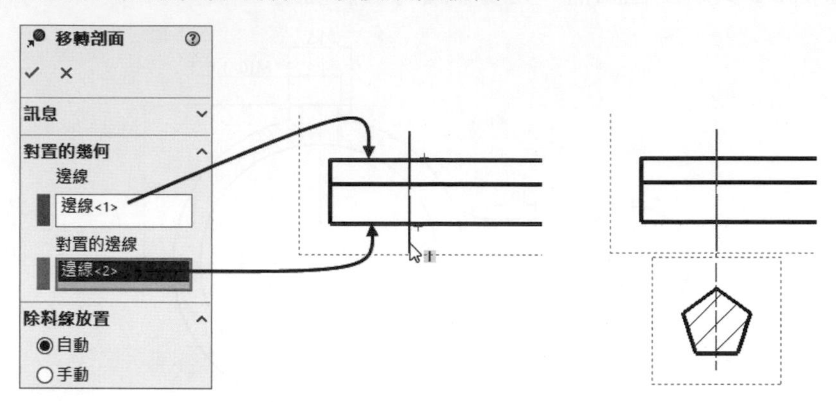

3. 如圖所示，建立右上方之移轉剖面。

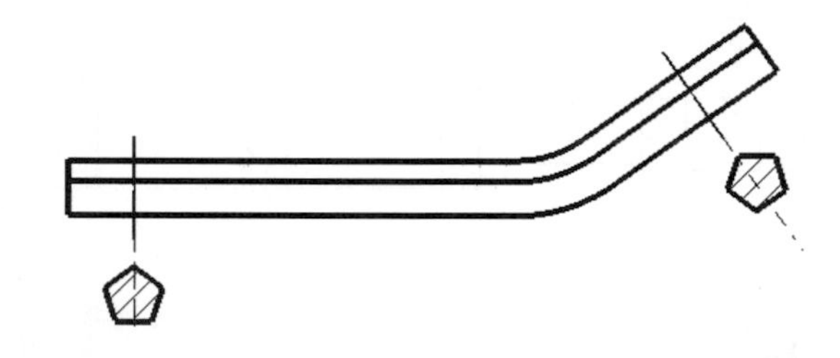

4. 與視圖 1 **剖面視圖**指令建立的剖面圖作比較，您可選擇適用於公司標準的製圖方式。
5. 儲存並關閉檔案。

10-15 表面符號、公差配合與幾何公差

用來表示機械零件的表面情形，並加以標示加工方法與粗糙度者稱爲**表面符號**。

某些因配合上的需求而在尺寸值上，允許之範圍中訂定上下極限尺寸，這上下極限值之差異，即稱爲**公差**。

幾何公差則是一種幾何外形公差，像是其所在位置或平行，要求其形狀在公差的範圍內。

1. 開啓工程圖檔 1010.slddrw，圖頁中已有包含相關尺寸與剖視圖。

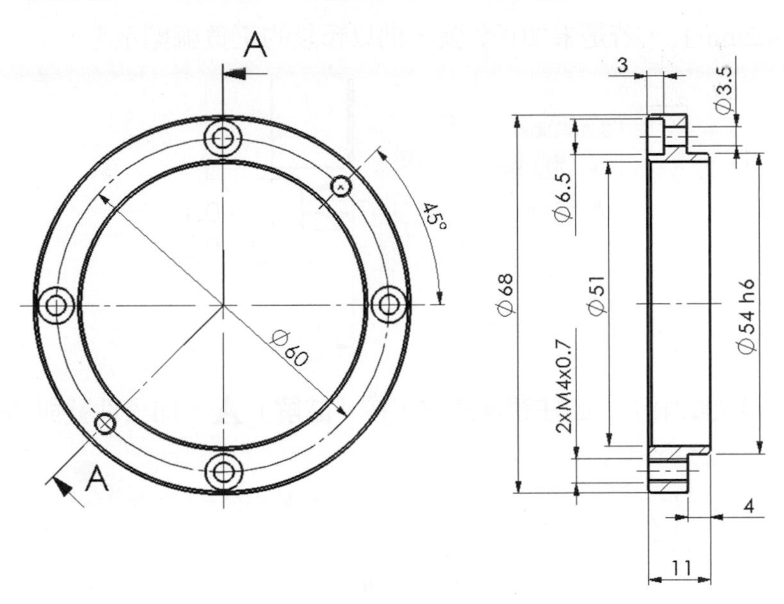

2. 點選尺寸∅51，在屬性管理員中選擇「**配合**」孔配「H7」；點選尺寸∅54；在屬性管理員中選擇「**配合**」與軸配「h6」。

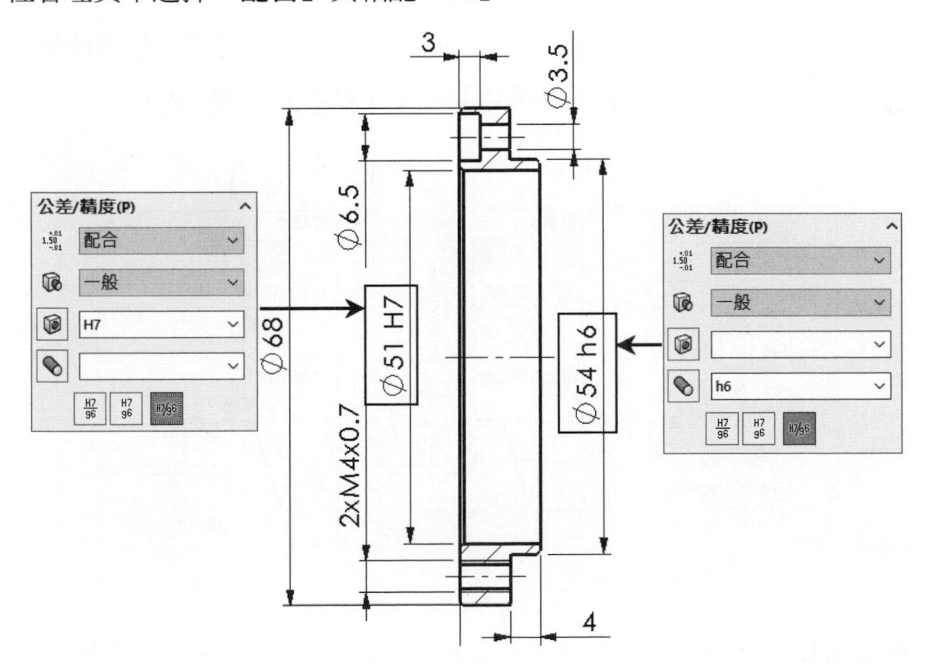

3. 點選尺寸 4，在屬性管理員中選擇「**雙向公差**」、最大變異「−0.1mm」、最小變異「−0.2mm」。若是未加正負號，則以預設的正負號顯示。

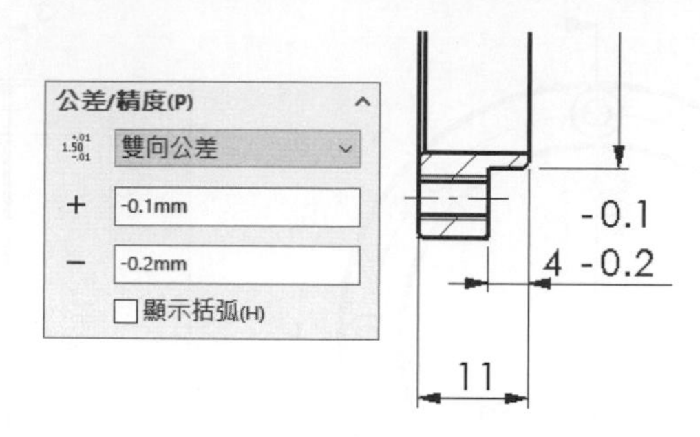

4. 在前視圖快點兩下，**鎖住視圖焦點**，按「**註解**」A，加入件號與括弧。

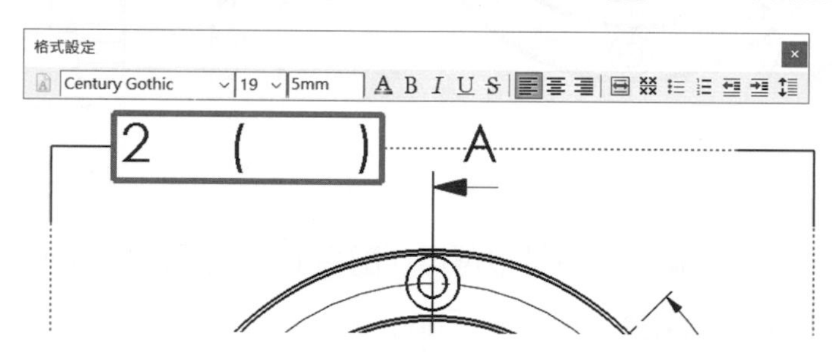

5. 移動游標至 2 的後面，按註解屬性管理員中的 √，再點選「**必須切削加工**」√，填入表面粗糙度 Ra25，再至括弧中間加入「**基本**」符號 √。

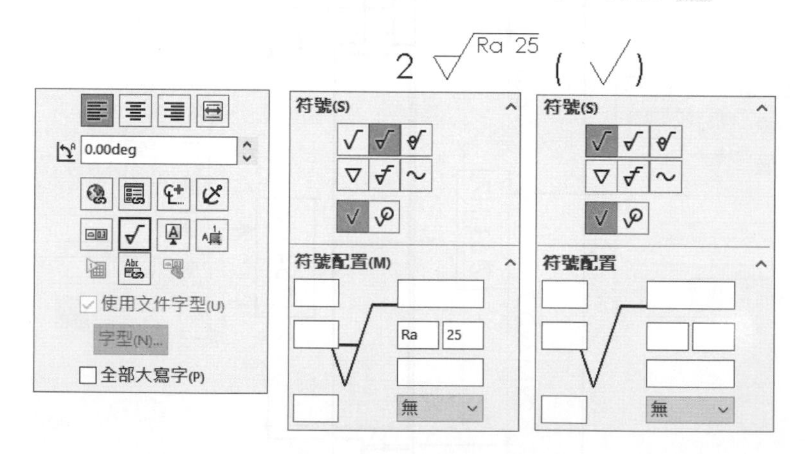

注意

鎖住視圖焦點的目的在於使**註解**與**表面加工符號**皆能附著於前視圖中，前視圖移動時，**註解**與**表面加工符號**也能一起跟著移動。

若是將**表面加工符號**加入至視圖的邊線上，則不需要先行**鎖住視圖焦點**。

6. 按註記工具列中的「**表面加工**」✓，加入表面加工符號至右視圖，只要點選邊線後，再拖曳加工符號至適當位置即可。

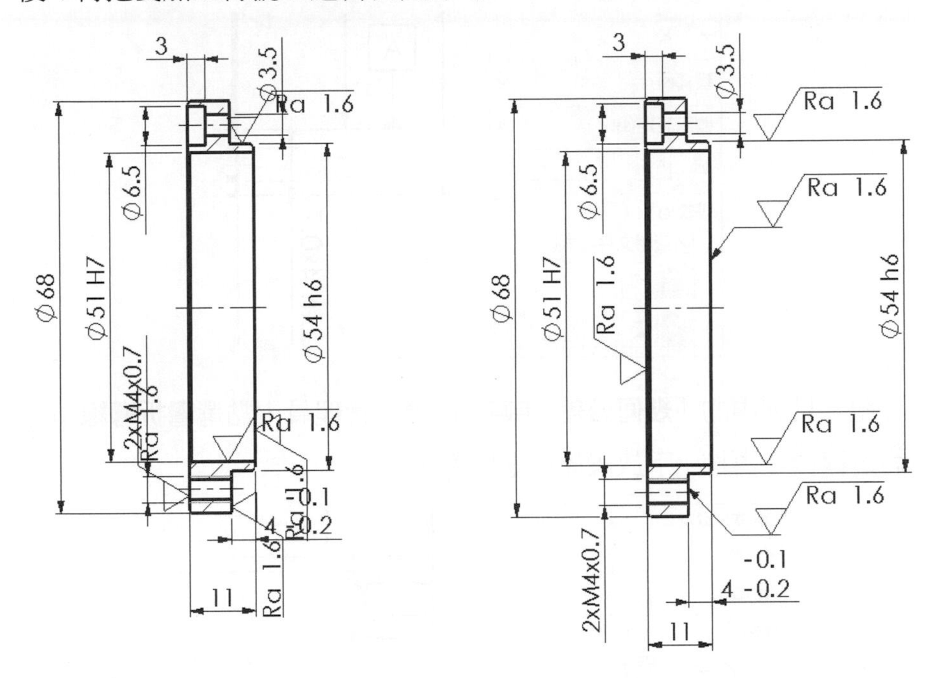

提示

(1) 若是**表面加工符號**方向不對時，只要在屬性管理員中點選**反轉方向**即可。

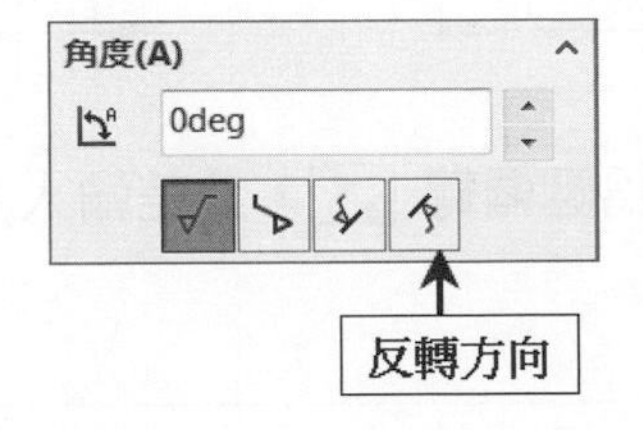

(2) 若有多個加工面需要加註相同的表面符號時，選擇表面符號後，再按住 Ctrl 鍵，拖曳箭頭控制圓點至新的邊線附著即可複製新的導線。

(3) 刪除多餘的導線時，只要選擇箭頭前的控制圓點，按 Delete 鍵即可。

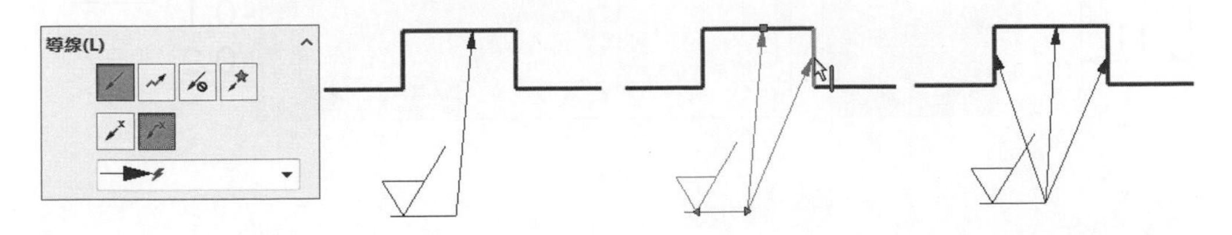

7. 按註記工具列中的「**基準特徵**」，點選∅51 的尺寸，並放置於適當位置。

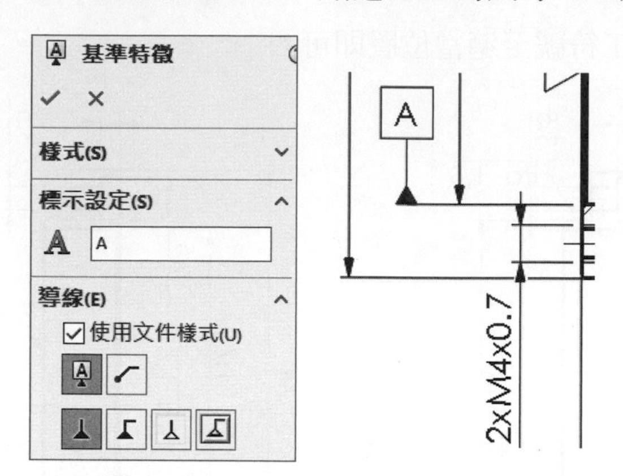

8. 按註記工具列中的「**幾何公差**」，從屬性管理員中點選**彎折導線**，點選圖中的邊線後，再按一下放置於適當位置。

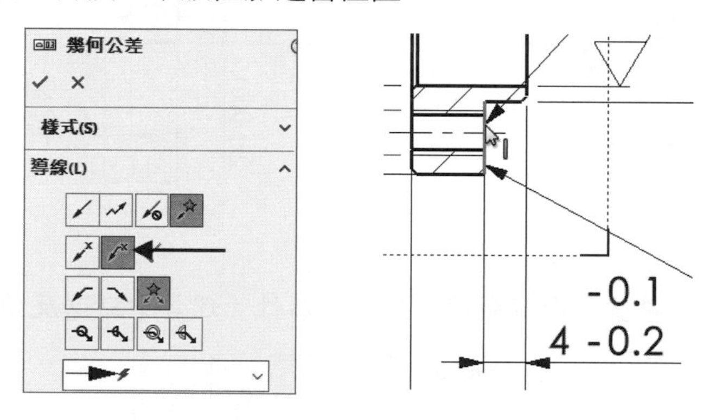

9. 從公差對話方塊中點選爲**圓偏轉**，**公差**輸入 0.05，按**加入基準**。

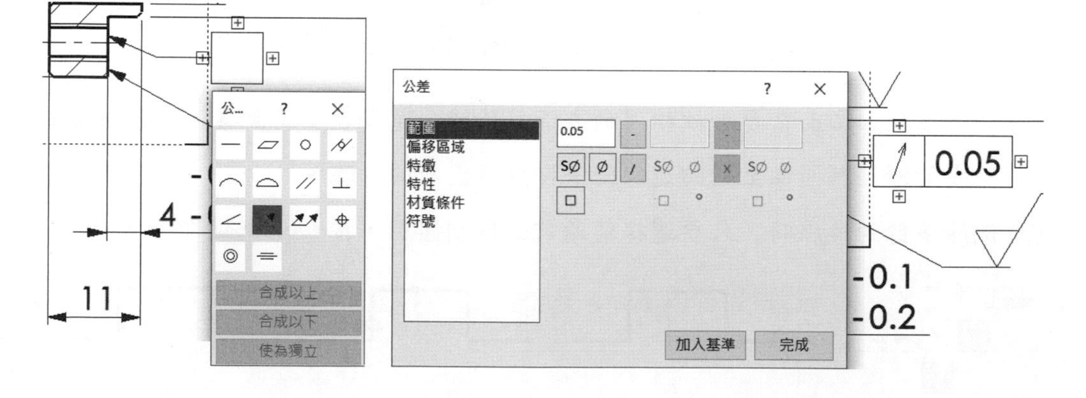

10. 從 Datum(基準)對話方塊中輸入“A”，按**完成**。

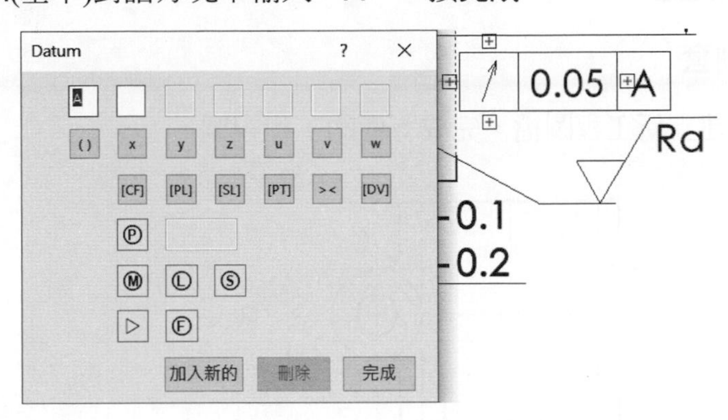

11. 加入另外兩個幾何公差至視圖中，完成視圖後，儲存並關閉檔案。

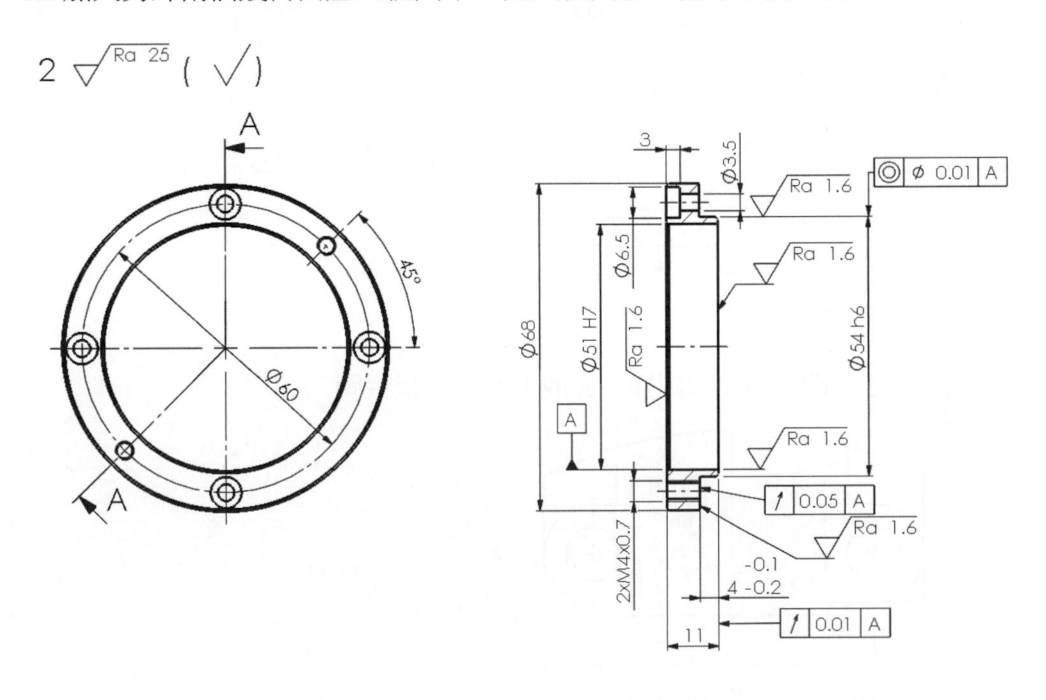

10-15-1 練習題

練習 10f-1 軸套

使用零件 10f-1 建立新工程圖檔，完成下面的工程視圖。

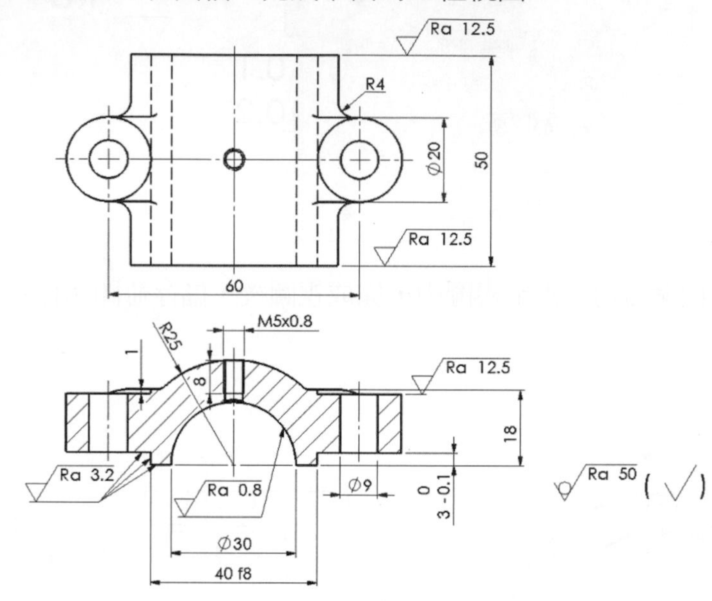

練習 10f-2 固定夾板

使用零件 10f-2 並開啓新工程圖檔，完成下面的工程視圖

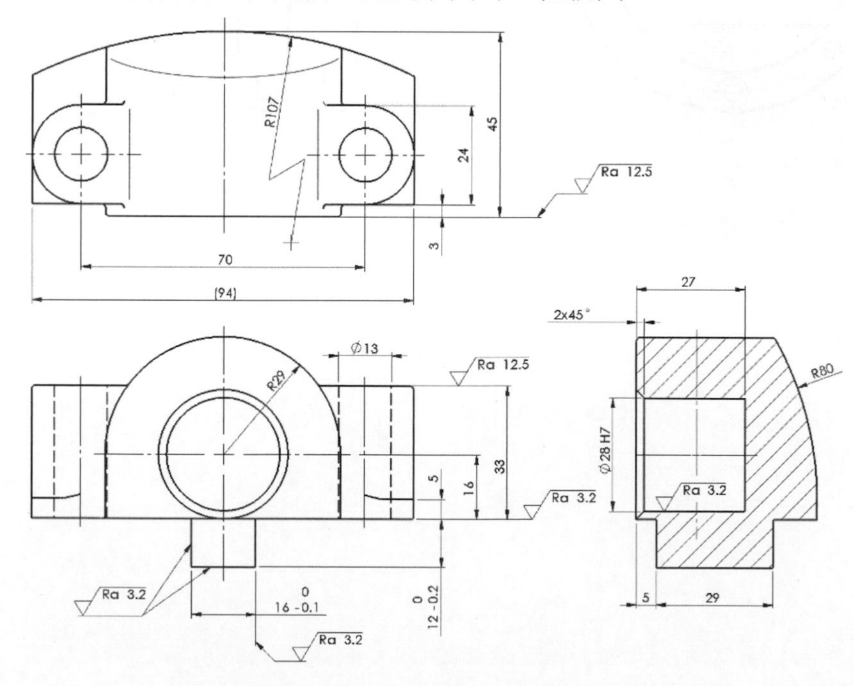

10-16 組合件工程圖

在工程圖中，大部份工程視圖類型都可以用在零件及組合件，但也有一些設定及視圖是給組合件單獨使用的，像是「**位置替換視圖**」。

注意

在開啟下面工程圖或組合件前，必須先取消勾選**選項➡系統選項➡**「**異型孔精靈/Toolbox**」中的「**使此資料夾成為 Toolbox 零組件的預設搜尋位置**」，這樣開啟工程圖或組合件時才不會因已內含外部的 Toolbox 零組件而產生錯誤。

1. 開啓工程圖檔\990202B\990202B.slddrw，圖頁中內已內含建好的一個等角塗彩組合件的工程視圖。

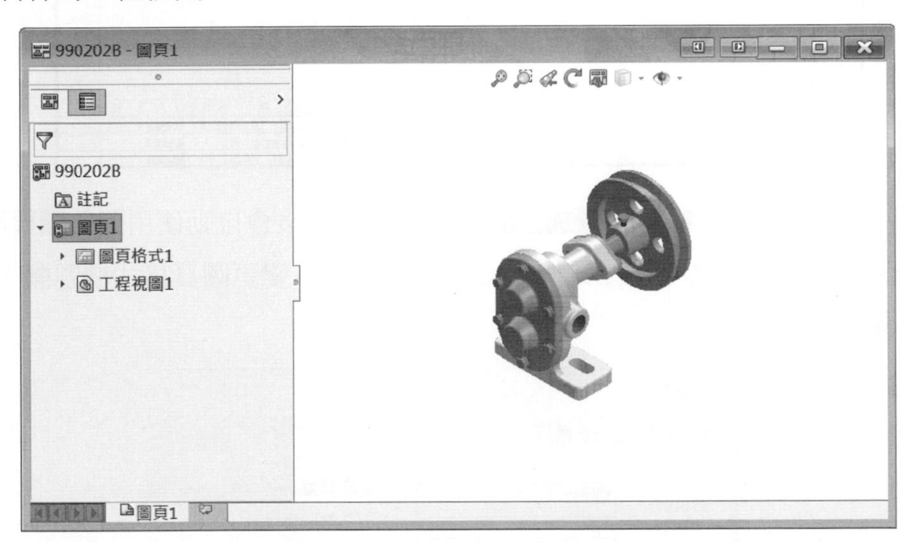

2. 按一下組合圖的工程視圖 1，在屬性視窗中選擇模型組態**爆炸視圖**，並勾選「**以爆炸或模型斷裂的狀態顯示**」。

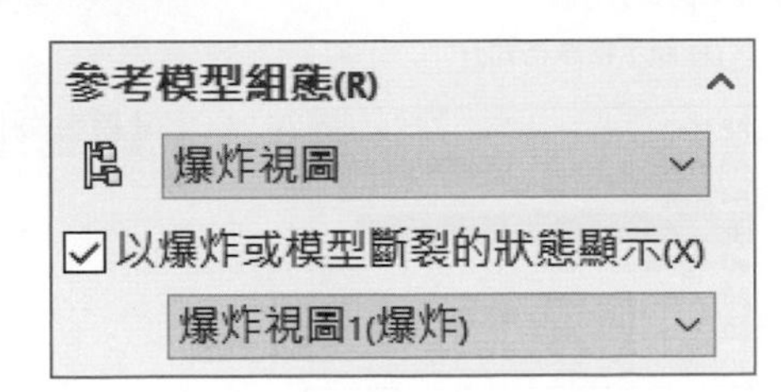

3. 移動視圖至中間，完成如圖示的狀態，儲存**圖頁格式**，檔名爲“20800 乙級”備用。

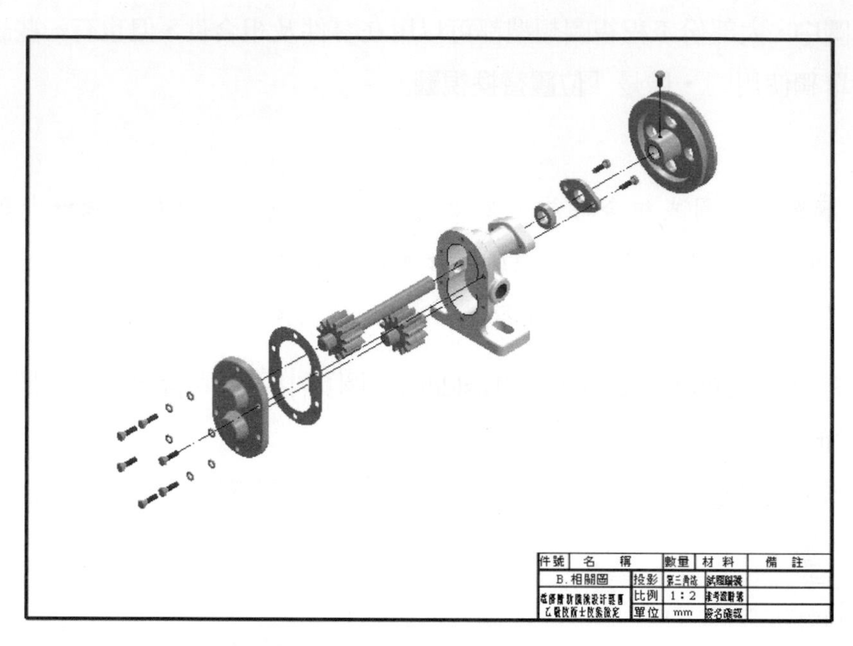

4. 新增圖頁 2，圖頁1 圖頁2，新增圖頁後會自動使用開啓**圖頁屬性**，圖頁格式選擇 **20800 乙級**，比例改爲 1：1，按**確定**。變更圖頁格式標題欄內註解 1：2 爲 1：1。

圖頁屬性

圖頁屬性　區域參數

名稱(N): 圖頁2

比例(S): 1 : 1

投影類型

○第一角法(F)

◉第三角法(T)

圖頁格式/大小(R)

◉標準圖頁大小(A)

☐僅顯示標準格式(F)

A2 (GB)
A3 (GB)
A4 (GB)
20800乙級
a0 - gost_sh1_land
a0 - gost_sh1_port
a0 - gost_sh2_land

重新載入(L)

C:\ProgramData\SolidWorks\SolidWo

瀏覽(B)...

☑顯示圖頁格式(D)

5. 在圖頁 2 新增組合件的兩個視圖。

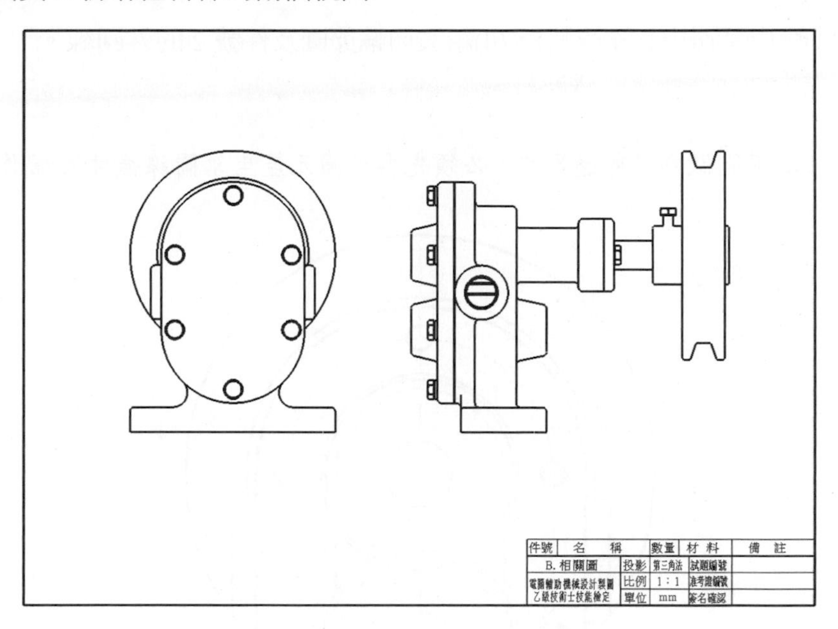

6. 點選前視圖，在**屬性**視窗中選擇參考模型組態爲「uncutgear」，右視圖模型組態爲「連結至父模型組態」。

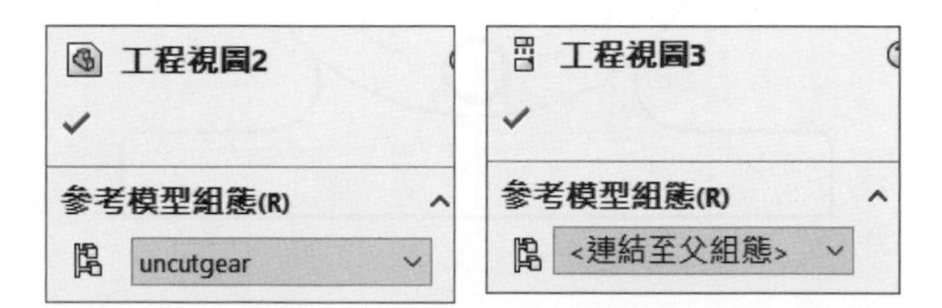

7. 在前視圖加入「**區域深度剖視圖**」，使用不規則曲線繪製如圖的封閉曲線，**剖切範圍**視窗不選擇，按「**確定**」，勾選「**自動加註剖面線**」，剖切深度選擇件號 7 的左邊線，按 ✔。

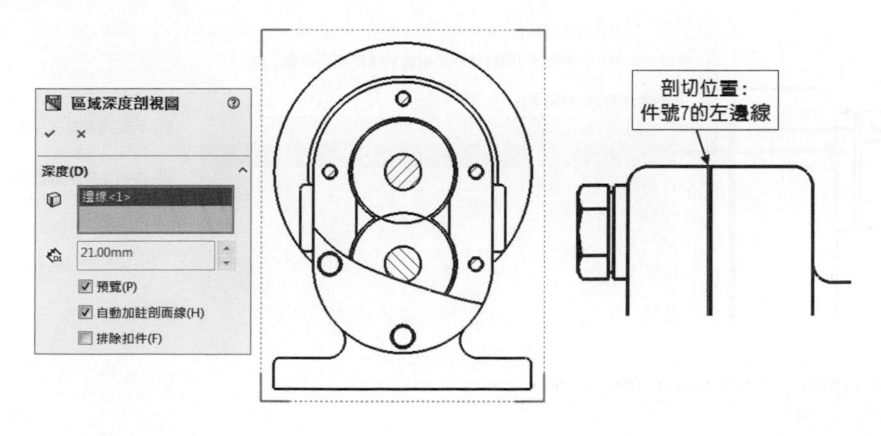

8. (a)變更斷裂線爲細實線 0.18mm，(b)變更螺栓剖面線比例爲 2，(c)加入中心線(必要時用草圖中心線繪製)，(d)繪製齒輪節圓及件號 2 的外圓線。

提示

視圖邊線是不能做為修剪邊界線，必須先參考圖元產生草圖線後才可當作修剪邊界。

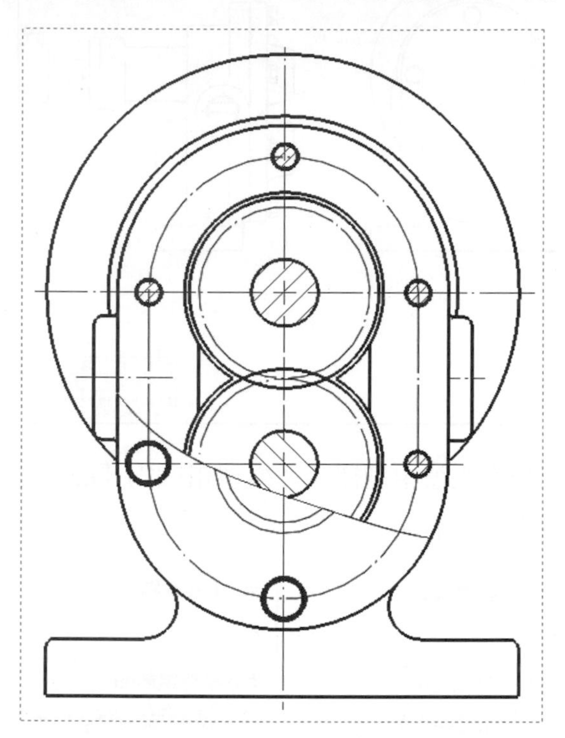

9. 建立右視圖的「**區域深度剖視圖**」，排除零組件選擇最上端的墊圈及螺栓，勾選「**自動加註剖面線**」，按「**確定**」。

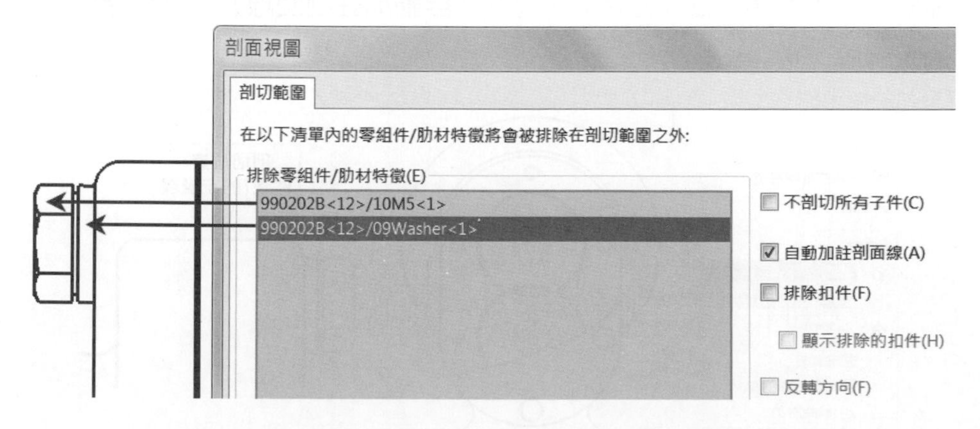

10. 深度選擇左視圖的皮帶輪外圓邊線，按 ✔。

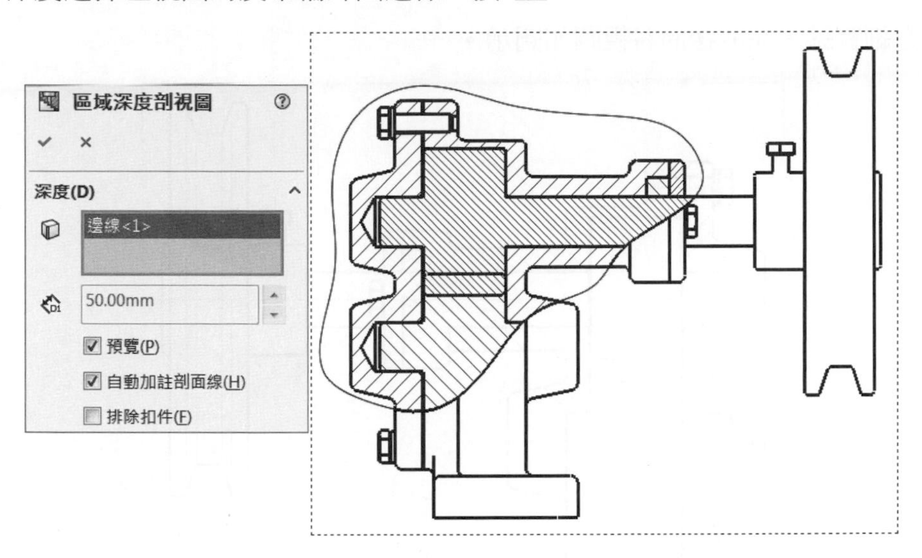

11. (a)取消兩齒輪、件號 7 與 8 的剖面線，(b)點選件號 02 的剖面線，變更「**剖面線類型角度**」爲 90 度。

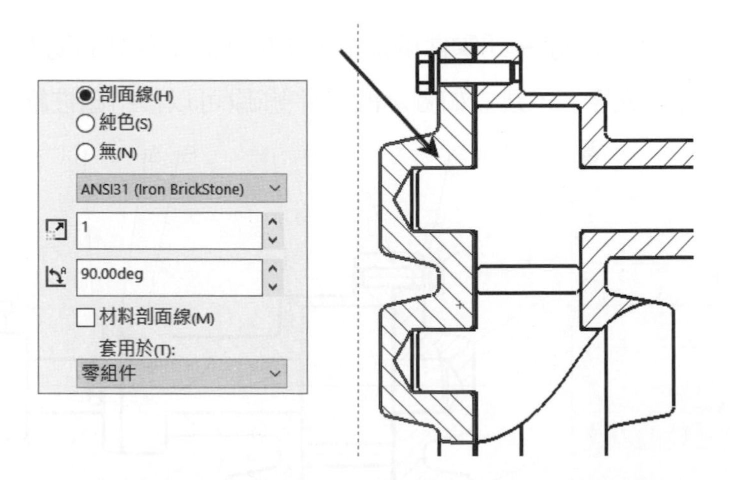

12. 利用參考圖元或繪製細實線，加入被排除剖面的螺栓螺紋線及件號 8 的簡易表示法。

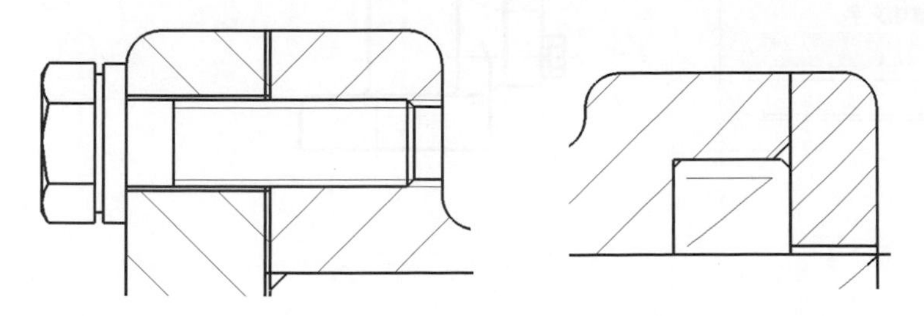

13. (a)變更斷裂線為細實線 0.18mm，(b)加入中心線，(c)加入件 6 皮帶輪及件 12 的補充細實線，完成後的右視圖如圖示。

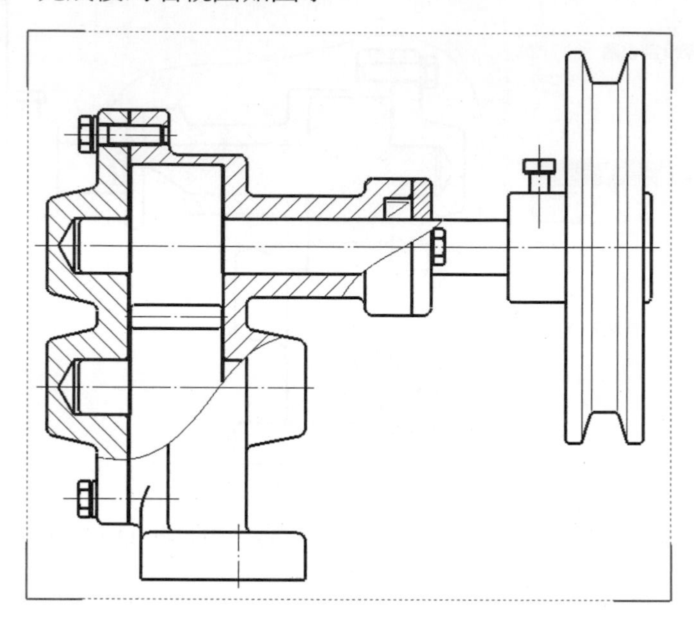

14. 按「**插入**」→「**註記**」→「**零件號球**」，或按註記工具列的**零件號球** ，零件球號文字選擇「**文字**」，建立如圖示的零件號碼(可以移用**磁性線**對正)。

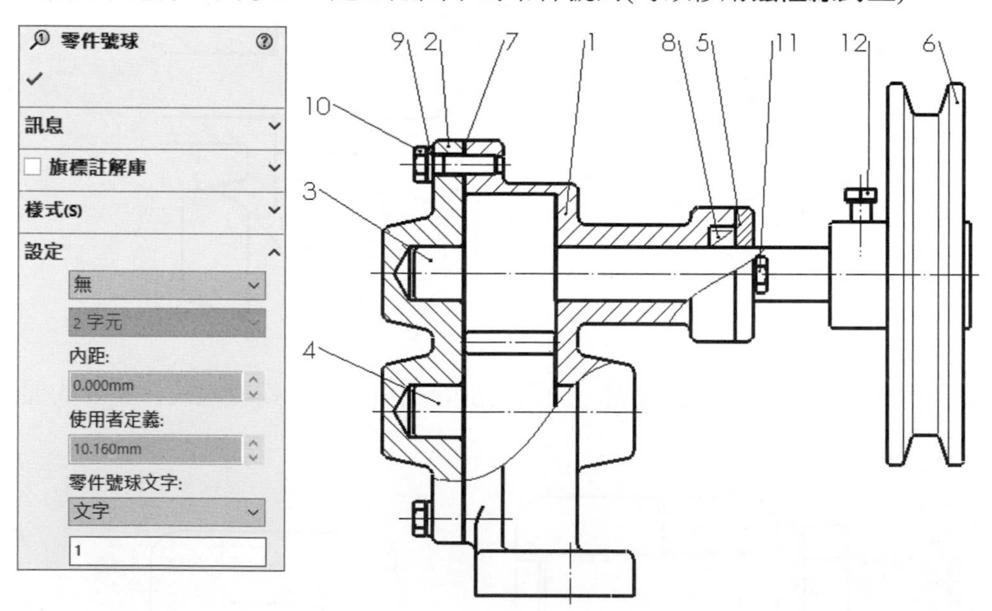

15. 按「**插入**」➡「**表格**」➡「**一般表格**」，或按註記工具列的**一般表格** ，設定 5 欄、12 列，外框線 0.5mm 按 。

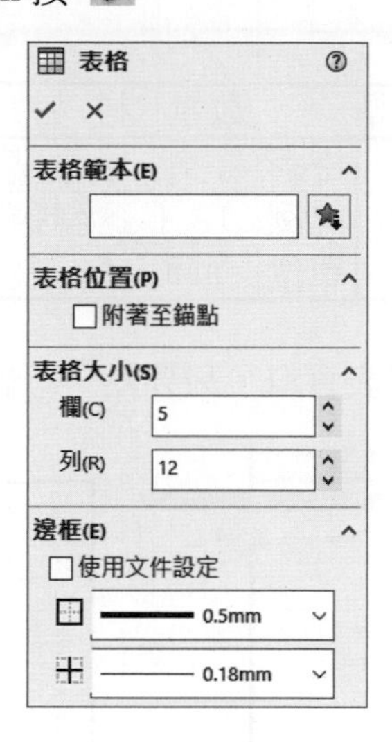

16. 放置表格至適當位置後，調整與標題欄對齊。

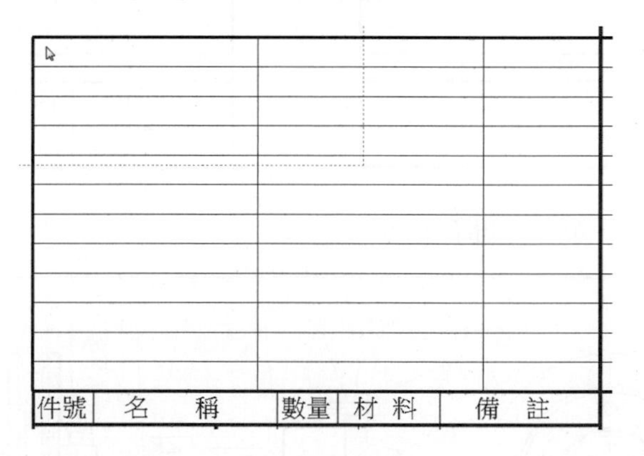

17. 在表格錨點上按滑鼠右鍵，選擇「**格式設定**」➡「**整個表格**」，設定欄寬 28mm，列高為 8mm，按「**確定**」。

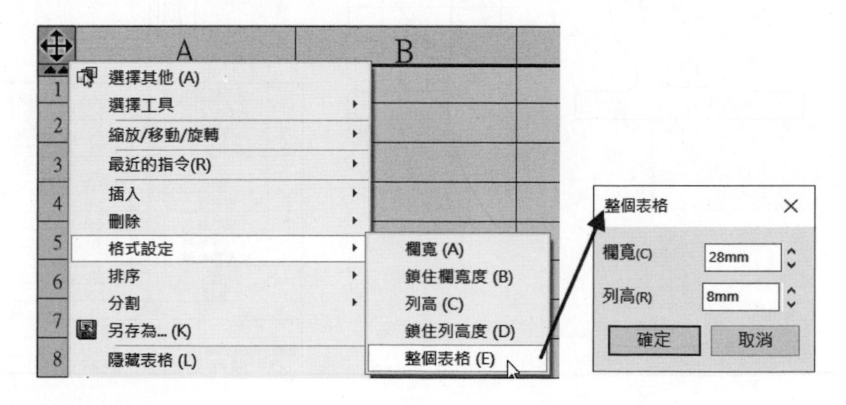

18. 用滑鼠拖曳分欄線與零件表標題欄格線對齊。

件號	名稱	數量	材料	備註

B. 相關圖	投影	第三角法	試題編號	
電腦輔助機械設計製圖 乙級技術士技能檢定	比例	1：1	准考證編號	
	單位	mm	簽名確認	

19. 依圖示在表格中輸入零件表資料，只要點一下儲存格即可輸入文字。

	A	B	C	D	E
3	10				
4	9				
5	8	油封	1		Sx Ø14
6	7	墊片	1	硬塑膠	t=0.3
7	6	皮帶輪	1	FC200	
8	5	填料蓋	1	FC200	
9	4	從動齒輪軸	1	S45C	
10	3	主動齒輪軸	1	S45C	
11	2	蓋	1	FC200	
12	1	本體	1	FC200	
	件號	名稱	數量	材料	備註

0.5mm 0.03mm

12	六角螺釘C	1	S20C	M5x12
11	六角螺釘B	2	S20C	M5x16
10	六角螺釘A	6	S20C	M5x18
9	彈簧墊圈	6	SUP3	Ø5
8	油封	1		Sx Ø14
7	墊片	1	硬塑膠	t=0.3
6	皮帶輪	1	FC200	
5	填料蓋	1	FC200	
4	從動齒輪軸	1	S45C	
3	主動齒輪軸	1	S45C	
2	蓋	1	FC200	
1	本體	1	FC200	
件號	名稱	數量	材料	備註

B. 相關圖	投影	第三角法	試題編號	
電腦輔助機械設計製圖 乙級技術士技能檢定	比例	1：1	准考證編號	
	單位	mm	簽名確認	

20. 完成後的工程圖如下，儲存檔案。

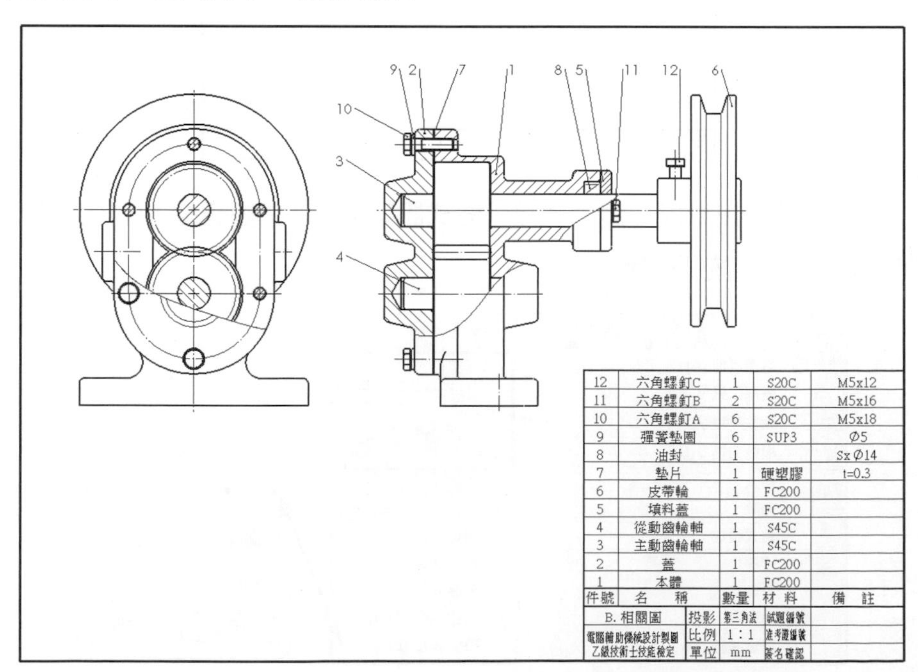

21. 按「**檔案**」→「**另存新檔**」，點選「**另存副本並繼續**」，在存檔類型中選擇「**分離的工程圖**」，輸入名稱後按「**存檔**」，原始的工程圖保持開啓，分離的工程圖則已另存新檔。

檔案名稱(N): 990202B_分離
存檔類型(T): 分離的工程圖 (*.slddrw)
描述: Add a description
另存新檔
另存副本並繼續
另存副本並開啟
包括所有參考的零組件
加入前置
加入後置
進階
隱藏資料夾
存檔(S)
取消

10-16-1 參考檔案

在組合件或工程圖文件中，組合件之零組件的零件與次組合件文件都爲組合件或工程圖的參考檔案，若是參考檔案遺失，則開啓組合件或工程圖時，將產生錯誤訊息。

下列有數種方式可以列出及編輯零件、組合件和工程圖文件所參考的檔案。

狀況	對話方塊	功能
開啓文件時	編輯參考檔案位置	1. 列出已開啓文件所參考的檔案。 2. 編輯參考檔案的位置和名稱，以便參考其他檔案。
文件開啓時	尋找參考	1. 列出使用中文件所參考的檔案。 2. 列印清單，或將其複製到剪貼簿中。 3. 將列出項次的副本儲存到資料夾或 zip 檔案中。
儲存文件時	與參考另存新檔	1. 列出使用中文件所參考的檔案。 2. 編輯參考檔案的位置和名稱，然後將其儲存到新的位置或儲存爲新的名稱。

22. 按「**檔案**」→「**尋找參考**」，下圖是標準工程圖的參考狀態，所有參考檔案都已載入記憶體中，關閉工程圖檔案。

23. 移動“990202B_分離”工程圖至其他資料夾後開啓，按「**檔案**」➞「**尋找參考**」，下圖是分離的工程圖的參考狀態，組合件並未載入至記憶體，代表它在參考檔案未開啓下也能正常檢視。

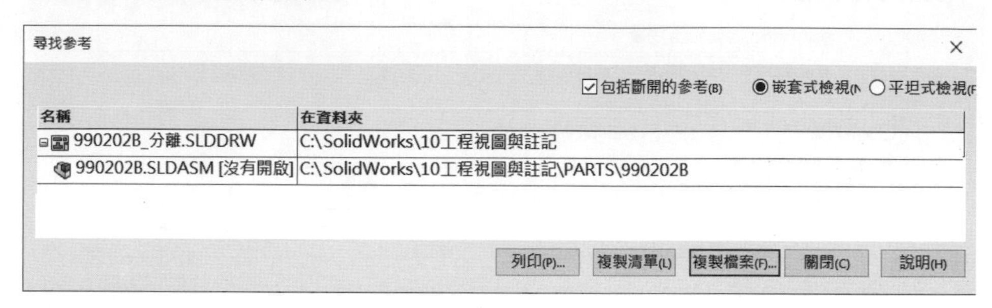

24. 關閉所有檔案。

10-16-2 檔案管理

對於組合件或工程圖參考的零件或次組合件，每一個參考檔案都有一個內部 ID 以供辨識，而且零件或次組合件名稱也不能任意變更，下列提供兩個變更名稱的方式而不影響其參考關係。

1. 從組合件中變更名稱：從**選項**中的 FeatureManager(**特徵管理員**)中勾選**允許零組件檔案從 FeatureManager(特徵管理員)樹狀結構重新命名**，這樣您可以直接從 FeatureManager(特徵管理員)變更零組件的檔案名稱而不影響其參考關係。

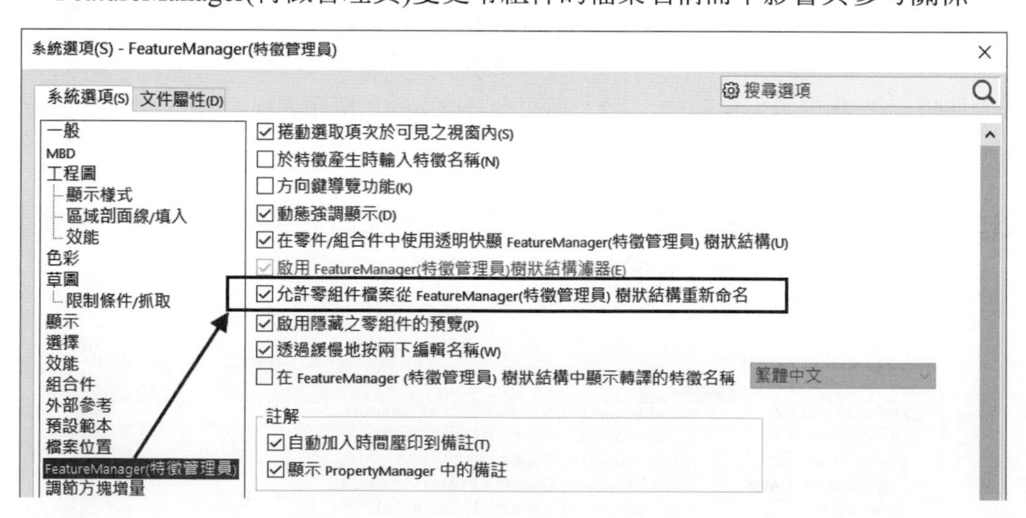

2. 從 Windows 檔案總管中變更名稱：在檔案總管中選擇欲變更的零件或次組合件檔案，按滑鼠右鍵，選擇 SOLIDWORKS ➡ **重新命名**。

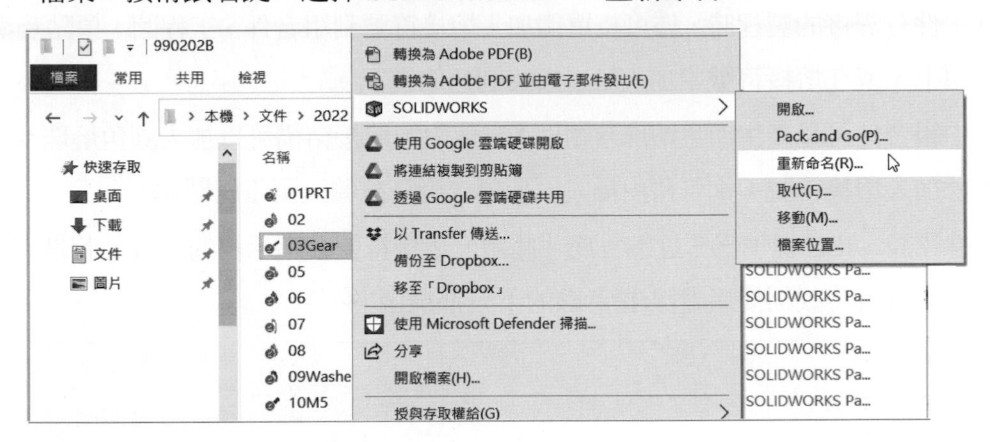

在**重新命名文件**對話方塊中輸入新的名稱，按**確定**後，其參考組合件將保持參考關係。

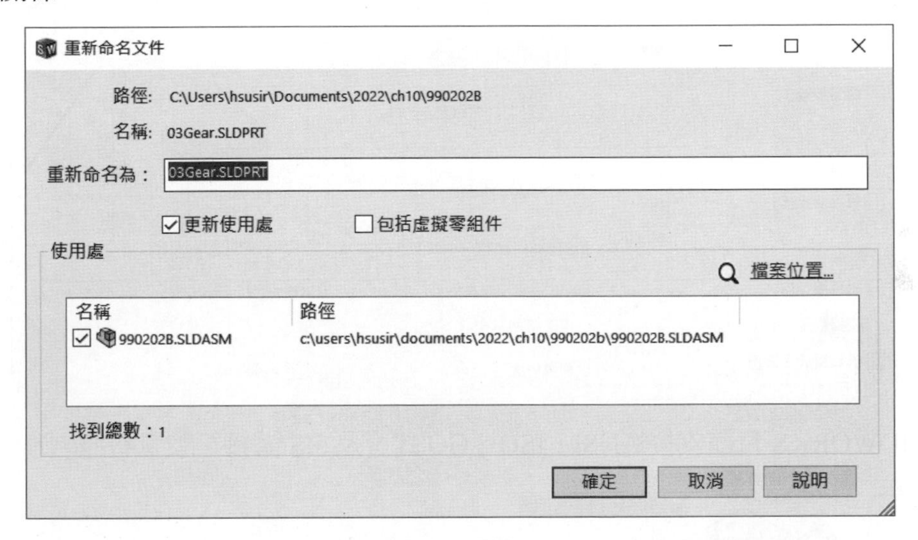

10-17 熔接符號

當工件有銲接的製程時，您可以單獨加入熔接符號到組合件、工程圖、頂點及零件的邊線或面上，或在熔接符號中加入第二熔接圓角的資訊。

其中組合件可以產生產生熔珠零組件；零件中的熔接結構可以加入圓角熔珠至，如果模型中已加入熔接符號，則可藉由插入模型項次將符號輸入至工程圖中。

根據預設，ISO 標準為「近端」或「此邊」熔接符號在指示線的上方，若是「遠端」或「對邊」熔接符號則使用虛線(指示線的下方)的熔接。

屬性

ISO 熔接符號

開槽角度 內側
根部間隔
第二圓角(2)
輪廓(U): 無
現場熔接(F) 熔接符號(W)...
全周熔接(P)
現場熔接(D) 熔接符號(L)...
輪廓(R): 無
參考(C)
對稱熔接(S) 第二圓角(N)
交錯斷續(G) 根部間隔
辨識線於上方(I) 開槽角度 內側

SOLIDWORKS 目前支援 ANSI、ISO、GOST、及 JIS 熔接符號資料庫。

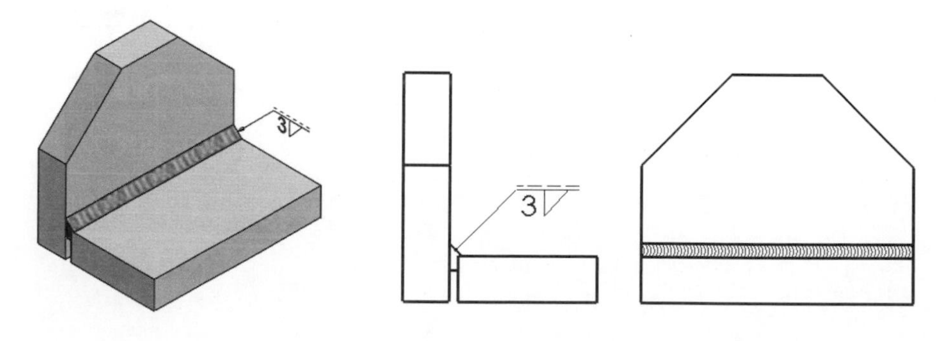

1. 開啓 990203 資料夾內的工程圖檔 990203.slddrw，圖頁 1 已有內建好的 2 個工程視圖。放大工程視圖 1 的右側，此處銲接爲「斜 Y 形槽銲接加塡角銲接，銲接深度 3mm、槽角 45°、腳長 4mm、表面呈凸面」。

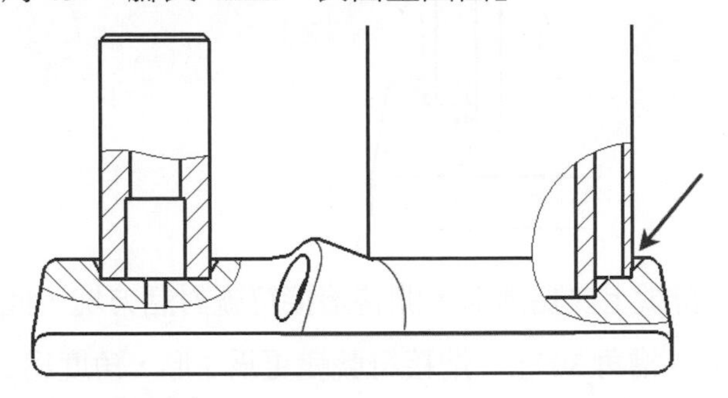

2. 按註記工具列的「**熔接符號**」，預設近端熔接符號標示在指示線的上方，勾選**全周熔接**與**辨識線於上方**，變更近端標示在下方。選擇熔接符號爲 K **形附根部**，輸入深度 3 與角度 45°，輪廓選擇**凸面**，勾選**第二圓角**，並輸入 z4。

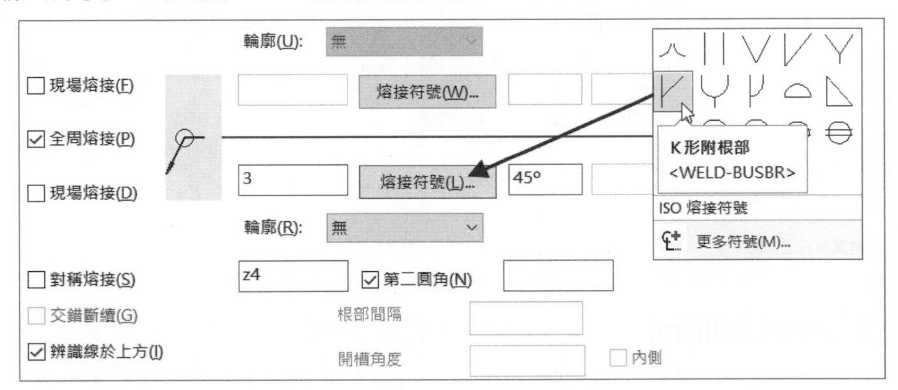

提示

角度符號於 WIN7 新注音下按“U00B0”，再按空白鍵。若是 WIN10 的注音下按 ALT + 186。

3. 標註指示導線於兩個圖示的位置，按**確定**離開熔接符號對話方塊。

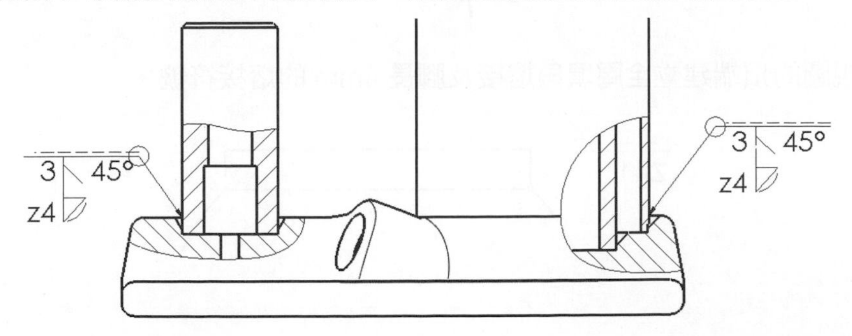

4. 按 Ctrl 鍵，拖曳右方導線箭頭至圖示位置以複製導線。

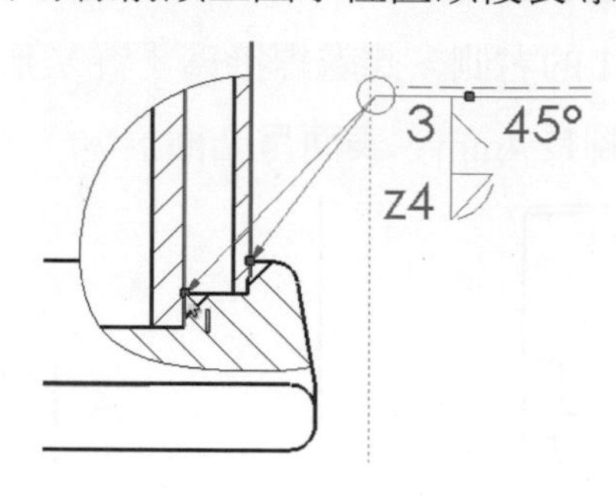

5. 在左側的熔接符號上快點兩下，開啓熔接符號對話方塊，此處爲「J 形槽、槽底圓弧半徑 2mm、槽角 30°」。熔接符號變更爲 J 形，角度爲 30°，並在導線尾端輸入 R2，按**確定**離開對話方塊。

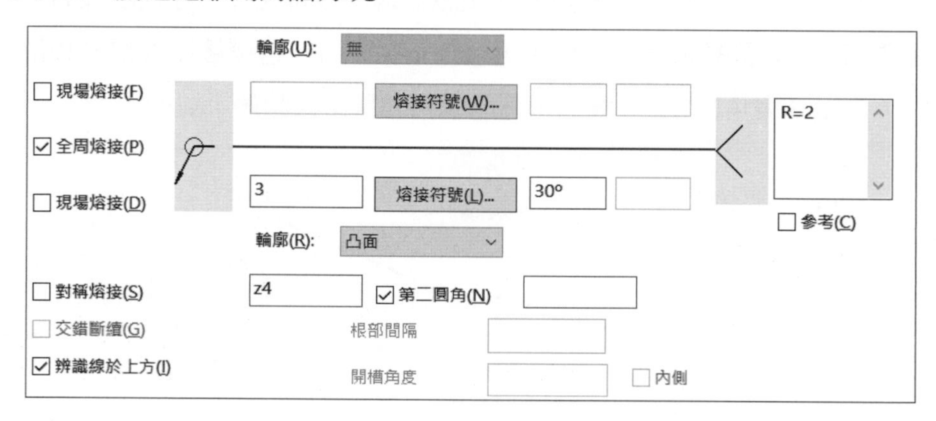

6. 熔接符號結果如圖示。

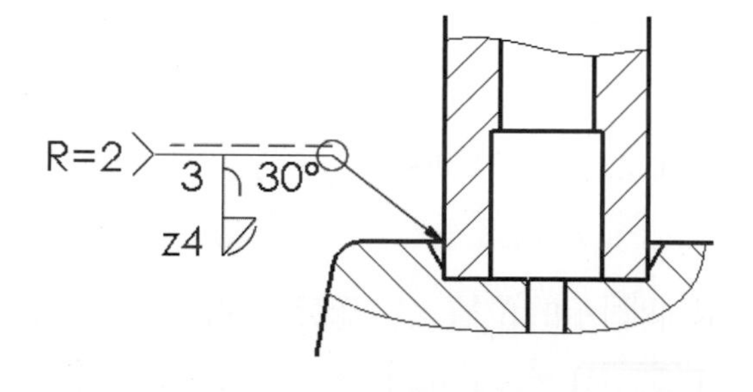

7. 在視圖的頂端建立**全周填角熔接**及**腳長** 4mm 的熔接符號。

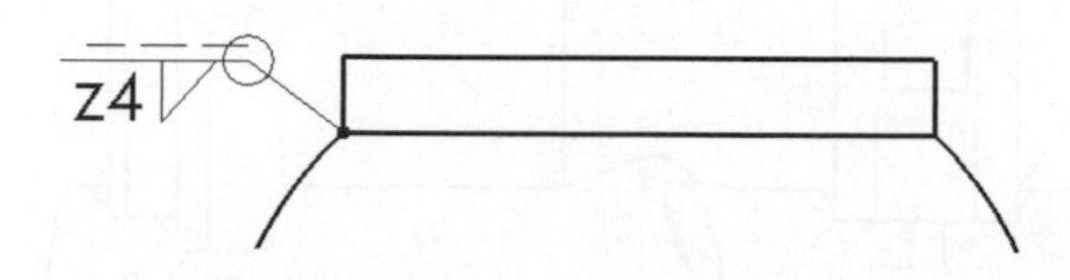

8. 按註記工具列的「**尾端處理**」，熔角長度 4mm，勾選**同等腳長度**，選擇圖示的兩條邊線，並在水平線的上方點選放置尾端符號，按 **關閉**尾端處理，刪除水平尺寸，只保留垂直尺寸。

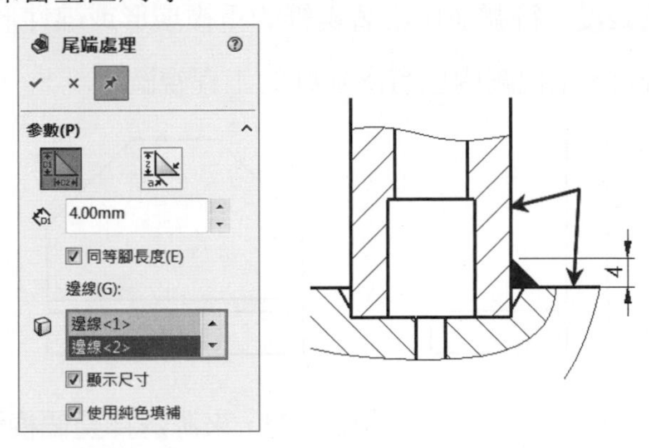

9. 再建立**尾端處理**，垂直腳長 3mm，水平腳長 4mm，建立水平線下方的尾端符號。

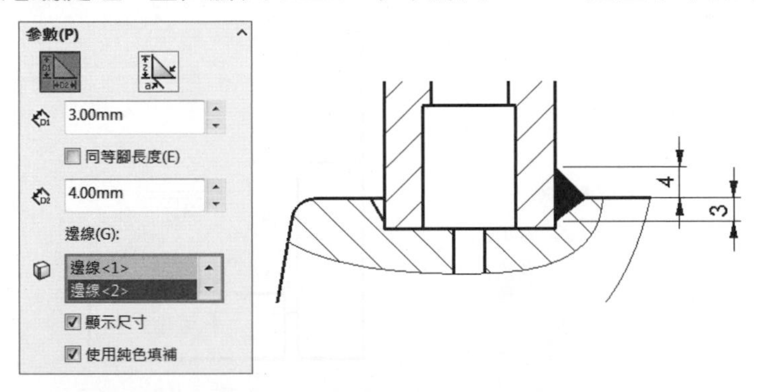

10. 加入左側相同的尾端處理符號，完成後的工程視圖熔接符號如圖示。

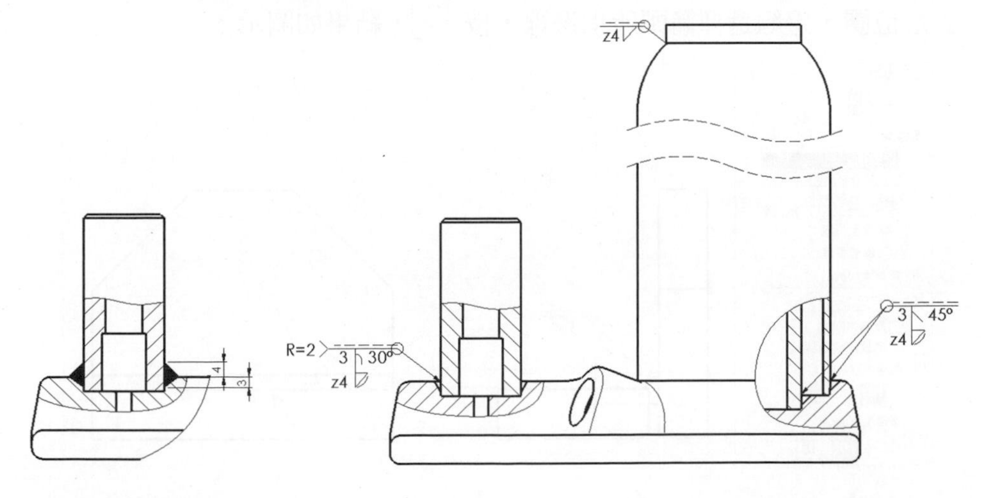

11. 儲存並關閉檔案。

10-17-1 履帶

在前面例子所加入的**尾端處理**代表熔珠在端視圖的表示狀態，而**履帶**符號在工程圖中則是代表熔珠的位置及長度，符號並由沿著邊線的重複環形或線性形狀所組成。

1. 開啓工程圖 weld，工程圖內已有內建好的工程視圖。

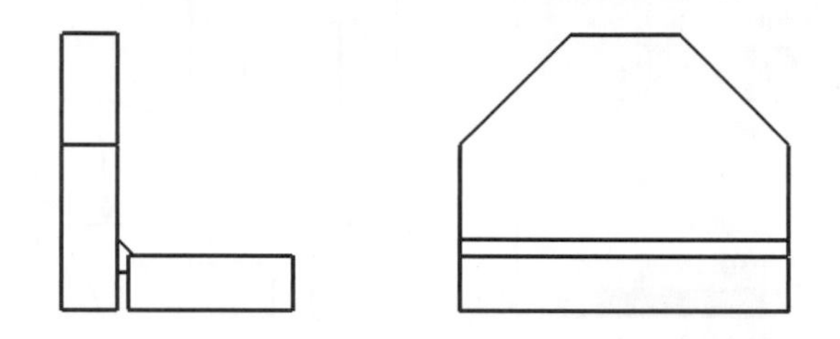

2. 按**模型項次**，點選註記列表中的**熔接符號**，來源選擇**整個模型**，按 ✓ **確定**加入熔接符號至前視圖中。另外標註熔接深度尺寸。

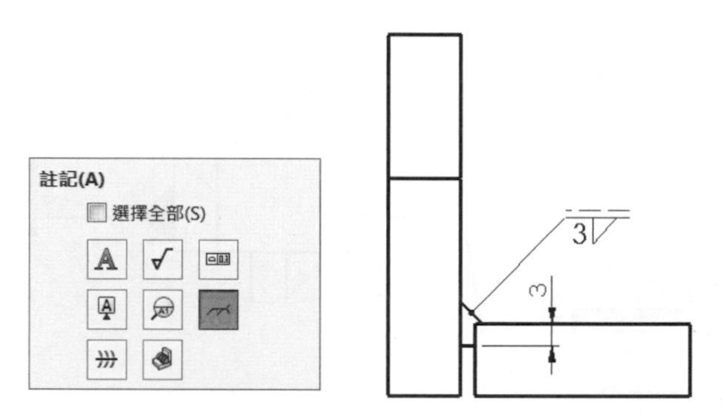

3. 按註記工具列中的「**履帶**」，熔珠大小 3mm，履帶形狀：**圓形**，履帶位置：**上方位置**，邊線選擇箭頭所指邊線，按 ✓，結果如圖示。

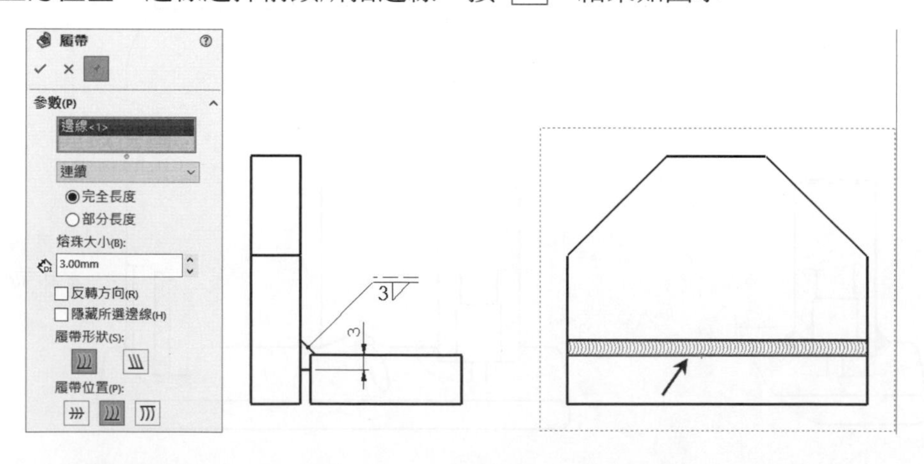

4. 儲存並關閉檔案。

10-18 列印工程圖

在設計完模型與工程圖後，您需要列印或繪出整個工程圖頁，或是圖頁中所選的區域。在列印選項中，您可以指定黑白列印或彩色列印，彩色列印需使用到彩色印表機，黑白印表機通常以灰階或遮色來列印彩色圖元。不同的工程圖頁可以指定不同的設定。

1. 開啓工程圖 SwingArm2.slddrw，圖頁內已有內建好的工程視圖與一個塗彩的等角圖。

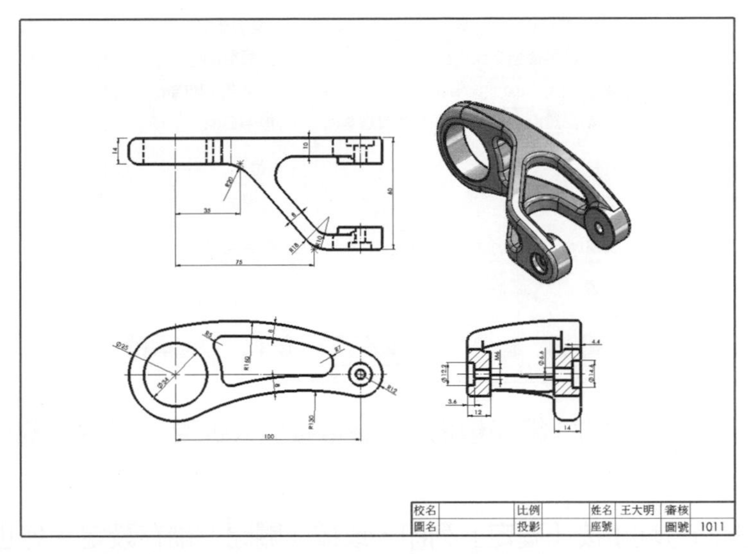

2. 按「**檔案**」➡「**列印**」，或按標準工具列的「**列印**」🖶，在文件印表機名稱之下，選擇一台印表機。

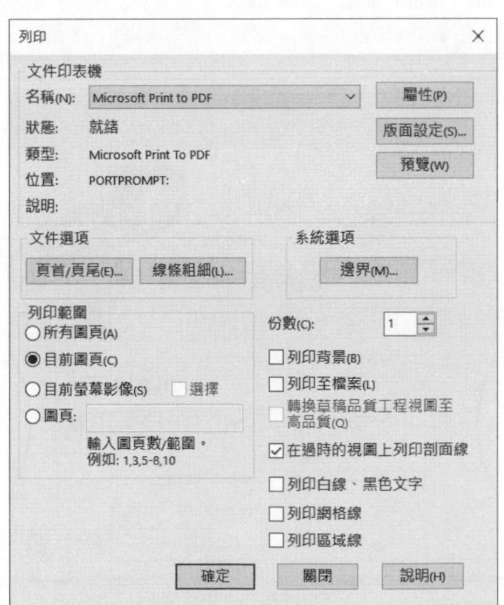

3. 按「**版面設定**」，比例「**100%**」，勾選「**高品質**」，紙張大小選擇「**A3**」，工程圖色彩點選「**黑色**」，方位「**橫向**」。您電腦內預設的印表機會決定可列印紙張的大小，您也可以選擇「**彩色/灰階**」，若是黑白印表機會以灰階印出。按「**確定**」。

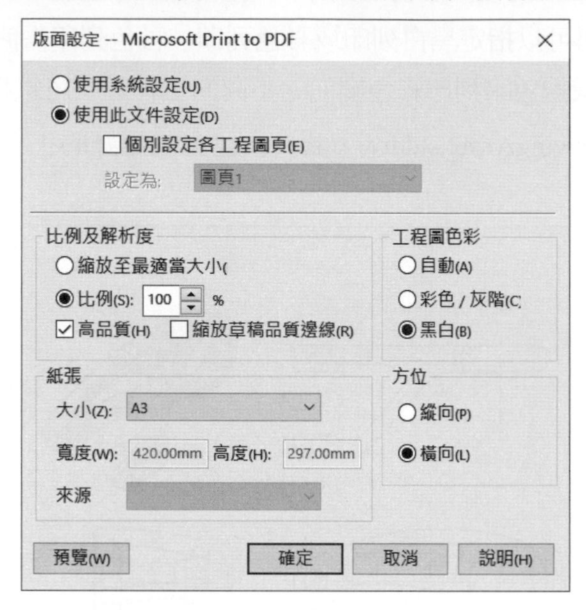

4. 若是按系統選項中的「**線條粗細**」，會直接進入**選項** ➡「**文件屬性**」➡「**線條粗細**」。

5. 在列印對話方塊中按「**確定**」列印，或按「**關閉**」儲存設定。您也可以按標準工具列的「**預覽列印**」，檢視完全後，再列印。

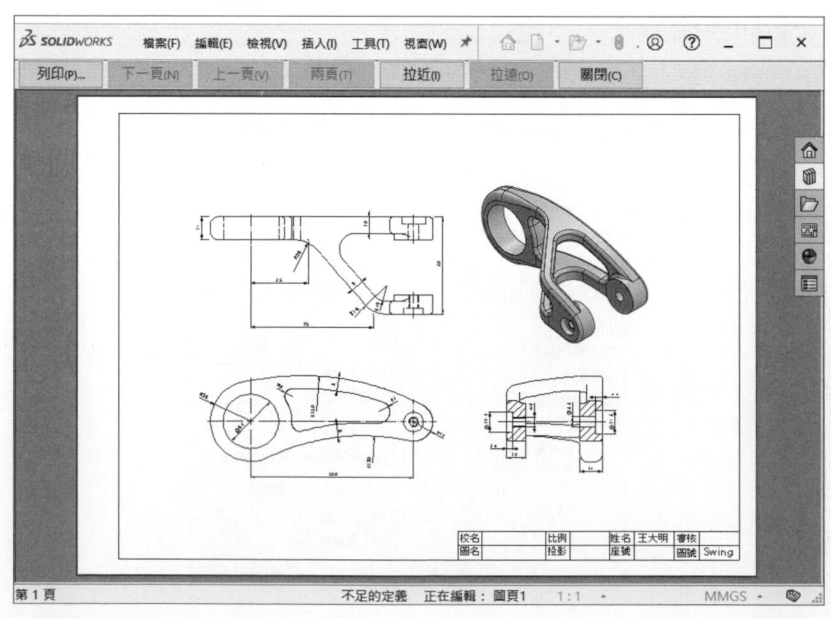

10-19 綜合練習

練習 10g-1　Swing Arm

使用零件 10g-1，完成如圖示的工程圖。

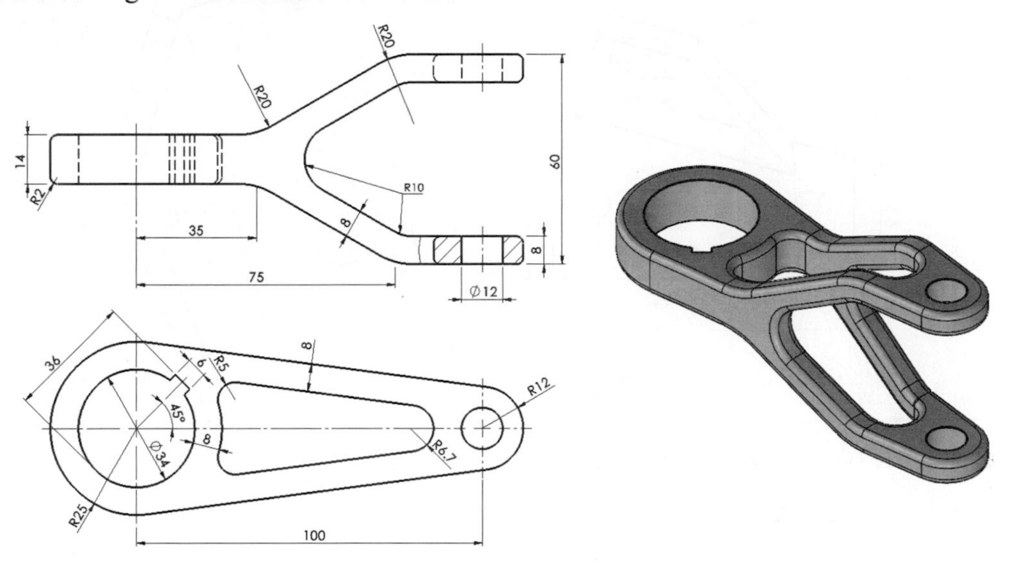

練習 10g-2　檢定題

使用零件 10g-2，完成如圖示的工程圖。

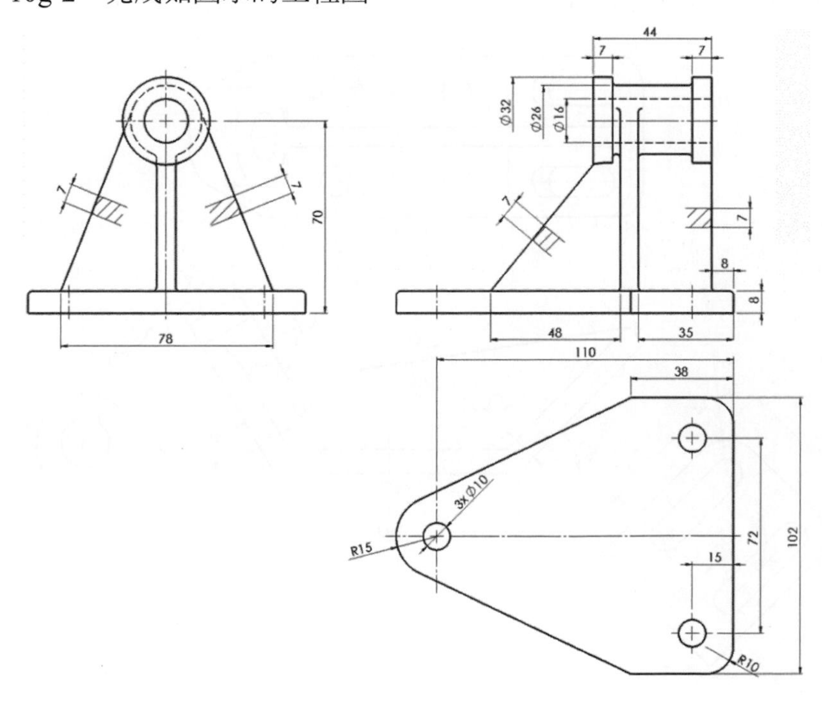

練習 10g-3 複斜面

使用零件 10g-3，完成如圖示的工程圖。

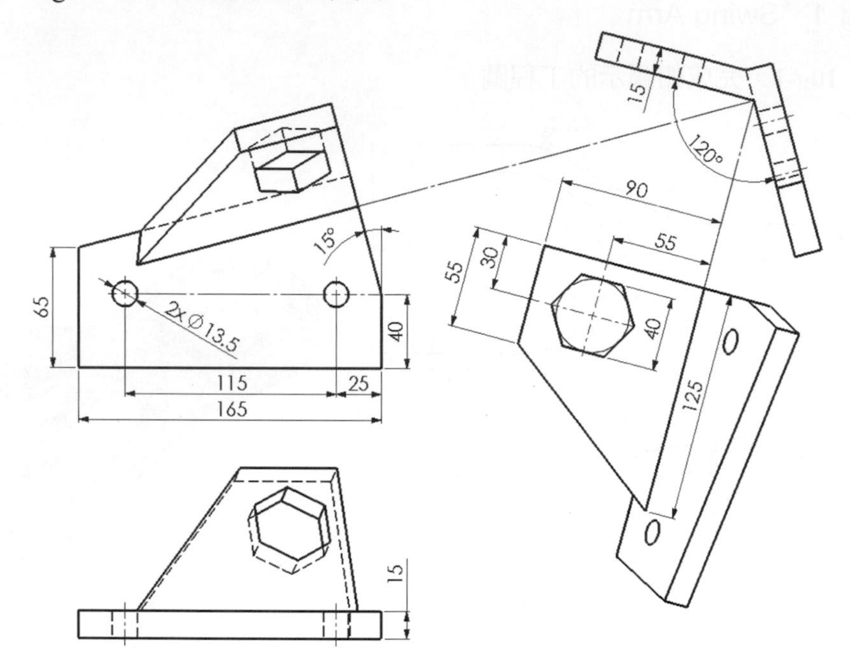

練習 10g-4 位置調整架

使用零件 10g-4，完成如圖示的工程圖。

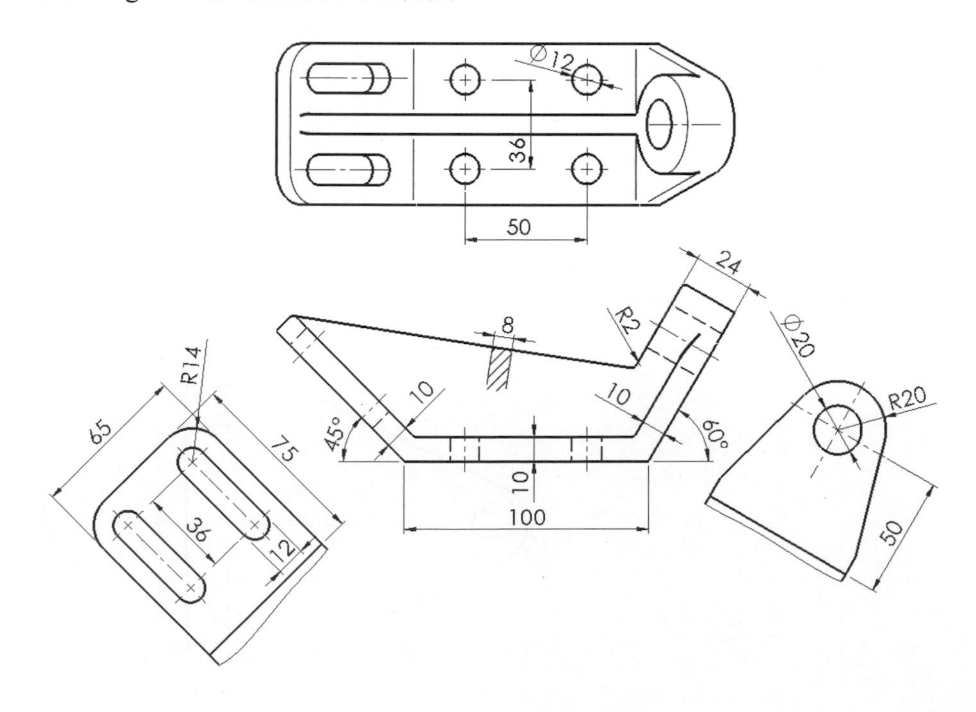

練習 10g-5　閥座

使用零件 10g-5，完成如圖示的工程圖。

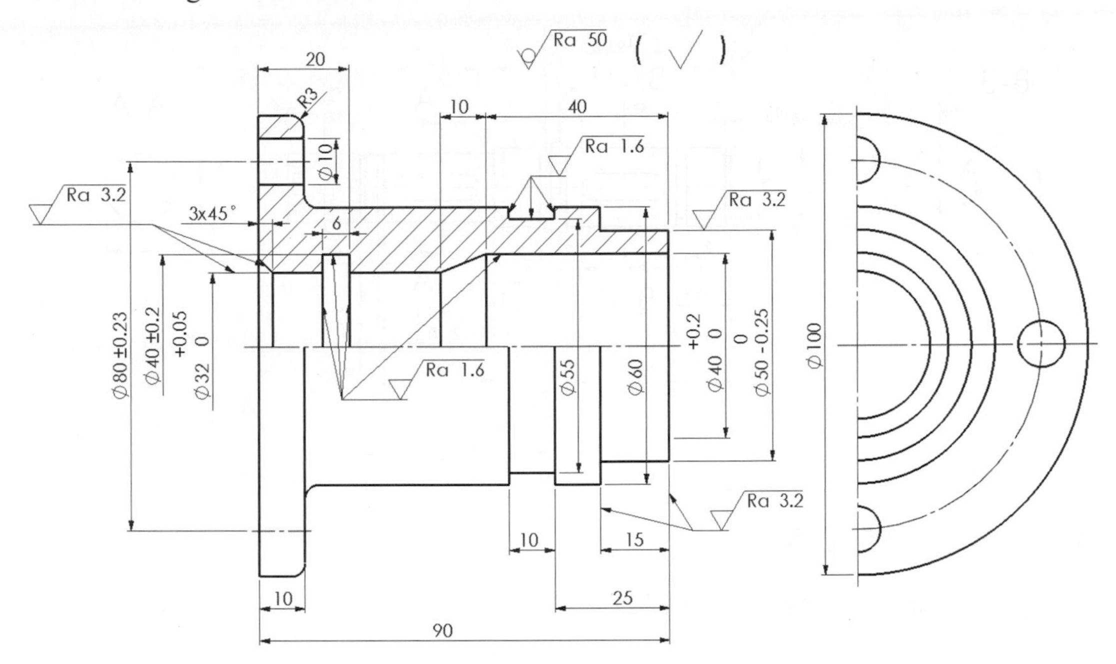

練習 10g-6　Ring

使用零件 10g-6，完成如圖示的工程圖。

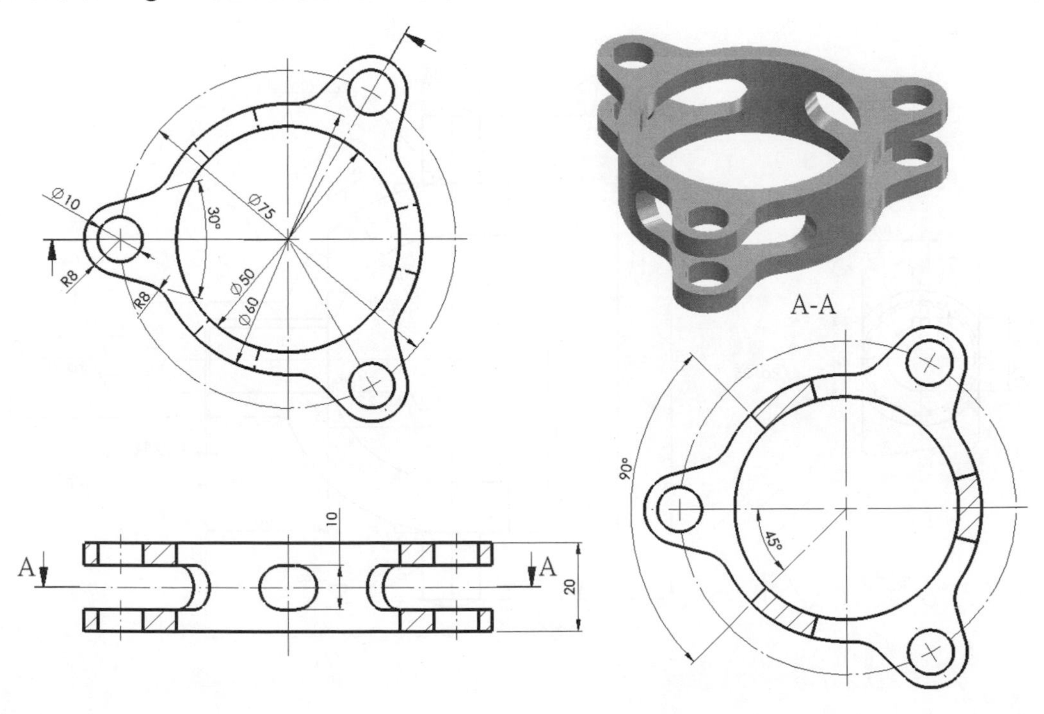

練習 10g-7 檢定題

使用零件 10g-7，完成如圖示的工程圖。

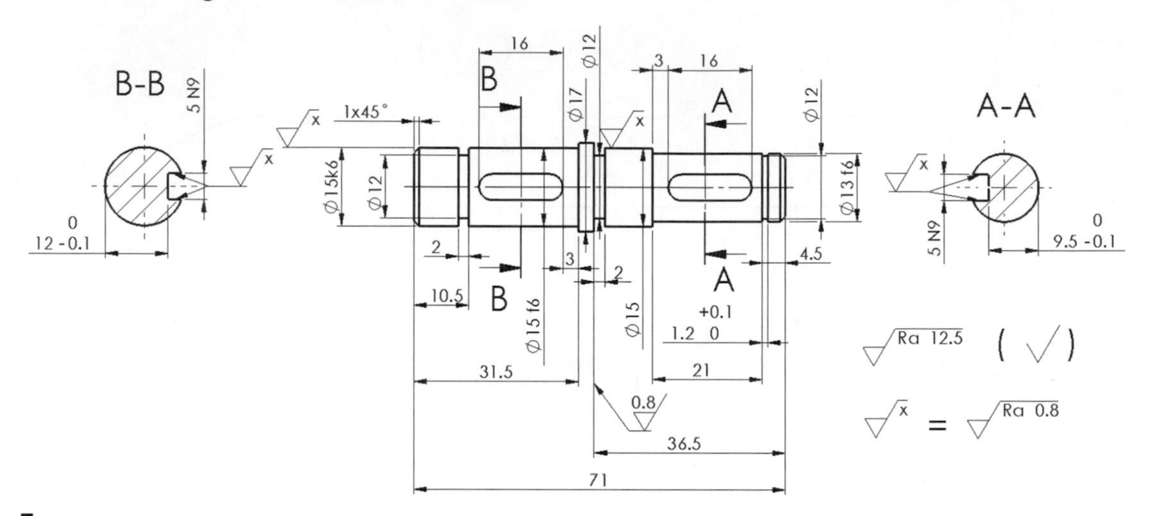

練習 10g-8 旋轉接頭

使用零件 10g-8，完成如圖示的工程圖。

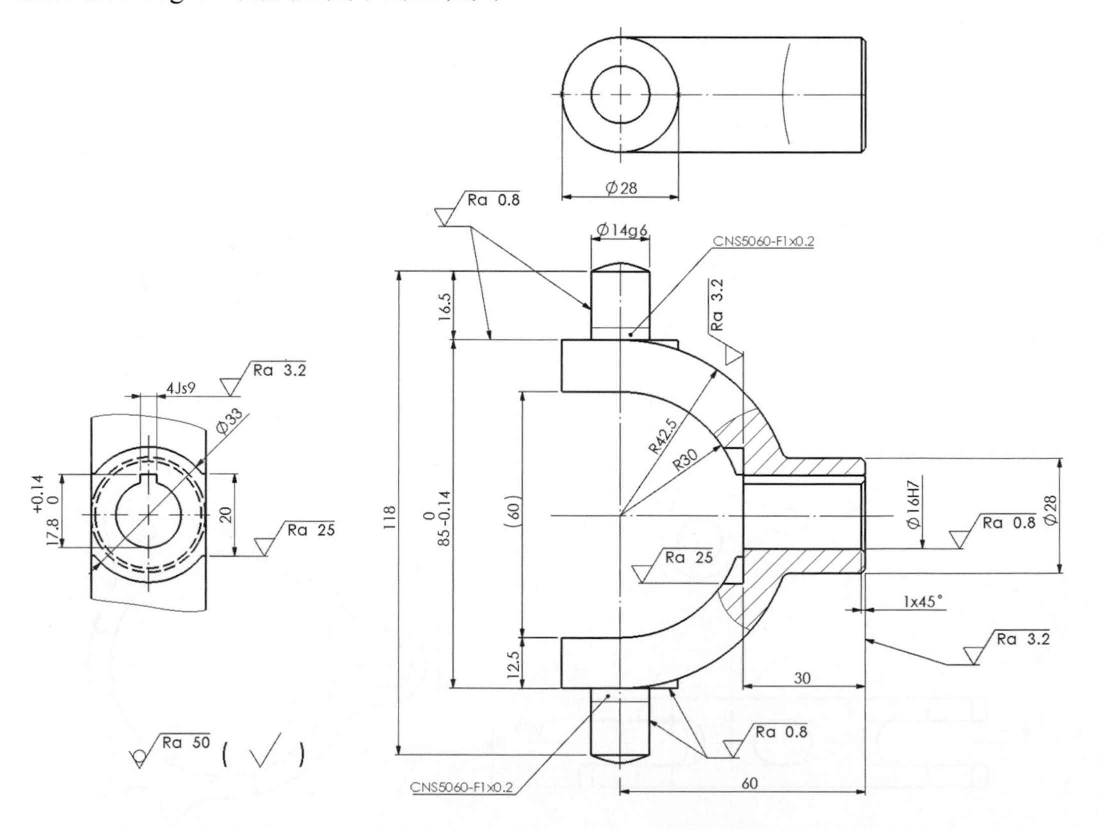

練習 10g-9　角銑頭軸蓋

使用零件 10g-9，完成如圖示的工程圖。

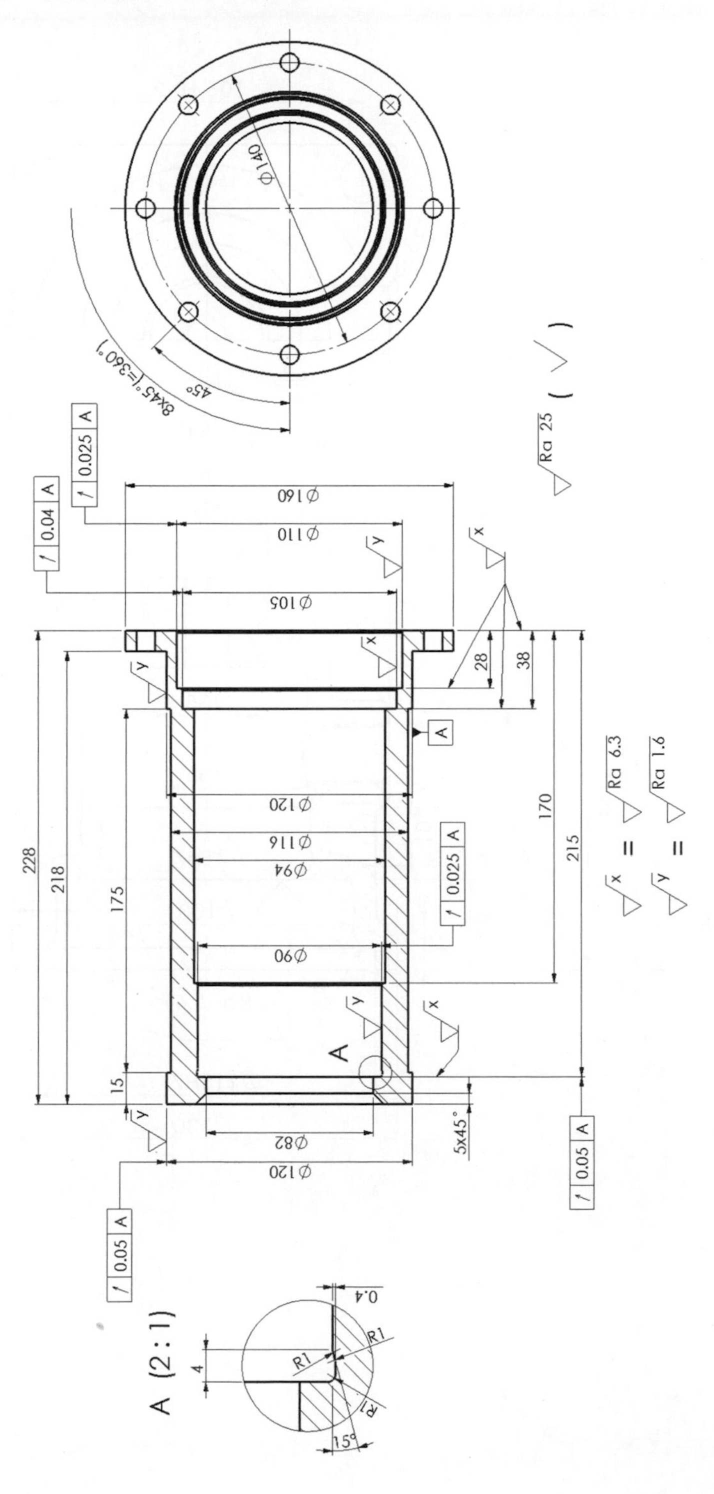

練習 10g-10　軸支座

使用零件 10g-10，以 A3(1：2)完成如下的工程圖，必要時加註尺寸、參考圖元或繪製圓弧線。

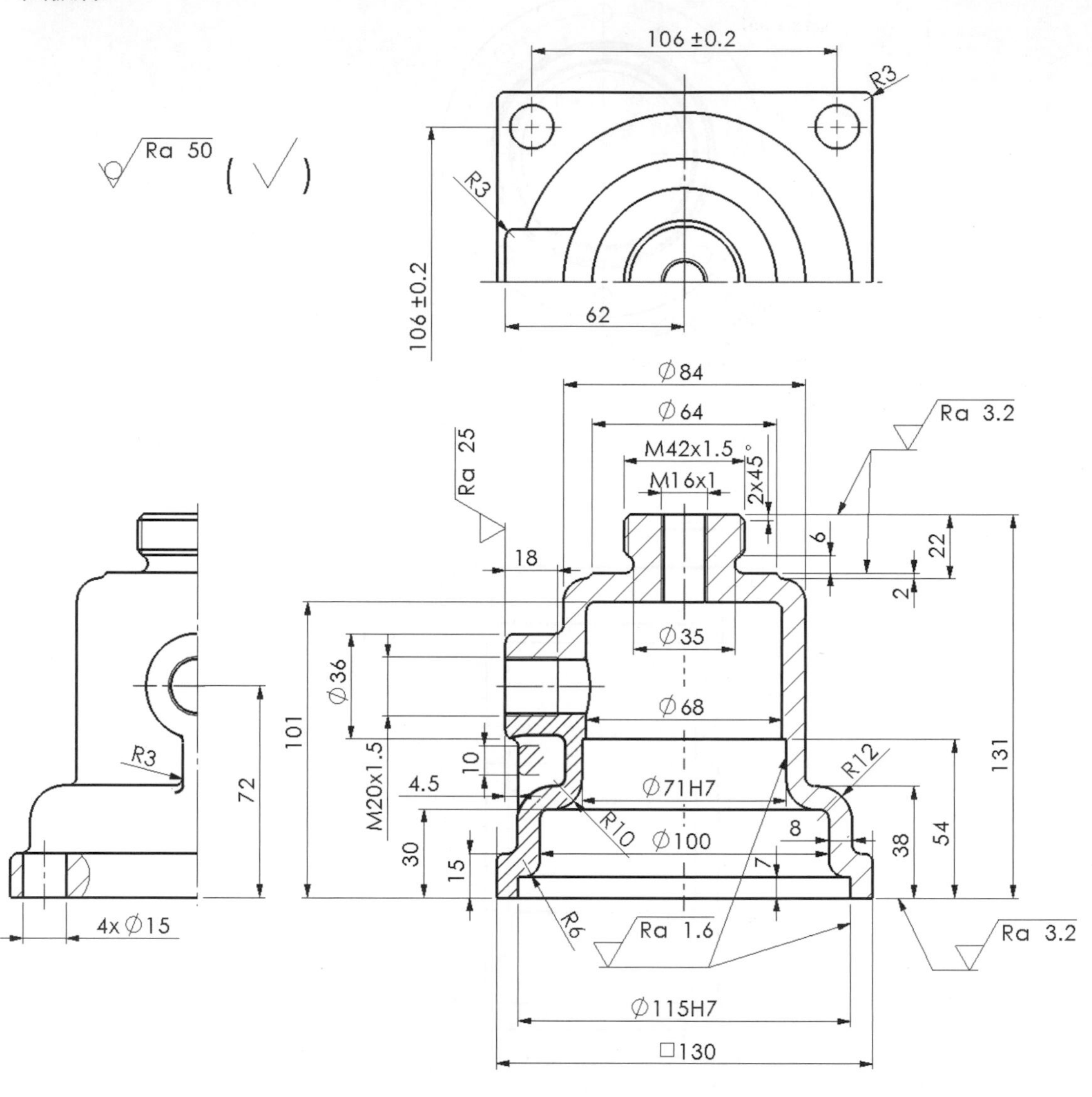

練習 10g-11　檢定題

使用零件 10g-11，完成如下的工程圖，必要時加註尺寸、參考圖元或繪製圓弧線。

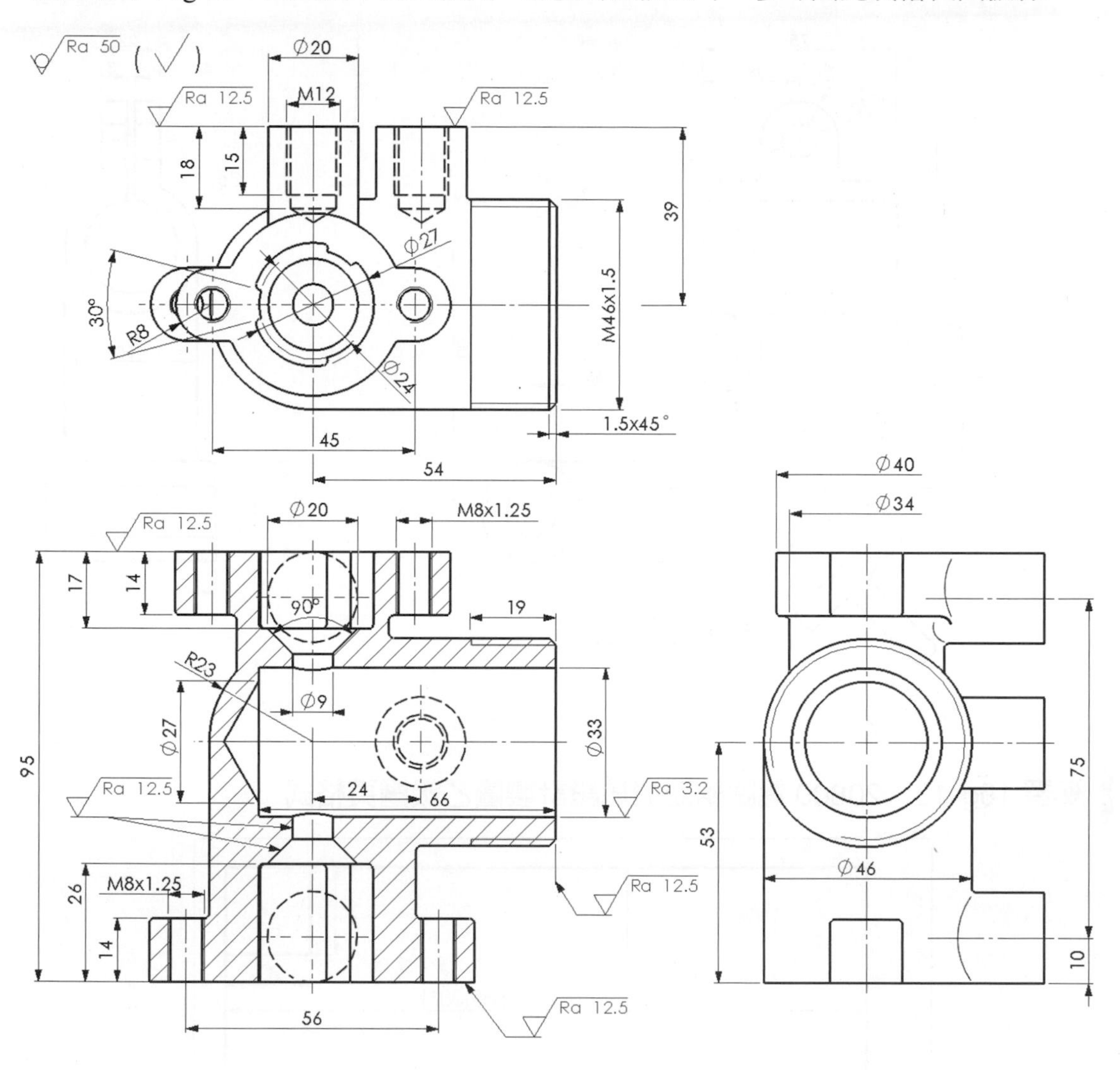

練習題 10g-12　hanger bracket

開啓工程圖檔 10g-12，完成下面的工程視圖。

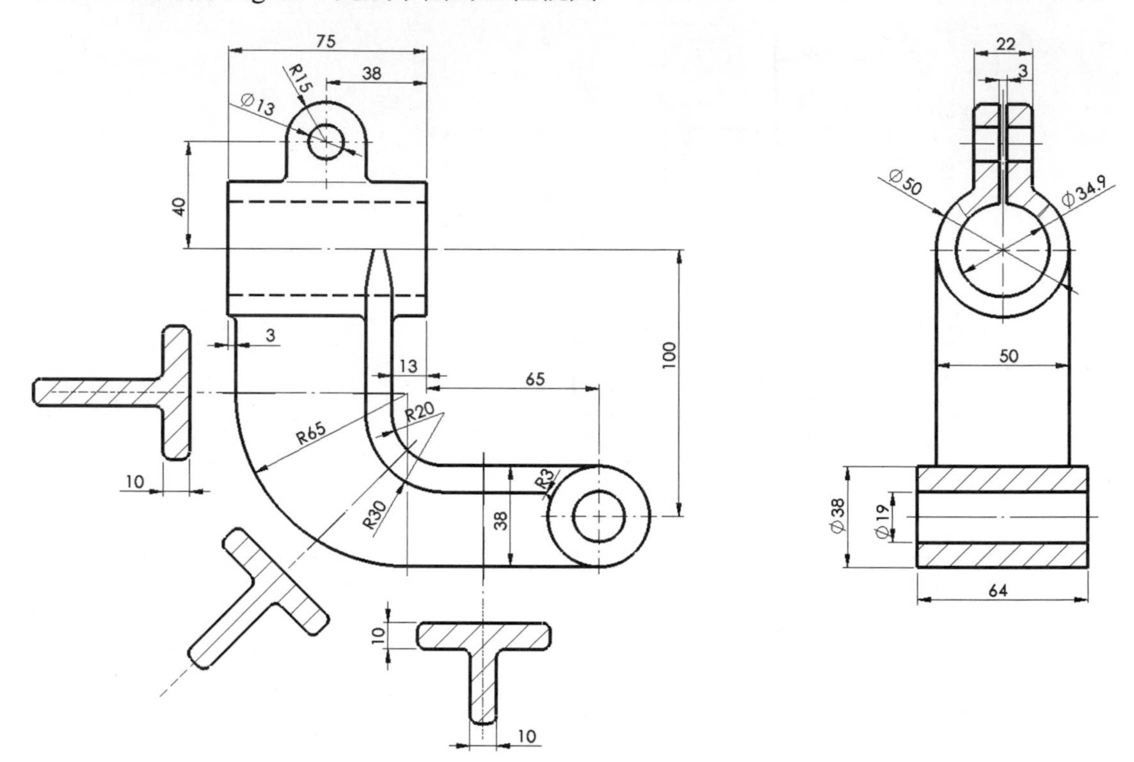

練習 10g-13　20800 電腦輔助機械設計製圖乙級圖頁格式

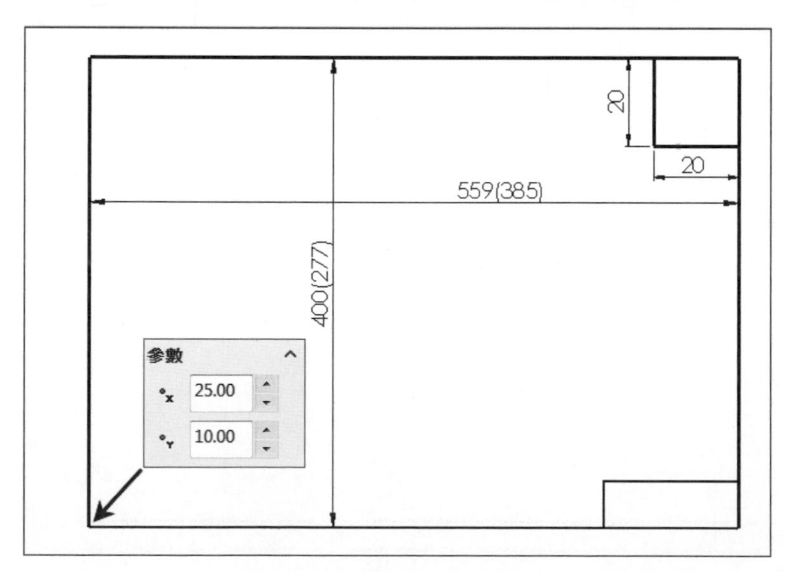

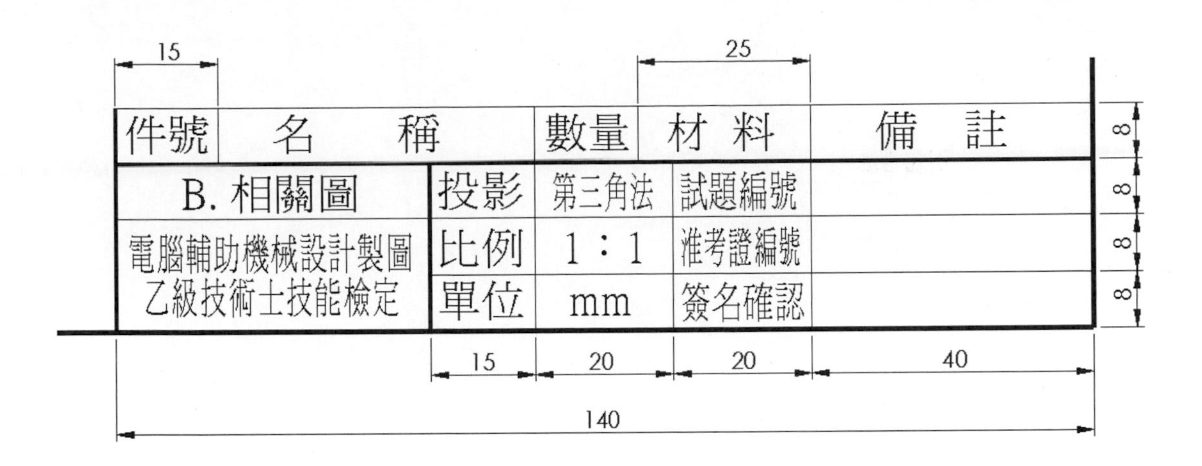
15
25
件號
名 稱
數量
材 料
備 註
B. 相關圖
投影
第三角法
試題編號
電腦輔助機械設計製圖
乙級技術士技能檢定
比例
1：1
准考證編號
單位
mm
簽名確認
8
8
8
8
15
20
20
40
140

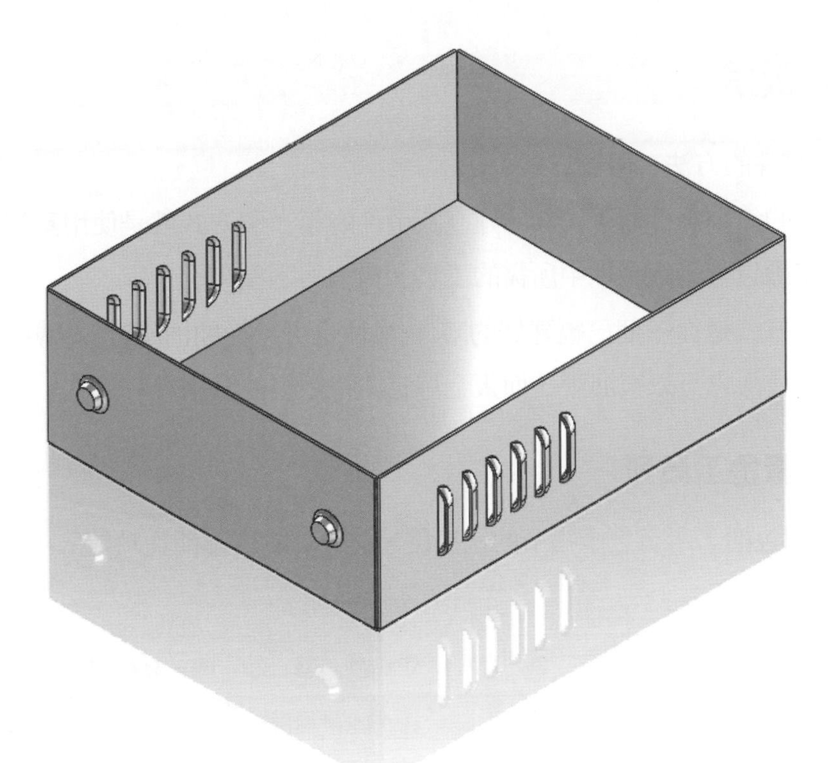

Chapter

11 鈑金

11-1 鈑金

建立鈑金零件的方法有兩個方式：

- 對一般的鈑金零件而言，開始建立鈑金件的第一個方式就是使用**基材凸緣**特徵，這個特徵包含了鈑金件中所需的工具、指令與選項。
- 第二個方式是從一個已經建好的零件(零件也可以從曲面建立)，轉換成一個鈑金零件，這樣它可以被展平，而鈑金特定的特徵也能套用。

11-1-1 鈑金工具列

鈑金工具列包括了所有鈑金指令的快捷鍵，這些功能也都能從功能表中按「**插入**」→「**鈑金**」開啓。

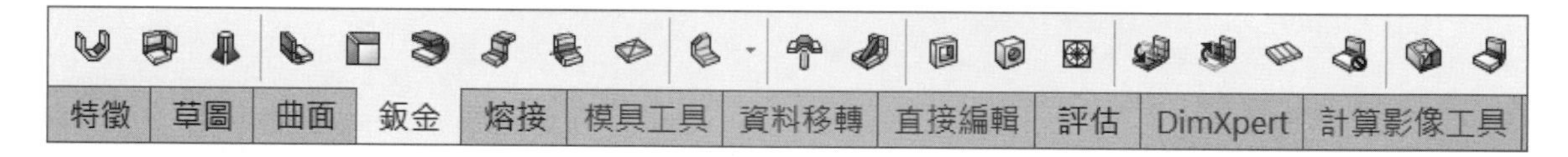

11-2 基材凸緣

基材凸緣是新鈑金零件的第一個特徵，當您加入基材凸緣特徵到 SOLIDWORKS 零件後，系統就會將該零件標示爲鈑金零件。草圖中有轉折的地方會加入彎折半徑變成彎折特徵後，再被加入到基材凸緣特徵內，並且**鈑金**特徵也會被加入到特徵管理員中。

若草圖使用的是開放輪廓，基材凸緣會自動建立薄件特徵，鈑金參數則被用來決定壁厚與彎折半徑。

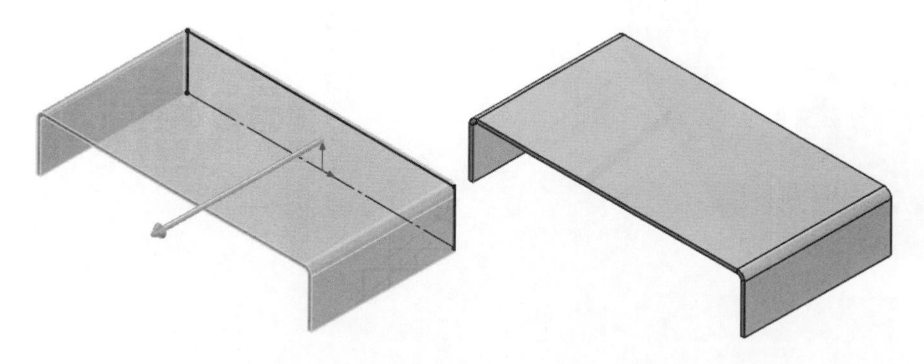

若草圖使用的是封閉輪廓，伸長距離將作爲鈑金件的壁厚，基材凸緣會產生一個簡單的平板。

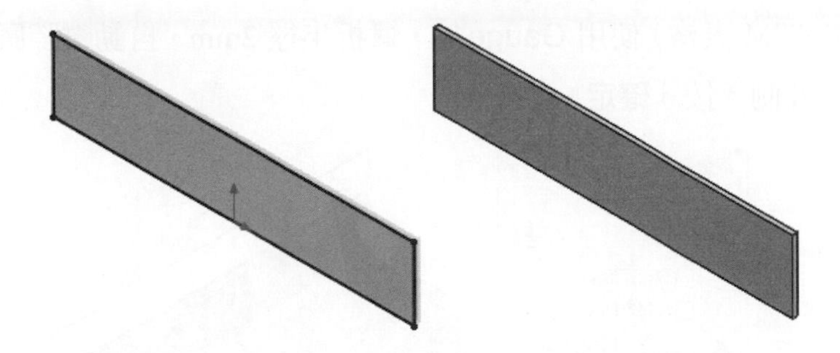

若在鈑金特徵上利用封閉的輪廓草圖，則可建立**薄板頁**凸緣特徵至鈑金件表面上。

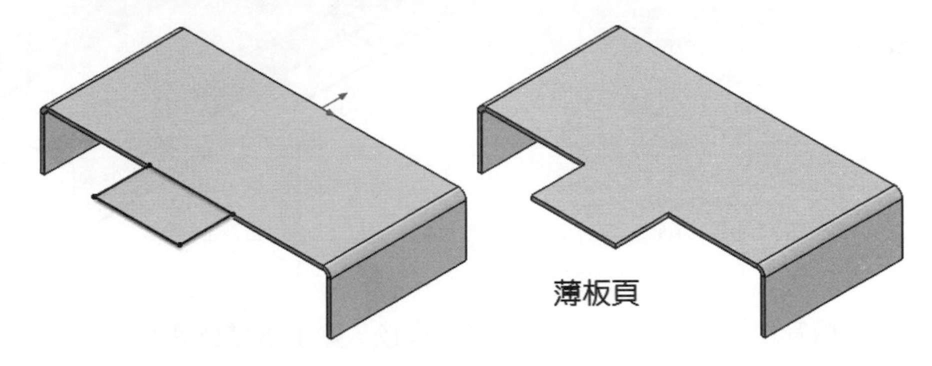

1. 開新零件檔，存檔檔名 sheet metal。
2. 在右基準面，繪製草圖。

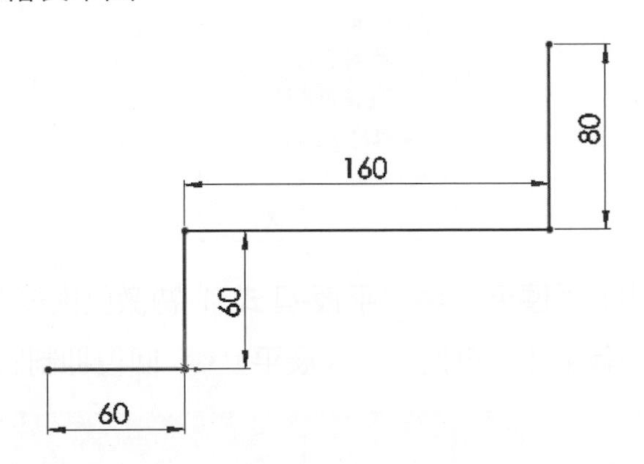

3. 按鈑金工具列中的「**基材凸緣**」，或按「**插入**」➡「**鈑金**」➡「**基材凸緣**」，終止型態：**兩側對稱**、距離 800mm，勾選「**使用量規表格**」，選擇 SAMPLE TABLE - ALUMINUM 表格，使用 Gauge14，彎折半徑 2mm，自動離隙**圓端**，比例 0.5，厚度朝向外側。按「**確定**」。

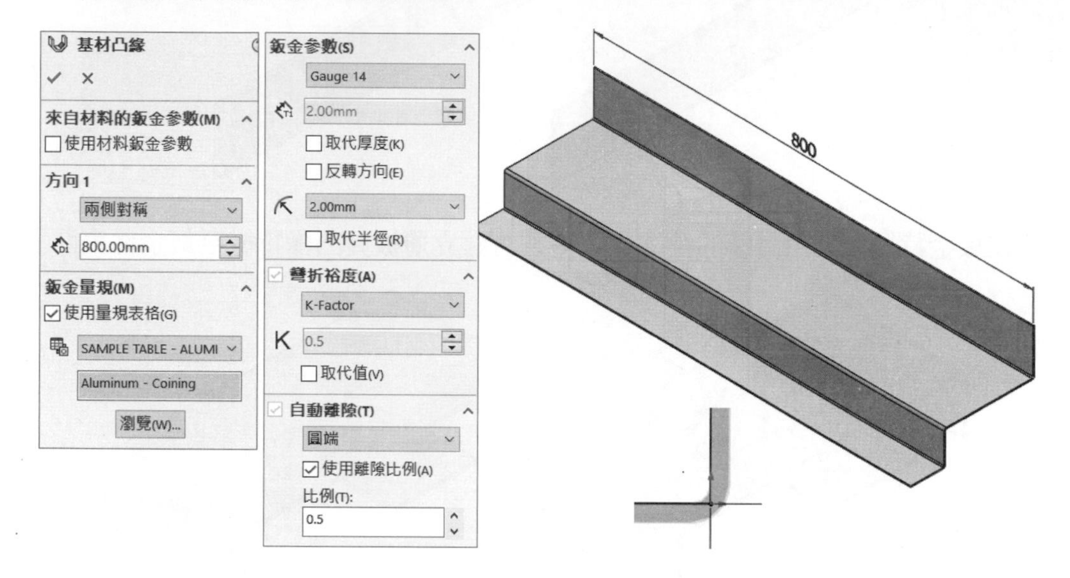

4. 查看特徵管理員內的特徵，插入基材凸緣後，除了**基材凸緣**，也新增了**鈑金**資料夾與被抑制的**平板-型式** 1 資料夾特徵。

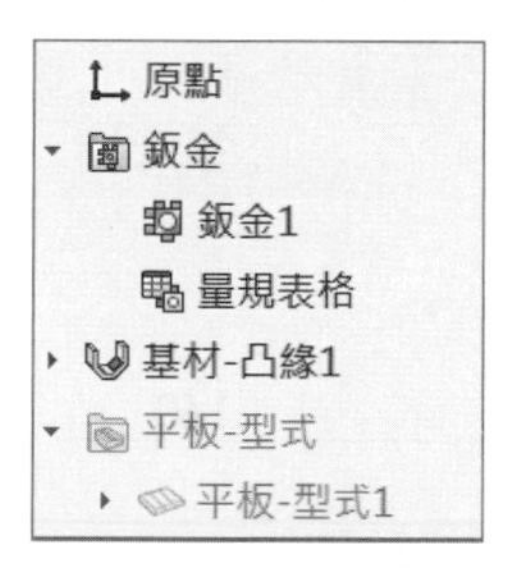

5. 按鈑金工具列中的「**展平**」，**平板-型式** 1 特徵已恢復抑制，而且鈑金件也展開成一片完整的鈑金片。再按一次「**展平**」回復抑制狀態。

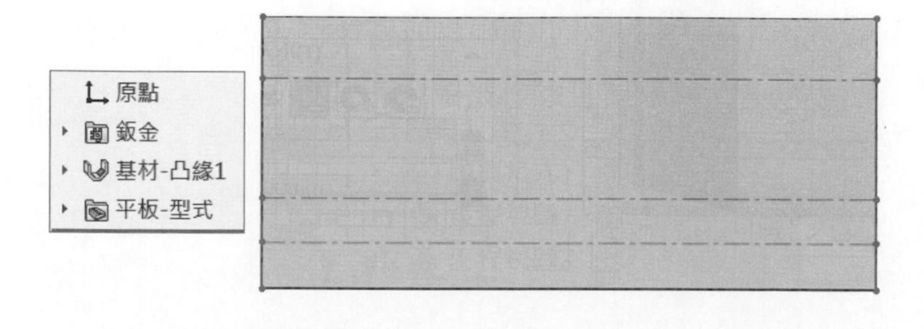

11-3 鈑金特徵

編輯「**鈑金 1**」特徵，屬性視窗中包含著幾個選項設定，包括**鈑金量規**、**鈑金參數**、**彎折裕度**及**自動離隙**等。

11-3-1 量規表格與鈑金參數

量規表格是用來設定與提供鈑金件那種材料量規可以使用，及那種量規可以選擇的厚度與半徑。當使用量規表格時，**鈑金參數**中的厚度與彎折半徑會被表格中的數值所取代。SOLIDWORKS 內含兩個範例表格 steel(鋼)以及 aluminum(鋁)，使用者也可加入自訂表格。

sample table - aluminum - metric units ：鋁、公制

sample table - steel - english units ：鋼、英制

量規表格檔案的存檔資料夾如下，您也可以新增新的資料夾儲存。

C:\Program Files\SOLIDWORKS Corp\SOLIDWORKS\lang\chinese\Sheet Metal Gauge Tables

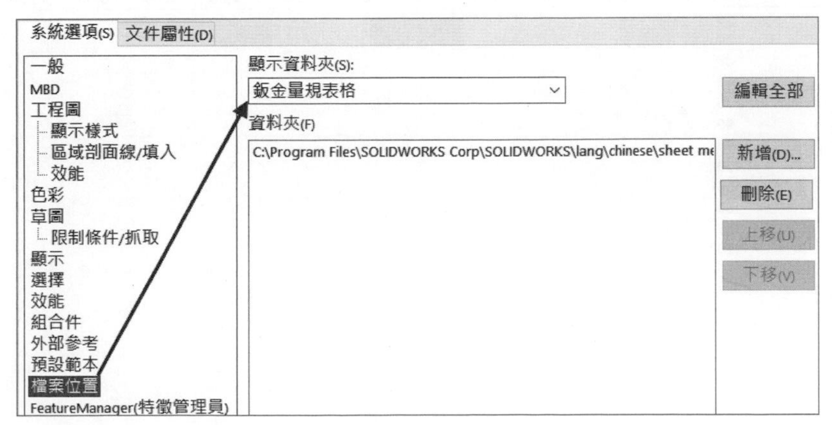

下圖爲 sample table - aluminum - metric units 的 Excel 檔內容，您也可以依此格式自訂表格，只要存檔資料夾是在**選項**內**檔案位置**的資料夾中即可。

類型:	Aluminum Gauge Table	
加工	Aluminum - Coining	
K-Factor	0.5	
單位:	毫米	
量規編號	量規 (厚度)	可用彎折半徑
Gauge 10	3	3.0; 4.0; 5.0; 8.0; 10.0
Gauge 12	2.5	3.0; 4.0; 5.0; 8.0; 10.0
Gauge 14	2	2.0; 3.0; 4.0; 5.0; 8.0; 10.0
Gauge 16	1.5	1.5; 2.0; 3.0; 4.0; 5.0; 8.0; 10.0
Gauge 18	1.2	1.5; 2.0; 3.0; 4.0; 5.0; 8.0; 10.0
Gauge 20	0.9	1.0; 1.5; 2.0; 3.0; 4.0; 5.0
Gauge 22	0.7	0.8; 1.0; 1.5; 2.0; 3.0; 4.0; 5.0
Gauge 24	0.6	0.8; 1.0; 1.5; 2.0; 3.0; 4.0; 5.0
Gauge 26	0.5	0.5; 0.8; 1.0; 1.5; 2.0; 3.0; 4.0; 5.0

11-3-2 彎折裕度

彎折裕度選項內包含有**彎折表格**、K-Factor、**彎折裕度**、**彎折扣除**與**彎折計算**。

- **彎折表格**

  您可以在彎折表格中爲鈑金零件指定**彎折裕度**或**彎折扣除**值。彎折表格中同時包含了彎折半徑、彎折角度、及零件厚度。彎折表格的檔案位於下列的資料夾中：C:\Program Files\SOLIDWORKS Corp\SOLIDWORKS\lang\chinese\Sheetmetal Bend Tables

單位:	毫米			#	可用單位:		毫米	釐米	米	英吋	英呎
類型:	彎折裕度			#	可用類型:		彎折裕度		彎折扣除		K-Factor
材質:	軟鋼及軟黃銅										
#											
厚度:	1										
角度	半徑										
	0.40	0.50	0.80	1.00	1.50	2.00	3.00	4.00	5.00	8.00	10.00
15											
30											
45											
60											
75											
90											
105											
120											
135											
150											
165											
180											

- K-Factor

K-Factor 代表鈑金內表面到中立面的距離/材料厚度，以鈑金零件的厚度作爲基準，本章節的 K-Factor 皆爲 0.5。

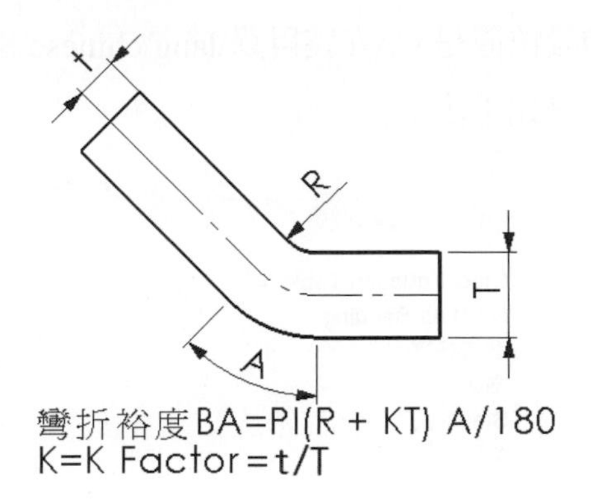

- **彎折裕度**與**彎折扣除**

彎折裕度值：根據定義，**彎折裕度**是沿材料中立軸測量的彎折弧長。

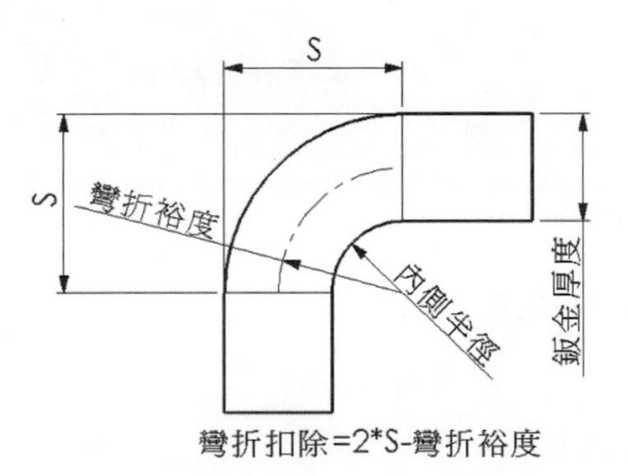

彎折裕度或**彎折扣除**計算來決定鈑金素材的展開長度，以給予彎折零件想要的尺寸。

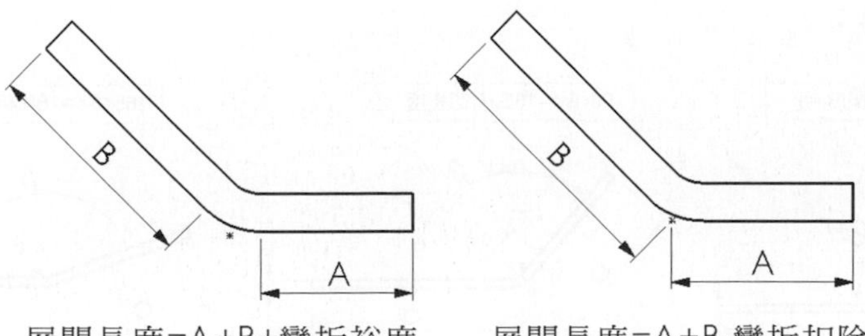

- **彎折計算**

  使用彎折計算表格，可以定義不同的角度範圍，指定數學關係式給這些範圍，並計算零件的開發長度。

  彎折計算表格的預設位置是 C:\安裝目錄\lang\chinese\Sheetmetal Bend Tables。

  彎折計算表格的範例如下表：

bend_calculation [相容模式]

	A	B	C
1			
2	類型:	Steel Equation Table	
3	加工	Steel Air Bending	
4	彎折類型:	彎折計算	
5	單位:	毫米	
6	材質:	Steel	
7	材質厚度:	s	
8	半徑	r	
9	k-factor	0.65+0.5*lg(r/s)	
10	彎折角度	180-a	
11			
12			
13–14	角度範圍	數學方程式	使用相切長度
15	0<=b<=90	v=pi*((180-b)/180)*(r+((s/2)*k))-2*(r+s)	是
16	90<b<=165	v=pi*((180-b)/180)*(r+((s/2)*k))-2*(r+s)*tan((180-b)/2)	否
17	165<b<=180	v=0	否

顯示用在數學關係式中的變數。

s = 材料厚度

r = 彎折半徑

k-factor = k-factor (您可以使用一個數學關係式或一個值)

β = 隙縫角度

角度範圍範例：

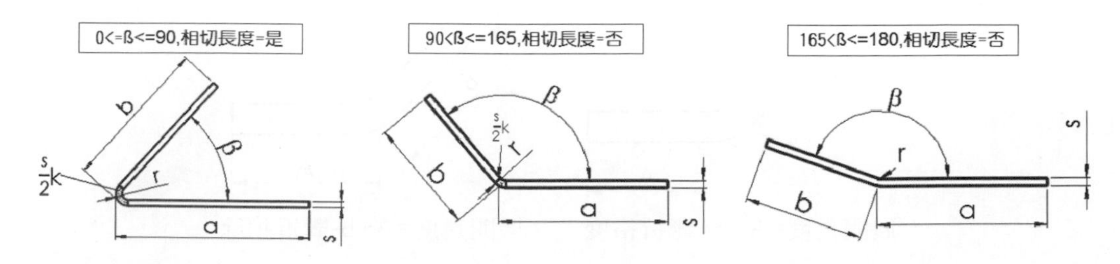

11-3-3 自動離隙

離隙類型有**矩形**、**圓端**和**撕裂**三種，**離隙比例**是指矩形、圓端或縫隙除料的尺寸相對於材料厚度的值，離隙比例值必須在 0.05 至 2.0 之間。離隙切割的寬度 d＝ 離隙比例×零件厚度。

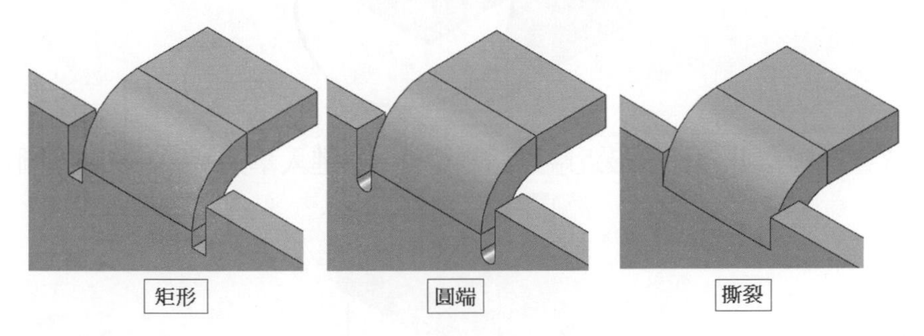

6. 在上平面插入草圖，繪製如圖示的圖元。

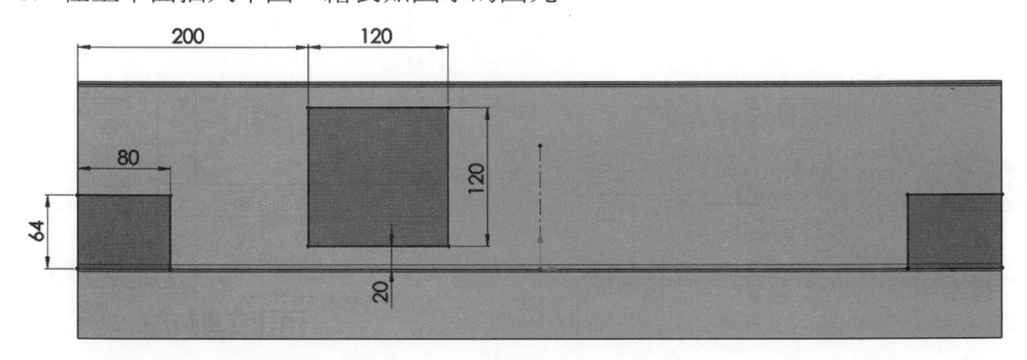

7. 插入除料特徵，與伸長除料不同的是，它的選項內多了「**連結至厚度**」，輸入深度 4mm，按「**確定**」。

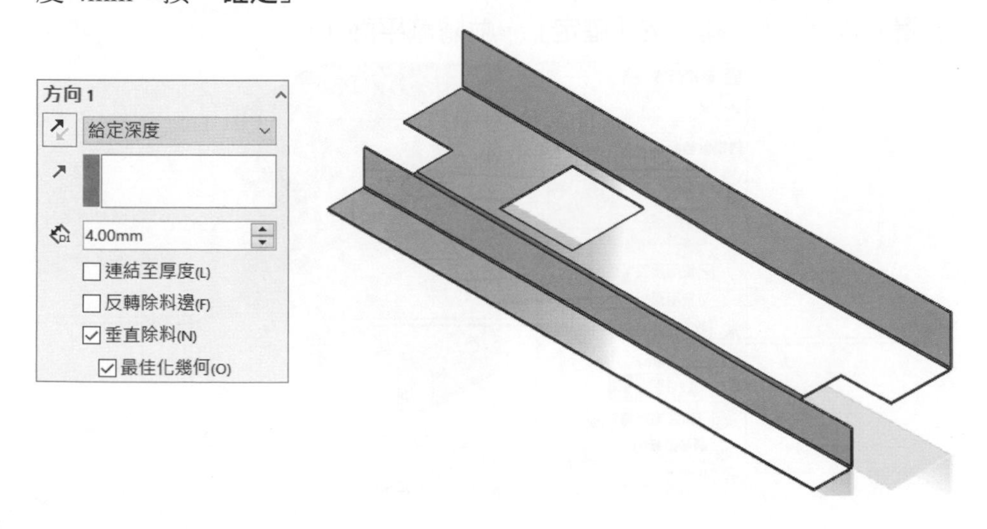

8. 按 G，使用**放大鏡**，利用滑鼠滾輪放大圓框的區域，或移動游標拖曳圓框，選擇游標所指的邊線後，插入草圖。

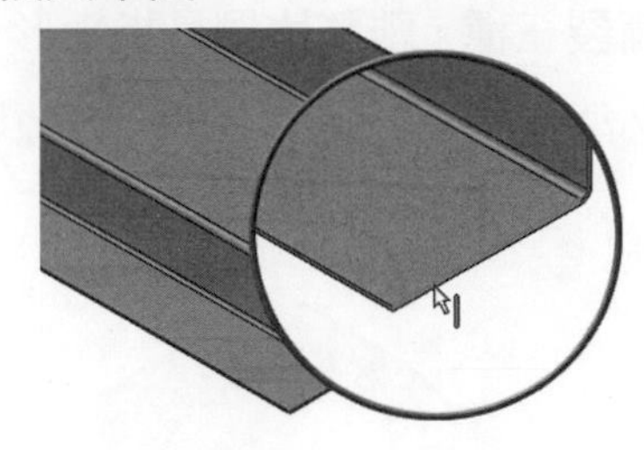

9. 系統會自動以此邊線的最近端點建立平面，並進入草圖狀態。繪製如圖示的線段。

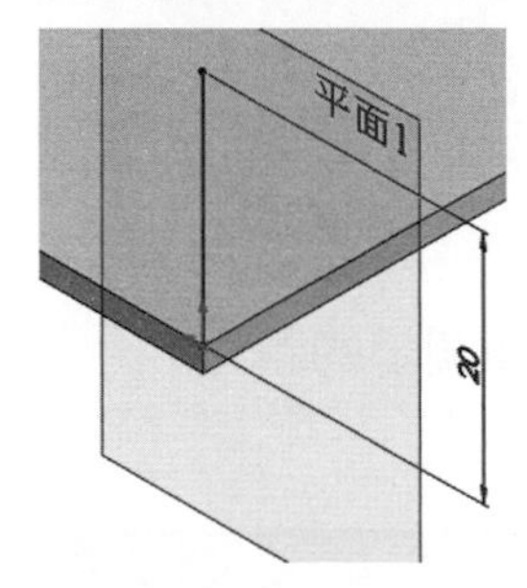

11-4 斜接凸緣

斜接凸緣是用來建立以某個角度的凸緣，加入到鈑金零件的一條或多條邊線上，它還可以利用**傳遞衍生**選項來選擇沿著邊線的相切線組。

10. 按鈑金工具列中的「**斜接凸緣**」，或按「**插入**」→「**鈑金**」→「**斜接凸緣**」，按「**傳遞衍生**」選擇相切於所選邊線的所有邊線，縫隙距離 0.5mm，「**凸緣位置**」選擇外側。按「**確定**」，並隱藏**平面 1**。

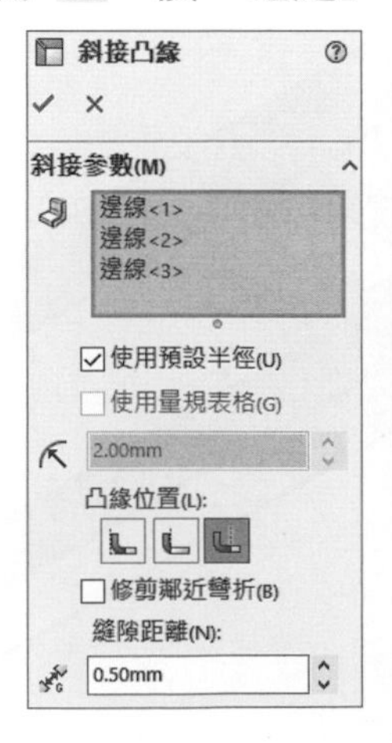

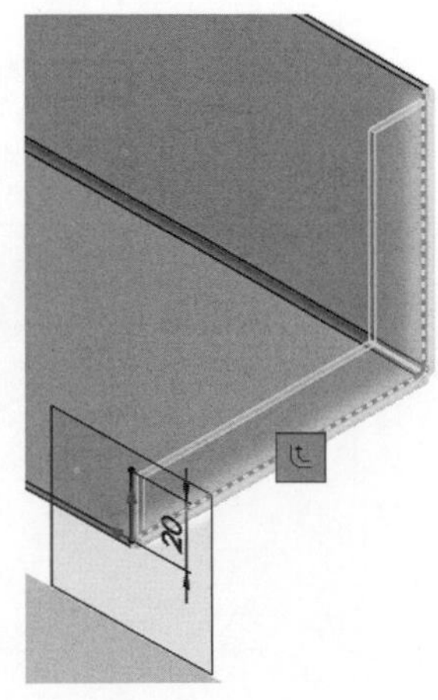

11-5 邊線凸緣

邊線凸緣是在已存在的邊緣上以指定角度產生一個單獨的凸緣，除了指定角度外，還可以修改輪廓草圖。

11. 按鈑金工具列中的「**邊線凸緣**」，或按「**插入**」➡「**鈑金**」➡「**邊線凸緣**」，點選箭頭所指的邊線，拖曳至適當的高度後，按「**編輯凸緣輪廓**」編輯輪廓草圖。

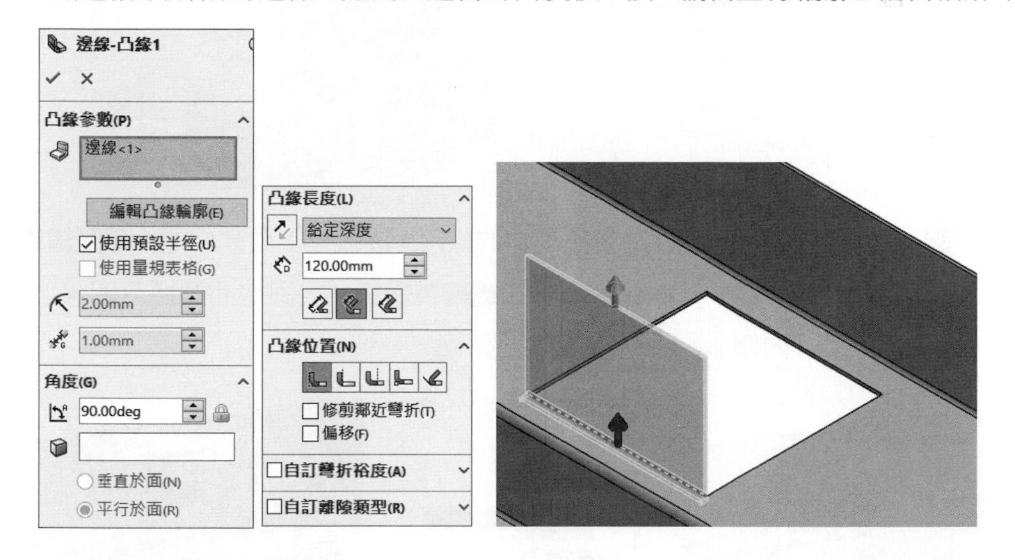

12. 先不要按**完成**，切換至**前視**，繪製並標註如下的草圖後，按「**完成**」，完成邊線凸緣。

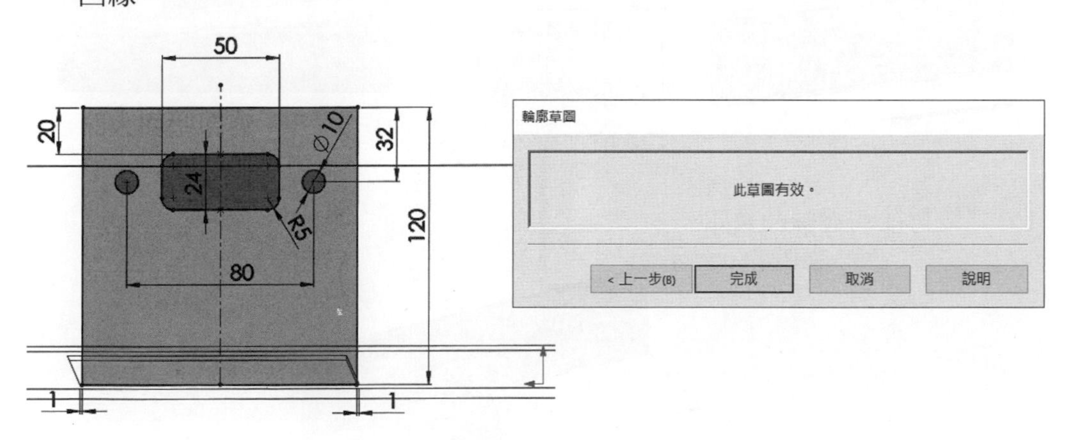

13. 按鈑金工具列中的「**斷開角落**」，或按「**插入**」→「**鈑金**」→「**斷開角落**」，點選箭頭所指的邊線，類型為「**導角**」，距離 10mm。

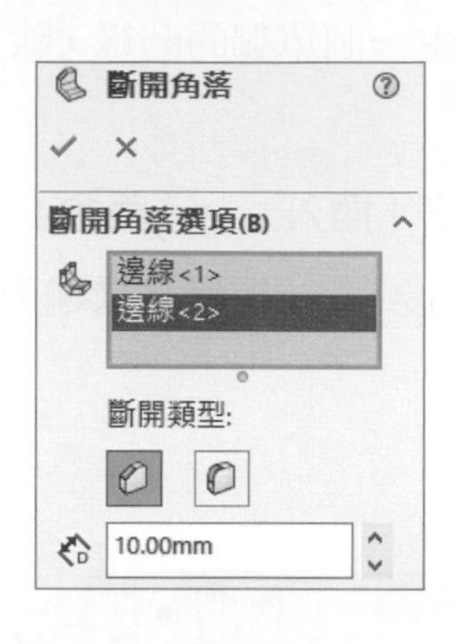

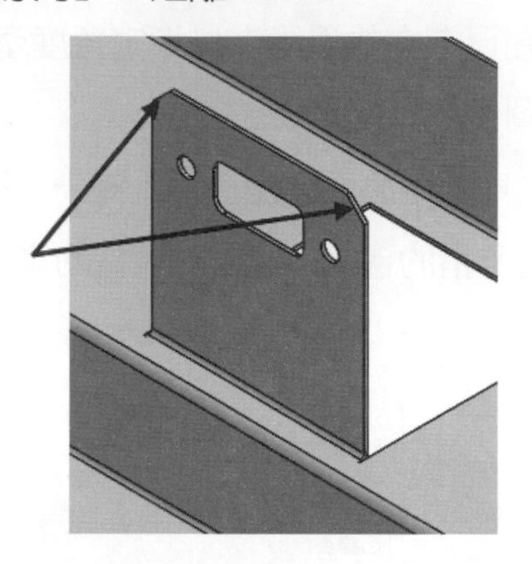

14. 在凸緣的前視插入草圖，繪製如圖示的線段，按鈑金工具列中的「**草圖繪製彎折**」，或按「**插入**」→「**鈑金**」→「**草圖繪製彎折**」，固定面選擇草圖線下半面，彎折位置為「**內側**」，角度 45°，按 。

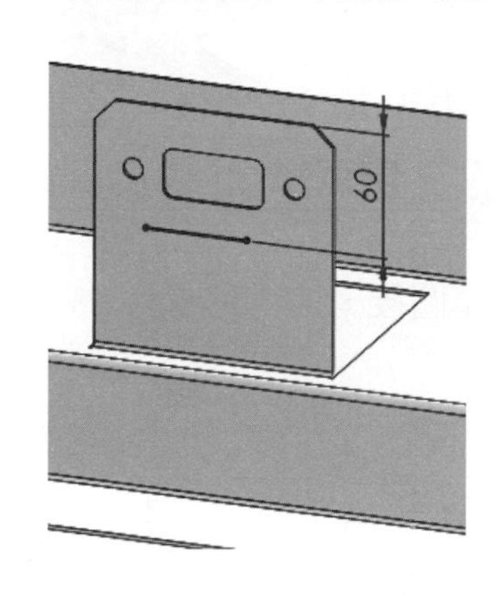

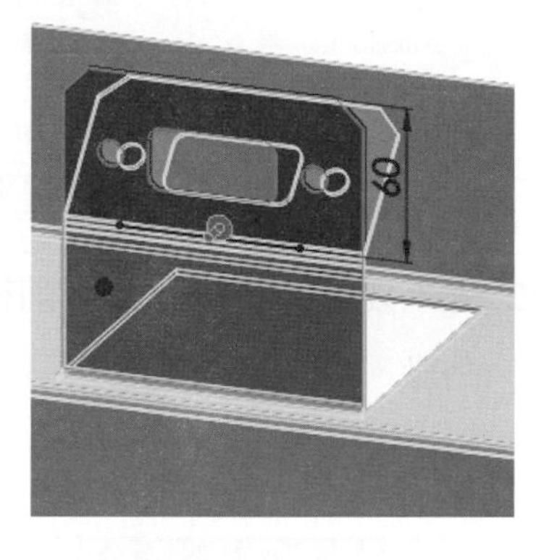

15. 經彎折後的邊線凸緣如圖。

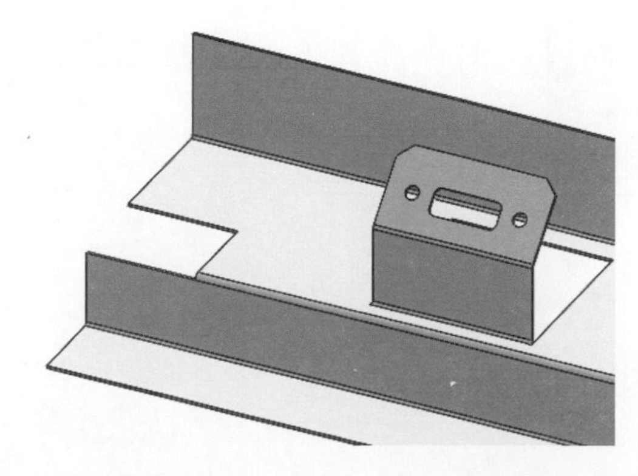

16. 切換至前視，在前平坦面插入草圖，繪製如圖示的草圖，建立伸長除料，勾選「**連結至厚度**」，按「**確定**」。

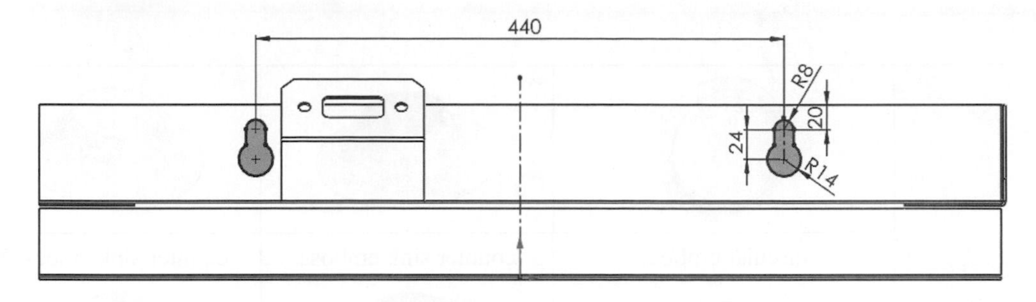

17. 以右基準面為鏡射面，鏡射斜接凸緣，模型如下圖。

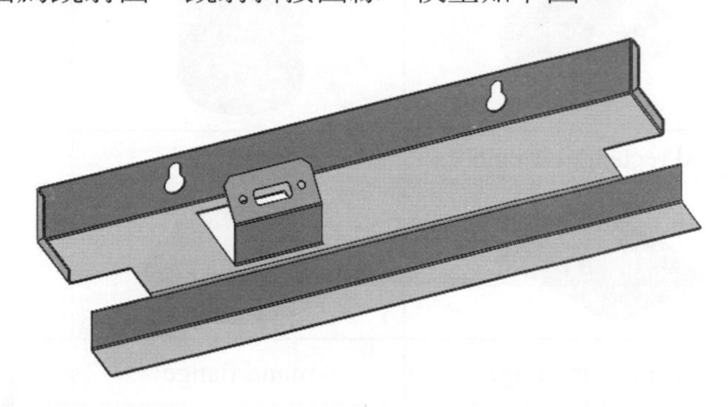

11-6 成形工具

成形工具是用來製作像是沖壓模的模型，鈑金經成形工具沖壓後而成獨立的特徵，SOLIDWORKS 已在 Design Library 中提供了一些標準範例，像是百葉窗、矛狀器具、凸緣、及肋材等成形特徵，您也可以編修這些成形工具，或是自行建立新的成形工具。

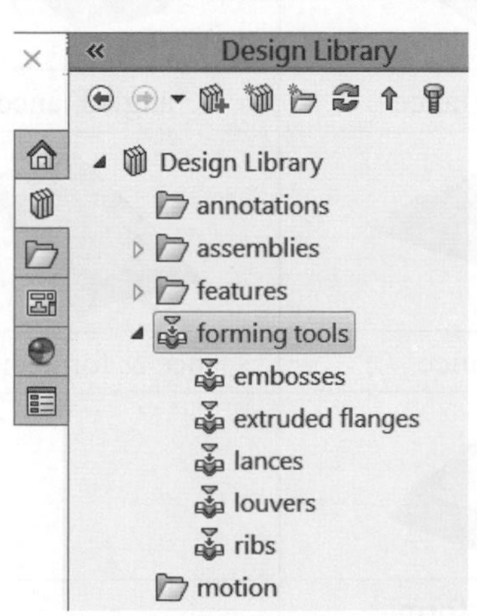

SOLIDWORKS 所提供的標準成形工具包括有：embosses、extruded flanges、lances、louvers、ribs。這些成形工具都可從 Design Library 中拖曳並放置到鈑金零件的表面上直接套用。

Embosses (浮雕)	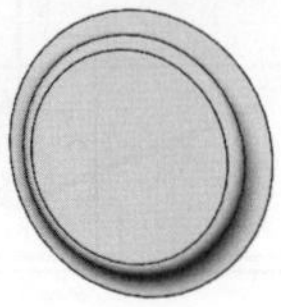		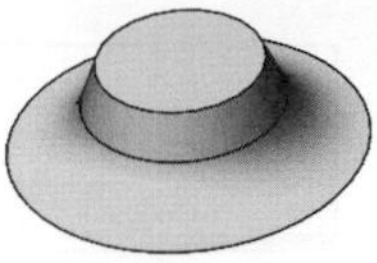
	circular emboss	counter sink emboss	counter sink emboss2
	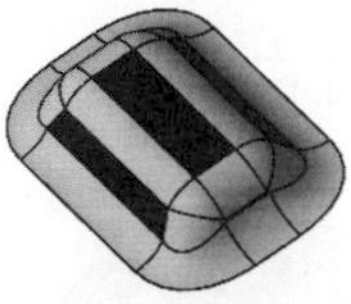	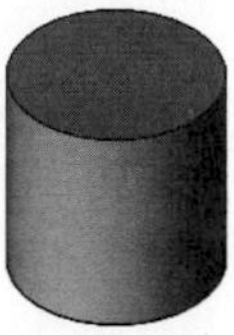	
	drafted rectangular emboss	extruded hole	dimple
extruded flanges (伸長凸緣)			
	rectangular flange	round flange	
Ribs (肋、凸條)	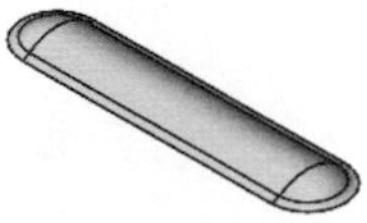	louvers (百葉窗)	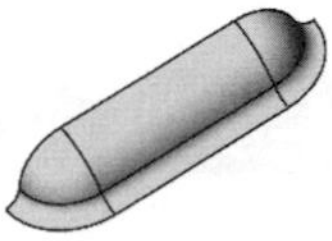
	single rib		louver
Lances (矛狀器具)			
	90 degree lance	angled lance	arc lance
		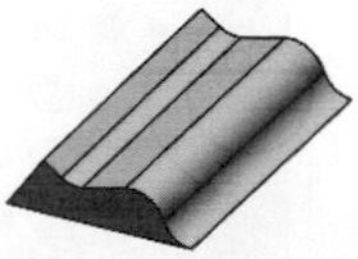	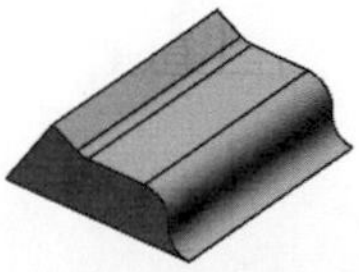
	bridge lance	lance & form shovel	lance & form with bend

	lance and form		

成形工具的檔案和一般零件檔案一樣，副檔名都是*.sldprt，在 Design Library 中的檔案除非被設定為成形工具，否則也會被當成零件檔，在預設下，當您安裝 SOLIDWORKS 時，被安裝在 C:\ProgramData\SOLIDWORKS\SOLIDWORKS 2022\design Library\forming tools 資料夾以及子資料夾內的檔案，都已被標記成**成形工具**檔案。

若要將放置於一般資料夾內的零件檔案作為成形工具，您只要在 Design Library 資料夾的名稱上按滑鼠右鍵，選擇**成形工具資料夾**，這樣一般零件即可作為**成形工具**。

若不是放置在**成形工具資料夾**的零件檔則必須先儲存為**成形工具**檔案才能使用。

11-6-1 自訂成形工具

下面步驟說明建立自訂的成形工具方法：

18. 開新零件檔，並建立下圖模型。

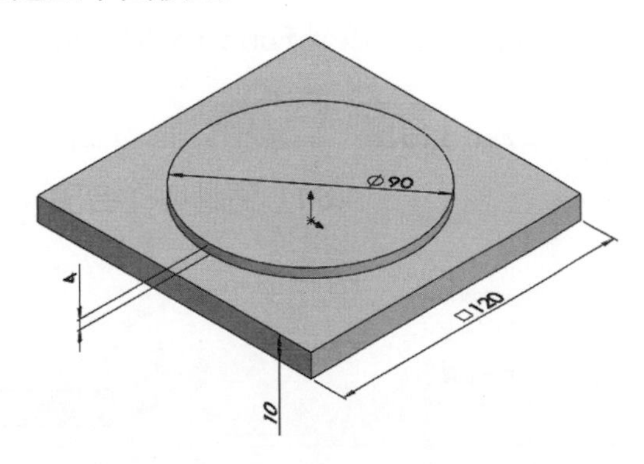

19. 建立 R20 與 R12 的圓角，在上平坦面建立草圖，繪製⌀24 的圓，按「**分割線**」，建立上平坦面的**分割線**。其中 R20 在鈑金件成形時會形成外圓角，它的圓角半徑不得小於鈑金件厚度。

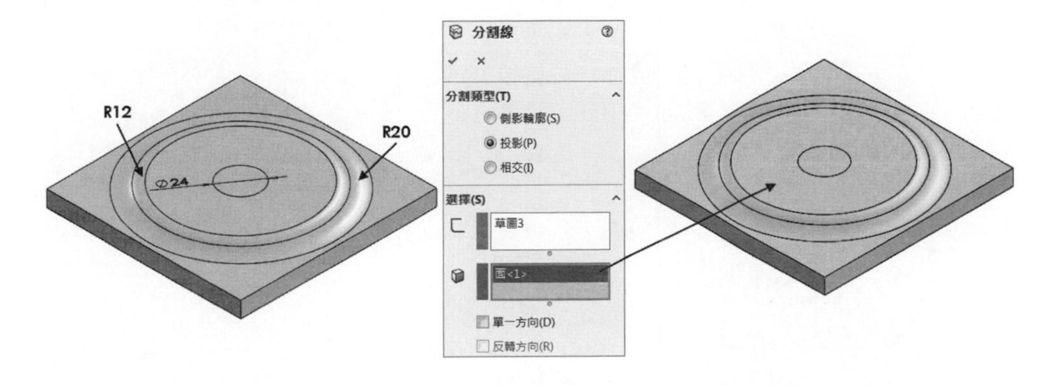

20. 按鈑金工具列中的「**成形工具**」，或按「**插入**」➡「**鈑金**」➡「**成形工具**」，如箭頭所指的選擇停止面與移除面，按 。
   ○ **停止面**就是和鈑金件平面重合的工具平面，沒有沖壓作用，色彩為**水藍色**。
   ○ **要移除的面**就是除料，會形成中空，移除面色彩為**紅色**。

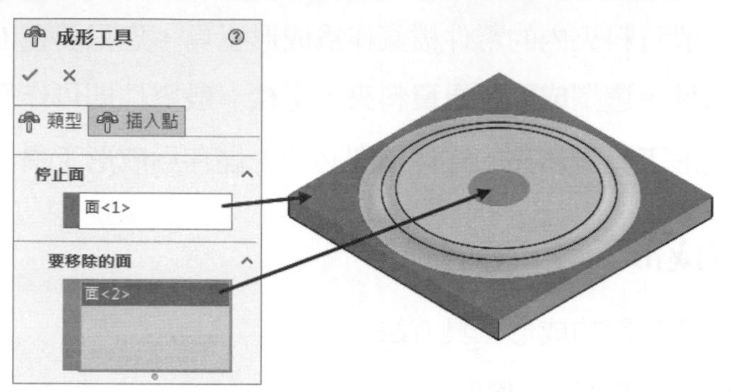

21. 儲存檔案，檔名 circle tool，檔案類型 Form Tool(*.sldftp)，按「**存檔**」。不存檔關閉零件檔案。

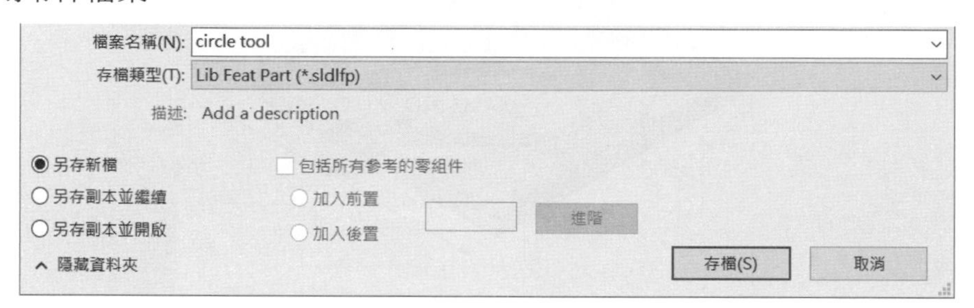

22. 按**工作窗格**中的「**檔案 Explorer**」，按大頭針固定，如圖示展開資料夾，找到成形工具檔案 circle tool 所在位置。

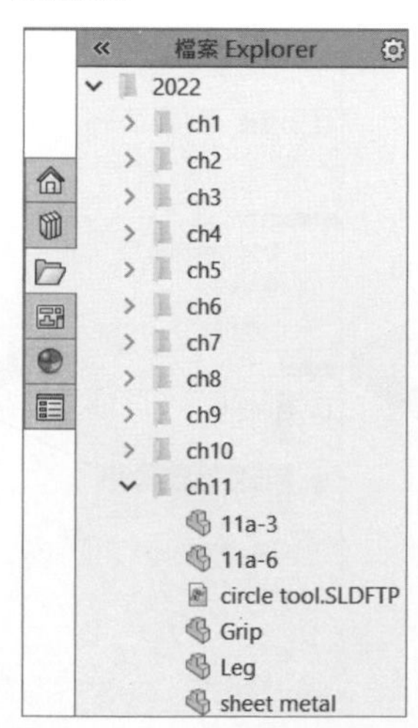

23. 拖曳 circle tool.sldftp 至圖中的位置後放開，必要時可按反轉工具或按 TAB 鍵反轉向內凹或向外凸的成形方向。按**位置**標籤，並標註如圖中的尺寸後，再按「**確定**」。

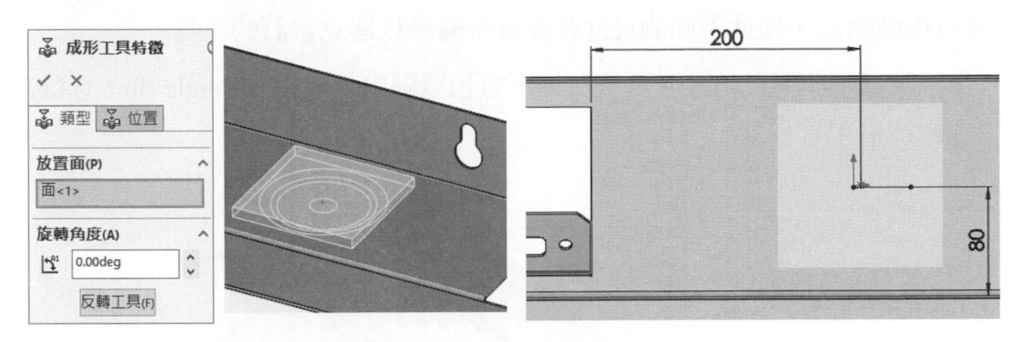

24. 完成後的鈑金零件如圖所示。

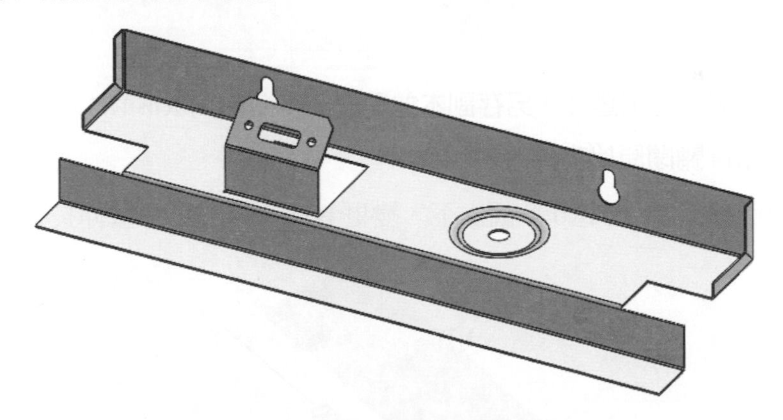

25. 在鈑金件上按滑鼠右鍵，點選**切換平坦顯示**，預覽展平後的鈑金零件狀態(或按**展平**特徵)，在圖面區按一下取消平坦顯示。

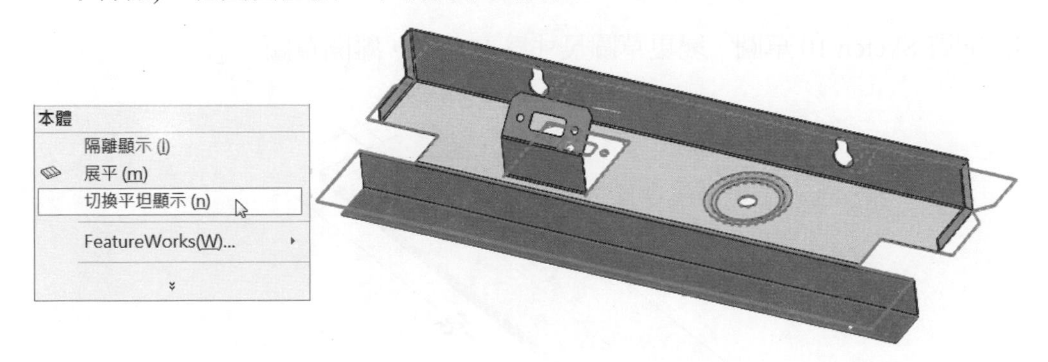

26. 儲存並關閉檔案。

11-6-2 修改成形工具

在 Design Library 成形工具(forming tools)資料夾中的現有成形工具，因爲都是固定尺寸，並沒有模型組態，因此不同的尺寸就要重新編修以建立自訂的工具。

1. 按一下成形工具的 ribs 資料夾，從下方預覽區中快點兩下 single rib，以唯讀方式開啓成形工具檔案。

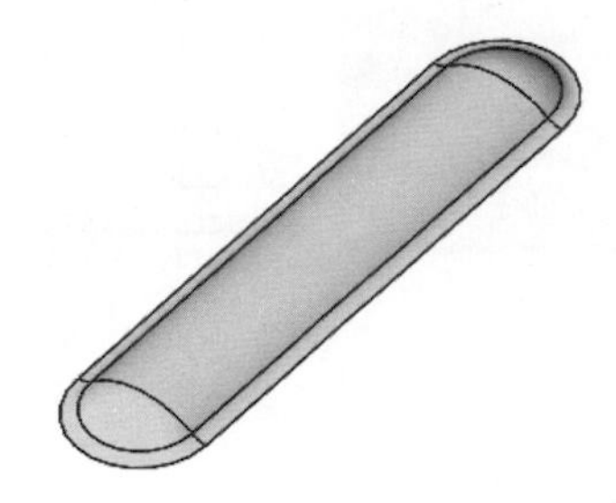

2. 按**另存新檔**，選項選擇「**另存副本並開啓**」，名稱爲 Rib 185，儲存在同一資料夾中。並點選**關閉原始文件**。
3. 拖曳回溯棒至 Sketch 10 草圖之下，變更 Base-Extrude 特徵伸長量爲 200mm。

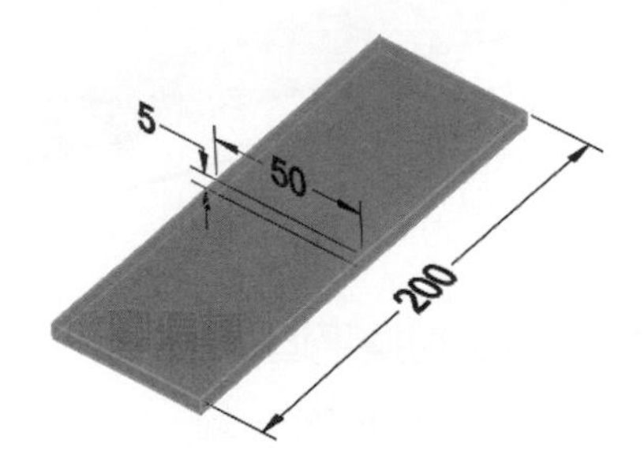

4. 開啓 Sketch 10 草圖，變更草圖尺寸爲 185×7，離開草圖。

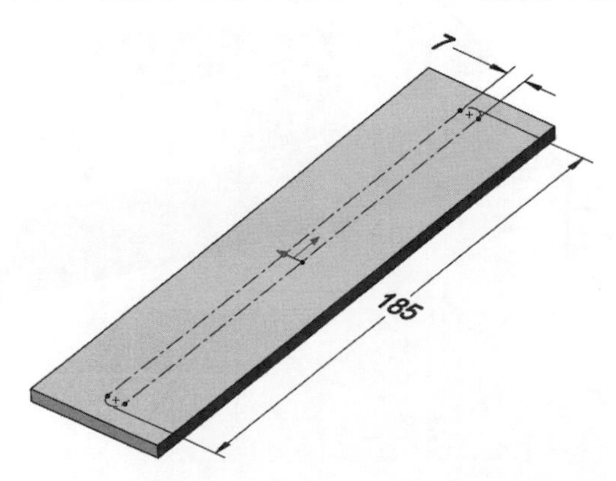

5. 在特徵管理員上按滑鼠右鍵，點選**移到最後**，儲存並關閉檔案。
6. 開啓零件 Leg，從 ribs 資料夾中拖曳 Rib 185 工具至 Leg 鈑金件上圖示的位置，調整擺放的角度以及成形工具是向外浮凸而不是內凹。

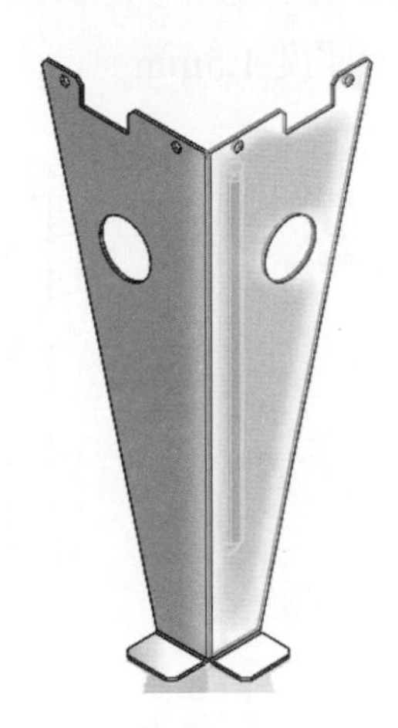

7. 按一下**位置**標籤，加入圖示的尺寸，按**確定**。重複並完成另一側的肋材。

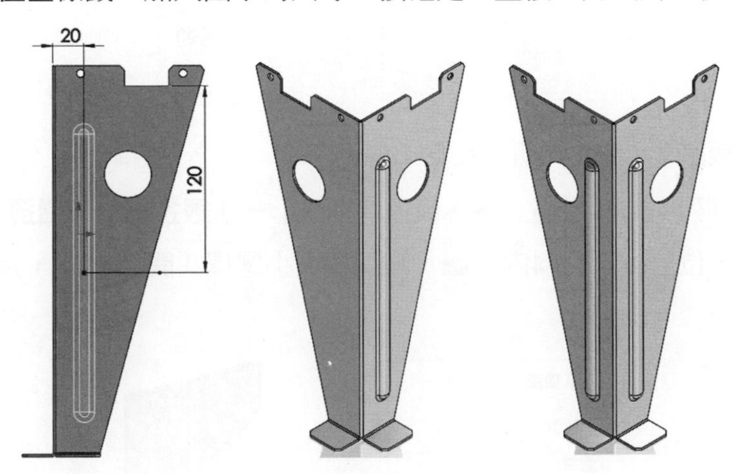

8. 儲存並關閉檔案。

11-6-3 練習題

練習 11a-1　摺邊應用

(1) 開新零件檔，建立基材凸緣，厚度 1.5mm。

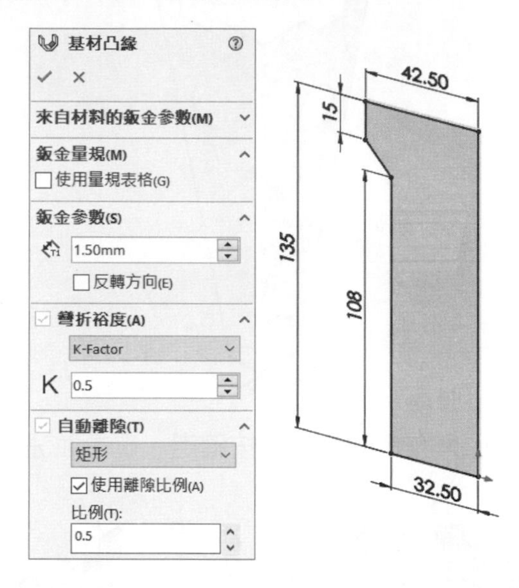

(2) 編輯特徵**鈑金 1**，變更彎折半徑為 1mm。

(3) 按鈑金工具列中的「**摺邊**」，或按「**插入**」→「**鈑金**」→「**摺邊**」，選擇圖中的彎摺邊線，位置按「**材料內**」，類型與大小選擇「**開放**」，長度 9mm，縫隙距離 2mm。

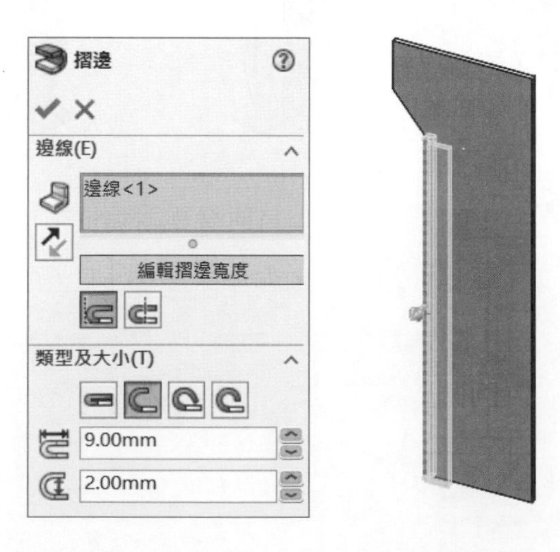

(4) 插入草圖繪製彎折，角度 90°，彎折位置選擇「**彎折中心線**」。

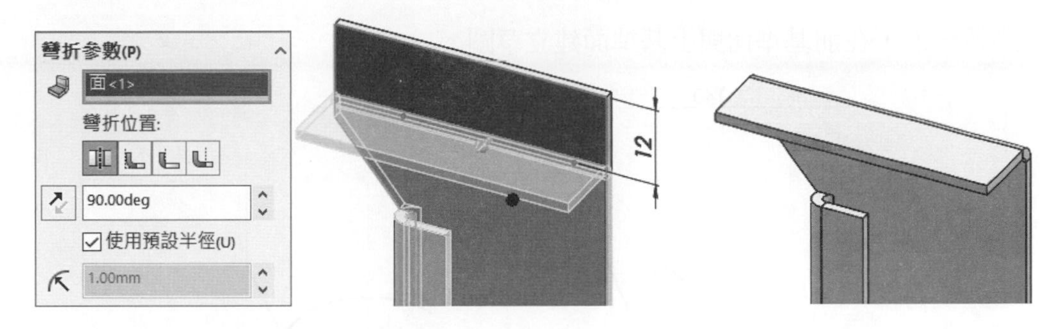

(5) 建立除料，勾選「**連結至厚度**」。

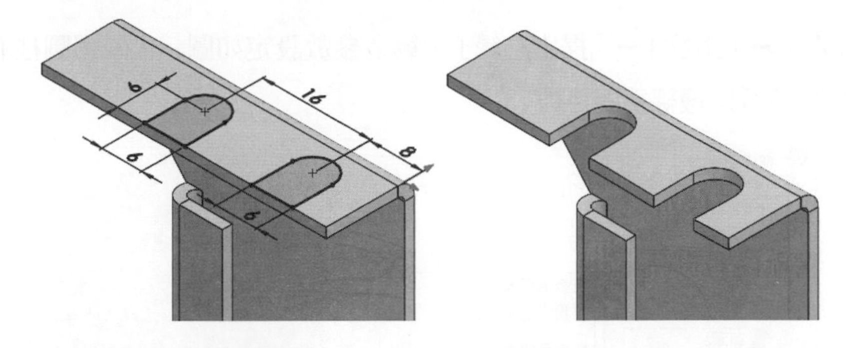

(6) 建立除料，勾選「**連結至厚度**」，並做**直線複製排列**，間距 60mm；鏡射本體。

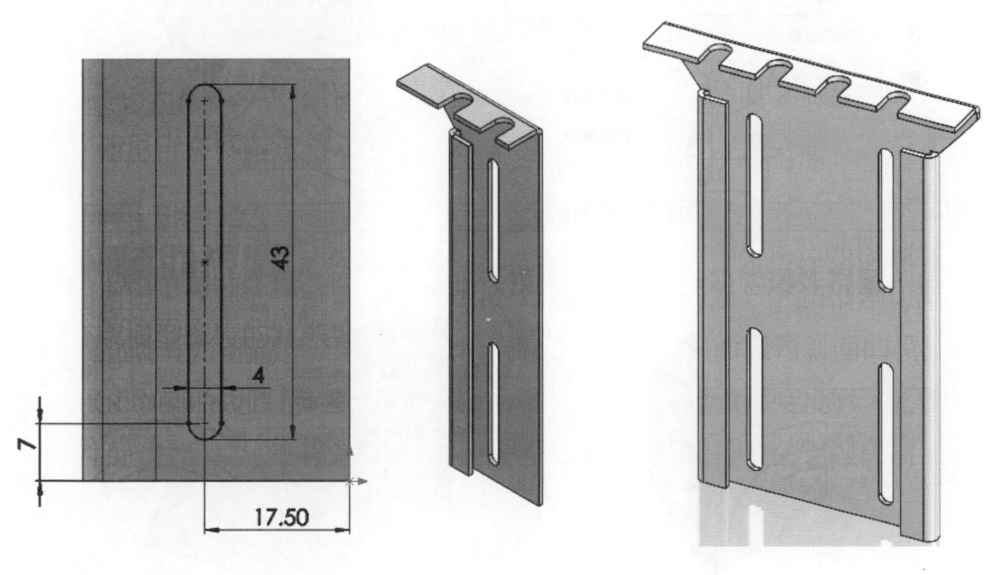

(7) 儲存並關閉檔案。

練習 11a-2 掃出凸緣

(1) 開新檔案，在前基準面與上基準面建立草圖。

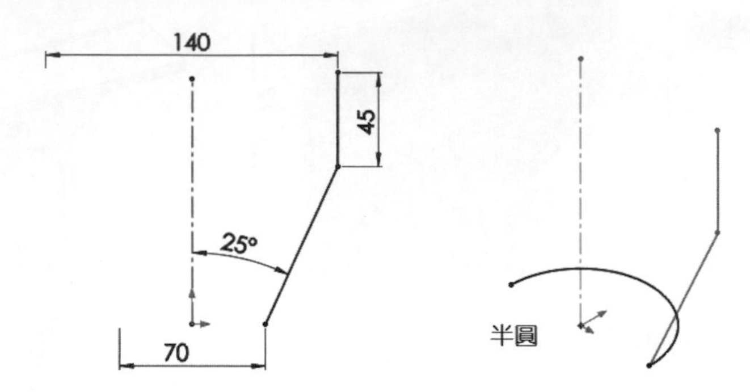

(2) 按「**插入**」→「**鈑金**」→「**掃出凸緣**」，鈑金參數設定如圖示，勾選**圓柱/圓錐本體**，並選取箭頭所指邊線為固定面。

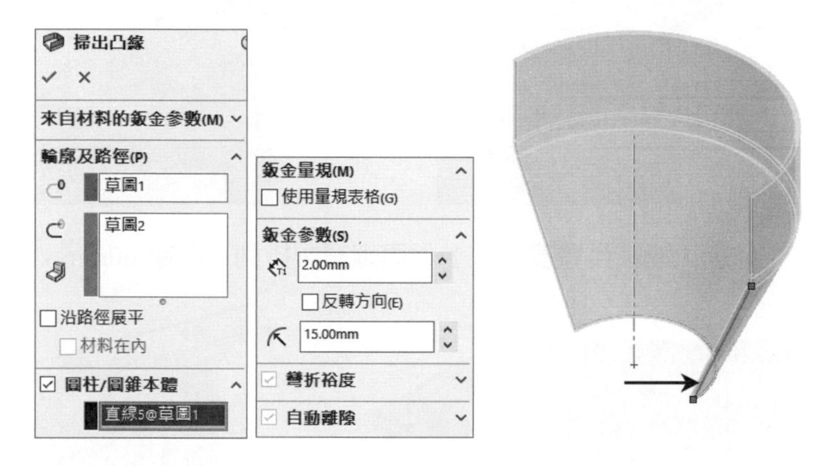

(3) 完成鈑金件如圖示，儲存並關閉檔案。

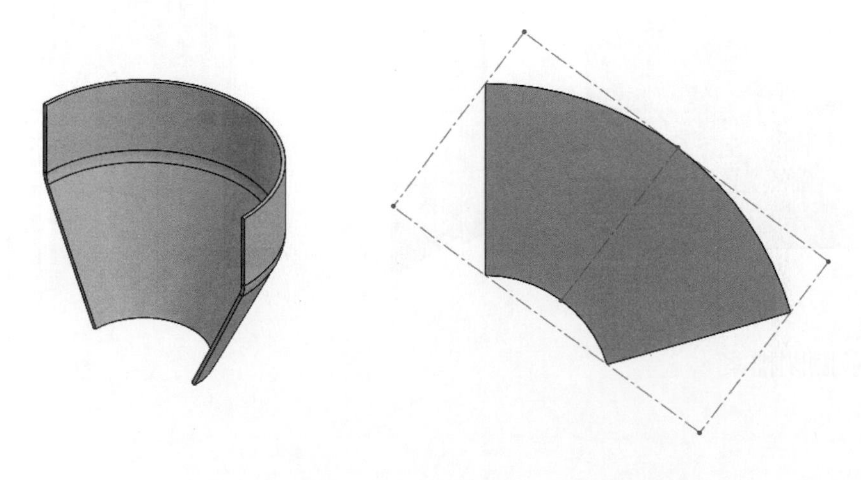

練習 11a-3　成形工具

(1) 開啓鈑金件 11a-3，插入**摺邊**，設定如圖示，離隙類型**撕裂**。

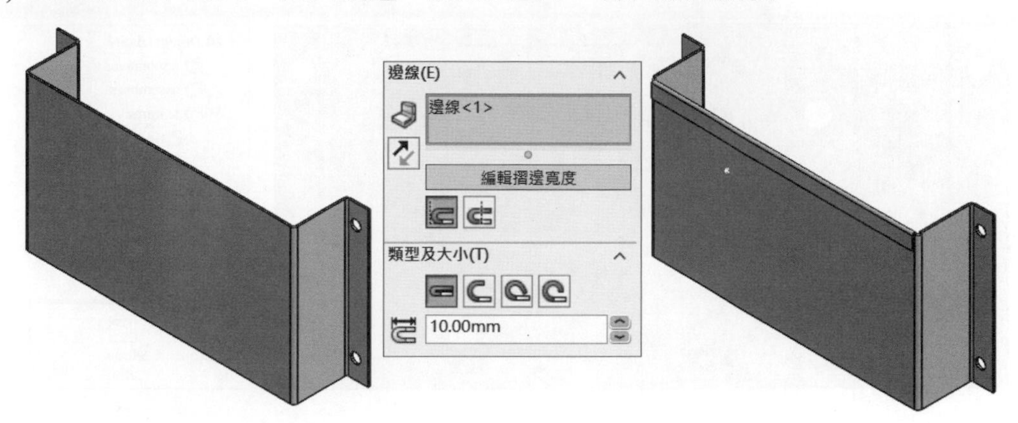

(2) 展開 design library，拖曳成形工具 embosses 資料夾下的 counter sink emboss 至圖示的位置，並按 Tab，使紅色移除面朝向前視。按**位置**標籤，並標示圖中的尺寸，按**確定**。

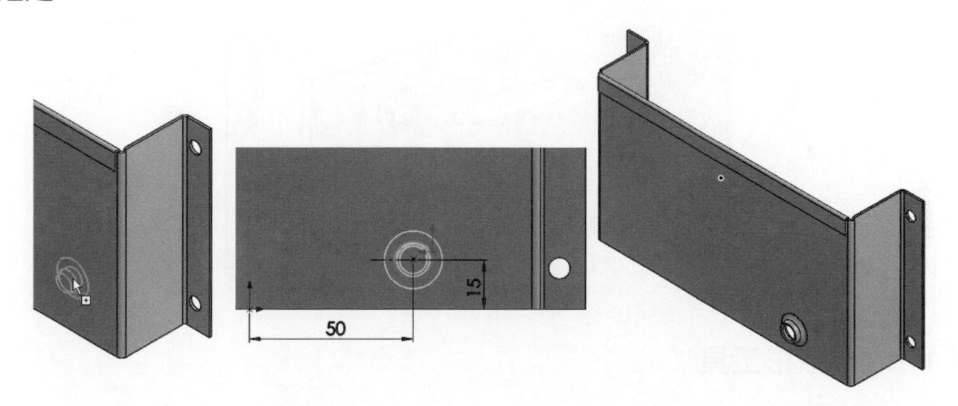

(3) 建立直線複製排列，複製 counter sink emboss 特徵如圖示。

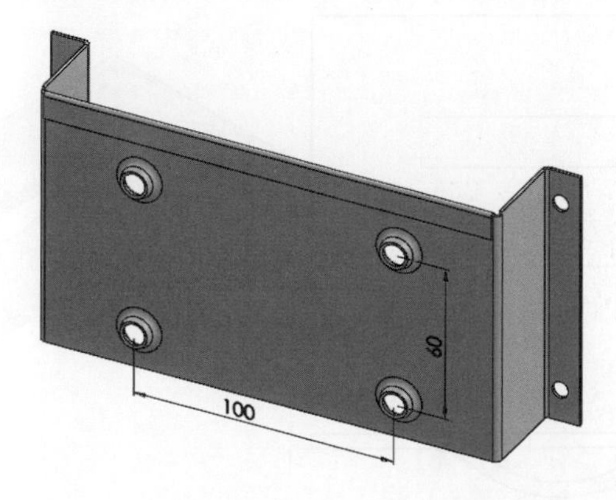

(4) 拖曳 Design Library/features/Sheetmetal 資料夾中的 d-cutout 特徵庫至圖示的位置，按**編輯草圖**，標示如圖中的尺寸(草圖中心對正鈑金件中點)。按**完成**再按**確定**。

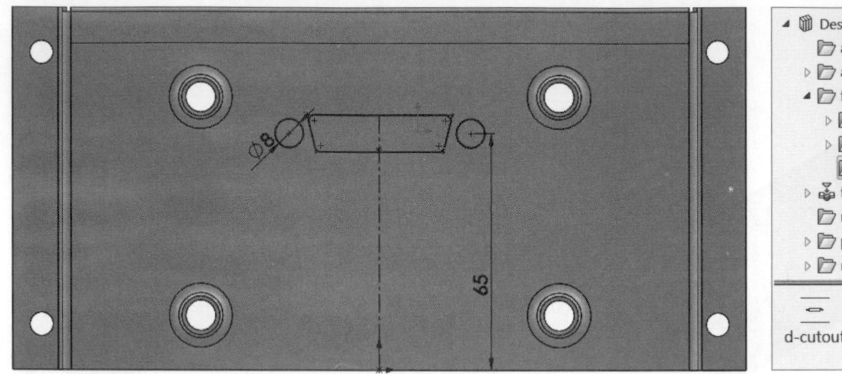

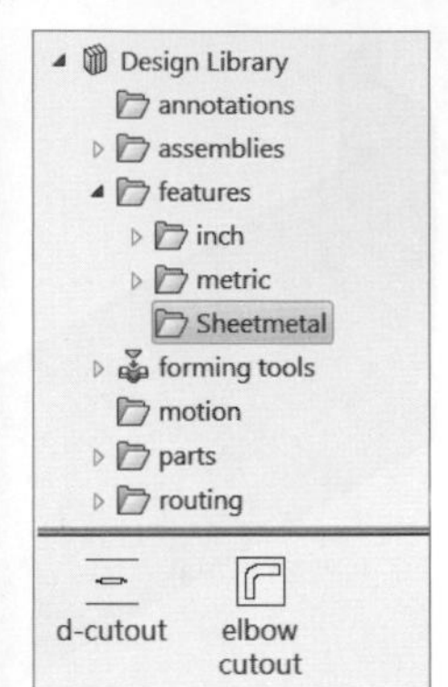

(5) 完成鈑金件如圖示，儲存並關閉檔案。

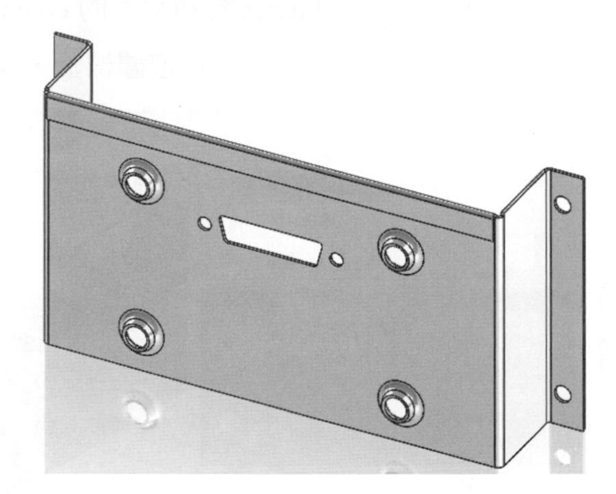

練習 11a-4　成形工具

依圖中尺寸設計成形工具後，建立下圖鈑金件。

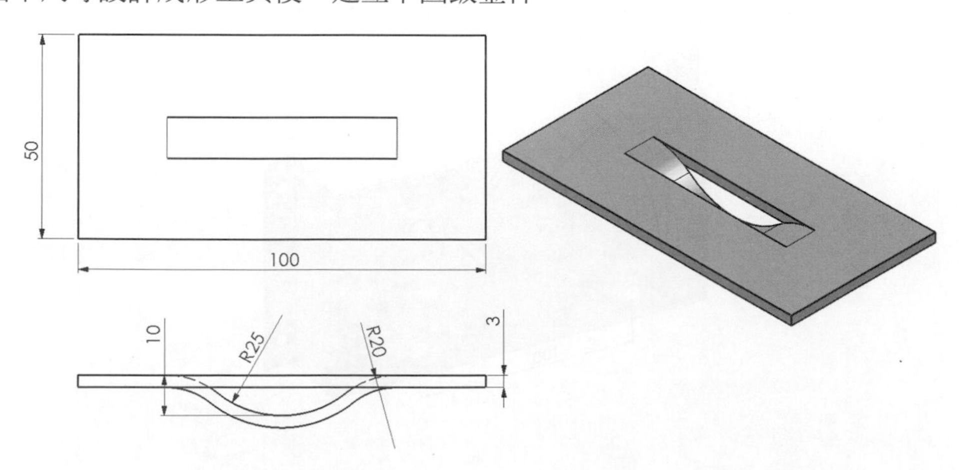

練習 11a-5　電視機上盒之上蓋

(1) 開新檔案，在前基準面建立草圖，插入基材-凸緣，兩側對稱，深度 180mm，厚度向外 1mm，彎折半徑 0.5mm。

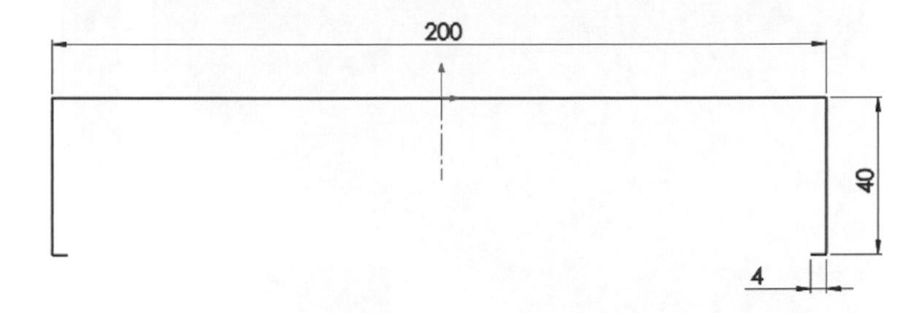

(2) 翻轉零件，在圖示的位置插入草圖，並繪製線段 4mm。

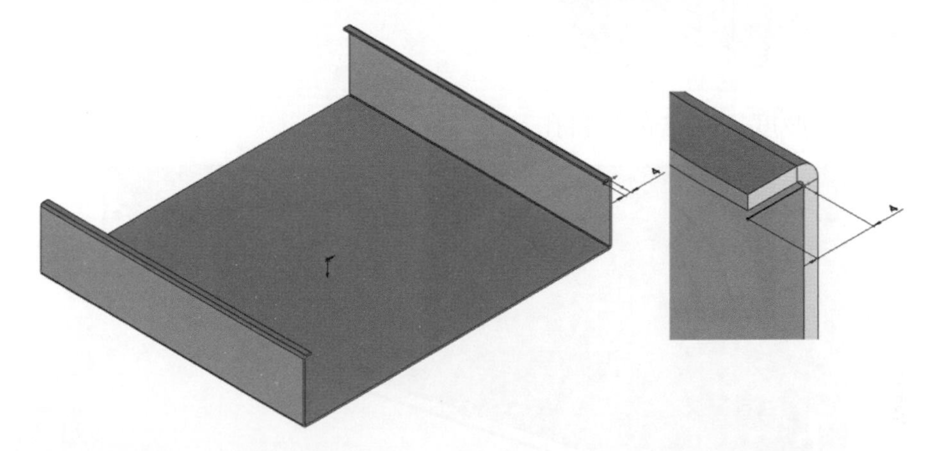

(3) 插入**斜接凸緣**，按**傳遞衍生** 後，再取消最後兩段邊線，縫隙 0.3mm。

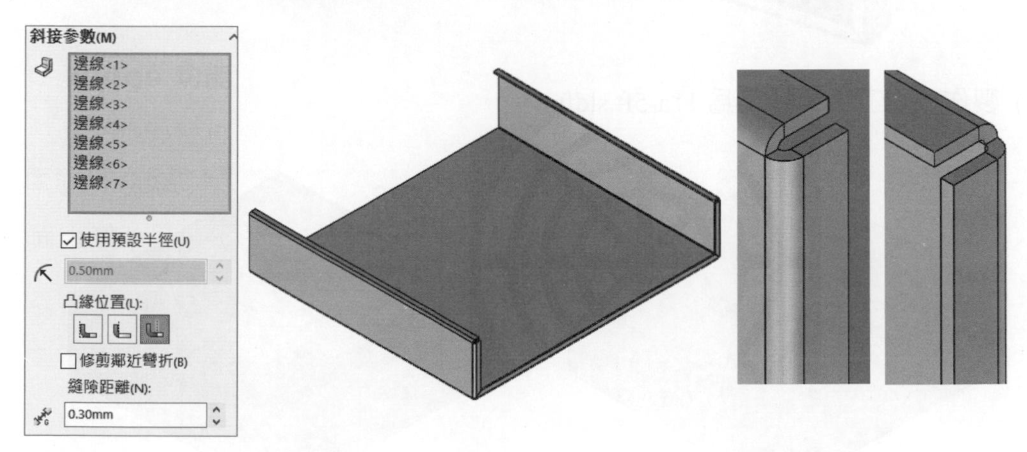

(4) 在斜接凸緣上插入草圖，圓中心點與邊線重合，按**基材-凸緣/薄板頁**，建立薄板頁。

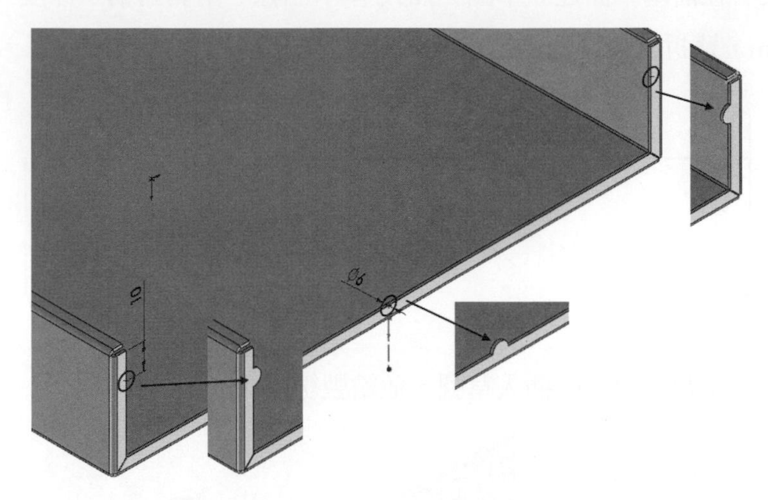

(5) 建立連結至厚度，∅3.5 的除料孔。

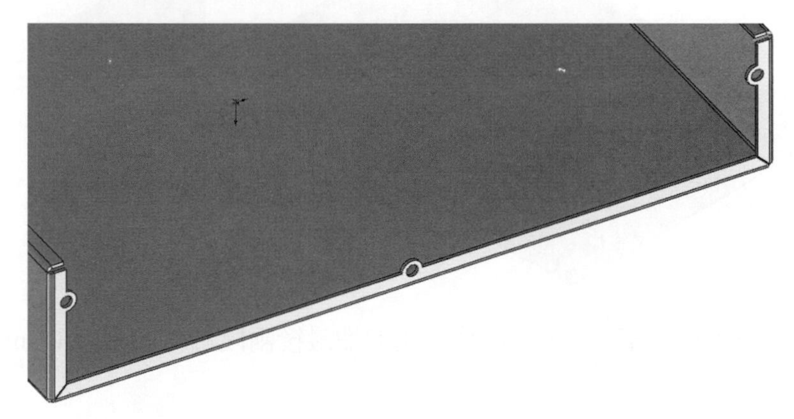

(6) 製作成形工具，儲存爲 11a-5ft.sldftp。

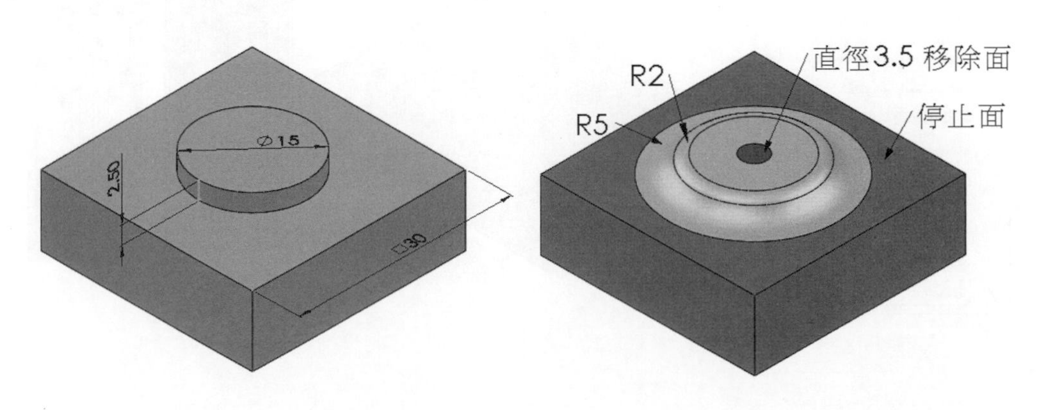

(7) 在右側面插入成形工具。

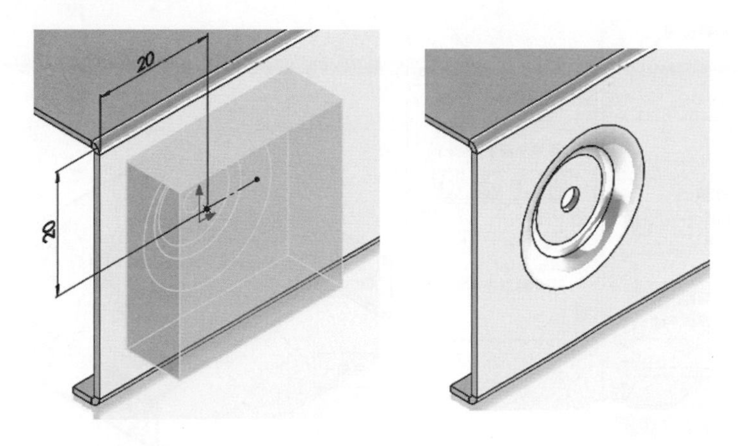

(8) 使用**鏡射**指令鏡射成形工具。

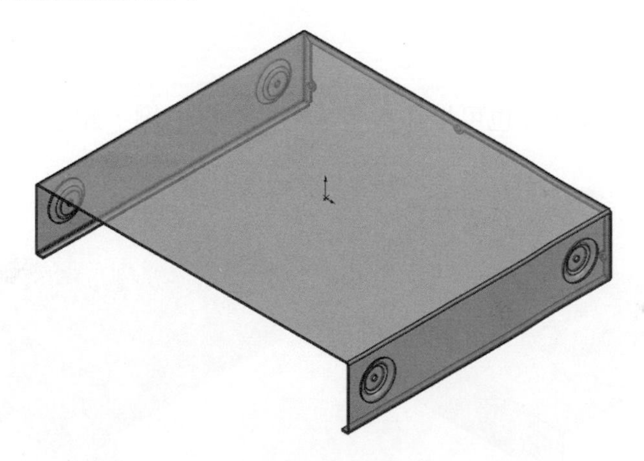

(9) 在上平坦面繪製∅100 圓以建立分割線。

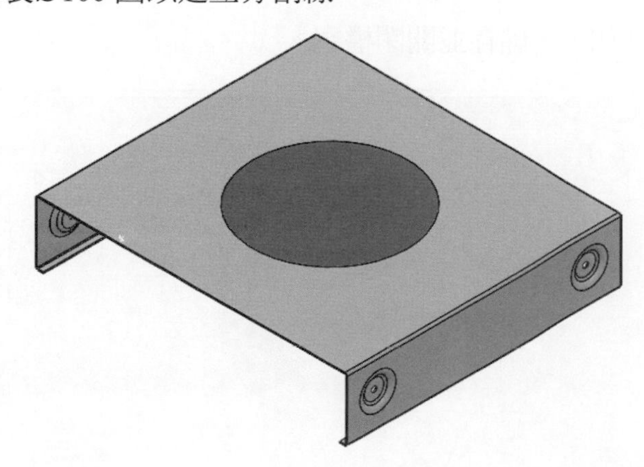

(10) 按特徵工具列上的「**填入複製排列**」，依圖示設定選項，按「**確定**」。

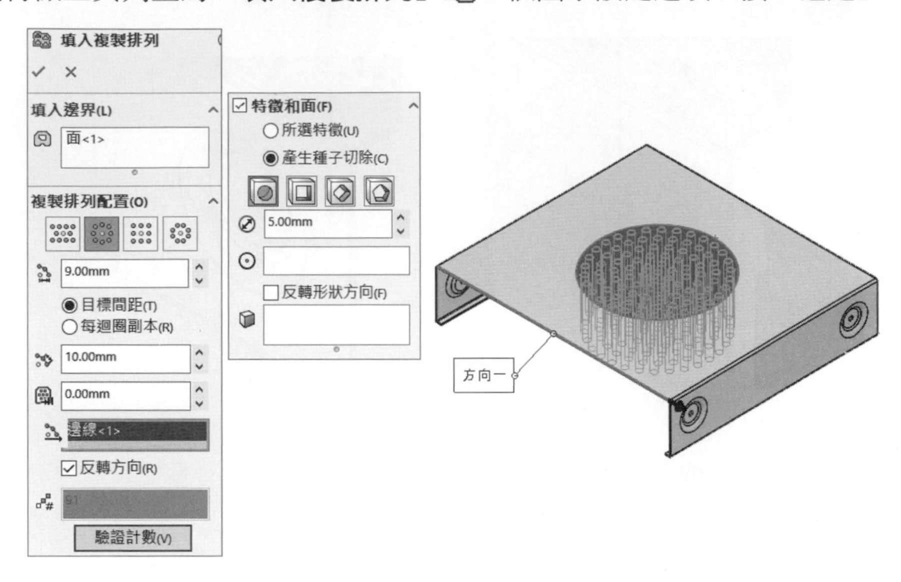

(11) 完成的鈑金件如下，你也可以在鈑金件上按滑鼠右鍵，點選「**切換平坦顯示**」。

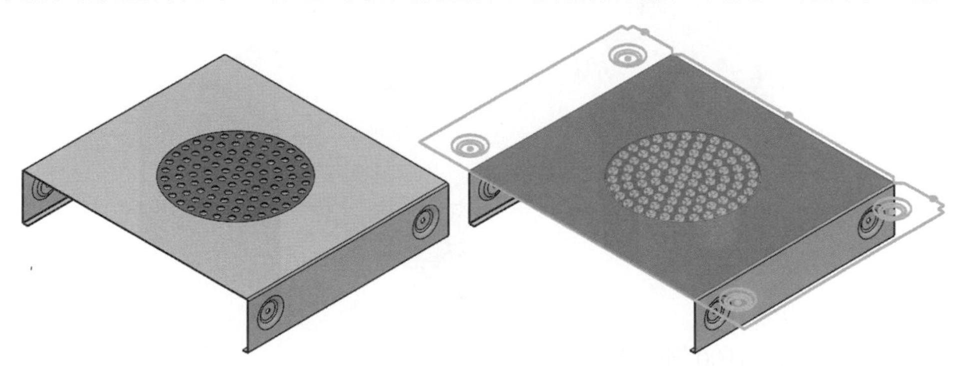

(12) 展開後的鈑金件如下，儲存並關閉檔案。

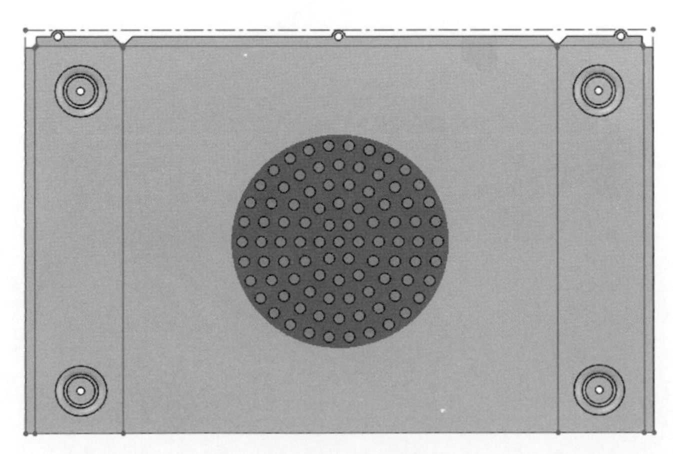

練習 11a-6　薄切管

(1) 開啓零件 11a-6，零件內已內含幾個草圖。

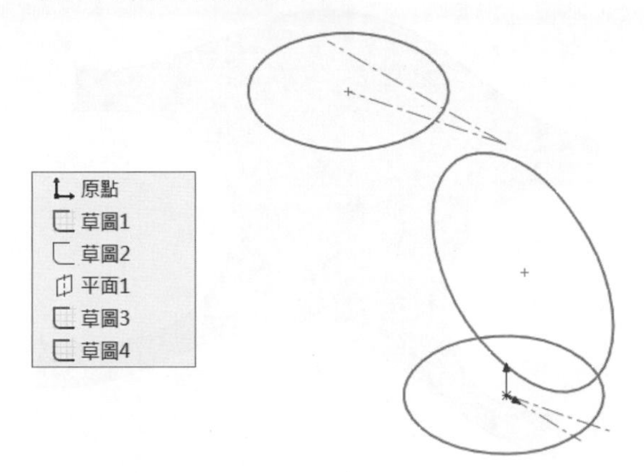

(2) 按鈑金工具列上的「**疊層拉伸-彎折**」，製造方法選擇**成形**，輪廓選擇草圖 1 與草圖 3，厚度爲 0.1mm。

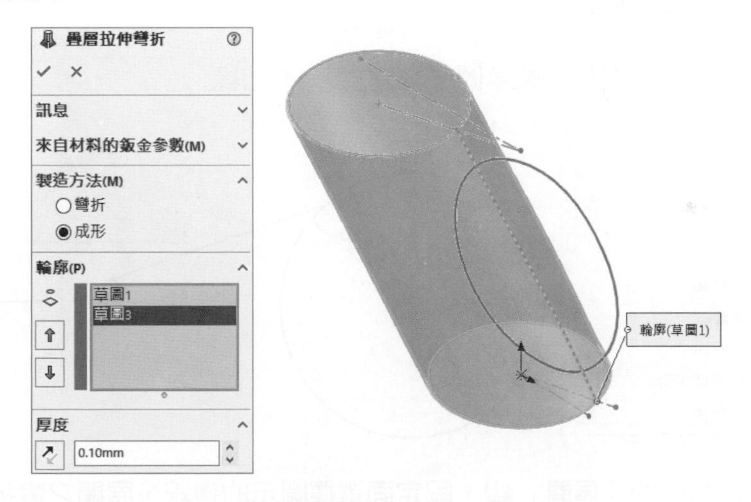

(3) 使用草圖 4 建立除料，完全貫穿-兩者。

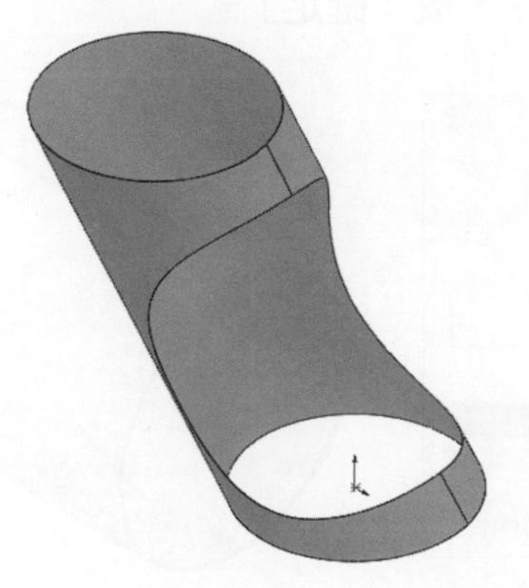

(4) 恢復抑制平板-型式 1 特徵，先選擇平面後，按「**正視於**」，檢視鈑金件的真實大小。

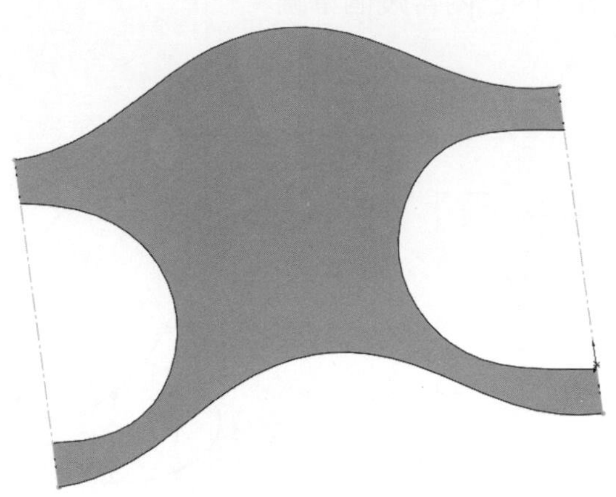

(5) 抑制平板-型式 1，儲存並關閉檔案。

練習 11a-7　疊層拉伸鈑金

(1) 開新檔案，在前基準面繪製草圖，並建立基材-凸緣。

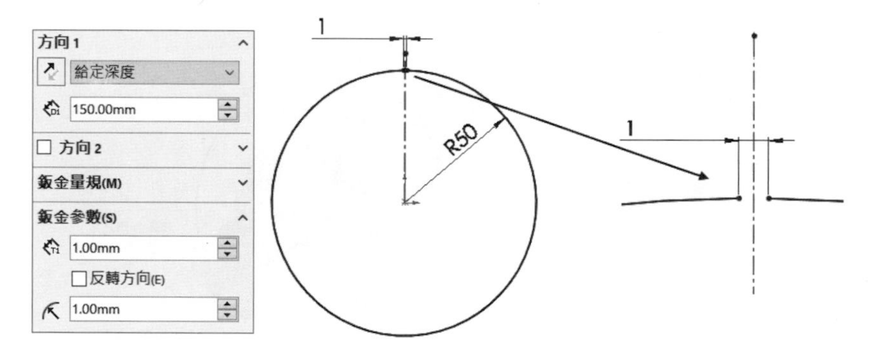

(2) 按鈑金工具列中的「**展開**」，**固定面**選擇圖示的邊線，**展開之彎折**按「**集合所有彎折**」或直接點選鈑金件，按「**確定**」。

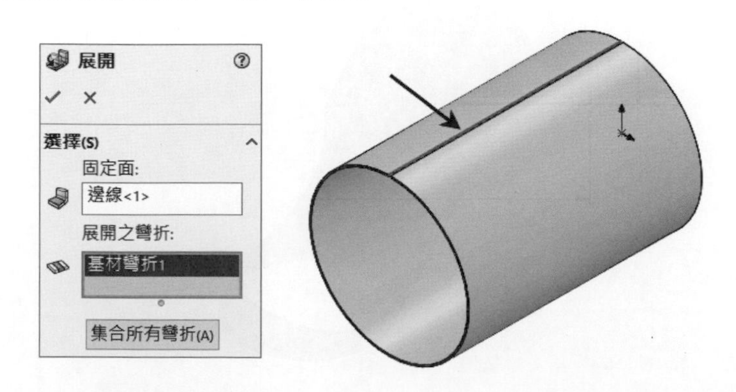

(3) 按**填入複製排列**，依圖中的選項設定產生種子切除特徵。

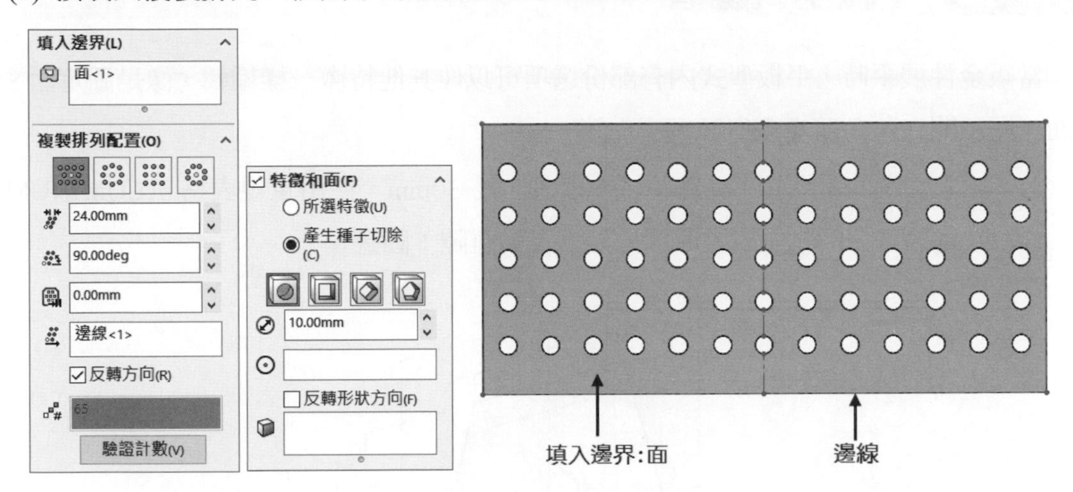

(4) 按鈑金工具列中的「**摺疊**」，按「**集合所有彎折**」後，再按「**確定**」。完成後之鈑金件如圖示，儲存並關閉檔案。

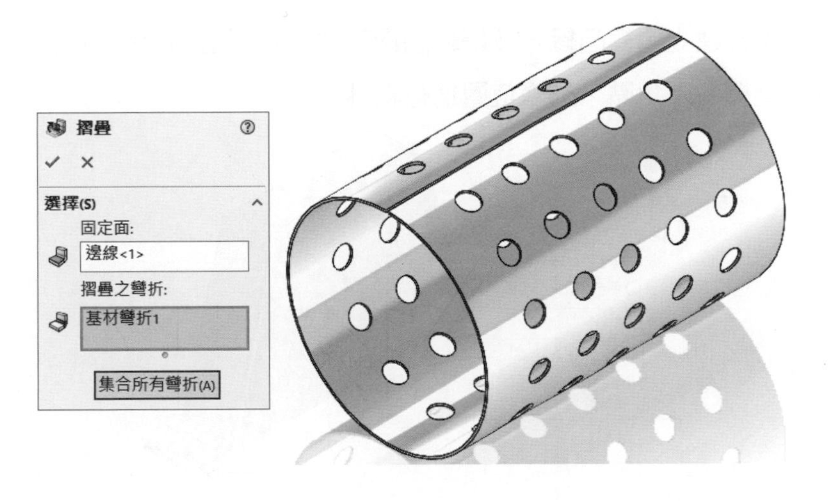

11-7 平板型式編修

當鈑金件展平時，平板型式內有部份選項可以像其他特徵一樣編輯，像是固定面、合併面、顯示開口、角落處理與紋理方向等。

1. 在前基準面繪製草圖建立基材凸緣，伸長 30mm，使用量規表格 ALUMINUM，Gauge 14，半徑 5mm，厚度向外，自動離隙：**圓端**。

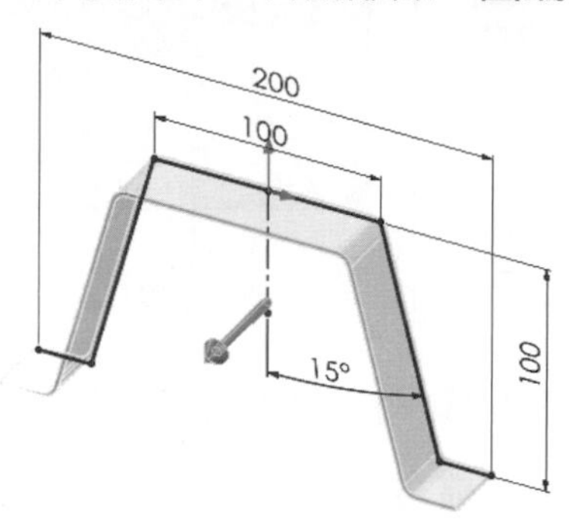

2. 選擇上邊線建立**邊線凸緣**，按**編輯凸緣輪廓**，限制兩側邊線與兩邊斜線平行，**凸緣長度**選擇右下角點，**凸緣位置**爲**材料外**。

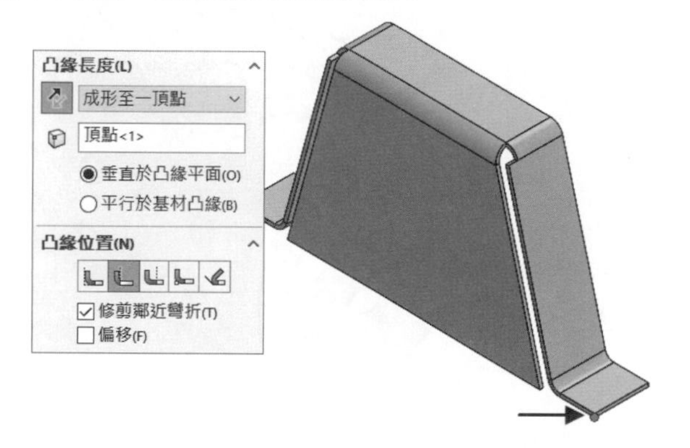

3. 建立**狹槽**除料及**直線複製排列**，並勾選**變化草圖**，方向 1 選擇尺寸 20，間距 15mm 數量 5。

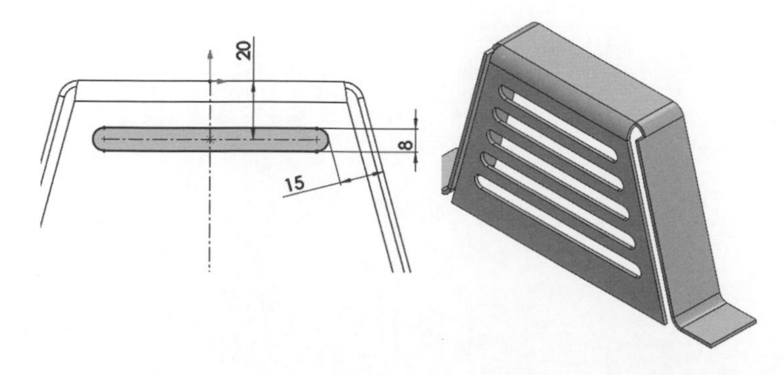

11-7-1 封閉角落

當您因角落開口過大而要封閉角落時，可以使用**封閉角落**指令，並依特徵選項選擇多個角落端面加入材料封閉角落，並可選擇角落類型與調整兩剖面間的**縫隙距離**。

角落類型	對頭	重疊	不重疊
預覽	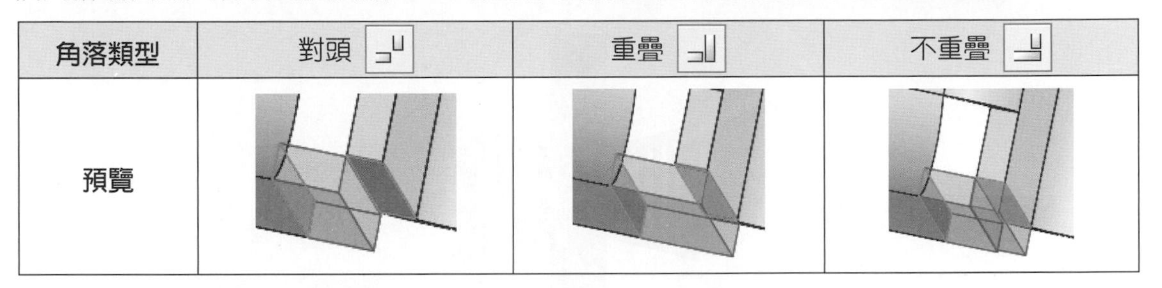		

4. 按**封閉角落**，選擇“邊線凸緣特徵”的兩側面(非對面)，**角落類型**選擇**對頭**，縫隙距離 0.1mm。

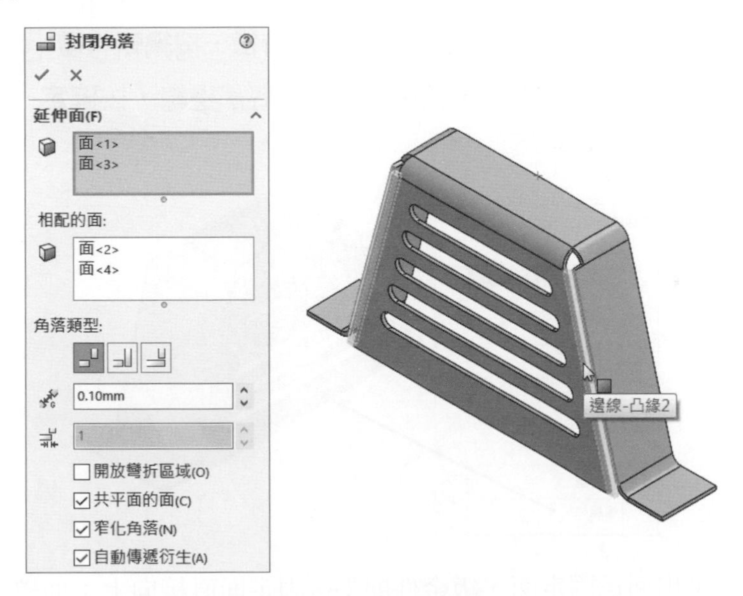

5. 結果如圖示，兩側彎折區域的面已經延伸封閉角落。

6. 按**鏡射**，選擇模型後側的平坦面爲鏡射面及鏡射本體。
7. 按**展平** 檢視鈑金件的平坦狀態，因爲原始平坦面並非最佳，此時可以編輯平板型式處理。

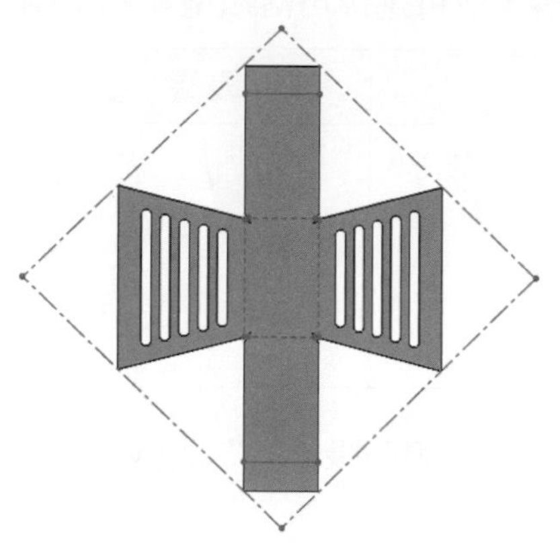

8. 展開平板-型式特徵，點選下方的平板-型式特徵，按**編輯特徵** 。**固定面**原爲左側斜面，重新選擇上平坦面，**紋理方向**選擇底部邊線，按**確定**。

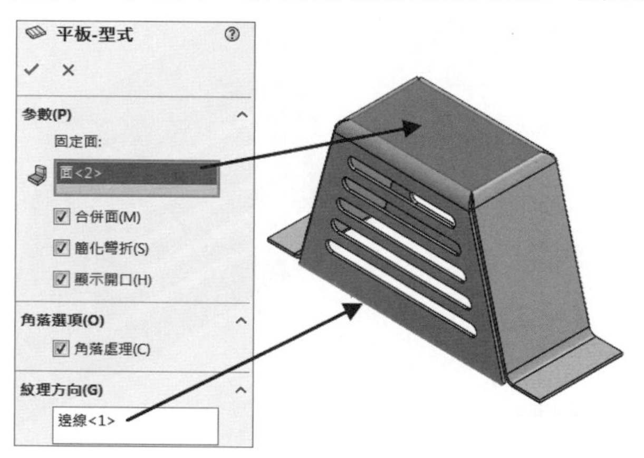

9. 因選擇上平坦面爲固定面，鈑金件展平後固定面直接向上；而紋理方向即爲邊界方框，目前也已和鈑金件邊線重合，顯示結果如圖示。

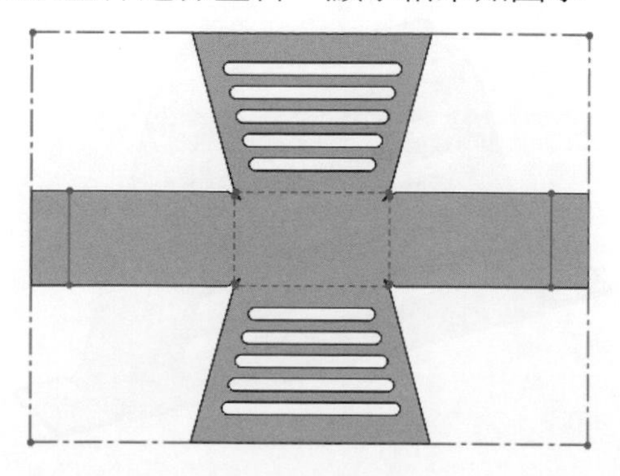

11-7-2 角落離隙

角落離隙 用在加入離隙除料至鈑金件的彎折區域，此指令與角落修剪很像，但是**角落離隙**是用在鈑金成型狀態，而**角落修剪**只用在平板型式。

角落離隙類型：

矩形	環狀	撕裂	圓端	固定寬度

角落修剪離隙類型：

離隙類型	環形	正方形	彎折中間細部
預覽狀態			

10. 離開**展平**，按**角落離隙** ，按**集合所有角落**，離隙選項選擇**環狀**，勾選**置中於彎折線**，半徑 5mm，按**確定**。原撕裂狀的 4 個角落已變更為圓弧狀。

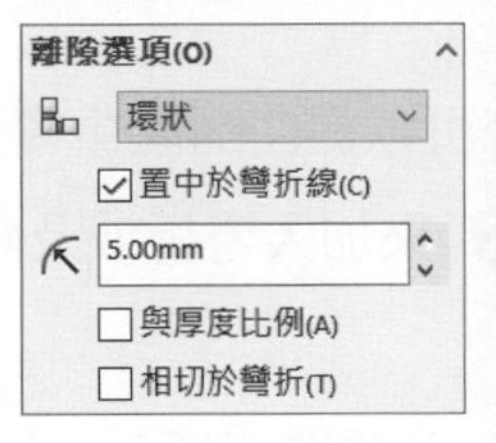

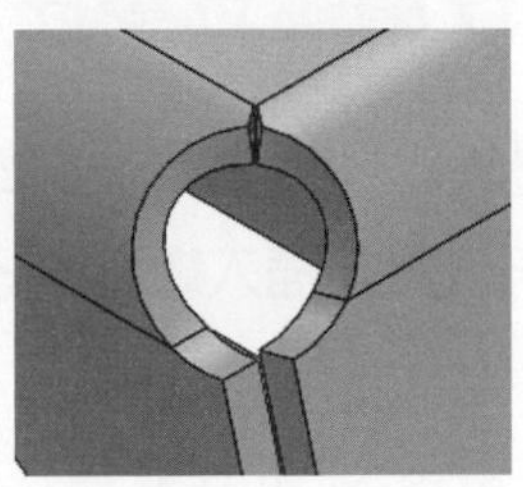

11. 按**角落→斷開-角落** ，選擇前後左右及兩側共 6 個面，**斷開類型：圓角** ，半徑 2mm。

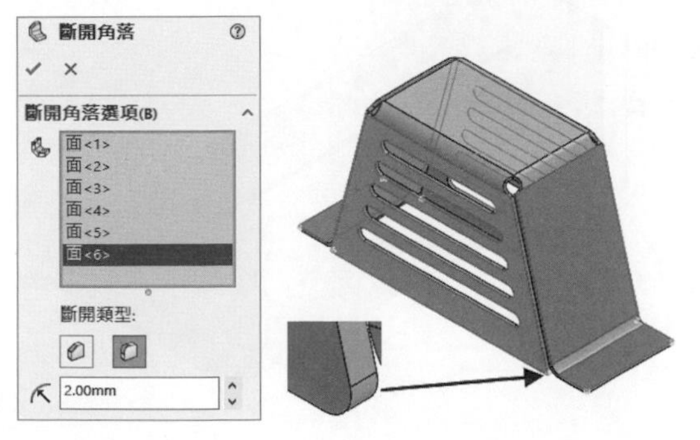

12. 按**展平**檢查平板型式，**角落離隙**與**斷開角落**兩特徵皆同時存在於展平與彎折狀態，因角落離隙半徑不足以移除整個裂口，此時可編輯平板型式特徵，取消勾選**顯示開口**即可。

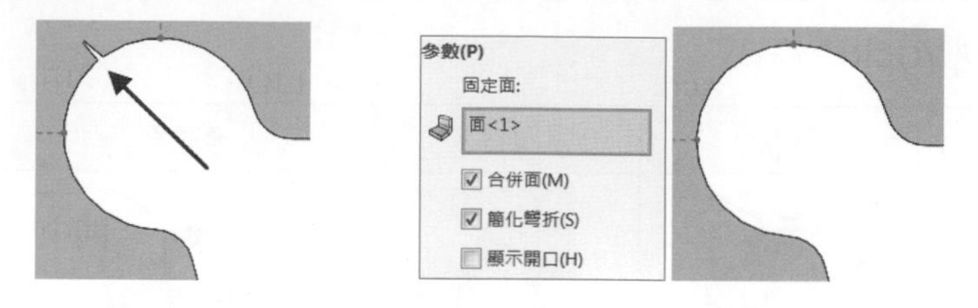

13. 完成後之鈑金件如圖示，儲存並關閉檔案。

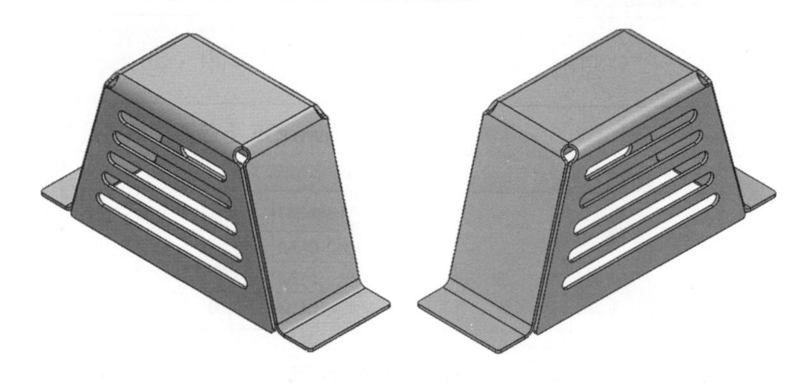

11-8 轉換零件為鈑金零件

建立鈑金件，不必得從鈑金指令開始。您可以從曲面產生實體，或從零件實體開始，先設計一個實體零件，再使用「**插入彎折**」來加入彎折或及鈑金特徵後，將其轉換爲鈑金件。

1. 開新零件檔，存檔爲 shelled box，在右基準面插入草圖，建立伸長特徵，深度 200mm。

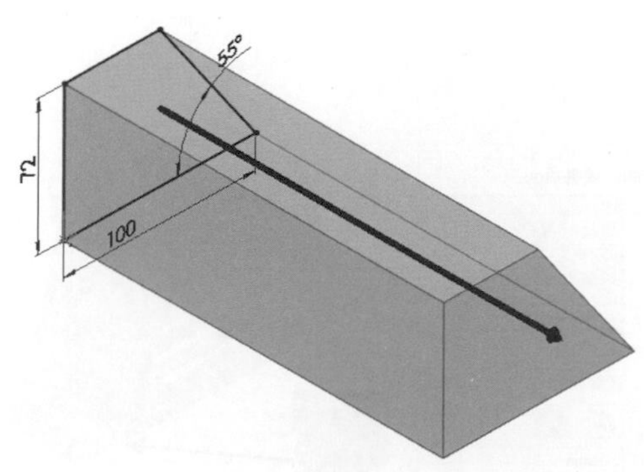

2. (a)在上平坦面繪製草圖，並建立「**分割線**」，將上平坦面分割成兩個平面，(b)插入**薄殼**特徵，厚度 2mm。

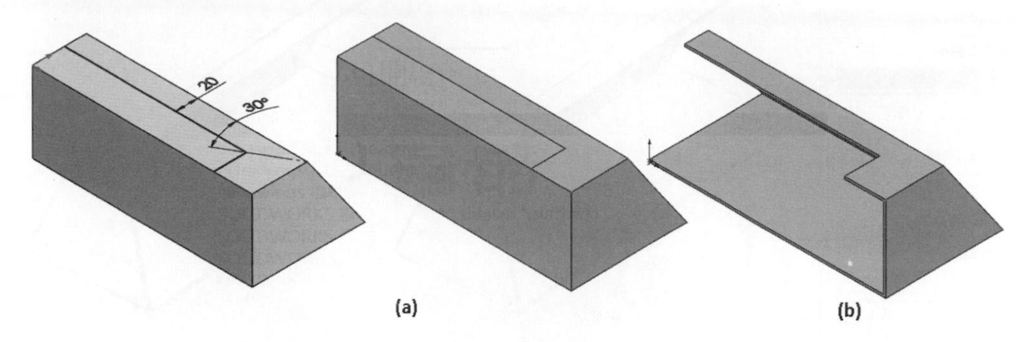

3. 建立分割線，分割平面。

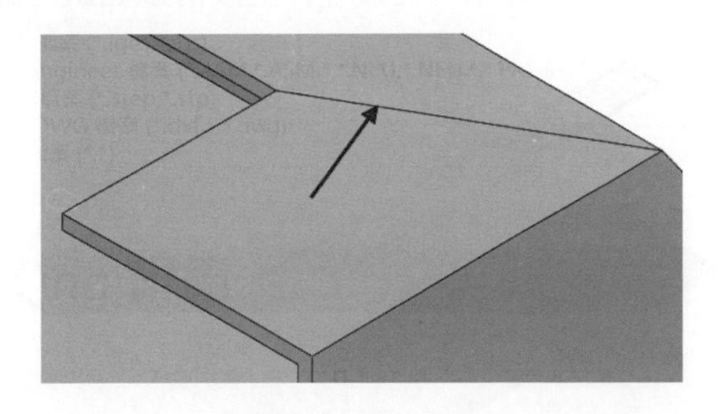

4. 按「**裂口**」，裂口縫隙 0.5mm，選擇圖中的兩條邊線，按**確定** 。

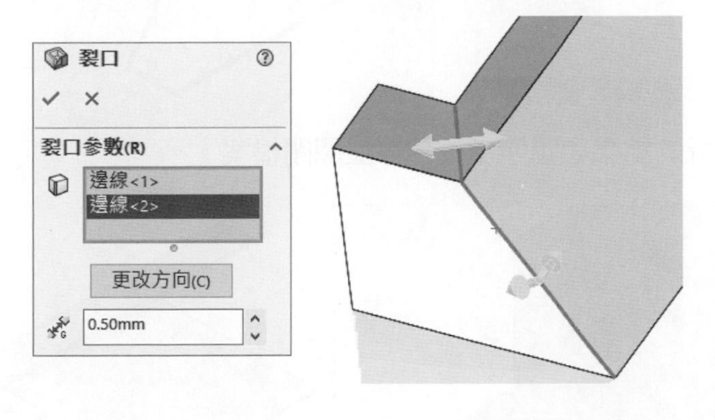

5. 按「**插入彎折**」，彎折半徑 2mm，選擇箭頭所指的固定面，按**確定**。

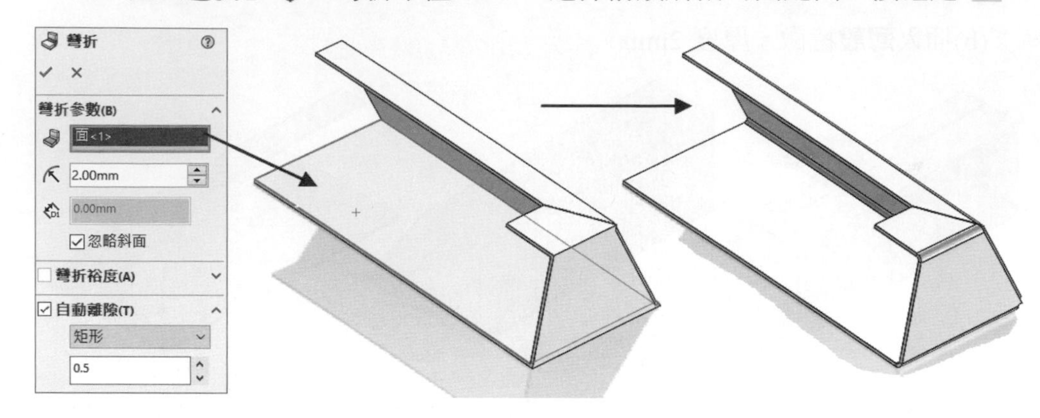

6. 從零件轉成鈑金件結果如圖示，在鈑金件上按滑鼠右鍵，點選**切換平坦顯示**。

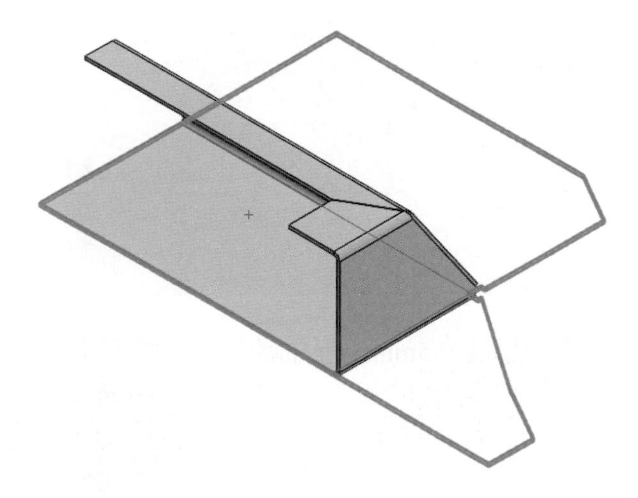

7. 展平與彎折的結果如圖所示，儲存並關閉檔案。

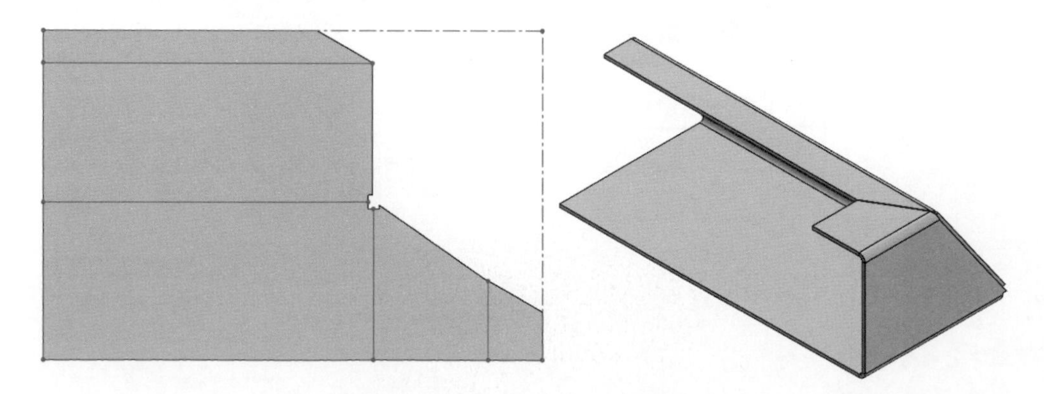

11-8-1 練習題

練習 11b-1 Face

(1) 開新零件檔，建立伸長薄件特徵向下 5mm，終止型態：兩側對稱，距離 100mm。

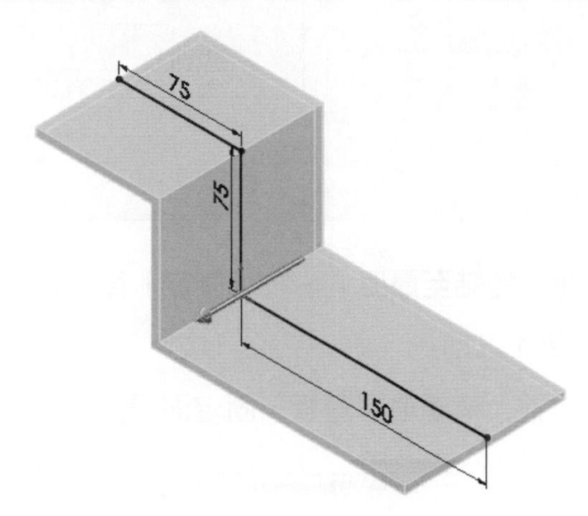

(2) 按「**插入彎折**」，彎折半徑 3mm，固定面選擇如箭頭所指的平面，按「✔」。

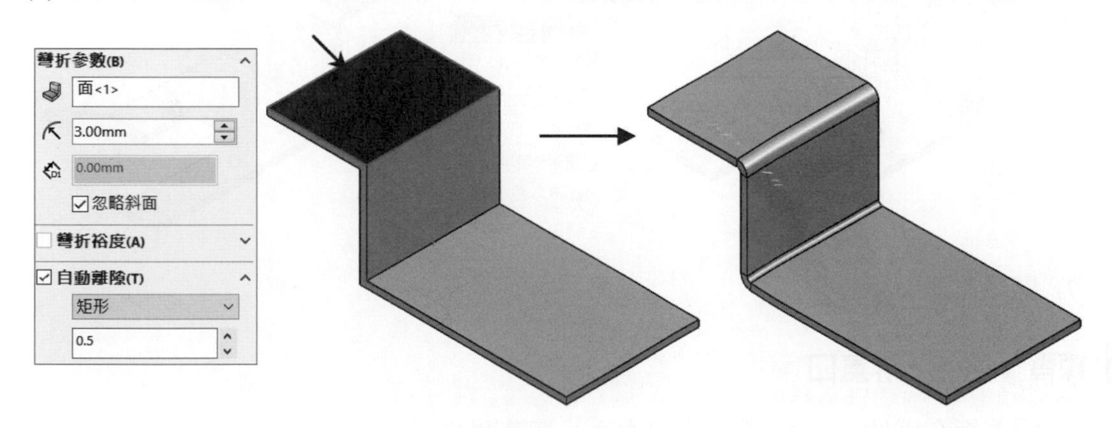

(3) 拖曳回溯棒至**加工-彎折** 1 之前。

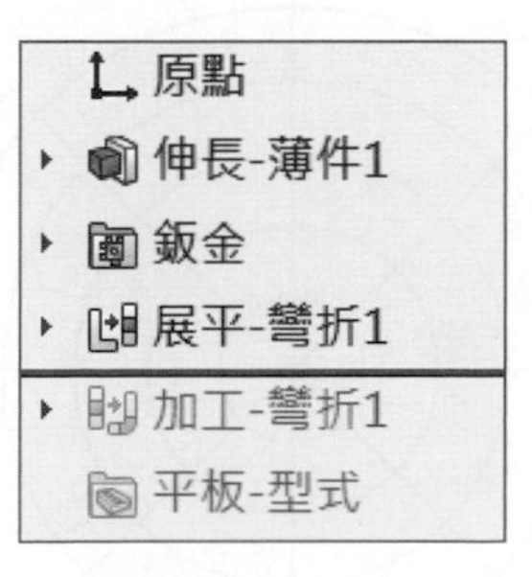

(4) 在展平的平面上繪製下面草圖。

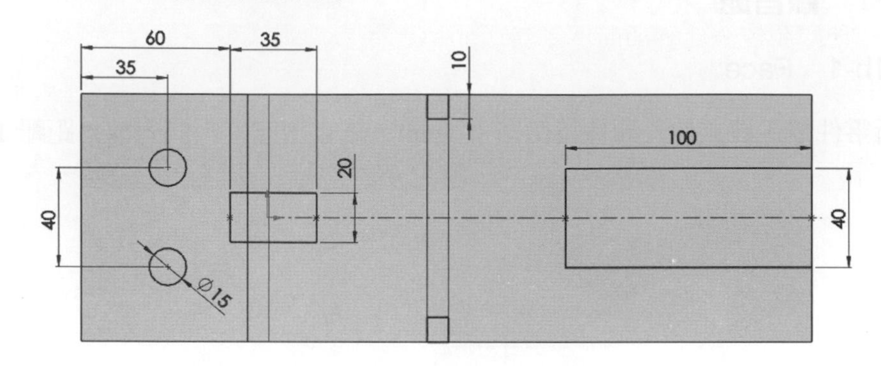

(5) 建立伸長除料，勾選「**連結至厚度**」，按「**確定**」後，拖曳回溯棒至最下面，除料特徵已加在**加工-彎折 1** 之前。

(6) 繪製單一線段草圖，插入**草圖繪製彎折**，固定面選擇如圖，彎折角度 30°。

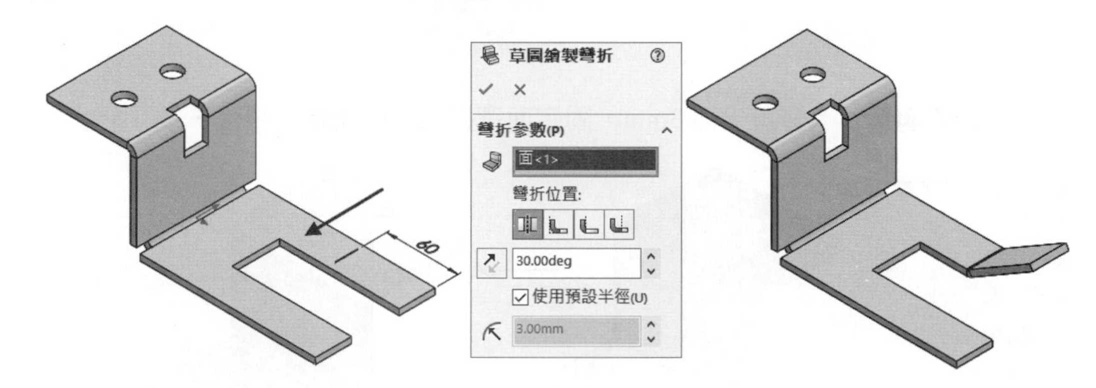

(7) 儲存並關閉檔案。

練習 11b-2　排氣口

(1) 開啟鈑金零件 11b-2，零件中已內含一個草圖 Vent。

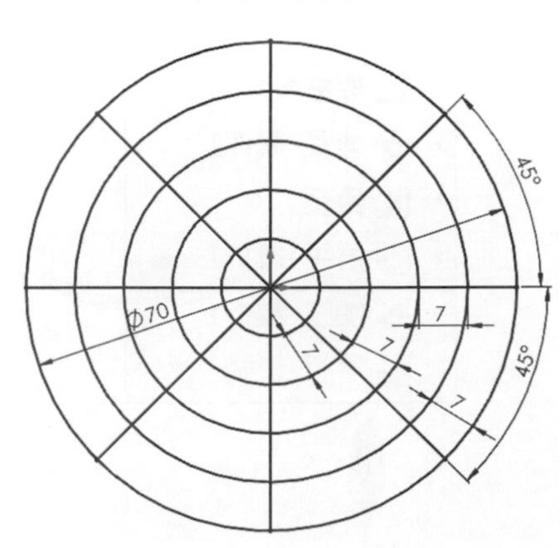

(2) 按鈑金工具列中的「**排氣口**」，**邊界**選擇 Vent 草圖最外側圓弧，此時**幾何屬性**的面自動偵測鈑金件的頂面爲排氣口的位置面。

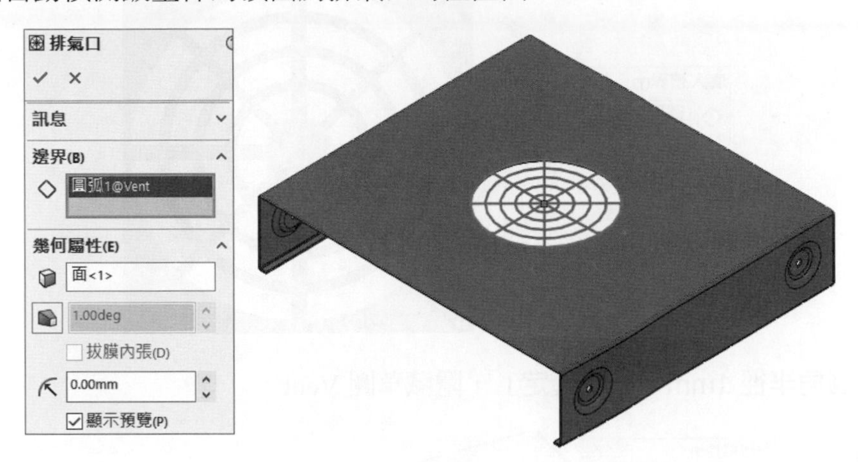

(3) **肋材**選擇垂直及水平線，**肋材寬度** 3mm。

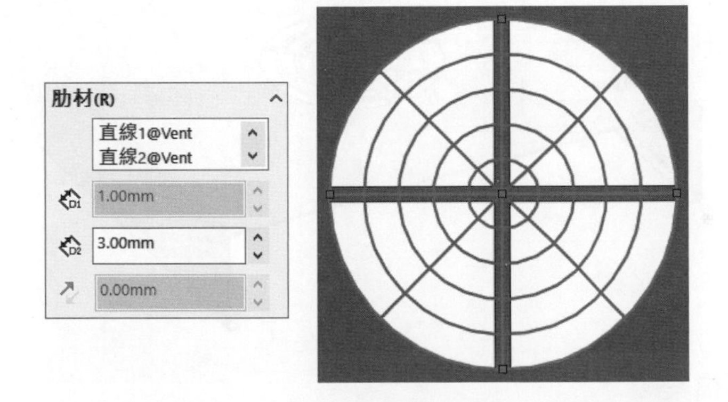

(4) **圓材**選擇中間 3 條圓弧線及 2 條斜線，**圓材寬度** 2mm。

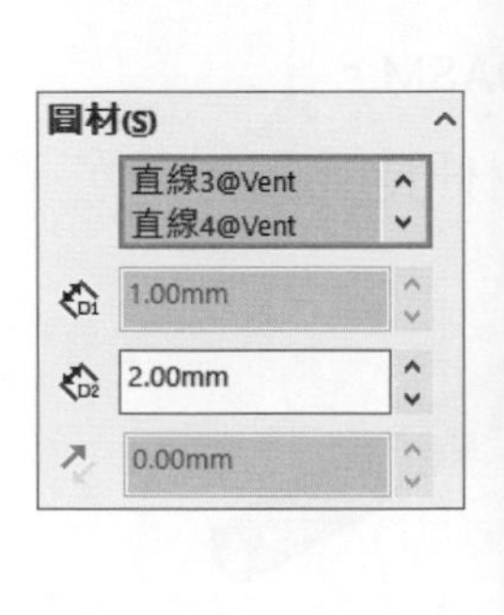

(5) **填入邊界**選擇最小圓弧。

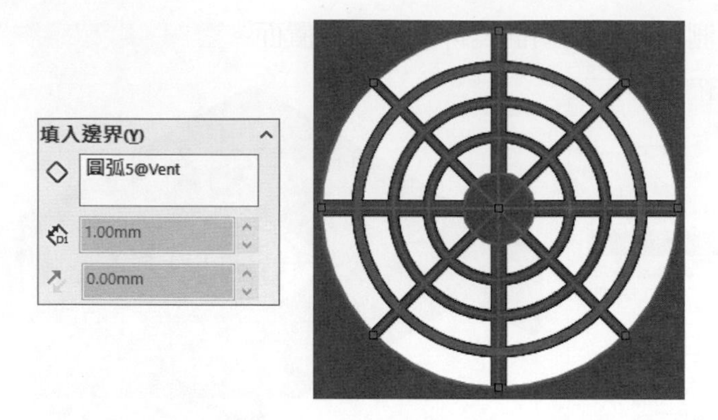

(6) 輸入**圓角半徑** 1mm，按「**確定**」，隱藏草圖 Vent。

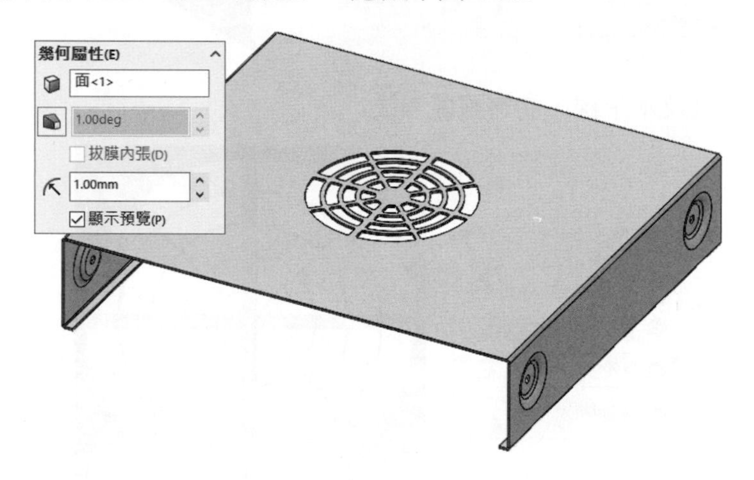

(7) 儲存並關閉檔案。

練習 11b-3　鈑金支架

(1) 從\TubeBrace 資料夾開啟組合件 Assy.SLDASM。

(2) 編輯 Connect 零組件，使用草圖 1 建立基材伸長 20mm。

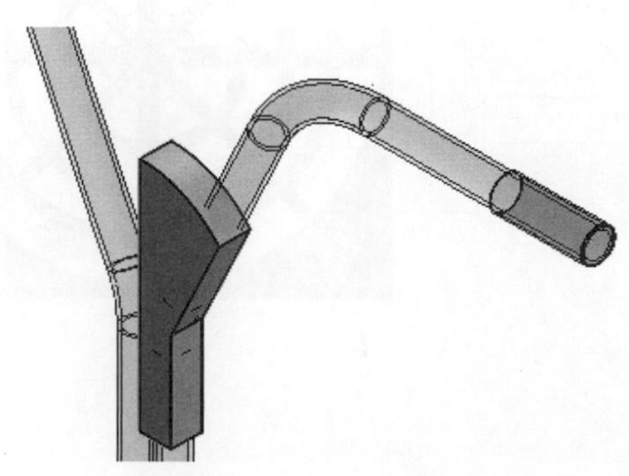

(3) 使用「**轉換為鈑金**」指令將零組件 Connect 轉換成鈑金件，固定平面選擇前平坦面，勾選**反轉厚度**使方向向外，右側兩邊線為**彎折的邊線**，**裂口縫隙**距離為 5mm，按**確定**，離開編輯零件。

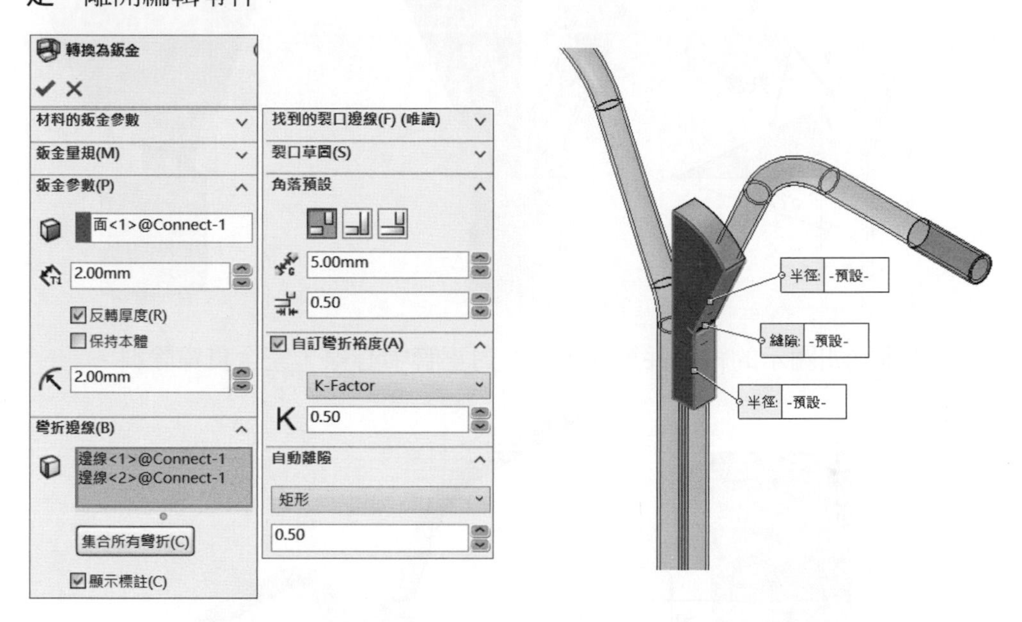

(4) 按「**評估**」➡「**干涉檢查**」，按**計算**，從結果列表中可知有兩個干涉處，離開干涉檢查。

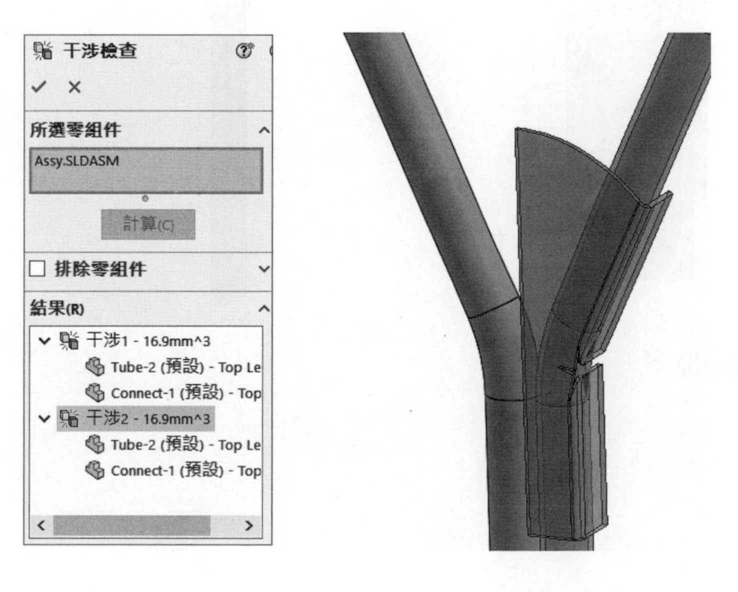

(5) 編輯零組件 Connect，建立除料移除干涉，再使用**鏡射本體**完成零組件建構。

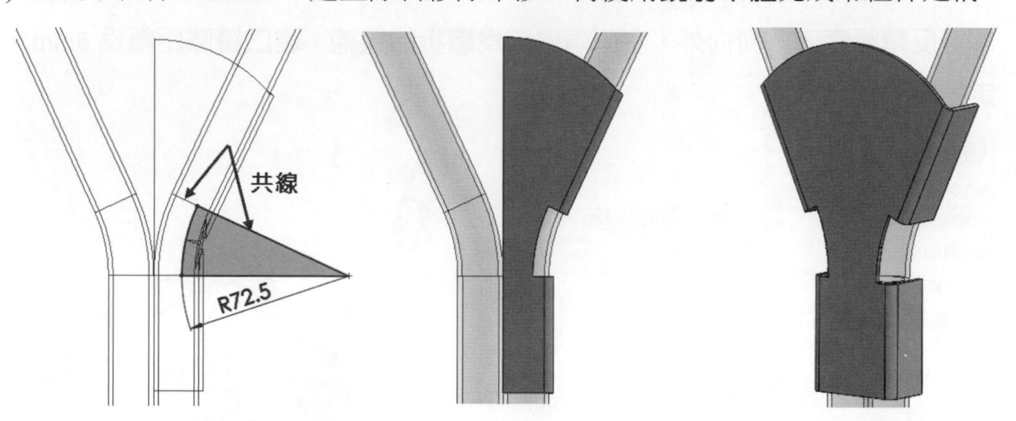

(6) 選擇性建立如圖示的組合件鑽孔，中心對正管中心線，完全貫穿除料。

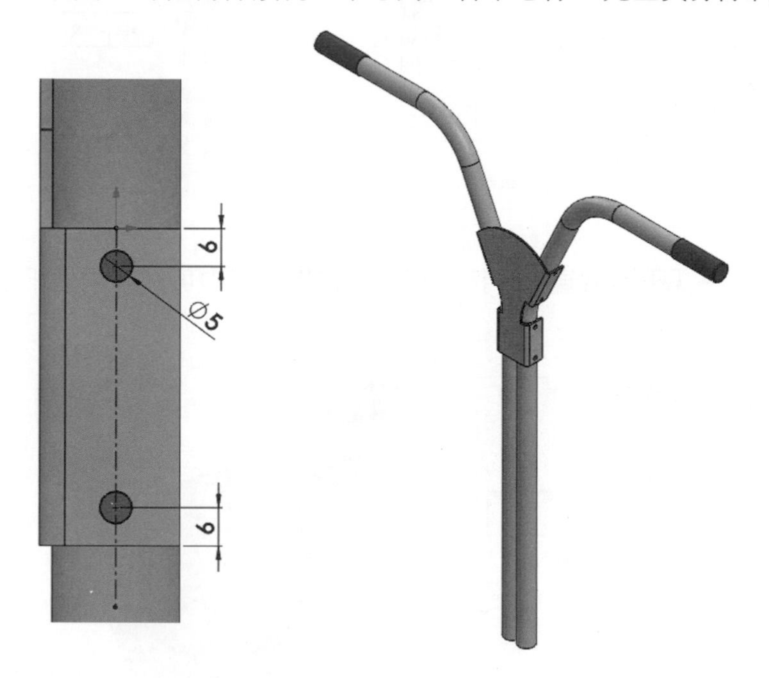

(7) 儲存並關閉檔案。

11-9 綜合練習

練習 11c-1 通氣蓋

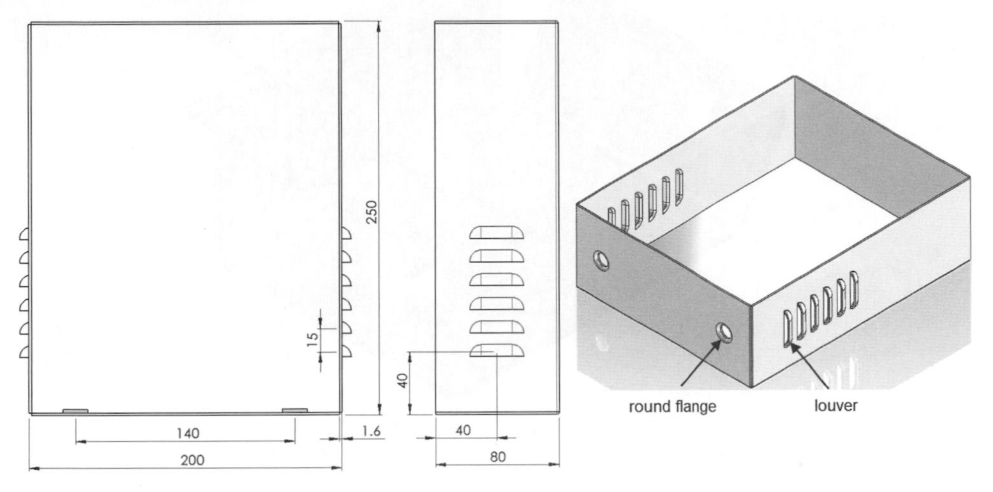

練習 11c-2 板金應用，依圖中大約尺寸值建立鈑金件，不足之尺寸請依比例添加。

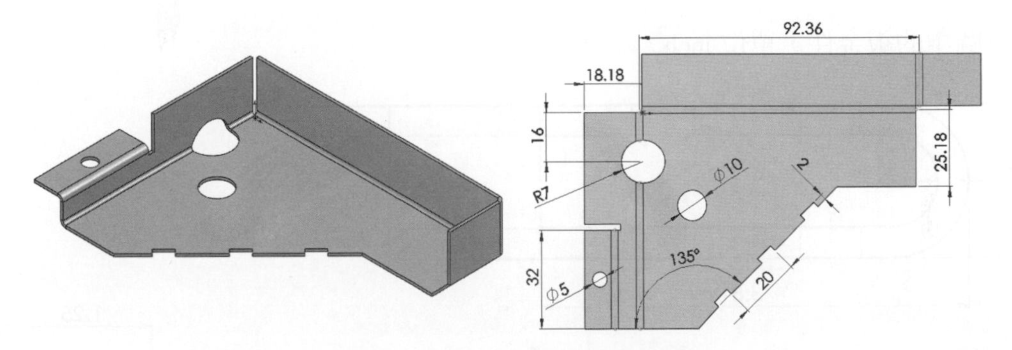

練習 11c-3 板金應用，依圖中大約尺寸值建立鈑金件，不足之尺寸請依比例添加。

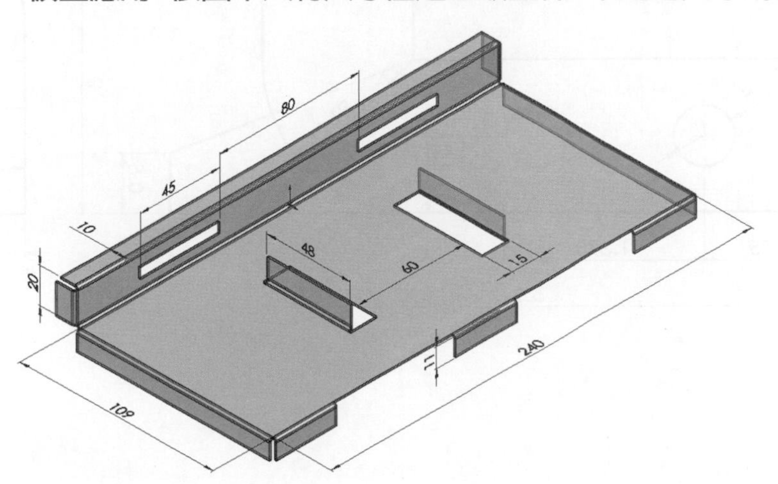

練習 11c-4　板金應用，依圖中大約尺寸值建立鈑金件，不足之尺寸請依比例添加。

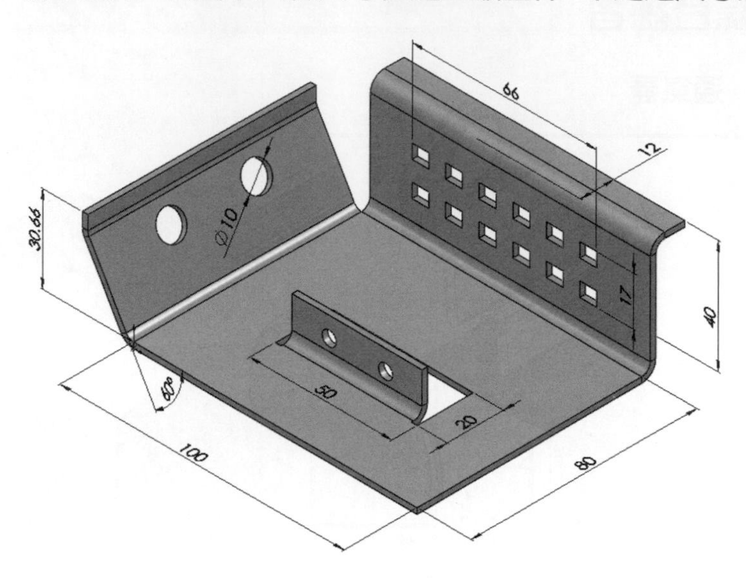

練習 11c-5　擱架

建立圖中的鈑金件，單位 inch。

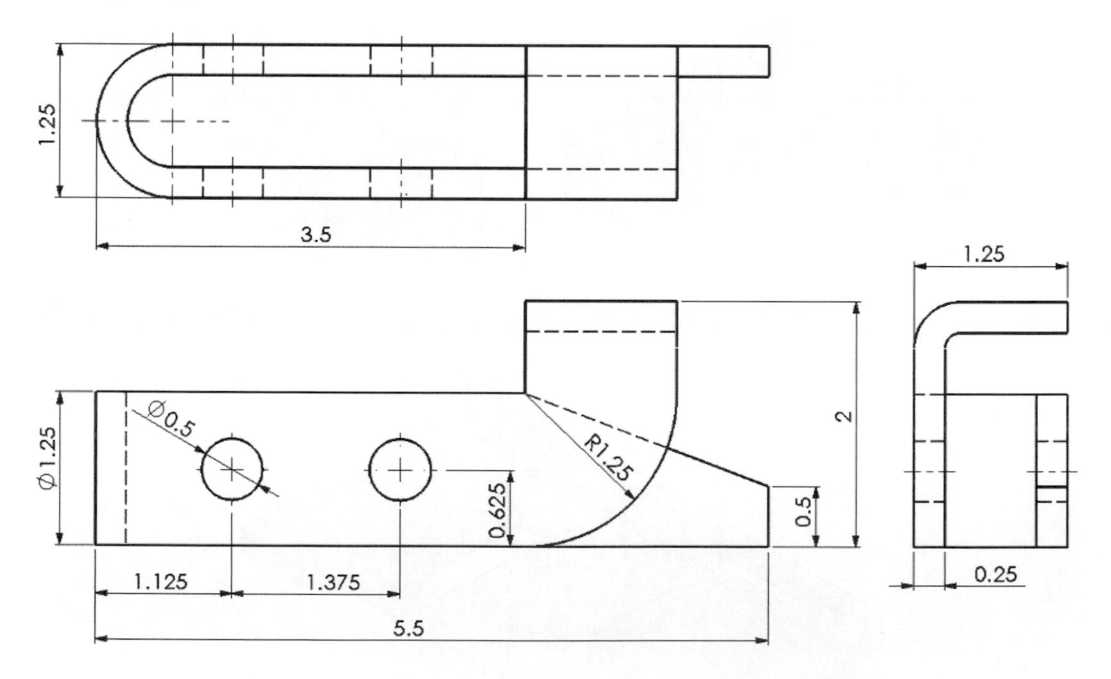

練習 11c-6　座栓鎖支架

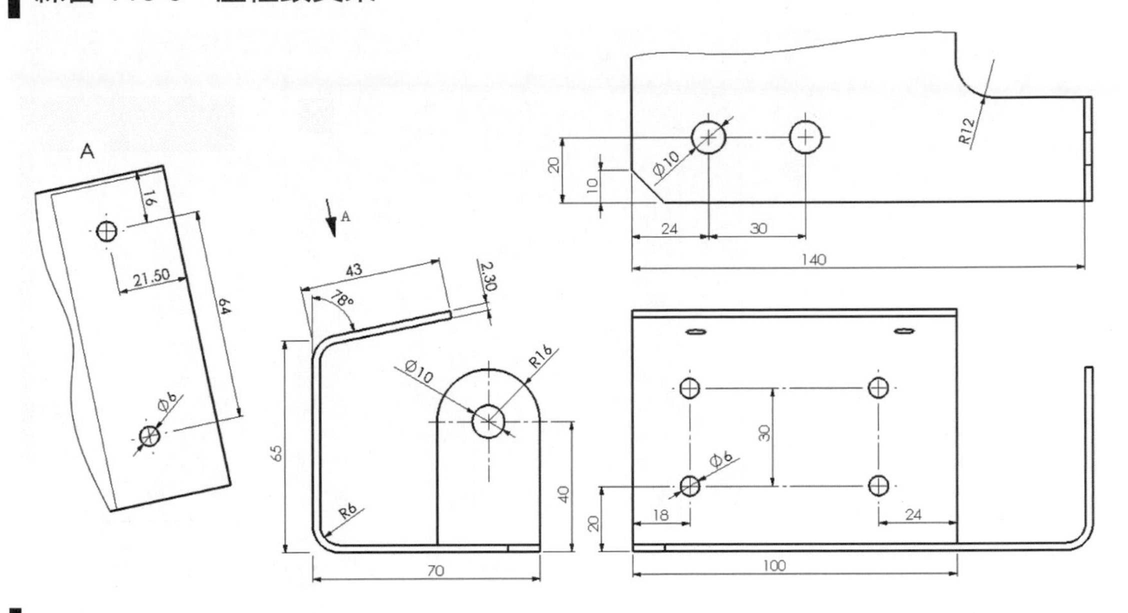

練習 11c-7　鈑金應用

使用疊層拉伸-彎折中的**成形**，建立圖中的鈑金件，厚度 0.2mm，注意圓角 R1。

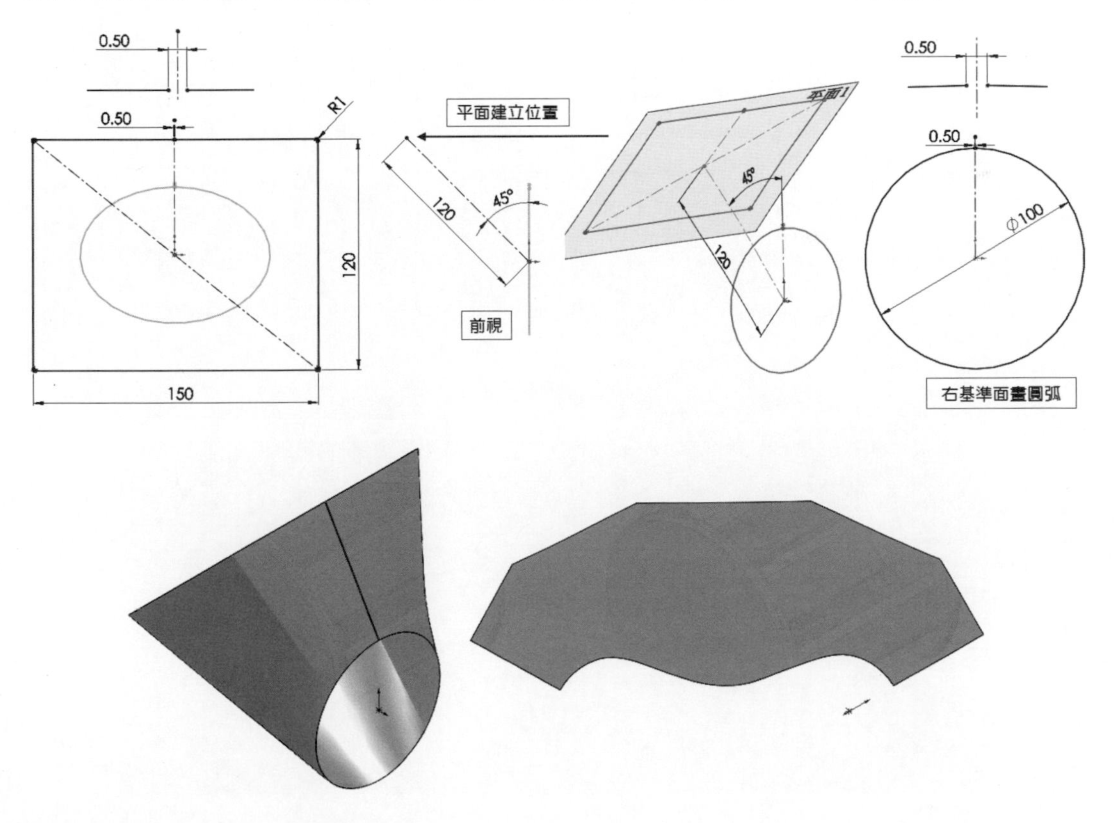

Chapter

eDrawing

12-1 eDrawing

eDrawings 應用程式在目前的 CAD 設計過程中，因不同的使用界面或 3D 軟體的普遍性不足的原因下，它讓設計者在與它人溝通時提供了非常強大的功能。

它提供您產生、檢視並共用 3D 模型和 2D 工程圖，最重要的是它能供你檢視因不同軟件產生的圖檔，像是 DWG/DXF、Pro/Engineer®、STL、3DXML 等非 SOLIDWORKS 產生的圖檔。

12-2 產生 eDrawing 檔案(eDrawings Publishers)

eDrawings Publishers 是使您能夠產生 eDrawings 檔案的 CAD 應用程式的 plug-ins。一般都是用 eDrawings Viewer 來檢視 eDrawings 檔案，要**標示工具、移動零組件、量測、剖面、爆炸視圖、壓印、多工程圖頁選項、多模型組態選項、SOLIDWORKS Animator 動畫、受密碼保護的 eDrawings 檔案**則必須使用到 eDrawings Professional 的版本。

eDrawing 可安裝 Publisher 至下列的應用程式中，以方便產生 eDrawing 檔：

- Autodesk Inventor® Series (Inventor®及 Mechanical Desktop®)
- CATIA® V5
- NX™/Unigraphics®
- Pro/ENGINEER®
- Solid Edge®
- SOLIDWORKS®
- STEP/IGES/STL、OBJ、DWG/DXF 檔案，及 Rhino 格式

12-2-1 SOLIDWORKS 另存與發佈

如果您安裝的是 Professional 版本，則從 SOLIDWORKS 文件產生的 eDrawings 檔案會啓用檢視圖功能(像是剖面、壓印等)；如果您安裝的是免費贈送的 eDrawings Viewer，則 eDrawings 檔案無檢視圖功能。

按**選項 → 輸出**，選擇**檔案格式**中的 EDRW/EPRT/EASM，勾選適當的選項。

系統選項(S) - EDRW/EPRT/EASM

系統選項(S) 文件屬性(D)

一般
MBD
工程圖
顯示樣式
區域剖面線/填入
效能
色彩
草圖
限制條件/抓取
顯示
選擇
效能
組合件
外部參考
預設範本
檔案位置
FeatureManager(特徵管理員)
調節方塊增量
視角
備份/復原
接觸
異型孔精靈/Toolbox
檔案 Explorer
搜尋
協同作業
訊息/錯誤/警告
已解除的訊息
輸入
輸出

檔案格式：
EDRW/EPRT/EASM
☐ 啟用量測
☐ 允許 STL 輸出(A)
☑ 儲存表格特徵
☐ 儲存檔案屬性
☐ 儲存組合間中各零組件的檔案屬性
工程圖
☑ 儲存塗彩資料(S)
☐ 包括設為不得列印的圖層
動作研究
☑ 儲存動作研究(M)
○ 在每個模型組態中儲存各個動作研究
◉ 僅儲存於最後計算的模型組態中
☑ 如果結果是過時的，請重新計算動作研究

您可以使用**另存新檔**，從對話方塊中的存檔類型列表內選擇「eDrawings(*.eprt)」。或從 SOLIDWORKS 中按「**檔案**」→「**發佈至 eDrawings**」。

	另存新檔	發佈
從 SOLIDWORKS 中儲存 eDrawings 檔案	從 SOLIDWORKS 中儲存 eDrawings 檔案，並指定檔案名稱與位置。	在 SOLIDWORKS 中未存檔，在發佈至 eDrawings 中，再儲存檔案。
直接在 eDrawings 中開啓檔案。	不會在 eDrawings 中開啓檔案。	在 eDrawings 中開啓發佈的內容。
可用的選項	從系統選項中設定	從系統選項中設定

若是零件有模型組態，則系統會問及是否儲存模型組態。

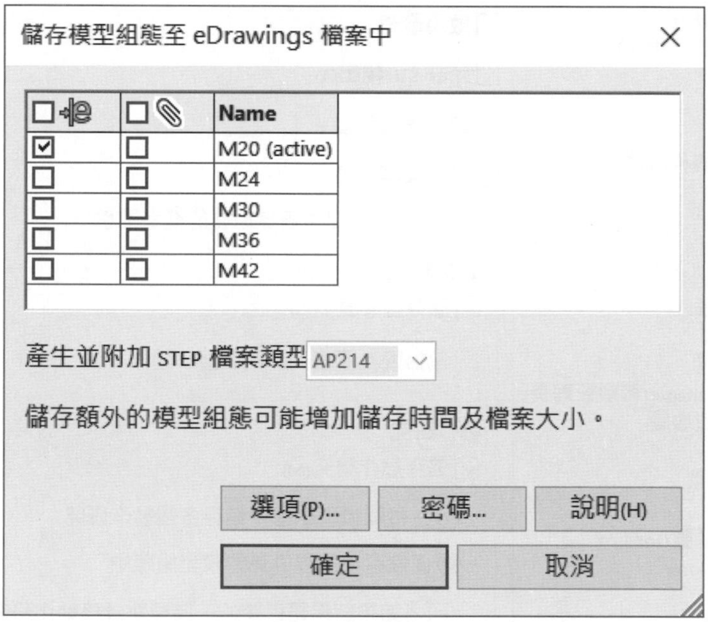

儲存模型組態至 eDrawings 檔案中

		Name
☑	☐	M20 (active)
☐	☐	M24
☐	☐	M30
☐	☐	M36
☐	☐	M42

產生並附加 STEP 檔案類型 AP214

儲存額外的模型組態可能增加儲存時間及檔案大小。

選項(P)... 密碼... 說明(H)

確定 取消

12-3 開啟檔案

eDrawing 可開啓的檔案格式從最基本的 eDrawing 與 SOLIDWORKS 圖檔，到常見的 Pro/E 與 DXF/DWG 檔案都可開啓。

eDrawings 檔案 (*.eprt,*.easm,*.edrw,*.eprtx,*.easmx,*.edrwx)
eDrawings 檔案 (*.easm)
eDrawings 檔案 (*.edrw)
eDrawings 檔案 (*.eprt)
SOLIDWORKS 檔案 (*.sldprt,*.sldasm,*.slddrw)
SOLIDWORKS 零件檔案 (*.sldprt)
SOLIDWORKS 組合件檔案 (*.sldasm)
SOLIDWORKS 工程圖檔案 (*.slddrw)
SOLIDWORKS 範本檔案 (*.prtdot,*.asmdot,*.drwdot)
CALS 檔案 (*.cal; *ct1)
STL 檔案 (*.stl)
Autodesk Inventor 檔案 (*.IPT,*.IAM)
CATIA V5 檔案 (*.CATPart,*.CATProduct)
CATIA V6 檔案 (*.3DXML)
IGES 檔案 (*.iges,*.igs)
Pro/Engineer 檔案 (*.ASM,*.ASM.*,*.NEU,*.NEU.*,*.PRT,*.PRT.*,*.XAS,*.XPR)
STEP 檔案 (*.step,*.stp)
DXF/DWG 檔案 (*.dxf、*.dwg)
所有檔案 (*.*)

12-4 eDrawing 視窗

eDrawing 程式不需依附在任何程式下即可執行，它像 SOLIDWORKS 一樣都有管理員供檢測目前的文件。

開啓零件 locking handle.EPRT。

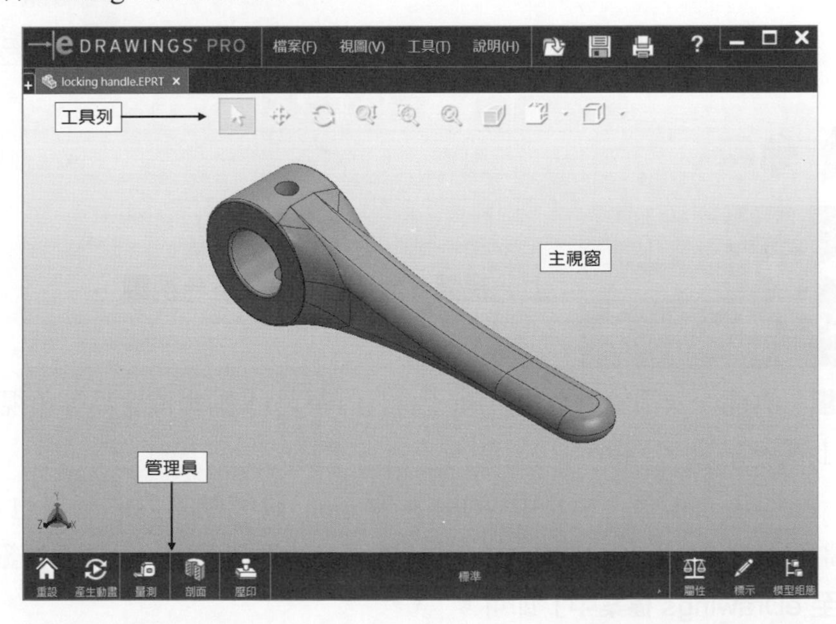

12-5 檢視

eDrawing 和 SOLIDWORKS 一樣，都有相似的檢視工具列、標準視角工具列、滑鼠操控(中鍵放大與縮小)、快速鍵(z 縮小；Z 放大)，首頁能使畫面回到最初大小與等角視方位。

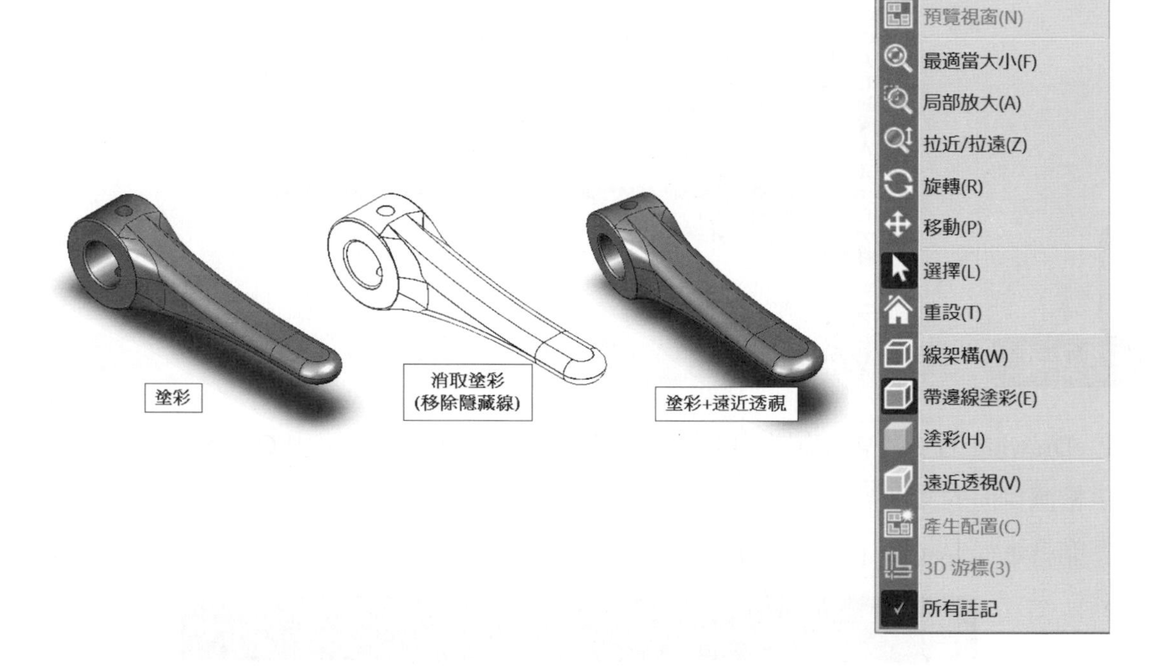

12-6 動畫

：上一視圖、播放(停止)、下一視圖。

產生動畫工具能一次播放所有的視角(不含自訂視角)，動畫依序爲等角視、前視、右視、後視、上視、左視、下視。

若您有 Professional 版，SOLIDWORKS Motion 研究動畫內的動畫也可以儲存在 eDrawings 檔案中，只要在 SOLIDWORKS 的「**選項**」→ **系統選項** → **輸出**標籤中勾選「**儲存動作研究至 eDrawings 檔案中**」即可。

12-7 剖面

開啟零件 12-1.EPRT。

這裡的剖面和 SOLIDWORKS 一樣，都是暫時的，只要使用基準面或是平坦面，即可利用**剖面**工具建立零件或組合件的動態剖切，其他選項還有**反轉**、**隱藏平面**與**顯示加蓋**。

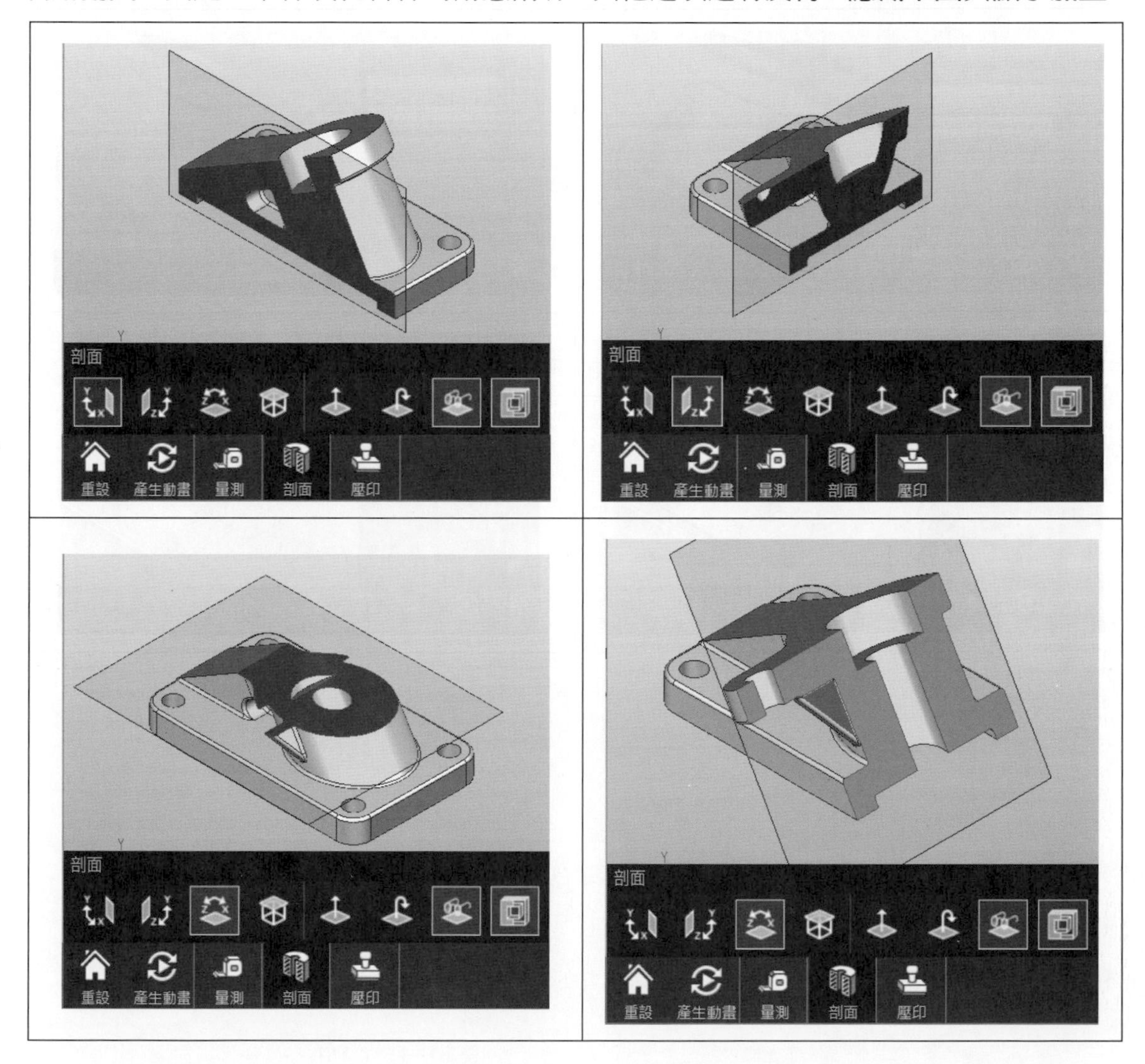

12-8 量測

量測工具是用來測量零件、組合件和工程圖文件中的確實尺寸。

您可以量測下列類型的圖元：**圖元**、**點到點**、**點到邊線**、**點到面**、**邊線到邊線**、**邊線到面**、**面到面**、**單一邊線**、**單一鑽孔**、**兩個鑽孔或圓**、**圓**、**弧**等。

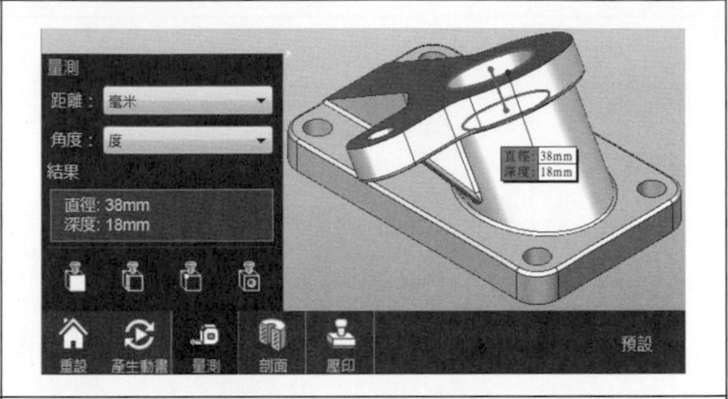

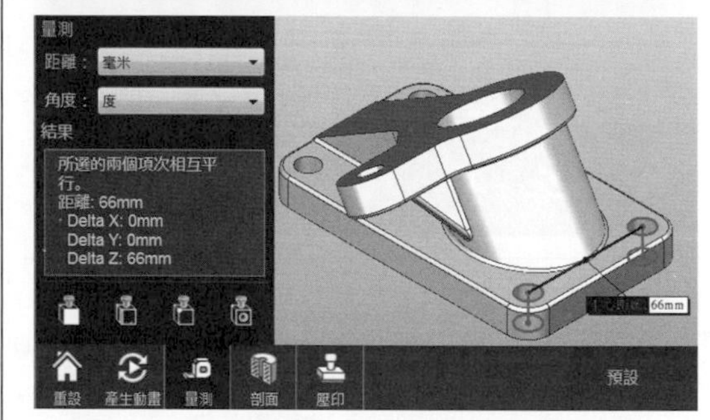

12-9 物質特性

按「**工具**」➡「**物質特性**」指令，您可以設定計算物質的材質、密度等特性，以檢視零件或組合件檔案的物質特性。在組合件中的物質特性，是針對整個組合件而不是個別的零組件計算屬性。

要檢視物質特性請在 SOLIDWORKS 中的**選項**中勾選「**可以量測此 eDrawings 檔案**」，其他 CAD 檔案請查詢說明功能表中的「**eDrawings 功能矩陣表**」檢查 eDrawings 支援的功能。

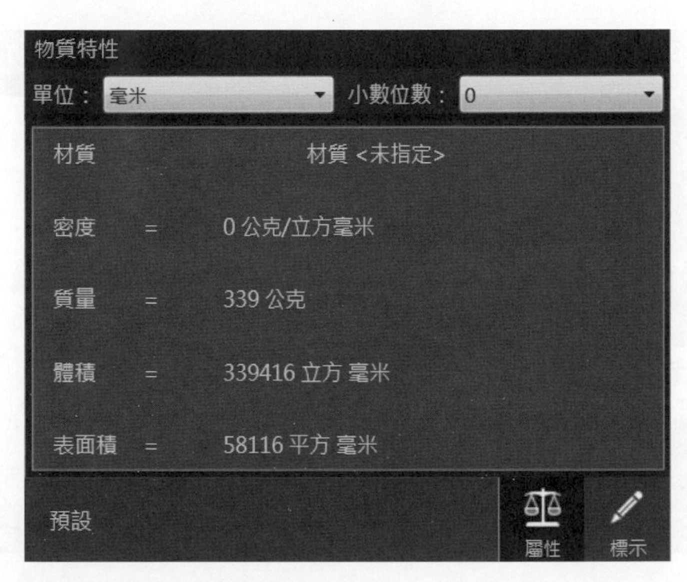

下圖僅從說明功能表中擷取部份內容。

eDrawings 功能矩陣表

此表格顯示從 CAD 應用程式發佈 eDrawings 檔案的 eDrawings® 功能。關於原始檔案的輸入請見下方。

eDrawings 功能	CAD 應用程式							
	SolidWorks	AutoCAD	Autodesk Inventor Series	CATIA V5	Google SketchUp	NX/ Unigraphics	Pro/ ENGINEER	Solid Edge
多個工程圖頁	✔	✔	✔	✔		✔	✔	
動畫視圖	✔		✔	✔		✔	✔	✔
產生配置	✔		✔	✔		✔	✔	✔
輸出選項	✔		✔	✔	✔	✔	✔	✔
物質特性	✔		✔	✔		✔	✔	✔
旋轉	✔		✔	✔	✔	✔	✔	✔
塗彩視圖	✔		✔	✔	✔	✔	✔	✔
OLE 物件	✔	✔	✔	✔		✔		

12-10 壓印

壓印可讓您加入影像至文件中，並且在存檔後，壓印會永久存在檔案中。在模型中，當模型被縮放、旋轉、或拖曳時，壓印會保持在視窗固定的位置與大小。在工程圖中，壓印的動作類似於將橡皮圖章蓋到工程圖紙上。

壓印用的影像(*.png、*.tif、*.gif、*.jpeg、*.bmp)皆可加入到特定的壓印資料夾中(在 **「工具」→「選項」→ 一般**標籤的**壓印路徑**中設定)，壓印亦可支援透明度的影像如*.png、*.tif 或 *.gif 的格式。

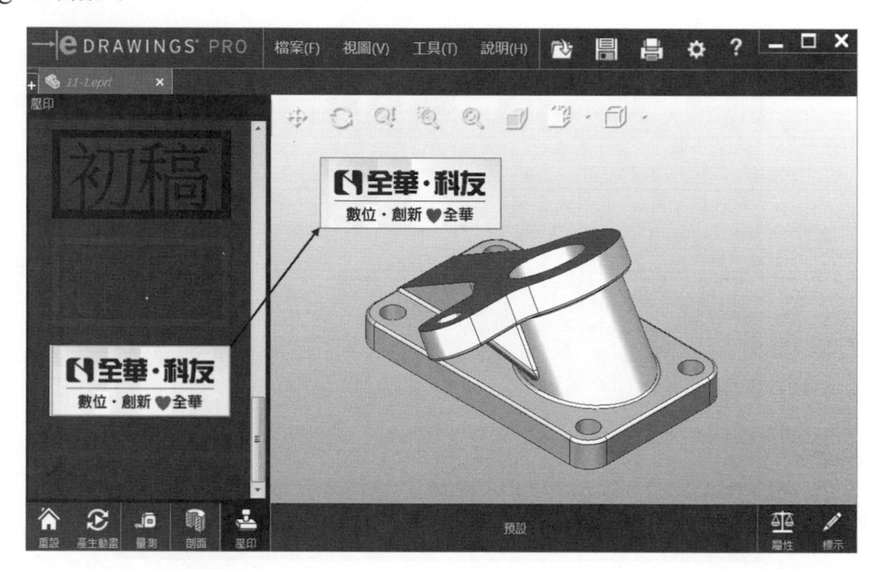

12-11 檢視工程視圖

開啓工程圖檔 12-1.edew。

您可以使用 eDrawings 管理員中的圖頁標籤來管理工程圖檔案，像是啓用圖頁、啓用或隱藏/顯示工程視圖。

按右下角的圖頁，圖頁彈出，在圖中快點兩下任一視圖，系統會即時放大所選的視圖。

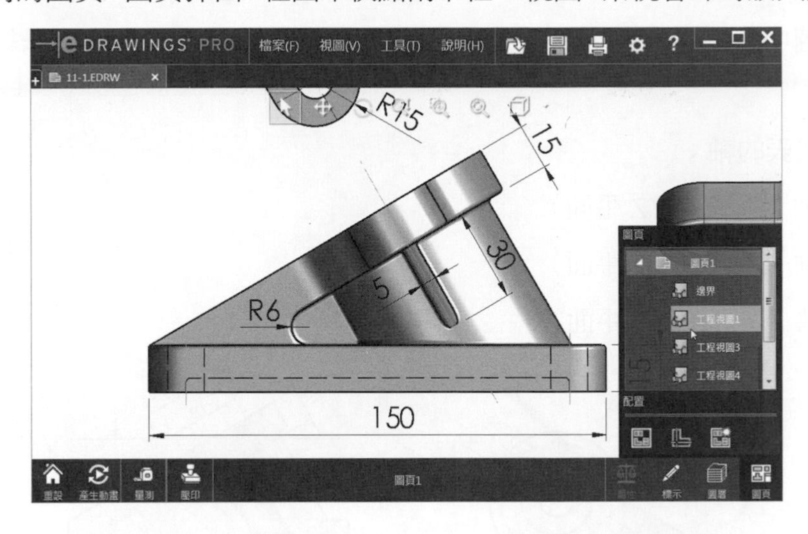

任選一視圖，圖頁彈出，按右鍵，您可以隱藏或顯示所選的視圖。

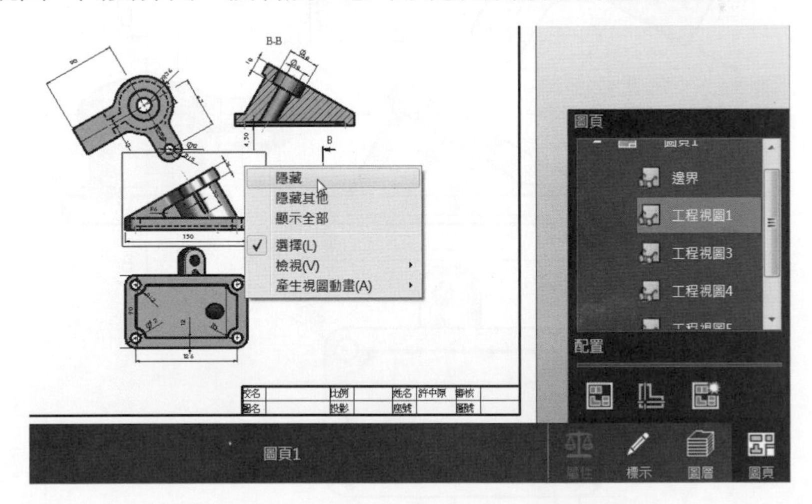

概觀視窗 ：以彈出的視窗顯示整個工程圖頁或單一視圖。

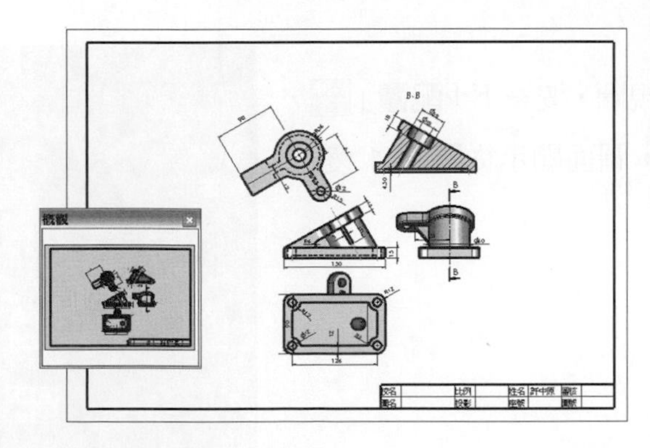

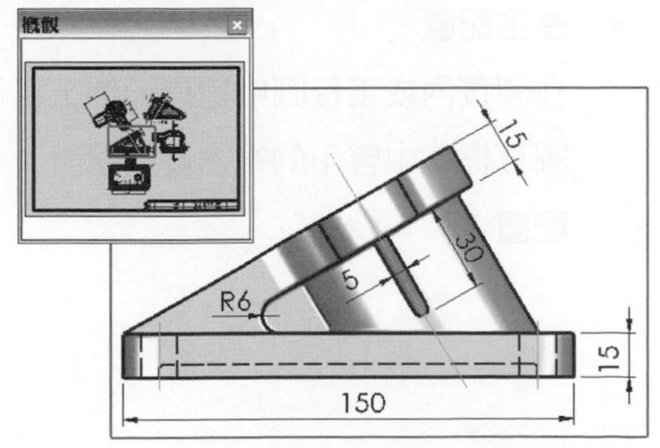

按功能表「**視圖**」➞「**3D 游標**」，您可以使用 3D 游標 ✥ 來指向工程圖檔案內的所有工程視圖中的位置。當您使用 3D 游標時，每個工程視圖中會出現一組交叉的十字標示。

色彩所代表的軸：

紅：X-軸（垂直於 YZ 平面）

藍：Y-軸（垂直於 XZ 平面）

綠：Z-軸（垂直於 XY 平面）

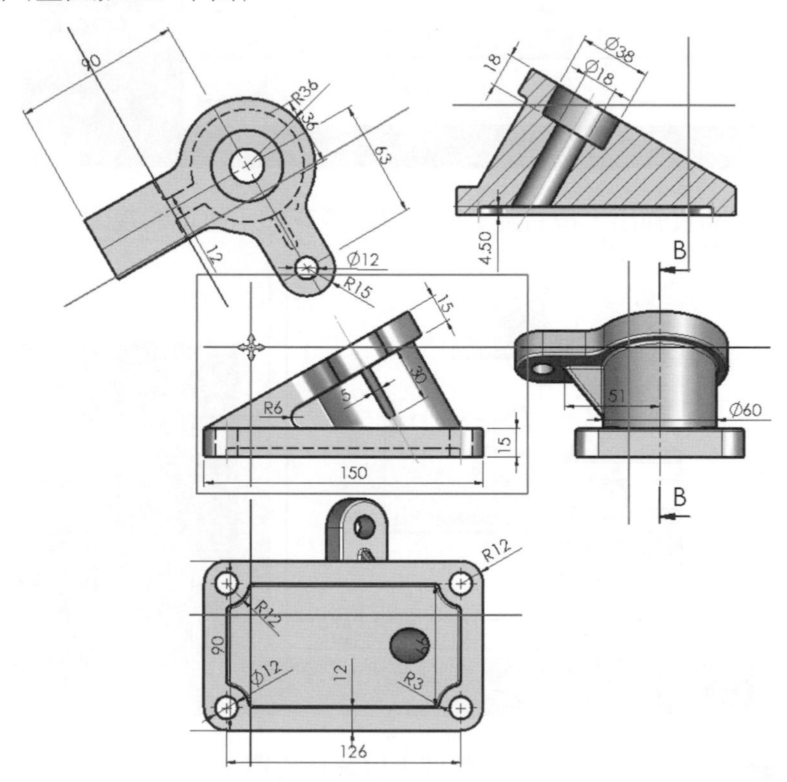

- **產生配置**

  在圖頁內或工程圖中選擇一個工程視圖，按一下「**配置**」，圖頁標籤中啓用的視圖變爲**配置 1**，圖面顯示從**圖頁 1** 變成**配置 1**。

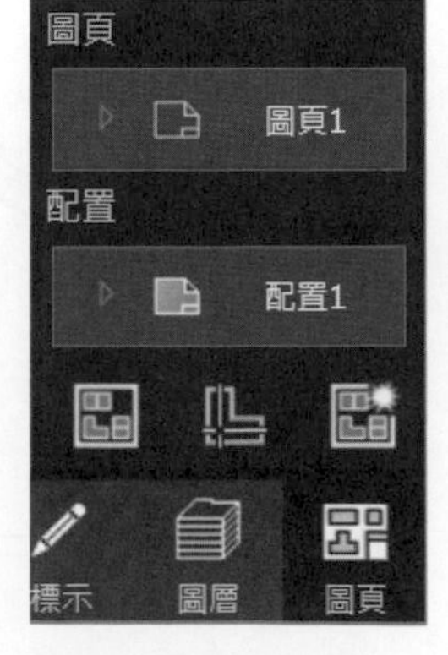

12-12 檢視組合件

開啓組合件 Remotecase.easm。

在圖面或零組件樹狀結構中的某一零組件按右鍵，選擇「**隱藏**」、「**透明顯示**」、「**隱藏其他**」或「**顯示全部**」，可用來管理組合件檔案中的零組件。

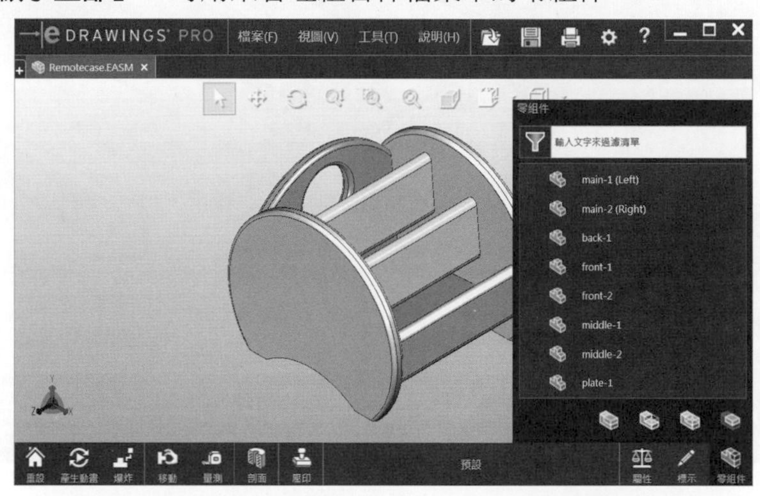

- 在零組件上按右鍵，可以選擇**隱藏**。

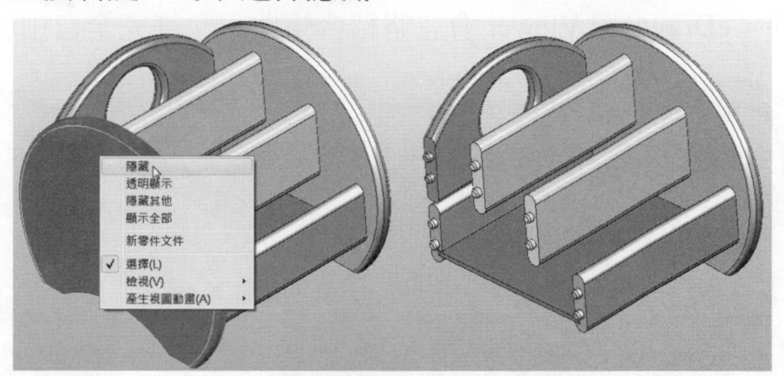

- 在零組件上按右鍵，可以選擇**透明顯示**。

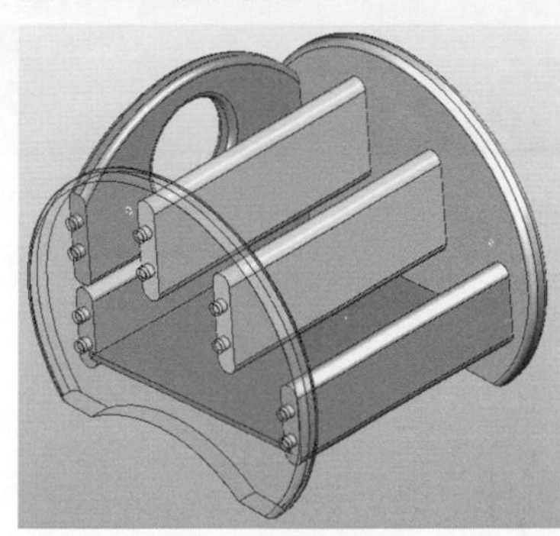

您可以按畫面左下角標籤中的「**爆炸視圖**」 工具在爆炸和解除爆炸狀態之間轉換。但是組合件檔案中必須包含爆炸視圖資訊。

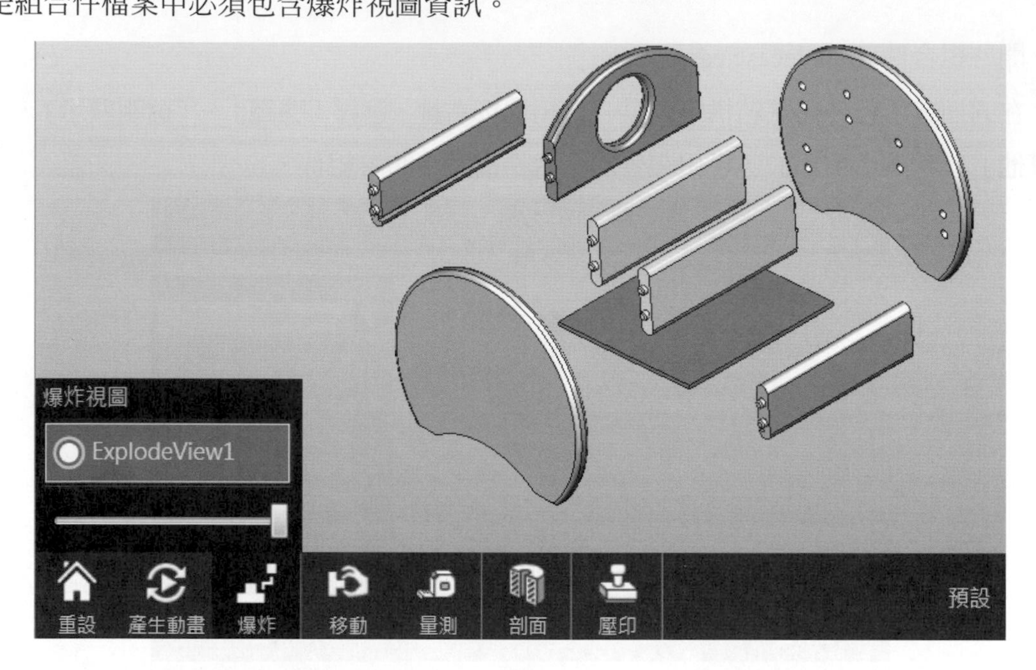

畫面左下角標籤中的**移動零組件**工具 讓您可以在組合件或組合件工程圖檔案中移動個別的零組件。eDrawings Viewer 會忽略結合條件，允許完全自由度的移動。

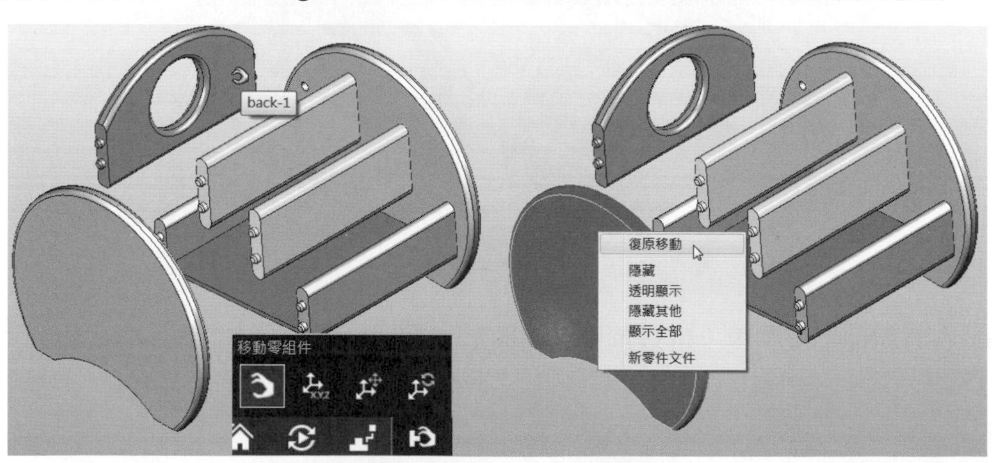

12-13 標示評論

按「**新評論**」，新的評論「**名稱-評論#**」出現在標示列表中，**名稱**的設定可以按**標示選項**，從**選項**對話方塊的**標示**標籤中設定。

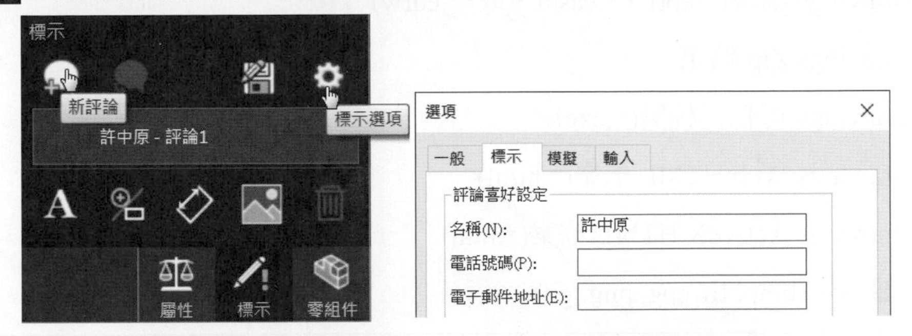

在「**評論 1**」按右鍵，再按「**回覆**」，回覆：評論 1 出現在原始評論之下。

您也可以按「**工具**」➡「**標示**」➡「**文字、文字帶導線、雲狀、或雲狀帶導線**」的標示工具直接產生新的標示，並加在模型中，

除了標示文字之外，您也可以繪圖或加入尺寸、圖形等物件。

下例選擇「**雲狀帶導線**」。

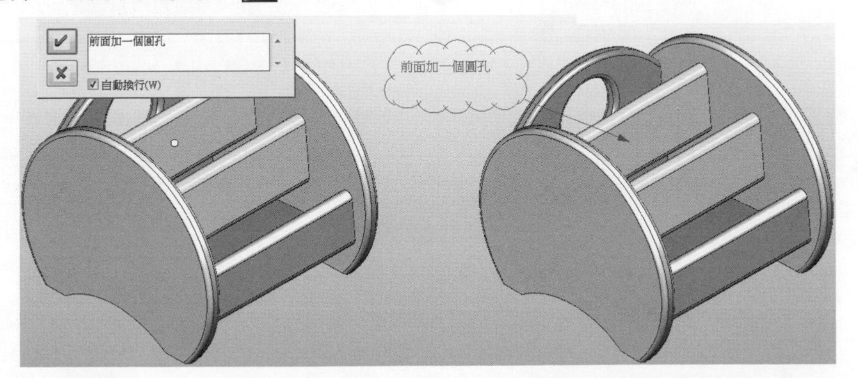

您可以按「**檔案**」➡「**儲存標示**」來將您的評論儲存到單獨的標示檔案中。

12-14 輸出檔案格式

您可以另存文件為下列的檔案類型：

- eDrawings 檔案(*.eprt、*.easm、或 *.edrw)
- eDrawings Zip 檔案
- eDrawings 可執行檔案(*.exe)
- eDrawings Web HTML 檔案(*.html)
- eDrawings ActiveX HTML 檔案(*.htm)
- 影像檔案(bmp, tif, jpg, png, gif)

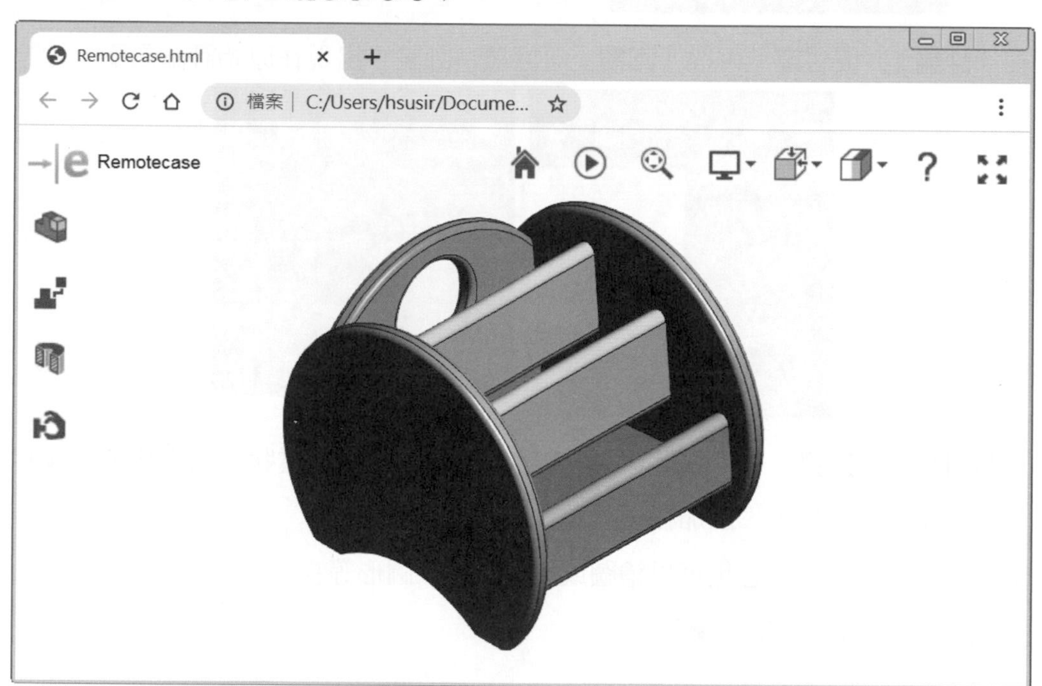

12-15 下載網站

eDrawings 程式的免費下載網站 https://www.edrawingsviewer.com/download-edrawings

其中**免費下載**使用的有：

- eDrawings Viewer：檢視程式，可查看與列印所有 eDrawings 檔、SOLIDWORKS 檔案與 AutoCAD®檔案(DWG and DXF)。
- eDrawings Publisher：發佈程式，內建於軟體 SOLIDWORKS®, AutoCAD®, Inventor®, Pro/ENGINEER® CATIA® V5 Unigraphics/NX® and CoCreate's OneSpace® 軟體內，可直接輸出發佈為 eDrawings 檔案。
- eDrawings API：用來自訂 eDrawings 環境的應用程式介面(API)。

15 天試用版：

- eDrawings Professional：專業版，正版可無限次使用評論，本章說明皆為專業版。

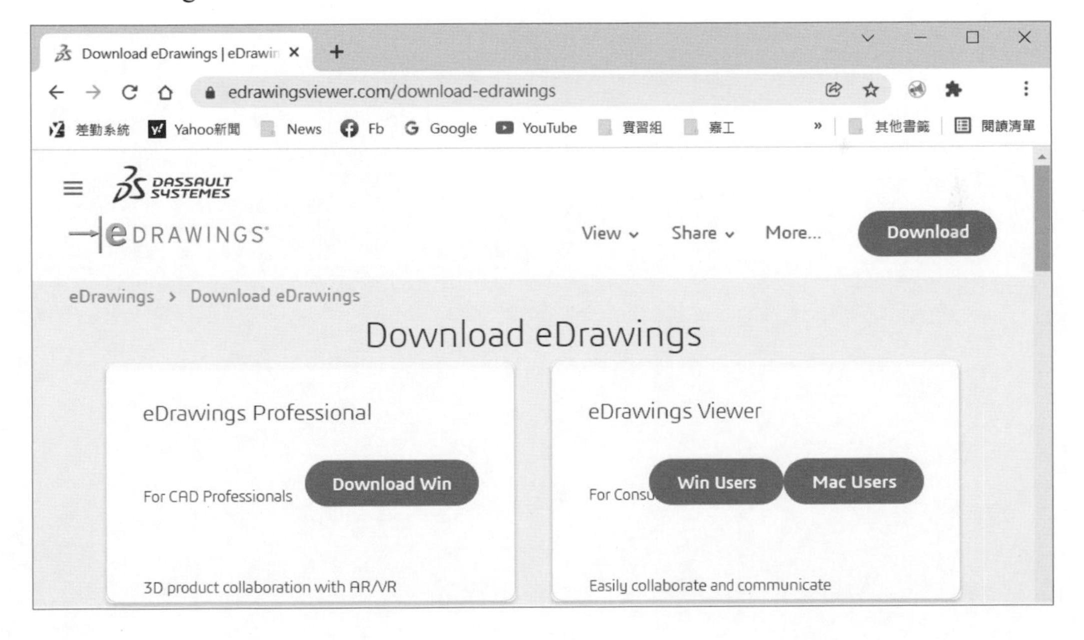

國家圖書館出版品預行編目資料

SOLIDWORKS 2022 基礎範例應用 / 許中原編著. ——, 初版. —— 新北市 ： 全華圖書股份有限公司， 2022.06

面 ； 公分

ISBN 978-626-328-239-1(平裝)

1.CST: SOLIDWORKS(電腦程式) 2.CST: 電腦繪圖

312.49S678　　111009288

SOLIDWORKS 2022 基礎範例應用

作者／許中原
發行人／陳本源
執行編輯／吳政翰
出版者／全華圖書股份有限公司
郵政帳號／0100836-1 號
印刷者／宏懋打字印刷股份有限公司
圖書編號／06495
初版一刷／2022 年 07 月
定價／新台幣 680 元
ISBN／978-626-328-239-1(平裝)
全華圖書／www.chwa.com.tw
全華網路書店 Open Tech／www.opentech.com.tw
若您對本書有任何問題，歡迎來信指導 book@chwa.com.tw

臺北總公司(北區營業處)
地址：23671 新北市土城區忠義路 21 號
電話：(02) 2262-5666
傳真：(02) 6637-3695、6637-3696

南區營業處
地址：80769 高雄市三民區應安街 12 號
電話：(07) 381-1377
傳真：(07) 862-5562

中區營業處
地址：40256 臺中市南區樹義一巷 26 號
電話：(04) 2261-8485
傳真：(04) 3600-9806(高中職)
(04) 3601-8600(大專)

讀者回函卡

掃 QRcode 線上填寫 ▶▶▶

姓名：＿＿＿＿＿＿＿＿ 生日：西元＿＿＿＿年＿＿＿月＿＿＿日 性別：□男 □女

電話：（ ）＿＿＿＿＿＿＿ 手機：＿＿＿＿＿＿＿＿

e-mail：（必填）＿＿＿＿＿＿＿＿＿＿＿＿＿＿＿＿

註：數字零，請用 Φ 表示，數字 1 與英文 L 請另註明並書寫端正，謝謝。

通訊處：□□□□□＿＿＿＿＿＿＿＿＿＿＿＿＿＿＿＿

學歷：□高中・職 □專科 □大學 □碩士 □博士

職業：□工程師 □教師 □學生 □軍・公 □其他

學校／公司：＿＿＿＿＿＿＿＿＿＿ 科系／部門：＿＿＿＿＿＿＿＿＿＿

・需求書類：

□ A. 電子 □ B. 電機 □ C. 資訊 □ D. 機械 □ E. 汽車 □ F. 工管 □ G. 土木 □ H. 化工 □ I. 設計

□ J. 商管 □ K. 日文 □ L. 美容 □ M. 休閒 □ N. 餐飲 □ O. 其他

・本次購買圖書為：＿＿＿＿＿＿＿＿＿＿＿＿＿＿ 書號：＿＿＿＿＿＿＿＿＿

・您對本書的評價：

封面設計：□非常滿意 □滿意 □尚可 □需改善，請說明＿＿＿＿＿＿＿＿＿＿

內容表達：□非常滿意 □滿意 □尚可 □需改善，請說明＿＿＿＿＿＿＿＿＿＿

版面編排：□非常滿意 □滿意 □尚可 □需改善，請說明＿＿＿＿＿＿＿＿＿＿

印刷品質：□非常滿意 □滿意 □尚可 □需改善，請說明＿＿＿＿＿＿＿＿＿＿

書籍定價：□非常滿意 □滿意 □尚可 □需改善，請說明＿＿＿＿＿＿＿＿＿＿

整體評價：請說明＿＿＿＿＿＿＿＿＿＿＿＿＿＿＿＿＿＿＿＿＿＿＿＿＿＿

・您在何處購買本書？

□書局 □網路書店 □書展 □團購 □其他＿＿＿＿＿＿＿＿＿＿＿＿＿＿＿＿

・您購買本書的原因？（可複選）

□個人需要 □公司採購 □親友推薦 □老師指定用書 □其他＿＿＿＿＿＿＿＿＿

・您希望全華以何種方式提供出版訊息及特惠活動？

□電子報 □ DM □廣告（媒體名稱＿＿＿＿＿＿＿＿＿＿＿＿＿＿＿＿＿＿）

・您是否上過全華網路書店？（www.opentech.com.tw）

□是 □否 您的建議＿＿＿＿＿＿＿＿＿＿＿＿＿＿＿＿＿＿＿＿＿＿＿＿＿

・您希望全華出版哪方面書籍？＿＿＿＿＿＿＿＿＿＿＿＿＿＿＿＿＿＿＿＿＿

・您希望全華加強哪些服務？＿＿＿＿＿＿＿＿＿＿＿＿＿＿＿＿＿＿＿＿＿＿

感謝您提供寶貴意見，全華將秉持服務的熱忱，出版更多好書，以饗讀者。

填寫日期：　　/　　/

2020.09 修訂

親愛的讀者：

感謝您對全華圖書的支持與愛護，雖然我們很慎重的處理每一本書，但恐仍有疏漏之處，若您發現本書有任何錯誤，請填寫於勘誤表內寄回，我們將於再版時修正，您的批評與指教是我們進步的原動力，謝謝！

全華圖書　敬上

勘誤表

書號		書名		作者	
頁數	行數	錯誤或不當之詞句		建議修改之詞句	

我有話要說：（其它之批評與建議，如封面、編排、內容、印刷品質等・・・）